INGENIEUR
BAUTEN
Theorie und Praxis

Baudynamik

W. Nowacki

Springer-Verlag Wien GmbH

Ingenieurbauten

Theorie und Praxis

Band 3

Sandwichkonstruktionen

Berechnung, Fertigung, Ausführung

Von

Klaus Stamm

und

Horst Witte

126 Abbildungen. XVI, 338 Seiten. 1974.
Gebunden DM 139,—, S 994,—

Sandwichbauteile finden als Fertigelemente im Bauwesen zunehmend Verwendung, da sie verschiedene Funktionen und Forderungen gleichzeitig erfüllen: Festigkeit, Wärmeschutz, Schallschutz, rationelle Massenproduktion, einfache und schnelle Montage. Es ist daher Ziel des Buches, die Grundlagen für die festigkeitstechnische, stabilitätstheoretische und bauphysikalische Berechnung von Sandwichtafeln zu erarbeiten sowie Fertigungs- und Konstruktionsprobleme allgemein und an Hand konkreter Objekte zu behandeln.

Ingenieurbauten

Theorie und Praxis

Herausgegeben von
Konrad Sattler und Peter Stein

Band 4

Baudynamik

Neubearbeitung der zweiten
polnischen Auflage

Von W. Nowacki

Das Werk behandelt die Probleme der Dynamik elastischer und viskoelastischer Systeme. Die Einleitung gibt einen kurzgefaßten Grundriß der klassischen Elastokinetik mit Angabe der Beziehungen, Differentialgleichungen und der grundlegenden allgemeinen Sätze. In weiterer Folge werden Schwingungen von Saiten, Stäben und Stabsystemen sowie zweidimensionale Systeme für Membranen, Platten und Schalen behandelt. Wegen ihrer zunehmenden Bedeutung für die Ingenieurpraxis werden auch Probleme der Ausbreitung elastischer und viskoelastischer Wellen untersucht. Die konsequente Verwendung von Integral-Transformationen gestattet eine einfache und einheitliche Lösung dynamischer Probleme. Zahlreiche Beispiele veranschaulichen die Vorgangsweise bei der Ermittlung der Frequenzen von Eigenschwingungen und der Amplituden erzwungener Schwingungen. Auch für die Näherungslösungen dynamischer Probleme wird eine Reihe von Verfahren angeführt.

Schutzumschlaggestaltung: Hans Joachim Böning, Wien

Ingenieurbauten 4

Theorie und Praxis

Herausgegeben von
Konrad Sattler, Graz
Peter Stein, Wien

1974

Springer-Verlag Wien GmbH

Baudynamik

Witold Nowacki

Neubearbeitung der zweiten polnischen Auflage

1974

Springer-Verlag Wien GmbH

Prof. Dr.-Ing. WITOLD NOWACKI
Mitglied der Polnischen Akademie der Wissenschaften
o. Professor an der Universität in Warszawa
Dr. h. c. der Universität in Glasgow und
der Technischen Hochschule in Gdańsk

Vertriebsrechte der vorliegenden deutschsprachigen Ausgabe
für alle Staaten mit Ausnahme der sozialistischen Länder:
Springer-Verlag Wien-New York

Der vorliegenden deutschen Bearbeitung liegt die
zweite Auflage (1972) der unter dem Titel
„Dynamika budowli"
im Arkady-Verlag Warszawa erschienenen polnischen Ausgabe zugrunde

Aus dem Polnischen übertragen von
Dr.-Ing. ROMAN CZARNOTA-BOJARSKI, Warszawa

Mit 135 Abbildungen

ISBN 978-3-7091-8349-6   ISBN 978-3-7091-8348-9 (eBook)
DOI 10.1007/978-3-7091-8348-9

Vorwort zur zweiten polnischen Auflage

Die zweite Auflage der „Baudynamik" unterscheidet sich nicht wesentlich von der ersten Auflage. Kapitel 1 und 11 wurden vervollständigt und teilweise neu bearbeitet, das Kapitel 2 über die Grundlagen der Elastodynamik visko-elastischer Körper wurde erweitert. Im Kapitel 6 ist der Abschnitt über Schwingungen von Bögen hinzugefügt, das Kapitel 9 durch die Erläuterung der Querschwingung von Membranen und der Schwingung orthotroper Platten erweitert.

Zusätzlich wurde in den Kapiteln 6 bis 9 eine Reihe von Zahlenbeispielen angeführt, welche das Verfahren zur Bestimmung der Eigenschwingungen veranschaulichen sollen.

Ich möchte Herrn Dr. habil. Z. REIPERT meinen Dank für seine Hilfe bei der Vorbereitung zahlreicher Zahlenbeispiele aussprechen.

Warszawa, Mai 1971

WITOLD NOWACKI

Um den Ausführungen folgen zu können, reichen diejenigen mathematischen Kenntnisse vollkommen aus, die üblicherweise jeder Ingenieur an der Technischen Hochschule gewinnt, die Integraltransformationen vielleicht ausgenommen. Ich habe beim Leser Grundkenntnisse über Technische Mechanik, Festigkeitslehre und Baustatik vorausgesetzt. Das erste Kapitel enthält eine Einführung in die Elastizitätstheorie.

Ich möchte meinen Mitarbeitern meinen besten Dank für ihre Hilfe bei der Gestaltung des Buches aussprechen; insbesondere Herrn Doz. Dr.-Ing. J. Mossakowski für seine wertvollen Bemerkungen und Diskussionen und Herrn Dr. J. Ignaczak für die Durchsicht des Textes, das Nachprüfen der Formeln und seine Hilfe bei der Korrektur.

Warszawa, Oktober 1960

Witold Nowacki

Inhaltsverzeichnis

1. Einführung in die Dynamik eines elastischen Körpers

1.1. Spannungstensor

Die Schwingungstheorie für Stab- und Flächensysteme beruht auf der klassischen Elastizitätstheorie. Unter der Annahme, daß der Leser die Grundlagen der Festigkeitslehre kennt sowie die Begriffe der Verformung und der Spannung bei eindimensionalen Problemen (Stäbe, Balken, Zugbänder) beherrscht, werden im vorliegenden Buch nur dreidimensionale Zustände [39, 85, 147] der Verformung und der Spannung zusammenfassend dargelegt, weiterhin die grundlegenden Beziehungen und Gleichungen der Elastizitätstheorie sowie die grundlegenden energetischen Sätze behandelt. Mit Hilfe der zusätzlichen Voraussetzungen werden die dreidimensionalen Probleme auf zwei- oder eindimensionale zurückgeführt.

In der Elastizitätstheorie wird ein Modell des festen Körpers in Form eines „materiellen Kontinuums" (auch als ein „materielles kontinuierliches Medium" oder ein „Materialkontinuum" bezeichnet) verwendet. Die Atom- und Molekularstruktur des Körpers wird vernachlässigt, es wird vielmehr eine stetige Verteilung der Materie im Raum vorausgesetzt.

Ein Körper wird als dreidimensionaler Euklidscher Raum betrachtet, dessen Punkte mit dem Körperteilchen zusammenfallen. Das Medium (der Körper) wird als Kontinuum im mathematischen Sinne angesehen. Es wird also vorausgesetzt, daß die vor einer Verformung benachbarten Punkte in die benachbarten Punkte nach der Verformung übergehen. Die Bildung von Rissen und Spalten während der Deformation wird ausgeschlossen.

Eine kontinuierliche Stoffverteilung in einem bestimmten Raum kann mit Hilfe einer Skalargröße, der Dichte, definiert werden. Diese Größe wird auf die folgende Weise definiert: es wird ein Punkt $x = (x_1, x_2, x_3)$ gewählt, der durch eine geschlossene Fläche im Volumen ΔV eingeschlossen ist.

Wegen der vorausgesetzten Kontinuierlichkeit des Mediums darf die Dichte als ein Grenzwert des Verhältnisses $\dfrac{\Delta M}{\Delta V}$ betrachtet werden, wenn das Volumen ΔV gegen Null geht. Es gilt also

$$\varrho(x) = \lim_{\Delta V \to 0} \frac{\Delta M(x)}{\Delta V}. \tag{1}$$

Hierbei ist ΔM die im Volumen ΔV eingeschlossene Masse. Die Gesamtmasse des Körpers wird durch das Integral

$$M = \int\limits_V \varrho(x)\,dV(x) \tag{2}$$

bestimmt.

Ist die Dichte in jedem Punkt des Körpers konstant, so ist $M = \varrho V$. Ein fester Körper, dessen Dichte konstant ist, wird als homogener Körper bezeichnet.

Die grundlegenden Begriffe der Elastizitätstheorie sind der Spannungs- und der Verzerrungszustand (der letztere wird auch Verformungs- oder Deformationszustand genannt).

Unter der Einwirkung der Außenbelastung, Oberflächenkräfte und Massenkräfte (sowie anderer Ursachen, sei es Erwärmung, elektromagnetisches Feld usw.) unterliegt der Körper einer Verformung. Neben der für die Bewegung eines starren Körpers charakteristischen Verschiebung erfahren die Körperteile eine Volumenänderung und eine Änderung der geometrischen Form. Diese gesamten Änderungen werden als Verformung (oder Verzerrung) des Körperteiles bezeichnet. Die gesamte Verformung aller Körperteile stellt die Verformung des Körpers dar.

Es sei ein beliebiger elastischer Körper betrachtet, der unter der Einwirkung von äußeren Kräften in Ruhe bleibt. Die äußeren Kräfte werden in zwei Gruppen aufgeteilt: die Massenkräfte und die Oberflächenkräfte. Eine Massenkraft, die an einem Körperteil dV angreift, ist XdV, wobei X ein Vektor ist; die Kraft wird am beliebigen Punkt x des Teiles dV angebracht. Die Massenkräfte stellen gewöhnlich stetige Funktionen der Lage x dar. Die auf ein unendlich kleines Element dS des Körperrandes einwirkende Oberflächenkraft ist pdS, wobei p ein Vektor und eine Funktion der Lage $x \varepsilon S$ am Körperrand ist. Während der Verformung entstehen im Körper innere Kräfte, die der Verzerrung entgegenwirken. Wird der betrachtete Körper in zwei Teile I und II (Abb. 1-1) zerschnitten

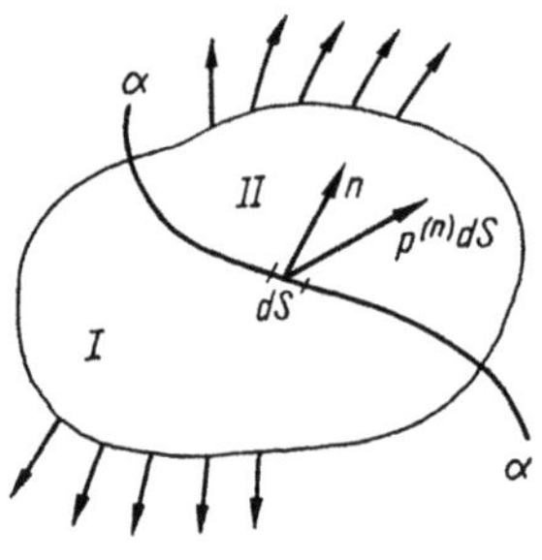

Abb. 1-1

gedacht, so befindet sich jeder dieser Teile im Gleichgewicht. Diese Feststellung bezieht sich ebenso auf die sich bewegenden Körper, die beispielsweise schwingen. Auch in solch einem Fall kann man nämlich mit Hilfe des *d'Alembertschen Prinzips* ein kinetisches in ein statisches Problem überführen, und zwar durch die Einführung der *d'Alembertschen Kräfte* (Trägheitskräfte).

Der Punkt x möge auf der Schnittfläche $\alpha - \alpha$ liegen. Es werde nun in diesem Punkt ein zur Schnittfläche tangentielles Flächenelement ΔS angebracht.

Auf das Element wirkt die Kraft ΔP, die Resultierende der über das Element ΔS verteilten Innenkräfte. Die Größe

$$p^{(n)} = \lim_{\Delta S \to 0} \frac{\Delta P}{\Delta S} = \frac{dP}{dS} \tag{3}$$

wird als Spannung im Punkt x bezeichnet. Es wird gesagt, daß die Spannung $p^{(n)}$ im Punkt x der Schnittfläche wirkt. Der Index n zeigt die Zuordnung der Spannung zum Element dS und dessen Normale n an. Längs des Schnittes $\alpha - \alpha$ wird eine stetige und mit der Lage veränderliche Verteilung der Spannung $p^{(n)}$ erhalten. Die Spannungen $p^{(n)}$ entstehen infolge der Einwirkung des Teiles I auf den Teil II des elastischen Körpers. Selbstverständlich wirkt sich der Teil II auf den Teil I des elastischen Körpers mit den Spannungen $p^{(n)}$ aus, die entgegengesetzt, aber bezüglich des Absolutwertes gleich groß sind.

Der Vektor $p^{(n)}$ kann in zwei Komponenten zerlegt werden: in die Komponente in Richtung der Normale und jene, die in der Ebene des Flächenelementes dS liegt. Die erste Komponente wird als *Normalspannung*, die zweite als *Schubspannung* bezeichnet.

Die Normalspannung wird als positiv angenommen, wenn sie in die Richtung der nach der Außenseite des Elementes dS weisenden Normale zeigt.

Als Spannungszustand im Punkt x wird die Gesamtheit der Spannungen bezeichnet, die bei allen Lagen des Flächenelementes dS im Raum auftreten. Infolge einer Lageänderung des Elementes dS im Punkt x nämlich, also infolge solch einer Änderung der Schnittfläche $\alpha - \alpha$, bei der der Punkt x der Schnittfläche unverändert bleibt, erfahren der Vektor $p^{(n)}$, sein Wert und seine Neigung bezüglich der Normale n ebenfalls eine Änderung.

Es sei das rechtwinklige System der geradlinigen Koordinaten x_1, x_2, x_3 angenommen und ein Flächenelement $dS_1 = dx_2\, dx_3$ betrachtet, das zur x_1-Achse

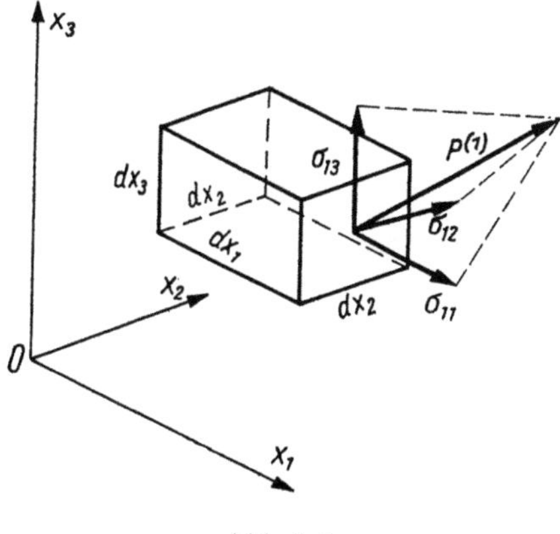

Abb. 1-2

senkrecht liegt (Abb. 1-2). Mit $p^{(1)}$ wird der zu diesem Element zugehörige Hauptspannungsvektor bezeichnet. Der Vektor wird nun in drei Komponenten zerlegt:

$$p^{(1)} \equiv (\sigma_{11}, \sigma_{12}, \sigma_{13}).$$

Die Spannung σ_{11} bedeutet die zur x_1-Achse parallele Normalspannung, die Spannung σ_{12} ist die in der dS_1-Ebene wirkende und zur x_2-Achse parallele Schubspannung; die Spannung σ_{13} ist die Schubspannung, die in der Ebene des Elementes dS_1 in der zur x_3-Achse parallelen Richtung wirkt.

Es wird festgelegt, daß der erste Index der Spannung in die Richtung der Normale des Elements dS_1 weist, der zweite dagegen zeigt in die Richtung, in der die Spannung wirkt. Dann bedeutet $p^{(1)} \equiv (\sigma_{11}, \sigma_{12}, \sigma_{13})$ einen Vektor mit drei Komponenten. Dieser Vektor samt seinen Komponenten ist in Abb. 1-2 dargestellt.

Nun wird ein Flächenelement $dS_2 = dx_1\,dx_3$ betrachtet, das durch den bestimmten Punkt x zur x_2-Achse senkrecht verläuft. Auf das Element wirkt der Vektor $p^{(2)}$ mit den Komponenten $p^{(2)} \equiv (\sigma_{21}, \sigma_{22}, \sigma_{23})$ ein. Analog greift an einem Flächenelement $dS_3 = dx_1\,dx_2$ die Spannung $p^{(3)}$ mit den Komponenten σ_{31}, σ_{32}, σ_{33} an. Der Spannungszustand im Punkt x ist damit durch neun Komponenten gekennzeichnet, die den Spannungstensor bilden:

$$\sigma = \left\|\begin{matrix} \sigma_{11} & \sigma_{12} & \sigma_{13} \\ \sigma_{21} & \sigma_{22} & \sigma_{23} \\ \sigma_{31} & \sigma_{32} & \sigma_{33} \end{matrix}\right\| . \tag{4}$$

Die Komponenten des obigen Tensors werden durch σ_{ij} ($i, j = 1, 2, 3$) bezeichnet. Es wird später bei der Aufstellung der Gleichgewichts- und Bewegungsgleichungen bewiesen, daß dieser Tensor symmetrisch, d.h. $\sigma_{ji} = \sigma_{ij}$ ist.

Nun wird gezeigt, daß die Spannungen $p^{(n)}$ bestimmt werden können, die auf das durch den Punkt x gelegte und im Raum beliebig orientierte Flächenelement dS mit der Normalen n wirken, wenn die Komponenten des Spannungszustandes $\sigma_{11}, \sigma_{12}, \dots \sigma_{33}$ in diesem Punkt x bekannt sind.

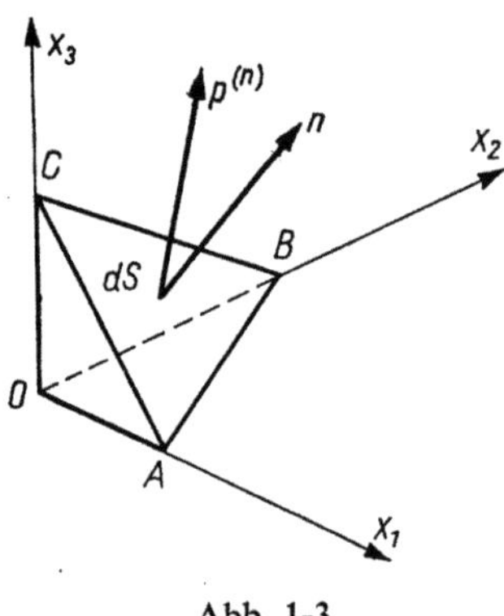

Abb. 1-3

Es wird ein elementarer Tetraeder betrachtet, der in Abb. 1-3 dargestellt ist. Mit n wird die Normale des Flächenelementes dS mit der Fläche ABC bezeichnet, mit n_1, n_2, n_3 — die Richtungskosinus der Einheitsnormale n und mit $p^{(n)}$ — der gesuchte Spannungsvektor, der dem Flächenelement dS zugeordnet ist. Die Spannungsvektoren $p^{(1)}, p^{(2)}, p^{(3)}$, die an den Tetraederwänden dS_1, dS_2 und dS_3 angreifen, werden als bekannt angenommen.

Alle auf den Tetraeder einwirkenden Kräfte werden auf die Richtung der x_1-Achse projiziert. Die Projektion der Massenkraft ist $(X_1 + \varepsilon_1)dV$, wobei $dV = \dfrac{1}{3} h \, dS$ — das Volumen des Tetraeders, h — die Entfernung des Flächenelementes dS vom Punkt O bedeutet. X_1 ist die im Punkt O angreifende Massenkraft, die zur x_1-Achse parallel wirkt, ε_1 — bedeutet eine infinitesimale Größe, die sich aus der Kontinuität der Massenkraft ergibt. Dieser Projektion der Massenkräfte ist noch die Projektion der auf das Flächenelement dS einwirkenden Kraft hinzuzufügen. Die letztere Projektion hat einen Wert von $(p_1 + \eta_1)dS$, wobei p_1 die Projektion des Vektors $p^{(n)}$ auf die Richtung der x_1-Achse, η — eine infinitesimale Größe bedeutet. In die negative Richtung der x_1-Achse zeigen die Kräfte $(\sigma_{11} + \eta_{11})dS_1$; $(\sigma_{21} + \eta_{21})dS_2$; $(\sigma_{31} + \eta_{31})dS_3$, wobei $\eta_{11}, \eta_{21}, \eta_{31}$ — die für den Zuwachs der Spannungen charakteristischen infinitesimalen Größen bedeuten, die sich aus der Stetigkeit der Spannungen ergeben.

Werden die Projektionen aller Kräfte auf die x_1-Achse, die auf den Tetraeder einwirken, addiert, so ergibt sich

$$(X_1 + \varepsilon_1)\frac{h}{3}\,dS + (p_1 + \eta_1)dS - (\sigma_{11} + \eta_{11})dS_1 - (\sigma_{21} + \eta_{21})dS_2 +$$

$$- (\sigma_{31} + \eta_{31})dS_3 = 0. \tag{5}$$

Mit einem Grenzübergang $h \to 0$ und unter Berücksichtigung, daß $dS_i = n_i dS$ ist, ergibt sich aus Gl. (5) endgültig

$$p_1 = \sigma_{11}n_1 + \sigma_{21}n_2 + \sigma_{31}n_3. \tag{6'}$$

Werden die auf den Tetraeder angreifenden Kräfte auf die Richtung der x_2-Achse und auf jene der x_3-Achse projiziert, so ergeben sich zwei weitere Formeln, die zur Gl. (6') analog sind:

$$\begin{aligned}
p_2 &= \sigma_{12}n_1 + \sigma_{22}n_2 + \sigma_{32}n_3, \\
p_3 &= \sigma_{13}n_1 + \sigma_{23}n_2 + \sigma_{33}n_3.
\end{aligned} \tag{6''}$$

Gln. (6') und (6'') können in eine Formel zusammengefaßt werden

$$p_i = \sum_{j=1}^{3} \sigma_{ji} n_j \; ; \qquad i = 1, 2, 3. \tag{7'}$$

Das Gleichungssystem (7') kann noch kürzer geschrieben werden, wenn die Tensorschreibweise mit Indizes und die *Einsteinsche Summationskonvention* (Summierung über doppelt vorkommende Indizes [85, 114] verwendet werden:

$$p_i = \sigma_{1i}n_1 + \sigma_{2i}n_2 + \sigma_{3i}n_3 = \sigma_{ji}n_j; \quad i, j = 1, 2, 3. \tag{7''}$$

Sind die Komponenten des Spannungstensors σ_{ij} im Punkt x bekannt, so können aus Gl. (7'') die Größen p_i $(i = 1, 2, 3)$, d.h. die Komponenten des auf das Flächenelement dS einwirkenden Vektors $p^{(n)}$ ermittelt werden.

Es ist zu bemerken, daß die Gl. (7'') die Rolle der Randbedingungen spielen, wenn das Flächenelement dS ein Teil der Oberfläche S des elastischen Körpers darstellt. In solch einem Fall sind die Größen p_i $(i = 1, 2, 3)$ als die Komponenten der Oberflächenbelastung p zu betrachten.

1.2. Transformation der Komponenten des Spannungszustandes. Hauptspannungsachsen. Spannungsinvarianten

Nun soll dem rechtwinkligen Koordinatensystem x_1, x_2, x_3 der Spannungstensor σ mit den Komponenten σ_{ij} und einem rechtwinkligen Koordinatensystem x_1', x_2', x_3' ein Tensor σ' mit den Komponenten $\sigma_{\alpha\beta}'$ zugeordnet werden. Dabei sei das Koordinatensystem x_1', x_2', x_3' bezüglich des Systems x_1, x_2, x_3 gedreht; die beiden Systeme sollen aber einen gemeinsamen Koordinatenursprung haben.

Die Aufgabe besteht darin, die Komponenten des Tensors σ' mit Hilfe der bekannten Komponenten des Tensors σ zu bestimmen.

Die Koordinatenachsen x_1', x_2', x_3' bilden mit den Achsen x_1, x_2, x_3 Winkel, deren Richtungskosinus in Tafel 1-1 zusammengestellt sind.

Tafel 1-1

	x_1	x_2	x_3
x_1'	n_{11}	n_{12}	n_{13}
x_2'	n_{21}	n_{22}	n_{23}
x_3'	n_{31}	n_{32}	n_{33}

Die Koordinaten beider Systeme sind durch die Formeln

$$x_i = \sum_{\alpha=1}^{3} n_{\alpha i} x_\alpha'; \qquad x_i' = \sum_{\alpha=1}^{3} n_{i\alpha} x_\alpha$$

verbunden, die bei der Anwendung der Summationskonvention als

$$x_i = n_{\alpha i} x_\alpha'; \qquad x_i' = n_{i\alpha} x_\alpha \tag{1}$$

geschrieben werden können.

Die Richtungskosinus erfüllen die Orthogonalitätsbedingungen

$$n_{i\alpha} n_{j\alpha} = \delta_{ij}; \qquad n_{\alpha i} n_{\alpha j} = \delta_{ij}, \tag{2}$$

wobei δ_{ij} das *Symbol von Kronecker* ist:

$$\delta_{ij} = \begin{cases} 1 & \text{für } i = j \\ 0 & \text{für } i \neq j. \end{cases}$$

Im Koordinatenursprung sei ein Flächenelement dS so angebracht, daß seine Normale mit der x_α'-Achse zusammenfällt. Die auf dieses Element einwirkende Spannung $p^{(\alpha)}$ wird in die Komponenten $p_i'^{(\alpha)}$, die in den Richtungen der Koordinatenachsen x_1, x_2, x_3 wirken, zerlegt.

Nach Gl. (7″) von Abschnitt 1.1 gilt

$$p_i'^{(\alpha)} = \sigma_{ji} n_{\alpha j}. \tag{3}$$

Werden aber die Größen $p_i'^{(\alpha)}$ auf die Richtung der x_β'-Achse projiziert, so ergibt sich die Spannung $\sigma_{\alpha\beta}'$, wobei

$$\sigma_{\alpha\beta}' = p_i'^{(\alpha)} n_{\beta i} \tag{4}$$

ist.

Unter Berücksichtigung von Gl. (3) ergibt sich aus Gl. (4)

$$\sigma'_{\alpha\beta} = \sigma_{ji} n_{\alpha j} n_{\beta i} = \sigma_{ij} n_{\alpha i} n_{\beta j}. \tag{5}$$

Auf diese Weise erhält man beispielsweise

$$\sigma'_{13} = \sigma_{ij} n_{1i} n_{3j} = \sigma_{1j} n_{11} n_{3j} + \sigma_{2j} n_{12} n_{3j} + \sigma_{3j} n_{13} n_{3j} =$$
$$= (\sigma_{11} n_{31} + \sigma_{12} n_{32} + \sigma_{13} n_{33}) n_{11} + (\sigma_{21} n_{31} + \sigma_{22} n_{32} + \sigma_{23} n_{33}) n_{12} +$$
$$+ (\sigma_{31} n_{31} + \sigma_{32} n_{32} + \sigma_{33} n_{33}) n_{13}.$$

Es ist leicht zu prüfen, daß eine zu Gl. (5) umgekehrte Beziehung ebenfalls richtig ist:

$$\sigma_{\alpha\beta} = \sigma'_{ij} n_{i\alpha} n_{j\beta}. \tag{6}$$

Nun wird wieder der Tetraeder von Abb. 1-3 betrachtet. Es ist diejenige Lage des Flächenelementes dS zu bestimmen, bei der die Wirkungsrichtung der Spannung $p^{(n)}$ mit der Richtung der Normale n zusammenfällt, d.h. wenn

$$p_i = \sigma n_i; \quad i = 1, 2, 3 \tag{7}$$

ist, wobei σ den Absolutwert der Spannung $p^{(n)}$ bedeutet.

Wird die Beziehung

$$p_i = \sigma_{ji} n_j$$

in Gl. (7) eingeführt, so ergibt sich

$$\sigma_{ji} n_j = \sigma n_i; \quad i, j = 1, 2, 3$$

oder

$$(\sigma_{ji} - \delta_{ji} \sigma) n_j = 0, \tag{8}$$

da

$$\delta_{ji} n_j = n_i \qquad \text{ist.}$$

Der obigen Gleichung ist noch die Beziehung

$$n_j n_j = 1 \tag{9}$$

hinzuzufügen.

Es stehen also vier Gleichungen zur Verfügung, aus denen drei Richtungskosinus und die Größe σ ermittelt werden können.

Das homogene Gleichungssystem (8) hat nur dann eine von Null verschiedene Lösung, wenn die Determinante des Systems gleich Null ist; d.h.

$$|\sigma_{ji} - \delta_{ji} \sigma| = 0 \tag{10}$$

oder

$$\begin{vmatrix} \sigma_{11} - \sigma & \sigma_{12} & \sigma_{13} \\ \sigma_{21} & \sigma_{22} - \sigma & \sigma_{23} \\ \sigma_{31} & \sigma_{32} & \sigma_{33} - \sigma \end{vmatrix} = 0 \tag{11}$$

ist.

Die Lösung dieser Gleichung führt zu einer algebraischen Gleichung

$$\sigma^3 - I_1 \sigma^2 + I_2 \sigma - I_3 = 0, \tag{12}$$

wobei

$$I_1 = \sigma_{11} + \sigma_{22} + \sigma_{33},$$

$$I_2 = \begin{vmatrix} \sigma_{11} & \sigma_{12} \\ \sigma_{21} & \sigma_{22} \end{vmatrix} + \begin{vmatrix} \sigma_{22} & \sigma_{23} \\ \sigma_{32} & \sigma_{33} \end{vmatrix} + \begin{vmatrix} \sigma_{11} & \sigma_{13} \\ \sigma_{31} & \sigma_{33} \end{vmatrix},$$

$$I_3 = \begin{vmatrix} \sigma_{11} & \sigma_{12} & \sigma_{13} \\ \sigma_{21} & \sigma_{22} & \sigma_{23} \\ \sigma_{31} & \sigma_{32} & \sigma_{33} \end{vmatrix}$$

ist.

Die Wurzeln der Gl. (12) werden mit $\sigma_1, \sigma_2, \sigma_3$ bezeichnet und so geordnet, daß $\sigma_1 > \sigma_2 > \sigma_3$ ist. In der Tensoralgebra wird bewiesen, daß für einen symmetrischen Tensor die Lösung der Säkulargleichung (12) drei verschiedene reelle Wurzeln σ_i ($i = 1, 2, 3$) liefert. Weiterhin kann bewiesen werden, daß die den Spannungen σ_i zugeordneten Richtungen der Normale $n^{(i)}$ (i = 1, 2, 3) aufeinander senkrecht stehen. Die Richtungskosinus der Normalen $n^{(i)}$ werden folgendermaßen ermittelt. Die Wurzeln σ_i werden nacheinander in die Gl. (12) eingesetzt. Wird die Spannung σ_1 an Stelle von σ eingeführt und die Hilfsgleichung (9) benutzt, so können die Richtungskosinus der Normale $n^{(1)}$ bestimmt werden:

$$n_1^{(1)} = \cos(n^{(1)}, x_1); \quad n_2^{(1)} = \cos(n^{(1)}, x_2); \quad n_3^{(1)} = \cos(n^{(1)}, x_3).$$

Die Wurzeln σ_i hängen von einer Änderung des Koordinatensystems nicht ab und werden Hauptspannungen genannt. Auch die Koeffizienten I_i ($i = 1, 2, 3$) können bei einer Änderung des Koordinatensystems keiner Änderung unterliegen, da sie als Koeffizienten der algebraischen Gleichung (12) elementarsymmetrische Funktionen der Wurzeln σ_i sind.

Gl. (12) kann auch in der Form

$$(\sigma - \sigma_1)(\sigma - \sigma_2)(\sigma - \sigma_3) = 0$$

oder

$$\sigma^3 - (\sigma_1 + \sigma_2 + \sigma_3)\sigma^2 + (\sigma_1\sigma_2 + \sigma_2\sigma_3 + \sigma_3\sigma_1)\sigma - \sigma_1\sigma_2\sigma_3 = 0$$

geschrieben werden.

Daraus ergibt sich die zweite Form der Invarianten des Spannungszustandes:

$$I_1 = \sigma_1 + \sigma_2 + \sigma_3; \quad I_2 = \sigma_1\sigma_2 + \sigma_2\sigma_3 + \sigma_3\sigma_1; \quad I_3 = \sigma_1\sigma_2\sigma_3.$$

Nun mögen die Richtungen der Hauptspannungen mit den Richtungen der Achsen x_1, x_2, x_3 übereinstimmen. Dann gilt

$$\sigma_{ij} = \sigma_i \delta_{ij}$$

und die Transformationsformeln sind

$$\sigma'_{\alpha\beta} = \sigma_i n_{\alpha i} n_{\beta i}.$$

1.3. Verzerrungstensor

Unter der Einwirkung der äußeren Kräfte unterliegt der Körper einer Verformung; die Volumenelemente des Körpers ändern das Volumen und die Gestalt.

Der Punkt P des Bereiches V erfährt die Verschiebung in den Punkt P' des Bereiches V'. Die Lage des Punktes P wird durch den Ortsvektor $r \equiv (x_1, x_2, x_3)$ bestimmt, die Lage des Punktes P' wird im selben Koordinatensystem x_1, x_2, x_3 durch den Ortsvektor $r' \equiv (\xi_1, \xi_2, \xi_3)$ beschrieben. Es wird vorausgesetzt, daß die Änderung der Körpergestalt stetig und die Zuordnung der Koordinaten der Punkte P und P' eineindeutig ist.

Die Transformation der Punkte wird durch die Beziehungen

$$\xi_i = \xi_i(x_1, x_2, x_3, t); \quad i = 1, 2, 3 \tag{1}$$

beschrieben. Es wird vorausgesetzt, daß die Funktionen ξ_i der Klasse C^1 angehören[85, 126](sie sind also einschließlich ihrer ersten Ableitungen stetige Funktionen) und die Transformation (1) nicht singulär ist. Die Jakobi-Determinante [85]

$$D = \det \frac{\partial \xi_i}{\partial x_j} \tag{2}$$

soll von Null verschieden sein. Wenn diese Bedingung erfüllt ist, dürfen die zur Gl. (1) reziproken Beziehungen in der Form

$$x_i = x_i(\xi_1, \xi_2, \xi_3, t) \tag{2'}$$

geschrieben werden. Aus diesen Beziehungen kann man zahlreiche Schlüsse ziehen.

Die materiellen Punkte, die vor der Verformung auf einer Linie oder Fläche gelegen sind, gehen in die auf einer Linie oder Fläche liegenden Punkte nach der Verformung über. Die materiellen Punkte, die innerhalb einer geschlossenen Fläche vor der Verformung gelegen sind, liegen nach der Verformung ebenfalls innerhalb einer geschlossenen Fläche. Die materiellen Elemente, die vor der Verformung den Körperrand gebildet haben, bilden diesen Rand auch nach der Verformung.

Es wird der Verschiebungsvektor

$$\overrightarrow{PP'} = r' - r = u. \tag{3}$$

eingeführt. Die Verschiebungskomponenten sind

$$u_i = \xi_i - x_i; \quad i = 1, 2, 3. \tag{4}$$

Wird Gl. (1) angewendet, so gilt

$$\xi_i = x_i + u_i(x_1, x_2, x_3, t). \tag{5}$$

Die dargestellte Beschreibung des Verschiebungsfeldes ist mit dem Namen von LAGRANGE verbunden. Zur Beschreibung der Verformung des Körpers werden die Koordinaten x_i eines Körperteiles als unabhängige Variable benutzt.

Es werden zwei Punkte des unverformten Körpers $P(x_i)$ und $Q(x_i + dx_i)$ betrachtet, die in einem Abstand ds voneinander liegen. Infolge der Verformung geht der Punkt P in die Lage P' mit den Koordinaten $x_i + u_i$ und der Punkt Q n die Lage Q' mit den Koordinaten $x_i + dx_i + u_i + du_i = \xi_i + d\xi_i$ über.

Das Quadrat des Abstandes zwischen den Punkten P und Q beträgt vor der Verformung

$$ds^2 = dx_1^2 + dx_2^2 + dx_3^2 = dx_i dx_i.$$

Nach der Verformung ist das Quadrat der Entfernung zwischen den Punkten P' und Q'

$$ds'^2 = d\xi_1^2 + d\xi_2^2 + d\xi_3^2 = d\xi_i d\xi_i$$

oder, unter Berücksichtigung der Gl. (4)

$$ds'^2 = (dx_i + du_i)(dx_i + du_i). \tag{6}$$

Wird in die Gl. (6) die Beziehung

$$du_i = \frac{\partial u_i}{\partial x_1} dx_1 + \frac{\partial u_i}{\partial x_2} dx_2 + \frac{\partial u_i}{\partial x_3} dx_3 = \frac{\partial u_i}{\partial x_j} dx_j; \quad i,j = 1,2,3$$

eingeführt, so ergibt sich

$$ds'^2 - ds^2 = 2 \frac{\partial u_i}{\partial x_j} dx_i dx_j + \frac{\partial u_i}{\partial x_j} \frac{\partial u_i}{\partial x_k} dx_j dx_k. \tag{7}$$

Es ist aber

$$\frac{\partial u_i}{\partial x_j} dx_i dx_j = \frac{\partial u_j}{\partial x_i} dx_i dx_j, \tag{8}$$

da über beide Indizes i und j summiert wird. Wird Gl. (8) berücksichtigt und werden im zweiten Glied der rechten Seite von Gl. (7) die Indizes i und k umgetauscht, so ergibt sich die endgültige Form der Gleichung:

$$ds'^2 - ds^2 = 2e_{ij}dx_i dx_j, \tag{9}$$

wobei

$$e_{ij} = \frac{1}{2}\left(\frac{\partial u_i}{\partial x_j} + \frac{\partial u_j}{\partial x_i} + \frac{\partial u_k}{\partial x_i} \frac{\partial u_k}{\partial x_j} \right); \quad i,j = 1,2,3 \tag{10}$$

ist.

Gl. (10) kann kürzer mit der Bezeichnung $\frac{\partial u_i}{\partial x_j} = u_{i,j}$ geschrieben werden. Es gilt

$$e_{ij} = \frac{1}{2}(u_{i,j} + u_{j,i} + u_{k,i}u_{k,j}). \tag{11}$$

Der Tensor $T_\varepsilon = e_{ij}$ wird der Tensor des Verzerrungszustandes oder kurz Verzerrungstensor genannt. Er beschreibt die Änderung eines Linienelementes bei der Körperverformung und ist ein symmetrischer Tensor, da $e_{ij} = e_{ji}$ ist. Ist $e_{ij} = 0$, so ist $ds = ds'$; die Linienelemente erfahren keine Änderung und der Körper kann nur als ein Ganzes (als ein starrer Körper) gedreht oder verschoben werden.

Das Linienelement $\overline{PQ}$ möge parallel zur x_1-Achse liegen und seine Länge vor der Verformung dx_1 betragen (Abb. 1-4). Nach der Verformung wird die Elementlänge ds' betragen und das Element wird sich in der Lage $\overline{P'Q'}$ befinden. Laut Gl. (9) ist

$$ds' = |\overrightarrow{P'Q'}| = dx_1 \sqrt{1 + 2e_{11}}.$$

Analog hat ein Linienelement $\overrightarrow{PR}$ nach der Verformung die Länge

$$|\overrightarrow{P'R'}| = dx_2 \sqrt{1+2e_{22}}\,.$$

Es ist leicht zu prüfen, daß

$$|\overrightarrow{Q'R'}| = \sqrt{(1+2e_{11})\,dx_1^2 + (1+2e_{22})\,dx_2^2 + 4e_{12}\,dx_1\,dx_2}$$

ist.

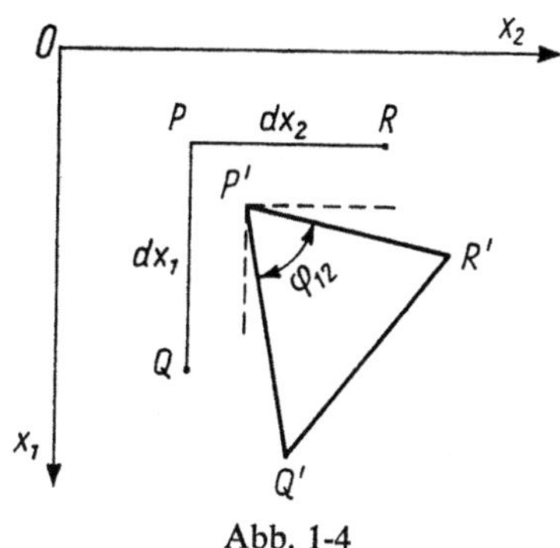

Abb. 1-4

Die Größe

$$\frac{|\overrightarrow{P'Q'}| - |\overrightarrow{PQ}|}{|\overrightarrow{PQ}|} = \varepsilon_{11} = \sqrt{1+2e_{11}} - 1 \tag{12}$$

wird als spezifische Dehnung des Linearelementes dx_1 in Richtung der x_1-Achse bezeichnet.

Ähnliche Formeln

$$\varepsilon_{22} = \sqrt{1+2e_{22}} - 1; \qquad \varepsilon_{33} = \sqrt{1+2e_{33}} - 1$$

beschreiben die spezifische Dehnung des Linienelementes dx_2 in Richtung der x_2-Achse und des Elementes dx_3 in Richtung der x_3-Achse.

Wird die Beziehung

$$|\overrightarrow{R'Q'}|^2 = |\overrightarrow{P'Q'}|^2 + |\overrightarrow{P'R'}|^2 + 2\,|\overrightarrow{P'Q'}|\,|\overrightarrow{P'R'}|\cos\varphi_{12} \tag{13'}$$

berücksichtigt, so ergibt sich

$$\cos\varphi_{12} = \frac{2e_{12}}{\sqrt{(1+2e_{11})(1+2e_{22})}}; \qquad \cos\varphi_{12} = \sin\left(\frac{\pi}{2} - \varphi_{12}\right). \tag{13''}$$

Da $\cos\varphi_{12}$ mit c_{12} proportional ist, kann c_{12} als ein Maß der Änderung des rechten Winkels zwischen den Elementen $\overrightarrow{PQ}$ und $\overrightarrow{PR}$ angesehen werden; die Änderung wird durch die Körperverformung herbeigeführt.

In der linearen Elastizitätstheorie wird die Betrachtung ausschließlich auf kleine Verformungen beschränkt (mit Ausnahme von bestimmten Sonderfällen, wenn es sich z. B. um Stabilitätsprobleme von Stäben, Platten und Schalen handelt [67, 114]). Dies bedeutet, daß die Änderung einer beliebigen Entfernung innerhalb des Körpers klein im Vergleich mit dieser Entfernung selbst ist; die Dehnungen sind klein im Vergleich mit Eins. Die Produkte und Quadrate der Verschiebungsableitungen werden gegenüber den linearen Gliedern vernachlässigt. Es wird also angenommen, daß

$$e_{ij} \approx \frac{1}{2}(u_{i,j} + u_{j,i}) \tag{14}$$

ist. Für kleine Verformungen nimmt Gl. (12) die Form

$$\varepsilon_{11} = \sqrt{1 + 2e_{11}} - 1 \approx (1 + e_{11}) - 1 = e_{11} \tag{15}$$

an. Die Funktion $(1 + 2e_{11})^{1/2}$ wird hierbei in eine Potenzreihe entwickelt, wobei die höheren Potenzen von e_{11} gegenüber der ersten vernachlässigt werden. Analog gilt

$$\varepsilon_{22} = e_{22}; \quad \varepsilon_{33} = e_{33}. \tag{16}$$

Werden die Größen $2e_{11}$ und $2e_{22}$ in Gl. (13″) als klein im Vergleich mit Eins vernachlässigt und wird vorausgesetzt, daß $\sin\left(\dfrac{\pi}{2} - \varphi_{12}\right) \approx \dfrac{\pi}{2} - \varphi_{12}$ ist, so ergibt sich

$$\frac{\pi}{2} - \varphi_{12} = e_{12}.$$

Wenn ε_{12} die Hälfte der Änderung des rechten Winkels zwischen den Linienelementen dx_1 und dx_2 infolge der Körperverformung bedeutet, ist

$$\varepsilon_{12} = e_{12}. \tag{17}$$

Allgemein können Gln. (15) bis (17) mit Hilfe einer einzigen Formel

$$\varepsilon_{ij} = \frac{1}{2}(u_{i,j} + u_{j,i}) \tag{18}$$

geschrieben werden, wobei — es sei noch einmal betont — diese Formel nur für kleine Verzerrungen gilt.

Der Verzerrungszustand in jedem Punkt wird im Rahmen der linearen Elastizitätstheorie durch sechs Größen ε_{ij} beschrieben, die den Verzerrungstensor

$$T_\varepsilon = \left\|\begin{matrix} \varepsilon_{11} & \varepsilon_{12} & \varepsilon_{13} \\ \varepsilon_{21} & \varepsilon_{22} & \varepsilon_{23} \\ \varepsilon_{31} & \varepsilon_{32} & \varepsilon_{33} \end{matrix}\right\| \tag{19}$$

bilden.

Sind die Komponenten des Verzerrungstensors bekannt, so können die Komponenten der Verschiebung in jedem Punkt des Körpers ermittelt werden, indem die lineare Differentialgleichung (18) integriert wird. Von der Theorie der Differentialgleichungen ist es bekannt, daß die allgemeine Lösung aus dem partikulären Integral der inhomogenen Gleichung und der allgemeinen Lösung des homogenen Gleichungssystems

$$u_{i,j} + u_{j,i} = 0; \quad i,j = 1, 2, 3 \tag{20}$$

besteht.

Es kann bewiesen werden, daß die linearen Funktionen

$$u_1 = u_1^0 + \beta x_2 - \gamma x_3,$$
$$u_2 = u_2^0 + \alpha x_3 - \beta x_1, \tag{21}$$
$$u_3 = u_3^0 + \gamma x_1 - \alpha x_2$$

die allgemeine Lösung des Gleichungssystems (20) darstellen.

Die obigen Verschiebungen beschrieben die Verschiebung und die Verdrehung des als starr betrachteten Körpers. Die Größen u_1^0, u_2^0 und u_3^0 beschreiben die Verschiebungen, die Größen α, β und γ die Drehungen um die entsprechenden Achsen. Die Größen α, β, γ müssen von der gleichen Größenordnung wie ε_{ij} sein. Die Verschiebungsermittlung kann also auf die Bestimmung der partikulären Integrale des Gleichungssystems (18) beschränkt werden, da die allgemeinen Integrale durch Gln. (21) bestimmt sind.

Es ist zu bemerken, daß zur Ermittlung von drei Verschiebungskomponenten u_i; $i = 1, 2, 3$ ein System von sechs Differentialgleichungen (18) zur Verfügung steht. Sind die Funktionen ε_{ij} willkürlich gewählt, so liefernt die Gl. (18) keine eindeutige Beschreibung der Verschiebungen. Es sind noch zusätzliche Bedingungen für die Verformung einzuführen, die Kompatibilitätsbedingungen oder Verträglichkeitsbedingungen genannt werden.

Wird Gl. (18) einmal differenziert, so entsteht

$$\varepsilon_{ij,kl} = \frac{1}{2}\left(u_{i,jkl} + u_{j,ikl}\right).$$

Durch Vertauschen der Indizes ergibt sich

$$\varepsilon_{kl,ij} = \frac{1}{2}\left(u_{k,lij} + u_{l,kij}\right),$$

$$\varepsilon_{jl,ik} = \frac{1}{2}\left(u_{j,lik} + u_{l,jik}\right),$$

$$\varepsilon_{ik,jl} = \frac{1}{2}\left(u_{i,kjl} + u_{k,ijl}\right).$$

Aufgrund dieser Beziehungen können die von St. Vénant angegebenen Kompatibilitätsbedingungen

$$\varepsilon_{ij,kl} + \varepsilon_{kl,ij} - \varepsilon_{ik,jl} - \varepsilon_{jl,ik} = 0, \qquad i, j, k, l = 1, 2, 3$$

geprüft werden. Es gibt $3^4 = 81$ derartiger Bedingungen, davon sind aber nur sechs wesentlich und zwar

$$\varepsilon_{11,22} + \varepsilon_{22,11} = 2\varepsilon_{12,12},$$
$$\varepsilon_{22,33} + \varepsilon_{33,22} = 2\varepsilon_{23,23},$$
$$\varepsilon_{33,11} + \varepsilon_{11,33} = 2\varepsilon_{13,13},$$
$$\varepsilon_{11,23} = [-\varepsilon_{23,1} + \varepsilon_{31,2} + \varepsilon_{12,3}]_{,1}, \tag{22}$$
$$\varepsilon_{22,13} = [-\varepsilon_{31,2} + \varepsilon_{12,3} + \varepsilon_{23,1}]_{,2},$$
$$\varepsilon_{33,12} = [-\varepsilon_{12,3} + \varepsilon_{23,1} + \varepsilon_{31,2}]_{,3}.$$

Es kann bewiesen werden, daß die obigen Bedingungen in dem Sinne ausreichend sind, daß die Lösung der Gl. (18) eindeutig und stetig ist, wenn diese Bedingungen erfüllt werden und von den vollkommen starren Verschiebungen des Körpers abgesehen wird, die durch Gln. (21) gegeben sind. Der entsprechende Beweis wurde von E. Cesaro im Jahre 1906 angegeben [21]. Es sei erwähnt, daß die Kompatibilitätsbedingungen die Bedeutung von Integrabilitätsbedingungen besitzen [85].

Weiterhin sei darauf hingewiesen, daß nur 3 von 6 Gleichungen der Gleichungsgruppe (22) voneinander unabhängig sind, wie E. Beltrami gezeigt hat [6].

1.4. Transformation der Komponenten des Verzerrungszustandes. Hauptrichtungen der Verzerrung. Invarianten des Verzerrungszustandes

Es wird das folgende Problem betrachtet. Unter der Voraussetzung, daß die Komponenten e_{ij} des Verzerrungstensors T_ε im Koordinatensystem x_1, x_2, x_3 bekannt sind, sind die Komponenten $e'_{\alpha\beta}$ des Tensors T'_ε zu bestimmen, der mit dem Koordinatensystem x'_1, x'_2, x'_3 verbunden ist. Es wird weiterhin vorausgesetzt, daß die beiden Systeme denselben Koordinatenursprung haben und gegeneinander gedreht sind.

Das Linienelement mit einer ursprünglichen Länge ds nimmt nach der Verformung die Länge ds' an, wobei weder die Größen ds, ds' noch die Größe $ds'^2 - ds^2$ von der Drehung des Koordinatensystems abhängen.

Im Koordinatensystem x_1, x_2, x_3 gilt

$$ds'^2 - ds^2 = 2e_{ij}dx_i dx_j. \tag{1}$$

Im Koordinatensystem x'_1, x'_2, x'_3 gilt analog

$$ds'^2 - ds^2 = 2e'_{\alpha\beta}dx'_\alpha dx'_\beta. \tag{2}$$

Es ist zu bemerken, daß für die Elemente dx_i und dx'_α sowie dx_j und dx'_β die Beziehungen

$$dx_i = n_{\alpha i}dx'_\alpha; \qquad dx_j = n_{\beta j}dx'_\beta \tag{3}$$

gelten (vgl. Gl. (1) vom Abschnitt 1.2).

Ein Vergleich der rechten Seiten von Gln. (1) und (2) unter Beachtung von Gl. (3) ergibt

$$e'_{\alpha\beta} = e_{ij}n_{\alpha i}n_{\beta j}. \tag{4}$$

Diese Gleichung gilt für endliche Verzerrungen. Für die Transformation der Verzerrungskomponenten ergeben sich also ähnliche Formeln wie für die Spannungstransformation (vgl. Gl. (5) vom Abschnitt 1.2).

Zwischen dem Verzerrungs- und dem Spannungszustand können noch weitere Analogien aufgestellt werden. Wie für einen Spannungszustand, Spannungshauptachsen und Hauptspannungen auftreten, so können für einen Verzerrungszustand Hauptrichtungen der Verzerrung und Hauptdehnungen bestimmt werden.

Gl. (1) kann auch in der Form

$$\frac{ds'^2 - ds^2}{ds^2} = 2e_{ij}n_i n_j; \qquad n_i = \frac{dx_i}{ds}, \tag{5}$$

geschrieben werden, wobei n_i die Richtungskosinus des Linienelements vor der Verformung bedeuten.

Es wird der Begriff der Dehnung des Linienelementes

$$\frac{ds' - ds}{ds} = \varepsilon$$

eingeführt.

Gl. (5) lautet dann

$$(2 + \varepsilon)\varepsilon = 2e_{ij}n_i n_j. \tag{6}$$

Die weiteren Betrachtungen werden wieder auf kleine Verzerrungen beschränkt. Die Größe ε^2 auf der linken Seite der Gl. (6) darf dann im Vergleich mit der Dehnung ε selbst vernachlässigt werden. Weiterhin wird die Bezeichnung $\varepsilon_{ij} = e_{ij}$ eingeführt. Dann gilt

$$\varepsilon = \varepsilon_{ij}n_i n_j. \tag{7}$$

Nun werden diejenigen Richtungskosinus gesucht, für welche die Dehnung ε einen Extremwert erreicht.

Unter Berücksichtigung, daß die Nebenbedingung

$$n_i n_i = 1 \tag{8}$$

erfüllt werden muß, wird der Extremwert der Funktion

$$F = \varepsilon - \lambda n_i n_i = \varepsilon_{ij}n_i n_j - \lambda n_i n_i, \tag{9}$$

gesucht, wobei λ der Faktor von LAGRANGE ist.

Das Extremwertproblem für die Funktion F führt zum Gleichungssystem

$$\frac{1}{2}\frac{\partial F}{\partial n_i} = (\varepsilon_{ij} - \lambda\delta_{ij})n_j = 0; \quad i = 1, 2, 3. \tag{10}$$

Wird die erste Gleichung mit n_1, die zweite mit n_2 und die dritte mit n_3 multipliziert und werden drei Gleichungen addiert, so ergibt sich

$$\varepsilon_{ij}n_j n_i - \lambda n_i n_i = 0 \quad \text{oder} \quad (\varepsilon_{ij} - \lambda\delta_{ij})n_i n_j = 0. \tag{11}$$

Unter Berücksichtigung der Gln. (7) und (8) ergibt Gl. (11) $\lambda = \varepsilon$. Das Gleichungssystem (10) ist kompatibel, wenn die Hauptdeterminante gleich Null, d.h.

$$|\varepsilon_{ij} - \varepsilon\delta_{ij}| = 0 \tag{12}$$

ist.

Ein Vergleich der Gl. (12) mit der Gl. (10) vom Abschnitt 1.2 zeigt vollständige Analogie dieser beiden Gleichungen auf. In jedem Punkt eines elastischen Körpers können also drei aufeinander senkrecht stehende Richtungen festgelegt werden, für die die Verzerrungen ε_{ij} für $i \neq j$ verschwinden. Diese Richtungen werden Verzerrungshauptrichtungen genannt. Gl. (12) hat drei untereinander verschiedene reelle Wurzeln ε_1, ε_2, ε_3. Man kann die folgenden Invarianten definieren

$$I_1 = \varepsilon_{11} + \varepsilon_{22} + \varepsilon_{33} = \varepsilon_1 + \varepsilon_2 + \varepsilon_3,$$

$$I_2 = \begin{vmatrix} \varepsilon_{22} & \varepsilon_{23} \\ \varepsilon_{32} & \varepsilon_{33} \end{vmatrix} + \begin{vmatrix} \varepsilon_{33} & \varepsilon_{31} \\ \varepsilon_{13} & \varepsilon_{11} \end{vmatrix} + \begin{vmatrix} \varepsilon_{11} & \varepsilon_{12} \\ \varepsilon_{21} & \varepsilon_{22} \end{vmatrix} = \varepsilon_2\varepsilon_3 + \varepsilon_3\varepsilon_1 + \varepsilon_1\varepsilon_2, \tag{13}$$

$$I_3 = \begin{vmatrix} \varepsilon_{11} & \varepsilon_{12} & \varepsilon_{13} \\ \varepsilon_{21} & \varepsilon_{22} & \varepsilon_{23} \\ \varepsilon_{31} & \varepsilon_{32} & \varepsilon_{33} \end{vmatrix} = \varepsilon_1\varepsilon_2\varepsilon_3.$$

Eine besondere Bedeutung hat die erste Invariante

$$I_1 = e = \varepsilon_{kk} = u_{k,k} = \operatorname{div} \boldsymbol{u}.$$

Die Größe e wird als Dilatation bezeichnet und kann als das Verhältnis

$$e = \frac{dV' - dV}{dV}$$

ausgelegt werden.

Hierbei bedeutet $dV = dx_1 dx_2 dx_3$ der ursprüngliche Rauminhalt des Volumselementes, dV' dagegen der Rauminhalt dieses Elementes nach der Verformung. Da die Verlängerung der Elementkante dx_1 nach der Verformung $\varepsilon_{11} dx_1$ beträgt und die Verlängerungen für die Kanten dx_2 und dx_3 entsprechend $\varepsilon_{22} dx_2$ und $\varepsilon_{33} dx_3$ sind, ist

$$dV' = (1 + \varepsilon_{11}) dx_1 (1 + \varepsilon_{22}) dx_2 (1 + \varepsilon_{33}) dx_3.$$

Werden die Kleinen höherer Ordnung vernachlässigt, so ergibt sich

$$e = \frac{dV' - dV}{dV} = \varepsilon_{11} + \varepsilon_{22} + \varepsilon_{33}. \tag{14}$$

Der Volumenzuwachs eines Körpers mit dem ursprünglichen Rauminhal V beträgt $\Delta V = \int\limits_V e\, dV$.

1.5. Gleichgewichts- und Bewegungsgleichungen

Es wird ein elastischer Körper betrachtet, der in verzerrtem Zustand im Gleichgewicht bleibt. Aus dem Körpervolumen V wird ein Teilvolumen V' ausgeschnitten, das durch die Fläche S' (Abb. 1-5) begrenzt ist. Für den so

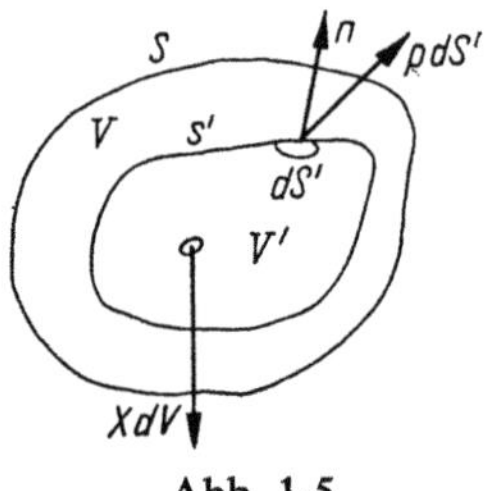

Abb. 1-5

ausgeschnittenen Teilkörper werden nun Gleichgewichtsgleichungen in Vektorform aufgestellt. Es gilt

$$\int\limits_{S'} \boldsymbol{p}\, dS + \int\limits_{V'} \boldsymbol{X}\, dV = 0, \tag{1}$$

$$\int\limits_{S'} \boldsymbol{r} \times \boldsymbol{p}\, dS + \int\limits_{V'} \boldsymbol{r} \times \boldsymbol{X}\, dV = 0. \tag{2}$$

Hierbei ist X der Vektor der auf die Volumeneinheit bezogenen Massenkraft, p ist der Hauptvektor der Spannung auf der Fläche S'. Gl. (1) besagt, daß die Summe der auf den ausgeschnittenen, durch die Fläche S' begrenzten Körper einwirkenden äußeren Kräfte gleich Null ist. Die Summe der Momente aus den auf den Körper V' angreifenden äußeren Kräften (Oberflächen- und Massenkräften) soll ebenfalls Null sein, was durch die Gl. (2) ausgedrückt ist. Mit $r = (x_1, x_2, x_3)$ wird der Ortsvektor bezeichnet, dessen Anfang in einem bestimmten Körperpunkt, beispielsweise im Koordinatenursprung, angenommen wird.

Die Gleichgewichtsgleichungen für einzelne Komponenten lauten im rechtwinkligen Koordinatensystem x_1, x_2, x_3

$$\int\limits_{S'} p_i\, dS + \int\limits_{V'} X_i\, dV = 0, \tag{1'}$$

$$\int\limits_{S'} \epsilon_{ijk} x_j p_k\, dS + \int\limits_{V'} \epsilon_{ijk} x_j X_k\, dV = 0. \tag{2'}$$

Hierbei ist ϵ_{ijk} der Alternator von LEVI-CIVITA. Bei einer geraden Permutation der Indizes ijk nimmt der Alternator ϵ_{ijk} den Wert von 1, bei einer ungeraden Permutation den Wert von -1 an. Sind zwei Indizes untereinander gleich, so ist der Alternator Null.

Es gilt beispielsweise

$$\epsilon_{123} = \epsilon_{231} = \epsilon_{312} = 1,$$
$$\epsilon_{132} = \epsilon_{213} = \epsilon_{321} = -1,$$
$$\epsilon_{112} = \epsilon_{332} = \epsilon_{333} = 0.$$

Werden in den Gln. (1') und (2') die Beziehungen

$$p_i = \delta_{ji} n_j; \quad x \in S' \tag{3}$$

berücksichtigt, so ergibt sich

$$\int\limits_{S'} \sigma_{ji} n_j\, dS + \int\limits_{V'} X_i\, dV = 0,$$

$$\int\limits_{S'} \epsilon_{ijk} x_j \sigma_{lk} n_l\, dS + \int\limits_{V'} \epsilon_{ijk} x_j X_k\, dV = 0.$$

Nun werden die *Formeln von Gauß-Ostrogradski* [85]

$$\int\limits_{S'} \sigma_{ji} n_j\, dS = \int\limits_{V'} \sigma_{ji,\,i}\, dV,$$

$$\int\limits_{S'} \epsilon_{ijk} x_j \sigma_{lk} n_l\, dS = \int\limits_{V'} \epsilon_{ijk} (x_j \sigma_{lk}),_l\, dV \quad \text{verwendet.}$$

Werden aus den Gln. (1) und (2) die Flächenintegrale eliminiert, so ergibt sich

$$\int\limits_{V'} (\sigma_{ji,j} + X_i)\, dV = 0, \tag{4}$$

$$\int\limits_{V'} [\epsilon_{ijk}(\sigma_{lk,l} + X_k) + \epsilon_{ijk}\delta_{jl}\sigma_{lk}]\, dV = 0. \tag{5}$$

Wegen der willkürlichen Wahl des betrachteten Volumens V' ergibt sich aus Gl. (4) die lokale Gleichung

$$\sigma_{ji,j} + X_i = 0, \tag{6}$$

die in jedem Punkt des Körperraumes V gilt.

Unter Beachtung der Gleichgewichtsgleichung (6) folgt aus Gl. (5)

$$\int_{V'} \epsilon_{ijk} \sigma_{jk}\, dV = 0, \tag{7}$$

was zur lokalen Beziehung

$$\epsilon_{ijk} \sigma_{jk} = 0 \tag{8}$$

führt.

Daraus folgt, daß $\sigma_{ji} = \sigma_{ij}$ ist; der Spannungstensor ist also symmetrisch.

In den drei Gleichgewichtsgleichungen (6) kommen damit sechs unbekannte Komponenten des symmetrischen Spannungstensors σ_{ij} vor.

Die Bewegungsgleichungen werden aus dem Impuls- und Impulsmomentensatz hergeleitet. Es gilt

$$\int_{S'} p_i\, dS + \int_{V'} X_i\, dV = \frac{d}{dt} \int_{V} \varrho v_i\, dV; \qquad v_i = \frac{\partial u_i}{\partial t} = u_i, \tag{9'}$$

$$\int_{S'} \epsilon_{ijk} x_j p_k\, dS + \int_{V'} \epsilon_{ijk} x_j X_k\, dV = \frac{d}{dt} \int_{V'} \epsilon_{ijk} x_j v_k\, dV. \tag{10'}$$

Unter Berücksichtigung von Gl. (3) und bei einer sinngemäßen Verwendung der *Formeln von Gauß-Ostrogradski* entstehen die Gleichungen

$$\int_{V'} (\sigma_{ji,j} + X_i - \varrho \ddot{u}_i)\, dV = 0, \tag{9''}$$

$$\int_{V'} \epsilon_{ijk} [\sigma_{ik,l} + X_k - \varrho \ddot{u}_k]\, dV + \int_{V'} \epsilon_{ijk} \sigma_{jk}\, dV = 0. \tag{10''}$$

Die Ableitungen nach der Zeit werden mit Punkten gekennzeichnet; zum Beispiel:

$$\frac{\partial u_i}{\partial t} = \dot{u}_i; \qquad \frac{\partial u_i}{\partial t^2} = \ddot{u}_i \quad \text{usw.}$$

Die für einen beliebigen Teilraum V' geltenden Gleichungen (9'') liefern die lokale Bewegungsgleichung

$$\sigma_{ji,i} + X_i - \varrho \ddot{u}_i = 0, \quad i,j = 1, 2, 3. \tag{11}$$

Unter Beachtung von Gl. (11) ergibt Gl. (10'') die lokale Beziehung

$$\epsilon_{ijk} \sigma_{jk} = 0 \quad \text{oder} \quad \sigma_{ij} = \sigma_{ji}. \tag{12}$$

Es ist zu bemerken, daß die Bewegungsgleichungen aus Gl. (6) durch Einführung der *d'Álembertschen Kräfte* (Trägheitskräfte) erhalten werden können.

Zur Lösung zahlreicher dynamischer Probleme ist es oftmals günstiger, die Bewegungsgleichungen und die Beziehungen zwischen dem Spannungs- und dem Verzerrungszustand in einem anderen Koordinatensystem zu betrachten, als es das kartesische System ist. Eine allgemeine und umfassende Ableitung für beliebige Koordinaten findet man zum Beispiel in [9].

So werden mit r, φ, z die Koordinaten eines Punktes im zylindrischen Koordinatensystem bezeichnet. In Schnitten $r = $ konst, $\varphi = $ konst, $z = $ konst werden die Verschiebungen mit u_r, u_φ, u_z und die Verzerrungen mit ε_{rr}, $\varepsilon_{\varphi\varphi}$, ε_{zz}, $\varepsilon_{r\varphi}$, $\varepsilon_{\varphi z}$, ε_{zr} bezeichnet. Es gilt [129]

$$\varepsilon_{rr} = \frac{\partial u_r}{\partial r}; \qquad \varepsilon_{\varphi\varphi} = \frac{1}{r}\left(u_r + \frac{\partial u_\varphi}{\partial \varphi}\right); \qquad \varepsilon_{zz} = \frac{\partial u_z}{\partial z};$$

$$\varepsilon_{r\varphi} = \frac{1}{2}\left[\frac{1}{r}\left(\frac{\partial u_r}{\partial \varphi} - u_\varphi\right) + \frac{\partial u_\varphi}{\partial r}\right]; \qquad \varepsilon_{\varphi z} = \frac{1}{2}\left(\frac{\partial u_\varphi}{\partial z} + \frac{1}{r}\frac{\partial u_z}{\partial \varphi}\right); \qquad (13)$$

$$\varepsilon_{zr} = \frac{1}{2}\left(\frac{\partial u_z}{\partial r} + \frac{\partial u_r}{\partial z}\right); \qquad\qquad r^2 = x_1^2 + x_2^2; \qquad z = x_3.$$

Mit σ_{rr}, $\sigma_{\varphi\varphi}$, σ_{zz}, $\sigma_{r\varphi}$, $\sigma_{\varphi z}$, σ_{zr} werden die Spannungskomponenten in den Schnitten $r = $ konst, $\varphi = $ konst, $z = $ konst (Abb. 1-6) und mit X_r, X_φ, X_z die

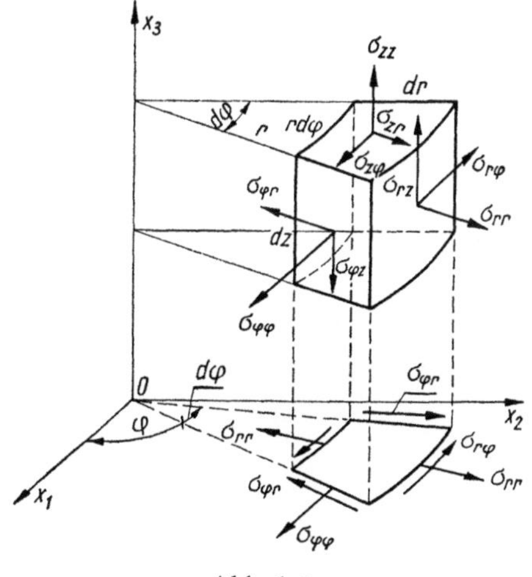

Abb. 1-6

Komponenten des Vektors der Massenkräfte X bezeichnet. In Zylinderkoordinaten lauten die Bewegungsgleichungen dann

$$\frac{\partial \sigma_{rr}}{\partial r} + \frac{1}{r}\frac{\partial \sigma_{\varphi r}}{\partial \varphi} + \frac{\partial \sigma_{zr}}{\partial z} + \frac{1}{r}(\sigma_{rr} - \sigma_{\varphi\varphi}) + X_r = \varrho\ddot{u}_r,$$

$$\frac{\partial \sigma_{r\varphi}}{\partial r} + \frac{1}{r}\left(\frac{\partial \sigma_{\varphi\varphi}}{\partial \varphi} + 2\sigma_{r\varphi}\right) + \frac{\partial \sigma_{\varphi z}}{\partial z} + X_\varphi = \varrho\ddot{u}_\varphi, \qquad (14)$$

$$\frac{\partial \sigma_{rz}}{\partial r} + \frac{1}{r}\left(\frac{\partial \sigma_{\varphi z}}{\partial \varphi} + \sigma_{rz}\right) + \frac{\partial \sigma_{zz}}{\partial z} + X_z = \varrho\ddot{u}_z.$$

Im Sonderfall eines axialsymmetrischen Spannungsfeldes, wenn die Spannungen von der Veränderlichen φ unabhängig sind, werden die Gln. (14) einfacher und liefern für $X_\varphi = 0$, $u_\varphi = 0$, $\sigma_{r\varphi} = 0$, $\sigma_{\varphi z} = 0$ die folgenden zwei Gleichungen:

$$\frac{\partial \sigma_{rr}}{\partial r} + \frac{\partial \sigma_{rz}}{\partial z} + \frac{1}{r}(\sigma_{rr} - \sigma_{\varphi\varphi}) + X_r = \varrho \ddot{u}_r,$$

$$\frac{\partial \sigma_{rz}}{\partial r} + \frac{\partial \sigma_{zz}}{\partial z} + \frac{1}{r}\sigma_{rz} + X_z = \varrho \ddot{u}_z.$$

(15)

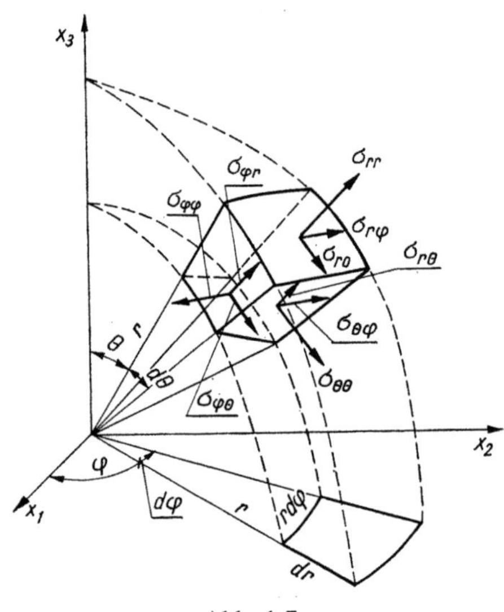

Abb. 1-7

In Kugelkoordinaten r, θ, φ (Abb. 1-7) gelten die folgenden Beziehungen zwischen den Verformungen und den Komponenten des Verschiebungsvektors $\boldsymbol{u} \equiv (u_r, u_\theta, u_\varphi)$ [129]:

$$\varepsilon_{rr} = \frac{\partial u_r}{\partial r}; \qquad \varepsilon_{\theta\theta} = \frac{1}{r}\frac{\partial u_\theta}{\partial \theta} + \frac{u_r}{r};$$

$$\varepsilon_{\varphi\varphi} = \frac{1}{r\sin\theta}\frac{\partial u_\varphi}{\partial \varphi} + \frac{u_r}{r} + u_\theta \frac{\cotan\theta}{r};$$

$$\varepsilon_{r\varphi} = \frac{1}{2}\left(\frac{1}{r\sin\theta}\frac{\partial u_r}{\partial \varphi} - \frac{u_\varphi}{r} + \frac{\partial u_\varphi}{\partial r}\right);$$

$$\varepsilon_{r\theta} = \frac{1}{2}\left(\frac{1}{r}\frac{\partial u_r}{\partial \theta} - \frac{u_\theta}{r} + \frac{\partial u_\theta}{\partial r}\right);$$

$$\varepsilon_{\varphi\theta} = \frac{1}{2}\left(\frac{1}{r}\frac{\partial u_\varphi}{\partial \theta} - \frac{u_\varphi\cotan\theta}{r} + \frac{1}{r\sin\theta}\frac{\partial u_\theta}{\partial \varphi}\right);$$

$$r = (x_1^2 + x_2^2 + x_3^2)^{1/2}.$$

(16)

Die Bewegungsgleichungen lauten

$$\frac{\partial \sigma_{rr}}{\partial r} + \frac{1}{r \sin \theta} \frac{\partial \sigma_{r\varphi}}{\partial \varphi} + \frac{1}{r} \frac{\partial \sigma_{r\theta}}{\partial \theta} + \frac{2\sigma_{rr} - \sigma_{\varphi\varphi} - \sigma_{\theta\theta} - \sigma_{r\theta} \cot \theta}{r} +$$

$$+ X_r = \varrho \ddot{u}_r,$$

$$\frac{\partial \sigma_{r\varphi}}{\partial r} + \frac{1}{r \sin \theta} \frac{\partial \sigma_{\varphi\varphi}}{\partial \varphi} + \frac{1}{r} \frac{\partial \sigma_{\varphi\theta}}{\partial \theta} + \frac{3\sigma_{r\theta} + 2\sigma_{\varphi\theta} \cot \theta}{r} + X_\varphi = \varrho \ddot{u}_\varphi, \quad (17)$$

$$\frac{\partial \sigma_{r\varphi}}{\partial r} + \frac{1}{r \sin \theta} \frac{\partial \sigma_{\varphi\theta}}{\partial \varphi} + \frac{1}{r} \frac{\partial \sigma_{\theta\theta}}{\partial \theta} + \frac{3\sigma_{r\theta} + (\sigma_{\theta\theta} - \sigma_{\varphi\varphi}) \cot \theta}{r} +$$

$$+ X_\theta = \varrho \ddot{u}_\theta.$$

Wenn das Spannungs- und Verschiebungsfeld bezüglich eines Punktes symmetrisch ist, hängen die Komponenten beider Zustände ausschließlich von der Veränderlichen r ab. Dann gilt

$$\varepsilon_{rr} = \frac{\partial u_r}{\partial r}; \qquad \varepsilon_{\theta\theta} = \varepsilon_{\varphi\varphi} = \frac{u_r}{r};$$

$$\varepsilon_{r\theta} = \varepsilon_{\theta\varphi} = \varepsilon_{\varphi r} = 0; \qquad \sigma_{\theta\theta} = \sigma_{\varphi\varphi}. \tag{18}$$

Die Bewegungsgleichungen werden auf eine Gleichung zurückgeführt:

$$\frac{\partial \sigma_{rr}}{\partial r} + \frac{2}{r}(\sigma_{rr} - \sigma_{\theta\theta}) + X_r = \varrho \ddot{u}_r. \tag{19}$$

An den Wänden des Volumelementes (Abb. 1-7) treten lediglich die Normalspannungen auf, wobei wegen der zweiten der Gln. (18) $\sigma_{\theta\theta} = \sigma_{\varphi\varphi}$ ist.

Steht der Körper im Gleichgewicht, so sind in den Gln. (14), (15), (17) und (19) die Trägheitsglieder zu vernachlässigen.

1.6. Energieerhaltungssatz. Formänderungsgesetz

Der Körper möge unter dem Angriff der mit der Zeit veränderlichen Lasten einer Verformung unterliegen, wobei vorausgesetzt wird, daß der Körper weder Wärmequellen enthält noch die Wärme von der Umgebung her aufnimmt. Weiterhin wird angenommen, daß im Laufe der Verformung kein Wärmeaustausch zwischen den einzelnen Körperteilen stattfindet. Der thermodynamische Vorgang wird damit als adiabatisch betrachtet.

An den Rauminhalt V des durch die Oberfläche S begrenzten Körpers wird der Energieerhaltungssatz angewendet. Es gilt

$$\frac{d}{dt}(\mathscr{U} + \mathscr{K}) = \mathscr{L} + \frac{dQ}{dt}. \tag{1}$$

Hierbei bedeutet $\mathscr{U}$ die innere Energie, $\mathscr{K}$ die kinetische Energie, $\mathscr{L}$ die Leistung der äußeren Kräfte, $\dot{Q}$ die nichtmechanische Leistung, d.h. den zeitlichen Zuwachs der Wärme infolge des Wärmeflusses und der Auswirkung von Wärmequellen. Unter der angenommenen Voraussetzung, d.h. für einen adiabatischen Vorgang, ist selbstverständlich $\dot{Q} = 0$.

Die mechanische Leistung ist

$$\mathscr{L} = \int_S p_i v_i\, dS + \int_V X_i v_i\, dV, \qquad v_i = \dot{u}_i, \tag{2}$$

die kinetische Energie beträgt

$$\mathscr{K} = \frac{\varrho}{2} \int_V v_i v_i\, dV. \tag{3}$$

Der Energieerhaltungssatz (1) wird in der Form

$$\frac{d}{dt} \int_V \left[U + \frac{\varrho}{2} v_i v_i \right] dV = \int_S p_i v_i\, dS + \int_V X_i v_i\, dV \tag{4}$$

geschrieben, wobei U die auf Volumeneinheit bezogene innere Energie bedeutet. Die linke Seite der Gl. (4) beschreibt die zeitliche Änderung der kinetischen und der inneren Energie. Das erste Glied der rechten Seite stellt die Leistung der Massenkräfte, das zweite die Leistung der Oberflächenkräfte dar.

Wird auf Gl. (4) der Divergenzsatz angewendet und die Bewegungsgleichung

$$\sigma_{ji,j} + X_i = \varrho \ddot{u}_i \tag{5}$$

berücksichtigt, so ergibt sich

$$\int_V (\dot{U} - \sigma_{ij} v_{i,j})\, dV = 0.$$

Die obigen Gleichungen sollen für ein beliebiges Volumen V erfüllt werden. Ist der Integrand eine stetige Funktion und V' ein beliebiges Teilvolumen des Körpers, so soll die Gleichung

$$\dot{U} = \sigma_{ij} v_{i,j} \tag{6}$$

örtlich, d.h. in jedem Körperpunkt erfüllt werden.

Es ist zu bemerken, daß

$$u_{i,j} = \frac{1}{2}(u_{i,j} + u_{j,i}) + \frac{1}{2}(u_{i,j} - u_{j,i}) = \varepsilon_{ij} + \omega_{ij} \tag{7}$$

ist, wobei ω_{ij} der Verdrehungstensor bedeutet. Da σ_{ij} und ε_{ij} symmetrische Tensore sind und ω_{ij} ein antisymmetrischer Tensor ist, gilt

$$\sigma_{ij} v_{i,j} = \sigma_{ij}(\dot{\varepsilon}_{ij} + \dot{\omega}_{ij}) = \sigma_{ij} \dot{\varepsilon}_{ij}.$$

Auf diese Weise nimmt Gl. (6) die Form

$$\dot{U} = \sigma_{ij} \dot{\varepsilon}_{ij} \tag{8}$$

an.

Die bezogene innere Energie U stellt eine Funktion von neun Komponenten des Tensors ε_{ij} dar. Es ist also

$$\dot{U} = \frac{\partial U}{\partial \varepsilon_{ij}} \dot{\varepsilon}_{ij}; \qquad i,j = 1, 2, 3. \tag{9}$$

Unter der Voraussetzung, daß die Funktion $U(\varepsilon_{ij})$ von den Ableitungen der Funktion ε_{ij} bezüglich der Zeit nicht explizit abhängt, ergibt ein Vergleich der Gln. (8) und (9) die folgenden Beziehungen:

$$\sigma_{ij} = \frac{\partial U}{\partial \varepsilon_{ij}}. \tag{10}$$

Die innere Energie $U(\varepsilon_{ij})$ wird in die *MacLaurinsche Reihe* in der Umgebung des natürlichen Zustandes ($\varepsilon_{ij} = 0$) entwickelt.

Es ergibt sich

$$U(\varepsilon_{ij}) = U(0) + \left(\frac{\partial U}{\partial \varepsilon_{ij}}\right)_0 \varepsilon_{ij} + \frac{1}{2}\left(\frac{\partial^2 U}{\partial \varepsilon_{ij}\partial \varepsilon_{kl}}\right)_0 \varepsilon_{ij}\varepsilon_{kl} + \ldots \tag{11}$$

Die Entwicklung wird auf die oben geschriebenen Glieder beschränkt, wobei gefordert wird, daß die Beziehungen zwischen Spannungen und Verzerrungen linear sind. Es werden die Bezeichnungen

$$\left(\frac{\partial U}{\partial \varepsilon_{ij}}\right)_0 = a_{ij}; \qquad \left(\frac{\partial^2 U}{\partial \varepsilon_{ij}\partial \varepsilon_{kl}}\right)_0 = c_{ijkl}$$

eingeführt.

Gemäß der Gl. (10) ist

$$\sigma_{ij} = a_{ij} + c_{ijkl}\varepsilon_{kl}. \tag{12}$$

Es ist aber $a_{ij} = 0$, da für $\sigma_{ij} = 0$ wegen des vorausgesetzten natürlichen Zustandes des Körpers $\varepsilon_{ij} = 0$ sein soll. Die Gleichungen

$$U(\varepsilon_{ij}) = U(0) + \frac{1}{2}c_{ijkl}\varepsilon_{ij}\varepsilon_{kl}, \tag{13}$$

$$\sigma_{ij} = c_{ijkl}\varepsilon_{kl} \tag{14}$$

beziehen sich auf einen elastischen anisotropen Körper.

In der vorliegenden Monographie werden ausschließlich isotrope Körper betrachtet, diejenigen also, bei denen die elastischen Eigenschaften, die durch die Stoffkonstanten ausgedrückt werden, richtungsunabhängig sind.

Für einen isotropen Körper ist der Ausdruck für die innere Energie U unvergleichbar einfacher:

$$U = \mu\varepsilon_{ij}\varepsilon_{ij} + \frac{\lambda}{2}\varepsilon_{kk}^2. \tag{15}$$

Diese Gleichung wird aufgrund der folgenden Überlegung hergeleitet. Da die innere Energie eine skalare Größe ist, soll jedes Glied der rechten Seite von Gl. (15) ein Skalar sein. Mit den Komponenten des Verzerrungstensors können aber nur zwei untereinander unabhängige Invarianten zweiter Art gebildet werden, und zwar das Quadrat der Dilatation ε_{kk}^2 und das Quadrat $\varepsilon_{ij}\varepsilon_{ij}$ aller Komponenten des Tensors ε_{ij}. Die in Gl. (15) auftretenden Stoffkonstanten μ, λ werden als die *Konstanten von Lamé* bezeichnet.

Gl. (15) kann unmittelbar aus Gl. (13) erhalten werden, wenn der isotrope Tensor vierter Ordnung

$$c_{ijkl} = \mu(\delta_{ik}\delta_{jl} + \delta_{il}\delta_{jk}) + \lambda\delta_{ij}\delta_{kl} \tag{16}$$

eingeführt wird. Die Beziehungen

$$\sigma_{ij} = \frac{\partial U}{\partial \varepsilon_{ij}} = 2\mu\varepsilon_{ij} + \lambda\delta_{ij}\varepsilon_{kk}, \tag{17}$$

die die Komponenten des Verzerrungs- und des Spannungszustandes untereinander verbinden, werden als Formänderungsgesetz oder auch als *konstitutive Gleichungen* bezeichnet. Das Formänderungsgesetz für einen isotropen elastischen Körper stellt das *Hookesche Elastizitätsgesetz* dar.

Die Lösung von Gl. (17) bezüglich der Verzerrungskomponenten liefert

$$\varepsilon_{ij} = 2\mu'\sigma_{ij} + \lambda'\delta_{ij}\sigma_{kk}, \tag{18}$$

wobei

$$2\mu' = \frac{1}{2\mu}; \quad \lambda' = -\frac{\lambda}{2\mu(3\lambda + 2\mu)}$$

ist.

Die Komponenten des Tensors σ_{ij} werden in einem krummlinigen Koordinatensystem α_1, α_2, α_3 auf die gleiche Weise wie im kartesischen System definiert. Diejenige Spannungskomponente, die auf dem zur α_i-Achse senkrechten Schnitt normal steht, wird mit σ_{ii} bezeichnet, die mit den α_i- und α_j-Achsen verbundenen tangentiellen Komponenten dagegen — mit σ_{ij}. Im Zylinderkoordinatensystem r, φ, z sind die Formänderungsgesetze beispielsweise

$$\sigma_{rr} = 2\mu\varepsilon_{rr} + \lambda e; \quad \sigma_{\varphi\varphi} = 2\mu\varepsilon_{\varphi\varphi} + \lambda e; \quad \sigma_{zz} = 2\mu\varepsilon_{zz} + \lambda e; \quad \sigma_{z\varphi} = 2\mu\varepsilon_{z\varphi};$$

$$\sigma_{rz} = 2\mu\varepsilon_{rz}; \quad \sigma_{r\varphi} = 2\mu\varepsilon_{r\varphi}; \quad e = \varepsilon_{rr} + \varepsilon_{\varphi\varphi} + \varepsilon_{zz}.$$

Hierbei ist e (Volumdilatation) eine Invariante, und zwar die Summe der Dehnungen (Normalverformungen).

Die Kontraktion des Tensors σ_{ij} liefert aufgrund der Gln. (17) und (18)

$$\sigma_{kk} = (2\mu + 3\lambda)\varepsilon_{kk},$$
$$\varepsilon_{kk} = (2\mu' + 3\lambda')\sigma_{kk}. \tag{19}$$

Es ist ersichtlich, daß die Dilatation zur Summe der Hauptspannungen proportional und daß $2\mu' + 3\lambda' = \dfrac{1}{2\mu + 3\lambda}$ ist. Aus den Gln. (17) und (18) ergibt sich, daß die Hauptspannungs- und Hauptdehnungsrichtungen zusammenfallen.

An Stelle von *Laméschen Elastizitätskonstanten* μ, λ werden oftmals die Stoffkonstanten E, G, v verwendet:

$$E = \frac{\mu(3\lambda + 2\mu)}{\lambda + \mu}; \quad G = \mu; \quad v = \frac{\lambda}{2(\lambda + \mu)}. \tag{20}$$

Die Konstante E wird Elastizitätsmodul genannt, G ist der Schubmodul, v die Querdehnungszahl, $m = \dfrac{1}{v}$ die *Poissonsche Zahl*.

Werden die Konstanten E, G, v verwendet, so lauten die Gln. (17) und (18) folgendermaßen

$$\sigma_{ij} = 2G\left(\varepsilon_{ij} + \frac{v}{1 - 2v}\delta_{ij}e\right), \tag{21}$$

$$\varepsilon_{ij} = \frac{1}{2G}\left(\sigma_{ij} - \frac{v}{1 + v}\delta_{ij}s\right); s = \sigma_{kk}; e = \varepsilon_{kk}. \tag{22}$$

Die Größen μ, λ dürfen nicht beliebig gewählt werden. Die innere Energie U stellt die quadratische Form der Verzerrungskomponenten (vgl. Gl. (15)) dar und nimmt ausschließlich positive Werte an. Daraus ergeben sich die folgenden Beschränkungen für die *Laméschen Konstanten*:

$$\mu > 0; \qquad \lambda + \frac{2}{3}\mu > 0. \tag{23}$$

Der Zusammenhang zwischen Spannungs- und Verzerrungskomponenten kann noch in einer anderen Form geschrieben werden. Von beiden Seiten der Gl. (17) wird zunächst die Größe $\frac{1}{3}\delta_{ij}s$ subtrahiert. Wird nun Gl. (19) verwendet, so ergibt sich

$$\sigma_{ij} - \frac{1}{3}\delta_{ij}s = 2\mu\left(\varepsilon_{ij} - \frac{1}{3}\delta_{ij}e\right). \tag{24}$$

Die obige Beziehung verbindet den Deviator des Spannungszustandes $\sigma_{ij}^{(0)} = s_{ij}$

$$s_{ij} = \sigma_{ij} - \frac{1}{3}\delta_{ij}s$$

mit dem Deviator des Verzerrungszustandes $\varepsilon_{ij}^{(0)} = \gamma_{ij}$

$$\gamma_{ij} = \varepsilon_{ij} - \frac{1}{3}\delta_{ji}\varepsilon_{kk},$$

sie liefert also die Gleichung

$$s_{ij} = 2\mu\gamma_{ij} \quad \text{oder} \quad \sigma_{ij}^{(0)} = 2\mu\varepsilon_{ij}^{(0)}. \tag{25}$$

Die Gln. (25) samt Gl. (19) ersetzen das Gleichungssystem (17). Diese Gleichungen beschreiben den Zusammenhang zwischen der Spannung und der Verzerrung beim reinen Schub und beim allseitigen Zug. Als Stoffkonstanten treten hierbei der Schubmodul $\mu = G$ und der Kompressionsmodul $K = \lambda + \frac{2}{3}\mu$ auf.

Für ein isotropes Kontinuum sind zwei Elastizitätskonstanten unabhängig frei wählbar. Neben den *Laméschen Konstanten* μ und λ werden noch folgende Konstanten beim isotropen Medium verwendet:

$\mu = G \,\hat{=}\,$ Schubmodul

$\quad E \,\hat{=}\,$ Elastizitätsmodul (*Youngscher Modul*)

$\quad v \,\hat{=}\,$ Querkontraktionszahl

$\quad K \,\hat{=}\,$ Kompressionsmodul.

Alle möglichen Beziehungen zwischen den 5 Konstanten ($\lambda, \mu = G, E, K, v$), von denen jeweils, wie bereits betont, nur zwei frei wählbar sind, findet man in [85].

Insgesamt gibt es $\binom{n}{r} = \binom{5}{2} = 10$ Kombinationen ohne Wiederholung.

1.7. Verschiebungsgleichungen

Man betrachte die Bewegungsgleichungen:

$$\sigma_{ji,j} + X_i - \varrho\ddot{u}_i = 0; \qquad i, j = 1, 2, 3. \tag{1}$$

Werden die Spannungen durch die Verformungen und diese durch die Verschiebungen ausgedrückt, so liefern die Gln. (1) ein System von drei Gleichungen, in denen die Verschiebungen u_i als Unbekannte auftreten.

Der Zusammenhang zwischen den Spannungs- und den Verzerrungskomponenten lautet

$$\sigma_{ij} = 2\mu\varepsilon_{ij} + \lambda\delta_{ij}\varepsilon_{kk},$$

wobei

$$\varepsilon_{ij} = \frac{1}{2}\,(u_{i,j} + u_{j,i})$$

ist.

Da

$$\sigma_{ji,j} = \mu(u_{j,ij} + u_{i,jj}) + \lambda\delta_{ij}e_{,j} = \mu u_{i,jj} + (\lambda+\mu)u_{j,ji}$$

wegen

$$\lambda\delta_{ij}e_{,j} = \lambda e_{,i} = \lambda u_{j,ji}$$

ist, können die Gln. (1) in der Form

$$\mu u_{i,jj} + (\lambda+\mu)u_{j,ji} + X_i = \varrho\ddot{u}_i; \quad i,j = 1,2,3 \tag{2}$$

geschrieben werden.

Diese Gleichungen werden als *Verschiebungsgleichungen* der Elastodynamik bezeichnet.

Gl. (2) können als eine vektorielle Differentialgleichung in der Form

$$\mu\nabla^2 u + (\lambda+\mu)\,\mathrm{grad}\,\mathrm{div}\,u + X = \varrho\ddot{u} \tag{3}$$

oder wegen

$$\mathrm{grad}\,\mathrm{div}\,u = \mathrm{rot}\,\mathrm{rot}\,u + \nabla^2 u \tag{4}$$

in der Form

$$(\lambda+2\mu)\,\mathrm{grad}\,\mathrm{div}\,u - \mu\,\mathrm{rot}\,\mathrm{rot}\,u + X = \varrho\ddot{u} \tag{5}$$

geschrieben werden.

Den Verschiebungsgleichungen sind noch die Anfangs- und Randbedingungen hinzuzufügen. Werden auf der Fläche S die Verschiebungen $f(x, t)$ vorgegeben, so sind die Randbedingungen

$$u(x,t) = f(x,t); \quad x \in S. \tag{6}$$

Werden auf der Oberfläche S die Lasten $p(x, t)$ vorgegeben, so können die Randbedingungen durch die Gleichung

$$\sigma_{ji}(x,t)n_j(x) = p_i(x,t); \quad x \in S \tag{7}$$

beschrieben werden.

Möglich sind ebenfalls die gemischten Randbedingungen, indem auf einem Teil der Oberfläche S_u die Verschiebungen, auf einem anderen Teil S die Lasten vorgegeben sind; es ist $S = S_u + S_o$.

Die Anfangsbedingungen kennzeichnen die Körperbewegung in einem Anfangszeitpunkt, z.B. im Zeitpunkt $t = 0$. Es gilt

$$u(x,0) = g(x); \quad \dot{u}(x,0) = h(x); \quad x \in V. \tag{8}$$

Das im Zeitpunkt $t = 0$ eingeprägte Verschiebungsfeld wird durch die Verteilung $g(x)$ und das Verschiebungsgeschwindigkeitsfeld durch die Verteilung $h(x)$ beschrieben. Wenn

$$u(x, 0) = 0; \quad \dot{u}(x, 0) = 0; \quad x \in S$$

ist, handelt es sich um einen Körper, der sich zum Zeitpunkt $t = 0$ nicht bewegt. Auf Gl. (5) wird die Divergenzoperation angewendet. Es entsteht

$$(\lambda + 2\mu) \operatorname{div} \nabla^2 u - \varrho \operatorname{div} \ddot{u} + \operatorname{div} X = 0.$$

Werden die Bezeichnungen

$$c_1 = \left(\frac{\lambda + 2\mu}{\varrho}\right)^{1/2} \quad \text{und} \quad \operatorname{div} u = u_{k,k} = e$$

eingeführt, so ergibt sich die folgende skalare Gleichung für die Dilatation

$$\square_1^2 e = -\frac{1}{c_1^2 \varrho} \operatorname{div} X, \tag{9}$$

wobei

$$\square_1^2 = \nabla^2 - \frac{1}{c_1^2} \frac{\partial^2}{\partial t^2}; \quad \nabla^2 = \frac{\partial}{\partial x_i} \frac{\partial}{\partial x_i}$$

ist.

Wird auf Gl. (5) die Rotation angewendet und wird berücksichtigt, daß $\operatorname{rot} \operatorname{grad} \operatorname{div} u = \operatorname{rot} \operatorname{grad} e = 0$ ist und weiterhin Gl. (4) beachtet, so ergibt sich

$$\mu \operatorname{rot} \nabla^2 u - \varrho \operatorname{rot} \ddot{u} + \operatorname{rot} X = 0.$$

Mit der Bezeichnung $\omega = \frac{1}{2} \operatorname{rot} u$, wobei ω der Verdrehungsvektor ist, und

mit dem Operator $\square_2^2 = \nabla^2 - \frac{1}{c_2^2} \frac{\partial^2}{\partial t^2}$ kann die vektorielle Wellengleichung

geschrieben werden:

$$\square_2^2 \omega = -\frac{1}{2\varrho c_2^2} \operatorname{rot} X; \quad c_2 = \left(\frac{\mu}{\varrho}\right)^{1/2}. \tag{10}$$

Die linken Seiten von Gln. (9) und (10) unterscheiden sich voneinander durch die Größen c_1 und c_2, wobei $c_1 > c_2$ ist. Die entsprechenden Wellen pflanzen sich also mit verschiedenen Geschwindigkeiten fort. Gl. (9) beschreibt die Fortpflanzung der Dilatationswelle, Gl. (10) die der Rotationswelle.

Das System der hyperbolischen Differentialgleichungen (3) ist sehr verwickelt; in jeder Gleichung treten drei Komponenten der Verschiebung $u(x, t)$ auf. Das System kann aber auf ein System einfacher Wellengleichungen zurückgeführt werden, wenn die Verschiebung u und die Massenkraft X in einen potentiellen und einen solenoidalen Teil zerlegt werden. Es gilt

$$u = \operatorname{grad} \phi + \operatorname{rot} \Psi, \tag{11}$$

$$X = \varrho(\operatorname{grad} \vartheta + \operatorname{rot} \chi). \tag{12}$$

Zur Bestimmung der Vektoren sind noch die Bedingungen

$$\operatorname{div} \Psi = 0; \quad \operatorname{div} \chi = 0 \tag{13}$$

erforderlich.

Werden die Gln. (11) und (12) in Gl. (5) eingesetzt, so wird das System auf einfache Wellengleichungen zurückgeführt [75, 137]:

$$(\lambda + 2\mu)\nabla^2 \phi - \varrho\ddot{\phi} + \varrho\vartheta = 0, \tag{14}$$

$$\mu\nabla^2 \Psi - \varrho\ddot{\Psi} + \varrho\chi = 0 \tag{15}$$

oder

$$\Box_1^2\phi + \frac{1}{c_1^2}\vartheta = 0, \tag{14'}$$

$$\Box_2^2\Psi + \frac{1}{c_2^2}\chi = 0. \tag{15'}$$

Von den hergeleiteten Wellengleichungen beschreibt die erste — eine Skalargleichung — die Fortpflanzung der Welle mit der Geschwindigkeit c_1. Die zweite ist eine Vektorgleichung und beschreibt die Welle, die sich mit einer konstanten Geschwindigkeit c_2 fortpflanzt.

Das Gleichungssystem (3) kann ebenfalls auf eine andere Weise gelöst werden. Man betrachte die inhomogenen Gleichungen

$$\mu\nabla^2 u_i + (\lambda + \mu)e_{,i} + X_i - \varrho\ddot{u}_i = 0; \quad i = 1, 2, 3. \tag{16}$$

Diese Gleichungen können auch in folgender Form geschrieben werden:

$$L_{ij}(u_j) + \frac{X_i}{\mu} = 0; \quad i,j = 1, 2, 3, \tag{17}$$

wobei

$$L_{ij} = \Box_2^2\delta_{ij} + a\partial_i\partial_j; \quad a = \frac{\lambda+\mu}{\mu}; \quad \partial_i = \frac{\partial}{\partial x_i}$$

ist.

Weiterhin werden die Verschiebungskomponenten u_i mit Hilfe von drei Funktionen ξ_i; $(i = 1, 2, 3)$ folgendermaßen ausgedrückt:

$$u_1 = \begin{vmatrix} \zeta_1 L_{12} L_{13} \\ \zeta_2 L_{22} L_{23} \\ \zeta_3 L_{32} L_{33} \end{vmatrix}; u_2 = \begin{vmatrix} L_{11} \zeta_1 L_{13} \\ L_{21} \zeta_2 L_{23} \\ L_{31} \zeta_3 L_{33} \end{vmatrix}; u_3 = \begin{vmatrix} L_{11} L_{12} \zeta_1 \\ L_{21} L_{22} \zeta_2 \\ L_{31} L_{32} \zeta_3 \end{vmatrix}. \tag{18}$$

Wird Gl. (18) in Gl. (16) eingeführt, so entsteht

$$\begin{vmatrix} L_{11} L_{12} L_{13} \\ L_{21} L_{22} L_{23} \\ L_{31} L_{32} L_{33} \end{vmatrix}\zeta_i + \frac{X_i}{\mu} = 0. \tag{19}$$

Mit Hilfe der Bezeichnung $\varphi_i = \Box_2^2\zeta_i$ können folgende Formeln für die Verschiebungskomponenten aufgestellt werden:

$$u_i = [\Box_2^2\delta_{ij} + a(\nabla^2\delta_{ij} - \partial_i\partial_j)]\varphi_j. \tag{20'}$$

Die Funktionen φ_i befriedigen die Doppelwellengleichungen

$$\Box_1^2\Box_2^2\varphi_i + \frac{X_i}{\lambda+2\mu} = 0; \quad i = 1, 2, 3. \tag{21'}$$

Die Gln. (20') können auch in vektorieller Form

$$u = \frac{\lambda+2\mu}{\mu}\left(\square_1^2\,\varphi - \frac{\lambda+\mu}{\lambda+2\mu}\,\text{grad div}\,\varphi\right)\tag{20''}$$

oder

$$u = (\square_2^2 + a\nabla^2)\,\varphi - a\,\text{grad div}\,\varphi$$

angegeben werden, während für die Gl. (21')

$$(\lambda+2\mu)\square_1^2\square_2^2\,\varphi + X = 0\tag{21''}$$

geschrieben werden kann.

Die Gl. (20') und Gl. (21) sind von M. IACOVACHE [57] angegeben worden, sie stellen eine Verallgemeinerung der aus der Elastostatik bekannten *Galerkinschen Funktionen* dar [39].

Wenn das Problem statisch ist, hängt die Verschiebung ausschließlich von der Ortslage ab. In den Bewegungsgleichungen (3) sind also alle Ableitungen bezüglich der Zeit gleich Null zu setzen. In dieser Weise ergeben sich dann die Gleichungen der Elastostatik:

$$\mu\nabla^2 u + (\lambda+\mu)\,\text{grad div}\,u + X = 0;$$
$$u \equiv u(x);\qquad X \equiv X(x).\tag{22}$$

Eine auf die Vektorgleichung (22) angewandte Divergenzoperation liefert

$$(\lambda+2\mu)\nabla^2 e + \text{div}\,X = 0.\tag{23}$$

Wenn die Massenkräfte konstant sind oder dem Potential $X_i = \phi_{,i}$ entstammen, das die harmonische Gleichung $\nabla^2\phi = 0$ erfüllt, besagt Gl. (23), daß die Dilatation e eine harmonische Funktion ist.

Wird die Auswirkung der Massenkräfte vernachlässigt, d.h. $X_i = 0$ eingesetzt, auf Gl. (22) eine ∇^2-Operation angewendet und berücksichtigt, daß e eine harmonische Funktion ist, so ergibt sich

$$\nabla^2\nabla^2 u_i = 0;\qquad i = 1,2,3.\tag{24}$$

Wenn also keine Massenkräfte auftreten, hat die Verschiebung u_i die biharmonische Gleichung zu befriedigen.

Wird die Verschiebung durch eine vektorielle Funktion φ so ausgedrückt, daß

$$u = \frac{\lambda+2\mu}{\mu}\left(\nabla^2\varphi - \frac{\lambda+\mu}{\lambda+2\mu}\,\text{grad div}\,\varphi\right)\tag{25}$$

ist, so genügt die Funktion φ ebenfalls der biharmonischen Gleichung

$$(\lambda+2\mu)\nabla^2\nabla^2\varphi + X = 0.\tag{26}$$

Die Funktion φ wird als *Galerkinsche Spannungsfunktion* oder kürzer als *Galerkinscher Vektor* bezeichnet [40].

Für spätere Betrachtungen ist es vorteilhaft, wenn die Verschiebungen auch in krummlinigen Koordinaten vorliegen. Für Zylinderkoordinaten r,φ,z werden die Bewegungsgleichungen (14) vom Abschnitt 1.5. verwendet. Wird das *Hookesche Elastizitätsgesetz* eingeführt und werden die Verformungen durch die Verschiebungen ausgedrückt (vgl. Gln. (13) Abschnitt 1.5), so liefern die erwähnten Gleichungen

$$\mu\left(\nabla^2 u_r - \frac{u_r}{r^2} - \frac{2}{r^2}\frac{\partial u_\varphi}{\partial \varphi}\right) + (\lambda+\mu)\frac{\partial e}{\partial r} + X_r = \varrho\ddot{u}_r,$$

$$\mu\left(\nabla^2 u_\varphi - \frac{u_\varphi}{r^2} + \frac{2}{r^2}\frac{\partial u_r}{\partial \varphi}\right) + (\lambda+\mu)\frac{1}{r}\frac{\partial e}{\partial \varphi} + X_\varphi = \varrho\ddot{u}_\varphi, \qquad (27)$$

$$\mu\nabla^2 u_z + (\lambda+\mu)\frac{\partial e}{\partial z} + X_z = \varrho\ddot{u}_z,$$

wobei

$$e = \frac{1}{r}\frac{\partial}{\partial r}(ru_r) + \frac{1}{r}\frac{\partial u_\varphi}{\partial \varphi} + \frac{\partial u_z}{\partial z};$$

$$\nabla^2 = \frac{\partial^2}{\partial r^2} + \frac{1}{r}\frac{\partial}{\partial r} + \frac{1}{r^2}\frac{\partial^2}{\partial \varphi^2} + \frac{\partial^2}{\partial z^2};$$

$$r = (x_1^2 + x_2^2)^{1/2}; \qquad z = x_3$$

ist.

Im Sonderfall, wenn das Problem axialsymmetrisch und der Verzerrungszustand von der Veränderlichen φ unabhängig ist, vereinfachen sich Gln. (27) für $X_\varphi = 0$, $u_\varphi = 0$ auf die zwei folgenden Gleichungen

$$\mu\left(\nabla^2 u_r - \frac{u_r}{r^2}\right) + (\lambda+\mu)\frac{\partial e}{\partial r} + X_r = \varrho\ddot{u}_r,$$

$$\mu\nabla^2 u_z + (\lambda+\mu)\frac{\partial e}{\partial z} + X_z = \varrho\ddot{u}_z, \qquad (28)$$

wobei

$$e = \frac{1}{r}\frac{\partial}{\partial r}(ru_r) + \frac{\partial u_z}{\partial z};$$

$$\nabla^2 = \frac{\partial^2}{\partial r^2} + \frac{1}{r}\frac{\partial}{\partial r} + \frac{\partial^2}{\partial z^2}$$

ist.

Für Kugelkoordinaten r, ϑ, φ ergibt sich das folgende System der Verschiebungsgleichungen:

$$\mu\left[\nabla^2 u_r - \frac{2}{r^2}\left(u_r + \frac{1}{\sin\theta}\frac{\partial u_\varphi}{\partial \varphi} + \frac{1}{\sin\theta}\frac{\partial}{\partial \theta}(u_\theta\sin\theta)\right)\right] + (\lambda+\mu)\frac{\partial e}{\partial r} +$$

$$+ X_r = \varrho\ddot{u}_r,$$

$$\mu\left[\nabla^2 u_\theta - \frac{2}{r^2}\left(\frac{\partial u_r}{\partial \theta} - \frac{u_\theta}{2\sin^2\theta} - \frac{\cos\theta}{\sin^2\theta}\frac{\partial u_\varphi}{\partial \varphi}\right)\right] + (\lambda+\mu)\frac{1}{r}\frac{\partial e}{\partial \theta} +$$

$$+ X_\theta = \varrho\ddot{u}_\theta, \qquad (29)$$

$$\mu\left[\nabla^2 u_\varphi + \frac{2}{r^2\sin\theta}\left(\frac{\partial u_r}{\partial \varphi} + \frac{\partial u_\theta}{\partial \varphi}\cotan\theta - \frac{u_\varphi}{2\sin\theta}\right)\right] +$$

$$+ (\lambda+\mu)\frac{1}{r\sin\theta}\frac{\partial e}{\partial \varphi} + X_\varphi = \varrho\ddot{u}_\varphi,$$

wobei

$$\nabla^2 = \frac{1}{r^2}\left[\frac{\partial}{\partial r}\left(r^2\frac{\partial}{\partial r}\right) + \frac{1}{\sin\theta}\frac{\partial}{\partial\theta}\left(\sin\theta\frac{\partial}{\partial\theta}\right) + \frac{1}{\sin^2\theta}\frac{\partial^2}{\partial\varphi^2}\right],$$

$$e = \frac{1}{r^2}\frac{\partial}{\partial r}(r^2 u_r) + \frac{1}{r\sin\theta}\frac{\partial}{\partial\theta}(u_\theta\sin\theta) + \frac{1}{r\sin\theta}\frac{\partial u_\varphi}{\partial\varphi},$$

$$r = (x_1^2 + x_2^2 + x_3^2)^{1/2}$$

ist.

Wenn der Verzerrungszustand bezüglich eines Punktes symmetrisch ist, hängen alle Größen lediglich von der Veränderlichen r ab. Dann reduziert sich das Gleichungssystem (29) auf eine einzelne Gleichung:

$$(\lambda + 2\mu)\left(\frac{\partial^2}{\partial r^2} + \frac{2}{r}\frac{\partial}{\partial r} - \frac{2}{r^2}\right)u_r + X_r = \varrho\ddot{u}_r. \tag{30}$$

1.8. Prinzip der virtuellen Verrückungen

Es wird ein elastischer Körper betrachtet, auf den mit der Zeit veränderliche äußere Kräfte einwirken. Diese Kräfte bewirken im Körper ein Verschiebungsfeld $u(x, t)$, das ein Verzerrungsfeld ε_{ij} und ein Spannungsfeld σ_{ij} zur Folge hat.

Die Funktionen ε_{ij} und u_i können aus der Lösung der Bewegungsgleichungen

$$\sigma_{ji,j} + X_i - \varrho\ddot{u}_i(x, t) = 0; \qquad x \in V; t > 0 \tag{1}$$

gewonnen werden, und zwar mit den Randbedingungen

$$u_i(x, t) = \hat{u}_i(x, t); \qquad x \in S_u; \tag{2}$$

$$\sigma_{ji}(x, t)n_j(x) = \hat{p}_i(x, t); \qquad x \in S_\sigma \tag{3}$$

und mit vorgegebenen Anfangsbedingungen.

Spannungs- und Verzerrungskomponenten sind durch das *Hookesche Elastizitätsgesetz*

$$\sigma_{ij} = 2\mu\varepsilon_{ij} + \lambda\varepsilon_{kk}\delta_{ij} \tag{4}$$

miteinander verknüpft; die Verzerrungen ε_{ij} werden mit

$$\varepsilon_{ij} = \frac{1}{2}(u_{i,j} + u_{j,i}) \tag{5}$$

definiert.

Den Verschiebungen u_i werden nun virtuelle Verrückungen δu_i hinzugefügt, die willkürlich gewählt werden dürfen. Sie mögen Funktionen der C^2-Klasse sein und den geometrischen Bedingungen an der Körperoberfläche entsprechen.

Gl. (1) wird mit δu_i multipliziert und über das Körpervolumen integriert. Die Randbedingung (3) wird ebenfalls mit δu_i multipliziert und über die Fläche S_σ integriert. Aus beiden Integralen wird der Ausdruck

$$\int\limits_V (\sigma_{ji,j} + X_i - \varrho\ddot{u}_i)\delta u_i dV - \int\limits_{S_\sigma} (\sigma_{ji}n_j - \hat{p}_i)\delta u_i dS = 0 \tag{6}$$

gebildet.

Es kann

$$\sigma_{ji,j}\,\delta u_i = (\sigma_{ji}\,\delta u_i)_{,j} - \sigma_{ji}\,\delta u_{i,j}; \qquad \delta\frac{\partial u_i}{\partial x_j} = \frac{\partial\,\delta u_i}{\partial x_j}$$

geschrieben werden. Ebenfalls gilt

$$\delta u_{i,j} = \delta\varepsilon_{ij} + \delta\omega_{ij},$$

wobei

$$\delta\varepsilon_{ij} = \frac{1}{2}\left(\frac{\partial\,\delta u_i}{\partial x_j} + \frac{\partial\,\delta u_j}{\partial x_i}\right); \qquad \delta\omega_{ij} = \frac{1}{2}\left(\frac{\partial\,\delta u_i}{\partial x_j} - \frac{\partial\,\delta u_j}{\partial x_i}\right)$$

ist.

Da die Tensoren σ_{ij} und ε_{ij} symmetrisch sind und ω_{ij} antisymmetrisch ist, gilt

$$\sigma_{ji}\,\delta u_{i,j} = \sigma_{ji}(\delta\varepsilon_{ij} + \delta\omega_{ij}) = \sigma_{ij}\,\delta\varepsilon_{ij}.$$

Gl. (6) kann also auf die folgende Form gebracht werden

$$\int_V (X_i - \varrho\ddot{u}_i)\,\delta u_i\,dV + \int_V (\sigma_{ji}\,\delta u_i)_{,j}\,dV - \int_V \sigma_{ij}\,\delta\varepsilon_{ij}\,dV -$$

$$- \int_{S_\sigma} (\sigma_{ji}n_j - \hat{p}_i)\,\delta u_i\,dS = 0. \tag{7}$$

Wenn weiterhin die willkürlich vorausgesetzte virtuelle Verrückung δu_i so gewählt wird, daß die geometrischen Bedingungen an S_u erfüllt sind, ergibt sich unter Anwendung des *Satzes von Gauß-Ostrogradski* auf das zweite Integral

$$\int_V (X_i - \varrho\ddot{u}_i)\,\delta u_i\,dV + \int_{S_\sigma} \hat{p}_i\,\delta u_i\,dS - \int_V \sigma_{ij}\,\delta\varepsilon_{ij}\,dV = 0,$$

$$\delta u_i = 0 \quad \text{auf} \quad S_u. \tag{8}$$

Gl. (8) drückt das Prinzip der virtuellen Verrückungen aus. Die Summe der virtuellen Arbeit, die von inneren und äußeren Kräften sowie von Trägheitskräften auf beliebigen virtuellen Verschiebungswegen δu_i geleistet wird, ist Null. Die virtuelle Verschiebung genügt, wie gesagt, den geometrischen Randbedingungen.

Gl. (8) gilt ebenfalls für nichtelastische Körper und zwar sowohl bei einem linearen als auch bei einem nichtlinearen Formänderungsgesetz, das den Zusammenhang zwischen Spannungs- und Verzerrungskomponenten beschreibt. Die Einführung des *Hookeschen Elastizitätsgesetzes* beschränkt die Anwendung des Prinzips der virtuellen Verrückungen auf linear elastische Körper. Wird der Begriff der Formänderungsarbeit $\mathscr{W}_\varepsilon$, die für adiabatische Vorgänge gleich der inneren Energie ist

$$W_\varepsilon = U = \mu\varepsilon_{ij}\varepsilon_{ij} + \frac{\lambda}{2}\,\varepsilon_{kk}\varepsilon_{mn}$$

eingeführt, so kann Gl. (8) in der Form

$$\int_V (X_i - \varrho\ddot{u}_i)\,\delta u_i\,dV + \int_{S_\sigma} \hat{p}_i\,\delta u_i\,dS = \delta\mathscr{W}_\varepsilon \tag{9}$$

geschrieben werden, wobei

$$\mathscr{W}_\varepsilon = \int\limits_V W_\varepsilon dV$$

ist.

Nun wird die Verschiebung u_i im Zeitpunkt t mit der Verschiebung desselben Körperpunktes nach der Zeit dt verglichen. Es gilt

$$\delta u_i = \frac{\partial u_i}{\partial t}\,dt = v_i dt; \qquad \delta\mathscr{W}_\varepsilon = \frac{\partial\mathscr{W}_\varepsilon}{\partial t}\,dt = \dot{\mathscr{W}}_\varepsilon dt = \dot{\mathscr{U}}dt.$$

Die Gl. (9) erhält eine neue Form:

$$\int\limits_V X_i v_i dV + \int\limits_S p_i v_i dS - \varrho \int\limits_V \dot{v}_i v_i dV = \frac{d\mathscr{U}}{dt}. \tag{10}$$

Wird nun die kinetische Energie

$$\mathscr{K} = \frac{\varrho}{2}\int\limits_V v_i v_i dV$$

und ihre Ableitung nach der Zeit

$$\frac{d\mathscr{K}}{dt} = \varrho \int\limits_V \dot{v}_i v_i dV$$

eingeführt, so ergibt sich Gl. (10) in der vom Abschnitt 1.6. her bekannten Form.
In der Gleichung

$$\frac{d}{dt}(\mathscr{U}+\mathscr{K}) = \int\limits_V X_i v_i dV + \int\limits_S p_i v_i dS \tag{11}$$

wird sofort die energetische Grundgleichung erkannt; der Energieerhaltungssatz für einen adiabatischen Vorgang.

Nun wird ein Sonderfall der Anwendung des Prinzips der virtuellen Verrückungen betrachtet. Die Ursachen der Körperverformung mögen mit der Zeit harmonisch veränderlich sein:

$$X_i(\boldsymbol{x}, t) = X_i^*(\boldsymbol{x})e^{-i\omega t}; \qquad p_i(\boldsymbol{x}, t) = p_i^*(\boldsymbol{x})e^{-i\omega t}. \tag{12}$$

Im Körper wird damit ein Verschiebungsfeld $\boldsymbol{u}(\boldsymbol{x}, t) = \boldsymbol{u}^*(\boldsymbol{x})e^{-i\omega t}$, ein Verzerrungsfeld $\varepsilon_{ij} = \varepsilon_{ij}^*(\boldsymbol{x})e^{-i\omega t}$ und ein Spannungsfeld $\sigma_{ij} = \sigma_{ij}^*(\boldsymbol{x})e^{-i\omega t}$ herbeigeführt. Die Verschiebungsgleichungen werden elliptisch und lauten

$$\sigma_{ji,j}^* + X_i^* + \varrho\omega^2 u_i^* = 0. \tag{13}$$

Nun werden virtuelle Verschiebungsamplituden δu_i^* eingeführt, die auf der Oberfläche S_u gleich Null sein sollen.
Bei S_u handelt es sich um denjenigen Teil der Oberfläche, auf dem die Verschiebungen vorgegeben werden. Gl. (13) wird mit δu_i^* multipliziert und über den Volumsbereich V integriert. Die Randbedingung

$$\sigma_{ji}^* n_j = \hat{p}_i^*(\boldsymbol{x}); \qquad \boldsymbol{x} \in S_\sigma \tag{14}$$

wird ebenfalls mit δu_i^* multipliziert und über die Fläche S_σ integriert. Mit Hilfe der gewonnenen Integrale wird die Gleichung

$$\int_V (X_i^* + \sigma_{ji,j}^* + \varrho\omega^2 u_i^*)\delta u_i^* \, dV - \int_{S_\sigma} (\sigma_{ji}^* n_j - \hat{p}_i^*)\delta u_i^* \, dS = 0$$

aufgestellt.

Wird die obige Gleichung ähnlich wie Gl. (6) umgeformt, so ergibt sich

$$\int_V (X_i^* + \varrho\omega^2 u_i^*)\delta u_i^* \, dV + \int_{S_\sigma} \hat{p}_i^* \, \delta u_i^* \, dS = \delta\mathscr{W}_\varepsilon^*, \tag{15}$$

wobei

$$\mathscr{W}_\varepsilon^* = \int_V W_\varepsilon^* \, dV = \int_V \left(\mu\varepsilon_{ij}^* \varepsilon_{ij}^* + \frac{\lambda}{2}\varepsilon_{kk}^* \varepsilon_{nn}^*\right) dV$$

ist.

Wird die Größe

$$\mathscr{K}^* = \frac{\varrho\omega^2}{2}\int_V v_i^* u_i^* \, dV$$

eingeführt und die Tatsache berücksichtigt, daß die Variation der Verschiebungen auf S_σ beliebig ist, so liefert Gl. (15)

$$\delta\Pi = \delta\left[\mathscr{W}_\varepsilon^* - \mathscr{K}^* - \int_V X_i^* u_i^* \, dV - \int_{S_\sigma} \hat{p}_i^* u_i^* \, dS\right] = 0. \tag{16}$$

Hierbei handelt es sich um einen Extremwert des Ausdruckes in der eckigen Klammer. Es ist zu bemerken, daß Gl. (16) für $\omega \to 0$ den Satz vom Minimum der potentiellen Energie für das statische Problem liefert [48, 147]. Werden die mit dem statischen Problem zusammenhängenden Größen mit X_i, p_i, u_i, $\mathscr{W}_\varepsilon$ bezeichnet, so ergibt Gl. (16) für $\omega \to 0$ die Gleichung

$$\delta\Pi = 0, \tag{17}$$

wobei

$$\Pi = \mathscr{W}_\varepsilon - \int_V X_i u_i \, dV - \int_{S_\sigma} \hat{p}_i u_i \, dS,$$

$$\mathscr{W}_\varepsilon = \int_V \left(\mu\varepsilon_{ij}\varepsilon_{ij} + \frac{\lambda}{2}\varepsilon_{kk}\varepsilon_{nn}\right) dV \tag{18}$$

ist.

Es wird nun bewiesen, daß es sich um ein Minimum der potentiellen Energie Π handelt. Dafür wird die potentielle Energie bei einem Zuwachs der Größe u_i um den Betrag δu_i betrachtet. Es gilt

$$\Pi' = \int_V W_\varepsilon(\varepsilon_{ij} + \delta\varepsilon_{ij})dV - \int_V X_i(u_i + \delta u_i)dV + \int_{S_\sigma} p_i(u_i + \delta u_i)dS. \tag{19'}$$

Wird von dieser Größe die Größe Π abgezogen, so ergibt sich

$$\Pi' - \Pi = \int_V [W_\varepsilon(\varepsilon_{ij} + \delta\varepsilon_{ij}) - W_\varepsilon(\varepsilon_{ij})]dV - \int_V X_i\delta u_i \, dV - \int_{S_\sigma} p_i\delta u_i \, dS. \tag{19''}$$

Die Größe $W_\varepsilon\,(\varepsilon_{ij}+\delta\varepsilon_{ij})$ wird in eine *Taylorsche Reihe* entwickelt, die nach der Größe zweiter Ordnung (d.h. nach dem dritten Glied) abgebrochen wird:

$$W_\varepsilon(\varepsilon_{ij}+\delta\varepsilon_{ij}) = W_\varepsilon(\varepsilon_{ij})+\frac{\partial W_\varepsilon}{\partial\varepsilon_{ij}}\delta\varepsilon_{ij}+\frac{1}{2}\frac{\partial^2 W_\varepsilon}{\partial\varepsilon_{ij}\partial\varepsilon_{kl}}\varepsilon_{ij}\varepsilon_{kl}. \tag{20}$$

Unter Beachtung, daß

$$\frac{\partial W_\varepsilon}{\partial\varepsilon_{ij}} = \sigma_{ij}$$

ist, kann Gl. (19') in der Form

$$\Pi'-\Pi = \int\limits_{V}\sigma_{ij}\delta\varepsilon_{ij}dV - \int\limits_{V}X_i\delta u_i\,dV - \int\limits_{S_\sigma}p_i\delta u_i\,dS +$$

$$+\frac{1}{2}\int\limits_{V}\frac{\partial\sigma_{ij}}{\partial\varepsilon_{kl}}\delta\varepsilon_{ij}\delta\varepsilon_{kl}dV \tag{21}$$

geschrieben werden.

Es wird das Prinzip der virtuellen Verrückungen für das statische Problem angewendet (die entsprechende Gleichung wird aus Gl. (8) erhalten, wenn die Ableitungen nach der Zeit vernachlässigt werden). Es gilt

$$\int\limits_{V}X_i\delta u_i\,dV + \int\limits_{S_\sigma}p_i\delta u_i\,dS - \int\limits_{V}\sigma_{ij}\delta\varepsilon_{ij}dV = 0. \tag{22}$$

Unter Beachtung von Gl. (22) folgt aus Gl. (21)

$$\Pi'-\Pi = \frac{1}{2}\int\limits_{V}\frac{\partial\sigma_{ij}}{\partial\varepsilon_{kl}}\delta\varepsilon_{ij}\delta\varepsilon_{kl}dV \tag{23}$$

oder

$$\Pi'-\Pi = \frac{1}{2}\int\limits_{V}\frac{\partial}{\partial\varepsilon_{kl}}(2\mu\varepsilon_{ij}+\lambda\delta_{ij}\varepsilon_{kl})\delta\varepsilon_{ij}\delta\varepsilon_{kl}dV =$$

$$= \frac{1}{2}\int\limits_{V}[\mu(\delta_{ik}\delta_{jl}+\delta_{il}\delta_{jk})+\lambda\delta_{ij}\delta_{kl}]\delta\varepsilon_{ij}\delta\varepsilon_{kl}dV =$$

$$= \frac{1}{2}\int\limits_{V}(2\mu\delta\varepsilon_{ij}\delta\varepsilon_{ij}+\lambda\delta\varepsilon_{kk}\delta\varepsilon_{nn})dV = \int\limits_{V}W_\varepsilon(\delta\varepsilon_{ij})dV > 0.$$

Es handelt sich also um ein Minimum der potentiellen Energie Π. Das aufgezeigte Minimalprinzip gilt nur für lineare Stoffgesetze. Für nichtlineare Stoffgesetze gilt es nur in bestimmten Fällen, wie in [69] gezeigt wird.

1.9. Eindeutigkeit elastodynamischer Lösungen

Der Körper möge sich unter der Einwirkung der Lasten p und der Massenkräfte X bewegen. Es wird vorausgesetzt, daß die Anfangsbedingungen zum

Zeitpunkt $t = 0$ durch die folgenden Beziehungen

$$u(x, 0) = U(x); \quad \dot{u}(x, 0) = W(x) \tag{1}$$

beschrieben werden.

Weiterhin werden zwei Lösungen u' und u'' vorausgesetzt, die den Bewegungsgleichungen genügen. Es gilt also

$$\mu \nabla^2 u' + (\lambda + \mu)\operatorname{grad}\operatorname{div} u' + X = \varrho \ddot{u}', \tag{2}$$

$$\mu \nabla^2 u'' + (\lambda + \mu)\operatorname{grad}\operatorname{div} u'' + X = \varrho \ddot{u}''. \tag{3}$$

Es wird die Differenz der beiden Lösungen $u = u' - u''$ gebildet. Wird Gl. (3) von Gl. (2) abgezogen, so entsteht

$$\mu \nabla^2 u + (\lambda + \mu)\operatorname{grad}\operatorname{div} u = \varrho \ddot{u}. \tag{4}$$

Man stellt fest, daß die Verschiebung u eine Lösung der Bewegungsgleichung (4) ohne Massenkräfte darstellt.

Mit σ'_{ij}, σ''_{ij} werden die mit Verschiebungen u'_i und u''_i verbundenen Spannungen bezeichnet. Wird auf der Oberfläche des Körpers die Last p mit Komponenten p_i, $i = 1, 2, 3$ vorgegeben, so lauten die den Gln. (2) und (3) (zugeordneten Randbedingungen)

$$\begin{aligned} \sigma'_{ji} n_j &= \hat{p}_i, \\ \sigma''_{ji} n_j &= \hat{p}_i. \end{aligned} \tag{5}$$

Die Lastendifferenz besagt, daß die Funktion u demjenigen Zustand entspricht, bei dem die Lasten auf der Oberfläche des Körpers verschwinden. Werden auf dem Rand Verschiebungen vorgegeben, so ist

$$u' = \hat{g}(x, t); \quad u'' = \hat{g}(x, t); \quad u' - u'' = 0, \tag{6}$$

wobei $\hat{g}(x, t)$ eine auf der Körperoberfläche S gegebene Funktion ist. Damit ist u die Verschiebungsfunktion, die der Gl. (4) unter der Voraussetzung genügt, daß im Körper die Massenkräfte und auf der Oberfläche S die Oberflächenkräfte (Lasten) oder Verschiebungen verschwinden.

Nun wird die energetische Gleichung (11) vom Abschnitt 1.8 für den Verschiebungszustand u verwendet. Es gilt

$$\frac{d}{dt}(\mathscr{K} + \mathscr{U}) = \int_V X_i v_i \, dV + \int_{S_\sigma} p_i v_i \, dS. \tag{7}$$

Die rechte Seite dieser Lösungen verschwindet, weil für den betrachteten Verschiebungszustand die Massen- und Oberflächenkräfte verschwinden. Mithin ist

$$\mathscr{K} + \mathscr{U} = \text{const.} \tag{8}$$

Die Summe der Formänderungsarbeit und der kinetischen Energie soll konstant bezüglich der Zeit bleiben. Da für $t = 0$ die Differenzen $u = u' - u'' = U - U = 0$, $\dot{u} = \dot{u}' - \dot{u}'' = W - W = 0$ sind, werden auch $\mathscr{K} + \mathscr{U} = 0$. Damit muß für $t > 0$ auch $\mathscr{U} + \mathscr{K} = 0$ sein.

Andererseits ist bekannt, daß sowohl $\mathscr{U}$ als auch $\mathscr{K}$ positive Funktionen sind. Die Gleichung $\mathscr{U} + \mathscr{K} = 0$ wird für $t > 0$ erfüllt, wenn für jeden Zeitpunkt $t > 0$ sowohl $\mathscr{U} = 0$ als auch $\mathscr{K} = 0$ ist. Die kinetische Energie

$$\mathscr{K} = \frac{\varrho}{2} \int_V v_i v_i \, dV$$

kann aber nur dann gleich Null sein, wenn in jedem Punkt des Körpers $v_i = 0$ ist. Für $t = 0$ ist aber $v_i = 0$, womit sich für $t > 0$ ebenfalls $v_i = 0$ in jedem Körperpunkt ergibt. Da

$$\boldsymbol{u} = \boldsymbol{u}' - \boldsymbol{u}'' = 0 \tag{9}$$

ist, stellt $\boldsymbol{u}' = \boldsymbol{u}''$ die einzige Lösung des Systems der Verschiebungsgleichungen dar.

Werden die obigen Überlegungen sinngemäß angewendet (unter Vernachlässigung der Trägheitskräfte), so wird für ein statisches Problem festgestellt, daß die Funktion $\boldsymbol{u} = \boldsymbol{u}' - \boldsymbol{u}''$ die homogenen Gleichgewichtsgleichungen erfüllt, wenn keine Massenkräfte im Körper und keine Lasten oder keine Verschiebungen auf der Oberfläche vorausgesetzt werden, die letzteren je nachdem, ob die Lasten oder Verschiebungen auf der Oberfläche vorgegeben werden.

Die Formänderungsarbeit ist

$$\mathscr{U} = \int_V \left(\mu \varepsilon_{ij} \varepsilon_{ij} + \frac{\lambda}{2} \varepsilon_{kk} \varepsilon_{nn} \right) dV = \frac{1}{2} \int_V \sigma_{ij} \varepsilon_{ij} \, dV \tag{10}$$

und ist gleich der Arbeit der äußeren Kräfte, d.h.[1]

$$\mathscr{U} = \frac{1}{2} \int_V X_i u_i \, dV + \frac{1}{2} \int_S p_i u_i \, dS. \tag{11}$$

Für $X_i = 0$, $p_i = 0$ ist $\mathscr{U} = 0$ und die Formänderungsarbeit ist eine homogene quadratische Funktion der Spannung und Verzerrung; in jedem Punkt des Körpers muß also $\sigma_{ij} = 0$ sein.

Der Zusammenhang zwischen der Spannung und Verzerrung liefert auch $\varepsilon_{ij} = 0$. Mithin gilt

$$\sigma'_{ij} = \sigma''_{ij}; \quad \varepsilon'_{ij} = \varepsilon''_{ij}. \tag{12}$$

Spannungs- und Verzerrungskomponenten sind eindeutig. Die Bedingung $\varepsilon_{ij} = 0$ läßt ausschließlich eine starre Verschiebung des Körpers zu. Wird der Körper festgehalten, so gilt für alle Körperpunkte $u'_i - u''_i = u_i = 0$.

1.10. Hamiltonsches Prinzip [147]

Bei der Variation des Verschiebungszustandes kann aus dem Prinzip der virtuellen Verrückungen ein recht allgemeiner Minimumsatz für das Verschiebungsfeld hergeleitet werden.

Es wird ein elastischer Körper betrachtet, dessen Ortslage sich zwischen den Zeitpunkten $t = t_0$ und $t = t_1$ mit der Zeit stetig verändert. Die tatsächliche Verschiebung $\boldsymbol{u}(\boldsymbol{x}, t)$ wird mit der Verschiebung $\boldsymbol{u} + \delta\boldsymbol{u}$ verglichen, wobei eine

---

[1] Das Ergebnis liefert Gl. (22) vom Abschnitt 1.8 unter der Voraussetzung, daß die virtuelle Verschiebung mit der tatsächlichen Verschiebung zusammenfällt, d. h. daß $\delta u_i = u_i$ ist.

derartige Variation δu gewählt wird, daß

$$\delta u(x, t_0) = \delta u(x, t_1) = 0 \tag{1}$$

ist.

Das Prinzip der virtuellen Verrückungen (Gl. (9) Abschnitt 1.8) wird in der Form

$$\delta \mathscr{L} - \varrho \int_V \dot{v}_i \delta u_i dV = \delta \int_V W_\varepsilon dV \tag{2}$$

geschrieben, wobei

$$\delta \mathscr{L} = \int_V X_i \delta u_i dV + \int_S p_i \delta u_i dS$$

ist. Gl. (2) wird über das Zeitintervall $t_0 \leqq t \leqq t_1$ integriert:

$$\int_{t_0}^{t_1} dt \int_V \delta W_\varepsilon dV = \int_{t_0}^{t_1} dt\, \delta\mathscr{L} - \varrho \int_{t_0}^{t_1} dt \int_V \ddot{u}_i \delta u_i dV. \tag{3}$$

Es wird die kinetische Energie $\mathscr{K} = \dfrac{\varrho}{2} \int_V \dot{u}_i \dot{u}_i dV$ eingeführt und ihre Variation berechnet:

$$\delta\mathscr{K} = \varrho \int_V \dot{u}_i \delta\dot{u}_i dV = \varrho \int_V \frac{\partial}{\partial t}(\dot{u}_i \delta u_i)dV - \varrho \int_V \ddot{u}_i \delta u_i dV.$$

Dieser Ausdruck wird über das Zeitintervall $t_0 \leqq t \leqq t_1$ integriert:

$$\int_{t_0}^{t_1} \delta\mathscr{K}\, dt = \varrho \int_{t_0}^{t_1} dt \int_V \frac{\partial}{\partial t}(\dot{u}_i \delta u_i)dV - \varrho \int_{t_0}^{t_1} dt \int_V \ddot{u}_i \delta u_i dV. \tag{4}$$

Das erste Integral der rechten Seite ist wegen der Voraussetzung (1) gleich Null. Mithin ist

$$\int_{t_0}^{t_1} \delta\mathscr{K}\, dt = -\varrho \int_{t_0}^{t_1} dt \int_V \ddot{u}_i \delta u_i dV. \tag{4'}$$

Wird Gl. (4') in Gl. (2) eingeführt, so entsteht

$$\delta \int_{t_0}^{t_1} (\mathscr{W}_\varepsilon - \mathscr{K})dt = \int_{t_0}^{t_1} \delta\mathscr{L}\, dt; \qquad \mathscr{W}_\varepsilon = \int_V W_\varepsilon dV. \tag{5}$$

Der gewonnene Zusammenhang wird als *Hamiltonsches Prinzip* bezeichnet. Auf der linken Seite wurde das Variationszeichen vor das Integral gesetzt, was zulässig ist, weil sowohl $\mathscr{W}$ als auch $\mathscr{K}$ sog. Zustandsfunktionen sind, d.h. Funktionen, die ausschließlich vom jeweiligen Zustand des Körpers und nicht vom Weg abhängen, auf dem der Zustand erreicht worden ist.

Im Ausdruck für die Spannung $\int_{t_0}^{t} \delta\mathscr{L}\, dt$ darf das Variationszeichen nur dann vor das Integral gesetzt werden, wenn die inneren Kräfte konservativ sind. Sind die Kräfte konservativ, so zeichnen sie sich durch das Potential

$$\delta \mathscr{L} = - \frac{\partial \mathscr{V}}{\partial u_i} \delta u_i = - \delta \left(\frac{\partial \mathscr{V}}{\partial u_i} u_i \right)$$

aus. In diesem Fall gilt dann

$$\delta \int_{t_0}^{t_1} (\mathscr{W}_\varepsilon - \mathscr{K} - \mathscr{V}) dt = 0. \tag{6}$$

Wird die gesamte potentielle Energie des Systems mit $\Pi = \mathscr{W}_\varepsilon - \mathscr{V}$ bezeichnet so ergibt sich das *Hamiltonsche Prinzip* zu

$$\delta \int_{t_0}^{t} (\Pi - \mathscr{K}) dt = 0. \tag{7}$$

Die Funktion $\mathscr{W}_\varepsilon - \mathscr{K} - \mathscr{V}$ wird als *Lagrangesche Funktion* bezeichnet.

Das Integral der *Lagrangeschen Funktion* über das Zeitintervall von t_0 bis t_1 erreicht einen Extremwert im Vergleich mit allen zulässigen virtuellen Verschiebungszuständen, die in allen Punkten des Körpers in den Zeitpunkten $t = t_0$ und $t = t_1$ verschwinden und an der Teiloberfläche S_u, gegen Null gehen. Für einen ideal starren, undeformierbaren Körper ist $\mathscr{W}_\varepsilon = 0$. Gl. (5) geht dann in das bekannte *Hamiltonsche Prinzip* der Mechanik starrer Körper über. Auf die Gln. (5) und (6) zurückgreifend ist es zu bemerken, daß die potentielle Energie äußerer Kräfte existiert, wenn die Lasten von den Verschiebungen unabhängig sind. Man kann gewisse Fälle finden (z.B. Einwirkung aerodynamischer Lasten auf den Tragflügel eines Flugzeuges), in denen die Lasten von den Verschiebungen, oftmals auch von der Verschiebungsänderung mit der Zeit, abhängen. In solch einem Fall weisen die Lasten kein Potential auf und es ist die Form (5) des *Hamiltonschen Prinzips* anzuwenden.

Es ist noch zu bemerken, daß für ein statisches Problem $K = 0$ ist und das *Hamiltonsche Prinzip* auf den Satz vom Minimum der potentiellen Energie eines elastischen Systems zurückgeführt wird. Es gilt dann

$$\delta \Pi = 0 \tag{8}$$

und Π erreicht einen Minimalwert.

1.11. Reziprozitätssatz

Auf den Körper mögen zwei Kraftsysteme nacheinander einwirken. Das erste System besteht aus Lasten p und Massenkräften X. Diesem System entspricht der Verschiebungsvektor u, der Verzerrungszustand ε_{ij} und der Spannungszustand σ_{ij}. Im zweiten System treten Lasten p' und Massenkräfte X' sowie die entsprechende Verschiebung u', die Spannung σ'_{ij} und die Verzerrung ε'_{ij} auf.

Das erste System der Ursachen und Wirkungen wird durch die Bewegungsgleichungen

$$\sigma_{ji,j} + X_i - \varrho \ddot{u}_i = 0 \tag{1'}$$

beschrieben, denen noch die Randbedingungen

$$u_i = f_i(x,t); \quad x \in S_u; \tag{2'}$$

$$\sigma_{ji}(x,t)n_j(x) = p_i(x,t); \quad x \in S_\sigma \tag{3'}$$

und die Anfangsbedingungen

$$u_i(x,0) = g_i(x); \quad \dot{u}_i(x,0) = h_i(x); \quad x \in V; \quad t = 0 \tag{4'}$$

zugeordnet werden.

Den obigen Gleichungen ist weiterhin noch das Formänderungsgesetz

$$\sigma_{ij} = 2\mu\varepsilon_{ij} + \lambda\delta_{ij}\varepsilon_{kk} \tag{5'}$$

und der Zusammenhang zwischen den Verzerrungs- und Verschiebungskomponenten

$$\varepsilon_{ij} = \frac{1}{2}(u_{i,j} + u_{j,i}) \tag{6'}$$

hinzuzufügen.

Ähnliche Gleichungen gelten für das zweite System der Ursachen und Wirkungen, dessen Bezeichnungen mit Strichen versehen sind. Es gelten also die Bewegungsgleichungen

$$\sigma'_{ji,j} + X'_i - \varrho\ddot{u}'_i = 0 \tag{1''}$$

mit den Rand- und Anfangsbedingungen

$$u'_i = f'_i(x,t); \quad x \in S_u; \tag{2''}$$

$$\sigma'_{ji}n_j = p'_i(x,t); \quad x \in S_\sigma, \tag{3''}$$

$$u'_i(x,0) = g'_i(x); \quad \dot{u}'_i(x,0) = h'_i(x); \quad x \in V; \quad t = 0 \tag{4''}$$

und die Beziehungen

$$\sigma'_{ij} = 2\mu\varepsilon'_{ij} + \lambda\delta_{ij}\varepsilon'_{kk}, \tag{5''}$$

$$\varepsilon'_{ij} = \frac{1}{2}(u'_{i,j} + u'_{j,i}). \tag{6''}$$

Auf die Gln. (5') und (5'') wird die *Laplace-Transformation* angewendet. Es gilt dann

$$\mathscr{L}\big(\sigma_{ij}(x,t)\big) = \bar{\sigma}_{ij}(x,p) = \int\limits_0^\infty \sigma_{ij}(x,t)e^{-pt}\,dt. \tag{7}$$

Werden also die Gl. (5') mit e^{-pt} multipliziert und bezüglich t von Null bis Unendlich integriert, so entsteht

$$\bar{\sigma}_{ij} = 2\mu\bar{\varepsilon}_{ij} + \lambda\delta_{ij}\bar{\varepsilon}_{kk}. \tag{8}$$

Auf eine ähnliche Weise liefern die Gln. (5'')

$$\bar{\sigma}'_{ij} = 2\mu\bar{\varepsilon}'_{ij} + \lambda\delta_{ij}\bar{\varepsilon}'_{kk}. \tag{9}$$

Gl. (8) wird mit $\bar{\varepsilon}'_{ij}$ und Gl. (9) wird mit $\bar{\varepsilon}_{ij}$ multipliziert; die damit gewonnenen Gleichungen werden voneinander subtrahiert. Es ergibt sich die Identität

$$\bar{\sigma}_{ij}\bar{\varepsilon}'_{ij} = \bar{\sigma}'_{ij}\bar{\varepsilon}_{ij}. \tag{10}$$

Wird diese Identität über das Körpervolumen integriert, so ergibt sich die erste allgemeine Form des transformierten Reziprozitätssatzes

$$\int_V \bar{\sigma}_{ij}\bar{\varepsilon}'_{ij}dV = \int_V \bar{\sigma}'_{ij}\bar{\varepsilon}_{ij}dV. \tag{11}$$

Das Faltungstheorem ermöglicht die inverse Transformation eines Produktes transformierter Funktionen. Es gilt

$$\mathscr{L}^{-1}(\bar{\sigma}_{ij}\bar{\varepsilon}'_{ij}) = \int_0^t \sigma_{ij}(x,t-\tau)\bar{\varepsilon}'_{ij}(x,\tau)d\tau = \int_0^t \sigma_{ij}(x,\tau)\bar{\varepsilon}'_{ij}(x,t-\tau)d\tau.$$

Aus Gl. (11) folgt also

$$\int_0^t d\tau \int_V \sigma_{ij}(x,t-\tau)\varepsilon'_{ij}(x,\tau)dV(x) =$$

$$= \int_0^t d\tau \int_V \sigma'_{ij}(x,t-\tau)\varepsilon_{ij}(x,\tau)dV(x). \tag{12}$$

Gl. (11) kann in einer anderen Form geschrieben werden, und zwar zu

$$\int_V \bar{\sigma}_{ij}\bar{u}'_{i,j}dV = \int_V \bar{\sigma}'_{ij}\bar{u}_{i,j}dV. \tag{13}$$

Hierbei wurde die Beziehung

$$\bar{\sigma}_{ij}\bar{\varepsilon}'_{ij} = \bar{\sigma}_{ij}(\bar{\varepsilon}'_{ij}+\bar{\omega}'_{ij}) = \bar{\sigma}_{ij}\bar{u}'_{i,j}; \qquad \bar{\sigma}_{ij}\bar{\omega}_{ij} = 0$$

verwendet. Gl. (13) wird noch in

$$\int_V [(\bar{\sigma}_{ij}\bar{u}'_i)_{,j} - \bar{\sigma}_{ji,j}\bar{u}'_i]dV = \int_V [(\bar{\sigma}'_{ij}\bar{u}_i)_{,j} - \bar{\sigma}'_{ji,j}\bar{u}_i]dV \tag{14}$$

umgewandelt.

In weiteren Betrachtungen sind die Bewegungsgleichungen (1′) und (1″) zu verwenden. Wird auf Gl. (1′) die *Laplace-Transformation* angewendet und wird berücksichtigt, daß

$$\mathscr{L}\left(\frac{\partial^2 \bar{u}_i}{\partial t_-^2}\right) = p^2\bar{u}_i(x,p) - pu_i(x,0) - \dot{u}_i(x,0) = p^2\bar{u}_i(x,p) - pg_i(x) - h_i(x)$$

ist, so ergibt sich

$$\bar{\sigma}_{ji,j} + \bar{X}_i = \varrho p^2\bar{u}_i - pg_i - h_i. \tag{15}$$

Die *Laplace-Transformation* von Gl. (1″) führt zur Gleichung

$$\bar{\sigma}'_{ji,j} + \bar{X}'_i = \varrho p^2\bar{u}'_i - pg'_i - h'_i. \tag{16}$$

Werden aus den Gln. (14), (15) und (16) die Größen $\bar{\sigma}_{ij,j}$ und $\bar{\sigma}'_{ij,j}$ eliminiert, so ergibt sich die zweite Form des transformierten Reziprozitätssatzes

$$\int_V \bar{X}_i\bar{u}'_i\,dV + \int_S \bar{p}_i\bar{u}'_i\,dS + p\int_V g_i\bar{u}'_i\,dV + \int_V h_i\bar{u}'_i\,dV =$$

$$= \int_V \bar{X}'_i\bar{u}_i\,dV + \int_S \bar{p}'_i\bar{u}_i\,dS + p\int_V g'_i\bar{u}_i\,dV + \int_V h'_i\bar{u}_i\,dV. \tag{17}$$

Hierbei wird die *Formel von Gauß-Ostrogradski*

$$\int_V (\bar{\sigma}_{ji}\bar{u}'_i)_{,j}\,dV = \int_S \bar{\sigma}_{ji}n_j\bar{u}'_i\,dS = \int_S \bar{p}_i\bar{u}'_i\,dV,$$

$$\int_V (\bar{\sigma}'_{ji}\bar{u}_i)_{,j}\,dV = \int_S \bar{\sigma}'_{ji}n_j\bar{u}_i\,dS = \int_S \bar{p}'_i\bar{u}_i\,dV$$

verwendet.

Die inverse *Laplace-Transformation* von Gl. (17) ergibt [44]

$$\int_0^t d\tau \int_V X_i(x,t-\tau)u'_i(x,\tau)dV(x) + \int_0^t d\tau \int_S p_i(x,t-\tau)u'_i(x,\tau)dS(x) +$$

$$+ \int_V g_i(x)\frac{\partial u'_i(x,t)}{\partial t}\,dV(x) + \int_V h_i(x)u'_i(x,t)dV(x) =$$

$$= \int_0^t d\tau \int_V X'_i(x,t-\tau)u_i(x,\tau)dV(x) + \int_0^t d\tau \int_S p'_i(x,t-\tau)u_i(x,\tau)dS(x) +$$

$$+ \int_V g'_i(x)\frac{\partial u_i(x,t)}{\partial t}\,dV(x) + \int_V h'_i(x)u_i(x,t)dV(x). \tag{18}$$

Die letzte Gleichung kann wesentlich vereinfacht werden, wenn die Anfangsbedingungen homogen sind (d.h. wenn $g_i = h_i = 0$ und $g'_i = h'_i = 0$ sind).

Besonders einfach ist der Reziprozitätssatz für einen unendlichen Körper. Unter der Voraussetzung, daß die Einwirkung der Massenkräfte auf einen endlichen Bereich beschränkt bleibt, verschwinden die Verschiebungen im Unendlichen, wodurch die Flächenintegrale in der Gl. (18) wegfallen. Für homogene Anfangsbedingungen vereinfacht sich Gl. (18) zu:

$$\int_0^t d\tau \int_V X_i(x,\tau)u'_i(x,t-\tau)dV(x) = \int_0^t d\tau \int_V X'_i(x,\tau)u_i(x,t-\tau)dV(x). \tag{19}$$

Im Punkt ξ wirke eine augenblickliche Einzelkraft

$$X_i = \delta(x-\xi)\,\delta(t)\,\delta_{ij}, \tag{20}$$

die in Richtung der x_j-Achse weist und im Punkt x des unendlichen Bereiches die Verschiebung $u_i = U_i^{(j)}(x,\xi,t)$ hervorruft. Die momentane Einzelkraft wird hierbei mit Hilfe der *Diracschen Funktion*

$$\delta(x-\xi)\,\delta(t) = \delta(x_1-\xi_1)\,\delta(x_2-\xi_2)\,\delta(x_3-\xi_3)\,\delta(t)$$

ausgedrückt.

Es möge nun im Punkt ζ die Einzelkraft

$$X'_i = \delta(x-\zeta)\,\delta(t)\,\delta_{ik} \tag{20'}$$

zur x_k-Achse parallel angreifen. Das mit dieser Kraft verbundene Verschiebungsfeld wird mit $u'_i = U_i^{(k)}(x,\zeta,t)$ bezeichnet. Gl. (19) liefert

$$\int_0^t d\tau \int_V \delta(x-\xi)\,\delta(\tau)\,\delta_{ij}U_i^{(k)}(x,\zeta,t-\tau)dV(x) =$$

$$= \int\limits_0^t d\tau \int\limits_V \delta(\boldsymbol{x} - \boldsymbol{\zeta})\delta(\tau)\delta_{ik}U_i^{(j)}(\boldsymbol{x}, \boldsymbol{\xi}, t - \tau)dV(\boldsymbol{x}). \tag{21}$$

Unter Anwendung des Grundsatzes für die *Diracsche δ-Funktion*

$$\int\limits_0^t \delta(\tau)U_i^{(k)}(\boldsymbol{x}, \boldsymbol{\zeta}, t - \tau)d\tau = U_i^{(k)}(\boldsymbol{x}, \boldsymbol{\zeta}, t),$$

$$\int\limits_V \delta(\boldsymbol{x} - \boldsymbol{\xi})U_i^{(k)}(\boldsymbol{x}, \boldsymbol{\zeta}, t)dV(\boldsymbol{x}) = U_i^{(k)}(\boldsymbol{\xi}, \boldsymbol{\zeta}, t)$$

ergibt Gl. (21) die Beziehung

$$U_j^{(k)}(\boldsymbol{\xi}, \boldsymbol{\zeta}, t) = U_k^{(j)}(\boldsymbol{\zeta}, \boldsymbol{\xi}, t); \qquad j, k = 1, 2, 3. \tag{22}$$

Die obigen Beziehungen stellen den auf elastokinetische Probleme verallgemeinerten *Reziprozitätssatz für Verschiebungen von J. C. Maxwell* dar.

Weiterhin wird noch die Wirkung der zeitlich harmonisch veränderlichen Ursachen betrachtet. Werden in diesem Fall die Schwingungsamplituden durch kleine Sterne und die Frequenz mit ω bezeichnet, so ergibt sich das System der Bewegungsgleichungen:

$$\sigma_{ji}^* + X_i^* + \varrho\omega^2 u_i^* = 0, \tag{23}$$

mit den Randbedingungen

$$\begin{aligned}
u_i^*(\boldsymbol{x}) &= f_i^*(\boldsymbol{x}) \quad \text{auf } S_u, \\
\sigma_{ji}^* n_j &= p_i^*(\boldsymbol{x}) \quad \text{auf } S_\sigma.
\end{aligned} \tag{24}$$

Der Gl. (12) entspricht hierbei

$$\int\limits_V \sigma_{ij}^* \varepsilon_{ij}'^* dV = \int\limits_V \sigma_{ij}'^* \varepsilon_{ij}^* dV. \tag{25}$$

Gl. (25) nimmt analog zur Gl. (18) die Form

$$\int\limits_V X_i^* u_i'^* dV + \int\limits_S p_i^* u_i'^* dS = \int\limits_V X_i'^* u_i^* dV + \int\limits_S p_i'^* u_i^* dS \tag{26}$$

an.

Für $\omega \to 0$ geht Gl. (26) in die Gleichung des Reziprozitätssatzes für ein statisches Problem über.

1.12. Grundgleichungen der Thermoelastizität

Der Körper wird im Zeitpunkt $t = 0$ im natürlichen Zustand vorausgesetzt; in einem Zustand also, in dem Verschiebungen, Verzerrungen und Spannungen gleich Null und die Temperatur gleich einer Konstante T_0 ist. Wird der Körper mit äußeren Kräften, d.h. mit Massenkräften und Oberflächenlasten belastet, so entsteht in diesem Körper nicht nur das Verschiebungsfeld $\boldsymbol{u}$, sondern auch ein von T_0 verschiedenes Temperaturfeld. Diese Felder sind Funktionen der Ortslage $\boldsymbol{x}$ und der Zeit t. Eine Erwärmung der Körperoberfläche oder eine Auswirkung der Wärmequellen ruft ebenfalls derartige Felder hervor. In jedem

Fall ist die Körperverformung mit einer Änderung des Wärmegehaltes des Körpers, d.h. mit einer Störung des Temperaturfeldes verbunden.

Das Verschiebungs- und das Temperaturfeld wirken aufeinander ein, sie sind gekoppelt. Die Kopplung verschwindet nur — wie es im weiteren Text dargelegt wird — für stationäre Wärmeströmung und für statische Belastung.

Die während des Verformungsvorganges auftretende Wärmeströmung wird mittels der Wärmeleitung verwirklicht. Dieser Vorgang ist spontan und irreversibel; er läßt sich nicht restlos rückgängig machen. Unabhängig davon, wie sich dieser Vorgang auch vollzieht, müssen Veränderungen in der Umgebung hervorgerufen werden, wenn der Vorgang rückgängig gemacht werden soll. Im Körper tritt infolge eines irreversiblen thermodynamischen Vorganges die Energiedissipation auf.

Die Aufstellung des Formänderungsgesetzes stützt sich auf die Anwendung der Thermodynamik irreversibler Vorgänge [92, 10].

Der Ausgangspunkt für die weitere Betrachtung stellt den ersten und den zweiten Satz der Thermodynamik und diejenigen Beschränkungen dar, die sich aus der irreversiblen Art des betrachteten thermodynamischen Vorganges ergeben.

Der erste Satz der Thermodynamik hat für einen beliebigen thermodynamischen Vorgang die folgende Form:

$$\frac{d}{dt}(\mathscr{U} + \mathscr{K}) = \mathscr{L} + \frac{dQ}{dt}. \tag{1}$$

Dieser Satz wurde schon im Abschnitt 1.6 verwendet, indem die Bedingung $\dot{Q} = 0$ hergeleitet wurde, die sich aus der Voraussetzung ergibt, daß der betrachtete thermodynamische Vorgang adiabatisch ist.

Nun wird die vollständige Gl. (1) angewendet. Es ist noch in Erinnerung zu bringen, daß $\mathscr{U}$ die innere Energie, $\mathscr{K}$ — die kinetische Energie, $\mathscr{L}$ — die Leistung der äußeren Kräfte eines im Volumen V enthaltenen elastischen Körpers und $\dot{Q}$ die nichtmechanische Leistung, den Zuwachs der Wärmemenge mit der Zeit, der durch die Wärmeströmung durch die Oberfläche S des Körpers verursacht wird, bedeuten.

Da durch das Flächenelement dS mit der Normale n eine Wärmemenge von — $q_i n_i dS$ strömt, ist die Strömung durch die gesamte Oberfläche

$$\dot{Q} = -\int_S q_i n_i dS = -\int_V q_{i,i} dV. \tag{2}$$

Wird die Leistung der äußeren Kräfte

$$\mathscr{L} = \int_V X_i v_i dV + \int_S p_i v_i dS \tag{3}$$

und die kinetische Energie

$$\mathscr{K} = \frac{\varrho}{2} \int_V v_i v_i dV \tag{4}$$

eingeführt und mit U die auf eine Volumeneinheit bezogene äußere Energie bezeichnet, so lautet der Energieerhaltungssatz (1)

$$\int\limits_V \dot{U}\,dV = \int\limits_V (X_i - \varrho\dot{v}_i)v_i\,dV + \int\limits_S p_i v_i\,dS - \int\limits_V q_{i,i}\,dV, \quad \mathcal{U} = \int\limits_V U\,dV. \qquad (5)$$

Wird das Flächen- in das Volumenintegral umgewandelt und wird sowohl $p_i = \sigma_{ji}n_j$ als auch die Bewegungsgleichung

$$\sigma_{ji,j} + X_i = \varrho\ddot{u}_i \qquad (6)$$

berücksichtigt, so liefert Gl. (5) die Gleichung

$$\int\limits_V (\dot{U} - \sigma_{ij}\dot{\varepsilon}_{ij} + q_{i,i})\,dV = 0.$$

Diese Gleichung kann für ein beliebiges Volumen V' des Körpers aufgestellt werden. Es gilt also die folgende lokale Gleichung für den Energieerhaltungssatz:

$$\dot{U} = \sigma_{ij}\dot{\varepsilon}_{ij} - q_{i,i}. \qquad (7)$$

Der Energieerhaltungssatz ist für in der Praxis auftretende Werkstoffe durch den zweiten Satz der Thermodynamik beschränkt, in welchem die Entropie S und die absolute Temperatur T als Zustandsfunktionen vorkommen. Die lokale Form der Entropiebilanz lautet

$$\frac{dS}{dt} = -\frac{1}{T}\,\mathrm{div}\,\boldsymbol{q}. \qquad (8)$$

Wird Gl. (8) über den Volumenbereich V' des Körpers integriert, so gilt

$$\int\limits_{V'} \frac{dS}{dt}\,dV = -\int\limits_{V'} \frac{q_{i,i}}{T}\,dV = -\int\limits_{V'} \left[\left(\frac{q_i}{T}\right)_{,i} + \frac{q_i T_{,i}}{T^2}\right]dV \qquad (9)$$

oder

$$\int\limits_{V'} \frac{dS}{dt}\,dV = -\int\limits_{S} \frac{q_i n_i}{T}\,dS - \int\limits_{V'} \frac{q_i T_{,i}}{T^2}\,dV. \qquad (10)$$

Das erste Glied der rechten Seite von Gl. (10) beschreibt den Zuwachs oder die Verringerung der Entropie mit der Zeit, der durch die Wärmeströmung durch die Fläche S verursacht wird. Das Integral drückt also die Geschwindigkeit des Entropieaustausches mit der Umgebung aus. Das zweite Integral der rechten Seite von Gl. (10) kann als die Entropiequelle aufgefaßt werden; es kennzeichnet also die Geschwindigkeit der Entropiebildung.

Die lokale Gleichung der Entropiebilanz (8) kann ebenfalls in der Form

$$\dot{S} = -\left(\frac{q_i}{T}\right)_{,i} + \Theta; \quad \text{mit} \quad \Theta = -\frac{q_i T_{,i}}{T^2} \qquad (11)$$

geschrieben werden. Das erste Glied der rechten Seite beschreibt den Entropieaustausch mit der Umgebung, das zweite die Entropiebildung. Gemäß der Voraussetzung der Thermodynamik irreversibler Vorgänge soll $\Theta > 0$ sein.

Es wird auf die Gln. (7) und (8) zurückgegriffen. Wird die Größe $q_{i,i}$ eliminiert, so entsteht

$$\dot{U} = \sigma_{ij}\dot{\varepsilon}_{ij} + T\dot{S}. \qquad (12)$$

Nun wird die *freie Energie nach Helmholtz* $F = U - ST$ eingeführt. Dann ergibt Gl. (12)

$$\dot{F} = \sigma_{ij}\dot{\varepsilon}_{ij} - S\dot{T}. \tag{13}$$

Da die freie Energie eine Funktion der unabhängigen Variabeln ε_{ij}, T darstellt, ist

$$\dot{F} = \frac{\partial F}{\partial \varepsilon_{ij}}\dot{\varepsilon}_{ij} + \frac{\partial F}{\partial T}\dot{T}. \tag{14}$$

Unter der Voraussetzung, daß die Funktionen σ_{ij}, q_i von den Ableitungen nach der Zeit der Funktionen ε_{ij} und T nicht explizit abhängen, ergeben sich aus dem Vergleich von Gln. (13) und (14) zwei grundlegende Beziehungen

$$\sigma_{ij} = \frac{\partial F}{\partial \varepsilon_{ij}}; \quad S = - \frac{\partial F}{\partial T}. \tag{15}$$

Dem zweiten Grundsatz der Thermodynamik (für einen irreversiblen Vorgang) wird genügt, wenn $\Theta > 0$ ist. Daraus ergibt sich, daß

$$-\frac{T_{,i}q_i}{T^2} > 0 \tag{16}$$

sein muß. Diese Ungleichung wird durch den *Fourierschen Satz* der Wärmeleitung

$$-q_i = k_{ij}T_{,j} \quad \text{oder} \quad -q_i = k_{ij}\theta_{,j}; \quad \theta = T - T_0$$

erfüllt. Hierbei ist θ der Temperaturzuwachs im Vergleich mit der Temperatur des natürlichen Zustandes T_0. Gl. (8) liefert

$$T\dot{S} = -q_{i,i} = k_{ij}\theta_{,ij}. \tag{17}$$

Für einen homogenen und isotropen Körper wird Gl. (17) in der Form

$$T\dot{S} = k\theta_{,jj} \tag{18}$$

geschrieben, wobei k den Wärmeleitungskoeffizient bedeutet, der konstant und positiv ist.

Die freie Energie $F(\varepsilon_{ij}, T)$ wird in der Umgebung des natürlichen Zustandes ($\varepsilon_{ij} = 0$, $T = T_0$) in eine *Taylorsche Reihe* entwickelt, wobei alle Glieder vernachlässigt werden, deren Ordnung höher als zwei ist. Für einen isotropen homogenen Körper gilt dann die Entwicklung

$$F = \mu\varepsilon_{ij}\varepsilon_{ij} + \frac{\lambda}{2}\varepsilon_{kk}\varepsilon_{nn} - \gamma\varepsilon_{kk}\theta - \frac{m}{2}\theta^2. \tag{19}$$

Die dargestellte Form der freien Energie kann folgendermaßen begründet werden. Da die freie Energie eine Skalargröße ist, sollen alle Glieder der rechten Seite ebenfalls Skalare sein. Mit den Komponenten des symmetrischen Tensors ε_{ij} können zwei voneinander unabhängige quadratische Invarianten aufgestellt werden, und zwar $\varepsilon_{ij}\varepsilon_{ij}$ und ε_{kk}^2. Im dritten Glied der rechten Gleichungsseite kommt die Invariante erster Art, d.h. ε_{kk} vor.

Mit Hilfe von Gln. (15) werden aus Gl. (19) die folgenden Formänderungsgesetze

$$\sigma_{ij} = 2\mu\varepsilon_{ij} + (\lambda\varepsilon_{kk} - \gamma\theta)\delta_{ij}, \tag{20}$$

$$S = \gamma\varepsilon_{kk} + m\theta \tag{21}$$

hergeleitet. Hierbei sind μ, λ die *Laméschen Elastizitätskonstanten*. Diese Größen beziehen sich auf einen isothermischen Zustand. Die Konstante γ hängt sowohl von den mechanischen als auch von den thermischen Stoffeigenschaften ab. Die Lösung von Gl. (20) bezüglich der Verzerrungskomponenten ε_{ij} ergibt

$$\varepsilon_{ij} = \alpha_t \theta \delta_{ij} + 2\mu' \sigma_{ij} + \lambda' \delta_{ij} \sigma_{kk}, \tag{22}$$

wobei

$$\mu' = \frac{1}{4\mu}; \quad \lambda' = -\frac{\lambda}{2\mu(3\lambda + 2\mu)}$$

ist.

Es wird ein unendlich kleines Körperelement betrachtet, dessen Oberfläche von Spannungen σ_{ij} frei ist. Es gilt

$$\varepsilon_{ij}^0 = \alpha_t \delta_{ij} \theta. \tag{23}$$

Gl. (23) stellt das physikalische Gesetz für die thermische Ausdehnung dar: es gibt die Proportionalität der Dehnung und der Temperatur wieder. Die Größe α_t stellt den Wärmedehnungskoeffizienten dar. Endgültig ist

$$\sigma_{ij} = 2\mu\varepsilon_{ij} + (\lambda\varepsilon_{kk} - \gamma\theta)\delta_{ij}, \tag{24}$$

$$S = \gamma\varepsilon_{kk} + m\theta; \quad \gamma = (3\lambda + 2\mu)\alpha_t. \tag{25}$$

Es ist noch die Größe m zu bestimmen. Dafür wird die Differentialbeziehung

$$dU = \sigma_{ij} d\varepsilon_{ij} + T dS \tag{26}$$

betrachtet.

Wird

$$dS = \left(\frac{\partial S}{\partial \varepsilon_{ij}}\right)_T d\varepsilon_{ij} + \left(\frac{\partial S}{\partial T}\right)_\varepsilon dT \tag{27}$$

in Gl. (26) eingesetzt und werden die Bedingungen berücksichtigt, bei deren Erfüllung dU ein totales Differential ist, so ergibt sich

$$\left(\frac{\partial S}{\partial \varepsilon_{ij}}\right)_T - \gamma\delta_{ij} = 0. \tag{28}$$

Die Einführung von Gl. (28) in die Gl. (27) und Gl. (26) und die Berücksichtigung von $\left(\dfrac{\partial S}{\partial T}\right)_\varepsilon = \dfrac{c_\varepsilon}{T}$, wobei c_ε die spezifische Wärme bei konstanter Verformung bedeutet, liefern

$$dU = \sigma_{ij} d\varepsilon_{ij} + \gamma T d\varepsilon_{kk} + c_\varepsilon dT. \tag{29}$$

$$dS = \gamma d\varepsilon_{kk} + c_\varepsilon \frac{dT}{T}. \tag{30}$$

Wird Gl. (30) unter der Voraussetzung integriert, daß $S = 0$ für $T = T_0$ ist, so ergibt sich

$$S = \gamma\varepsilon_{kk} + c_\varepsilon \log\frac{T}{T_0}. \tag{31}$$

Wenn $\left|\dfrac{\theta}{T_0}\right| \ll 1$ vorausgesetzt und der Logarithmus in eine Reihe entwickelt wird, wobei nur das erste Glied der Entwicklung beibehalten bleibt, so entsteht

$$S \approx \gamma \varepsilon_{kk} + \frac{c_\varepsilon}{T_0}\theta. \tag{32}$$

Der Vergleich von Gln. (25) und (32) ergibt, daß $m \approx \dfrac{c_\varepsilon}{T_0}$ ist.

Die freie Energie F von Gl. (19) ist dann

$$F = \mu\varepsilon_{ij}\varepsilon_{ij} + \frac{\lambda}{2}\varepsilon_{kk}\varepsilon_{nn} - \gamma\varepsilon_{kk}\theta - \frac{c_\varepsilon}{2T_0}\theta^2. \tag{33}$$

1.13. Differentialgleichungen der Thermoelastizität

Den Ausgangspunkt zur Herleitung der Grundgleichungen der Thermoelastizität stellen die Bewegungsgleichungen

$$\sigma_{ji,j} + X_i = \varrho\ddot{u}_i \tag{1}$$

und der Zusammenhang zwischen der Entropie und dem Temperaturzuwachs

$$T\dot{S} = k\theta_{,jj}; \qquad S = \gamma\varepsilon_{kk} + c_\varepsilon\log\frac{T}{T_0} \tag{2}$$

dar. Die letzteren Beziehungen wurden im Abschnitt 1.12 hergeleitet.

Wird in die Gl. (1) das Formänderungsgesetz

$$\sigma_{ij} = 2\mu\varepsilon_{ij} + (\lambda\varepsilon_{kk} - \gamma\theta)\,\delta_{ij} \tag{3}$$

eingeführt, das als *Gleichungen von Duhamel-Neumann* bekannt ist, so ergibt sich ein System von drei Gleichungen für die Verschiebungen:

$$\mu\nabla^2 u + (\lambda + \mu)\operatorname{grad}\operatorname{div} u + X = \varrho\ddot{u} + \gamma\operatorname{grad}\theta. \tag{4}$$

In diesen Vektorgleichungen treten zwei unbekannte Funktionen auf, und zwar der Verschiebungsvektor u und der Temperaturzuwachs θ.

Nun werden die Gln. (2) verwendet. Die zweite dieser Gleichungen wird bezüglich der Zeit differenziert, mit T multipliziert und mit der ersten verglichen. Es entsteht

$$k\theta_{,jj} = T\gamma\dot{\varepsilon}_{kk} + c_\varepsilon\dot{T} \tag{5}$$

oder

$$\theta_{,jj} - \frac{1}{\varkappa}\dot{\theta} = \frac{T_0\gamma}{k}\left(1 + \frac{\theta}{T_0}\right)\dot{\varepsilon}_{kk}; \qquad \varkappa = \frac{k}{c_\varepsilon}.$$

Dank der vorausgesetzten Beschränkung $\left|\dfrac{\theta}{T_0}\right| \ll 1$ kann Gl. (5) linearisiert werden, wodurch

$$\theta_{,jj} - \frac{1}{\varkappa}\dot{\theta} - \eta\operatorname{div}\dot{u} = 0 \tag{6}$$

entsteht, wobei

$$\eta = \frac{\gamma T_0}{k}; \qquad \varepsilon_{kk} = \operatorname{div} \boldsymbol{u}$$

ist.

Wirken im Körper Wärmequellen, so wird Gl. (6) unhomogen. Es gilt dann [10]

$$\theta_{,jj} - \frac{1}{\varkappa}\dot{\theta} - \eta \operatorname{div} \dot{\boldsymbol{u}} = -\frac{Q}{\varkappa}. \tag{7}$$

Hierbei ist $Q = \dfrac{W}{k}\varkappa$, worin W die Wärmemenge ist, die im Körper in einer Zeit- und einer Volumeneinheit erzeugt wird.

Gln. (4) und (7) stellen den vollständigen Satz der Gleichungen der Thermoelastizität dar. Die Gleichungen sind miteinander gekoppelt; das Verschiebungsfeld ist mit der Temperatur untrennbar verbunden. Die Gleichungen sind von M. A. Biot [10] im Jahre 1956 hergeleitet worden.

Den Gln. (4) und (7) sind die Rand- und Anfangsbedingungen hinzuzufügen; hierbei gelten dieselben Gleichungen wie für die elastodynamischen Probleme (vgl. Gln. (6) und (8) im Abschnitt 1.7). An dieser Stelle werden die Rand- und Anfangsbedingungen für die Funktion θ ausführlicher erörtert.

Die räumliche Randbedingung wird auf die Weise definiert, daß die Einwirkung des Mediums, in dem der betrachtete Körper sich befindet, auf die Oberfläche dieses Körpers angegeben wird. Die räumliche Bedingung kann hierbei eine der drei folgenden Formen haben:

a) es wird die Temperatur für jeden Punkt der Körperoberfläche S und für jeden Zeitpunkt $t > 0$ angegeben,

b) es wird der Temperaturgradient in jedem Punkt der Oberfläche S und für jeden Zeitpunkt $t > 0$ angegeben;

c) es wird die Funktion $\dfrac{\partial \theta}{\partial n} + \alpha\theta = \beta$ auf der Oberfläche S für $t > 0$ angegeben. Die Größen α und β sind konstant.

Die Bedingung b kommt vor, wenn die Intensität der Wärmeströmung von außen her in das Körperinnere bekannt ist. Ist der Körper thermisch isoliert, d.h. gibt es keine Möglichkeit einer Wärmezunahme bzw. -abgabe auf der Oberfläche S, so ist auf dieser Oberfläche $\dfrac{\partial \theta}{\partial n} = 0$. Die Form c der Randbedingung tritt bei einem freien Wärmeaustausch auf der Oberfläche S auf. Die Anfangsbedingung beschreibt die Temperaturverteilung im Zeitpunkt $t = 0$, wobei die Temperatur als eine Funktion der Ortslage angegeben wird.

Für einen unendlichen Bereich gelten keine eigentlichen Randbedingungen. Es darf aber verlangt werden, daß die Temperatur in unendlich weit liegenden Punkten beschränkt bleibt oder einen vorgegebenen Wert annimmt.

Es ist sehr schwierig das betrachtete System der Differentialgleichungen zu lösen. Aus diesem Grund werden gewisse Voraussetzungen zur Vereinfachung der Theorie geltend gemacht. Es hat sich ergeben, daß die Kopplung des Temperatur- und Verformungsfeldes eine große erkenntnistheoretische Bedeutung hat und für bestimmte technische Anwendungen (Elektronik, Überschallschwingungen) sehr wichtig sein kann. Für Probleme der im Maschinenbau und Bauwesen auftretenden Wärmespannungen spielt aber diese Kopplung keine größere Rolle.

Die Vereinfachung des Gleichungssystems von Gln. (4) und (7) liegt darin, daß das Glied $-\eta\,\mathrm{div}\,\boldsymbol{u}$ gestrichen wird. Dieses Glied wirkt sich nur sehr schwach auf eine Änderung des Temperaturfeldes aus. Auf diese Weise entsteht ein nicht gekoppeltes Gleichungssystem:

$$\mu\nabla^2\boldsymbol{u} + (\lambda + \mu)\,\mathrm{grad}\,\mathrm{div}\,\boldsymbol{u} + X = \gamma\,\mathrm{grad}\,\theta, \tag{8}$$

$$\nabla^2\theta - \frac{1}{\varkappa}\dot{\theta} = -\frac{Q}{\varkappa}. \tag{9}$$

Das System wird folgendermaßen gelöst. Die Gleichungen für die Wärmeleitung (9) werden für die vorgegebenen Rand- und Anfangsbedingungen gelöst. Die Funktion θ wird — schon als eine bekannte Funktion — in die rechte Seite von Gl. (8) eingesetzt, wobei diese Gleichung mit Hilfe der aus der Elastizitätstheorie bekannten Methoden zu lösen ist.

Es gibt mannigfaltige Verfahren zur Lösung von Gl. (9). Der interessierte Leser kann diese Verfahren in jedem Handbuch der partiellen Differentialgleichungen [79, 98, 132] und in den Monographien über die Wärmeleitungsprobleme [20] finden.

Die Probleme vereinfachter Thermoelastizität, oder, wie sie heute oftmals genannt wird, der Theorie der Wärmespannungen, werden in verschiedenen Büchern behandelt, die in den letzten Jahren herausgegeben worden sind [95, 101, 102, 112].

2. Einführung in die Elastodynamik viskoelastischer Körper

2.1. Der viskoelastische Körper und seine Modelle [12, 30, 103, 113]

Zahlreiche Versuche zeigen, daß viele Werkstoffe unter einer Dauerbelastung eine mit der Zeit zunehmende Verformung aufweisen. Solch eine Werkstoffeigenschaft ist für Maschinen- und Baukonstruktionen sehr wichtig. Unter der Einwirkung der Lasten tritt mit der Zeit eine Umlagerung der inneren Kräfte und Verzerrungen auf. Das Modell eines ideal elastischen Körpers reicht zur Beschreibung des Spannungs- und Verzerrungszustandes nicht mehr aus; in den Gleichungen, mit denen der Körperzustand beschrieben wird, tritt die Zeit als eine neue Veränderliche auf.

Um diese Erscheinung auffassen zu können, wird die Zustandsgleichung für den Körper in der Form einer neuen allgemeinen Funktionalbeziehung angenommen. Es gilt

$$f(\sigma, \varepsilon, t) = 0 \tag{1}$$

wobei σ — die Spannung, ε — die Verzerrung, t — die Zeit ist.

In der Gl. (1) kommen Differential- und Integraloperatoren der Funktionen ε und σ vor.

Ist der Wärmezustand des Körpers zeitlich nicht konstant, so tritt die Temperatur T in der Gl. (1) als ein zusätzlicher Parameter auf.

Um die zeitliche Veränderlichkeit mechanischer Eigenschaften des Körpers zu erfassen, wird er als viskoelastisch betrachtet. Für den Körper werden gleichzeitig zwei verschiedene Modelle angenommen: das eines vollkommen elastischen Körpers und das einer zähen Flüssigkeit. Die mit dem ersteren Modell verbundenen elastischen Erscheinungen unterliegen dem *Hookeschen Elastizitätsgesetz*, die dem anderen entsprechenden und mit der Viskosität des Modells verbundenen Erscheinungen gehorchen dem *Newtonschen Gesetz* für Flüssigkeiten.

Solch eine Verallgemeinerung der linearen Elastizitätstheorie und der Mechanik zäher Flüssigkeiten wird als lineare Viskoelastizitätstheorie bezeichnet. Mit dem Begriff einer linearen Theorie hängen gewisse Beschränkungen zusammen, die hinsichtlich der Funktionalbeziehung $f(\sigma, \varepsilon, t) = 0$ bestehen.

Nach wie vor gilt die Voraussetzung kleiner Verzerrungen. Die Betrachtungen werden auf diejenigen Körper beschränkt, deren mechanische Eigenschaften die Verwendung des *Überlagerungsprinzips von Boltzmann* zulassen. Das Prinzip wurde von BOLTZMANN als ein heuristisches Gesetz betrachtet und dargestellt; es ist aber ein Grundsatz für die mathematische Formulierung der Theorie viskoelastischer Körper mit einer linearen Charakteristik geworden.

Das *Boltzmannsche Prinzip* [113] besagt, daß die Summe $\sigma_1(t) + \sigma_2(t)$ die Summe der Verzerrungen $\varepsilon_1(t) + \varepsilon_2(t)$ zur Folge hat, wenn ein Spannungsverlauf $\sigma_1(t)$ die Verzerrung $\varepsilon_1(t)$ und ein Spannungsverlauf $\sigma_2(t)$ die Verzerrung $\varepsilon_2(t)$ hervorruft. Daraus ergeben sich folgende Sonderfälle: ist $\sigma_2 = k\sigma_1$, so ist $\varepsilon_2 = k\varepsilon_1$, wobei k eine Konstante bedeutet, und ist $\sigma_1 = \sigma_2$, so ist $\varepsilon_1 = \varepsilon_2$.

Bei dieser Beschränkung wird die Gl. (1) entweder eine lineare Differentialgleichung oder eine Integralgleichung mit Ableitungen bezüglich der Zeit.

Zwei Funktionen spielen in der Viskoelastizitätstheorie eine wichtige Rolle: die Kriechfunktion und die Relaxationsfunktion (Entspannungsfunktion), die ein Maß für mechanische Eigenschaften des Körpers darstellen.

Zuerst wird der Begriff des Kriechens betrachtet und anhand des Beispieles vom Zugversuch an einem Stab aus viskoelastischem Werkstoff erläutert. Der Probekörper, der sich am Anfang in einem neutralen Zustand befindet, wird im Zeitpunkt $t = 0$ durch eine ständige Last beansprucht, die im Stab eine Spannung σ_0 hervorruft. Nun wird das zeitliche Verhalten der Dehnung untersucht. Es wird also die Funktion

$$\frac{\varepsilon(t)}{\sigma_0} = \varphi(\mathrm{t}, \sigma_0) \tag{2}$$

betrachtet.

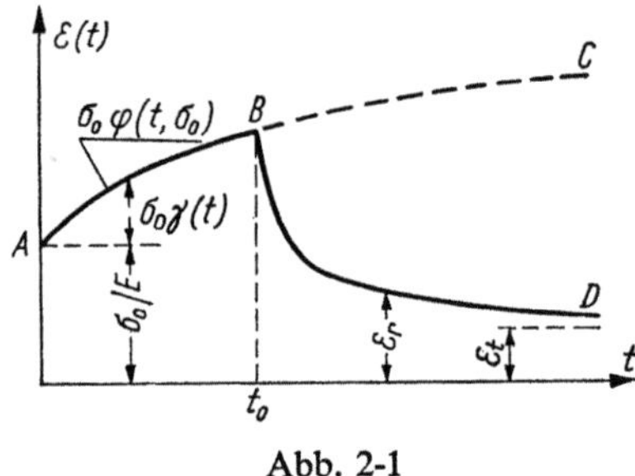

Abb. 2-1

Das Versuchsergebnis ist in Abb. 2-1 dargestellt. Am Anfang nimmt die Dehnung bis zum Wert $\varepsilon(0^+) = \sigma_0/E$ schnell zu, wobei E der dynamische Elastizitätsmodul bedeutet. Dann nimmt die Dehnung nur langsam mit der Zeit nach der Kurve ABC zu. Die gesamte Dehnung im Zeitpunkt t beträgt

$$\varepsilon(t) = \varepsilon(0^+) + \varepsilon_p(t) = \frac{\sigma_0}{E} + \sigma_0\,\gamma(t). \tag{3}$$

Es ist also

$$\varphi(t, \sigma_0) = \frac{1}{E} + \gamma(t) = \varphi(0, \sigma_0) + \gamma(t). \tag{4}$$

Die Funktion $\varphi(t, \sigma_0)$ wird als die Kriechfunktion bezeichnet. Sie hängt weder von der Körperstelle noch von der Körperform sondern ausschließlich von der Zeit ab. Aus diesem Grund ist diese Funktion für die rheologischen Eigenschaften eines viskoelastischen Körpers kennzeichnend. Sie ist eine mit der Zeit t zunehmende Funktion mit abnehmender Ableitung. Es ist zu bemerken, daß im Fall $\gamma = 0$ für jeden Zeitpunkt t eine rein elastische Dehnung vorliegt.

Wird die Belastung im Zeitpunkt $t = t_0$ entfernt, so sinkt die Dehnung mit der Zeit bis auf den Wert der bleibenden Dehnung ε_t. Die Restdehnung (Residualdehnung) ε_r wird durch die Kurve BD dargestellt. Die Kurve wird oftmals als die Ruhekurve eines viskoelastischen Körpers bezeichnet. Weist der Probekörper nach einer längeren Zeit keine bleibende Dehnung auf, so wird dieser Werkstoff als ein Werkstoff mit verzögerter Elastizität bezeichnet.

Die Entspannungsfunktion wird durch die Beziehung

$$\frac{\sigma(t)}{\varepsilon_0} = \psi(t, \varepsilon_0) \tag{5}$$

beschrieben.

Im Zeitpunkt $t = 0$ wird dem Probekörper eine endliche Dehnung ε_0 aufgezwungen.

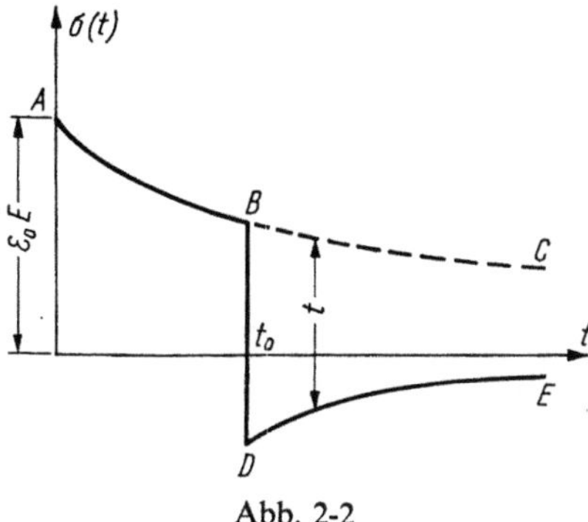

Abb. 2-2

Im Zeitpunkt $t = 0$ beträgt die Spannung $\sigma(0^+) = \varepsilon_0 E$ und nimmt dann mit der Zeit nach der Kurve ABC (Abb. 2-2) ab. Es gilt

$$\sigma(t) = \varepsilon_0 E + \varepsilon_0 \vartheta_r(t) = \sigma(0^+) + \sigma_r(t), \tag{6}$$

$$\psi(t, \varepsilon_0) = E + \vartheta_r(t). \tag{7}$$

Die Entspannungskurve ist konkav; ihre Ableitung ist negativ. Für Körper mit elastischer Verzögerung weist das Entspannungsdiagramm (Relaxationsdiagramm) keine bleibende Spannung für $t \to \infty$ auf.

Die Kurve $ABDE$ zeigt den Verlauf der Spannung infolge der im Zeitpunkt $t = 0$ plötzlich angebrachten und im Zeitpunkt $t = t_0$ beseitigten Dehnung ε_0.

Die Funktionen φ und ψ stellen wichtige Komponenten der Zustandsgleichungen dar, die aufgrund des *Grundsatzes von Boltzmann* aufgestellt werden.

Es wird vorausgesetzt, daß der Kriechversuch im Zeitpunkt $t = \tau_1$ mit der Belastung $\Delta\sigma_1$ (Abb. 2-3) angefangen wird. Das zugehörige Kriechdiagramm von $\varphi(t - \tau_1)$ ist im Vergleich mit dem Verlauf von $\varphi(t)$ nach Abb. 2-1 um τ_1 parallel verschoben.

Die durch die konstante Spannung $\Delta\sigma_1$ hervorgerufene Dehnung $\varepsilon_1(t)$ ist

$$\varepsilon_1(t) = \Delta\sigma_1 \varphi(t - \tau_1).$$

Wird nun in den Zeitpunkten τ_2, τ_3 die Spannung $\Delta\sigma_2, \Delta\sigma_3$ angebracht, so beträgt die gesamte Dehnung nach dem *Satz von Boltzmann*

$$\varepsilon(t) = \Delta\sigma_1\,\varphi(t-\tau_1) + \Delta\sigma_2\,\varphi(t-\tau_2) + \Delta\sigma_3\,\varphi(t-\tau_3) = \sum_{j=1}^{3} \Delta\sigma_j\,\varphi(t-\tau_j). \quad (8)$$

Ist die Spannung $\sigma(\tau)$ eine stetige Funktion der Zeit τ im Intervall $-\infty < \tau < t$, so liefert der Übergang von der Summe auf das Integral die folgende Formel für die Dehnung im Zeitpunkt t

$$\varepsilon(t) = \int_{-\infty}^{t} \frac{\partial\sigma(\tau)}{\partial\tau}\,\varphi(t-\tau)\,d\tau. \qquad (9)$$

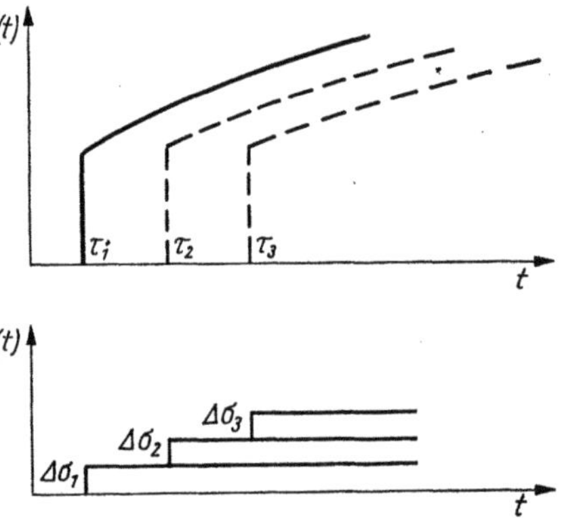

Abb. 2-3

Eine ähnliche Überlegung für vorgegebene Dehnungen $\Delta\varepsilon_1$, $\Delta\varepsilon_2$ ... und der Übergang zum Integral für die kontinuierliche Dehnung $\varepsilon(t)$ liefert die folgende Formel (Abb. 2-4)

$$\sigma(t) = \int_{-\infty}^{t} \frac{\partial\varepsilon(\tau)}{\partial\tau}\,\psi(t-\tau)\,d\tau. \qquad (10)$$

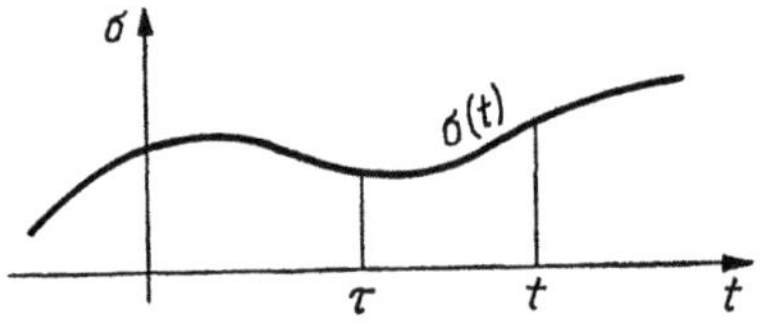

Abb. 2-4

Die gezeigten Beziehungen stellen die Zustandsgleichung für den eindimensionalen Spannungszustand dar. Hierbei wird auch die Bedeutung der Kriech- und Entspannungsfunktionen als grundlegende Funktionen zur Beschreibung des Werkstoffverhaltens veranschaulicht. Gln. (9), (10) sind zum *Hookeschen Elastizitätsgesetz* analog und werden auf dieses Gesetz zurückgeführt, wenn die Funktionen φ und ψ von der Zeit unabhängig sind.

Wenn eine der Hauptgrößen unbekannt ist und die andere auf der rechten Seite stehende Größe eine bekannte Funktion ist, können die betrachteten Gleichungen ebenfalls als Integralgleichungen angesehen werden. In einem derartigen Fall stellen die Funktionen φ, ψ den Kern der *Integralgleichung von V. Volterra* dar [125].

Es wird vorausgesetzt, daß im Zeitpunkt $t = 0^+$ die Spannung $\sigma(t) = \sigma_0 H(t)$ wirkt, wobei $H(t)$ die *Heavisidesche Funktion*[1] ist.

Wird $\sigma(t) = \sigma_0 H(t)$ in Gl. (9) eingesetzt und wird beachtet, daß $\dfrac{dH(\tau)}{d\tau} = \delta(\tau)$ ist, wobei $\delta(\tau)$ die *Diracsche Funktion*[1) bedeutet, so gilt

$$\frac{\varepsilon(t)}{\sigma_0} = \int_0^t \delta(\tau)\varphi(t-\tau)\,d\tau = \varphi(t). \tag{11}$$

Wenn auf eine ähnliche Weise $\varepsilon(t) = H(t)\varepsilon_0$ in Gl. (10) eingesetzt wird, so ergibt sich

$$\frac{\sigma(t)}{\varepsilon_0} = \int_0^t \delta(\tau)\psi(t-\tau)\,d\tau = \psi(t), \tag{12}$$

was auch gelten soll.

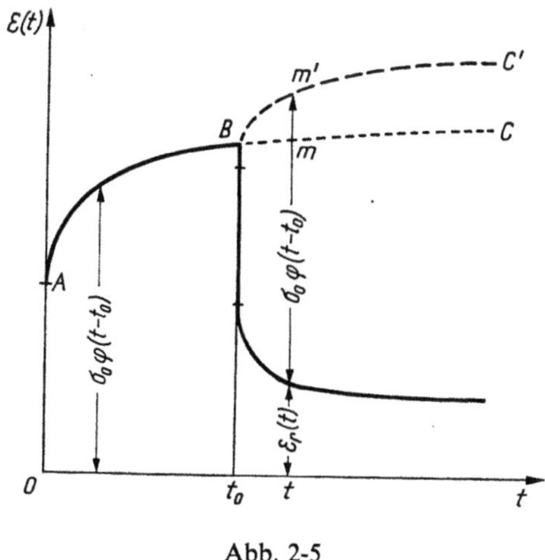

Abb. 2-5

An einer früheren Stelle wurde es schon vorausgesetzt, daß nur diejenigen viskoelastischen Körper betrachtet werden, für welche das *Überlagerungsprinzip von Boltzmann* angewendet werden darf. Es ergibt sich die Frage, wie derartige Körper erkannt werden können oder in welchem Intervall diese Körper dem *Boltzmannschen Prinzip* unterliegen und in welchen Intervallen sie als nichtlineare viskoelastische Körper zu betrachten sind.

---

[1] Die *Heavisideschen* und *Diracschen Funktionen* werden im Kapitel 13 erläutert.

Einen guten Hinweis liefert hierzu der Verlauf der Kriechfunktionen (Abb. 2-1). Der Probestab sei in der folgenden Weise belastet

$$\sigma(t) = \sigma_0[H(t) - H(t - t_0)]. \tag{13}$$

Damit wird im Zeitpunkt $t = 0^+$ die Spannung σ_0 aufgebracht und im Zeitpunkt $t = t_0$ beseitigt. Gl. (13) in Gl. (9) eingesetzt, liefert

$$\varepsilon_r(t) = \sigma_0[\varphi(t) H(t) - \varphi(t - t_0) H(t - t_0)] =$$
$$= \varepsilon(t) - \sigma_0 \varphi(t - t_0) H(t - t_0). \tag{14}$$

Damit ist die Restdehnung (Residualdehnung) nach dem *Boltzmannschen Prinzip* berechnet worden. Es ist noch zu prüfen, inwieweit Gl. (14) mit Versuchergebnissen übereinstimmt. Werden also der experimentelle Wert $\varepsilon_r(t)$ und der ebenfalls experimentelle Wert $\sigma_0 \varphi(t - t_0)$ addiert, so soll die Summe den Punkt m auf der Kurve $\sigma_0 \varphi(t)$ ergeben (Abb. 2-5). Liefert dagegen diese Ordinatensumme den Punkt m' und für verschiedene Zeitpunkte t die Kurve $Bm'C'$, so ist das Verhalten des Körpers nicht linear im *Boltzmannschen Sinn.*

Nun werden die einfachsten Modelle viskoelastischer Körper und die zugehörigen Formänderungsgesetze (Spannungs-Verzerrung-Beziehungen) betrachtet.

a) *Das Modell von Kelvin-Voigt.*

Bei dem Modell des Körpers wird eine Feder, welche die elastischen Körpereigenschaften vertritt, und ein Öldämpfer, der die Eigenschaften der zähen Flüssigkeit zu vertreten hat (Abb. 2-6), parallel geschaltet.

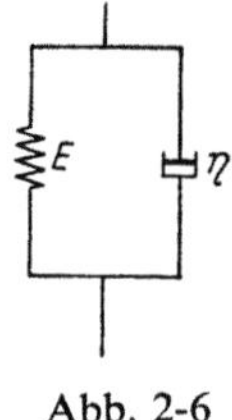

Abb. 2-6

In einem derartigen Fall sind die Dehnungen ε der Feder und des Öldämpfers gleich. Die Spannung σ dagegen verteilt sich auf die Spannung in der Feder σ_f und die Spannung im Dämpfer σ_d.
Es gilt

$$\sigma = \sigma_f + \sigma_d. \tag{15}$$

Die Spannung σ_f genügt dem *Hookeschen*, die Spannung σ_d dagegen dem *Newtonschen Gesetz*:

$$\sigma_f = E\varepsilon_f; \quad \sigma_d = \eta\dot{\varepsilon}_d. \tag{16}$$

In Gln. (16) bedeutet E den Elastizitätsmodul, η ist der Zähigkeitskoeffizient. Wird Gl. (16) in Gl. (15) eingeführt und wird es berücksichtigt, daß $\varepsilon_f = \varepsilon_d = \varepsilon$ ist, so ergibt sich

$$\sigma(t) = E\left(1 + t_* \frac{\partial}{\partial t}\right)\varepsilon(t); \quad t_* = \frac{\eta}{E}. \tag{17}$$

Diese Gleichung wird unter der Voraussetzung integriert, daß für $t \leqq 0$ der Körper sich im natürlichen, d.h. im spannungsfreien, Zustand befindet. Es gilt

$$\varepsilon(t) = \frac{H(t)}{\eta} \int\limits_0^t \sigma(\tau) \exp\left[-\frac{1}{t_*}(t-\tau) \right] d\tau. \tag{18}$$

Die Kriechfunktion $\varphi(t)$ wird für das *Modell von Kelvin-Voigt* bestimmt. Wird $\sigma(t) = \sigma_0 H(t)$ in Gl. (18) eingesetzt, so ergibt sich

$$\varphi(t) = \frac{\varepsilon(t)}{\sigma_0} = \frac{1}{E}(1 - e^{-\frac{t}{t_*}}) \quad \text{für} \quad t \geqslant 0. \tag{19}$$

Am Anfang ist die Dehnung Null und nimmt mit der Zeit zu, wobei sie für $t \to \infty$ gegen den konstanten Wert σ_0/E strebt. Die Geschwindigkeit der Dehnungszunahme hängt vom Parameter $t_* = \dfrac{\eta}{E}$ ab, das die Zeitdimension hat und als die Verzögerungszeit bezeichnet wird.

b) *Das Modell von Maxwell.*

Das Modell besteht aus einer Feder und einem Öldämpfer, die hintereinander geschaltet sind (Abb. 2-7). Die gesamte Dehnung $\varepsilon(t)$ besteht aus zwei Komponenten

$$\varepsilon = \varepsilon_f + \varepsilon_d, \tag{20}$$

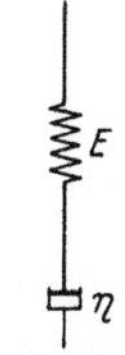

Abb. 2-7

wobei ε_f die Dehnung der Feder und ε_d die Dehnung des Öldämpfers bedeuten. Die Spannung σ ist in beiden Modellteilen gleich und beträgt

$$\sigma = E\varepsilon_f; \quad \sigma = \eta\dot{\varepsilon}_d. \tag{21}$$

Wird aus Gln. (20) und (21) ε_f und ε_d eliminiert, so entsteht

$$\frac{\partial \varepsilon(t)}{\partial t} = \frac{1}{E}\left(\frac{1}{t_*} + \frac{\partial}{\partial t} \right)\sigma(t); \quad t_* = \frac{\eta}{E}. \tag{22}$$

Diese Gleichung wird unter der Voraussetzung integriert, daß für $t \leqq 0$ der Körper sich im natürlichen Zustand befindet. Es gilt

$$\sigma(t) = H(t)E \int\limits_0^t \frac{\partial \varepsilon(\tau)}{\partial \tau} \exp\left(-\frac{1}{t_*}(t-\tau) \right) d\tau. \tag{23}$$

Wird $\varepsilon(t) = \sigma_0 H(t)$ eingesetzt, so ergibt sich die Entspannungsfunktion für das

Modell von Maxwell:

$$\psi(t) = \frac{\sigma(t)}{\varepsilon_0} = E e^{-\frac{t}{t_*}}; \qquad t > 0. \tag{24}$$

Sehr nützlich — insbesondere bei der Untersuchung der Entspannungsprobleme — kann ein verallgemeinertes Modell sein, das aus n parallel geschalteten *Elementen von Maxwell* besteht (Abb. 2-8), wobei diese Elemente verschiedene

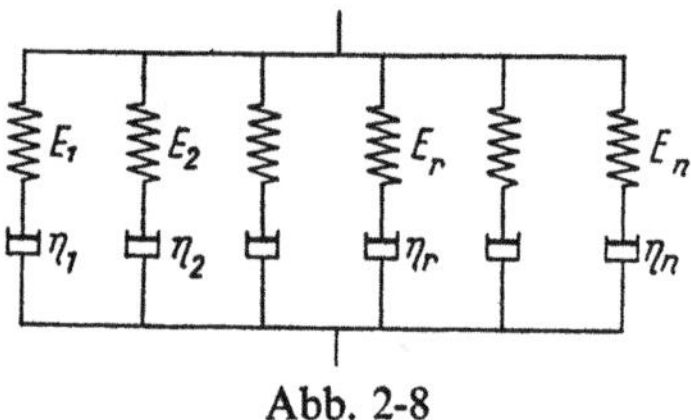

Abb. 2-8

Entspannungszeiten $t_r = \eta_r/E_r$ haben. Die Dehnung ist bei der parallelen Schaltung für alle Elemente gleich und beträgt

$$\varepsilon = \varepsilon_r; \qquad r = 1, 2, \ldots, n. \tag{25}$$

Die Spannung σ ist dagegen die Summe der Teilspannungen, die von einzelnen Elementen übertragen werden. Es gilt

$$\sigma = \sum_{r=1}^{r=n} \sigma_r. \tag{26}$$

Für das r-Element gilt die Gleichung

$$\frac{\partial \varepsilon(t)}{\partial t} = \frac{1}{E_r} \left(\frac{1}{t_r} + \frac{\partial}{\partial t} \right) \sigma_r(t); \qquad t_r = \eta_r/E_r. \tag{27}$$

Wird die Größe σ_r aus Gl. (27) in Gl. (26) eingesetzt, so ergibt sich eine Differentialgleichung n-ter Ordnung, die mit der Operatorenschreibweise zu

$$\sigma(t) = \sum_{r=1}^{n} \frac{E_r \dfrac{\partial \varepsilon(t)}{\partial t}}{\left(t_r^{-1} + \dfrac{\partial}{\partial t} \right)} \tag{28}$$

geschrieben werden kann.

Wird auf dieser Gleichung die *Laplace-Transformation* angewendet, so ergibt sich

$$\bar{\sigma}(p) = \bar{\varepsilon}(p) \sum_{r=1}^{n} \frac{E_r p}{p + t_r^{-1}}, \tag{29}$$

wobei

$$\bar{\sigma}(p) = \mathscr{L}(\sigma(t)) = \int_0^\infty \sigma(t) e^{-pt} dt; \qquad \bar{\varepsilon}(p) = \int_0^\infty \varepsilon(t) e^{-pt} dt$$

ist.

Nach der inversen Transformation ist

$$\sigma(t) = H(t) \int\limits_0^t \frac{\partial \varepsilon(\tau)}{\partial \tau}\, \psi(t-\tau)d\tau, \tag{30}$$

wobei

$$\psi(t) = \sum_{r=1}^{n} E_r e^{-\frac{t}{t_r}}$$

die Entspannungsfunktion ist.

Die zum Aufbau der Modelle verwendeten Grundelemente, d.h. die Feder und der Dämpfer führen zu einem linearen Zusammenhang zwischen der Spannung und der Verzerrung sowie der Verzerrungsgeschwindigkeit. Werden die Elemente parallel (nebeneinander) oder hintereinander geschaltet, so werden die bestehenden Beziehungen mit Hilfe einer linearen Differentialgleichung beschrieben, und zwar

$$P(D)\sigma(t) = Q(D)\varepsilon(t); \quad D = \frac{\partial}{\partial t}, \tag{31}$$

wobei $P(D)$ und $Q(D)$ lineare Operatoren bezüglich der Zeit sind. Hinsichtlich der Gln. (31) gilt das *Boltzmannsche Überlagerungsprinzip*. Wird nämlich mit σ_i, $i = 1, 2, \ldots g$ die Ursache bezeichnet, welche die Wirkung ε_i herbeiführt, so gilt

$$P(D)\sigma_i(t) = Q(D)\varepsilon_i(t); \quad i = 1, 2, \ldots, g. \tag{31'}$$

Wird die Summe der Ursachen mit $\sum\limits_{i=1}^{g} \sigma_i = \sigma^*$ und die Summe der Wirkungen

mit $\sum\limits_{i=1}^{g} \varepsilon_i = \varepsilon^*$ bezeichnet, so ergibt die Summierung von Gl. (31') bezüglich i von 1 bis g

$$P(D)\sigma^*(t) = Q(D)\varepsilon^*(t). \tag{31''}$$

Andererseits wurde bei der Betrachtung einzelner Modelle festgestellt, daß die beschreibenden Differentialgleichungen sich auf *Integralbeziehungen von Boltzmann* zurückführen lassen.

Die Modelle erlauben es, den Aufbau der Differentialgleichung besser zu überblicken, die den Zusammenhang zwischen der Spannung und Verzerrung beschreibt. Sie ermöglichen es weiterhin, die Beschränkungen hinsichtlich der Operatoren-Differentialform (31) einzuführen.

Die in Gln. (31) vorkommenden Operatoren sind

$$P(D) = \sum_{j=0}^{n} a_j D^j; \quad Q(D) = \sum_{j=0}^{m} b_j D^j; \quad D^j = \frac{d^j}{dt^j}, \tag{32}$$

wobei a_j, b_j Konstanten sind.

Wird auf die Gln. (31) die *Laplace-Transformation* angewendet, so ergibt sich die Beziehung

$$\frac{\bar{\sigma}(p)}{\bar{\varepsilon}(p)} = \frac{Q(p)}{P(p)} = \frac{\sum\limits_{j=0}^{m} b_j p^j}{\sum\limits_{j=0}^{n} a_j p^j} . \tag{33}$$

Andererseits ist

$$\bar{\varphi}(p) = \frac{1}{p} \frac{\bar{\varepsilon}(p)}{\bar{\sigma}(p)} = \frac{1}{p} \frac{P(p)}{Q(p)}, \tag{34}$$

$$\bar{\psi}(p) = \frac{1}{p} \frac{\bar{\sigma}(p)}{\bar{\varepsilon}(p)} = \frac{1}{p} \frac{Q(p)}{P(p)} . \tag{35}$$

Die Operatoren $Q(D)$ und $P(D)$ können die gleiche Ordnung haben (dann ist $n = m$) oder die Ordnung des Operators $Q(D)$ kann höher als die Ordnung des Operators $P(D)$ sein (dann gilt $m > n$).

Zuerst wird vorausgesetzt, daß die Ordnungen der Operatoren $Q(D)$ und $P(D)$ gleich sind. Werden nun die Transformierten $\bar{\varphi}(p)$ und $\bar{\psi}(p)$ in Partialbrüche zerlegt, so ergibt sich für $n = m$

$$\bar{\varphi}(p) = \frac{P(p)}{pQ(p)} = \frac{P(0)}{pQ(0)} + \sum_{r=1}^{m} \frac{P(\gamma_r)}{\gamma_r Q'(\gamma_r)} \frac{1}{p+\gamma_r}, \tag{36}$$

$$\bar{\psi}(p) = \frac{Q(p)}{pP(p)} = \frac{Q(0)}{pP(0)} + \sum_{r=1}^{m} \frac{Q(\mu_r)}{\mu_r P'(\mu_r)} \frac{1}{p+\mu_r}, \tag{37}$$

$$Q'(\gamma_r) = \left.\frac{dQ}{dp}\right|_{p=\gamma_r}; \qquad P'(\mu_r) = \left.\frac{dP}{dp}\right|_{p=\mu_r}. \tag{38}$$

In den obigen Gleichungen sind γ_r: $r = 1, 2, \ldots m$ Nullstellen des Polynoms

$$P(p) = \sum_{j=0}^{m} a_j p^j = \prod_{r=1}^{m} (p+\gamma_r),$$

und μ_r: $r = 1, 2, \ldots m$ — Nullstellen des Polynoms

$$Q(p) = \sum_{0=j}^{m} b_j p^j = \prod_{r=1}^{m} (p+\mu_r).$$

$$\prod_{r=1}^{m} (p+\mu_r) = (p+\mu_1)(p+\mu_2) \ldots (p+\mu_m).$$

Auf die Gln. (34) und (35) wird die inverse *Laplace-Transformation* angewendet. Es gilt dann

$$\varphi(t) = \frac{P(0)}{Q(0)} + \sum_{r=1}^{m} \frac{P(\gamma_r)}{\gamma_r Q'(\gamma_r)} e^{-\gamma_r t}; \qquad \gamma_r > 0, \tag{39}$$

$$\psi(t) = \frac{Q(0)}{P(0)} + \sum_{r=1}^{m} \frac{Q(\mu_r)}{\mu_r P'(\mu_r)} e^{-\mu_r t}; \qquad \mu_r > 0. \tag{40}$$

Es wurde vorausgesetzt, daß die Nullstellen γ_r, μ_r reell und positiv sind. Diese Bedingung muß erfüllt werden, weil in jedem anderen Fall die Entspannungsfunktionen $\psi(t)$ zunehmen würde was unmöglich ist. Die Ableitung der Entspannungsfunktion $\varphi(t)$ wäre ebenfalls zunehmend. Die Wurzeln γ_r, μ_r dürfen auch nicht komplex sein, weil in einem derartigen Fall die Funktionen $\varphi(t)$ und $\psi(t)$ oszillieren, was dem Sinn der Kriech- und Entspannungsfunktion widerspricht. Man kann weiterhin beweisen [12], daß die Wurzeln γ_r und μ_r einfach und abwechselnd geordnet sind, d.h. es gilt

$$0 < \gamma_1 < \mu_1 < \gamma_2 < \mu_2 \dots .$$

Diese Ordnung ist erforderlich, damit keine der Konstanten E_r negativ wird, was selbstverständlich unzulässig ist.

Es wird vorausgesetzt, daß die Ordnung des Operators $P(D)$ um eins höher als jene des Operators $Q(D)$, d.h. $n = m+1$ ist. Wird die Funktion $\overline{\varphi}(p) = \dfrac{P(p)}{pQ(p)}$ in Partialbrüche zerlegt, so ergibt sich $\overline{\varphi} = (p+\gamma_{m+1}) \dfrac{P_1(p)}{pQ(p)}$, wobei $P_1(p)$ ein Polynom m-ten Grades ist und für $\dfrac{P_1(p)}{pQ(p)}$ die Gl. (34) gilt, worin aber an Stelle von $P(p)$ das Polynom $P_1(p)$ einzusetzen ist.

Es ist ersichtlich, daß bei der Zerlegung von $\overline{\varphi} = \dfrac{P(p)}{pQ(p)}$ in Partialbrüche eine Konstante vorkommt. Wird auf $\overline{\varphi}$ die inverse *Laplacesche Transformation* angewendet, so tritt in einem Glied der Zerlegung die *Diracsche Funktion* $\delta(t)$ auf. Daraus könnte geschlossen werden, daß für $t = 0$ die Funktion $\varphi(t)$ unendlich große Werte annehmen müßte, was aber nicht möglich ist. Ein ähnlicher Fall kommt für $n > m+1$ vor.

Aus dem Gesagten ergibt sich, daß die Ordnung des Operators $Q(D)$ höchstens um eins höher als jene des Operators $P(D)$ sein darf. Der Energiesatz und das Variationstheorem kann der Leser in [37, 38, 49] finden.

2.2. Zusammenhang zwischen Spannungs- und Verzerrungszustand

Zur Formulierung des Zusammenhanges zwischen dem Spannungs- und dem Verzerrungszustand, des Formänderungsgesetzes also, wird die Analogie mit dem Gesetz verwendet, das in der linearen Elastizitätstheorie gilt. In dieser Theorie gilt nämlich das *Hookesche Elastizitätsgesetz*

$$\sigma_{ij} = 2\mu\varepsilon_{ij} + \lambda\varepsilon_{kk}\delta_{ij}. \tag{1}$$

Im Abschnitt 1.6 ist festgestellt worden, daß das Formänderungsgesetz (1) durch das Gleichungssystem

$$s_{ij} = 2\mu\gamma_{ij}; \tag{2}$$

$$s = 3Ke \tag{3}$$

ersetzt werden kann.

Hierbei ist

$$s_{ij} = \sigma_{ij} - \frac{1}{3}\sigma_{kk}\delta_{ij}; \qquad \gamma_{ij} = \varepsilon_{ij} - \frac{1}{3}\varepsilon_{kk}\delta_{ij};$$

$$\varepsilon_{kk} = e; \qquad \sigma_{kk} = s; \qquad K = \lambda + \frac{2}{3}\mu. \tag{4}$$

Der Tensor s_{ij} stellt den Deviator des Spannungszustandes dar, der Tensor γ_{ij} ist der Deviator des Verzerrungszustandes. Die Spannungen s_{ij} rufen nur eine Gestaltänderung hervor, der mittlere Wert der Normalspannungen ergibt nur eine Volumenänderung. In den Gln. (2) und (3) kommen zwei Konstanten vor, und zwar der Formänderungsmodul μ und der Kompressionsmodul K.

Nun wird ein viskoelastischer Körper betrachtet. Es wird vorausgesetzt, daß der viskoelastische Körper sich bei allseitigem Zug (bzw. Druck) wie ein elastischer Körper verhält. Die Gl. (3) bleibt in diesem Fall unverändert. Die Gl. (2) wird dagegen auf die Weise erweitert, daß der rechten Seite ein Glied hinzugefügt wird, das das Zähigkeitsgesetz von NEWTON beschreibt, d.h. das Glied $2\eta\gamma_{ij}$.

Es gilt also

$$s_{ij} = 2\mu\gamma_{ij} + 2\eta\frac{\partial\gamma_{ij}}{\partial t} = 2\mu\left(1 + t_*\frac{\partial}{\partial t}\right)\gamma_{ij}, \tag{5}$$

$$s = 3Ke; \qquad t_* = \frac{\eta}{\mu}. \tag{6}$$

Die Gln. (5) und (6) stellen eine Verallgemeinerung des *Modells von Kelvin-Voigt* auf den dreidimensionalen Spannungszustand dar. Die Größe $t_* = \eta/\mu$ bedeutet die Verzögerungszeit. Die Beziehungen

$$\left(\frac{\partial}{\partial t} + \frac{1}{t_*}\right)s_{ij} = 2\mu\gamma_{ij}; \tag{7}$$

$$s = Ke; \qquad t_* = \eta/\mu \tag{8}$$

dürfen als eine Verallgemeinerung des viskoelastischen *Modells von Maxwell* auf den räumlichen Spannungszustand betrachtet werden.

Mit Hilfe der Gln. (5) bis (8) können weitere Zustandsgleichungen hergeleitet werden, welche kompliziertere Modelle eines viskoelastischen Körpers beschreiben. So entsprechen die Gleichungen

$$\left(1 + t_1\frac{\partial}{\partial t}\right)s_{ij} = 2\mu\left(1 + t_2\frac{\partial}{\partial t}\right)\gamma_{ij}; \qquad s = 3Ke \tag{9}$$

demjenigen Modell des viskoelastischen Körpers, das durch die parallele Schaltung der *Modelle von Kelvin und Maxwell* entsteht.

Der allgemeine Zusammenhang zwischen dem Spannungs- und dem Verzerrungszustand, d.h. das allgemeine Formänderungsgesetz kann in einer zu den Gln. (2) und (3) analogen Form dargestellt werden:

$$P_1(D)s_{ij}(\mathbf{x}, t) = P_2(D)\gamma_{ij}(\mathbf{x}, t); \tag{10}$$

$$P_3(D)s(\mathbf{x}, t) = P_4(D)e(\mathbf{x}, t), \tag{11}$$

wobei

$$P_i(D) = \sum_{n=0}^{N_i} a_i^{(n)} D^n, \quad a_i^{(N_i)} \neq 0; \quad i = 1, 2, 3, 4; \quad D^n = \frac{\partial^n}{\partial t^n} \quad (12)$$

Differentialoperatoren der linearen Theorie, $a_i^{(n)}$ die konstanten Beiwerte sind.

Im Sonderfall eines ideal elastischen Körpers werden die Operatoren $P_i(D)$ auf das erste Glied der Reihe zurückgeführt. Damit gilt

$$a_1^{(0)} = 1; \quad a_2^{(0)} = 2\mu; \quad a_3^{(0)} = 1; \quad a_4^{(0)} = 3K. \quad (13)$$

Gln. (10) und (11) gehen in Gln. (2) und (3) über.

Für einen viskoelastischen *Körper nach Kelvin* gilt

$$P_1(D) = 1; \quad P_2(D) = \mu(1+t_* D); \quad P_3(D) = D; \quad P_4(D) = 3KD. \quad (14)$$

Für einen viskoelastischen *Körper nach Maxwell* ist

$$P_1(D) = t_*^{-1} + D; \quad P_2(D) = 2\mu; \quad P_3(D) = D; \quad P_4(D) = 3KD. \quad (15)$$

Oftmals wird das sog. Standardmodell eines viskoelastischen Körpers verwendet. Das Modell kann als Parallelschaltung *Modelle von Kelvin und von Maxwell* dargestellt werden. Es gilt dann

$$P_1(D) = 1+t_1 D; \quad P_2(D) = 2\mu(1+t_2 D);$$
$$P_3(D) = D; \quad P_4(D) = 3KD. \quad (16)$$

Manchmal wird vorausgesetzt, daß der viskoelastische Körper inkompressibel (raumbeständig) ist. Dann ist $P_3(D) = 0$ anzunehmen.

Nicht selten ist es günstiger, Gln. (10) und (11) in folgender entwickelter Form zu schreiben:

$$P_1(D) P_3(D) \sigma_{ij} = P_2(D) P_3(D) \varepsilon_{ij} +$$

$$+ \frac{1}{3} \delta_{ij}[P_1(D) P_4(D) - P_2(D) P_3(D)]e. \quad (17)$$

Es wird vorausgesetzt, daß im Zeitpunkt $t \leqslant 0$ keine Spannungen, Verschiebungen oder Verzerrungen im betrachteten viskoelastischen Körper auftreten. Der Körper wird erst im Zeitpunkt $t = 0^+$ belastet. Unter diesen Voraussetzungen darf auf die Gln. (10) und (11) die *Laplace-Transformation* angewendet werden, die durch die Beziehung

$$\bar{f}(x,p) = \mathscr{L}[f(x,t)] = \int\limits_0^\infty f(x,t) e^{-pt} dt$$

beschrieben wird.

Damit entsteht das Gleichungssystem

$$\bar{s}_{ij}(x,p) = 2\bar{\mu}(p)\bar{\gamma}_{ij}(x,p), \quad (18)$$

$$\bar{s}(x,p) = 3\bar{K}(p)\bar{e}(x,p), \quad (19)$$

wobei

$$\bar{\mu}(p) = \frac{P_2(p)}{2P_1(p)}; \quad \bar{K}(p) = \frac{P_4(p)}{3P_3(p)}$$

ist.

Es ist zu bemerken, daß die Gln. (18) und (19) nach der Transformation eine zu den Gln. (2) und (3) für einen elastischen Körper analoge Form haben. Soweit aber für den elastischen Körper in den Gln. (2) und (3) die Spannungen und Verzerrungen vorkommen und die Größen μ, K konstant sind, umsomehr treten in den Gln. (18) und (19) für den viskoelastischen Körper die Transformierten für die Spannungen und die Verzerrungen auf und die Größen μ, K sind Funktionen des Parameters p.

Die Gln. (18) und (19) können in einer anderen Form geschrieben werden:

$$\bar{s}_{ij}(x,p) = p\bar{\psi}_1(p)\bar{\gamma}_{ij}(x,p), \tag{20}$$

$$\bar{s}(x,p) = p\bar{\psi}_2(p)\bar{e}(x,p), \tag{21}$$

$$\bar{\psi}_1(p) = \frac{2\bar{\mu}(p)}{p} = \frac{P_2(p)}{pP_1(p)}\,;\quad \bar{\psi}_2(p) = \frac{3\bar{K}(p)}{p} = \frac{P_4(p)}{pP_3(p)}.$$

Wird auf die Gln. (20) und (21) die inverse *Laplace-Transformation* angewendet, so ergibt sich

$$s_{ij}(x,t) = \int\limits_0^t \psi_1(t-\tau)\frac{\partial\gamma_{ij}(x,\tau)}{\partial\tau}\,d\tau, \tag{22}$$

$$s(x,t) = \int\limits_0^t \psi_2(t-\tau)\frac{\partial e(x,\tau)}{\partial\tau}\,d\tau. \tag{23}$$

Es ist leicht zu beweisen, daß die Funktionen $\psi_1(t)$, $\psi_2(t)$ die Entspannungsfunktionen für den Schub und allseitigen Zug sind. Wird $\dfrac{\partial\gamma_{ij}}{\partial\tau} = \gamma_{ij}^0\delta(\tau)$ in die Gl. (22) unter der Voraussetzung eingeführt, daß $\gamma_{ij}(x,t) = \gamma_{ij}^0(x)H(t)$ ist, so ergibt sich

$$\frac{s_{ij}(x,t)}{\gamma_{ij}^0(x)} = \psi_1(t).$$

Auf eine ähnliche Weise, wenn $e(x,t) = e^0(x)H(t)$ in die Gl. (23) eingesetzt wird, erhält man

$$\frac{s(x,t)}{e^0(x)} = \psi_2(t).$$

Die Gln. (18) und (19) werden in der Form

$$\bar{\gamma}_{ij}(x,p) = p\bar{\varphi}_1(p)\bar{s}_{ij}(x,p), \tag{24}$$

$$\bar{e}(x,p) = p\bar{\varphi}_2(p)\bar{s}(x,p) \tag{25}$$

geschrieben. Hierbei ist

$$\bar{\varphi}_1 = \frac{P_1(p)}{pP_2(p)}\,;\quad \bar{\varphi}_2 = \frac{P_3(p)}{pP_4(p)}.$$

Wird die inverse *Laplace-Transformation* auf die Gln. (24) und (25) angewendet, so entsteht

$$\gamma_{ij}(\boldsymbol{x}, t) = \int_0^t \varphi_1(t-\tau) \frac{\partial s_{ij}(\boldsymbol{x}, \tau)}{\partial \tau}\, d\tau, \tag{26}$$

$$e(\boldsymbol{x}, t) = \int_0^t \varphi_2(t-\tau) \frac{\partial s(\boldsymbol{x}, \tau)}{\partial \tau}\, d\tau. \tag{27}$$

Es kann leicht bewiesen werden, daß $\varphi_1(t)$ die Kriechfunktion für den Schub, $\varphi_2(t)$ für den allseitigen Druck ist.

Es ist zu bemerken, daß zwischen den Funktionen φ_α und ψ_α; $\alpha = 1, 2$ die folgenden Zusammenhänge

$$\bar{\varphi}_1(p)\bar{\psi}_1(p) = \frac{1}{p^2}; \quad \bar{\varphi}_2(p)\bar{\psi}_2(p) = \frac{1}{p^2} \tag{28}$$

bestehen.

Die Gln. (18) und (19) können bezüglich der Spannungen gelöst werden. Dann ergeben sich die folgenden Gleichungen

$$\bar{\sigma}_{ij}(\boldsymbol{x}, p) = 2\bar{\mu}(p)\,\bar{\varepsilon}_{ij}(\boldsymbol{x}, p) + \delta_{ij}\bar{\lambda}(p)\,\bar{e}(\boldsymbol{x}, p), \tag{29}$$

deren Aufbau jenem von Gl. (1) ähnlich ist. Hierbei werden die Bezeichnungen

$$\bar{\mu}(p) = \frac{P_2(p)}{2P_1(p)}; \quad \bar{\lambda}(p) = \frac{P_1(p)P_4(p) - P_2(p)P_3(p)}{3P_1(p)P_3(p)}$$

eingeführt.

Mit Hilfe von Operatoren-Differentialgleichungen kann eine breite Klasse der Probleme gelöst werden. Im weiteren wird eine allgemeinere Formulierung des Zusammenhanges zwischen den Spannungs- und dem Verzerrungszustand angegeben, d.h. eine Form des Formänderungsgesetzes, die allgemeiner als diejenige ist, welche durch die Gln. (10) und (11) beschrieben werden. Diese Beziehungen, die als *Gleichungen von Boltzmann* bezeichnet werden, sind

$$s_{ij}(\boldsymbol{x}, t) = \int_{-\infty}^t \Psi_1(t-\tau)\frac{\partial \gamma_{ij}(\boldsymbol{x}, \tau)}{\partial \tau}\, d\tau,$$

$$s(\boldsymbol{x}, t) = \int_{-\infty}^t \Psi_2(t-\tau)\frac{\partial e(\boldsymbol{x}, \tau)}{\partial \tau}\, d\tau, \tag{30}$$

$$\gamma_{ij}(\boldsymbol{x}, t) = \int_{-\infty}^t \Phi_1(t-\tau) \frac{\partial s_{ij}(\boldsymbol{x}, \tau)}{\partial \tau}\, d\tau,$$

$$e(\boldsymbol{x}, t) = \int_{-\infty}^t \Phi_2(t-\tau) \frac{\partial s(\boldsymbol{x}, \tau)}{\partial \tau}\, d\tau. \tag{31}$$

Die Gln. (30) und (31) gelten ebenfalls für stetige Distributionen der Verzögerungs- und Entspannungszeit. ψ_α ($\alpha = 1, 2$) sind die Entspannungsfunktionen, Φ_α ($\alpha = 1, 2$) die Kriechfunktionen. Diese Funktionen können experimentell bestimmt werden.

Auf die Gl. (31) wird die einseitige *Laplacesche Transformation* unter der Voraussetzung angewendet, daß der Körper sich im Zeitpunkt $t = 0$ im natürlichen Zustand befindet. Dann gilt

$$\bar{s}_{ij} = p\bar{\Psi}_1(p)\bar{\gamma}_{ij}; \quad \bar{s} = p\bar{\Psi}_2\bar{\varepsilon}. \tag{32}$$

Werden diese Gleichungen nach der Spannung aufgelöst, so ergibt sich

$$\bar{\sigma}_{ij} = 2\bar{\mu}(p)\bar{\varepsilon}_{ij} + \bar{\lambda}(p)\delta_{ij}\bar{e}, \tag{33}$$

wobei

$$\bar{\mu}(p) = \frac{p}{2}\bar{\Psi}_1(p); \quad \bar{\lambda}(p) = \frac{p}{3}[\bar{\Psi}_2(p) - \bar{\Psi}_1(p)]$$

ist.

Wird auf die Gl. (33) die inverse *Laplace-Transformation* angewendet, so entsteht

$$\sigma_{ij}(x, t) = \int\limits_0^t \left[2a(t-\tau)\,\frac{\partial\varepsilon_{ij}(x, \tau)}{\partial\tau} + \delta_{ij}b(t-\tau)\,\frac{\partial e(x, \tau)}{\partial\tau} \right] d\tau, \tag{34}$$

wobei

$$\bar{a}(p) = \bar{\Psi}_1(p); \quad \bar{b}(p) = \frac{1}{3}[\bar{\Psi}_2(p) - \bar{\Psi}_1(p)] \tag{34'}$$

ist.

Es ist noch zu bemerken, daß

$$\bar{\Psi}_1(p)\bar{\Phi}_1(p) = \frac{1}{p^2}; \quad \bar{\Psi}_2(p)\bar{\Phi}_2(p) = \frac{1}{p^2} \tag{35}$$

ist.

Nun wird der Fall betrachtet, in dem sich die Spannungen vom Zeitpunkt $t = 0^+$ an harmonisch verändern. Wird $s_{ij} = s_{ij}^*(x, \omega)e^{i\omega t}$ in die erste Gleichung von Gln. (31) eingesetzt, so ergibt sich

$$\gamma_{ij}(x, t) = i\omega e^{i\omega t}s_{ij}^*(x, \omega) \int\limits_0^t \Phi_1(\tau)\,e^{-i\omega\tau}d\tau. \tag{36}$$

Für $t \to \infty$ entsteht die Gleichung für stationäre Schwingungen. Dann liefert also Gl. (36)

$$\gamma_{ij}^*(x, \omega) = i\omega s_{ij}^*(x, \omega)\Phi_1(i\omega), \tag{37}$$

wobei

$$\Phi_1(i\omega) = \int\limits_0^\infty \Phi_1(\tau)\,e^{-i\omega\tau}d\tau$$

ist.

Für die stationäre Schwingung gilt allgemein

$$\sigma_{ij}^*(x, \omega) = 2\hat{\mu}(i\omega)\,\varepsilon_{ij}^*(x, \omega) + \hat{\lambda}(i\omega)\delta_{ij}e^*(x, \omega). \tag{38}$$

Um den Zusammenhang zwischen den Spannungen und Verzerrungen zu gewinnen, die mit der Zeit harmonisch veränderlich sind, können die Gl. (29)

verwendet werden, wobei aber der Parameter p der *Laplace-Transformation* durch den Parameter $i\,\omega$ zu ersetzen ist. Die gleiche Ähnlichkeit wird für die Gln. (29) und (1) festgestellt. Diese Analogien werden verwendet, um das Formänderungsgesetz für den ebenen Spannungszustand, den ebenen Verzerrungszustand, den eindimensionalen Spannungszustand usw. zu gewinnen.

Bei einem ebenen (zweidimensionalen) Spannungszustand gelten für einen *Hookeschen Körper* die folgenden Gleichungen:

$$\sigma_{\alpha\beta} = 2\mu\left[\varepsilon_{\alpha\beta} + \frac{\lambda}{\lambda+2\mu}\,(\varepsilon_{11}+\varepsilon_{22})\right]; \quad \alpha,\beta = 1,2, \tag{39}$$

Bei ebenem Spannungszustand gilt für einen viskoelastischen Körper

$$\bar{\sigma}_{\alpha\beta} = 2\bar{\mu}\left[\bar{\varepsilon}_{\alpha\beta} + \frac{\bar{\lambda}}{\bar{\lambda}+2\bar{\mu}}\,(\bar{\varepsilon}_{11}+\bar{\varepsilon}_{22})\right]; \quad \alpha,\beta = 1,2, \tag{40}$$

wobei $\bar{\mu}$ und $\bar{\lambda}$ Funktionen vom Parameter p sind.

In der linearen Viskoelastizitätstheorie wird oftmals vorausgesetzt, daß der viskoelastische Körper sich beim allseitigen Druck wie ein ideal elastischer Körper verhält. Dann gilt das Gleichungssystem

$$\bar{s}_{ij} = 2\bar{\mu}\bar{\gamma}_{ij}; \quad \bar{s} = 3K\bar{e}. \tag{41}$$

Die Lösung dieses Systems hinsichtlich der Spannungen σ_{ij} ergibt die Gl. (29) mit

$$\bar{\lambda}(p) = K - \frac{2}{3}\,\bar{\mu}(p); \quad \bar{\lambda}+2\bar{\mu} = K + \frac{4}{3}\,\bar{\mu}(p). \tag{42}$$

Oftmals wird die Unveränderlichkeit der *Poissonschen Zahl* $m = \dfrac{1}{\nu} = $ konst

vorausgesetzt. Mithin gilt

$$\nu = \frac{\bar{\lambda}}{2(\bar{\lambda}+\bar{\mu})} = \text{konst.} \tag{43}$$

Daraus ergibt sich

$$\bar{\lambda} = \frac{2\nu}{1-2\nu}\,\bar{\mu}. \tag{44}$$

Da das Verhältnis $\bar{\lambda}/\bar{\mu}$ hierbei konstant ist, weisen die Funktionen $\lambda(t)$ und $\mu(t)$ die gleichen Entspannungszeiten auf. Das Formänderungsgesetz, bzw. das Spannung — Dehnung — Gesetz wird für Beton in [148, 149, 150] und für Polymere in [2, 30] ausführlich erörtert.

2.3. Verschiebungsgleichungen der Viskoelastizitätstheorie

Die Bewegungsgleichungen hängen von den mechanischen Eigenschaften des betreffenden Werkstoffes nicht ab. Die selben Gleichungen gelten für linear elastische und viskoelastische Körper. Diese Gleichungen sind

$$\sigma_{ji,j} + X_i = \varrho\ddot{u}_i. \tag{1}$$

Um aus den Gl. (1) die Verschiebungsgleichungen zu erhalten, sollen **die** Spannungen durch die Verzerrungen und diese durch die Verschiebungen ausgedrückt werden. Der Zusammenhang zwischen den Verzerrungen und Verschiebungen ist

$$\varepsilon_{ij} = \frac{1}{2}\,(u_{i,j} + u_{j,i}).$$ (2)

Die Beziehungen zwischen ε_{ij} und σ_{ij} (das Formänderungsgesetz) sind im Abschnitt 2.2. erläutert worden. Auf die Gln. (1) und (2) wird die *Laplace-Transformation* angewendet und die Gln. (29) und (34) werden an Stelle der Spannungen eingesetzt.

Nach Elimination der Verzerrungen entsteht das Gleichungssystem

$$\bar{\mu}\bar{u}_{i,jj}(x,p) + (\bar{\lambda}+\bar{\mu})\,\bar{u}_{j,ji}(x,p) + \bar{X}_i = \varrho p^2 \bar{u}_i(x,p); \quad i = 1,2,3.$$ (3)

Hierbei wird $u_i(x,0) = 0$; $\dot{u}_i(x,0) = 0$ vorausgesetzt. Im allgemeinen ist das aber nicht notwendig, und wenn Anfangsbedingungen vorgeschrieben sind, darf die rechte Seite von Gl. (3) durch die Glieder $-\varrho[pu_i(x,0)+\dot{u}_i(x,0)]$ erweitert werden.

Unterliegt der Körper zeitlich harmonisch veränderlichen Belastungen, so lauten die entsprechenden Verschiebungsgleichungen

$$\hat{\mu}(i\omega)\,u^*_{i,jj}(x) + [\hat{\lambda}(i\omega) + \hat{\mu}(i\omega)]u^*_{j,ji}(x) + X^*_i + \varrho\omega^2 u^*_i(x) = 0,$$
$$u_i(x,t) = \mathrm{Re}[u^*_i(x)\,e^{i\omega t}],$$ (4)

wobei u^*_i — die Amplituden der Verschiebungen sind.

Die Verschiebungsgleichungen können auch in der nichttransformierten Form geschrieben werden. Für die Zustandsgleichung in der Operatoren-Differentialform gilt also

$$P_2(D)\,P_3(D)\,u_{i,jj} + \frac{1}{3}\,[2P_4(D)\,P_1(D) + P_2(D)\,P_3(D)]u_{j,ji} +$$
$$+ 2P_3(D)\,P_1(D)\,X_i = 2P_1(D)\,P_3(D)\,\varrho\ddot{u}_i$$ (5)

und für das *Boltzmannsche Gesetz* ist

$$\int_0^t \left\{ \Psi_1(t-\tau)\,\frac{\partial u_{i,jj}}{\partial\tau} + \frac{1}{3}\,[2\Psi_1(t-\tau) + \Psi_2(t-\tau)]\,\frac{\partial u_{j,ji}}{\partial\tau}\right\}d\tau + X_i = \varrho\ddot{u}_i.$$ (6)

Diese Gleichungen entstehen, indem in die Gl. (3) die entsprechenden Werte von $\bar{\mu}(p)$, $\bar{\lambda}(p)$ eingesetzt werden und die inverse *Laplace-Transformation* angewendet wird (vgl. Gl. (35) vom Abschnitt 2.2).

Man merke die Ähnlichkeit der Form der Gln. (3) und (4) mit jener der Verschiebungsgleichungen der Elastizitätstheorie. Der Unterschied liegt darin, daß in den letzteren die Größen λ, μ nach der *Laplace-Transformation* konstant sind; für einen viskoelastischen Körper dagegen sind diese Größen Funktionen vom Parameter p oder $i\omega$.

Diese elastisch-viskoelastische Analogie wurde von ALFREY und LEE [1, 84] bemerkt und wird heute in der Viskoelastizitätstheorie in vielen Fällen verwendet.

Zur Lösung eines dynamischen viskoelastischen Problems kann die entsprechende Lösung des dynamischen elastischen Problems verwendet werden. Dafür müssen in den Gleichungen für das letztere Problem die Größen λ,μ durch $\bar{\lambda},\bar{\mu}$ ersetzt werden; es ist weiterhin die inverse *Laplace-Transformation* anzuwenden.

3. Längs- und Querschwingung einer Saite

3.1. Längsschwingung der Saite

Obwohl die Schwingung einer aufgespannten Saite keine größere praktische Bedeutung in der Baupraxis hat, wird dieses Problem an dieser Stelle verhältnismäßig ausführlich erläutert. Die Saite stellt ein überaus einfaches eindimensionales System dar, in dem der axiale — also der einfachste — Spannungszustand auftritt. Die Differentialgleichung der Saitenschwingung stellt die einfachste Gleichung hyperbolischer Art dar. Anhand des Beispiels von Saitenschwingungen kann die Erscheinung der Schwingungen im allgemeinen am einfachsten erörtert werden. Das hierbei verwendete Lösungsverfahren kann auf Schwingungsprobleme für komplizierte Systeme erweitert werden.

Zwischen den Punkten P und Q möge eine Saite aufgespannt sein. Die konstante Spannkraft in der Saite wird mit S, die Saitenlänge mit l bezeichnet. Im Ruhezustand möge die Saitenachse mit der x-Achse zusammenfallen und der Koordinatenursprung im Punkt P liegen. Mit A wird der Saitenquerschnitt, mit ϱ die Werkstoffdichte der Saite bezeichnet. Auf die Saite wirke die Längskraft $P(x, t) = AX(x, t)$ ein, die eine Funktion der Zeit und der Ortslage ist und in Richtung der x-Achse zeigt. Die Kraft $X(x, t)$ wird als eine auf die Querschnittsfläche bezogene Kraft definiert und in kg/m² ausgedrückt. Mit $u(x, t)$ wird die Verschiebung der Saite im Punkt x und Zeitpunkt t bezeichnet. Als positiv wird für die Richtung der Längsverschiebung u die Richtung der positiven x-Halbachse gewählt.

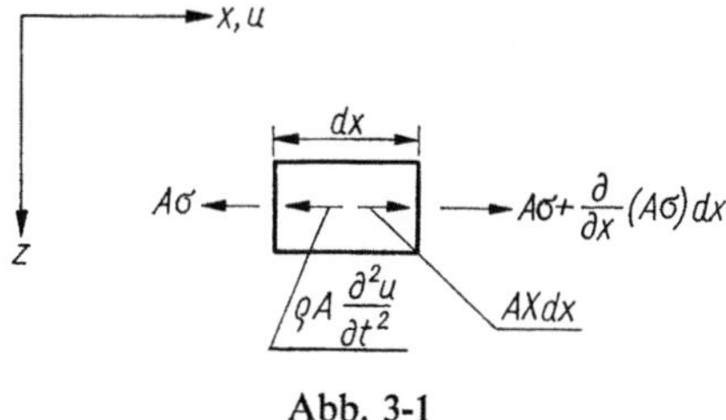

Abb. 3-1

In Abb. 3-1 sind diejenigen Kräfte gezeigt, die auf ein Saitenelement der Länge dx einwirken, wenn die Saite sich unter der Lastwirkung bewegt.

Im Schnitt x wirkt die Spannkraft S und die Resultierende der axialen Spannung

$$A\sigma = AE\varepsilon = AE\frac{\partial u}{\partial x}.$$

Im Schnitt $x+dx$ wirkt die Spannkraft S und die Resultierende der Spannung

$$A\left(\sigma+\frac{\partial\sigma}{\partial x}dx\right) = AE\left(\frac{\partial u}{\partial x}+\frac{\partial^2 u}{\partial x^2}dx\right).$$

Weiterhin wirkt auf die Saite die *d'Alembertsche Trägheitskraft* $-\varrho A\ddot{u}dx$ mit der Richtung, die der Richtung der Verschiebung entgegengesetzt ist, und die Erregerkraft $A\,Xdx$, welche die Schwingung erregt und in Richtung der positiven x-Achse wirkt.

Sollen sich die auf das Saitenelement einwirkenden Kräfte das Gleichgewicht halten, so gilt

$$S+AE\left(\frac{\partial u}{\partial x}+\frac{\partial^2 u}{\partial x^2}dx\right)+XAdx-\left(S+AE\frac{\partial u}{\partial x}+\varrho A\ddot{u}dx\right) = 0.$$

Daraus ergibt sich die Differentialgleichung für die Längsschwingung

$$E\frac{\partial^2 u}{\partial x^2}+X = \varrho\ddot{u}. \tag{1}$$

Gl. (1) kann auch unter Verwendung des *Hamiltonschen Prinzips* abgeleitet werden. Es gilt

$$\delta\int_{t_0}^{t_1}(\mathscr{W}_\varepsilon-\mathscr{K})dt = \int_{t_0}^{t_1}\delta\mathscr{L}\,dt. \tag{2}$$

Die Formänderungsarbeit $\mathscr{W}_\varepsilon$ für den axialen Spannungszustand in der Saite ist

$$\mathscr{W}_\varepsilon = \frac{1}{2}\int_V \sigma\varepsilon dV = \frac{E}{2}\int_V \varepsilon^2 dV = \frac{EA}{2}\int_0^l\left(\frac{\partial u}{\partial x}\right)^2 dx. \tag{3}$$

Hierbei wird der Zusammenhang $\sigma = E\varepsilon$ (*Hookesches Elastizitätsgesetz*) für den axialen Spannungszustand verwendet.

Die kinetische Energie wird mit Hilfe der Formel

$$\mathscr{K} = \frac{1}{2}\int_V \varrho(\dot{u})^2 dV = \frac{1}{2}\varrho A\int_0^l (\dot{u})^2 dx \tag{4}$$

berechnet.

Die Variation der äußeren Kräfte wird aus Gl. (2) vom Abschnitt 1.10 gewonnen. Es gilt

$$\delta\mathscr{L} = \int_V X\delta u dV = A\int_0^l X\delta u dx. \tag{5}$$

Werden die Gln. (3), (4) und (5) in die *Hamiltonsche Gleichung* (2) eingesetzt, so ergibt sich

$$\frac{E}{2}\int_{t_0}^{t_1}dt\,\delta\int_0^l\left(\frac{\partial u}{\partial x}\right)^2 dx - \frac{1}{2}\varrho\int_{t_0}^{t_1}dt\,\delta\int_0^l (\dot{u})^2 dx = \int_{t_0}^{t_1}dt\int_0^l X\delta u dx. \tag{6}$$

Die vorgeschriebenen Variationen werden durchgeführt und liefern

$$\delta \int_0^l \left(\frac{\partial u}{\partial x}\right)^2 dx = 2 \int_0^l \frac{\partial u}{\partial x}\frac{\partial \delta u}{\partial x}\, dx = 2\left|\frac{\partial u}{\partial x}\delta u\right|_0^l - 2\int_0^l \frac{\partial^2 u}{\partial x^2}\,\delta u\, dx =$$

$$= -2\int_0^l \frac{\partial^2 u}{\partial x^2}\,\delta u\, dx, \tag{7}$$

$$\delta \int_0^l (\dot u)^2 dx = 2\int_0^l \dot u\,\delta\dot u\, dx. \tag{8}$$

In der Gl. (7) wird angenommen, daß $\left|\dfrac{\partial u}{\partial x}\delta u\right|_0^l = 0$ ist, da für den Fall, daß das Saitenende befestigt ist, $\delta u = 0$, für den Fall, daß das Ende frei ist, $\sigma = 0$, also $\dfrac{\partial u}{\partial x} = 0$ ist.

Mithin lautet Gl. (6)

$$\int_{t_0}^{t_1} dt \int_0^l \left[E\frac{\partial^2 u}{\partial x^2}\,\delta u + \varrho\dot u\,\delta\dot u + X\delta u\right] dx = 0. \tag{9}$$

Das zweite Glied von Gl. (9) wird bezüglich der Veränderlichen t partiell integriert. Es ergibt sich

$$\varrho \int_0^l dx \int_{t_0}^{t_1} \dot u\,\delta\dot u\, dt = \varrho \int_0^l dx \left[\left|\dot u\,\delta u\right|_{t_0}^{t_1} - \int_{t_0}^{t_1} \ddot u\,\delta u\, dt\right].$$

Das erste Integral der rechten Seite dieser Gleichung ist Null, da bei der Herleitung des *Hamiltonschen Prinzips* vorausgesetzt wird, daß $\delta u = 0$ für $t = t_0$ und $t = t_1$ ist. Gl. (9) kann also in der Form

$$\int_{t_0}^{t_1} dt \int_0^l \left(E\frac{\partial^2 u}{\partial x^2} + X - \varrho\ddot u\right)\delta u\, dx = 0 \tag{10}$$

geschrieben werden.

Die Verschiebung δu kann beliebig sein. Gl. (10) wird für jeden Wert von δu erfüllt, wenn

$$E\frac{\partial^2 u}{\partial x^2} + X = \varrho\ddot u \tag{11}$$

ist. Damit ist die gesuchte Differentialgleichung für die Längsschwingung der Saite hergeleitet worden.

Der Gl. (11) sind noch die Rand- und Anfangsbedingungen hinzuzufügen. Unter der Voraussetzung, daß weder der Anfangs- noch der Endpunkt der Saite eine Verschiebung erfahren, werden die Randbedingungen mit

$$u(0, t) = 0; \quad u(l, t) = 0 \tag{12}$$

beschrieben.

Durch die Anfangsbedingungen werden die Ortslage und Verschiebungsgeschwindigkeit im Anfangszeitpunkt $t = 0$ bestimmt, es gilt also

$$u(x, 0) = f(x), \quad \dot{u}(x, 0) = g(x), \tag{13}$$

wobei $f(x)$, $g(x)$ bekannte Funktion sind, die sich aus den für das betrachtete
Problem geltenden Bedingungen ergeben.

3.2. Querschwingung der Saite

Die Saite sei zwischen den Punkten P und Q längs der x-Achse aufgespannt.
Mit S wird die konstante Spannkraft, mit l die Saitenlänge bezeichnet. Auf die
Saite wirke in der xz-Ebene eine Belastung $X(x, t)$ ein, die eine Funktion der
Ortslage und der Zeit ist. Die Saite schlägt um die Größe $w(x, t)$ in der xz-Ebene
aus. In Abb. 3-2 sind die auf ein Saitenelement mit der Länge ds einwirkende
Kräfte gezeigt. Diese Kräfte sind: $S_1 T_1$ und T_2, die *d'Alembertsche Trägheits-*
kraft $\varrho A\ddot{w}ds$ und die Last Xds. Die Last X wird auf eine Längeneinheit der Saite
bezogen.

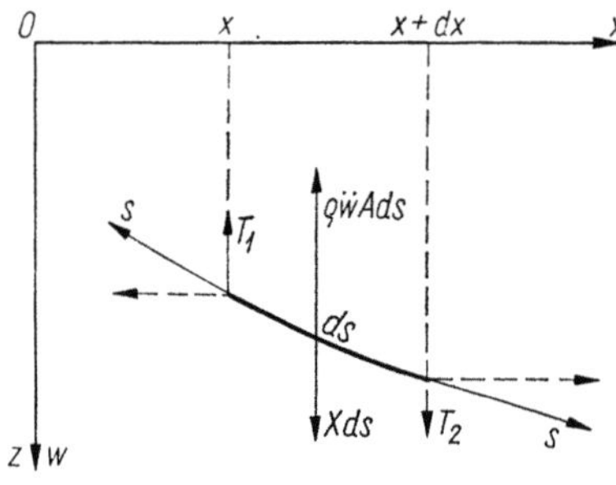

Abb. 3-2

Die Bewegungsgleichung kann in der Form

$$\varrho A\ddot{w}ds - Xds + T_1 - T_2 = 0 \tag{1}$$

geschrieben werden. Unter Beachtung, daß

$$T_1 = S\frac{\partial w}{\partial s} = S\frac{\partial w}{\partial x}\frac{dx}{ds} \qquad T_2 = T_1 + \frac{\partial T_1}{\partial x}dx$$

ist und daß für kleine Auslenkungen (Durchbiegungen) w näherungsweise
$\dfrac{ds}{dx} \approx 1$ angenommen werden darf, ergibt sich die Differentialgleichung für die
Querschwingung der Saite zu

$$\varrho A\ddot{w} = S\frac{\partial^2 w}{\partial x^2} + X. \tag{2}$$

An dieser Stelle ist auf die Analogie zwischen den Gleichungen für die Längs-
und Querschwingung der Saite hinzuweisen.

Gl. (2) kann ebenfalls aus dem *Hamiltonschen Prinzip* hergeleitet werden.

Es gilt

$$\mathcal{K} = \frac{1}{2}\varrho A \int_0^l (\dot{w})^2 dx; \qquad \delta\mathcal{L} = \int_0^l X \delta w\, dx; \qquad \mathcal{W}_\varepsilon = \frac{1}{2} S \int_0^l \left(\frac{\partial w}{\partial x}\right)^2 dx.$$

Die Größe $\mathcal{W}_\varepsilon$ wird aufgrund der folgenden Überlegung gewonnen. Unter einer Querlast nimmt die Länge eines Linienelementes dx den Wert ds an. Die durch die Spannkraft S geleistete Formänderungsarbeit ist $\mathcal{W}_\varepsilon = \int_0^l S(ds - dx) = {} = S(l' - l)$, wobei l' die Saitenlänge nach der Verformung ist. Bei der Bestimmung von $\mathcal{W}_\varepsilon$ wurde die durch Spannungen infolge der Last X geleistete Arbeit im Vergleich mit derjenigen vernachlässigt, die durch die Spannkraft S geleistet wird.

Wird beachtet, daß

$$\mathcal{W}_\varepsilon = S \int_0^l \left(\sqrt{1 + \left(\frac{\partial w}{\partial x}\right)^2} - 1\right) dx \tag{3}$$

ist, und wird das erste Glied vom Integranden in eine Reihe entwickelt, wobei wegen der vorausgesetzten kleinen Durchbiegung die Entwicklung auf zwei Glieder beschränkt wird, so ergibt sich endgültig

$$\mathcal{W}_\varepsilon = \frac{S}{2} \int_0^l \left(\frac{\partial w}{\partial x}\right)^2 dx.$$

Werden die Größen $\mathcal{K}$, $\delta\mathcal{L}$, $\mathcal{W}_2$ in die *Hamiltonsche Gleichung* eingeführt und wird weiter auf eine ähnliche Weise wie im letzten Abschnitt verfahren, so ergibt sich Gl. (2).

Wenn die Saite in den Punkten $x = 0$, $x = l$ befestigt ist, so lauten die Randbedingungen

$$w(0, t) = 0; \quad w(l, t) = 0. \tag{4}$$

Die Anfangsbedingungen beschreiben die Lage und die Verschiebungsgeschwindigkeit der Saite im Zeitpunkt $t = 0$. Es gilt

$$w(x, 0) = f(x); \quad \dot{w}(x, 0) = g(x), \tag{5}$$

wobei $f(x)$ und $g(x)$ vorgegebene Funktionen sind.

3.3. Die Lösung von d'Alembert der Wellengleichung einer Saite

Es wird die homogene Differentialgleichung der Querschwingung der Saite

$$\ddot{w} = c^2 \frac{\partial^2 w}{\partial x^2}; \quad c^2 = \frac{S}{\varrho A} \tag{1}$$

unter der Voraussetzung betrachtet, daß die Saite unendlich lang ist und ihre Bewegung durch die Anfangsbedingungen

$$w(x, 0) = f(x); \quad \dot{w}(x, 0) = g(x) \tag{2}$$

beschrieben wird.

Die angeführten Anfangsbedingungen bedeuten, daß die Saite im Zeitpunkt $t = 0$ eine Auslenkung von $f(x)$ und eine Geschwindigkeit von $g(x)$ erhielt.

Auf die Saitenschwingungsgleichung (1) wird die *Laplace-Transformation* angewendet.

Da

$$\mathscr{L}\left(\frac{\partial^2 w}{\partial x^2}\right) = \frac{d^2\overline{w}(x,p)}{dx^2},$$

$$\mathscr{L}\left(\frac{\partial^2 w}{\partial t^2}\right) = p^2\overline{w}(x,p) - pw(x,0) - \dot{w}(x,0); \quad \overline{w}(x,p) = \int\limits_0^\infty e^{-pt} w(x,t)\,dt$$

ist, kann die transformierte Gleichung (1) unter Beachtung von Gl. (2) in der Form

$$c^2 \frac{d^2\overline{w}}{dx^2} - p^2\overline{w} = -pf(x) - g(x) \tag{3}$$

geschrieben werden.

Auf Gl. (3) wird nun die exponentiale Transformation von FOURIER angewendet: die beiden Seiten dieser Gleichung werden mit $e^{i\alpha x}$ multipliziert und bezüglich x von $-\infty$ bis $+\infty$ integriert. Mithin gilt

$$c^2 \int\limits_{-\infty}^\infty \frac{d^2\overline{w}}{dx^2} e^{i\alpha x}\,dx - p^2 \int\limits_{-\infty}^\infty \overline{w}e^{i\alpha x}\,dx = -p \int\limits_{-\infty}^\infty f(x)e^{i\alpha x}\,dx -$$

$$- \int\limits_{-\infty}^\infty g(x)e^{i\alpha x}\,dx. \tag{4}$$

Das erste Glied von Gl. (4) wird partiell integriert:

$$\int\limits_{-\infty}^\infty \frac{d^2\overline{w}}{dx^2} e^{i\alpha x}\,dx = \left[e^{i\alpha x}\left(\frac{d\overline{w}}{dx} - i\alpha\overline{w}\right)\right]_{-\infty}^\infty - \alpha^2 \int\limits_{-\infty}^\infty \overline{w}e^{i\alpha x}\,dx. \tag{5}$$

Der Ausdruck in eckigen Klammern ist Null, da im Unendlichen sowohl die Durchbiegung $\overline{w}$ als auch die Ableitung $\dfrac{d\overline{w}}{dx}$ gleich Null sind. Gl. (4) lautet also

$$\int\limits_{-\infty}^\infty \overline{w}e^{i\alpha x}(\alpha^2 c^2 + p^2)\,dx = p \int\limits_{-\infty}^\infty f(x)e^{i\alpha x}\,dx + \int\limits_{-\infty}^\infty g(x)e^{i\alpha x}\,dx. \tag{6}$$

Mit den Bezeichnungen

$$w^*(\alpha,p) = \frac{1}{\sqrt{2\pi}} \int\limits_{-\infty}^\infty \overline{w}(x,p)e^{i\alpha x}\,dx; \quad f^*(\alpha) = \frac{1}{\sqrt{2\pi}} \int\limits_{-\infty}^\infty f(x)e^{i\alpha x}\,dx;$$

$$g^*(\alpha) = \frac{1}{\sqrt{2\pi}} \int\limits_{-\infty}^\infty g(x)e^{i\alpha x}\,dx$$

kann Gl. (6) in der Form

$$w^*(\alpha^2 c^2 + p^2) = pf^* + g^*$$

geschrieben werden. Daraus ergibt sich

$$w^* = \frac{pf^* + g^*}{\alpha^2 c^2 + p^2}\,. \tag{7}$$

Die inverse *Fourier-Transformation* liefert

$$\overline{w}(x, p) = \frac{1}{\sqrt{2\pi}} \int\limits_{-\infty}^{\infty} \frac{pf^* + g^*}{\alpha^2 c^2 + p^2}\, e^{-i\alpha x}d\alpha. \tag{8}$$

Nun wird die inverse *Laplace-Transformation* angewendet. Unter Beachtung, daß

$$\mathscr{L}^{-1}\left(\frac{p}{\alpha^2 c^2 + p^2}\right) = \cos\alpha\,ct; \qquad \mathscr{L}^{-1}\left(\frac{1}{\alpha^2 c^2 + p^2}\right) = \frac{1}{\alpha c}\sin\alpha\,ct$$

ist, ergibt sich die Lösung von Gl. (1) in einer Integralform:

$$w(x, t) = \frac{1}{\sqrt{2\pi}} \int\limits_{-\infty}^{\infty} \left[f^*(\alpha)\cos\alpha\,ct + \frac{1}{\alpha c}\,g^*(\alpha)\sin\alpha\,ct \right] e^{-i\alpha x}d\alpha. \tag{9}$$

Es ist zu bemerken, daß nach den für die *Fouriersche Exponentialtransformation* geltenden Regeln

$$f(x) = \frac{1}{\sqrt{2\pi}} \int\limits_{-\infty}^{\infty} f^*(\alpha)e^{-i\alpha x}\,d\alpha, \qquad g(x) = \frac{1}{\sqrt{2\pi}} \int\limits_{-\infty}^{\infty} g^*(\alpha)e^{-i\alpha x}\,d\alpha$$

ist. Wird weiterhin geachtet, daß

$$\cos\alpha\,ct = \frac{1}{2}(e^{i\alpha ct} + e^{-i\alpha ct}); \qquad \sin\alpha\,ct = \frac{1}{2i}(e^{i\alpha ct} - e^{-i\alpha ct}),$$

sowie[1]

$$f(x \pm ct) = \frac{1}{\sqrt{2\pi}} \int\limits_{-\infty}^{\infty} f^*(\alpha)e^{-i\alpha(x \pm ct)}\,d\alpha,$$

$$\int\limits_{x-ct}^{x+ct} g(\zeta)d\zeta = \frac{1}{\sqrt{2\pi}} \int\limits_{-\infty}^{\infty} \frac{g^*(\alpha)}{i\alpha}(e^{-i\alpha(x-ct)} - e^{-i\alpha(x+ct)})\,d\alpha$$

ist, so wird die endgültige Form der Lösung (9) hergeleitet. Es gilt

$$w(x, t) = \frac{1}{2}\,[f(x + ct) + f(x - ct)] + \frac{1}{2c} \int\limits_{x-ct}^{x+ct} g(\zeta)d\zeta. \tag{10}$$

---

[1] Vgl. Gln. (27) und (30) im Abschnitt 13.3.

Unter der Voraussetzung von $\dot{w}(x, 0) = g(x) = 0$ vereinfacht sich die Lösung und lautet

$$w(x, t) = \frac{1}{2}\left[f(x+ct)+f(x-ct)\right]. \tag{11}$$

In Abb. 3-3 ist die Funktion $f(x-ct)$ für die Zeitpunkte $t = 0$ und $t = 1$ gezeigt. Es ist ersichtlich, daß die Funktion $f(x-ct)$ die Verschiebung der Kurve

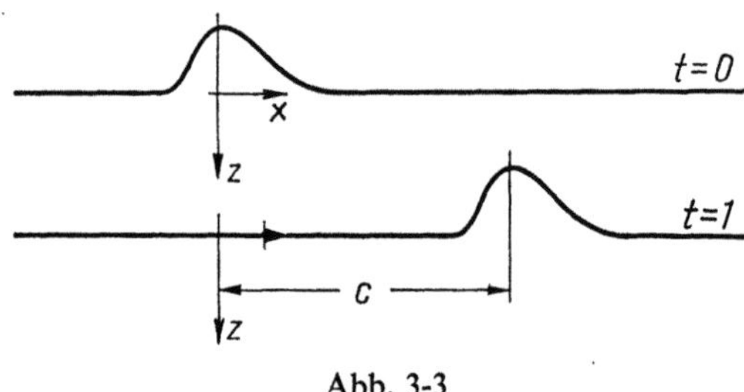

Abb. 3-3

$f(x)$ nach rechts ($x > 0$) mit einer konstanten Geschwindigkeit c beschreibt, da die Differentiation der Gleichung $x-ct = $ konst die Geschwindigkeit $x = c$ liefert. Die Funktion $f(x+ct)$ beschreibt selbstverständlich die Verschiebung der Kurve $f(x)$ nach links.

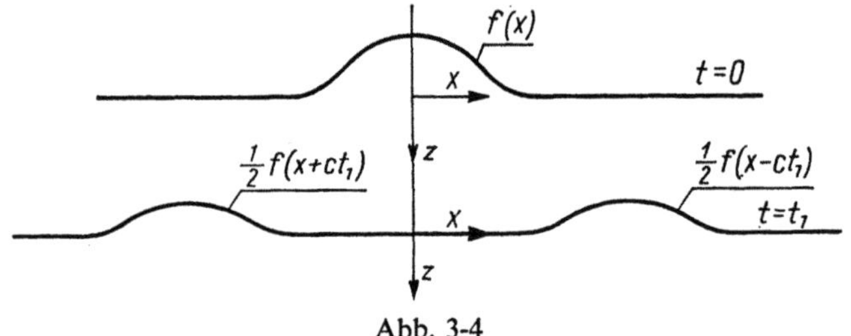

Abb. 3-4

Gl. (11) kann auf folgende Weise interpretiert werden. Ein Abschnitt de unendlich langen Saite wird auf die Form der Kurve $f(x)$ gebogen (Abb. 3-4). Im Zeitpunkt $t = 0$ werden die Kräfte entfernt, welche die Anfangsdurchbiegung hervorrufen, wobei aber die Saitenelemente keine Anfangsgeschwindigkeit erhalten ($g = 0$). Für $t > 0$ kann die gebogene Saite in zwei Wellen $\frac{1}{2}f(x)$ mit zweifach kleineren Durchbiegungen aufgeteilt werden. Eine Welle $\frac{1}{2}f(x)$ pflanzt sich mit einer konstanten Geschwindigkeit von $c = \sqrt{S/A\varrho}$ nach rechts, die andere nach links fort.

Weiterhin wird vorausgesetzt, daß $w(x, 0) = f(x) = 0$ und andererseits $\dot{w}(x, 0) = g(x)$ ist. Mit der Bezeichnung

$$s(z) = \int_0^z g(x)\,dx$$

kann Gl. (10) für den betrachteten Fall in der Form

$$w(x, t) = \frac{1}{2c}[s(x+ct) - s(x-ct)] \tag{12}$$

geschrieben werden.

Die obige Bewegungsgleichung besagt, daß zwei „Wellenscheitel" $\frac{1}{2c} s(x)$ sich vom Anfangszeitpunkt an in Gegenrichtungen fortpflanzen: der positive in der Richtung $-x$ und der negative in der Richtung $+x$.

Nun wird eine halbunendliche Saite betrachtet, die im Punkt $x = 0$ befestigt ist und in der Querrichtung schwingt.

Gl. (1) ist mit den Randbedingungen

$$w(0, t) = 0 \qquad w(\infty, t) = 0 \tag{13}$$

und den Anfangsbedingungen (2) zu lösen. Die Gl. (3) wird mit Hilfe der *Laplace-Transformation* (Gl. (1)) ähnlich wie für eine unendliche Saite gewonnen. Dann wird die *Fouriersche Sinustransformation* auf Gl. (3) angewendet: Gl. (3) wird beiderseitig mit $\sin \alpha x$ multipliziert und bezüglich x von 0 bis ∞ integriert. Es entsteht

$$c^2 \int_0^\infty \frac{d^2\overline{w}}{dx^2} \sin\alpha x\,dx - p^2 \int_0^\infty \overline{w}\sin\alpha x\,dx = - \int_0^\infty [f(x)p + g(x)]\sin\alpha x\,dx. \tag{14}$$

Unter Berücksichtigung, daß

$$\int_0^\infty \frac{d^2\overline{w}}{dx^2}\sin\alpha x\,dx = \left(\frac{d\overline{w}}{dx}\sin\alpha x - \alpha\overline{w}\cos\alpha x\right)\Big|_0^\infty - \alpha^2 \int_0^\infty \overline{w}\sin\alpha x\,dx$$

gilt und der Ausdruck in der runden Klammer gleich Null ist, da sowohl $\overline{w} = 0$ oder $\sin\alpha x = 0$ für $x = 0$ als auch $\overline{w} = 0$ sowie $\frac{d\overline{w}}{dx} = 0$ für $x = \infty$ sind, ergibt sich aus Gl. (14)

$$\int_0^\infty (\alpha^2 c^2 + p^2)\overline{w}\sin\alpha x\,dx = \int_0^\infty [f(x)p + g(x)]\sin\alpha x\,dx. \tag{15}$$

Damit wird die Anwendung der *Fourierschen Sinustransformation* verständlich, weil auf diese Weise die Randbedingung im Punkt $x = 0$ sofort erfüllt wird.

Mit den Bezeichnungen

$$w^*(\alpha, p) = \sqrt{\frac{2}{\pi}} \int_0^\infty \overline{w}(x, p)\sin\alpha x\,dx,$$

$$f^*(\alpha) = \sqrt{\frac{2}{\pi}} \int_0^\infty f(x)\sin\alpha x\,dx,$$

$$g^*(\alpha) = \sqrt{\frac{2}{\pi}} \int_0^\infty g(x)\sin\alpha x\,dx,$$

lautet Gl. (15)

$$w^*(\alpha, p) = \frac{pf^*(\alpha) + g^*(\alpha)}{p^2 + c^2\alpha^2}. \tag{16}$$

Wird die inverse *Fourier-Transformation* angewendet, so entsteht

$$\overline{w}(x, p) = \sqrt{\frac{2}{\pi}} \int\limits_0^\infty \frac{pf^*(\alpha) + g^*(\alpha)}{p^2 + c^2\alpha^2} \sin\alpha x\, d\alpha. \tag{17}$$

Die inverse *Laplace-Transformation* liefert dagegen

$$w(x, t) = \sqrt{\frac{2}{\pi}} \int\limits_0^\infty \left[f^* \cos\alpha ct + \frac{g^*}{\alpha c} \sin\alpha ct \right] \sin\alpha x\, d\alpha \tag{18}$$

oder

$$w(x, t) = \frac{1}{2} \sqrt{\frac{2}{\pi}} \int\limits_0^\infty f^* [\sin\alpha(x+ct) + \sin\alpha(x-ct)]\, d\alpha +$$

$$+ \frac{1}{2c} \sqrt{\frac{2}{\pi}} \int\limits_0^\infty g^* [\cos\alpha(x-ct) - \cos\alpha(x+ct)] \frac{d\alpha}{\alpha}. \tag{19}$$

Unter Berücksichtigung, daß

$$f(x \pm ct) = \sqrt{\frac{2}{\pi}} \int\limits_0^\infty f^*(\alpha) \sin\alpha(x \pm ct)\, d\alpha,$$

$$\int\limits_{x-ct}^{x+ct} g(\zeta)\, d\zeta = \sqrt{\frac{2}{\pi}} \int\limits_0^\infty g^*(\alpha) [\cos\alpha(x-ct) - \cos\alpha(x+ct)] \frac{d\alpha}{\alpha}$$

ist, wird aus Gl. (19) die Lösung von Gl. (1) in endgültiger Form gewonnen, die für $x > ct$ gilt:

$$w(x, t) = \frac{1}{2} [f(x+ct) + f(x-ct)] + \frac{1}{2c} \int\limits_{x-ct}^{x+ct} g(\zeta)\, d\zeta. \tag{20}$$

Wegen der Antisymmetrie der Funktion $w(x, t)$ bezüglich der Gerade $x = 0$ soll für $x < ct$

$$w(x, t) = \frac{1}{2} [f(x+ct) - f(ct-x)] + \frac{1}{2c} \int\limits_{ct-x}^{x+ct} g(\zeta)\, d\zeta \tag{21}$$

gelten.

Es ist ersichtlich, daß Gl. (21) der Bedingung $w(0, t) = 0$ genügt. Nun wird der Sonderfall $g(x) = 0$ betrachtet. Es gilt

$$w(x, t) = \begin{cases} \dfrac{1}{2} [f(x+ct) - f(ct-x)] & \text{für } x < ct, \\[2ex] \dfrac{1}{2} [f(x+ct) + f(x-ct)] & \text{für } x > ct. \end{cases} \tag{22}$$

In Abb. 3-5 ist die Fortpflanzung der Störung $w(x, 0) = f(x)$ in einer halb-unendlichen Saite gezeigt. Da für $t = 0$: $f(x) = -f(-x)$ ist, darf eine unendliche Saite betrachtet werden, in der im Zeitpunkt $t = 0$ eine antisymmetrische Störung

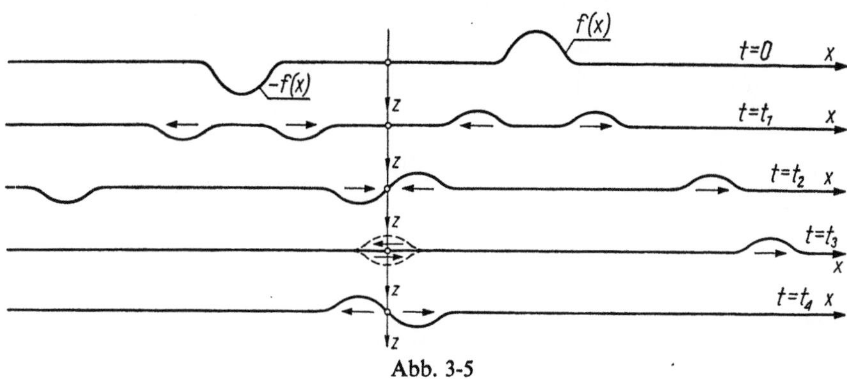

Abb. 3-5

entsteht. Für $t > 0$ teilt sich die Störung in zwei Auslenkungen mit zweifach kleinerem „Scheitel" von je $\frac{1}{2} f(x)$ auf. Diese Störungen (die „Scheitel") pflanzen sich in entgegengesetzten Richtungen mit einer konstanten Geschwindigkeit c fort, und zwar antisymmetrisch bezüglich der Gerade in $x = 0$. Dieser Vorgang dauert, bis die nach links laufende Welle den Punkt $x = 0$ erreicht. Gleichzeitig trifft von der linken Seite ($x \leq 0$), auf der sich ein ähnlicher Vorgang entwickelt, die Halbwelle in der Gegenphase ($t = t_2$) ein. Im nächsten Augenblick fängt der Reflexionsvorgang der Welle am Saitenende an. Für $t = t_3$ verschwindet die Welle infolge der Überlagerung, um für $t = t_4 > t_3$ mit dem anderen Vorzeichen und der entgegengesetzten Fortpflanzungsrichtung wieder zu entstehen.

3.4. Die harmonischen Eigenschwingungen und erzwungenen Schwingungen einer Saite endlicher Länge

Es wird das folgende Problem der Kreisfrequenzen und Schwingungsformen betrachtet, bei denen eine Saite endlicher Länge frei in der Querrichtung schwingen kann.

Es ist die homogene Differentialgleichung für die Querschwingung

$$c^2 \frac{\partial^2 w}{\partial x^2} - \ddot{w} = 0; \quad c^2 = \frac{S}{\varrho A}, \tag{1}$$

unter der Voraussetzung zu lösen, daß

$$w(x, t) = W(x)e^{i\omega t} \text{ ist, worin } i = \sqrt{-1} \quad \text{und } \omega > 0 \tag{2}$$

sind.

Wird Gl. (2) in Gl. (1) eingeführt, so entsteht die gewöhnliche homogene Differentialgleichung

$$\frac{d^2W}{dx^2} + m^2 W = 0; \qquad m^2 = \frac{\omega^2}{c^2} = \frac{\omega^2 \varrho A}{S} \tag{3}$$

mit der Lösung

$$W(x) = A\cos mx + B\sin mx. \tag{4}$$

Die Funktion W hat für das betrachtete Problem die Randbedingungen

$$W(0) = 0; \quad W(l) = 0 \tag{5}$$

zu erfüllen.

Die erste Bedingung liefert $A = 0$, die zweite besagt, daß für $B \neq 0$ (in einem anderen Fall wäre im betrachteten Intervall $W = 0$, d.h. könnte keine Schwingung auftreten)

$$\sin ml = 0$$

sein muß.

Die obige transzendente Gleichung hat eine unendliche Anzahl der Wurzeln:

$$m_\nu l = \nu\pi; \quad \nu = 1, 2, \ldots, \infty. \tag{6}$$

Diese Beziehung liefert die aufeinanderfolgenden Werte für die Eigenfrequenz

$$\omega_\nu = \frac{\nu\pi}{l}\sqrt{\frac{S}{\varrho A}}; \quad \nu = 1, 2, \ldots, \infty. \tag{7}$$

Die Form der Eigenschwingung wird durch die Funktion

$$W_\nu(x) = B\sin m_\nu x = B\sin \alpha_\nu x; \quad \alpha_\nu = \frac{\nu\pi}{l}; \quad \nu = 1, 2, \ldots, \infty \tag{8}$$

beschrieben.

Nun wird die erzwungene Saitenschwingung betrachtet, die durch eine zeitlich harmonisch veränderliche Kraft hervorgerufen ist.
Es wird also

$$X(x, t) = F(x)e^{i\omega t}; \quad e^{i\omega t} = \cos \omega t + i\sin \omega t \tag{9}$$

angenommen. Wird die Kraft in einer komplexen Form dargestellt, so vereinfacht sich die Berechnung wesentlich. Von der Lösung des Problems wird entweder der Realteil, wenn die Erregerkraft die Form von $X(x, t) = F(x)\cos \omega t$ hat, oder der Imaginärteil, wenn $X(x, t) = F(x)\sin \omega t$ ist, für die weiteren Betrachtungen verwendet.

Es wird von der Differentialgleichung für erzwungene Querschwingungen ausgegangen:

$$S\frac{d^2w}{dx^2} - \varrho A\ddot{w} + X = 0. \tag{10}$$

Für die Lösung von Gl. (10) wird $w(x, t) = W(x)e^{i\omega t}$ gewählt. Diese Voraussetzung stimmt mit dem Experiment überein; die Querschwingung der Saite weist die gleiche Kreisfrequenz wie die Änderung der Erregerkraft $X(x, t)$ auf.
Mithin lautet Gl. (10)

$$S\frac{d^2W}{dx^2} + \varrho A\omega^2 W + F = 0. \tag{11}$$

Auf Gl. (11) wird die endliche *Fouriersche Transformation* angewendet: Gl. (11) wird mit $\sin \alpha_n x \left(\alpha_n = \dfrac{n\pi}{l} \right)$ multipliziert und bezüglich x von 0 bis l integriert. Es gilt

$$\int_0^l \left(S \frac{d^2W}{dx^2} + \varrho A \omega^2 W + F \right) \sin \alpha_n x \, dx = 0. \tag{12}$$

Es ist zu bemerken, daß

$$\int_0^l \frac{d^2W}{dx^2} \sin \alpha_n x \, dx = \left(\frac{dW}{dx} \sin \alpha_n x - \alpha_n W \cos \alpha_n x \right) \Bigg|_0^l - \alpha_n^2 \int_0^l W \sin \alpha_n x \, dx \tag{13}$$

ist. Der Ausdruck in Klammern ist Null, da $W(0) = W(l) = 0$ und $\sin 0 = {}= \sin \alpha_n l = 0$ sind. Werden die Bezeichnungen

$$W^*(\alpha_n) = \int_0^l W(x) \sin \alpha_n x \, dx; \qquad F^*(\alpha_n) = \int_0^l F(x) \sin \alpha_n x \, dx \tag{14}$$

mit

$$W(x) = \frac{2}{l} \sum_{n=1}^{\infty} W^*(\alpha_n) \sin \alpha_n x; \qquad F(x) = \frac{2}{l} \sum_{n=1}^{\infty} F^*(\alpha_n) \sin \alpha_n x \tag{15}$$

eingeführt und wird Gl. (13) berücksichtigt, so kann Gl. (12) in der Form

$$-W^*(\alpha_n)(\alpha_n^2 S - \varrho A \omega^2) + F^*(\alpha_n) = 0$$

geschrieben werden. Daraus ergibt sich

$$W^*(\alpha_n) = \frac{F^*(\alpha_n)}{S\alpha_n^2 \left(1 - \dfrac{\omega^2}{\omega_n^2} \right)}; \qquad \omega_n^2 = \frac{S\alpha_n^2}{\varrho A} = (c\alpha_n)^2. \tag{16}$$

Wird auf Gl. (16) die inverse *Fouriersche Sinustransformation* angewendet und wird weiterhin die erste Gleichung von Gln. (15) berücksichtigt, so entsteht

$$W(x) = \frac{2}{Sl} \sum_{n=1}^{\infty} \frac{F^*(\alpha_n) \sin \alpha_n x}{\alpha_n^2 (1 - \omega^2/\omega_n^2)} \, . \tag{17}$$

Unter Beachtung der zweiten Beziehung von Gln. (14) und unter Anwendung der früher eingeführten Verschiebung $w(x, t)$ ergibt sich die endgültige Formel für die Saitenauslenkung bei einer harmonischen erzwungenen Schwingung. Es gilt

$$w(x, t) = \frac{2e^{i\omega t}}{Sl} \sum_{n=1}^{\infty} \frac{\sin \alpha_n x}{\alpha_n^2 (1 - \omega^2/\omega_n^2)} \int_0^l F(u) \sin \alpha_n u \, du. \tag{18}$$

Aus Gl. (18) ist ersichtlich, daß die Auslenkung $w(x, t)$ unbegrenzt zunimmt, wenn die Kreisfrequenz der erzwungenen Schwingung sich einer beliebigen Eigenfrequenz $\omega_n = \alpha_n c$ nähert.

Es handelt sich hierbei um die Resonanz. Tatsächlich ist die Resonanzwirkung wegen der inneren und äußeren Dämpfung wesentlich schwächer. Das Ergebnis aus Gl. (18): $w \to \infty$ für $\omega \to \omega_n$ ist ebenfalls nicht exakt, da es im Widerspruch mit der Voraussetzung gewonnen wird, daß nur solch eine Schwingung betrachtet wird, bei der die Auslenkung im Vergleich mit der Saitenlänge sehr klein ist. Gl. (18) hat einen recht allgemeinen Geltungsbereich und erlaubt es, die Auslenkung (Durchbiegung) zu bestimmen, die durch eine mit Hilfe einer beliebigen Funktion $F(x)$ beschriebene Last hervorgerufen wird.

Nun werden einige Sonderfälle betrachtet.

Im Punkt $x = \xi$ möge die Einheitseinzelkraft $X(x, t) = e^{i\omega t}\delta(x - \xi)$ wirken, wobei δ die *Diracsche Funktion* bedeutet.

Unter Berücksichtigung von

$$\int_0^l \delta(x - \xi)\sin \alpha_n x\, dx = \sin \alpha_n \xi \tag{19}$$

ergibt Gl. (18)

$$w(x, t) = \frac{2e^{i\omega t}}{Sl} \sum_{n=1}^{\infty} \frac{\sin \alpha_n x \sin \alpha_n \xi}{\alpha_n^2(1 - \omega^2/\omega_n^2)} = G(x, \xi, t). \tag{20}$$

Dieses Ergebnis darf als eine Einflußlinie für die Saitenauslenkung betrachtet werden; es handelt sich um die *Greensche Funktion* von Gl. (10). Es gilt aber

$$G(x, \xi, t) = G(\xi, x, t),$$

womit die Auslenkung im Punkt x infolge der Kraft im Punkt ξ gleich der Auslenkung im Punkt ξ infolge der Einheitskraft im Punkt x ist. Das Ergebnis ergibt sich selbstverständlich aus dem *Bettischen Satz* von der Gegenseitigkeit der elastischen Verschiebung.

Wird die Saite durch die Belastung $F(x)e^{i\omega t}$ beansprucht, so ist die entsprechende Auslenkung

$$w(x, t) = \int_0^l F(\xi)G(x, \xi, t)\, d\xi. \tag{21}$$

Wenn $X(x, t) = F_0 e^{i\omega t}$ ist, wobei F_0 im Intervall $0 \leq \xi \leq l$ konstant ist, liefert die Berechnung des Integrals von Gl. (21)

$$w(x, t) = \frac{4F_0 e^{i\omega t}}{Sl} \sum_{n=1,3}^{\infty} \frac{\sin \alpha_n x}{\alpha_n^3(1 - \omega^2/\omega_n^2)}. \tag{22}$$

Das gleiche Ergebnis kann durch Einführung von $F(u) = F_0$ in die Gl. (18) und durch Ausführung der erforderlichen Integration erhalten werden.

Die *Greensche Funktion* $G(x, \xi, t)$ für die Saitenauslenkung kann auch in geschlossener Form geschrieben werden. Für die im Punkt ξ angreifende Einheitskraft $X(x, t) = e^{i\omega t}\delta(x - \xi)$ ist die Gleichung

$$S \frac{\partial^2 G}{\partial x^2} - \varrho A \ddot{G} + e^{i\omega t}\delta(x - \xi) = 0 \tag{23}$$

oder

$$S \frac{d^2U}{dx^2} + \varrho A \omega^2 U + \delta(x - \xi) = 0 \tag{24}$$

zu lösen, wobei

$$G(x, \xi, t) = U(x, \xi)e^{i\omega t}$$

ist.

Auf Gl. (24) wird die *Laplace-Transformation* angewendet, wobei die Definition

$$\overline{U}(\lambda) = \int\limits_0^\infty U(x)e^{-\lambda x}\,dx$$

verwendet wird. Die Transformation liefert die algebraische Gleichung

$$S[\overline{U}\lambda^2 - \lambda U(0) - U'(0)] + \varrho A \omega^2 \overline{U} + e^{-\lambda \xi} = 0. \tag{25}$$

Hierbei werden die folgenden Beziehungen verwendet:

$$\int\limits_0^\infty \delta(x - \xi)f(x)\,dx = f(\xi); \quad \int\limits_0^\infty \delta(x - \xi)e^{-\lambda x}\,dx = e^{-\lambda \xi}.$$

Gl. (25) wird bezüglich U gelöst. Es gilt

$$\overline{U}(\lambda) = \frac{\lambda U(0) + U'(0)}{\lambda^2 + \sigma^2} - \frac{e^{-\lambda \xi}}{S(\lambda^2 + \sigma^2)}, \quad \sigma^2 = \frac{\varrho A \omega^2}{S}. \tag{26}$$

Auf Gl. (26) wird nun die inverse *Laplace-Transformation* angewendet. Es entsteht

$$U(x) = U(0)\cos\sigma x + U'(0)\frac{\sin\sigma x}{\sigma} - \frac{1}{S\sigma}\begin{cases} 0 & \text{für } x < \xi \\ \sin\sigma(x - \xi) & \text{für } x > \xi. \end{cases} \tag{27}$$

Das letzte Glied im obigen Ausdruck soll näher erläutert werden. Das Glied $e^{-\lambda \xi}/(\lambda^2 + \sigma^2)$ von Gl. (26) ist als das Produkt zweiter Funktionen des Parameters λ zu betrachten, und zwar der Funktionen

$$\overline{f}_1(\lambda) = \frac{e^{-\lambda \xi}}{\lambda}; \quad \overline{f}_2(\lambda) = \frac{\lambda}{\lambda^2 + \sigma^2}.$$

Der Faltungssatz liefert

$$\mathscr{L}^{-1}[\overline{f}_1(\lambda) \cdot \overline{f}_2(\lambda)] = \int\limits_0^x f_1(u)f_2(x - u)\,du,$$

wobei

$$\mathscr{L}^{-1}\left(\frac{e^{-\lambda \xi}}{\lambda}\right) = \begin{cases} 0 & \text{für } x < \xi, \\ 1 & \text{für } x > \xi, \end{cases}$$

$$\mathscr{L}^{-1}\left(\frac{\lambda}{\lambda^2 + \sigma^2}\right) = \cos\sigma x$$

bedeutet.

Endgültig ist

$$\mathscr{L}^{-1}\left(\frac{e^{-\lambda\xi}}{\lambda^2+\sigma^2}\right) = \begin{cases} 0 & \text{für } x < \xi, \\ \sin\sigma(x-\xi) & \text{für } x > \xi. \end{cases}$$

Die Voraussetzung, daß die Saite bei $x = 0$ und $x = l$ eingespannt ist, ergibt zwei Bedingungen: $U(0) = U(l) = 0$. Die zweite von diesen Bedingungen führt zur Gleichung

$$\frac{U'(0)}{\sigma}\sin\sigma l - \frac{1}{S\sigma}\sin\sigma(l-\xi) = 0,$$

woraus die Größe $U'(0)$ ermittelt werden kann. Wird diese Größe in Gl. (27) eingeführt und wird beachtet, daß $G(x, \xi, t) = U(x, \xi)e^{i\omega t}$ ist, so ergibt sich die Lösung von Gl. (23) in geschlossener Form:

$$G(x, \xi, t) = \frac{e^{i\omega t}}{S\sigma}\frac{\sin\sigma x\sin\sigma(l-\xi)}{\sin\sigma l}, \quad 0 < x < \xi,$$

$$G(x, \xi, t) = \frac{e^{i\omega t}}{S\sigma}\frac{\sin\sigma\xi\sin\sigma(l-x)}{\sin\sigma l}, \quad \xi < x < l. \tag{28}$$

Für die über den Bereich $\leq x \leq l$ beliebig verteilte Belastung $F(x)e^{i\omega t}$ kann die Auslenkung aus Gl. (21) ermittelt werden, wobei die Funktion $G(x, \xi, t)$ von Gln. (28) eingesetzt wird.

Für den Sonderfall $\omega \to 0$ ist es zu bemerken, daß Gl. (18) die Lösung für das statische Problem liefert:

$$w(x) = \frac{2}{Sl}\sum_{n=1}^{\infty}\frac{\sin\alpha_n x}{\alpha_n^2}\int_0^l F(u)\sin\alpha_n u\,du. \tag{29}$$

Für die im Punkt $x = \xi$ angebrachte Einheitskraft gilt

$$w(x) \equiv G(x, \xi) = \frac{2}{Sl}\sum_{n=1}^{\infty}\frac{\sin\alpha_n x\sin\alpha_n\xi}{\alpha_n^2} \tag{30}$$

oder

$$G(x, \xi) = \begin{cases} \dfrac{x(l-\xi)}{Sl}, & 0 < x < \xi, \\[2ex] \dfrac{\xi(l-x)}{Sl}, & \xi < x < l. \end{cases} \tag{31}$$

Diese Ergebnisse können ebenfalls durch einen Grenzübergang $(\omega \to 0)$ aus den Gln. (28) gewonnen werden.

Wirkt auf die Saite die statische Belastung $p(x)$ ein, so wird die entsprechende Auslenkung aus der Gleichung

$$w(x) = \int_0^l p(\xi)G(x, \xi)\,d\xi \tag{32}$$

berechnet.

Nun wird Gl. (11) noch einmal betrachtet, welche die Amplitude W der erzwungenen Schwingung beschreibt:

$$S\frac{d^2W}{dx^2} + \varrho\omega AW + F = 0.\tag{33}$$

Die *Greensche Funktion* für das statische Problem ist

$$S\frac{d^2G}{dx^2} + \delta(x-\xi) = 0.\tag{34}$$

Gl. (33) wird mit G und Gl. (34) mit W multipliziert, die beiden Gleichungen werden über die Saitenlänge von 0 bis l integriert. Mithin entsteht

$$S\int_0^l (GW'' - WG'')dx + \varrho\omega^2 A\int_0^l W(x)G(x,\xi)dx +$$

$$+ \int_0^l F(x)G(x,\xi)dx - \int_0^l W(x)\delta(x-\xi)dx = 0.\tag{35}$$

Wird das erste Integral einer Teilintegration unterzogen und werden die Randbedingungen $W(0) = W(l) = 0$, $G(0,\xi) = 0$, $G(l,\xi) = 0$ berücksichtigt, so wird festgestellt, daß das betrachtete Integral verschwindet. Wird nun ξ an Stelle von x substituiert und

$$\int_0^l W(\xi)\delta(\xi-x)d\xi = W(x)$$

berücksichtigt, so ergibt sich aus Gl. (35) eine inhomogene *Fredholmsche Integralgleichung* zweiter Art:

$$W(x) = \varrho A\omega^2 \int_0^l W(\xi)G(\xi,x)d\xi + \int_0^l F(\xi)G(\xi,x)d\xi.\tag{36}$$

Wirken keine äußeren Kräfte (d.h. ist $F = 0$), so vereinfacht sich diese Gleichung auf die homogene *Fredholmsche Integralgleichung*.

$$W(x) = \varrho A\omega^2 \int_0^l W(\xi)G(\xi,x)d\xi.\tag{37}$$

Den Kern der beiden Integralgleichungen stellt die *Greensche Funktion* $G(x,\xi)$ dar.

Für eine bei $x = 0$ und $x = l$ eingespannte Saite kann die Lösung der inhomogenen Integralgleichung (36) auf eine einfache Weise mit Hilfe der Voraussetzung gewonnen werden, daß $W(x)$ als Reihe

$$W(x) = \sum_{n=1}^{\infty} A_n\sin\alpha_n x, \qquad \alpha_n = \frac{n\pi}{a}\tag{38}$$

dargestellt werden kann. Werden nun Gln. (38) und (30) in Gl. (36) eingeführt und die vorgeschriebene Integration durchgeführt, so ergibt sich für das Intervall $0 < x < l$ die folgende Beziehung:

$$A_n \alpha_n^2 \left(1 - \frac{\omega^2}{\omega_n^2}\right) = \frac{2}{Sl} \int_0^l F(\xi)\sin\alpha_n\xi\,d\xi. \tag{39}$$

Wird nun A_n von Gl. (39) in die Gl. (38) eingesetzt, so ergibt sich die Lösung (18), die vorher auf eine andere Weise hergeleitet wurde.

Es ist noch der Fall zu betrachten, wenn die erzwungene Schwingung periodisch ist, wenn also

$$X(x, t) = F(x) \sum_{r=1}^{\infty} A_r e^{i\omega_r t} \tag{40}$$

gilt.

In solch einem Fall ist das Gleichungssystem

$$S\frac{d^2W_r}{dx^2} + \varrho A\omega_r^2 W_r + F(x)A_r = 0 \tag{41}$$

zu lösen. Die aufeinanderfolgenden Lösungen für $r = 1, 2, \ldots$ liefern die Teillösungen W. Die endgültige Lösung für das betrachtete Problem wird durch die Superposition der Teillösungen erhalten:

$$w(x, t) = \sum_{r=1}^{\infty} W_r(x)e^{i\omega_r t}. \tag{42}$$

3.5. Freie Querschwingung einer Saite endlicher Länge

Es wird eine Saite mit der Länge l betrachtet. Die Saite ist bei $x = 0$ und $x = l$ aufgelagert. Die Anfangsbedingungen seien

$$w(x, 0) = f(x); \quad \dot{w}(x, 0) = g(x). \tag{1}$$

Genügt die Saite im Anfangszeitpunkt den Bedingungen (1), so schwingt sie für $t > 0$ frei, wenn keine Erregerkräfte vorhanden sind.

Die Durchbiegung wird durch die Gleichung

$$c^2\frac{\partial^2 w}{\partial x^2} - \ddot{w} = 0; \quad c^2 = \frac{S}{\varrho A} \tag{2}$$

mit den Randbedingungen

$$w(0, t) = 0; \quad w(l, t) = 0 \tag{3}$$

beschrieben.

Nach der *Laplace-Transformation* der Gl. (2) ergibt sich

$$c^2\frac{d^2\overline{w}}{dx^2} - p^2\overline{w} = -pf - g; $$

$$\overline{w}(x, p) = \int_0^{\infty} e^{-pt}w(x, t)dt. \tag{4}$$

Auf Gl. (4) wird eine endliche *Fouriersche Sinustransformation* angewendet. Werden dann die Bezeichnungen

$$w^*(\alpha_n, p) = \int_0^l \overline{w}(x, p) \sin \alpha_n x \, dx; \quad f^*(\alpha_n) = \int_0^l f(x) \sin \alpha_n x \, dx,$$

$$g^*(\alpha_n) = \int_0^l g(x) \sin \alpha_n x \, dx; \qquad \alpha_n = \frac{n\pi}{l} \tag{5}$$

eingeführt, so kann Gl. (4) in der Form

$$w^* = \frac{pf^* + g^*}{p^2 + c^2 \alpha_n^2}; \quad c^2 \alpha_n^2 = \omega_n^2 \tag{6}$$

geschrieben werden.

Die inverse *Fourier-Transformation* der Gl. (6) liefert

$$\overline{w}(x, p) = \frac{2}{l} \sum_{n=1}^{\infty} \frac{\sin \alpha_n x}{p^2 + c^2 \alpha_n^2} \int_0^l [pf(u) + g(u)] \sin \alpha_n u \, du. \tag{7}$$

Die inverse *Laplace-Transformation* der Gl. (7) ergibt

$$w(x, t) = \frac{2}{l} \sum_{n=1}^{\infty} \sin \alpha_n x \left\{ \cos \omega_n t \int_0^l f(u) \sin \alpha_n u \, du + \right.$$

$$\left. + \frac{\sin \omega_n t}{\omega_n} \int_0^l g(u) \sin \alpha_n u \, du \right\}. \tag{8}$$

Nun werden zwei Sonderfälle betrachtet.

1. Auf die Saite wirkt die im Punkt $x = \xi$ angebrachte Einzelkraft P ein. Im Zeitpunkt $t = 0$ wird diese statische Belastung plötzlich entfernt. Die Saite fängt an, frei zu schwingen. Die Saitenauslenkung wird für $t = 0$ durch die Gl. (8) beschrieben, worin

$$f(x) = w_0(x); \quad g(x) = 0 \tag{9}$$

einzusetzen ist. Hierbei bedeutet $w_0(x)$ die statische Durchbiegung infolge der statischen Kraft.

Aufgrund der Gl. (30) vom Abschnitt 3.4 ist

$$f(x) = w_0(x) = \frac{2P}{Sl} \sum_{n=1}^{\infty} \frac{\sin \alpha_n x \sin \alpha_n \xi}{\alpha_n^2}. \tag{10}$$

Wird Gl. (9) in die Gl. (8) eingeführt, die Gl. (10) berücksichtigt und die Integration durchgeführt, so ergibt sich

$$w(x, t) = \frac{2P}{Sl} \sum_{n=1}^{\infty} \frac{\sin \alpha_n x \sin \alpha_n \xi}{\alpha_n^2} \cos \omega_n t; \quad \omega_n = c\alpha_n. \tag{11}$$

7*

Für $P = 1$ liefert Gl. (11) die *Greensche Funktion* $G(x, \xi, t)$. Ist die Saite im Anfangszeitpunkt durch eine statische Belastung beansprucht, so gilt für $t > 0$

$$w(x, t) = \int\limits_0^l G(x, \xi, t)\, q(\xi)\, d(\xi). \tag{12}$$

Ist $q = \text{konst}$ für $0 \leq \xi \leq l$, so gilt

$$w(x, t) = \frac{4q}{Sl} \sum_{n=1}^\infty \frac{\sin \alpha_n x}{\alpha_n^3} \cos \omega_n t. \tag{13}$$

2. Der Saite wird im Anfangszeitpunkt im Punkt $x = \xi$ der Impuls V_0 gegeben. Wird dann

$$w(x, 0) = f(x) = 0; \quad g(x) = \dot{w}(x, 0) = V_0 \delta(x - \xi) \tag{14}$$

in die Gl. (8) eingeführt, so entsteht

$$w(x, t) = \frac{2V_0}{lc} \sum_{n=1}^\infty \frac{\sin \alpha_n x \sin \alpha_n \xi}{\alpha_n} \sin \omega_n t. \tag{15}$$

3.6. Aperiodische erzwungene Schwingung einer Saite endlicher Länge

Den Ausgangspunkt für die Betrachtung stellt die Differentialgleichung der erzwungenen Schwingung

$$S \frac{\partial^2 w}{\partial x^2} - \varrho A \ddot{w} + X = 0 \tag{1}$$

dar. Hierbei ist die Belastung X eine Funktion der Zeit und des Ortes.

Der Gl. (1) sind die Randbedingungen

$$w(0, t) = 0; \quad w(l, t) = 0 \tag{2}$$

und die Anfangsbedingungen

$$w(x, 0) = f(x); \quad \dot{w}(x, 0) = g(x) \tag{3}$$

zugeordnet.

Die *Laplacesche Transformation* der Gl. (1) liefert

$$c^2 \frac{d^2 \overline{w}}{dx^2} - p^2 \overline{w} = -\frac{\overline{X}}{\varrho A} - p\overline{f} - \overline{g} \tag{4}$$

und die endliche *Fouriersche Transformation* von Gl. (4) für $(0 < x < l)$ ergibt

$$(c^2 \alpha_n^2 + p^2) w^* = \frac{X^*}{\varrho A} + pf^* + g^*, \tag{5}$$

wobei die Größen w^*, f^*, g^* in Gl. (5), Abschnitt 3.5, angegeben sind, und

$$X^*(\alpha_n, p) = \int\limits_0^l \overline{X}(x, p) \sin \alpha_n x\, dx;$$

$$\overline{X}(x,p) = \frac{2}{l} \sum_{n=1}^{\infty} X^*(\alpha_n, p) \sin \alpha_n x \tag{6}$$

ist. Gl. (5) liefert

$$w^* = \frac{pf^* + g^* + X^*/\varrho A}{c^2 \alpha_n^2 + p^2}. \tag{7}$$

Auf die Gl. (7) wird zuerst die inverse *Fouriersche Sinustransformation* angewendet. Mithin gilt

$$\overline{w}(x,p) = \frac{2}{l} \sum_{n=1}^{\infty} \frac{\sin \alpha_n x}{c^2 \alpha_n^2 + p^2} \left\{ \frac{1}{\varrho A} \int_0^l \overline{X}(u,p) \sin \alpha_n u \, du + \right.$$

$$\left. + p \int_0^l f(u) \sin \alpha_n u \, du + \int_0^l g(u) \sin \alpha_n u \, du \right\}. \tag{8}$$

Die inverse *Laplace-Transformation* von Gl. (8) liefert dann

$$w(x,t) = \frac{2c}{Sl} \sum_{n=1}^{\infty} \frac{\sin \alpha_n x}{\alpha_n^2} \int_0^l \sin \alpha_n u \, du \int_0^t X(u,\tau) \sin \omega_n (t-\tau) \, d\tau +$$

$$+ \frac{2}{l} \sum_{n=1}^{\infty} \sin \alpha_n x \left\{ \cos \omega_n t \int_0^l f(u) \sin \alpha_n u \, du + \right.$$

$$\left. + \frac{\sin \omega_n t}{\omega_n} \int_0^l g(u) \sin \alpha_n u \, du \right\}. \tag{9}$$

Hierbei wird der Faltungssatz verwendet. Der Ausdruck $\dfrac{\overline{X}(up)}{p^2 + \alpha_n^2 c^2}$ wird als ein Produkt der Funktion $\overline{X}(u,p)$ und der Funktion

$$\overline{h}(p) = \frac{1}{p^2 + \alpha_n^2 c^2}; \quad \alpha_n c = \omega_n$$

dargestellt. Mithin gilt

$$\mathscr{L}^{-1}[\overline{X}(u,p) \cdot \overline{h}(p)] = \int_0^t X(u,\tau) \, h(t-\tau) \, d\tau.$$

Da

$$\mathscr{L}^{-1}[\overline{h}(p)] = \frac{1}{\omega_n} \sin \omega_n t$$

ist, gilt auch

$$\mathscr{L}^{-1}[\overline{X}(u,p) \cdot \overline{h}(p)] = \frac{1}{\omega_n} \int_0^t X(u,\tau) \sin \omega_n (t-\tau) \, d\tau.$$

Für die weitere Betrachtung werden die homogenen Anfangsbedingungen $f(u) = g(u) = 0$ angenommen.

Gl. (9) vereinfacht sich auf

$$w(x, t) = \frac{2c}{Sl} \sum_{n=1}^{\infty} \frac{\sin \alpha_n x}{\alpha_n} \int_0^l \sin \alpha_n u\, du \int_0^t X(u, \tau) \sin \omega_n (t - \tau) d\tau. \qquad (10)$$

Im Punkt $x = \xi$ greife die mit der Zeit veränderliche Einzelkraft

$$X(x, t) = F(t)\, \delta(x - \xi); \quad 0 < \xi < 1; \quad 0 < x < 1 \qquad (11)$$

an.

Die Einführung der Gl. (11) in die Gl. (10) und die vorgeschriebenen Berechnungen liefern

$$w(x, t) = \frac{2c}{Sl} \sum_{n=1}^{\infty} \frac{\sin \alpha_n x \sin \alpha_n \xi}{\alpha_n} \int_0^t F(\tau) \sin \omega_n (t - \tau) d\tau. \qquad (12)$$

Ist $F(t) = 1H(t)$, wobei $H(t)$ die *Heavisidesche Funktion* [136]

$$H(t) = \begin{cases} 0 & \text{für} \quad t \leqq 0 \\ 1 & \text{für} \quad t > 0 \end{cases}$$

bedeutet, so liefert Gl. (12) für diesen Sonderfall

$$w(x, t) = \frac{2}{Sl} \sum_{n=1}^{\infty} \frac{\sin \alpha_n x \sin \alpha_n \xi}{\alpha_n^2} (1 - \cos \omega_n t). \qquad (13)$$

Der gewonnene Ausdruck beschreibt die Auslenkung im Punkt x, die herbeigeführt wird, wenn die Einheitskraft im Punkt ξ plötzlich angebracht wird und an dieser Stelle bleibt.

Wird also die Saite durch eine über die Saitenlänge gleichmäßig verteilte Belastung $X(x, t) = qH(t)$ beansprucht, so ergibt sich, wenn Gl. (13) als die Einflußlinie für die Auslenkung betrachtet wird, die folgende Gleichung

$$w(x, t) = \frac{2}{Sl} \sum_{n=1}^{\infty} \frac{\sin \alpha_n x}{\alpha_n^2} (1 - \cos \omega_n t) \int_0^l q \sin \alpha_n \xi\, d\xi =$$

$$= \frac{4q}{Sl} \sum_{n=1,3,5\ldots}^{\infty} \frac{\sin \alpha_n x}{\alpha_n^3} (1 - \cos \omega_n t). \qquad (14)$$

Nun wird ein weiterer Sonderfall der Saitenbelastung betrachtet. Die im Punkt ξ angreifende Einheitskraft sei

$$X(x, t) = \delta(x - \xi)\, \delta(t). \qquad (15)$$

Sie stellt also einen Impuls, einen kurzzeitigen Stoß dar. Unter Berücksichtigung, daß

$$\delta(t) = \frac{d}{dt} H(t) \qquad (16)$$

ist, ergibt die Gl. (13)

$$w(x, t) = \frac{2c}{Sl} \sum_{n=1}^{\infty} \frac{\sin \alpha_n x \sin \alpha_n \xi}{\alpha_n} \sin \omega_n t \equiv G(x, \xi, t).$$ (17)

Hierbei ist $G(x, \xi, t)$ die *Greensche Funktion* für das Problem der aperiodischen erzwungenen Schwingung. Sie bedeutet die Auslenkung im Punkt x infolge der momentanen Einheitskraft $X(x, t)$, die im Punkt ξ angebracht ist.

Mit Hilfe der Funktion $G(x, \xi, t)$ kann die Auslenkung $w(x, t)$ infolge einer beliebigen Last $X(x, t)$ ausgedrückt werden. Es gilt

$$w(x, t) = \int_0^l d\xi \int_0^t G(x, \xi, t-\tau) X(\xi, \tau) d\tau.$$ (10′)

Die Gln. (10) und (10′) sind äquivalent.

Im Punkt ξ wird eine periodische Erregerkraft

$$X(x, t) = 1\delta(x-\xi)\cos\omega t, \quad t > 0$$ (18)

angebracht.

Die Einführung der Gl. (18) in die Gl. (10), die Integration und die Berücksichtigung von

$$\int_0^l \cos \omega\tau \sin \omega_n(t-\tau) d\tau = \frac{\omega_n}{\omega_n^2 - \omega^2} (\cos \omega t - \cos \omega_n t)$$

ergibt

$$w(x, t) = \frac{2c^2}{Sl} \sum_{n=1}^{\infty} \frac{\sin \alpha_n x \sin \alpha_n \xi}{\omega_n^2 - \omega^2} (\cos \omega t - \cos \omega_n t).$$ (19)

Für $\omega_n \to \omega_n$ nimmt dieser Ausdruck den unbestimmten Wert von $\frac{0}{0}$ an.

Das *Prinzip von d'Hospital* liefert das endgültige Ergebnis für $\omega \to \omega_n$:

$$w(x, t) = \frac{c^2 t}{Sl} \sum_{n=1}^{\infty} \frac{\sin \alpha_n x \sin \alpha_n \xi}{\alpha_n} \sin \omega_n t.$$ (20)

Gl. (20) beschreibt die stetige Änderung der Auslenkung, die mit der Zeit t zunimmt. Die Formel gilt ausschließlich für kleine Werte der Zeit t und damit nur für eine kleine Saitenauslenkung aus der Gleichgewichtslage. Diese Einschränkung ist erforderlich, da die Differentialgleichung der Saitendurchbiegung unter der Voraussetzung hergeleitet wurde, daß die Auslenkung im Vergleich mit der Saitenlänge klein bleibt.

Es wird noch ein weiterer Sonderfall der Saitenbelastung betrachtet. Längs der Saite von $x > 0$ bis $x = l$ bewege sich mit der konstanten Geschwindigkeit v eine mit der Zeit veränderliche Kraft

$$X(x, t) = \begin{cases} F(t)\delta(x-vt) & \text{für} \quad 0 < vt < l \\ 0 & \text{für} \quad vt > l. \end{cases}$$ (21)

Wird die Gl. (21) in die Gl. (10) eingeführt und wird berücksichtigt, daß

$$\int_0^l \delta(u-vt)\sin\alpha_n u\,du = \sin\alpha_n vt$$

ist, so ergibt sich endgültig

$$w(x,t) = \frac{2c}{Sl}\sum_{n=1}^{\infty}\frac{\sin\alpha_n x}{\alpha_n}\int_0^t F(\tau)\sin\alpha_n v\tau\sin\omega_n(t-\tau)\,d\tau. \tag{22}$$

Ist $F(t) = H(t)$, so ergibt sich nach der Integration bezüglich t

$$w(x,t) = \frac{2c}{Sl}\sum_{n=1}^{\infty}\frac{\sin\alpha_n x}{\alpha_n(\alpha_n^2 v^2-\omega_n^2)}\{\alpha_n v\sin\omega_n t-\omega_n\sin\alpha_n vt\}. \tag{23}$$

Die letzte Gleichung gilt für $(0 < vt < l)$ und liefert die Auslenkung im Punkt x infolge einer Einzelkraft, die sich längs der Saite mit der konstanten Geschwindigkeit v bewegt. Es ist offensichtlich, daß es sich für $v \to 0$, $vt \to \xi$ um einen Übergang vom dynamischen zum statischen Problem handelt. Die Gl. (23) liefert

$$w(x) = \frac{2}{Sl}\sum_{n=1}^{\infty}\frac{\sin\alpha_n x\sin\alpha_n\xi}{\alpha_n^2}.$$

Dieses Ergebnis stimmt mit Gl. (30), Abschnitt 3.4, überein.

3.7. Gedämpfte Saitenschwingung

Falls die Querschwingung der Saite gedämpft und die Dämpfung zur Verschiebungsgeschwindigkeit proportional ist, lautet die Differentialgleichung für die Querschwingung

$$S\frac{\partial^2 w}{\partial x^2} - \beta\dot{w}+X-\varrho A\ddot{w} = 0, \tag{1}$$

wobei β der Dämpfungskoeffizient ist.

Es wird die aperiodische Schwingung der bei $x = 0$ und $x = l$ eingespannten Saite mit der Länge l betrachtet, wobei die folgenden Anfangsbedingungen

$$w(x,0) = f(x); \quad \dot{w}(x,0) = g(x) \tag{2}$$

vorausgesetzt werden.

Zur Lösung des aufgestellten Problems wird das im Abschnitt 3.6 erörterte Verfahren verwendet. Wird auf die Gl. (1) die *Laplace-Transformation* und die *Fouriersche Sinustransformation* nacheinander angewendet, so ergibt sich die algebraische Gleichung

$$w^* = \frac{pf^*+2\varepsilon f^*+g^*+X^*/\varrho A}{p^2+2\varepsilon p+\omega_n^2}; \quad \varepsilon = \frac{\beta}{2\varrho A}, \quad \omega_n = c\alpha_n. \tag{3}$$

Diese Gleichung geht für $\varepsilon = 0$ in Gl. (7), Abschnitt 3.6, über. Die inverse *Fourier-Transformation* von Gl. (3) liefert

$$\overline{w}(x,p) = \frac{2}{l} \sum_{n=1}^{\infty} \frac{\sin \alpha_n x}{p^2 + 2\varepsilon p + \omega_n^2} \left\{ \frac{1}{\varrho A} \int_0^l \overline{X}(u,p) \sin \alpha_n u\, du + \right.$$

$$\left. + p \int_0^l f(u) \sin \alpha_n u\, du + \int_0^l [2\varepsilon f(u) + g(u)] \sin \alpha_n u\, du \right\}. \tag{4}$$

Für die inverse *Laplace-Transformation* werden die Beziehungen

$$\mathcal{L}^{-1}\left(\frac{1}{p^2 + 2\varepsilon p + \omega_n^2} \right) = \frac{1}{\sqrt{\omega_n^2 - \varepsilon^2}}\, e^{-\varepsilon t} \sin\left(t \sqrt{\omega_n^2 - \varepsilon^2} \right),$$

$$\mathcal{L}^{-1}\left(\frac{p}{p^2 + 2\varepsilon p + \omega_n^2} \right) = \frac{\omega_n}{\sqrt{\omega_n^2 - \varepsilon^2}}\, e^{-\varepsilon t} \sin\left(t \sqrt{\omega_n^2 - \varepsilon^2} + \chi \right) \tag{5}$$

verwendet, wobei

$$\chi = \arctan\left(\frac{\sqrt{\omega_n^2 - \varepsilon^2}}{-\varepsilon} \right); \qquad \omega_n > \varepsilon$$

ist. Die Transformation der Gl. (4) ergibt

$$w(x,t) =$$

$$= \frac{2}{l} \sum_{n=1}^{\infty} \frac{\sin \alpha_n x}{\sqrt{\omega_n^2 - \varepsilon^2}} \left\{ e^{-\varepsilon t} \left[\omega_n \sin\left(t \sqrt{\omega_n^2 - \varepsilon^2} + \chi \right) \right] \int_0^l f(u) \sin \alpha_n u\, du + \right.$$

$$+ \sin\left(t \sqrt{\omega_n^2 - \varepsilon^2} \right) \int_0^l [2\varepsilon f(u) + g(u)] \sin \alpha_n u\, du +$$

$$\left. + \frac{1}{\varrho A} \int_0^l \sin \alpha_n u\, du \int_0^l X(x,\tau) e^{-\varepsilon(t-\tau)} \sin\left[(t-\tau) \sqrt{\omega_n^2 - \varepsilon^2} \right] d\tau \right\}; \tag{6}$$

$$\omega_n > \varepsilon.$$

Für den Fall der freien Schwingung ist in Gl. (6) $X = 0$ einzusetzen. Es ist ersichtlich, daß im betrachteten Fall die Durchbiegung (die Auslenkung) gegen Null geht, und zwar wegen des Faktors $e^{-\varepsilon t}$. Die Gl. (6) gilt also für den Fall einer schwachen Dämpfung, wenn $\omega_n > \varepsilon$ ist.

Ist aber in einem der Glieder von Gl. (4) $\omega_n < \varepsilon$, dann sollen die folgenden Formeln für die *Laplace-Transformation* angewendet werden:

$$\mathcal{L}^{-1}\left(\frac{1}{p^2 + 2p\varepsilon + \omega_n^2} \right) = \frac{1}{\sqrt{\varepsilon^2 - \omega_n^2}}\, e^{-\varepsilon t} \sinh\left(t \sqrt{\varepsilon^2 - \omega_n^2} \right),$$

$$\mathcal{L}^{-1}\left(\frac{p}{p^2 + 2p\varepsilon + \omega_n^2} \right) = \frac{\omega_n}{\sqrt{\varepsilon^2 - \omega_n^2}}\, e^{-\varepsilon t} \sinh\left(t \sqrt{\varepsilon^2 - \omega_n^2} + \chi_1 \right), \tag{7}$$

wobei

$$\chi_1 = \operatorname{arc\,tanh}^{-1}\left(\frac{\sqrt{\varepsilon^2 - \omega_n^2}}{-\varepsilon} \right); \qquad \omega_n < \varepsilon$$

ist.

Für den Sonderfall $\varepsilon = \omega_n$ sind die Formeln

$$\mathscr{L}^{-1}\left(\frac{1}{p^2 + 2\varepsilon p + \omega_n^2}\right) = te^{-\omega_n t},$$

$$\mathscr{L}^{-1}\left(\frac{p}{p^2 + 2\varepsilon p + \omega_n^2}\right) = (1 - \omega_n t)e^{-\omega_n t}, \qquad \varepsilon = \omega_n \tag{8}$$

zu verwenden.

Wird auf eine ähnliche Weise wie im Abschnitt 3.6 verfahren, so kann Gl. (6) jeweils den geforderten Lastfällen und Anfangsbedingungen angepaßt werden.

Es wird noch die erzwungene harmonische Schwingung einer Saite endlicher Länge betrachtet. Hierzu wird $X(x, t) = F(x)e^{i\omega t}$ und damit $w(x, t) = W(x)e^{i\omega t}$ vorausgesetzt.

Gl. (1) wird nun in der Form

$$S\frac{d^2W}{dx^2} - \beta i\omega W + \varrho A\omega^2 W + F(x) = 0 \tag{9}$$

geschrieben.

Unter der Voraussetzung von $w(0, t) = w(l, t) = 0$ liefert die endliche *Fouriersche Transformation* der Gl. (9)

$$W^* = \frac{F^*}{S\alpha_n^2\left(1 + \dfrac{\beta i\omega}{S\alpha_n^2} - \dfrac{\omega^2}{\omega_n^2}\right)}. \tag{10}$$

Die inverse *Fourier-Transformation* der Gl. (10) ergibt

$$W(x) = \frac{2}{Sl}\sum_{n=1}^{\infty} \frac{\sin\alpha_n x \displaystyle\int_0^l F(u)\sin\alpha_n u\,du}{\alpha_n^2\left(1 + \dfrac{\beta i\omega}{S\alpha_n^2} - \dfrac{\omega^2}{\omega_n^2}\right)}. \tag{11}$$

Es ist also

$$w(x, t) = W(x)e^{i\omega t} = \frac{2e^{i\omega t}}{Sl}\sum_{n=1}^{\infty} \frac{\sin\alpha_n x \displaystyle\int_0^l F(u)\sin\alpha_n u\,du}{\alpha_n^2\left(1 + \dfrac{\beta i\omega}{S\alpha_n^2} - \dfrac{\omega^2}{\omega_n^2}\right)}. \tag{12}$$

Ist die äußere Belastung zu $X(x, t) = F(x)\cos\omega t$ vorgegeben, so wird die Auslenkung $w_0(x, t)$ als der Realteil von Gl. (12) gewonnen. Es gilt

$$w_0(x, t) = \operatorname{Re} w(x, t) =$$

$$= \frac{2}{Sl}\sum_{n=1}^{\infty}\frac{\sin\alpha_n x}{\alpha_n^2}\frac{\left(1 - \dfrac{\omega^2}{\omega_n^2}\right)\cos\omega t + \dfrac{\beta\omega}{S\alpha_n^2}\sin\omega t}{\left(1 - \dfrac{\omega^2}{\omega_n^2}\right)^2 + \dfrac{\beta^2\omega^2}{\alpha_n^4}}\int_0^l F(u)\sin\alpha_n u\,du. \tag{13}$$

Es ist zu bemerken, daß für $\omega \to \omega_n$ die Saitenauslenkung nicht unbegrenzt wächst; dank der Auswirkung vom Beiwert $\beta \neq 0$ bleibt sie endlich.

Nun wird die Fortpflanzung der Durchbiegung $w(x, t)$ einer unendlich langen Saite betrachtet. Zu diesem Zweck wird die Lösung der homogenen Gleichung (1) unter Berücksichtigung der Anfangsbedingungen

$$w_0(x, 0) = f(x); \qquad \dot{w}(x, 0) = g(x) \tag{14}$$

gesucht. Die Lösung des Problems wird an dieser Stelle einfach angeführt, ohne abgeleitet zu werden [86]. Sie ist übrigens wesentlich komplizierter als jene für die ungedämpfte Saitenschwingung. Es gilt

$$
w(x, t) = e^{-\varepsilon t}\Bigg\{ \frac{1}{2}\left[f(x - ct) + f(x + ct)\right] +
$$

$$
+ \frac{1}{2c} \int_{x-ct}^{x+ct} f(u)\, \frac{\partial}{\partial t} I_0\!\left(\varepsilon \sqrt{\left(\frac{x-u}{c}\right)^2 - t^2}\,\right) du +
\tag{15}
$$

$$
+ \frac{1}{2c} \int_{x-ct}^{x+ct} \left[g(u) + \varepsilon f(u)\right] I_0\!\left(\varepsilon \sqrt{\left(\frac{x-u}{c}\right)^2 - t^2}\,\right) du \Bigg\},
$$

$$
\varepsilon = \frac{\beta}{2\varrho A}, \qquad c^2 = \frac{S}{\varrho A}.
$$

Hierbei ist $I_0(z)$ die modifizierte *Besselsche Funktion* erster Art und der Ordnung Null, ε bedeutet eine Größe, die den Dämpfungskoeffizienten enthält. Für $t > 0$ pflanzen sich zwei Scheitel der Auslenkungswelle mit einer zeitlich veränderlichen Amplitude in entgegengesetzten Richtungen fort. Über die Art und Weise, wie sich die Amplitude verändert, entscheidet der Faktor $e^{-\varepsilon t}$ der vor dem in der geschweiften Klammer stehenden Ausdruck auftritt.

4. Längsschwingung eines Stabes

4.1. Differentialgleichung für die Längsschwingung eines Stabes

Es wird ein in Längsrichtung schwingender Stab mit einem veränderlichen prismatischen Querschnitt betrachtet. Aus dem Stab wird ein Element mit der Länge dx (Abb. 4-1) herausgeschnitten, für das die Bewegungsgleichung aufgestellt wird. Im Schnitt $x =$ konst wirkt hierbei die Kraft σA und im Schnitt $x+dx$ die Kraft $\left(A+\dfrac{\partial A}{\partial x}\,dx\right)\left(\sigma+\dfrac{\partial \sigma}{\partial x}\,dx\right) \approx A\sigma+\dfrac{\partial}{\partial x}\,(\sigma A)\,dx$. Weiterhin wirkt auf das Element die Erregerkraft $AX(x,t)\,dx$ und die *d'Alembertsche Trägheitskraft* $-A\varrho\ddot{u}\,dx$ ein. Die Bewegungsgleichung ist mithin

$$\sigma A+\frac{\partial}{\partial x}\,(\sigma A)\,dx-\sigma A+AX\,dx-A\varrho\ddot{u}\,dx = 0.$$

Wird in diese Gleichung $\sigma = E\varepsilon$, $\varepsilon = \dfrac{\partial u}{\partial x}$ eingeführt, so ergibt sich die Differentialgleichung für die erzwungene Schwingung eines Stabes mit veränderlichem Querschnitt

$$\frac{E}{A}\,\frac{\partial}{\partial x}\left(A\,\frac{\partial u}{\partial x}\right)+X-\varrho\ddot{u} = 0. \tag{1}$$

Für einen konstanten Stabquerschnitt vereinfacht sich Gl. (1) wesentlich und lautet

$$E\,\frac{\partial^2 u}{\partial x^2}+X-\varrho\ddot{u} = 0. \tag{2}$$

Gl. (1) kann vom *Hamiltonschen Prinzip*

$$\delta \int_{t_0}^{t_1} (\mathscr{W}_\varepsilon-\mathscr{K})\,dt = \int_{t_0}^{t_1} \delta\mathscr{L}\,dt \tag{3}$$

ebenfalls hergeleitet werden. Im betrachteten Fall des Stabes mit einem veränderlichen Querschnitt gilt

$$\mathscr{W}_\varepsilon = \frac{1}{2} \int\limits_V \sigma\varepsilon\, dV = \frac{E}{2} \int\limits_V \varepsilon^2 dV = \frac{E}{2} \int\limits_0^l A \left(\frac{\partial u}{\partial x}\right)^2 dx,$$

$$\mathscr{K} = \frac{\varrho}{2} \int\limits_V (\dot{u})^2\, dV = \frac{\varrho}{2} \int\limits_0^l A(\dot{u})^2\, dx.$$

Die Variationen $\delta\mathscr{W}_\varepsilon$ und $\delta\mathscr{K}$ liefern

$$\delta\mathscr{W}_\varepsilon = E \int\limits_0^l A \frac{\partial u}{\partial x} \frac{\partial \delta u}{\partial x}\, dx = E \left| A \frac{\partial u}{\partial x} \delta u \right|_0^l - E \int\limits_0^l \frac{\partial}{\partial x} \left(A \frac{\partial u}{\partial x} \right) \delta u\, dx,$$

$$\delta\mathscr{K}_\varepsilon = \varrho \int\limits_0^l A\dot{u}\delta\dot{u}\, dx, \quad \delta\mathscr{L} = \int\limits_V X\delta u\, dV = \int\limits_0^l AX\delta u\, dx.$$

In der Gleichung für $\delta\mathscr{W}_\varepsilon$ ist der Ausdruck zwischen den beiden vertikalen Strichen gleich Null: bei Herleitung des Prinzips der virtuellen Verrückungen wurde $\delta u = 0$ vorausgesetzt, wenn Randverschiebungen vorgegeben sind.

Einführung obiger Variationen in Gl. (3) ergibt

$$\int\limits_{t_0}^{t_1} dt \int\limits_0^l \left[E \frac{\partial}{\partial x} \left(A \frac{\partial u}{\partial x} \right) + AX \right] \delta u\, dx = - \int\limits_0^l A\, dx \int\limits_{t_0}^{t_1} \dot{u}\delta\dot{u}\, dt. \tag{3'}$$

Es gilt aber

$$\int\limits_{t_0}^{t_1} \dot{u}\delta\dot{u}\, dt = \left| \dot{u}\delta u \right|_{t_0}^{t_1} - \int\limits_{t_0}^{t} \ddot{u}\delta u\, dt.$$

Das erste Glied in der rechten Seite ist Null, da bei Herleitung des *Hamiltonschen Prinzips* $\delta u(x, t_0) = \delta u(x, t_1) = 0$ angenommen wurde.

Gl. (3') lautet also

$$\int\limits_{t_0}^{t_1} dt \int\limits_0^l \left[E \frac{\partial}{\partial x} \left(A \frac{\partial u}{\partial x} \right) + AX - \varrho A\ddot{u} \right] \delta u\, dx = 0. \tag{3''}$$

Da die virtuelle Verrückung δu beliebig ist, liefert die Gl. (3'') unmittelbar die Gl. (1).

Nun wird die Differentialgleichung (2) für den Stab mit einem konstanten Querschnitt betrachtet.

Gl. (2) ist mit der Gleichung für die Längsschwingung einer aufgespannten Saite formal identisch. Es ist noch hinzuzufügen, daß die Gl. (2) eine vereinfachte Gleichung für die Längsschwingung ist. Hierbei wurde eine über den Stabquerschnitt gleichmäßige Verteilung der Spannung σ stillschweigend angenommen sowie die Auswirkung der Querkontraktion des Stabes auf die Längsschwingung vernachlässigt.

A. E. H. LOVE hat eine kompliziertere Form der Gleichung der Längsschwingung angegeben, wobei er die Auswirkung der Querkontraktion berücksichtigt hat [87]. Diese Gleichung lautet

$$E \frac{\partial^2 u}{\partial x^2} - \varrho \left(\ddot{u} - v^2 r_0^2 \frac{\partial \ddot{u}}{\partial x} \right) + X = 0. \tag{4}$$

Die Gleichung wird aufgrund folgender Überlegung gewonnen. Der Verschiebung u in Richtung der x-Achse sind die Verschiebungen v, w in Richtung der y- und z-Achse entsprechend zugeordnet, wobei

$$v = -vy \frac{\partial u}{\partial x} ; \qquad w = -vz \frac{\partial u}{\partial x} \tag{5}$$

ist.

Die entsprechenden Verschiebungsgeschwindigkeiten in Richtung der y- und z-Achse sind

$$\dot{v} = -vy \frac{\partial \dot{u}}{\partial x}; \qquad \dot{w} = -vz \frac{\partial \dot{u}}{\partial x}. \tag{6}$$

Das Quadrat der resultierenden Geschwindigkeit beträgt also

$$v^2(y^2 + z^2)\left(\frac{\partial \dot{u}}{\partial x}\right)^2. \tag{7}$$

Die kinetische Energie kann unter Berücksichtigung der Geschwindigkeitsquadrate in Richtung der x-, y- und z-Achse in der Form

$$\mathscr{K} = \frac{1}{2} \varrho \int_V (\dot{u}^2 + \dot{v}^2 + \dot{w}^2) dV = \frac{1}{2} \varrho A \int_0^l \left[\dot{u}^2 + v^2 r_0^2 \left(\frac{\partial \dot{u}}{\partial x}\right)^2 \right] dx \tag{8}$$

geschrieben werden, wobei $A r_0^2$ das polare Trägheitsmoment

$$A r_0^2 = \int \int (y^2 + z^2) dy \, dz$$

ist.

Die Formänderungsarbeit ist

$$\mathscr{W}_\varepsilon = \frac{1}{2} EA \int_0^l \left(\frac{\partial u}{\partial x}\right)^2 dx \tag{9}$$

und der Zuwachs der Arbeit der äußeren Kräfte bei der Variation des Verschiebungszustandes ist

$$\delta \mathscr{L} = A \int_0^l X \delta u \, dx. \tag{10}$$

Werden die Funktionen $\mathscr{K}$, $\mathscr{W}_\varepsilon$, $\delta \mathscr{L}$ aus den Gln. (8) bis (10) in die *Hamiltonsche Gleichung* eingesetzt und wird weiter wie vorher verfahren, so ergibt sich die Gl. (4).

Es ist zu bemerken, daß bei der Herleitung des Ausdruckes für die Formänderungsarbeit stillschweigend vorausgesetzt wird, daß lediglich die Spannung $\sigma = E \partial u / \partial x$ existiert. Tatsächlich tritt aber im Stab ein dreidimensionaler Spannungszustand auf. Die exakte Lösung für das Problem der Längsschwingung eines Stabes mit dem Kreisquerschnitt ist im Kapitel 11 angeführt.

Bei einem Vergleich der Gln. (2) und (3) wird festgestellt, daß das zweite Glied in der runden Klammer in Gl. (3) um so schwächer auf die Längsschwingung des Stabes einwirkt, je kleiner das Verhältnis von Querschnittsabmessungen dieses Stabes zu seiner Länge ist.

Für die weiteren Betrachtungen wird die vereinfachte Gleichung (2) für die Längsschwingung des Stabes verwendet. Da die Gl. (2) die gleiche Form wie die Differentialgleichung der Längsschwingung einer Saite hat, dürfen die in Abschnitten 3.3 bis 3.6 gewonnenen Lösungen für die jeweils entsprechenden Randbedingungen angewendet werden.

Für einen unendlich langen Stab und für die Anfangsbedingungen

$$u(x, 0) = f(x); \quad \dot{u}(x, 0) = g(x) \tag{11}$$

stellt die Funktion

$$u(x, t) = \frac{1}{2} [f(x+ct) + f(x-ct)] + \frac{1}{2c} \int\limits_{x-ct}^{x+ct} g(u)\,du; \quad c^2 = \frac{E}{\varrho} \tag{12}$$

die Lösung der Gl. (2) dar.

Unter der Voraussetzung, daß

$$u(0, t) = u(l, t) = 0 \tag{13}$$

ist, gilt für die freie Längsschwingung eines Stabes endlicher Länge und für die Anfangsbedingungen (11) die Gleichung

$$u(x, t) = \frac{2}{l} \sum_{n=1}^{\infty} \sin\alpha_n x \cos\alpha_n ct \int\limits_0^l f(\xi)\sin\alpha_n\xi\,d\xi +$$

$$+ \frac{2}{lc} \sum_{n=1}^{\infty} \frac{\sin\alpha_n x}{\alpha_n} \sin\alpha_n ct \int\limits_0^l g(\xi)\sin\alpha_n\xi\,d\xi. \tag{14}$$

Für die erzwungene Schwingung eines Stabes mit den eingespannten Enden (d.h. wenn $u(0, t) = u(l, t) = 0$ ist) und für homogene Anfangsbedingungen (d.h. für $u(x, 0) = \dot{u}(x, 0) = 0$) ergibt sich die folgende Formel für die Verschiebung:

$$u(x, t) = \frac{2c}{El} \sum_{n=1}^{\infty} \frac{\sin\alpha_n x}{\alpha_n} \int\limits_0^l \sin\alpha_n\xi\,d\xi \int\limits_0^t X(\xi, \tau)\sin\alpha_n c(t-\tau)\,d\tau. \tag{15}$$

Für die erzwungene Schwingung $X(x, t) = F(t)e^{i\omega t}$ gilt

$$u(x, t) = \frac{2e^{i\omega t}}{El} \sum_{n=1}^{\infty} \frac{\sin\alpha_n x}{\alpha_n^2\left(1 - \dfrac{\omega^2}{\omega_n^2}\right)} \int\limits_0^l F(\xi)\sin\alpha_n\xi\,d\xi, \tag{16}$$

worin ω — die Erregerkreisfrequenz,

   ω_n — die Eigenkreisfrequenz bedeutet und

$$\omega_n = \frac{n\pi}{l}\sqrt{\frac{E}{\varrho}}; \qquad \omega_n = \alpha_n c, \qquad n = 1, 2, \dots, \infty \tag{17}$$

ist. Ist die Verschiebung $u(x, t)$ bekannt, so kann die Spannung aufgrund der Formel $\sigma = E\partial u/\partial x$ gewonnen werden.

4.2. Eigenschwingung eines Stabes mit freien Enden

Die im vorigen Abschnitt hergeleiteten Formeln (12), (14), (15), (16) gelten für einen beiderseitig eingespannten Stab. Nun wird die Längsschwingung eines Stabes betrachtet, dessen beide Enden frei sind.

Die Anfangsbedingungen lauten

$$u(x, 0) = f(x); \qquad \dot{u}(x, 0) = g(x). \tag{1}$$

Die Randbedingungen sind homogen und lauten

$$\sigma(0, t) = 0; \qquad \sigma(l, t) = 0 \tag{2}$$

oder

$$\frac{\partial u(0, t)}{\partial x} = \frac{\partial u(l, t)}{\partial x} = 0. \tag{2'}$$

Es werden Lösungen der homogenen Gleichung

$$c^2 \frac{\partial^2 u}{\partial x^2} - \ddot{u} = 0 \qquad \text{mit} \qquad c^2 = \frac{E}{\varrho} \tag{3}$$

gesucht.

Die Lösungen werden in der Form eines Produktes der Zeitfunktion $\varphi(t)$ und der Ortsfunktion $U(x)$

$$u(x, t) = U(x)\varphi(t) \tag{4}$$

vorausgesetzt.

Durch Einführung der Gl. (4) in die Gl. (3) wird die letztere auf ein System zweier gewöhnlicher Gleichungen

$$\ddot{\varphi} + \beta^2 c^2 \varphi = 0, \tag{5}$$

$$\frac{d^2 U}{dx^2} + \beta^2 U = 0 \tag{6}$$

zurückgeführt, wobei β ein vorübergehend unbestimmter Parameter bedeutet.

Die Lösung von Gln. (5) und (6) stellen die Funktionen

$$\varphi(t) = A\sin\omega t + B\cos\omega t; \qquad \omega = \beta c, \tag{7}$$

$$U(x) = C\sin\beta x + D\cos\beta x \tag{8}$$

dar.

Zuerst werden die Randbedingungen (2') betrachtet, die

$$C = 0 \qquad \text{und} \qquad D\beta\sin\beta l = 0$$

liefern.

Die letztere Bedingung wird mit

$$\beta_n = \frac{n\pi}{l}; \qquad n = 0, 1, 2, \ldots, \infty \tag{9}$$

erfüllt.

Es ist ersichtlich, daß jedem Wert von β_n ein partikuläres Integral der Gl. (3) entspricht und zwar

$$u_n(x, t) = (A_n \sin \omega_n t + B_n \cos \omega_n t) D \cos \beta_n x. \tag{10}$$

Die allgemeine Lösung der Gl. (3) lautet

$$u(x, t) = \sum_{n=0}^{\infty} u_n(x, t) = \sum_{n=0}^{\infty} (A_n \sin \omega_n t + B_n \cos \omega_n t) D \cos \beta_n x. \tag{11}$$

Die Konstanten A_n, B_n werden mit Hilfe der Anfangsbedingungen (1) bestimmt. Es gilt

$$f(x) = \sum_{n=0}^{\infty} D B_n \cos \beta_n x; \qquad g(x) = \sum_{n=0}^{\infty} D \omega_n A_n \cos \beta_n x. \tag{12}$$

Die Funktionen

$$U_n(x) = D \cos \beta_n x \tag{13}$$

stellen die Eigenfunktionen für das betrachtete Problem dar. Diese Funktionen sind orthogonal:

$$\int_0^l U_n(x) U_m(x) \, dx = 0 \qquad \text{für} \qquad n \neq m;$$

$$\int_0^l U_n^2(x) \, dx = \frac{l}{2} D^2 \qquad \text{für} \qquad n = m, \tag{14}$$

wie die Integration beweist. Die Größe D darf willkürlich gewählt werden.

Es sei $D^2 = 2/l$. Dann ist $\int_0^l U_n^2(x) \, dx = 1$ und die Eigenfunktionen

$$U_n(x) = \sqrt{\frac{2}{l}} \cos \beta_n x = \sqrt{\frac{2}{l}} \cos \frac{n\pi x}{l} \tag{15}$$

werden als normiert bezeichnet.

Unter der Anwendung der normierten Funktionen werden die Gln. (12) in der Form

$$f(x) = \sqrt{\frac{2}{l}} \sum_{n=0}^{\infty} B_n \cos \beta_n x; \qquad g(x) = \sqrt{\frac{2}{l}} \sum_{n=0}^{\infty} \omega_n A_n \cos \beta_n x \tag{12'}$$

geschrieben.

Um die Koeffizienten B_n zu gewinnen, wird die erste der Gl. (12') mit $\cos \beta_n x$ multipliziert und bezüglich x von 0 bis l integriert.

Unter Berücksichtigung der Orthogonalität ergibt sich dann

$$
\left.
\begin{aligned}
B_n &= \sqrt{\frac{2}{l}} \int_0^l f(x)\cos\beta_n x\, dx & \text{für} \quad n &= 1, 2, \ldots, \infty \\[2ex]
B_0 &= \frac{1}{2}\sqrt{\frac{2}{l}} \int_0^l f(x)\, dx & \text{für} \quad n &= 0
\end{aligned}
\right\} .
\tag{16}
$$

Auf eine ähnliche Weise ergibt sich

$$
\left.
\begin{aligned}
A_n &= \frac{1}{c\beta_n}\sqrt{\frac{2}{l}} \int_0^l g(x)\cos\beta_n x\, dx & \text{für} \quad n &= 1, 2, \ldots, \infty \\[2ex]
A_0 &= 0 & \text{für} \quad n &= 0
\end{aligned}
\right\} .
\tag{17}
$$

Werden die gewonnenen Werte von A_n, B_n in Gl. (11) eingesetzt, so wird die endgültige Form der Verschiebungsfunktion für das Problem der freien Stabschwingung erhalten. Die gleichen Ergebnisse liefert die *Laplace-Transformation* und die *Fouriersche Cosinustransformation* von Gl. (3).

4.3. Eigenschwingungen eines an einem Ende eingespannten und am anderen Ende freien Stabes

Es ist die Gleichung

$$
c^2\frac{\partial^2 u}{\partial x^2} - \ddot{u} = 0; \qquad c^2 = \frac{E}{\varrho}
\tag{1}
$$

mit den Randbedingungen

$$
u(0, t) = 0; \qquad \sigma(l, t) = E\frac{\partial u(l, t)}{\partial x} = 0
\tag{2}
$$

und den Anfangsbedingungen

$$
u(x, 0) = g(x); \qquad \dot{u}(x, 0) = f(x)
\tag{3}
$$

zu lösen. Die Lösung wird zu $u(x, t) = U(x)\varphi(t)$ geschrieben, wobei die Funktionen $U(x)$, $\varphi(t)$ aus dem vorigen Abschnitt genommen werden. Es gilt

$$
u(x, t) = (A\sin\omega t + B\cos\omega t)(C\sin\beta x + D\cos\beta x) \quad \text{mit} \quad \omega = c\beta .
\tag{4}
$$

Die Randbedingungen (2) liefern

$$
D = 0; \qquad \beta C\cos\beta l = 0.
\tag{5}
$$

Daraus ergibt sich

$$
\beta_n = \frac{n}{2l}; \qquad n = 1, 3, 5, \ldots, \infty .
$$

Die Eigenfrequenzen werden mit Hilfe der Formel

$$
\omega_n = \beta_n c = \frac{n\pi}{2l}\sqrt{\frac{E}{\varrho}}, \qquad n = 1, 3, 5, \ldots, \infty
\tag{5'}
$$

bestimmt.

Die Funktionen $U_n(x) = C \sin \beta_n x$ stellen die Eigenfunktionen für das betrachtete Problem dar. Die Funktion $U_n(x)$ wird ähnlich wie vorher normiert, wobei $C = \sqrt{2/l}$ vorausgesetzt wird. Die allgemeine Lösung von Gl. (1) stellt die Funktion

$$u(x,t) = \sqrt{\frac{2}{l}} \sum_{n=1,3,\ldots}^{\infty} (A_n \sin \omega_n t + B_n \cos \omega_n t) \sin \beta_n x \qquad (6)$$

dar. Die Konstanten A_n, B_n können mit Hilfe der Anfangsbedingungen ermittelt werden.

Nun wird ein komplizierteres Problem der freien Stabschwingung betrachtet [133]. Der Stab sei im Schnitt $x = 0$ eingespannt, und im Schnitt $x = l$ mit einer Masse mit dem Gewicht G verbunden (Abb. 4-2). Um die Eigenkreisfrequenz

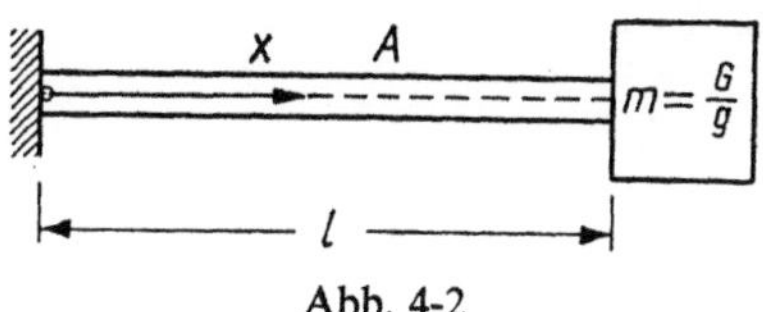

Abb. 4-2

des Stabes und die Form der Eigenschwingung zu bestimmen, ist Gl. (1) mit den Anfangsbedingungen (3) und den Randbedingungen

$$u(0,t) = 0; \qquad EA \frac{\partial u(l,t)}{\partial x} + \frac{G}{g} \ddot{u}(l,t) = 0 \qquad (7)$$

zu lösen, wobei A — die Querschnittsfläche des Stabes,

g — die Fallbeschleunigung bedeuten.

Die zweite der Gln. (7) besagt, daß die Absolutwerte der durch den Stab im Querschnitt $x = l$ übertragenen Kraft $P = EA \partial u/\partial x$ und der *d'Alembertschen Trägheitskraft* der Masse mit dem Gewicht G gleich sind, wobei aber diese Kräfte in den entgegengesetzten Richtungen wirken.

Wird die Lösung der Gl. (1) als die Funktion (4) angenommen, so ergibt die erste Randbedingung von der Gruppe (7), daß $D = 0$ ist.

Die zweite von den Bedingungen (7) führt zur transzendenten Gleichung

$$\beta l \tan \beta l = \vartheta, \qquad (8)$$

worin

$$\vartheta = \frac{g \varrho A l}{G} = \frac{\gamma A l}{G} = \frac{G_1}{G}$$

ist. Hierbei bedeutet G_1 das Stabgewicht.

Die Wurzeln $\beta_n l$ ($n = 1, 2, \ldots, \infty$) von Gl. (8) ergeben sich als Abszissen der Schnittpunkte der Kurve $\cotan \beta l$ mit der Gerade $\beta l \vartheta^{-1}$ (4-3).

Für kleine Werte von l kann die erste Eigenfrequenz näherungsweise gewonnen werden. Wird $\tan \beta l$ in eine unendliche Reihe entwickelt, von der nur die ersten zwei Glieder beibehalten bleiben, so kann Gl. (8) in der Form

$$\beta l \left[\beta l + \frac{1}{3} (\beta l)^3 \right] \approx \vartheta \qquad (8')$$

geschrieben werden. Daraus ergibt sich

$$\beta l \approx \sqrt{-\frac{3}{2} + \sqrt{3\vartheta + \left(\frac{3}{2}\right)^2}}.$$

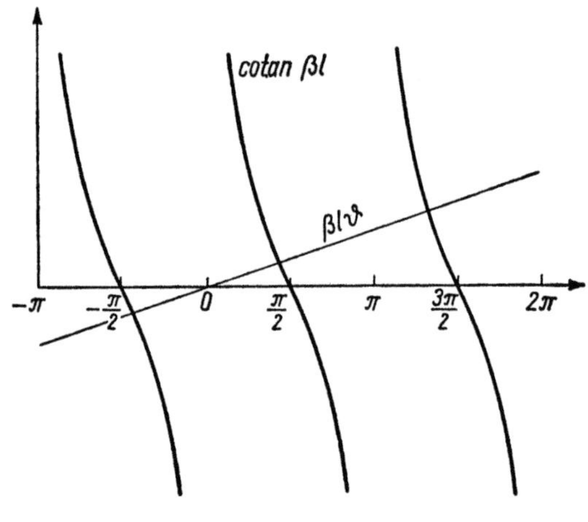

Abb. 4-3

Wird in Gl. (8′) das Glied $(\beta l)^3/3$ im Vergleich mit βl vernachlässigt, so ist

$$\beta l = \sqrt{\vartheta}, \qquad \omega = \beta c = \frac{c}{l}\sqrt{\vartheta}. \tag{8″}$$

Beispiel 4-1. Es ist die erste Eigenfrequenz für die Längsschwingung einer Stahlbetonstütze zu berechnen, die das Gewicht G trägt. Die Angaben: $l = 6{,}0$ m; $A = 0{,}5$ m², das Volumengewicht des Betons $\gamma = 2{,}4$ Mp/m³, der Elastizitätsmodul $E = 1{,}4 \cdot 10^6$ Mp/m², das Gewicht $G = 36{,}0$ Mp.

Es wird berechnet

$$\vartheta = \frac{G_1}{G} = \frac{0{,}5 \cdot 6{,}0 \cdot 2{,}4}{36{,}0} = 0{,}20.$$

Aufgrund von Gl. (8) wird $\beta l \approx 0{,}43$ erraten, woraus $\omega_1 = 0{,}43\,c/l$ folgt. Da aber

$$c = \sqrt{\frac{E}{\varrho}} = \sqrt{\frac{Eg}{\gamma}} = \sqrt{\frac{1{,}4 \cdot 10^6 \cdot 9{,}81}{2{,}4}} = 240$$

ist, gilt auch

$$\omega_1 = \frac{0{,}43c}{l} = \frac{0{,}43 \cdot 240}{6{,}0} = 17{,}2 \ \text{s}^{-1}.$$

Die Gl. (8″) liefert

$$\frac{\omega_1 l}{c} = \sqrt{-1{,}5 + \sqrt{3 \cdot 0{,}2 + 1{,}5^2}} = 0{,}436,$$

$$\omega_1 = \frac{0{,}436 \cdot 240}{6{,}0} = 17{,}5 \ \text{s}^{-1}$$

(ein Fehler von 1,7%).

4.4. Erzwungene Stabschwingungen

Auf den im Querschnitt $x = 0$ eingespannten Stab wirke die am Stabende angebrachte Kraft $X(l, t) = P(t)$ ein. Es ist die aperiodische Stabschwingung für die Anfangsbedingungen $u(x, 0) = \dot{u}(x, 0) = 0$ zu bestimmen.

Dazu ist die Gleichung

$$c^2 \frac{\partial u^2}{\partial x^2} - \ddot{u} = 0 \tag{1}$$

mit den Randbedingungen

$$u(0, t) = 0; \quad EF \frac{\partial u(l, t)}{\partial x} = P(t) \tag{2}$$

zu lösen.

Die *Laplace-Transformation* der Gl. (1) mit den Randbedingungen (2) liefert

$$c^2 \frac{d^2\bar{u}}{dx^2} - p^2\bar{u} = -pu(x, 0) - \dot{u}(x, 0) \tag{3}$$

und

$$\bar{u}(0, p) = 0; \quad EA \frac{d\bar{u}}{dx}(l, p) = \bar{P}(p). \tag{4}$$

Hierbei bedeutet

$$\bar{u}(x, p) = \int\limits_0^\infty e^{-pt}u(x, t)\,dt; \quad \bar{P}(p) = \int\limits_0^\infty e^{-pt}P(t)\,dt.$$

Wegen der homogenen Anfangsbedingungen ist die rechte Seite von Gl. (3) gleich Null. Die Lösung dieser Gleichung wird in der Form

$$\bar{u}(x, p) = A(p)e^{-px/c} + B(p)e^{px/c} \tag{5}$$

geschrieben.

Die Größen $A(p)$, $B(p)$, also die Funktionen vom Parameter p, werden mit Hilfe der Randbedingungen (4) ermittelt. Es gilt

$$\left.\begin{array}{l} A(p) = -B(p) \\[2mm] B(p) = \dfrac{\bar{P}(p)c}{2EAp\cosh\dfrac{pl}{c}} \end{array}\right\}. \tag{6}$$

Mithin ist also

$$\bar{u}(x, p) = \frac{\bar{P}(p)\,l}{2EA} \frac{e^{px/c} - e^{-px/c}}{\dfrac{pl}{c}\cosh\dfrac{pl}{c}}$$

oder

$$\bar{u}(x, p) = \frac{\bar{P}(p)\,l\sinh\dfrac{px}{c}}{EA\dfrac{pl}{c}\cosh\dfrac{pl}{c}}. \tag{7}$$

Nun wird die inverse *Laplace-Transformation* auf Gl. (7) angewendet. Aus den Beziehungen

$$\mathscr{L}^{-1}\left(\frac{\sinh\dfrac{px}{c}}{p\cosh\dfrac{pl}{c}}\right) = \frac{2}{\pi}\sum_{n=1}^{\infty}\frac{(-1)^{n-1}}{n-\dfrac{1}{2}}\sin\left[\left(n-\frac{1}{2}\right)\frac{\pi x}{l}\right]\times$$

$$\times\sin\left[\left(n-\frac{1}{2}\right)\frac{\pi ct}{l}\right]$$

und

$$\mathscr{L}^{-1}\overline{P}(p) = P(t)$$

folgt unter Anwendung des Faltungssatzes

$$u(x,t) = \frac{2c}{\pi EA}\sum_{n=1}^{\infty}\frac{(-1)^{n-1}}{n-\dfrac{1}{2}}\sin\left[\left(n-\frac{1}{2}\right)\frac{\pi x}{l}\right]\times$$

$$\times\int_0^t P(\tau)\sin\left[\frac{(2n-1)\pi c}{2l}(t-\tau)\right]d\tau. \tag{8}$$

Für den Sonderfall
$$P(t) = P_0 H(t),$$
worin $H(t)$ die *Heavis.desche Funktion* ist, liefert Gl. (8)

$$u(x,t) = \frac{8P_0 l}{\pi^2 EA}\sum_{n=1}^{\infty}\frac{(-1)^{n-1}}{(2n-1)^2}\sin\frac{2n-1}{2}\frac{\pi x}{l}\times$$

$$\times\left[1-\cos\frac{(2n-1)\pi ct}{2l}\right]. \tag{9}$$

Die mit der Zeit harmonisch veränderliche Kraft $P(t) = P_0 e^{i\omega t}$ greife am Ende $x = 0$ eines eingespannten Stabes an.

Unter Berücksichtigung, daß $u(x,t) = U(x)e^{i\omega t}$ ist, wird Gl. (1) auf die Form

$$c^2\frac{d^2 U}{dx^2} + \omega^2 U = 0 \tag{10}$$

gebracht.

Die Randbedingungen lauten hierbei

$$U(0) = 0; \quad EA\frac{dU(l)}{dx} = P_0. \tag{11}$$

Die in der Lösung der Gl. (10)

$$U(x) = A\sin\frac{\omega x}{c} + B\cos\frac{\omega x}{c} \tag{12}$$

auftretenden Konstanten A, B werden mit Hilfe der Randbedingungen (11) berechnet. Endgültig ergibt sich

$$u(x,t) = \frac{P_0\, c\, e^{i\omega t}}{EA\omega} \cdot \frac{\sin \dfrac{\omega x}{c}}{\cos \dfrac{\omega l}{c}}. \tag{13}$$

Nähert sich die Kreisfrequenz ω der Erregerkraft an eine Eigenkreisfrequenz, so nimmt die Verschiebung u unbegrenzt zu. Hierbei tritt also die Resonanz auf. An dieser Stelle ist es zu erinnern, daß die Bedingung für die Eigenschwingung $\cos(\omega_n l/c) = 0$ lautet (vgl. Gl. (5) im vorigen Abschnitt).

Nun wird eine Hilfsaufgabe gelöst. Der Stab mit der Länge l_{ik} führe erzwungene harmonische Schwingungen aus, die durch die zeitlich veränderlichen Verschiebungen der Stabenden verursacht werden. Diese Verschiebungen sind

$$u(0,t) = U_i e^{i\omega t} \quad \text{und} \quad u(l_{ik},t) = U_k e^{i\omega t}. \tag{14}$$

Die Verschiebungen der einzelnen Stabpunkte werden durch die Funktion $u(x,t) = U(x)e^{i\omega t}$ beschrieben, wobei die Funktion $U(x)$ durch die Gl. (12) ausgedrückt ist.

Die Konstanten A, B werden mit Hilfe der Randbedingungen (14) berechnet. Es gilt

$$A = \frac{U_k - U_i \cos\gamma_{ik}}{\sin\gamma_{ik}}; \qquad B = U_i,$$

$$\gamma_{ik} = \frac{\omega l_{ik}}{c_{ik}}; \qquad \gamma_{ik} = \beta_{ik} l_{ik}; \qquad c_{ik} = \sqrt{\frac{E_{ik}}{\varrho_{ik}}}. \tag{15}$$

Daraus folgt

$$U(x) = \frac{U_k - U_i \cos\gamma_{ik}}{\sin\gamma_{ik}}\sin\beta_{ik}x + U_i\cos\beta_{ik}x =$$

$$= U_i\frac{\sin\beta_{ik}(l_{ik}-x)}{\sin\gamma_{ik}} + U_k\frac{\sin\beta_{ik}x}{\sin\gamma_{ik}}. \tag{16}$$

Mit S_{ik}, S_{ki} werden die Amplituden der Erregerkräfte am Rand $i(x = 0)$ und am Rand $k(x = l)$ des Stabes bezeichnet. Es gilt

$$S_{ik} = E_{ik}A_{ik}\frac{dU(0)}{dx}; \qquad S_{ki} = E_{ik}A_{ik}\frac{dU(l)}{dx}. \tag{17}$$

Hieraus ergibt sich

$$\left.\begin{aligned} S_{ik} &= \frac{E_{ik}A_{ik}}{l_{ik}}[U_k i(\gamma_{ik}) - U_i j(\gamma_{ik})]\\[2mm] S_{ki} &= \frac{E_{ik}A_{ik}}{l_{ik}}[U_k j(\gamma_{ik}) - U_i i(\gamma_{ik})] \end{aligned}\right\}, \tag{18}$$

worin $i(\gamma_{ik})$ und $j(\gamma_{ik})$ die Funktionen des Parameters $\gamma_{ik} = \beta_{ik} l_{ik}$ sind; es gilt

$$i(\gamma_{ik}) = \gamma_{ik}\operatorname{cosec}\gamma_{ik}; \qquad j(\gamma_{ik}) = \gamma_{ik}\cotan\gamma_{ik}. \tag{19}$$

Für das statische Problem (d.h. für $\omega \to 0$) ist $i(0) = j(0) = 1$.

Die Gln. (18) werden als Transformationsgleichungen des Weggrößen-Verfahrens bezeichnet, da die Verschiebungen des Stabrandes als unbekannte Größen betrachtet werden.

Nun wird ein Stab betrachtet (Abb. 4-4), dessen Querschnitt stufenweise veränderlich ist. In den Punkten h, i, k mögen die Einzelkräfte

$$P_h(t) = X_h e^{i\omega t}; \qquad P_i(t) = X_i e^{i\omega t}; \qquad P_k(t) = X_k e^{i\omega t}$$

angreifen.

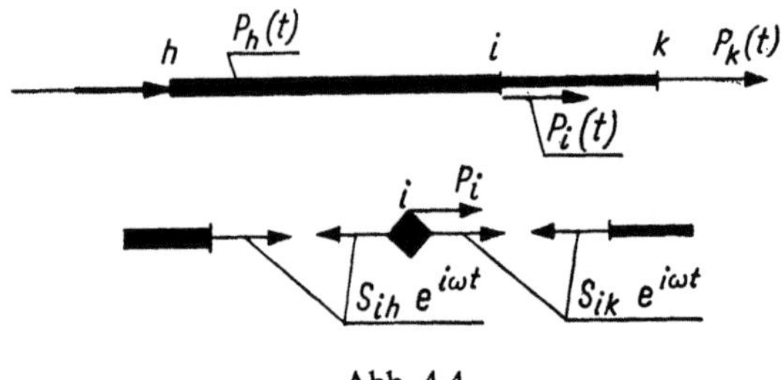

Abb. 4-4

Für den ausgeschnittenen Knoten i wird die Bewegungsgleichung

$$E_{ik}A_{ik}\left.\frac{\partial u_{ik}}{\partial x}\right|_{x=x_i} - E_{hi}A_{hi}\left.\frac{\partial u_{ih}}{\partial x}\right|_{x=x_i} + P_i = 0 \tag{20}$$

oder

$$S_{ik} - S_{ih} + X_i = 0 \tag{20'}$$

aufgestellt. Die Gln. (18) liefern die folgenden Gleichungen mit je drei Gliedern:

$$-U_h\frac{E_{hi}A_{hi}}{l_{hi}}i(\gamma_{hi}) + U_i\left[\frac{E_{hi}A_{hi}}{l_{hi}}j(\gamma_{hi}) + \frac{E_{ik}A_{ik}}{l_{ik}}j(\gamma_{ik})\right] -$$

$$-U_k\frac{E_{ik}A_{ik}}{l_{ik}}i(\gamma_{ik}) = X_i, \tag{21}$$

wobei

$$\gamma_{ik} = \frac{\omega l_{ik}}{c_{ik}}; \qquad c_{ik} = \sqrt{\frac{E_{ik}}{\varrho_{ik}}},$$

$$\gamma_{hi} = \frac{\omega l_{hi}}{c_{hi}}; \qquad c_{hi} = \sqrt{\frac{E_{hi}}{\varrho_{hi}}}$$

sind.

Es wurde vorausgesetzt, daß einzelne Stababschnitte aus verschiedenen Stoffen hergestellt worden sind. Die Anzahl der aufgestellten Gleichungen (21) ist der Knotenanzahl gleich.

Die Gl. (21) wird auf ein weiteres einfaches Problem angewendet.

Am Stab AB (Abb. 4-5) greife im Querschnitt 1 die Erregerkraft $P(t) = Xe^{i\omega t}$ an. Die Stababschnitte $A1$ und $1B$ haben voneinander verschiedene Querschnitte und Elastizitätsmodulen. Unter der Voraussetzung, daß der Stab an den beiden Enden A und B eingespannt ist (womit $U_A = U_B = 0$ ist), ergibt die Gl. (21)

$$U_1\left[\frac{E_1A_1}{l_1}j(\gamma_1) + \frac{E_2A_2}{l_2}j(\gamma_2)\right] = X, \tag{22}$$

wobei

$$\gamma_1 = \frac{\omega l_1}{c_1}; \qquad \gamma_2 = \frac{\omega l_2}{c_2}; \qquad c_{1,2} = \sqrt{\frac{E_{1,2}}{\varrho_{1,2}}}$$

ist.

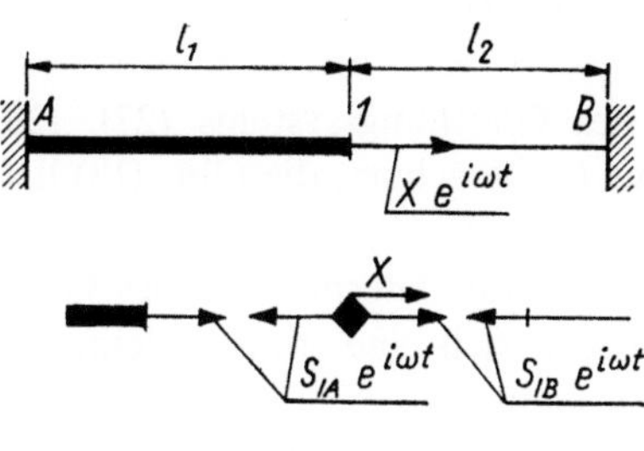

Abb. 4-5

Gl. (22) liefert

$$U_1 = \frac{X}{\dfrac{E_1 A_1}{l_1} j(\gamma_1) + \dfrac{E_2 A_2}{l} j(\gamma_2)}. \tag{23}$$

Ist die Verschiebungsamplitude U_1 bekannt, so können die Amplituden der Knotenkräfte berechnet werden. Es gilt

$$\left.\begin{array}{ll} S_{1A} = \dfrac{E_1 A_1}{l_1} U_1 j(\gamma_1); & S_{1B} = -\dfrac{E_2 A_2}{l_2} U_1 j(\gamma_2) \\[2ex] S_{A1} = \dfrac{E_1 A_1}{l_1} U_1 i(\gamma_1); & S_{B1} = -\dfrac{E_2 A_2}{l_2} U_1 i(\gamma_2) \end{array}\right\}. \tag{24}$$

Kommt im Querschnitt *1* keine Erregerkraft vor (d.h. ist $X = 0$), so ergibt Gl. (22) die folgende transzendente Gleichung zur Bestimmung der Eigenkreisfrequenz

$$j(\gamma_1) + \frac{E_2 A_2 l_1}{E_1 A_1 l_2} j(\gamma_2) = 0. \tag{25}$$

Wird berücksichtigt, daß $\gamma_2 = \varkappa \gamma_1$ und $\varkappa = l_2 c_1 / l_1 c_2$ ist, so kann Gl. (25) in der Form

$$j(\gamma_1) + \frac{E_2 A_2 l_1}{E_1 A_1 l_2} j(\varkappa \gamma_1) = 0$$

geschrieben werden.

Mit Hilfe dieser Gleichung können aufeinanderfolgende Werte von $\gamma_1^{(i)}$ und damit die Werte von ω_i ermittelt werden.

Es wird vorausgesetzt, daß der Stab im Querschnitt B frei ist. Die Gleichgewichtsforderung für die Knoten *1* und B liefert

$$S_{1B} - S_{1A} + X = 0; \qquad S_{B1} = 0. \tag{26}$$

Die Verschiebungsamplitude im Querschnitt B ist von Null verschieden. Wird Gl. (21) verwendet, so entsteht für den Knoten *1* die folgende Gleichung:

$$U_1\left[\frac{E_1 A_1}{l_1}\,j(\gamma_1) + \frac{E_2 A_2}{l_2}\,j(\gamma_2)\right] - U_B\,\frac{E_2 A_2}{l_2}\,i(\gamma_2) = X. \qquad (27)$$

Die zweite der Gln. (26) ergibt sich unter Berücksichtigung der Gl. (18) zu

$$\frac{E_2 A_2}{l_2}\,[U_B j(\gamma_2) - U_1 i(\gamma_1)] = 0. \qquad (28)$$

Aufgrund der Lösung des Gleichungssystems (27), (28) werden die Verschiebungsamplituden U_1 und U_B berechnet, die Gln. (18) liefern die Amplituden der Knotenkräfte.

Ist $X = 0$ und wird die Hauptdeterminante des Gleichungssystems (27), (28) gleich Null gesetzt, so ergibt sich eine transzendente Gleichung, die die Eigenkreisfrequenzen ω_i liefern kann.

Nun wird noch der Fall betrachtet, in dem die erzwungene Schwingung durch die Erregerkraft $X(x, t) = s(x)e^{i\omega t}$ verursacht wird. Wird $u(x, t) = U(x)e^{i\omega t}$ in die Differentialgleichung der Längsschwingung eingesetzt, so ergibt sich die gewöhnliche Gleichung

$$c^2\,\frac{d^2 U}{dx^2} + \omega^2 U + \frac{s}{\varrho} = 0. \qquad (29)$$

Auf diese Gleichung wird die *Laplace-Transformation* bezüglich der Veränderlichen x angewendet. Da

$$\bar{U}(\lambda) = \int_0^\infty e^{-\lambda x} U(x)\,dx; \qquad \bar{s}(\lambda) = \int_0^\infty e^{-\lambda x} s(x)\,dx$$

und

$$\mathscr{L}\left(\frac{d^2 U}{dx^2}\right) = \lambda^2 \bar{U} - \lambda U(0) - \frac{dU(0)}{dx}$$

sind, gilt

$$\bar{U}(\lambda) = -\frac{\bar{s}(\lambda)}{\varrho(\omega^2 + c^2\lambda^2)} + c^2\,\frac{\lambda U(0) + \dfrac{dU(0)}{dx}}{\omega^2 + c^2\lambda^2}. \qquad (30)$$

Die inverse *Laplace-Transformation* liefert

$$U(x) = U(0)\cos\varkappa x + \frac{1}{\varkappa}\,\frac{dU(0)}{dx}\sin\varkappa x - \frac{1}{c^2\varrho\varkappa}\int_0^x s(\xi)\sin\varkappa(x - \xi)\,d\xi;$$

$$\varkappa = \frac{\omega}{c}. \qquad (31)$$

In obiger Lösung treten zwei Konstanten $U(0)$ und $dU(0)/dx$ auf. Sie werden mit Hilfe der Randbedingungen für das betrachtete Problem berechnet. Ist der Stab bei $x = 0$ eingespannt und bei $x = l$ frei, so liefert die erste Randbedingung $U(0) = 0$. Aus der zweiten Bedingung, $\sigma(l, t) = 0$ oder $dU(l)/dx = 0$, wird die zweite Konstante $dU(0)/dx$ gewonnen.

4.5. Fortpflanzung der elastischen Welle in einem halbunendlichen Stab

Es wird ein halbunendlicher Stab betrachtet, dessen Ende im Punkt $x = 0$ liegt und dessen Achse mit der x-Achse zusammenfällt. Im Zeitpunkt $t = 0$ wird der Geschwindigkeitsimpuls $VH(t)$ auf den Stab im Querschnitt $x = 0$ angebracht. Längs des Stabes pflanzt sich dann eine elastische Welle mit der Geschwindigkeit $c = \sqrt{E/\varrho}$ fort. Diese Welle ruft die Normalspannung $\sigma(x, t)$ hervor.

Um die Verteilung der Spannung $\sigma(x, t)$ bezüglich der Lage und der Zeit zu bestimmen, ist die Gleichung

$$c^2 \frac{\partial^2 u}{\partial x^2} - \ddot{u} = 0 \tag{1}$$

mit den Anfangsbedingungen

$$\sigma(x, 0) = 0; \quad \dot{u}(x, 0) = 0 \tag{2}$$

und den Randbedingungen

$$\dot{u}(0, t) = VH(t); \quad \sigma(\infty, t) = 0 \tag{3}$$

zu lösen.

Wird Gl. (1) bezüglich x differenziert und die Beziehung $\sigma = E\partial u/\partial x$ berücksichtigt, so lautet Gl. (2)

$$c^2 \frac{\partial^2 \sigma}{\partial x^2} - \ddot{\sigma} = 0. \tag{4}$$

Die Bewegungsgleichung für das Stabelement der Länge dx liefert weiterhin[1]

$$\frac{\partial \sigma}{\partial x} = \varrho \ddot{u}. \tag{5}$$

Die Laplace-Transformation der Gl. (4) liefert

$$c^2 \frac{d^2 \bar{\sigma}}{dx^2} - p^2 \bar{\sigma} = -p\sigma(x, 0) - \dot{\sigma}(x, 0). \tag{6}$$

Unter Berücksichtigung der Randbedingungen (2) ist

$$\frac{d^2 \bar{\sigma}}{dx^2} = \frac{p^2}{c^2} \bar{\sigma}. \tag{7}$$

Die Lösung der Gl. (7) stellt die Funktion

$$\bar{\sigma} = Ae^{-px/c} + Be^{px/c} \tag{8}$$

dar.

Es ist aber $B = 0$ und zwar wegen der zweiten von den Bedingungen (3), die nach der *Laplace-Transformation* $\bar{\sigma}(\infty, p) = 0$ lautet.

---

[1] Diese Gleichung ergibt sich aus den Bewegungsgleichungen

$$\sum_{k=1}^{3} (\partial \sigma_{ik}/\partial x_k) + X_i = \varrho \ddot{u}_i$$

(vgl. Gl. (11) Abschnitt 1.5). Für das eindimensionale Problem vereinfacht sich diese Gleichung auf Gl. (5).

Nun liefert die *Laplace-Transformation* der Gl. (5)

$$\frac{d\bar{\sigma}}{dx} = \varrho p^2 \bar{u} \tag{9}$$

oder

$$-\frac{p}{c} A e^{-px/c} = \varrho p^2 \bar{u}.$$

Für $x = 0$ ist

$$A = -\varrho c p \bar{u}(0, p). \tag{10}$$

Da die *Laplace-Transformation* der ersten von den Bedingungen (3)

$$p\bar{u}(0, p) = \frac{V}{p} \tag{11}$$

ergibt, wird durch einen Vergleich von Gln. (10) und (11) festgestellt, daß

$$A = -\frac{c\varrho V}{p} \tag{12}$$

ist.

Nun wird A in Gl. (8) eingesetzt. Dann gilt

$$\bar{\sigma}(x, p) = -\frac{c\varrho V}{p} e^{-px/c}. \tag{13}$$

Die inverse *Laplace-Transformation* der letzten Gleichung liefert

$$\sigma(x, t) = -c\varrho V H\left(t - \frac{x}{c}\right) \tag{14}$$

oder

$$\sigma(x, t) = -c\varrho V \begin{cases} 0 & \text{für} \quad t < \dfrac{x}{c}, \\[2mm] 1 & \text{für} \quad t > \dfrac{x}{c}. \end{cases} \tag{14'}$$

Die mechanische Interpretation des gewonnenen Ergebnisses ist einfach. Es wird ein beliebiger Punkt x_0 innerhalb des Stabes gewählt. Im Zeitintervall $0 < t < x_0/c$ tritt im Punkt x_0 keine Spannung auf. Sie entsteht an dieser Stelle erst zum Zeitpunkt $t = x_0/c$, d.h. im Augenblick, wenn die Front der elastischen Welle den Punkt x_0 erreicht. Im Querschnitt entsteht dann nämlich die Druckspannung $-\varrho cV$. Für $t > x_0/c$ tritt im Querschnitt x_0 die konstante Spannung $-\varrho cV$, was eine Folge der vorausgesetzten Randbedingung (3) ist.

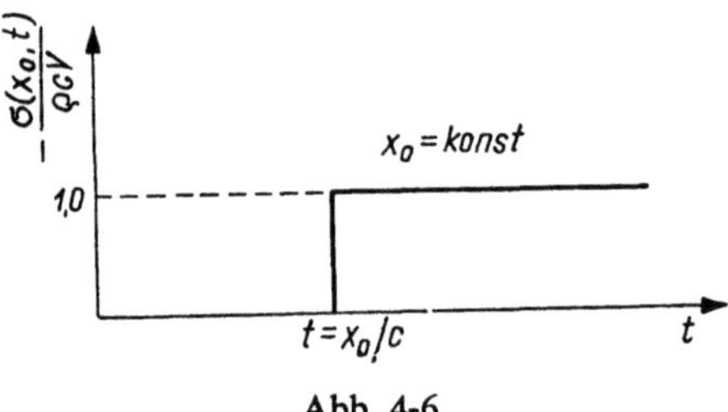

Abb. 4-6

In Abb. 4-6 ist der Verlauf der Funktion $\sigma(x_0, t)$ in Abhängigkeit von t dargestellt. In Abb. 4-7 ist der Verlauf der Funktion $\sigma(x, t_0)$ gezeigt. Hierbei wird t_0 konstant und x veränderlich vorausgesetzt.

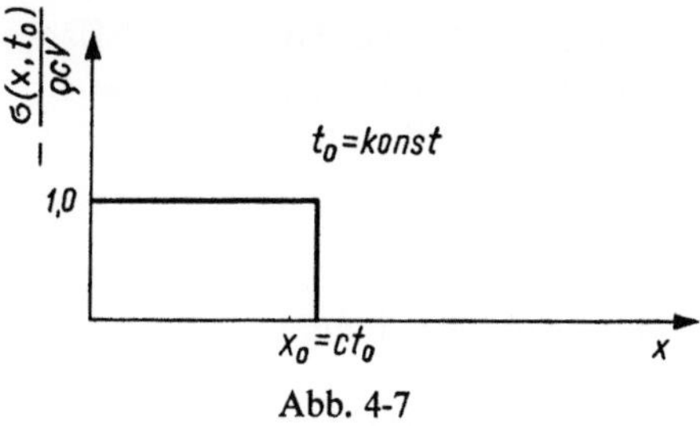

Abb. 4-7

Mit dem Querschnitt $x_0 = ct_0$ wird der Balken in zwei Teile aufgeteilt. In einem Teil tritt die Spannung $-c\varrho V$ auf; den anderen Teil hat die Front der elastischen Welle noch nicht erreicht. An den Querschnitt $x_0 = ct_0$ gelangt die Wellenfront erst zum Zeitpunkt t_0.

Werden an Stelle der Randbedingungen (3) die allgemeineren Bedingungen

$$\dot{u}(0, t) = V(t); \quad \sigma(\infty, t) = 0 \tag{15}$$

angenommen, so wird die Spannung $\sigma(x, t)$ durch die Funktion

$$\sigma(x, t) = -c\varrho\left\{\int_0^t \dot{V}(t-\tau)H\left(\tau - \frac{x}{c}\right)d\tau + V_0 H\left(t - \frac{x}{c}\right)\right\} \tag{16}$$

beschrieben.

Hierbei bedeutet $\dot{V}(t)$ die Ableitung der Funktion $V(t)$ nach der Zeit, V_0 ist der Wert der Funktion $V(t)$ für $t = 0$.

4.6. Schwingung des Stabes mit einem veränderlichen Querschnitt

Im Abschnitt 4.1 wurde die folgende Schwingungsgleichung für den Stab mit einem veränderlichen Querschnitt hergeleitet (vgl. Gl. (1), Abschnitt 4.1):

$$\frac{E}{A}\frac{\partial}{\partial x}\left(A\frac{\partial u}{\partial x}\right) + X = \varrho\ddot{u}. \tag{1}$$

Nun wird die Eigenschwingung des Stabes betrachtet. Wird der Ansatz $u(x, t) = U(x)e^{i\omega t}$ verwendet und $X = 0$ vorausgesetzt, so ergibt sich die Gleichung

$$U'' + \frac{A'}{A}U' + k^2 U = 0, \quad U' = \frac{dU}{dx}, \quad k^2 = \frac{\omega^2\varrho}{E}. \tag{2}$$

Bei der Betrachtung des Stabes mit der Länge l ist es günstig, die Bezeichnung $\xi = \frac{x}{l}$ einzuführen. Damit gilt

$$\frac{d^2 U}{d\xi^2} + \frac{A'(\xi)}{A(\xi)}\frac{dU}{d\xi} + \alpha^2 U = 0, \quad U \equiv U(\xi), \quad A' = \frac{\partial A}{\partial \xi},$$
$$\alpha^2 = k^2 l^2. \tag{3}$$

Die Veränderlichkeit des Querschnittes sei mit der Gleichung

$$A(\xi) = A_0 e^{\beta\xi}, \qquad \beta = \ln\frac{A_1}{A_0} \tag{4}$$

beschrieben. Hierbei bedeutet A_0 die Querschnittsfläche des Stabes für die Abszisse $\xi = 0$, A_1 ist die Querschnittsfläche für $\xi = 1$.

Die Gl. (4) in die Gl. (3) eingeführt, liefert [130]

$$\frac{d^2U}{d\xi^2} + \beta\frac{dU}{d\xi} + \alpha^2 U = 0. \tag{5}$$

Die Lösung dieser Differentialgleichung mit konstanten Koeffizienten lautet

$$U = e^{-\frac{\beta}{2}\xi}(A\cos\lambda\xi + B\sin\lambda\xi), \qquad \lambda = \sqrt{\alpha^2 - \frac{\beta^2}{4}}. \tag{6}$$

Für einen beiderseitig vollkommen eingespannten Stab ist $U(0) = U(1) = 0$. Daraus ergibt sich die Frequenzgleichung

$$\sin\lambda_n = 0 \quad \text{mit} \quad \lambda_n = n\pi \quad \text{und} \quad n = 1, 2, \dots. \tag{7}$$

Diese Gleichung liefert die folgenden Werte für Eigenfrequenzen:

$$\omega_n = \frac{1}{l}\sqrt{\frac{E}{\varrho}\left(n^2\pi^2 + \frac{\beta^2}{4}\right)}. \tag{8}$$

Die Eigenschwingungsformen werden durch die Funktionen

$$U_n(\xi) = B_n e^{-\frac{\beta}{2}\xi}\sin\lambda_n\xi \quad \text{mit} \quad n = 1, 2, \dots \tag{9}$$

beschrieben.

Für einen an einem Ende vollkommen eingespannten und am anderen freien Stab gelten die Randbedingungen

$$U(0) = 0, \qquad \frac{dU(0)}{d\xi} = 0. \tag{10}$$

Unter Berücksichtigung der Lösung (6) ergibt sich die transzendente Gleichung

$$\tan\lambda = \frac{2}{\beta}\lambda, \tag{11}$$

welche die Eigenfrequenzen liefert.

Nun wird ein allgemeinerer Fall betrachtet, wenn die Querschnittsfläche des Stabes nach dem Gesetz

$$A(\xi) = A_0(1+\gamma\xi)^r, \qquad \gamma = \sqrt[r]{\frac{A_1}{A_0}} - 1 \tag{12}$$

veränderlich ist. Gl. (3) liefert mit diesem Ansatz die Differentialgleichung

$$\frac{d^2U}{d\xi^2} + \frac{r\gamma}{1+\gamma\xi}\frac{dU}{d\xi} + \alpha^2 U = 0.$$

Diese Gleichung läßt sich mit dem Ansatz $\eta = \dfrac{\alpha}{\gamma}(1+\gamma\xi)$ auf die *Besselsche*

Gleichung

$$\frac{d^2U}{d\eta^2} + \frac{r}{\eta}\frac{dU}{d\eta} + U = 0 \quad \text{mit} \quad U \equiv U(\eta) \tag{13}$$

zurückführen. Die erste Lösung dieser Gleichung,

$$U = \eta^{\frac{1-r}{2}}\left[AJ_{\frac{r-1}{2}}(\eta) + BJ_{\frac{1-r}{2}}(\eta)\right], \tag{14'}$$

gilt, wenn $\dfrac{1-r}{2}$ eine positive ganze Zahl oder Null ist, die andere dagegen:

$$U = \eta^{\frac{1-r}{2}}\left[AJ_{\frac{r-1}{2}}(\eta) + BY_{\frac{r-1}{2}}(\eta)\right] \tag{14''}$$

gilt, wenn r eine ungerade Zahl und größer als 1 ist. Hierbei bedeuten $J_{\frac{r-1}{2}}$, $Y_{\frac{r-1}{2}}$ die *Besselschen Funktionen* erster und zweiter Art.

Nun wird der Fall $r = 1$, $A(\xi) = A_0(1+\gamma\xi)$ ausführlicher betrachtet. Dann stellt die Funktion

$$U = AJ_0(\eta) + BY_0(\eta) \tag{15}$$

die Lösung dar. Für einen beiderseitig vollkommen eingespannten Stab lautet die transzendente Gleichung

$$J_0\left(\frac{\alpha}{\gamma}\right)Y_0\left(\frac{\alpha}{\gamma}(1+\gamma)\right) - J_0\left(\frac{\alpha}{\gamma}(1+\gamma)\right)Y_0\left(\frac{\alpha}{\gamma}\right) = 0. \tag{16}$$

In folgender Tafel sind die Werte von α_1 für $r = 1$ und für verschiedene Werte des Verhältnisses A_1/A_0 zusammengestellt:

$A_1/A_0 =$	0,1	0,2	0,3	0,4	0,5	0,6	0,7	0,8	0,9	1,0
$\alpha_1 =$	2,97	3,04	3,08	3,10	3,12	3,13	3,13	3,14	3,14	π

Die erste Eigenfrequenz ω_1 wird mit Hilfe der Formel

$$\omega_1 = \frac{\alpha_1}{l}\sqrt{\frac{E}{\varrho}} \tag{17}$$

berechnet.

4.7. Eigenschwingung und erzwungene Schwingung des Stabes aus einem visko-elastischen Werkstoff

Im Abschnitt 4.1 (Gl. (1)) wurde die folgende Bewegungsgleichung für die Längsschwingung eines Stabes hergeleitet:

$$\frac{\partial\sigma}{\partial x} - \varrho\ddot{u} + X = 0. \tag{1}$$

Diese Gleichung gilt sowohl für einen vollkommen elastischen als auch für einen viskoelastischen Körper.

Die *Laplace-Transformation* der Gl. (1) liefert

$$\frac{d\bar{\sigma}}{dx} - p^2 \varrho \bar{u} + \bar{X} = -p\varrho u(x,0) - \varrho \dot{u}(x,0) \tag{2}$$

oder

$$\frac{d\bar{\sigma}}{dx} - p^2 \varrho \bar{u} + \bar{X} = -\varrho[pf(x) + g(x)]. \tag{2'}$$

Die vorgegebenen Anfangsbedingungen lauten

$$u(x,0) = f(x); \quad \dot{u}(x,0) = g(x). \tag{3}$$

Für einen ideal elastischen Körper gilt die folgende Beziehung zwischen der Normalspannung und der entsprechenden Dehnung (das Elastizitätsgesetz):

$$\bar{\sigma}(x,p) = E\bar{\varepsilon}(x,p) = E\frac{d\bar{u}(x,p)}{dx}, \tag{4}$$

worin E der Elastizitätsmodul bedeutet, der von der Zeit nicht abhängt. Für einen viskoelastischen Körper tritt dagegen an Stelle von Gl. (4) die Beziehung

$$\bar{\sigma}(x,p) = \bar{E}(p)\bar{\varepsilon}(x,p) = \bar{E}(p)\frac{d\bar{u}(x,p)}{dx} \tag{5}$$

auf, wobei

$$\bar{E}(p) = \frac{\bar{\mu}(p)[3\bar{\lambda}(p) + 2\bar{\mu}(p)]}{\bar{\lambda}(p) + \bar{\mu}(p)}$$

ist, und die Größen $\bar{\lambda}(p)$, $\bar{\mu}(p)$ durch die Gln. (18), (30) und (33) vom Abschnitt 2.2 gegeben sind.

Unter Verwendung der Gl. (5) lautet die Gl. (2′)

$$c^2(p)\frac{d^2\bar{u}}{dx^2} - p^2\bar{u} = -\left[\frac{\bar{X}}{\varrho} + pf + g\right], \tag{6}$$

wobei

$$c^2(p) = \frac{\bar{E}(p)}{\varrho} \tag{7}$$

ist.

Die Form der Gl. (6) ist jener der Gleichung für die Längsschwingung des Stabes aus einem vollkommen elastischen Werkstoff ähnlich. Der Unterschied liegt darin, daß für einen vollkommen elastischen Körper der Beiwert bei $d^2\bar{u}/dx^2$ konstant ($c^2 = E/\varrho$) ist; im betrachteten Fall stellt dagegen $c^2(p)$ eine Funktion des Parameters p dar. Zur Lösung der Eigenschwingungsprobleme für viskoelastische Stäbe werden aber Verfahren angewendet, die zu den für den Fall eines ideal elastischen Stabes erläuterten Methoden analog sind.

Es wird nun ein beiderseitig eingespannter Stab betrachtet. Wird die *Fouriersche Sinustransformation* ähnlich wie auf die Gl. (6) im Abschnitt 3.6 und dann die inverse Transformation angewendet, so ergibt sich (vgl. Gl. (8), Abschnitt 3.6)

$$\bar{u}(x,p) = \frac{2}{l} \sum_{n=1}^{\infty} \frac{\sin\alpha_n x}{p^2 + \alpha_n^2 c^2(p)} \left\{ \frac{1}{\varrho} \int_0^l \bar{X}(u,p)\sin\alpha_n u\, du + \right.$$

$$\left. + p \int_0^l f(u)\sin\alpha_n u\, du + \int_0^l g(u)\sin\alpha_n u\, du \right\}. \tag{8}$$

Nun ist die inverse *Laplace-Transformation* auf die Gl. (8) anzuwenden.

Eingehend wird das *Kelvinsche Modell* eines viskoelastischen Körpers betrachtet. Werden die Funktionen $\bar{\lambda}(p)$ und $\bar{\mu}(p)$ durch die Operation $P_i(p)$ ausgedrückt (vgl. Gln. (30), Abschnitt 2.2), so ergibt sich

$$\bar{E}(p) = \frac{3P_2(p)P_4(p)}{2P_1(p)P_4(p) + P_2(p)P_3(p)}.$$

Da für einen *Kelvinschen Körper*

$$P_1(p) = 1; \qquad P_2(p) = 2G(1 + t_* p); \qquad P_3(p) = p; \qquad P_4(p) = 3Kp$$

ist, gilt

$$\bar{E}(p) = \frac{9G(1 + t_* p)}{3 + \dfrac{G}{K}(1 + t_* p)}; \qquad c^2(p) = \frac{\bar{E}(p)}{\varrho}.$$

Die Voraussetzung, daß der Körper unzusammendrückbar ist $(K \to \infty,\ \nu \to 1/2)$, ergibt

$$\frac{\bar{E}(p)}{\varrho} = \frac{3G}{\varrho}(1 + t_* p) = \frac{E}{\varrho}(1 + t_* p) = c_0^2(1 + t_* p),$$

wobei $c_0^2 = E/\varrho$ das Quadrat der Fortpflanzungsgeschwindigkeit der elastischen Welle im vollkommen elastischen Körper ist. Da

$$\frac{1}{p^2 + \alpha_n^2 c^2(p)} = \frac{1}{p^2 + 2p\beta_n\gamma_n + \gamma_n^2}; \qquad \gamma_n^2 = c_0^2\alpha_n^2; \qquad \beta_n = \frac{\gamma_n t_*}{2}$$

ist, liefert die inverse *Laplace-Transformation* der Gl. (8)

$$u(x,t) = \frac{2}{l\varrho} \sum_{n=1}^{\infty} \times$$

$$\times \frac{\sin\alpha_n x}{\gamma_n\sqrt{1-\beta_n^2}} \int_0^l \sin\alpha_n u\, du \int_0^t X(u,\tau)e^{-\beta_n\gamma_n(t-\tau)}\sin\left[\gamma_n\sqrt{1-\beta_n^2}(t-\tau)\right]d\tau +$$

$$+ \frac{2}{l} \sum_{n=1}^{\infty} \frac{\sin\alpha_n x}{\sqrt{1-\beta_n^2}} e^{-\beta_n\gamma_n t}\sin\left[\gamma_n t\sqrt{1-\beta_n^2} + \varphi_n\right] \int_0^l f(\xi)\sin\alpha_n\xi\, d\xi +$$

$$+ \frac{2}{l} \sum_{n=1}^{\infty} \frac{\sin\alpha_n x}{\gamma_n\sqrt{1-\beta_n^2}} e^{-\beta_n\gamma_n t}\sin\left[\gamma_n t\sqrt{1-\beta_n^2}\right] \int_0^l g(\xi)\sin\alpha_n\xi\, d\xi, \tag{9}$$

wobei

$$\varphi_n = \operatorname{arc tg}\left(\frac{\sqrt{1-\beta_n^2}}{-\beta_n}\right), \qquad 1-\beta_n^2 > 0$$

bedeutet.

Strebt die Verzögerungszeit t_* gegen Null, so liefert die Gl. (9) die Verschiebung für einen vollkommen elastischen Stab.

Die Lösung (9) kann für verschiedene Sonderfälle angewendet werden, indem die freie Schwingung $(X(x, \tau) = 0)$ oder die erzwungene Schwingung mit den homogenen Anfangsbedingungen betrachtet wird. Das Verfahren zur Gewinnung der Lösungen für einzelne Sonderfälle ist schon im Kapitel 3 dargelegt worden.

Auf den Stab wirke eine zeitlich harmonisch veränderliche Kraft ein. Mit den Ansätzen

$$X(x, t) = q(x)e^{i\omega t} \qquad \text{und} \qquad u(x, t) = U(x)e^{i\omega t} \tag{10}$$

wird Gl. (6) auf die Form

$$c^2(i\omega)\frac{d^2U}{dx^2} + \omega^2 U + \frac{q}{\varrho} = 0 \tag{11}$$

gebracht.

Die Lösung dieser gewöhnlichen Gleichung lautet

$$U(x) = U(0)\cos \varkappa x + \frac{dU(0)}{dx}\frac{1}{\varkappa}\sin \varkappa x - \frac{1}{\varrho \varkappa c^2(i\omega)}\int_0^x q(\xi)\sin \varkappa(x - \xi)\,d\xi, \tag{12}$$

wobei

$$\varkappa = \frac{\omega}{c(i\omega)}$$

ist.

Die Konstanten $U(0)$ und $dU(0)/dx$ werden mit Hilfe der Randbedingungen für die Stabenden ermittelt. Ist $U(x)$ bekannt, so kann die Verschiebung $u(x, t)$ aus der Gl. (10) gewonnen werden.

Die Gl. (11) kann auch auf eine andere Weise gelöst werden, indem $q(x)$ und $U(x)$ in eine Reihe nach den Eigenfunktionen der Schwingung eines vollkommen elastischen Stabes entwickelt werden.

Die Eigenfunktionen für einen beiderseitig eingespannten Stab sind

$$U_n(x) = \sqrt{\frac{2}{l}}\sin \alpha_n x. \tag{13}$$

Mit den Ansätzen

$$\left.\begin{array}{ll}
q(x) = \dfrac{2}{l}\displaystyle\sum_{n=1}^{\infty} q^*(\alpha_n)\sin \alpha_n x; & q^*(\alpha_n) = \displaystyle\int_0^l q(x)\sin \alpha_n x\,dx \\[3ex]
U(x) = \dfrac{2}{l}\displaystyle\sum_{n=1}^{\infty} U^*(\alpha_n)\sin \alpha_n x; & U^*(\alpha_n) = \displaystyle\int_0^l U(x)\sin \alpha_n x\,dx
\end{array}\right\} \tag{14}$$

kann die Gl. (11) in der Form

$$[c^2(i\omega)\alpha_n^2 - \omega^2]U^*(\alpha_n) = \frac{q^*(\alpha_n)}{\varrho},$$

geschrieben werden. Daraus folgt

$$U^*(\alpha_n) = \frac{q^*(\alpha_n)}{\varrho[c^2(i\omega)\alpha_n^2 - \omega^2]}.$$

Die inverse *Fouriersche Sinustransformation* liefert

$$U(x) = \frac{2}{l\varrho} \sum_{n=1}^{\infty} \frac{\sin\alpha_n x}{c^2(i\omega)\alpha_n^2 - \omega^2} \int_0^l q(\xi)\sin\alpha_n\xi\,d\xi, \tag{15}$$

$$u(x,t) = e^{i\omega t}U(x).$$

Für die erzwungene Schwingung tritt wegen der inneren Dämpfung keine Resonanz auf. Es kann bewiesen werden, daß die Resonanz erst beim Übergang von einem viskoelastischen zu einem ideal elastischen Körper vorkommt.

4.8. Fortpflanzung einer elastischen Welle im Stab aus einem viskoelastischen Werkstoff

Der Ausgangspunkt für die Betrachtung des vorliegenden Problems stellt die Bewegungsgleichung

$$\frac{\partial\sigma}{\partial x} + X = \varrho\ddot{u} \tag{1}$$

dar (vgl. Gl. (1) vom Abschnitt 4.6).

Es wird ein viskoelastischer Stab betrachtet, für den das Formänderungsgesetz (die Spannung-Dehnung-Beziehung) mit jenem für das *Maxwellsche Modell* des viskoelastischen Körpers identisch ist. Es gilt

$$\dot{\varepsilon} = \frac{1}{E}\dot{\sigma} + \frac{1}{\eta}\sigma, \tag{2}$$

wobei η den Zähigkeitskoeffizient bedeutet.

Da $\varepsilon = \partial u/\partial x$ ist, kann die Verschiebung u aus den Gln. (1) und (2) eliminiert werden. Nach einfachen Umformungen ergibt sich

$$\frac{\partial^2\sigma}{\partial x^2} - \frac{1}{c^2}\ddot{\sigma} - \frac{\varrho}{\eta}\dot{\sigma} + \frac{dX}{dx} = 0. \tag{3}$$

Nun wird ein halbunendlicher Stab betrachtet, der im Querschnitt $x = 0$ und im Zeitpunkt $t = 0$ der Wirkung eines Geschwindigkeitsimpulses $VH(t)$ ausgesetzt wird.

Hierbei muß die Gl. (3) (für $X = 0$) mit den Anfangsbedingungen

$$\sigma(x,0) = 0; \quad \dot{u}(x,0) = 0 \tag{4}$$

und den Randbedingungen

$$\dot{u}(0,t) = VH(t); \quad \sigma(\infty,t) = 0 \tag{5}$$

erfüllt werden.

Die *Laplace-Transformation* der Gl. (3) liefert unter Berücksichtigung der Anfangsbedingungen die Gleichung

$$\frac{d^2\bar{\sigma}}{dx^2} - \frac{1}{c^2}p^2\bar{\sigma} - \frac{\varrho}{\eta}p\bar{\sigma} = 0. \tag{6}$$

Für $X = 0$ ergibt die Gl. (1)

$$\frac{d\bar{\sigma}}{dx} = \varrho p^2\bar{u}. \tag{7}$$

Unter Voraussetzung, daß $\bar{\sigma}(\infty, p) = 0$ ist, lautet die Lösung der Gl. (6)

$$\bar{\sigma}(x, p) = A(p)\exp\left[-\frac{x}{c}\sqrt{p^2 + \frac{E}{\eta}p}\,\right]. \tag{8}$$

Gl. (8) wird in der Gl. (7) eingesetzt. Es gilt

$$-A(p)\frac{1}{c}\sqrt{p^2 + \frac{E}{\eta}p}\,\exp\left[-\frac{x}{c}\sqrt{p^2 + \frac{E}{\eta}p}\,\right] = \varrho p^2\bar{u}. \tag{9}$$

Für $x = 0$ ist $\dot{u}(0, t) = VH(t)$ und damit $\bar{u}(0, p) = V/p^2$.

Wird $x = 0$ in die Gl. (9) eingesetzt, so kann die Größe $A(p)$ ermittelt werden. Endgültig ist

$$\bar{\sigma}(x, p) = -\frac{V\varrho c}{\sqrt{p^2 + \frac{E}{\eta}p}}\,\exp\left[-\frac{x}{c}\sqrt{p^2 + \frac{E}{\eta}p}\,\right]. \tag{10}$$

Die inverse *Laplace-Transformation* der Gl. (10) liefert [31]

$$\sigma(x, t) = -V\varrho c\exp\left(-\frac{Et}{2\eta}\right)I_0\left(\frac{E}{2\eta}\sqrt{t^2 - \frac{x^2}{c^2}}\,\right)H\left(t - \frac{x}{c}\right), \tag{11}$$

wobei $I_0(z)$ die *Besselsche Funktion* der Ordnung Null eines imaginären Argumentes ist.

Die Gl. (11) wurde von E. H. Lee und L. Kanter angegeben [83].

Für einen vollkommen elastischen Körper (vgl. Gl. (14), Abschnitt 4.5) gilt

$$\sigma_s(x, t) = -V\varrho cH\left(t - \frac{x}{c}\right). \tag{12}$$

Mit der Bezeichnung

$$\beta = \frac{xE}{c\eta}; \qquad \tau = \frac{tE}{\eta}$$

ist

$$\frac{\sigma}{\sigma_s} = e^{-\tau/2}I_0\left(\frac{1}{2}\sqrt{\tau^2 - \beta^2}\,\right). \tag{13}$$

In Abb. 4-8 ist das Verhältnis σ/σ_s in Abhängigkeit von der Veränderlichen τ für verschiedene Werte von β gezeigt.

Ist $\beta = 1$, so gilt $x = c\eta/E$. Ist $\tau < \beta = 1$, so tritt im Punkt $x = c\eta/E$ der spannungslose Zustand auf, ist dagegen $\tau = \beta = 1$, d.h. ist $t = xc$, so wird .

der Punkt x durch die Wellenfront erreicht. Wenn $\tau > \beta = 1$ ist, tritt im Querschnitt x die Druckspannung auf, die exponential abnimmt, worauf der Faktor $e^{-\tau/2}$ hinweist. Hierbei wird die starke Dämpfung des viskoelastischen Mediums ersichtlich. An Stelle der Unstetigkeit ist $\sigma/\sigma_s = e^{-\tau/2}$, da $I_0(0) = 1$ ist.

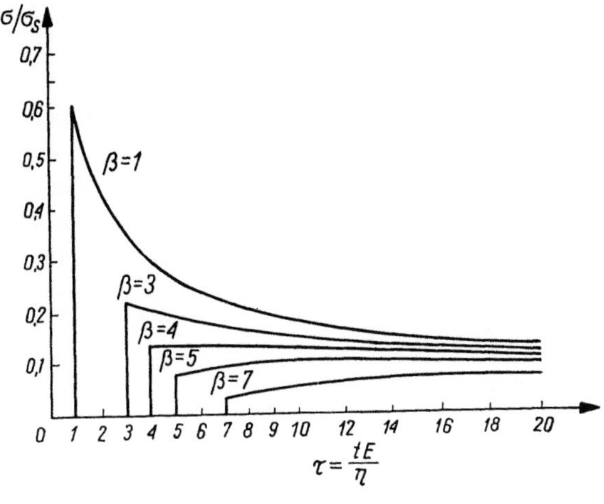

Abb. 4-8

In Abb. 4-9 ist das Verhältnis σ/σ_s in Abhängigkeit von β für verschiedene Werte von τ dargestellt.

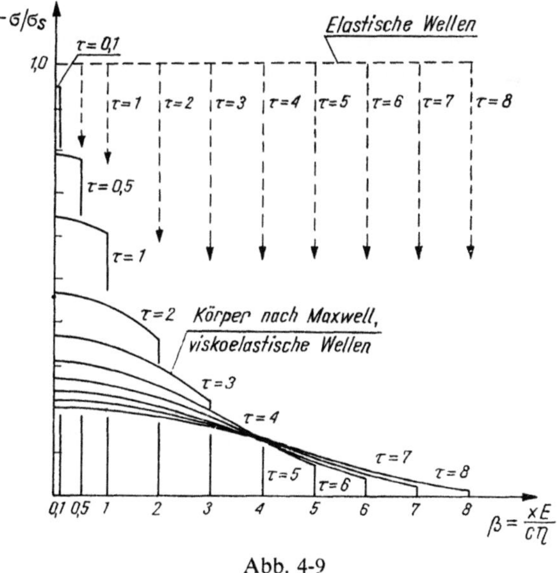

Abb. 4-9

Bei obigen Ausführungen wird der Fall eines Geschwindigkeitsimpulses betrachtet, bei dem $u = 0$ für $t \leqq 0$ aber $\dot{u}(0, t) = V = $ konst für $t > 0$ ist.

Für einen allgemeineren Fall, wenn $\dot{u}(0, t) = V(t)$ ist, ergibt sich für die Spannung

$$\sigma(x,t) = -\varrho c\left\{\int_0^t \dot{V}(t-t')e^{-Et'/2\eta}I_0\left(\frac{E}{2\eta}\sqrt{t'^2 - \frac{x^2}{c^2}}\right)H\left(t' - \frac{x}{c}\right)dt' + \right.$$

$$\left. + V_0\,e^{-Et/2\eta}I_0\left(\frac{E}{2\eta}\sqrt{t^2 - \frac{x^2}{c^2}}\right)H\left(t - \frac{x}{c}\right)\right\}, \tag{14}$$

wobei $\dot{V}(t) = dV/dt$ ist und V_0 den Anfangswert $V_0 = V(0)$ bedeutet.

Nun wird eine allgemeinere Aufgabe gelöst. Am Ende $x = 0$ eines Stabes mit der endlichen Länge l wirkt der Impuls ein, der durch die Geschwindigkeit $VH(t)$ angegeben wird. Das Ende $x = l$ des Stabes ist frei von Spannungen.

Die Gl. (3) ist unter der Voraussetzung von $X = 0$ und mit den Anfangsbedingungen

$$\sigma(x,0) = 0; \quad \dot{u}(x,0) = 0 \tag{15}$$

und den Randbedingungen

$$\dot{u}(0, t) = VH(t); \quad \sigma(l, t) = 0 \tag{16}$$

zu lösen.

Die Lösung der Gl. (6) stellt die Funktion

$$\bar{\sigma}(x, p) = A(p)\exp\left(-\frac{x}{c}\sqrt{p^2 + \frac{pE}{\eta}}\right) +$$

$$+ B(p)\exp\left(\frac{x}{c}\sqrt{p^2 + \frac{pE}{\eta}}\right) \tag{17}$$

dar. Die Größen $A(p)$, $B(p)$ werden aus den Randbedingungen (16) ermittelt, wobei Gl. (9) berücksichtigt wird. Folglich ergibt sich

$$\bar{\sigma}(x, p) = -\frac{\varrho cV}{\sqrt{p^2 + \frac{pE}{\eta}}} \times$$

$$\times \frac{\exp\left[\frac{l-x}{c}\sqrt{p^2 + \frac{pE}{\eta}}\right] - \exp\left[-\frac{l-x}{c}\sqrt{p^2 + \frac{pE}{\eta}}\right]}{\exp\left(\frac{l}{c}\sqrt{p^2 + \frac{pE}{\eta}}\right) + \exp\left(-\frac{l}{c}\sqrt{p^2 + \frac{pE}{\eta}}\right)}. \tag{18}$$

Wird der Nenner aus der Gl. (18) in eine Potenzreihe entwickelt, so entsteht

$$\bar{\sigma}(x, p) = -\frac{\varrho cV}{\sqrt{p^2 + \frac{pE}{\eta}}}\sum_{n=0}^{\infty}(-1)^n\left\{\exp\left[-\frac{2nl+x}{c}\sqrt{p^2 + \frac{pE}{\eta}}\right] - \right.$$

$$\left. -\exp\left[-\frac{2(n+1)l-x}{c}\sqrt{p^2 + \frac{pE}{\eta}}\right]\right\}. \tag{19}$$

Auf die Gl. (19) wird die inverse *Laplace-Transformation* angewendet. Mithin ist

$$\sigma(x, t) = -\varrho c V \exp\left(-\frac{Et}{2\eta}\right) \times$$

$$\times \sum_{n=0}^{\infty}(-1)^n\left\{I_0\left[\frac{E}{2\eta}\sqrt{t^2 - \left(\frac{2nl+x}{c}\right)^2}\,\right]H\left(t - \frac{2nl+x}{c}\right) - \right.$$

$$\left. -I_0\left[\frac{E}{2\eta}\sqrt{t^2 - \left[\frac{2(n+1)l-x}{c}\right]^2}\,\right]H\left[t - \frac{2(n+1)l-x}{c}\right]\right\}. \qquad (20)$$

Das auf einem formalen Weg gewonnene Ergebnis kann physikalisch ausgelegt werden, wenn die Gl. (11) der Spannungsübertragung in einem halbunendlichen Stab angewendet wird (Abb. 4-10).

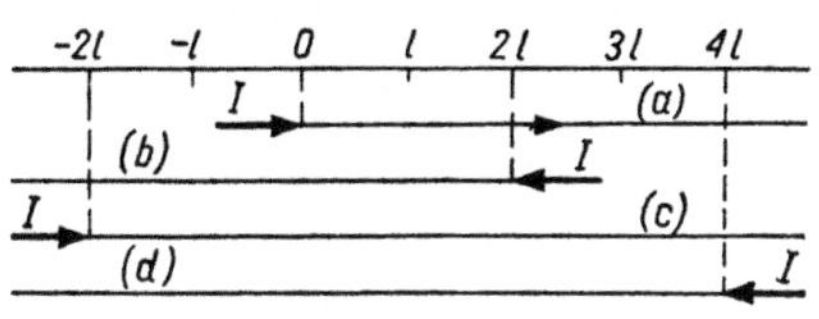

Abb. 4-10

Der Stab erhält im Punkt $x = 0$ den Impuls $\dot{u} = VH(t) = I$. Die elastische Welle pflanzt sich dann vom Querschnitt $x = 0$ nach rechts fort. Die Bedingung für den spannungsfreien Querschnitt $x = l$ wird erfüllt, solange die Welle diesen Punkt nicht erreicht hat, was nach der Zeit $t = l/c$ geschieht. Ist $t > l/c$, so tritt im Querschnitt $x = l$ eine Spannung auf, die ausgeglichen werden kann, wenn im Querschnitt $x = 2l$ zum Zeitpunkt $t = 0$ ein Impuls I angebracht wird, der in der entgegengesetzten Richtung an das Ende eines halbunendlichen Stabes $-\infty < x < 2l$ wirkt. Es ist aber bei der Betrachtung des Intervalls $0 < x < l$ zu bemerken, daß die Überlagerung der beiden Impulse die Bedingung $\sigma(0, t) = 0$ nur so lange erfüllt, bis $t < 2l/c$ ist. Ist dagegen $t > 2l/c$, so ist $\sigma(0, t) \neq 0$. Um diese Spannung zu beseitigen, soll zum Zeitpunkt $t = 0$ im Querschnitt $x = -2l$ eines halbunendlichen Stabes $-2l < x < +\infty$ ein Impuls in Richtung der positiven x-Halbachse angebracht werden. Wird weiter auf diese Weise verfahren, so entsteht eine unendliche Impulsreihe, welche die Spannung $\sigma(x, t)$ zur Folge hat.

Es gilt also

$$\sigma(x, t) = \sigma_0(x, t) - \sigma_0(2l - x, t) + \sigma_0(2l + x, t) - \sigma_0(4l - x, t) + \ldots, \qquad (21)$$

wobei $\sigma_0(x, t)$ die durch die Gl. (11) ausgedrückte Spannung ist.

Es ist ersichtlich, daß die Gln. (20) und (21) die gleichen Ergebnisse liefern.

Das bereits gelöste Problem wird noch für einen *Körper nach Kelvin* [143] betrachtet, d.h. wenn

$$\sigma(x, t) = E\varepsilon + \eta\dot{\varepsilon} \qquad (22)$$

ist.

Wird σ in die Gl. (1) für $X = 0$ eingeführt und die Dehnung durch die Verschiebung ausgedrückt ($\varepsilon = \partial u/\partial x$), so ergibt sich die folgende Differentialgleichung:

$$c^2 \frac{\partial^2 u}{\partial x^2} + \gamma \frac{\partial^2 \dot{u}}{\partial x^2} - \ddot{u} = 0; \quad \text{mit} \quad \gamma = \frac{\eta}{\varrho} \quad \text{und} \quad c^2 = \frac{E}{\varrho}. \tag{23}$$

Die Rand- und Anfangsbedingungen werden wie vorher angenommen:

$$\left.\begin{aligned} \sigma(x,0) &= 0 & \dot{u}(x,0) &= 0 \\ \dot{u}(0,t) &= V(t) & \sigma(\infty,t) &= 0 \end{aligned}\right\}. \tag{24}$$

Wird auf die Gl. (23) die *Laplace-Transformation* angewendet, so entsteht unter der Berücksichtigung der Anfangsbedingungen

$$(c^2 + \gamma p) \frac{d^2 \bar{u}}{dx^2} - p^2 \bar{u} = 0. \tag{25}$$

Die Lösung dieser Gleichung stellt die Funktion

$$\bar{u}(x,p) = A(p) \exp\left(-\frac{xp}{\sqrt{c^2 + \gamma p}}\right) + B(p) \exp\left(\frac{xp}{\sqrt{c^2 + \gamma p}}\right) \tag{26}$$

dar.

Da $\sigma(\infty, t) = 0$ ist, ist $B = 0$. Aus der Randbedingung

$$u(0,t) = V(t); \quad p\bar{u}(0,p) = \bar{V}(p)$$

wird

$$A(p) = \frac{\bar{V}(p)}{p}$$

ermittelt.

Die inverse *Laplace-Transformation* von Gl. (26) liefert

$$u(x,t) = \int_0^t V(\tau)\,\psi(x, t - \tau)\,d\tau, \tag{27}$$

wobei

$$\bar{\psi}(x,p) = \frac{1}{p} \exp\left(-\frac{xp}{\sqrt{c^2 + \gamma p}}\right) = \frac{1}{p} \exp\left(-x_1 \sqrt{p + \alpha} + \frac{x_1 \alpha}{\sqrt{p + \alpha}}\right) \tag{28}$$

$$\alpha = \frac{c^2}{\gamma}; \quad x_1 = \frac{x}{\sqrt{\gamma}}$$

ist.

Wird die inverse *Laplace-Transformation* auf die Funktion $\bar{\psi}(p,x)$ angewendet, so ergibt sich

$$\psi(x,t) = \int_\xi^\infty I_0 2\left(\sqrt{\xi|s - \xi|}\right) \left\{\frac{1}{\sqrt{\pi\tau}} \exp\left(-\frac{s^2}{4\tau} - \tau\right) + \right.$$

$$\left. + \frac{1}{2}\left[e^{-s}\operatorname{erfc}\left(\frac{s}{2\sqrt{\tau}} - \sqrt{\tau}\right) - e^s \operatorname{erfc}\left(\frac{s}{2\sqrt{\tau}} + \sqrt{\tau}\right)\right]\right\} ds; \tag{29}$$

$$\xi = x_1 \sqrt{\alpha}.$$

Hierbei ist

$$\operatorname{erfc} z = \frac{2}{\sqrt{\pi}} \int\limits_{z}^{\infty} e^{-u^2} du.$$

Die Gl. (29) besagt, daß $\psi(0, t) = 1$, $\psi(x, \infty) = 1$ und $\psi(x, 0) = 0$ sind.

Ist die Funktion $\psi(x, t)$ bekannt, so kann die Verschiebung $u(x, t)$ aus der Gl. (27) durch die Integration gewonnen werden.

5. Drillschwingung eines Stabes

5.1. Differentialgleichung der Drillschwingung eines Stabes

Wird ein einfacher Stab durch Drillmomente beansprucht und dann plötzlich entlastet, so tritt infolgedessen die freie Drillschwingung (Torsionsschwingung) dieses Stabes auf. Die potentielle Energie der Elastizitätskräfte wird in die kinetische Energie der Stabverdrehungen umgewandelt.

Die Drillschwingung der Stäbe kommt bei den in der Ebene gebogenen Balken, in Rosten und räumlichen Rahmenwerken vor [9, 45, 46]. Die Drillschwingung tritt oftmals gleichzeitig mit der Querschwingung des Stabes auf.

Nun werden diejenigen Kräfte betrachtet, die auf ein Stabelement der Länge dx und mit der Querschnittsfläche A bei der erzwungenen Schwingung des Stabes wirken. Im Querschnitt $x = 0$ greift das Drillmoment $\mathfrak{M}$, im Querschnitt $x+dx$ das Moment $\mathfrak{M}+(\partial\mathfrak{M}/\partial x)dx$ an. Weiterhin wirkt sich das Erregermoment $X(x,t)dx$ und das *d'Alembertsche Moment* $R(x,t)dx$ aus (Abb. 5-1). Alle Momente werden durch die in der Stabachse liegenden Vektoren beschrieben.

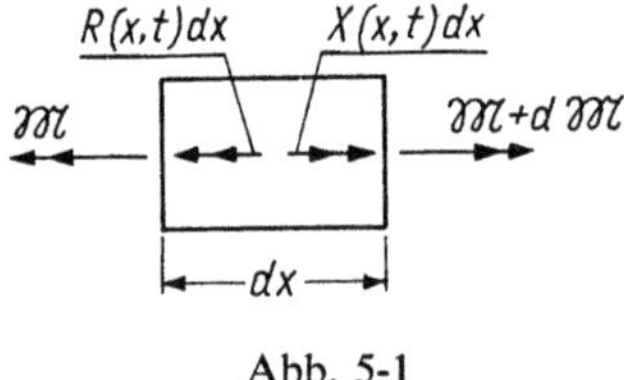

Abb. 5-1

Die Bewegungsgleichung wird nach dem *d'Alembertschen Prinzip* als eine Gleichgewichtsgleichung dargestellt, welcher die kinetische Reaktion $R(x,t)dx$ hinzugefügt ist. Es gilt

$$\left(\mathfrak{M} + \frac{\partial\mathfrak{M}}{\partial x}\,dx\right) - \mathfrak{M} + X\,dx - R\,dx = 0 \tag{1}$$

oder

$$\frac{\partial\mathfrak{M}}{\partial x} + X - R = 0. \tag{1'}$$

Das Torsionsmoment $\mathfrak{M}$ ist mit dem Verdrehungswinkel durch die Beziehung

$$\mathfrak{M} = GC\,\frac{\partial\varphi}{\partial x} \tag{2}$$

verbunden, wobei G — der Schubmodul,

C — eine für die Querschnittsgestalt kennzeichnende Größe ist.

Für den Stab mit einem Kreisquerschnitt ist $C = I_0'$, wobei I_0' das polare Trägheitsmoment bedeutet.

Die kinetische Reaktion ist

$$R(x, t) = I_0 \ddot{\varphi}, \tag{3}$$

worin $I_0 = \varrho I_0'$ das auf die Einheit der Länge bezogene polare Massenträgheitsmoment des Stabes bedeutet, ϱ ist die Stoffdichte.

Werden die Gln. (3) und (2) in die Gl. (1) eingesetzt, so ergibt sich die Differentialgleichung der Drillschwingung

$$GC \frac{\partial^2 \varphi}{\partial x^2} - I_0 \ddot{\varphi} + X = 0. \tag{4}$$

Dieser Gleichung sind noch die Rand- und Anfangsbedingungen hinzuzufügen.

Ist der Stab im Querschnitt $x = 0$ eingespannt, so lautet die Randbedingung

$$\varphi(0, t) = 0. \tag{5}$$

Ist dagegen dieser Querschnitt frei, so gilt laut Gl. (2)

$$\frac{\partial \varphi(0, t)}{\partial x} = 0. \tag{6}$$

Die Anfangsbedingungen sind

$$\varphi(x, 0) = f(x); \quad \dot{\varphi}(x, 0) = g(x). \tag{7}$$

Eine volle Analogie der Gl. (4) und der Differentialgleichung für die Längsschwingung einer Saite oder eines Stabes sowie für die Querschwingung einer Saite ist hierbei sofort ersichtlich. Das Gesagte bezieht sich auch auf die Randbedingungen.

Mit Hilfe der in den Kapiteln 3 und 4 erläuterten Verfahren können auch im betrachteten Fall die Lösungen für freie, für erzwungene harmonische und aperiodische Schwingungen sowie für die Fortpflanzung der Torsionswelle im Stab gewonnen werden.

Ein wenig ausführlicher wird in den weiteren Betrachtungen lediglich die erzwungene harmonische Stabschwingung erörtert.

5.2. Die erzwungene harmonische Schwingung

Es wird ein Stab der Länge l betrachtet, an dessen Enden harmonisch veränderliche Torsionsmomente angreifen.

Da im Bereich des Stabes keine Erregerkräfte vorkommen, ist die Schwingungsgleichung homogen und lautet

$$c^2 \frac{\partial^2 \varphi}{\partial x^2} - \ddot{\varphi} = 0; \quad c^2 = \frac{GC}{I_0}. \tag{1}$$

Bei der harmonischen Schwingung ist $\varphi(x, t) = \Phi(x) e^{i\omega t}$ und Gl. (1) vereinfacht sich auf die gewöhnliche Differentialgleichung

$$c^2 \frac{d^2\Phi}{dx^2} + \omega^2\Phi = 0 \tag{2}$$

mit der Lösung

$$\Phi(x) = A \sin \xi x + B \cos \xi x; \qquad \xi = \frac{\omega}{c}. \tag{3}$$

Die an den Stabenden auftretenden Verdrehungswinkel werden mit $\varphi_i = \Phi_i e^{i\omega t}$ und $\varphi_k = \Phi_k e^{i\omega t}$ bezeichnet. Die Vorzeichen dieser Winkel werden nach Abb. 5-2 festgelegt.

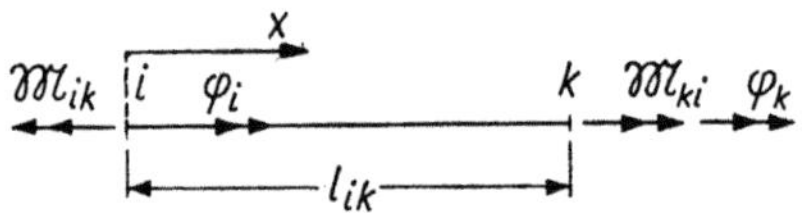

Abb. 5-2

Die in der Gl. (3) vorkommenden Konstanten A, B werden aus den Randbedingungen gewonnen

$$\Phi(0) = \Phi_i = A \cdot 0 + B$$
$$\Phi(l_{ik}) = \Phi_k = A \sin \vartheta_{ik} + B \cos \vartheta_{ik}; \qquad \vartheta_{ik} = \xi l_{ik}. \tag{4}$$

Mithin ist

$$A = \frac{\Phi_k - \Phi_i \cos \vartheta_{ik}}{\sin \vartheta_{ik}}; \qquad B = \Phi_i \tag{5}$$

und weiterhin

$$\Phi(x) = \Phi_i \frac{\sin \xi(l_{ik} - x)}{\sin \vartheta_{ik}} + \Phi_k \frac{\sin \xi x}{\sin \vartheta_{ik}}.$$

Die Torsionsmomente werden durch Gl. (2) vom vorigen Abschnitt ausgedrückt und lauten dann

$$\mathfrak{M}(x, t) =$$
$$= G_{ik} C_{ik} \frac{\partial \varphi(x, t)}{\partial x} = \frac{G_{ik} C_{ik} \vartheta_{ik}}{l_{ik}} e^{i\omega t} \left[\Phi_k \frac{\cos \xi x}{\sin \vartheta_{ik}} - \Phi_i \frac{\cos \xi(l_{ik} - x)}{\sin \vartheta_{ik}} \right]. \tag{6}$$

Nun werden die Randmomente ermittelt. Es gilt

$$\mathfrak{M}(0, t) = M_{ik} e^{i\omega t}; \qquad \mathfrak{M}(l_{ik}, t) = M_{ki} e^{i\omega t}. \tag{7}$$

Die Gl. (6) liefert

$$\left. \begin{aligned} M_{ik} &= \frac{G_{ik} C_{ik}}{l_{ik}} [\Phi_k s(\vartheta_{ik}) - \Phi_i j(\vartheta_{ik})], \\ M_{ki} &= \frac{G_{ik} C_{ik}}{l_{ik}} [\Phi_k j(\vartheta_{ik}) - \Phi_i s(\vartheta_{ik})], \end{aligned} \right\} \tag{8}$$

wobei

$$s(\vartheta_{ik}) = \vartheta_{ik}\,\mathrm{cosec}\,\vartheta_{ik}; \qquad j(\vartheta_{ik}) = \vartheta_{ik}\,\mathrm{ctg}\,\vartheta_{ik}$$

ist.

Für den Fall $\omega \to 0$, für das statische Problem also, gilt

$$s(0) = j(0) = 1.$$

Die Gln. (8) werden als Transformationsgleichungen des Weggrößen-Verfahrens bezeichnet. Sie beschreiben den Zusammenhang der Amplituden der Randverdrehungswinkel mit den Amplituden der Randtorsionsmomente. Die positive Richtung der Torsionsmomente wird so angenommen, wie es in 5—2 gezeigt ist.

Es wird ein Stab betrachtet, an den in Punkten $1, 2, \ldots, r-1, r, r+1, \ldots, n$ die Drillmomente $\mathfrak{M}_1, \ldots, \mathfrak{M}_{r-1}, \mathfrak{M}_r, \mathfrak{M}_{r+1}, \ldots, \mathfrak{M}_n$ angreifen. Diese Momente sind zeitlich harmonisch mit einer Kreisfrequenz ω veränderlich (Abb. 5-3).

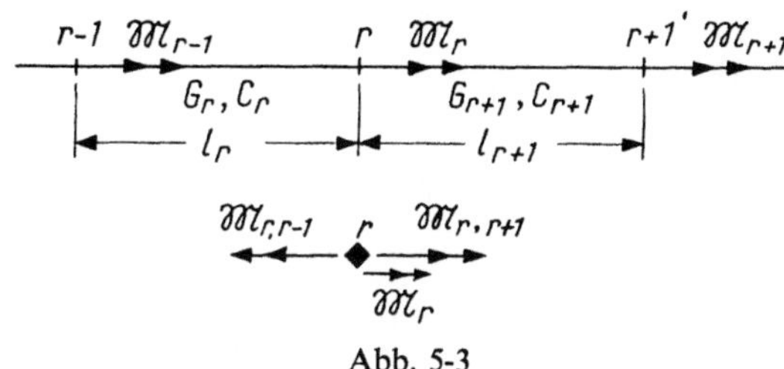

Abb. 5-3

Aus dem Stab wird der Knoten r ausgeschnitten und die Amplituden der auf diesen Knoten angreifenden Torsionsmomente werden in das Gleichgewicht gebracht. Es gilt dann

$$M_r + M_{r,r+1} - M_{r,r-1} = 0. \tag{9}$$

Es werden die folgenden Bezeichnungen eingeführt:

l_r — die Stablänge,

$C_r G_r$ — die Torsionssteifigkeit,

$\vartheta_r = \omega l_r / C_r$ — ein zugeordneter Beiwert.

Die im Feld $r, r+1$ auftretenden Größen werden entsprechend mit l_{r+1}, $G_{r+1} C_{r+1}$, ϑ_{r+1} bezeichnet.

Werden die Momentenamplituden $M_{r,\,r-1}$, $M_{r,\,r+1}$ mit Hilfe der Gl. (8) ausgedrückt, so liefert die Gl. (9) die folgende Gleichung aus drei Gliedern:

$$-\frac{G_r C_r}{l_r} \Phi_{r-1} s(\vartheta_r) + \Phi_r \left[\frac{G_r C_r}{l_r} j(\vartheta_r) + \frac{G_{r+1} C_{r+1}}{l_{r+1}} j(\vartheta_{r+1}) \right] -$$

$$-\frac{G_{r+1} C_{r+1}}{l_{r+1}} \Phi_{r+1} s(\vartheta_{r+1}) = M_r. \tag{10}$$

Die Gl. (10) wird zur Lösung einer einfachen Aufgabe verwendet.

Es ist die erzwungene Schwingung eines in den Querschnitten 0 und 2 eingespannten Stabes zu ermitteln, die durch das im Punkt 1 angebrachte Moment $\mathfrak{M} = M_1 e^{i\omega t}$ hervorgerufen wird (Abb. 5-4).

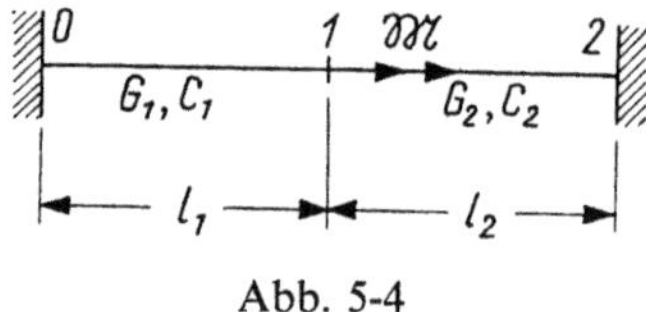

Abb. 5-4

Da $\Phi_0 = \Phi_2 = 0$ ist, vereinfacht sich Gl. (10) auf

$$\Phi_1\left[\frac{G_1 C_1}{l_1}j(\vartheta_1) + \frac{G_2 C_2}{l_2}j(\vartheta_2)\right] = M_1. \tag{11}$$

Aus dieser Gleichung wird die Amplitude des Verdrehungswinkels Φ_1 ermittelt. Mit Hilfe von Gln. (8) können die Amplituden der Drillknotenmomente berechnet werden. Es gilt beispielsweise

$$M_{01} = \frac{G_1 C_1}{l_1}\Phi_1 s(\vartheta_1); \qquad M_{10} = \frac{G_1 C_1}{l_1}\Phi_1 j(\vartheta_1),$$

$$M_{21} = -\frac{G_2 C_2}{l_2}\Phi_1 s(\vartheta_1). \tag{12}$$

Wird $M_1 = 0$ in die Gl. (11) eingesetzt, so ergibt sich die Gleichung für die freie Schwingung

$$\frac{G_1 C_1}{l_1}j(\vartheta_1) + \frac{G_2 C_2}{l_2}j(\vartheta_2) = 0. \tag{13}$$

Unter der Voraussetzung, daß $\vartheta_1 = \vartheta$; $\vartheta_2 = \vartheta c_1 l_2 / c_2 l_1$ und damit

$$j(\vartheta) + \frac{G_2 C_2 l_1}{G_1 C_1 l_2}j\left(\frac{c_1 l_2}{c_2 l_1}\vartheta\right) = 0 \tag{14}$$

sind, ergibt sich eine transzendente Gleichung bezüglich des Parameters ϑ.

Gl. (14) liefert die Folge der Wurzeln $\vartheta^{(k)}$ $(k = 1, 2, \ldots, \infty)$. Da $\vartheta^{(k)} = \omega_k l / c_1$ ist, werden damit die aufeinanderfolgenden Werte der Kreisfrequenzen ω_k $(k = 1, 2, \ldots, \infty)$ für die Eigenschwingung des an beiden Enden eingespannten Stabes gewonnen.

Es wird nun ein im Querschnitt $x = 0$ eingespannter Stab betrachtet, der am Ende durch das Torsionsmoment $\mathfrak{M} = Me^{i\omega t}$ beansprucht wird (Abb. 5-5).

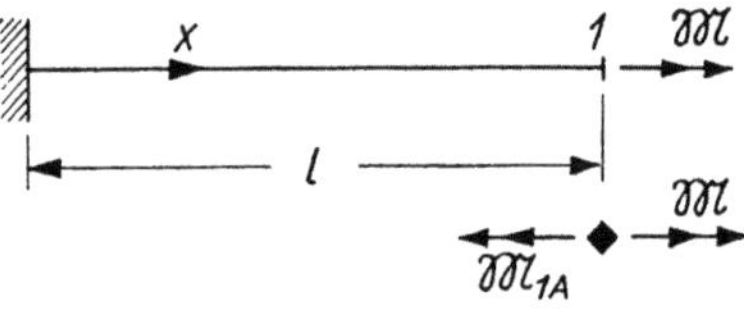

Abb. 5-5

Der Punkt *1* wird als ein Knoten angesehen, für den die folgende Gleichgewichtsgleichung aufgestellt wird:

$$\mathfrak{M}_{1A} - \mathfrak{M} = 0$$

oder

$$M_{1A} - M = 0. \tag{15}$$

Da

$$M_{1A} = \frac{GC}{l}\,\Phi_1\,j(\vartheta)$$

mit

$$\vartheta = \frac{\omega}{c} \quad \text{und} \quad c = \sqrt{\frac{GC}{I_0}}$$

ist, liefert Gl. (15)

$$\Phi_1 = \frac{Ml}{GCj(\vartheta)}\,; \quad \varphi(l,t) = \Phi_1\,e^{i\omega t}. \tag{16}$$

Das Torsionsmoment im Querschnitt $x = 0$ beträgt

$$\mathfrak{M}_{A1} = M_{A1}\,e^{i\omega t} = e^{i\omega t}\,\frac{GC}{l}\,\Phi_1\,s(\vartheta) = M e^{i\omega t}\frac{s(\vartheta)}{j(\vartheta)}. \tag{17}$$

Die Eigenfrequenzen des im Querschnitt $x = 0$ eingespannten und im Querschnitt $x = 1$ freien Stabes werden aus der transzendenten Gleichung

$$j(\vartheta) = 0 \quad \text{oder} \quad \cos\vartheta = 0$$

gewonnen. Daraus ergibt sich

$$\omega_n = \frac{(2n-1)\pi}{2l}\,\sqrt{\frac{GC}{I_0}} \quad \text{für} \quad n = 1,2,\dots,\infty. \tag{18}$$

6. Querschwingung eines Stabes

6.1. Differentialgleichungen für die Querschwingung eines Stabes

Die Differentialgleichung für die Querschwingung eines Stabes wird aus dem *Hamiltonschen Prinzip* abgeleitet. Der Reihe nach werden die folgenden Größen berechnet: die Formänderungsarbeit $\mathscr{W}_\varepsilon$, die kinetische Energie $\mathscr{K}$ und die Variation der Außenkräfte $\delta\mathscr{L}$; die Größen also, die im Variationsausdruck

$$\delta \int_{t_0}^{t_1} (\mathscr{W}_\varepsilon - \mathscr{K})\,dt = \int_{t_0}^{t_1} \delta\mathscr{L}\,dt \tag{1}$$

auftreten.

Die auf eine Volumeneinheit bezogene Formänderungsarbeit Φ ist $\Phi = \dfrac{1}{2}\,\sigma\varepsilon$, wobei σ die Normalspannung in der Richtung der x-Achse und ε die zugeordnete Dehnung sind.

Hierbei wird im Ausdruck für Φ die Auswirkung der Querkräfte vernachlässigt. Diese Auswirkung ist für die im Bauwesen vorkommenden Balken sehr klein, die Länge dieser Balken ist sehr groß gegenüber den Querschnittsabmessungen.

Unter Beachtung, daß

$$\sigma = E\varepsilon, \qquad \varepsilon = -z\,\frac{\partial^2 w}{\partial x^2}$$

ist, gilt

$$d\mathscr{W}_\varepsilon = \frac{1}{2}\,E\left(z\,\frac{\partial^2 w}{\partial x^2}\right)^2 dx\,dy\,dz.$$

Wird der obige Ausdruck über den Querschnitt und die Länge des Balkens integriert, so ergibt sich

$$\mathscr{W}_\varepsilon = \frac{E}{2}\int_0^l \left(\frac{\partial^2 w}{\partial x^2}\right)^2 dx \iint_A z^2\,dy\,dz = \frac{E}{2}\int_0^l I\left(\frac{\partial^2 w}{\partial x^2}\right)^2 dx. \tag{2}$$

Hierbei bedeutet w die Durchbiegung, A die Querschnittsfläche, I das Trägheitsmoment des Querschnittes des Balkens. Wird durch $\dot{w}$ die Geschwindigkeit der linearen Bewegung bei der Querschwingung des Balkens und durch ϱ die Dichte bezeichnet (es ist $\varrho = \gamma/g$, worin γ die Wichte, g die Fallbeschleunigung bedeutet), so kann die kinetische Energie für die lineare Bewegung berechnet werden:

$$\mathscr{K} = \frac{1}{2}\varrho \int\limits_{V} (\dot{w})^2 \, dV = \frac{1}{2}\varrho \int\limits_{0}^{l} A(\dot{w})^2 \, dx. \tag{3}$$

Hierbei bedeutet $\mu = \varrho A$ die Masse einer Einheit der Balkenlänge.

Bei obiger Betrachtung wurde die mit der Verdrehung der Balkenquerschnitte verbundene kinetische Energie vernachlässigt. Der Einfluß dieses Anteiles der kinetischen Energie auf die Durchbiegung des Balkens w ist unwesentlich und er kann nur bei höheren Frequenzen der Balkenschwingung an Bedeutung gewinnen, wie es die Untersuchungen von RAYLEIGH gezeigt haben. Die Größe dieses Einflusses wird im Abschnitt 6.9 erläutert.

Wird mit X die Belastung einer Einheit der Balkenlänge bezeichnet, so ist

$$\delta\mathscr{L} = \int\limits_{0}^{l} X\delta w \, dx. \tag{4}$$

Das *Hamiltonsche Prinzip* lautet dann

$$\delta \int\limits_{t_0}^{t_1} dt \int\limits_{0}^{l} \left[\frac{EI}{2}\left(\frac{\partial^2 w}{\partial x^2}\right)^2 - \varrho\frac{A}{2}(\dot{w})^2 \right] dx = \int\limits_{t_0}^{t_1} dt \int\limits_{0}^{l} X\delta w \, dx. \tag{5}$$

Nun werden die einzelnen Variationen durchgeführt:

$$\delta \int\limits_{0}^{l} I\left(\frac{\partial^2 w}{\partial x^2}\right)^2 dx = 2\int\limits_{0}^{l} \frac{\partial^2 w}{\partial x^2}\frac{\partial^2 \delta w}{\partial x^2} \, dx.$$

Wird die Identität

$$I\frac{\partial^2 w}{\partial x^2}\frac{\partial^2 \delta w}{\partial x^2} = \frac{\partial}{\partial x}\left(I\frac{\partial^2 w}{\partial x^2}\frac{\partial \delta w}{\partial x}\right) - \frac{\partial}{\partial x}\left(I\frac{\partial^2 w}{\partial x^2}\right)\frac{\partial \delta w}{\partial x} =$$

$$= \frac{\partial}{\partial x}\left(I\frac{\partial^2 w}{\partial x^2}\frac{\partial \delta w}{\partial x}\right) - \frac{\partial}{\partial x}\left[\frac{\partial}{\partial x}\left(I\frac{\partial^2 w}{\partial x^2}\right)\delta w\right] + \frac{\partial^2}{\partial x^2}\left(I\frac{\partial^2 w}{\partial x^2}\right)\delta w$$

berücksichtigt, so ergibt sich

$$\int\limits_{0}^{l} I\frac{\partial^2 w}{\partial x^2}\frac{\partial \delta w}{\partial x} \, dx = \left[I\frac{\partial^2 w}{\partial x^2}\frac{\partial \delta w}{\partial x} - \frac{\partial}{\partial x}\left(I\frac{\partial^2 w}{\partial x^2}\right)\delta w\right]_0^l +$$

$$+ \int\limits_{0}^{l} \frac{\partial^2}{\partial x^2}\left(I\frac{\partial^2 w}{\partial x^2}\right)\delta w \, dx.$$

In der letzteren Gleichung verschwindet das erste Glied der rechten Seite, da an den beiden Rändern $\delta w = \dfrac{\partial \delta w}{\partial x} = 0$ ist, und zwar wegen der bei der Herleitung des *Hamiltonschen Prinzips* angenommenen Voraussetzungen.

Nun wird das zweite Integral von Gl. (5) betrachtet

$$\frac{1}{2}\delta \int\limits_{t_0}^{t_1} dt \int\limits_{0}^{l} A(\dot{w})^2 \, dx = \int\limits_{0}^{l} dx \int\limits_{t_0}^{t_1} A\dot{w}\,\delta\dot{w} \, dt.$$

Die partielle Integration der rechten Seite dieser Gleichung bezüglich t und die Berücksichtigung von $\delta w = 0$ für $t = t_0$ und $t = t_1$ ergibt

$$\int\limits_{t_0}^{t_1} dt \int\limits_{0}^{l} A\ddot{w}\,\delta w\,dx.$$

Die Einführung der gewonnenen Ergebnisse in die *Hamiltonsche Gleichung* (5) liefert

$$\int\limits_{t_0}^{t_1} dt \int\limits_{0}^{l} \left[E\frac{\partial^2}{\partial x^2}\left(I\frac{\partial^2 w}{\partial x^2}\right) + \varrho A\frac{\partial^2 w}{\partial t^2} - X\right]\delta w\,dx = 0. \tag{6}$$

Unter Berücksichtigung, daß Gl. (6) für jeden Wert von δw erfüllt werden soll, entsteht

$$E\frac{\partial^2}{\partial x^2}\left(I\frac{\partial^2 w}{\partial x^2}\right) + \mu\frac{\partial^2 w}{\partial t^2} - X = 0, \quad \mu = \varrho A. \tag{7}$$

Für einen konstanten Querschnitt des Stabes ist $I = $ konst. Gl. (7) lautet dann

$$c^2\frac{\partial^4 w}{\partial x^4} + \frac{\partial^2 w}{\partial t^2} - \frac{X}{\mu} = 0; \quad \text{mit } c^2 = \frac{EI}{\mu}; \quad \text{und } \mu = \varrho A. \tag{8}$$

Der Gl. (8) sind zwei Anfangsbedingungen zugeordnet:

$$w(x, 0) = f(x) \quad \text{und} \quad \dot{w}(x, 0) = g(x), \tag{9}$$

welche die Ortslage und die Geschwindigkeit der Verschiebung w zum Anfangszeitpunkt bestimmen. Weiterhin gelten für die beiden Balkenenden je zwei Randbedingungen, welche die Auflagerungsart des Balkens beschreiben.

Das Biegemoment $M(x, t)$ und die Querkraft $Q(x, t)$ sind mit der Durchbiegung des Balkens $w(x, t)$ durch folgende Beziehungen verbunden:

$$M(x, t) = -EI\frac{\partial^2 w(x, t)}{\partial x^2},$$

$$Q(x, t) = -E\frac{\partial}{\partial x}\left(I\frac{\partial^2 w(x, t)}{\partial x^2}\right).$$

Die Beziehungen werden zur Aufstellung der Randbedingungen verwendet. Ist der Balken im Querschnitt $x = 0$ frei aufgelagert, so ist

$$w(0, t) = 0 \quad \text{und} \quad M(0, t) = -EI\frac{\partial^2 w(0, t)}{\partial x^2} = 0. \tag{10}$$

Ist der Balken dagegen bei $x = 0$ eingespannt, so gilt

$$w(0, t) = 0 \quad \text{und} \quad \frac{\partial w(0, t)}{\partial x} = 0. \tag{11}$$

Wenn im Querschnitt $x = 0$ der Balken frei ist, so lauten die Randbedingungen

$$M(0, t) = -EI\frac{\partial^2 w(0, t)}{\partial x^2} = 0; \quad Q(0, t) = -E\frac{\partial}{\partial x}\left(I\frac{\partial^2 w(0, t)}{\partial x^2}\right). \tag{12}$$

6.2. Freie Schwingung des unendlichen und halbunendlichen Balkens

Für den Balken werden die folgenden Anfangsbedingungen angenommen

$$w(x,0) = f(x) \quad \text{und} \quad \dot{w}(x,0) = c\frac{\partial^2 h(x)}{\partial x^2} = g(x), \tag{1}$$

wobei $c = \sqrt{EI/\mu}$ ist.

Die Bedingungen (1) bedeuten, daß im Zeitpunkt $t = 0$ dem Balken die Biegelinie $f(x)$ und die Verschiebungsgeschwindigkeit $g(x)$ aufgezwungen werden.

Auf die Differentialgleichung

$$c^2\frac{\partial^4 w}{\partial x^4} + \ddot{w} = 0 \tag{2}$$

wird die *Laplace-Transformation* angewendet. Es entsteht

$$c^2\frac{d^4\overline{w}}{dx^4} + p^2\overline{w} = pw(x,0) + \dot{w}(x,0) = pf + g. \tag{3}$$

Beide Seiten der Gl. (3) werden nun mit $e^{i\alpha x}$ multipliziert und von $-\infty$ bis $+\infty$ bezüglich x integriert. Damit entsteht

$$\frac{c^2}{\sqrt{2\pi}} \int_{-\infty}^{\infty} \left(\frac{d^4\overline{w}}{dx^4} + \frac{p^2}{c^2}\overline{w}\right) e^{i\alpha x}dx = \frac{1}{\sqrt{2\pi}} \int_{-\infty}^{\infty} \left(pf + c\frac{\partial^2 h}{\partial x^2}\right)e^{i\alpha x}dx. \tag{4}$$

Wird der Ausdruck $\int_{-\infty}^{+\infty} (d^4\overline{w}/dx^4)e^{i\alpha x}dx$ partiell integriert und wird berücksichtigt, daß sowohl die Funktion w als auch ihre Ableitungen im Unendlichen Null werden, so ergibt sich

$$\frac{1}{\sqrt{2\pi}} \int_{-\infty}^{\infty} \frac{d^4\overline{w}}{dx^4} e^{i\alpha x}dx = \frac{\alpha^4}{\sqrt{2\pi}} \int_{-\infty}^{\infty} \overline{w}e^{i\alpha x}dx = \alpha^4 w^*.$$

Auf eine ähnliche Weise erhält man

$$\frac{1}{\sqrt{2\pi}} \int_{-\infty}^{\infty} \frac{\partial^2 h}{\partial x^2} e^{i\alpha x}dx = -\frac{\alpha^2}{\sqrt{2\pi}} \int_{-\infty}^{\infty} he^{i\alpha x}dx = -\alpha^2 h^*.$$

Gl. (4) wird in

$$(\alpha^4 c^2 + p^2)w^* = pf^* - \alpha^2 ch^*$$

umgeformt. Mithin ist

$$w^* = \frac{pf^* - \alpha^2 ch^*}{\alpha^4 c^2 + p^2}. \tag{5}$$

Auf Gl. (5) wird die *Fouriersche Integraltransformation*

$$\overline{w}(x,p) = \frac{1}{\sqrt{2\pi}} \int_{-\infty}^{\infty} \frac{pf^* - \alpha^2 ch^*}{\alpha^4 c^2 + p^2} e^{-i\alpha x}d\alpha \tag{6}$$

und dann die inverse *Laplace-Transformation* angewendet.

10*

Da

$$\mathcal{L}^{-1}\left(\frac{p}{\alpha^4 c^2 + p^2}\right) = \cos\alpha^2 ct \quad\text{und}\quad \mathcal{L}^{-1}\left(\frac{1}{p^2 + \alpha^4 c^2}\right) = \frac{1}{\alpha^2 c}\sin\alpha^2 ct$$

ist, gilt

$$w(x,t) = \frac{1}{\sqrt{2\pi}}\int_{-\infty}^{\infty}(f^*\cos\alpha^2 ct - h^*\sin\alpha^2 ct)e^{-i\alpha x}d\alpha. \tag{7}$$

Nun werden die folgenden Beziehungen verwendet:

$$\frac{1}{\sqrt{2\pi}}\int_{-\infty}^{\infty}\cos\alpha^2 ct\, e^{-i\alpha x}d\alpha = \frac{1}{2\sqrt{ct}}\left(\cos\frac{x^2}{4ct} + \sin\frac{x^2}{4ct}\right), \tag{8}$$

$$\frac{1}{\sqrt{2\pi}}\int_{-\infty}^{\infty}\sin\alpha^2 ct\, e^{-i\alpha x}d\alpha = \frac{1}{2\sqrt{ct}}\left(\cos\frac{x^2}{4ct} - \sin\frac{x^2}{4ct}\right). \tag{9}$$

Unter Berücksichtigung des Faltungssatzes für die *Fouriersche Integraltransformation*

$$\int_{-\infty}^{\infty}F^*(\alpha)G^*(\alpha)e^{-i\alpha x}d\alpha = \int_{-\infty}^{\infty}F(\xi)G(x-\xi)d\xi \tag{10}$$

und unter Anwendung der Gln. (8) und (9), wird Gl. (7) auf die Form

$$w(x,t) = \frac{1}{2\sqrt{2\pi ct}}\int_{-\infty}^{\infty}f(x-\xi)\left(\cos\frac{\xi^2}{4ct} + \sin\frac{\xi^2}{4ct}\right)d\xi -$$

$$-\frac{1}{2\sqrt{2\pi ct}}\int_{-\infty}^{\infty}h(x-\xi)\left(\cos\frac{\xi^2}{4ct} - \sin\frac{\xi^2}{4ct}\right)d\xi \tag{11}$$

gebracht.

Wenn eine neue Veränderliche $\lambda^2 = \xi^2/4ct$ eingeführt wird, ergibt sich die endgültige Lösung, die von Boussinesq angegeben worden ist und lautet:

$$w(x,t) = \frac{1}{\sqrt{2\pi}}\int_{-\infty}^{\infty}\left[f\left(x - 2\lambda\sqrt{ct}\right)(\cos\lambda^2 + \sin\lambda^2) - h\left(x - 2\lambda\sqrt{ct}\right)\times\right.$$

$$\left.\times(\cos\lambda^2 - \sin\lambda^2)\right]d\lambda. \tag{12}$$

Für den Sonderfall

$$f(x) = f_0\exp\left(-\frac{x^2}{4a^2}\right); \quad h(x) = 0, \tag{13}$$

wenn also die Anfangsdurchbiegung des Balkens die Gestalt einer Glockenkurve hat, liefert die Gl. (12) [97]

$$(w x, t) = \frac{f_0}{\sqrt[4]{1 + c^2 t^2 / a^4}} \exp\left(-\frac{x^2 a^2}{4(a^4 + c^2 t^2)}\right) \times$$

$$\times \cos\left[\frac{c t x^2}{4(a^4 + c^2 t^2)} - \frac{1}{2}\,\text{arc tg}\left(\frac{c t}{a^2}\right)\right]. \tag{14}$$

In Abb. 6-1 ist der Verlauf der Funktion $w(x, t)$ für verschiedene Werte des Parameters t dargestellt. Für Vergleichszwecke ist die Fortpflanzung der elastischen transversalen Welle in einer Saite für dieselben Werte des Parameters t mit

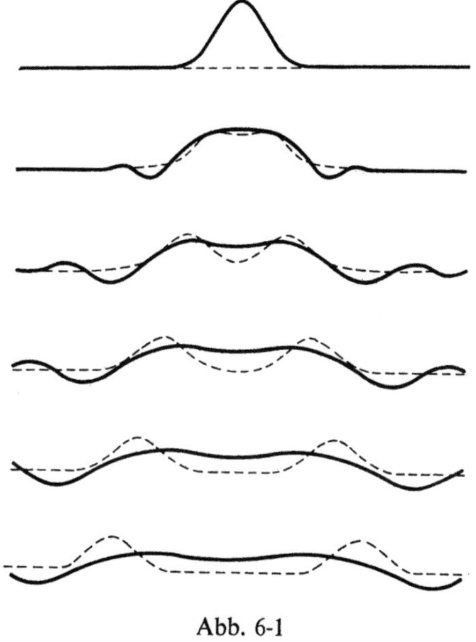

Abb. 6-1

gestrichelter Linie gezeigt. Der Unterschied ist offenkundig: Für die Saite entfernen sich zwei Wellenscheitel voneinander, für den Balken tritt dagegen keine Aufspaltung des „Scheitels" in zwei Teile auf.

Nun wird ein halbunendlicher Balken $0 < x < \infty$ betrachtet. Es wird vorausgesetzt, daß der Balken zum Zeitpunkt $t \neq 0$ die Verschiebung

$$w(0, t) = V(t); \quad t > 0 \tag{15}$$

erhält.

Da das Balkenende spannungsfrei ist, soll neben der Bedingung (15) noch die Bedingung

$$\frac{\partial^2 w(0, t)}{\partial x^2} = 0; \quad t > 0 \tag{16}$$

berücksichtigt werden.

Es wird weiterhin angenommen, daß der Balken zum Zeitpunkt $t = 0$ in Ruhe bleibt. Es gilt also

$$w(x, 0) = 0 \quad \text{und} \quad \dot{w}(x, 0) = 0. \tag{17}$$

Den Ausgangspunkt für weitere Betrachtung stellt die Gl. (2) dar. Wird auf diese Gleichung die *Laplace-Transformation* angewendet, so entsteht Gl. (3). Wegen der Gl. (17) vereinfacht sich die betrachtete Gleichung wesentlich:

$$c^2 \frac{d^4 \overline{w}}{dx^4} + p^2 \overline{w} = 0. \tag{18}$$

Die zweite Ableitung der Durchbiegung verschwindet am Rand; es ist also günstiger, die *Fouriersche Sinustransformation* anzuwenden. Gl. (18) wird mit $\sin \alpha x$ multipliziert und bezüglich x integriert. Mithin gilt

$$\int_0^\infty \left(c^2 \frac{d^4 \overline{w}}{dx^4} + p^2 \overline{w} \right) \sin \alpha x \, dx = 0. \tag{19}$$

Es ist

$$\int_0^\infty \frac{d^4 \overline{w}}{dx^4} \sin \alpha x \, dx = \left| \frac{d^3 \overline{w}}{dx^3} \sin \alpha x - \alpha \frac{d^2 \overline{w}}{dx^2} \cos \alpha x \right|_0^\infty -$$

$$- \alpha^2 \int_0^\infty \frac{d^2 \overline{w}}{dx^2} \sin \alpha x \, dx,$$

wobei der Ausdruck in der eckigen Klammer verschwindet, da für $x = 0$ das Biegemoment und im Unendlichen die Durchbiegung und ihre Ableitungen gleich Null sind. Weiterhin gilt

$$\int_0^\infty \frac{d^2 \overline{w}}{dx^2} \sin \alpha x \, dx = \left| \frac{d\overline{w}}{dx} \sin \alpha x - \overline{w}\alpha \cos \alpha x \right|_0^\infty - \alpha^2 \int_0^\infty \overline{w} \sin \alpha x \, dx,$$

wobei in der eckigen Klammer nur der Ausdruck $\alpha \overline{w}(0, p) = \alpha \overline{V}(p)$ verbleibt, da $\sin \alpha x = 0$ für $x = 0$ und $\overline{w} = d\overline{w}/dx = 0$ für $x = \infty$ sind.

Gl. (19) lautet damit

$$(c^2 \alpha^4 + p^2) \int_0^\infty \overline{w} \sin \alpha x \, dx = c^2 \alpha^3 \overline{V}(p). \tag{20}$$

Durch $\overline{V}(p)$ wird nun die *Laplace-Transformierte* der Funktion $V(t)$ bezeichnet. Werden noch die Bezeichnungen

$$w^*(\alpha, p) = \sqrt{\frac{2}{\pi}} \int_0^\infty \overline{w}(x, p) \sin \alpha x \, dx,$$

$$\overline{w}(x, p) = \sqrt{\frac{2}{\pi}} \int_0^\infty w^*(\alpha, p) \sin \alpha x \, d\alpha,$$

(21)

eingeführt, so ergibt die Gl. (20)

$$w^*(\alpha, p) = \sqrt{\frac{2}{\pi}} \frac{c^2 \alpha^3 \overline{V}(p)}{p^2 + c^2 \alpha^4} .$$

Unter Berücksichtigung der zweiten Formel von Gln. (21) ist

$$\overline{w}(x,p) = \frac{2}{\pi} \int\limits_0^\infty \frac{c^2 \alpha^3 \overline{V}(p)\sin\alpha x\, d\alpha}{p^2 + c^2\alpha^4}\,. \tag{22}$$

Auf die Gl. (22) wird die inverse *Laplace-Transformation* angewendet. Unter Beachtung des Faltungssatzes ergibt sich dann

$$w(x,t) = \frac{2c}{\pi} \int\limits_0^\infty \alpha\sin\alpha x\, d\alpha \int\limits_0^t V(\tau)\sin[c\alpha^2(t-\tau)]d\tau \tag{23}$$

oder

$$w(x,t) = \frac{2c}{\pi} \int\limits_0^t V(\tau)\, d\tau \int\limits_0^\infty \alpha\sin[c\alpha^2(t-\tau)]\sin\alpha x\, d\alpha. \tag{24}$$

Um das Integral (24) zu berechnen, wird die Beziehung

$$\int\limits_0^\infty \sin\alpha^2 ct\cos\alpha x\, d\alpha = \frac{1}{4}\sqrt{\frac{2\pi}{ct}}\left(\cos\frac{x^2}{4ct} - \sin\frac{x^2}{4ct}\right) \tag{25}$$

verwendet.
Diese Beziehung wird nach x differenziert. Es ergibt sich

$$\int\limits_0^\infty \alpha\sin\alpha^2 ct\sin\alpha x\, d\alpha = \frac{x}{8ct}\sqrt{\frac{2\pi}{ct}}\left(\sin\frac{x^2}{4ct} + \cos\frac{x^2}{4ct}\right). \tag{26}$$

Wird $t-\tau$ an Stelle von t eingesetzt, so ist das obige Integral mit dem uneigentlichen Integral aus der Gl. (24) identisch. Mithin gilt

$$w(x,t) =$$

$$= \frac{x}{4\pi}\sqrt{\frac{2\pi}{c}} \int\limits_0^t \frac{V(\tau)}{(t-\tau)^{3/2}}\left[\sin\frac{x^2}{4c(t-\tau)} + \cos\frac{x^2}{4c(t-\tau)}\right]d\tau. \tag{27}$$

Nun wird eine neue Veränderliche λ eingeführt, wobei $\lambda^2 = x^2/2c(t-\tau)$ ist. Dann wird die Funktion $w(x,t)$ in der endgültigen Form gewonnen, die von BOUSSINESQ [136] angegeben worden ist:

$$w(x,t) = \frac{1}{\sqrt{\pi}} \int\limits_{\frac{x}{\sqrt{2ct}}}^\infty V\left(t - \frac{x^2}{2c\lambda^2}\right)\left(\sin\frac{\lambda^2}{2} + \cos\frac{\lambda^2}{2}\right)d\lambda. \tag{28}$$

6.3. Eigenschwingung eines Balkens endlicher Länge

Es wird ein Balken der Länge l mit freien, frei gelagerten oder eingespannten Enden betrachtet.

Zunächst werden die Kreisfrequenzen ω und die Schwingungsformen bestimmt, für die der Balken in der Querrichtung harmonisch schwingen kann. Es wird vorausgesetzt, daß

$$w(x, t) = W(x)e^{i\omega t} \tag{1}$$

ist, wobei $W(x)$ die Funktion nur einer Veränderlichen x ist.

Wird Gl. (1) in die Differentialgleichung für freie Querschwingung eingesetzt, so ergibt sich

$$c^2 \frac{\partial^4 w}{\partial x^4} + \ddot{w} = 0; \quad c^2 = \frac{EI}{\mu}; \quad \mu = \varrho A. \tag{2}$$

Gl. (2) wird in eine gewöhnliche Gleichung umgeformt:

$$\frac{d^4 W}{dx^4} - \lambda^4 W = 0 \quad \text{mit} \quad \lambda^4 = \frac{\omega^2}{c^2}. \tag{3}$$

Auf Gl. (3) wird die *Laplace-Transformation* angewendet.

Unter Berücksichtigung, daß

$$\mathscr{L}\left(\frac{d^4 W}{dx^4}\right) =$$

$$= \int_0^\infty \frac{d^4 W}{dx^4} e^{-px} dx = p^4 \overline{W}(p) - p^3 W(0) - p^2 W'(0) - p W''(0) - W'''(0),$$

$$\mathscr{L}(W(x)) = \int_0^\infty W(x) e^{-px} dx = \overline{W}(p)$$

ist, kann die transformierte Gl. (3) in der Form

$$(p^4 - \lambda^4)\overline{W}(p) = p^3 W(0) + p^2 W'(0) + p W''(0) + W'''(0) \tag{4}$$

geschrieben werden, woraus sich

$$\overline{W}(p) = \frac{1}{p^4 - \lambda^4} [p^3 W(0) + p^2 W'(0) + p W''(0) + W'''(0)] \tag{5}$$

ergibt. Wird der Zusammenhang

$$\frac{1}{p^4 - \lambda^4} = \frac{1}{2\lambda^2}\left(\frac{1}{p^2 - \lambda^2} - \frac{1}{p^2 + \lambda^2}\right)$$

beachtet, die inverse *Laplace-Transformation* auf Gl. (4) angewendet und die Beziehungen

$$\mathscr{L}^{-1}\left(\frac{1}{p^4 - \lambda^4}\right) = \frac{1}{\lambda^3}\left(\frac{\sinh \lambda x - \sin \lambda x}{2}\right) = \frac{1}{\lambda^3} V(\lambda x),$$

$$\mathscr{L}^{-1}\left(\frac{p}{p^4 - \lambda^4}\right) = \frac{1}{\lambda^2}\left(\frac{\cosh \lambda x - \cos \lambda x}{2}\right) = \frac{1}{\lambda^2} U(\lambda x),$$

$$\mathscr{L}^{-1}\left(\frac{p^2}{p^4 - \lambda^4}\right) = \frac{1}{\lambda}\left(\frac{\sinh \lambda x + \sin \lambda x}{2}\right) = \frac{1}{\lambda} T(\lambda x),$$

$$\mathscr{L}^{-1}\left(\frac{p^3}{p^4 - \lambda^4}\right) = \frac{\cosh \lambda x + \cos \lambda x}{2} = S(\lambda x), \tag{6}$$

$$S(0) = 1; \quad T(0) = U(0) = V(0) = 0$$

berücksichtigt, so ergibt sich die Lösung der Gl. (3) in der Form:

$$W(x) = W(0)S(\lambda x) + \frac{1}{\lambda}W'(0)T(\lambda x) + \frac{1}{\lambda^2}W''(0)U(\lambda x) +$$

$$+ \frac{1}{\lambda^3}W'''(0)V(\lambda x). \tag{7}$$

Die Lösung (7) weist zahlreiche Vorteile auf. Die in dieser Lösung auftretenden Integrationskonstanten $W(0)$, $W'(0)$, $W''(0)$, $W'''(0)$ lassen sich als die Durchbiegung, der Neigungswinkel der Tangenten zur verformten Balkenachse sowie eine zu dem Biegemoment und eine zu der Querkraft proportionale Größe im Querschnitt $x = 0$ auslegen. Für beliebig gewählte Randbedingungen sind zwei der obigen Konstanten Null.

Die Funktion $W(x)$ von Gl. (7) wird nach x dreimal differenziert. Die Ergebnisse können ohne Schwierigkeiten aufgeschrieben werden und lauten

$$W'(x) =$$

$$= W(0)\lambda V(\lambda x) + W'(0)S(\lambda x) + \frac{1}{\lambda}W''(0)T(\lambda x) + \frac{1}{\lambda^2}W'''(0)U(\lambda x),$$

$$W''(x) =$$

$$= W(0)\lambda^2 U(\lambda x) + W'(0)\lambda V(\lambda x) + W''(0)S(\lambda x) + \frac{1}{\lambda}W'''(0)T(\lambda x), \tag{8}$$

$$W'''(x) =$$

$$= W(0)\lambda^3 T(\lambda x) + W'(0)\lambda^2 U(\lambda x) + W''(0)\lambda V(\lambda x) + W'''(0)S(\lambda x).$$

Unter Verwendung der Lösung (7) und der Beziehungen (8) können einzelne Kreisfrequenzen und die zugeordneten Formen der Eigenschwingung auf eine sehr einfache Weise ermittelt werden.

Der Balken sei im Querschnitt $x = 0$ eingespannt und bei $x = l$ frei gelagert. Die Randbedingungen sind dann

$$W(0) = 0; \quad W'(0) = 0; \quad W(l) = 0; \quad W''(l) = 0. \tag{9}$$

Unter Anwendung der Gl. (7) und der zweiten von Gln. (8) und unter Berücksichtigung der Randbedingungen (9) ergibt sich das System von zwei Gleichungen

$$\left. \begin{aligned} W(l) &= \frac{1}{\lambda^2}W''(0)U(\lambda l) + \frac{1}{\lambda^3}W'''(0)V(\lambda l) = 0 \\ W''(l) &= W''(0)S(\lambda l) + \frac{1}{\lambda}W'''(0)T(\lambda l) = 0 \end{aligned} \right\}. \tag{10}$$

Wird die Determinante dieses Systems gleich Null gesetzt, so entsteht die Gleichung

$$\frac{1}{\lambda^3}[U(\lambda l)T(\lambda l) - V(\lambda l)S(\lambda l)] = 0, \tag{11}$$

die nach einfacher Umformung und mit der neuen Bezeichnung $\beta = \lambda l$ lautet:

$$\tanh\beta - \tan\beta = 0. \tag{11'}$$

Die obige Gleichung ist transzendent und hat eine unendliche Anzahl von Wurzeln. Die ersten fünf Wurzeln sind

$$\beta_1 = 3{,}927; \quad \beta_2 = 7{,}069; \quad \beta_3 = 10{,}210;$$
$$\beta_4 = 13{,}352; \quad \beta_0 = 16{,}493. \tag{12}$$

Zur Gewinnung von weiteren Wurzeln kann die Näherungsformel

$$\beta_r = \frac{\pi}{4}(4r+1); \quad (r > 5)$$

verwendet werden. Wegen

$$\frac{\omega^2}{c^2} = \lambda^4; \quad \beta = \lambda l; \quad c^2 = \frac{EI}{\mu}; \quad \mu = \varrho A$$

können die Werte der Kreisfrequenz aus der Formel

$$\omega_r = \frac{\beta_r^2 c}{l^2} = \frac{\beta_r^2}{l^2}\sqrt{\frac{EI}{\mu}}, \quad r = 1, 2, \dots, \infty \tag{13}$$

gewonnen werden.

Gl. (7) liefert die der Frequenz ω_r zugeordnete Form der Eigenschwingung $W_r(x)$.

Unter Berücksichtigung von $W(0) = W'(0) = 0$ gilt

$$W_r(x) = \frac{1}{\lambda_r^2} W''(0) U(\lambda_r x) + \frac{1}{\lambda_r^3} W'''(0) V(\lambda_r x). \tag{14}$$

Mit Hilfe der Gln. (10) kann die Größe $W'''(0)$ durch $W''(0)$ ausgedrückt werden. Es gilt

$$W_r(x) = \frac{W''(0)}{\lambda_r^2}\left[U(\lambda_r x) - \frac{U(\lambda_r l)}{V(\lambda_r l)} V(\lambda_r x)\right]. \tag{14'}$$

Wird $W''(0)/\lambda_r^2$ durch eine beliebige Konstante C ersetzt, so ergibt sich endgültig

$$W_r(x) = C\left[U(\lambda_r x) - \frac{U(\beta_r)}{V(\beta_r)} V(\lambda_r x)\right], \quad r = 1, 2, \dots, \infty. \tag{14''}$$

Nun wird ein beiderseitig eingespannter Balken betrachtet. Wegen der Randbedingungen

$$W(0) = W'(0) = W(l) = W'(l) = 0 \tag{15}$$

ergibt die Gl. (7) und die erste der Gln. (8) zwei homogene Gleichungen

$$\left. \begin{aligned} W(l) &= \frac{1}{\lambda^2} W''(0) U(\beta) + \frac{1}{\lambda^3} W'''(0) V(\beta) = 0 \\[2mm] W'(l) &= \frac{1}{\lambda} W''(0) T(\beta) + \frac{1}{\lambda^2} W'''(0) U(\beta) = 0 \end{aligned} \right\}. \tag{16}$$

Wird die Determinante des Gleichungssystems (16) gleich Null gesetzt, so ergibt sich die transzendente Gleichung

$$\cosh\beta \cos\beta - 1 = 0, \tag{17}$$

welche die folgenden Wurzeln liefert:

$$\beta_1 = 4{,}730; \qquad \beta_2 = 7{,}853; \qquad \beta_3 = 10{,}996;$$

$$\beta_4 = 14{,}137; \qquad \beta_5 = 17{,}279; \qquad \beta_r = \frac{\pi}{2}(2r+1); \qquad (r > 5). \tag{18}$$

Gl. (7) beschreibt die Eigenschwingungsform. Unter Berücksichtigung der ersten der Gln. (16) ist

$$W_r(x) = C\left[U(\lambda_r x) - \frac{U(\beta_r)}{V(\beta_r)}\, V(\lambda_r x)\right], \qquad r = 1, 2, \ldots, \infty. \tag{19}$$

Für einen im Querschnitt $x = 0$ eingespannten und im Querschnitt $x = l$ freien Balken lauten die Randbedingungen

$$W(0) = W'(0) = W''(l) = W'''(l) = 0. \tag{20}$$

Die Berücksichtigung dieser Randbedingungen ermöglicht, das folgende Gleichungssystem zu schreiben:

$$\left.\begin{aligned} W''(l) &= W''(0)\,S(\beta) + \frac{1}{\lambda}\,W'''(0)\,T(\beta) = 0 \\[2mm] W'''(l) &= W''(0)\,\lambda V(\beta) + W''(0)\,S(\beta) = 0 \end{aligned}\right\}. \tag{21}$$

Die gleich Null gesetzte Determinante dieses Systems ergibt die transzendente Gleichung

$$\cosh\beta\cos\beta + 1 = 0 \tag{22}$$

mit den folgenden Wurzeln

$$\beta_1 = 1{,}875; \qquad \beta_2 = 4{,}694; \qquad \beta_3 = 7{,}855$$

$$\beta_4 = 10{,}996; \qquad \beta_5 = 14{,}137; \qquad \beta_r = \frac{2r-1}{2}\pi; \qquad r > 5.$$

Die Eigenschwingung hat damit die Form

$$W_r(x) = C\left[U(\lambda_r x) - \frac{S(\beta_r)}{T(\beta_r)}\, V(\lambda_r x)\right], \qquad r = 1, 2, \ldots, \infty. \tag{23}$$

In Abb. 6-2 sind fünf erste Eigenschwingungsformen für den im Querschnitt $x = 0$ eingespannten und im Querschnitt $x = l$ freien Stab dargestellt.

Ist der Balken frei gelagert, so lautet die transzendente Gleichung

$$\sin\beta l = 0.$$

Daraus ergibt sich

$$\beta_r l = r\pi; \qquad r = 1, 2, \ldots, \infty,$$

und weiterhin

$$\omega_r = \frac{\pi^2 r^2}{l^2}\sqrt{\frac{EI}{\mu}}, \qquad r = 1, 2, \ldots, \infty. \tag{24}$$

Die Eigenschwingung verläuft nach einer Sinuslinie

$$W_r = C\sin\alpha_r x; \qquad \alpha_r = \frac{r\pi}{l}, \qquad r = 1, 2, \ldots, \infty. \tag{25}$$

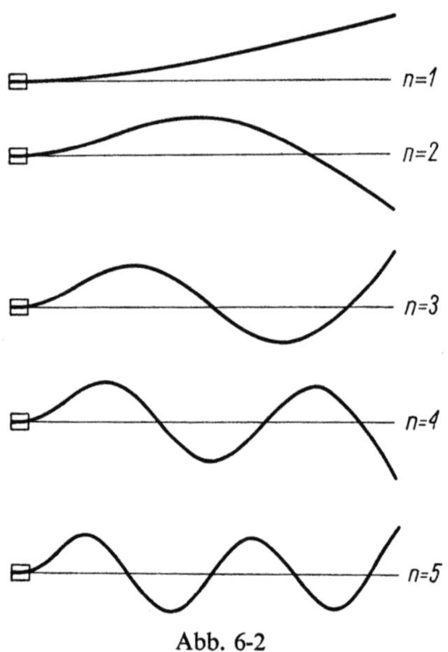

Abb. 6-2

Es sind noch zwei Fälle zu betrachten, deren Bedeutung im Bauwesen kleiner ist. Es handelt sich um den Balken mit den freien Enden und um den Balken mit einem freien und einem frei aufgelagerten Ende.

Im ersteren Fall lauten die Wurzeln der transzendenten Gleichung

$$\beta_1 = 0; \quad \beta_2 = 4{,}730; \quad \beta_3 = 7{,}853; \quad \beta_4 = 10{,}996. \tag{26}$$

Der Kreisfrequenz β_1 entspricht die Schwingungsform nach einer waagerechten Gerade, die anderen Schwingungsformen werden durch die Gleichung

$$W_r(x) = C\left[S(\lambda_r x) - \frac{U(\beta_r)}{V(\beta_r)} T(\lambda_r x)\right], \quad r = 2, 3, \ldots, \infty \tag{27}$$

beschrieben.

Für den zweiten Fall ist

$$\beta_1 = 0; \quad \beta_2 = 3{,}927; \quad \beta_3 = 7{,}069;$$
$$\beta_4 = 10{,}210; \quad \beta_5 = 13{,}352. \tag{28}$$

Die der Kreisfrequenz β_1 entsprechende Schwingungsform ist eine Gerade; die anderen Schwingungsformen sind

$$W_r(x) = C\left[T(\lambda_r x) - \frac{V(\beta_r)}{T(\beta_r)} V(\lambda_r x)\right], \quad r = 2, 3, \ldots, \infty. \tag{29}$$

Es kann bewiesen werden, daß die Eigenschwingungsformen die wichtige Eigenschaft der Ortogonalität besitzen. Mit ω_i, ω_k werden die Kreisfrequenzen, mit $W_i(x)$, $W_k(x)$ die diesen Frequenzen zugeordneten Schwingungsformen bezeichnet. Die beiden Schwingungsformen mögen die gleichen Randbedingungen erfüllen. Die Schwingungen $W_i(x)$ und $W_k(x)$ befriedigen die Gleichungen

$$\frac{d^4 W_i}{dx^4} - \lambda_i^4 W_i = 0; \quad \frac{d^4 W_k}{dx^4} - \lambda_k^4 W_k = 0. \tag{30}$$

Gl. (29) wird als Biegelinie des Balkens betrachtet, dessen Belastung q/EI gleich $\lambda_i^4 W_i$ bzw. $\lambda_k^4 W_k$ ist. Anders gesagt, es wird die statische Durchbiegung eines Balkens betrachtet, dessen Biegelinie der Gleichung

$$\frac{d^4 W_j}{dx^4} = \frac{q_j}{EI}, \quad j = i, k \tag{31}$$

genügt, wobei

$$q_i = \lambda_i^4 W_i\, EI; \quad q_k = \lambda_k^4 W_k\, EI \text{ ist.}$$

Auf das Kraftsystem q_i, q_k wird der *Bettische Satz* angewendet. Es entsteht

$$\int\limits_0^l W_k(x)\, q_i(x)\, dx = \int\limits_0^l W_i(x)\, q_k(x)\, dx \tag{32}$$

oder

$$(\lambda_i^4 - \lambda_k^4) \int\limits_0^l W_k W_i\, dx = 0. \tag{33}$$

Da $\lambda_i \neq \lambda_k(\omega_i \neq \omega_k)$ ist, was bei der Betrachtung von zwei verschiedenen Schwingungsformen vorausgesetzt wird, kann Gl. (33) nur dann erfüllt werden, wenn

$$\int\limits_0^l W_k(x)\, W_i(x)\, dx = 0, \quad i \neq k \tag{34}$$

ist. Es handelt sich um die Orthogonalitätsbedingung der Eigenschwingungsformen. Nun wird das Integral

$$\int\limits_0^l [W_i(x)]^2\, dx = \gamma \tag{35}$$

betrachtet. Man beachte, daß in der Gleichung für die Schwingungsform die Konstante C auftritt. Diese Konstante wird nun so gewählt, daß das Integral (35) gleich Eins ist ($\gamma = 1$).

Für die Eigenschwingung eines beiderseitig frei aufgelagerten Balkens gilt

$$C^2 \int\limits_0^l \sin^2 \alpha_i\, x\, dx = \gamma \quad \text{mit} \quad \alpha_i = \frac{i\pi}{l},$$

woraus sich $C^2 l/2 = \gamma$ ergibt. Wird also $C = \sqrt{2/l}$ angenommen, so ist $\gamma = 1$.
Die Funktionen

$$W_i(x) = \sqrt{\frac{2}{l}} \sin \alpha_i\, x \tag{36}$$

werden als normierte Formen der Eigenschwingung eines an den beiden Enden frei gelagerten Balkens bezeichnet.

In weiteren Betrachtungen wird vorausgesetzt, daß die Eigenfunktionen $W_i(x)$ die Bedingung

$$\int_0^l W_i(x)\,W_k(x)\,dx = \begin{cases} 0 & \text{für } i \neq k, \\ 1 & \text{für } i = k \end{cases} \tag{37}$$

erfüllen.

Die transzendenten Gleichungen zur Bestimmung der Eigenfrequenzen können auch in einer anderen Form geschrieben werden. Auf Gl. (3) wird die endliche Sinustransformation angewendet:

$$\int_0^l \left(\frac{d^4 W}{dx^4} - \lambda^4 W \right) \sin \alpha_n x\,dx = 0 \qquad \text{mit} \qquad \alpha_n = \frac{n\pi}{l}. \tag{38}$$

Die partielle Integration liefert

$$\int_0^l \frac{d^4 W}{dx^4} \sin \alpha_n x\,dx = -\alpha_n[(-1)^n W''(l) - W''(0)] +$$

$$+ \alpha_n^3[(-1)^n W(l) - W(0)] + \alpha_n^4 W^*,$$

$$\int_0^l W(x) \sin \alpha_n x\,dx = W^*(\alpha_n).$$

Die Gl. (38) kann nun in der neuen Form

$$(\alpha_n^4 - \lambda^4) W^* = \alpha_n[(-1)^n W''(l) - W''(0)] - \alpha_n^3[(-1)^n W(l) - W(0)] \tag{39}$$

geschrieben werden. Da

$$W(x) = \frac{2}{l} \sum_{n=1}^{\infty} W^*(\alpha_n) \sin \alpha_n x$$

ist, gilt

$$W(x) = \frac{2}{l} \sum_{n=1}^{\infty} \frac{\alpha_n[(-1)^n W''(l) - W''(0)] - \alpha_n^3[(-1)^n W(l) - W(0)]}{\alpha_n^4 - \lambda^4} \times$$

$$\times \sin \alpha_n x. \tag{40}$$

Nun wird der Sonderfall eines Balkens untersucht, der bei $x = 0$ vollkommen eingespannt und bei $x = l$ frei gelagert ist. Es gilt

$$W(0) = W(l) = 0; \quad W''(l) = 0; \quad W'(0) = 0. \tag{41}$$

Die Gl. (40) vereinfacht sich auf

$$W(x) = -\frac{2}{l} W''(0) \sum_{n=1}^{\infty} \frac{\alpha_n \sin \alpha_n x}{\alpha_n^4 - \lambda^4}. \tag{42}$$

Die letzte Randbedingung (41) liefert

$$W'(0) = -\frac{2}{l} W''(0) \sum_{n=1}^{\infty} \frac{\alpha_n^2}{\alpha_n^4 - \lambda^4} = 0.$$

Unter Beachtung, daß $W''(0) \neq 0$ ist, ergibt sich daraus

$$\sum_{n=1}^{\infty} \frac{\alpha_n^2}{\alpha_n^4 - \lambda^4} = 0. \tag{43}$$

Aufgrund dieser Gleichung können die aufeinanderfolgenden Werte von λ berechnet werden. Gl. (43) ist mit der transzendenten Gleichung (11') identisch.

Wird

$$\frac{\alpha_n^2}{\alpha_n^4 - \lambda^2} = \frac{1}{\alpha_n^2} + \frac{\lambda^4}{\alpha_n^2 (\alpha_n^4 - \lambda^4)}$$

beachtet, so kann Gl. (43) in einer für die Berechnung günstigeren Form

$$\sum_{n=1}^{\infty} \frac{\alpha_n^2}{\alpha_n^4 - \lambda^4} = \frac{l^2}{6} + \lambda^4 \sum_{n=1}^{\infty} \frac{1}{\alpha_n^2 (\alpha_n^4 - \lambda^4)} = 0 \tag{43'}$$

geschrieben werden, da

$$\sum_{n=1}^{\infty} \frac{1}{\alpha_n^2} = \frac{l^2}{6}$$

ist.

Wenn der Balken beiderseitig vollkommen eingespannt ist, gilt

$$W(x) = \frac{2}{l} \sum_{n=1}^{\infty} \frac{\alpha_n [(-1)^n W''(l) - W''(0)]}{\alpha_n^4 - \lambda^4} \sin \alpha_n x. \tag{44}$$

Für symmetrische Schwingungsformen ist $W''(l) = W''(0)$, woraus

$$W(x) = -\frac{4}{l} W''(0) \sum_{n=1,3,\dots}^{\infty} \frac{\alpha_n \sin \alpha_n x}{\alpha_n^4 - \lambda^4} \tag{45}$$

folgt. Aus der Randbedingung $W'(0) = 0$ folgt die Gleichung

$$\sum_{n=1,3,\dots}^{\infty} \frac{\alpha_n^2}{\alpha_n^4 - \lambda^4} = 0. \tag{46}$$

Für antisymmetrische Schwingungsformen ist $W''(l) = W''(0)$ und die transzendente Gleichung lautet

$$\sum_{n=2,4,\dots}^{\infty} \frac{\alpha_n^2}{\alpha_n^4 - \lambda^4} = 0. \tag{47}$$

Beispiel 6-1. Es ist die Grundfrequenz für den Stahlbalken $\underline{\text{I}}$ 300 der Länge $l = 6{,}0$ m für verschiedene Auflagerungsarten zu bestimmen. Zur Verfügung stehen die folgenden Angaben: das Trägheitsmoment $I = 9785$ cm$^4 = 9{,}785 \cdot 10^{-5}$ m^4, das Eigengewicht eines Balkenabschnittes der Länge 1 m $q = 54{,}2$ kp/m, der Elastizitätsmodul $E = 2{,}1 \cdot 10^{10}$ kp/m^2. Es wird der Wert von μ berechnet:

$$\mu = A\varrho = \frac{A\gamma}{g} = \frac{q}{g} = \frac{54{,}2}{9{,}81} = 5{,}51 \ \text{kp m}^{-2}\text{s}^2.$$

Hierbei bedeutet γ die Wichte, g ist die Fallbeschleunigung.

Zunächst wird die erste Frequenz für den beiderseitig eingespannten Balken ermittelt.
Nach den Gln. (13) und (18) gilt

$$\omega_1 = \frac{\beta_1^2}{l^2} \sqrt{\frac{EI}{\mu}} \; ; \quad \beta_1 = 4{,}730$$

und folglich

$$\omega_1 = \frac{4{,}73^2}{6{,}0^2} \sqrt{\frac{2{,}1 \cdot 10^{10} \cdot 9{,}785 \cdot 10^{-5}}{5{,}51}} = 380 \text{ s}^{-1}.$$

Die Frequenz wird aus der Formel

$$f_1 = \frac{\omega_1}{2\pi} = 60{,}5 \text{ Hz}$$

bestimmt.

Für einen Balken, der an einem Ende frei gelagert und am anderen vollkommen eingespannt
ist, ist $\beta_1 = 3{,}927$ (vgl. Gl. (12)). Mithin ist

$$f_1 = 60{,}5 \left(\frac{3{,}927}{4{,}73} \right)^2 = 42{,}0 \text{ Hz}.$$

Für einen beiderseitig frei drehbar gelagerten Balken ist

$$f_1 = 60{,}5 \left(\frac{3{,}14}{4{,}73} \right)^2 = 26{,}7 \text{ Hz}.$$

6.4. Erzwungene harmonische Schwingungen

Auf den Balken einer endlichen Länge wirke die Last $X(x, t) = q(x)e^{i\omega t}$ ein.
In weiteren Betrachtungen bleiben diejenigen Balken außer acht gelassen, welche
die beiden Enden frei oder ein Ende frei und das andere frei drehbar gelagert
haben.

Es soll die unhomogene Differentialgleichung

$$c^2 \frac{\partial^4 \omega}{\partial x^4} + \ddot{w} = \frac{1}{\mu} X(x, t) \tag{1}$$

mit entsprechenden Randbedingungen gelöst werden.

Da die angreifende Kraft sich mit der Zeit harmonisch verändert, ist die
Verschiebung $w(x, t)$ ebenfalls zeitlich harmonisch veränderlich. Es gilt

$$w(x, t) = W(x)e^{i\omega t}. \tag{2}$$

Wird Gl. (2) in die Gl. (1) eingesetzt, so ergibt sich die gewöhnliche Differentialgleichung

$$\frac{d^4 W}{dx^4} - \lambda^4 W = \frac{q(x)}{EI} \quad \text{mit} \quad \lambda^4 = \frac{\omega^2}{c^2} = \frac{\omega^2 \mu}{EI}. \tag{3}$$

Die Belastung $q(x)$ und die Amplitude der Durchbiegung $W(x)$ werden in
Reihen nach den Eigenfunktionen der Balkenschwingung entwickelt. Diese
Eigenfunktionen genügen der Gleichung

$$\frac{d^4 W_n}{dx^4} - \lambda_n^4 W_n = 0 \tag{4}$$

und den gleichen Randbedingungen wie die Gl. (3). Es wird also vorausgesetzt, daß

$$W(x) = \sum_{n=1}^{\infty} A_n W_n(x) \quad \text{und} \quad q(x) = \sum_{n=1}^{\infty} q_n W_n(x) \tag{5}$$

sind.

Die Koeffizienten A_n, q_n werden wie folgt gewonnen. Die Gln. (5) werden mit $W_i(x)$ multipliziert und von 0 bis l integriert. Die Orthogonalitätsbedingung (37) vom vorigen Abschnitt und die Voraussetzung, daß die Eigenfunktionen normiert sind, liefern

$$A_n = \int_0^l W_n(x)W(x)\,dx \quad \text{und} \quad q_n = \int_0^l q(x)W_n(x)\,dx. \tag{6}$$

Die linke und die rechte Seite der Gl. (3) werden mit $W_n(x)$ multipliziert und von 0 bis l integriert. Mithin ist

$$\int_0^l \frac{d^4W(x)}{dx^4}\,W_n(x)\,dx - \lambda^4 \int_0^l W(x)W_n(x)\,dx = \frac{1}{EI}\int_0^l q(x)W_n(x)\,dx. \tag{7}$$

Es gilt aber auch

$$\int_0^l \frac{d^4W(x)}{dx^4}\,W_n(x)\,dx = [W'''W_n - W''W_n' + W'W_n'' - WW_n''']_0^l +$$

$$+ \int_0^l W(x)\,\frac{d^4W_n(x)}{dx^4}\,dx. \tag{8}$$

Der Ausdruck in der eckigen Klammer ist für die beiden Grenzwerte Null und das in der rechten Gleichungsseite vorkommende Integral ist gleich dem Integral $\lambda_n^4 \int_0^l W(x)W_n(x)\,dx$, wie es Gl. (4) besagt. Unter Berücksichtigung der Gln. (6) kann Gl. (7) in der Form

$$A_n(\lambda_n^4 - \lambda^4) = \frac{q_n}{EI},$$

geschrieben werden. Daraus folgt

$$A_n = \frac{q_n}{EI\lambda_n^4\left(1 - \dfrac{\lambda^4}{\lambda_n^4}\right)}. \tag{9}$$

Auf die Gl. (9) wird die inverse endliche Transformation unter Beachtung der Gln. (5) und (6) angewendet. Es gilt

$$W(x) = \frac{1}{EI}\sum_{n=1}^{\infty} \frac{W_n(x)}{\lambda_n^4\left(1 - \dfrac{\lambda^4}{\lambda_n^4}\right)} \int_0^l q(u)W_n(u)\,du. \tag{10}$$

Unter Berücksichtigung, daß

$$\lambda^4 = \frac{\omega^2}{c^2}; \qquad \lambda_n^4 = \frac{\omega_n^2}{c^2}; \qquad c^2 = \frac{EI}{\mu}$$

ist, lautet die Lösung der Gln. (1)

$$w(x,t) = \frac{e^{i\omega t}}{\mu} \sum_{n=1}^{\infty} \frac{W_n(x)}{\omega_n^2\left(1 - \dfrac{\omega^2}{\omega_n^2}\right)} \int_0^l q(u) W_n(u)\, du. \tag{11}$$

Es ist noch zu ersehen, daß für $\omega \to \omega_n$ die Funktion $w(x,t)$ unbeschränkt zunimmt. Es handelt sich hierbei um die Resonanz.

Für den Grenzfall $\omega \to 0$ geht das betrachtete Problem in ein statisches Problem über. Dann liefert die Gl. (10)

$$w(x) = \frac{1}{EI} \sum_{n=1}^{\infty} \frac{W_n(x)}{\lambda_n^4} \int_0^l q(u) W_n(u)\, du. \tag{12}$$

Diese Gleichung beschreibt die statische Durchbiegung im Querschnitt x infolge der statischen Belastung $X(x) = q(x)$, die stetig oder unstetig längs des Balkens verteilt ist.

Nun werden einige Sonderfälle betrachtet. Auf den Balken wirke eine Einheitskraft im Querschnitt $x = \xi$. Es ist dann $X(x,t) = \delta(x-\xi)e^{i\omega t}$.

Da

$$\int_0^l q(u) W_n(u)\, du = \int_0^l \delta(u-\xi) W_n(u)\, du = W_n(\xi)$$

ist, liefert Gl. (11)

$$w(x,t) = \frac{e^{i\omega t}}{\mu} \sum_{n=1}^{\infty} \frac{W_n(x) W_n(\xi)}{\omega_n^2\left(1 - \dfrac{\omega^2}{\omega_n^2}\right)} = G(x,\xi;t). \tag{13}$$

Die Funktion $G(x, \xi, t)$ ist als Einflußlinie für die Durchbiegung des Balkens zu deuten. Es ist auch ersichtlich, daß Gl. (11) mit Hilfe der Funktion $G(x, \xi, t)$ in der Form

$$w(x,t) = \int_0^l q(\xi) G(x,\xi;t)\, d\xi \tag{11'}$$

dargestellt werden kann.

Wird ein beiderseitig frei gelagerter Balken betrachtet, so gilt

$$W_n(x) = \sqrt{\frac{2}{l}} \sin \alpha_n x \quad \text{und} \quad W_n(\xi) = \sqrt{\frac{2}{l}} \sin \alpha_n \xi$$

$$\text{mit} \quad \alpha_n = \frac{n\pi}{l} \quad \text{und} \quad \omega_n^2 = \alpha_n^4 \frac{EI}{\mu}.$$

Gl. (13) lautet dann

$$w(x, t) = G(x, \xi; t) = \frac{2e^{i\omega t}}{EIl} \sum_{n=1}^{\infty} \frac{\sin \alpha_n x \sin \alpha_n \xi}{\alpha_n^4 \left(1 - \dfrac{\omega^2}{\omega_n^2}\right)} \cdot \tag{14}$$

Für ein statisches Problem (für $\omega \to 0$) liefert Gl. (14)

$$w(x) = G(x, \xi) = \frac{2}{EIl} \sum_{n=1}^{\infty} \frac{\sin \alpha_n x \sin \alpha_n \xi}{\alpha_n^4} \cdot \tag{15}$$

Unter der Voraussetzung, daß im Querschnitt $x = l/2$ die Einheitskraft angreift, beträgt die Durchbiegung des Balkens an diesem Querschnitt

$$w\left(\frac{l}{2}\right) = \frac{2}{EIl} \sum_{n=1,3,\dots}^{\infty} \frac{1}{\alpha_n^4} = \frac{l^3}{48EI} \cdot$$

Ist die Belastung $X(x, t) = q_0 e^{i\omega t}$ über die ganze Balkenlänge gleichmäßig verteilt, so ergibt Gl. (11')

$$w(x, t) = \frac{4q_0 e^{i\omega t}}{EIl} \sum_{n=1,3,\dots}^{\infty} \frac{\sin \alpha_n x}{\alpha_n^5 \left(1 - \dfrac{\omega^2}{\omega_n^2}\right)} \cdot \tag{16}$$

Für $\omega \to 0$ liefert Gl. (16) die statische Durchbiegung

$$w(x) = \frac{4q_0}{EIl} \sum_{n=1,3,\dots}^{\infty} \frac{\sin \alpha_n x}{\alpha_n^5} \cdot \tag{17}$$

Diese Durchbiegung erreicht für den Querschnitt $x = l/2$ den Wert

$$w\left(\frac{l}{2}\right) = \frac{4q_0}{EIl} \sum_{n=1,3,\dots}^{\infty} \frac{(-1)^{\frac{n-1}{2}}}{\alpha_n^5} = \frac{5q_0 l^4}{384EI} \cdot \tag{18}$$

Beispiel 6-2. Es wird die erzwungene Schwingung eines beiderseitig eingespannten Stabes der Länge $l = 2a$ untersucht. Die Schwingung wird durch die Belastung $q = q_0 e^{i\omega t}$ hervorgerufen, die über die Stablänge gleichmäßig verteilt ist.

Unter dieser Voraussetzung werden die symmetrischen Eigenschwingungsformen für einen beiderseitig eingespannten Stab zur Aufstellung der Lösung verwendet. Der Koordinatenursprung wird im Mittelpunkt des Balkens vorausgesetzt und die folgende Eigenschwingungsform wird verwendet:

$$W_n(x) = C\left(\frac{\cosh \lambda_n x}{\cosh \lambda_n a} - \frac{\cos \lambda_n x}{\cos \lambda_n a}\right)$$

$$\text{mit} \quad \lambda_n^4 = \frac{\omega_n^2}{c^2} \quad \text{und} \quad c^2 = \frac{EI}{\mu} \cdot \tag{a}$$

Es kann leicht bewiesen werden daß die Randbedingungen

$$W_n(\pm a) = 0 \quad \text{und} \quad W_n'(\pm a) = 0$$

erfüllt werden, wenn die transzendente Gleichung

$$\tanh \lambda_n a + \tan \lambda_n a = 0 \tag{b}$$

befriedigt wird. Gl. (b) liefert die Wurzeln

$$\lambda_1 a = 2{,}3506 \quad \text{und} \quad \lambda_k a \approx \frac{4k-1}{4}\,\pi \quad \text{für} \quad k \geq 2.$$

Die Funktionen $W_n(x)$ sollen orthogonal und normiert sein. Es gilt

$$\int\limits_{-a}^{a} W_n(x)\,W_m(x)\,dx = 0 \quad \text{für } n \neq m$$

und

$$\int\limits_{-a}^{a} W_n^2(x)\,dx = a\left(\frac{1}{\cosh^2 \lambda_n a} + \frac{1}{\cos^2 \lambda_n a}\right).$$

Der Ausdruck von der rechten Seite kann durch einen asymptotischen Wert für wachsende λ_n ersetzt werden. Es gilt

$$\frac{1}{\cosh^2 \lambda_n a} \approx 0 \quad \text{und} \quad \frac{1}{\cos^2 \lambda_n a} \approx 2.$$

Mithin ist

$$C^2 \int\limits_{-a}^{a} \left(\frac{\cosh \lambda_n x}{\cosh \lambda_n a} - \frac{\cos \lambda_n x}{\cos \lambda_n a}\right)^2 dx \approx 2a \quad \text{mit} \quad C = \frac{1}{\sqrt{2a}}.$$

Die Eigenschwingungsformen können damit in der Form

$$W_n(x) = \frac{1}{\sqrt{2a}}\,\varphi_n(x)$$

geschrieben werden, wobei

$$\varphi_n(x) = \frac{\cosh \lambda_n x}{\cosh \lambda_n a} - \frac{\cos \lambda_n x}{\cos \lambda_n a} \tag{c}$$

ist.

Zur Ermittlung der Balkendurchbiegung wird Gl. (11) verwendet. Es ist

$$w(x,t) = \frac{e^{-i\omega t}}{\mu} \sum_{n=1}^{\infty} \frac{W_n(x)}{\omega_n^2\left(1 - \dfrac{\omega^2}{\omega_n^2}\right)} \int\limits_{-a}^{a} q(u)\,W_n(u)\,du. \tag{d}$$

Für eine konstante Belastung gilt

$$\int\limits_{-a}^{a} q(u)\,W_n(u)\,du = 2\sqrt{2a}\,q_0\,\frac{\operatorname{tgh} \lambda_n a}{\lambda_n a}.$$

Gl. (d) lautet also

$$w(x,t) = \frac{2q_0\,a^4\,e^{-i\omega t}}{EI} \sum_{n=1}^{\infty} \frac{\varphi_n(x)}{(\lambda_n a)^4\left(1 - \dfrac{\omega^2}{\omega_n^2}\right)}\,\frac{\tanh \lambda_n a}{\lambda_n a}. \tag{e}$$

Unter Berücksichtigung, daß

$$\frac{\tanh \lambda_1 a}{\lambda_1 a} = 0{,}4154; \quad \frac{\tanh \lambda_k a}{\lambda_k a} \approx \frac{4}{\pi(4k-1)} \quad \text{für} \quad k \gg 2$$

ist, kann die Reihe (e) in der Form

$$w(x,t) = \frac{q_0\,a^4\,e^{-i\omega t}}{EI}\left\{\frac{0{,}0266}{1-\omega^2/\omega_1^2}\,\varphi_1(x) + \dots + \frac{2\varphi_k(x)}{\left(\dfrac{4k-1}{4}\,\pi\right)^5(1-\omega^2/\omega_k^2)} + \dots\right\} \tag{f}$$

geschrieben werden.

Nun werden die Durchbiegungen der Balkenmitte betrachtet. Es gilt dann

$$\varphi_1(0) = \frac{1}{\cosh \lambda_1 a} - \frac{1}{\cos \lambda_1 a} = 1,576,$$

$$\varphi_2(0) = \frac{1}{\cosh \lambda_2 a} - \frac{1}{\cos \lambda_2 a} = -1,4057,$$

$$\varphi_3(0) = \frac{1}{\cosh \lambda_3 a} - \frac{1}{\cos \lambda_3 a} = 1,4144.$$

Zunächst wird die statische Durchbiegung (für $\omega = 0$) untersucht. Werden nur zwei Glieder der Reihe (f) in Betracht gezogen, so ist für $a = l/2$

$$w(0) = 0,002605 \, \frac{q_0 l^4}{EI}$$

an Stelle des exakten Ergebnisses $w(0) = \dfrac{q_0 l^4}{384 EI}$.

Der Fehler überschreitet hierbei also nicht den Anteil von 0,04%.

Nun werden die erzwungenen Schwingungen unter der Voraussetzung untersucht, daß $\omega = \dfrac{1}{\sqrt{2}} \, \omega_1$ ist. Es gilt dann

$$\frac{\omega^2}{\omega_1^2} = \frac{1}{2}, \qquad \frac{\omega^2}{\omega_2^2} = \frac{1}{2}\left(\frac{\lambda_1}{\lambda_2}\right)^4 = 0,0167.$$

Werden diese Werte in die Reihe (f) eingesetzt und drei Glieder der Reihe berücksichtigt, so ergibt sich

$$w(0, t) = 0,00530 \, \frac{q_0 l^4}{EI} \, e^{-i\omega t}.$$

Die Schwingungsamplitude ist in diesem Fall 2,03fach größer als die statische Durchbiegung.

Am Querschnitt $x = \xi$ eines an beiden Enden frei gelagerten Balkens wirke die Einzelkraft $Pe^{i\omega t}$. Die Durchbiegung bei x ist dann nach der Gl. (14)

$$w(x, t) = \frac{2Pe^{i\omega t}}{EIl} \sum_{n=1}^{\infty} \frac{\sin\alpha_n x \sin\alpha_n \xi}{\alpha_n^4\left(1 - \dfrac{\omega^2}{\omega_n^2}\right)}; \qquad \omega_n^2 = \alpha_n^4 \, \frac{EI}{\mu}. \tag{19}$$

Nun wird die Kraft $Pe^{i\omega t}$ am Querschnitt $x = \xi + \Delta\xi$ und die Kraft $-Pe^{i\omega t}$ am Querschnitt $x = \xi$ angebracht. Mit der Bezeichnung $\lim\limits_{\Delta\xi \to 0} Pe^{i\omega t}\Delta\xi = Me^{i\omega t}$ worin $Me^{i\omega t}$ das Einzelmoment ist, liefert die Gl. (19)

$$w_M(x, t) = \frac{2Me^{i\omega t}}{EIl} \sum_{n=1}^{\infty} \frac{\alpha_n \sin\alpha_n x \cos\alpha_n \xi}{\alpha_n^4\left(1 - \dfrac{\omega^2}{\omega_n^2}\right)}. \tag{20}$$

Das Einzelmoment $Me^{i\omega t}$ wird an den linken Auflager verschoben (Abb. 6-3). Wird $\xi = 0$ in die Gl. (20) eingesetzt, so ergibt sich

$$w_M(x, t) = \frac{2Me^{i\omega t}}{EIl} \sum_{n=1}^{\infty} \frac{\alpha_n \sin\alpha_n x}{\alpha_n^4\left(1 - \dfrac{\omega^2}{\omega_n^2}\right)}. \tag{21}$$

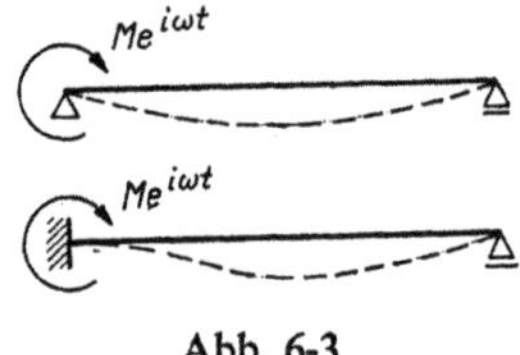

Abb. 6-3

Das Moment $Me^{i\omega t}$ wird so gewählt, daß im Querschnitt $x = 0$ der Neigungswinkel der Tangente zur Biegelinie gleich Null ist:

$$\frac{\partial w(0, t)}{\partial x} = 0. \tag{22}$$

Diese Bedingung liefert

$$\sum_{n=1}^{\infty} \frac{\alpha_n^2}{\alpha_n^4 \left(1 - \dfrac{\omega^2}{\omega_n^2}\right)} = 0$$

oder

$$\sum_{n=1}^{\infty} \frac{\alpha_n^2}{\alpha_n^4 - \lambda^4} = 0. \tag{23}$$

Gl. (23) ist mit der Gl. (43) vom vorigen Abschnitt identisch. Durch Versuche können aus der Gl. (23) die aufeinanderfolgenden Wurzeln λ_i und damit die Werte der Eigenkreisfrequenzen für den bei $x = 0$ eingespannten und bei $x = l$ frei gelagerten Stab gewonnen werden.

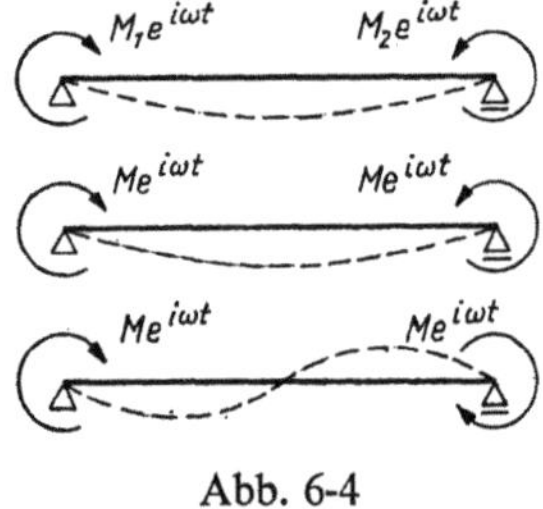

Abb. 6-4

Greift das Moment $M_1 e^{i\omega t}$ am Auflager $x = 0$ und das Moment $M_2 e^{i\omega t}$ am Auflager $x = l$ an, so ist die Balkendurchbiegung (Abb. 6-4)

$$w(x, t) = \frac{2e^{i\omega t}}{EIl} \sum_{n=1}^{\infty} \frac{\alpha_n [M_1 - (-1)^n M_2] \sin \alpha_n x}{\alpha_n^4 \left(1 - \dfrac{\omega^2}{\omega_n^2}\right)}. \tag{24}$$

Die Bedingung

$$\frac{\partial w(0, t)}{\partial x} = 0 \tag{25}$$

liefert für $M_1 = M_2 = M$ d. h. für die Frequenzen ω^2, die den symmetrischen Eigenschwingungsformen entsprechen

$$\sum_{n=1,3,\dots}^{\infty} \frac{\alpha_n^2}{\alpha_n^4 - \lambda^4} = 0. \tag{26}$$

Für die Frequenzen ω^2, die den antisymmetrischen Eigenschwingungsformen entsprechen, gilt dagegen für $M_1 = -M_2 = M$

$$\sum_{n=2,4,\dots}^{\infty} \frac{\alpha_n^2}{\alpha_n^4 - \lambda^4} = 0, \tag{27}$$

in Übereinstimmung mit den Gln. (46) und (47) vom vorigen Abschnitt. Im Querschnitt $x = \xi$ des Balkens greife die Einzelkraft $P\delta(x-\xi)e^{i\omega t}$ an. Die Balkendurchbiegung bei jeder beliebigen Auflagerungsart ist

$$w(x,t) = \frac{Pe^{i\omega t}}{\mu} \sum_{n=1}^{\infty} \frac{W_n(x)\,W_n(\xi)}{\omega_n^2\left(1 - \dfrac{\omega^2}{\omega_n^2}\right)} = PG(x,\xi;t). \tag{28}$$

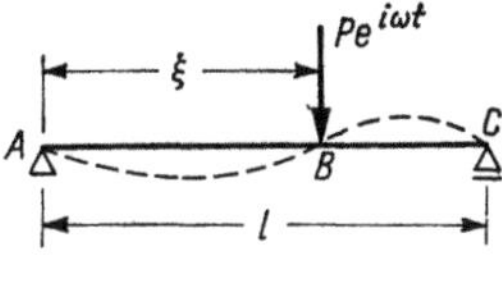

Abb. 6-5

Die Kreisfrequenz wird so gewählt, daß im Querschnitt $x = \xi$ ein Knoten der Querschwingungen (Abb. 6-5) auftritt. Aus der Bedingung

$$G(\xi, \xi; t) = 0 \tag{29}$$

folgt die Gleichung

$$\sum_{n=1}^{\infty} \frac{[W_n(\xi)]^2}{\omega_n^2\left(1 - \dfrac{\omega^2}{\omega_n^2}\right)} = 0. \tag{30}$$

Aufgrund dieser Gleichung können die Eigenkreisfrequenzen für einen Balken mit zwei Feldern $A - B - C$ angenommen werden.

Für einen in Punkten A und C frei gelagerten Balken ergibt sich

$$\sum_{n=1}^{\infty} \frac{\sin^2 \alpha_n \xi}{\alpha_n^4 - \lambda^4} = 0. \tag{31}$$

Auf die erzwungenen harmonischen Schwingungen zurückgreifend stellt man fest, daß die Durchbiegung $w(x,t)$ ebenfalls in einer geschlossenen Form ausgedrückt werden kann, und zwar ohne die Funktionen $X(x,t)$ und $w(x,t)$ in Reihen nach den Eigenschwingungsformen zu entwickeln.

Die *Laplace-Transformation* der Gl. (3) liefert:

$$\overline{W}(p) = \frac{1}{p^4 - \lambda^4}\,[p^3 W(0) + p^2 W'(0) + p W''(0) +$$

$$+ W'''(0)] + \frac{\overline{q}(p)}{EI}\,\frac{1}{p^4 - \lambda^4}\,. \tag{32}$$

Hierbei ist

$$\overline{W}(p) = \int\limits_0^\infty W(x)e^{-px}\,dx; \quad \overline{q}(p) = \int\limits_0^\infty q(x)e^{-px}\,dx\,.$$

Wird die inverse *Laplace-Transformation* angewendet und werden die Gln. (6) vom vorigen Abschnitt berücksichtigt, so entsteht

$$W(x) = W(0)\,S(\lambda x) + \frac{1}{\lambda}\,W'(0)\,T(\lambda x) + \frac{1}{\lambda^2}\,W''(0)\,U(\lambda x) +$$

$$+ \frac{W'''(0)}{\lambda^3}\,V(\lambda x) + \frac{1}{EI\lambda^3}\int\limits_0^x q(u)\,V[\lambda(x - u)]\,du\,. \tag{33}$$

Diese Formel ist für eine willkürliche stetige oder unstetige Belastung gültig. Das in der Gl. (33) vorkommende Integral ist ein partikuläres Integral der Gln. (3) und hängt ausschließlich von der Belastung ab. In der Gl. (33) treten vier Konstanten auf: $W(0)$, $W'(0)$, $W''(0)$, $W'''(0)$. Zwei von diesen Größen sind bekannt und gleich Null. Die anderen zwei werden mit Hilfe von zwei Randbedingungen für den Querschnitt $x = l$ ermittelt.

Der eben dargestellte Lösungsweg bringt große Vorteile der Anwendung der *Laplace-Transformation* hervor. Für jede, sogar sehr verwickelte Belastungsart (z.B. n Einzelkräfte) reicht es aus, nur zwei Integrationskonstanten aus einem System von zwei linearen unhomogenen Gleichungen zu berechnen.

Ist die Biegelinie des Balkens $w(x, t)$ bekannt, so können Biegemomente und Querkräfte in allen Querschnitten berechnet werden.

Zur Berechnung dieser Größen werden die folgenden Formeln verwendet:

$$M = -EI\,\frac{\partial^2 w}{\partial x^2}\,, \tag{34}$$

$$Q = -EI\,\frac{\partial^3 w}{\partial x^3}\,. \tag{35}$$

Die angeführten Formeln gelten sowohl für erzwungene Schwingungen als auch für die statische Balkendurchbiegung.

6.5. Freie und erzwungene aperiodische Schwingungen

Es wird ein Balken endlicher Länge l betrachtet, dessen Schwingung erzwungen wird. Die Sonderfälle eines beiderseitig freien sowie an einem Ende freien und am anderen frei aufgelagerten Balkens bleiben außer Betracht. Es wird vorausgesetzt, daß im Zeitpunkt $t = 0$ sowohl die Biegelinie des Balkens als auch seine Geschwindigkeit bekannt sind und betragen

$$w(x, 0) = f(x) \quad \text{und} \quad \dot{w}(x, 0) = g(x). \tag{1}$$

Es ist also die Differentialgleichung

$$c^2 \frac{\partial^4 w}{\partial x^4} + \ddot{w} = \frac{X(x, t)}{\mu}; \quad c^2 = \frac{EI}{\mu}; \quad \mu = A\varrho \tag{2}$$

mit den Anfangsbedingungen (1) und mit den vorgegebenen homogenen Randbedingungen an Balkenenden zu lösen.

Die *Laplace-Transformation* der Gln. (2) ergibt

$$c^2 \frac{d^4 \overline{w}}{dx^4} + p^2 \overline{w} = \frac{\overline{X}}{\mu} + pw(x, 0) + \dot{w}(x, 0) , \tag{3}$$

wobei

$$\overline{w} = \int\limits_0^\infty w e^{-pt}\, dt, \quad \overline{X} = \int\limits_0^\infty X e^{-pt}\, dt$$

ist.

Unter Berücksichtigung der Anfangsbedingungen (1) kann die Gl. (3) in der Form

$$c^2 \frac{d^4 \overline{w}}{dx^4} + p^2 \overline{w} = \frac{\overline{X}}{\mu} + pf + g \tag{4}$$

geschrieben werden.

Die Funktionen $\overline{w}, \overline{X}, f, g$ werden in Reihen nach den Eigenfunktionen $W_n(x)$ entwickelt, welche die Gleichung

$$\frac{d^4 W_n}{dx^4} - \lambda_n^4 W_n = 0 \tag{5}$$

und die gleichen Randbedingungen wie die Biegelinie $w(x, t)$ aus der Gln. (2) erfüllen. Es gilt

$$\overline{w}(x, p) = \sum_{n=1}^\infty A_n^*(p) W_n(x); \quad \overline{X}(x, p) = \sum_{n=1}^\infty X_n^*(p) W_n(x);$$

$$f(x) = \sum_{n=1}^\infty f_n^* W_n(x); \quad g(x) = \sum_{n=1}^\infty g_n^* W_n(x). \tag{6}$$

Die Koeffizienten der Entwicklung nach den Eigenfunktionen sind

$$A_n^*(p) = \int\limits_0^l \overline{w}(x, p) W_n(x)\, dx; \quad X_n^*(p) = \int\limits_0^l \overline{X}(x, p) W_n(x)\, dx;$$

$$f_n^* = \int\limits_0^l f(x) W_n(x)\, dx; \quad g_n^* = \int\limits_0^l g(x) W_n(x)\, dx. \tag{7}$$

Hierbei wird vorausgesetzt, daß die Funktionen $W_n(x)$ orthogonal und normiert sind. Gl. (3) wird mit $W_n(x)$ multipliziert und von 0 bis l integriert.

Infolge der gleichen Überlegung wie im vorigen Abschnitt (vgl. Gln. (7) und (8)) liefert Gl. (4) die algebraische Gleichung

$$A_n^*(c^2\lambda_n^4 + p^2) = \frac{X_n^*}{\mu} + pf_n^* + g_n^*,$$

woraus sich

$$A_n^* = \frac{\dfrac{X_n^*}{\mu} + pf_n^* + g_n^*}{c^2\lambda_n^4 + p^2} \tag{8}$$

ergibt.

Wird die inverse endliche Transformation angewendet und die erste der Gln. (6) beachtet, so entsteht

$$\overline{w}(x, p) = \sum_{n=1}^{\infty}{}' \frac{\left(\dfrac{X_n^*}{\mu} + pf_n^* + g_n^*\right)W_n(x)}{c^2\lambda_n^4 + p^2}. \tag{9}$$

Unter Berücksichtigung von $\omega_n^2 = c^2\lambda_n^4$ und der Gln. (7) kann Gl. (9) umgeformt werden und ergibt

$$\overline{w}(x, p) = \sum_{n=1}^{\infty}{}' \frac{W_n(x)}{\omega_n^2 + p^2}\left\{\int_0^l\left[\frac{X(u, p)}{\mu} + pf(u) + g(u)\right]W_n(u)\,du\right\}. \tag{10}$$

Die inverse *Laplace-Transformation* liefert unter Verwendung des Faltungssatzes

$$w(x, t) = \frac{1}{\mu}\sum_{n=1}^{\infty} W_n(x)\int_0^l W_n(u)\,du\int_0^t X(u, \tau)\frac{1}{\omega_n}\sin\omega_n(t - \tau)\,d\tau +$$

$$+ \sum_{n=1}^{\infty} W_n(x)\int_0^l W_n(u)\left[f(u)\cos\omega_n t + \frac{1}{\omega_n}g(u)\sin\omega_n t\right]du. \tag{11}$$

Zunächst wird die freie Schwingung untersucht. Die allgemeine Gleichung für diese Schwingung ergibt sich aus der Gl. (11) mit Voraussetzung der Erregerkraft $X(x, t) = 0$.

a) Im Zeitpunkt $t = 0$ möge der Balken den Geschwindigkeitsimpuls $\dot{w}(x, 0) = \delta(x - \xi)$ im Querschnitt $x = \xi$ erfahren. Dann gilt

$$\int_0^l W_n(u)\,\delta(u - \xi)\,du = W_n(\xi).$$

Da im betrachteten Fall $X(x, t) = 0$ und $f(x) = 0$ sind, liefert Gl. (11)

$$w(x, t) = \sum_{n=1}^{\infty}{}' \frac{W_n(x)W_n(\xi)}{\omega_n}\sin\omega_n t. \tag{12}$$

Für einen an beiden Enden frei gelagerten Balken, für den die normierte

Eigenschwingungsform durch die Gleichung

$$W_n(x) = \sqrt{\frac{2}{l}} \sin \alpha_n x \quad \text{mit} \quad \alpha_n = \frac{n\pi}{l}$$

beschrieben wird, ergibt sich

$$w(x,t) = \frac{2}{l} \sum_{n=1}^{\infty} \frac{\sin \alpha_n \xi \sin \alpha_n x}{\omega_n} \sin \omega_n t; \quad \text{mit} \quad \omega_n = \alpha_n^2 c =$$

$$= \alpha_n^2 \sqrt{\frac{EI}{\mu}} . \tag{13}$$

b) Für $t < 0$ wird der Balken durch eine statische Belastung beansprucht, welche die Durchbiegung $w_{st}(x)$ hervorruft. Diese Belastung wird plötzlich im Zeitpunkt $t = 0$ entfernt.

In der Gl. (11) ist dann

$$w(x, 0) = f(x) = w_{st}(x); \quad g(x) = 0; \quad X(x, t) = 0 \tag{14}$$

einzuführen.

Der Balken schwingt nun frei und die Biegelinie ist

$$w(x, t) = \sum_{n=1}^{\infty} W_n(x) \cos \omega_n t \int_0^l W_n(u) \, w_{st}(u) \, du. \tag{15}$$

Die Durchbiegung verschwindet tatsächlich nach einer gewissen Zeit infolge der äußeren und inneren Reibung.

Gl. (15) kann auch in einer anderen Form geschrieben werden. Es wird vorausgesetzt, daß die statische Durchbiegung $w_{st}(x)$ durch eine bei $x = \xi$ angreifende Einzelkraft hervorgerufen wird. Nach der Gl. (13) vom vorigen Abschnitt gilt

$$w_{st}(x) = \frac{P_0}{\mu} \sum_{k=1}^{\infty} \frac{W_k(x) W_k(\xi)}{\omega_k^2} . \tag{16}$$

Die Einführung der Gl. (16) in die Gl. (15), die Integration und die Berücksichtigung der Orthogonalitätsbedingung der Funktionen W_n und W_k ergeben

$$w(x, t) = \frac{P_0}{\mu} \sum_{n=1}^{\infty} \frac{W_n(x) W_n(\xi)}{\omega_n^2} \cos \omega_n t . \tag{17}$$

Es ist ersichtlich, daß $w(x, t) \to w_{st}(x)$ für $t \to 0$ ist.

Beispiel 6-3. Es wird die Schwingung eines in zwei Punkten frei gelagerten Balkens betrachtet, dessen statische Belastung plötzlich entfernt wird.

Unter Berücksichtigung, daß im vorliegenden Fall

$$W_n(x) = \sqrt{\frac{2}{l}} \sin \alpha_n x \quad \text{mit} \quad \alpha_n = \frac{n\pi}{l}; \quad \omega_n^2 = \lambda_n^4 c^2; \quad c^2 = \frac{EI}{\mu}$$

ist, wird aus der Gl. (16) die statische Durchbiegung ermittelt:

$$w_{st} = \frac{2P_0 l^3}{\pi^4 EI} \sum_{n=1}^{\infty} \frac{\sin \alpha_n \xi}{n^4} \sin \alpha_n x.$$

Für $x = l/2$ ist

$$w_{st}\left(\frac{l}{2}\right) = \frac{2P_0 l^3}{\pi^4 EI} \sum_{n=1,3,5,\ldots}^{\infty} \frac{1}{n^4} = \frac{P_0 l^3}{48EI}.$$

Die freie Balkenschwingung nach der plötzlichen Entlastung zum Zeitpunkt $t = 0$ wird aufgrund der Gl. (17) bestimmt:

$$w(x,t) = \frac{2P_0 l^3}{\pi^4 EI} \sum_{n=1}^{\infty} \frac{\sin a_n \xi}{n^4} \sin a_n x \cos \omega_n t.$$

In der Balkenmitte ist

$$w\left(\frac{l}{2},t\right) = \frac{2P_0 l^3}{\pi^4 EI} \sum_{n=1,3,\ldots}^{\infty} \frac{\cos \omega_n t}{n^4}.$$

Das Biegemoment wird mit der Formel

$$M = -EI\frac{\partial^2 w}{\partial x^2} = \frac{2P_0 l}{\pi^2} \sum_{n=1,2,\ldots}^{\infty} \frac{\sin a_n \xi}{n^2} \sin a_n x \cos \omega_n t$$

beschrieben. Sie lautet für $x = l/2$

$$M\left(\frac{l}{2},t\right) = \frac{2P_0 l}{\pi^2} \sum_{n=1,3,5,\ldots}^{\infty} \frac{\cos \omega_n t}{n^2}.$$

Beispiel 6-4. Es wird ein beiderseitig eingespannter Balken der Spannweite $l = 2a$ untersucht. Die statische Durchbiegung $w_{st}(x)$ wurde durch die im Balkenmittelpunkt angreifende Einzelkraft P_0 verursacht. Zum Zeitpunkt $t = 0^-$ wird diese Belastung beseitigt. Die Biegelinie wird durch die Gl. (17) beschrieben. Der Koordinatenursprung wird im Balkenmittelpunkt vorausgesetzt. Es werden die Eigenschwingungsformen

$$W_n(x) = \frac{1}{\sqrt{2a}}\,\varphi_n(x) \quad \text{mit} \quad \varphi_n(x) = \frac{\cosh \lambda_n x}{\cosh \lambda_n a} - \frac{\cos \lambda_n x}{\cos \lambda_n a}$$

verwendet, die im vorigen Abschnitt erläutert worden sind.

Die Gl. (17) liefert

$$w(x,t) = \frac{P_0 a^3}{2EI} \sum_{n=1}^{\infty} \frac{\varphi_n(x)\varphi_n(0)}{(\lambda_n a)^4} \cos \omega_n t.$$

Die Größen $\lambda_n a$ stellen die Wurzeln der transzendenten Gleichung

$$\tanh \lambda_n a + \tan \lambda_n a = 0$$

dar. Hierbei ist

$$\lambda_1 a = 2{,}36506; \quad \lambda_n a \approx \frac{4n-1}{4}\,\pi; \quad n \geqslant 2.$$

Die Durchbiegung der Balkenmitte ist

$$w(0,t) = \frac{P_0 l^3}{16EI} \sum_{n=1,2,\ldots}^{\infty} \frac{\varphi_n^2(0)}{(\lambda_n a)^4} \cos \omega_n t =$$

$$= \frac{P_0 l^3}{16EI}\left\{ \frac{1{,}576^2}{2{,}36506^4} \cos \omega_1 t + \frac{1{,}4057^2}{\left(\dfrac{7}{4}\pi\right)^4} \cos \omega_2 t + \ldots \right\} =$$

$$= \frac{P_0 l^3}{16EI}\,(0{,}0789 \cos \omega_1 t + 0{,}00217 \cos \omega_2 t + \ldots).$$

Das Biegemoment im Mittelquerschnitt beträgt

$$M(0, t) = \frac{P_0 l}{4} \sum_{n=1}^{\infty} \frac{\varphi_n(0)\psi_n(0)}{(\lambda_n a)^2} \cos \omega_n t,$$

wobei

$$\psi_n(x) = \frac{\cosh \lambda_n x}{\cosh \lambda_n a} + \frac{\cos \lambda_n x}{\cos \lambda_n a}$$

ist.

Nun wird die erzwungene Schwingung untersucht. Für den Zeitpunkt $t = 0$ sei $f(x) = g(x) = 0$. Die ganze Aufmerksamkeit wird also der Gleichung

$$w(x, t) = \frac{1}{\mu} \sum_{n=1}^{\infty} W_n(x) \int_0^l W_n(u)\, du \int_0^t X(u, \tau) \frac{1}{\omega_n} \sin \omega_n(t - \tau)d\tau \quad (18)$$

gewidmet.

Es wird vorausgesetzt, daß die Belastung im Zeitpunkt $t = 0$ angebracht wird und sich sowohl längs des Balkens als auch mit der Zeit nach der Funktion

$$X(x, t) = q(x) F(t) \tag{19}$$

ändert. Dann gilt

$$w(x, t) = \frac{1}{\mu} \sum_{n=1}^{\infty} W_n(x) \int_0^l q(u) W_n(u)\, du \int_0^t F(\tau) \frac{1}{\omega_n} \sin \omega_n(t - \tau)d\tau. \tag{20}$$

Im weiteren werden einige Sonderfälle der aperiodischen erzwungenen Schwingung erörtert.

a) Im Querschnitt $x = \xi$ wirke die momentane Einheitskraft

$$X(x, t) = 1\delta(x - \xi)\delta(t). \tag{21}$$

Da

$$\left.\begin{array}{l} \displaystyle\int_0^l \delta(u - \xi) W_n(u)\, du = W_n(\xi) \\[1.5em] \displaystyle\int_0^t \delta(\tau)\sin \omega_n(t - \tau)d\tau = \sin \omega_n t \end{array}\right\} \tag{22}$$

ist, liefert Gl. (20)

$$w(x, t) = G(x, \xi; t) = \frac{1}{\mu} \sum_{n=1}^{\infty} \frac{W_n(x) W_n(\xi)}{\omega_n} \sin \omega_n t. \tag{23}$$

Es ist ebenfalls ersichtlich, daß Gl. (20) unter Anwendung der *Greenschen Funktion* $G(x, \xi; t)$ in der Form

$$w(x, t) = \int_0^l q(\xi)\, d\xi \int_0^t G(x, \xi; t - \tau) F(\tau)\, d\tau. \tag{20'}$$

geschrieben werden kann und daß Gl. (23) im Sonderfall eines an den beiden

Enden frei gelagerten Balkens die einfache Form

$$w(x,t) = G(x,\xi,t) = \frac{2}{\mu l} \sum_{n=1}^{\infty} \frac{\sin \alpha_n x \sin \alpha_n \xi}{\omega_n} \sin \omega_n t \tag{24}$$

$$\text{mit} \quad \alpha_n = \frac{n\pi}{l}; \quad \omega_n = \alpha_n^2 \sqrt{\frac{EI}{\mu}}$$

annimmt.

b) Im Querschnitt $x = \xi$ wirke die Einzelkraft der Intensität P_0:

$$X(x,t) = P_0 \delta(x-\xi) H(t), \tag{25}$$

wobei $H(t)$ die *Heavisidesche Funktion* ist.

Da

$$\int_0^l \delta(u-\xi) W_n(u)\, du = W_n(\xi),$$

$$\int_0^t H(\tau) \sin \omega_n(t-\tau)\, d\tau = \int_0^t \sin \omega_n(t-\tau)\, d\tau = \frac{1}{\omega_n}(1-\cos \omega_n t)$$

ist, liefert Gl. (20)

$$w(x,t) = \frac{P_0}{\mu} \sum_{n=1}^{\infty} \frac{W_n(x)\, W_n(\xi)}{\omega_n^2}(1-\cos \omega_n t). \tag{26}$$

Diese Gleichung kann noch in einer anderen Form geschrieben werden:

$$w(x,t) = w_{st}(x) + \hat{w}(x,t), \tag{26'}$$

wobei

$$w_{st} = \frac{P_0}{\mu} \sum_{n=1}^{\infty} \frac{W_n(x)\, W_n(\xi)}{\omega_n^2}$$

und

$$\hat{w}(x,t) = -\frac{P_0}{\mu} \sum_{n=1}^{\infty} \frac{W_n(x)\, W_n(\xi)}{\omega_n^2} \cos \omega_n t$$

ist.

Die Durchbiegung (26') läßt sich aus zwei Teilen zusammensetzen: aus einer statischen Durchbiegung (vgl. Gl. (16)) und der Durchbiegung $\hat{w}(x,t)$, die gemäß Gl. (17) als eine Durchbiegung infolge der plötzlichen Beseitigung der Last $-P_0 \delta(x-\xi)$ angesehen werden darf.

Auf eine ähnliche Weise gilt für die Biegemomente

$$M(x,t) = M_{st}(x) + \hat{M}(x,t),$$

wobei

$$M_{st} = -\frac{P_0 EI}{\mu} \sum_{n=1}^{\infty} \frac{W_n''(x)\, W_n(\xi)}{\omega_n^2}$$

und

$$\hat{M} = \frac{P_0\,EI}{\mu} \sum_{n=1}^{\infty} \frac{W_n''(x)\,W_n(\xi)}{\omega_n^2} \cos \omega_n t$$

ist.

Für einen in zwei Punkten frei drehbar aufgestützten Balken gilt bei der in der Feldmitte angreifenden Einzelkraft

$$w(x,t) = \frac{P_0\,l^3}{48\,EI} - \frac{2P_0\,l^3}{\pi^4\,EI} \sum_{n=1,3,\dots}^{\infty} \frac{\cos \omega_n t}{n^4},$$

$$M(x,t) = \frac{P_0\,l}{4} - \frac{2P_0\,l}{\pi^2} \sum_{n=1,3,\dots}^{\infty} \frac{\cos \omega_n t}{n^2}.$$

c) Längs des Balkens bewege sich eine Einzelkraft der Intensität $F(t)$ mit der konstanten Geschwindigkeit V. Dann gilt

$$X(x,t) = \begin{cases} F(t)\,\delta(x-Vt) & \text{für} \quad 0 \leqq Vt < l \\ 0 & \text{für} \quad Vt \geqq l \end{cases} \tag{27}$$

Es wird vorausgesetzt, daß die Kraft $X(x,t)$ während ihrer Bewegung längs des Balkens ihren Wert (die Intensität) mit der Zeit t ändern kann. Die Einführung der Gl. (27) in Gl. (20) und Berücksichtigung von

$$\int_0^l \delta(u-Vt)\,W_n(u)\,du = W_n(Vt),$$

ergeben die folgende Gleichung für die Balkenbiegelinie:

$$w(x,t) = \frac{1}{\mu} \sum_{n=1}^{\infty} W_n(x) \int_0^t F(\tau)\,W_n(V\tau)\,\frac{1}{\omega_n} \sin \omega_n(t-\tau)\,d\tau. \tag{28}$$

Wenn $F(t) = PH(t)$ ist, so gilt

$$w(x,t) = \frac{P}{\mu} \sum_{n=1}^{\infty} \frac{W_n(x)}{\omega_n} \int_0^t W_n(\tau V) \sin \omega_n(t-\tau)\,d\tau. \tag{29}$$

Für einen an den beiden Enden frei gelagerten Balken liefert Gl. (29)

$$w(x,t) = \frac{2P}{\mu l} \sum_{n=1}^{\infty} \frac{\sin \alpha_n x}{\omega_n} \int_0^t \sin(\alpha_n V\tau) \sin \omega_n(t-\tau)\,d\tau \tag{30}$$

$$\text{mit} \quad \omega_n = \alpha_n^2 \sqrt{\frac{EI}{\mu}}.$$

Die Integration ergibt

$$w(x,t) = \frac{2P}{\mu l} \sum_{n=1}^{\infty} \frac{\sin \alpha_n x}{\omega_n(\alpha_n^2 V^2 - \omega_n^2)} (\alpha_n V \sin \alpha_n t - \omega_n \sin \alpha_n Vt). \tag{31}$$

Diese Gleichung gilt für $0 < Vt < l$.

Sie gilt ebenfalls für den statischen Fall der Einwirkung einer Einzelkraft. Man braucht nur vorauszusetzen, daß $V \to 0$ ist und daß die Kraft trotz ihrer unendlich kleinen Geschwindigkeit den Punkt $x = \xi$ erreicht. Es wird also $V \to 0$ und $\sin \alpha_n Vt \to \sin \alpha_n \xi$ angenommen. Mithin ist

$$w_{st}(x) = \frac{2P}{\mu l} \sum_{n=1}^{\infty} \frac{\sin \alpha_n \xi}{\omega_n^2} \sin \alpha_n x \tag{32}$$

oder

$$w_{st}(x) = \frac{2Pl^3}{\pi^4 EI} \sum_{n=1}^{\infty} \frac{\sin \alpha_n \xi}{n^4} \sin \alpha_n x. \tag{32'}$$

Beispiel 6-4. Es wird die mit Gl. (31) beschriebene Biegelinie $w(x, t)$ untersucht [54]. Die entsprechende Gleichung wird in der Form

$$w(x, t) = \frac{2Pl^3}{\pi^4 EI} \sum_{n=1}^{\infty} \sin \frac{n\pi x}{l} \cdot \frac{\sin \dfrac{n\pi Vt}{l} - \dfrac{\beta}{n} \sin \dfrac{n^2 \pi Vt}{\beta l}}{n^4 \left[1 - \left(\dfrac{\beta}{n} \right)^2 \right]} \tag{a}$$

geschrieben, wobei

$$\beta = \frac{Vl}{\pi} \sqrt{\frac{\mu}{EI}}$$

ist. Diese Form ist nämlich für eine Diskussion besser geeignet.

Die in obiger Formel vorkommenden Reihen konvergieren sehr schnell. Man darf also die Betrachtung auf die ersten Glieder der Reihen beschränken. Es wird vorausgesetzt, daß die Kraft P den Querschnitt $x = \xi$ erreicht hat. Wird im Ausdruck $\sin \dfrac{\pi Vt}{l}$ das Produkt Vt durch ξ ersetzt, so ergibt sich die folgende Näherungsformel für die Durchbiegung in der Balkenmitte

$$w\left(\frac{l}{2}, t \right) \approx \frac{2Pl^3}{\pi^4 EI} \cdot \frac{\sin \dfrac{\pi \xi}{l} - \beta \sin \dfrac{\pi Vt}{\beta l}}{1 - \beta^2}$$

oder

$$w\left(\frac{l}{2}, t \right) \approx w_{st}\left(\frac{l}{2}, \xi \right) \frac{1}{1 - \beta^2} - w_{st}\left(\frac{l}{2}, \frac{l}{2} \right) \frac{\beta}{1 - \beta^2} \sin \frac{\pi Vt}{\beta l}. \tag{b}$$

Hierbei ist $w_{st}\left(\dfrac{l}{2}, \xi \right)$ das erste Glied der Reihe (a) und $w_{st}\left(\dfrac{l}{2}, \dfrac{l}{2} \right) = \dfrac{2Pl^3}{\pi^4 EI} = \dfrac{Pl^3}{48{,}6EI}$ der angenäherte Wert der Durchbiegung in der Balkenmitte $\left(\text{der exakte Wert ist } \dfrac{Pl^3}{48EI}\right)$.

Es ist noch das Glied $\sin \dfrac{\pi Vt}{l}$ abzuschätzen. Das Argument dieses Ausdruckes läßt sich als $\dfrac{\pi t}{t'}$ schreiben, worin $t' = \dfrac{1}{V}$ die für die Verschiebung der Kraft von einem an den anderen Auflager erforderliche Zeit ist. Das Verhältnis t/t' nimmt Werte zwischen 0 und 1 an. Der Beiwert $\beta = \dfrac{Vl}{\pi} \sqrt{\dfrac{\mu}{EI}}$ ist für verschiedene bestehende Brücken der Spannweite 20 m für eine Geschwindigkeit von $V = 24$ m/s berechnet worden und beträgt $\beta = 0{,}06$. Der Wert des Argumentes $\dfrac{\pi t}{\beta t'}$ liegt also zwischen 0 und 15π. Wird nun für das Glied $\sin\dfrac{\pi t}{\beta t'}$ der möglichst

unvorteilhafte Wert -1 angenommen, so ergibt Gl. (b) für $\xi = \dfrac{l}{2}$

$$max\, w\left(\frac{l}{2}, t\right) \approx \frac{w_{st}\left(\dfrac{l}{2}, \dfrac{l}{2}\right)}{1-\beta^2} + \frac{w_{st}\left(\dfrac{l}{2}, \dfrac{l}{2}\right)\beta}{1-\beta^2} = \frac{w_{st}\left(\dfrac{l}{2}, \dfrac{l}{2}\right)}{1-\beta}. \tag{c}$$

Die größte dynamische Durchbiegung der Balkenmitte ergibt sich, wenn die statische Durchbiegung mit dem Beiwert $(1-\beta)^{-1}$ multipliziert wird. Für $\beta = 0{,}06$ ist $(1-\beta)^{-1} = 1{,}065$; der Zuwachs im Vergleich mit der statischen Durchbiegung beträgt 6,5%.

Das Biegemoment wird aufgrund der Gl. (31) gewonnen. Es gilt

$$M(x, t) = -EI\frac{\partial^2 w}{\partial x^2} = \frac{2Pl}{\pi^2}\sum_{n=1}^{\infty}\frac{\sin\dfrac{n\pi x}{l}\sin\dfrac{n\pi Vt}{l}}{n^2\left[1-\left(\dfrac{\beta}{n}\right)^2\right]} -$$

$$- \frac{2Pl\beta}{\pi^2}\sum_{n=1}^{\infty}\frac{\sin\dfrac{n\pi x}{l}\sin\dfrac{n^2\pi Vt}{\beta l}}{n^3\left[1-\left(\dfrac{\beta}{n}\right)^2\right]}. \tag{d}$$

Die erste Reihe konvergiert hierbei nicht mehr so schnell, wodurch die Berücksichtigung lediglich des ersten Gliedes nicht zulässig wäre. Aus diesem Grund wird hierbei anders als

bei der Betrachtung der Durchbiegung verfahren. In der Reihe wird der Ausdruck $1-\left(\dfrac{\beta}{n}\right)^2$

durch $1-\beta^2$ ersetzt. Auf diese Weise werden die Glieder für $n \geqq 2$ vergrößert.

Weiterhin wird das Biegemoment im Querschnitt $x = l/2$ unter der Voraussetzung betrachtet, daß die Kraft P den Querschnitt $\xi = l/2$ erreicht hat. Mithin ist $\xi = l/2 = Vt$.

Die zweite Reihe nach n^3 konvergiert schneller. Hierbei darf man sich auf das erste Glied beschränken. Folglich darf geschrieben werden:

$$M\left(\frac{l}{2}, t\right) \approx \frac{2Pl}{\pi^2(1-\beta^2)}\sum_{n=1}^{\infty}\frac{1}{n^2} - \frac{2Pl\beta}{\pi^2}\frac{\sin\dfrac{\pi Vt}{\beta l}}{1-\beta^2}. \tag{e}$$

Die erste Summe stellt das statische Biegemoment $M_{st}\left(\dfrac{l}{2}, \dfrac{l}{2}\right)$, das mit $(1-\beta^2)^{-1}$ multi-

pliziert ist. Im zweiten Glied der Gl. (e) wird für $\sin\dfrac{\pi Vt}{\beta l}$ der möglichst unvorteilhafte Wert -1

angesetzt. Mithin ist

$$max\, M\left(\frac{l}{2}, t\right) \approx \frac{Pl}{4}\frac{1}{1-\beta^2} + \frac{2Pl}{\pi^2(1-\beta^2)} = \frac{Pl}{4}\frac{1+\dfrac{8}{\pi^2}\beta}{1-\beta^2}.$$

Es ist ersichtlich, daß

$$max\, M\left(\frac{l}{2}, t\right) \approx \frac{M\left(\dfrac{l}{2}, \dfrac{l}{2}\right)}{1-\beta} \tag{f}$$

ist.

Für die Durchbiegung und für das Biegemoment sind fast die gleichen dynamischen Koeffizienten gewonnen worden.

6.6. Querschwingung des Balkens mit einem veränderlichen Querschnitt

Im Abschnitt 6.1 wurde die Differentialgleichung der Querschwingung eines Stabes unter Voraussetzung eines veränderlichen Stabquerschnittes hergeleitet:

$$E\frac{\partial^2}{\partial x^2}\left(I\frac{\partial^2 w}{\partial x^2}\right)+\mu\frac{\partial^2 w}{\partial t^2}-X=0. \tag{1}$$

Hierbei stellen sowohl das Trägheitsmoment $I(x)$ als auch die auf eine Längeneinheit bezogene Masse $\mu = \varrho A(x)$ Funktionen der Veränderlichen x dar.

Nun werden einige exakte Lösungen eines derartigen Problems angeführt. Es wird ein kegelförmiger Balken betrachtet, der an der Basis vollkommen eingespannt ist. Wird der Koordinatenursprung an der Kegelspitze vorausgesetzt und mit l die Balkenlänge, mit $2a$ der Durchmesser des Kreisquerschnittes bezeichnet, so gilt

$$I = \frac{1}{4}\pi r^4 = \frac{\pi a^4 x^4}{4l^4}, \qquad \mu = \varrho A = \varrho\pi r^2 = \varrho\pi\frac{a^2 x^2}{l^2}.$$

Es werden Eigenschwingungsformen und -frequenzen untersucht. Mit $w(x,t) = W(x)e^{i\omega t}$ und $X = 0$ ergibt Gl. (1)

$$\frac{d^2}{dx^2}\left(x^4\frac{d^2 W}{dx^2}\right)-k^4 x^2 W = 0, \qquad k^4 = \frac{4\varrho\omega^2 l^2}{a^2 E}. \tag{2}$$

Gl. (2) kann auch in einer anderen Form geschrieben werden:

$$\left(x\frac{d^2}{dx^2}+3\frac{d}{dx}+k^2\right)\left(x\frac{d^2}{dx^2}+3\frac{d}{dx}-k^2\right)W = 0. \tag{3}$$

Da die beiden Operatoren in Gl. (3) kommutativ sind, kann die Lösung dieser Gleichung in der Form $W = W_1 + W_2$ geschrieben werden, wobei die Funktionen W_1, W_2 den Gleichungen

$$\left(x\frac{d^2}{dx^2}+3\frac{d}{dx}+k^2\right)W_1 = 0,$$

$$\left(x\frac{d^2}{dx^2}+3\frac{d}{dx}-k^2\right)W_2 = 0 \tag{4}$$

genügen. Die allgemeine Lösung von Gl. (3) lautet

$$W = \frac{1}{x}\left[AJ_2(2k\sqrt{x})+BY_2(2k\sqrt{x})+CI_2(2k\sqrt{x})+DK_2(2k\sqrt{x})\right]. \tag{5}$$

Hierbei bedeuten: J_2 die *Besselsche Funktion* erster Art (zweiter Ordnung), Y_2 die Funktion zweiter Art, I_2 und K_2 die modifizierten *Besselschen Funktionen* erster und dritter Art.

Im betrachteten Fall eines Kragbalkens gelten die folgenden Randbedingungen:

$$W(l) = 0, \quad \frac{dW(l)}{dx} = 0, \quad EI\frac{d^2 W(0)}{dx^2} = 0, \quad \frac{d}{dx}\left(EI\frac{d^2 W(0)}{dx^2}\right) = 0. \tag{6}$$

Weiterhin ist noch die physikalische Bedingung zu betrachten, daß die Durchbiegung des freien Balkenendes endlich bleibt. Für kleinen und positiven Wert von x gilt

$$x^{-1}Y_2(2k\sqrt{x}) \approx -\frac{1}{\pi x}\left(\frac{1}{k^2 x}-1\right), \qquad x^{-1}K_2(2k\sqrt{x}) \approx \frac{1}{\pi x}\left(\frac{1}{k^2 x}-1\right).$$

Da die Vorzeichen in den Ausdrücken in Klammern verschieden sind, bleibt der Ausdruck $\frac{1}{x}(BY_2+DK_2)$ für $x \to 0$ nur bei $B = D = 0$ endlich.

Die beiden ersten Bedingungen (6) liefern ein System zweier homogener Gleichungen

$$AJ_2(\zeta)+CI_2(\zeta) = 0,$$
$$AJ_3(\zeta)-CI_3(\zeta) = 0, \quad \zeta = 2k\sqrt{l}. \tag{7}$$

Die Kompatibilität dieses Systems verlangt

$$J_2(\zeta)I_3(\zeta)+J_3(\zeta)I_2(\zeta) = 0. \tag{8}$$

Obige Frequenzgleichung liefert die Wurzeln $\zeta_1, \zeta_2, \ldots$, die zur Berechnung von Eigenfrequenzen $\omega_1, \omega_2, \ldots$ verwendet werden können. Es gilt

$$\omega_n = \frac{a\zeta_n^2}{8l^2}\sqrt{\frac{E}{\varrho}}, \quad n = 1, 2, \ldots. \tag{9}$$

Die Eigenschwingungsformen ergeben sich aus Gl. (5) unter Berücksichtigung von Gl. $(7)_1$ und $B = D = 0$. Es gilt dann

$$W_n(x) = \frac{A}{x}\left[J_0\left(\zeta_n\sqrt{\frac{x}{l}}\right) - \frac{J_2(\zeta_n)}{I_2(\zeta_n)}I_2\left(\zeta_n\sqrt{\frac{x}{l}}\right)\right],$$
$$n = 1, 2, \ldots. \tag{10}$$

Nun wird auf Gl. (1) zurückgegriffen und eine Veränderlichkeit des Stabquerschnittes betrachtet, für welche die Gl. (1) eine Differentialgleichung mit konstanten Koeffizienten ist [142]. Es wird

$$A(x) = A_0 e^{bx}, \quad I(x) = I_0 e^{bx} \tag{11}$$

vorausgesetzt, wobei b eine beliebige Konstante ist. Wird Gl. (11) in Gl. (1) eingesetzt und wird angenommen, daß die Eigenschwingung mit $w(x) = W(x)e^{i\omega t}$, $X = 0$ betrachtet wird, so ergibt sich die folgende Differentialgleichung:

$$\frac{d^4 W}{dx^4}+2b\frac{d^3 W}{dx^3}+b^2\frac{d^2 W}{dx^2}-k^4 W = 0, \quad k^4 = \frac{\omega^2 \varrho A_0}{EI_0} \tag{12}$$

mit der Lösung

$$W(x) = e^{-\frac{bx}{2}}(A\cosh\lambda_1 x + B\sinh\lambda_1 x + C\cos\lambda_2 x + D\sin\lambda_2 x). \tag{13}$$

Hierbei ist

$$\lambda_1 = \sqrt{k^2+\frac{b^2}{4}}, \quad \lambda_2 = \sqrt{k^2-\frac{b^2}{4}}.$$

Der einfachste Fall stellt ein an zwei Auflagern frei drehbar gelagerter Balken dar. Die entsprechenden Randbedingungen

$$W(0) = 0, \quad W(l) = 0, \quad EIW''(0) = 0, \quad EIW''(l) = 0 \tag{14}$$

führen zur transzendenten Gleichung

$$(8k^4 - b^4)\sinh \lambda_1 l \sin \lambda_2 l + 4b^2 \lambda_1 \lambda_2 (\cosh \lambda_1 l \cos \lambda_2 l - 1) = 0. \tag{15}$$

Gesucht wird hierbei die Größe k, die in Ausdrücken für λ_1 und λ_2 ebenfalls auftritt. Die Frequenzgleichung (15) liefert zunächst die Wurzeln $k_1, k_2, \ldots$ und dann die Frequenzen $\omega_1, \omega_2, \ldots, \omega_n, \ldots$, die mit Hilfe der Formel

$$\omega_n = k_n^2 \sqrt{\frac{EI_0}{\varrho A_0}}, \quad n = 1, 2, \ldots$$

berechnet werden. Für den Sonderfall $b = \dfrac{1}{l}$ ergibt sich

$$\omega_1 = \left(\frac{3,12}{l}\right)^2 \sqrt{\frac{EI_0}{\varrho A_0}}, \quad \omega_2 = \left(\frac{6,29}{l}\right)^2 \sqrt{\frac{EI_0}{\varrho A_0}}, \ldots. \tag{16}$$

Nun wird Gl. (1) unter der Voraussetzung betrachtet, daß die Schwingung zeitlich harmonisch ist. Wird in Gl. (1) $W(x, t) = w(x)e^{i\omega t}$ und $X = 0$ eingesetzt, so ergibt sich die gewöhnliche Differentialgleichung

$$\frac{d^2}{dx^2}\left(EI \frac{d^2 W}{dx^2}\right) - \mu\omega^2 W = 0, \quad \mu = \varrho A. \tag{17}$$

Untersucht wird eine Gleichung vierter Ordnung, die mit Hilfe von zwei Operatoren zweiter Ordnung dargestellt wird [23]

$$\left[\frac{1}{R}\frac{d}{dx}\left(S\frac{d}{dx}\right) + C\right]\left[\frac{1}{R}\frac{d}{dx}\left(S\frac{d}{dx}\right) - C\right]W = 0, \tag{18}$$

wobei R und S Funktionen von x sind. Vergleich der Koeffizienten der Gl. (17) und Gl. (18) liefert die Bedingungen

$$R = \mu; \quad S^2 = \mu EI; \quad \frac{dS}{dx} = KR \quad \text{für} \quad \frac{dS}{dx} \neq 0, \quad \text{und}$$

$$S = K \quad \text{für} \quad \frac{dS}{dx} = 0. \tag{19}$$

Die Größe K ist konstant. Die in der Form (18) geschriebene Gl. (17) lautet

$$\left[\frac{1}{\mu}\frac{d}{dx}\left(\sqrt{\mu EI}\,\frac{d}{dx}\right) + \omega\right]\left[\frac{1}{\mu}\frac{d}{dx}\left(\sqrt{\mu EI}\,\frac{d}{dx}\right) - \omega\right]W = 0. \tag{20'}$$

Die Gln. $(19)_{1,2}$ in die Gln. $(19)_{2,3}$ eingesetzt ergibt die Bedingungen

$$EI = \frac{K(\int \mu dx)^2}{\mu} \quad \text{für} \quad \frac{d}{dx}(\sqrt{\mu EI}) \neq 0;$$

$$EI = \frac{K^2}{\mu} \quad \text{für} \quad \frac{d}{dx}(\sqrt{\mu EI}) = 0. \tag{21}$$

Unter der Voraussetzung von $\mu = \mu_0\left(\dfrac{x}{l}\right)^n$, wobei l die Balkenlänge bedeutet,

liefert die Bedingung $(21)_1$ $EI = EI_0\left(\dfrac{x}{l}\right)^{n+2}$. Gl. (20) lautet mithin

$$\left[\frac{1}{x^n}\frac{d}{dx}\left(x^{n+1}\frac{d}{dx}\right)+k^2\right]\left[\frac{1}{x^n}\frac{d}{dx}\left(x^{n+1}\frac{d}{dx}\right)-k^2\right]W(x) = 0 \qquad (20'')$$

mit $k^2 = l\omega\sqrt{\dfrac{\mu_0}{EI_0}}$.

Diese Gleichung hat die Lösung

$$W(x) = x^{-\frac{n}{2}}[AJ_n(z)+BY_n(z)+CI_n(z)+DK_n(z)], \qquad (22)$$

wenn n eine ganze Zahl ist, und die Lösung

$$W(x) = e^{-\frac{n}{2}}[AJ_n(z)+BJ_{-n}(z)+CI_n(z)+DI_{-n}(z)], \qquad (23)$$

wenn n ein Bruch ist. Hierbei ist $z = 2k\sqrt{x}$.

Untersucht wird ein Kragbalken, der im Querschnitt $x = l$ vollkommen eingespannt und am Querschnitt $x = 0$ vollkommen frei ist. Die Randbedingungen

$$EI\frac{d^2W(0)}{dx^2} = 0, \quad \frac{d}{dx}\left(EI\frac{d^2W(0)}{dx^2}\right) = 0, \quad W(l) = 0, \quad \frac{dW(l)}{dx} = 0 \quad (24)$$

liefern unter Berücksichtigung, daß die Durchbiegung $w(0)$ endlich bleibt und damit $B = D = 0$ ist, die folgende Frequenzgleichung

$$J_n(\gamma)I_{n+1}(\gamma)+J_{n+1}(\gamma)I_n(\gamma) = 0, \qquad \gamma = 2k\sqrt{l}. \qquad (25)$$

Daraus ergeben sich die Werte $\gamma_1, \gamma_2, \dots$ und die Frequenzen

$$\omega_n = \frac{\gamma_n^2}{4l^2}\sqrt{\frac{EI_0}{\mu_0}}, \quad n = 1, 2, 3, \dots.$$

Sind Eigenwerte und zugeordnete Eigenfunktionen bekannt, so können Eigenschwingungen des Stabes mit einem veränderlichen Querschnitt untersucht werden. Weiterhin wird gezeigt, daß die Eigenfunktionen, welche die Gl. (17) erfüllen, orthonormal sind, und schließlich wird die Entwicklung einer vorgegebenen Funktion in eine unendliche Reihe der Eigenfunktionen dargestellt.

Die Eigenschwingungsgleichung (17) wird in der Form

$$\frac{d^2}{dx^2}\left(\gamma\frac{d^2W}{dx^2}\right)-\mu\omega^2W = 0, \quad \gamma = EI, \quad \mu = \varrho A \qquad (17')$$

geschrieben. Mit ω_n und ω_m ($n \neq m$) werden zwei willkürlich gewählte Eigenwerte und mit $W_n(x)$ und $W_m(x)$ die zugeordneten Eigenfunktionen bezeichnet, die den Gleichungen

$$(\gamma W_n'')''-\omega_n^2\mu W_n = 0, \quad (\gamma W_m'')''-\omega_m^2\mu W_m = 0 \qquad (26)$$

genügen.

Die erstere dieser Gleichungen wird mit W_m, die andere mit W_n multipliziert, die Gleichungen werden voneinander subtrahiert und das Ergebnis wird längs des Stabes von 0 bis l integriert. Mithin entsteht

$$(\omega_m^2-\omega_n^2)\int_0^l \mu W_m W_n dx = \int_0^l (\gamma W_m'')''W_n-(\gamma W_n'')''W_m]dx. \qquad (27)$$

Es gilt aber

$$\int_0^l [(\gamma W_m'')'' W_n - (\gamma W_n'')'' W_m]dx = \left| W_n(\gamma W_m'')' \right|_0^l - \left| W_n' \gamma W_m'' \right|_0^l -$$

$$- \left| W_m(\gamma W_n'')' \right|_0^l + \left| W_m' \gamma W_n'' \right|_0^l.$$

Es kann bewiesen werden, daß die rechte Seite von Gl. (27) für beliebige Randbedingungen an Querschnitten $x = 0$, $x = l$ gleich Null ist. Daraus folgt

$$(\omega_m^2 - \omega_n^2) \int_0^l \mu W_m W_n dx = 0.$$

Wegen der Voraussetzung $\omega_m^2 \neq \omega_n^2$ ist also

$$\int_0^l \mu(x) W_m(x) W_n(x) dx = 0. \tag{28}$$

Die Funktionen $W_n(x)$ sind so zu wählen, daß die Bedingung

$$\int_0^l \mu(x) W_n^2(x) dx = 1 \tag{29}$$

erfüllt wird. Der Normfaktor N_n ist hierbei

$$N_n = \frac{1}{\sqrt{\int_0^l \mu W_n^2 dx}}. \tag{30}$$

Im Intervall $\langle 0, l \rangle$ sei die Funktion $X(x, t)$ und eine Folge orthogonaler (mit der Norm $\mu(x)$) und normierter Eigenfunktionen $W_1(x), ..., W_n(x), ...$ vorgegeben, welche die vorausgesetzten Randbedingungen erfüllen. Die Funktion $X(x, t)$ wird mit Hilfe der Reihe

$$X(x, t) = \sum_{n=1}^{\infty} a_n(t) W_n(x) \tag{31}$$

dargestellt. Beide Seiten der Gl. (31) werden mit $\mu(x) W_m(x)$ multipliziert und von 0 bis l integriert. Mithin entsteht

$$\int_0^l \mu(x) X(x, t) W_m(x) dx = \sum_{n=1}^{\infty} a_n(t) \int_0^l \mu(x) W_n(x) W_m(x) dx. \tag{32}$$

Laut Gln. (28) und (29) gilt

$$\int_0^l \mu(x) W_m(x) W_n(x) dx = \delta_{nm}. \tag{33}$$

Wird Gl. (33) in die rechte Seite von Gl. (32) eingeführt, so ergibt sich

$$\sum_{n=1}^{\infty} a_n \delta_{nm} = a_m$$

und weiterhin

$$a_n(t) = \int_0^l \mu(x)X(x,t)W_m(x)\,dx.\tag{34}$$

Auf diese Weise werden die Koeffizienten a_m der Entwicklung der Funktion $X(x,t)$ nach Eigenfunktionen $W_n(x)$ berechnet.

Nun wird Gl. (1) betrachtet und diejenige Funktion gesucht, die der Einwirkung der Erregerkräfte $X(x,t)$ entspricht. Die Anfangsbedingungen werden homogen vorausgesetzt. Die *Laplace-Transformation* von Gl. (1) ergibt unter diesen Voraussetzungen

$$\frac{d^2}{dx^2}\left(EI(x)\,\frac{d^2\overline{w}(x,p)}{dx^2}\right) + \mu(x)\,p^2\overline{w}(x,p) = \overline{X}(x,p).\tag{35}$$

Hierbei ist

$$\overline{w}(x,p) = \int_0^\infty w(x,t)e^{-pt}\,dt;\quad \overline{X}(x,p) = \int_0^\infty X(x,t)e^{-pt}\,dt.$$

Die Funktionen $\overline{w}$ und $\overline{X}$ werden in unendliche Reihen nach den Eigenfunktionen $W_n(x)$ entwickelt. Es gilt

$$\overline{w}(x,p) = \sum_{n=1}^\infty A_n(p)\,W_n(x);\quad \overline{X}(x,p) = \sum_{n=1}^\infty B_n(p)\mu(x)\,W_n(x).\tag{36}$$

Mit diesen Ansätzen ergibt Gl. (35)

$$\sum_{n=1}^\infty A_n(p)\left[\frac{d^2}{dx^2}\left(EI\,\frac{d^2 W_n}{dx^2}\right) + \mu p^2 W_n\right] = \sum_{n=1}^\infty B_n(p)\mu W_n.$$

Unter Verwendung der Gl. (17′) kann aber die Größe $(EIW'')''$ eliminiert werden. Mithin ergibt sich die Gleichung

$$\sum_{n=1}^\infty [A_n(p)(\omega_n^2+p^2) - B_n(p)]\mu(x)\,W_n(x) = 0.\tag{37}$$

Diese Gleichung ist für jeden Wert von x erfüllt, wenn

$$A_n(p) = \frac{B_n(p)}{\omega_n^2+p^2}$$

ist. Gl. $(36)_1$ liefert damit

$$\overline{w}(x,p) = \sum_{n=1}^\infty \frac{B_n(p)\,W_n(x)}{\omega_n^2+p^2}.\tag{38}$$

Die Funktion $\overline{X}(x,p)$ von Gl. (36) wird mit $W_m(x)$ multipliziert und nach x von 0 bis l integriert. Dann ergibt sich

$$\int_0^l \overline{X}(x,p)\,W_m(x)\,dx = \sum_{n=1}^\infty B_n(p)\int_0^l \mu(x)\,W_n(x)\,W_m(x)\,dx.$$

Unter Berücksichtigung von Gl. (33) gilt aber

$$B_m = \int\limits_0^l \overline{X}(x,p)\,W_m(x)\,dx$$

und damit ist

$$\overline{w}(x,p) = \sum_{n=1}^{\infty} \frac{W_n(x)}{\omega_n^2 + p^2} \int\limits_0^l \overline{X}(u,p)\,W_n(u)\,du.$$

Nun soll noch lediglich die inverse *Laplace-Transformation* durchgeführt werden. Dann ergibt sich

$$w(x,t) = \sum_{n=1}^{\infty} \frac{W_n(x)}{\omega_n} \int\limits_0^l W_n(u)\,du \int\limits_0^t X(x,\tau)\sin\omega_n(t-\tau)\,d\tau. \qquad (39)$$

Dieses Ergebnis geht für $EI = $ konst, $\varrho A = $ konst in die im Abschnitt 6.5 gewonnene Formel über (vgl. Gl. (11) vom Abschnitt 6.5 für $f = g = 0$).

6.7. Einwirkung einer konstanten Axialkraft auf die Querschwingung eines Balkens

Im Zeitpunkt t möge die Durchbiegung eines Stabes $w(x,t)$ betragen, wobei der Stab durch die Belastung $X(x,t)$ bei gleichzeitiger Einwirkung der konstanten Zugkraft S aus der Gleichgewichtslage ausgelenkt wird [8, 74, 109].

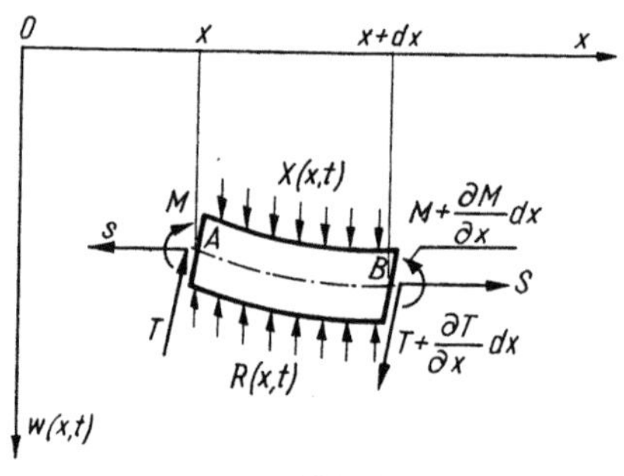

Abb.6-6

In Abb. 6-6 ist ein Element des schwingenden Stabes dargestellt, das mit zwei um dx entfernten Querschnitten aus dem Stab ausgeschnitten ist. Auf das Element wirken die Querlast $X(x,t)$ und die *d'Alembertsche Trägheitskraft* $R(x,t)dx = \varrho A \dfrac{\partial^2 w}{\partial t^2}\,dx$ ein. Im Querschnitt $x = $ konst wirken: das Biegemoment M, die Querkraft Q und die Längskraft S. Im Querschnitt $x+dx$ wirken das Biegemoment $M + \dfrac{\partial M}{\partial x}\,dx$, die Querkraft $Q + \dfrac{\partial Q}{\partial x}\,dx$ und die Längskraft S. Nun wird die Momentengleichung bezüglich des Punktes B aufgestellt:

$$Qdx + M - \left(M + \frac{\partial M}{\partial x}\,dx\right) - S\frac{\partial w}{\partial x}\,dx = 0.$$

Daraus ergibt sich

$$Q = \frac{\partial M}{\partial x} - S\frac{\partial w}{\partial x}. \tag{1}$$

Die Projektion aller Kräfte auf die Richtung w liefert

$$-Q + \left(Q + \frac{\partial Q}{\partial x}\,dx\right) + Xdx - Rdx$$

oder

$$\frac{\partial Q}{\partial x} + X - \varrho A\,\frac{\partial^2 w}{\partial t^2} = 0. \tag{2}$$

Wird die Querkraft aus den Gln. (1) und (2) eliminiert, so ergibt sich

$$\frac{\partial^2 M}{\partial x^2} + S\frac{\partial^2 w}{\partial x^2} - \varrho A\,\frac{\partial^2 w}{\partial t^2} + X = 0. \tag{3}$$

Das Biegemoment soll noch durch die zweite Ableitung der Durchbiegung ausgedrückt werden. Zu diesem Zweck wird die Beziehung

$$EI\,\frac{\partial^2 w}{\partial x^2} = -M$$

verwendet. Endgültig wird die Gleichung

$$EI\,\frac{\partial^4 w}{\partial x^4} - S\frac{\partial^2 w}{\partial x^2} + \mu\frac{\partial^2 w}{\partial t^2} = X(x,t); \qquad \mu = \varrho A \tag{3'}$$

gewonnen. Es handelt sich hierbei um die Differentialgleichung der Querschwingung eines Stabes bei gleichzeitiger Wirkung der konstanten Zugkraft S.

Bei der Herleitung der Gl. (3) wurde die Auswirkung der Rotationsträgheit des Stabelementes vernachlässigt, die eine größere Bedeutung nur bei höheren Frequenzen haben kann.

Wirkt auf den Stab eine Druckkraft ein, so lautet die Gleichung der Querschwingung

$$EI\,\frac{\partial^4 w}{\partial x^4} + S\frac{\partial^2 w}{\partial x^2} + \mu\frac{\partial^2 w}{\partial t^2} = X(x,t). \tag{3''}$$

Nun wird die harmonische Stabschwingung für $X = 0$ wieder unter der Voraussetzung betrachtet, daß $w(x,t) = W(x)e^{i\omega t}$ ist. Es werden die Frequenz und die Eigenschwingungsformen für verschiedene Auflagerungsarten des Stabes untersucht.

Unter diesen Voraussetzungen wird die Gleichung der Querschwingung (3'') auf die gewöhnliche Differentialgleichung

$$EI\,\frac{d^4 W}{dx^4} + S\frac{d^2 W}{dx^2} - \mu\omega^2 W = 0 \tag{4}$$

zurückgeführt.

Eingehender wird der Fall eines Stabes erläutert, der durch die konstante Druckkraft S beansprucht ist. Mit den Bezeichnungen

$$\alpha^2 = \frac{Sl^2}{EI}; \qquad \beta^4 = \frac{\omega^2\mu l^4}{EI}; \qquad x = l\xi; \left.\begin{matrix} \\ \\ \\ \\ \end{matrix}\right\}$$

$$\delta = \sqrt{-\frac{\alpha^2}{2} + \sqrt{\frac{\alpha^4}{4} + \beta^4}}\ ; \qquad \varepsilon = \sqrt{\frac{\alpha^2}{2} + \sqrt{\frac{\alpha^4}{4} + \beta^4}},\quad (5)$$

wobei l die Länge des Balkens ist, wird Gl. (4) auf die Form

$$\frac{d^4W}{d\xi^4} + \alpha^2\frac{d^2W}{d\xi^2} - \beta^4 W = 0 \tag{4'}$$

gebracht.

Die auf Gl. (4) angewendete *Laplace-Transformation* ergibt die algebraische Gleichung

$$\overline{W}p^4 - W(0)p^3 - W'(0)p^2 - W''(0)p - W'''(0) +$$
$$+ \alpha^2[\overline{W}p^2 - W(0)p - W'(0)] - \beta^4\overline{W} = 0,$$

worin

$$\overline{W}(p) = \int\limits_0^\infty W(\xi)e^{-p\xi}\,d\xi$$

ist.
Mithin gilt

$$\overline{W}(p) = \frac{W(0)p(p^2+\alpha^2) + W'(0)(p^2+\alpha^2) + pW''(0) + W'''(0)}{(p^2-\delta^2)(p^2+\varepsilon^2)} \tag{6}$$

oder

$$\overline{W}^*(p) = \frac{1}{\varepsilon^2+\delta^2}\left(\frac{1}{p^2-\delta^2} - \frac{1}{p^2+\varepsilon^2}\right)[W(0)p(p^2+\alpha^2) +$$
$$+ W'(0)(p^2+\alpha^2) + pW''(0) + W'''(0)]. \tag{7}$$

Die inverse *Laplace-Transformation* liefert

$$W(\xi) = W(0)[H(\xi) + \alpha^2 F(\xi)] + W'(0)[G(\xi) + \alpha^2 E(\xi)] + W''(0)F(\xi) +$$
$$+ W'''(0)E(\xi) \tag{7'}$$

mit

$$E(\xi) = \frac{1}{\varepsilon^2+\delta^2}\left(\frac{1}{\delta}\sinh\delta\xi - \frac{1}{\varepsilon}\sin\varepsilon\xi\right),$$

$$F(\xi) = \frac{1}{\varepsilon^2+\delta^2}(\cosh\delta\xi - \cos\varepsilon\xi)\,,$$

$$G(\xi) = \frac{1}{\varepsilon^2+\delta^2}(\delta\sinh\delta\xi + \varepsilon\sin\varepsilon\xi)\,, \left.\begin{matrix} \\ \\ \\ \\ \end{matrix}\right\}\ (8)$$

$$H(\xi) = \frac{1}{\varepsilon^2+\delta^2}(\delta^2\cosh\delta\xi + \varepsilon^2\cos\varepsilon\xi)\,.$$

Für vorgegebene homogene Randbedingungen an den Stabenden ergibt sich ein System von vier homogenen Gleichungen. Wird die Determinante dieses Systems gleich Null gesetzt, so ergibt sich eine transzendente Gleichung mit einer unendlichen Anzahl von Wurzeln $\omega_1, \omega_2 \ldots$ Jeder Wurzel ω_i ist eine Eigenschwingungsform W_i zugeordnet.

Nun werden einige Sonderfälle betrachtet.

a) Ein an den beiden Enden frei gelagerter Stab.

Zur Verfügung stehen vier Randbedingungen:

$$W(0) = W''(0) = 0; \quad W(1) = W''(1) = 0. \tag{9}$$

Unter Berücksichtigung der beiden ersten von diesen Randbedingungen wird Gl. (7') in der Form

$$W(\xi) = W'(0)[G(\xi) + \alpha^2 E(\xi)] + W'''(0)E(\xi) \tag{9'}$$

geschrieben.

Zwei weitere Randbedingungen (9) und die Gl. (9') liefern das Gleichungssystem

$$\left. \begin{aligned} W(1) &= 0 = W'(0)[G(1) + \alpha^2 E(1)] + W'''(0)E(1) \\ W''(1) &= 0 = W'(0)[G''(1) + \alpha^2 E''(1)] + W'''(0)\,E''(1) \end{aligned} \right\} . \tag{9''}$$

Wird die Determinante dieses Systems gleich Null gesetzt, so ergibt sich die transzendente Gleichung

$$\sin\varepsilon = 0. \tag{10}$$

Daraus folgt

$$\varepsilon_n = n\pi \quad \text{für } n = 1, 2, \ldots, \infty.$$

Unter Berücksichtigung der Gln. (5) ist

$$\omega_n^2 = \frac{n^4\pi^4}{l^4}\,\frac{EI}{\mu}\left(1 - \frac{S}{\dfrac{EIn^2\pi^2}{l^2}}\right). \tag{11}$$

Es ist zu bemerken, daß

$$\left(\frac{n\pi}{l}\right)^4 \frac{EI}{\mu} = \omega_{0,n}^2$$

das Quadrat der Frequenz der Balkenquerschwingung ohne Axialkräfte und

$$\frac{EIn^2\pi^2}{l^2} = S_{0,n}$$

die kritische Kraft für einen frei gelagerten und mit der axialen Kraft S belasteten Stab sind.

Gl. (11) wird noch in der Form

$$\omega_n^2 = \omega_{0,n}^2\left(1 - \frac{S}{S_{0,n}}\right) \tag{11'}$$

geschrieben. Aus Gl. (11') können zwei Schlüsse gezogen werden:

1. Die Eigenfrequenz ω_n nimmt bei einem Zuwachs der Druckkraft ab; für $S \to S_{0,n}$ strebt sie gegen Null.

2. Wirkt im Stab eine Zugkraft, so kann festgestellt werden (und zwar durch die Änderung des Vorzeichens von S in der Gl. (11′)), daß mit einem Zuwachs der Zugkraft die Frequenz der Stabeigenschwingung zunimmt. Für $S \to 0$ gilt selbstverständlich $\omega_n \to \omega_{0,n}$.

Der obige Satz wurde schon von EULER angegeben, der auch die Differentialgleichung für das betrachtete Problem hergeleitet hat.

Die Eigenschwingungsform ist für den Balken durch die Funktion

$$W_i(\xi) = C \sin\alpha_i x \quad\text{mit}\quad \alpha_i = \frac{i\pi}{l}, \quad i = 1, 2, \ldots, \infty \tag{12}$$

beschrieben.

b) Es wird ein bei $x = 0$ vollkommen eingespannter und bei $x = l$ frei gelagerter Stab betrachtet. Die Randbedingungen lauten

$$W(0) = W'(0) = 0; \quad W(1) = W''(1) = 0. \tag{13}$$

Unter Beachtung der beiden ersten Bedingungen liefert Gl. (7′)

$$W(\xi) = W''(0)F(\xi) + W''''(0)E(\xi). \tag{14}$$

Die restlichen Randbedingungen (13) und die Gl. (14) ergeben das Gleichungssystem

$$W(1) = W''(0)F(1) - W'''(0)E(1) = 0$$
$$W''(1) = W''(0)F''(1) + W'''(0)E''(1) = 0. \tag{15}$$

Wird die Determinante dieses Systems gleich Null gesetzt, so entsteht

$$F(1)E''(1) - E(1)F''(1) = 0 \tag{16}$$

oder nach einfachen Umformungen

$$\tan\varepsilon = \frac{\varepsilon}{\delta}\tanh\delta. \tag{16′}$$

Für einen vorgegebenen Wert der Druckkraft S können aus der Gl. (16′) die Werte der Eigenkreisfrequenz $\omega_1, \omega_2, \ldots$ ermittelt werden.

Ist $S = 0$, so wird aus der Gl. (16′) unter Beachtung von $\delta = \varepsilon = \beta$

$$\tanh\beta - \tan\beta = 0. \tag{17}$$

Diese Gleichung wurde auch im Abschnitt 6.3 abgeleitet (Gl. (11)′).

Für $\omega \to 0$ gilt $\delta \to 0$, $\varepsilon \to \alpha$, und Gl. (16′) lautet

$$\tan\alpha - \alpha = 0. \tag{18}$$

Gl. (18) stellt das Stabilitätskriterium für den Stab dar. Im betrachteten Fall der Querschwingung unter der Einwirkung einer Axialkraft können die aus der Gl. (16) gewonnenen Wurzeln ω_n in der Form

$$\omega_n^2 \approx \omega_{n,0}^2\left(1 - \frac{S}{S_{n,0}}\right) \tag{19}$$

geschrieben werden, wobei $\omega_{n,0}$ die Eigenfrequenz des Stabes für $S = 0$ bedeutet und $S_{n,0}$ die kritische Kraft für den bei $x = 0$ und bei $x = l$ frei gelagerten Stab ist.

Die Eigenschwingungsform wird aus der Gl. (14) gewonnen, indem der Ausdruck $W'''(0)/W''(0)$ mit Hilfe der Gl. (15) eliminiert wird.

Es gilt

$$W(\xi) = W''(0) \left[F(\xi) - \frac{F(1)}{E(1)} E(\xi) \right] \tag{20}$$

oder

$$W(\xi) = C \left[\cosh \delta\xi - \cos \varepsilon\xi - \frac{\cosh \delta - \cos \varepsilon}{\varepsilon \sinh \delta - \delta \sin \varepsilon} (\varepsilon \sinh \delta\xi - \delta \sin \varepsilon\xi) \right]. \tag{20'}$$

Auf eine ähnliche Weise können die Frequenz und Eigenschwingungsformen für andere Auflagerungs- und Unterstützungsarten des Stabes ermittelt werden.

Wirkt auf den Stab eine Zugkraft ein, so bleiben die eben hergeleiteten Formeln gültig, wenn -S an Stelle von S und $i\alpha$ an Stelle von α eingesetzt wird, wobei $i = = \sqrt{-1}$ bedeutet.

Die Gln. (11') und (19) weisen auf eine interessante Erscheinung hin, die praktisch ausgenutzt werden kann. Diese Gleichungen besagen nämlich, daß die Beobachtung der Querschwingung eines Stabes bestimmte Aussagen über seine Stabilität liefert. Ein von A. SOMMERFELD [131] durchgeführter einfacher Versuch (durch eine theoretische Lösung untermauert) zeigt, daß ein schlanker vertikaler Stab, der mit Gewichten belastet ist, mit einer höheren Frequenz in der in Abb. 6-7b gezeigten Lage als in jener von Abb. 6-7a schwingt. In dem ersteren Fall ruft das Eigengewicht im Stab die Druckspannung, im zweiten dagegen die Zugspannung hervor.

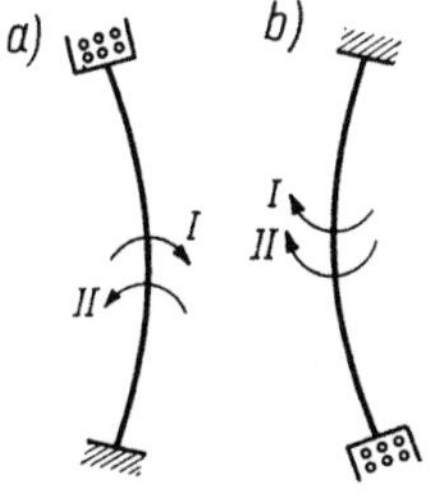

Abb. 6-7

Bei der in Abb. 6-7a gezeigten Lage wirkt das Moment II der Schwerkraft bei einer Auslenkung aus der Gleichgewichtslage dem Moment I entgegen, das den Stab in die Ruhelage zwingt.

Bei der in Abb. 6-7b dargestellten Lage wirken die Momente I und II in gleichen Richtungen.

Werden im ersteren Fall die Gewichte auf die Gewichtsträger gelegt, so nimmt die Eigenkreisfrequenz mit dem Zuwachs der Belastung ab.

Für $\omega \to 0$ nähert sich die Summe der Belastung und des Eigengewichts an den Wert der kritischen Kraft für den Stab. Es handelt sich hierbei um ein dynamisches Stabilitätskriterium. Das Kriterium wird praktisch zur Bestimmung kritischer Kräfte für Türme, Brücken, Schornsteine usw. angewendet [119], wenn die Bestimmung der Eigenschwingungen mit Hilfe der Modellversuche für verschiedene Anzahlen der Freiheitsgrade auf keine größere Schwierigkeiten stößt.

Für einen Stab mit vorgegebenen Randbedingungen werden zwei beliebige Eigenschwingungsformen $W_i(x)$, $W_j(x)$ mit den zugeordneten Frequenzen ω_i, ω_j angenommen. Die vorausgesetzten Funktionen erfüllen die Gleichung

$$EIW_k^{IV} + SW_k'' - \mu\omega_k^2 W_k = 0 \quad \text{mit} \quad k = i,j. \tag{21}$$

Die beiden letzten Summanden der linken Seite werden auf die rechte Seite übertragen. Es gilt

$$EIW_k^{IV} = \mu\omega_k^2 W_k - SW_k'' \quad (k = i,j). \tag{22}$$

Die rechte Seite von Gl. (22) wird als eine statische Belastung des auf zwei Auflagern aufgestützten Balkens betrachtet:

$$q_k = \mu\omega_k^2 W_k - SW_k'' \quad (k = i,j).$$

Wird der Satz von der Gegenseitigkeit der elastischen Verschiebungen angewendet und das erste System durch den Index i, das zweite durch j gekennzeichnet, so ergibt sich

$$\int_0^l q_i W_j dx = \int_0^l q_j W_i dx \tag{23}$$

oder

$$\mu(\omega_i^2 - \omega_j^2) \int_0^l W_j W_i \, dx - S \int_0^l (W_i'' W_j - W_j'' W_i) \, dx = 0. \tag{23'}$$

Zweifache partielle Integration von

$$F = \int_0^l W_i'' W_j dx$$

ergibt

$$F = |W_i' W_j - W_j' W_i|_0^l + \int_0^l W_i W_j'' dx.$$

Dieses Ergebnis in die Gl. (23') eingesetzt, liefert

$$\mu(\omega_i^2 - \omega_j^2) \int_0^l W_j(x) W_i(x) - S|W_i'(x)W_j(x) - W_j'(x)W_i(x)|_0^l = 0. \tag{24}$$

Es ist ersichtlich, daß die Funktionen W_i, W_j für $\omega_i \neq \omega_j$, d.h. für

$$|W_i'(x) W_j(x) - W_j'(x) W_i(x)|_0^l = 0 \tag{25}$$

orthogonal sind.

Diese Bedingung wird aber nur für diejenigen Stäbe erfüllt, die an beiden Enden frei drehbar gelagert oder eingespannt oder an einem Ende frei gelagert und am anderen eingespannt sind. Die Orthogonalitätsbedingung lautet

$$\int_0^l W_i(x) W_j(x) dx = \begin{cases} 0 & \text{für} \quad i \neq j, \\ 1 & \text{für} \quad i = j, \end{cases} \tag{26}$$

falls normierte Eigenfunktionen verwendet werden. Es ist weiterhin ersichtlich, daß das in den Abschnitten 6.4 und 6.5 erläuterte Verfahren zur Lösung der Gl. (3'') für den Fall erzwungener Schwingung selbstverständlich nur unter der Voraussetzung angewendet werden darf, daß die Eigenfunktionen $W_n(x)$ im jeweils betrachteten Fall die Orthogonalitätsbedingung erfüllen.

Für die durch die Kraft $X(x, t)$ erzwungene Schwingung und unter der Voraussetzung der Randbedingungen

$$w(x, 0) = f(x) \quad \text{und} \quad \dot{w}(x, 0) = g(x)$$

ist

$$w(x, t) = \frac{1}{\mu} \sum_{n=1}^{\infty} W_n(x) \int_0^l W_n(\xi)\, d\xi \int_0^t \frac{X(\xi, \tau)}{\omega_n} \sin \omega_n(t - \tau)\, d\tau +$$

$$+ \sum_{n=1}^{\infty} \left[\cos \omega_n t \int_0^l f(\xi) W_n(\xi)\, d\xi + \frac{\sin \omega_n t}{\omega_n} \int_0^l g(\xi) W_n(\xi)\, d\xi \right] W_n(x), \tag{27}$$

wobei ω_n die Eigenwerte (Kreisfrequenzen harmonischer Schwingungen) der Gleichung

$$EI \frac{d^4 W_n}{dx^4} + S \frac{d^2 W_n}{dx^2} - \mu \omega_n^2 W_n = 0 \quad \text{mit} \quad \mu = \varrho A \tag{28}$$

bedeuten.

Für die freie Schwingung bei plötzlicher Entlastung, d.h. unter der Voraussetzung, daß $f(x) = w_{st}(x)$; $X(x, t) = 0$ und $g(x) = 0$ sind, gilt

$$w(x, t) = \sum_{n=1}^{\infty} \left[\cos \omega_n t \int_0^l w_{st}(\xi) W_n(\xi)\, d\xi \right] W_n(x).$$

Für plötzliche Anbringung der Kraft $X(x, t) = P_0\, \delta(x - \xi) H(t)$ bei $x = \xi$ ist

$$w(x, t) = \frac{P_0}{\mu} \sum_{n=1}^{\infty} \frac{1}{\omega_n^2} W_n(x) W_n(\xi)(1 - \cos \omega_n t).$$

Für die Schwingung infolge einer plötzlich angebrachten momentanen Kraft $X(x, t) = P_0\, \delta(x - \eta)\, \delta(t)$ gilt

$$w(x, t) = \frac{P_0}{\mu} \sum_{n=1}^{\infty} \frac{1}{\omega_n} W_n(x) W_n(\eta) \sin \omega_n t.$$

Zum Schluß ist noch die entsprechende Formel für den Fall der erzwungenen harmonischen Schwingung unter der Voraussetzung anzuführen, daß $X(x, t) = P(x) e^{i\omega t}$ ist. Es gilt

$$w(x, t) = \frac{e^{i\omega t}}{\mu} \sum_{n=1}^{\infty} \frac{W_n(x)}{\omega_n^2 \left[1 - \left(\frac{\omega}{\omega_n} \right)^2 \right]} \int_0^l P(\xi) W_n(\xi)\, d\xi. \tag{29}$$

Für $P(x) = P_0\,\delta(x - \xi)$ ist

$$w(x,t) = \frac{P_0\,e^{i\omega t}}{\mu} \sum_{n=1}^{\infty} \frac{W_n(x)\,W_n(\xi)}{\omega_n^2\left[1 - \left(\dfrac{\omega}{\omega_n}\right)^2\right]}.$$

Eine besonders einfache Form hat die Durchbiegung eines an den beiden Enden frei drehbar gelagerten Balkens. Die normierten Eigenfunktionen sind dann Sinusfunktionen:

$$W_n(x) = \sqrt{\frac{2}{l}}\,\sin\alpha_n x \quad \text{mit} \quad \alpha_n = \frac{n\pi}{l}. \tag{30}$$

Ist die Durchbiegung $w(x,t)$ bekannt, so können die gewünschten Biegemomente und Querkräfte aufgrund der Formeln

$$M = -EI\,\frac{\partial^2 w}{\partial x^2}; \quad Q = -EI\,\frac{\partial^3 w}{\partial x^3}$$

berechnet werden.

6.8. Parametrische Schwingung eines Balkens

Es wird ein Stab (Abb. 6-8) betrachtet, auf den eine zeitlich periodisch veränderliche Längsdruckkraft einwirkt. Ist die Amplitude der Kraft $S(t)$ kleiner als die kritische statische Kraft, so wird ausschließlich eine Längsschwingung des Stabes hervorgerufen. Für ein bestimmtes Verhältnis Θ/ω der Kreisfrequenz der Längsschwingung Θ und der Kreisfrequenz der Querschwingung ω kann aber sog. dynamische Instabilität des Stabes auftreten. Neben der Längsschwingung kommt dann eine Querschwingung des Stabes mit schnell wachsender Amplitude vor. Die weitere Betrachtung bezweckt, den Wert des Verhältnisses Θ/ω zu bestimmen, bei welchem die Resonanzerscheinung (sog. parametrische Resonanz) auftritt.

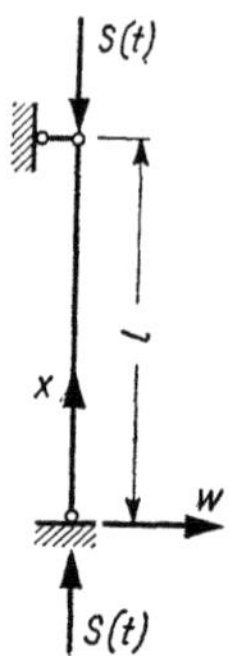

Abb. 6-8

Die Differentialgleichung für die Querschwingung

$$EI\,\frac{\partial^4 w}{\partial x^2} + S(t)\,\frac{\partial^2 w}{\partial x^2} + \mu\,\frac{\partial^2 w}{\partial t^2} = 0 \tag{1}$$

wird hierbei nur für den Fall eines an beiden Enden frei gelagerten Stabes gelöst. Die weitere Betrachtung beschränkt sich nur auf derartige Lösungen.

Die partikuläre Lösung der Gl. (1) stellt die Funktion

$$w(x, t) = f_k(t)\sin\alpha_k x \quad \text{mit} \quad \alpha_k = \frac{k\pi}{l} \tag{2}$$

dar.

Wird Gl. (2) in die Gl. (1) eingesetzt und werden die Bezeichnungen

$$\omega_{0,k}^2 = \frac{EIk^4\pi^4}{\mu l^4}; \quad S_{0,k} = \frac{EI\pi^2 k^2}{l^2} \tag{3}$$

eingeführt, wobei $\omega_{0,k}$ die Eigenkreisfrequenz für $S = 0$, $S_{0,k}$ die kritische *Kraft nach Euler* ist, so folgt aus der Gl. (1)

$$\frac{d^2 f_k}{dt^2} + \omega_{0,k}^2\left(1 - \frac{S(t)}{S_{0,k}}\right)f_k = 0. \tag{4}$$

Die Änderung der Längskraft wird zeitlich periodisch angenommen. Es wird also

$$S(t) = S_a + S_b\cos\Theta t \tag{5}$$

vorausgesetzt.

Gl. (4) lautet

$$\frac{d^2 f_k}{dz^2} + (\nu_k + \psi_k\cos z)f_k = 0 \tag{6}$$

mit

$$z = \Theta t; \quad \nu_k = \frac{\omega_{0,k}^2}{\Theta^2}\left(1 - \frac{S_a}{S_{0,k}}\right); \quad \psi_k = -\frac{\omega_{0,k}^2}{\Theta^2}\frac{S_b}{S_{0,k}}.$$

Da im allgemeinen nur der erste Wert der kritischen Kraft $S_{0,1}$ in Frage kommt, darf in der Gl. (6) der Index k weggelassen werden. Dann wird die Gleichung

$$\frac{d^2 f}{dz^2} + (\nu + \psi\cos z)f = 0 \tag{7}$$

betrachtet, wobei

$$\omega_0^2 = \frac{EI\pi^4}{\mu l^4}; \quad S_{0,1} = \frac{EI\pi^2}{l^2} = S_E; \quad \nu = \frac{\omega_0^2}{\Theta^2}\left(1 - \frac{S_a}{S_E}\right);$$

$$\psi = -\frac{\omega_0^2 S_b}{\Theta^2 S_E} \tag{8}$$

sind.

Gl. (7) ist eine homogene *Gleichung der Mathieuschen Art* [94].

Die Lösung der Gl. (7) stellt die Funktion

$$f(z) = Ae^{\beta z}p_1(z) + Be^{-\beta z}p_2(z) \tag{9}$$

dar, worin A und B die Konstanten, die aus den Anfangsbedingungen bestimmt werden können, $p_1(z)$, $p_2(z)$ periodische Funktionen mit der Periode 2π bedeuten.

Die Lösung von Gl. (7) kann ebenfalls in der Form

$$f(z) = Ae^{\beta z} \sum_{k=-\infty}^{\infty} a_k e^{ikz} + Be^{-\beta z} \sum_{k=-\infty}^{\infty} b_k e^{ikz} \qquad (10)$$

geschrieben werden.

Der charakteristische Exponent β und die Funktionen $p_1(z)$, $p_2(z)$ hängen ausschließlich von den Parametern v und ψ ab. Für bestimmte Werte von v und ψ hat Gl. (7) eine beschränkte, für andere Paare (v, ψ) eine unbeschränkte Lösung.

Dieser Sachverhalt ist an Hand der Karte von M. J. O. STRUTT (Abb. 6-9) gut ersichtlich. In den schraffierten Bereichen liegen diejenigen Werte der Parameter (v, ψ), für die eine beschränkte (stabile) Lösung gewonnen wird. Die in nichtschraffierten Bereichen liegenden Werte der Parameter entsprechen den unbeschränkten (instabilen) Lösungen der Gl. (7). Die Grenzkurven trennen die Bereiche der stabilen und instabilen Lösungen und gehören zum Bereich der Instabilität.

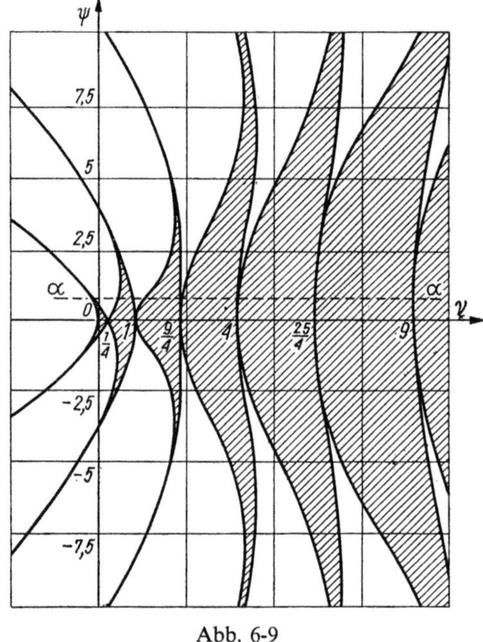

Abb. 6-9

Es ist zu bemerken, daß unter der Voraussetzung kleiner Werte von ψ (die Gerade $\alpha - \alpha$ in Abb. 6-9) die Stellen, für welche die Lösungen instabil sind, in der Umgebung von $v = (n/2)^2$ liegen. Das entspricht den Werten

$$\Theta = \frac{2\omega}{n}.$$

Die Betrachtung des Verhaltens eines durch die Druckkraft $S(t) = = S_a + S_b \cos\Theta t$ beanspruchten Stabes zeigt, daß die Größen ω_0, S_E für diesen Stab konstant sind. Veränderlich sind lediglich die Werte von S_a, S_b, Θ, die in den Parametern v, ψ enthalten sind. Die Frequenz Θ wirkt sich sowohl auf den Parameter v als auch ψ aus.

Der Wert von ω_0^2/Θ^2 wird nun konstant angenommen, die Werte von S_a und S_b werden dagegen veränderlich vorausgesetzt. Hierzu werden neue Bezeichnungen eingeführt:

$$\frac{\omega_0^2}{\Theta^2} = \eta; \qquad \frac{S_a}{S_E} = c; \qquad \frac{S_b}{S_E} = d; \qquad v = \eta(1-c); \qquad \psi = -d\eta.$$

Es ist zu bemerken, daß in der *Karte von Strutt* dem Wert $v = 0$ der Fall $c = 1$ oder $S_a = S_E$ entspricht. Ist $S_b = 0$ und damit $\psi = 0$, so besagt die *Karte von Strutt*, daß ein stabiler Zustand vorkommt, solange $S_a < S_E$ (bei $v > 0$) ist. Für $S_a > S_E$ (bei $v < 0$) tritt die Instabilität auf. Das Gesagte stimmt mit den Ergebnissen der *Knicktheorie von Euler* überein.

Die *Karte von Strutt* wird nicht mehr in den Koordinaten v, ψ, sondern neu in den Koordinaten c, d für aufeinanderfolgende Werte von $\eta = \omega_0^2/\Theta^2 = 1/8, 1/4, 3/4, 1, 4$ gezeichnet. In Abb. 6-10 sind diese neu gezeichneten *Karten von Strutt* gezeigt, wobei die Bereiche der stabilen Lösungen schraffiert sind.

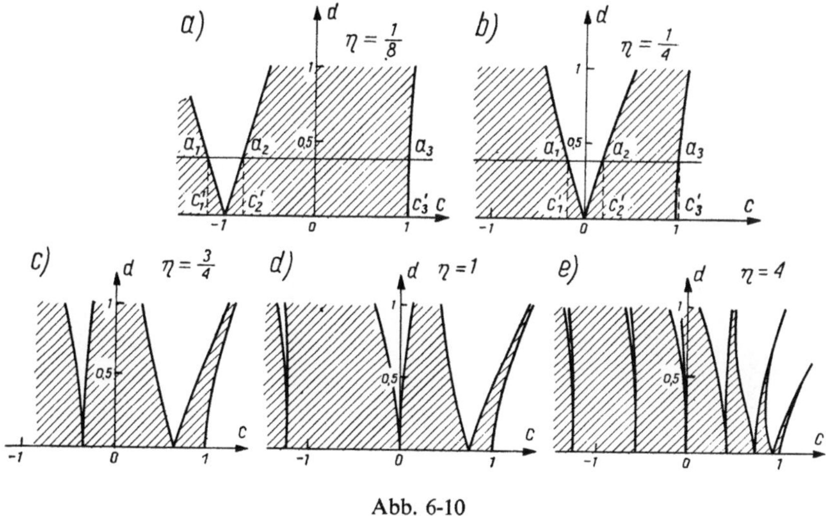

Abb. 6-10

Es wird der Sonderfall $\eta = 1/8$ untersucht. Man stellt fest, daß für $S_b > 0$ ($d = d' > 0$) der instabile Bereich der Werte c' zwischen den Punkten a_1 und a_2 und rechts vom Punkt a_3 liegt. Es ist aber $c_3' > 1$; der instabile Bereich hat sich also ein wenig über die kritische *Kraft von Euler* verschoben. Für einen vorgegebenen Wert von d' ergibt sich der instabile Bereich $c_1' < c < c_2'$ für negative Werte von c, d.h. für Zugkräfte. Der erste instabile Bereich für die Zugkräfte beginnt bei $c = -1$, die weiteren derartigen Bereiche liegen links von diesem Punkt.

Für $\eta = \omega_0^2/\Theta^2 = 1/4$ entspricht der Koordinatenursprung c, d dem Punkt ($v = 1/4$, $\psi = 0$) in der *Karte von Strutt*. Der instabile Bereich liegt jetzt um den Wert $c = 0$ und rechts von $c = 1$. Der Instabilitätsbereich für $d > 0$ ist hierbei ein wenig nach rechts bezüglich $c = 1$ verschoben; die Druckkraft S_a kann ein wenig größer als die *Eulersche Kraft S_E* sein.

13*

Eine besondere Aufmerksamkeit verdient der instabile Bereich um den Koordinatenursprung. Seine Existenz besagt nämlich, daß für eine Druckkraft $S_a \leqslant S_E$, welche die Schwingung mit der Kreisfrequenz $\Theta = 2\omega_0$ ($\eta = 1/4$) erregt, die Auslenkung des Stabes unbegrenzt wachsen kann.

Von anderen Diagrammen (für $\eta = 3/4, 1, 4$) ist es ersichtlich, daß es mit einem Zuwachs von η (und damit mit sinkender Kreisfequenz Θ) immer mehr Instabilitätsbereiche zwischen den Geraden $c = 0$ und $c = 1$ gibt. Weiterhin ist es einzusehen, daß ein bestimmter Punkt (c, d) bei abnehmendem Verhältnis mal in einem stabilen mal in einem instabilen Bereich liegen kann.

Die bisherigen Betrachtungen bezogen sich auf ungedämpfte Schwingungen. In Wirklichkeit treten gedämpfte Schwingungen auf, wobei die instabilen Bereiche infolge der Dämpfungswirkung wesentlich schrumpfen. Abb. 6-11 zeigt einen Teil

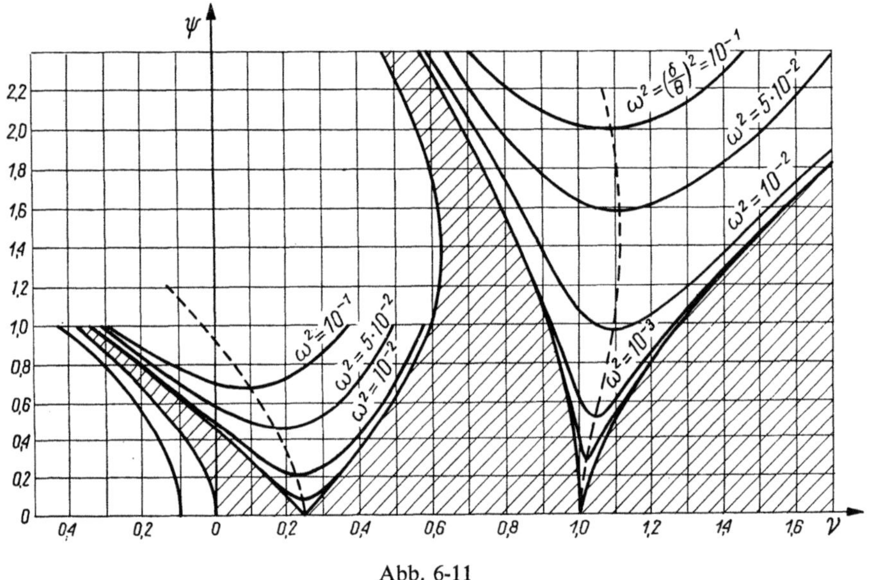

Abb. 6-11

der Karte von Strutt für die Gleichung der parametrischen Schwingung mit dem Dämpfungsfaktor $(2\delta/\Theta)(df/dz)$, worin δ — der Koeffizient der linearen Dämpfung ist. Vom Bild ist ersichtlich, daß die Bereiche der stabilen Lösung sich mit anwachsender Dämpfung verbreiten. Weiterhin ist ersichtlich, daß im zweiten Instabilitätsbereich die Dämpfungswirkung wesentlich stärker als im ersten ist. Daraus folgt, daß man dem ersten instabilen Bereich mehr Aufmerksamkeit widmen soll [15, 71].

6.9. Einfluß der Querkräfte und der Torsionsträgheitskräfte auf die Querschwingung eines Balkens

Für Schwingungen höherer Ordnung, wenn die Abstände zwischen den Knoten klein im Vergleich zu Querschnittsabmessungen sind, kann die vereinfachte Theorie der Biegeschwingung, mit der Voraussetzung des Ebenbleibens der

Querschnitte und mit der Vernachlässigung der Auswirkung von Querkräften und von der Torsionsträgheit der Balkenelemente, bedeutende Fehler in der Bestimmung der Frequenzen ergeben.

Unter Berücksichtigung der Auswirkung von Querkräften können die Projektionen der Verschiebung eines beliebigen Balkenpunktes x mit Hilfe folgender Formel beschrieben werden:

$$w = w(x, t)$$

$$u = -\frac{\partial w}{\partial x} z + \psi(x, t) f(z), \tag{1}$$

wobei $\psi(x, t)$ die Funktion der Verwindungsänderung längs des Balkens,

$f(z)$ die Funktion der Verwindung des Balkenquerschnittes ist.

Für die Verschiebungen nach der Gl. (1) sind die Spannungen im Balkenquerschnitt

$$\sigma_{xx} = E\frac{\partial u}{\partial x} = E\left[-\frac{\partial^2 w}{\partial x^2} z + \frac{\partial \psi}{\partial x} f(z)\right], \tag{2}$$

$$\sigma_{xz} = G\left(\frac{\partial u}{\partial z} + \frac{\partial w}{\partial x}\right) = G\psi(x, t) f'(z). \tag{3}$$

Andererseits ist

$$\sigma_{xz} = \frac{QS}{Ib}, \tag{4}$$

wobei Q — die Querkraft,

I — das Trägheitsmoment des Querschnittes bezüglich der y-Achse,

S — das statische Moment bezüglich der y-Achse des Querschnittsteiles auf einer Seite der betrachteten Schicht,

b — die Querschnittsbreite in der Höhe z ist.

Die Gln. (3) und (4) bestimmen die Schubspannung eindeutig, wenn[1]

$$f'(z) = \frac{AS}{Ib} \tag{5}$$

ist.

Das Biegemoment und die Querkraft im Querschnitt x sind

$$M = -\int_A \sigma_{xx} z\, dA = -E\left[-\frac{\partial^2 w}{\partial x^2}\int_A z^2\, dA + \frac{\partial \psi}{\partial x}\int_A f(z) z\, dA\right], \tag{6}$$

$$Q = -\int_A \sigma_{xz}\, dA = -G\psi(x, t)\int f'(z)\, dA. \tag{7}$$

Das erste Integral auf der rechten Seite der Gl. (6) stellt das Trägheitsmoment I des Querschnittes dar, das zweite hat die Dimension des Trägheitsmomentes, d.h. ist

$$\int_A f(z) z\, dA = kI, \tag{8}$$

---

[1] Durch die Einführung des Faktors A, wobei A die Querschnittsfläche bedeutet, sind die Funktionen $f'(z)$ und $\psi(x, t)$ dimensionslos.

wobei der Koeffizient k nur von der Gestalt des betrachteten, bezüglich der z- und y-Achse symmetrischen Balkenquerschnittes abhängt.

Unter Berücksichtigung der Gl. (5) gilt

$$\int\limits_A f'(z)\,dA = \frac{A}{I}\int\limits_A \frac{S\,dA}{b} = \frac{A}{I}\int\limits_A S\,dz = \frac{A}{I}\int\limits_A\left(\int\limits_z^{h/2} z\,dA\right)dz,$$

wobei h die Querschnittshöhe bedeutet.

Das letzte Integral wird partiell berechnet:

$$\int\limits_A f'(z)\,dA = \frac{A}{I}\left[\frac{h}{2}\int\limits_A z\,dA + \int\limits_A z^2\,dA\right] = A. \tag{9}$$

Das erste Integral von Gl. (9) ist Null als das statische Moment des Querschnittes bezüglich der y-Achse.

Werden die Gln. (8) und (9) in die Gln. (6) und (7) eingeführt, so ergibt sich

$$M = -EI\left[-\frac{\partial^2 w}{\partial x^2} + k\frac{\partial\psi}{\partial x}\right], \tag{10}$$

$$Q = -GA\psi(x,t), \tag{11}$$

wobei $\psi(x,t)$ den mittleren Schubwinkel des Balkenquerschnittes bedeutet.

Es wird eine neue Funktion

$$\vartheta(x,t) = \frac{\partial w}{\partial x} - k\psi, \tag{12}$$

eingeführt, die den mittleren Verdrehungswinkel des Querschnittes beschreibt.

Gl. (12) wird in die Gln. (10) und (11) eingesetzt. Dann entsteht

$$M = EI\frac{\partial\vartheta}{\partial x}, \tag{10'}$$

$$Q = -\frac{GA}{k}\left(\frac{\partial w}{\partial x} - \vartheta\right). \tag{11'}$$

Nun werden die Gleichgewichtsgleichungen für ein Balkenelement mit dem Querschnitt A, der Länge dx und der Höhe h verwendet:

$$\left.\begin{aligned} &-\frac{\partial Q}{\partial x}\,dx - \varrho A\ddot{w}\,dx = 0 \\[2ex] &-\frac{\partial M}{\partial x}\,dx - Q\,dx + \varrho\,dx\int\limits_A \ddot{u}z\,dA = 0 \end{aligned}\right\}. \tag{13}$$

Einführung der Gln. (10') und (11') in die Gln. (13) und Berücksichtigung der Gln. (1) liefert ein System von zwei Gleichungen:

$$\left.\begin{aligned} &\frac{\partial^2 w}{\partial x^2} - \frac{k\varrho}{G}\ddot{w} = \frac{\partial\vartheta}{\partial x} \\[2ex] &\frac{\partial^2\vartheta}{\partial x^2} - \frac{\varrho}{E}\ddot{\vartheta} = -\frac{GA}{kEI}\left(\frac{\partial w}{\partial x} - \vartheta\right) \end{aligned}\right\}. \tag{14}$$

Wird aus den Gln. (14) die Funktion ϑ eliminiert, so ergibt sich die Gleichung für die Querschwingung des Balkens [145]

$$EI\frac{\partial^4 w}{\partial x^4} + A\varrho\ddot{w} - \varrho I\left(1 + \frac{Ek}{G}\right)\frac{\partial^2\ddot{w}}{\partial x^2} + \frac{Ik\varrho^2}{G}\ddddot{w} = 0. \tag{15}$$

Für den Sonderfall eines beiderseitig frei drehbar gelagerten Balkens wird Gl. (15) durch

$$w(x, t) = Ce^{i\omega t}\sin\frac{n\pi x}{l} \tag{16}$$

erfüllt.

Durch Einsetzen der Gl. (16) in die Gl. (15) entsteht

$$\beta^2\alpha_n^4 - \omega_n^2 - \omega_n^2\alpha_n^2 r_0^2 - \omega_n^2\alpha_n^2 r_0^2\frac{Ek}{G} + \frac{r_0^2\varrho k}{G}\omega_n^4 = 0, \tag{17}$$

wobei $\beta = \sqrt{\dfrac{EI}{\varrho A}},$

$r_0 = I/A$ der Trägheitsradius des Querschnittes sind.

Werden nur zwei erste Glieder der Gl. (17) berücksichtigt, so gilt

$$\omega_n = \beta\alpha_n^2 = \frac{\beta\pi^2}{\lambda_n^2}; \quad n = 1, 2, \ldots, \infty, \tag{18}$$

wobei $\lambda_n = l/n$ den Abstand zwischen den benachbarten Knoten des schwingenden Balkens bedeutet.

Gl. (18) beschreibt die Frequenzen der Balkenschwingung, wenn die Auswirkung der Querkräfte und der Torsionsträgheit der Balkenquerschnitte vernachlässigt werden.

Werden dagegen die drei ersten Glieder der Gl. (17) in Betracht gezogen, so ergibt sich die folgende Formel für die Kreisfrequenz:

$$\omega_n \approx \frac{\beta\pi^2}{\lambda_n^2}\left(1 - \frac{\pi^2 r_0^2}{2\lambda_n^2}\right). \tag{19}$$

In dieser Formel wird die Wirkung der Torsionsträgheit der Balkenelemente berücksichtigt.

Sollen weder die Querkräfte noch die Torsionsträgheitskräfte vernachlässigt werden, so ist die volle Gl. (17) in Betracht zu ziehen.

Wird Gl. (18) als die erste Näherung in das letzte Glied von Gl. (17) eingesetzt, so ergibt sich, daß dieses Glied eine kleine Größe zweiter Ordnung im Vergleich zu den anderen Gliedern darstellt. Wird also dieses Glied vernachlässigt, so entsteht

$$\omega_n \approx \frac{\beta\pi^2}{\lambda_n^2}\left[1 - \frac{1}{2}\frac{\pi^2 r_0^2}{\lambda_n^2}\left(1 + \frac{Ek}{G}\right)\right]; \quad n = 1, 2, \ldots, \infty.$$

Für einen Balken mit rechteckigem Querschnitt ($k = 1, 2$) aus einem Werkstoff mit $E/G = 2{,}6$ ist die Auswirkung der Querkräfte 3,12fach größer als jene der Torsionsträgheit.

Unter der Voraussetzung, daß die Abstände zwischen den Knoten 10fach größer als die Balkenhöhe sind, ist

$$\frac{1}{2}\frac{\pi^2 r_0^2}{\lambda^2} = \frac{1}{2}\frac{\pi^2}{12}\frac{1}{100} = 0{,}004.$$

Der Fehler infolge der Vernachlässigung der Querkräfte und Torsionsträgheitskräfte liegt in diesem Fall in der Größenordnung von etwa 2%.

Für $\lambda = 5h$ ist

$$\frac{1}{2}\frac{\pi^2 r_0^2}{\lambda^2} = \frac{1}{2}\frac{\pi^2}{12}\frac{1}{25} = 0{,}016,$$

und der entsprechende Fehler liegt bereits in der Größenordnung von etwa 7%.

6.10. Querschwingung eines Balkens auf elastischer Unterlage

Die Differentialgleichung für die Querschwingung eines Balkens, der auf einer elastischen Unterlage ruht, lautet

$$EI\frac{\partial^4 w}{\partial x^4} + A\varrho\ddot{w} = q(x,t) - r(x,t), \tag{1}$$

wobei $r(x,t)$ der Widerstand (die Reaktion) der elastischen Unterlage für einen Balken der Breite $b = 1$ ist.

Wird eine lineare Abhängigkeit zwischen dem Unterlagewiderstand und der Durchbiegung (Einsenkung) vorausgesetzt (*Winklersche Unterlage*), so gilt

$$r(x,t) = kw(x,t), \tag{2}$$

wobei k die Bettungszahl für die betrachtete Unterlage ist.

Nun kann Gl. (1) in der Form

$$EI\frac{\partial^4 w}{\partial x^4} + A\varrho\ddot{w} + kw = p(x,t) \tag{3}$$

geschrieben werden.

Die Bettungszahl k kann für verschiedene Bodenarten zwischen sehr weit auseinander liegenden Grenzen variieren: von 5 kp/cm² für Feinsand bis an 200 kp/cm² für steifen Ton.

Gl. (2) entspricht nur annähernd den tatsächlichen Verhältnissen. Sie gilt lediglich für kleine Durchbiegungen.

Die Voraussetzung (2) besagt, daß der Widerstand $r(x,t)$ eine Durchbiegung (Einsenkung) ausschließlich im Querschnitt x hervorruft. Tatsächlich hängt $w(x,t)$ vom Widerstand der Unterlage an allen Stellen des Balkens ab. Weiterhin wird vorausgesetzt, daß der verformte Balken auf seiner gesamten Länge in Berührung mit der Unterlage bleibt. Die Unterlage kann also sowohl Druck- als auch Zugspannungen aufnehmen. Außerdem wird angenommen, daß keine Reibungskräfte zwischen dem Balken und der Unterlage auftreten. Aus diesen Voraussetzungen erklärt sich, warum Gl. (3) den tatsächlichen Verlauf der Schwingungserscheinung nur annähernd widerspiegeln kann.

Zur Bestimmung der Eigenkreisfrequenzen soll die homogene Gl. (3) (d.h. für $p(x, t) = 0$) untersucht werden. Für harmonische Schwingungen $w(x, t) = W(x)e^{i\omega t}$ kann Gl. (3) auf

$$\frac{d^4W}{dx^4} - \varkappa^4 W = 0; \qquad \varkappa^4 = \frac{\omega^2}{c^2} - \frac{k}{EI}; \qquad c^2 = \frac{EI}{A\varrho} \tag{4}$$

zurückgeführt werden.

Wird auf Gl. (3) die *Laplace-Transformation* wie im Abschnitt 6.3 angewendet, so ergibt sich die folgende Lösung:

$$W(x) = W(0)\,S(\varkappa x) + \frac{1}{\varkappa}\,W'(0)\,T(\varkappa x) + \frac{1}{\varkappa^2}\,W''(0)\,U(\varkappa x) +$$

$$+ \frac{1}{\varkappa^3}\,W'''(0)\,V(\varkappa x), \tag{5}$$

wobei die Funktionen $S(\varkappa x)$, $T(\varkappa x)$, $U(\varkappa x)$ und $V(\varkappa x)$ ihre Bedeutung nach den Gln. (6) vom Abschnitt 6.3 beibehalten. Die Größen $W(0)$, $W'(0)$, $W''(0)$, $W'''(0)$ stellen die Integrationskonstanten dar.

Die Frequenzen und Formen der Eigenschwingungen werden wie im Abschnitt 6.3 ermittelt. Für einen an den beiden Enden frei drehbar gelagerten Balken ergibt sich die transzendente Gleichung

$$\sin \varkappa l = 0. \tag{6}$$

Daraus folgt

$$\varkappa_n = \frac{n\pi}{l}; \qquad n = 1, 2, \ldots, \infty. \tag{7}$$

Da

$$\varkappa_n^4 = \frac{\omega_n^2}{c^2} - \frac{k}{EI}$$

ist, gilt

$$\omega_n = \frac{\pi^2 n^2}{l^2}\,\sqrt{\frac{EI}{A\varrho}}\,\sqrt{1 + \frac{kl^4}{EI\pi^4 n^4}} \qquad \text{mit} \qquad n = 1, 2, \ldots, \infty. \tag{8}$$

Für $k \to 0$ ergibt sich $\omega_n \to \left(\pi^2 n^2/l^2\,\sqrt{EI/A\varrho}\right)$, d.h. die Eigenkreisfrequenz für einen auf den Auflagern frei gelagerten Balken, der auf keiner elastischen Unterlage ruht.

Die Funktionen der Eigenschwingung sind

$$W_n(x) = \sqrt{\frac{2}{l}}\,\sin \varkappa_n x = \sqrt{\frac{2}{l}}\,\sin \frac{n\pi x}{l} \qquad (n = 1, 2, \ldots, \infty) \tag{9}$$

und gelten für $k \geqslant 0$.

Nun wird ein unendlicher, auf einer elastischen Unterlage ruhender Balken betrachtet, der zum Zeitpunkt $t = 0$ durch die momentane Einzellast $p(x, t) = P_0\delta(x)\,\delta(t)$ beansprucht wird.

Auf Gl. (3) wird die *Laplace-Transformation* bezüglich der Zeit angewendet.

Es ergibt sich

$$EI\,\frac{d^4\overline{w}}{dx^4} + (A\varrho p^2 + k)\overline{w} = P_0\,\delta(x), \tag{10}$$

worin

$$\overline{w}(x,p) = \int\limits_0^\infty w(x,t)e^{-pt}dt \quad\text{und}\quad w(x,0) = \dot{w}(x,0) = 0$$

sind. Weiterhin wird die *Fouriersche Kosinustransformation* angewendet. Unter Beachtung von

$$\overline{w}(x,p) = \sqrt{\frac{2}{\pi}}\int\limits_0^\infty w^*(\alpha,p)\cos\alpha x\,d\alpha;$$

$$P_0\,\delta(x) = \frac{P_0}{\pi}\int\limits_0^\infty \cos\alpha x\,d\alpha$$

geht Gl. (10) in

$$w^*(\alpha,p) = \frac{1}{2}\sqrt{\frac{2}{\pi}}\,\frac{P_0}{\pi EI}\,\frac{1}{\alpha^4+4\mu^4} \quad\text{mit}\quad \mu = \sqrt[4]{\frac{k+A\varrho p^2}{4EI}} \tag{11}$$

über.

Die inverse *Fourier-Transformation* liefert

$$\overline{w}(x,p) = \frac{P_0}{\pi EI}\int\limits_0^\infty \frac{\cos\alpha x\,d\alpha}{\alpha^4+4\mu^4}, \tag{12}$$

oder

$$\overline{w}(x,p) = \frac{P_0\,e^{-\mu x}}{8\mu^3 EI}\,(\cos\mu x + \sin\mu x). \tag{12'}$$

Die *Laplacesche Transformierte* vom Biegemoment lautet

$$\overline{M}(x,p) = -EI\overline{w}''(x,p) = \frac{P_0\,e^{-\mu x}}{4\mu}\,(\cos\mu x - \sin\mu x). \tag{13}$$

Für $x = 0$ gilt

$$\overline{w}(0,p) = \frac{P_0}{8EI\mu^3}; \quad \overline{M}(0,p) = \frac{P_0}{4\mu}. \tag{14}$$

Die Ermittlung der inversen *Laplace-Transformation* für die Transformierte $\overline{w}(x,p)$ ist sehr schwierig. Für den Sonderfall $w(0,t)$ ist [76]

$$w(0,t) = \frac{P_0\,\Gamma\!\left(\dfrac{1}{4}\right)}{2\sqrt{\pi}\,\sqrt[4]{4EI}\,(2k)^{3/4}}\left(\sqrt{\frac{k}{A\varrho}}\,t\right)^{1/4} J_{1/4}\!\left(\sqrt{\frac{k}{A\varrho}}\,t\right), \tag{15}$$

wobei $J_{1/4}$ die *Besselsche Funktion* erster Art bedeutet.

Nun wird die aperiodische Schwingung eines an den Enden beliebig gelagerten Balkens der Länge l betrachtet, der auf einer elastischen Unterlage ruht. Die Balkenschwingung ist durch die Gl. (1) beschrieben. Dieser Gleichung sind noch die Anfangsbedingungen

$$w(x, 0) = f(x); \quad \dot{w}(x, 0) = g(x) \tag{16}$$

hinzuzufügen.

Die *Laplace-Transformation* von Gl. (1) ergibt unter Berücksichtigung der Anfangsbedingungen

$$c^2 \frac{d^4\bar{w}}{dx^4} + \left(p^2 + \frac{k}{A\varrho}\right)\bar{w} = \frac{\bar{q}}{A\varrho} + pf + g \quad \text{mit} \quad c^2 = \frac{EI}{A\varrho}. \tag{17}$$

Die Funktionen $\bar{w}$, $\bar{g}$, f, g werden in unendliche Reihen nach den Eigenfunktionen für den auf einer elastischen Unterlage ruhenden Balken entwickelt. Diese Eigenfunktionen erfüllen die Gleichungen

$$\frac{d^4W_n(x)}{dx^4} - \varkappa_n^4 W_n(x) = 0 \quad \text{mit} \quad \varkappa_n^4 = \frac{1}{c^2}\left(\omega_n^2 - \frac{k}{\varrho}\right). \tag{18}$$

Es wird hierbei angenommen, daß die Funktionen $\bar{w}(x, p)$ und $W_n(x)$ an den Balkenenden den gleichen Randbedingungen genügen.

Weiterhin wird

$$\bar{w}(x, p) = \sum_{n=1}^{\infty} A_n^*(p) W_n(x); \quad \bar{q}(x, p) = \sum_{n\,1}^{\infty} q_n^*(p) W_n(x);$$

$$f(x) = \sum_{n=1}^{\infty} f_n^* W_n(x); \quad g(x) = \sum_{n=1}^{\infty} g_n^* W_n(x) \tag{19}$$

angesetzt, wobei die Bezeichnungen

$$A_n^*(p) = \int_0^l \bar{w}(x, p) W_n(x)dx; \quad q_n^*(p) = \int_0^l \bar{q}(x, p) W_n(x)dx;$$

$$f_n^* = \int_0^l f(x) W_n(x)dx; \quad g_n^* = \int_0^l g(x) W_n(x)dx \tag{20}$$

verwendet werden. Nun ist Gl. (19) in die Gl. (17) unter Beachtung der Gl. (18) einzusetzen. Es entsteht

$$A_n^* = \frac{\dfrac{q_n^*}{A\varrho} + pf_n^* + g_n^*}{\omega_n^2 + p^2}. \tag{21}$$

Unter Berücksichtigung der Gln. (19) und (20) ist

$$\bar{w}(x, p) = \sum_{n=1}^{\infty} \frac{W_n(x)}{\omega_n^2 + p^2} \left\{ \int_0^l \left[\frac{\bar{q}(u, p)}{A\varrho} + pf(u) + g(u) \right] W_n(u)du \right\}. \tag{22'}$$

Die inverse *Laplace-Transformation* liefert unter Verwendung des Faltungssatzes

$$w(x,t) = \frac{1}{A\varrho} \sum_{n=1}^{\infty} W_n(x) \int_0^l W_n(u)du \int_0^t q(u,\tau) \frac{1}{\omega_n} \sin \omega_n(t-\tau)d\tau +$$

$$+ \sum_{n=1}^{\infty} W_n(x) \int_0^l W_n(u) \left[f(u)\cos \omega_n t + \frac{1}{\omega_n} g(u)\sin \omega_n t \right] du. \qquad (22'')$$

Die gewonnene allgemeine Lösung ist zu der Gl. (11) vom Abschnitt 6.5 analog aufgebaut. Die hierbei auftretende Funktion $W_n(x)$ hat aber eine andere Bedeutung, da sie sich auf die Gl. (18) bezieht, die durch die Eigenfunktionen der Schwingung eines Balkens auf der elastischen Unterlage erfüllt wird. Die Größe ω_n stellt die Eigenfrequenz des auf einer elastischen Unterlage schwingenden Balkens dar und wird durch die Formel

$$\alpha_n = \left(\varkappa_n^4 c^2 + \frac{k}{\varrho A} \right)^{1/2} \qquad (23)$$

ausgedrückt.

Die Lösung (22'') erlaubt, den Einfluß von verschiedenen Lastarten und mannigfaltigen Anfangsbedingungen zu untersuchen. Diese Lösung kann ähnlich bedeutet werden, wie es im Abschnitt 6.5 gezeigt worden ist.

An dieser Stelle wird die Betrachtung nur auf einen Sonderfall beschränkt, den Fall einer Einzelkraft, die sich längs des auf einer elastischen Unterlage ruhenden Balkens bewegt.

Es sei

$$q(x,t) = \begin{cases} P(t)\,\delta(x-Vt) & \text{für} \quad 0 \leqslant Vt < l, \\ 0 & \text{für} \quad Vt > l. \end{cases} \qquad (24)$$

Die Gl. (24) in die Gl. (22'') unter der Voraussetzung homogener Anfangsbedingungen ($f = g = 0$) eingesetzt, ergibt

$$w(x,t) = \frac{1}{\varrho A} \sum_{n=1}^{\infty} \frac{W_n(x)}{\omega_n} \int_0^t P(\tau)\, W_n(V\tau)\sin \omega_n(t-\tau)d\tau. \qquad (25)$$

Für $P(t) = P_0 H(t)$ gilt

$$w(x,t) = \frac{P_0}{\varrho A} \sum_{n=1}^{\infty} \frac{W_n(x)}{\omega_n} \int_0^t W_n(V\tau)\sin \omega_n(t-\tau)d\tau. \qquad (26)$$

Nun wird ein einfeldriger, an den beiden Enden frei drehbar gelagerter Balken untersucht. Die Funktion $W_n(x)$ ist durch die Gl. (9) und die Frequenz ω_n durch die Gl. (8) vorgegeben. Die letztere Gleichung wird hierbei in der Form

$$\omega_n = \alpha_n^2 c \sqrt{1 + \frac{k}{A\varrho c^2 \alpha_n^4}} \quad \text{mit } \alpha_n = \frac{n\pi}{l} \text{ und } n = 1,2,3,\dots,\infty \qquad (27)$$

geschrieben werden. Gl. (26) ergibt nach der Integration

$$w(x,t) = \frac{2P_0}{l\varrho A} \sum_{n=1}^{\infty} \frac{\sin\alpha_n x}{\omega_n(\alpha_n^2 V - \omega_n^2)} (\alpha_n V \sin\omega_n t - \omega_n \sin\alpha_n Vt). \qquad (28)$$

Zur Lösung des Problems der aperiodischen Schwingung eines Balkens auf einer elastischen Unterlage können ebenfalls die Formen und Frequenzen der Balkeneigenschwingungen für $k = 0$ verwendet werden, für einen Balken also ohne elastischer Unterlage. Hierzu sind die im Abschnitt 6.5 beschriebenen Eigenschwingungsformen anzuwenden. Diese Formen werden mit $W_n^0(x)$ und die Frequenzen mit ω_n^0 bezeichnet. Die Funktionen $\bar{w}$, $\bar{q}$, f, g lassen sich in unendliche Reihen nach den Funktionen $W_n^0(x)$ entwickeln.

Hierbei gilt wieder die Voraussetzung, daß die Funktionen $\bar{w}(x,p)$ und $W_n^0(x)$ bei $x = 0$ und $x = l$ dieselben Randbedingungen erfüllen.

Es gilt

$$\bar{w}(x,p) = \sum_{n=1}^{\infty} A_n^*(p)\, W_n^0(x); \qquad \bar{q}(x,p) = \sum_{n=1}^{\infty} q_n^*(p)\, W_n^0(x);$$

$$f(x) = \sum_{n=1}^{\infty} f_n^*\, W_n^0(x); \qquad g(x) = \sum_{n=1}^{\infty} \varphi_n^*\, W_n^0(x); \qquad (29)$$

wobei die Bezeichnungen

$$A_n^*(p) = \int_0^l \bar{w}(x,p)\, W_n^0(x)dx; \qquad q_n^*(p) = \int_0^l \bar{q}(x,p)\, W_n^0(x)dx;$$

$$f_n^* = \int_0^l f(x)\, W_n^0(x)dx; \qquad g_n^* = \int_0^l g(x)\, W_n^0(x)dx \qquad (30)$$

verwendet werden.

Werden die obigen Funktionen in Gl. (16) eingesetzt, und wird die Gleichung

$$\frac{d^4 W_n^0}{dx^4} - \lambda_n^4 W_n^0 = 0; \qquad \lambda_n^4 = \frac{(\omega_n^0)^2}{c^2},$$

verwendet, so ergibt sich die algebraische Gleichung

$$A_n^* = \frac{pf_n^* + g_n^* + q_n^*/A\varrho}{(\omega_n^0)^2 + p^2 + k/\varrho A}.$$

Die inverse *Fourier-Transformation* liefert

$$\bar{w}(x,p) =$$

$$= \sum_{n=1}^{\infty} \frac{W_n^0(x)}{(\omega_n^0)^2 + p^2 + k/\varrho A} \left\{ \int_0^l \left[\frac{\bar{q}(u,p)}{A\varrho} + pf(u) + g(u) \right] W_n^0(u)\,du \right\}. \qquad (31)$$

Nach der Anwendung der inversen *Laplace-Transformation* entsteht

$$w(x,t) = \frac{1}{\varrho A} \sum_{n=1}^{\infty} W_n^0(x) \int_0^l W_n^0(u)\,du \int_0^t \frac{q(u,\tau)}{\eta_n} \sin \eta_n(t-\tau)\,d\tau +$$

$$+ \sum_{n=1}^{\infty} W_n^0(x) \int_0^l W_n^0(u) \left[f(u)\cos \eta_n t + \frac{1}{\eta_n} g(u)\sin \eta_n t \right] du, \tag{32}$$

mit

$$\eta_n = [(\omega_n^0)^2 + k/\varrho A]^{1/2}.$$

Nun wird der Fall betrachtet, daß auf den Balken die Einzelkraft $q(x,t) = = P_0 \delta(x-\xi) H(t)$ wirkt. Die Einführung dieses Ausdruckes in Gl. (32) ergibt unter Voraussetzung homogener Anfangsbedingungen

$$w(x,t) = \frac{P_0}{\varrho A} \sum_{n=1}^{\infty} \frac{W_n^0(x)\,W_n^0(\xi)}{\eta_n^2} (1 - \cos \eta_n t). \tag{33}$$

Für einen an den Enden frei gelagerten Balken gilt

$$W_n^0 = \sqrt{\frac{2}{l}} \sin \alpha_n x \qquad \text{mit} \qquad \alpha_n = \frac{n\pi}{l} \qquad \text{und} \qquad \omega_n^0 = \alpha_n^2 c.$$

Werden die obigen Ausdrücke in die Gl. (33) eingesetzt, so entsteht

$$w(x,t) = \frac{2P_0}{A\varrho l} \sum_{n=1}^{\infty} \frac{\sin \alpha_n x \sin \alpha_n \xi}{\alpha_n^4 c^2 + k/\varrho A} [1 - \cos(t\sqrt{\alpha_n^4 c^2 + k/\varrho A})]. \tag{34}$$

Für $k \to 0$ ergibt sich Gl. (32′) vom Abschnitt 6.5. Bewegt sich längs eines an den beiden Enden frei gelagerten Balkens auf einer elastischen Unterlage eine Einzelkraft mit konstanter Geschwindigkeit (vgl. Gl. (25)), so liefert Gl. (32)

$$w(x,t) = \frac{P_0}{\varrho A} \sum_{n=1}^{\infty} \frac{\sin \alpha_n x}{\eta_n} \int_0^t \sin \alpha_n(V\tau)\sin \eta_n(t-\tau)\,d\tau. \tag{35}$$

Die Gln. (35) und (26) sind identisch wegen $\eta_n = \omega_n = (\alpha_n^4 c^2 + k/\varrho A)^{1/2}$. Es wird noch die erzwungene harmonische Schwingung untersucht. Unter der Voraussetzung von

$$w(x,t) = W(x)e^{i\omega t} \tag{36}$$

geht die partielle Differentialgleichung (1) in die gewöhnliche Gleichung

$$c^2 \frac{d^4W}{dx^4} - \varkappa^4 W = 0; \qquad \varkappa^2 = \frac{1}{c^2}(\omega^2 - k/\varrho A) \tag{37}$$

über, wobei ω die Frequenz der Erregerschwingung ist.

Hierbei sind drei Sonderfälle zu betrachten: $\omega^2 > k/\varrho A$; $\omega^2 < k\varrho/A$ und $\omega^2 = k/\varrho A$.

Für $\omega^2 > k/\varrho A$ stellt die Funktion (5) die Lösung der Gl. (37) dar.
Für $\omega^2 < k/\varrho A$ gilt

$$W(x) = A\cosh \lambda x \cos \lambda x + B \cosh \lambda x \sin \lambda x +$$
$$+ C \sinh \lambda x \cos \lambda x + D \sinh \lambda x \sin \lambda x$$

mit

$$\lambda = \frac{1}{2} \sqrt[4]{\frac{k^2 - \varrho \omega^2}{c^2 \varrho A}} \, .$$

Für $\omega^2 = k/\varrho A$ gilt

$$W(x) = A + Bx + Cx^2 + Dx^3; \qquad w(x, t) = W(x)e^{i\omega t}.$$

Auf die Verformung des Balkens wirken sich werden die Trägheitskräfte noch die Gegenkräfte der elastischen Unterlage aus.

Eine interessante Lösung für Balken, die auf einer elastischen Unterlage ruhen, wurde von Z. KĄCZKOWSKI angegeben [61, 62]. Die Betrachtung von zwei periodischen Lasten, die entgegengerichtet sind und sich in entgegengesetzten Richtungen bewegen, ergibt durch Überlagerung der Verformung eine Biegelinie, die in jedem Augenblick hinsichtlich bestimmter unbeweglicher Knotenpunkte antisymmetrisch ist. In diesen Punkten werden damit die Randbedingungen für die frei drehbare Auflagerung erfüllt. Auf diese Weise werden geschlossene Formeln für die Biegelinie für den Fall einer beweglichen Einzelkraft oder einer verschiedenartig zunehmenden Balkenbelastung gewonnen. Für den Sonderfall $k = 0$ gelten diese Formeln für einen Balken ohne elastischer Unterlage. Das von Z. KĄCZKOWSKI angegebene Verfahren kann auf die Probleme der über Scheiben, Platten und Schalen gleitenden Einzelkräfte erweitert werden.

6.11. Querschwingungen eines Balkens aus viskoelastischem Werkstoff

Die Differentialgleichung der Querschwingung eines Stabes aus einem vollkommen elastischen Werkstoff (unter Vernachlässigung der Auswirkung der Querkräfte und Torsionsträgheitskräfte) lautet

$$c^2 \frac{\partial^4 w}{\partial x^4} + \ddot{w} = \frac{q(x, t)}{A\varrho} \qquad \text{mit} \qquad c^2 = \frac{EI}{A\varrho}. \tag{1}$$

Die *Laplace-Transformation* von Gl. (1) ergibt

$$c^2 \frac{d^4 \overline{w}}{dx^4} + p^2 \overline{w} = \frac{\overline{q}(x, p)}{A\varrho} + pw(x, 0) + \dot{w}(x, 0),$$

$$\text{wobei} \quad \overline{w}(x, p) = \int_0^\infty e^{-pt} w(x, t)\,dt \text{ ist.} \tag{2}$$

Für einen viskoelastischen Stoff ist an Stelle der Konstanten c eine vom Parameter p der *Laplace-Transformation* abhängige Funktion $c(p)$ einzuführen. Die transformierte Gleichung für die Schwingung eines viskoelastischen Stabes lautet damit

$$c^2(p) \frac{d^4 \overline{w}}{dx^4} + p^2 \overline{w} = \frac{\overline{q}(x, p)}{A\varrho} + pw(x, 0) + \dot{w}(x, 0), \tag{3}$$

wobei

$$c^2(p) = \frac{I\overline{E}(p)}{A\varrho}$$

ist.

Für einen vollkommen elastischen Körper gilt der folgende Zusammenhang des Elastizitätsmoduls E und der *Laméschen Konstanten* μ und λ:

$$E = \frac{\mu(3\lambda + 2\mu)}{\lambda + \mu}. \tag{4}$$

Für einen viskoelastischen Körper gilt dagegen

$$\overline{E}(p) = \frac{\overline{\mu}(p)[3\overline{\lambda}(p) + 2\overline{\mu}(p)]}{\overline{\lambda}(p) + \overline{\mu}(p)}, \tag{5}$$

wobei die Größen $\overline{\mu}(p)$ und $\overline{\lambda}(p)$ durch die Gln. (20) und (21) vom Abschnitt 2.1 gegeben sind.

Die Größe $\overline{E}(p)$ kann auch auf eine andere Weise bestimmt werden. Im Problem der Querschwingung tritt lediglich die Normalspannung σ_{11} auf (d.h. ist $\sigma_{22} = \sigma_{33} = \sigma_{12} = \sigma_{23} = \sigma_{31} = 0$), und für den vollkommen elastischen Körper ist

$$\sigma_{11} = E\varepsilon_{11}. \tag{6}$$

Unter Berücksichtigung der Gl. (19) vom Abschnitt 2.1 gilt für den viskoelastischen Körper

$$\overline{\sigma}_{11} = \overline{\lambda}(p)\overline{e} + 2\overline{\mu}\,\overline{\varepsilon}_{11},$$

$$\overline{\sigma}_{22} = 0 = \overline{\lambda}(p)\overline{e} + 2\overline{\mu}\,\overline{\varepsilon}_{22}, \tag{7}$$

$$\overline{\sigma}_{33} = 0 = \overline{\lambda}(p)\overline{e} + 2\overline{\mu}\,\overline{\varepsilon}_{33}.$$

Die Transformation der Spannungssumme liefert

$$\overline{s} = \overline{\sigma}_{11} + \overline{\sigma}_{22} + \overline{\sigma}_{33} = \overline{\sigma}_{11} = [3\overline{\lambda}(p) + 2\overline{\mu}(p)]\overline{e}$$

und damit

$$\overline{e} = \frac{\overline{\sigma}_{11}}{3\overline{\lambda}(p) + 2\overline{\mu}(p)}. \tag{8}$$

Wird Gl. (8) in die erste von Gln. (7) eingesetzt, so ergibt sich die Beziehung

$$\overline{\sigma}_{11} = \frac{\overline{\mu}(p)[3\overline{\lambda}(p) + 2\overline{\mu}(p)]}{\overline{\lambda}(p) + \overline{\mu}(p)}\,\overline{\varepsilon}_{11} = \overline{E}(p)\overline{\varepsilon}_{11}, \tag{9}$$

die dem *Hookeschen Gesetz* für den axialen (eindimensionalen) Spannungszustand in einem vollkommen elastischen Körper analog ist.

Es wird die erzwungene Schwingung eines Balkens der endlichen Länge l mit den Anfangsbedingungen

$$w(x, 0) = f(x) \quad \text{und} \quad \dot{w}(x, 0) = g(x)$$

betrachtet.

Die Funktionen $\overline{w}(x, p)$ sowie $f(x)$, $g(x)$ und $\overline{q}(x, p)$ lassen sich in die Reihe der Eigenfunktionen $W_n(x)$ für einen wie der betrachtete Balken gelagerten

Stab aus vollkommen elastischem Stoff entwickeln. Es gilt dann

$$\overline{w}(x,p) = \sum_{n=1}^{\infty} F_n(p)\,W_n(x); \quad f(x) = \sum_{n=1}^{\infty} f_n W_n(x);$$

$$g(x) = \sum_{n=1}^{\infty} g_n W_n(x); \quad \overline{q}(x,p) = \sum_{n=1}^{\infty} P_n(p)\,W_n(x). \tag{10}$$

Die Funktionen $W_n(x)$ sind orthogonal und normiert und erfüllen die Gleichung

$$\frac{d^4 W_n}{dx^4} - \lambda_n^4 W_n = 0 \quad \text{mit} \quad \lambda_n^4 = \frac{\omega_n^2}{c_0^2} \quad \text{und} \quad c_0^2 = \frac{EI}{A\varrho}. \tag{11}$$

Wird Gl. (11) in die Gl. (3) eingesetzt, so ergibt sich

$$[c^2(p)\lambda_n^4 + p^2]F_n(p) = \frac{1}{A\varrho}P_n(p) + pf_n + g_n. \tag{12}$$

Mithin ist

$$F_n(p) = \frac{\dfrac{1}{A\varrho}P_n(p) + pf_n + g_n}{c^2(p)\lambda_n^4 + p^2}. \tag{13}$$

Die Einführung der Gl. (13) in die erste Reihe von Gln. (10) liefert

$$\overline{w}(x,p) = \sum_{n=1}^{\infty} \frac{\dfrac{1}{A\varrho}P_n(p) + pf_n + g_n}{c^2(p)\lambda_n^4 + p^2}\,W_n(x) \tag{14}$$

oder

$$\overline{w}(x,p) = \frac{1}{A\varrho}\sum_{n=1}^{\infty} \frac{W_n(x)\int_0^l \overline{q}(u,p)\,W_n(u)du}{c^2(p)\lambda_n^4 + p^2} +$$

$$+ \sum_{n=1}^{\infty} \frac{W_n(x)\left[p\int_0^l f(u)\,W_n(u)du + \int_0^l g(u)\,W_n(u)du\right]}{c^2(p)\lambda_n^4 + p^2}. \tag{15}$$

Für vorgegebene Funktionen $f(u)$, $g(u)$, $\overline{q}(u,p)$ ist die Integration durchzuführen und danach die inverse *Laplace-Transformation* auf Gl. (15) anzuwenden. Die Schwierigkeit der letzten Aufgabe liegt darin, daß die Funktion c^2 sehr verwickelt ist.

Unter Beachtung, daß nach den Gln. (9), (10) und (20) vom Abschnitt 2.1

$$\overline{\lambda}(p) = \frac{P_1(p)\,P_4(p) - P_2(p)\,P_3(p)}{3P_1(p)\,P_3(p)}; \quad \overline{\mu}(p) = \frac{P_2(p)}{2P_1(p)} \tag{16}$$

ist, gilt

$$c^2(p) = \frac{IE(p)}{A\varrho} = \frac{I}{A\varrho}\frac{3P_2(p)\,P_4(p)}{2P_1(p)\,P_4(p) + P_2(p)\,P_3(p)}. \tag{17}$$

Für den Sonderfall eines *Körpers nach Kelvin* (Gl. (13), Abschnitt 2.1) gilt

$$P_1(p) = 1; \quad P_2(p) = 2G(1+t_* p); \quad P_3(p) = p; \quad P_4(p) = 3Kp.$$

Daraus folgt

$$c^2(p) = \frac{I}{A\varrho} \, \frac{9G(1+t_* p)}{3 + \dfrac{G}{K}(1+t_* p)} . \tag{18}$$

Wird Gl. (18) in die Gl. (15) eingeführt und die inverse *Laplace-Transformation* sinngemäß angewendet, so ergibt sich die gesuchte Funktion $w(x, t)$. Der Ausdruck $c^2(p)$ vereinfacht sich wesentlich unter Voraussetzung der Raumbeständigkeit des viskoelastischen Körpers ($K \to \infty$, $\nu = 1/2$). Dann liefert die Gl. (17) mit dem Ansatz $P_4(p) = \infty$

$$c^2(p) = \frac{3}{2} \, \frac{1}{A\varrho} \, \frac{P_2(p)}{P_1(p)} . \tag{19}$$

Für das *Kelvinsche Modell* folgt daraus

$$c^2(p) = \frac{3IG}{A\varrho} (1+t_* p) = \frac{EI}{A\varrho} (1+t_* p). \tag{20}$$

Einsetzen der Gl. (20) in die Gl. (15) und Anwendung der inversen *Laplace-Transformation* liefern

$$w(x,t) =$$

$$= \sum_{n=1}^{\infty} W_n(x) \left\{ \int_0^l f(u) \, W_n(u) du \, \frac{1}{\sqrt{1-\beta_n^2}} \, e^{-\beta_n \omega_n t} \sin\left[\omega_n t \sqrt{1-\beta_n^2} + \psi_n\right] + \right.$$

$$\left. + \frac{1}{\omega_n \sqrt{1-\beta_n^2}} \, e^{-\beta_n \omega_n t} \sin\left(\omega_n t \sqrt{1-\beta_n^2}\right) \int_0^l g(u) \, W_n(u) du \right\} +$$

$$+ \frac{1}{A\varrho} \sum_{n=1}^{\infty} \frac{W_n(x)}{\omega_n(1-\beta_n^2)} \int_0^l W_n(u) du \int_0^t q(u,\tau) e^{-\beta_n \omega_n(t-\tau)} \times$$

$$\times \sin\left[\omega_n(t-\tau)\sqrt{1-\beta_n^2}\right] d\tau \tag{21}$$

mit

$$\beta_n = \frac{\omega_n t_*}{2}; \quad \psi_n = \arctan \frac{\sqrt{1-\beta_n^2}}{-\beta_n} .$$

Werden verschiedene Lastarten wie im Abschnitt 6.5 betrachtet, so können die Lösungen für eine zeitveränderliche Einzelkraft, für eine Einzelkraft, die sich mit einer konstanten Geschwindigkeit bewegt usw., gewonnen werden. Für $t_* \to 0$, d.h. für $\beta_n \to 0$ ergibt sich die Lösung für den raumbeständigen vollkommen elastischen Körper.

Nun wird noch die erzwungene Schwingung untersucht, die durch die zeitlich harmonisch veränderliche Last $p(x, t) = q(x) e^{i\omega t}$ hervorgerufen wird.

Die Gleichung

$$c^2(i\omega)\,\frac{d^4U}{dx^4} - \omega^2 U = \frac{1}{A\varrho}\,q(x) \qquad (22)$$

mit

$$w(x,t) = U(x)e^{i\omega t}$$

und

$$c^2(i\omega) = \frac{I}{A\varrho}\,\frac{3P_2(i\omega)\,P_4(i\omega)}{2P_1(i\omega)\,P_4(i\omega) + P_2(i\omega)\,P_3(i\omega)}$$

kann mit Hilfe der Entwicklung der Funktionen $U(x)$, $q(x)$ in unendliche Reihen nach den Eigenfunktionen $W_n(x)$ für einen vollkommen elastischen Balken gelöst werden.

Die Voraussetzung

$$U(x) = \sum_{n=1}^{\infty} A_n W_n(x); \qquad q(x) = \sum_{n=1}^{\infty} q_n W_n(x) \qquad (23)$$

liefert die Lösung der Gl. (22) in der Form

$$U(x) = \frac{1}{A\varrho}\sum_{n=1}^{\infty} \frac{W_n(x)\int_0^l p(u)\,W_n(u)\,du}{\lambda_n^4 c^2(i\omega) - \omega^2}. \qquad (24)$$

Nun kann die endgültige Lösung aus der Gleichung ermittelt werden

$$w(x,t) = U(x)e^{i\omega t}. \qquad (25)$$

6.12. Bogenschwingungen

Es wird die Querschwingung eines Bogens in seiner Ebene betrachtet. Aus dem Bogen wird ein Element der Länge ds ausgeschnitten; für dieses Element werden die Bewegungsgleichungen aufgestellt (Abb. 6-12).

Auf das durch zwei Querschnitte $\beta = $ konst und $\beta + d\beta = $ konst ausgeschnittene Element wirken zeitlich veränderliche Lasten ein. Die zur Normale und zur Tangente parallelen Lastkomponenten werden entsprechend mit q_n und mit q_s bezeichnet.

Im Querschnitt $\beta = $ konst wirken die Schnittkräfte Q, N und das Biegemoment M. Im Querschnitt $\beta + d\beta = $ konst wirken dementsprechend die Kräfte $Q + \dfrac{\partial Q}{\partial s}\,ds$ und $N + \dfrac{\partial N}{\partial s}\,ds$ sowie das Moment $M + \dfrac{\partial M}{\partial s}\,ds$.

Das dynamische Problem wird auf das statische durch Einführung von *d'Alembertschen Kräften* zurückgeführt. Es gilt

$$R_s = -A\varrho\,\frac{\partial^2 u}{\partial t^2}; \qquad R_n = -A\varrho\,\frac{\partial^2 w}{\partial t^2}, \qquad (1)$$

14*

wobei u die Verschiebung längs der Tangente,

w die Verschiebung längs der Normale ist.

Werden alle auf das ausgeschnittene Element wirkenden Kräfte auf die Richtung der Normale projiziert, so ergibt sich die Gleichung

$$-N + \left(N + \frac{\partial N}{\partial s}\, ds\right)\cos d\beta + (q_s - A\varrho\ddot{u})ds\cos\frac{d\beta}{2} -$$

$$-\left(Q + \frac{\partial Q}{\partial s}\, ds\right)\sin d\beta = 0. \tag{2}$$

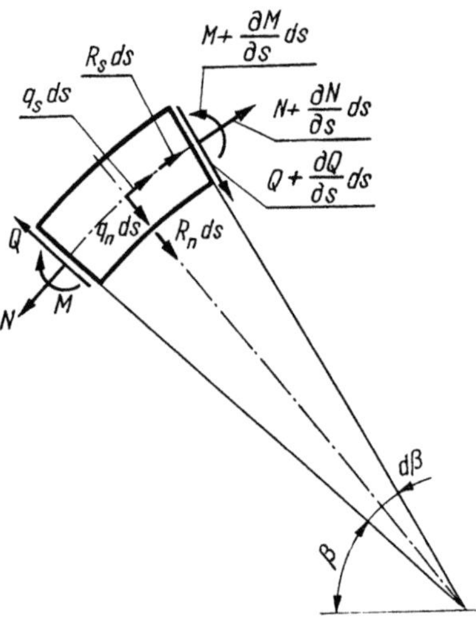

Abb. 6-12

Die Projektion auf die Richtung der Kräfte Q ergibt

$$-Q + \left(Q + \frac{\partial Q}{\partial s}\, ds\right)\cos d\beta + (q_n - A\varrho\ddot{w})ds\cos\frac{d\beta}{2} +$$

$$+\left(N + \frac{\partial N}{\partial s}\, ds\right)\sin d\beta = 0. \tag{3}$$

Die Summe der auf das Element einwirkenden Momente ist

$$M - \left(M + \frac{\partial M}{\partial s}\, ds\right) - (q_n - \varrho A\ddot{w})\frac{ds}{2}\cos\frac{d\beta}{2} - (q_s - \varrho A\ddot{u})\frac{ds}{2}\sin\frac{d\beta}{2} +$$

$$+\left(N + \frac{\partial N}{\partial s}\, ds\right)ds\sin d\beta + \left(Q + \frac{\partial Q}{\partial s}\, ds\right)ds\cos d\beta = 0. \tag{4}$$

Mit der Bezeichnung $ds = r\,d\beta$, wobei r den Radius des unverformten Bogens bedeutet, und unter Berücksichtigung, daß $\cos d\beta \approx 1$; $\cos\frac{d\beta}{2} \approx 1$; $\sin d\beta \approx d\beta$

und $\sin\frac{d\beta}{2} \approx \frac{d\beta}{2}$, sind, lassen sich die Gln. (2), (3) und (4) in der Form

$$\frac{\partial N}{\partial s} - \frac{Q}{r} - \varrho\ddot{u} + q_s = 0, \tag{5}$$

$$\frac{\partial Q}{\partial s} + \frac{N}{r} - \varrho\ddot{w} + q_n = 0, \tag{6}$$

$$\frac{\partial M}{\partial s} - Q = 0 \tag{7}$$

schreiben.

Weiterhin werden die aus der Festigkeitslehre bekannten Zusammenhänge zwischen den Schnittkräften und den Verschiebungen eingeführt. Wie bekannt, ist das Biegemoment zur Krümmungsänderung des Bogens proportional:

$$M = EI\left(\frac{1}{r'} - \frac{1}{r}\right) = -EI\frac{\partial\varphi}{\partial s}, \tag{8}$$

wobei

$$\varphi = \frac{\partial w}{\partial s} - \frac{u}{r} \tag{9}$$

ist.

Es wird die Unverformbarkeit der Bogenachse vorausgesetzt. Diese Bedingung, die mit der Vernachlässigung der Längsschwingung gleichbedeutend ist, lautet

$$\frac{\partial u}{\partial s} - \frac{w}{r} = 0. \tag{10}$$

Weiterhin wird angenommen, daß sowohl der Bogenquerschnitt als auch der Krümmungsradius im unverformten Zustand konstant sind. Daraus folgt $r = $ konst und $ds = rd\beta$.
Die Gln. (10), (9) und (8) liefern

$$w = r\frac{\partial u}{\partial s} = \frac{\partial u}{\partial \beta}; \qquad \varphi = \frac{1}{r}\left(\frac{\partial w}{\partial \beta} + u\right); \tag{11}$$

$$M = -\frac{EI}{r^2}\left(\frac{\partial^2 w}{\partial \beta^2} + u\right). \tag{12}$$

Aus der Gl. (7) wird die Querkraft

$$Q = \frac{\partial M}{\partial s} = -\frac{EI}{r^3}\left(\frac{\partial^3 w}{\partial \beta^3} + \frac{\partial w}{\partial \beta}\right) \tag{13}$$

und aus der Gl. (6) die Normalkraft

$$N = -r\frac{\partial Q}{\partial s} + r\varrho A\ddot{w} - rq_n = \frac{EI}{r^3}\left(\frac{\partial^4 w}{\partial \beta^4} + \frac{\partial^2 w}{\partial \beta^2}\right) + \varrho r A\ddot{w} - rq_n \tag{14}$$

ermittelt.

Unter Berücksichtigung der Gl. (5) ergibt sich die Differentialgleichung

$$\frac{EI}{r^4}\left(\frac{\partial^5 w}{\partial \beta^5} + 2\frac{\partial^3 w}{\partial \beta^3} + \frac{\partial w}{\partial \beta}\right) - \varrho A\ddot{u} + \varrho A\frac{\partial\ddot{w}}{\partial \beta} + q_s - \frac{\partial q_n}{\partial \beta} = 0. \tag{15}$$

Wird diese Gleichung nach β differenziert und wird die Verschiebung u mit Hilfe der Gl. (11) eliminiert, so ergibt sich endgültig die Gleichung der Bogenschwingung [151]

$$\frac{\partial^6 w}{\partial \beta^6} + 2\frac{\partial^4 w}{\partial \beta^4} + \frac{\partial^2 w}{\partial \beta^2} + A\varrho\,\frac{r^4}{EI}\left(\frac{\partial^2 \ddot{w}}{\partial \beta^2} - \ddot{w}\right) = \frac{r^4}{EI}\left(\frac{\partial^2 q_n}{\partial \beta^2} - \frac{\partial q_s}{\partial \beta}\right). \tag{16}$$

Für die Funktion u kann eine ähnliche Gleichung erhalten werden.

Es sind noch die Randbedingungen für das betrachtete Problem anzugeben. Handelt es sich um einen eingespannten Bogen, so gilt

$$w = 0; \quad \frac{\partial w}{\partial \beta} = 0; \quad u = 0 \tag{17}$$

an den eingespannten Rändern.

Ist der Bogen frei drehbar und unverschiebbar gelagert, so gilt an den Auflagern

$$u = 0; \quad w = 0; \quad M = 0. \tag{18}$$

Die Anfangsbedingungen stellen die vorgegebenen Verschiebungen und ihre Geschwindigkeiten zum Zeitpunkt $t = 0$ dar:

$$\begin{aligned}
u(s, 0) &= f(s); \quad \dot{u}(s, 0) = g(s); \\
w(s, 0) &= k(s); \quad \dot{w}(s, 0) = l(s).
\end{aligned} \tag{19}$$

Zur Untersuchung der freien Schwingung eines Bogens werden $q_n = q_s = 0$ und $w(\beta, t) = W(\beta)e^{i\omega t}$ in die Gl. (16) eingesetzt. Dann entsteht die gewöhnliche Differentialgleichung

$$W^{\mathrm{VI}} + 2W^{\mathrm{IV}} + (1 + \varkappa^4)W'' + \varkappa^4 W = 0 \quad \text{mit} \quad \varkappa^4 = \varrho\,\frac{A\omega^2 r^4}{EI}. \tag{20}$$

Die allgemeine Lösung der Gl. (20) lautet

$$W = A_1 \sin \lambda_1 \beta + A_2 \sin \lambda_2 \beta + A_3 \sin \lambda_3 \beta + B_1 \cos \lambda_1 \beta + B_2 \cos \lambda_2 \beta +$$
$$+ B_3 \cos \lambda_3 \beta, \tag{21}$$

wobei $\lambda_1, \lambda_2, \lambda_3$ die Wurzeln der Gleichung

$$\lambda^6 + 2\lambda^4 + (1 - \varkappa^4)\lambda^2 + \varkappa^4 = 0 \tag{22}$$

sind.

Es wird ein Sonderfall der Schwingung eines Kreisringes betrachtet. Die Verträglichkeitsbedingung (der Stetigkeit der Verschiebungen)

$$W(\beta) = W(\beta + 2\pi) \tag{23}$$

liefert

$$\sin \lambda_i \beta = \sin \lambda_i(\beta + 2\pi); \quad \cos \lambda_i \beta = \cos \lambda_i(\beta + 2\pi).$$

Die obigen Gleichungen werden für $\lambda_i = n$; $i = 1, 2, 3$ erfüllt.

Nach der Gl. (21) gilt

$$W = C \sin n\beta + D \cos n\beta. \tag{24}$$

Einsetzen der Gl. (24) in die Gl. (20) ergibt

$$[-n^6 + 2n^4 - n^2(1 - \varkappa^4) + \varkappa^4]\,(C \sin n\beta + D \cos n\beta) = 0. \tag{25}$$

Da diese Gleichung für jeden Wert von β erfüllt werden muß, darf der Ausdruck in der eckigen Klammer gleich Null gesetzt werden. Dann ist

$$\varkappa_n^4(n^2+1) = n^2(n^2-1)^2.$$

Daraus ergibt sich für $n = 2, 3, 4 \ldots$

$$\varkappa_2^2 = 2{,}683; \quad \varkappa_3^2 = 7{,}590; \quad \varkappa_4^2 = 14{,}55 \text{ usw.}$$

Die Frequenzen für die Bogenquerschwingung werden aus der Formel

$$\omega_n = \frac{\varkappa^2}{r^2}\sqrt{\frac{EI}{\varrho A}} = \frac{n(n^2-1)}{r^2\sqrt{1+n^2}}\sqrt{\frac{EI}{\varrho A}}, \quad n = 2, 3, 4, \ldots. \tag{26}$$

ermittelt.

Weiterhin werden antisymmetrische und symmetrische Schwingungen eines Zweigelenkbogens betrachtet.

Für die antisymmetrische Schwingung gelten die folgenden Randbedingungen:

$$u = 0; \quad w = 0; \quad M = 0 \quad \text{für} \quad \beta = 0; \tag{27}$$

$$w = 0; \quad M = 0; \quad Q = 0 \quad \text{für} \quad \beta = \frac{\beta_0}{2}. \tag{28}$$

Hierbei bedeutet β_0 den Öffnungswinkel des Bogens. Werden die obigen Größen mit Hilfe der Funktion W ausgedrückt, so gilt

$$W' = 0; \quad W = 0; \quad W''' + W' = 0 \quad \text{für} \quad \beta = 0; \tag{27'}$$

und

$$W' = 0; \quad W''' + W' = 0; \quad \frac{EI}{r^3}(W^V + W''') - \varrho A r \omega^2 W' = 0$$

$$\text{für} \quad \beta = \frac{\beta_0}{2}. \tag{28'}$$

Diese Randbedingungen liefern die transzendente Gleichung

$$\lambda_2\lambda_3(\lambda_2^2 - \lambda_3^2)\cotan\frac{\lambda_1\beta_0}{2} + \lambda_1\lambda_3(\lambda_3^2 - \lambda_1^2)\cotan\frac{\lambda_2\beta_0}{2} +$$

$$+ \lambda_1\lambda_2(\lambda_1^2 - \lambda_2^2)\cotan\frac{\lambda_3\beta_0}{2} = 0. \tag{29}$$

Diese Gleichung kann nur mit großen Schwierigkeiten gelöst werden. Das Endziel stellt hierbei die Bestimmung der Größe ω, der Eigenfrequenz, dar. In Gl. (22) steckt diese Frequenz im Parameter $\varkappa$. In der Lösung der Gl. (22) bilden die Größen λ_1, λ_2, λ_3 die Funktionen dieses Parameters. Die Einführung von λ_i, $i = 1, 2, 3$ in Form einer Funktion von $\varkappa$ in Gl. (29) ergibt eine sehr komplizierte transzendente Gleichung.

Nun wird die symmetrische Schwingung eines Zweigelenkbogens betrachtet. Für den Querschnitt $\beta = 0$ gelten die gleichen Randbedingungen wie für die antisymmetrische Schwingungsform, für den Bogenschluß gilt dagegen

$$u = 0; \quad \varphi = 0; \quad Q = 0, \tag{30}$$

oder

$$W = 0; \quad W'' + W = 0; \quad W^{IV} + W'' = 0. \tag{30'}$$

Die Berücksichtigung der Bedingungen (27′) ergibt die Bestimmungsgleichung
für die Frequenz

$$\lambda_2\,\lambda_3(\lambda_2^2-\lambda_3^2)\tan\frac{\lambda_1\beta_0}{2}+\lambda_1\,\lambda_3(\lambda_3^2-\lambda_1^2)\tan\frac{\lambda_2\beta_0}{2}+$$

$$+\lambda_1\,\lambda_2(\lambda_1^2-\lambda_2^2)\tan\frac{\lambda_3\beta_0}{2}=0.\tag{31}$$

Aus dieser transzendenten Gleichung kann die Frequenz ω_k für $k=1,2,3\ldots$
mit Hilfe eines Verfahrens der schrittweisen Annäherung ermittelt werden.

Noch schwieriger und verwickelter ist eine Untersuchung der Schwingung
belasteter Bogen unter Berücksichtigung von Längskräften. Nichtsdestoweniger
ist eine Reihe von angenäherten (vorwiegend mit Hilfe des *Ritzschen* und *Galerkinschen Verfahrens* gewonnenen) Lösungen ausgearbeitet worden, welche
dieses komplizierte Problem zu meistern ermöglichen [33, 34, 51, 151, 158].

6.13. Drill-Biegeschwingungen eines Balkens

Es wird ein prismatischer Stab (z. B. aus Profilstahl) betrachtet, dessen
Belastung sowohl die Biege- als auch die Drillschwingung hervorruft. Als Beispiel
wird ein Stab aus ⊏ -Profil gewählt. In Abb. 6-13 sind die Abmessungen des
Stabes und das gewählte Koordinatensystem x, y, z gezeigt. Der Punkt C stellt

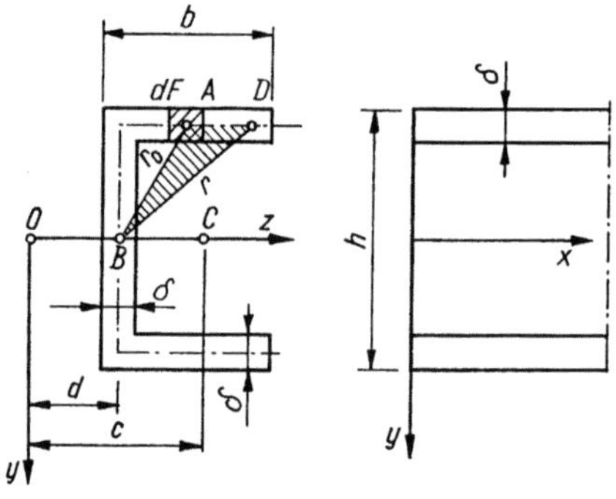

Abb. 6-13

den Schwerpunkt und der Punkt O den Biegungsmittelpunkt des betrachteten
Querschnittes dar. Die Lage des Biegungsmittelpunktes ist durch das Verschwinden der statischen Sektormomente bezüglich der y- und z-Achse bestimmt:

$$I_{\omega z}=\int_F\omega z\,dF=0;\qquad I_{\omega y}=\int_F\omega y\,dF=0.\tag{1}$$

Hierbei bedeutet ω die doppelte Fläche, die durch die Punkte ABD bestimmt
wird, wobei BA der Ortsvektor r_0 des Elementes dA, BD der Ortsvektor r und
AD ein Abschnitt der Mittellinie der Stabwand sind. Der Ort des Punktes B wird
mit Hilfe der Bedingung

$$S_\omega = \int_F \omega dF = 0 \tag{2}$$

ermittelt.

Für ein $\sqsubset$-Profil liegt Punkt B im Schnittpunkt der Symmetrieachse z und der Mittellinie der lotrechten Stabwand. Wird die Lage des Biegungsmittelpunktes mit a_y, a_z bezeichnet, so ergibt Gl. (1)

$$a_y = 0; \quad a_z = \frac{b^2 h^2 \delta}{4 I_z}, \tag{3}$$

wobei $I_z \approx \dfrac{bh^2\delta}{2} + \dfrac{\delta h^3}{12}$ das Trägheitsmoment des Querschnittes bezüglich der z-Achse ist. Die Entfernung des Schwerpunktes vom Punkt 0 beträgt

$$c \approx \frac{b}{3} + \frac{b^2 h^2 \delta}{4 I_z}.$$

In weiteren Betrachtungen wird das Hauptsektorträgheitsmoment verwendet:

$$I_{\omega\omega} = \int_F \omega^2 dF. \tag{4}$$

Für das betrachtete $\sqsubset$-Profil ist dieses Trägheitsmoment

$$I_\omega \approx 2\left[\frac{c^2 h^3 \delta}{24} + \frac{(b-c)^2 h^3 \delta}{12} + \frac{c^3 h^2 \delta}{12} \right].$$

Das kennzeichnende Merkmal des Biegungsmittelpunktes liegt darin, daß der durch diesen Punkt verlaufende Kraftvektor keine Drillung des Querschnittes hervorruft. Aus diesem Grund wird die x-Achse so gewählt, daß sie durch die Biegungsmittelpunkte aller Stabquerschnitte verläuft; als Unbekannte werden für das betrachtete Problem die lotrechten Verschiebungen $w(x, t)$ und die Drehungen $\varphi(x, t)$ gewählt. Die Verformung des betrachteten Stabes und die Größen w, φ sind in Abb. 6-14 gezeigt.

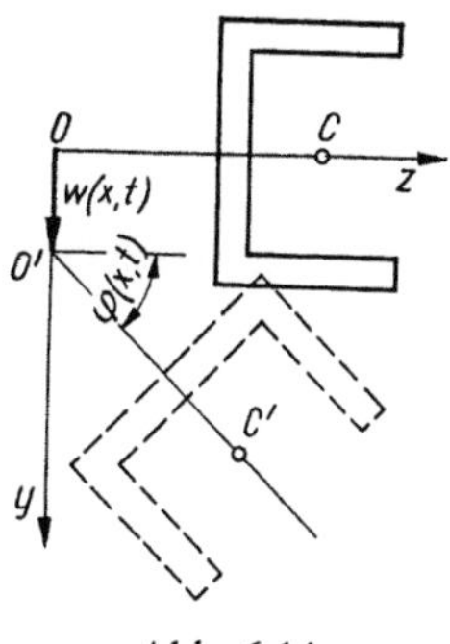

Abb. 6-14

Die Bewegungsgleichung kann gewonnen werden, wenn die Aufgabe unter Einführung der *d'Alembertschen Trägheitskräfte* auf ein statisches Problem zurückgeführt wird. Hierbei handelt es sich um kinetische Reaktionen

$$R(x,t) = -\varrho A \frac{\partial^2}{\partial t^2}[w(x,t)+c\varphi(x,t)], \tag{5}$$

$$\mathfrak{M}(x,t) = -\varrho I_0 \frac{\partial^2 \varphi}{\partial t^2}, \tag{6}$$

wobei I_0 das polare Trägheitsmoment bezüglich des Punktes C bedeutet. Die Größen $R(x,t)$ und $\mathfrak{M}(x,t)$ sind auf eine Längeneinheit des Balkens bezogen.

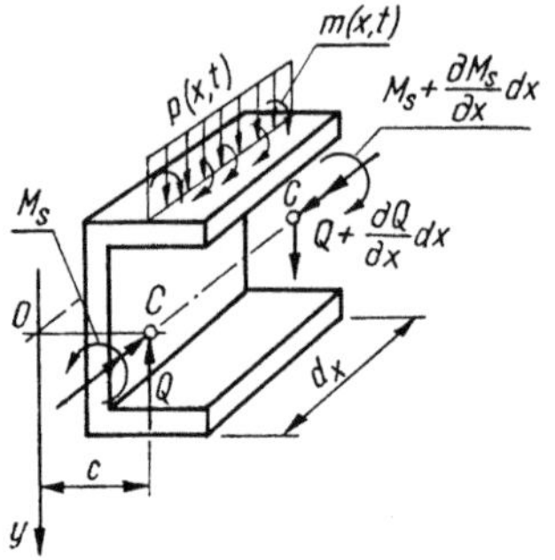

Abb. 6-15

In Abb. 6-15 sind die auf den Balken angreifenden Kräfte und Momente gezeigt (ohne die *d'Alembertschen Kräfte*). Die Gleichgewichtsgleichungen bezüglich der Biegungsachse lauten

$$-Q+pdx+\left(Q+\frac{\partial Q}{\partial x}dx\right)+Rdx = 0, \tag{7}$$

$$-M_s+Rcdx+pcdx+\left(M_s+\frac{\partial M_s}{\partial x}dx\right)+\mathfrak{M}dx+mdx = 0. \tag{8}$$

Unter Berücksichtigung, daß

$$Q = -EI_z\frac{\partial^3 w}{\partial x^3}, \tag{9}$$

$$M_s = GI_{0x}\frac{\partial \varphi}{\partial x}-EI_\Omega\frac{\partial^3 \varphi}{\partial x^3} \tag{10}$$

sind, werden die Gln. (7) und (8) auf partielle Differentialgleichungen zurückgeführt, in denen lediglich die Funktionen $w(x,t)$ und $\varphi(x,t)$ vorkommen. Es gilt

$$EI_z\frac{\partial^4 w}{\partial x^4}+\varrho A(\ddot{w}+c\ddot{\varphi}) = p(x,t), \tag{11}$$

$$EI_{\omega\omega}\frac{\partial^4 \varphi}{\partial x^4}-GI_{0x}\frac{\partial^2 \varphi}{\partial x^2}+\varrho(I_0+c^2 A)\ddot{\varphi}+\varrho Ac\ddot{w} = m(x,t)+cp(x,t). \tag{12}$$

Hierbei ist GI_{ox} die Torsionssteifigkeit des Stabes nach St. Venant. Für das betrachtete $\llcorner$-Profil ist $GI_{ox} = G\dfrac{A^4}{40I_o}$.

Den Gln. (11) und (12) sind noch die Rand- und Anfangsbedingungen hinzuzufügen. Die letzteren beschreiben die Durchbiegung und ihre Geschwindigkeit sowie die Drehung und ihre Geschwindigkeit im Zeitpunkt $t = 0$. Es gilt

$$w(x, 0) = f(x); \qquad \dot{w}(x, 0) = g(x); \tag{13}$$

$$\varphi(x, 0) = k(x); \qquad \dot{\varphi}(x, 0) = l(x). \tag{14}$$

Es wird die Drill-Biegeschwingung eines bei $x = 0$ und $x = l$ frei drehbar gelagerten Balkens betrachtet. In diesem Fall gelten folgende Randbedingungen:

$$w(0, t) = 0; \quad w''(0, t) = 0; \quad w(l, t) = 0; \quad w''(l, t) = 0; \tag{15}$$

$$\varphi(0, t) = \varphi''(0, t) = \varphi(l, t) = \varphi''(l, t) = 0. \tag{16}$$

Diese Bedingungen werden für

$$w(x, t) = A_n e^{i\omega_n t} \sin \alpha_n x,$$

$$\varphi(x, t) = B_n e^{i\omega_n t} \sin \alpha_n x; \qquad \alpha_n = \frac{n\pi}{l} \tag{17}$$

erfüllt.

Die Einführung von Lösungen (17) in die Gln. (11) und (12) ergibt das Gleichungssystem

$$A_n(EI_z \alpha_n^4 - \varrho A \omega_n^2) - B_n \varrho A c \omega_n^2 = 0, \tag{18}$$

$$-\varrho A A_n c \omega_n^2 + B_n [EI_{\omega\omega} \alpha_n^4 + GI_{0x} \alpha_n^2 - \varrho(I_0 + c^2 A)\omega_n^2] = 0. \tag{19}$$

Hierbei bedeutet ω_n die Eigenfrequenz. Wird die Determinante dieses Gleichungssystems gleich Null gesetzt, so ergibt sich für das Quadrat der Eigenfrequenz:

$$\omega_n^2 = \frac{\mathring{\omega}_n^2 + \hat{\omega}_n^2 \pm \sqrt{(\mathring{\omega}_n + \hat{\omega}_n)^2 - 4 \dfrac{I_0}{I_0 + c^2 A} \mathring{\omega}_n^2 \hat{\omega}_n^2}}{\dfrac{2I_0}{I_0 + c^2 A}} \tag{20}$$

mit

$$\mathring{\omega}_n = \alpha_n^2 \sqrt{\frac{EI_z}{\varrho A}}; \qquad \hat{\omega}_n = \alpha_n \sqrt{\frac{EI_{\omega\omega} \alpha_n^2 + GI_0}{\varrho(I_0 + c^2 A)}}.$$

Es ist zu bemerken, daß im betrachteten Fall zwei Schwingungszahlen aus jedem Wert von n folgen: eine höhere ω_{n+} und eine tiefere ω_{n-}. Diese Tatsache stellt einen wesentlichen Unterschied zu den vorher behandelten Fällen der Balkenschwingungen dar.

Gl. (18) liefert

$$B_{n\pm} = \frac{\mathring{\omega}_n^2 - \omega_{n\pm}^2}{c \omega_{n\pm}^2} A_{n\pm}. \tag{21}$$

Es wird $A_{n+} = A_{n-} = 1$ angenommen und die Winkel φ aufgrund der Gl. (17) ermittelt:

$$\varphi_{n+} = \frac{\mathring{\omega}_n^2 - \omega_{n+}^2}{c^2 \omega_{n+}^2} e^{it\omega_{n+}} \sin \alpha_n x,$$

$$\varphi_{n-} = \frac{\mathring{\omega}_n^2 - \omega_{n-}^2}{c^2 \omega_{n-}^2} e^{it\omega_{n-}} \sin \alpha_n x. \tag{22}$$

Es ist aber

$$w_{n+} = e^{it\omega_n +}\sin\alpha_n x = w_{n-}.$$

Für die gleichen Durchbiegungen $w_{n+} = w_{n-}$ werden verschiedene Werte der Drehwinkel gewonnen. Diese Sachlage ist in Abb. 6-16 gezeigt.

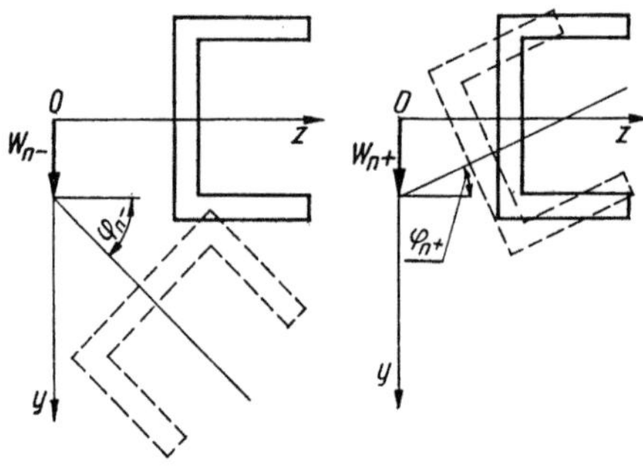

Abb. 6-16

Es wird noch die erzwungene harmonische Schwingung eines in zwei Punkten frei drehbar gelagerten Balkens untersucht. Mit dem Belastungsansatz

$$p(x,t) = q(x)e^{i\omega t}; \qquad m(x,t) = n(x)e^{i\omega t}$$

und mit

$$w(x,t) = W(x)e^{i\omega t}; \qquad \varphi(x,t) = \Phi(x)e^{i\omega t},$$

kann das Gleichungssystem (11), (12) in der Form

$$EI_z\frac{d^4W}{dx^4} - \omega^2\varrho A(W + c\Phi) = q, \tag{23}$$

$$EI_{\omega\omega}\frac{d^4\Phi}{dx^4} - GI_{0x}\frac{d^2\Phi}{dx^2} - \omega^2\varrho(I_0 + c^2A)\Phi - \omega^2\varrho cAW = n + cq \tag{24}$$

geschrieben werden. Hierbei bedeuten $W(x)$ und $\Phi(x)$ die Amplituden der Verschiebung und der Drehung.

Die Lösung des Gleichungssystems (23), (24) wird in der Form

$$W = \sum_{k=1}^{\infty} A_k\sin\alpha_n x; \qquad \Phi = \sum_{k=1}^{\infty} B_k\sin\alpha_n x \qquad \text{mit} \qquad \alpha_k = \frac{k\pi}{l} \tag{25}$$

angesetzt. Die Funktionen q und n werden in die trigonometrischen Reihen entwickelt:

$$q = \sum_{k=1}^{\infty} q_k\sin\alpha_k x; \qquad n = \sum_{k=1}^{\infty} n_k\sin\alpha_k x. \tag{26}$$

Daraus folgt das System der algebraischen Gleichungen

$$(EI_z\alpha_k^4 - \varrho A\omega^2)A_k - c\varrho\omega^2AB_k = q_k, \tag{27}$$

$$[EI_{\omega\omega}\alpha_k^4 + GI_{0x}\alpha_k^2 - \omega^2\varrho(I_0 + cA)]B_k - c\varrho\omega^2A_k = n_k + cq_k.$$
$$k = 1,2,\ldots\infty. \tag{28}$$

Aus diesem System können die unbekannten Koeffizienten A_k und B_k berechnet werden.

Es wird noch auf die Gln. (11) und (12) zurückgegriffen. Es ist zu bemerken, daß die beiden Gleichungen voneinander unabhängig sind, wenn $c = 0$ ist, d.h. wenn der Biegungsmittelpunkt und der Schwerpunkt des Querschnittes zusammenfallen.

Das eben betrachtete Problem stellt den einfachsten Fall der Drill- und Biegeschwingung dar, in dem der Querschnitt eine Symmetrieebene hat. Kommt keine Symmetrieebene vor, so handelt es sich um ein allgemeineres Schwingungsproblem, in dem noch die Schwingung in waagerechter Ebene auftritt. In solch einem Fall liegt ein System von drei gekoppelten Differentialgleichungen vor.

Diejenigen Leser, die über dieses allgemeine Problem mehr erfahren möchten, werden auf die entsprechende Fachliteratur verwiesen [7, 22].

7. Eigenschwingung und erzwungene Schwingung durchlaufender Balken

7.1. Drei- und Viermomentengleichungen

Es wird ein durchlaufender Balken betrachtet. Aus dem Balken wird der Stab i, k herausgenommen, der die Auflagerknoten i und k verbindet. Der Stab schwingt harmonisch; dadurch entstehen in ihm die Biegemomente und Querkräfte, die sich zeitlich harmonisch mit einer vorgegebenen Kreisfrequenz ω ändern.

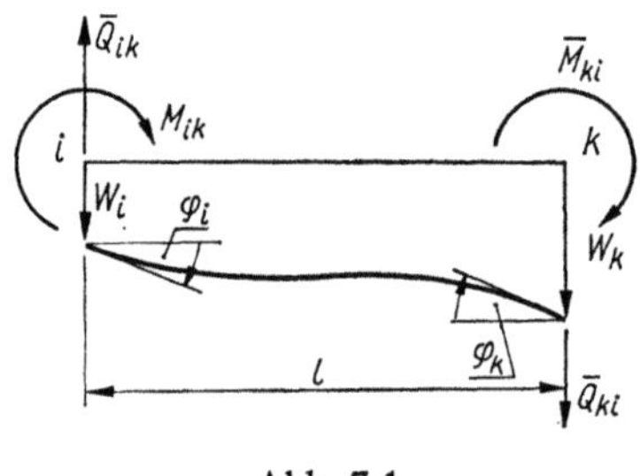

Abb. 7-1

In Abb. 7-1 sind positive Amplituden der Randkräfte und der Verschiebungen der Stabendquerschnitte eingetragen. Es wird weiterhin vorausgesetzt, daß die Erregerkraft außerhalb des Feldes i, k angreift. Die Querschwingung des Stabes wird durch die Gleichung

$$EI\frac{\partial^4 w}{\partial x^4} + \mu\ddot{w} = 0 \quad \text{mit} \quad \mu = \varrho A \tag{1}$$

beschrieben und wegen $w(x, t) = W(x)e^{i\omega t}$ lautet die Gleichung für die Schwingweite

$$EI\frac{d^4 W}{dx^4} - \mu\omega^2 W = 0. \tag{2}$$

Die Lösung der Gl. (2) stellt die Funktion

$$W(x) = W(0)S(\lambda x) + W'(0)\frac{1}{\lambda}T(\lambda x) + W''(0)\frac{1}{\lambda^2}U(\lambda x) +$$

$$+ W'''(0)\frac{1}{\lambda^3}V(\lambda x) \quad \text{mit} \quad \lambda^4 = \omega^2/c^2, \quad c^2 = EI/\mu \tag{3}$$

dar (vgl. Gl. (7) vom Abschnitt 6.3), wobei die Funktionen $S(\lambda x)$, $T(\lambda x), U(\lambda x)$,

$V(\lambda x)$ ihre Bedeutung entsprechend der Gl. (6) vom Abschnitt 6.3 beibehalten. Im betrachteten Fall gilt:

$$W(0) = W_i; \quad W(l) = W_k;$$

$$W''(0) = -\frac{\overline{M}_{ik}}{EI}; \quad W''(l) = -\frac{\overline{M}_{ki}}{EI}. \tag{4}$$

Die Anwendung der Gl. (3) vom Abschnitt 7.1 und der Gln. (8) vom Abschnitt 6.3 ergibt ein System von vier Gleichungen, in dem die unbekannten Größen W_i, W_k, $\overline{M}_{ik}$, $\overline{M}_{ki}$ auftreten. Die Lösung dieses Systems liefert die unbekannten Größen $W(0)$, $W'(0)$, $W''(0)$, $W'''(0)$.

Werden diese Größen in die Gl. (3) eingeführt, so ergibt sich

$$W(x) = \frac{\overline{M}_{ik}}{2EI\lambda^2}\left(\frac{\sin\lambda(l-x)}{\sin\beta} - \frac{\sinh\lambda(l-x)}{\sinh\beta}\right) +$$

$$+ \frac{\overline{M}_{ki}}{2EI\lambda^2}\left(\frac{\sin\lambda x}{\sin\beta} - \frac{\sinh\lambda x}{\sinh\beta}\right) + \frac{W_i}{2}\left(\frac{\sin\lambda(l-x)}{\sin\beta} + \frac{\sinh\lambda(l-x)}{\sinh\beta}\right) +$$

$$+ \frac{W_k}{2}\left(\frac{\sin\lambda x}{\sin\beta} + \frac{\sinh\lambda x}{\sinh\beta}\right); \quad \beta = \lambda l. \tag{5}$$

Die Winkel $\varphi_i = W'(0)$ und $\varphi_k = W'(l)$ sind dann

$$\varphi_i = \frac{\overline{M}_{ik}l}{2EI}H_1(\beta) + \frac{\overline{M}_{ki}l}{2EI}H_2(\beta) - \frac{W_i}{2l}f_1(\beta) + \frac{W_k}{2l}f_2(\beta), \tag{6}$$

$$\varphi_k = -\frac{\overline{M}_{ik}l}{2EI}H_2(\beta) - \frac{\overline{M}_{ki}l}{2EI}H_1(\beta) - \frac{W_i}{2l}f_2(\beta) + \frac{W_k}{2l}f_1(\beta). \tag{7}$$

Hierbei gelten die folgenden Bezeichnungen:

$$H_1(\beta) = \frac{1}{\beta}(\cotanh\beta - \cotan\beta); \quad H_2(\beta) = \frac{1}{\beta}(\cosec\beta - \cosech\beta);$$

$$\tag{8}$$

$$f_1(\beta) = \beta(\cotanh\beta + \cotan\beta); \quad f_2(\beta) = \beta(\cosec\beta + \cosech\beta).$$

Im Grenzfall $\omega \to 0$ (und damit $\beta \to 0$) geht das dynamische in das statische Problem über, es gilt

$$H_1(0) = 2/3; \quad H_2(0) = 1/3; \quad f_1(0) = f_2(0) = 2. \tag{9}$$

Die Zahlenwerte von $H_1(\beta)$, $H_2(\beta)$, $f_1(\beta)$, $f_2(\beta)$ sind für verschiedene Werte von β in Tafel 7-1 zusammengestellt [54].

Nun werden zwei benachbarte Felder eines durchlaufenden Balkens untersucht (Abb. 7-2), der auf starren Auflagern ruht. Bei den angenommenen Bezeichnun-

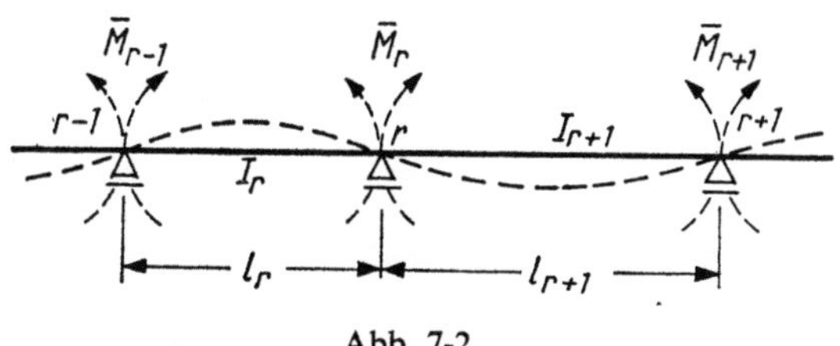

Abb. 7-2

Tafel 7-1

β	$H_1(\beta)$	$H_2(\beta)$	$f_1(\beta)$	$f_2(\beta)$
0,0	0,66666	0,33333	2,00000	2,00000
0,1	0,66666	0,33333	2,00000	2,00000
0,2	0,66668	0,33333	1,99992	2,00006
0,3	0,66670	0,33336	1,99964	2,00032
0,4	0,66676	0,33344	1,99886	2,00100
0,5	0,66694	0,33360	1,99722	2,00244
0,6	0,66722	0,33386	1,99424	2,00504
0,7	0,66768	0,33432	1,98930	2,00936
0,8	0,66860	0,33502	1,98172	2,01600
0,9	0,66946	0,33604	1,97066	2,02570
1,0	0,67094	0,33748	1,95512	2,03932
1,1	0,67296	0,33942	1,93400	2,05786
1,2	0,67564	0,34202	1,90598	2,08248
1,3	0,67912	0,34540	1,86950	2,11460
1,4	0,68358	0,34974	1,82276	2,15584
1,5	0,68926	0,35524	1,76356	2,20822
1,6	0,69638	0,36218	1,68924	2,27420
1,7	0,70528	0,37084	1,59650	2,35686
1,8	0,71638	0,38166	1,48118	2,46014
1,9	0,73022	0,39514	1,33784	2,58918
2,0	0,74748	0,41202	1,15932	2,75094
2,1	0,76918	0,43326	0,93576	2,95492
2,2	0,79670	0,46022	0,65332	3,21470
2,3	0,83208	0,49498	0,29170	3,55020
2,4	0,87846	0,54064	$-0,18022$	3,99218
2,5	0,94088	0,60226	$-0,81270$	4,59052
2,6	1,02820	0,68864	$-1,69298$	5,43200
2,7	1,15720	0,81660	$-2,98704$	6,68212
2,8	1,36434	1,02254	$-5,05478$	8,70030
2,9	1,74636	1,40322	$-8,85162$	12,44136
3,0	2,67340	2,32878	$-18,03084$	21,55796
3,1	8,07514	7,72882	$-71,37680$	74,83376
3,2	$-5,03072$	$-5,37892$	57,93598	$-54,55748$
3,3	$-1,59301$	$-1,94338$	23,96682	$-20,67598$
3,4	$-0,81798$	$-1,17062$	16,27092	$-13,07790$
3,5	$-0,47652$	$-0,83178$	12,85004	$-9,76610$
3,6	$-0,28472$	$-0,64290$	10,90070	$-7,93834$
3,7	$-0,16202$	$-0,52348$	9,62706	$-6,80022$
3,8	$-0,07678$	$-0,44188$	8,71618	$-6,04048$
3,9	$-0,01402$	$-0,38320$	8,01962	$-5,51258$
4,0	0,03424	$-0,33950$	7,45744	$-5,13882$
4,1	0,07270	$-0,30616$	6,98242	$-4,87460$
4,2	0,10428	$-0,28032$	6,56438	$-4,69286$
4,3	0,13090	$-0,26016$	6,38272	$-4,57676$
4,4	0,15394	$-0,24442$	5,82238	$-4,51572$
4,5	0,17436	$-0,23226$	5,47142	$-4,50344$
4,6	0,19290	$-0,22314$	5,12010	$-4,53672$
4,7	0,21016	$-0,21666$	4,75900	$-4,61486$
4,8	0,22666	$-0,21256$	4,37904	$-4,73946$
4,9	0,24284	$-0,21076$	3,97030	$-4,91454$
5,0	0,25918	$-0,21126$	3,52140	$-5,14680$

Tafel 7-1 (Fortsetzung)

β	$H_1(\beta)$	$H_2(\beta)$	$f_1(\beta)$	$f_2(\beta)$
5,1	0,27614	−0,21418	3,01822	−5,44648
5,2	0,29430	−0,21980	2,44264	−5,82862
5,3	0,31436	−0,22858	1,76992	−6,31524
5,4	0,33730	−0,24132	0,96506	−6,93912
5,5	0,36444	−0,25918	−0,02422	−7,75048
5,6	0,39796	−0,28420	−1,27994	−8,82964
5,7	0,44136	−0,31976	−2,93976	−10,31258
5,8	0,50104	−0,37214	−5,25454	−12,44868
5,9	0,58996	−0,45426	−8,73608	−15,74828
6,0	0,73940	−0,59730	−14,61804	−21,44366
6,1	1,04882	−0,90068	−26,82624	−33,45922
6,2	2,09574	−1,94182	−68,16034	−74,59326
6,3	−9,28034	9,43982	380,93706	374,71312
6,4	−1,17524	1,34011	60,93824	54,93370
6,5	−0,54458	0,71470	36,00830	30,23524
6,6	−0,31062	0,48592	26,73070	21,20294
6,7	−0,18784	0,36830	21,83246	16,56584
6,8	−0,11170	0,29730	18,76468	13,77718
6,9	−0,05946	0,25026	16,63050	11,94254
7,0	−0,02108	0,21718	15,03262	10,66748
7,1	0,00858	0,19298	13,76734	9,75151
7,2	0,03242	0,17478	12,71886	9,08256
7,3	0,05224	0,16090	11,81576	8,59370
7,4	0,06920	0,15020	11,01102	8,24308
7,5	0,08406	0,14200	10,27162	8,00404
7,6	0,09742	0,13580	9,57286	7,85950
7,7	0,10972	0,13130	8,89512	7,79916
7,8	0,12128	0,12828	8,22146	7,81776
7,9	0,13242	0,12662	7,53620	7,91422
8,0	0,14338	0,12626	6,82348	8,09142
8,1	0,15446	0,12722	6,06606	8,35638
8,2	0,16592	0,12956	5,24372	8,72114
8,3	0,17810	0,13348	4,33132	9,20414
8,4	0,19138	0,13924	3,29582	9,83296
8,5	0,20634	0,14728	2,09150	10,64858
8,6	0,22374	0,15828	0,65200	11,71344
8,7	0,24474	0,17334	−1,12432	13,12568
8,8	0,27122	0,19424	−3,40278	15,04752
8,9	0,30644	0,22424	−6,47336	17,76616
9,0	0,35676	0,26958	−10,89760	21,84060
9,1	0,43626	0,34436	−17,92698	28,51988
9,2	0,58410	0,38764	−31,03762	41,27784
9,3	0,96480	0,86396	−64,84518	74,72786
9,4	4,39896	4,29388	−369,89176	379,40978
9,5	−1,29146	−1,40070	135,55448	−126,41054
9,6	−0,48422	−0,59756	63,82578	−55,06770
9,7	−0,26198	−0,37936	44,04986	−35,69198
9,8	−0 15702	−0 27844	34,68048	−26,73986
9,9	−0,09530	−0,22078	29,14000	−21,63666
10,0	−0,05424	−0,18382	25,42352	−18,38074

15 Baudynamik

gen liefern die Gln. (6) und (7)

$$\varphi_r^p = \frac{\overline{M}_r l_{r+1}}{2EI_{r+1}} H_1(\beta_{r+1}) + \frac{\overline{M}_{r+1} l_{r+1}}{2EI_{r+1}} H_2(\beta_{r+1}),$$

$$\varphi_r^l = -\frac{\overline{M}_r l_r}{2EI_r} H_2(\beta_r) - \frac{\overline{M}_{r-1} l_r}{2EI_r} H_1(\beta_r).$$

Die Kontinuitätsbedingung für die Biegelinie am Auflager r ergibt die Gleichung

$$\overline{M}_{r-1} \frac{l_r}{I_r} H_2(\beta_r) + \overline{M}_r \left(\frac{l_r}{I_r} H_1(\beta_r) + \frac{l_{r+1}}{I_{r+1}} H_1(\beta_{r+1}) \right) +$$

$$+ \overline{M}_{r+1} \frac{l_{r+1}}{I_{r+1}} H_2(\beta_{r+1}) = 0. \tag{10}$$

Gl. (10) wird mit der Konstanten I_c multipliziert, weiterhin werden die reduzierten Spannweiten der einzelnen Felder $l_r' = l_r \frac{I_c}{I_r}$, $l_{r+1}' = l_{r+1} \frac{I_c}{I_{r+1}}$ eingeführt. Auf diese Weise entsteht ein System von Gleichungen mit je drei Gliedern:

$$\overline{M}_{r-1} l_r' H_2(\beta_r) + \overline{M}_r [l_r' H_1(\beta_r) + l_{r+1}' H_1(\beta_{r+1})] +$$

$$+ \overline{M}_{r+1} l_{r+1}' H_2(\beta_{r+1}) = 0 \qquad r = 1, 2, \dots, n. \tag{10'}$$

Ist am Knoten ein zusätzlicher Stab angebracht, für den die Amplitude des Knotenmomentes $\overline{M}_r$ beträgt oder wirkt auf den Knoten r ein Einzelmoment mit der Amplitude $\overline{M}_r$ ein, so gilt an Stelle der Gl. (10) die Viermomentengleichung

$$\overline{M}_{r-1} l_r' H_2(\beta_r) + \overline{M}_r^l l_r' H_1(\beta_r) + \overline{M}_r^p l_{r+1}' H_1(\beta_{r+1}) +$$

$$+ \overline{M}_{r+1} l_{r+1}' H_2(\beta_{r+1}) = 0, \tag{11}$$

worin

$$\overline{M}_r^l - \overline{M}_r^p + \overline{M}_r = 0$$

ist.

7.2. Eigenschwingung und erzwungene harmonische Schwingung durchlaufender Balken

Mit Hilfe von Drei- bzw. Viermomentengleichungen können die Eigenfrequenz und die Frequenz der erzwungenen harmonischen Schwingung durchlaufender Balken ermittelt werden.

Wird ein durchlaufender Balken mit n Auflagern betrachtet, wobei die erste und die letzte Auflagerung frei drehbar ist, so können für $n-2$ Auflager $n-2$ Gleichungen (10') mit je drei Gliedern aufgestellt werden. Es handelt sich hierbei um die homogenen Gleichungen. Wird die Determinante dieses Gleichungssystems gleich Null gesetzt, so ergibt sich eine transzendente Gleichung mit unendlicher Anzahl der Wurzeln $\omega_1, \omega_2, \dots, \omega_n$.

Es wird ein einfaches Beispiel des zweifeldrigen Balkens (Abb. 7-3) betrachtet.

Unter Beachtung von $\overline{M}_0 = \overline{M}_2 = 0$ wird Gl. (10') für das Auflager 1 aufgestellt:

$$\overline{M}_1[l_1' H_1(\beta_1) + l_2' H_1(\beta_2)] = 0. \tag{1}$$

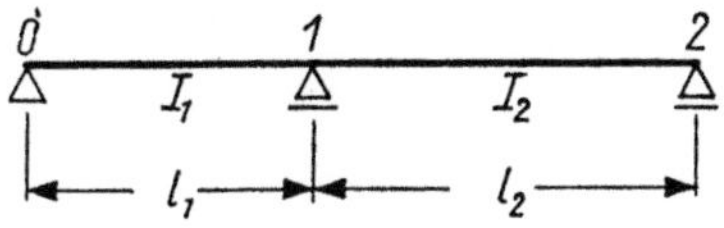

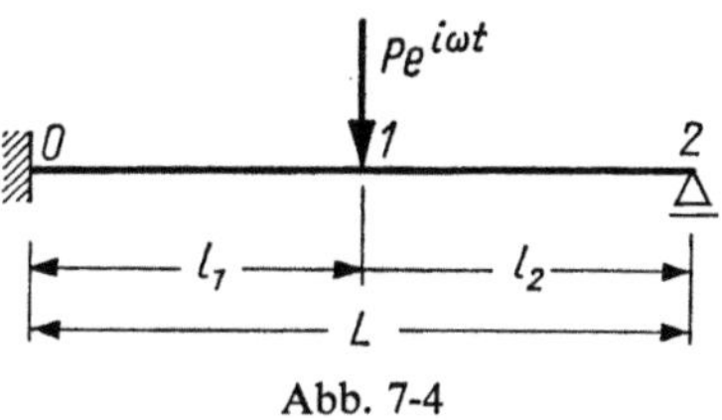

Abb. 7-3

Da für die Eigenschwingung des Balkens $\overline{M}_1 \neq 0$ ist, lautet die gesuchte transzendente Gleichung

$$H_1(\beta_1) + \frac{l_2'}{l_1'} H_1(\beta_2) = 0 \quad \text{mit} \quad \beta_1 = l_1 \sqrt[4]{\frac{\mu\omega^2}{EI_1}};$$

$$\beta_2 = l_2 \sqrt[4]{\frac{\mu\omega^2}{EI_2}}. \tag{2}$$

Aus dieser Gleichung werden die Werte der Kreisfrequenzen $\omega_1, \omega_2, \ldots$ nacheinander ermittelt. Für den Sonderfall $l_1 = l_2$, $I_1 = I_2$ gilt

$$H_1(\beta) = \frac{1}{\beta}(\cotanh\beta - \cotan\beta) = 0 \tag{3}$$

oder

$$\tan\beta = \tanh\beta. \tag{3'}$$

Die obige Beziehung gilt nur für die symmetrische Eigenschwingungsform des zweifeldrigen Balkens, wie das leicht aus einem Vergleich von Gl. (3) mit der Gl. (9) vom Abschnitt 6.6 zu ersehen ist. Wie es im weiteren erläutert wird, sind die antisymmetrischen Eigenschwingungsformen für einen zweifeldrigen Balken mit gleichen Spannweiten und die Eigenschwingungsformen eines auf zwei Auflagern frei drehbar gelagerten Balkens identisch. Die Tatsache, daß die Frequenzen der antisymmetrischen Schwingungen mit Hilfe der Dreimomentengleichung nicht ermittelt werden können, läßt sich dadurch erklären, daß das Knotenmoment M_1 in diesem Fall gleich Null ist und die Gl. (1) für $H_1(\beta) \neq 0$ erfüllt wird. Ist aber das Verhältnis l_1/l_2 irrational, so liefert die Bedingung (1) alle Eigenfrequenzen.

Zur Ermittlung der Eigenfrequenzen eines zweifeldrigen Balkens können die im Abschnitt 6.8 gewonnenen Ergebnisse ebenfalls verwendet werden.

Es wird ein einfeldriger Balken der Spannweite L, an den Enden freidrehbar gelagert oder vollkommen eingespannt betrachtet (Abb. 7-4). Im Punkt 1 wirke

Abb. 7-4

die Kraft $P e^{i\omega t}$, welche die Querschwingung des Balkens erregt. Die Biegelinie des Balkens wird durch die Gl. (9) vom Abschnitt 6.8 beschrieben:

$$w(x, t) = \frac{e^{i\omega t} P}{\varrho} \sum_{n=1}^{\infty} \frac{W_n(x)\, W_n(l_1)}{\omega_n^2 \left[1 - \left(\dfrac{\omega}{\omega_n}\right)^2\right]} \, . \tag{4}$$

Hierbei bedeuten:

$W_n(x)$ — die Schwingungsform,

ω_n — die Kreisfrequenz der Schwingung des einfeldrigen Balkens 0-2.

Nun wird verlangt, daß der Punkt 1 in Ruhe bleibt. In diesem Punkt wird ein zusätzliches Auflager eingeführt. Die Bedingung $w(l_1, t) = 0$ liefert

$$\sum_{n=1}^{\infty} \frac{W_n^2(l_1)}{\omega_n^2 \left[1 - \left(\dfrac{\omega}{\omega_n}\right)^2\right]} = 0. \tag{5}$$

Aus dieser transzendenten Gleichung kann die Kreisfrequenz ω für den zweifeldrigen Balken 0-1-2 näherungsweise unter Berücksichtigung einer endlichen Anzahl der Glieder der betrachteten Reihe ermittelt werden.

Für den Fall der freien Auflagerung des Balkens bei $x = 0$ und $x = l$ ergibt sich die Gleichung

$$\sum_{n=1}^{\infty} \frac{\sin^2 \dfrac{n\pi}{2}}{\omega_n^2 \left[1 - \left(\dfrac{\omega}{\omega_n}\right)^2\right]} = 0, \tag{6}$$

aus der die transzendente Gleichung (3′) abgeleitet werden kann.

Nun wird die erzwungene harmonische Schwingung eines Zweifeldbalkens (Abb. 7-5) betrachtet, die durch das Einzelmoment $M_1 = \overline{M}_1 e^{i\omega t}$ erregt wird.

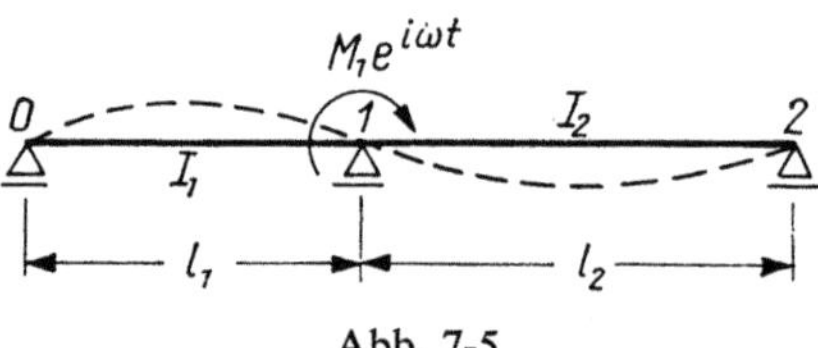

Abb. 7-5

In diesem Fall wird die Viermomentengleichung verwendet (Gl. (1) vom Abschnitt 7.1).

Die für den Auflager 1 aufgestellte Gleichung liefert

$$\overline{M}_1^l \, l_1' \, H_1(\beta_1) + \overline{M}_1^r \, l_2' \, H_1(\beta_2) = 0 \tag{7}$$

und

$$\overline{M}_1^l - \overline{M}_1^r + \overline{M}_1 = 0. \tag{8}$$

Hierbei bedeuten $\overline{M}_1^l$ und $\overline{M}_1^r$ die Werte der Momente links und rechts vom Auflager.

Die Auflösung beider Gleichungssysteme bezüglich $\overline{M}_1^l$ und $\overline{M}_1^r$ ergibt

$$\overline{M}_1^l = -\overline{M}_1 \frac{H_1(\beta_2)l_2'}{H_1(\beta_1)l_1' + H_1(\beta_2)l_2'}, \tag{9}$$

$$\overline{M}_1^r = \overline{M}_1 \frac{H_1(\beta_1)l_1'}{H_1(\beta_1)l_1' + H_1(\beta_2)l_2'}. \tag{10}$$

Es ist ersichtlich, daß die Momente $\overline{M}_1^l$ und $\overline{M}_1^r$ unbeschränkt wachsen, wenn der Nenner in den Ausdrücken (9) und (10) gegen Null geht, was eben die Bedingung für die Eigenschwingung ist (vgl. Gl. (3)). Auch hierbei wird also die bekannte Tatsache festgestellt, daß Resonanz mit Annäherung der Kreisfrequenz der erregenden Schwingung an die Eigenfrequenz auftritt.

Beispiel 7-1. Es wird ein frei schwingender zweifeldriger Stahlbetonbalken (Abb. 7-3) betrachtet. Die Spannweiten der Felder 0—1 und 1—0 betragen entsprechend $l_1 = 6{,}0$ m und $l_2 = 3{,}0$ m. Der Balkenquerschnitt ist rechteckig mit der Breite $b = 0{,}20$ m und der Höhe $h_1 = 0{,}35$ m im Feld 0—1 und $h_2 = 0{,}20$ m im Feld 1—2. Die entsprechenden Trägheitsmomente betragen für die einzelnen Felder $I_1 = \dfrac{0{,}2 \cdot 0{,}35^3}{12} = 7{,}15 \cdot 10^{-4}$ m^4, $I_2 = \dfrac{0{,}2 \cdot 0{,}2^3}{12} =$ $= 1{,}33 \cdot 10^{-4}$ m^4. Der Elastizitätsmodul des Betons wird zu $E = 2{,}0 \cdot 10^6$ Mp/m^2 angenommen. Das Eigengewicht des Balkens 0—1 beträgt $q_1 = 0{,}20 \cdot 0{,}35 \cdot 2{,}4 = 0{,}168$ Mp/m und des Balkens 1—2 $q_2 = 0{,}20 \cdot 0{,}20 \cdot 2{,}4 = 0{,}096$ Mp/m. Das Gewicht der den Balken belastenden Decke ist $q = 0{,}240$ Mp/m^2. Bei einem axialen Balkenabstand von $6{,}0$ m beträgt die Belastung des Balkens aus der Decke $\bar{q} = 0{,}240 \cdot 6{,}0 = 1{,}44$ Mp/m. Die Gesamtmassen des Balkens und der Decke sind für die einzelnen Felder

$$\mu_1 = \frac{q_1 + \bar{q}}{g} = \frac{0{,}168 + 1{,}440}{9{,}81} = 0{,}1635 \text{ Mps}^2/\text{m}^2,$$

$$\mu_2 = \frac{q_2 + \bar{q}}{g} = \frac{0{,}096 + 1{,}440}{9{,}81} = 0{,}1565 \text{Mps}^2/\text{m}^2.$$

Die Grundfrequenz wird aus der Gl. (1) ermittelt. Es gilt

$$H_1(\beta_1) + \frac{l_2 I_1}{l_1 I_2} H_1(\beta_2) = 0 \tag{a}$$

oder

$$H_1(\beta_1) + 2{,}69 H_1(0{,}755\beta_1) = 0,$$

wegen

$$\beta_1 = l_1 \sqrt[4]{\frac{\omega^2 \mu_1}{EI_1}},$$

$$\beta_2 = l_2 \sqrt[4]{\frac{\omega^2 \mu_2}{EI_2}} = \beta_1 \frac{l_2}{l_1} \sqrt[4]{\frac{\mu_2}{\mu_1} \frac{I_1}{I_2}} = 0{,}755\beta_1. \tag{b}$$

Die Größe β_1 wird geschätzt. Zunächst wird $\beta_1 = 3{,}24$ angenommen. Dann ist $H_1(\beta_1) =$ $= -2{,}8194$; $H_1(0{,}755\beta_1) = 0{,}9044$. Werden diese Werte in die Gl. (a) eingesetzt, so ergibt sich

$$-2{,}8194 + 2{,}69 \cdot 0{,}9044 = -0{,}3866 \neq 0.$$

Für $\beta_1 = 3{,}26$ sind $H_1(3{,}26) = -2{,}2776$ und $H_1(0{,}755 \cdot 3{,}26) = 0{,}9138$. Damit folgt aus der Gl. (a)

$$-2{,}2776 + 2{,}69 \cdot 0{,}9138 = 0{,}1804 \neq 0.$$

Die gesuchte Wurzel β_1, die der Gl. (a) genügt, liegt also zwischen den Zahlen $3{,}24$ und $3{,}26$. Die lineare Interpolation liefert den gesuchten Wert von $\beta_1^{(1)} = 3{,}254$. Die Grundfrequenz wird aus der Gl. (b) ermittelt und ist

$$\omega_1 = \left(\frac{\beta_1^{(1)}}{l_1}\right)^2 \sqrt{\frac{EI_1}{\mu_1}} = \left(\frac{3{,}254}{6{,}0}\right)^2 \sqrt{\frac{2{,}0 \cdot 10^6 \cdot 7{,}15 \cdot 10^{-4}}{0{,}1635}} = 27{,}6 \ \text{s}^{-1}.$$

Auf eine ähnliche Weise werden die höheren Frequenzen berechnet. Die zweite Eigenfrequenz $\beta_1^{(2)}$ genügt der Ungleichung

$$5{,}0 < \beta_1^{(2)} < 5{,}10.$$

Durch die lineare Interpolation ergibt sich $\beta_1^{(2)} = 5{,}01$. Daraus folgt

$$\omega_2 = \left(\frac{\beta_1^{(2)}}{l_1}\right)^2 \sqrt{\frac{EI_1}{\mu_1}} = 65{,}5 \ \text{s}^{-1}.$$

Für die dritte Eigenfrequenz ist

$$6{,}4 < \beta_1^{(3)} < 6{,}5.$$

Gl. (a) wird für $\beta_1^{(3)} = 6{,}485$ erfüllt, woraus die Frequenz

$$\omega_3 = \left(\frac{\beta_1^{(3)}}{l_1}\right)^2 \sqrt{\frac{EI_1}{\mu_1}} = 109{,}2 \ \text{s}^{-1}$$

folgt.

Auf eine ähnliche Weise werden die weiteren Werte gewonnen:

$$\beta_1^{(4)} = 8{,}943, \qquad \omega_4 = \left(\frac{\beta_1^{(4)}}{l_1}\right)^2 \sqrt{\frac{EI_1}{\mu_1}} = 208 \ \text{s}^{-1},$$

$$\beta_1^{(5)} = 9{,}780, \qquad \omega_5 = \left(\frac{\beta_1^{(5)}}{l_1}\right)^2 \sqrt{\frac{EI_1}{\mu_1}} = 250 \ \text{s}^{-1}.$$

Beispiel 7-2. Es werden erzwungene Schwingungen eines Balkens nach Abb. 7-5 untersucht, der am Knoten *1* durch das Einzelmoment $M_1 = \overline{M}_1 e^{i\omega t}$ belastet ist. Die Spannweiten einzelner Felder, die Belastungen und die Balkenquerschnitte sind wie im Beispiel 7-1.

Es wird vorausgesetzt, daß $\overline{M}_1 = 1{,}0$ Mpm, $n = 320$ U/min sind. Dann beträgt die Erregerfrequenz $\omega = \dfrac{320 \cdot 2\pi}{60} = 33{,}6 \ \text{s}^{-1}$. Diese Frequenz ist größer als die erste Eigenfrequenz $\omega_1 = 27{,}6 \ \text{s}^{-1}$. Für das betrachtete Beispiel gilt

$$\beta_1 = l_1 \sqrt[4]{\frac{\omega^2 \mu_1}{EI_1}} = 6{,}0 \sqrt[4]{\frac{0{,}1635 \cdot 33{,}6}{2{,}0 \cdot 10^6 \cdot 7{,}15 \cdot 10^{-4}}} = 3{,}56, \quad H_1(\beta_1) = -0{,}3505;$$

$$\beta_2 = l_2 \sqrt[4]{\frac{\omega^2 \mu_2}{EI_2}} = 3{,}0 \sqrt[4]{\frac{0{,}1565 \cdot 33{,}6}{2{,}0 \cdot 10^6 \cdot 1{,}33 \cdot 10^{-4}}} = 2{,}692, \quad H_1(\beta_2) = 1{,}142.$$

Nun werden die Gln. (9) und (10) für die Auflagermomente verwendet. Es gilt im betrachteten Fall

$$\overline{M}_1^l = -\overline{M}_1 \frac{H_1(\beta_2)}{H_1(\beta_1) \dfrac{l_1 l_2}{l_2 l_1} + H_1(\beta_2)} = -1{,}0 \frac{1{,}142}{-0{,}3505 \dfrac{6{,}0 \cdot 1{,}33}{3{,}0 \cdot 7{,}15} + 1{,}142} =$$

$$= -1{,}129 \ \text{Mpm}; \qquad \overline{M}_1^r = \overline{M}_1 \frac{H_1(\beta_1) \dfrac{l_1 l_2}{l_2 l_1}}{H_1(\beta_1) \dfrac{l_1 l_2}{l_2 l_1} + H_1(\beta_2)} = -0{,}129 \ \text{Mpm}.$$

Werden diese Werte in die Gleichgewichtsgleichung (8) für den Knoten und in die Verträglichkeitsbedingung (7) eingesetzt, so sind diese Gleichungen erfüllt:

$$-1{,}129 + 0{,}129 + 1{,}0 = 0;$$

$$-1{,}129(-0{,}3505) - 0{,}129 \frac{3{,}0 \cdot 7{,}15}{6{,}0 \cdot 1{,}33} 1{,}142 \approx 0.$$

Nun werden die Biege-, die Momenten- und die Querkraftlinien für die beiden Felder bestimmt. Die Biegelinie für das Feld *0-1* wird mit Hilfe der Gl. (5) vom Abschnitt 7.1 ermittelt. Es gilt

$$W(x) = \frac{\overline{M}_1^l}{2EI_1\lambda_1^2}\left(\frac{\sin\lambda_1 x}{\sin\beta_1} - \frac{\sinh\lambda_1 x}{\sinh\beta_1}\right).$$

Hierbei ist $\lambda_1 = \beta_1/l_1$. Mit der Bezeichnung $\xi = x/l_1$ gilt

$$W(x) = -\frac{1{,}129\cdot 6{,}0^2}{2\cdot 2\cdot 10^6\cdot 7{,}15\cdot 10^{-4}\cdot(3{,}56)^2}\left(\frac{\sin\beta_1\xi}{-0{,}414693} - \frac{\sinh\beta_1\xi}{16{,}6590}\right) =$$

$$= (2{,}72\sin\beta_1\xi + 0{,}0676\sinh\beta_1\xi)\cdot 10^{-3},$$

$$\sin\beta_1 = -0{,}414693; \quad \sinh\beta_1 = 16{,}6590.$$

Das Biegemoment ist

$$M(x) = -EI_1\frac{d^2W(x)}{dx_2} = \frac{\overline{M}_1^l}{2}\left(\frac{\sin\lambda_1 x}{\sin\beta_1} + \frac{\sinh\lambda_1 x}{\sinh\beta_1}\right) =$$

$$= -\frac{1{,}129}{2}\left(\frac{\sin\beta_1\xi}{-0{,}414693} + \frac{\sinh\beta_1\xi}{16{,}6590}\right) = 1{,}362\sin\beta_1\xi_1 - 0{,}0339\sinh\beta_1\xi.$$

Wird das Biegemoment differenziert, so ergibt sich die Querkraft

$$Q(x) = \frac{dM}{dx} = \frac{\overline{M}_1^l}{2}\lambda_1\left(\frac{\cos\lambda_1 x}{\sin\beta_1} + \frac{\cosh\lambda_1 x}{\sinh\beta_1}\right) = 0{,}830\cos\beta_1\xi - 0{,}0206\cosh\beta_1\xi.$$

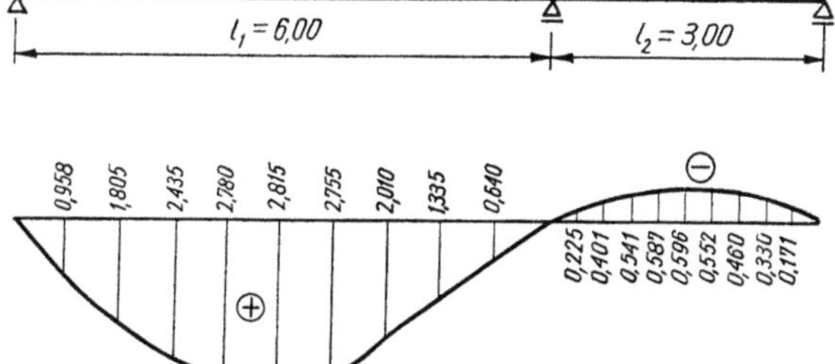

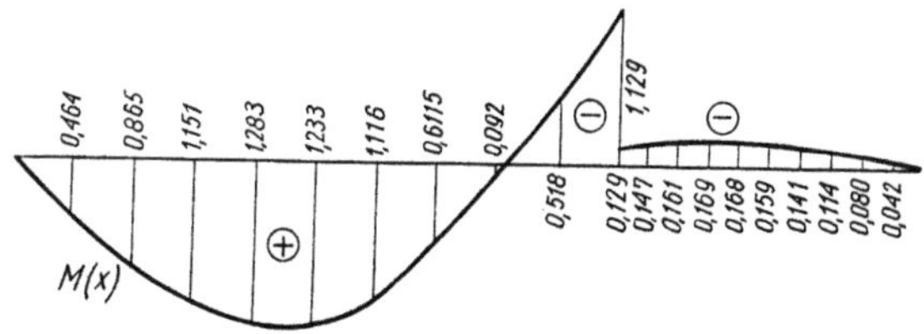

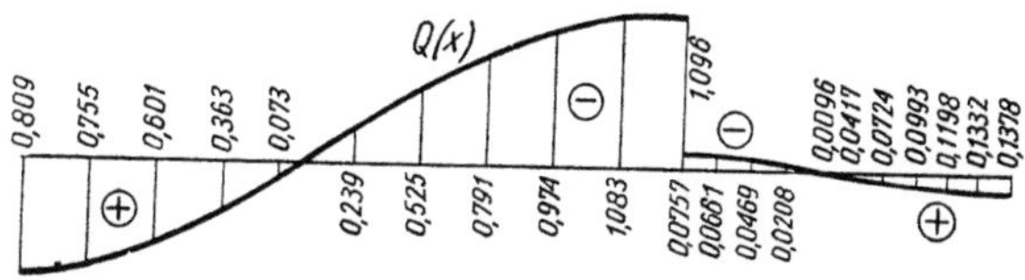

Abb. 7-6

Die Durchbiegung, das Biegemoment und die Querkraft für das Feld *1-2* werden nacheinander aufgrund der Gl. (5) vom Abschnitt 7.1 berechnet. Es gilt

$$\sin\beta_2 = 0{,}438371: \quad \sinh\beta_2 = 7{,}33190; \quad \lambda_2 = \beta_2/l_2; \quad \xi' = \frac{l_2-x}{l_2},$$

$$W(x) = \frac{\overline{M}_1^r}{2EI_2\lambda_2^2}\left(\frac{\sin\lambda_2(l_2-x)}{\sin\beta_2} - \frac{\sinh\lambda_2(l_2-x)}{\sinh\beta_2}\right) =$$

$$= -0{,}129\,\frac{3{,}0^2}{2\cdot2{,}0\cdot10^6\cdot1{,}33\cdot10^{-4}(2{,}692)^2}\left(\frac{\sin\beta_2\xi'}{0{,}438371} - \frac{\sinh\beta_2\xi'}{7{,}33190}\right) =$$

$$= -(0{,}689\sin\beta_2\xi' - 0{,}0412\sin\beta_2\xi')\cdot10^{-3},$$

$$M(x) = \frac{\overline{M}_1^r}{2}\left(\frac{\sin\lambda_2(l_2-x)}{\sin\beta_2} + \frac{\sinh\lambda_2(l_2-x)}{\sinh\beta_2}\right) =$$

$$= -0{,}1472\sin\beta_2\xi' - 0{,}0088\sinh\beta_2\xi',$$

$$\overline{T}(x) = \frac{\overline{M}_1^r}{2}\lambda_2\left(\frac{\cos\lambda_2(l_2-x)}{\sin\beta_2} + \frac{\cosh\lambda_2(l_2-x)}{\sinh\beta_2}\right) =$$

$$= 0{,}132\cos\beta_2\xi' + 0{,}00580\cosh\beta_2\xi'.$$

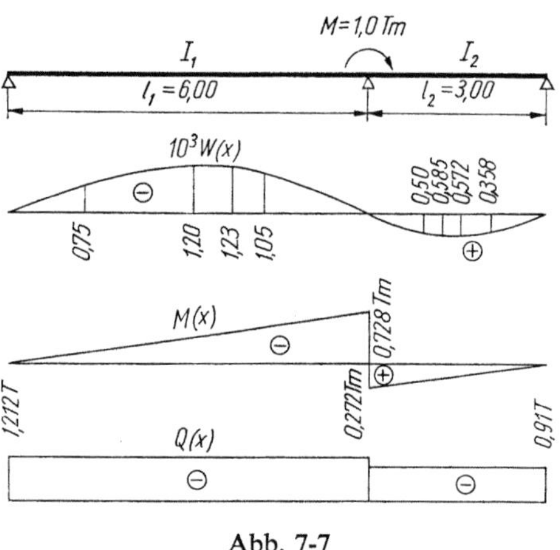

Abb. 7-7

In Abb. 7-6 sind die Biege-, Momenten- und Querkraftlinien für die beiden Balkenfelder dargestellt. Zum Vergleich sind die entsprechenden Linien für den statischen Fall in Abb. 7-7 gezeigt.

7.3. Eigenschwingung und erzwungene harmonische Schwingung ebener Trägerroste

Anfangs wird ein durchlaufender Balken (Abb. 7-8) betrachtet, dessen Auflager Verschiebungen erfahren. Die Amplituden der Auflagermomente werden mit $\overline{M}_{r-1}$, $\overline{M}_r$, $\overline{M}_{r+1}$, der Auflagerverschiebungen mit W_{r-1}, W_r, W_{r+1} bezeichnet.

Die Anwendung der Gln. (*g*) und (7) vom Abschnitt 7.1 liefert unter Berücksichtigung der Stetigkeit am Auflager *r* die Gleichung

$$\overline{M}_{r-1}l'_r H_2(\beta_r) + \overline{M}_r[l'_r H_1(\beta_r) + l'_{r+1}H_1(\beta_{r+1})] + \overline{M}_{r+1}l'_{r+1}H_2(\beta_{r+1}) +$$

$$+ EI_c\left\{\frac{f_2(\beta_r)}{l_r}W_{r-1} - \left(\frac{f_1(\beta_r)}{l_r} + \frac{f_1(\beta_{r+1})}{l_{r+1}}\right)W_r + \frac{f_2(\beta_{r+1})}{l_{r+1}}W_{r+1}\right\} = 0. \tag{1}$$

Für weitere Betrachtungen sind die Werte der Querkräfte am Knoten erforderlich:

$$Q_{r,r+1} = -EI_{r+1}\frac{\partial^3 w_{r+1}}{\partial x^3}\bigg|_{x=0},$$

$$Q_{r,r-1} = -EI_r\frac{\partial^3 w_r}{\partial x^3}\bigg|_{x=0}. \tag{2}$$

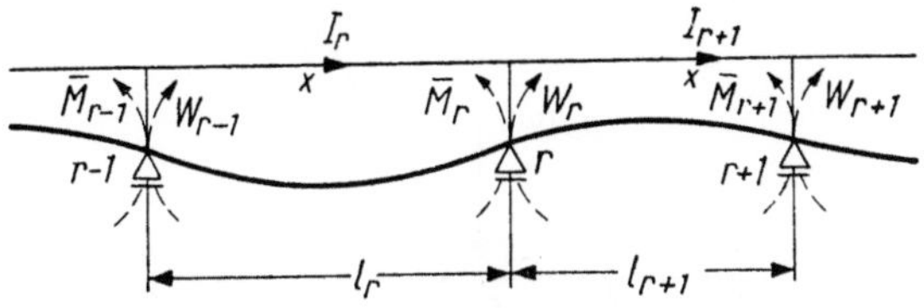

Abb. 7-8

Wird die Funktion $w(x,t)$ aus der Gl. (5) vom Abschnitt 7.1 in die Gln. (2) eingesetzt und sinngemäß differenziert, so ergeben sich die folgenden Formeln für die Amplituden der Querkräfte:

$$\overline{Q}_{r,r+1} = -\frac{\overline{M}_r}{2l_{r+1}}f_1(\beta_{r+1}) + \frac{\overline{M}_{r+1}}{2l_{r+1}}f_2(\beta_{r+1}) +$$

$$+\mu_{r+1}\frac{\omega^2}{2}l_{r+1}H_1(\beta_{r+1})W_{r+1} +$$

$$+\mu_{r+1}\frac{\omega^2}{2}l_{r+1}H_2(\beta_{r+1})W_r, \tag{3}$$

$$\overline{Q}_{r,r-1} = -\frac{\overline{M}_r}{2l_r}f_2(\beta_r) + \frac{\overline{M}_{r-1}}{2l_r}f_1(\beta_r) -$$

$$-\mu_r\frac{\omega^2}{2}l_r H_2(\beta_r)W_{r-1} - \mu_r\frac{\omega^2}{2}l_r H_1(\beta_r)W_r.$$

Unter Anwendung der Gln. (1) und (3) kann eine Reihe der Lösungen für freie und erzwungene harmonische Schwingungen der ebenen Trägerroste gewonnen werden.

Zuerst wird das einfachste Beispiel betrachtet: ein am Knoten 1 durch die Einzelkraft $Pe^{i\omega t}$ belasteter Rost aus lediglich zwei Balken (Abb. 7-9).

Zunächst wird die Gl. (1) für den zweifeldrigen Balken A-1-B aufgestellt. Wegen $W_A = W_B = 0$, $\overline{M}_A = \overline{M}_B = 0$ ist

$$2\overline{M}_1 l_1 H_1(\beta_1) - 2EI_1 W_1\frac{f_1(\beta_1)}{l_1} = 0. \tag{4}$$

Wenn die Amplitude des Auflagermomentes am Punkt 1 für den zweifeldrigen Balken C-1-D mit L_1 bezeichnet wird, so lautet Gl. (1) für diesen Balken

$$2\overline{L}_1 H_1(\beta_2) - 2EI_2 W_1\frac{f_1(\beta_2)}{l_2} = 0. \tag{5}$$

Die Gleichgewichtsgleichung $\sum Z = 0$ für den Knoten *1* liefert

$$\bar{Q}_{1B} - \bar{Q}_{1A} + \bar{Q}_{1D} - \bar{Q}_{1C} + P = 0, \tag{6}$$

oder unter Verwendung der Gln. (3)

$$-\frac{\overline{M}_1}{l_1} f_1(\beta_1) - \frac{\overline{L}_1}{l_2} f_1(\beta_2) + \omega^2 [\mu_1 l_1 H_1(\beta_1) +$$

$$+ \mu_2 l_2 H_1(\beta_2)] W_1 + P = 0. \tag{7}$$

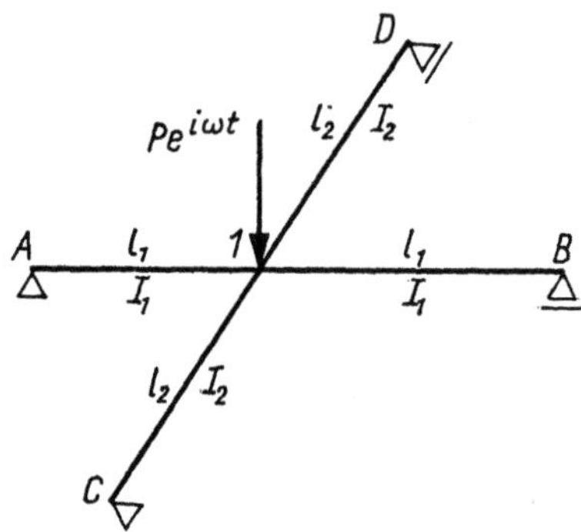

Abb. 7-9

Werden $\overline{M}_1$ durch W_1 aus der Gl. (4) und $\overline{L}_1$ durch W_1 aus der Gl. (5) ausgedrückt und werden diese Werte in die Gl. (7) eingesetzt, so ergibt sich eine Gleichung, in der ausschließlich die Größe W_1 vorkommt. Es gilt

$$\left[\omega^2 [\mu_1 l_1 H_1(\beta_1) + \mu_2 l_2 H_1(\beta_2)] - \frac{EI_1}{l_1^3} \frac{f_1^2(\beta_1)}{H_1(\beta_1)} - \right.$$

$$\left. - \frac{EI_2}{l_2^3} \frac{f_1^2(\beta_2)}{H_1(\beta_2)} \right] W_1 + P = 0. \tag{8}$$

Aus der Gl. (8) kann die Größe W_1 für eine vorgegebene Erregerkreisfrequenz berechnet werden; aus den Gln. (4) und (5) werden die Amplituden von $\overline{M}_1$ und $\overline{L}_1$ und aus Gln. (3) — die Amplituden von $\bar{Q}_{1A}$, $\bar{Q}_{1B}$, $\bar{Q}_{1C}$, $\bar{Q}_{1D}$ ermittelt.

Für den Fall harmonischer freier Schwingungen ist in der Gl. (8) $P = 0$ anzunehmen. Die Eigenkreisfrequenzen werden mit Hilfe der transzendenten Gleichung

$$\omega^2 [\mu_1 l_1 H_1(\beta_1) + \mu_2 l_2 H_1(\beta_2)] - \left[\frac{EI_1}{l_1^3} \frac{f_1^2(\beta_1)}{H_1(\beta_1)} + \right.$$

$$\left. + \frac{EI_2}{l_2^3} \frac{f_1^2(\beta_2)}{H_1(\beta_2)} \right] = 0 \tag{9}$$

ermittelt.

Nun wird ein Sonderfall des in Abb. 7-9 gezeigten Rostes betrachtet. In diesem Fall ist $I_2 = 0$; der Balken *C-1-D* existiert also nicht.

Das Gleichungssystem (4), (5), (8) wird auf zwei Gleichungen zurückgeführt:

$$\overline{M}_1 l_1 H_1(\beta_1) - EI_1 W_1 \frac{f_1(\beta_1)}{l_1} = 0, \tag{10}$$

$$-\frac{\overline{M}_1}{l_1} f_1(\beta_1) + \omega^2 \mu_1 l_1 H_1(\beta_1) W_1 + P = 0. \tag{11}$$

Daraus folgt

$$W_1 = -\frac{P l_1^3 H_1(\beta_1)}{\omega^2 \mu_1 l_1^4 H_1^2(\beta_1) - EI_1 f_1^2(\beta_1)},$$

$$\overline{M}_1 = \frac{EI_1}{l_1^3} \frac{f_1(\beta_1)}{H_1(\beta_1)} W_1.$$

Beispiel 7-3. Es ist die Eigenschwingung des in Abb. 7-9 dargestellten Rostes zu berechnen. Die Angaben für den Balken *A-1-B* sind: Spannweite $2l_1 = 6{,}0$ m, Querschnitt 20×35 cm mit dem Trägheitsmoment, $I_1 = \dfrac{0{,}2 \cdot 0{,}35^3}{12} = 7{,}15 \cdot 10^{-4}$ m⁴, Eigengewicht des Balkens $q_1 = {}$ $= 0{,}2 \cdot 0{,}35 \cdot 2{,}4 = 0{,}168$ Mp/m, Gewicht der auf dem Balken aufgestützten Decke $\overline{q} = 0{,}720$ Mp/m, Gesamtmasse $\mu_1 = \dfrac{0{,}168 + 0{,}720}{9{,}81} = 0{,}0905$ Mps²/m². Die Angaben für den Balken *C-1-D* sind: Spannweite $2l_2 = 3{,}0$ m, Querschnitt 20×20 cm mit dem Trägheitsmoment $I_2 = \dfrac{0{,}20 \cdot 0{,}20^3}{12} = 1{,}333 \cdot 10^{-4}$ m⁴, Eigengewicht des Balkens $q_2 = 0{,}2 \cdot 0{,}2 \cdot 2{,}4 = 0{,}096$ Mp/m.

Der Balken ist unbelastet; seine Masse pro Längeneinheit ist also $\mu_2 = \dfrac{0{,}096}{9{,}81} = 0{,}00978$ Mps²/m².

Zur Ermittlung der Eigenfrequenz wird Gl. (9) verwendet. Unter Verwendung der Bezeichnungen

$$\beta_1 = \lambda_1 l_1 = l_1 \sqrt[4]{\frac{\omega^2 \mu_1}{EI_1}},$$

$$\beta_2 = l_2 \sqrt[4]{\frac{\omega^2 \mu_2}{EI_2}} = \beta_1 \frac{l_2}{l_1} \sqrt[4]{\frac{\mu_2 I_1}{\mu_1 I_2}} = \beta_1 \frac{1{,}5}{3{,}0} \sqrt[4]{\frac{0{,}00978 \cdot 7{,}15 \cdot 10^{-4}}{0{,}0905 \cdot 1{,}333 \cdot 10^{-4}}} = {}$$
$$= 0{,}4375 \beta_1$$

wird Gl. (9) in der Form

$$\frac{EI_1}{l_1^3} \left\{ \frac{\omega^2 \mu_1 l_1^4}{EI_1} \left[H_1(\beta_1) + \frac{\mu_2 l_2}{\mu_1 l_1} H_1(\beta_2) \right] - \left[\frac{f_1^2(\beta_1)}{H_1(\beta_1)} + \frac{I_2 l_1^3}{I_1 l_2^3} \frac{f_1^2(\beta_2)}{H_1(\beta_2)} \right] \right\} = 0$$

geschrieben. Daraus folgt die transzendente Gleichung

$$\beta_1^4 \left[H_1(\beta_1) + \frac{0{,}00978 \cdot 1{,}5}{0{,}0905 \cdot 3{,}0} H_1(0{,}4375 \beta_1) \right] - {}$$
$$- \left[\frac{f_1^2(\beta_1)}{H_1(\beta_1)} + \frac{1{,}33}{7{,}15} \left(\frac{1{,}5}{3{,}0} \right)^3 \frac{f_1^2(0{,}4375 \beta_1)}{H_1(0{,}4375 \beta_1)} \right] = 0$$

oder

$$\Gamma = \beta_1^4 [H_1(\beta_1) + 0{,}0545 H_1(0{,}4375 \beta_1)] - \left[\frac{f_1^2(\beta_1)}{H_1(\beta_1)} + 0{,}01666 \frac{f_1^2(0{,}4375 \beta_1)}{H_1(0{,}4375 \beta_1)} \right] = 0. \tag{a}$$

Es wird $\beta_1^{(1)} = 1{,}5$ vorausgesetzt. Dann sind $H_1(1{,}5) = 0{,}68926$, $f_1(1{,}5) = 1{,}7356$, $H_1(0{,}4375 \cdot 1{,}5) = 0{,}66734$, $f_1(0{,}4375 \cdot 1{,}5) = 1{,}99170$. Die Gl. (a) wird nicht erfüllt. Es ist

$$\Gamma = (1{,}5)^4 [0{,}68926 + 0{,}0545 \cdot 0{,}66734] - \left[\frac{(1{,}76356)^2}{0{,}68926} + 0{,}01666 \frac{(1{,}99170)^2}{0{,}66734} \right] = {}$$
$$= -0{,}938 \neq 0.$$

Nun wird $\beta_1^{(1)} = 1{,}6$ angenommen. Mithin sind $H_1(1{,}6) = 0{,}69638$, $H_1(0{,}4375 \cdot 1{,}6) = 0{,}66768$,

$f_1(1,6) = 1,68924$, $f_1(0,4375 \cdot 1,6) = 1,98930$. Einführung der obigen Werte in die Gl. (a) liefert

$$\Gamma = 0,632 \neq 0.$$

Die gesuchte Wurzel liegt also zwischen 1,5 und 1,6:

$$1,5 < \beta_1^{(1)} < 1,6.$$

Die Größe $\beta_1^{(1)}$ wird durch lineare Interpolation ermittelt, die $\beta_1^{(1)} = 1,56$ ergibt.
Die Eigenfrequenz ist damit

$$\omega_1 = \left(\frac{\overline{\beta_1^{(1)}}}{l_1}\right)^2 \sqrt{\frac{EI_1}{\mu_1}} = \left(\frac{1,56}{6,0}\right)^2 \sqrt{\frac{2,0 \cdot 10^6 \cdot 7,15 \cdot 10^{-4}}{0,0905}} = 34 \ \text{s}^{-1}.$$

Die zweite Eigenfrequenz $\beta_1^{(2)}$ liegt zwischen den Werten 3.9 und 4,0. Die lineare Interpolation liefert das Endergebnis

$$\omega_2 = \left(\frac{\beta_1^{(2)}}{l_1}\right)^2 \sqrt{\frac{EI_1}{\mu_2}} = \left(\frac{\beta_1^{(2)}}{\beta_1^{(1)}}\right)^2 \omega_1 = 220 \ \text{s}^{-1}.$$

7.4. Transformationsgleichungen des Weggrößen-Verfahrens

Aus dem ebenen Rahmenwerk wird der Stab i-k herausgeschnitten, der in der xz-Ebene eine erzwungene harmonische Schwingung ausführt. In Abb. 7-10 sind die Amplituden der Biegemomente, der Querkräfte, der Verschiebungen und der Randwinkel für den Stab i-k eingezeichnet. Die im Bild gezeigten Richtungen gelten als positiv. Die positive Richtung der Amplitude des Momentes $\overline{M}_{ki}$ ist entgegengesetzt zu der im Abschnitt 7.1 angenommenen. Die Amplituden der Momente $\overline{M}_{ik}$, $\overline{M}_{ki}$ sollen als lineare Funktionen der Amplituden der Winkel φ_i, φ_k und der Verschiebungen W_i, W_k ausgedrückt werden.

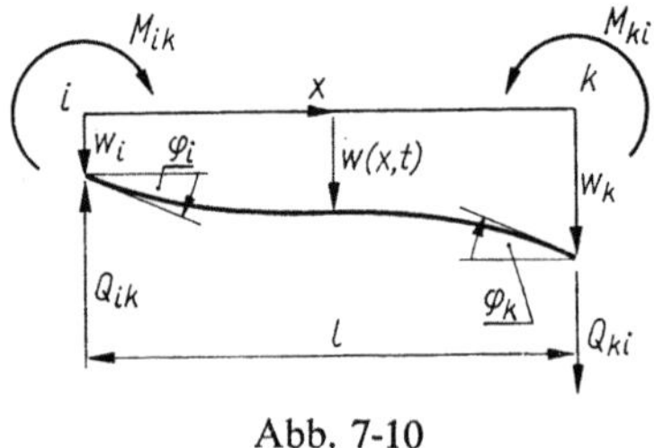

Abb. 7-10

Die Ermittlung der Größen $\overline{M}_{ik}$, $\overline{M}_{ki}$ aus den Gln. (6) und (7) vom Abschnitt 7.1 (in diesen Gleichungen ist das Vorzeichen von $\overline{M}_{ki}$ zu ändern) liefert die folgende Gleichung, die als sog. Transformationsgleichung des Weggrößen-Verfahrens bezeichnet wird [8, 73]

$$\begin{aligned}
\overline{M}_{ik} &= \frac{EI}{l}\left[c(\beta)\varphi_i + s(\beta)\varphi_k - r(\beta)\frac{W_k}{l} + t(\beta)\frac{W_i}{l}\right], \\
\overline{M}_{ki} &= \frac{EI}{l}\left[s(\beta)\varphi_i + c(\beta)\varphi_k - t(\beta)\frac{W_k}{l} + r(\beta)\frac{W_i}{l}\right].
\end{aligned}$$

$$\tag{1}$$

Hierbei gelten die Bezeichnungen

$$c(\beta) = \beta \frac{\cosh\beta \sin\beta - \sinh\beta \cos\beta}{1 - \cosh\beta \cos\beta},$$

$$s(\beta) = \beta \frac{\sinh\beta - \sin\beta}{1 - \cosh\beta \cos\beta},$$

$$r(\beta) = \beta^2 \frac{\cosh\beta - \cos\beta}{1 - \cosh\beta \cos\beta},$$

$$t(\beta) = \beta^2 \frac{\sinh\beta \sin\beta}{1 - \cosh\beta \cos\beta}; \qquad \beta = \lambda l; \qquad \lambda^4 = \frac{\omega^2 \mu}{EI}. \tag{2}$$

Eine ähnliche Gleichung kann für die Amplituden der Querkräfte aufgestellt werden. Sie wird aus den Formeln

$$\overline{Q}_{ik} = -EI \frac{d^3 W(0)}{dx^3}; \qquad \overline{Q}_{ki} = -EI \frac{d^3 W(l)}{dx^3} \tag{3}$$

gewonnen.

Wird Gl. (5) vom Abschnitt 7.1 (nach der Änderung des Vorzeichens bei $\overline{M}_{ki}$) sinngemäß differenziert, so entsteht

$$\overline{Q}_{ik} = -\frac{EI}{l^2}\left[t(\beta)\varphi_i + r(\beta)\varphi_k - \frac{W_k}{l} n(\beta) + \frac{W_i}{l} m(\beta) \right],$$

$$\overline{Q}_{ki} = -\frac{EI}{l^2}\left[r(\beta)\varphi_i + t(\beta)\varphi_k - \frac{W_k}{l} m(\beta) + \frac{W_i}{l} n(\beta) \right] \tag{4}$$

mit

$$m(\beta) = \beta^3 \frac{\sinh\beta \cos\beta + \cosh\beta \sin\beta}{1 - \cosh\beta \cos\beta},$$

$$n(\beta) = \beta^3 \frac{\sinh\beta + \sin\beta}{1 - \cosh\beta \cos\beta}.$$

Im Grenzfall $\omega \to 0 (\lambda \to 0)$ ergibt sich

$$c(0) = 4; \quad s(0) = 2; \quad r(0) = t(0) = 6; \quad m(0) = n(0) = 12.$$

Die Transformationsgleichungen (1) und (4) gehen in die entsprechenden Transformationsgleichungen der Statik der Rahmenwerke über und beziehen sich auf den Fall eines beiderseitig elastisch eingespannten Stabes.

Es sind noch diejenigen Sonderfälle zu betrachten, in denen die Randkräfte spezielle Werte annehmen. Im Knoten i werde ein Gelenk angebracht, in dem die Größe $\overline{M}_{ik}$ gleich Null ist. Wird dieser Wert in die erste von Gln. (1) eingesetzt, und wird die Größe φ_i aus den Gln. (1) und (4) eliminiert, so ergeben sich die folgenden Transformationsformeln:

$$\overline{M}_{ik} = 0,$$

$$\overline{M}_{ki} = \frac{EI}{l}\left[\overline{c}(\beta)\varphi_k - \frac{W_k}{l} \overline{t}(\beta) + \frac{W_i}{l} \overline{r}(\beta) \right],$$

$$\overline{Q}_{ik} = -\frac{EI}{l^2}\left[\overline{r}(\beta)\varphi_k - \frac{W_k}{l} \overline{n}(\beta) + \frac{W_i}{l} \overline{m}(\beta) \right], \tag{5}$$

$$\bar{Q}_{ki} = -\frac{EI}{l^2}\left[\bar{t}(\beta)\varphi_k - \frac{W_k}{l}\,\bar{p}(\beta) + \frac{W_i}{l}\,\bar{n}(\beta)\right].$$

Hierbei gelten die Bezeichnungen

$$\bar{c}(\beta) = \beta\,\frac{2\sinh\beta\sin\beta}{\cosh\beta\sin\beta - \sinh\beta\cos\beta}\,,$$

$$\bar{t}(\beta) = \beta^2\,\frac{\cosh\beta\sin\beta + \sinh\beta\cos\beta}{\cosh\beta\sin\beta - \sinh\beta\cos\beta}\,,$$

$$\bar{r}(\beta) = \beta^2\,\frac{\sinh\beta + \sin\beta}{\cosh\beta\sin\beta - \sinh\beta\cos\beta}\,,$$

$$\bar{n}(\beta) = \beta^3\,\frac{\cosh\beta + \cos\beta}{\cosh\beta\sin\beta - \sinh\beta\cos\beta}\,,$$

$$\bar{m}(\beta) = \beta^3\,\frac{1 + \cosh\beta\cos\beta}{\cosh\beta\sin\beta - \sinh\beta\cos\beta}\,,$$

$$\bar{p}(\beta) = \beta^3\,\frac{2\cosh\beta\cos\beta}{\cosh\beta\sin\beta - \sinh\beta\cos\beta}\,.$$

Es wird der Stab $i-k$ mit Gelenken in den Punkten i und k betrachtet. In diesem Fall ist $\bar{M}_{ik} = \bar{M}_{ki} = 0$. Die Größen $\bar{Q}_{ik}$, $\bar{Q}_{ki}$ werden aus den Gln. (3) gewonnen, wobei $\bar{M}_{ik} = \bar{M}_{ki} = 0$ im Ausdruck für $W(x)$ einzusetzen ist. Daraus folgt

$$\bar{M}_{ik} = 0; \quad \bar{M}_{ki} = 0\,,$$

$$\bar{Q}_{ik} = \frac{EI}{l^3}\left(\overline{\overline{m}}(\beta)\,W_i + \overline{\overline{n}}(\beta)\,W_k\right),$$

$$\bar{Q}_{ki} = -\frac{EI}{l^3}\left[\overline{\overline{n}}(\beta)\,W_i + \overline{\overline{m}}(\beta)\,W_k\right]$$

(6)

mit

$$\overline{\overline{n}}(\beta) = \frac{\beta^3}{2}\,(\operatorname{cosec}\beta - \operatorname{cosech}\beta); \quad \overline{\overline{m}}(\beta) = \frac{\beta^3}{2}\,(\operatorname{cotanh}\beta - \operatorname{cotan}\beta)\,.$$

Nun wird ein am Knoten elastisch eingespannter Kragbalken betrachtet (Abb. 7-11).

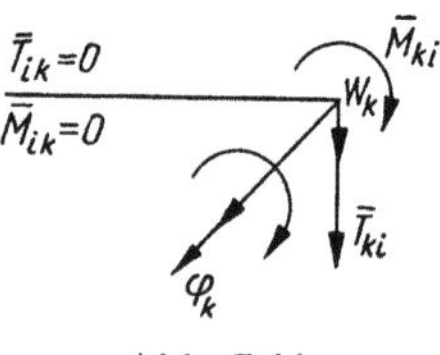

Abb. 7-11

Aufgrund der Gl. (3) vom Abschnitt 7.1 werden die Konstanten $A, \dots, D$ aus den Randbedingungen

$$W(l) = W_k; \quad \frac{dW(l)}{dx} = \varphi_k; \quad \frac{d^2W(0)}{dx^2} = 0; \quad \frac{d^3W(0)}{dx^3} = 0. \quad (7)$$

ermittelt. Nun können die Größen $\overline{M}_{ki}$ und $\overline{Q}_{ki}$ gewonnen werden:

$$\overline{M}_{ki} = +EI\,\frac{d^2W(l)}{dx^2}\,; \qquad \overline{Q}_{ki} = -EI\,\frac{d^3W(l)}{dx^3}\,. \tag{8}$$

Nach Durchführung der entsprechenden Berechnung ergibt sich

$$\left.\begin{aligned}
\overline{M}_{ki} &= \frac{EI}{l}\left[\hat{c}(\beta)\varphi_k + \hat{t}(\beta)\,\frac{W_k}{l}\right] \\
\overline{Q}_{ki} &= \frac{EI}{l^2}\left[\hat{t}(\beta)\varphi_k - \hat{n}(\beta)\,\frac{W_k}{l}\right]
\end{aligned}\right\}, \tag{9}$$

hierbei ist

$$\hat{c}(\beta) = \beta\,\frac{\sinh\beta\cos\beta - \cosh\beta\sin\beta}{1+\cosh\beta\cos\beta}\,,$$

$$\hat{t}(\beta) = \beta^2\,\frac{\sinh\beta\sin\beta}{1+\cosh\beta\cos\beta}\,,$$

$$\hat{n}(\beta) = \beta^3\,\frac{\cosh\beta\sin\beta + \sinh\beta\cos\beta}{1+\cosh\beta\cos\beta}\,.$$

In den Tafeln 7-2a, 7-2b und 7-2c sind die Werte der Funktionen $c(\beta)$, $s(\beta)$ usw. für verschiedene Werte des Parameters β angegeben [73]

Tafel 7-2a

β	$c(\beta)$	$s(\beta)$	$r(\beta)$	$t(\beta)$	$m(\beta)$	$n(\beta)$
0	4,00000	2,00000	6,00000	6,00000	12,00000	12,00000
0,1	4,00000	2,00000	6,00000	5,99999	11,99996	12,00001
0,2	3,99998	2,00001	6,00005	5,99992	11,99941	12,00021
0,3	3,99992	2,00006	6,00025	5,99958	11,99699	12,00104
0,4	3,99976	2,00018	6,00079	5,99866	11,99049	12,00329
0,5	3,99940	2,00045	6,00193	5,99673	11,97678	12,00804
0,6	3,99877	2,00093	6,00401	5,99322	11,95186	12,01667
0,7	3,99771	2,00172	6,00744	5,98742	11,91080	12,03089
0,8	3,99610	2,00293	6,01269	5,97853	11,84780	12,05272
0,9	3,99374	2,00469	6,02034	5,96560	11,75615	12,08450
1,0	3,99046	2,00716	6,03102	5,94754	11,62821	12,12890
1,1	3,98602	2,01049	6,04541	5,92314	11,45541	12,18895
1,2	3,98018	2,01488	6,06449	5,89105	11,22823	12,26803
1,3	3,97267	2,02053	6,08900	5,84977	10,93617	12,36992
1,4	3,96317	2,02767	6,11998	5,79763	10,56770	12,49882
1,5	3,95136	2,03657	6,15857	5,73284	10,11020	12,65943
1,6	3,93688	2,04759	6,20599	5,65338	9,54994	12,85696
1,7	3,91930	2,06077	6,26364	5,55708	8,87193	13,09724
1,8	3,89819	2,07675	6,33306	5,44151	8,05986	13,38682
1,9	3,87305	2,09583	6,41597	5,34102	7,09596	13,73308
2,0	3,84332	2,11844	6,51434	5,14166	5,96080	14,14441
2,1	3,80838	2,14510	6,63040	4,95117	4,63311	14,63036
2,2	3,76754	2,17637	6,76669	4,72889	3,08949	15,20195
2,3	3,72001	2,21292	6,92614	4,47071	1,30408	15,87194
2,4	3,66487	2,25551	7,11217	4,17197	−0,75186	16,65525

Tafel 7-2a (Fortsetzung)

β	$c(\beta)$	$s(\beta)$	$r(\beta)$	$t(\beta)$	$m(\beta)$	$n(\beta)$
2,5	3,60110	2,30504	7,32878	3,82734	$-3,11049$	17,56947
2,6	3,52747	2,36255	7,58072	3,43070	$-5,80813$	18,63555
2,7	3,44257	2,42930	7,83363	2,97490	$-8,88612$	19,87862
2,8	3,34471	2,50680	8,21436	2,45154	$-12,39201$	21,32916
2,9	3,23188	2,59687	8,61121	1,85064	$-16,38118$	23,02451
3,0	3,10161	2,70179	9,07447	1,16017	$-20,91889$	25,01095
3,1	2,95089	2,82434	9,61695	0,36543	$-26,08320$	27,34648
3,2	2,77595	2,96808	10,25486	$-0,55180$	$-31,96899$	30,10474
3,3	2,57200	3,13753	11,00902	$-1,61447$	$-38,69359$	33,38066
3,4	2,33288	3,33862	11,90662	$-2,85202$	$-46,40507$	37,29850
3,5	2,05045	3,57917	12,98379	$-4,30305$	$-55,29439$	42,02400
3,6	1,71379	3,89683	14,28961	$-6,01925$	$-65,61410$	47,78288
3,7	1 30777	4,22539	15,89246	$-8,07182$	$-77,70786$	54,89019
3,8	0,81084	4,66703	17,89039	$-10,56184$	$-92,05891$	63,79867
3,9	0,19119	5,22619	20,42905	$-13,63826$	$-109,37364$	75,18199
4,0	$-0,60034$	5,95161	23,73440	$-17,53060$	$-130,73357$	90,08661
4,1	$-1,64394$	6,92302	28,17650	$-22,61280$	$-157,89218$	110,22824
4,2	$-3,08018$	8,28047	34,40553	$-29,53931$	$-193,90743$	138,62404
4,3	$-5,18006$	10,29442	43,67774	$-39,57101$	$-244,65660$	181,10707
4,4	$-8,54272$	13,56339	58,77381	$-55,49370$	$-323,10467$	250,59427
4,5	$-14,80848$	19,72701	87,31272	$-84,93202$	$-464,70525$	382,48673
4,6	$-30,66203$	35,46924	160,35563	$-158,95343$	$-813,85851$	721,12709
4,7	$-151,79102$	156,47686	722,58438	$-722,24664$	$-3437,1782$	3333,0657
4,8	73,21909	$-68,66562$	$-323,85451$	323,03391	1414,5778	$-1531,0095$
4,9	33,37505	$-28,96602$	$-139,51349$	137,43194	545,64738	$-675,41434$
5,0	22,99447	$-18,74315$	$-92,17486$	88,71981	312,41700	$-546,62253$
5,1	18,17790	$-14,09898$	$-70,77969$	65,82738	198,68202	$-358,52705$
5,2	15,36689	$-11,47662$	$-58,80039$	52,21421	127,54025	$-304,33628$
5,3	13,49958	$-9,81605$	$-51,31334$	42,94195	76,00415	$-271,18842$
5,4	12,14738	$-8,69078$	$-46,33959$	36,01460	34,75592	$-249,90961$
5,5	11,10359	$-7,89659$	$-42,93353$	30,46480	$-0,73765$	$-236,13258$
5,6	10,25573	$-7,32389$	$-40,59012$	25,77030	$-32,98426$	$-227,54241$
5,7	9,53679	$-6,90910$	$-39,01896$	21,60739	$-63,52061$	$-222,82818$
5,8	8,90384	$-6,61335$	$-38,04546$	17,77096	$-93,37825$	$-221,22501$
5,9	8,32746	$-6,41215$	$-37,56305$	14,11546	$-123,31385$	$-222,29426$
6,0	7,78616	$-6,28995$	$-37,50854$	10,53046	$-153,93479$	$-225,81161$

Tafel 7-2b

β	$\overline{c}(\beta)$	$\overline{t}(\beta)$	$\overline{r}(\beta)$	$\overline{n}(\beta)$	$\overline{\overline{n}}(\beta)$	$\overline{m}(\beta)$
0,1	3,00000	3,00000	3,00000	3,00000	3,00000	3,00000
0,1	3,00000	2,99999	3,00000	3,00001	2,99995	2,99998
0,2	2,99997	2,99986	3,00006	3,00022	2,99922	2,99962
0,3	2,99985	2,99931	3,00032	3,00113	2,99607	2,99809
0,4	2,99951	2,99781	3,00101	3,00357	2,98756	2,99397
0,5	2,99881	2,99464	3,00246	3,00871	2,96964	2,98527
0,6	2,99753	2,98889	3,00509	3,01806	2,93703	2,96944
0,7	2,99542	2,97940	3,00944	3,03348	2,88331	2,94337
0,8	2,99219	2,96484	3,001612	3,05717	2,80086	2,90336
0,9	2,98747	2,94364	3,02586	3,09170	2,68084	2,84512
1,0	2,98088	2,91400	3,03947	3,14002	2,51315	2,76375

Tafel 7-2b (Fortsetzung)

β	$\overline{c}(\beta)$	$\overline{t}(\beta)$	$\overline{r}(\beta)$	$\overline{n}(\beta)$	$\overline{p}(\beta)$	$\overline{m}(\beta)$
1,1	2,97196	2,87390	3,05792	3,20550	2,28643	2,65374
1,2	2,96019	2,82104	3,08228	3,29199	1,98782	2,50891
1,3	2,94501	2,75285	3,11376	3,40385	1,60343	2,32237
1,4	2,92575	2,66647	3,15374	3,54604	1,11714	2,08647
1,5	2,90170	2,55866	3,20381	3,72427	0,51151	1,79271
1,6	2,87201	2,42576	3,26578	3,94511	−0,23303	1,43164
1,7	2,83575	2,26365	3,34173	4,21619	−1,13832	0,99270
1,8	2,79181	2,06759	3,43411	4,54648	−2,22890	0,46404
1,9	2,73893	1,83214	3,54581	4,94662	−3,53253	−0,16772
2,0	2,67563	1,55095	3,68026	5,42941	−5,08087	−0,91780
2,1	2,60014	1,21655	3,84162	6,01037	−6,91042	−1,80377
2,2	2,51033	0,82003	4,03498	6,70833	−9,06380	−2,84606
2,3	2,40360	0,35056	4,26664	7,54809	−11,59142	−4,06884
2,4	2,27674	−0,20515	4,54456	8,55899	−14,55396	−5,50109
2,5	2,12566	−0,86376	4,87892	9,78024	−18,02569	−7,17830
2,6	1,94513	−1,64654	5,28298	11,26280	−22,09950	−9,14472
2,7	1,72830	−2,58125	5,77436	13,07462	−26,89421	−11,45687
2,8	1,46592	−3,70496	6,37698	15,30836	−32,56583	−14,18880
2,9	1,14524	−5,06862	7,12419	18,09355	−39,32541	−17,44090
3,0	0,74811	−6,74452	8,06385	21,61661	−47,46830	−21,35286
3,1	0,24767	−8,83909	9,26719	26,15554	−57,42478	−26,12845
3,2	−0,39756	−11,51642	10,84485	32,14319	−69,85227	−32,07867
3,3	−1,25542	−15,04416	12,97848	40,29111	−85,81589	−39,70701
3,4	−2,44507	−19,89177	15,98820	51,85476	−107,17450	−49,89177
3,5	−4,19717	−26,96691	20,49498	69,27158	−137,50973	−64,32470
3,6	−7,02449	−38,28597	27,88141	97,97153	−184,76116	−86,75521
3,7	−12,34444	−59,42028	41,97247	152,98194	−270,83895	−127,52889
3,8	−26,05151	−113,53489	78,68195	296,83454	−486,79155	−229,63485
3,9	−142,66613	−572,06404	393,22925	1532,4489	−2292,2464	−1082,2323
4,0	58,40269	217,76754	150,06047	−602,98991	807,61183	381,18355
4,1	27,51044	96,04477	−67,05111	−277,34565	325,04107	153,15189
4,2	19,18025	62,95329	−45,00518	−191,32928	190,40144	89,37823
4,3	15,27819	47,23042	−34,96232	−152,55134	123,62931	57,63011
4,4	12,99204	37,82221	−29,33428	−131,20153	81,25820	37,38349
4,5	11,47073	31,38103	−25,82891	−118,28363	50,10201	22,41094
4,6	10,36810	26,54288	−23,51857	−110,16429	24,76624	10,16363
4,7	9,51633	22,64415	−21,95825	−105,10962	2,60492	−0,60981
4,8	8,82376	19,31979	−20,90998	−102,20190	−17,85940	−10,60936
4,9	8,23561	16,34896	−20,23710	−100,92506	−37,54326	−20,27048
5,0	7,71662	13,58662	−19,85793	−100,98324	−57,07210	−29,89164
5,1	7,24257	10,92987	−19,72324	−102,21353	−76,91440	−39,69778
5,2	6,79568	8,29968	−19,80468	−104,54200	−97,45559	−49,87525
5,3	6,36197	5,63011	−20,08866	−107,96149	−119,04334	−60,59351
5,4	5,92961	2,86119	−20,57312	−112,52183	−142,01939	−72,02031
5,5	5,48774	−0,06643	−21,26632	−118,32859	−166,74596	−84,33456
5,6	5,02554	−3,21618	−22,18687	−125,54868	−193,63191	−97,73917
5,7	4,53137	−6,66058	−23,36511	−134,42340	−223,16333	−112,47621
5,8	3,99175	−10,48741	−24,84602	−145,29099	−255,94369	−128,84690
5,9	3,39010	−14,80810	−26,69413	−158,62300	−292,75120	−147,24028
6,0	2,70492	−19,77030	−29,00165	−175,08286	−334,62590	−168,17681

Tafel 7-2c

β	$\hat{c}\,(\beta)$	$\hat{t}\,(\beta)$	$\hat{n}\,(\beta)$
0	0,00000	0,00000	0,00000
0,1	$-0{,}00003$	0,00005	0,00010
0,2	$-0{,}00053$	0,00080	0,00160
0,3	$-0{,}00270$	0,00405	0,00810
0,4	$-0{,}00855$	0,01282	0,02563
0,5	$-0{,}02094$	0,03139	0,06270
0,6	$-0{,}04364$	0,06541	0,13045
0,7	$-0{,}08157$	0,12217	0,24304
0,8	$-0{,}14108$	0,21107	0,41827
0,9	$-0{,}23061$	0,34446	0,67882
1,0	$-0{,}36183$	0,53928	1,05434
1,1	$-0{,}55171$	0,81983	1,58556
1,2	$-0{,}82650$	1,22329	2,33157
1,3	$-1{,}22982$	1,81092	3,38553
1,4	$-1{,}84120$	2,69345	4,90951
1,5	$-2{,}82394$	4,09711	7,22549
1,6	$-4{,}57769$	6,57359	11,10440
1,7	$-8{,}41355$	11,92936	19,04534
1,8	$-22{,}62233$	31,57862	$+46{,}77369$
1,9	$+77{,}70383$	$-106{,}41287$	$-142{,}36413$
2,0	17,43294	$-23{,}32209$	$-27{,}03764$
2,1	10,78191	$-14{,}01726$	$-13{,}11679$
2,2	8,23088	$-10{,}33112$	$-6{,}74954$
2,3	6,87767	$-8{,}26560$	$-2{,}41102$
2,4	6,03109	$-6{,}86560$	$+1{,}23729$
2,5	5,44175	$-5{,}78364$	4,70038
2,6	4,99716	$-4{,}86007$	8,22804
2,7	4,63862	$-4{,}00847$	11,97342
2,8	4,33195	$-3{,}17515$	16,04968
2,9	4,05530	$-2{,}32215$	20,55479
3,0	3,79340	$-1{,}41894$	25,58468
3,1	3,53454	$-0{,}43771$	31,24212
3,2	3,26876	$+0{,}64976$	37,64444
3,3	2,98668	1,87476	44,93208
3,4	2,67847	3,27452	53,27952
3,5	2,33289	4,89577	62,91084
3,6	1,93604	6,79985	74,12318
3,7	1,46960	9,07067	87,32388
3,8	0,90802	11,82768	103,09223
3,9	0,21377	15,24856	122,28764
4,0	$-6{,}67159$	19,61140	146,25104

7.5. Anwendung des Weggrößen-Verfahrens zur Berechnung von Querschwingung der ein- und mehrfeldrigen Balken

Es wird der in Abb. 7-12 dargestellte durchlaufende Balken betrachtet, indem die Gleichgewichtsgleichung für den Knoten aufgestellt wird. Wirkt am Knoten

r ein Außenmoment M_r, so ist

$$\overline{M}_{r,r+1} + \overline{M}_{r,r-1} - \overline{M}_r = 0. \tag{1}$$

Wenn die Knotenmomente als lineare Funktionen der Winkel mit Hilfe von Gln. (1) vom Abschnitt 7.4 geschrieben werden, entsteht eine Gleichung für die Winkel, die aus drei Gliedern besteht:

$$\frac{EI_r}{l_r}[s(\beta_r)\varphi_{r-1} + c(\beta_r)\varphi_r] + \frac{EI_{r+1}}{l_{r+1}}[c(\beta_{r+1})\varphi_r + s(\beta_{r+1})\varphi_{r+1}] - \overline{M}_r = 0. \tag{2}$$

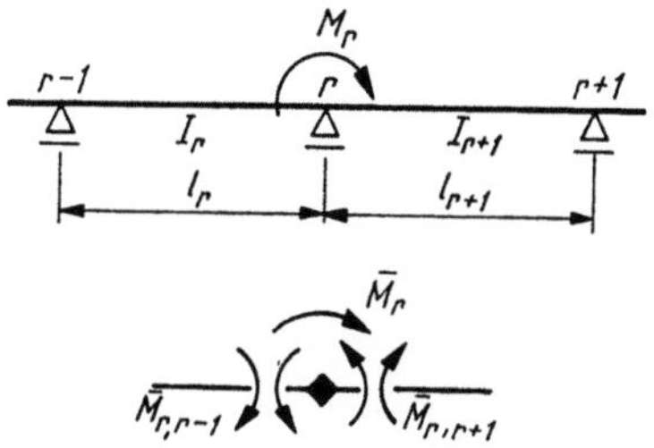

Abb. 7-12

Durch Einführung der Vielfachen der Winkel

$$\vartheta_r = \varphi_r \frac{EI_c}{l_c}; \qquad \vartheta_{r+1} = \varphi_{r+1} \frac{EI_c}{l_c}$$

und der Beiwerte

$$\varkappa_r = \frac{I_r l_c}{l_r I_c}; \qquad \varkappa_{r+1} = \frac{I_{r+1} l_c}{l_{r+1} I_c}$$

erhält Gl. (2) die folgende Form:

$$\varkappa_r \vartheta_{r-1} s(\beta_r) + \vartheta_r(\varkappa_r c(\beta_r) + \varkappa_{r+1} c(\beta_{r+1})) + \vartheta_{r+1} \varkappa_{r+1} s(\beta_{r+1}) = \overline{M}_r, \tag{2'}$$
$$r = 1, 2, 3, \dots .$$

Es wird ein Zweifeldbalken *0-1-2* betrachtet, der an den beiden Endauflagern *0* und *2* vollkommen eingespannt und am Auflager *1* durch ein Außenmoment $\overline{M}_1 e^{i\omega t}$ beansprucht ist. Das Moment erregt die Balkenschwingung. Unter Beachtung, daß für die Einspannungsquerschnitte die Winkel φ_0 und φ_2 gleich Null sind, liefert Gl. (2')

$$\vartheta_1[\varkappa_1 c(\beta_1) + \varkappa_2 c(\beta_2)] = \overline{M}_1,$$

woraus

$$\vartheta_1 = \frac{\overline{M}_1}{\varkappa_1 c(\beta_1) + \varkappa_2 c(\beta_2)} \tag{3}$$

folgt.

Die Knotenmomente ergeben sich aus den Transformationsformeln (1) vom vorigen Abschnitt. Es gilt

$$\overline{M}_{01} = \varkappa_1 s(\beta_1)\vartheta_1; \qquad \overline{M}_{10} = \varkappa_1 c(\beta_1)\vartheta_1;$$
$$\overline{M}_{12} = \varkappa_2 c(\beta_2)\vartheta_1; \qquad \overline{M}_{21} = \varkappa_2 s(\beta_2)\vartheta_1. \tag{4}$$

Für die Eigenschwingung gilt $\overline{M}_1 = 0$. Wegen $\vartheta_1 \neq 0$ ist

$$\varkappa_1 c(\beta_1) + \varkappa_2 c(\beta_2) = 0 \tag{5}$$

eine transzendente Gleichung, die aufeinanderfolgende Werte von $\omega_1, \omega_2, \ldots$ liefern kann.

Für den Sonderfall $l_1 = l_2$, $I_1 = I_2$ und damit $\beta_1 = \beta_2$, $\varkappa_1 = \varkappa_2$ lautet Gl. (5)

$$c(\beta) = \frac{\cosh\beta \sin\beta - \sinh\beta \cos\beta}{1 - \cosh\beta \cos\beta} = 0$$

oder

$$\tanh\beta - \tan\beta = 0. \tag{6}$$

Aus der gewonnenen transzendenten Gleichung können lediglich diejenigen Eigenkreisfrequenzen berechnet werden, die den antisymmetrischen Schwingungsformen entsprechen. Dieses Ergebnis folgt aus der Voraussetzung $\vartheta_1 \neq 0$ bei der Herleitung von Gl. (5). Nun werden die Dreimomentengleichungen für die Auflager 0 und 1 unter Berücksichtigung der Symmetriebedingung $\overline{M}_0 = \overline{M}_2$ aufgestellt. Für die Eigenschwingung des Balkens ergibt sich auf diese Weise ein System von zwei Gleichungen

$$\begin{aligned}
\overline{M}_0 H_1(\beta)l + \overline{M}_1 H_2(\beta)l &= 0, \\
\overline{M}_0 H_2(\beta)l + 2\overline{M}_1 lH_1(\beta) + \overline{M}_0 H_2(\beta)l &= 0.
\end{aligned} \tag{7}$$

Wird die Determinante dieses Systems gleich Null gesetzt, so ergibt sich

$$H_1^2(\beta) - H_2^2(\beta) = 0 \tag{8}$$

oder nach einfachen Umformungen

$$\cosh\beta \cos\beta - 1 = 0. \tag{9}$$

Aus dieser transzendenten Gleichung können die Kreisfrequenzen ermittelt werden, die der symmetrischen Form der Eigenschwingung entsprechen, für die also $\vartheta_1 = 0$ und $\overline{M}_0 = \overline{M}_2$ sind.

Es wird die erzwungene Schwingung eines Zweifeldbalkens betrachtet, der auf dem mittleren Auflager ebenfalls durch das Moment $M_1 e^{i\omega t}$ beansprucht wird, an den beiden Endauflagern aber frei drehbar gelagert ist. Das Gleichgewicht des mittleren Knotens 1 verlangt

$$\overline{M}_{10} + \overline{M}_{12} - \overline{M}_1 = 0,$$

Daraus folgt unter Verwendung der Transformationsformeln (5) vom vorigen Abschnitt

$$\vartheta_1[\varkappa_1 \bar{c}(\beta_1) + \varkappa_2 \bar{c}(\beta_2)] = \overline{M}_1. \tag{10}$$

Aus dieser Gleichung kann der Winkel ϑ_1 ermittelt werden, während aus den Gln. (5) vom Abschnitt 7.4 die Knotenmomente ermittelt werden können:

$$\overline{M}_{10} = \varkappa_1 \bar{c}(\beta_1)\vartheta_1; \qquad \overline{M}_{12} = \varkappa_2 \bar{c}(\beta_2)\vartheta_1.$$

Für die Eigenschwingung d.h. für $\overline{M}_1 = 0$ und $\vartheta_1 \neq 0$ ergibt sich die transzendente Gleichung

$$\varkappa_1 \bar{c}(\beta_1) + \varkappa_2 \bar{c}(\beta_2) = 0, \tag{11}$$

die für den Sonderfall $l_1 = l_2$, $I_1 = I_2$ auf die Gleichung

$$\bar{c}(\beta) = \beta \frac{\sinh\beta \sin\beta}{\cosh\beta \sin\beta - \sinh\beta \cos\beta} = 0 \tag{12}$$

führt. Daraus folgt endgültig

$$\sin\beta_n = 0 \quad \text{mit} \quad \beta_n = n\pi; \quad n = 1, 2, \ldots \infty. \tag{13}$$

Es wurde also die antisymmetrische Form der Eigenschwingung erhalten. Für diese Form ist $\overline{M}_1 = 0$, $\vartheta_1 \neq 0$ kennzeichnend. Die hierbei vorkommenden Schwingungsformen sind mit den Formen für die Eigenschwingung eines in zwei Punkten frei drehbar gelagerten Balkens identisch.

Weiterhin wird der Zweifeldbalken *0-1-2* untersucht, der am Auflager *0* vollkommen eingespannt und am Auflager *2* frei drehbar gelagert ist. Die Schwingung des Balkens mit der Frequenz ω werde durch das Einzelmoment $M_1 = \overline{M}_1 e^{i\omega t}$ am Auflager 1 erzeugt.

Die Knotenmomente sind hierbei

$$\overline{M}_{10} = \varkappa_1 c(\beta_1)\vartheta_1; \quad \overline{M}_{12} = \varkappa_2 \bar{c}(\beta_2)\vartheta_1;$$
$$\overline{M}_{01} = \varkappa_1 s(\beta_1)\vartheta_1. \tag{14}$$

Die für das Auflager *1* aufgestellte Gl. (1) lautet

$$\overline{M}_{12} + \overline{M}_{10} - \overline{M}_1 = 0$$

und liefert die Gleichung

$$\vartheta_1[\varkappa_1 c(\beta_1) + \varkappa_2 \bar{c}(\beta_2)] = \overline{M}_1. \tag{15}$$

Die Eigenfrequenz ist aus der transzendenten Gleichung

$$\varkappa_1 c(\beta_1) + \varkappa_2 \bar{c}(\beta_2) = 0 \tag{16}$$

zu berechnen.

Beispiel 7-4. Es wird ein Zweifeldbalken *0-1-2* betrachtet, der an beiden Endauflagern vollkommen eingespannt ist. Die Angaben für den Balken sind:

$l_1 = 6,0$ m, $l_2 = 3,0$ m, $I_1 = 7,15 \cdot 10^{-4}$ m⁴, $I_2 = 1,33 \cdot 10^{-4}$ m⁴,
$\mu_1 = 0,1635$ Mps²/m², $\mu_2 = 0,1562$ Mps²/m².

Zuerst wird die tiefste Eigenfrequenz mit Hilfe von Gl. (5) berechnet:

$$\frac{l_2 I_1}{l_1 I_2} c(\beta_1) + c(\beta_2) = 0.$$

Da

$$\beta_1 = l_1 \sqrt[4]{\frac{\mu_1 \omega^2}{EI_1}}; \quad \beta_2 = \beta_1 \frac{l_2}{l_1} \sqrt[4]{\frac{\mu_2}{\mu_1} \frac{I_1}{I_2}} = 0,755\beta_1;$$

$$\varkappa_1 = \frac{l_2 I_1}{l_1 I_2} = 2,69; \quad \varkappa_2 = 1$$

ist, lautet Gl. (5)

$$\Gamma = 2{,}69 c(\beta_1) + c(0{,}755\beta_1) = 0. \tag{a}$$

Es wird vorausgesetzt, daß $\beta_1 = 4,0$ ist. Aufgrund der Tafel 7-2a ist

$$c(4{,}0) = -0{,}60034, \quad c(0{,}755 \cdot 4{,}0) = 3{,}10161.$$

Die Einführung obiger Werte in Gl. (a) ergibt $\Gamma = 1,482 \neq 0$. Für $\beta_1 = 4,1$ ist $c(4,1) = -1,64394$; $c(0,755 \cdot 4,1) = 2,95089$ und $\Gamma = -1,469 \neq 0$. Die gesuchte Wurzel β_1 liegt zwischen den Zahlen 4,0 und 4,1. Die erste Eigenfrequenz wird aus der Formel

$$\omega_1 = \left(\frac{\beta_1^{(1)}}{l_1}\right)^2 \sqrt{\frac{\overline{EI_1}}{\mu_1}} = \left(\frac{4,05}{6,9}\right)^2 \sqrt{\frac{2,0\cdot10^6\cdot7,15\cdot10^{-4}}{0,1635}} = 42,7 \text{ s}^{-1}$$

berechnet.

Nun wird die erzwungene Schwingung des Balkens betrachtet. Am Auflager *1* wirke ein Außenmoment $M_1 = \overline{M}_1 e^{i\omega t}$, wobei $\overline{M}_1 = 1,0$ Mpm, $\omega = 33,6$ s^{-1} ist. Damit ist

$$\beta_1 = l_1 \sqrt[4]{\frac{\mu_1 \omega^2}{EI_1}} = 6,0 \sqrt[4]{\frac{0,1635\cdot(33,6)^2}{2,0\cdot10^6\cdot7,15\cdot10^{-4}}} = 3,56; \quad \beta_2 = 0,755\beta_1 = 2,692;$$

$$c(\beta_1) = 1,84785; \quad c(\beta_2) = 3,44937; \quad s(\beta_1) = 3,75327; \quad s(\beta_2) = 2,4296.$$

Gl. (3) liefert

$$\vartheta_1 = \frac{M_1}{\varkappa_1 c(\beta_1) + \varkappa_2 c(\beta_2)}.$$

Für $\varkappa_1 = \dfrac{I_1 l_2}{I_2 l_1} = 2,69; \; \varkappa_2 = 1,0$ ist

$$\vartheta_1 = \frac{1,0}{2,69\cdot1,84785 + 3,44937} = 0,1187.$$

Gln. (4) liefern die Knotenmomente:

$$\overline{M}_{10} = \varkappa_1 c(\beta_1)\vartheta_1 = 2,69\cdot1,84786\cdot0,1187 = 0,589 \text{ Mpm},$$

$$\overline{M}_{01} = \varkappa_1 s(\beta_1)\vartheta_1 = 2,69\cdot3,75327\cdot0,1187 = 1,20 \text{ Mpm},$$

$$\overline{M}_{12} = \varkappa_2 c(\beta_2)\vartheta_1 = 1,0\cdot3,44937\cdot0,1187 = 0,41 \text{ Mpm},$$

$$\overline{M}_{21} = \varkappa_2 s(\beta_2)\vartheta_1 = 1,0\cdot2,42396\cdot0,1187 = 0,2885 \text{ Mpm}.$$

Beispiel 7-5. Es wird der Zweifeldbalken *0-1-2* betrachtet, der am Auflager *0* vollkommen eingespannt, am Auflager *2* frei drehbar gelagert ist. Außerdem werden die gleichen Angaben wie für Beispiel 7-4 angenommen.
Es ist also $\beta_2 = 0,755\beta_1; \varkappa_1 = 2,69; \varkappa_2 = 1,0$.
Die Eigenschwingung wird aus der Gl. (16) berechnet, die in der Form

$$2,69 c(\beta_1) + \overline{c}(0,755\beta_1) = 0 \tag{a}$$

geschrieben wird.

Unter Anwendung von Tafel 7-2a für $c(\beta)$ und von Tafel 7-2b für $\overline{c}(\beta)$ wird errechnet, daß der Wert von $\beta_1^{(1)}$ zwischen den Zahlen 3,9 und 4,0 liegt.
Lineare Interpolation ergibt die Werte

$$\beta_1^{(1)} = 3,96; \quad \omega_1 = \left(\frac{\beta_1^{(1)}}{l_1}\right)^2 \sqrt{\frac{EI_1}{\mu_1}} = \left(\frac{3,96}{6,0}\right)^2 \cdot0,936\cdot10^2 = 40,9 \text{ s}^{-1}.$$

Für die erzwungene Schwingung bei $\overline{M}_1 = 1,0$ Mpm und $\omega = 33,6$ s^{-1} ist

$$\beta_1 = l_1 \sqrt[4]{\frac{\mu_1 \omega^2}{EI_1}} = 3,56; \quad \beta_2 = 0,755\beta_1 = 2,692.$$

Tafeln 7-2a und 7-2b liefern

$$c(\beta_1) = 1,84785; \; s(\beta_1) = 3,75327; \; \overline{c}(\beta_2) = 1,7456.$$

Aus der Gl. (15) folgt

$$\vartheta_1 = \frac{\overline{M}_1}{\varkappa_1 c(\beta_1) + \varkappa_2 \overline{c}(\beta_2)} = \frac{1,0}{2,69\cdot1,84785 + 1,7456} = 0,1388$$

und aus (14)

$$\overline{M}_{10} = \varkappa_1 c(\beta_1)\vartheta_1 = 2,69\cdot1,84785\cdot0,1388 = 0,738 \text{ Mpm},$$

$$\overline{M}_{01} = \varkappa_1 s(\beta_1)\vartheta_1 = 2,69\cdot3,75327\cdot0,1388 = 1,500 \text{ Mpm},$$

$$\overline{M}_{12} = \varkappa_2 \overline{c}(\beta_2)\vartheta_1 = 1,0\cdot1,7456\cdot0,1388 = 0,262 \text{ Mpm}.$$

Hierbei darf man nicht die richtigen Vorzeichen bei den Momenten vergessen. Die positiven Richtungen der Momente sind in Abb. 7-10 gezeigt.

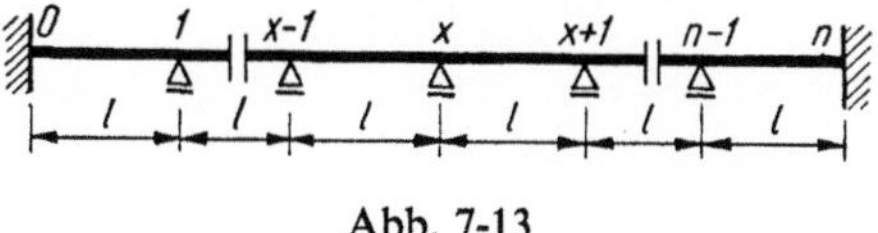

Abb. 7-13

Nun wird die Eigenfrequenz eines durchlaufenden Balkens mit Feldern gleicher Spannweiten untersucht, dessen Querschnitt konstant ist und dessen Enden vollkommen eingespannt sind (Abb. 7-13). Für das Auflager r wird die Dreimomentengleichung aufgestellt:

$$\vartheta_{x-1}\,s(\beta)+2\vartheta_x\,c(\beta)+\vartheta_{x+1}\,s(\beta) = 0; \qquad x = 1, 2, \ldots, n-1 . \tag{17}$$

Wegen der Einspannung an den Auflagern 0 und n gilt

$$\vartheta_0 = 0; \qquad \vartheta_n = 0. \tag{18}$$

Gl. (17) darf als eine homogene Differenzengleichung zweiter Ordnung mit den Randbedingungen (18) betrachtet werden.

Die Lösung von Gl. (17) wird in der Form

$$\vartheta_x = A\sin\mu x + B\cos\mu x \tag{19}$$

angesetzt.

Aus den Randbedingungen (18) folgt $B = 0$ und $\sin\mu n = 0$. Mithin ist

$$\mu n = v\pi; \qquad v = 1, 2, \ldots, n.$$

Gl. (17) ergibt mit dem Ansatz (19) die folgende transzendente Gleichung

$$\cos\mu + \frac{c(\beta)}{s(\beta)} = 0 \tag{20}$$

oder

$$\frac{\cosh\beta\sin\beta - \sinh\beta\cos\beta}{\sinh\beta - \sin\beta} = -\cos\frac{v\pi}{n} . \tag{20'}$$

Aus der weiteren Betrachtung sind die Werte $v = 0$ und $v = n$ auszuschließen, da für diese Werte die Determinante des Gleichungssystems (17) von Null verschieden ist und das System nur für $\varphi_0 = \varphi_1 = \ldots = \varphi_n = 0$, d.h. für den Fall eines in Ruhe bleibenden Balkens, erfüllt wird.

In der Gl. (20') ist $v = n-1$ anzunehmen, da in diesem Fall die Knoten der Schwingungswelle mit den Auflagerungsknoten zusammenfallen. Mithin gilt

$$\frac{\cosh\beta\sin\beta - \sinh\beta\cos\beta}{\sinh\beta - \sin\beta} = \cos\frac{\pi}{n} . \tag{20''}$$

Für einen bestimmten Wert von n werden aus Gl. (20'') die aufeinanderfolgenden Eigenfrequenzen $\omega_1, \omega_2, \ldots$ berechnet. In Tafel 7-3 sind die Werte der Wurzeln β_1 für einige Werte von n angeführt. Es ist ersichtlich, daß mit einem Zuwachs der Feldanzahl die Auswirkung der Randbedingungen kleiner wird.

Für eine unendliche Anzahl der Felder sind die Eigenschwingungsformen und -kreisfrequenzen des betrachteten Balkens mit jenen eines in zwei Punkten frei drehbar gelagerten Balkens identisch [3, 96].

Tafel 7-3

n	1	2	3	4	6	∞
β_1	4,73	3,93	3,56	3,40	3,26	π

Mit Hilfe der im vorigen Abschnitt hergeleiteten Transformationsformeln kann die erzwungene Schwingung eines Einfeldbalkens ebenfalls bestimmt werden.

Beispiel 7-6. Es wird ein beiderseitig eingespannter Balken (Abb. 7-14) betrachtet, der in der Mitte durch die Kraft $Pe^{i\omega t}$ belastet ist. Wegen der Symmetrie des Systems und der Belastung ist hierbei $\varphi_1 = 0$.

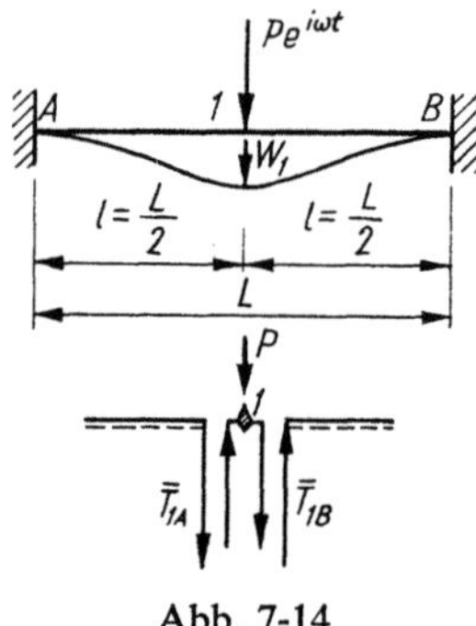

Abb. 7-14

Die einzige Unbekannte stellt in der vorliegenden Aufgabe die Amplitude der Durchbiegung W_1 dar. Aus der Gleichgewichtsbedingung für den Knoten folgt

$$P + \overline{Q}_{1B} - \overline{Q}_{1A} = 0. \tag{a}$$

Unter Verwendung der Transformationsgleichung (4) vom Abschnitt 7.4 ergibt sich

$$-\frac{2EI}{l^3} W_1\, m(\beta) + P = 0. \tag{a'}$$

Daraus folgt

$$W_1 = \frac{Pl^3}{2EI}\,\frac{1}{m(\beta)} \quad \text{mit} \quad \beta = \lambda l = \lambda\,\frac{L}{2}; \quad \lambda^4 = \frac{\mu\omega^2}{EI}. \tag{a''}$$

Die Gln. (1) und (4) vom Abschnitt 7.4 liefern

$$\left.\begin{aligned}
\overline{M}_{1B} &= \frac{EI}{l^2}\,t(\beta)\,W_1 = \frac{PL}{4}\,\frac{t(\beta)}{m(\beta)} = -\overline{M}_{1A} \\[2mm]
\overline{M}_{A1} &= -\frac{EI}{l^2}\,r(\beta)\,W_1 = -\frac{PL}{4}\,\frac{r(\beta)}{m(\beta)} = -\overline{M}_{B1} \\[2mm]
\overline{Q}_{A1} &= \frac{EI}{l^3}\,n(\beta)\,W_1 = \frac{P}{2}\,\frac{n(\beta)}{m(\beta)}.
\end{aligned}\right\} \tag{b}$$

Es ist zu bemerken, daß für $\beta \to 0$

$$M_{1B} = -M_{A1} = \frac{Pl}{8}; \quad Q_{A1} = \frac{P}{2}$$

ist. Für $P = 0$ und $W_1 \neq 0$ sowie $\beta \neq 0$ ist dagegen

$$m(\beta) = 0 \tag{c}$$

eine transzendente Gleichung. Daraus können die Eigenkreisfrequenzen bei einer symmetrischen Schwingungsform berechnet werden.

Beispiel 7-7. Es wird ein beiderseitig eingespannter Einfeldbalken betrachtet, der nach Abb. 7-14 belastet ist. Die Zahlenangaben sind: $L = 6,0$ m $= 2l$; $I = 7,15 \cdot 10^{-4}$ m^4; $\mu = 0,1635$ Mps^2/m^2; $P = 1,0$ Mp; $\omega = 33,6$ s^{-1}.

Zunächst wird der Wert von $\beta = \lambda l$ berechnet. Es gilt

$$\beta = \frac{L}{2} \sqrt[4]{\frac{\mu\omega^2}{EI}} = 3,0 \sqrt[4]{\frac{0,1635(33,6)^2}{2,0 \cdot 10^6 \cdot 7,15 \cdot 10^{-4}}} = 1,78.$$

Tafel 7-2a liefert die Werte

$$t(\beta) = 5,46462; \quad r(\beta) = 6,31918;$$
$$m(\beta) = 8,80696; \quad n(\beta) = 13,3289.$$

Aus den Gln. (a'') und (b) im Beispiel 7-6 folgt

$$W_1 = \frac{Pl^3}{2EI} \frac{1}{m(\beta)} = \frac{1,0 \cdot 3,0^3}{2 \cdot 2,0 \cdot 10^6 \cdot 7,15 \cdot 10^{-4} \cdot 8,80696} = 0,000107 \text{ m},$$

$$\overline{M}_{1B} = -\overline{M}_{1A} = \frac{PL}{4} \frac{t(\beta)}{m(\beta)} = \frac{1,0 \cdot 6,0}{4} \frac{5,46462}{8,80696} = 0,93 \text{ Mpm},$$

$$\overline{M}_{A1} = -\overline{M}_{B1} = \frac{PL}{4} \frac{r(\beta)}{m(\beta)} = \frac{1,0 \cdot 6,0}{4} \frac{6,31918}{8,80696} = 1,075 \text{ Mpm},$$

$$\overline{Q}_{A1} = \frac{P}{2} \frac{n(\beta)}{m(\beta)} = \frac{1,0}{2} \frac{13,3289}{8,80696} = 0,755 \text{ Mp}.$$

Die Werte für die Eigenschwingung können aus der Bedingung (c) im Beispiel 7-6, d.h. aus $m(\beta) = 0$ gewonnen werden. Die erste Eigenschwingungsfrequenz (die symmetrische Form) ergibt sich für $\beta = 2,365$. Mithin ist

$$\omega_1 = \left(\frac{\beta}{l}\right)^2 \sqrt{\frac{EI}{\mu}} = 57,2 \text{ s}^{-1}.$$

Es wird ein durchlaufender Balken betrachtet, an dessen zwei benachbarten Feldern die Erregerkräfte angreifen (Abb. 7-15). Die Gleichgewichtsgleichung

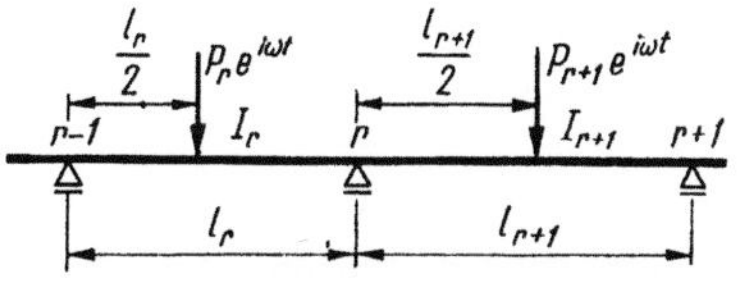

Abb. 7-15

für den Knoten lautet

$$\overline{M}_{r,r-1} + \overline{M}_{r,r+1} = 0. \tag{21}$$

Es gilt aber

$$\overline{M}_{r,r+1} = \overline{M}^0_{r,r+1} + \frac{EI_{r+1}}{l_{r+1}}\left[c(\beta_{r+1})\varphi_r + s(\beta_{r+1})\varphi_{r+1}\right];$$

$$\overline{M}_{r,r-1} = \overline{M}^0_{r,r-1} + \frac{EI_r}{l_r}\left[c(\beta_r)\varphi_r + s(\beta_r)\varphi_{r-1}\right]; \tag{22}$$

$$\lambda_r = \alpha_r l_r; \quad \alpha_r^4 = \frac{\mu_r \omega^2}{EI_r}.$$

Nach der Lösung der in Abb. 7-14 dargestellten Aufgabe ist

$$\overline{M}^0_{r,r+1} = -\frac{P_{r+1} l_{r+1}}{4}\frac{t\left(\frac{\beta_{r+1}}{2}\right)}{m\left(\frac{\beta_{r+1}}{2}\right)}; \quad \overline{M}^0_{r,r-1} = \frac{P_r l_r}{4}\frac{t\left(\frac{\beta_r}{2}\right)}{m\left(\frac{\beta_r}{2}\right)}. \tag{23}$$

Werden Gln. (22) und (23) in die Gl. (21) eingesetzt, so ergibt sich die Dreiwinkelgleichung

$$\vartheta_{r-1}\varkappa_r s(\beta_r) + \vartheta_r[\varkappa_r c(\beta_r) + \varkappa_{r+1} c(\beta_{r+1})] + \vartheta_{r+1}\varkappa_{r+1} s(\beta_{r+1}) +$$

$$+ \frac{P_r l_r}{4}\frac{r\left(\frac{\beta_r}{2}\right)}{m\left(\frac{\beta_r}{2}\right)} - \frac{P_{r+1} l_{r+1}}{4}\frac{r\left(\frac{\beta_{r+1}}{2}\right)}{m\left(\frac{\beta_{r+1}}{2}\right)}. \tag{24}$$

Diese Formel kann ebenfalls zur Bestimmung der erzwungenen Schwingung des in Abb. 7-16 dargestellten Dreifeldbalkens verwendet werden. Die für den

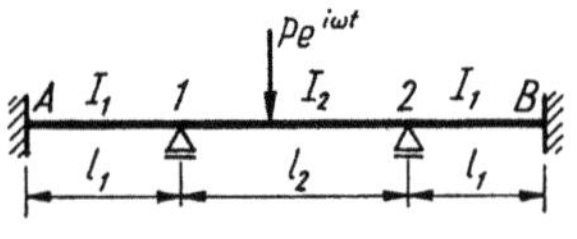

Abb. 7-16

Knoten *1* aufgestellte Gl. (24) liefert unter Berücksichtigung der Symmetrie des Systems und der Belastung ($\varphi_1 = -\varphi_2$) die Gleichung

$$\vartheta_1[\varkappa_1 c(\beta_1) + \varkappa_2 c(\beta_2) - \varkappa_2 s(\beta_2)] - \frac{Pl_2}{4}\frac{r(\beta_2/2)}{m(\beta_2/2)} = 0. \tag{25}$$

Aus dieser Gleichung wird der Winkel ϑ_1, während aus den Transformationsgleichungen die Knotenmomente

$$M_{A1} = \varkappa_1 s(\beta_1)\vartheta_1; \quad M_{1A} = -M_{12} = \varkappa_1 c(\beta_1)\vartheta_1; \quad \text{usw.}$$

berechnet werden.

Beispiel 7-8. Es sind die Eigenschwingungen und die erzwungenen Schwingungen des in Abb. 7-16 dargestellten Dreifeldbalkens zu untersuchen. Die Zahlenangaben sind: $l_1 = 3{,}0$ m; $l_2 = 6{,}0$ m; $I_1 = 1{,}33 \cdot 10^{-4}$ m⁴; $I_2 = 7{,}15 \cdot 10^{-4}$ m⁴; $\mu_1 = 0{,}1565$ Mps²/m²; $\mu_2 = 0{,}1635$ Mps²/m²; $P = 1{,}0$ Mp; $\omega = 33{,}6$ s⁻¹.

Zunächst wird die Grundeigenfrequenz mit Hilfe der homogenen Gl. (25) ermittelt. Es gilt

$$\varkappa_1 c(\beta_1) + \varkappa_2[c(\beta_2) - s(\beta_2)] = 0$$

oder

$$c(\beta_1) + \frac{l_1 I_2}{l_2 I_1} \left[c(\beta_2) - s(\beta_2) \right] = 0.$$

Mit

$$\beta_2 = \beta = l_2 \sqrt[4]{\frac{\mu_2 \omega^2}{EI_2}} \, ; \quad \beta_1 = \beta \frac{l_1}{l_2} \sqrt{\frac{\mu_1}{I_1} \frac{I_2}{\mu_2}} = 0{,}755\beta$$

lautet die transzendente Gleichung

$$c(0{,}755\beta) + 2{,}69 \left[c(\beta) - s(\beta) \right] = 0.$$

Die kleinste Wurzel β erfüllt die Ungleichung

$$3{,}4 < \beta < 3{,}5.$$

Lineare Interpolation liefert $\beta^{(1)} = 3{,}455$. Mithin gilt

$$\omega_1 = \left(\frac{\beta^{(1)}}{l_2} \right)^2 \sqrt{\frac{EI_2}{\mu_2}} = 31{,}1 \ \text{s}^{-1}.$$

Für die erzwungene Schwingung ergibt sich bei $\omega = 33{,}6 \ \text{s}^{-1}$

$$\beta = \beta_2 = l_2 \sqrt[4]{\frac{\mu_2 \omega^2}{EI_2}} = 6{,}0 \sqrt[4]{\frac{0{,}1635(33{,}6)^2}{2{,}0 \cdot 10^6 \cdot 7{,}15 \cdot 10^{-4}}} = 3{,}56,$$

$$\beta_1 = 0{,}755\beta = 2{,}692,$$

und aus Tafel 7-2a

$$c(\beta_2) = 1{,}84785; \qquad s(\beta_2) = 3{,}75327;$$
$$c(\beta_1) = 3{,}44937; \qquad s(\beta_1) = 2{,}42396;$$
$$r(\beta_2/2) = 6{,}31918; \qquad m(\beta_2/2) = 8{,}80696;$$
$$t(\beta_2/2) = 5{,}46462.$$

Weiterhin wird das Ausgangsmoment berechnet:

$$\overline{M}_{12}^0 = - \frac{Pl_2}{4} \frac{r(\beta_2/2)}{m(\beta_2/2)} = - \frac{1{,}0 \cdot 6{,}0}{4} \cdot \frac{6{,}31918}{8{,}80696} = -1{,}075 \ \text{Mpm}.$$

Für $\varkappa_1 = 1$; $\varkappa_2 = \dfrac{l_1 l_2}{l_2 l_1} = 2{,}69$ liefert Gl. (25)

$$\vartheta_1 [3{,}44937 + 2{,}69(1{,}84785 - 3{,}75327)] - 1{,}075 = 0; \quad \vartheta_1 = -0{,}638.$$

Die Biegemomente werden nacheinander ermittelt:

$$M_{A1} = \varkappa_1 s(\beta_1) \vartheta_1 = 1{,}0 \cdot 2{,}4396(-0{,}638) = -1{,}55 \ \text{Mpm},$$
$$M_{1A} = \varkappa_1 c(\beta_1) \vartheta_1 = 1{,}0 \cdot 3{,}44937(-0{,}638) = -2{,}205 \ \text{Mpm},$$
$$M_{12} = M_{12}^0 + \varkappa_2 [c(\beta_2) - s(\beta_2)] = -1{,}075 + 2{,}69(1{,}84785 - 3{,}75327) \times$$
$$\times (-0{,}638) = 2{,}205 \ \text{Mpm}.$$

Das Biegemoment unter der Kraft $Pe^{i\omega t}$ wird nach der folgenden Formel berechnet

$$\overline{M}_{E1}^0 = - \frac{Pl_2}{4} \frac{t(\beta_2/2)}{m(\beta_2/2)} = - \frac{1{,}0 \cdot 6{,}0}{4} \frac{5{,}46462}{8{,}80696} = -0{,}93 \ \text{Mpm}.$$

Es werden noch zwei Fälle eines Einfeldbalkens untersucht. Im ersten Fall werden die Eigenschwingungen und die erzwungenen Schwingungen eines Balkens mit sprunghaft veränderlichem Querschnitt (Abb. 7-17) betrachtet.

Punkt *1* wird als ein Knoten angesehen, für den zwei Gleichgewichtsgleichungen aufgeschrieben werden:

$$\overline{M}_{1B} + \overline{M}_{1A} = 0; \quad \overline{Q}_{1B} - \overline{Q}_{1A} + P = 0. \tag{26}$$

Unter der Anwendung von Gln. (1) und (4) vom vorigen Abschnitt entsteht ein System von zwei Gleichungen, in denen zwei Unbekannte auftreten: der Winkel $\vartheta_1 = \varphi_1 \dfrac{EI_c}{l_c}$ und die Verschiebung $\zeta_1 = \dfrac{EI_c}{l_c} W_1$. Das System lautet

$$\vartheta_1[\varkappa_1\,c(\beta_1) + \varkappa_2\,c(\beta_2)] + \frac{\zeta_1}{l}\,[\varkappa_2\,t(\beta_2) - \varkappa_1\,t(\beta_1)] = 0,$$

$$\frac{\vartheta_1}{l}\,[\varkappa_2\,t(\beta_2) - \varkappa_1\,t(\beta_1)] + \frac{\zeta_1}{l^2}\,[\varkappa_1\,m(\beta_1) + \varkappa_2\,m(\beta_2)] = P.$$

(27)

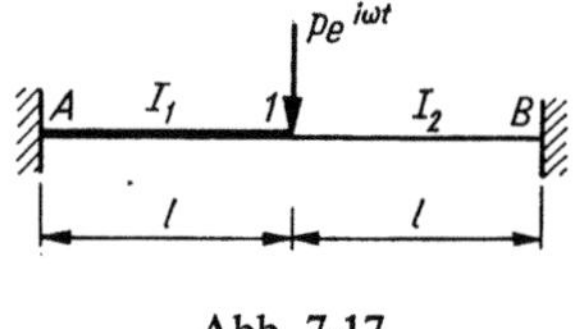

Abb. 7-17

Hierbei ist

$$\beta_1 = \lambda_1 l; \quad \beta_2 = \lambda_2 l; \quad \lambda_1^4 = \frac{\mu_1\,\omega^2}{EI_1}; \quad \lambda_2^4 = \frac{\mu_2\,\omega^2}{EI_2}; \quad \varkappa_1 = \frac{I_1\,l_c}{I_c\,l_1};$$

$$\varkappa_2 = \frac{I_2}{I_c}\frac{l_c}{l_2}.$$

Sind die Größen ϑ_1, ζ_1 aus den Gln. (27) ermittelt, so können aus den Transformationsformeln alle Knotenkräfte berechnet werden. Als Beispiel wird die Formel für das Biegemoment angeführt:

$$M_{A1} = s(\beta_1)\varkappa_1\vartheta_1 - \frac{\varkappa_1}{l}\,\zeta_1\,r(\beta_1).$$

Die Eigenkreisfrequenzen des betrachteten Balkens werden aus einer transzendenten Gleichung gewonnen, indem die Hauptdeterminante des Gleichungssystems (27) gleich Null gesetzt wird.

Das zweite Beispiel — der zweite der betrachteten Sonderfälle — bezieht sich auf die Ermittlung der Eigenfrequenzen eines beiderseitig eingespannten Balkens, der mit einem Gewicht der Masse m_0 belastet wird. Das Gewicht wird in der Mitte der Balkenspannweite angebracht (Abb. 7-18). Wegen der Sym-

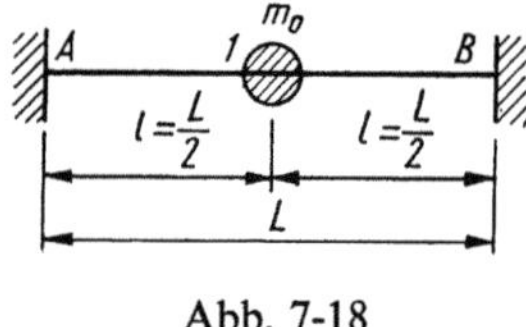

Abb. 7-18

metrie des Systems und der Belastung kcmmen nur symmetrische Schwingungsformen vor. Der Winkel φ_1 ist Null, die einzige Unbekannte stellt die Verschiebung w_1 dar. Das Gleichgewicht des Knotens _1_ liefert die Gleichung

$$(\overline{Q}_{1B} - \overline{Q}_{1A})e^{i\omega t} - R(t) = 0,$$

(28)

worin

$$R(t) = m_0 \frac{\partial^2 w_1(x,t)}{\partial t^2} = -m_0 W_1 \omega^2 e^{i\omega t}$$

die *d'Alembertsche Kraft* ist.

Für einen beliebigen Wert von t lautet damit die Gl. (28)

$$\overline{Q}_{1B} - \overline{Q}_{1A} + m_0 W_1 \omega^2 = 0. \tag{29}$$

Da nach den Gln. (4) vom Abschnitt 7.4

$$\overline{Q}_{1B} = -\frac{EI}{l^3} m(\beta) W_1; \qquad \overline{Q}_{1A} = \frac{EI}{l^3} m(\beta) W_1 \tag{30}$$

ist, kann Gl. (29) in folgender Form geschrieben werden:

$$W_1 \left[m(\beta) - \frac{m_0 \omega^2 l^3}{2EI} \right] = 0. \tag{31}$$

Wegen $W_1 \neq 0$ lautet die transzendente Gleichung

$$m(\beta) = \frac{m_0 \omega^2 l^3}{2EI}. \tag{32}$$

oder

$$\frac{\sinh \beta \cos \beta + \cosh \beta \sin \beta}{1 - \cosh \beta \cos \beta} = \frac{\beta m_0}{2\mu l}, \tag{33}$$

wegen

$$\omega^2 = \frac{\lambda^4 EI}{\mu}; \qquad \lambda = \beta/l.$$

Aus der Gl. (33) können die aufeinanderfolgenden Eigenkreisfrequenzen $\omega_1, \omega_2, \ldots$ ermittelt werden.

8. Eigenschwingung und erzwungene Schwingung eines Rahmens

8.1. Elastizitätsgleichungen des Weggrößen-Verfahrens

Es wird ein beliebiger ebener Rahmen betrachtet, der aus geraden Stäben besteht. Die Stäbe schwingen frei oder ihre Schwingung wird erzwungen. In den Stäben werden sowohl Längs- als auch Querschwingungen erregt. Es wird aber vorausgesetzt, daß die beiden Schwingungsarten miteinander nicht gekoppelt sind [8, 74]. Diese Voraussetzung besagt also, daß die Längskräfte sich auf die Vergrößerung der Amplituden der Längeschwingung nicht auswirken; genauso wirken die Biegemomente auf die Querschwingung nicht ein.

In jedem freien Knoten treten drei Komponenten des Verschiebungsfeldes auf: der Winkel Φ und die waagerechte Verschiebung u sowie die lotrechte Verschiebung w. Für n freie Knoten kommen also $3n$ unbekannte Komponenten des Verschiebungsfeldes vor. Diese Größen werden als Unbekannte in der betrachteten Aufgabe angesehen.

In Abb. 8-1 ist der Knoten k des Rahmens mit den an diesen Knoten anschließenden Stäben dargestellt.

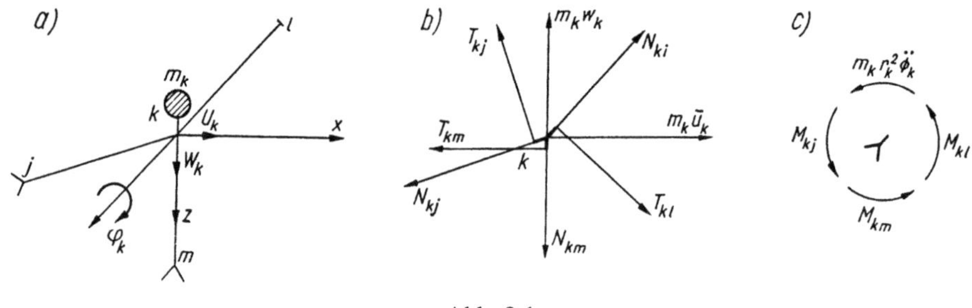

Abb. 8-1

Im Knoten k wird die Masse m_k exzentrisch angebracht. Auf diese Weise entstehen am Knoten drei Komponenten der *d'Alembertschen Kraft*: die waagerechte Kraft $m_k \ddot{u}_k$, die lotrechte $m_k \ddot{w}_k$ und das Moment $m_k r_k^2 \ddot{\Phi}_k$, wobei r_k den Trägheitsradius der Masse m_k bedeutet. In Abb. 8-1a sind die positiven Richtungen der Verschiebungskomponenten des Knotens k und die positiven Richtungen der Koordinatenachsen gezeigt. In Abb. 8-1b sind die Querkräfte, Längskräfte und die kinetischen Reaktionen (Gegenkräfte) gezeigt, in Abb. 8-1c — die Knotenmomente und die kinetische Reaktion $m_k r_k^2 \ddot{\Phi}_k$.

Die Anwendung des *d'Alembertschen Prinzips* ergibt drei Bewegungsgleichungen für den Knoten:

$$\sum M_{kj} + m_k r_k^2 \ddot{\Phi}_k = 0, \tag{1}$$

$$\sum [Q_{kj} \cos(T, x) + N_{kj} \cos(N, x)] - m_k \ddot{u}_k = 0, \tag{2}$$

$$\sum [Q_{kj} \cos(T, z) + N_{kj} \cos(N, z)] - m_k \ddot{w}_k = 0. \tag{3}$$

Da für die harmonische Schwingung

$$u_k = U_k e^{i\omega t}; \qquad w_k = W_k e^{i\omega t}; \qquad \Phi_k = \varphi_k e^{i\omega t},$$

$$N_{kj} = \bar{N}_{kj} e^{i\omega t}; \qquad M_{kj} = \bar{M}_{kj} e^{i\omega t}; \qquad Q_{kj} = \bar{Q}_{kj} e^{i\omega t}$$

ist, können Gln. (1), (2), (3) in der Form

$$\sum \bar{M}_{kj} - m_k r_k^2 \omega_k^2 \varphi_k = 0, \tag{1'}$$

$$\sum [\bar{Q}_{kj} \cos(T, x) + \bar{N}_{kj} \cos(N, x)] + m_k \omega^2 U_k = 0, \tag{2'}$$

$$\sum [\bar{Q}_{kj} \cos(T, z) + \bar{N}_{kj} \cos(N, z)] + m_k \omega^2 W_k = 0 \tag{3'}$$

geschrieben werden.

Diese Gleichungen vereinfachen sich, wenn im Knoten keine Einzelmasse vorkommt, d.h. wenn $m_k = 0$ ist.

Die in den Gln. (1') bis (3') auftretenden Größen $\bar{M}_{kj}$, $\bar{Q}_{kj}$, $\bar{N}_{kj}$ können mit Hilfe der Transformationsformeln (Elastizitätsgleichungen) als lineare Funktionen der Verdrehungen φ_j, φ_k und Verschiebungen ξ_{jk}, ζ_{jk} sowie ξ_{kj}, ζ_{kj} geschrieben werden.

Die Verschiebungen der Stabenden lassen sich durch die Verschiebungskomponenten der Knoten j und k, d.h. durch die Größen U_j, W_j, U_k, W_k ausdrücken. Hierbei werden die folgenden Beziehungen verwendet, deren Gültigkeit an Hand von Abb. 8-2 leicht nachgeprüft werden kann:

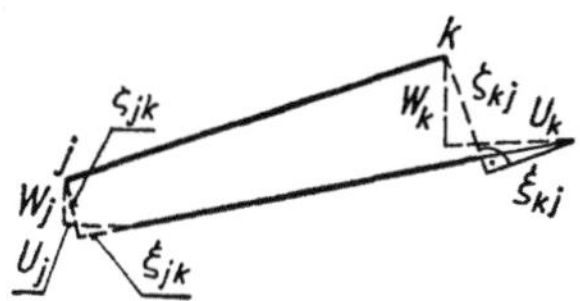

Abb. 8-2

$$\begin{aligned}
\xi_{jk} &= U_j \cos(\xi, U) + W_j \cos(\xi, W), \\
\zeta_{jk} &= U_j \cos(\zeta, U) + W_j \cos(\zeta, W), \\
\xi_{kj} &= U_k \cos(\xi, U) + W_k \cos(\xi, W), \\
\zeta_{kj} &= U_k \cos(\zeta, U) + W_k \cos(\zeta, W).
\end{aligned} \tag{4}$$

In dieser Weise treten in den Gln. (1') bis (3') die Komponenten der Verschiebung des Knotens k und der benachbarten Knoten auf, die mit dem Knoten k durch die Stäbe verbunden sind. Wenn Gln. (1') bis (3') für alle n freien Knoten aufgestellt werden, entsteht ein System von $3n$ Gleichungen mit der gleichen Anzahl von Unbekannten φ, U, W. Wirken weder auf die Knoten des Rahmens noch auf die Stäbe Außenkräfte ein, so stellt das gewonnene System ein System von $3n$ homogenen Gleichungen dar.

Wird die Determinante des Gleichungssystems gleich Null gesetzt, so erhält man eine transzendente Gleichung, aus der die aufeinanderfolgenden Eigenkreisfrequenzen $\omega_1, \omega_2, \ldots$ bestimmt werden können. Wenn Belastungen auf den Rahmen einwirken und harmonische Schwingungen erregen, ist das System von $3n$ Gleichungen inhomogen. Das System läßt sich nur dann eindeutig lösen, wenn keine der Erregerkreisfrequenzen mit keiner Eigenkreisfrequenz zusammenfällt. Anderenfalls tritt Resonanz auf.

8.2. Eigenschwingung und erzwungene Schwingung der Rahmen

Die Ermittlung der Eigenkreisfrequenzen der Rahmen ist beim Entwerfen von Konstruktionen von großer Bedeutung. Erst dann kann man abschätzen, wie weit entfernt die vorgegebene Erregerfrequenz eines auf die Konstruktion einwirkenden Erregers von der Eigenfrequenz liegt.

Die Methode, mit der die Eigenfrequenzen ermittelt werden, wird im weiteren an einigen einfachen aber charakteristischen Beispielen erörtert.

I. G e l e n k l o s e r s y m m e t r i s c h e r R a h m e n m i t i n d e n K n o t e n z e n t r i s c h a n g e b r a c h t e n E i n z e l m a s s e n. Die symmetrischen und die antisymmetrischen Schwingungsformen werden getrennt untersucht.

1. *Symmetrische Schwingungsform.* In Abb. 8-3 ist ein symmetrisch schwingender Rahmen dargestellt. Wegen der Symmetrie des Systems reicht es aus,

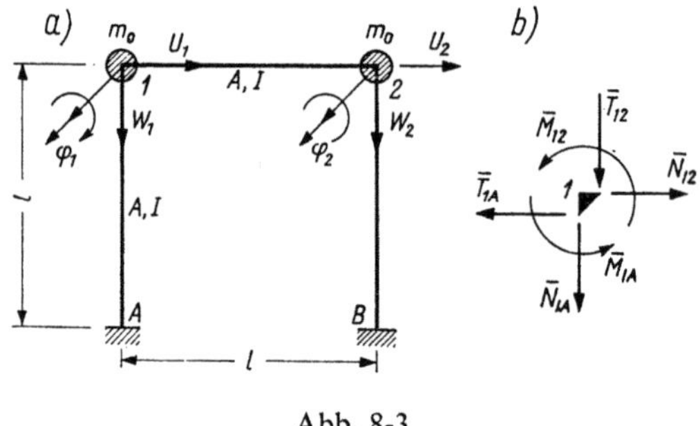

Abb. 8-3

das Gleichgewicht nur des Knotens *1* zu betrachten. Die Gln. (1′), (2′), (3′) vom vorigen Abschnitt lauten in diesem Fall

$$\overline{M}_{12} + \overline{M}_{1A} = 0,$$

$$\overline{M}_{12} - \overline{Q}_{1A} + m_0 \omega^2 U_1 = 0, \tag{1}$$

$$\overline{Q}_{12} + \overline{N}_{1A} + m_0 \omega^2 W_1 = 0.$$

Wegen der betrachteten symmetrischen Schwingungsformen ist

$$U_1 = -U_2; \quad W_1 = W_2; \quad \varphi_1 = -\varphi_2.$$

Die in den Gln. (1) auftretenden Kräfte werden durch die Verschiebungskomponenten φ_1, U_1, W_1 unter Anwendung der Elastizitätsgleichungen des Weggrößen-Verfahrens ausgedrückt. Es gilt

$$\overline{M}_{12} = \frac{EI}{l}\left[[c(\beta) - s(\beta)]\varphi_1 - [r(\beta) - t(\beta)]\frac{W_1}{l}\right],$$

$$\overline{M}_{1A} = \frac{EI}{l}\left[c(\beta)\varphi_1 - t(\beta)\frac{U_1}{l}\right],$$

$$\overline{Q}_{12} = -\frac{EI}{l^2}\left[[t(\beta) - r(\beta)]\varphi_1 - \frac{W_1}{l}[n(\beta) - m(\beta)]\right],$$

$$\overline{Q}_{1A} = -\frac{EI}{l^2}\left[t(\beta)\varphi_1 - \frac{U_1}{l}m(\beta)\right],$$

$$\overline{N}_{12} = -\frac{EA}{l}[i(\eta) + j(\eta)]U_1; \qquad \overline{N}_{1A} = -\frac{EA}{l}j(\eta)W_1,$$

$$\tag{2}$$

worin

$$\beta = \lambda l; \qquad \eta = \overline{\gamma}l; \qquad \lambda^4 = \frac{\mu\omega^2}{EI}; \qquad \overline{\gamma}^2 = \varrho\frac{\omega^2}{EA}$$

ist.

Einsetzen der Gln. (2) in die Gln. (1) ergibt nach ordnenden Umformungen das folgende System homogener Gleichungen:

$$[2c(\beta) - s(\beta)]\varphi_1 - t(\beta)\frac{U_1}{l} + [t(\beta) - r(\beta)]\frac{W_1}{l} = 0,$$

$$-t(\beta)\varphi_1 + \left[m(\beta) + \frac{Al^2}{I}[i(\eta) + j(\eta)] - m_0\omega^2\frac{l^3}{EI}\right]\frac{U_1}{l} = 0,$$

$$\tag{3}$$

$$[t(\beta) - r(\beta)]\varphi_1 + \left[m(\beta) - n(\beta) + \frac{Al^2}{I}j(\eta) - m_0\frac{\omega^2 l^3}{EI}\right]\frac{W_1}{l} = 0.$$

Wird die Determinante dieses Systems gleich Null gesetzt, so entsteht eine transzendente Gleichung, aus der die Eigenfrequenz zu ermitteln ist.

2. *Antisymmetrische Schwingungsform.* Hierbei werden ebenfalls Gln. (1'), (2'), (3') vom vorigen Abschnitt verwendet, wobei aber $U_1 = U_2$; $\varphi_1 = \varphi_2$; $W_1 = -W_2$ anzusetzen ist.

Die in den Gln. (1) auftretenden Größen lauten

$$\overline{M}_{12} = \frac{EI}{l}\left[[c(\beta) + s(\beta)]\varphi_1 + [r(\beta) + t(\beta)]\frac{W_1}{l}\right],$$

$$\overline{M}_{1A} = \frac{EI}{l}\left[c(\beta)\varphi_1 - t(\beta)\frac{U_1}{l}\right],$$

$$\overline{Q}_{12} = -\frac{EI}{l^2}\left[[t(\beta) + r(\beta)]\varphi_1 + [m(\beta) + n(\beta)]\frac{W_1}{l}\right],$$

$$\tag{4}$$

$$\overline{Q}_{1A} = -\frac{EI}{l^2}\left[t(\beta)\varphi_1 - m(\beta)\frac{U_1}{l}\right],$$

$$\overline{N}_{12} = \frac{EA}{l}[i(\eta) - j(\eta)]U_1; \qquad \overline{N}_{1A} = -\frac{EA}{l}j(\eta)W_1.$$

Einsetzen der Gln. (4) in die Gln. (1) liefert das folgende Gleichungssystem

$$[2c(\beta) + s(\beta)]\varphi_1 - t(\beta)\frac{U_1}{l} + [r(\beta) + t(\beta)]\frac{W_1}{l} = 0,$$

$$-t(\beta)\varphi_1 + \left[m(\beta) + \frac{Al^2}{I}[j(\eta) - i(\eta)] - m_0\frac{\omega^2 l^3}{EI}\right]\frac{U_1}{l} = 0, \qquad (5)$$

$$[r(\beta) + t(\beta)]\varphi_1 + \left[m(\beta) + n(\beta) + \frac{Al^2}{I}j(\eta) - m_0\frac{\omega^2 l^3}{EI}\right]\frac{W_1}{l} = 0.$$

Aus der transzendenten Gleichung, die entsteht, wenn die Determinante des Systems (5) gleich Null gesetzt wird, können die aufeinanderfolgenden Werte der Eigenfrequenzen $\omega_1, \omega_2, \ldots$ für die antisymmetrische Schwingungsform des Rahmens berechnet werden.

Die Ermittlung der Kreisfrequenzen ω von den gleich Null gesetzten Determinanten der Systeme (3) und (5) ist schon für die eben betrachteten einfachen Fälle mit sehr großen rechnerischen Schwierigkeiten verbunden. Aus diesem Grund sind weitere Vereinfachungen zu erstreben. Für die symmetrische Schwingung bedeutet die Voraussetzung von $U_1 = -U_2 = 0$; $W_1 = W_2 = 0$ eine derartige Vereinfachung.

Die Stäbe werden als nichtzusammendrückbar und in Längsrichtung nicht schwingend betrachtet. Die Knoten *1* und *2* werden als unverschiebbar angesehen.

Das Gleichungssystem (1) wird auf eine Gleichung

$$\overline{M}_{12} + \overline{M}_{1A} = 0 \qquad (6)$$

und die Determinante des Systems auf das in der Gl. (3) unterstrichene Glied

$$\varphi_1[2c(\beta) - s(\beta)] = 0 \qquad (7)$$

zurückgeführt, wobei $\varphi_1 = 0$ ist.

Unter Anwendung von Tafel 7-2a wird

$$\beta_1 = 3{,}556$$

berechnet. Daraus folgt

$$\omega_1 = \frac{12{,}63}{l^2}\sqrt{\frac{EI}{\mu}}.$$

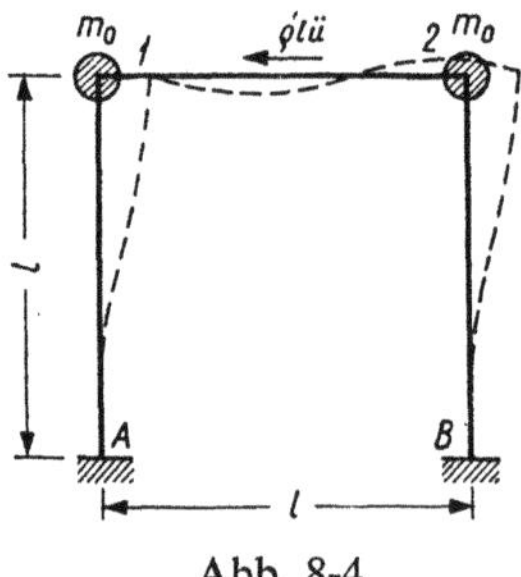

Abb. 8-4

Für die antisymmetrische Schwingung eines Rahmens (Abb. 8-4) wird $W_1 = -W_2 = 0$ vorausgesetzt. Trotz der Vernachlässigung der Längsschwingung des Stabes *1-2* sollen die Trägheitskräfte seiner Masse bei einer waagerechten Verschiebung doch berücksichtigt werden. Die auf die Längeneinheit bezogene Masse des Stabes wird mit μ' bezeichnet, ihre Trägheitskraft gleichmäßig auf die beiden Knoten *1* und *2* verteilt und zur Masse m_0 addiert. Die neue Einzelmasse in den Knoten *1* und *2* ist $m_0' = m_0 + \mu' \dfrac{l_{12}}{2}$. Das Gleichungssystem (1) beschränkt sich nun auf zwei Gleichungen

$$\overline{M}_{12} + \overline{M}_{1A} = 0; \tag{6'}$$

$$\overline{Q}_{12} + m_0' \omega^2 W_1 = 0. \tag{7'}$$

Aus den beiden ersten Gleichungen der Gruppe (5) ergibt sich

$$[2c(\beta) - s(\beta)]\varphi_1 - t(\beta)\,\frac{U_1}{l} = 0,$$

$$-t(\beta)\varphi_1 + \left[m(\beta) - m_0'\omega^2\,\frac{l^3}{EI}\right]\frac{U_1}{l} = 0. \tag{8}$$

Wird die Determinante der obigen Gleichungen gleich Null gesetzt, so entsteht die transzendente Gleichung

$$[2c(\beta) - s(\beta)]\left[m(\beta) - m_0'\,\frac{\omega^2 l^3}{EI}\right] - t^2(\beta) = 0. \tag{9}$$

Aus dieser Gleichung können die Eigenkreisfrequenzen berechnet werden.

Beispiel 8-1. Es sind symmetrische und antisymmetrische Schwingungen des Rahmens nach Abb. 8-3 zu untersuchen. Die Zahlenangaben sind: $l = h = 3,0$ m; $I = 1,333 \cdot 10^{-4}$ m⁴; $A = 0,20 \cdot 0,20 = 0,04$ m²; $E_b = 2,0 \cdot 10^6$ Mp/m²; das Gewicht des Stieles und Riegels $q = 0,2 \cdot 0,2 \cdot 2,4 = 0,096$ Mp/m; die Masse $\mu = \dfrac{0,096}{9,81} = 0,00978$ Mps²/m². Das in den Knoten *1* und *2* angebrachte Gewicht ist Q und damit die Masse $m_0 = Q/g$.

a) *Symmetrische Schwingung.* Zur Ermittlung der Eigenfrequenz wird das Gleichungssystem (3) vom Abschnitt 8.2 verwendet. Es werden noch die folgenden Größen eingeführt:

$$\frac{Al^2}{I} = \frac{0,04 \cdot 3,0^2}{1,333 \cdot 10^{-4}} = 2700;$$

$$\frac{m_0\,\omega^2 l^3}{EI} = \frac{m_0}{\mu l}\cdot\frac{\mu\omega^2 l^4}{EI} = \frac{Q}{ql}\,\beta^4 = \frac{8,65}{0,096 \cdot 3,0}\,\beta^4 = 30,0\,\beta^4.$$

Aus der zweiten Gleichung (3) wird U/l, aus der dritten W_1/l ermittelt und in die erste Gleichung eingesetzt. Dann ergibt sich für $\varphi_1 \neq 0$ die transzendente Gleichung

$$\Gamma = 2c(\beta) - s(\beta) -$$

$$- \frac{t^2(\beta)}{m(\beta) + 2700[i(\eta) + j(\eta)] - 30\beta^4} - \frac{[t(\beta) - r(\beta)]^2}{m(\beta) - n(\beta) + 2700j(\eta) - 30\,\beta^4} = 0. \tag{a}$$

Die Parameter β und η werden durch die Frequenz ω ausgedrückt:

$$\lambda = \sqrt[4]{\frac{\mu\omega^2}{EI}} = \sqrt[4]{\frac{0,00978\omega^2}{2,0 \cdot 10^6 \cdot 1,333 \cdot 10^{-4}}} = 0,078\,\sqrt{\omega},$$

$$\bar{\gamma} = \sqrt{\frac{\mu\omega^2}{EA}} = \sqrt{\frac{0,00978\omega^2}{2,0 \cdot 10^6 \cdot 4 \cdot 10^{-2}}} = 0,00035\omega.$$

17*

Mithin ist $\beta = \lambda l = 0{,}078 \cdot 3{,}0 \sqrt{\omega}$; $\eta = \bar{\gamma} l = 0{,}000353 \cdot 3{,}0\omega$. Die Größen $i(\eta)$ und $j(\eta)$ werden aus

$$i(\eta) = \eta \operatorname{cosec} \eta \quad \text{und} \quad j(\eta) = \eta \cotan \eta$$

berechnet.

Zunächst wird ein Näherungswert der Eigenfrequenz ohne Berücksichtigung der Auswirkung der Stabverlängerungen und der Massen Q/g ermittelt. Gl. (a) reduziert sich auf

$$2c(\beta) - s(\beta) = 0.$$

Die kleinste Wurzel dieser Gleichung wird berechnet. Es sei $\beta^{(1)} = 3{,}555$. Daraus folgt

$$\omega_1 = \left(\frac{\beta^{(1)}}{l}\right)^2 \sqrt{\frac{EI}{\mu}} = \left(\frac{3{,}555}{3{,}0}\right)^2 1{,}65 \cdot 10^2 = 233 s^{-1}.$$

Nun wird auf die transzendente Gleichung (a) zurückgegriffen. Unter der Voraussetzung von $\omega = 231 \text{ s}^{-1}$ ist

$$\beta = 0{,}078 \cdot 3{,}0 \sqrt{231} = 3{,}555; \quad \eta = 0{,}000353 \cdot 3{,}0 \cdot 231 = 0{,}243.$$

Tafel 7-2a liefert

$$c(\beta) = 1{,}86645; \quad s(\beta) = 3{,}73967; \quad m(\beta) = -61{,}01439; \quad n(\beta) = 45{,}224;$$

$$r(\beta) = 13{,}87379; \quad t(\beta) = -5{,}25805; \quad i(\eta) = 0{,}243 \frac{1}{0{,}23964} = 1{,}015;$$

$$j(\eta) = 0{,}243 \cdot 4{,}0512 = 0{,}984.$$

Obige Werte werden in Gl. (a) eingesetzt. Mithin ist

$$\Gamma = 2 \cdot 1{,}86645 - 3{,}73967 - \frac{(5{,}25805)^2}{-61{,}01439 + 2700(1{,}015 + 0{,}984) - 30(3{,}555)^4} +$$

$$- \frac{(-5{,}25805 - 13{,}87379)^2}{-61{,}01439 - 45{,}224 + 2700 \cdot 0{,}984 - 30(3{,}555)^4} = 0{,}1164 \neq 0.$$

Weiterhin wird $\omega = 237{,}5 \text{ s}^{-1}$ angenommen. Daraus folgt

$$\beta = 0{,}078 \cdot 3{,}0 \sqrt{237{,}5} = 3{,}6; \quad \eta = 0{,}00035 \cdot 3{,}0 \cdot 237{,}5 = 0{,}250$$

und

$$c(\beta) = 1{,}71379; \quad s(\beta) = 3{,}86983; \quad m(\beta) = -65{,}6141; \quad n(\beta) = 47{,}78288;$$

$$t(\beta) = -6{,}01925; \quad r(\beta) = 14{,}28961.$$

Diese Werte in Gl. (a) eingesetzt ergeben

$$\Gamma = -0{,}4155 \neq 0.$$

Die gesuchte Wurzel genügt der Ungleichung $3{,}555 < \beta^{(1)} < 3{,}60$. Die lineare Interpolation liefert $\beta^{(1)} = 3{,}565$. Daraus folgt

$$\omega_1 = \left(\frac{\beta^{(1)}}{l}\right)^2 \sqrt{\frac{EI}{\mu}} = 233 s^{-1}.$$

Es ist zu bemerken, daß die an den Knoten angebrachten Massen auf die symmetrische Schwingung des betrachteten Rahmens nur unwesentlich einwirken.

b) *Antisymmetrische Schwingung.* In diesem Beispiel wird der Einfluß der Längsschwingung auf die Eigenfrequenz vernachlässigt, und es wird von Gln. (8) vom Abschnitt 8.2 ausgegangen.

Zunächst wird die Last Q' berechnet: $Q' = Q + \frac{1}{2} ql = 8{,}65 + \frac{0{,}096 \cdot 3{,}0}{2} = 8{,}794$ Mp.

Die weitere Berechnung liefert

$$\frac{m_0' \omega^2 l^3}{EI} = \frac{\dfrac{Q'}{g}}{\dfrac{q}{g} l} \cdot \frac{\mu \omega^2 l^4}{EI} = \frac{Q'}{ql} \beta^4 = \frac{8{,}794}{0{,}096 \cdot 3{,}0} \beta^4 = 30{,}45 \, \beta^4.$$

Werden diese Werte in Gl. (9) eingesetzt, so entsteht

$$\Gamma = [2c(\beta) - s(\beta)][m(\beta) - 30,45\,\beta^4] - t^2(\beta) = 0.$$

Nun ist die Grundeigenfrequenz $\beta^{(1)}$ zu ermitteln. Unter Voraussetzung von $\beta = 0,6$ liefert Tafel 7-2a

$$c(\beta) = 3,99877; \quad s(\beta) = 2,00093; \quad m(\beta) = 11,95186; \quad t(\beta) = 5,99322.$$

Werden diese Werte in die transzendente Gleichung eingesetzt, so ergibt sich

$$\Gamma = (2\cdot3,99877 - 2,00093)(11,95186 - 30,45(0,6)^4) - (5,99322)^2 = 12,0 \neq 0.$$

Für $\beta = 0,7$ ist

$$c(\beta) = 3,99771; \quad s(\beta) = 2,00172; \quad m(\beta) = 11,91080; \quad t(\beta) = 5,98742.$$

Daraus folgt

$$\Gamma = (2\cdot3,99771 - 2,00172)[11,91080 - 30,45(0,7)^4] - (5,9874)^2 = -8,3 \neq 0.$$

Die gesuchte Wurzel erfüllt die Ungleichung $0,6 < \beta^{(1)} < 0,7$. Die lineare Interpolation liefert $\beta^{(1)} = 0,66$. Mithin ist

$$\omega_1 = \left(\frac{\beta^{(1)}}{l}\right)^2 \sqrt{\frac{EI}{\mu}} = 7,97 \text{ s}^{-1}.$$

Bei der Ermittlung der zweiten Frequenz (für die unsymmetrische Schwingungsform) wird die Wurzel $\beta^{(2)} = 3,552$ aus der transzendenten Gleichung erhalten. Damit ist

$$\omega_2 = \left(\frac{\beta^{(2)}}{\beta^{(1)}}\right)^2 \omega_1 = \left(\frac{3,552}{0,66}\right)^2 7,97 = 232 \text{ s}^{-1}.$$

In den weiteren Betrachtungen wird der Einfluß der Längsschwingung vernachlässigt; die Stäbe werden als unzusammendrückbar betrachtet. Die von K. Hohenmeser und W. Prager durchgeführten Berechnungen haben erwiesen, daß eine derartige Vereinfachung für die Rahmen zulässig ist, die aus den Stäben mit einer Schlankheit über 40 bestehen. Bei weniger schlanken Stäben, und derartige Stäbe kommen in der Regel in Rahmenfundamenten für Turbosätze vor, kann die Vernachlässigung der Längsschwingung Unterschiede in den Ergebnissen sogar bis zu 10% ergeben.

II. Gelenkloser Rahmen mit der Einzelmasse m_0 in der Riegelmitte. Es werden die Eigenfrequenzen für die symmetrische Schwingungsform berechnet (Abb. 8-5). Der Punkt *2* wird als ein zusätzlicher Knoten

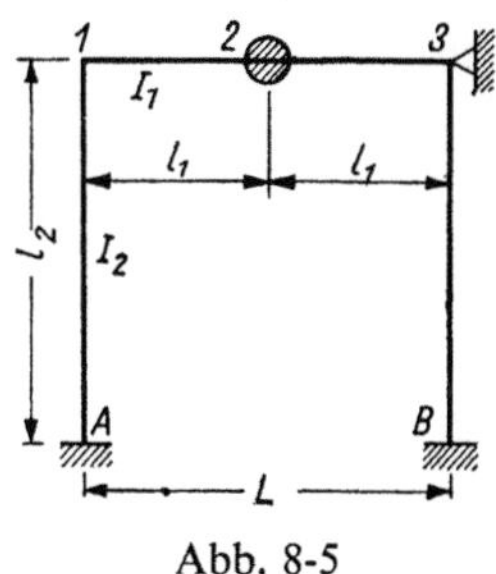

Abb. 8-5

angenommen. Die Gleichgewichtsgleichungen für die Knoten *1* und *2* bilden ein System aus zwei Gleichungen

$$\overline{M}_{12} + \overline{M}_{1A} = 0; \quad \overline{Q}_{23} - \overline{Q}_{21} + m_0\,\omega^2 W_2 = 0. \tag{10}$$

Werden die Amplituden der Biegemomente und der Querkräfte mit Hilfe der Elastizitätsgleichungen durch den Winkel φ_1 und die Verschiebung W_2 ausgedrückt (wegen der Symmetrie ist $\varphi_2 = 0$), so ergibt sich das Gleichungssystem

$$\left[\frac{EI_2}{l_2}c(\beta_2) + \frac{EI_1}{l_1}c(\beta_1)\right]\varphi_1 - \frac{EI_1}{l_1}r(\beta_1)\frac{W_2}{l_1} = 0,$$

$$\frac{EI_1}{l_1^2}\left[r(\beta_1)\varphi_1 - \frac{W_2}{l_1}m(\beta_1)\right] + \frac{1}{2}m_0\omega^2 W_2 = 0. \tag{11}$$

Die Eigenfrequenzen werden aus der transzendenten Gleichung

$$\left[2m(\beta_1) - \frac{m_0\omega^2 l_1^3}{EI_1}\right][c(\beta_2) + \varkappa_1 c(\beta_1)] - 2\varkappa_1 r^2(\beta_1) = 0 \tag{12}$$

gewonnen, worin

$$\varkappa_1 = \frac{I_1 l_2}{I_2 l_1};\qquad \beta_1 = l_1\sqrt[4]{\frac{\mu_1\omega^2}{EI_1}};\qquad \beta_2 = l_2\sqrt[4]{\frac{\mu_2\omega^2}{EI_2}}$$

ist.

Wirkt am Knoten *2* die Erregerkraft $Pe^{i\omega t}$, so lautet die zweite der Gln. (10)

$$\bar{Q}_{23} - \bar{Q}_{21} + m_0\omega^2 W_2 + P = 0 \tag{13}$$

oder

$$\frac{EI_1}{l_1^2}\left[r(\beta_1)\varphi_1 - \frac{W_2}{l_1}m(\beta_1)\right] + \frac{1}{2}m_0\omega^2 W_2 + \frac{P}{2} = 0. \tag{14}$$

Aus der ersten von Gln. (11) und aus der Gl. (14) werden die Größen φ_1 und W_2 berechnet.

Beispiel 8-2. Es wird ein Stahlbetonrahmen nach Abb. 8-5 betrachtet. Die Riegellänge (Spannweite) ist $L = 2l_1 = 6,0$ m, die Stielhöhe $l_2 = 3,0$ m. Die weiteren Angaben sind: der Riegelquerschnitt 0,20 m × 0,35 m; der Stielquerschnitt 0,20 m × 0,20 m. Dementsprechend ist $I_1 = 7,15 \cdot 10^{-4}$ m⁴; $I_2 = 1,33 \cdot 10^{-4}$ m⁴. Das Riegelgewicht ist $q_1 = 0,2 \cdot 0,35 \cdot 2,4 = 0,168$ Mp/m; das Stielgewicht $q_2 = 0,2 \cdot 0,2 \cdot 2,4 = 0,096$ Mp/m. Dementsprechend ist $\mu_1 = \dfrac{0,168}{9,81} = 0,0171$ Mps²/m²; $\mu_2 = \dfrac{0,096}{9,81} = 0,00978$ Mps²/m². In der Riegelmitte wirkt ein Gewicht $Q = 8,65$ Mp mit der Masse $m_0 = Q/g$. Der Elastizitätsmodul von Beton wird zu $E_B = 2,0 \cdot 10^6$ Mp/m² angenommen.

Es ist nun die Eigenfrequenz des Rahmens zu ermitteln. Zur Verfügung steht hierzu die transzendente Gleichung (12) mit

$$\varkappa_1 = \frac{I_1 l_2}{I_2 l_1} = \frac{7,15 \cdot 3,0}{1,33 \cdot 0,3} = 5,38;\qquad \beta_1 = l_1\sqrt[4]{\frac{\mu_1\omega^2}{EI_1}};$$

$$\beta_2 = l_2\sqrt[4]{\frac{\mu_2\omega^2}{EI_2}} = \beta_1\frac{l_2}{l_1}\sqrt[4]{\frac{\mu_2 I_1}{\mu_1 I_2}} = 1,325\beta_1,$$

$$\frac{m_0\omega^2 l_1^3}{EI_1} = \frac{\dfrac{Q}{g}}{\dfrac{q}{g}l_1}\frac{\omega^2 l_1^4\mu_1}{EI_1} = \frac{Q}{ql_1}\beta_1^4 = \frac{8,65}{0,168 \cdot 3,0}\beta_1^4 = 17,1\beta_1^4.$$

Werden diese Werte in Gl. (12) eingeführt, so ergibt sich

$$\Gamma = [c(1,325\beta_1) + 5,38c(\beta_1)][2m(\beta_1) - 17,1\beta_1^4] - 10,76r^2(\beta_1) = 0. \tag{a}$$

Zunächst wird $\beta_1 = 0,8$ angenommen. Damit liefern die Tafeln:

$$c(\beta_1) = 3,99610; \quad c(1,325\beta_1) = 3,98778; \quad m(\beta_1) = 11,874; \quad r(\beta_1) = 6,01269.$$

Gl. (a) ergibt mit diesen Werten

$$\Gamma = (3,98778 + 5,38 \cdot 3,99610)(2 \cdot 11,8478 - 17,1(0,8)^4) - 10,76(6,01269)^2 = 38 \neq 0.$$

Nun wird $\beta_1 = 0,9$ vorausgesetzt. Dann ist

$$c(\beta_1) = 3,99374; \quad c(1,325 \cdot 0,9) = 3,98076; \quad m(\beta_1) = 11,75615; \quad r(\beta_1) = 6,02034.$$

Gl. (a) liefert

$$\Gamma = (3,98076 + 5,38 \cdot 3,99374)(2 \cdot 11,75615 - 17,1(0,9)^4) - 10,76(6,02034)^2 =$$
$$= -87,0 \neq 0.$$

Die gesuchte Wurzel erfüllt die Ungleichung

$$0,8 < \beta_1^{(1)} < 0,9.$$

Die lineare Interpolation ergibt $\beta^{(1)} = 0,83$. Mithin ist

$$\omega_1 = \left(\frac{\beta_1^{(1)}}{l_1}\right)^2 \sqrt{\frac{EI_1}{\mu_1}} = 22\mathrm{s}^{-1}.$$

Auf eine ähnliche Weise wird für die zweite Eigenfrequenz $4,1 < \beta_1^{(2)} < 4,2$ und durch die Interpolation $\beta_1^{(2)} = 4,157$ gewonnen. Daraus folgt

$$\omega_2 = \omega_1 \left(\frac{\beta_1^{(2)}}{\beta_1^{(1)}}\right)^2 = 22 \left(\frac{4,157}{0,83}\right)^2 = 556\mathrm{s}^{-1}.$$

III. Rahmen mit verschiebbaren Knoten (Abb. 8-6). Bei der Betrachtung der Stäbe als nichtzusammendrückbar, also unter Vernachlässigung der Längsschwingung, wird festgestellt, daß das System $(n+1)$fach geometrisch unbestimmt ist, da die Unbekannten sowohl die Winkel $\varphi_1, \varphi_2, \ldots, \varphi_n$ als auch die waagerechte Verschiebung U des Riegels darstellen.

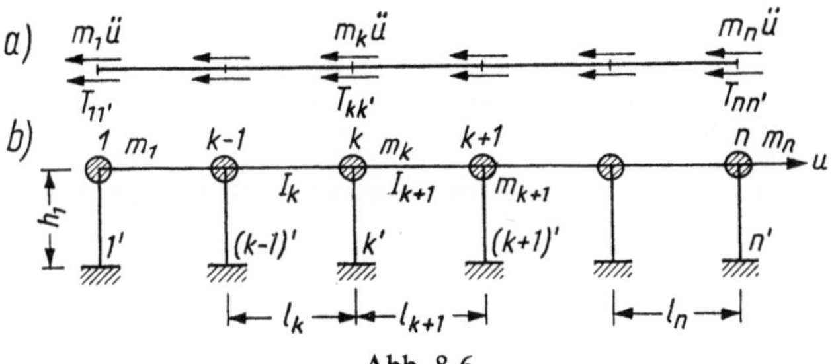

Abb. 8-6

Für jeden Knoten wird eine Momentengleichung aufgestellt. Für den Knoten k gilt

$$\overline{M}_{k,k-1} + \overline{M}_{k,k+1} + \overline{M}_{kk'} = 0; \quad k = 1, 2, \ldots n. \tag{15}$$

Die Gleichgewichtsgleichung für den herausgeschnittenen Riegel (Abb. 8-6a) stellt die letzte Gleichung des Systems dar und lautet

$$\sum_{k=1}^{n} \overline{Q}_{kk'} - \sum_{k=1}^{n} m_k' \omega^2 U = 0. \tag{16}$$

Der Einzelmasse m_k wird die Riegelmasse hinzugefügt:

$$m_k' = m_k + \frac{\mu_k l_k + \mu_{k+1} l_{k+1}}{2}; \quad m_1' = m_1 + \frac{l_2 \mu_2}{2}; \quad m_n' = m_n + \frac{l_n \mu_n}{2}.$$

Werden die Amplituden der Biegemomente und der Querkräfte als lineare Funktionen der Winkel φ und der Verschiebung U in die Gln. (15) und (16) eingeführt und werden die Gln. (1) und (4) vom Abschnitt 7.4 verwendet, so ergibt sich das folgende Gleichungssystem:

$$\varphi_k\left[\frac{I_k}{l_k}\,c(\beta_k)+\frac{I_{k+1}}{l_{k+1}}\,c(\beta_{k+1})+\frac{I_{kk'}}{h_k}\,c(\beta_{kk'})\right]+\varphi_{k-1}\frac{I_k}{l_k}\,s(\beta_k)+$$

$$+\varphi_{k+1}\frac{I_{k+1}}{l_{k+1}}\,s(\beta_{k+1})-\frac{I_{kk'}}{h_{kk'}^2}\,t(\beta_{kk'})U=0;\qquad k=1,2,\ldots n,\tag{17}$$

$$-\sum_{k=1}^{n}\frac{I_{kk'}}{h_k^2}\,t(\beta_{kk'})\varphi_k+U\sum_{k=1}^{n}\left(\frac{I_{kk'}}{h_k^2}\,m(\beta_{kk'})+\frac{m_k'\omega^2}{E}\right)=0.\tag{18}$$

Wird die Determinante des Systems (17), (18) gleich Null gesetzt, so entsteht die transzendente Gleichung, aus der die aufeinanderfolgenden Eigenkreisfrequenzen zu ermitteln sind.

Wenn im Riegel eine waagerechte Erregerkraft $Pe^{i\omega t}$ wirkt, die in der positiven Richtung von U zeigt, lautet Gl. (16)

$$\sum_{k=1}^{n}(Q_{kk'}-m_k'\omega^2 U)=P.\tag{19}$$

Daraus folgen das Gleichungssystem (17) und die inhomogene Gleichung

$$-\sum_{k=1}^{n}\frac{EI_{kk'}}{h_k^2}\,t(\beta_{kk'})\varphi_k+U\sum_{k=1}^{n}\left(\frac{EI_{kk'}}{h_k^2}\,m(\beta_{kk'})-m_k'\omega^2\right)=P.\tag{19'}$$

Aus den Gln. (19) und (19') können die Winkel $\varphi_1,\ldots,\varphi_n$ und die Verschiebung U sowie mit Hilfe der Elastizitätsgleichung alle Knotenkräfte ermittelt werden.

Nun wird ein Sonderfall des Rahmens betrachtet (Abb. 8-7).

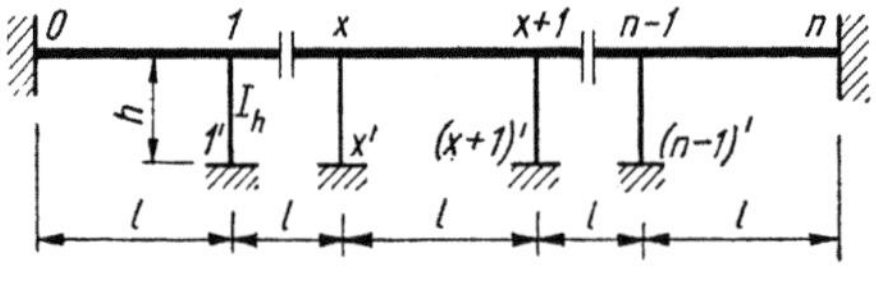

Abb. 8-7

Der Rahmen sei an den Knoten 0 und n eingespannt, die Riegel und Stiele seien alle untereinander gleich. Die Gl. (15) lautet dann

$$\overline{M}_{x,x-1}+\overline{M}_{x,x+1}+\overline{M}_{x,x'}=0,$$

und die Gln. (11) vereinfachen sich zu

$$\varphi_{x-1}+a(\beta)\,\varphi_x+\varphi_{x+1}=0,\tag{20}$$

mit

$$a(\beta)=2\,\frac{c(\beta)}{s(\beta)}+\varkappa\,\frac{c(\beta\varkappa_1)}{s(\beta)};\qquad \varkappa=\frac{I_h l}{hI};\qquad \varkappa_1=\frac{h}{l}\sqrt[4]{\frac{\mu_h I}{\mu I_h}},$$

wobei μ die Riegelmasse und μ_h die auf die Längeneinheit bezogene Pfostenmasse bedeuten.

Gl. (20) stellt eine Differenzengleichung mit den Randbedingungen $\varphi_0 = \varphi_n = 0$ dar.

Im Abschnitt 7.5 wurde eine ähnliche Differenzengleichung behandelt, die sich auf die freie Schwingung eines durchlaufenden Balkens bezog. Wird die dort formulierte Lösung angewendet, so ergibt sich die folgende transzendente Gleichung

$$a(\beta) = \cos \frac{\pi}{n}. \tag{21}$$

Nun wird der Sonderfall $\varkappa_1 = 1$, $\varkappa = 1$ und $n = 3$ untersucht. Der Fall entspricht einem Rahmen mit drei Schiffen und mit untereinander gleichen Riegeln und Stielen. Es gilt

$$c(\beta) = \frac{1}{6} s(\beta). \tag{21'}$$

Die Verwendung der Tafel für die Funktionen $c(\beta)$, $s(\beta)$, d.h. der Tafel 7-2, liefert

$$\beta_1 = 3{,}085; \qquad \omega_1 = \frac{14{,}48}{l^2} \sqrt{\frac{EI}{\mu}}.$$

IV. Eine durch die Erregerkraft $Pe^{i\omega t}$ hervorgerufene harmonische erzwungene Schwingung eines Rostes aus vier sich im Knoten *1* schneidenden Stäben (Abb. 8-8).

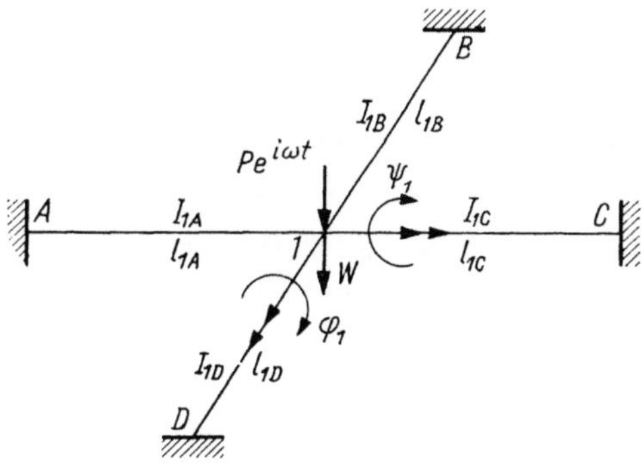

Abb. 8-8

Das Gleichgewicht des Knotens *1* verlangt

$$\left.\begin{array}{l} \overline{M}_{1A} + \overline{M}_{1C} + \overline{\mathfrak{M}}_{1B} - \overline{\mathfrak{M}}_{1D} = 0 \\[2mm] \overline{M}_{1B} + \overline{M}_{1D} - \overline{\mathfrak{M}}_{1C} + \overline{\mathfrak{M}}_{1A} = 0 \\[2mm] \overline{Q}_{1C} + \overline{Q}_{1B} - \overline{Q}_{1A} - \overline{Q}_{1D} + P = 0 \end{array}\right\} . \tag{22}$$

Werden die Amplituden der Biegemomente $\overline{M}$, $\overline{L}$, der Torsionsmomente $\overline{\mathfrak{M}}$ und der Querkräfte $\overline{Q}$ mit Hilfe der Elastizitätsgleichung als Funktion der

Winkel φ_1, ψ_1 und der Durchbiegung W_1 ausgedrückt, so entsteht das Gleichungssystem

$$[\varkappa_{1A}c(\beta_{1A})+\varkappa_{1C}c(\beta_{1C})+\varrho_{1D}j(\xi_{1D})+\varrho_{1B}j(\xi_{1B})]\varphi_1 +$$

$$+\left[\varkappa_{1C}\frac{t(\beta_{1C})}{l_{1C}} - \varkappa_{1A}\frac{t(\beta_{1A})}{l_{1A}}\right]W_1 = 0$$

$$[\varkappa_{1B}c(\beta_{1B})+\varkappa_{1D}c(\beta_{1D})+\varrho_{1A}j(\xi_{1A})+\varrho_{1C}j(\xi_{1C})]\psi_1 + \qquad (23)$$

$$+\left[\varkappa_{1B}\frac{t(\beta_{1B})}{l_{1B}} - \varkappa_{1D}\frac{t(\beta_{1D})}{l_{1D}}\right]W_1 = 0,$$

$$\left[\varkappa_{1C}\frac{t(\beta_{1C})}{l_{1C}} - \varkappa_{1A}\frac{t(\beta_{1A})}{l_{1A}}\right]\varphi_1 + \left[\varkappa_{1B}\frac{t(\beta_{1B})}{l_{1B}} - \varkappa_{1D}\frac{t(\beta_{1D})}{l_{1D}}\right]\psi_1 +$$

$$+\left[\varkappa_{1A}\frac{m(\beta_{1A})}{l_{1A}^2} + \varkappa_{1B}\frac{m(\beta_{1B})}{l_{1B}^2} + \varkappa_{1C}\frac{m(\beta_{1C})}{l_{1C}^2} + \varkappa_{1D}\frac{m(\beta_{1D})}{l_{1D}^2}\right]W_1 = \frac{Pl_c}{I_c},$$

worin

$$\varkappa_{ik} = \frac{EI_{ik}l_c}{l_{ik}I_c}; \qquad \varrho_{ik} = \frac{GC_{ik}l_c}{l_{ik}I_c}; \qquad \xi_{ik} = \omega l_{ik}\sqrt{\frac{I_0}{GC}}$$

ist.

Für den Sonderfall der untereinander gleichen Stäbe ist $\varphi_1 = 0$, $\psi_1 = 0$. Die beiden ersten Gleichungen fallen weg, die dritte Gl. (23) ergibt

$$W_1 = \frac{Pl^3}{4m(\beta)\varkappa I}. \qquad (24)$$

Die Elastizitätsgleichungen liefern

$$\overline{M}_{1C} = \overline{M}_{1B} = \frac{EI}{l^2}t(\beta)W_1 = \frac{Pl}{4}\frac{t(\beta)}{m(\beta)},$$

$$\overline{M}_{A1} = -\frac{EI}{l^2}r(\beta)W_1 = -\frac{Pl}{4}\frac{r(\beta)}{m(\beta)}.$$

Für den Fall der Eigenschwingung des Rostes ist in der Gl. (23) $P = 0$ anzunehmen. Wird die Determinante des Gleichungssystems (23) gleich Null gesetzt, so ergibt sich die transzendente Gleichung, die im Sonderfall der untereinander gleichen Stäbe

$$[c(\beta)\varkappa + j(\xi)\varrho_0]^2 m(\beta) = 0 \qquad (25)$$

lautet.
Die Gleichung

$$c(\beta)\varkappa + j(\xi)\varrho_0 = 0 \qquad (26)$$

entspricht den antisymmetrischen, die Gleichung

$$m(\beta) = 0 \qquad (27)$$

den symmetrischen Schwingungsformen des Rostes.

Der Fall der antisymmetrischen Schwingung ist besonders interessant. Wegen

$$\beta^2 = \omega l^2\sqrt{\frac{\mu}{EI}}; \qquad \xi = l\omega\sqrt{\frac{I_0}{GC}},$$

gilt auch

$$\xi = \beta^2 a, \quad \text{worin} \quad a = \frac{1}{l}\sqrt{\frac{I_0 EI}{\mu GC}} \text{ ist.}$$

Gl. (26) wird in der Form

$$c(\beta)\varkappa + j(\beta^2 a)\varrho_0 = 0 \tag{28}$$

geschrieben.

Für vorgegebene Werte von $\varkappa$, ϱ_0, a werden aus der Gl. (26) die aufeinanderfolgenden Kreisfrequenzen der antisymmetrischen Rostschwingung berechnet.

Es ist zu bemerken, daß bei dieser Schwingungsart $W_1 = 0$ ist. Der Stab *A-1-B* führt die Querschwingungen, der Stab *C-1-D* die Torsionsschwingungen und umgekehrt aus, in beiden Fällen mit der gleichen Frequenz ω. Gl. (27) liefert die symmetrische Schwingungsform ($\varphi_1 = 0$, $\psi_1 = 0$). In diesem Fall führen die beiden Stäbe *C-1-D* und *A-1-B* nur die Querschwingung aus.

Die gleichzeitige Quer- und Torsionsschwingung kommt bei in der Ebene abgeknickten Balken und bei räumlichen Rahmen vor. Für die beiden Konstruktionsarten ist das Weggrößenverfahren zur Ermittlung sowohl der Eigenschwingung als auch der erzwungenen Schwingung besonders gut geeignet.

Interessant ist die Ermittlung der Schwingungsform eines Stabes bei harmonischen Schwingungen eines Rahmens. Es wird ein beliebiger Stab *i-k* des Rahmens betrachtet. Aus der Lösung für den Rahmen seien sowohl die Verschiebungen und die Verdrehungen der Knoten *i*, *k* als auch die Knotenmomente und -kräfte bekannt. Die Biegelinie des Stabes ist mit Gl. (7) vom Abschnitt 6.3 beschrieben:

$$W(x) = W(0)S(\lambda x) + \frac{W'(0)}{\lambda} T(\lambda x) + \frac{1}{\lambda^2} W''(0)U(\lambda x) +$$

$$+ \frac{1}{\lambda^3} W'''(0)V(\lambda x).$$

Wegen

$$W(0) = W_i, \quad W'(0) = \varphi_i; \quad W''(0) =$$

$$= -\frac{1}{EI}\bar{M}_{ik}; \quad W'''(0) = -\frac{1}{EI}\bar{Q}_{ik}$$

gilt

$$W(x) = W_i S(\lambda x) + \frac{\varphi_i}{\lambda} T(\lambda x) - \frac{1}{EI\lambda^2}\bar{M}_{ik}U(\lambda x) -$$

$$- \frac{\bar{Q}_{ik}}{EI\lambda^3} V(\lambda x); \quad \lambda^4 = \frac{\omega^2 \mu}{EI}.$$

Es ist ersichtlich, daß zur Bestimmung der Amplitude der Stabdurchbiegung die Verschiebungen des Knotens *i* und die Knotenkräfte im Stab *i-k* im Querschnitt *i* bekannt sein müssen.

8.3. Einwirkung einer axialen Kraft auf die Eigenschwingung und erzwungene Schwingung eines Rahmens

Es werden Rahmen mit geraden Stäben untersucht, die an den Knoten mit großen konstanten Längskräften belastet sind. Konkrete Lösungen können aber erst dann gesucht werden, wenn die Elastizitätsgleichungen für die Stäbe bestimmt sind, die in der Querrichtung schwingen und durch Druck- oder Zugkräfte beansprucht werden. Zur Bestimmung dieser Gleichungen denke man sich aus dem Rahmen den Stab i-k (Abb. 8-9) herausgeschnitten, der in der Querrichtung schwingt.

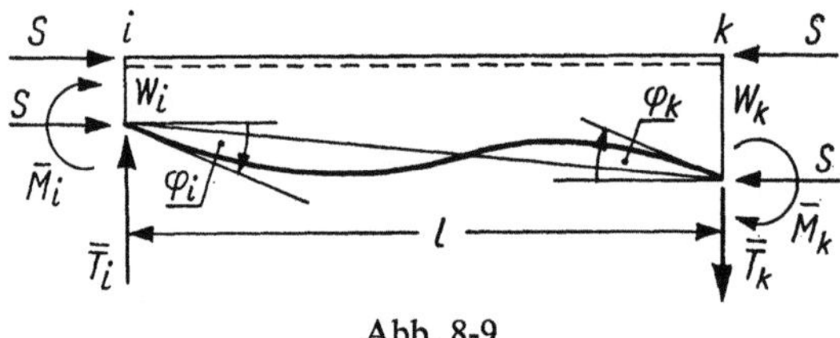

Abb. 8-9

Die Amplituden der Biegemomente und der Querkräfte an den Stabrändern werden durch $\overline{M}_i$, $\overline{M}_k$, $\overline{Q}_i$, $\overline{Q}_k$ und die Amplituden der Winkel und der Verschiebungen durch φ_i, φ_k, W_i, W_k bezeichnet. Die Lösung der Gleichung der harmonischen Schwingung

$$EI\frac{d^4W}{dx^4} + S\frac{d^2W}{dx^2} - \omega^2\mu W = 0 \tag{1}$$

lautet

$$W(x) = C_1\cosh\delta x/l + C_2\sinh\delta x/l + C_3\cos\varepsilon x/l + C_4\sin\varepsilon x/l \tag{2}$$

mit

$$\delta = \sqrt{-\frac{\alpha^2}{2} + \sqrt{\frac{\alpha^4}{4} + \beta^4}}\ ; \qquad \varepsilon = \sqrt{\frac{\alpha^2}{2} + \sqrt{\frac{\alpha^4}{4} + \beta^4}}\ ;$$

$$\alpha^2 = \frac{Sl^2}{EI}; \qquad \beta^4 = \frac{\mu\omega^2 l^4}{EI}\ .$$

Aus den Randbedingungen

$$W(0) = W_i; \qquad W(l) = W_k; \qquad \frac{dW(0)}{dx} = \varphi_i; \qquad \frac{dW(l)}{dx} = \varphi_k \tag{3}$$

werden die Konstanten $C_1, \ldots, C_4$ als Funktionen der Größen W_i, W_k, φ_i, φ_k ermittelt. Die Beziehungen

$$\overline{M}_i = -EIW''(0); \qquad \overline{M}_k = EIW''(l)$$
$$\overline{Q}_i = -EIW'''(0); \qquad \overline{Q}_k = -EIW'''(l) \tag{4}$$

liefern die Biegemomente und Querkräfte als lineare Funktionen der Winkel φ_i, φ_k und der Verschiebungen W_i, W_k. Auf diese Weise werden die Elastizitätsgleichungen gewonnen:

$$\overline{M}_i = \frac{EI}{l}\left[c\varphi_i + s\varphi_k - r\,\frac{W_k}{l} + t\,\frac{W_i}{l}\right],$$

$$\overline{M}_k = \frac{EI}{l}\left[s\varphi_i + c\varphi_k - t\,\frac{W_k}{l} + r\,\frac{W_i}{l}\right],$$

$$\overline{Q}_i = -\frac{EI}{l^2}\left[t\varphi_i + r\varphi_k - n\,\frac{W_k}{l} + m\,\frac{W_i}{l}\right],$$

$$\overline{Q}_k = -\frac{EI}{l^2}\left[r\varphi_i + t\varphi_k - m\,\frac{W_k}{l} + n\,\frac{W_i}{l}\right].$$

(5)

Hierbei ist

$$c(\alpha, \beta) = \frac{\delta^2 + \varepsilon^2}{\Delta}\,(\delta \cosh \delta \sin \varepsilon - \varepsilon \cos \varepsilon \sinh \delta),$$

$$s(\alpha, \beta) = \frac{\delta^2 + \varepsilon^2}{\Delta}\,(\varepsilon \sinh \delta - \delta \sin \varepsilon),$$

$$r(\alpha, \beta) = \frac{\delta^2 + \varepsilon^2}{\Delta}\,\delta\varepsilon(\cosh \delta - \cos \varepsilon),$$

$$t(\alpha, \beta) = \frac{\delta\varepsilon}{\Delta}\,[2\delta\varepsilon \sinh \delta \sin \varepsilon + (\delta^2 - \varepsilon^2)(\cosh \delta \cos \varepsilon - 1)],$$

$$n(\alpha, \beta) = \frac{\delta^2 + \varepsilon^2}{\Delta}\,\delta\varepsilon(\delta \sinh \delta + \varepsilon \sin \varepsilon),$$

$$m(\alpha, \beta) = \frac{\delta^2 + \varepsilon^2}{\Delta}\,\delta\varepsilon(\delta \sinh \delta \cos \varepsilon + \varepsilon \sin \varepsilon \cosh \delta),$$

$$\Delta = 2\varepsilon\delta(1 - \cosh \delta \cos \varepsilon) + (\delta^2 - \varepsilon^2)\sinh \delta \sin \varepsilon.$$

Für den Sonderfall der Eigenschwingung des Stabes ohne Einwirkung der Längskraft gilt

$$S = 0; \quad \alpha = 0; \quad \delta = \varepsilon = \beta$$

und

$$c(0, \beta) = \frac{\beta}{\Delta_1}\,(\cosh \beta \sin \beta - \sinh \beta \cos \beta),$$

$$s(0, \beta) = \frac{\beta}{\Delta_1}\,(\sinh \beta - \sin \beta),$$

$$r(0, \beta) = \frac{\beta^2}{\Delta_1}\,(\cosh \beta - \cos \beta),$$

(6)

$$t(0, \beta) = \frac{\beta^2}{\Delta_1}\,\sinh \beta \sin \beta,$$

$$m(0, \beta) = \frac{\beta^3}{\Delta_1}\,(\sinh \beta \cos \beta + \cosh \beta \sin \beta),$$

$$n(0, \beta) = \frac{\beta^3}{\Delta_1}\,(\sinh \beta + \sin \beta),$$

wobei

$$\Delta_1 = 1 - \cosh\beta\cos\beta$$

ist. Diese Gleichungen sind mit den Gln. (2) vom Abschnitt 7.4 identisch.

Bei $\omega = 0$, $\delta = 0$, $\varepsilon = \alpha$ handelt es sich um ein Stabilitätsproblem, und es gilt

$$c(\alpha, 0) = \frac{\alpha}{\Delta_2}(\sin\alpha - \alpha\cos\alpha),$$

$$s(\alpha, 0) = \frac{\alpha}{\Delta_2}(\alpha - \sin\alpha),$$

$$r(\alpha, 0) = t(\alpha, 0) = \frac{\alpha^2}{\Delta_2}(1 - \cos\alpha), \tag{7}$$

$$n(\alpha, 0) = m(\alpha, 0) = \frac{\alpha^3}{\Delta_2}\sin\alpha,$$

mit

$$\Delta_2 = 2(1 - \cos\alpha) - \alpha\sin\alpha.$$

Bei $\alpha \to 0$, $\beta \to 0$ liegt ein statisches Problem vor, und es gilt $c(0, 0) = 4$; $s(0, 0) = 2$; $r(0, 0) = t(0, 0) = 6$; $n(0, 0) = m(0, 0) = 12$.

In diesem Fall ergeben sich die aus der Statik der Rahmen bekannten Elastizitätsgleichungen

$$M_i = \eta(2\varphi_i + \varphi_k) - \eta'(W_k - W_i) \quad \text{usw.}$$

mit

$$\eta = \frac{2EI}{l}; \quad \eta' = \frac{3\mu}{l}.$$

Für den im Knoten k eingespannten und mit dem Knoten i gelenkig verbundenen Stab wird in die Gln. (5) $M_i = 0$ eingesetzt und der Winkel φ_i wird eliminiert. Dann ergeben sich die folgenden Transformationsformeln (Elastizitätsgleichungen):

$$\overline{M}_{ik} = 0,$$

$$\overline{M}_{ik} = \frac{EI}{l}\left[\bar{c}\varphi_k - \bar{r}\,\frac{W_k}{l} + \bar{t}\,\frac{W_i}{l}\right],$$

$$\overline{Q}_{ik} = -\frac{EI}{l^2}\left[\bar{r}\varphi_k - \bar{n}\,\frac{W_k}{l} + \bar{m}\,\frac{W_i}{l}\right], \tag{8}$$

$$\overline{Q}_{ki} = -\frac{EI}{l^2}\left[\bar{t}\varphi_k - \bar{m}\,\frac{W_k}{l} + \bar{n}\,\frac{W_i}{l}\right],$$

wobei

$$\bar{c}(\alpha, \beta) = \frac{c^2 - s^2}{c} = (\delta^2 + \varepsilon^2)\frac{\sinh\delta\sin\varepsilon}{\delta\cosh\delta\sin\varepsilon - \varepsilon\sinh\delta\cos\varepsilon} \quad \text{usw.}$$

ist.

Wenn im Stab eine Zugkraft auftritt, muß in die obigen Formeln $\alpha\sqrt{-1}$ an Stelle von α eingeführt werden.

Die Gleichung der Biegelinie lautet hierbei

$$W(\xi) = C_1 \cosh \varepsilon\xi + C_2 \sinh \varepsilon\xi + C_3 \cos \delta\xi + C_4 \sin \delta\xi \quad \text{mit } \xi = x/l.$$

Es ist ersichtlich, daß die Elastizitätsgleichungen für den Fall einer Zugkraft und jene für den Fall einer Druckkraft ähnlich sind. In den Gln. (5) ist δ durch ε zu ersetzen. Die Lösung der Rahmen wird anhand einiger einfacher Beispiele erörtert.

a) Es wird ein symmetrischer Rahmen betrachtet, der in Abb. 8-10 gezeigt ist. Die einzigen Unbekannten stellen die Verdrehungswinkel φ_1 und φ_2 dar. Die für den Knoten aufgestellten Gleichgewichtsgleichungen

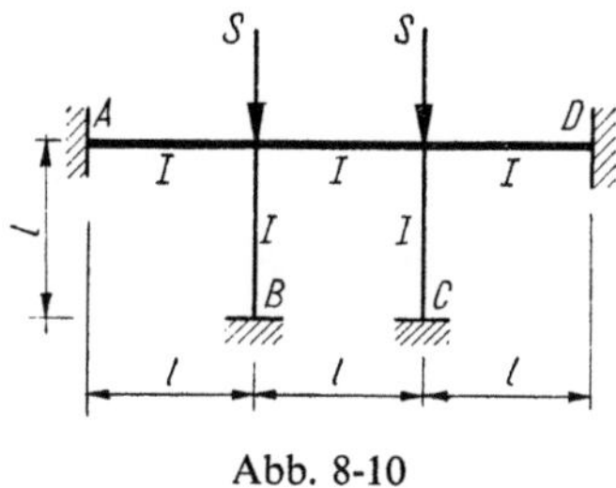

Abb. 8-10

$$\overline{M}_{1A} + \overline{M}_{1B} + \overline{M}_{12} = 0; \qquad \overline{M}_{21} + \overline{M}_{2C} + \overline{M}_{2D} = 0$$

liefern unter Anwendung der Elastizitätsgleichungen (5) das Gleichungssystem

$$[2c(0,\beta) + c(\alpha,\beta)]\varphi_1 + s(0,\beta)\varphi_2 = 0,$$
$$s(0,\beta)\varphi_1 + [2c(0,\beta) + c(\alpha,\beta)]\varphi_2 = 0.$$

Die Determinante dieses Systems führt zur transzendenten Gleichung

$$[2c(0,\beta) + c(\alpha,\beta) - s(0,\beta)][2c(0,\beta) + c(\alpha,\beta) + s(0,\beta)] = 0.$$

Mithin ist

$$2c(0,\beta) + c(\alpha,\beta) - s(0,\beta) = 0,$$
$$2c(0,\beta) + c(\alpha,\beta) + s(0,\beta) = 0.$$

Die erste dieser Gleichungen bezieht sich auf die symmetrische ($\varphi_1 = -\varphi_2$), die zweite auf die antisymmetrische ($\varphi_1 = \varphi_2$) Schwingung. Es kann bewiesen werden, daß die Eigenfrequenz mit dem Zuwachs der Druckkraft abnimmt und daß ein Kriterium für die Stabilität des Systems aus diesen Gleichungen für $\omega \to 0$ folgt. Es gilt in diesem Fall:

$$2c(0,0) + c(\alpha,0) - s(0,0) = 0,$$
$$2c(0,0) + c(\alpha,0) + s(0,0) = 0,$$

oder

$$6 + c(\alpha,0) = 0,$$
$$10 + c(\alpha,0) = 0.$$

Die erste der beiden letzten Gleichungen liefert die symmetrische, die zweite die antisymmetrische Knickform. Die erste Gleichung ergibt

$$S_{min} = 5{,}535^2 \, \frac{EI}{l^2}.$$

Die Bedingung $\omega \to 0$ stellt ein Maß für die Stabilität des Systems dar. Für $S = 0$ entsteht das Gleichungssystem

$$3c(0, \beta) - s(0, \beta) = 0,$$

$$3c(0, \beta) + s(0, \beta) = 0.$$

Die erste Gleichung liefert die kleinste Wurzel von $\beta_1 = 3{,}695$, die andere von $\beta_2 = 4{,}17$. Der Wert β_1 entspricht der Grundeigenfrequenz ω_1 bei symmetrischer Schwingungsform.

Für reguläre Rahmenwerke wird das Problem durch die Anwendung der Differenzengleichungen wesentlich vereinfacht [109]. Für den in Abb. 8-11 dargestellten Rahmen ergibt sich beispielsweise

$$M_{x,x-1} + M_{x,x'} + M_{x,x+1} = 0 \tag{9}$$

oder

$$\varphi_{x-1} s(0, \beta) + \varphi_x [2c(0, \beta) + c(\alpha, \beta)\varkappa] + \varphi_{x-1} s(0, \beta) = 0;$$

$$x = 1, 2, \ldots, n-1; \qquad \varkappa = \frac{I}{I_0}\frac{l_0}{l}. \tag{10}$$

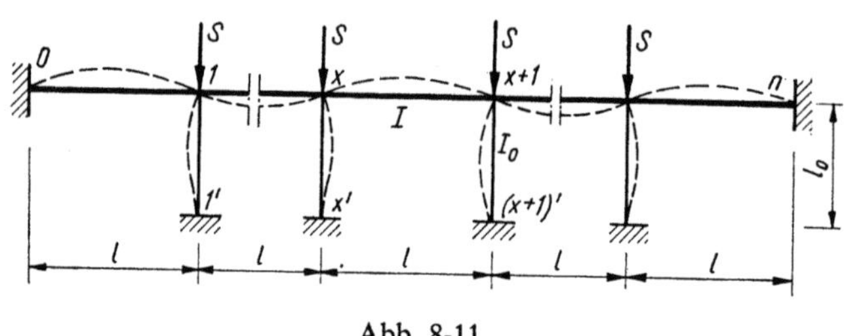

Abb. 8-11

Die Lösung dieser Gleichung lautet für $\varphi_0 = \varphi_n = 0$

$$\varphi_x = A \sin \eta x \text{ mit } \eta = \frac{\nu\pi}{n} \text{ und } \nu = 0, 1, 2, \ldots, n.$$

Die Einführung dieser Beziehung in die Gl. (9) liefert

$$2\left[s(0, \beta)\cos\frac{\nu\pi}{n} + c(0, \beta)\right] = -\varkappa c(\alpha, \beta).$$

Von den Werten $\nu = 0, 1, \ldots, n$ ist lediglich der Wert $n-1$ zu berücksichtigen. Für $\nu = 0$ und $\nu = n$ ergibt sich $\varphi_x = 0$. Für $\nu = n-1$ fallen die Knoten der Welle mit den Knoten des Rahmens zusammen.

Endgültig ist

$$2s(0, \beta)\cos\frac{\pi}{n} = \varkappa c(\alpha, \beta) + 2c(0, \beta).$$

Die obige Gleichung liefert für $\alpha = $ konst eine unendliche Anzahl von Wurzeln β, von denen die kleinste die Eigenfrequenz unter der Mitwirkung von Druckkräften in Stielen bestimmt.

Für $n = \infty$ und $\alpha = 0$ ist

$$s(0, \beta) = \frac{\varkappa + 2}{2} c(0, \beta);$$

für $n = \infty$ und $\beta = 0$ gilt

$$4 + \varkappa c(0, \alpha) = 0.$$

b) Es wird ein einstöckiger regulärer Rahmen betrachtet (Abb. 8-12), dessen Riegel und Stiele untereinander gleiche geometrische und elastische Merkmale aufweisen.

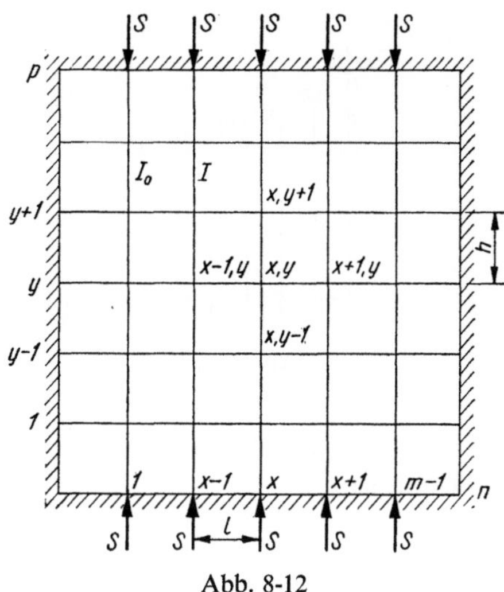

Abb. 8-12

Das Gleichgewicht des Knotens x, y ergibt

$$s(0, \beta_0)\,\varphi_{x+1,y} + 2c(0, \beta_0)\,\varphi_{xy} +$$
$$+ s(0, \beta_0)\varphi_{x-1,y} + \varkappa[s(\alpha, \beta)\varphi_{x,y+1} +$$
$$+ 2c(\alpha, \beta)\varphi_{xy} + s(\alpha, \beta)\varphi_{x,y-1}] = 0,$$

wobei

$$\varkappa = \frac{I}{I_0}\,\frac{l}{h}; \qquad \beta_0 = l\sqrt[4]{\frac{\omega^2\mu}{EI_0}}; \qquad \beta = h\sqrt[4]{\frac{\omega^2\mu}{EI}}; \qquad \alpha = h\sqrt{\frac{S}{EI}}$$

ist.
Wird in die obige Gleichung die Funktion

$$\varphi_{xy} = B\sin\frac{i\pi x}{n}\sin\frac{j\pi y}{p};$$

$$i = 0, 1, \ldots, n; \qquad j = 0, 1, \ldots, p,$$

eingesetzt, welche die Bedingungen für die vollkommene Einspannung bei $x = 0$, $x = n$ und $y = 0$, $y = m$ erfüllt, und wird $j = p-1$, $i = n-1$ angenommen, so ergibt sich

$$s(0, \beta_0)\cos\frac{\pi}{n} + \varkappa s(\alpha, \beta)\cos\frac{\pi}{p} = c(0, \beta_0) + \varkappa c(\alpha, \beta). \tag{10'}$$

Nun werden einige Sonderfälle untersucht:

1. Knicken des Rahmens:

$$\beta = 0, \ \beta_0 = 0, \ s(0,0) = 2, \ c(0,0) = 4,$$

$$2\cos\frac{\pi}{n} + \varkappa s(\alpha,0)\cos\frac{\pi}{p} = \varkappa c(\alpha,0) + 4$$

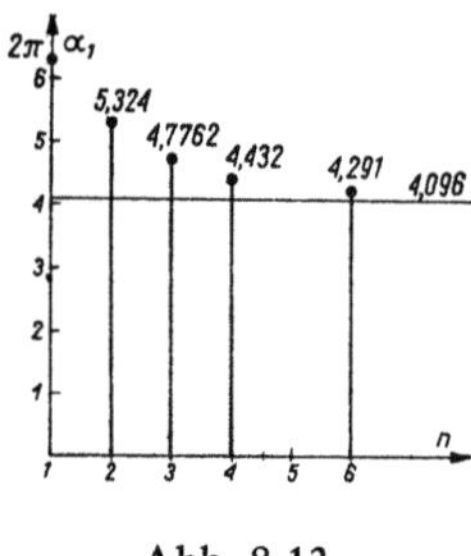

Abb. 8-13

Für $\varkappa = 1$ und $n = p$ wird α_1 für eine zunehmende Anzahl der Felder (Abb. 8-13) berechnet. Dann ist

$$\cos\frac{\pi}{n} = \frac{c(\alpha,0)+4}{s(\alpha,0)+2}$$

2. Für $S = 0$, $\alpha = 0$ und $n = p$ gilt

$$\cos\frac{\pi}{n} = \frac{c(0,\beta)}{s(0,\beta)}$$

oder

$$\frac{\cosh\beta\sin\beta - \sinh\beta\cos\beta}{\sinh\beta - \sin\beta} = \cos\frac{\pi}{n_1}.$$

Aus dieser transzendenten Gleichung werden die Wurzeln β_1 für eine zunehmende Anzahl der Felder berechnet und in das Diagramm (Abb. 8-14) eingetra-

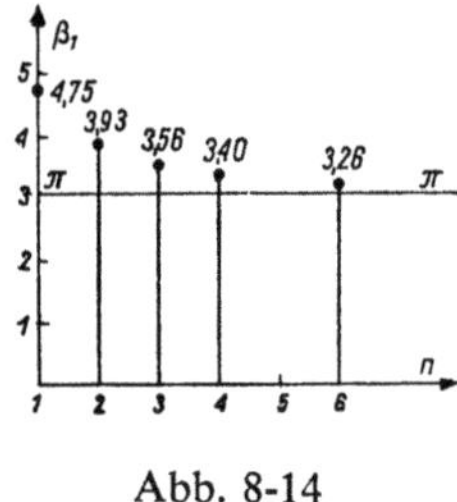

Abb. 8-14

gen. Die Werte von β_1 nehmen asymptotisch gegen den Wert π ab. Für $n \to \infty$ ist $\omega_1 = \frac{\pi^2}{l^2}\sqrt{\frac{EI}{\mu}}$, d.h. eine Eigenfrequenz wie für einen in zwei Punkten frei drehbar aufgelagerten Balken. Es ist ersichtlich, daß die Auswirkung der Randeinspannung mit zunehmender Anzahl der Felder schwächer wird.

3. Es wird noch ein durchlaufender Balken betrachtet, der durch die Zugkraft S beansprucht wird, mit $I_0 = 0$ $(\varkappa = \infty)$ und $\alpha = \bar{\alpha}\,i$ liefert Gl. (10′)

$$\cos\frac{\pi}{p} = -\frac{c(\bar{\alpha}i, \beta)}{s(\bar{\alpha}i, \beta)}; \quad i = \sqrt{-1}; \quad \bar{\alpha}^2 = \frac{Sl^2}{EI}.$$

Für $p \to \infty$ ergibt sich

$$\frac{\varepsilon}{\delta}\,\frac{\sin\delta}{1+\cos\delta}\,\frac{\cosh\varepsilon+1}{\sinh\varepsilon} = 1.$$

Die Berechnung zeigt, daß die Eigenfrequenz mit wachsender Zugkraft zunimmt.

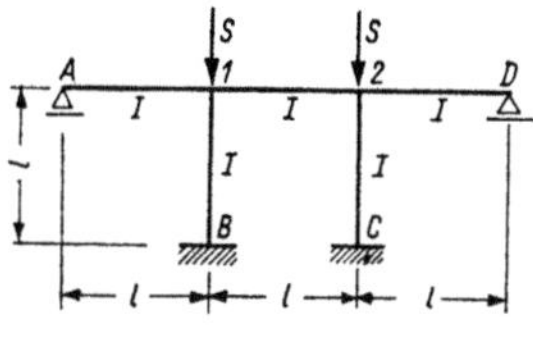

Abb. 8-15

In Abb. 8-15 ist ein durch Kräfte S beanspruchter Rahmen mit verschiebbaren Knoten gezeigt. Für drei geometrische Überzählige: die Verdrehungswinkel φ_1, φ_2 und die Riegelverschiebung u ergibt sich das System von drei Gleichungen

$$\overline{M}_{1A} + \overline{M}_{1B} + \overline{M}_{12} = 0,$$

$$\overline{M}_{21} + \overline{M}_{2C} + \overline{M}_{2D} = 0,$$

$$\overline{Q}_{1B} + \overline{Q}_{2C} - m_0\,\omega^2 u = 0; \quad m_0 = 3\mu l,$$

oder

$$\varphi_1[c(0, \beta) + \bar{c}(0, \beta) + c(\alpha, \beta)] + \varphi_2 s(0, \beta) - \frac{u}{l}\,t(\alpha, \beta) = 0,$$

$$\varphi_1 s(0, \beta) + \varphi_2[c(0, \beta) + \bar{c}(\alpha, \beta) + c(\alpha, \beta)] - \frac{u}{l}\,t(\alpha, \beta) = 0,$$

$$-t(\alpha, \beta)\,\varphi_1 - t(\alpha, \beta)\,\varphi_2 + \left[2m(\alpha, \beta) - \frac{m_0\,\omega^2 l^3}{EI}\right]\frac{u}{l} = 0.$$

Für $\varphi_1 = -\varphi_2$, $u = 0$ gilt die symmetrische Schwingungsform. Die dieser Form entsprechende Frequenz wird aus der transzendenten Gleichung

$$c(0, \beta) + \bar{c}(0, \beta) + c(\alpha, \beta) - s(0, \beta) = 0$$

berechnet.

18*

Für die antisymmetrische Schwingungsform gilt $\varphi_1 = \varphi_2$, $u \neq 0$. Die transzendente Gleichung lautet hierbei

$$[c(0, \beta) + \bar{c}(0, \beta) + c(\alpha, \beta) + s(0, \beta)] \left[m(\alpha, \beta) - \frac{m_0 \omega^2 l^3}{2EI} \right] - t^2(\alpha, \beta) = 0.$$

Für den Sonderfall $\omega = 0$, $\beta = 0$ entsteht ein System transzendenter Gleichungen

$$c(\alpha, 0) + 5 = 0,$$

$$[c(\alpha, 0) + 9] m(\alpha, 0) - t^2(\alpha, 0) = 0.$$

Der kleinste Wert $\alpha_1 = 2{,}816$ ergibt sich für die antisymmetrische Knickform. Mithin ist

$$S_{kr} = 2{,}816^2 \, \frac{EI}{l^2}.$$

c) Nun werden erzwungene harmonische Schwingungen des in Abb. 8-16 dargestellten Rahmens untersucht. Es handelt sich hierbei um die symmetrische Form der erzwungenen Schwingung, es ist also $\varphi_1 = -\varphi_2$.

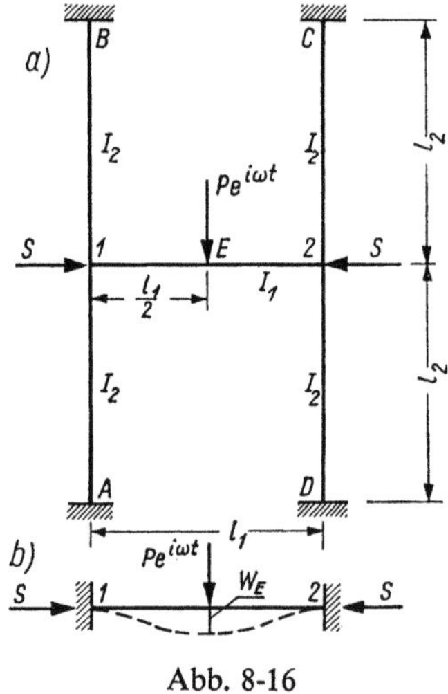

Abb. 8-16

Das Gleichgewicht des Knotens *1* verlangt

$$\overline{M}_{1A} + \overline{M}_{1B} + \overline{M}_{12} = 0. \tag{11}$$

Wegen

$$\overline{M}_{1A} = \frac{EI_2}{l_2} c(0, \beta_2) \varphi_1; \qquad \overline{M}_{1B} = \frac{EI_2}{l_2} c(0, \beta_2) \varphi_1;$$

$$\overline{M}_{12} = \overline{M}_{12}^0 + \frac{EI_1}{l_1} [c(\alpha, \beta_1) \varphi_1 + s(\alpha, \beta_1) \varphi_2]; \qquad \varphi_2 = -\varphi_1,$$

kann Gl. (11) in der Form

$$\{[c(\alpha, \beta_1) - s(\alpha, \beta_1)] \varkappa_1 + 2c(0, \beta_2)\} \varphi_1 + \overline{M}_{12}^0 \, \frac{l_2}{EI_2} = 0 \tag{12}$$

geschrieben werden, wobei

$$\varkappa_1 = \frac{I_1 l_2}{I_2 l_1}$$

ist.

Zur Bestimmung der Größe $\overline{M}_{12}^0$ wird das in Abb. 8-16b gezeigte System untersucht. Das Gleichgewicht des Knotens E liefert

$$\overline{Q}_{E2} - \overline{Q}_{E1} + P = 0$$

oder

$$-\frac{2EI_2}{l_{1E}^3} m(\alpha_{1E}, \beta_{1E}) W_E + P = 0;$$

$$l_{1E} = \frac{l_1}{2}; \quad \alpha_{1E} = \frac{\alpha}{2}; \quad \beta_{1E} = \frac{\beta_1}{2}.$$

Daraus folgt

$$W_E = \frac{P l_{1E}^3}{2EI_1 \, m(\alpha_{1E}, \beta_{1E})}.$$

Bei $\varphi_1 = 0$, $W_1 = 0$, $\varphi_E = 0$ liefern die Elastizitätsgleichungen für den Balken $1-E$

$$\overline{M}_{1E} = \overline{M}_{12}^0 = -\frac{EI_1}{l_{1E}} r(\alpha_{1E}, \beta_{1E}) \frac{W_E}{l_{1E}} = -\frac{P l_1}{4} \frac{r\left(\dfrac{\alpha}{2}, \dfrac{\beta_1}{2}\right)}{m\left(\dfrac{\alpha}{2}, \dfrac{\beta_1}{2}\right)}.$$

Wird dieser Wert in Gl. (12) eingesetzt, so ergibt sich

$$\varphi_1 = -\varphi_2 = \frac{P l_1 l_2}{4EI_2} \frac{r\left(\dfrac{\alpha}{2}, \dfrac{\beta_1}{2}\right)}{m\left(\dfrac{\alpha}{2}, \dfrac{\beta_1}{2}\right)\{2c(0, \beta_2) + \varkappa_1[c(\alpha, \beta_1) - s(\alpha, \beta_1)]\}}.$$

Für den Sonderfall $\omega = 0$ und damit $\beta_1 = \beta_2 = 0$ ist

$$\varphi_1 = -\varphi_2 = \frac{P l_1 l_2}{4EI_2} \frac{r\left(\dfrac{\alpha}{2}, 0\right)}{m\left(\dfrac{\alpha}{2}, 0\right)\{8 + \varkappa_1[c(\alpha, 0) - s(\alpha, 0)]\}}.$$

Es handelt sich hierbei um die Verdrehungswinkel der Knoten *1* und *2*, wenn die Druckkraft S neben der Last wirkt. Im betrachteten Fall treten Biege- und Druckbeanspruchung des Rahmenwerkes gleichzeitig auf. Die Beziehung

$$\overline{M}_{12} = \overline{M}_{12}^0 + \frac{EI_1}{l_1} [c(\alpha, 0) - s(\alpha, 0)] \varphi_1$$

liefert das Knotenmoment

$$\overline{M}_{12} = -2 P l_1 \frac{r\left(\dfrac{\alpha}{2}, 0\right)}{m\left(\dfrac{\alpha}{2}, 0\right)[c(\alpha, 0) - s(\alpha, 0) + 8]}.$$

Mit einem Zuwachs der Kraft S (P bleibt konstant) nimmt das Biegemoment $\overline{M}_{12}$ zu. Der Bruch tritt infolge der Ausschöpfung der Tragfähigkeit des Werkstoffes im Schnitt 1 auf.

Beispiel 8-3. Es wird ein Stahlbetonrahmen nach Abb. 8-16 betrachtet. Der Riegelquerschnitt ist $0,20 \times 0,35$ m, das Trägheitsmoment ist $I_1 = 7,15 \cdot 10^{-4}$ m⁴ und das Gewicht $q_1 = 0,168$ Mp/m. Das Gewicht der auf dem Riegel ruhenden Decke ist $q_D = 1,440$ Mp/m. Die Gesamtmasse des Riegels und der Decke ist dann

$$\mu_1 = \frac{q_1 + q_D}{g} = \frac{0,168 + 1,440}{9,81} = 0,1635 \text{ Mps}^2/\text{m}^2.$$

Die entsprechenden Daten für den Stiel sind:

$$A = 0,20 \times 0,20 \text{ m}, \quad I_2 = 1,33 \cdot 10^{-4} \text{ m}^4, \quad q_2 = 0,096 \text{ Mp/m},$$

$$\mu_2 = \frac{0,096}{9,81} = 0,00978 \text{ Mps}^2/\text{m}^2.$$

Es ist weiterhin $P = 1,0$ Mp, $\omega = 33,6$ s⁻¹.

Damit können die folgenden Werte nacheinander berechnet werden:

$$\beta_1 = l_1 \sqrt[4]{\frac{\mu \omega^2}{EI_1}}; \quad \beta_2 = \beta_1 \frac{l_2}{l_1} \sqrt{\frac{\mu_2 I_1}{\mu_1 I_2}} = 0,3765\beta_1; \quad \varkappa_1 = \frac{l_2 I_1}{l_1 I_2} = 2,69.$$

Gl. (12) lautet dann

$$\{2,69[c(\alpha, \beta_1) - s(\alpha, \beta_1)] + 2c(0; 0,3765\beta_1)\}\varphi_1 + \frac{l_2}{EI_2}\overline{M}_{12}^0 = 0. \tag{a}$$

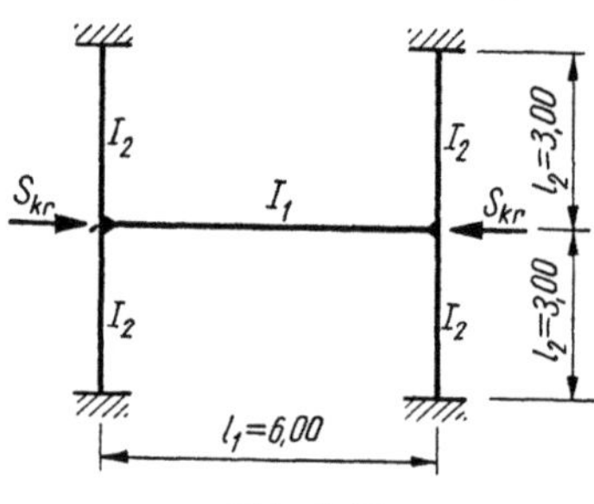

Abb. 8-17

Zunächst wird der Wert von S_{kr} für das betrachtete Rahmenwerk berechnet. Das Ersatzsystem für diese Aufgabe ist in Abb. 8-17 gezeigt. Unter Voraussetzung von $\overline{M}_{12}^0 = 0$, $\beta_1 = \beta_2 = 0$ liefert Gl. (12)

$$\varkappa_1[c(\alpha, 0) - s(\alpha, 0)] + 2c(0, 0) = 0$$

oder

$$2,69[c(\alpha, 0) - s(\alpha, 0)] + 8 = 0.$$

Für $\alpha = 4,4$ ergibt sich aus den Gln. (7) $c(\alpha) = c(4,4) = 0,259$; $s(\alpha) = 3,459$. Mithin ist

$$2,69(0,259 - 3,459) + 8 = -0,63 \neq 0.$$

Es wird nun $\alpha = 4,2$ vorausgesetzt. Es gilt dann

$$c(4,2) = 0,751; \quad s(4,2) = 3,207$$

und $2,69(0,751 - 3,207) = 1,4 \neq 0$.

Die gesuchte Wurzel wird linear interpoliert und ist $\alpha_{kr} = 4,26$. Mithin ist

$$S_{kr} = \frac{a_{kr}^2}{l_1^2} E i_1 = \left(\frac{4,26}{l_1}\right)^2 EI_1 = \frac{\pi^2 EI_1}{l_1^2} \cdot (1,355)^2.$$

Zurückgreifend auf die in Abb. 8-16 dargestellte allgemeinere Aufgabe, wird $\alpha = 2,2$ angenommen, was dem Wert von $S \approx \dfrac{1}{4} S_{kr}$ entspricht. Für die Erregerfrequenz $\omega = 33,6\ \mathrm{s}^{-1}$ und für $\alpha = 2,2$ ergeben sich die Werte

$$\beta_1 = l_1 \sqrt[4]{\frac{\mu_1 \omega^2}{EI_1}} = 6,0 \sqrt[4]{\frac{0,1635(33,6)^2}{2,0\cdot 10^6 \cdot 7,15\cdot 10^{-4}}} = 3,56; \qquad \beta_2 = 0,3765\beta_1 = 1,34.$$

Gl. (a) liefert

$$\{2,69[c(2,2;\ 3,56) - s(2,2;3,56)] + 2c(0;\ 1,34)\}\varphi_1 + \frac{l_2}{EI_2}\overline{M}{}^0_{12} = 0. \tag{b}$$

Hierbei ist $c(2,2;\ 3,56) = 0,561$; $s(2,2;\ 3,56) = 4,505$;

$\qquad c(0;\ 1,34) = 3,96792.$

Es wird das Ausgangsmoment $\overline{M}{}^0_{11}$ berechnet. Wegen $r(1,1;\ 1,76) = 6,205$; $m(1,1;\ 1,76) = 6,4393$ gilt

$$\overline{M}{}^0_{12} = -\frac{Pl_1}{4}\ \frac{r\left(\dfrac{\alpha}{2},\ \dfrac{\beta_1}{2}\right)}{m\left(\dfrac{\alpha}{2},\ \dfrac{\beta_1}{2}\right)} = -\frac{1,0\cdot 6,0}{4}\ \frac{6,205}{6,4393} = -1,45\ \mathrm{Mpm}.$$

Gl. (b) ergibt

$$\varphi_1 = -\frac{1,445}{2,684}\ \frac{l_2}{EI_2} = -0,54\ \frac{l_2}{EI_2}.$$

Die Knotenmomente sind

$$\overline{M}_{1A} = \overline{M}_{1B} = \frac{EI_2}{l_2}\ c(0;\ 1,34)\varphi_1 = 3,96792(-0,54) = -2,15\ \mathrm{Mpm},$$

$$\overline{M}_{A1} = \overline{M}_{B1} = \frac{EI_2}{l^2}\ s(0;\ 1,34)\varphi_1 = 2,01410(-0,54) = -1,09\ \mathrm{Mpm},$$

$$\overline{M}_{12} = \overline{M}{}^0_{12} + \frac{EI_1}{l_1}\ [c(2,2;\ 3,56) - s(2,2;\ 3,56)]\varphi_1 =$$

$$= -1,45 + 2,69(-3,944)(-0,54) = 4,30\ \mathrm{Mpm}.$$

Zu bemerken ist

$$\overline{M}_{1A} + \overline{M}_{1B} + \overline{M}_{12} = -2,15 - 2,15 + 4,30 = 0.$$

Die Berechnung des Momentes $\overline{M}_{E1}$ ergibt

$$\overline{M}{}^0_{E1} = -\frac{Pl_1}{4}\ \frac{t\left(\dfrac{\alpha}{2},\ \dfrac{\beta_1}{2}\right)}{m\left(\dfrac{\alpha}{2},\ \dfrac{\beta_1}{2}\right)} = -\frac{1,0\cdot 6,0}{4}\ \frac{5,335}{6,4393} =$$

$$= -1,242\ \mathrm{Mpm}; \qquad t(1,1;\ 1,76) = 5,335.$$

Die Querkraft im Mittelquerschnitt ist Null. Daraus folgt

$$\overline{Q}_{E1} = -\frac{EI_1}{\left(\dfrac{l_1}{2}\right)^2}\left[\varphi_1 r(1,1;\ 1,76) - m(1,1;\ 1,76)\ \frac{W^\varphi_E}{\dfrac{l_1}{2}}\right] = 0.$$

Mithin ist

$$W^\varphi_E = \frac{l_1}{2}\ \frac{r(1,1;\ 1,76)}{m(1,1;\ 1,76)}\ \varphi_1.$$

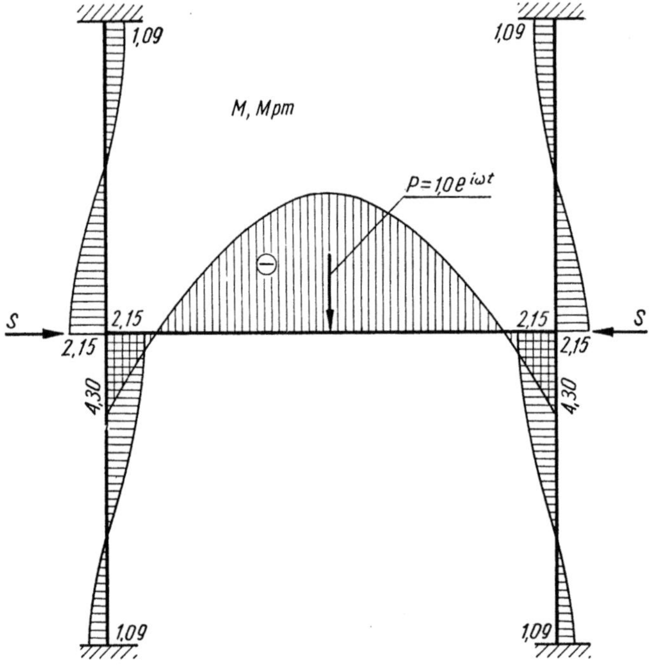

Abb. 8-18

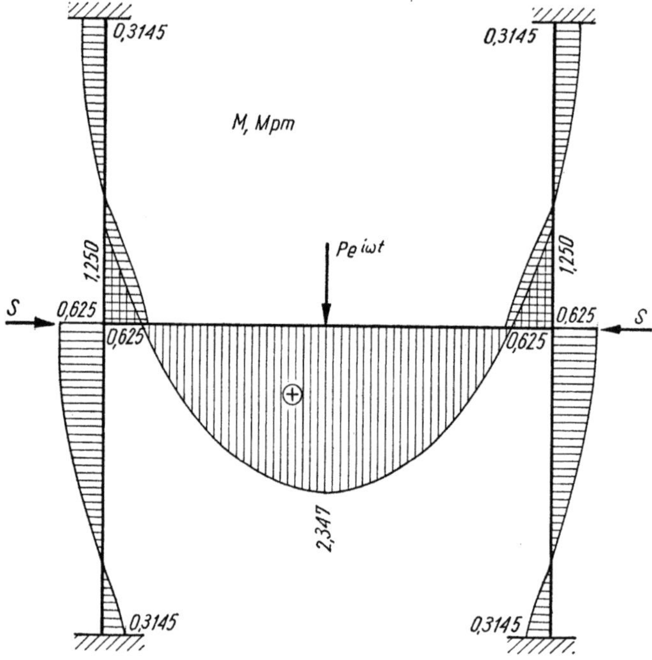

Abb. 8-19

Damit ist die Durchbiegung infolge der Verdrehung $\varphi_1 = -\varphi_2$ berechnet. Weiterhin wird das Biegemoment infolge dieser Verdrehung ermittelt:

$$\overline{M}_{E1}^{\varphi} = \frac{EI_1}{\frac{l_1}{2}} \left[s(1,1;\ 1,76)\varphi_1 - t(1,1;\ 1,76)\frac{W_E^{\varphi}}{\frac{l_1}{2}} \right] =$$

$$= \frac{2EI_1}{l_1}\varphi_1 \left[s(1,1;\ 1,76) - \frac{t(1,1;\ 1,76)r(1,1;\ 1,76)}{m(1,1;\ 1,76)} \right] = 8,8\ \text{Mpm}.$$

Hierbei ist $s(1,1;\ 1,76) = 2,1205$; $t(1,1;\ 1,76) = 5,335$.
Die Summation ergibt

$$\overline{M}_{E1} = \overline{M}_{E1}^0 + \overline{M}_{E1}^{\varphi} = -1,242 + 8,8 = 7,558\ \text{Mpm}.$$

Die Durchbiegung unter der Kraft P sind

$$W_E^0 = \frac{P\left(\frac{l_1}{2}\right)^3}{2EI_1 m(1,1;\ 1,76)} = \frac{1,0 \cdot 3,0^3}{2 \cdot 2,0 \cdot 10^6 \cdot 7,15 \cdot 10^{-4} \cdot 6,4393} = 0,00146\ \text{m},$$

$$W_E^{\varphi} = \frac{l_1}{2}\frac{r(1,1;\ 1,76)}{m(1,1;\ 1,76)}\varphi_1 = \frac{6,0 \cdot 3,0}{2}\frac{6,205(-0,54)}{6,4393 \cdot 2,0 \cdot 10^6 \cdot 7,15 \cdot 10^{-4}} = -0,00329\ \text{m}$$

die Gesamtdurchbiegung

$$W_E = W_E^0 + W_E^{\varphi} = 0,00146 - 0,00329 = -0,001095\ \text{m}.$$

In Abb. 8-18 ist der Verlauf der Biegemomente gezeigt. Kennzeichnend ist hierbei das Ergebnis, daß das Biegemoment im Querschnitt unter der Kraft P negativ ist.

Eine Wiederholung der durchgeführten Berechnung für $\alpha = 2,2$ und $\omega = 20,4\ \text{s}^{-1}$ liefert

$$\beta_1 = l_1 \sqrt[4]{\frac{\mu_1 \omega^2}{EI_1}} = 2,8; \qquad \beta_2 = 0,3765\,\beta_1 = 1,06;$$

und

$$c(2,2;\ 2,8) = 2,11; \qquad s(2,2;\ 2,8) = 2,823; \qquad c(0;\ 1,06) = 3,98181;$$
$$s(0;\ 1,06) = 2,00916; \qquad r(1,1;\ 1,4) = 6,00; \qquad m(1,1;\ 1,4) = 9,10;$$
$$t(1,1;\ 1,4) = 5,671.$$

Das Ausgangsmoment ist

$$\overline{M}_{12}^0 = -\frac{Pl_1}{4}\frac{r\left(\dfrac{\alpha}{2},\ \dfrac{\beta_1}{2}\right)}{m\left(\dfrac{\alpha}{2},\ \dfrac{\beta_1}{2}\right)} = -\frac{1,0 \cdot 6,0}{4,0}\frac{6,00}{9,10} = -0,99\ \text{Mpm}.$$

Gl. (12) ergibt $\varphi_1 = 0,1568\ \dfrac{l_2}{EI_2}$. Daraus folgt

$$\overline{M}_{1A} = \overline{M}_{1B} = 0,625\ \text{Mpm}; \qquad \overline{M}_{A1} = \overline{M}_{B1} = 0,3145\ \text{Mpm};$$

$$M_{12} = \overline{M}_{12}^0 + \frac{EI_1}{l_1}[c(2,2;\ 2,8) - s(2,2;\ 2,8)]\varphi_1 = -1,25\ \text{Mpm};$$

$$\overline{M}_{E1}^0 = \frac{Pl_1}{4}\frac{t\left(\dfrac{\alpha}{2},\ \dfrac{\beta_1}{2}\right)}{m\left(\dfrac{\alpha}{2},\ \dfrac{\beta_1}{2}\right)} = -0,942\ \text{Mpm};$$

$$\overline{M}_{E1}^{\varphi} = \frac{2EI_1}{l_1}\varphi_1 \left[s(1,1;\ 1,4) - t(1,1;\ 1,4)\frac{r(1,1;\ 1,4)}{m(1,1;\ 1,4)} \right] = -1,405\ \text{Mpm}$$

und endgültig

$$\overline{M}_{E1} = \overline{M}^0_{E1} + \overline{M}^\varphi_{E1} = -0{,}942 - 1{,}405 = -2{,}347 \ \text{Mpm}.$$

Das Gleichgewicht des Knotens 1 ist gesichert, da

$$\sum \overline{M} = \overline{M}_{1A} + \overline{M}_{1B} + \overline{M}_{12} = 0{,}625 + 0{,}625 - 1{,}25 = 0$$

ist.

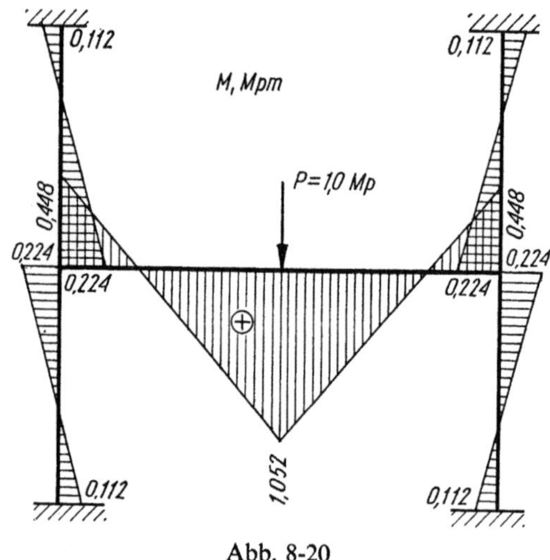

Abb. 8-20

In Abb. 8-19 ist die Momentenlinie dargestellt. Das Biegemoment nimmt unter der Kraft P positive Werte an. In Abb. 8-20 ist die Biegemomentenlinie für die statische Belastung mit der Kraft $P = 1{,}0$ Mp gezeigt, die an den Knoten E angreift. Es gilt in diesem Fall $\beta = 0$, $\alpha = 0$ und damit $c(0; 0) = 4$; $s(0; 0) = 2$; $r(0; 0) = t(0; 0) = 0$; $m(0; 0) = 12$.

9. Querschwingung von Membranen und Platten

9.1. Querschwingung einer Membran. Die Lösung von Poisson

Als Membran wird eine dünne Platte bezeichnet, deren Dicke im Verhältnis zu anderen Abmessungen sehr klein ist. Sie ist elastisch und leistet keinen Widerstand gegenüber Biegebeanspruchung; sie bildet damit ein zweidimensionales Analogon zur Saite. Membranen treten verhältnismäßig selten als Bauteile auf.

Eine Membran stellt die einfachste Art eines Flächentragwerkes dar. An Hand dieses Beispiels ist es am günstigsten, eine Einführung in die Dynamik der Flächentragwerke zu geben.

Es wird eine einfach zusammenhängende Membran betrachtet, die durch die Kräfte S gleichmäßig über einer ebenen Kurve aufgespannt ist. Mit A wird der in der xy-Ebene liegende Bereich der Membran bezeichnet, mit C dagegen ihr Rand. Auf diese Membran wirke die Belastung $q(x, y)$ senkrecht zur xy-Ebene ein. Die Last ruft in der Membran einen zweidimensionalen Spannungszustand hervor, der mit Hilfe der Normalspannungen σ_{xx} und σ_{yy} beschrieben werden kann. Die Spannungen sind über die Membrandicke gleichmäßig verteilt. Die Membran wird verformt, es tritt eine Durchbiegung auf. Die Durchbiegungskomponente in der Richtung der z-Achse wird im weiteren mit $w(x, y)$ bezeichnet.

Die Differentialgleichung der Biegefläche einer Membran kann am allgemeinsten mit Hilfe des Prinzips der virtuellen Verrückungen durch Variation der Verschiebung gewonnen werden. Es gilt

$$\delta \mathscr{W}_\varepsilon = \delta \mathscr{L}. \tag{1}$$

Hierbei bedeutet $\mathscr{W}_\varepsilon$ die Verformungsarbeit, die Arbeit also, die durch die Spannkräfte S geleistet wird, $\mathscr{L}$ ist die Arbeit, die durch die Last geleistet wird.

Infolge der Belastung erfährt jedes beliebige Flächenelement A_0 der Membran eine Vergrößerung. Wird dieses Element herausgeschnitten und mit den Kräften S belastet, so vergrößert sich sein Flächeninhalt um das Integral $\int S \, du_n \, ds$. Hierbei ist ds ein Bogenelement des Randes C_0, du_n bedeutet die Verschiebung in Richtung der Normale der Kurve C_0. Der Flächenzuwachs wird in Abb. 9-1 als schraffierte Fläche gezeigt.

Da die Verformungsarbeit für alle Flächenelemente als ein Produkt der Vorspannung S und des Flächenzuwachses angesehen werden kann, gilt für die gesamte Fläche

$$\mathscr{W}_\varepsilon = S(A' - A), \tag{2}$$

wobei A' die Fläche der verformten Membran bedeutet.

Im Ausdruck für die Verformungsarbeit wird S als Vorspannung betrachtet. Streng genommen verursacht die Belastung $q(x, y)$ einen Zuwachs der Spannkräfte S; dieser Zuwachs ist aber im Vergleich zu den Anfangskräften so klein, daß er vernachlässigt werden darf. An dieser Stelle ist noch zu bemerken, daß in der Gl. (2) der Faktor 1/2 nicht vorkommt. Die Begründung liegt darin, daß die Vorspannung S im Augenblick des Anbringens der Last q schon in endgültiger Größe wirkt.

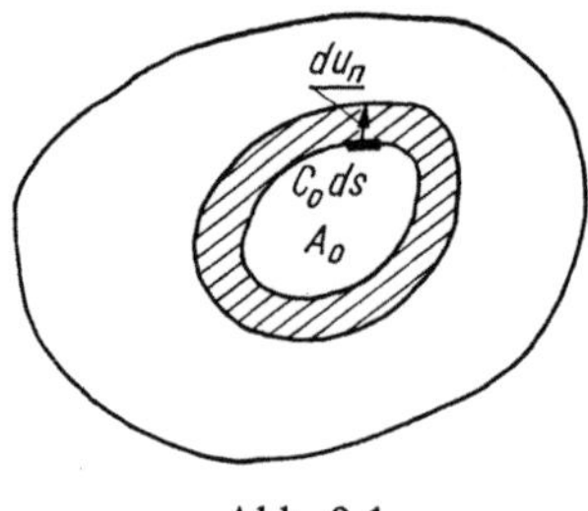

Abb. 9-1

Wie von der Differentialgeometrie bekannt, kann die Fläche A' durch die Formel

$$A' = \int\limits_A \left[1 + \left(\frac{\partial w}{\partial x}\right)^2 + \left(\frac{\partial w}{\partial y}\right)^2\right]^{1/2} dA \quad \text{mit } dA = dx\,dy \tag{3}$$

beschrieben werden.

Wird der Integrand in eine Reine entwickelt, wobei nur kleine Durchbiegungen betrachtet werden, so liefern Gln. (3) und (2) den folgenden Ausdruck für die Verformungsarbeit:

$$W_\varepsilon = \frac{S}{2} \int\limits_A \left[\left(\frac{\partial w}{\partial x}\right)^2 + \left(\frac{\partial w}{\partial y}\right)^2\right] dA. \tag{4}$$

Nach der Variation der Gl. (4) bezüglich der Verschiebungen ist

$$\delta W_\varepsilon = S \int\limits_A \left(\frac{\partial w}{\partial x}\frac{\partial \delta w}{\partial x} + \frac{\partial w}{\partial y}\frac{\partial \delta w}{\partial y}\right) dA. \tag{5}$$

Wird die Variation der Verformungsarbeit mit der Variation der durch die äußeren Kräfte geleisteten Arbeit gleichgesetzt

$$\delta \mathscr{L} = \int\limits_A q\delta w\,dA, \tag{6}$$

so ergibt sich

$$\int\limits_A q\delta w\,dA = S \int\limits_A \left(\frac{\partial w}{\partial x}\frac{\partial \delta w}{\partial x} + \frac{\partial w}{\partial y}\frac{\partial \delta w}{\partial y}\right) dA. \tag{7}$$

Das in der rechten Seite vorkommende Integral wird umgeformt und lautet

$$\int\limits_A \left(\frac{\partial w}{\partial x}\frac{\partial \delta w}{\partial x} + \frac{\partial w}{\partial y}\frac{\partial \delta w}{\partial y}\right) dA = \int\limits_A \left[\frac{\partial}{\partial x}\left(\frac{\partial w}{\partial x}\delta w\right) + \right. \tag{8}$$

$$+ \frac{\partial}{\partial y}\left(\frac{\partial w}{\partial y}\,\delta w\right)\Bigg]dA - \int_A \left(\frac{\partial^2 w}{\partial x^2} + \frac{\partial^2 w}{\partial y^2}\right)\delta w\,dA,$$

unter Anwendung des *Greenschen Satzes* für die Ebene gilt dann

$$\int_A \left(\frac{\partial w}{\partial x}\,\frac{\partial \delta w}{\partial x} + \frac{\partial w}{\partial y}\,\frac{\partial \delta w}{\partial y}\right)dA = \int_C \frac{\partial w}{\partial n}\,\delta w\,ds - \int_A \nabla_1^2 w\,\delta w\,dA;$$

$$\nabla_1^2 = \frac{\partial^2}{\partial x^2} + \frac{\partial^2}{\partial y^2}.$$

(9)

Die Größe $\dfrac{\partial w}{\partial n}$ bedeutet hierbei die Abteilung der Durchbiegung bezüglich der Normale des Randes C. Gl. (9) in die Gl. (7) eingesetzt ergibt die folgende Integralbeziehung

$$\int_A (S\nabla_1^2 w + q)\,\delta w\,dA - S\int_C \frac{\partial w}{\partial n}\,\delta w\,ds = 0. \tag{10}$$

Gl. (10) liefert sowohl die Differentialgleichung als auch die zugehörigen Randbedingungen. Ist am Rand C die Durchbiegung $w(s) = \hat{w}(s)$ vorgegeben so soll an diesem Rand $\delta w = 0$ gelten. Dies ergibt sich aus der bei der Herleitung des Prinzips der virtuellen Verrückungen angenommenen Voraussetzung, daß die Variation der am Körperrand vorgegebenen Verschiebungen gleich Null gesetzt werden muß. Für die vorgegebene Randverschiebung verschwindet also das Kurvenintegral in der Gl. (10). Es verbleibt

$$\int_A (S\nabla_1^2 w + q)\,\delta w\,dA = 0. \tag{11}$$

Da die virtuellen Verschiebungen innerhalb der Membran beliebig sind, gilt

$$S\nabla_1^2 w(x, y) + q(x, y) = 0; \quad x, y \in A. \tag{12}$$

Aus der Gl. (10) wurde die Differentialgleichung der Membrandurchbiegung unter der Voraussetzung gewonnen, daß am Rand C die Randbedingung

$$w(s) = \hat{w}(s); \quad s \in C \tag{13}$$

gilt.

Wird die auf die Flächeneinheit bezogene Membranmasse mit ϱ bezeichnet und wird die Trägheitskraft pro Flächenelement $-\varrho\,\dfrac{\partial^2 w}{\partial t^2}$ der Belastung $q(x, y, t)$ hinzugefügt, so entsteht die Bewegungsgleichung

$$\frac{\partial^2 w}{\partial x^2} + \frac{\partial^2 w}{\partial y^2} = -\frac{q}{S} + \frac{\varrho}{S}\,\frac{\partial^2 w}{\partial t^2}. \tag{14}$$

Dieser Gleichung sind noch die Anfangsbedingungen zuzuordnen. Sie werden in der Form

$$w(x, y, 0) = f(x, y); \quad w(x, y, 0) = g(x, y) \tag{15}$$

angenommen.

Im weiteren wird die Lösung der Differentialgleichung (14) mit Hilfe der *Greenschen Funktion* $G(x, y, \xi, \eta, t)$ gezeigt. Diese Funktion wird auf folgende

Weise definiert. Sie hat die inhomogene Differentialgleichung

$$\frac{\partial^2 G}{\partial x^2} + \frac{\partial^2 G}{\partial y^2} - \frac{1}{c^2}\frac{\partial^2 G}{\partial t^2} = -\frac{1}{S}\,\delta(x-\xi)\,\delta(y-\eta)\,\delta(t) \text{ mit } c^2 = \frac{S}{\varrho}, \quad (16)$$

mit der Randbedingung

$$G(s) = 0, \quad s \in C \tag{17}$$

und mit den homogenen Anfangsbedingungen

$$G(x,y,\xi,\eta,0) = 0; \quad \dot G(x,y,\xi,\eta,0) = 0 \tag{18}$$

zu erfüllen.

Aus Gl. (16) folgt, daß die Funktion G als Durchbiegung der Membran infolge einer einheitlichen, momentanen Störung anzusehen ist, die im Punkt (ξ,η) liegt.

Auf die Gln. (14) und (16) wird die *Laplace-Transformation* unter Berücksichtigung der entsprechenden Anfangsbedingungen angewendet. Es gilt

$$\nabla_1^2 \overline{w} - \frac{p^2}{c^2}\,\overline{w} = -\frac{1}{c^2}(g+pf) - \frac{\overline{q}}{S}, \tag{19}$$

$$\nabla_1^2 \overline{G} - \frac{p^2}{c^2}\,\overline{G} = -\frac{1}{S}\,\delta(x-\xi)\,\delta(y-\eta). \tag{20}$$

Die erste der beiden Gleichungen wird mit $\overline{G}$, die zweite mit $\overline{w}$ multipliziert, dann werden die beiden Gleichungen voneinander subtrahiert und das Ergebnis wird über den Bereich A integriert. Es entsteht

$$\int\limits_A (\overline{G}\nabla_1^2\overline{w} - \overline{w}\nabla_1^2\overline{G})\,dA = -\frac{1}{c^2}\int\limits_A (g+pf)\overline{G}\,dA - \frac{1}{S}\int\limits_A \overline{q}\,\overline{G}\,dA +$$
$$+\frac{1}{S}\int\limits_A \delta(x-\xi)\,\delta(y-\eta)\,\overline{w}(x,y,p)\,dx\,dy. \tag{21}$$

Wird das Flächen- in das Kurvenintegral

$$\int\limits_A (\overline{G}\nabla_1^2\overline{w} - \overline{w}\nabla_1^2\overline{G})\,dA = \int\limits_C \left(\overline{G}\,\frac{\partial\overline{w}}{\partial n} - \overline{w}\,\frac{\partial\overline{G}}{\partial n}\right)ds$$

umgewandelt und $\overline{w} = 0$, $\overline{G} = 0$ am Membranrand berücksichtigt, so kann festgestellt werden, daß die linke Seite der Gl. (21) Null ist. Es verbleibt

$$\overline{w}(\xi,\eta,p) = \frac{S}{c^2}\int\limits_A [g(x,y)+pf(x,y)]\overline{G}(x,y;\xi,\eta,p)\,dx\,dy +$$
$$+\int\limits_A \overline{q}(x,y,p)\overline{G}(x,y;\xi,\eta,p)\,dx\,dy. \tag{22}$$

Die inverse *Laplace-Transformation* und das Vertauschen von (x,y) und (ξ,η) ergeben den Ansatz:

$$w(x, y, t) = \frac{S}{c^2} \int_A \left[g(\xi, \eta) + f(\xi, \eta)\frac{\partial}{\partial t}\right] G(\xi, \eta; x, y, t)\, d\xi\, d\eta +$$

$$+ \int_A d\xi\, d\eta \int_0^t q(\xi, \eta, t-\tau) G(\xi, \eta; x, y, \tau)\, d\tau. \tag{23}$$

Aus der obigen Formel geht ganz klar die Bedeutung der *Greenschen Funktion* hervor. Ist diese Funktion bekannt, so kann die Durchbiegung der Membran für jede beliebige Art der Belastung $q(x, y, t)$ unter den vorgegebenen Anfangsbedingungen durch die Integration berechnet werden.

Nun wird eine Membran betrachtet, die in der xy-Ebene unendlich groß ist. Da die Funktionen w und G mit wachsender Entfernung von der Störung abnehmen und für $|x^2+y^2| \to \infty$ gegen Null gehen, bleibt Gl. (23) allgemein gültig. Die Integrationsgrenzen müssen modifiziert werden. Es gilt

$$w(x, y, t) = \frac{S}{c^2} \int_{-\infty}^{\infty}\!\!\int \left[g(\xi, \eta) + f(\xi, \eta)\frac{\partial}{\partial t}\right] G(\xi, \eta; x, y, t)\, d\xi\, d\eta +$$

$$+ \int_{-\infty}^{\infty}\!\!\int d\xi\, d\eta \int_0^t q(\xi, \eta, t-\tau) G(\xi, \eta; x, y, \tau)\, d\tau. \tag{24}$$

Nun wird die *Greensche Funktion* für den unendlichen Bereich der Membran bestimmt. Dazu muß Gl. (16) mit den homogenen Anfangsbedingungen (18) und mit den Bedingungen $G \to 0$ für $|x^2+y^2| \to \infty$ gelöst werden.

Die Lösung der Gleichung

$$\frac{\partial^2 G}{\partial x^2} + \frac{\partial^2 G}{\partial y^2} - \frac{1}{c^2}\frac{\partial^2 G}{\partial t^2} = -\frac{1}{S}\delta(x)\delta(y)\delta(t) \tag{25}$$

wird zunächst unter der Voraussetzung gedacht, daß die momentane Störung im Koordinatenursprung wirkt. Dann wird die Störung im Punkt (ξ, η) angenommen und die Lösung wird dementsprechend transformiert.

Auf Gl. (25) werden die *Laplace-Transformation* und dann die doppelte *Fourier-Integraltransformation* angewendet. Es gilt

$$\frac{1}{2\pi}\int_{-\infty}^{\infty}\!\!\int \left(\nabla^2 \overline{G} - \frac{p^2}{c^2}\overline{G}\right) e^{i(\alpha x + \beta y)}\, dx\, dy =$$

$$= -\frac{1}{2\pi S}\int_{-\infty}^{\infty}\!\!\int \delta(x)\delta(y) e^{i(\alpha x + \beta y)}\, dx\, dy.$$

Daraus folgt

$$\overline{G} = \frac{1}{2\pi S}\frac{1}{\alpha^2 + \beta^2 + p^2/c^2}. \tag{26}$$

Die inverse *Fourier-Transformation* liefert

$$\overline{G}(x,y;0,0,p) = \frac{1}{4\pi^2 S} \int\!\!\!\int_{-\infty}^{\infty} \frac{e^{-i(\alpha x + \beta y)}}{\alpha^2 + \beta^2 + p^2/c^2}\, d\alpha\, d\beta =$$

$$= \frac{1}{\pi^2 S} \int\!\!\!\int_{0}^{\infty} \frac{\cos \alpha x \cos \beta y}{\alpha^2 + \beta^2 + p^2/c^2}\, d\alpha\, d\beta \tag{27}$$

wegen

$$\int_{0}^{\infty} \frac{\cos \beta y}{\alpha^2 + \beta^2 + p^2/c^2}\, d\beta = \frac{\pi}{2} \frac{e^{-y\sqrt{\alpha^2 + p^2/c^2}}}{\sqrt{\alpha^2 + p^2/c^2}},$$

$$\int_{0}^{\infty} \frac{e^{-y\sqrt{\alpha^2 + p^2/c^2}}}{\sqrt{\alpha^2 + p^2/c^2}} \cos \alpha x\, d\alpha = K_o\left(\frac{rp}{c}\right); \quad r = (x^2 + y^2)^{1/2}$$

gilt

$$\overline{G}(x,y;\xi,\eta,p) = \frac{1}{2\pi S} K_0\left(\frac{p}{c} \sqrt{(x-\xi)^2 + (y-\eta)^2}\right). \tag{28}$$

Hierbei ist $K_0(z)$ die modifizierte *Besselsche Funktion* dritter Art, der Ordnung Null.

Es ist noch die inverse *Laplace-Transformation* auf Gl. (28) anzuwenden. Die *Greensche Funktion* lautet dann

$$G(x,y;\xi,\eta,t) = \frac{c}{2\pi S} \begin{cases} 0 & \text{für } 0 < t < r/c, \\[2ex] \dfrac{1}{\sqrt{c^2 t^2 - r^2}} & \text{für } t > r/c, \end{cases} \tag{29}$$

worin

$$r = [(x-\xi)^2 + (y-\eta)^2]^{1/2}$$

ist.

Die Einführung der *Greenschen Funktion* $G(x,y,\xi,\eta,t)$ in die Gl. (24) liefert die endgültige Lösung der inhomogenen Gl. (14) mit den inhomogenen Anfangsbedingungen (15). Die Lösung dieser Aufgabe wurde von Poisson angegeben.

Es wird noch der Sonderfall der homogenen Gl. (14)

$$\frac{\partial^2 w}{\partial r^2} + \frac{1}{r} \frac{\partial w}{\partial r} - \frac{1}{c^2} \frac{\partial^2 w}{\partial t^2} = 0 \tag{30}$$

mit den inhomogenen Anfangsbedingungen

$$w(r,0) = f(r); \quad \dot{w}(r,0) = g(r) \tag{31}$$

betrachtet. Der Fall bezieht sich auf die axialsymmetrische Durchbiegung der Membran. Die Lösung dieses Problems kann als ein Sonderfall der allgemeinen Lösung (24) angesehen werden.

Mit

$$g(\xi,\eta) = g(r_0); \quad f(\xi,\eta) = f(r_0); \quad q = 0; \quad \xi = r_0\cos\varphi;$$

$$\eta = r_0\sin\varphi; \quad x = r; \quad y = 0$$

liefern die Gln. (24) und (29)

$$\int_0^{2\pi} \frac{d\varphi}{\sqrt{c^2t^2-r^2-r_0^2+2rr_0\cos\varphi}} = \frac{4F\left(k,\dfrac{\pi}{2}\right)}{\sqrt{c^2t^2-r^2-r_0^2}}.$$

Hierbei ist

$$F\left(k,\frac{\pi}{2}\right) = \int_0^{\pi/2} \frac{d\Theta}{\sqrt{1-k^2\sin^2\Theta}}; \quad k^2 = \frac{4rr_0}{c^2t^2-(r-r_0)^2}$$

ein elliptisches Integral.

Endgültig lautet die Formel für die axialsymmetrische Biegefläche der Membran [136]

$$w(r,t) = \frac{1}{2\pi c}\int_0^\infty r_0\left[g(r_0)+f(r_0)\frac{\partial}{\partial t}\right]\frac{F\left(k,\dfrac{\pi}{2}\right)dr_0}{\sqrt{c^2t^2-r^2-r_0^2}}. \tag{32}$$

9.2. Querschwingung einer rechteckigen Membran

Es wird eine rechteckige Membran mit den Seitenlängen a und b betrachtet, die eine aperiodische Querschwingung ausführt. Die Biegefläche $w(x,y,t)$ wird mit Hilfe der Gl. (23) vom vorigen Abschnitt ermittelt:

$$w(x,y,t) = \frac{S}{c^2}\int_A\left[g(\xi,\eta)+f(\xi,\eta)\frac{\partial}{\partial t}\right]G(\xi,\eta;x,y,t)\,d\xi\,d\eta +$$

$$+ \int_A d\xi\,d\eta\int_0^t q(\xi,\eta,t-\tau)G(\xi,\eta;x,y,\tau)\,d\tau. \tag{1}$$

Die Integration ist über den rechteckigen Bereich der Membran durchzuführen. Zunächst muß die *Greensche Funktion* $G(x,y,\xi,\eta,t)$ für die betrachtete rechteckige Membran bestimmt werden. Dafür wird die Differentialgleichung

$$\left(\frac{\partial^2}{\partial x^2}+\frac{\partial^2}{\partial y^2}\right)G - \frac{1}{c^2}\ddot{G} = \frac{1}{S}\delta(x-\xi)\delta(y-\eta)\delta(t) \tag{2}$$

mit den homogenen Randbedingungen

$$G(0,y;\xi,\eta,t) = 0; \quad G(a,y;\xi,\eta,t) = 0;$$

$$G(x,0;\xi,\eta,t) = 0; \quad G(x,b;\xi,\eta,t) = 0 \tag{3}$$

und mit den homogenen Anfangsbedingungen

$$G(x,y;\xi,\eta,0) = 0; \quad \dot{G}(x,y;\xi,\eta,0) = 0 \tag{4}$$

gelöst.

19 Baudynamik

Die *Laplace-Transformation* der Gl. (2) liefert die Differentialgleichung

$$\left(\frac{\partial^2}{\partial x^2}+\frac{\partial^2}{\partial y^2}\right)\overline{G}-\frac{p^2}{c^2}\,\overline{G} = -\frac{1}{S}\,\delta(x-\xi)\delta(y-\eta) \ \text{mit}\ \overline{G}=\int\limits_0^\infty Ge^{-pt}\,dt. \tag{5}$$

Auf diese Gleichung wird zweimal die endliche *Fourier-Transformation* mit der Sinus-Funktion angewendet. Gl. (5) wird mit $\sin\alpha_n x \sin\beta_m y$ $\left(\text{wobei}\ \alpha_n=\dfrac{n\pi}{a}\right.$ und $\beta_m=\dfrac{m\pi}{b}$ sind$\Big)$ multipliziert und über den Bereich der Membran integriert. Es gilt dann

$$\int\limits_0^a\int\limits_0^b\left(\frac{\partial^2}{\partial x^2}+\frac{\partial^2}{\partial y^2}-\frac{p^2}{c^2}\right)\overline{G}\sin\alpha_n x \sin\beta_m y\,dx\,dy =$$

$$= -\frac{1}{S}\int\limits_0^a\int\limits_0^b \delta(x-\xi)\delta(y-\eta)\sin\alpha_n x \sin\beta_m y\,dx\,dy. \tag{6}$$

Mit den Bezeichnungen

$$G_{nm}^*=\int\limits_0^a\int\limits_0^b \overline{G}(x,y;\xi,\eta,p)\sin\alpha_n x \sin\beta_m y\,dx\,dy, \tag{7$'$}$$

$$\overline{G}=\frac{4}{ab}\sum_{n=1}^\infty\sum_{m=1}^\infty G_{nm}^*\sin\alpha_n x \sin\beta_m y \tag{7$''$}$$

und unter der Anwendung der Formeln

$$\int\limits_0^a \frac{\partial^2\overline{G}}{\partial x^2}\sin\alpha_n x\,dx = -\alpha_n^2 G_{nm}^*, \qquad \int\limits_0^b \frac{\partial^2\overline{G}}{\partial y^2}\sin\beta_m y\,dy = -\beta_m^2 G_{nm}^*,$$

ergibt sich aus Gl. (6) die folgende Beziehung:

$$G_{nm}^*(\alpha_n^2+\beta_m^2+p^2/c^2) = \frac{1}{S}\sin\alpha_n\xi \sin\beta_m\eta. \tag{8}$$

Wegen (7$''$) ist aber

$$\overline{G}=\frac{4}{abS}\sum_{n=1}^\infty\sum_{m=1}^\infty \frac{\sin\alpha_n\xi \sin\beta_m\eta}{\alpha_n^2+\beta_m^2+p^2/c^2}\sin\alpha_n x \sin\beta_m y. \tag{9}$$

Die inverse *Laplace-Transformation* liefert die gesuchte Form der *Greenschen Funktion*:

$$G(x,y;\xi,\eta,t)=\frac{4}{abc\varrho}\sum_{n=1}^\infty\sum_{m=1}^\infty \frac{\sin\alpha_n\xi \sin\beta_m\eta}{\gamma_{nm}}\times$$

$$\times \sin\alpha_n x \sin\beta_m y \sin(\gamma_{nm}ct). \tag{10}$$

Hierbei ist

$$\gamma_{nm}=(\alpha_n^2+\beta_m^2)^{1/2}.$$

Nun werden einige Sonderfälle der Durchbiegung einer Membran untersucht. Zunächst wird vorausgesetzt, daß die Anfangsbedingungen homogen sind und daß die Belastung $q(x, y, t)$ die einzige Störungsquelle darstellt. Unter Berücksichtigung der *Greenschen Funktion* von Gl. (10) liefert Gl. (1)

$$w = \frac{4}{abc\varrho} \int_0^a \int_0^b d\xi\, d\eta \sum_{n=1}^{\infty} \sum_{m=1}^{\infty} \times$$

$$\times \sin\alpha_n \xi \sin\beta_m \eta \sin\alpha_n x \sin\beta_m y \int_0^t \frac{q(\xi, \eta, t-\tau)}{\gamma_{nm}} \sin\gamma_{nm} c\tau\, d\tau. \tag{11}$$

Im Punkt (x', y') wirke die Einzelkraft

$$q = P(t)\,\delta(x-x')\,\delta(y-y'). \tag{12}$$

Gl. (11) ergibt mit diesem Wert

$$w = \frac{4}{abc\varrho} \sum_{n=1}^{\infty} \sum_{m=1}^{\infty} \frac{\sin\alpha_n x' \sin\beta_m y'}{\gamma_{nm}} \times$$

$$\times \sin\alpha_n x \sin\beta_m y \int_0^t P(t-\tau) \sin\gamma_{nm} c\tau\, d\tau. \tag{13}$$

Es möge sich um eine momentane Kraft handeln. Wird $P(t) = P_0\delta(t)$ eingesetzt, so liefert Gl. (13) den folgenden Wert der Durchbiegung:

$$w = \frac{4P_0}{abc\varrho} \sum_{n=1}^{\infty} \sum_{m=1}^{\infty} \frac{\sin\alpha_n x' \sin\beta_m y'}{\gamma_{nm}} \sin\alpha_n x \sin\beta_m y \sin c\gamma_{nm} t. \tag{14}$$

Unter der Annahme, daß die Einzelkraft P_0 zum Zeitpunkt $t = 0$ am Punkt (x', y') angebracht wurde und dort für alle Zeiten bleibt, ist $P(t) = P_0 H(t)$. Wird diese Funktion in die Gl. (13) eingeführt, so ergibt sich für die Durchbiegung

$$w = \frac{4P_0}{ab\overline{S}} \sum_{n=1}^{\infty} \sum_{m=1}^{\infty} \frac{\sin\alpha_n x' \sin\beta_m y'}{\gamma_{nm}^2} \sin\alpha_n x \sin\beta_m y (1 - \cos\gamma_{nm} ct). \tag{15}$$

Längs der Gerade $y = y'$, $0 < y' < b$ möge nun eine Kraft der Intensität $P(t)$ mit einer konstanten Geschwindigkeit V gleiten. Es wird also angenommen:

$$q(x, y, t) = \begin{cases} P(t)\,\delta(x-Vt)\,\delta(y-y') & \text{für} \quad 0 < Vt < a \\ 0 & \text{für} \quad Vt > a. \end{cases} \tag{16}$$

Gl. (16) in Gl. (13) eingesetzt, liefert

$$w = \frac{4}{abc\varrho} \sum_{n=1}^{\infty} \sum_{m=1}^{\infty} \frac{\sin\alpha_n x \sin\beta_m y}{\gamma_{nm}} \times$$

$$\times \sin\beta_m y' \int_0^t P(\tau) \sin\alpha_n V\tau \sin\gamma_{nm} c(t-\tau)\, d\tau. \tag{17}$$

19*

Für den Sonderfall $P(t) = P_0 H(t)$ ist

$$w = \frac{4P_0}{abc\varrho} \sum_{n=1}^{\infty} \sum_{m=1}^{\infty} \frac{\sin\alpha_n x \sin\beta_m y \sin\beta_m y'}{\gamma_{nm}(\alpha_n^2 V^2 - c^2 \gamma_{nm}^2)} \times$$

$$\times (\alpha_n V \sin\gamma_{nm} ct - c\gamma_{nm} \sin\alpha_n Vt). \tag{18}$$

Für $V \to 0$, $Vt \to x'$ geht das dynamische in das statische Problem über. Gl. (18) liefert dann

$$w = \frac{4P_0}{abS} \sum_{n=1}^{\infty} \sum_{m=1}^{\infty} \frac{\sin\alpha_n x' \sin\beta_m y'}{\gamma_{nm}^2} \sin\alpha_n x \sin\beta_m y. \tag{19}$$

Nun wird eine freie Schwingung der Membran betrachtet. Es wird die homogene Gleichung der Biegefläche

$$c^2 \nabla_1^2 w - \ddot{w} = 0 \tag{20}$$

untersucht. Unter der Voraussetzung

$$w(x, y, t) = W(x, y)e^{i\omega t}$$

wird Gl. (20) auf die Form

$$c^2 \left(\frac{\partial^2}{\partial x^2} + \frac{\partial^2}{\partial y^2} \right) W + \omega^2 W = 0 \tag{21}$$

gebracht.

Sowohl diese Gleichung, als auch die homogenen Randbedingungen für die rechteckige Membran können mit dem Ansatz

$$W = A_{nm} \sin\alpha_n x \sin\beta_m y \tag{22}$$

erfüllt werden.

Gl. (21) liefert mit diesem Ansatz den folgenden Ausdruck für die Frequenz:

$$\omega_{nm} = c(\alpha_n^2 + \beta_m^2)^{1/2}; \qquad n, m = 1, 2, \dots . \tag{23}$$

Bei der früheren Untersuchung der Eigenschwingung einer Saite wurde festgestellt, daß jeder einzelnen Frequenz nur eine Form der Eigenschwingung enspricht. Bei einer Membran können einer Frequenz verschiedene Schwingungsformen mit unterschiedlichen Knotenlinien entsprechen.

Es wird der einfachste Fall der quadratischen Membran mit $a = b = \pi$ betrachtet. Es gilt $\omega_{n,m} = c(n^2 + m^2)^{1/2}$; $n, m = 1, 2, \dots$ Bei $n = 1$, $m = 1$ ist die Grundfrequenz $\omega_{11} = c\sqrt{2}$ und die Formel für die Membranschwingung lautet

$$w = A_{11} e^{i\omega_{11} t} \sin x \sin y.$$

Für $n = 1$, $m = 2$, oder $n = 2$, $m = 1$ ist $\omega_{1,2} = \omega_{21} = c\sqrt{5}$.
Dieser Frequenz entsprechen zwei verschiedene Schwingungsformen:

$$w_{12} = A_{12} \sin x \sin 2y\, e^{i\omega_{12} t},$$

$$w_{21} = A_{21} \sin 2x \sin y\, e^{i\omega_{21} t}.$$

Unter Anwendung des Überlagerungsprinzips wird die Schwingung der Membran mit der Frequenz $\omega_{12} = \omega_{21}$ mit Hilfe der folgenden Formel beschrieben:

$$w = e^{i\omega_{12}t}(A_{12}\sin x\sin 2y + A_{21}\sin 2x\sin y).$$

Je nach dem Verhältnis A_{12}/A_{21} ergeben sich verschiedene Knotenlinien. Für $A_{12} = A_{21}$ wird die Knotenlinie durch die Gleichung

$$\sin x\sin 2y + \sin 2x\sin y = 2\sin x\sin y(\cos x + \cos y) = 0$$

beschrieben. Für $A_{12} = -A_{21}$ lautet die entsprechende Gleichung

$$\cos x - \cos y = 0.$$

Die beiden letzten einfachen Fälle sind in Abb. 9-2 dargestellt.

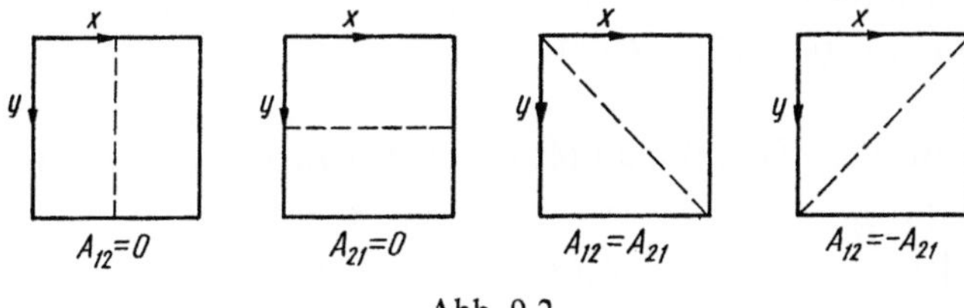

Abb. 9-2

Komplizierte Knotenlinien kommen für den Fall $A_{21} \neq \pm A_{12}$ und $A_{12} \neq 0$, $A_{21} \neq 0$ vor.

Die erzwungene harmonische Membranschwingung wird ähnlich wie die Saitenschwingung untersucht. Hierbei wird aber die Belastung $q(x, y, t)$ $= q^*(x, y)e^{i\omega t}$ nicht in eine einfache, sondern in eine doppelte *Fourier-Reihe* entwickelt.

9.3. Querschwingung einer Kreismembran

Zunächst wird die axialsymmetrische Schwingung der Membran betrachtet. Es handelt sich hierbei um eine Deformation, die durch die Funktion $w(r, t)$ beschrieben wird: eine ausschließlich vom Radius r und der Zeit t abhängige Funktion.

Zuerst werden aperiodische Schwingungen betrachtet. Zu diesem Zweck wird die Lösung der inhomogenen Gleichung

$$c^2\left(\frac{\partial^2 w}{\partial r^2} + \frac{1}{r}\frac{\partial w}{\partial r}\right) - \ddot{w} = -\frac{q(r, t)}{\varrho}, \tag{1}$$

mit den Anfangsbedingungen

$$w(r, 0) = f(r); \quad \dot{w}(r, 0) = g(r) \tag{2}$$

und mit der Randbedingung für die frei drehbare Auflagerung des Membranrandes gesucht. Für eine volle Kreismembran mit dem Durchmesser $2a$ lautet die Randbedingung

$$w(a, t) = 0. \tag{3}$$

Auf Gl. (1) mit den Anfangsbedingungen (2) wird die *Laplace-Transformation* angewendet. Es entsteht die Gleichung

$$c^2\left(\frac{d^2}{dr^2}+\frac{1}{r}\frac{d}{dr}\right)\overline{w}(r,p)-p^2\overline{w}(r,p) = -\frac{\overline{q}(r,p)}{\varrho}-pf(r)-g(r). \tag{4}$$

Nun wird die endliche *Hankel-Transformation* eingeführt[1]. Es gilt

$$w^*(\alpha_i) = \int_0^a r\overline{w}(r,p)J_0(\alpha_i r)dr$$

$$q^*(\alpha_i) = \int_0^a r\overline{q}(r,p)J_0(\alpha_i r)dr. \tag{5}$$

Der Parameter α_i wird hierbei so gewählt, daß die Randbedingung (3) erfüllt wird. Dieser Parameter stellt die Wurzel der transzendenten Gleichung

$$J_0(a\alpha_i) = 0 \quad \text{mit} \quad i = 1, 2, 3, \ldots, \infty \tag{6}$$

dar.

Gl. (4) wird mit $rJ_0(\alpha_i r)$ multipliziert und bezüglich r von 0 bis a integriert:

$$c^2\int_0^a\left(\frac{d^2}{dr^2}+\frac{1}{r}\frac{dr}{d}\right)\overline{w}rJ_0(\alpha_i r)\,dr-p^2\int_0^a \overline{w}rJ_0(\alpha_i r)\,dr =$$

$$= -\int_0^a\left(\frac{\overline{q}}{\varrho}+pf+g\right)rJ_0(\alpha_i r)\,dr. \tag{7}$$

Das erste Glied wird durch partielle Integration berechnet. Es ergibt sich

$$\int_0^a\left(\frac{d^2}{dr^2}+\frac{1}{r}\frac{dr}{d}\right)\overline{w}rJ_0(\alpha_i r)dr = \left[r\frac{d\overline{w}}{dr}J_0(\alpha_i r)-\alpha_i r\overline{w}J_0(\alpha_i r)\right]_0^a -$$

$$-\alpha_i^2\int_0^a \overline{w}rJ_0(\alpha_i r)\,dr.$$

Der Ausdruck in der eckigen Klammer ist Null wegen der Randbedingung (3) und der Bedingung (6).

Gl. (7) kann unter Berücksichtigung der Beziehung (6) in algebraischer Form geschrieben werden und lautet dann

$$w^*(\alpha_i,p)(c^2\alpha_i^2+p^2) = \frac{q^*(\alpha_i,p)}{\varrho}+pf^*(\alpha_i)+g^*(\alpha_i). \tag{8}$$

Daraus folgt

$$w^* = \frac{pf^*+g^*+q^*/\varrho}{p^2+c^2\alpha_i^2}.$$

Nun wird die inverse *Hankel-Transformation* angewendet. Diese inverse Transformation wird folgendermaßen definiert:

$$\overline{w}(r,p) = \frac{2}{a^2}\sum_{i=1}^{\infty} w^*(\alpha_i,p)\frac{J_0(\alpha_i r)}{[J_1(\alpha_i a)]^2}. \tag{9}$$

---

[1] Eine zusammenfassende Erläuterung der Integraltransformation von HANKEL kann der Leser im Abschnitt 13.2 finden.

Mithin ist

$$\overline{w}(r,p) = \frac{2}{a^2 \varrho} \sum_{i=1}^{\infty} \frac{q^*(\alpha_i, p)}{p^2 + c^2 \alpha_i^2} \frac{J_0(\alpha_i r)}{[J_1(\alpha_i a)]^2} +$$

$$+ \frac{2}{a^2} \sum_{i=1}^{\infty} [pf^*(\alpha_i) + g^*(\alpha_i)] \frac{J_0(\alpha_i r)}{(p^2 + c^2 \alpha_i^2)[J_1(\alpha_i a)]^2}. \tag{10}$$

Das endgültige Ergebnis wird gewonnen, wenn auf die Gl. (10) die inverse *Laplace-Transformation* angewendet und Gl. (5) berücksichtigt wird. Es gilt

$$w(r, t) = \frac{2}{a^2 \varrho} \sum_{i=1}^{\infty} \frac{J_0(\alpha_i r)}{[J_1(\alpha_i a)]^2} \int_0^a u J_0(\alpha_i u)\, du \int_0^t \frac{q(u, \tau)}{\alpha_i c} \sin \alpha_i c(t - \tau)\, d\tau +$$

$$+ \frac{2}{a^2} \sum_{i=1}^{\infty} \frac{J_0(\alpha_i r)}{[J_1(\alpha_i a)]^2} \int_0^a u J_0(\alpha_i u)\, du \left[f(u) \cos \alpha_i ct + \frac{q(u)}{\alpha_i c} \sin \alpha_i ct \right]. \tag{11}$$

Nun wird die freie Schwingung der Membran betrachtet, wobei nicht nur symmetrische Formen der Eigenschwingung, sondern auch die allgemeine Differentialgleichung der Biegefläche untersucht werden, die von den beiden Veränderlichen r und φ abhängt. Es gilt

$$c^2 \left(\frac{\partial^2}{\partial r^2} + \frac{1}{r} \frac{\partial}{\partial r} + \frac{1}{r^2} \frac{\partial^2}{\partial \varphi^2} \right) w(r, \varphi, t) - \ddot{w}(r, \varphi, t) = 0. \tag{12}$$

Da die Lösungen bezüglich der Veränderlichen φ periodisch sind, wird

$$w(r, \varphi, t) = \frac{\cos}{\sin} (n\varphi) W(r) e^{i\omega t} \tag{13}$$

angesetzt.

Auf diese Weise wird Gl. (12) auf die gewöhnliche Differentialgleichung

$$c^2 \left(\frac{d^2}{dr^2} + \frac{1}{r} \frac{d}{dr} - \frac{n^2}{r^2} \right) W(r) - \omega^2 W(r) = 0 \tag{14}$$

oder

$$\left(\frac{d^2}{dx^2} + \frac{1}{x} \frac{d}{dx} + 1 - \frac{n^2}{x^2} \right) W(x) = 0; \quad x = \frac{r\omega}{c} \tag{15}$$

zurückgeführt. Die Lösung dieser Gleichung stellt die Funktion

$$W(x) = A J_n(x) + B Y_n(x) \tag{16}$$

dar, wobei $J_n(x)$ die *Besselsche Funktion* erster Art und n-ter Ordnung, $Y_n(x)$ die *Besselsche Funkton* zweiter Art und n-ter Ordnung bedeuten.

Bleibt die Betrachtung auf Kreismembranen beschränkt, so wird $B = 0$ vorausgesetzt, da für $x \to 0$ die Funktionen $Y_n(x)$ gegen Unendlich streben, wodurch sich eine unendlich große Durchbiegung der Membran im Koordinatenursprung ergibt. Aus der Randbedingung

$$w(a, \varphi, t) = 0 \tag{17}$$

folgt die Bedingung

$$\frac{\cos}{\sin}(n\varphi)\,AJ_n\left(\frac{\omega_{nm}a}{c}\right) = 0.$$

Mithin ist

$$J_n\left(\frac{\omega_{nm}a}{c}\right) = 0. \tag{18}$$

Hierbei bedeutet ω_{nm} die n-te Wurzel von Gl. (17). Es ergibt sich eine unendliche Folge der Eigenwerte ω_{nm}.

Für $n = 0$ ist

$$\omega_{10} = 2{,}405\ c/a; \quad \omega_{20} = 5{,}520\ c/a; \quad \omega_{30} = 8{,}654\ c/a; \quad \dots$$

Für $n = 1$ ist

$$\omega_{11} = 3{,}832\ c/a; \quad \omega_{21} = 7{,}016\ c/a; \quad \omega_{31} = 10{,}173\ c/a; \quad \dots$$

Für $n = 2$ ist

$$\omega_{12} = 5{,}136\ c/a; \quad \omega_{22} = 8{,}417\ c/a; \quad \omega_{32} = 11{,}620\ c/a; \quad \dots$$

Jeder Frequenz ω_{nm} werden zwei Schwingungsformen zugeordnet. Das folgt aus der Lösung der Gl. (13):

$$w(r,\varphi,t) = A\,\frac{\cos}{\sin}(n\varphi)\,e^{i\omega_{nm}t}J_n\left(\frac{\omega_{nm}r}{c}\right). \tag{18'}$$

Gl. (13') besagt, daß die Knotenlinien der Scheibe den Gleichungen

$$\cos n\varphi = 0; \quad \sin n\varphi = 0; \quad J_n\left(\frac{\omega_{nm}r}{c}\right) = 0 \tag{19}$$

zu genügen haben.

Die beiden ersten Gleichungen beschreiben Geraden, die durch den Mittelpunkt der Membran verlaufen; die letzte Gleichung liefert konzentrische Knotenlinien. In Abb. 9-3 sind einige einfache Beispiele der Knotenlinien gezeigt.

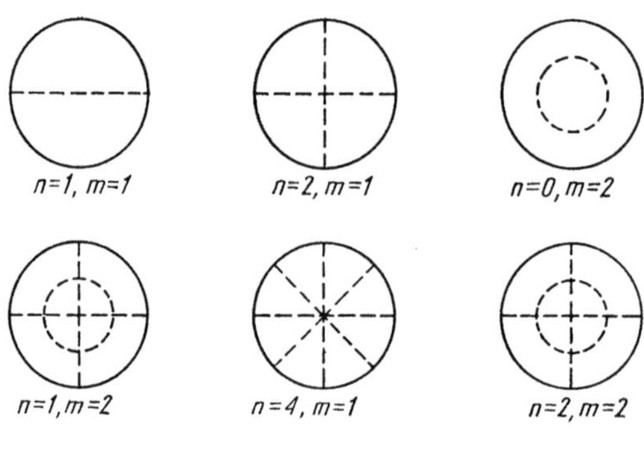

Abb. 9-3

Es werden noch harmonische Schwingungen betrachtet, die durch die Belastung $q(r,t) = Q(r)e^{i\omega t}$ erzwungen werden. Wird $w(r,t) = W(r)e^{i\omega t}$ in Gl. (1)

eingesetzt, so ergibt sich die gewöhnliche Gleichung

$$c^2\left(\frac{d^2}{dr^2}+\frac{1}{r}\frac{d}{dr}\right)W(r)+\omega^2 W(r) = -\frac{Q(r)}{\varrho}. \tag{20}$$

Diese Gleichung wird mit Hilfe der endlichen *Hankel-Transformation* gelöst. Es werden die Transformierten

$$W^*(\alpha_i) = \int_0^a W(r)rJ_0(\alpha_i r)\,dr; \qquad Q^*(\alpha_i) = \int_0^a Q(r)rJ_0(\alpha_i r)\,dr \tag{21}$$

eingeführt, Gl. (20) wird mit $rJ_0(\alpha_i r)$ multipliziert und von 0 bis a integriert. Weiterhin wird ähnlich wie bei aperiodischen Schwingungen einer Kreismembran verfahren, wodurch die algebraische Gleichung

$$W^*(\alpha_i) = \frac{Q^*(\alpha_i)}{\varrho}\frac{1}{c^2\alpha_i^2 - \omega^2}, \tag{22}$$

entsteht. Die durch den Ansatz

$$W(r) = \frac{2}{a^2}\sum_{i=1}^{\infty}\frac{W^*(\alpha_i)J_0(\alpha_i r)}{[J_1(\alpha_i r)]^2} \tag{23}$$

definierte inverse *Hankel-Transformation* liefert unter Verwendung von Gl. (21) die folgende Formel für die Biegefläche der Membran:

$$w(r,t) = \frac{2e^{i\omega t}}{a^2\varrho}\sum_{i=1}^{\infty}\frac{J_0(\alpha_i r)}{[J_1(\alpha_i a)]^2(c^2\alpha_i^2 - \omega^2)}\int_0^a Q(u)uJ_0(\alpha_i u)\,du. \tag{24}$$

Hierbei bedeuten α_i, $i = 1, 2, 3, \ldots$ die Wurzeln der transzendenten Gleichung $J_0(\alpha_i a) = 0$.

Aufgrund der Gl. (24) kann die Durchbiegung für jede vorgegebene Lastart ermittelt werden.

9.4. Differentialgleichung der Querschwingung einer Platte

Im vorliegenden Abschnitt werden Verformungen der Platten mittlerer Dicke betrachtet, bei denen die Dicke gegenüber den beiden anderen linearen Abmessungen klein ist. Bei dieser Untersuchung werden die folgenden vereinfachenden Voraussetzungen zugrunde gelegt:

a) es wird angenommen, daß die Punkte einer Normale zur Mittelfläche auch nach der Verformung auf einer Normale zur deformierten Mittelfläche verbleiben;

b) es wird vorausgesetzt, daß bei der Verformung der Platte keine Dehnungen und Schubverzerrungen (Winkeländerungen) in der Mittelfläche auftreten;

c) die Wirkung der Querkräfte (der Spannungen σ_{zx} und σ_{zy}) wird vernachlässigt;

d) ebenfalls wird die Einwirkung der Spannung σ_{zz} auf die Verformung der Platte vernachlässigt.

Es wird die Platte mit einer veränderlichen Dicke $h(x, y)$ untersucht.

In Abb. 9-4 ist der Schnitt $y =$ konst einer Platte vor und nach der Verformung gezeigt. Unter einer Lastwirkung nimmt der Punkt P der Mittelfläche die Lage P' ein. Die Durchbiegung der Platte im Punkt P ist $PP' = w$. Die Verschiebung u_z ist dem Winkel $\dfrac{\partial w}{\partial x}$ proportional:

$$u_z = -z\,\frac{\partial w}{\partial x}.$$ (1)

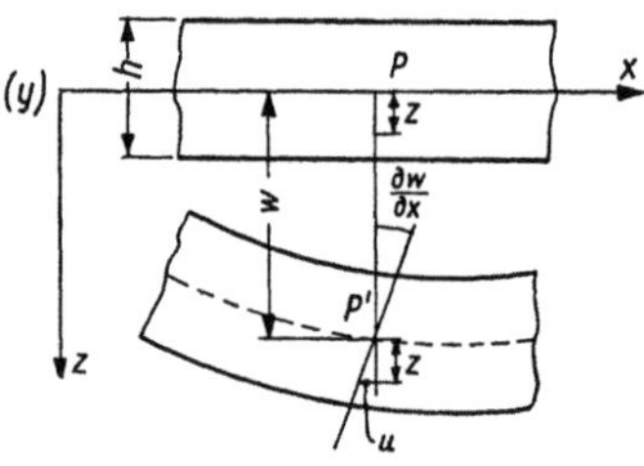

Abb. 9-4

Entsprechend ist die Verschiebung in Richtung der y-Achse

$$v_z = -z\,\frac{\partial w}{\partial y}.$$ (2)

Nun können die Verzerrungskomponenten berechnet werden. Es gilt

$$\varepsilon_{xx} = \frac{\partial u_z}{\partial x} = -z\,\frac{\partial^2 w}{\partial x^2}; \qquad \varepsilon_{yy} = -z\,\frac{\partial v_z}{\partial y} = -z\,\frac{\partial^2 w}{\partial y^2},$$

$$\varepsilon_{zy} = \frac{1}{2}\left(\frac{\partial u_z}{\partial y} + \frac{\partial v_z}{\partial x}\right) = -z\,\frac{\partial^2 w}{\partial x\,\partial y}.$$ (3)

Unter Beachtung, daß für den ebenen Spannungszustand

$$\sigma_{xx} = \frac{E}{1-v^2}\,(\varepsilon_{xx} + v\varepsilon_{yy}); \qquad \sigma_{yy} = \frac{E}{1-v^2}\,(\varepsilon_{yy} + v\varepsilon_{xx}); \qquad \sigma_{xy} = 2G\varepsilon_{xy}$$ (4)

ist, ergeben sich die folgenden Formeln:

$$\sigma_{xx} = -\frac{Ez}{1-v^2}\left(\frac{\partial^2 w}{\partial x^2} + v\,\frac{\partial^2 w}{\partial y^2}\right),$$

$$\sigma_{yy} = -\frac{Ez}{1-v^2}\left(\frac{\partial^2 w}{\partial y^2} + v\,\frac{\partial^2 w}{\partial x^2}\right),$$ (5)

$$\sigma_{xy} = -2Gz\,\frac{\partial^2 w}{\partial x\,\partial y} = -\frac{Ez(1-v)}{1-v^2}\,\frac{\partial^2 w}{\partial x\,\partial y}.$$

Man kann auch den Begriff der Spannungsresultanten einführen. Sie werden folgendermaßen definiert:

— die Biegemomente mit den in Richtung der x- und y-Achse zeigenden Vektoren

$$M_x = \int\limits_{-h/2}^{h/2} \sigma_{xx}\,z\,dz; \qquad M_y = \int\limits_{-h/2}^{h/2} \sigma_{yy}\,z\,dz,$$ (6)

— die Torsionsmomente

$$M_{xy} = \int\limits_{-h/2}^{h/2} \sigma_{xy} z\, dz = M_{yx} = \int\limits_{-h/2}^{h/2} \sigma_{yx} z\, dz. \tag{7}$$

Die Integration liefert

$$M_x = -N\left(\frac{\partial^2 w}{\partial x^2} + v\,\frac{\partial^2 w}{\partial y^2}\right); \quad M_y = -N\left(\frac{\partial^2 w}{\partial y^2} + v\,\frac{\partial^2 w}{\partial x^2}\right),$$

$$M_{xy} = -(1-v)\,N\,\frac{\partial^2 w}{\partial x\,\partial y}, \tag{8}$$

wobei

$$N = \frac{Eh^3}{12(1-v^2)}$$

die Biegesteifigkeit der Platte (auch Plattensteifigkeit genannt) ist.

Nun wird die Formänderungsarbeit der Platte berechnet. Unter Vernachlässigung der Querspannungen σ_{yz}, σ_{xz}, d.h. für $\sigma_{zz} = \sigma_{yz} = \sigma_{xz} = 0$, gilt

$$\mathscr{W} = \frac{1}{2} \int\limits_{(V)} (\sigma_{xx}\varepsilon_{xx} + \sigma_{yy}\varepsilon_{yy} + 2\sigma_{xy}\varepsilon_{xy})\, dV \tag{9}$$

oder

$$\mathscr{W} = \frac{1}{2E} \int\limits_{V} [(\sigma_{xx}^2 + \sigma_{yy}^2 - 2v\,\sigma_{xx}\sigma_{yy}) + 2(1+v)\sigma_{xy}^2]\, dV, \tag{10}$$

wobei sich das Integral über das gesamte Volumen der Platte V erstreckt.

Werden die Spannungen durch die Verschiebung w (vgl. Gln. (5)) ausgedrückt und wird die obige Gleichung bezüglich z (d.h. mit dem Ansatz $dV = dF dz$) integriert, so ergibt sich

$$\mathscr{W} = \frac{1}{2} \int\limits_{F} N\left\{\left(\frac{\partial^2 w}{\partial x^2} + \frac{\partial^2 w}{\partial y^2}\right)^2 - 2(1-v)\left[\frac{\partial^2 w}{\partial x^2}\frac{\partial^2 w}{\partial y^2} - \left(\frac{\partial^2 w}{\partial x\,\partial y}\right)^2\right]\right\} dF, \tag{11}$$

$$dF = dx\,dy,$$

wobei die Integration sich auf die Mittelfläche der Platte (Bereich F) erstreckt.

Die Differentialgleichung der Querschwingung einer Platte wird aus dem *Hamiltonschen Prinzip* hergeleitet. Dieses Prinzip lautet im vorliegenden Fall

$$\delta \int\limits_{t_0}^{t_1} (\mathscr{W} - \mathscr{K})\, dt = \int\limits_{t_0}^{t_1} \delta\mathscr{L}\, dt. \tag{12}$$

Die Formänderungsarbeit wird durch Gl. (11), die kinetische Energie durch

$$\mathscr{K} = \frac{1}{2}\,\varrho \int\!\!\int\limits_{F} h(\dot{w})^2\, dF, \tag{13}$$

und die Variation der Arbeit der äußeren Kräfte durch

$$\delta\mathscr{L} = \int\!\!\int\limits_{F} p(x, y, t)\,\delta w\, dF, \tag{14}$$

beschrieben, worin $p(x, y, t)$ die auf die Platte einwirkende Last ist.

Nun wird die Variation der linken Seite von Gl. (11) durchgeführt. Es gilt

$$\delta W = \delta W' + \delta W'' = \int\int_F N\nabla^2 w\, \nabla^2 \delta w\, dF +$$

$$+ (1-\nu)\int\int_F N\left[2\frac{\partial^2 w}{\partial x\,\partial y}\frac{\partial^2 \delta w}{\partial x\,\partial y} - \frac{\partial^2 w}{\partial x^2}\frac{\partial^2 \delta w}{\partial y^2} - \frac{\partial^2 w}{\partial y^2}\frac{\partial^2 \delta w}{\partial x^2}\right]dF. \tag{15}$$

Weiterhin gilt aber

$$\delta W' = \int\int_F N\nabla^2 w\,\nabla^2 \delta w\, dF =$$

$$= \int\int_F \nabla^2(N\nabla^2 w)\delta w\, dF + \int_s\left[N\nabla^2 w\,\frac{\partial \delta w}{\partial n} - \delta w\,\frac{\partial(N\nabla^2 w)}{\partial n}\right]ds. \tag{16}$$

Hierbei wurde die *Greensche Formel* für eine Ebene verwendet.

Das Integral $\delta W''$ wird in der folgenden Form geschrieben:

$$\delta W'' = -(1-\nu)\int\int_F\left(\frac{\partial^2 w}{\partial x^2}\cdot\frac{\partial^2 N}{\partial y^2} + \frac{\partial^2 w}{\partial y^2}\cdot\frac{\partial^2 N}{\partial x^2} - 2\frac{\partial^2 w}{\partial x\,\partial y}\frac{\partial^2 N}{\partial x\,\partial y}\right)\delta w\, dF +$$

$$+ (1-\nu)\int\int_F\left(\frac{\partial p_1}{\partial x} + \frac{\partial p_2}{\partial y}\right)dF - (1-\nu)\int\int_F\left(\frac{\partial q_1}{\partial x} + \frac{\partial q_2}{\partial y}\right)dF, \tag{17}$$

mit

$$p_1 = \left[\frac{\partial}{\partial x}\left(N\frac{\partial^2 w}{\partial y^2}\right) - \frac{\partial}{\partial y}\left(N\frac{\partial^2 w}{\partial x\,\partial y}\right)\right]\delta w;$$

$$p_2 = \left[\frac{\partial}{\partial y}\left(N\frac{\partial^2 w}{\partial x^2}\right) - \frac{\partial}{\partial x}\left(N\frac{\partial^2 w}{\partial x\,\partial y}\right)\right]\delta w \tag{18}$$

und

$$q_1 = N\left(\frac{\partial^2 w}{\partial y^2}\frac{\partial \delta w}{\partial x} - \frac{\partial^2 w}{\partial x\,\partial y}\frac{\partial \delta w}{\partial y}\right);$$

$$q_2 = N\left(\frac{\partial^2 w}{\partial x^2}\frac{\partial \delta w}{\partial y} - \frac{\partial^2 w}{\partial x\,\partial y}\frac{\partial \delta w}{\partial x}\right). \tag{19}$$

Die beiden letzten Flächenintegrale von den Gl. (17) werden in Kurvenintegrale über den Plattenrand umgewandelt. Mithin gilt

$$\delta W'' = -(1-\nu)\int\int_F\left(\frac{\partial^2 w}{\partial x^2}\frac{\partial^2 N}{\partial y^2} + \frac{\partial^2 w}{\partial y^2}\frac{\partial^2 N}{\partial x^2} - 2\frac{\partial^2 w}{\partial x\,\partial y}\frac{\partial^2 N}{\partial x\,\partial y}\right)\delta w\, dF +$$

$$+ (1-\nu)\int_s\left[(p_1-q_1)\cos\vartheta + (p_2-q_2)\sin\vartheta\right]ds. \tag{20}$$

Die in den Gln. (19) auftretenden Größen $\dfrac{\partial \delta w}{\partial x}$, $\dfrac{\partial \delta w}{\partial y}$ werden in neuen Koordinaten (n, s) geschrieben (Abb. 9-5). Es gilt dann:

$$\frac{\partial \delta w}{\partial x} = \frac{\partial \delta w}{\partial n} \cos\vartheta - \frac{\partial \delta w}{\partial s} \sin\vartheta,$$

$$\frac{\partial \delta w}{\partial y} = \frac{\partial \delta w}{\partial n} \sin\vartheta + \frac{\partial \delta w}{\partial s} \cos\vartheta. \tag{21}$$

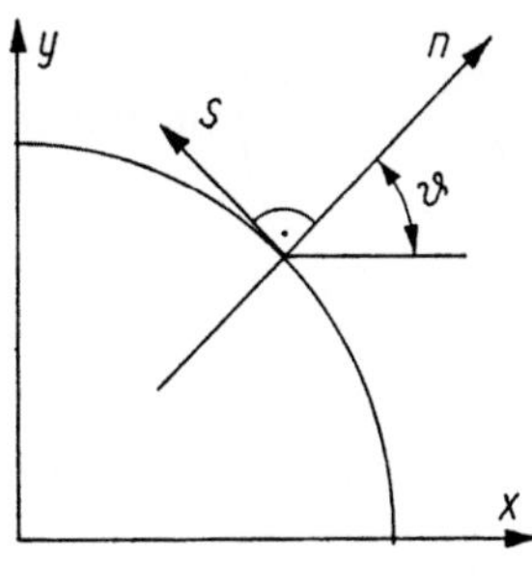

Abb. 9-5

Werden die Gln. (21) in die Gln. (19) und diese in die Gl. (20) eingesetzt, so entsteht

$$\delta\mathscr{W}'' = -(1-\nu)\iint_F \left(\frac{\partial^2 w}{\partial x^2}\frac{\partial^2 N}{\partial y^2} + \frac{\partial^2 w}{\partial y^2}\frac{\partial^2 N}{\partial x^2} - 2\frac{\partial^2 w}{\partial x\,\partial y}\frac{\partial^2 N}{\partial x\,\partial y} \right)\delta w\,dF +$$

$$-(1-\nu)\int_s N\frac{\partial \delta w}{\partial n}\left[\frac{\partial^2 w}{\partial y^2}\cos^2\vartheta + \frac{\partial^2 w}{\partial x^2}\sin^2\vartheta - 2\frac{\partial^2 w}{\partial x\,\partial y}\sin\vartheta\cos\vartheta \right]ds -$$

$$-(1-\nu)\int_s N\frac{\partial \delta w}{\partial s}\left[\left(\frac{\partial^2 w}{\partial x^2} - \frac{\partial^2 w}{\partial y^2}\right)\sin\vartheta\cos\vartheta + \frac{\partial^2 w}{\partial x\,\partial y}(\sin^2\vartheta - \cos^2\vartheta) \right]ds +$$

$$+(1-\nu)\int_s \left[\frac{\partial N}{\partial x}\left(\frac{\partial^2 w}{\partial y^2}\cos\vartheta - \frac{\partial^2 w}{\partial x\,\partial y}\sin\vartheta \right) + \right.$$

$$\left. + \frac{\partial N}{\partial y}\left(\frac{\partial^2 w}{\partial x^2}\sin\vartheta - \frac{\partial^2 w}{\partial x\,\partial y}\cos\vartheta \right) \right]\delta w\,ds. \tag{22}$$

Das zweite der Kurvenintegrale wird partiell folgendermaßen berechnet:

$$\int_s \frac{\partial \delta w}{\partial s}f(x,y)\,ds = |f(x,y)\,\delta w|_s - \int_s \delta w\,\frac{\partial f}{\partial s}\,ds. \tag{23}$$

Zur Berechnung des letzten Integrals von Gl. (22) wird die Beziehung

$$\frac{\partial w}{\partial s} = \frac{\partial w}{\partial y}\cos\vartheta - \frac{\partial w}{\partial x}\sin\vartheta \tag{24}$$

verwendet.

Unter Berücksichtigung der Gln. (23) und (24) wird $\delta\mathscr{W}''$ in der folgenden Form geschrieben:

$$\delta \mathcal{W}'' = -(1-\nu) \int\limits_F \int \left[\frac{\partial^2 w}{\partial x^2} \frac{\partial^2 N}{\partial y^2} + \frac{\partial^2 w}{\partial y^2} \frac{\partial^2 N}{\partial x^2} - 2 \frac{\partial^2 w}{\partial x \partial y} \frac{\partial^2 N}{\partial x \partial y} \right] \delta w \, dF -$$

$$- (1-\nu) \int\limits_s N \frac{\partial \delta w}{\partial n} \left[\frac{\partial^2 w}{\partial y^2} \cos^2\vartheta + \frac{\partial^2 w}{\partial x^2} \sin^2\vartheta - 2 \frac{\partial^2 w}{\partial x \partial y} \sin\vartheta \cos\vartheta \right] ds +$$

$$+ (1-\nu) \int\limits_s N \frac{\partial}{\partial s} \left[\left(\frac{\partial^2 w}{\partial x^2} - \frac{\partial^2 w}{\partial y^2} \right) \sin\vartheta \cos\vartheta + \frac{\partial^2 w}{\partial x \partial y} (\sin^2\vartheta - \cos^2\vartheta) \right] ds +$$

$$+ (1-\nu) \int\limits_s \left(\frac{\partial N}{\partial y} \frac{\partial^2 w}{\partial x \partial s} - \frac{\partial N}{\partial x} \frac{\partial^2 w}{\partial y \partial s} \right) \delta w \, ds . \tag{25}$$

Berechnet wird die Variation der kinetischen Energie

$$\delta K = -\varrho \int\limits_F \int h \ddot{w} \, \delta w \, dF . \tag{26}$$

Damit sind schon alle Bestandteile der Gl. (12) bestimmt. Das *Hamiltonsche Prinzip* lautet

$$\int\limits_{t_0}^{t_1} dt \left\{ \int\limits_F \int \left[\nabla^2(N\nabla^2 w) - (1-\nu) \left(\frac{\partial^2 w}{\partial x^2} \frac{\partial^2 N}{\partial y^2} + \right. \right. \right.$$

$$\left. + \frac{\partial^2 w}{\partial y^2} \frac{\partial^2 N}{\partial x^2} - 2 \frac{\partial^2 w}{\partial x \partial y} \frac{\partial^2 N}{\partial x \partial y} \right) + \varrho h \ddot{w} - p \right] \delta w \, dF +$$

$$+ \int\limits_s N \left[\nabla^2 w - (1-\nu) \left(\frac{\partial^2 w}{\partial y^2} \cos^2\vartheta + \frac{\partial^2 w}{\partial x^2} \sin^2\vartheta - \right. \right.$$

$$\left. \left. - 2 \frac{\partial^2 w}{\partial x \partial y} \sin\vartheta \cos\vartheta \right) \right] \frac{\partial \delta w}{\partial n} \, ds - \int\limits_s \left[\frac{\partial(N\nabla^2 w)}{\partial n} - (1-\nu) N \frac{\partial}{\partial s} \left(\left(\frac{\partial^2 w}{\partial x^2} - \right. \right. \right.$$

$$\left. \left. - \frac{\partial^2 w}{\partial y^2} \right) \sin\vartheta \cos\vartheta + \frac{\partial^2 w}{\partial x \partial y} (\sin^2\vartheta - \cos^2\vartheta) \right) +$$

$$\left. \left. + (1-\nu) \left(\frac{\partial N}{\partial y} \frac{\partial^2 w}{\partial x \partial s} - \frac{\partial N}{\partial x} \frac{\partial^2 w}{\partial y \partial s} \right) \right] \delta w \, ds \right\} = 0 . \tag{27}$$

Da δw willkürlich gewählt werden konnte, ist Gl. (27) für jeden Wert von w innerhalb der Platte und auf ihrem Rand sowie für jeden Wert von $\dfrac{\partial \delta w}{\partial n}$ auf dem Plattenrand erfüllt, wenn

$$\nabla^2(N\nabla^2 w) - (1-\nu) \left(\frac{\partial^2 w}{\partial x^2} \frac{\partial^2 N}{\partial y^2} + \frac{\partial^2 w}{\partial y^2} \frac{\partial^2 N}{\partial x^2} - \right.$$

$$\left. - 2 \frac{\partial^2 w}{\partial x \partial y} \frac{\partial^2 N}{\partial x \partial y} \right) + \varrho h \ddot{w} - p = 0 , \tag{28}$$

$$\nabla^2 w = (1-\nu)\left(\frac{\partial^2 w}{\partial y^2}\cos^2\vartheta+\frac{\partial^2 w}{\partial x^2}\sin^2\vartheta-2\frac{\partial^2 w}{\partial x\,\partial y}\sin\vartheta\cos\vartheta\right), \tag{29}$$

$$\frac{\partial}{\partial n}(N\nabla^2 w) = (1-\nu)\left[N\frac{\partial}{\partial s}\left(\left(\frac{\partial^2 w}{\partial x^2}-\frac{\partial^2 w}{\partial y^2}\right)\sin\vartheta\cos\vartheta+\right.\right.$$

$$\left.\left.+\frac{\partial^2 w}{\partial x\,\partial y}(\sin^2\vartheta-\cos^2\vartheta)\right)+\left(\frac{\partial N}{\partial x}\frac{\partial^2 w}{\partial y\,\partial s}-\frac{\partial N}{\partial y}\frac{\partial^2 w}{\partial x\,\partial s}\right)\right] \tag{30}$$

ist.

Gl. (28) stellt die Differentialgleichung der Biegefläche der betrachteten Platte dar, die Gln. (29) und (30) beschreiben die Randbedingungen für das Problem.

Es ist offenbar, daß Gl. (28) sehr verwickelt ist. Für eine Platte veränderlicher Dicke handelt es sich hierbei um eine Differentialgleichung mit veränderlichen Koeffizienten.

Diese Gleichung wird wesentlich einfacher, wenn die Plattendicke konstant, d.h. $h =$ konst ist. Dann ist auch $N =$ konst und Gl. (28) lautet einfach

$$N\nabla^4 w+\varrho h\ddot{w} = p, \tag{31}$$

wobei

$$\nabla^4 = \frac{\partial^4}{\partial x^4}+2\frac{\partial^4}{\partial x^2\partial y^2}+\frac{\partial^4}{\partial y^4}$$

bedeutet.

Die Randbedingung (29) behält ihre Gültigkeit, die Randbedingung (30) lautet dagegen

$$\frac{\partial}{\partial n}(\nabla^2 w) = (1-\nu)\frac{\partial}{\partial s}\left[\left(\frac{\partial^2 w}{\partial x^2}-\frac{\partial^2 w}{\partial y^2}\right)\sin\vartheta\cos\vartheta+\right.$$

$$\left.+\frac{\partial^2 w}{\partial x\,\partial y}(\sin^2\vartheta-\cos^2\vartheta)\right].$$

In weiteren Betrachtungen werden ausschließlich Platten konstanter Dicke untersucht.

Ist der Plattenrand vollkommen eingespannt, so nehmen die Randbedingungen die einfache Form

$$w = 0; \qquad \frac{\partial w}{\partial n} = 0 \tag{32}$$

an. Wenn die Platte frei drehbar gelagert ist, d.h. wenn am Plattenrand $w = 0$ ist, lauten die Randbedingungen für den geradlinigen Rand

$$w = 0; \qquad \nabla^2 w = 0. \tag{33}$$

Es sind noch Anfangsbedingungen hinzuzufügen. Sie beschreiben die Verschiebung (Durchbiegung) und die Verschiebungsgeschwindigkeit der Platte zum Zeitpunkt $t = 0$:

$$w(x, y, 0) = f(x, y); \qquad \dot{w}(x, y, 0) = g(x, y). \tag{34}$$

Wenn die Biegefläche der Platte $w(x, y, t)$ schon bekannt ist, können die Spannung mit Hilfe der Gl. (5) und Biege- und Torsionsmomente aus den Gl. (8) berechnet werden.

9.5. Schwingung einer unendlich ausgedehnten Platte

Es wird freie Schwingung einer unendlich ausgedehnten Platte untersucht, wobei nur die axialsymmetrischen Schwingungsformen betrachtet werden. Es wird vorausgesetzt, daß die Anfangsbedingungen lediglich von der Veränderlichen r und nicht vom Winkel φ abhängen. Die Gleichung der Querschwingung der Platte wird in Zylinderkoordinaten geschrieben:

$$c^2 \nabla_r^4 w(r, t) + \ddot{w}(r, t) = \frac{q(r, t)}{\varrho h} \tag{1}$$

mit

$$c^2 = \frac{N}{\varrho h}; \quad \nabla_r^4 = \left(\frac{\partial^2}{\partial r^2} + \frac{1}{r} \frac{\partial}{\partial r} \right)^2 .$$

Für die freie Schwingung muß $p(r, t) = 0$ vorausgesetzt werden. Weiterhin werden die Anfangsbedingungen in der Form

$$w(r, 0) = f(r); \quad \dot{w}(r, 0) = 0 \tag{2}$$

angenommen.

Die auf die Gl. (1) angewendete *Laplace-Transformation* liefert

$$c^2 \nabla_r^4 \overline{w} + p^2 \overline{w} = p w(r, 0) + \dot{w}(r, 0) \tag{3}$$

oder

$$c^2 \nabla_r^4 \overline{w} + p^2 \overline{w} = p f(r), \tag{3'}$$

mit

$$\overline{w}(r, p) = \int\limits_0^\infty e^{-pt} w(r, t) dt .$$

Mit $w^*(\alpha, p)$

$$w^*(\alpha, p) = \int\limits_0^\infty r \overline{w}(r, p) J_0(\alpha r) \, dr \tag{4}$$

wird das *Hankelsche Integral* bezeichnet.
Es ist also

$$\int\limits_0^\infty r \left(\frac{\partial^2 \overline{w}}{\partial r^2} + \frac{1}{r} \frac{\partial \overline{w}}{\partial r} \right) J_0(\alpha r) \, dr = -\alpha^2 w^*(\alpha, p),$$

$$\int\limits_0^\infty r \left(\frac{\partial^2}{\partial r^2} + \frac{1}{r} \frac{\partial}{\partial r} \right) \left(\frac{\partial^2 \overline{w}}{\partial r^2} + \frac{1}{r} \frac{\partial \overline{w}}{\partial r} \right) J_0(\alpha r) \, dr = \alpha^4 w^*(\alpha, p) \tag{5}$$

zu bemerken.

Wird Gl. (3') mit $r J_0(\alpha r)$ multipliziert und bezüglich r von 0 bis ∞ integriert, so ergibt sich

$$w^*(\alpha, p)(\alpha^4 c^2 + p^2) = p f^*(\alpha); \quad f^*(\alpha) = \int\limits_0^\infty r f(r) J_0(\alpha r) \, dr . \tag{6}$$

Daraus folgt

$$w^*(\alpha, p) = \frac{p f^*(\alpha)}{\alpha^4 c^2 + p^2}.\tag{7}$$

Unter Berücksichtigung von

$$\bar{w}(r, p) = \int\limits_0^\infty \alpha w^*(\alpha, p) J_0(\alpha r)\, d\alpha,\tag{8}$$

liefert die inverse *Hankel-Transformation* der Gl. (7)

$$\bar{w}(r, p) = \int\limits_0^\infty \frac{\alpha p f^*(\alpha)}{\alpha^4 c^2 + p^2}\, J_0(\alpha r) d\alpha,\tag{9}$$

oder

$$\bar{w}(r, p) = \int\limits_0^\infty \frac{\alpha p J_0(\alpha r)}{\alpha^4 c^2 + p^2} \int\limits_0^\infty u f(u) J_0(\alpha u) du\, d\alpha.\tag{10}$$

Die inverse *Laplace-Transformation* ergibt endgültig

$$w(r, t) = \int\limits_0^\infty \alpha J_0(\alpha r) \cos(c\alpha^2 t) \int\limits_0^\infty u f(u) J_0(\alpha u) du\, d\alpha\tag{11}$$

oder

$$w(r, t) = \int\limits_0^\infty u f(u) du \int\limits_0^\infty \alpha J_0(\alpha r) J_0(\alpha u) \cos(c\alpha^2 t) d\alpha.\tag{11'}$$

Nun wird das *Integral von Weber*

$$\int\limits_0^\infty \alpha J_0(\alpha u) J_0(\alpha r) e^{-\nu\alpha^2} d\alpha = \frac{1}{2\nu} \exp\left(-\frac{u^2 + r^2}{4\nu}\right) I_0\left(\frac{ur}{2\nu}\right)\tag{12}$$

mit

$$I_0(z) = J_0(iz)$$

betrachtet.

Wird $\nu = -ict$ in Gl. (12) eingesetzt und wird nur der Realteil beachtet, so gilt

$$\int\limits_0^\infty \alpha J_0(\alpha u) J_0(\alpha r) \cos(\alpha^2 ct) d\alpha = \frac{1}{2ct} J_0\left(\frac{ur}{2ct}\right) \sin\left(\frac{u^2 + r^2}{4ct}\right).\tag{12'}$$

Auf diese Weise entsteht die endgültige Formel für die freie Plattenschwingung:

$$w(r, t) = \frac{1}{2ct} \int\limits_0^\infty u f(u) J_0\left(\frac{ur}{2ct}\right) \sin\left(\frac{u^2 + r^2}{4ct}\right) du.\tag{13}$$

Die Anfangsbiegefläche der Platte möge die Gestalt einer Glockenfläche haben:

$$w(r, 0) = f(r) = f_0 e^{-\frac{r^2}{a^2}}.$$

worin f_0 eine kleine Größe bedeutet.

Gl. (6) liefert

$$f^*(\alpha) = f_0 \int_0^\infty r e^{-\frac{r^2}{a^2}} J_0(\alpha r) dr = \frac{f_0 a^2}{2} e^{-\frac{a^2}{4a^2}}$$

und Gl. (11) ergibt

$$w(r, t) = \frac{f_0 a^2}{2} \int_0^\infty \alpha e^{-\frac{a^2}{4a^2}} J_0(\alpha r) \cos(c\alpha^2 t) d\alpha.$$

Daraus folgt [136]

$$w(r, t) = \frac{f_0}{1+\eta^2} \exp\left(-\frac{\varrho^2}{1+\eta^2}\right)\left[\cos\frac{\varrho^2\eta}{1+\eta^2} - \eta \sin\frac{\varrho^2\eta}{1+\eta^2}\right] \tag{14}$$

mit $\quad \eta = \dfrac{4ct}{a^2} \, ; \varrho = \dfrac{r}{a}\,.$

In Abb. 9-6 sind Biegeflächen w für verschiedene Zeiten η gezeigt.

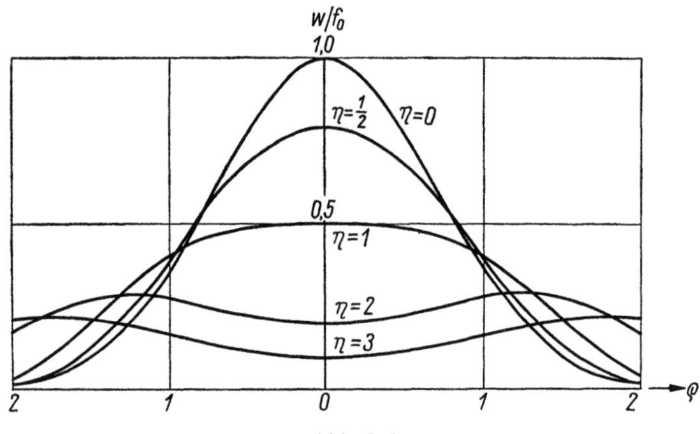

Abb. 9-6

Wird die Plattenschwingung erzwungen, so ist in Gl. (1) das Glied $q(r, t)$ zu berücksichtigen. Es wird $q(r, t) = \varrho h f(r)\, \dot\psi(t)$ mit $\dot\psi(t) = \dfrac{d\psi}{dt}$ vorausgesetzt.

Die *Laplace-Transformation* der Gl. (1) liefert

$$c^2 \nabla_r^4 \overline{w} + p^2 \overline{w} = f(r) p \overline{\psi}(p) + p w(r, 0) + \dot w(r, 0). \tag{15}$$

Wenn die Anfangswerte gleich Null, d.h. $w(r, 0) = 0$; $\dot w(r, 0) = 0$ angenommen werden, gilt

$$c^2 \nabla_r^4 \overline{w} + p^2 \overline{w} = f(r) p \overline{\psi}(p). \tag{16}$$

Die Anwendung der *Hankel-Transformation* auf Gl. (16) ergibt

$$w^*(\alpha, p)(c^2\alpha^4 + p^2) = p\overline{\psi}(p) f^*(\alpha). \tag{17}$$

Daraus folgt

$$w^*(\alpha, p) = \frac{p\overline{\psi}(p) f^*(\alpha)}{c^2\alpha^4 + p^2}\,. \tag{18}$$

Die inverse *Hankel-Transformation* liefert dann

$$\bar{w}(r,p) = \int_0^\infty \frac{\alpha f^*(\alpha)p\bar{\psi}(p)J_0(\alpha r)d\alpha}{c^2\alpha^4 + p^2}. \tag{19}$$

Wird nun die inverse *Laplace-Transformation* unter Berücksichtigung von

$$f^*(\alpha) = \int_0^\infty \xi f(\xi)J_0(\xi\alpha)d\xi,$$

angewendet, so ergibt Gl. (19)

$$w(r,t) = \int_0^\infty \alpha J_0(\alpha r)d\alpha \int_0^t \psi(\tau)\cos\alpha^2 c(t-\tau)d\tau \int_0^\infty \xi f(\xi)J_0(\xi\alpha)d\xi \tag{20}$$

oder

$$w(r,t) = \int_0^t \psi(\tau)d\tau \int_0^\infty f(\xi)\xi\,d\xi \int_0^\infty \alpha J_0(\alpha r)J_0(\alpha\xi)\cos\alpha^2 c(t-\tau)d\alpha. \tag{20'}$$

Unter Verwendung der Gl. (12′) wird die Lösung der Gl. (1) in der Form

$$w(r,t) = \frac{1}{2c}\int_0^t \frac{\psi(\tau)d\tau}{t-\tau} \int_0^\infty f(\xi)\xi\sin\left[\frac{\xi^2+r^2}{4c(t-\tau)}\right]J_0\left(\frac{\xi r}{2c(t-\tau)}\right)d\xi \tag{21}$$

geschrieben.

Im Koordinatenursprung greife eine Einzelkraft an. Dann ist

$$f(r) = \frac{\delta(r)}{2\pi r}. \tag{22}$$

Gl. (22) in Gl. (21) eingesetzt, ergibt

$$w(r,t) = \frac{1}{4\pi c}\int_0^t \frac{\psi(\tau)}{t-\tau}\sin\left[\frac{r^2}{4c(t-\tau)}\right]d\tau. \tag{23}$$

Mit $\eta = \dfrac{r^2}{4c(t-\tau)}$ kann Gl. (23) in der Form

$$w(r,t) = \frac{1}{4\pi c}\int_{r^2/4ct}^\infty \psi\left(t - \frac{r^2}{4c\eta}\right)\frac{\sin\eta}{\eta}\,d\eta \tag{24}$$

geschrieben werden. Diese Gleichung wurde von BOUSSINESQ angegeben [16].

9.6. Eigenschwingung einer Rechteckplatte

Zunächst wird untersucht, für welche Kreisfrequenzen und für welche Schwingungsformen eine längs der Ränder frei gelagerte Rechteckplatte harmonisch frei schwingen kann. Es wird

$$w(x,y,t) = W(x,y)e^{i\omega t} \tag{1}$$

vorausgesetzt und in die homogene Plattengleichung eingesetzt. Diese Gleichung lautet dann

$$\nabla^4 W - \lambda^4 W = 0 \quad \text{mit} \quad \lambda^4 = \frac{\omega^2}{c^2} \text{ und } c^2 = \frac{N}{\varrho h}. \tag{2}$$

Es wird der Ansatz $W(x, y) = X(x)Y(y)$ angewendet, mit dem nur einigen Randbedingungen für die Platte entsprochen wird. Gl. (2) lautet mit diesem Ansatz

$$X^{\mathrm{IV}}(x)Y(y) + 2X''(x)Y''(y) + X(x)Y^{\mathrm{IV}}(y) - \lambda^4 X(x)Y(y) = 0. \tag{3}$$

In den obigen Gleichungen können die Funktionen $X(x)$ und $Y(y)$ in folgenden Fällen entkoppelt werden:
für

$$Y''(y) = -\beta^2 Y(y) \quad \text{und} \quad Y^{\mathrm{IV}}(y) = -\beta^2 Y''(y), \tag{4'}$$

oder für

$$X''(x) = -\alpha^2 X(x) \quad \text{und} \quad X^{\mathrm{IV}}(x) = -\alpha^2 X''(x). \tag{4''}$$

Die Bedingungen (4'), (4'') werden ausschließlich durch die trigonometrischen Funktionen

$$\begin{Bmatrix} \sin \alpha_n x \\ \cos \alpha_n x \end{Bmatrix} \quad \text{oder} \quad \begin{Bmatrix} \sin \beta_m y \\ \cos \beta_m y \end{Bmatrix}, \quad \text{mit} \quad \alpha_n = \frac{n\pi}{a}; \quad \beta_m = \frac{m\pi}{b}$$

erfüllt.

Es wird eine frei drehbare Auflagerung der Plattenränder $y = 0$; $y = b$ angenommen, d.h.

$$Y_m(y) = C \sin \beta_m y; \quad \beta_m = \frac{m\pi}{b}; \quad m = 1, 2, \ldots, \infty. \tag{5}$$

Diese Funktion erfüllt nämlich die Bedingungen

$$Y_m(0) = Y_m(b) = Y_m''(0) = Y_m''(b) = 0 \tag{6}$$

für alle ganzen Zahlen m, und damit befriedigt sie die Randbedingungen

$$w(x, 0, t) = w(x, b, t) = \nabla^2 w(x, 0, t) = \nabla^2 w(x, b, t) = 0.$$

Im betrachteten Fall nimmt Gl. (3) die folgende Form an:

$$\frac{d^4 X}{dx^4} - 2\beta_m^2 \frac{d^2 X}{dx^2} - (\lambda^4 - \beta_m^4)X = 0. \tag{7}$$

Auf Gl. (7) wird die *Laplace-Transformation* angewendet. Es gilt dann

$$p^4 \bar{X}(p) - p^3 X(0) - p^2 X'(0) - pX''(0) - X'''(0) -$$
$$- 2\beta_m^2 [p^2 X(p) - pX(0) - X'(0)] - (\lambda^4 - \beta_m^4)\bar{X}(p) = 0 \tag{8}$$

mit

$$\bar{X}(p) = \int\limits_0^\infty e^{-px} X(x)\,dx.$$

Aus der Gl. (8) läßt sich der Wert von $\bar{X}(p)$ zu

$$\bar{X}(p) = \frac{(p^2 - 2\beta_m^2)[pX(0) + X'(0)] + pX''(0) + X'''(0)}{(p^2 - \beta_m^2)^2 - \lambda^4}, \tag{9}$$

oder zu

$$\overline{X}(p) = \frac{1}{2\lambda^2}\left(\frac{1}{p^2-\delta^2}-\frac{1}{p^2+\varepsilon^2}\right)[pX''(0)+X'''(0)]+$$

$$+\frac{1}{2\lambda^2}\left(\frac{\varepsilon^2}{p^2-\delta^2}+\frac{\delta^2}{p^2+\varepsilon^2}\right)[pX(0)+X'(0)], \tag{9'}$$

bestimmen, wobei

$$\varepsilon^2 = \lambda^2-\beta_m^2; \qquad \delta^2 = \lambda^2+\beta_m^2$$

bedeutet. Es gilt auch

$$\mathscr{L}^{-1}\left(\frac{p}{p^2-\delta^2}\right) = \cosh\delta x; \qquad \mathscr{L}^{-1}\left(\frac{p}{p^2+\varepsilon^2}\right) = \cos\varepsilon x,$$

$$\mathscr{L}^{-1}\left(\frac{1}{p^2-\delta^2}\right) = \frac{1}{\delta}\sinh\delta x; \qquad \mathscr{L}^{-1}\left(\frac{1}{p^2+\varepsilon^2}\right) = \frac{1}{\varepsilon}\sin\varepsilon x.$$

Die inverse *Laplace-Transformation* der Gl. (9') liefert die Funktion

$$X(x) = X(0)A(x)+X'(0)B(x)+X''(0)C(x)+X'''(0)D(x). \tag{10}$$

Hierbei werden die folgenden Bezeichnungen verwendet:

$$A(x) = \frac{1}{2\lambda^2}\,(\varepsilon^2\cosh\delta x+\delta^2\cos\varepsilon x),$$

$$B(x) = \frac{1}{2\lambda^2}\left(\frac{\varepsilon^2}{\delta}\sinh\delta x+\frac{\delta^2}{\varepsilon}\sin\varepsilon x\right),$$

$$C(x) = \frac{1}{2\lambda^2}\,(\cosh\delta x-\cos\varepsilon x), \tag{11}$$

$$D(x) = \frac{1}{2\lambda^2}\left(\frac{\sinh\delta x}{\delta}-\frac{\sin\varepsilon x}{\varepsilon}\right).$$

Es gilt weiterhin

$$\begin{aligned}
X(x) &= X(0)A(x)+X'(0)B(x)+X''(0)C(x)+X'''(0)D(x),\\
X'(x) &= X(0)\delta^2\varepsilon^2 D(x)+X'(0)A(x)+X''(0)C'(x)+X'''(0)C(x),\\
X''(x) &= X(0)\delta^2\varepsilon^2 C(x)+X'(0)\delta^2\varepsilon^2 D(x)+X''(0)C''(x)+X'''C'(x),\\
X'''(x) &= X(0)\delta^2\varepsilon^2 C'(x)+X'(0)\delta^2\varepsilon^2 C(x)+X''(0)C'''(x)+X'''(0)C''(x)
\end{aligned} \tag{12}$$

mit

$$C'(x) = B(x)+2\beta_m^2 D(x); \qquad C''(x) = A(x)+2\beta_m^2 C(x);$$

$$C'''(x) = \delta^2\varepsilon^2 D(x)+2\beta_m^2[B(x)+2\beta_m^2 D(x)].$$

Beispiel 9-1. Es wird eine Rechteckplatte betrachtet, deren Ränder $y = 0$; $y = b$ und $x = 0$ frei drehbar gelagert und der Rand $x = a$ vollkommen eingespannt sind. In diesem Fall gilt

$$X(0) = 0;\ X''(0) = 0;\ X(a) = 0;\ X'(a) = 0. \tag{a}$$

Die Lösung (10), welche die beiden ersten Bedingungen (a) erfüllt, hat die Form

$$X(x) = X'(0)B(x)+X''(0)D(x). \tag{b}$$

Die Berücksichtigung der beiden letzten Bedingungen (a) führt auf das System von zwei Gleichungen

$$X(a) = X'(0)B(a) + X''(0)D(a) = 0,$$
$$X'(a) = X'(0)B'(a) + X''(0)D'(a) = 0. \tag{c}$$

Dieses System ist kompatibel, wenn seine Determinante gleich Null ist. Es gilt folglich

$$B(a)D'(a) - B'(a)D(a) = 0. \tag{d}$$

Unter Beachtung der Gl. (10) führt diese Gleichung auf die transzendente Gleichung

$$\tan \varepsilon a = \frac{\varepsilon}{\delta} \tanh \delta a. \tag{e}$$

Für den vorausgesetzten Wert β_m werden aus der Gl. (e) die aufeinanderfolgenden Werte von λ_{mn} und weiterhin die Frequenzen $\omega_{mn} = \lambda_{mn}^2\, c$ ermittelt.

Nun wird die freie Schwingung einer Rechteckplatte mit dem Seitenverhältnis $a/b = 2$ untersucht.

Mit den Bezeichnungen $\dfrac{\varepsilon a}{2} = \eta$; $\delta = (\lambda^2 + \beta_m^2)^{1/2}$ ergeben sich für $a/b = 2$ die folgenden Parameter

$$\eta = \left(\frac{a^2\lambda^2}{4} - m^2\pi^2\right)^{1/2}; \quad \delta a = 2(\eta + 2m^2\pi^2)^{1/2}.$$

Gl. (e) lautet dann

$$\zeta = \tan 2\eta = \frac{\eta}{\sqrt{\eta^2 + 2\pi^2 m^2}} \tanh 2\sqrt{\eta^2 + 2m^2\pi^2}. \tag{f}$$

In Abb. 9-7 sind sowohl die linke als auch die rechte Seite dieser Gleichung als Funktionen von η dargestellt, einmal unter der Voraussetzung von $m = 1$ und einmal für $m = 2$. Die Schnittpunkte der Tangenskurve mit der Kurve, welche durch die rechte Seite der Gl. (f) beschrieben wird, liefern die gesuchten Wurzeln der transzendenten Gleichung.

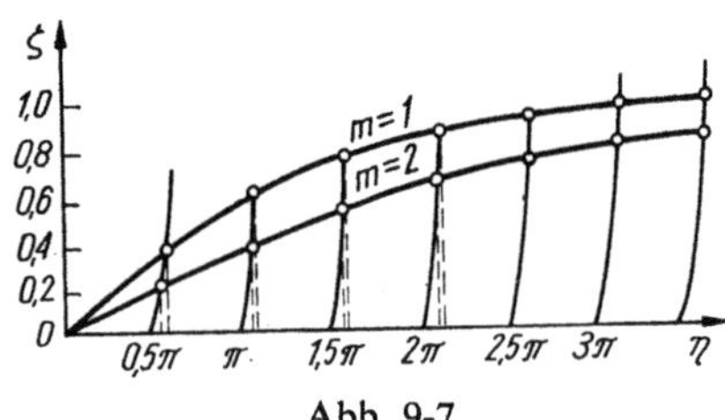

Abb. 9-7

Es gilt:
für $m = 1$:

$$\eta_{11} = 0; \quad \eta_{12} = 0,55\pi; \quad \eta_{13} = 1,08\pi;$$
$$\eta_{14} = 1,60\pi; \quad \eta_{15} = 2,11\pi; \ldots$$

für $m = 2$:

$$\eta_{21} = 0; \quad \eta_{22} = 0,52\pi; \quad \eta_{23} = 1,05\pi;$$
$$\eta_{24} = 1,56\pi; \quad \eta_{25} = 2,08\pi; \ldots.$$

Die Voraussetzung von $m = 1$ bezieht sich auf eine Halbwelle, die Voraussetzung von $m = 2$ auf zwei Halbwellen in der zur y-Achse parallelen Richtung. Die Eigenfrequenzen werden aus der Formel

$$\lambda^2 = \varepsilon^2 + \beta_m^2 \text{ bestimmt, worin } \lambda^4 = \omega^2/c^2 \text{ und } c = \sqrt{\frac{N}{\varrho h}}$$

bedeuten.

Folglich ist

$$\omega_{nm} = \left(4\eta\,\frac{b^2}{a^2}+m^2\right)\frac{\pi^2}{b^2}\,\sqrt{\frac{N}{\varrho h}} = \alpha_{nm}\,\frac{\pi^2}{b^2}\,\sqrt{\frac{N}{\varrho h}}\,. \tag{g}$$

Wird $m = 1$ und $m = 2$ in die letzte Gleichung eingesetzt, so ergeben sich für $a/b = 2$ die in Tafel 9-1 angeführten Werte von α_{nm}.

Tafel 9-1

n	1	2	3	4	5
α_{1n}	1,0	1,303	2,166	3,560	3,552
α_{2n}	4,0	4,270	5,102	6,430	8,326

Die den einzelnen Frequenzen zugeordneten Eigenfunktionen werden mit Hilfe der Gl. (b) unter Berücksichtigung der ersten von Gln. (c) ermittelt. Es gilt

$$X(x) = X'(0)\left[B(x)-\frac{X''(0)}{X'(0)}\,D(x)\right]. \tag{h}$$

Nach einfachen Umformungen ergibt sich

$$X_{nm}(x) = A_{nm}\left[\sin\varepsilon_{nm}x-\frac{\sin\varepsilon_{nm}a}{\sinh\varepsilon_{nm}a}\,\sinh\delta_{nm}x\right].$$

Für den betrachteten Fall einer Rechteckplatte mit dem Seitenverhältnis $a/b = 2$ gilt

$$X_{nm}(x) = A_{nm}\left[\sin\frac{2\eta_{nm}x}{a}-\frac{\sin 2\eta_{nm}}{\sinh 2\sqrt{\eta^2+2\pi^2m^2}}\,\sin\frac{2x}{a}\sqrt{\eta^2+2\pi^2m^2}\right]. \tag{i}$$

Es wird noch eine quadratische Platte ($a/b = 1$) betrachtet. Gl. (e) liefert für $a/b = 1$ und $m = 1$ die folgenden Werte: $a\delta = 5{,}78$; $a\varepsilon = 3{,}72$. Mithin ist

$$\lambda_{11}^2 = \frac{5{,}72^2+3{,}72^2}{2a^2} = \frac{23{,}6}{a^2};\qquad \omega_{11} = \frac{23{,}6}{a^2}\,\sqrt{\frac{N}{\varrho h}}\,.$$

Beispiel 9-2. Es ist eine an den Rändern $x = 0$; $x = a$ frei drehbar gelagerte, an den Rändern $y = 0$; $y = b$ dagegen vollkommen eingespannte Platte zu untersuchen. In diesem Fall gilt

$$X(0) = X'(0) = X(a) = X'(a) = 0. \tag{a}$$

Die Lösung (10) lautet

$$X(x) = X''(0)C(x)+X'''(0)D(x). \tag{b}$$

Hierbei sind die beiden ersten Randbedingungen (a) verwendet worden. Die beiden letzten Bedingungen ergeben das Gleichungssystem

$$\begin{aligned}X(a) &= X''(0)C(a)+X'''(0)D(a) = 0,\\ X'(a) &= X''(0)C'(a)+X'''(0)C(a) = 0.\end{aligned} \tag{c}$$

Das System (c) ist kompatibel, wenn seine Determinante gleich Null ist. Es gilt also

$$C^2(a)-D(a)C'(a) = 0.$$

Diese Gleichung liefert die Beziehung

$$2(1-\cos\varepsilon a\cosh\delta a)+\frac{\delta^2-\varepsilon^2}{\delta\varepsilon}\,\sin\varepsilon a\sinh\delta a = 0$$

oder

$$\left(\delta\tanh\frac{\delta a}{2}+\varepsilon\tan\frac{\varepsilon a}{2}\right)\left(\delta\coth\frac{\delta a}{2}-\varepsilon\cot\frac{\varepsilon a}{2}\right) = 0.$$

Die Gleichung

$$\delta \tanh \frac{\delta a}{2} + \varepsilon \tan \frac{\varepsilon a}{2} = 0 \tag{d}$$

entspricht den symmetrischen Schwingungsformen der Platte, die Gleichung

$$\delta \coth \frac{\delta a}{2} - \varepsilon \cot \frac{\varepsilon a}{2} = 0 \tag{e}$$

dagegen den antisymmetrischen Schwingungsformen.

Für einen vorgegebenen Wert β_m können die aufeinanderfolgenden Werte von λ_{nm}^2 aus den Gln. (d) und (e) und weiter die aufeinanderfolgenden Frequenzen aus der Formel

$$\omega_{nm} = \lambda_{nm}^2 c$$

berechnet werden.

Für eine quadratische Platte (für $a/b = 1$) und bei einer symmetrischen Schwingungsform ergeben sich aus Gl. (d) für die tiefste Frequenz (für $m = n = 1$) die folgenden Werte: $a\delta = 6{,}22$; $a\varepsilon = 4{,}36$. Damit ist

$$\lambda_{11}^2 = \frac{1}{2}(\varepsilon^2 + \delta^2) = \frac{28{,}8}{a^2}; \quad \omega_{11} = \frac{28{,}8}{a^2}\sqrt{\frac{N}{\varrho h}}.$$

Die Schwingungsform der Platte ist durch Gl. (a) bestimmt. Unter Beachtung von Gl. (c) ist

$$X(x) = X''(0)\left[C(x) + \frac{X'''(0)}{X''(0)} D(x) \right],$$

wobei der Wert des Verhältnisses $X'''(0)/X''(0)$ der ersten oder zweiten Gleichung der Gln. (c) zu entnehmen ist.

Beispiel 9-3. Es wird eine Rechteckplatte untersucht, die längs ihres gesamten Umfangs frei drehbar gelagert ist. Bei $X(0) = 0$; $X''(0) = 0$ gilt in diesem Fall

$$X(x) = X'(0)B(x) + X'''(0)D(x).$$

Die Randbedingungen $X(a) = X''(a) = 0$ liefern das System homogener Gleichungen

$$X'(0)B(a) + X'''(0)D(a) = 0,$$

$$X'(0)\delta^2\varepsilon^2 D(a) + X'''(0)C'(a) = 0.$$

Wird die Determinante dieses Systems gleich Null gesetzt, so ergibt sich

$$B(a)C'(a) - \delta^2\varepsilon^2 D^2(a) = 0$$

oder

$$\sin \varepsilon a = 0. \tag{a}$$

Mithin gilt

$$\varepsilon_n = \frac{n\pi}{a}; \quad n = 1, 2, \ldots, \infty. \tag{b}$$

Die Beziehung

$$\varepsilon_n = (\lambda_{nm}^2 - \beta_m^2)^{1/2}$$

liefert

$$\lambda_{nm}^2 = \alpha_n^2 + \beta_m^2; \quad \alpha_n = \frac{n\pi}{a}.$$

Es ist also

$$\omega_{nm} = c\lambda_{nm}^2 = (\alpha_n^2 + \beta_m^2)\sqrt{\frac{N}{\varrho h}}. \tag{c}$$

Für eine quadratische Platte lautet die erste Schwingungsform

$$\omega_{11} = (\alpha_1^2 + \beta_1^2)\sqrt{\frac{N}{\varrho h}} = \frac{19{,}7}{a^2}\sqrt{\frac{N}{\varrho h}} = \frac{2\pi^2}{a^2}\sqrt{\frac{N}{\varrho h}}.$$

In Tafel 9-2 sind Zahlenwerte von $\alpha_{nm} = \omega_{nm}\,\dfrac{a^2}{\pi^2}\sqrt{\dfrac{\varrho h}{N}}$ für einige Werte des Verhältnisses $\beta = a/b$ zusammengestellt.

Tafel 9-2

β	0,4	0,5	0,6	0,7	0,8	0,9	1,0
α_{11}	1,160	1,250	1,360	1,490	1,640	1,840	2,000
α_{12}	1,640	2,000	2,440	2,980	3,560	4,240	5,000
α_{21}	4,160	4,250	4,360	4,490	4,640	4,810	5,000
α_{22}	4,640	5,000	5,440	5,980	6,560	7,240	8,900
α_{13}	2,440	3,250	4,240	5,410	6,760	8,290	10,000
α_{31}	9,160	9,250	9,360	9,490	9,640	9,810	10,000

Ein Vergleich der ersten Frequenzen, die für eine quadratische Platte in den Beispielen 9-1, 9-2, 9-3 berechnet wurden, zeigt, daß die tiefste Frequenz für eine längs ihres ganzen Randes frei drehbar gelagerte Platte gilt. Die nächste Frequenz $\omega_{11} = \dfrac{23{,}6}{2}\sqrt{\dfrac{N}{\varrho h}}$ gilt für die nur an einem Rand eingespannte Platte. Die letzte und damit die höchste Frequenz bezieht sich auf diejenige Platte, bei der jeweils zwei gegenüberliegende Ränder frei drehbar gelagert bzw. vollkommen eingespannt sind $\left(\omega_{11} = \dfrac{28{,}8}{a^2}\sqrt{\dfrac{N}{\varrho h}}\right)$.

Die längste Schwingungsperiode beträgt

$$T_1 = \frac{2\pi}{\omega_{11}} = \frac{2a^2 b^2}{\pi(a^2 + b^2)}\sqrt{\frac{\varrho h}{N}}.$$

Sie entspricht der Grundform der harmonischen Schwingung einer Platte, für deren Biegefläche die Gleichung

$$W_{11} = A_{11}\sin\frac{\pi x}{a}\sin\frac{\pi y}{b} \tag{13}$$

gilt.

Für $n = m = 2, 3, 4$ ergeben sich die Schwingungskomponenten mit den zu den Plattenrändern parallelen Knotenlinien, welche die Platte in die dem Rechteck ab ähnlichen Rechtecke aufteilen.

Auf eine analoge Weise können transzendente Gleichungen gewonnen werden, aus denen sich die Kreisfrequenzen für andere Auflagerungsarten der Plattenränder $x = 0$; $x = a$ ermitteln lassen, z.B. wenn diese Ränder frei sind.

Nun werden zwei verschiedene Formen der Eigenschwingung der Platte untersucht (wobei die beiden Formen selbstverständlich die gleichen Randbedingungen erfüllen müssen) und zwar die Biegeflächen $W_{ij}(x, y)$ und $W_{kl}(x, y)$ mit den zugeordneten Eigenwerten λ_{ij} und λ_{kl}. Die Schwingungsfunktionen befriedigen die Differentialgleichungen

$$\nabla^4 W_{ij} - \lambda_{ij}^4 W_{ij} = 0, \tag{14}$$

$$\nabla^4 W_{kl} - \lambda_{kl}^4 W_{kl} = 0. \tag{15}$$

Die durch die Gln. (14), (15) beschriebenen Flächen dürfen als Biegeflächen der Platte infolge der Belastung $q = N\lambda^4 W$ angesehen werden. Die Differentialgleichung für die Biegefläche einer Platte unter statischer Last lautet nämlich

$$\nabla^2 \nabla^2 w = q/N. \tag{16}$$

Wird das Prinzip der Gegenseitigkeit der Verschiebungen auf das Lastensystem $q_{ij} = \lambda_{ij}^4 W_{ij}(x, y)N$ bzw. $q_{kl} = \lambda_{kl}^4 W_{kl}(x, y)N$ und auf die zugeordneten Durchbiegungen W_{ij} und W_{kl} angewendet, so ergibt sich

$$N\lambda_{ij}^4 \int_0^a \int_0^b W_{kl}(x, y) W_{ij}(x, y) dx\, dy =$$

$$= N\lambda_{kl}^4 \int_0^a \int_0^b W_{ij}(x, y) W_{kl}(x, y) dx\, dy \tag{17}$$

Da die Größen λ_{ij}, λ_{kl} zwei verschiedenen Schwingungsformen entsprechen, ist $\lambda_{ij} \neq \lambda_{kl}$, und aus der Gl. (17) folgt

$$\int_0^a \int_0^b W_{ij}(x, y) W_{kl}(x, y) dx\, dy = 0. \tag{18}$$

Die Formen der Eigenschwingung einer Platte sind orthogonal und, infolge einer geeigneten Wahl der in diesen Schwingungsformen vorkommenden Konstanten, normiert. Es soll also die Bedingung

$$\int_0^a \int_0^b W_{ij}^2 \, dx\, dy = 1 \tag{19}$$

erfüllt werden.

In den weiteren Betrachtungen wird vorausgesetzt, daß die Eigenfunktionen neben der Bedingung (18) auch die Bedingung (19) erfüllen müssen.

Es ist zu bemerken, daß auch diejenigen Eigenschwingungsformen zueinander orthogonal sind, die sich nicht als Produkt $W_{ij}(x, y) = X_i(x) Y_j(y)$ darstellen lassen.

Nun wird auf die Differentialgleichung (7) zurückgegriffen und die *Fourier-Transformation* wird angewendet. Es gilt

$$\int_0^a \left[\frac{d^4 X}{dx^4} - 2\beta_m^2 \frac{d^2 X}{dx^2} - (\lambda^4 - \beta_m^4)X \right] \sin\alpha_n x\, dx = 0; \quad \alpha_n = \frac{n\pi}{a}. \tag{20}$$

Wegen

$$\int_0^a \frac{d^4 X}{dx^4} \sin\alpha_n x\, dx = -\alpha_n[(-1)^n X''(a) - X''(0)] +$$

$$+ \alpha_n^3[(-1)^n X(a) - X(0)] + \alpha_n^4 X_n^*,$$

$$\int_0^a \frac{d^2X}{dx^2} \sin \alpha_n x \, dx = -\alpha_n[(-1)^n X(a) - X(0)] - \alpha_n^2 X_n^*, \tag{21}$$

$$\int_0^a X \sin \alpha_n x \, dx = X_n^*; \qquad X(x) = \frac{2}{a} \sum_{n=1}^{\infty} X_n^* \sin \alpha_n x,$$

liefert Gl. (20)

$$X_n^* = \alpha_n \frac{[(-1)^n X''(a) - X''(0)] - (\alpha_n^2 + 2\beta_m^2)[(-1)^n X(a) - X(0)]}{(\alpha_n^2 + \beta_m^2)^2 - \lambda^4}. \tag{22}$$

Die letzte Beziehung von Gln. (21) ergibt

$$X(x) = \frac{2}{a} \sum_{n=1}^{\infty} \frac{\alpha_n \sin \alpha_n x}{(\alpha_n^2 + \beta_m^2)^2 - \lambda^4} \{[(-1)^n X''(a) - X''(0)] -$$

$$- (\alpha_n^2 + 2\beta_m^2)[(-1)^n X(a) - X(0)]\}. \tag{23}$$

Es wird ein Sonderfall der Platte betrachtet, deren Rand $x = 0$ frei drehbar gelagert, der Rand $x = a$ dagegen vollkommen eingespannt ist. Unter Berücksichtigung, daß in diesem Fall

$$X(0) = X(a) = X''(0) = X'(a) = 0$$

ist, folgt aus Gl. (23)

$$X(x) = \frac{2}{a} \sum_{n=1}^{\infty} \frac{\alpha_n(-1)^n X''(a) \sin \alpha_n x}{(\alpha_n^2 + \beta_m^2)^2 - \lambda^4}. \tag{23'}$$

Unter Beachtung von $X'(a) = 0$ liefert Gl. (23')

$$X'(a) = \frac{2}{a} X''(a) \sum_{n=1}^{\infty} \frac{\alpha_n^2(-1)^n \cos \alpha_n a}{(\alpha_n^2 + \beta_m^2)^2 - \lambda^4} = 0. \tag{24}$$

Aufgrund dieser Gleichung können die aufeinanderfolgenden Werte des Parameters λ für einen vorgegebenen Wert von β_m erraten werden.

Die Platte sei an den Rändern $x = 0$; $x = a$ eingespannt. Dann gilt

$$X(0) = X'(0) = X(a) = X'(a) = 0.$$

Mithin ist

$$X(x) = \frac{2}{a} \sum_{n=1}^{\infty} \frac{\alpha_n \sin \alpha_n x}{(\alpha_n^2 + \beta_m^2)^2 - \lambda^4} [(-1)^n X''(a) - X''(0)]. \tag{25}$$

Für die symmetrische Schwingungsform $X''(a) = X''(0)$ ergibt die Bedingung $X'(0) = 0$ die Gleichung

$$\sum_{n=1}^{\infty} \frac{\alpha_n^2}{(\alpha_n^2 + \beta_m^2)^2 - \lambda^4} = 0; \quad n = 1, 3, 5, \dots, \infty. \tag{26}$$

Unter Berücksichtigung von $X''(0) = -X''(a)$ ergibt sich für die antisymmetrische

Schwingungsform

$$\sum_{n=2}^{\infty} \frac{\alpha_n^2}{(\alpha_n^2 + \beta_m^2)^2 - \lambda^4} = 0; \quad n = 2, 4, 6, \ldots, \infty. \tag{27}$$

Nun wird die Eigenschwingung der in Abb. 9-8 dargestellten durchlaufenden Platte [78, 108] untersucht. Die Platte sei längs der Ränder $y = 0$; a frei drehbar gelagert und außerdem auf den Auflagern ... $r, r+1, \ldots$ aufgestützt.

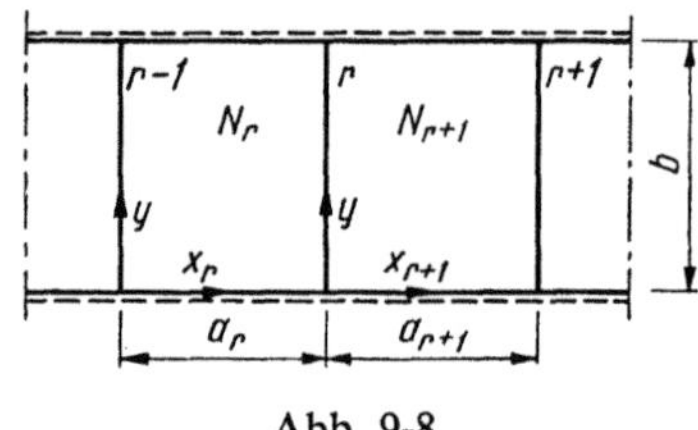

Abb. 9-8

Über den Mittelauflagern bleibt die Kontinuität der Platte erhalten. Wäre die Platte an den Auflagern durchgeschnitten, so müßten die Auflagermomente an Stelle der beseitigten Bindungen angebracht werden, wobei die Biegung der Platte als eine Folge der Einwirkung dieser Momente zu beschreiben wäre. Die Auflagermomente stellen die Funktionen der Veränderlichen y dar und lassen sich in der Form von einfachen *Fourier-Reihen* schreiben. Die Amplitude des Momentes am Auflager r kann beispielsweise mit Hilfe der Reihe

$$M_r(x) = \sum_{n=1}^{\infty} M_{r,m} \sin \beta_m y; \quad \beta_m = \frac{m\pi}{b}$$

ausgedrückt werden.

Bevor die transzendente Eigenschwingungsgleichung für eine durchlaufende Platte aufgestellt wird, ist die folgende Hilfsaufgabe zu betrachten. Am Auflager $x = a$ einer längs der Ränder frei drehbar gelagerten Platte (Abb. 9-9) wirke das Moment mit der Amplitude $M_m \sin \beta_m y$.

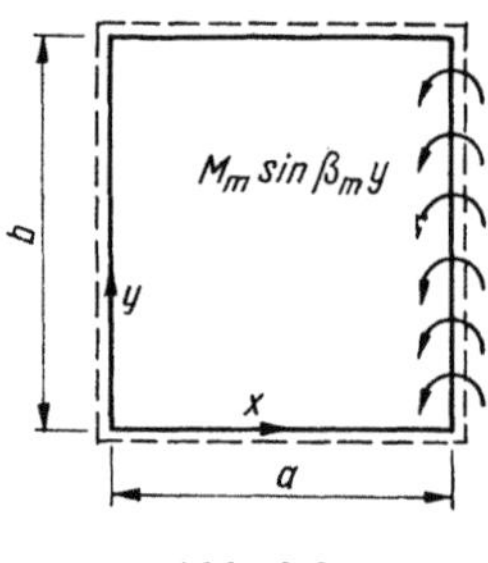

Abb. 9-9

Die dieser Wirkung entsprechende Durchbiegungsamplitude ist

$$W_m(x) = X_m(x) \sin \beta_m y, \tag{28}$$

wobei die Funktion $X_m(x)$ durch Gl. (10) bestimmt ist.

An den Rändern $y = 0$; $y = b$ sind die Randbedingungen für freie Auflagerung erfüllt. Ähnliche Bedingungen werden auch am Rand $x = 0$ mit

$$X_m(0) = 0; \quad X_m''(0) = 0 \text{ erfüllt.} \tag{29}$$

Am Rand $x = a$ müssen die folgenden Randbedingungen befriedigt werden:

$$W_m'(a) = 0; \qquad -N \frac{\partial^2 W_m}{\partial x^2}\bigg|_{x=a} = M_m \sin\beta_m y.$$

Daraus ergeben sich die Beziehungen

$$X_m(a) = 0; \qquad -N X_m''(a) = M_m. \tag{30}$$

Folglich ist

$$X_m(x) = X_m'(0) B_m(x) + X_m''(0) D_m(x). \tag{31}$$

Die Funktionen $B_m(x)$, $D_m(x)$ sind durch die Gln. (11) bestimmt. Aus der Berücksichtigung der Randbedingungen (30) folgt die Biegefläche

$$W_m(x) = \frac{M_m}{2N\lambda_m^2} \left[\frac{\sin\varepsilon_m x}{\sin\varepsilon_m a} - \frac{\sinh\delta_m x}{\sinh\delta_m a} \right] \sin\beta_m y. \tag{32}$$

Es ist hierbei

$$\varepsilon_m = (\lambda_m^2 - \beta_m^2)^{1/2}; \quad \delta_m = (\lambda_m^2 + \beta_m^2)^{1/2}; \quad \lambda^2 = \omega/c; \quad c = (N/\varrho h)^{1/2}$$

Es sind noch die Neigungswinkel der Biegefläche an den Rändern $x = 0$ und $x = a$ zu ermitteln. Es gilt

$$\frac{\partial W_m}{\partial x}\bigg|_{x=0} = \frac{M_m}{N} \Psi_m \sin\beta_m y,$$

$$\frac{\partial W_m}{\partial x}\bigg|_{x=\alpha} = -\frac{M_m}{N} \Phi_m \sin\beta_m y. \tag{33}$$

Hierbei ist

$$\Psi_m = \frac{1}{2\lambda_m^2} (\varepsilon_m \operatorname{cosec}\varepsilon_m a - \delta_m \operatorname{cosech}\delta_m a),$$

$$\Phi_m = \frac{1}{2\lambda_m^2} (\delta_m \operatorname{cotanh}\delta_m a - \varepsilon_m \operatorname{cotan}\varepsilon_m a).$$

Nun wird auf die durchlaufende Platte zurückgegriffen, in der die Eigenschwingung erregt wird. Es wird vorausgesetzt, daß die Biegesteifigkeit N in allen Feldern verschieden ist. Betrachtet werden zwei benachbarte Felder $r-1$, r und r, $r+1$. Die Amplituden der Auflagermomente werden mit ..., M_{r-1}, M_r, M_{r+1}, ... bezeichnet, wobei

$$M_r = \sum_{m=1}^{\infty} M_{r,m} \sin\beta_m y; \quad \text{usw. ist.}$$

Die entsprechenden Biegeflächen der Platte werden mit ... $W_{r-1}(x, y)$, $W_r(x, y)$, $W_{r+1}(x, y)$, ... bezeichnet, wobei

$$W_r = \sum_{m=1}^{\infty} X_{r,m}(x) \sin\beta_m y; \quad \text{usw. ist.}$$

Die Kontinuität der Platte über dem Auflager r wird durch die Gleichung

$$-\left.\frac{\partial W_r}{\partial x}\right|_{x_r=a_r} + \left.\frac{\partial W_r}{\partial x}\right|_{x_{r+1}=0} = 0 \qquad (34)$$

beschrieben. Wird für den Neigungswinkel der Biegefläche der Ansatz mit den Momenten M_{r-1}, M_r, M_{r+1} verwendet, so kann die Kontinuitätsgleichung (34) in der Form

$$\sum_{m=1}^{\infty}\left[\frac{1}{N_r}(M_{r-1,m}\Psi_{r,m}+M_{r,m}\Phi_{r,m}) + \frac{1}{N_{r+1}}(M_{r,m}\Phi_{r+1,m}+ \right.$$

$$\left. + M_{r+1,m}\Psi_{r+1,m})\right]\sin\beta_m y = 0$$

geschrieben werden.

Diese Bedingung muß für jeden Wert y erfüllt werden, woraus folgt, daß die Beiwerte an $\sin\beta_m y$ gleich Null sein müssen. Dies ergibt ein System von Gleichungen mit drei Gliedern:

$$M_{r-1,m}\Psi_{r,m}\gamma_r + M_{r,m}(\Phi_{r,m}\gamma_r + \Phi_{r+1,m}\gamma_{r+1}) + M_{r+1,m}\Psi_{r+1,m}\gamma_{r+1} = 0;$$

$$m = 1,2,\ldots\infty; \qquad r = 1,2,\ldots s. \qquad (35)$$

Hierbei ist $\gamma_r = N/N_r$ und N bedeutet die Steifigkeit des Vergleichsfeldes. Für jeden Wert von m werden $s-1$ homogene Gleichungen (für $s+1$ Auflager) aufgestellt. Das Gleichungssystem ist kompatibel, wenn seine Determinante Null ist. Wird sie gleich Null gesetzt, so ergibt sich eine transzendente Gleichung, derer Wurzeln die aufeinanderfolgenden Eigenfrequenzen der durchlaufenden Platte darstellen.

Gl. (35) umfaßt eine Reihe von Sonderfällen.

Beispiel 9-4. a) Es wird eine Rechteckplatte betrachtet, die am ersten Auflager (r) vollkommen eingespannt und am zweiten frei drehbar aufgestützt ist.

Unter der Voraussetzung unendlich großer Steifigkeit der Platte im Feld r (d.h. für $\gamma_r = N/N_r = 0$) und bei $M_{r+1} = 0$ ergibt sich die Gleichung

$$\gamma_{r+1}M_{r,m}\Phi_{r+1,m} = 0.$$

Diese Gleichung liefert bei $\gamma_{r+1} \neq 0$; $M_{r,m} \neq 0$ die Beziehung

$$\delta_m \cotanh \delta_m a_{r+1} - \varepsilon_m \cotan \varepsilon_m a_{r+1} = 0, \qquad (a)$$

die mit Gl. (e) vom Beispiel 9-1 übereinstimmt.

b) Die Rechteckplatte sei an den Rändern r und $r+1$ vollkommen eingespannt. Bei $\gamma = 0$ ist

$$\gamma_{r+1}M_{r,m}\Phi_{r+1,m} + \gamma_{r+1}M_{r+1,m}\Psi_{r+1,m} = 0.$$

Hierbei werden zwei Schwingungsformen untersucht: die symmetrische $M_{r,m} = M_{r+1,m}$ und die antisymmetrische $M_{r,m} = -M_{r+1,m}$. Für die erstere gilt die Gleichung

$$\delta_m \tanh\frac{\delta_m a_{r+1}}{2} + \varepsilon_m \tan\frac{\varepsilon_m a_{r+1}}{2} = 0, \qquad (b)$$

und für die andere

$$\delta_m \cotanh\frac{\delta_m a_{r+1}}{2} - \varepsilon_m \cotan\frac{\varepsilon_m a_{r+1}}{2} = 0 \qquad (c)$$

in Übereinstimmung mit den Gln. (d) und (e) vom Beispiel 9-2.

c) Es wird eine zweifeldrige durchlaufende Platte mit gleichen Spannweiten der Felder a und gleichen Biegesteifigkeiten N betrachtet. Das linke äußerste Auflager sei vollkommen eingespannt, am anderen sei die Platte frei drehbar aufgestützt. Zur Verfügung steht das Gleichungssysstem

$$M_{0,m}\Phi_m + M_{1,m}\Psi_m = 0,$$
$$M_{0,m}\Psi_m + 2M_{1,m}\Phi_m = 0.$$

Wird die Determinante dieses Systems gleich Null gesetzt, so ergibt sich die transzendente Gleichung

$$2\Phi_m^2 - \Psi_m^2 = 0.$$

Für $b = a$ und $m = 1$ wird der Wert

$$\omega_{11} = \frac{2{,}05\,\pi^2}{b^2}\sqrt{\frac{N}{\varrho h}}$$

durch Versuche erhalten.

In Tafel 9-3 sind die von M. Kurata [78] berechneten Werte des Koeffizienten α_{11} angegeben, die bei der tiefsten Frequenz $\omega_{11} = \alpha_{11}\dfrac{\pi^2}{b^2}\sqrt{\dfrac{N}{\varrho h}}$ beim Seitenverhältnis $a/b = 2$ und bei $\nu = 0{,}3$ vorkommen. Der Faktor α_{11} ist für drei verschiedene Auflagerungsarten an den äußeren Auflagern der durchlaufenden Platte angeführt. Mit p ist die Anzahl der Felder bezeichnet, wobei die gleichen Spannweiten zwischen allen Auflagern vorausgesetzt werden.

Tafel 9-3

p	2	3	4	5	6	∞	Auflagerungsart der Endfelder
α_{11}	1,25	1,25	1,25	1,25	1,25	1,25	
α_{11}	1,755	1,498	1,395	1,345	1,317	1,25	
α_{11}	1,395	1,317	1,388	1,275	1,268	1,25	

Interessant ist hierbei der Fall frei drehbarer äußerster Auflager der durchlaufenden Platte. Die Anzahl der Felder wirkt sich dann auf die Eigenfrequenz ω_{11} nicht aus. Die Eigenschwingungsform besteht aus Halbwellen, deren Anzahl jener der Felder gleich ist. Diese Form ist mit der Eigenschwingungsform einer frei drehbar gelagerten Rechteckplatte identisch.

Es ist ersichtlich, daß mit zunehmender Feldanzahl die Eigenfrequenz gegen die Eigenfrequenz einer Rechteckplatte unabhängig von der Auflagerungsart an den äußersten Auflagern geht. Hierbei ergibt sich eine Analogie mit den für einen durchlaufenden Balken gewonnenen Ergebnissen (vgl. Abschnitt 7.5, Gl. (20'') und Tafel 7-3).

9.7. Erzwungene harmonische Schwingung einer Rechteckplatte

An der Platte greife die Last $p(x, y, t) = q(x, y)e^{i\omega t}$ an. Es ist die Differentialgleichung

$$c^2\nabla^4 w + \ddot{w} = \frac{p(x, y, t)}{\varrho h} \tag{1}$$

mit entsprechenden Randbedingungen zu lösen. Unter der Voraussetzung von

$$w(x, y, t) = W(x, y)e^{i\omega t} \tag{2}$$

wird Gl. (1) in der Form

$$\nabla^4 W - \lambda^4 W = \frac{q(x, y)}{N}; \quad c^2 = \frac{N}{\varrho h}; \quad \lambda^4 = \frac{\omega^2}{c^2} \tag{3}$$

geschrieben.

Die Belastung $q(x, y)$ und die Durchbiegungsamplitude $W(x, y)$ werden in eine Reihe der Eigenfunktionen harmonischer Schwingungen entwickelt, in die Reihe der Funktionen also, die der Gleichung

$$\nabla^4 W_{nm} - \lambda_{nm}^4 W_{nm} = 0 \tag{4}$$

mit den Randbedingungen wie für Gl. (1) genügen. Zu diesem Zweck wird der Ansatz

$$W(x, y) = \sum_{n, m}^{\infty} A_{nm} W_{nm}(x, y); \quad q(x, y) = \sum_{n, m}^{\infty} Q_{nm} W_{nm}(x, y) \tag{5}$$

gewählt, worin

$$A_{nm} = \int_0^a \int_0^b W(x, y) W_{nm}(x, y)\, dx\, dy,$$

$$Q_{nm} = \int_0^a \int_0^b q(x, y) W_{nm}(x, y)\, dx\, dy \tag{6}$$

ist. Hierbei wurde die Orthogonalitätsbedingung der Eigenfunktionen verwendet und es wurde vorausgesetzt, daß diese Funktionen normiert sind. Beide Seiten der Gl. (3) werden mit $W_{nm}(x, y)$ multipliziert und über den Bereich der Platte integriert. Es gilt

$$\int_0^a \int_0^b [\nabla^4 W(x, y) - \lambda^4 W(x, y)] W_{nm}(x, y)\, dx\, dy =$$

$$= \frac{1}{N} \int_0^a \int_0^b q(x, y) W_{nm}(x, y)\, dx\, dy. \tag{7}$$

Die partielle Integration ergibt unter Berücksichtigung der Gln. (4) und (6) und den Randbedingungen die Gleichung

$$A_{nm}(\lambda_{nm}^4 - \lambda^4) = \frac{Q_{nm}}{N}. \tag{8}$$

Mithin ist

$$A_{nm} = \frac{Q_{nm}}{N(\lambda_{nm}^4 - \lambda^4)}.$$

Unter Berücksichtigung der ersten Reihe von den Gln. (5) und des zweiten Integrals von den Gln. (6) ist

$$W(x, y) = \frac{c^2}{N} \sum_{n, m}^{\infty} \frac{W_{nm}(x, y) \int_0^a \int_0^b q(u, v) W_{nm}(u, v)\, du\, dv}{\omega_{nm}^2 \left(1 - \dfrac{\omega^2}{\omega_{nm}^2}\right)} \tag{9}$$

mit

$$\omega_{nm}^2 = \lambda_{nm}^4 c^2; \qquad \omega^2 = \lambda^4 c^2.$$

Endgültig ist

$$w(x, y, t) = W(x, y)e^{i\omega t}. \tag{10}$$

Für $\omega \to 0$ liefert Gl. (10) die Lösung des statischen Problems. Für $\omega \to \omega_{nm}$ nimmt die Durchbiegung $w(x, y, t)$ unbeschränkt zu; es handelt sich um Resonanz.

Es wird nun ein Sonderfall betrachtet, wenn die zeitlich harmonisch veränderliche Einheitseinzelkraft im Punkt (ξ, η) angebracht wird:

$$p(x, y, t) = 1\delta(x - \xi)\delta(y - \eta)e^{i\omega t}; \qquad q(x, y) = \delta(x - \xi)\delta(y - \eta).$$

Da

$$\int_0^a \int_0^b q(u, v)W_{nm}(u, v)\,du\,dv =$$

$$= \int_0^a \int_0^b \delta(u - \xi)\delta(v - \eta)W_{nm}(u, v)\,du\,dv = W_{nm}(\xi, \eta)$$

ist, gilt nach Gl. (9)

$$W(x, y) = G(x, y; \xi, \eta) = \frac{c^2}{N} \sum_{n,m}^{\infty} \frac{W_{nm}(x, y)W_{nm}(\xi, \eta)}{\omega_m^2 \left(1 - \dfrac{\omega^2}{\omega_{nm}^2}\right)}. \tag{11}$$

Es ist ersichtlich, daß Gl. (9) in der Form

$$w(x, y, t) = e^{i\omega t} \int_0^a \int_0^b G(x, y; \xi, \eta)q(\xi, \eta)\,d\xi\,d\eta \tag{9'}$$

geschrieben werden kann. Ist die Platte längs ihres gesamten Umfangs frei drehbar gelagert, so gilt

$$W_{nm}(x, y) = \frac{2}{\sqrt{ab}} \sin \alpha_n x \sin \beta_m y$$

mit

$$\alpha_n = \frac{n\pi}{a}; \qquad \beta_m = \frac{m\pi}{b}; \qquad \omega_{nm}^2 = (\alpha_n^2 + \beta_m^2)^2 \frac{N}{\varrho h} \tag{12}$$

und weiterhin ist

$$G(x, y; \xi, \eta) = \frac{4c^2}{Nab} \sum_{n,m}^{\infty} \frac{\sin \alpha_n \xi \sin \beta_m \eta \sin \alpha_n x \sin \beta_m y}{\omega_{nm}^2 \left(1 - \dfrac{\omega^2}{\omega_{nm}^2}\right)}. \tag{13}$$

Ist $q = \text{konst}$ für die ganze Platte, so gilt

$$w(x, y, t) = e^{i\omega t} q \int_0^a \int_0^b G(x, y; \xi, \eta)\,d\xi\,d\eta =$$

$$= \frac{16c^2 q\, e^{i\omega t}}{Nab} \sum_{n,m}^{\infty} \frac{\sin\alpha_n x \sin\beta_m y}{\alpha_n \beta_m \omega_{nm}^2 \left(1 - \dfrac{\omega^2}{\omega_{nm}^2}\right)}; \quad n, m = 1, 3, \ldots, \infty. \tag{14}$$

Für $\omega \to 0$ ist

$$w(x,y) = \frac{16q}{Nab} \sum_{n,m}^{\infty} \frac{\sin\alpha_n x \sin\beta_m y}{\alpha_n \beta_m (\alpha_n^2 + \beta_m^2)^2}; \quad n, m = 1, 3, \ldots, \infty \tag{15}$$

in Übereinstimmung mit der aus der Statik der Platten bekannten Lösung.

Wenn die Biegefläche der Platte schon bekannt ist (vgl. Gln. (10), (9′)), können mit Hilfe der Gln. (5) vom Abschnitt 9.4 alle Komponenten des Spannungszustandes ermittelt werden.

9.8. Freie und erzwungene aperiodische Schwingung einer Rechteckplatte

Betrachtet wird die Differentialgleichung für die erzwungene Schwingung der Platte

$$c^2 \nabla^4 w + \ddot{w} = \frac{q(x,y,t)}{\varrho h} \tag{1}$$

mit den Anfangsbedingungen

$$w(x,y,0) = f(x,y); \quad \dot{w}(x,y,0) = g(x,y) \tag{2}$$

und mit entsprechenden Randbedingungen.

Auf Gl. (1) wird die *Laplace-Transformation* angewendet. Es entsteht

$$c^2 \nabla^4 \overline{w} + p^2 \overline{w} = \frac{\overline{q}}{\varrho h} + pf + g \tag{3}$$

mit

$$\overline{w}(x,y,p) = \int_0^{\infty} e^{-pt} w(x,y,t)\, dt; \quad \overline{q}(x,y,p) = \int_0^{\infty} e^{-pt} q(x,y,t)\, dt.$$

Die Funktionen $\overline{w}$, $\overline{q}$, f, g werden nach den Eigenfunktionen $W_{nm}(x,y)$ entwickelt, die der Gleichung

$$\nabla^4 W_{nm} - \lambda_{nm}^4 W_{nm} = 0; \quad \lambda_{nm}^4 = \frac{\omega_{nm}^2}{c^2} \tag{4}$$

genügen. Mithin ist

$$\overline{w}(x,y,p) = \sum_{n,m}^{\infty} A_{nm}(p) W_{nm}(x,y); \quad \overline{q}(x,y,p) = \sum_{n,m}^{\infty} q_{nm}(p) W_{nm}(x,y),$$

$$f(x,y) = \sum_{n,m}^{\infty} f_{nm} W_{nm}(x,y); \quad g(x,y) = \sum_{n,m}^{\infty} g_{nm} W_{nm}(x,y). \tag{5}$$

Unter der Voraussetzung, daß die Funktionen $W_{nm}(x,y)$ orthogonal und normiert sind, können die Koeffizienten der Reihen (5) durch die folgenden Integrale ausgedrückt werden:

$$A_{nm} = \int\limits_{o}^{a}\int\limits_{o}^{b} \overline{w}(x,y,p)\,W_{nm}(x,y)\,dx\,dy;$$

$$q_{nm} = \int\limits_{o}^{a}\int\limits_{o}^{b} \overline{q}(x,y,p)\,W_{nm}(x,y)\,dx\,dy$$

$$f_{nm} = \int\limits_{o}^{a}\int\limits_{o}^{b} f(x,y)\,W_{nm}(x,y)\,dx\,dy; \tag{6}$$

$$g_{nm} = \int\limits_{o}^{a}\int\limits_{o}^{b} g(x,y)\,W_{nm}(x,y)\,dx\,dy.$$

Gl. (3) wird mit $W_{nm}(x,y)$ multipliziert und über den gesamten Bereich der Platte integriert. Die auf diese Weise gewonnene algebraische Gleichung liefert

$$A_{nm} = \frac{\dfrac{q_{nm}}{\varrho h} + p f_{nm} + g_{nm}}{\lambda_{nm}^4 c^2 + p^2}. \tag{7}$$

Unter Anwendung der Gln. (5) und (6) und der inversen *Laplace-Transformation* ergibt sich der folgende Ansatz für die Biegefläche der Platte:

$$w(x,y,t) = \frac{1}{\varrho h} \sum_{n,m}^{\infty} W_{nm}(x,y) \int\limits_{0}^{a}\int\limits_{0}^{b} W_{nm}(u,v)\,du\,dv \times$$

$$\times \int\limits_{0}^{t} q(u,v,\tau)\,\frac{1}{\omega_{nm}}\,\sin\omega_{nm}(t-\tau)\,d\tau +$$

$$+ \sum_{n,m}^{\infty} W_{nm}(x,y) \int\limits_{0}^{a}\int\limits_{0}^{b} W_{nm}(u,v)\,du\,dv \Big[f(u,v)\cos\omega_{nm}t +$$

$$+ \frac{1}{\omega_{nm}}\,g(u,v)\sin\omega_{nm}t \Big]. \tag{8}$$

Zunächst werden freie Schwingungen betrachtet. Dann ist $q(x,y,t) = 0$ in die Gl. (8) einzusetzen.

a) Es werden folgende Anfangsbedingungen angenommen:

$$w(x,y,0) = f(x,y) = 0; \qquad \dot{w}(x,y,t) = g(x,y) = V\delta(x-\xi)\delta(y-\eta).$$

Unter Beachtung von

$$\int\limits_{0}^{a}\int\limits_{0}^{b} V\delta(u-\xi)\delta(v-\eta)W_{nm}(u,v)\,du\,dv = VW_{nm}(\xi,\eta),$$

liefert Gl. (8)

$$w(x,y,t) = V \sum_{n,m}^{\infty} W_{nm}(x,y)W_{nm}(\xi,\eta)\,\frac{\sin\omega_{nm}t}{\omega_{nm}}. \tag{9}$$

21*

Für den Sonderfall einer Platte, die längs des gesamten Umfangs frei drehbar gelagert ist, gilt

$$W_{nm}(x,y) = \frac{2}{\sqrt{ab}}\sin\alpha_n x \sin\beta_m y; \qquad \alpha_n = \frac{n\pi}{a};$$

$$\beta_m = \frac{m\pi}{b}; \qquad \omega_{nm}^2 = (\alpha_n^2+\beta_m^2)^2\,\frac{N}{\varrho h}. \tag{10}$$

Einsetzen dieser Werte in Gl. (9) ergibt

$$w(x,y,t) = \frac{4V}{ab}\sum_{n,m}^{\infty}\frac{1}{\omega_{nm}}\sin\alpha_n x \sin\beta_m y \sin\alpha_n\xi\sin\beta_m\eta\sin\omega_n t. \tag{11}$$

b) Auf der Platte greife eine statische Last an, die im Augenblick $t = 0$ beseitigt wird. Bei $t > 0$ schwingt die Platte frei. In Gl. (8) ist $q = g = 0$, $f(x,y) = w_{st}(x,y)$ anzunehmen, wobei w_{st} die statische Durchbiegung der Platte für $t = 0$ bedeutet. Es gilt

$$w(x,y,t) = \sum_{n,m}^{\infty}W_{nm}(x,y)\cos\omega_{nm}t\int_0^a\int_0^b W_{nm}(u,v)w_{st}(u,v)\,du\,dv. \tag{12}$$

Nun wird die statische Belastung als eine Einzelkraft P_0 im Punkt (ξ,η) vorausgesetzt.

Gl. (11) vom vorigen Abschnitt ergibt bei $\omega = 0$

$$w_{st}(x,y) = \frac{P_0}{\varrho h}\sum_{i,k}^{\infty}\frac{W_{ik}(x,y)W_{ik}(\xi,\eta)}{\omega_{ik}^2}. \tag{13}$$

Wird diese Funktion in Gl. (12) eingesetzt, die Integration über die Platte durchgeführt und die Orthogonalitätsbedingung für die Funktion $W_{ik}(x,y)$ beachtet, so ergibt sich

$$w(x,y) = \frac{P_0}{\varrho h}\sum_{n,m}^{\infty}W_{nm}(x,y)W_{nm}(\xi,\eta)\frac{\cos\omega_{nm}t}{\omega_{nm}^2}. \tag{14}$$

Es ist ersichtlich, daß die obige Formel für $t = 0$ die Anfangsbedingung $w(x,y,0) = w_{st}(x,y)$ liefert.

Für den Sonderfall einer an allen Rändern frei drehbar gelagerten Platte gilt

$$w(x,y,t) = \frac{4P_0}{abN}\sum_{n,m}^{\infty}\frac{\sin\alpha_n x \sin\beta_m y \sin\alpha_n\xi\sin\beta_m\eta}{(\alpha_n^2+\beta_m^2)^2}\cos\omega_{nm}t,$$

$$\alpha_n = \frac{n\pi}{a}; \qquad \beta_m = \frac{m\pi}{b}; \qquad \omega_{nm}^2 = (\alpha_n^2+\beta_m^2)^2\,\frac{N}{\varrho h}. \tag{14'}$$

Nun wird die erzwungene Plattenschwingung unter der Voraussetzung homogener Anfangsbedingungen $f = g = 0$ betrachtet.

a) Im Punkt (ξ,η) greife dauernd eine Einheitskraft an:

$$q(x,y,t) = 1\delta(x-\xi)\delta(y-\eta)H(t). \tag{15}$$

Hierbei bedeutet $H(t)$ die *Funktion von Heaviside*.

Da

$$w(x, y, t) = \frac{1}{\varrho h} \sum_{n,m}^{\infty} {}' W_{nm}(x, y) \int\limits_0^a \int\limits_0^b W_{nm}(u, v)\, du\, dv \times$$

$$\times \int\limits_0^t q(u, v, \tau)\, \frac{1}{\omega_{nm}} \sin \omega_{nm}(t - \tau)\, d\tau \tag{8'}$$

ist, ergibt Gl. (8') mit dem Ansatz (15)

$$w(x, y, t) = \frac{1}{\varrho h} \sum_{n,m}^{\infty} {}' \frac{W_{nm}(x, y) W_{nm}(\xi, \eta)}{\omega_{nm}^2} (1 - \cos \omega_{nm} t). \tag{16}$$

b) Für eine momentane Einzelkraft

$$q(x, y, t) = 1\delta(x - \xi)\delta(y - \eta)\delta(t) \tag{17}$$

und unter Beachtung von

$$\delta(t) = \frac{dH(t)}{dt}$$

liefert Gl. (16) die folgende Gleichung für die Biegefläche der Platte:

$$w(x, y, t) = G(x, y; \xi, \eta; t) = \frac{1}{\varrho h} \sum_{n,m}^{\infty} {}' \frac{W_{nm}(x, y) W_{nm}(\xi, \eta)}{\omega_{nm}} \sin \omega_{nm} t. \tag{18}$$

Mit Hilfe der *Greenschen Funktion* für die Plattenbiegung kann Gl. (8') auf eine einfachere Form zurückgeführt werden:

$$w(x, y, t) = \int\limits_0^t d\tau \int\limits_0^a \int\limits_0^b q(\xi, \eta, \tau) G(x, y; \xi, \eta, t - \tau)\, d\xi\, d\eta. \tag{8''}$$

c) Längs der Gerade $y = \eta$ bewegt sich die Kraft $q(x, y, t)$ mit konstanter Geschwindigkeit V. Es gilt

$$q(x, y, t) = \begin{cases} F(t)\delta(x - Vt)\delta(y - \eta) & \text{für } 0 \leq Vt < a \\ 0 & \text{für } Vt > a \end{cases} \tag{19}$$

Wird dieser Ansatz in Gl. (8') eingesetzt und wird die Beziehung

$$\int\limits_0^a \int\limits_0^b \delta(u - Vt)\delta(v - \eta) W_{nm}(u, v)\, du\, dv = W_{nm}(Vt, \eta) = X_n(Vt) Y_m(\eta)$$

berücksichtigt, so ergibt sich

$$w(x, y, t) = \frac{1}{\varrho h} \sum_{n,m}^{\infty} {}' W_{nm}(x, y) \times$$

$$\times \int\limits_0^t F(\tau) W_{nm}(V\tau, \eta)\, \frac{1}{\omega_{nm}} \sin \omega_{nm}(t - \tau)\, d\tau. \tag{20}$$

Für $F(t) = P_0 H(t)$, wobei $H(t)$ die *Funktion von Heaviside* bedeutet, gilt

$$w(x, y, t) = \frac{P_0}{\varrho h} \sum_{n,m}^{\infty} W_{nm}(x, y) \int_0^t W_{nm}(V\tau, \eta) \frac{1}{\omega_{nm}} \sin \omega_{nm}(t - \tau)\, d\tau. \quad (21)$$

Besonders einfach ist der Ansatz für die Plattenbiegung bei einer längs des gesamten Umfangs frei drehbar gelagerten Platte. Wegen

$$W_{nm}(x, y) = \frac{2}{\sqrt{ab}} \sin \alpha_n x \sin \beta_m y,$$

$$W_{nm}(V\tau, \eta) = \frac{2}{\sqrt{ab}} \sin \alpha_n V\tau \sin \beta_m \eta,$$

$$\alpha_n = \frac{n\pi}{a}; \qquad \beta_m = \frac{m\pi}{b}; \qquad \omega_{nm}^2 = (\alpha_n^2 + \beta_m^2)^2 \frac{N}{\varrho h}$$

liefert Gl. (21) nach der Integration

$$w(x, y, t) = \frac{4P_0}{ab\varrho h} \sum_{n,m}^{\infty} \frac{\sin \alpha_n x \sin \beta_m y \sin \beta_m \eta}{\omega_{nm}(\alpha_n^2 V^2 - \omega_{nm}^2)} \times$$

$$\times [\alpha_n V \sin \omega_{nm} t - \omega_{nm} \sin \alpha_n V t]. \quad (22)$$

$$0 < Vt < a.$$

Ist $V \to 0$ und $\sin \alpha_n V t \to \sin \alpha_n \xi$, so ergibt sich aus Gl. (22) die statische Durchbiegung infolge der im Punkt (ξ, η) angebrachten Kraft P_0:

$$w(x, y) = \frac{4P_0}{abN} \sum_{n,m}^{\infty} \frac{\sin \alpha_n x \sin \beta_m y \sin \alpha_n \xi \sin \beta_m \eta}{(\alpha_n^2 + \beta_m^2)^2}. \quad (22')$$

Ist die die Biegefläche beschreibende Funktion bekannt, so können die Spannungen in die Platte mit Hilfe der Gl. (5) vom Abschnitt 9.1 ermittelt werden.

9.9. Harmonische Eigenschwingung einer Kreisplatte

Die Differentialgleichung für die Querschwingung einer Kreisplatte lautet in Polarkoordinaten [144]

$$c^2 \left(\frac{\partial^2}{\partial r^2} + \frac{1}{r} \frac{\partial}{\partial r} + \frac{1}{r^2} \frac{\partial^2}{\partial \varphi^2} \right)^2 w(r, \varphi, t) + \ddot{w}(r, \varphi, t) = \frac{q(r, \varphi, t)}{\varrho h}$$

$$\text{mit} \quad c^2 = \frac{N}{\varrho h}. \quad (1)$$

Die Biege- und Torsionsmomente werden hierbei durch die Formeln

$$M_{rr} = -N \left[\frac{\partial^2 w}{\partial r^2} + \nu \left(\frac{1}{r} \frac{\partial w}{\partial r} + \frac{1}{r^2} \frac{\partial^2 w}{\partial \varphi^2} \right) \right],$$

$$M_{\varphi\varphi} = -N \left[\frac{1}{r} \frac{\partial w}{\partial r} + \frac{1}{r^2} \frac{\partial^2 w}{\partial \varphi^2} + \nu \frac{\partial^2 w}{\partial r^2} \right], \quad (2)$$

$$M_{r\varphi} = -N(1-\nu)\frac{\partial}{\partial r}\left(\frac{1}{r}\frac{\partial w}{\partial \varphi}\right)$$

beschrieben.

Es ergibt sich die Frage, für welche Kreisfrequenzen ω und Schwingungsformen die Platte harmonisch schwingt. Unter der Voraussetzung von

$$w(r, \varphi, t) = W(r, \varphi)e^{i\omega t} \tag{3}$$

vereinfacht sich Gl. (1) auf

$$c^2\left(\frac{\partial^2}{\partial r^2}+\frac{1}{r}\frac{\partial}{\partial r}+\frac{1}{r^2}\frac{\partial^2}{\partial \varphi^2}\right)^2 W(r, \varphi) - \omega^2 W(r, \varphi) = 0 \tag{4}$$

oder

$$\nabla^4 W - \lambda^4 W = (\nabla^2+\lambda^2)(\nabla^2-\lambda^2)W = 0, \tag{4'}$$

mit

$$\nabla^2 = \frac{\partial^2}{\partial r^2}+\frac{1}{r}\frac{\partial}{\partial r}+\frac{1}{r^2}\frac{\partial^2}{\partial \varphi^2}; \quad \lambda^2 = \frac{\omega}{c}.$$

Die Gleichung

$$\nabla^2 W - \lambda^2 W = 0 \tag{5}$$

hat die Lösung

$$W(r, \varphi) = \frac{\cos}{\sin}(m\varphi)[AJ_m(\lambda r)+BY_m(\lambda r)], \tag{6}$$

und die Gleichung

$$\nabla^2 W + \lambda^2 W = 0 \tag{7}$$

hat die Lösung

$$W(r, \varphi) = \frac{\cos}{\sin}(m\varphi)[CJ_m(\lambda ir)+DY_m(\lambda ir)]. \tag{8}$$

Die allgemeine Lösung der Gl. (4') lautet folglich

$$W(r, \varphi) = \frac{\cos}{\sin}(m\varphi)[AJ_m(\lambda r)+BY_m(\lambda r)+CJ_m(\lambda ir)+DY_m(\lambda ir)], \tag{9}$$

wobei $J_m(\lambda r)$, $J_m(\lambda ir)$ die *Besselschen Funktionen* erster Art,
$Y_m(\lambda r)$, $Y_m(\lambda ir)$ die *Besselschen Funktionen* zweiter Art sind.

Wird die Betrachtung auf die harmonische Schwingung einer vollen Kreisplatte beschränkt, so kann $B = D = 0$ angenommen werden, da die Funktionen $Y_m(\lambda r)$, $Y_m(\lambda ir)$ eine Singularität im Mittelpunkt der Platte besitzen. Die Funktion $J_m(\lambda ir)$ hat ein imaginäres Argument. Es wird die Bezeichnung $I_m(z) = i^{-m}J_m(iz)$ eingeführt. Für die Funktion $I_m(z)$ gelten die Beziehungen

$$I_{m-1}(z) - I_{m+1}(z) = \frac{2m}{z}I_m(z); \quad \frac{d}{dz}I_m(z) = \frac{1}{2}[I_{m-1}(z)+I_{m+1}(z)],$$

$$\int I_0(z)\,dz = zI_1(z); \quad \int I_1(z)\,dz = I_0(z).$$

Für eine volle Kreisplatte stellen die Funktionen

$$W(r, \varphi) = \frac{\cos}{\sin} (m\varphi)[A_1 J_m(\lambda r) + B_1 I_m(\lambda r)] \tag{10}$$

die möglichen Lösungen dar.

Auf eine besonders einfache Weise läßt sich die transzendente Gleichung zur Bestimmung der Eigenkreisfrequenzen für den Sonderfall einer am Rand vollkommen eingespannten Kreisplatte herleiten [97]. Die Randbedingungen lauten hierbei

$$W(a, \varphi) = 0; \qquad \frac{dW(a, \varphi)}{dr} = 0. \tag{11}$$

Die erste Bedingung (11) liefert die Beziehung

$$B_1 = -A_1 \frac{J_m(\lambda a)}{I_m(\lambda a)},$$

die zweite ergibt die transzendente Gleichung

$$\left[I_m(\lambda a) \frac{d}{dr} J_m(\lambda r) - J_m(\lambda a) \frac{d}{dr} I_m(\lambda r) \right]_{r=a} = 0. \tag{12}$$

Werden die Bezeichnungen

$$\lambda_{nm} a = \pi \beta_{nm}; \quad \omega_{nm} = \frac{\pi^2}{a^2} \beta_{nm}^2 \sqrt{\frac{N}{\varrho h}} \tag{13}$$

eingeführt, so ergeben sich aus der Gl. (12) die folgenden Werte von β_{nm}:

$$\begin{aligned}
\beta_{10} &= 1{,}015; \quad \beta_{20} = 2{,}007; \quad \beta_{30} = 3{,}000; \\
\beta_{11} &= 1{,}468; \quad \beta_{21} = 2{,}483; \quad \beta_{31} = 3{,}490; \\
\beta_{12} &= 1{,}879; \quad \beta_{22} = 2{,}992; \quad \beta_{32} = 4{,}000; \\
\end{aligned} \tag{14}$$

$$\beta_{nm} \underset{n \to \infty}{\to} n + \frac{m}{2}.$$

Folglich ist

$$\omega_{10} = \left(\frac{\pi}{a} 1{,}015 \right)^2 \sqrt{\frac{N}{\varrho h}}; \qquad \omega_{11} = \left(\frac{\pi}{a} 1{,}468 \right)^2 \sqrt{\frac{N}{\varrho h}} \quad \text{usw.}$$

Die Eigenschwingungsformen werden durch die Gleichung

$$W_{nm}(r, \varphi) = A_1 \frac{\cos}{\sin} (m\varphi) \left[J_{nm}(\lambda_{nm} r) - \frac{J_m(\lambda_{nm} a)}{I_m(\lambda_{nm} a)} I_m(\lambda_{nm} r) \right] \tag{15}$$

beschrieben.

In Abb. 9-10 sind einige Eigenschwingungsformen der Kreisplatte gezeigt. Ist die Platte am Rande frei drehbar gelagert, so gilt längs der Kurve $r = a$

$$w(a, \varphi) = 0, \qquad M_{rr}(a, \varphi) = 0 \tag{16}$$

oder

$$W(a, \varphi) = 0; \qquad \left[\frac{\partial^2 W}{\partial r^2} + \nu \left(\frac{1}{r} \frac{\partial W}{\partial r} + \frac{1}{r^2} \frac{\partial^2 W}{\partial \varphi^2} \right) \right]_{r=a} = 0. \tag{16'}$$

Durch Einsetzen der Größe $W(r, \varphi)$ aus der Gl. (10) in die Gl. (16') ergeben sich zwei homogene Gleichungen. Wenn nun die Determinante dieses Systems gleich Null gesetzt wird, so entsteht eine transzendente Gleichung, aus der die aufeinanderfolgenden Werte λ_{nm} ermittelt werden können.

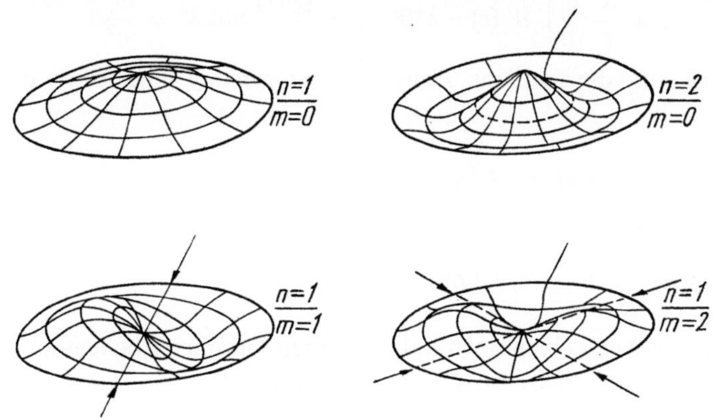

Abb. 9-10

Bei Betrachtung einer Ringplatte (Innenradius b, Außenradius a) ist Gl. (9) anzuwenden. Ist die Platte längs der Kurven $r = a$, $r = b$ eingespannt, so gelten vier Randbedingungen

$$W(a, \varphi) = W(b, \varphi) = \frac{dW(a, \varphi)}{dr} = \frac{dW(b, \varphi)}{dr} = 0 \,, \tag{17}$$

die auf ein System von vier homogenen Gleichungen führen. Die gleich Null gesetzte Determinante dieses Systems liefert eine transzendente Gleichung zur Ermittlung der Wurzeln λ_{nm}.

9.10. Erzwungene harmonische Schwingung einer Kreisplatte

Es werden erzwungene harmonische Schwingungen einer vollen frei drehbar gelagerten Kreisplatte untersucht. Die Betrachtung wird auf axialsymmetrische Schwingung beschränkt. Es wird die Gleichung

$$c^2 \left(\frac{\partial^2}{\partial r^2} + \frac{1}{r} \frac{\partial}{\partial r} \right)^2 w(r, t) + \ddot{w}(r, t) = \frac{q\,(r, t)}{\varrho h}; \quad c^2 = \frac{N}{\varrho h} \tag{1}$$

mit Randbedingungen

$$w = 0; \quad \frac{\partial^2 w}{\partial r^2} + \frac{v}{r} \frac{\partial w}{\partial r} = 0 \quad \text{für } r = a \text{ gelöst.} \tag{2}$$

Die zweite Randbedingung wird ein wenig modifiziert und in der Form [136]

$$\frac{\partial^2 w}{\partial r^2} + \frac{1}{r} \frac{\partial w}{\partial r} = 0 \tag{3}$$

geschrieben.

Solch eine Annahme bezüglich dieser Randbedingung wirkt sich nur unbedeutend auf die Endergebnisse aus und ermöglicht eine einfachere Lösung zu gewinnen. Mit den Ansätzen

$$w(r, t) = W(r)e^{i\omega t}; \quad q(r, t) = Q(r)e^{i\omega t} \tag{4}$$

ergibt Gl. (1) die gewöhnliche Differentialgleichung

$$\left(\frac{\partial^2}{\partial r^2} + \frac{1}{r}\frac{\partial}{\partial r}\right)^2 W(r) - \lambda^4 W(r) = \frac{Q(r)}{N} \text{ mit } \lambda^4 = \frac{\omega^2}{c^2}. \tag{5}$$

Es wird nun die endliche *Hankel-Transformation* eingeführt, die durch die Formeln

$$W^*(\alpha) = \int\limits_0^a r W(r) J_0(\alpha r)\, dr,$$

$$Q^*(\alpha) = \int\limits_0^a r Q(r) J_0(\alpha r)\, dr, \tag{6}$$

definiert ist, wobei α einen noch unbestimmten Parameter bedeutet.

Nun wird die partielle Integration durchgeführt:

$$\int\limits_0^a r\left(\frac{d^2W}{dr^2} + \frac{1}{r}\frac{dW}{dr}\right) J_0(\alpha r) dr = \left[r\frac{dW}{dr}J_0(\alpha r) - \alpha r W J_0(\alpha r)\right]_0^a -$$

$$-\alpha^2 \int\limits_0^a r W(r) J_0(\alpha r)\, dr. \tag{7}$$

Der Ausdruck in der eckigen Klammer verschwindet für die obere Grenze, wenn $J_0(\alpha a) = 0$ ist; für die untere Grenze dagegen, wenn $r = 0$. Die Größe α hat die transzendente Gleichung[1]

$$J_0(\alpha_i a) = 0; \quad i = 1, 2, \ldots, \infty \tag{8}$$

zu erfüllen.

Unter Beachtung der Gln. (6) ist

$$\int\limits_0^a r\left(\frac{d^2W}{dr^2} + \frac{1}{r}\frac{dW}{dr}\right) J_0(\alpha r) dr = -\alpha_i^2 W^*(\alpha_i). \tag{7'}$$

Weiterhin ist ersichtlich, daß

$$\int\limits_0^a r\left(\frac{d^2W}{dr^2} + \frac{1}{r}\frac{dW}{dr}\right)^2 J_0(\alpha r) dr = \alpha_i^4 W^*(\alpha_i) \tag{9}$$

gelten muß. Wird nun Gl. (5) von 0 bis a integriert, so entsteht

$$W^*(\alpha_i) = \frac{1}{N}\frac{Q^*(\alpha_i)}{\alpha_i^4 - \lambda^4}. \tag{10}$$

Die inverse *Hankel-Transformation* liefert

$$W(r) = \frac{2}{a^2}\sum_{i=1}^{\infty} W^*(\alpha_i)\frac{J_0(\alpha_i r)}{[J_1(\alpha_i a)]^2}. \tag{11}$$

---

[1] Die Wurzeln dieser Gleichung sind in Tafel IV am Ende des Buches zusammengestellt.

Mithin ist

$$W(r) = \frac{2}{a^2 N} \sum_{i=1}^{\infty} \frac{J_0(\alpha_i r)\, Q^*(\alpha_i)}{[J_1(\alpha_i a)]^2 (\alpha_i^4 - \lambda^4)}.$$ (12)

Unter Berücksichtigung der zweiten Formel von Gln. (6) ergibt sich endgültig

$$W(r) = \frac{2}{a^2 N} \sum_{i=1}^{\infty} \frac{J_0(\alpha_i r)}{[J_1(\alpha_i a)]^2} \frac{\int_0^a \varrho Q(\varrho)\, J_0(\alpha_i \varrho)\, d\varrho}{(\alpha_i^4 - \lambda^4)}.$$ (13)

Strebt die Frequenz $\omega = \lambda^2 c$ gegen die Frequenz $\omega_i = \alpha_i^2 c$ der Eigenschwingung der betrachteten Platte, so wächst die Durchbiegung $w(r, t)$ unbeschränkt; es handelt sich um Resonanz.

9.11. Freie und erzwungene aperiodische Schwingungen einer Kreisplatte

Ähnlich wie im vorigen Abschnitt wird an dieser Stelle die Betrachtung auf axialsymmetrische Schwingungen einer am Rand frei drehbar gelagerten vollen Kreisplatte beschränkt, wobei die vereinfachten Randbedingungen

$$w(a, t) = 0; \quad \frac{\partial^2 w(a, t)}{\partial r^2} + \frac{1}{r} \frac{\partial w(a, t)}{\partial r} = 0$$ (1)

vorausgesetzt werden. Die Anfangsbedingungen werden in der Form

$$w(r, 0) = f(r); \quad \dot{w}(r, 0) = g(r)$$ (2)

vorausgesetzt. Auf die Schwingungsgleichung der Platte

$$c^2 \left(\frac{\partial^2}{\partial r^2} + \frac{1}{r} \frac{\partial}{\partial r} \right)^2 w(r, t) + \ddot{w}(r, t) = \frac{q(r, t)}{\varrho h}$$ (3)

wird die *Laplace-Transformation* angewendet.
Es gilt dann

$$c^2 \left(\frac{d^2}{dr^2} + \frac{1}{r} \frac{d}{dr} \right)^2 \overline{w}(r, p) + p^2 \overline{w}(r, p) = \frac{\overline{q}(r, p)}{\varrho h} + f(r) p + g(r)$$ (4)

mit

$$\overline{w}(r, p) = \int_0^\infty e^{-pt}\, w(r, t)\, dt; \quad \overline{q}(r, p) = \int_0^\infty e^{-pt} q(r, t)\, dt.$$

Unter Voraussetzung von

$$J_0(\alpha_i a) = 0$$ (5)

wird auf Gl. (4) die endliche *Hankel-Transformation* angewendet. Entsprechend dem Vorgehen im vorigen Abschnitt ergibt sich

$$w^*(\alpha_i, p)(c^2 \alpha_i^4 + p^2) = \frac{1}{\varrho h}\, q^*(\alpha_i, p) + p f^*(\alpha_i) + g^*(\alpha_i)$$ (6)

mit

$$w^*(\alpha_i, p) = \int_0^a r\overline{w}(r, p) J_0(\alpha_i r)\, dr$$ (7)

und weiterhin

$$q^*(\alpha_i, p) = \int_0^a r\bar{q}(r,p)J_0(\alpha_i r)dr\,,$$

$$f^*(\alpha_i) = \int_0^a rf(r)J_0(\alpha_i r)dr\,, \tag{8}$$

$$g^*(\alpha_i) = \int_0^a rg(r)J_0(\alpha_i r)dr\,.$$

Die inverse *Hankel-Transformation* liefert

$$\bar{w}(r,p) = \frac{2}{a^2} \sum_{i=1}^{\infty} w^*(\alpha_i, p) \frac{J_0(\alpha_i r)}{[J_1(\alpha_i r)]^2}\,. \tag{9}$$

Unter Berücksichtigung der Gl. (8) ergibt sich

$$\bar{w}(r,p) = \frac{2}{a^2} \sum_{i=1}^{\infty} \frac{J_0(\alpha_i r)}{[J_1(\alpha_i a)]^2} \frac{\int_0^a uJ_0(\alpha_i u)\left[\dfrac{\bar{q}(u,p)}{\varrho h} + pf(u) + g(u)\right]du}{c^2\alpha_i^4 + p^2}\,. \tag{10}$$

Das endgültige Ergebnis wird mit Hilfe der inversen *Laplace-Transformation* gewonnen. Es gilt

$$w(r,t) = \frac{2}{a^2\varrho h} \sum_{i=1}^{\infty} \frac{J_0(\alpha_i r)}{[J_1(\alpha_i a)]^2} \int_0^a uJ_0(\alpha_i u)du \int_0^t \frac{q(u,\tau)}{\omega_i} \sin \omega_i(t-\tau)d\tau +$$

$$+ \frac{2}{a^2} \sum_{i=1}^{\infty} \frac{J_0(\alpha_i r)}{[J_1(\alpha_i a)]^2} \int_0^a uJ_0(\alpha_i u)du \left[f(u) \cos \omega_i t + \frac{g(u)}{\omega_i} \sin \omega_i t\right], \tag{11}$$

worin $\omega_i = c\alpha_i^2$ ist.

Zuerst werden freie Schwingungen betrachtet. Es sei die Anfangsverschiebung

$$w(r,0) = f(r) = \varepsilon\left(1 - \frac{r^2}{a^2}\right) \tag{12}$$

vorgegeben, wobei ε eine sehr kleine Größe bedeutet.

Für $q = 0$, $g = 0$ ergibt Gl. (11)

$$w(r,t) = \frac{2\varepsilon}{a^2} \sum_{i=1}^{\infty} \frac{J_0(\alpha_i r)}{[J_1(\alpha_i a)]^2} \cos \omega_i t \int_0^a \left(1 - \frac{u^2}{a^2}\right) uJ_0(\alpha_i u)du =$$

$$= \frac{8\varepsilon}{a^3} \sum_{i=1}^{\infty} \frac{J_0(\alpha_i r)}{J_1(\alpha_i a)} \frac{\cos \omega_i t}{\alpha_i^3}\,; \quad \omega_i = c\alpha_i^2\,. \tag{13}$$

Nun werden erzwungene Schwingungen unter Voraussetzung homogener Anfangsbedingungen ($f = g = 0$) untersucht.

An der Kreisplatte greife die Last q_0 auf einer Kreisfläche mit dem Radius b an, wobei die Last im Zeitpunkt $t = 0$ angebracht wird und im Zeitpunkt $t = T$ entfernt wird.

Es gibt

$$q(r, t) = q_0 H(b-r)[H(t) - H(t-\tau)].\tag{14}$$

Gl. (11) liefert

$$w(r, t) = \frac{2q_0}{a^2\varrho h} \sum_{i=1}^{\infty} \frac{J_0(\alpha_i r)}{[J_1(\alpha_i a)]^2} \int_0^a H(b-u)uJ_0(\alpha_i u)du \int_0^t [H(\tau) -$$

$$- H(\tau - T)]\frac{\sin \omega_i(t-\tau)}{\omega_i},\tag{15}$$

woraus

$$w(r, t) = \frac{2q_0 b}{a^2 N} \sum_{i=1}^{\infty} \frac{J_1(\alpha_i b)}{[J_1(\alpha_i a)]^2} \frac{J_0(\alpha_i r)}{\alpha_i^5} (1 - \cos \omega_i t) \text{ für } 0 \leqslant t \leqslant T\tag{16}$$

und

$$w(r, t) = \frac{2q_0 b}{a^2 N} \sum_{i=1}^{\infty} \frac{J_1(\alpha_i b)}{[J_1(\alpha_i a)]^2} \frac{J_0(\alpha_i r)}{\alpha_i^5} [\cos\left(\omega_1(t-T)\right) -$$

$$- \cos \omega_i t] \text{ für } t > T\tag{17}$$

folgt.

Für den Sonderfall einer Einzelkraft, unter Berücksichtigung von

$$\lim_{b \to 0} q_0 b^2 \pi = P_0; \quad \lim_{b \to 0} \frac{J_1(\alpha_i b)}{\alpha_i b} = \frac{1}{2}$$

gilt

$$w(r, t) = \frac{P_0}{a^2 \pi N} \sum_{i=1}^{\infty} \frac{J_0(\alpha_i r)}{\alpha_i^4 [J_1(\alpha_i a)]^2} (1 - \cos \omega_i t); \quad \omega_i = c\alpha_i^2; \quad \text{für } 0 < t < T.\tag{18}$$

Mit den Bezeichnungen

$$\eta_i = a\alpha_i, \quad \gamma = \frac{b}{a}, \quad \beta = \frac{cT}{a}, \quad \alpha = \frac{T_c}{N}, \quad \tau = \frac{t}{T}, \quad \varrho = \frac{r}{a}$$

kann die Gl. (18) in der Form

$$w(\varrho, \tau) = \frac{P_0 a}{\pi \beta} \sum_{i=1}^{\infty} \frac{J_0(\eta_i \varrho)}{[J_1(\eta_i)]^2 \eta_i^4} (1 - \cos \tau \beta \eta_i^2), \text{ für } 0 \leqslant \tau < 1$$

geschrieben werden.

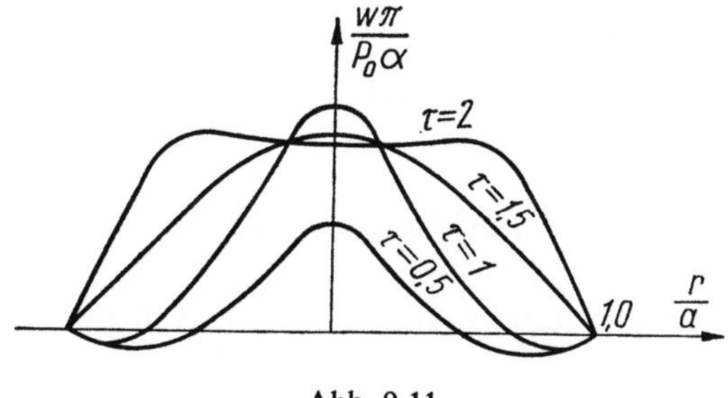

Abb. 9-11

In Abb. 9-11 sind Biegungskurven der mit einer Einzelkraft [136] $(\gamma = 0)$ belasteten Platte für einige Werte des Parameters τ und für $\beta = 0,1$ dargestellt.

9.12. Eigenschwingung einer an den Rändern frei drehbar gelagerten und innerhalb der Platte punktweise aufgestützten Rechteckplatte [105]

Es wird eine Rechteckplatte (Abb. 9-12) betrachtet, die an allen Rändern frei drehbar gelagert ist und durch längs der Ränder $x = 0; a$ gleichmäßig verteilte Druckkräfte q unter gleichzeitiger Einwirkung der im Punkt (ξ, η) angebrachten Erregerkraft $Pe^{i\omega t}$ beansprucht wird. Die Platte wird durch den Schnitt $y = \eta$ in zwei Bereiche I und II aufgeteilt.

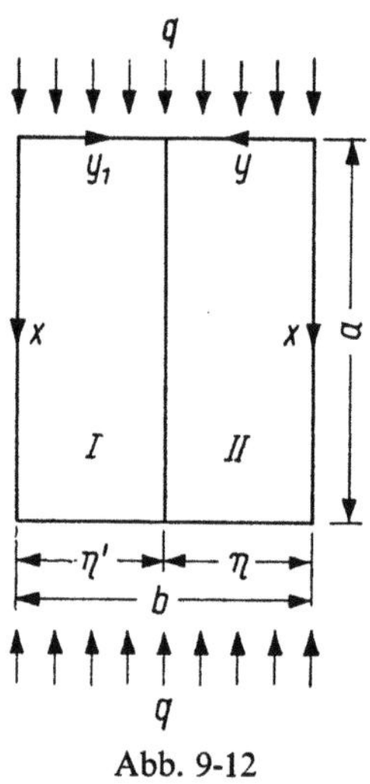

Abb. 9-12

In jedem dieser Bereiche (den Schnitt $y = \eta$ ausgenommen) muß die Gleichung für die verformte Platte [145]

$$N\nabla^4 w + q\,\frac{\partial^2 w}{\partial x^2} + \varrho h \ddot{w} = 0 \tag{1}$$

erfüllt werden.

Unter Voraussetzung von $w(x, y, t) = W(x, y)e^{i\omega t}$ liefert Gl. (1)

$$N\nabla^4 W_j + q\,\frac{\partial^2 W_j}{\partial x^2} - \mu\omega^2 W_j = 0; \qquad \mu = \varrho h; \qquad j = I, II. \tag{2}$$

Gl. (2) wird mit Hilfe der Ansätze

$$W_I(x, y) = \sum_{n=1,2\ldots}^{\infty} Y_{n,I}(y) \sin \alpha_n x \,,$$

$$W_{II}(x, y) = \sum_{n=1,2\ldots}^{\infty} Y_{n,II}(y) \sin \alpha_n x \,; \qquad \alpha_n = \frac{n\pi}{a} \tag{3}$$

gelöst. Diese erfüllen die Randbedingungen der Aufgabe $w_j = 0; \ \nabla^2 w_j = 0$; $j = I, II$ an den Rändern $x = 0; a$.

Es ist leicht zu beweisen, daß die Funktionen

$$Y_{n,I}(y) = A_n \sinh \lambda_n y + B_n \sinh \varepsilon_n y \,,$$

$$Y_{n,II}(y_1) = A_n' \sinh \lambda_n y_1 + B_n' \sinh \varepsilon_n y_1 \tag{4}$$

mit

$$\lambda_n, \varepsilon_n = \sqrt{\alpha_n^2 \pm \sqrt{k^2\alpha_n^2 + \beta^2}}\; ; \qquad k^2 = \frac{q}{N}\, , \qquad \beta^2 = \mu\,\frac{\omega^2}{N}\, ,$$

sowohl die Randbedingungen $w_j = 0$, $\nabla^2 w_j = 0$, $j = $ I, II an den Rändern $y = 0$ und $y_1 = 0$ als auch die Differentialgleichung (2) erfüllen. Die Konstanten A_n, B_n, A_n', B_n' werden mit Hilfe von vier Randbedingungen für die Gerade $y = \eta$ gewonnen. Es stehen noch zwei Verträglichkeitsbedingungen (Kontinuitätsbedingungen) zur Verfügung:

$$W_I(x, \eta) = W_{II}(x, \eta'); \qquad \frac{\partial W_I(x, \eta)}{\partial y} = -\frac{\partial W_{II}(x, \eta')}{\partial y_1} \tag{5}$$

sowie zwei statische Bedingungen:

$$\frac{\partial^2 W_I(x, \eta)}{\partial y^2} = -\frac{\partial^2 W_{II}(x, \eta')}{\partial y_1^2}\, ,$$

$$N\left[\frac{\partial^3 W_I}{\partial y^3} + \frac{\partial^3 W_{II}}{\partial y_1^3}\right]_{y=\eta} e^{i\omega t} = -p(x)e^{i\omega t}. \tag{6}$$

Die erste der beiden letzten Bedingungen führt auf die Gleichheit beider Biegemomente $M_{yy}(x, \eta) = M_{y_1 y_1}(x, \eta')$, die zweite bezieht sich auf das Gleichgewicht der Querkräfte, die unmittelbar links und rechts vom Schnitt $y = \eta_1$ auftreten, und der Last $p(x)e^{i\omega t}$, die an diesem Schnitt angreift.

Im betrachteten Fall handelt es sich um die Einzelkraft $Pe^{i\omega t}$. Diese Kraft wird mit Hilfe einer *Fourier-Reihe* in der Gestalt

$$p(x) = P\delta(x - \xi) = \frac{2P}{a} \sum_{n=1}^{\infty} \sin \alpha_n x \sin \alpha_n \xi$$

geschrieben. Die Randbedingungen (5) und (6) liefern

$$A_n = -\frac{2P}{aN}\frac{1}{(\lambda_n^2 - \varepsilon_n^2)\lambda_n}\frac{\sin \alpha_n \xi \sinh \lambda_n \eta'}{\sinh \lambda_n b}\, ;$$

$$B_n = \frac{2P}{aN}\frac{1}{(\lambda_n^2 - \varepsilon_n^2)\lambda_n}\frac{\sin \alpha_n \xi \sinh \varepsilon_n \eta'}{\sinh \varepsilon_n b}\, ; \tag{7}$$

$$A_n' = A_n\frac{\sinh \lambda_n \eta}{\sinh \lambda_n \eta'}\, ; \qquad B_n' = B_n\frac{\sinh \varepsilon_n \eta}{\sinh \varepsilon_n \eta'}\, .$$

Werden die Konstanten A_n, B_n, A_n', B_n' in die Gln. (4) eingesetzt, so ergibt sich die Biegefläche der Platte für die beiden Bereiche I und II.

Die Durchbiegung der Platte im Punkt (ξ, η), d.h. im Angriffspunkt der Erregerkraft, beträgt

$$w(\xi, \eta, t) = \frac{2Pe^{i\omega t}}{Na} \sum_{n=1}^{\infty} \frac{\sin^2 \alpha_n \xi}{(\lambda_n^2 - \varepsilon_n^2)} \left[\frac{\sinh \varepsilon_n \eta \sinh \varepsilon_n \eta'}{\varepsilon_n \sinh \varepsilon_n b} - \frac{\sinh \lambda_n \eta \sinh \lambda_n \eta'}{\lambda_n \sinh \lambda_n b}\right]. \tag{8}$$

Die Eigenfrequenz ω wird so gewählt, daß die Durchbiegung $w(\xi, \eta, t)$ im Punkt (ξ, η) unabhängig von der Zeit t gleich Null ist. Diese Bedingung ergibt

$$\sum_{n=1,2,\ldots}^{\infty} \frac{\sin^2\alpha_n\xi}{(\lambda_n^2 - \varepsilon_n^2)} \left[\frac{\sinh \varepsilon_n\eta \, \sinh \varepsilon_n\eta'}{\varepsilon_n \sinh \varepsilon_n b} - \frac{\sinh \lambda_n\eta \, \sinh \lambda_n\eta'}{\lambda_n \sinh \lambda_n b} \right] = 0. \tag{9}$$

In den Parametern ε, λ ist der Wert von ω enthalten, der der Bedingung $w(\xi, \eta, t) = 0$ entspricht. Die aufgrund der Gl. (9) ermittelten aufeinanderfolgenden Frequenzen $\omega_1, \omega_2, \ldots$ stellen Eigenfrequenzen für eine Platte dar, die an allen Rändern frei drehbar gelagert und im Punkt (ξ, η) aufgestützt ist. Die Wirksamkeit einer derartigen punktförmigen Aufstützung wird an Hand eines einfachen Beispieles veranschaulicht.

Es wird eine quadratische Platte mit einer Stütze im Mittelpunkt betrachtet. Gl. (9) lautet hierbei

$$\sum_{n=1,3\ldots}^{\infty} \frac{1}{\sqrt{n^2\gamma^2 + \delta^2}} \left(\frac{\tanh\dfrac{\pi}{2}\sqrt{n^2 - \sqrt{n^2\gamma^2 + \delta^2}}}{\sqrt{n^2 - \sqrt{n^2\gamma^2 + \delta^2}}} - \right.$$

$$\left. - \frac{\tanh\dfrac{\pi}{2}\sqrt{n^2 + \sqrt{n^2\gamma^2 + \delta^2}}}{\sqrt{n^2 + \sqrt{n^2\gamma^2 + \delta^2}}} \right) = 0 \tag{10}$$

mit

$$\gamma^2 = \frac{a^2 q}{\pi^2 N}; \qquad \delta^2 = \frac{\mu\omega^2 a^4}{\pi^4 N}.$$

Für die aufeinanderfolgenden Werte $\gamma = 0$, $\gamma = 1$, $\gamma = 2$ und $\gamma = 3$, d.h. bei einem Zuwachs der Kraft q, wurden die zugeordneten Grundfrequenzen

$$\omega = \frac{\delta\pi^2}{a^2} \sqrt{\frac{N}{\mu}}$$

berechnet und in Tafel 9-4 zusammengestellt.

Tafel 9-4

γ	0	1,0	2,0	3,0
δ	5,33	5,16	4,48	2,27

Es ist ersichtlich, daß die Eigenfrequenz der Platte mit einem Zuwachs der Drucklast q abnimmt und daß Gl. (10) die Frequenz für die symmetrische Schwingungsform liefert. Man kann beweisen, daß die Eigenfrequenz bei Einwirkung der Zugkräfte zunimmt, es ergibt sich hierbei $\delta > 5,33$.

Geht die Eigenfrequenz gegen Null, so handelt es sich um ein Ausbeulungsproblem. Für $\omega = 0$ ergibt sich

$$\lambda_n = \sqrt{\alpha_n^2 + \alpha_n k}; \qquad \varepsilon_n = \sqrt{\alpha_n^2 - \alpha_n k}; \qquad \lambda_n^2 - \varepsilon_n^2 = 2\alpha_n k.$$

Die kritische Kraft für das Ausbeulen einer im Mittelpunkt aufgestützten Platte wird aus der Gleichung

$$q_{kr} = \frac{\pi^2 N}{a^2}\,\gamma_1^2$$

gewonnen, worin γ_1 die kleinste Wurzel der Gleichung

$$\sum_{n=1,3}^{\infty} \frac{1}{n}\left(\frac{\tanh\dfrac{\pi b}{2a}\sqrt{n^2-n\gamma}}{\sqrt{n^2-n\gamma}} - \frac{\tanh\dfrac{\pi b}{2a}\sqrt{n^2+n\gamma}}{\sqrt{n^2+n\gamma}}\right)\sin^2\alpha_n\xi = 0 \quad (11)$$

bedeutet.

Es wird noch die Eigenschwingung einer Platte untersucht, die zusätzlich im Mittelpunkt gestützt ist. Es gilt $q = 0$ (d.h. $\gamma = 0$).

Die Frequenzen ω_1, ω_2, ... ergeben sich aus der Gleichung

$$\sum_{n=1,3,\ldots}^{\infty}\left(\frac{\tanh\dfrac{\pi b}{2a}\sqrt{n^2-\delta}}{\sqrt{n^2-\delta}} - \frac{\tanh\dfrac{\pi b}{2a}\sqrt{n^2+\delta}}{\sqrt{n^2+\delta}}\right)\sin^2\alpha_n\xi = 0. \quad (12)$$

Die Grundeigenfrequenz der zusätzlich in der Mitte aufgestützten Platte beträgt je nach dem Verhältnis $\psi = a/b$:

$$\psi = 1{,}0; \quad \delta = 5{,}33,$$
$$\psi = 1{,}4; \quad \delta = 7{,}41,$$
$$\psi = 2{,}0; \quad \delta = 9{,}23.$$

Der Ausgangspunkt zur Herleitung obiger Lösungen stellte die Betrachtung der Wirkung der Erregerkraft $Pe^{i\omega t}$ dar. Greift diese Kraft in der Plattenmitte an, so ist die hervorgerufene Biegefläche symmetrisch. Gl. (12) liefert infolgedessen lediglich die symmetrischen Schwingungsformen. Die Werte ω_1 stellen also die tiefsten Eigenfrequenzen für diejenige Platte dar, bei der die zusätzlichen Bedingungen $\dfrac{\partial w}{\partial y} = \dfrac{\partial w}{\partial x} = 0$ im Punkt $(\xi = a/2,\ \eta = b/2)$ durch geeignete Konstruktionsmaßnahmen geschaffen werden.

Bei Herleitung der Gl. (12) wurde $n^2 > \delta$ angenommen. Manchmal wird aber diese Voraussetzung nicht für alle Glieder der Reihen (12) erfüllt. In einem derar-

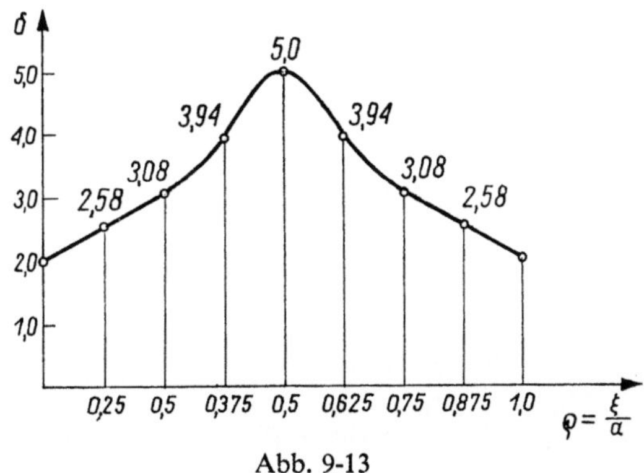

Abb. 9-13

tigen Falle ist an Stelle von $\tanh\left(\dfrac{\pi b}{2a}\sqrt{n^2-\delta}\right)\!/\!\sqrt{n^2-\delta}$ der Wert

von $\tan\left(\dfrac{\pi b}{2a}\sqrt{\delta-n^2}\right)\!/\!\sqrt{\delta-n^2}$

anzunehmen.

Interessant kann eine Abschätzung der Auswirkung einer Punktaufstützung in Abhängigkeit von deren Lage sein. Als ein Beispiel wurden hierzu die Werte von ω_1 für eine quadratische Platte berechnet, die in verschiedenen Punkten der Gerade $\eta = b/2$ gestützt ist. Die Ergebnisse sind in Abb. 9-13 gezeigt. Sie beziehen sich auf eine hinsichtlich der Gerade $\eta = b/2$ symmetrische Eigenschwingungsform der Platte.

9.13. Eigenschwingung und Ausbeulen einer an den Rändern eingespannten Rechteckplatte [106]

Das Problem der Eigenschwingung einer an sämtlichen Rändern eingespannten Rechteckplatte wurde von S. TIMOTIKA 1936 und S. IGUCHI 1937 streng gelöst. An dieser Stelle wird ein anderer Lösungsweg angeführt, wobei die Lösung sich auf ein allgemeineres Problem bezieht, und zwar auf jenes der Eigenschwingung einer Platte unter Mitwirkung konstanter Zug- oder Druckkräfte, die in der Mittelfläche der Platte wirken.

Zunächst wird eine an den Rändern frei gelagerte Rechteckplatte betrachtet, die durch die Druckkräfte q_1 und q_2 sowie die zeitlich harmonisch veränderliche Belastung $p(y)e^{i\omega t}$ beansprucht wird. Die letztere greife längs der Gerade $x = \xi$ senkrecht zur Mittelfläche der Platte an (Abb. 9-14).

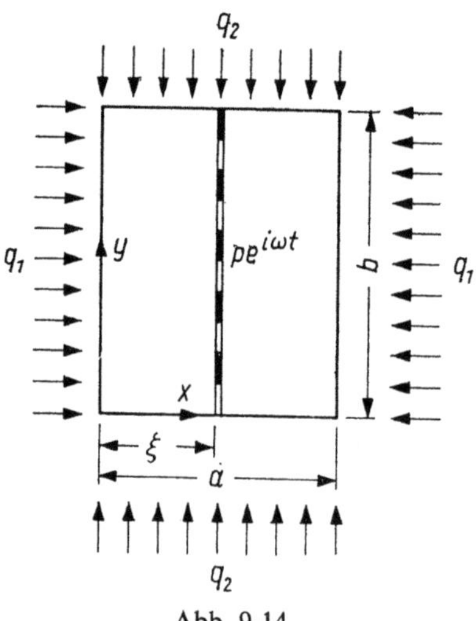

Abb. 9-14

Die Lösung der Differentialgleichung für die Querschwingung der Platte

$$N\nabla^4 w + q_1\frac{\partial^2 w}{\partial x^2} + q_2\frac{\partial^2 w}{\partial y^2} + \mu\ddot{w} = p(x,y)e^{i\omega t}; \qquad \mu = \varrho h \tag{1}$$

lautet hierbei

$$w(x, y, t) = \frac{2e^{i\omega t}}{a} \sum_{n,m}^{\infty} \frac{p_m \sin \alpha_n \xi}{D_{nm}} \sin \alpha_n x \sin \beta_m y \tag{2}$$

mit

$$\alpha_n = \frac{n\pi}{a}; \qquad \beta_m = \frac{m\pi}{b}; \qquad D_{nm} = N(\alpha_n^2 + \beta_m^2)^2 - q_1\alpha_n^2 - q_2\beta_m^2 - \mu\omega^2.$$

Von Gl. (2) kann man durch die Differentiation nach ξ zur Lösung für denjenigen Fall übergehen, wenn die Platte mit dem längs der Gerade $x = \xi$ stetig verteilten Moment $M(y)e^{i\omega t}$ belastet wird. Es gilt hierbei

$$w = \frac{2}{a}e^{i\omega t} \sum_{n,m}^{\infty} \frac{A_m\alpha_n \cos \alpha_n \xi}{D_{nm}} \sin \alpha_n x \sin \beta_m y, \tag{3}$$

worin A_m der Beiwert für die Entwicklung des Momentes $M(y) = \sum_{m=1}^{\infty} A_m \sin\beta_m y$ längs der Gerade $x = \xi$ ist.

Für $\xi = 0$ ergibt sich der Fall der Belastung der Platte mit dem Moment $M(y)$ längs der y-Achse.

Wird das obige Verfahren auf den Fall angewendet, wenn an den Rändern $x = 0$, $y = 0$, $x = a$, $y = b$ die Momente angreifen, die sich in *Fourier-Reihen* mit den Koeffizienten A_m, B_n, C_m, und D_n entwickeln lassen, so ergibt sich für die Biegefläche die folgende Gleichung:

$$w = \frac{2e^{i\omega t}}{a} \sum_{n,m}^{\infty} \frac{[A_m - (-1)^n C_m]\alpha_n + \dfrac{a}{b}[B_n - (-1)^n D_n]\beta_m}{D_{nm}} \times$$
$$\times \sin \alpha_n x \sin \beta_m y. \tag{4}$$

Aus den Randbedingungen für die vollkommene Einspannung der Plattenränder

$$\left.\frac{\partial w}{\partial x}\right|_{\substack{x=0 \\ x=a}} = 0; \qquad \left.\frac{\partial w}{\partial y}\right|_{\substack{y=0 \\ y=b}} = 0,$$

folgt ein System von vier homogenen Gleichungen. Das System vereinfacht sich dann auf zwei Gleichungen wegen der Symmetrie der Randbedingungen und der Belastung.

Es ist zu bemerken, daß die Bedingungen

$$A_m = C_m; \qquad B_n = D_n; \qquad n, m = 1, 3, 5, \ldots \tag{5}$$

sich auf die zu den beiden Symmetrieachsen der Platte symmetrische Schwingungsform beziehen, während die Zusammenhänge

$$A_m = C_m; \qquad B_n = -D_n; \qquad m = 1, 3, 5, \ldots; \qquad n = 2, 4, 6 \ldots \tag{6}$$

den hinsichtlich von $x = a/2$ symmetrischen und bezüglich $y = b/2$ antisymmetrischen Schwingungsformen entsprechen.

22*

Umgekehrt beziehen sich die Bedingungen

$$A_m = -C_m; \quad B_n = D_n; \quad m = 2, 4, \ldots; \quad n = 1, 3, 5, \ldots \tag{7}$$

auf die hinsichtlich der Symmetrieachse $x = a/2$ antisymmetrischen und hinsichtlich $y = b/2$ symmetrischen Schwingungsformen. Dem Fall

$$A_m = -C_m; \quad B_n = -D_n; \quad m, n = 2, 4, 6 \ldots, \tag{8}$$

entsprechen Schwingungsformen, die bezüglich der Geraden $x = a/2$ und $y = b/2$ antisymmetrisch sind.

Die Betrachtung bleibt im weiteren auf die symmetrische (bezüglich beider Symmetrieachsen) Schwingungsform beschränkt. Aus den Randbedingungen

$$\left. \frac{\partial w}{\partial x} \right|_{x=0} = 0; \quad \left. \frac{\partial w}{\partial y} \right|_{y=0} = 0,$$

folgt das System von zwei Gleichungen

$$A_m \sum_{n=1,3,\ldots}^{\infty} \frac{\alpha_n^2}{D_{nm}} + \frac{a\beta_m}{b} \sum_{n=1,3,\ldots}^{\infty} \frac{B_n\alpha_n}{D_{nm}} = 0,$$

$$\alpha_n \sum_{m=1,3,\ldots}^{\infty} \frac{A_m\beta_m}{D_{nm}} + \frac{a}{b} B_n \sum_{m=1,3,\ldots}^{\infty} \frac{\beta_m^2}{D_{nm}} = 0. \tag{9}$$

Wird daraus B_n eliminiert, so entsteht

$$A_m - \sum_{i=1,3}^{\infty} A_i G_{mi} = 0 \tag{10}$$

mit

$$G_{mi} = \frac{\beta_m\beta_i}{E_m} \sum_{k=1}^{\infty} \frac{\alpha_k^2}{F_k D_{ki} D_{km}} \tag{11}$$

und

$$E_m = \sum_{n=1,3,\ldots}^{\infty} \frac{\alpha_n^2}{D_{nm}}; \quad F_k = \sum_{r=1,3,\ldots}^{\infty} \frac{\beta_r^2}{D_{rk}}.$$

Wird die Determinante des Gleichungssystems (10) gleich Null gesetzt, so ergibt sich eine unendliche Folge der Wurzeln. Die kleinste Wurzel liefert die Grundeigenfrequenz für die Platte.

Für eine quadratische Platte und bei $q_1 = q_2 = q$ vereinfacht sich das Gleichungssystem wesentlich. Der in der Gl. (10) auftretende Wert G_{mi} ist dann

$$G_{mi} = -\frac{\beta_m\alpha_i}{F_m D_{mi}}. \tag{12}$$

Mit den Bezeichnungen

$$s = \frac{qa^2}{N\pi^2}; \quad \lambda = \mu \frac{\omega^2 a^4}{N\pi^4}$$

gilt

$$G_{mi} = \frac{mi}{[(i^2+m^2)^2 - s(i^2+m^2) - \lambda] \displaystyle\sum_{n=1,3,\dots}^{\infty} \frac{n^2}{(n^2+m^2)^2 - s(n^2+m^2) - \lambda}}. \tag{13}$$

Die in Gl. (13) vorkommende Summe läßt sich in der folgenden geschlossenen Form schreiben:

$$\sum_{n=1,3,\dots}^{\infty} \frac{n^2}{(n^2+m^2)^2 - s(n^2+m^2) - \lambda} = \frac{\pi}{8\sqrt{\lambda^2 + \dfrac{s^2}{4}}} \times$$

$$\times\left(\sqrt{m^2 - \frac{s}{2} + \sqrt{\frac{s^2}{4} + \lambda}}\, \tanh \frac{\pi}{2} \sqrt{m^2 - \frac{s}{2} + \sqrt{\frac{s^2}{4} + \lambda}} \; + \right.$$

$$\left. + \sqrt{\sqrt{\frac{s^2}{4} + \lambda} + \frac{s}{2} - m^2}\, \tan \frac{\pi}{2} \sqrt{\sqrt{\frac{s^2}{4} + \lambda} + \frac{s}{2} - m^2}\right). \tag{14}$$

Werden nur die vier ersten Glieder in Gln. (9) berücksichtigt und die Determinante vierten Grades gleich Null gesetzt, so ergeben sich die in Tafel 9-5 angeführten Eigenfrequenzen.

Tafel 9-5

s	$-3{,}0$	$-1{,}0$	0	$1{,}0$	$3{,}0$
$\dfrac{a^2}{\pi^2}\omega\sqrt{\dfrac{\mu}{N}}$	4,57	3,98	3,65	3,28	2,40

Es ist ersichtlich, daß die Eigenfrequenz mit einem Zuwachs der Druckkräfte abnimmt, und für $q \to q_{kr}$ gegen Null geht. Wird in Gl. (10) die Größe $\omega = 0$ eingesetzt, so ergibt die gleich Null gesetzte Determinante Werte der kritischen Kraft. Die Eigenschwingung nimmt mit einem Zuwachs der Zugkräfte zu.

Es ist noch zu bemerken, daß mit Hilfe der Gln. (6) bis (8) die Eigenfrequenzen für diejenigen Platten ermittelt werden können, die an drei bzw. zwei benachbarten Rändern vollkommen eingespannt sind.

Besonders einfach sind die aus den Randbedingungen folgenden Gleichungen der Eigenschwingung, wenn die Platte an einem oder an beiden gegenüberliegenden Rändern eingespannt ist. Ist die Platte am Rand $x = 0$ eingespannt und an den anderen Rändern frei gelagert, so nimmt die entsprechende Gleichung eine besonders einfache Form an und lautet

$$\sum_{n=1,2}^{\infty} \frac{\alpha_n^2}{D_{nm}} = 0 \tag{15}$$

oder

$$\sum_{n=1,2}^{\infty} \frac{n^2}{\left(n^2 + m^2\,\dfrac{a^2}{b^2}\right)^2 - s_1 n^2 - s_2 m^2\,\dfrac{a^2}{b^2} - \lambda} = 0, \tag{16}$$

wobei

$$s_1 = \frac{q_1 a^2}{N\pi^2}; \qquad s_2 = \frac{q_2 a^2}{N\pi^2}; \qquad \lambda = \frac{\mu\omega^2 a^4}{N\pi^4}$$

ist.

Für vorgegebene Werte s_1, s_2, können mit Hilfe der Gl. (16) die aufeinanderfolgenden Werte λ_1, λ_2, ... und dann die Werte ω_1, ω_2, ... erraten werden.

Weiterhin soll bemerkt werden, daß Gl. (4) ebenfalls gewonnen werden kann, wenn die Sinus-Transformation auf die Gl. (1) angewendet wird [153].

Die zu den Biegemomenten am Plattenrand proportionalen Größen werden mit Hilfe der folgenden Reihen beschrieben:

$$\frac{\partial^2 W(0,y)}{\partial x^2} = \sum_{m=1}^{\infty} A_m \sin \beta_m y; \qquad \frac{\partial^2 W(a,y)}{\partial x^2} = \sum_{m=1}^{\infty} C_m \sin \beta_m y,$$

$$\frac{\partial^2 W(x,0)}{\partial y^2} = \sum_{n=1}^{\infty} B_n \sin \alpha_n x; \qquad \frac{\partial^2 W(x,b)}{\partial y^2} = \sum_{n=1}^{\infty} D_n \sin \alpha_n x. \tag{17}$$

Die *Fourier-Transformierte der Funktion* $W(x,y)$ im Intervall $0 < x < a$, $0 < y < b$ stellt die Operation

$$\mathscr{F}(W(x,y)) = \int_0^a \int_0^b W(x,y) \sin \alpha_n x \sin \beta_m y\, dx\, dy = f_{nm}, \tag{18}$$

dar, wobei

$$W(x,y) = \frac{4}{ab} \sum_{n,m}^{\infty} f_{nm} \sin \alpha_n x \sin \beta_m y \tag{19}$$

ist.
Hieraus folgt

$$\mathscr{F}\left(\frac{\partial^2 W}{\partial x^2}\right) = \int_0^b \sin \beta_m y\, dy \int_0^a \frac{\partial^2 W}{\partial x^2} \sin \alpha_n x\, dx.$$

Die partielle Integration ergibt

$$\mathscr{F}\left(\frac{\partial^2 W}{\partial x^2}\right) = -\alpha_n^2\, \mathscr{F}(W(x,y)) +$$

$$+ \alpha_n \int_0^b [W(0,y) - (-1)^n W(a,y)] \sin \alpha_n x\, dx = \alpha_n^2 f_{nm}, \tag{20}$$

da

$$W(0, y) = W(a, y) = 0$$

ist.

Analog gilt

$$\mathscr{F}\left(\frac{\partial^2 W}{\partial y^2}\right) = -\beta_m^2 \mathscr{F}[W(x,y)] +$$

$$+\beta_m \int_0^a [W(x,0) - (-1)^n W(x,b)] \sin \beta_m y\, dy = \beta_m^2 f_{nm} \tag{21}$$

wegen

$$W(x, 0) = W(x, b) = 0.$$

Weiterhin ist

$$\mathscr{F}\left(\frac{\partial^4 W}{\partial x^4}\right) = \alpha_n^4 \mathscr{F}[W(x,y)] - \alpha_n^3 \int_0^b [W(0,y) - (-1)^n W(a,y)] \sin \beta_m y\, dy +$$

$$+\alpha_n \int_0^b \left[\frac{\partial^2 W(0,y)}{\partial x^2} - (-1)^n \frac{\partial^2 W(a,y)}{\partial x^2}\right] \sin \beta_m y\, dy. \tag{22}$$

Unter Berücksichtigung der Gl. (17) ergibt sich durch die Integration

$$\mathscr{F}\left(\frac{\partial^4 W}{\partial x^4}\right) = \alpha_n^4 f_{nm} - \alpha_n \frac{b}{2}[A_m - (-1)^n C_m]. \tag{23}$$

Auf eine ähnliche Weise entsteht

$$\mathscr{F}\left(\frac{\partial^4 W}{\partial y^4}\right) = \beta_m^4 f_{nm} - \beta_m \frac{a}{2}[B_n - (-1)^m D_n]. \tag{24}$$

Folglich ist

$$\mathscr{F}\left(\frac{\partial^4 W}{\partial x^2 \partial y^2}\right) = \alpha_n^2 \beta_m^2 f_{nm} - \beta_m \alpha_n^2 \int_0^a [W(x,0) - (-1)^m W(x,b)] \sin \alpha_n x\, dx -$$

$$-\alpha_n \beta_m^2 \int_0^b [W(0,y) - (-1)^n W(b,y)] \sin \beta_m y\, dy + \alpha_n \beta_m [W(0,0] -$$

$$- (-1)^m W(0,b) - (-1)^n W(a,0) + (-1)^{n+m} W(a,b)] = \alpha_n^2 \beta_m^2 f_{nm}. \tag{25}$$

Wird also die Sinus-Transformation auf die homogene Gl. (1) angewendet, so entsteht

$$f_{nm}\{[\alpha_n^4 + 2\alpha_n^2 \beta_m^2 + \beta_m^4] - q_1 \alpha_n^2 - q_2 \beta_m^2 - \mu\omega^2\} =$$

$$= \frac{\alpha_n b}{2}[A_m - (-1)^n C_m] + \frac{\beta_m a}{2}[B_n - (-1)^m D_n]$$

und daraus

$$f_{nm} = \frac{\dfrac{\alpha_n b}{2}[A_m - (-1)^n C_m] + \dfrac{\beta_m a}{2}[B_n - (-1)^m D_n]}{D_{nm}}. \tag{26}$$

Die Berücksichtigung der Gl. (19), die Einführung von $w(x, y, t) = W(x, y)e^{i\omega t}$ und die inverse Transformation der Gl. (26) ergeben die Gl. (4).

9.14. Die Methode von P. Lardy [81]

Das Wesentliche der Methode von P. LARDY liegt in der Anwendung orthogonaler Funktionen, welche die Randbedingungen erfüllen aber der Differentialgleichung der Plattenbiegung nicht unbedingt genügen müssen. Eigenschwingungsformen für einen Balken stellen ein günstiges System derartiger Funktionen dar.

Die Anwendung der Methode von P. LARDY wird am Beispiel einer Rechteckplatte mit den Seiten 2a und 2b veranschaulicht, die am Rand vollkommen eingespannt ist und bezüglich x- und y- Achse symmetrische erzwungene harmonische Schwingungen ausführt (Abb. 9-15).

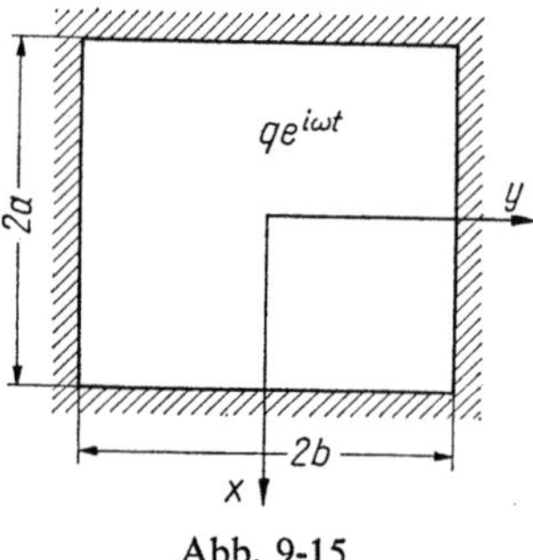

Abb. 9-15

Es wird die Differentialgleichung der Durchbiegungsamplituden betrachtet:

$$\nabla^4 W - \lambda^4 W = \frac{q}{N}; \qquad \lambda^4 = \frac{\omega^2}{c^2}; \qquad c^2 = \frac{N}{\varrho h}, \tag{1}$$

wobei

$$w(x, y, t) = W(x, y)\, e^{i\omega t}; \qquad q(x, y, t) = p(x, y)\, e^{i\omega t}$$

ist.

Gl. (1) wird mit dem Ansatz

$$W(x, y) = \sum_{m=1}^{\infty} \sum_{n=1}^{\infty} A_{mn}\varphi_m(x)\psi_n(y) \tag{2}$$

gelöst. Die Funktionen $\varphi_m(x)$ und $\psi_n(y)$ sind so zu wählen, daß an den Rändern $x = \pm a$, $y = \pm b$ die Randbedingungen

$$W(a, y) = W(x, b) = \frac{\partial W(a, y)}{\partial x} = \frac{\partial W(x, b)}{\partial y} = 0 \tag{3}$$

erfüllt sind.

Auf diese Weise ergibt sich für $x = a$

$$\varphi_m(a) = 0; \qquad \frac{\partial \varphi_m(a)}{\partial x} = 0, \tag{4}$$

und für $y = b$

$$\psi_n(b) = 0; \qquad \frac{\partial \psi_n(b)}{\partial y} = 0. \tag{5}$$

Die Funktionen $\varphi_m(x)$, $\psi_n(y)$ mögen Schwingungsformen für einen Balken darstellen. Sie müssen also die Gleichungen

$$\frac{d^4\varphi_m}{dx^4} = \alpha_m^4 \varphi_m(x); \qquad \frac{d^4\psi_n}{dy^4} = \beta_n^4 \psi_n(y), \tag{6}$$

mit den Randbedingungen (4) und (5) erfüllen. Wegen der Symmetrie der Lasten bezüglich der x- und y-Achse können nur symmetrische Schwingungsformen φ_m und ψ_n in Betracht kommen.

Die erste von Gln. (6) wird mit dem Ansatz

$$\varphi_m(x) = \frac{\cosh \alpha_m x}{\cosh \lambda_m} - \frac{\cos \alpha_m x}{\cos \lambda_m}; \qquad \lambda_m = \alpha_m a \tag{7}$$

gelöst. Dieser Ansatz befriedigt die Randbedingungen (4). Die Eigenwerte λ_m werden aus der transzendenten Gleichung

$$\tanh \lambda_m + \tan \lambda_m = 0 \tag{8}$$

ermittelt. Folglich ergibt sich

$$\lambda_1 = 2{,}36504 \quad \text{und} \quad \lambda_m = \frac{4m-1}{4}\,\pi \qquad \text{für} \qquad m \geqslant 2. \tag{9}$$

Die Funktionen $\varphi_m(x)$ werden normiert, es gilt

$$\int\limits_{-a}^{a} \varphi_m(x)\varphi_{m'}(x)\,dx = a\delta_{mm'}\left(\frac{1}{\cosh^2 \lambda_m} + \frac{1}{\cos^2 \lambda_m} \right). \tag{10}$$

Es ist zu bemerken, daß

$$\frac{1}{\cosh^2 \lambda_m} \approx 0, \qquad \frac{1}{\cos^2 \lambda_m} \approx 2. \tag{11}$$

schon für $\lambda_1 = 2{,}36504$ ist. Gl. (10) kann in der Form

$$\int\limits_{-a}^{a} \varphi_m(x)\varphi_{m'}(x)\,dx = 2a\delta_{mm'} \tag{10'}$$

geschrieben werden. Auf eine ähnliche Weise wird die Funktion $\psi_n(y)$ gewählt. Es gilt

$$\psi_n(y) = \frac{\cosh \beta_n y}{\cosh \vartheta_n} - \frac{\cos \beta_n y}{\cos \vartheta_n}; \qquad \vartheta_n = \beta_n b;$$

$$\vartheta_1 = 2{,}36504 \quad \text{und} \quad \vartheta_n = \frac{4n-1}{4}\,\pi \ \text{für} \ n \geqslant 2. \tag{12}$$

Die Belastung $p(x, y)$ wird in eine unendliche Doppelreihe nach den Funktionen $\varphi_m(x)$, $\psi_n(y)$ entwickelt. Es gilt dann

$$p(x, y) = \sum_{m=1}^{\infty} \sum_{n=1}^{\infty} p_{mn}\varphi_m(x)\,\psi_n(y). \tag{13}$$

Wird Gl. (13) beiderseitig mit $\varphi_m(x)$, $\psi_n(y)$ multipliziert und über den Bereich der Platte integriert, so entsteht

$$\int\limits_{-a}^{a}\int\limits_{-b}^{b} p(x,y)\,\varphi_{m'}(x)\psi_{n'}(y)\,dx\,dy =$$

$$= \sum_{m=1}^{\infty}\sum_{n=1}^{\infty} p_{mn} \int\limits_{-a}^{a} \varphi_m(x)\,\varphi_{m'}(x)dx \int\limits_{-b}^{b} \psi_n(y)\,\psi_{n'}(y)dy. \tag{14}$$

Unter Verwendung der Gl. (10) und der Näherungsformel (11) ergibt sich

$$\int\limits_{-a}^{a}\int\limits_{-b}^{b} p(x,y)\,\varphi_{m'}(x)\,\psi_{n'}(y)dx\,dy = 4ab \sum_{m=1}^{\infty}\sum_{n=1}^{\infty} p_{mn}\,\delta_{mm'}\,\delta_{nn'}.$$

Daraus folgt

$$p_{m'n'} = \frac{1}{4ab} \int\limits_{-a}^{a}\int\limits_{-b}^{b} p(x,y)\varphi_{m'}(x)\,\psi_{n'}(y)dx\,dy \tag{15}$$

Gln. (2) und (13) werden in Gl. (1) eingesetzt. Unter Verwendung der Gln. (6) ergibt sich

$$N \sum_{m=1}^{\infty}\sum_{n=1}^{\infty} A_{mn}\,[(\alpha_m^4+\beta_n^4-\lambda^4)\varphi_m(x)\,\psi_n(y) +$$

$$+ 2\alpha_m^2\beta_n^2 u_m(x)v_n(y)] = \sum_{m=1}^{\infty}\sum_{n=1}^{\infty} p_{mn}\varphi_m(x)\,\psi_n(y). \tag{16}$$

Hierbei ist

$$u_m(x) = \frac{\cosh \alpha_m x}{\cosh \lambda_m} + \frac{\cos \alpha_m x}{\cos \lambda_m},$$

$$v_n(y) = \frac{\cosh \beta_n y}{\cosh \vartheta_n} + \frac{\cos \beta_n y}{\cos \vartheta_n}. \tag{17}$$

Die Funktionen $u_m(x)$, $v_n(y)$ werden nach den Eigenfunktionen $\varphi_i(x)$ und $\psi_j(y)$ entwickelt. Es entsteht:

$$u_m(x) = \sum_{i=1}^{\infty} k_{im}\varphi_i(x); \qquad k_{im} = \frac{1}{2a} \int\limits_{-a}^{a} u_m(x)\,\varphi_i(x)dx;$$

$$v_n(y) = \sum_{j=1}^{\infty} h_{jn}\psi_j(y); \qquad h_{jn} = \frac{1}{2b} \int\limits_{-b}^{b} v_n(y)\,\psi_j(y)dy. \tag{18}$$

Die Größen k_{im} und h_{jm} werden durch die Integration nach den Gln. (18) gewonnen, es gilt

$$k_{im} = -\frac{4\lambda_i^2}{\lambda_m^4-\lambda_i^4}\,(\lambda_m \tanh\lambda_m - \lambda_i \tanh\lambda_i);$$

$$k_{mm} = \frac{1}{2}\left(\frac{1}{\cosh^2\lambda_m} - \frac{1}{\cos^2\lambda_m}\right) + \frac{\tanh\lambda_m}{\lambda_m}; \quad \lambda_i = \alpha_i a; \quad \lambda_m = \alpha_m a. \tag{19}$$

Die beiden Größen hängen von den Abmessungen der Platte nicht ab und können ein für allemal bestimmt werden.

Für die Indizes größer als 2 können asymptotische Entwicklungen verwendet werden. Da die Wurzeln λ_n für die Funktionen $\psi_n(y)$ identisch sind, ist auch $k_{im} = h_{im}$. In Tafel 9-6 sind die Werte von k_{im} für $i, m = 1, 2, 3, 4$ angeführt.

Tafel 9-6

m \ i	1	2	3	4
1	$-0,54984$	$0,43495$	$0,34037$	$0,27302$
2	$0,08050$	$-0,81811$	$0,20139$	$0,19010$
3	$0,02531$	$0,08155$	$-0,88425$	$0,12738$
4	$0,01100$	$0,04140$	$0,06850$	$-0,91512$

Durch Einsetzen der Entwicklung (18) in Gl. (1) ergibt sich die Gleichung

$$\sum_{m,n}^{\infty} A_{mn} [(\alpha_m^4 + \beta_n^4 - \lambda^4)\varphi_m(x)\psi_n(y) + 2\alpha_m^2\beta_n^2 \sum_{i,j}^{\infty} k_{im}k_{jn}\varphi_i(x)\psi_j(y)] = \frac{1}{N} \sum_{m,n}^{\infty} p_{mn}\varphi_m(x)\psi_n(y) . \tag{20}$$

Hierbei ist

$$u_m v_n = \sum_{i,j}^{\infty} k_{im}k_{jn}\varphi_m(x)\psi_n(y) = k_{1m}k_{1n}\varphi_1\psi_1 + k_{1m}k_{2n}\varphi_1\psi_2 +$$

$$+ k_{2m}k_{1n}\varphi_2\psi_1 + k_{1m}k_{3n}\varphi_1\psi_3 + k_{2m}k_{2n}\varphi_2\psi_2 + k_{3m}k_{1n}\varphi_3\psi_1 + \dots \tag{21}$$

In Tafel 9-7 sind einige Koeffizienten der Entwicklung (21) angegeben. Diese Koeffizienten hängen von den Abmessungen der Platte nicht ab und werden ein für allemal berechnet.

Tafel 9-7

	$\varphi_1\psi_1$	$\varphi_1\psi_2$	$\varphi_2\psi_1$	$\varphi_1\psi_3$	$\varphi_2\psi_2$	$\varphi_3\psi_1$
u_1v_1	$-0,30234$	$-0,23916$	$-0,23916$	$-0,18715$	$0,18918$	$-0,1875$
u_1v_2	$-0,04426$	$0,44984$	$0,03501$	$-0,11073$	$-0,35584$	$0,02740$
u_2v_1	$-0,04426$	$0,03501$	$0,44984$	$0,02740$	$-0,35584$	$-0,11073$
u_1v_3	$-0,01403$	$-0,04484$	$0,01110$	$0,48620$	$-0,03547$	$0,00868$
u_2v_2	$0,00648$	$-0,06586$	$-0,06586$	$0,01621$	$0,66930$	$0,01621$
u_3v_1	$-0,01403$	$0,01110$	$-0,04484$	$0,00868$	$0,03547$	$0,48620$

Mit den Bezeichnungen

$$D_{mn} = A_{mn}(\alpha_m^4 + \beta_n^4); \qquad \varrho_{mn} = \frac{2\alpha_m^2 \beta_n^2}{\alpha_m^4 + \beta_n^4} = 2a^2b^2 \frac{\lambda_m^2 \lambda_n^2}{b^4 \lambda_m^4 + a^4 \lambda_n^4};$$

$$\eta_{mn} = \frac{\lambda^4}{\alpha_m^4 + \beta_n^4} = \frac{\lambda^4 a^2 b^2}{2\lambda_m^2 \lambda_n^2} \varrho_{mn},$$

wird Gl. (20) umgeformt. Es gilt

$$\sum_{m,n}^{\infty} \left\{ D_{mn}(1 - \eta_{mn})\varphi_m(x)\psi_n(y) + D_{mn}\varrho_{mn} \sum_{i,j}^{\infty} k_{im}k_{jn}\varphi_i(x)\psi_j(y) \right\} =$$

$$= \frac{1}{N} \sum_{m,n}^{\infty} p_{mn}\varphi_m(x)\psi_n(y)$$

oder

$$\sum_{m,n}^{\infty} \left[D_{mn}(1 - \eta_{mn}) + \sum_{i,j}^{\infty} D_{ij}\varrho_{ij}k_{mi}k_{nj} \right] \varphi_m(x)\psi_n(y) =$$

$$= \frac{1}{N} \sum_{m,n}^{\infty} p_{mn}\varphi_m(x)\psi_n(y).$$

Diese Gleichung soll für jeden Wert von x und y erfüllt werden. Eine derartige Bedingung führt auf das unendliche Gleichungssystem

$$D_{mn}(1 - \eta_{mn}) + \sum_{i,j}^{\infty} D_{ij}\varrho_{ij}k_{mi}k_{nj} = \frac{1}{N} p_{mn}. \tag{22}$$

Werden aus in obigen System die Diagonalelemente (d.h. für $i = m; j = n$) vom zweiten Glied in das erste überführt, so ergibt sich endgültig

$$D_{mn}(1 - \eta_{mn} + \varrho_{mn}k_{mm}k_{nn}) + \sum_{i,j}^{\infty} D_{ij}\varrho_{ij}k_{mi}k_{ni} = \frac{1}{N} p_{mn}. \tag{22'}$$

Hierbei wird nur über die Nichtdiagonalelemente $i \neq m; j \neq n$ summiert.

Das Gleichungssystem (22) wird in entwickelter Form geschrieben:

$$\begin{aligned}
D_{11}(1 + \varrho_{11}k_{11}k_{11} - \eta_{11}) + D_{12}\varrho_{12}k_{11}k_{12} + D_{21}\varrho_{21}k_{12}k_{11} + \dots &= p_{11}/N, \\
D_{11}\varrho_{11}k_{11}k_{21} + D_{12}(1 + \varrho_{12}k_{11}k_{22} - \eta_{12}) + D_{21}\varrho_{21}k_{12}k_{21} + \dots &= p_{12}/N, \\
D_{11}\varrho_{11}k_{21}k_{11} + D_{12}\varrho_{12}k_{21}k_{12} + D_{21}(1 + \varrho_{21}k_{22}k_{11} - \eta_{21}) + \dots &= p_{21}/N.
\end{aligned} \tag{23}$$

$\dots \dots \dots \dots \dots \dots \dots \dots \dots \dots \dots \dots \dots \dots \dots \dots \dots \dots \dots$

Für vorgegebene Frequenzen werden nun die Größen η_{mn} berechnet und das inhomogene Gleichungssystem (23) gelöst. Selbstverständlich wird nur eine endliche Anzahl der Gleichungen berücksichtigt. Sind die Größen D_{mn} bekannt, so können die Größen A_{mn} und mit Hilfe der Gl. (2) die Amplituden der Plattendurchbiegung ermittelt werden.

Wenn die Gln. (23) homogen sind, handelt es sich um die freie Schwingung der Platte. Wird dann die Determinante des Systems gleich Null gesetzt, so können die aufeinanderfolgenden Frequenzen ω_{mn} berechnet werden, die den symmetrischen Schwingungsformen entsprechen.

Die eben an Hand der symmetrischen Schwingungsformen vorgeführte Methode von P. LARDY kann ebenfalls auf andere Unterstützungsarten angewendet werden. Dabei sind lediglich die Funktionen $\varphi_m(x)$, $\psi_n(y)$ so zu wählen, daß alle Randbedingungen erfüllt werden.

Beispiel 9-5. Es ist die Eigenfrequenz ω_{11} einer quadratischen Platte mit der Seite l (d. h. $l = 2a = 2b$) zu bestimmen. In diesem Fall ist $D_{mn} = D_{nm}$, und die beiden ersten Gleichungen (23) lauten

$$D_{11}(1+\varrho_{11}k_{11}k_{11}-\eta_{11})+2D_{12}\varrho_{12}k_{12}k_{11} = 0,$$
$$D_{11}\varrho_{11}k_{11}k_{21}+D_{12}[1+\varrho_{12}(k_{11}k_{22}+k_{12}k_{21})-\eta_{12}] = 0. \tag{a}$$

Weiterhin gilt

$$\varrho_{mn} = 2\,\frac{\lambda_m^2\,\lambda_n^2}{\lambda_m^4+\lambda_n^4};\quad \eta_{mn} = \frac{\varrho_{mn}}{2\lambda_m^2\,\lambda_n^2}\,\lambda^4 a^4;\quad \lambda^4 = \frac{\omega^2}{c^2};\quad c = \sqrt{\frac{N}{\varrho h}};\quad a = \frac{l}{2}.$$

Unter Berücksichtigung der Werte

$$\lambda_1 = 2,36504;\quad \lambda_2 = \frac{7}{4}\pi;\quad k_{11} = -0,54984;\quad k_{22} = -0,81811;$$

$$k_{12} = 0,08050;\quad k_{21} = 0,43495$$

ergibt sich nacheinander

$$\varrho_{11} = 1;\quad \varrho_{12} = 0,362;\quad \eta_{11} = 0,0161\,(\lambda a)^4;\quad \eta_{12} = 0,00109\,(\lambda a)^4;$$
$$1+\varrho_{11}k_{11}k_{11} = 1,30234;\quad 2\varrho_{12}k_{11}k_{12} = -0,03168;$$
$$\varrho_{12}(k_{11}k_{22}+k_{12}k_{21}) = 0,17351$$

Gln. (a) können dann in der Form

$$[1,30234-0,0161\,(\lambda a)^4]\,D_{11}-0,03168\,D_{12} = 0,$$
$$-0,23916\,D_{11} + [1,17351-0,00109\,(\lambda a)^4]\,D_{12} = 0 \tag{a'}$$

geschrieben werden.

Die gleich Null gesetzte Determinante des Systems (a') ergibt eine quadratische algebraische Gleichung. Die kleinste positive Wurzel dieser Gleichung ist $\lambda^2 l^2 = 35,8$. Folglich ist

$$\omega_{11} = \frac{35,8}{l^2}\,\sqrt{\frac{N}{\varrho h}}.$$

Dieser Wert stimmt mit dem Wert von ω_{11} überein, der von S. IGUCHI [58] auf einem anderen Weg erhalten wurde.

Es wird noch die erste Näherung betrachtet, die durch die Gleichung

$$[1.30234-0.0161(\lambda a)^4]D_{11} = 0;\quad D_{11} \neq 0$$

gekennzeichnet ist. Daraus folgt

$$\omega_{11} = \frac{36,10}{l^2}\,\sqrt{\frac{N}{\varrho h}}$$

also ein Wert, der jenem von S. IGUCHI gewonnenen ($\lambda^2 l^2 = 35,98$) sehr nahe kommt.

9.15. Harmonische Schwingung einer Platte mit gemischten Randbedingungen [107]

Auf eine in Richtung der x-Achse durch eine Druckbelastung beanspruchte Rechteckplatte wirke zusätzlich eine periodische Last (Abb. 9-16). Die Differentialgleichung für dieses Problem lautet

$$N\nabla^4 w+q\,\frac{\partial^2 w}{\partial x^2}+\varrho h\ddot{w} = p(x, y, t). \tag{1}$$

Da

$$w(x, y, t) = W(x, y)e^{i\omega t}; \quad q(x, y, t) = g(x, y)e^{i\omega t} \tag{2}$$

ist, kann Gl. (1) in der Form

$$N\nabla^4 W + q\frac{\partial^2 W}{\partial x^2} - \mu\omega^2 W = g(x, y) \quad \text{mit} \quad \mu = \varrho h \tag{3}$$

geschrieben werden.

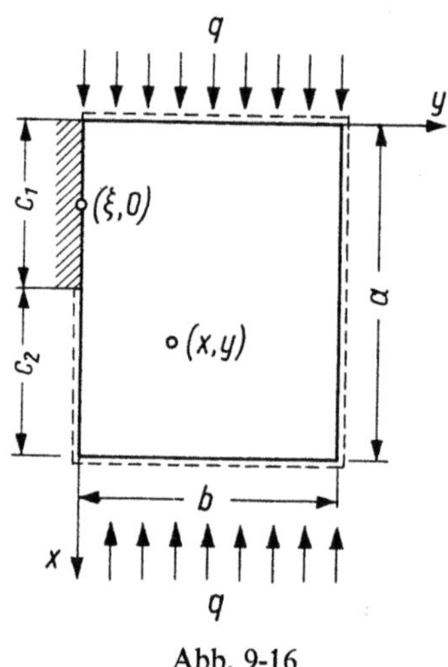

Abb. 9-16

Die Rechteckplatte sei am Abschnitt c_1 des Randes $y = 0$ eingespannt, der Abschnitt c_2 dieses Randes dagegen und die übrigen Ränder seien frei drehbar gelagert. Es ist ersichtlich, daß am Abschnitt $c_1 + c_2$ gemischte Randbedingungen auftreten, weil am Abschnitt c_1 die Bedingung $W(x, 0) = \dfrac{\partial W(x, 0)}{\partial y} = 0$, am Abschnitt c_2 dagegen $W(x, 0) = 0 = \dfrac{\partial^2 Wx, 0}{\partial y^2} = 0$ gilt.

Am Abschnitt c_1 ist das Biegemoment unbekannt:

$$-N\frac{\partial^2 W(x, 0)}{\partial y^2} = M(x).$$

Am Abschnitt c_2 ist das Biegemoment Null. Die Lösung der Gl. (3) wird in der Form

$$W(x, y) = W_0(x, y) + \int\limits_0^{c_1} M(\xi)\,G(x, y; \xi, 0)d\xi \tag{4}$$

gesucht.

Hier bedeuten: $W_0(x, y) =$ die Amplitude der Durchbiegung infolge der Last $g(x, y)e^{i\omega t}$ für eine an allen Rändern frei gelagerte Rechteckplatte,

$G(x, y, \xi, 0)$ — die Amplitude der Durchbiegung des Punktes (x, y) der Platte infolge des Einzelmomentes $1\delta(x-\xi)e^{i\omega t}$, das im Punkt $(\xi, 0)$ auf der y-Achse unter der Voraussetzung angreift, daß alle Ränder der Platte frei gelagert sind.

Die Funktionen $W_0(x, y)$ und $G(x, y, \xi, 0)$ lassen sich mühelos mit Hilfe des Grundsystems bestimmen, das die an allen Rändern frei drehbar gelagerte Platte darstellt. Die unbekannte Funktion $M(\xi)$ kann unter Anwendung der Randbedingung $\dfrac{\partial W(x, 0)}{\partial y} = 0$ für den Abschnitt c_1 ermittelt werden. Mithin ist

$$\frac{\partial W(x, 0)}{\partial y} = \frac{\partial W_0(x, 0)}{\partial y} + \int\limits_0^{c_1} M(\xi)\, \frac{\partial G(x, 0; \xi, 0)}{\partial y}\, d\xi = 0. \tag{5}$$

Die Lösung dieser Integralgleichung liefert die Funktion $M(\xi)$. Wird sie in Gl. (4) eingeführt, so ergibt sich die Lösung des betrachteten Problems.

Es ist zu bemerken, daß in den Funktionen $W_0(x, y)$ und $G(x, y, \xi, 0)$ die Parameter q und ω auftreten.

Für feste ω und q ergibt Gl. (5) die Amplitude des Einspannungsmomentes der Platte und Gl. (4) die Amplitude der Durchbiegung infolge der Last $p(x, y)e^{i\omega t}$.

Der Parameter ω darf aber nicht willkürlich gewählt werden; er darf nicht der Eigenfrequenz der Platte gleich sein. Diese Frequenz wird aufgrund von Gl. (5) unter der Voraussetzung von $W_0(x, y) = 0$ ermittelt. Mithin gilt

$$\int\limits_0^{c_1} M(\xi)\, \frac{\partial G(x, 0; \xi, 0)}{\partial y}\, d\xi = 0. \tag{6}$$

Der Parameter ω ist so zu wählen, daß Gl. (6) erfüllt wird. Für das Beulproblem (d.h. für $\omega \to 0$) liefert Gl. (6) die kritische Kraft q_{kr}.

Nun wird auf erzwungene Schwingungen zurückgegriffen und für das betrachtete Problem werden die Funktionen $G(x, y, \xi, 0)$ und $W_0(x, y)$ bestimmt. Die Funktion $G(x, y; \xi, 0)$ muß die Differentialgleichung

$$N\nabla^4 G + q\, \frac{\partial^2 G}{\partial x^2} - \mu\omega^2 G = 0 \tag{7}$$

mit den Randbedingungen

$$G(0, y; \xi, 0) = 0; \qquad \nabla^2 G(0, y; \xi, 0) = 0,$$
$$G(a, y; \xi, 0) = 0; \qquad \nabla^2 G(a, y; \xi, 0) = 0,$$
$$G(x, 0; \xi, 0) = 0; \qquad -N\, \frac{\partial^2 G(x, 0; \xi, 0)}{\partial y^2} = \delta(x-\xi) =$$
$$= \frac{2}{a} \sum_{n=1}^{\infty} \sin\alpha_n\xi \sin\alpha_n x, \tag{8}$$
$$G(x, b; \xi, 0) = 0; \qquad \frac{\partial^2 G(x, b; \xi, 0)}{\partial y^2} = 0; \qquad \alpha = \frac{n\pi}{a}$$

erfüllen. Zur Lösung der Gl. (7) wird der Ansatz

$$G(x, y; \xi, 0) = \sum_{n=1}^{\infty} G_n(y; \xi) \sin \alpha_n x \tag{9}$$

gewählt, der, in die Gl. (7) eingeführt, das folgende System gewöhnlicher Differentialgleichungen ergibt

$$\frac{d^4 G_n}{dy^4} - 2\alpha_n^2 \frac{d^2 G_n}{dy^2} + (\alpha_n^4 - k^2 \alpha_n^2 - e^2) G_n = 0 \qquad n = 1, 2, \ldots, \infty, \tag{10}$$

wobei

$$k^2 = \frac{q}{N}; \qquad e^2 = \frac{\mu \omega^2}{N}$$

ist.

Die Lösung der Gl. (10) stellt die Funktion

$$G_n(y; \xi) = A_n \sinh \lambda_n y + B_n \cosh \lambda_n y + C_n \sinh \varepsilon_n y + D_n \cosh \varepsilon_n y \tag{11}$$

mit

$$\left. \begin{array}{c} \lambda_n \\ \varepsilon_n \end{array} \right\} = \sqrt{\alpha_n^2 \pm \sqrt{k^2 \alpha_n^2 + e^2}}$$

dar.

Die Funktion $(G, x, y; \xi, 0)$ genügt den vier ersten Randbedingungen (8), aus den übrigen vieren werden die Konstanten $A_n, \ldots, D_n$ ermittelt.

Endgültig ist

$$G(x, y; \xi, 0) = \frac{2}{Na} \sum_{n=1}^{\infty} \frac{1}{\lambda_n^2 - \varepsilon_n^2} (\cotanh \lambda_n b \sinh \lambda_n y - \cosh \lambda_n y -$$

$$- \cotanh \varepsilon_n b \sinh \varepsilon_n y + \cosh \varepsilon_n y) \sin \alpha_n \xi \sin \alpha_n x. \tag{12}$$

Folglich gilt

$$\frac{\partial G(x, 0; \xi, 0)}{\partial y} = \sum_{n=1}^{\infty} Q_n(\beta, \delta) \sin \alpha_n \xi \sin \alpha_n x, \tag{13}$$

wobei

$$Q_n(\beta, \delta) = \frac{1}{N\pi} \frac{1}{\sqrt{n^2 \beta^2 + \delta^2}} \left[\frac{\sqrt{n^2 + \sqrt{n^2 \beta^2 + \delta^2}}}{\tanh \dfrac{\pi b}{a} \sqrt{n^2 + \sqrt{n^2 \beta^2 + \delta^2}}} - \right.$$

$$\left. - \frac{\sqrt{n^2 - \sqrt{n^2 \beta^2 + \delta^2}}}{\tanh \dfrac{\pi b}{a} \sqrt{n^2 - \sqrt{n^2 \beta^2 + \delta^2}}} \right] \quad \text{mit } \beta^2 = \frac{a^2 q}{N\pi^2}; \qquad \delta^2 = \frac{\mu \omega^2 a^4}{N\pi^4} \text{ ist.} \tag{14}$$

Die Funktion $W_0(x, y)$ hat die Gleichung

$$N\nabla^4 W_0 + q \frac{\partial^2 W_0}{\partial x^2} - \mu \omega^2 W_0 = g(x, y) \tag{15}$$

mit den Randbedingungen

$$W_0(0, y) = W_0(a, y) = W_0(x, 0) = W_0(x, b) = 0,$$
$$\nabla^2 W_0(0, y) = \nabla^2 W_0(a, y) = \nabla^2 W_0(x, 0) = \nabla^2 W_0(x, b) = 0 \tag{16}$$

zu erfüllen.

Für $g = $ konst wird Gl. (15) mit dem Ansatz

$$W_0(x, y) = \frac{4ga^4}{N\pi^5} \sum_{n=1,3,\ldots}^{\infty} \frac{1}{n(n^4 - n^2\beta^2 - \delta^2)} \left[1 - \frac{\lambda_n^2}{\lambda_n^2 - \varepsilon_n^2} \left(\cosh \varepsilon_n y - \right. \right.$$
$$\left. \left. - \tanh \frac{\varepsilon_n b}{2} \sinh \varepsilon_n y \right) + \frac{\varepsilon_n^2}{\lambda_n^2 - \varepsilon_n^2} \left(\cosh \lambda_n y - \tanh \frac{\lambda_n b}{2} \sinh \lambda_n y \right) \right] \sin \alpha_n x \tag{17}$$

gelöst.

Hieraus folgt

$$\frac{\partial W_0(x, 0)}{\partial y} = \sum_{n=1,3,\ldots}^{\infty} F_n(\beta, \delta) \sin \alpha_n x \tag{18}$$

mit

$$F_n(\beta, \delta) = \frac{2ga^3}{N\pi^4} \frac{1}{n \sqrt{n^4 - n^2\beta^2 - \delta^2} \sqrt{n^2\beta^2 + \delta^2}} \times$$
$$\times \left[\sqrt{n^2 + \sqrt{n^2\beta^2 + \delta^2}} \tanh \frac{\pi b}{2a} \sqrt{n^2 - \sqrt{n^2\beta^2 + \delta^2}} - \right.$$
$$\left. - \sqrt{n^2 - \sqrt{n^2\beta^2 + \delta^2}} \tanh \frac{\pi b}{2a} \sqrt{n^2 + \sqrt{n^2\beta^2 + \delta^2}} \right]. \tag{19}$$

Nun wird auf Gl. (5) zurückgegangen, die sich in der Form

$$\sum_{n=1,3,5\ldots}^{\infty} F_n(\beta, \delta) \sin \alpha_n x +$$
$$+ \int_0^{c_1} M(\xi) \left(\sum_{n=1}^{\infty} Q_n(\beta, \delta) \sin \alpha_n \xi \sin \alpha_n x \right) d\xi = 0 \tag{20}$$

schreiben läßt. Eine strenge Lösung dieser Gleichung ist sehr schwierig. Aus diesem Grund wird hierbei ein Näherungsverfahren angewendet, indem das in Gl. (20) auftretende Integral durch eine Summe ersetzt wird. Der Plattenrand wird in s gleiche Abschnitte Δx, der Abschnitt c_1 in r Abschnitte Δx aufgeteilt. Es gilt damit

$$a = s\Delta x; \quad c_1 = r\Delta x.$$

Gl. (20) wird auf ein System von linearen Gleichungen zurückgeführt:

$$F_i(\beta, \delta) + \sum_{j=1}^{\infty} M_j K_{ij}(\beta, \delta) = 0. \tag{21}$$

Hierbei gelten die Bezeichnungen

$$F_i(\beta, \delta) = \sum_{n=1,3\ldots}^{\infty} F_n(\beta, \delta) \sin \frac{i\pi n}{s},$$

$$K_{ij}(\beta, \delta) = \sum_{n=1,3\ldots}^{\infty} Q_n(\beta, \delta) \sin \frac{n\pi i}{s} \sin \frac{n\pi j}{s} \quad \text{für} \quad i \neq j,$$

$$K_{ij}(\beta, \delta) = \frac{2s}{\pi} \sum_{n=1,3\ldots}^{\infty} \frac{1}{n} Q_n(\beta, \delta) \sin \frac{n\pi}{2s} \sin^2 \frac{n\pi j}{s}.$$

Für festgelegte Parameter β, δ werden die Größen F_i, K_{ij} berechnet und das Gleichungssystem (21) bezüglich M_j gelöst.

Es wird der Sonderfall $c_1 = a$ betrachtet, für den die Gl. (5) streng gelöst werden kann. Die Funktion $M(\xi)$ wird als eine trigonometrische Reihe

$$M(\xi) = \sum_{m=1}^{\infty} M_m \sin \frac{m\pi\xi}{a}$$

geschrieben. Mit diesem Ansatz liefert Gl. (20) nach der Integration

$$\frac{2}{a} F_n(\beta, \delta) + M_n Q_n(\beta, \delta) = 0.$$

Hieraus folgt

$$M(\xi) = -\frac{2}{a} \sum_{n=1}^{\infty} \frac{F_n(\beta, \delta)}{Q_n(\beta, \delta)} \sin \alpha_n \xi. \tag{22}$$

Für die Eigenschwingung einer Platte mit gemischten Randbedingungen vereinfacht sich Gl. (20) auf

$$\int_0^{c_1} M(\xi) \left[\sum_{n=1}^{\infty} Q_n(\beta, \delta) \sin \alpha_n \xi \sin \alpha_n x \right] d\xi = 0. \tag{23}$$

Die Näherungslösung für dieses Problem liefert das Gleichungssystem

$$\sum_{j=1}^{r} M_j K_{ij}(\beta, \delta) = 0. \tag{24}$$

Wird die Determinante des Systems (24) gleich Null gesetzt, so ergibt sich die gesuchte Bedingungsgleichung, aus der die Eigenfrequenz ermittelt werden kann. Diese Bedingung lautet

$$|K_{ij}(\beta, \delta)| = 0; \quad i, j = 1, 2, \ldots r. \tag{25}$$

Es wird die Grundeigenfrequenz für eine quadratische Platte bestimmt, die am Abschnitt $c_1 = a/2$ eingespannt und am Abschnitt c_2 und an allen übrigen Rändern frei drehbar gelagert ist. Der Rand $y = 0$ wird in sechs Teile aufgeteilt (damit ist $s = 6$). Weiterhin wird $q = 0$ (d.h. $\beta = 0$) vorausgesetzt. Die Determinante (25) lautet dann

$$\left| \sum_{n=1}^{\infty} D_{ij} Q_n(0, \delta) \sin \frac{n\pi i}{s} \sin \frac{n\pi j}{s} \right| = 0 \quad i, j = 1, 2, 3, \quad s = 6, \tag{26}$$

wobei

$$D_{ij} = \begin{cases} 1 & \text{für} \quad i \neq j \\ \dfrac{2s}{n\pi} \sin \dfrac{n\pi}{2s} & \text{für} \quad i = j \end{cases} \tag{27}$$

ist. Durch Versuche mit verschiedenen Werten werden

$$\delta_{min} = 2{,}41 \quad \text{und} \quad \omega_{min} = \frac{2{,}41\,\pi^2}{a^2} \sqrt{\frac{N}{\mu}}$$

gefunden.

Ist der Plattenrand am Abschnitt $c_1 = a/3$ eingespannt, so liefert die Determinante des Gleichungssystems

$$\delta_{min} = 2{,}35; \qquad \omega_{min} = \frac{2{,}35\,\pi^2}{a^2} \sqrt{\frac{N}{\mu}}.$$

Bei Einspannung am Abschnitt $c_1 = a/6$ ist

$$\delta_{min} = 2{,}13; \qquad \omega_{min} = \frac{2{,}13\,\pi^2}{a^2} \sqrt{\frac{N}{\mu}}.$$

Für den Sonderfall $\omega = 0$ ($\delta = 0$) liefert die gleich Null gesetzte Determinante des Gleichungssystems (24)

$$|K_{ij}(\beta, 0)| = 0; \qquad i, j = 1, 2, \ldots, r$$

die folgenden Werte für die kritische Kraft:

$$c_1 = \frac{a}{2}; \qquad \beta_{min} = 2{,}40; \qquad q_{kr} = 5{,}76 \frac{N\pi^2}{a^2},$$

$$c_1 = \frac{a}{3}; \qquad \beta_{min} = 2{,}33; \qquad q_{kr} = 5{,}43 \frac{N\pi^2}{a^2},$$

$$c_1 = \frac{a}{6}; \qquad \beta_{min} = 2{,}12; \qquad q_{kr} = 4{,}49 \frac{N\pi^2}{a^2}.$$

Es wurde eben die Lösung für einen der einfachsten Fälle angeführt. Das gezeigte Verfahren kann auch auf diejenigen Fälle angewendet werden, in denen ein Teil des Randes frei drehbar gelagert, ein Teil eingespannt und ein Teil frei sind. Zusätzlich können innerhalb der Platte Linienstützen vorkommen.

Ein anderes Verfahren zur Lösung des Problems der Eigenschwingung von Rechteckplatten mit gemischten Randbedingungen wurde von Z. Kączkowski [63] und S. Kaliski [64, 65] vorgeschlagen.

9.16. Schwingung orthotroper Platten

Bei den bisherigen Betrachtungen wurde vorausgesetzt, daß ausschließlich isotrope Körper untersucht werden, deren elastische Eigenschaften in allen Richtungen gleich sind. Es ist aber eine breite Klasse anisotroper Körper bekannt, bei denen die elastischen Eigenschaften von der Richtung abhängen.

Im weiteren werden Bauteile betrachtet, die aus verschiedenen Elementen zusammengesetzt sind, die sogar aus homogenen und isotropen Baustoffen bestehen mögen, aber nicht als isotrop behandelt werden dürfen. Als Beispiele können hierzu u.a. kreuzweise bewehrte Stahlbetonplatten, Sperrholz, Wellblech, engmaschige Roste, Platten aus Drahtglas angeführt werden. Die Biegung derartiger Bauteile läßt sich als Biegung einer kontinuierlichen anisotropen Platte beschreiben. Bei der Biegung einer Stahlbetonplatte wird im weiteren festgestellt, daß ihre Biegesteifigkeit mit der Richtung veränderlich ist und damit hängt der bezogene Elastizitätsmodul dieser Konstruktion aus den beiden Baustoffen Beton und Stahl von der Richtung ab.

Je gleichmäßiger Stahleinlagen im Beton verteilt sind, je dichter ein Stahlbetonrost ist, desto genauer beschreibt das theoretische kontinuierliche Modell eines anisotropen Körpers die tatsächlichen Verhältnisse.

Die Theorie orthotroper Platten wurde bereits von M. T. HUBER [55, 56] entwickelt und auf eine allgemeinere Anisotropieart von S. G. LECHNIZKI [82] erweitert.

Die Theorie der Platten, die durch eine „makroskopische" Anisotropie gekennzeichnet sind, ruht auf den gleichen Voraussetzungen, wie die Theorie isotroper Platten mittlerer Dicke. Es wird also vorausgesetzt:

a) die Punkte einer Normalen zur Mittelfläche verbleiben auch nach der Formänderung auf einer zur verformten Mittelfläche senkrechten Gerade,

b) die Verzerrung (Dehnungen und Winkeländerungen) der Mittelfläche wird vernachlässigt,

c) die Auswirkung der Querspannungen σ_{zx} und σ_{zy} auf die Verzerrung der Platte bleibt unbeachtet.

Infolge des Ebenbleibens der Querschnitte (vgl. Abb. 9-4) ist

$$u_z = - z \frac{\partial w}{\partial x}; \qquad v_z = - \frac{\partial w}{\partial y}. \tag{1}$$

Mit Hilfe der Verschiebungskomponenten können die Komponenten des Verzerrungstensors einfach aufgeschrieben werden. Es gilt

$$\varepsilon_{xx} = \frac{\partial u_z}{\partial x} = - z \frac{\partial^2 w}{\partial x^2}; \qquad \varepsilon_{yy} = \frac{\partial v_z}{\partial y} = - z \frac{\partial^2 w}{\partial y^2};$$

$$\varepsilon_{xy} = \frac{1}{2} \left(\frac{\partial u_z}{\partial y} + \frac{\partial v_z}{\partial x} \right) = - z \frac{\partial^2 w}{\partial x \partial y}. \tag{2}$$

Weitere Betrachtungen werden auf Platten mit orthogonaler Anisotropie beschränkt. In diesen Platten sind zwei Hauptrichtungen der Anisotropie zu beachten, die zur x- und y-Achse parallel liegen mögen. Nach M. T. HUBER werden derartige Platten als orthotrop bezeichnet.

Es ist nun das verallgemeinerte *Hookesche Gesetz* für orthotrope Platten anzugeben. Die Spannungs-Dehnung-Gleichungen lauten hierbei

$$\varepsilon_{xx} = \frac{\sigma_{xx}}{E_x} - v_y \frac{\sigma_{yy}}{E_y};$$

$$\varepsilon_{yy} = \frac{\sigma_{yy}}{E_y} - v_x \frac{\sigma_{xx}}{E_x}; \qquad \varepsilon_{xy} = \frac{\sigma_{xy}}{2G_0}. \tag{3}$$

Die Dehnung ε_{xx} besteht aus zwei Teilen; aus der Dehnung $\varepsilon'_{xx} = \sigma_{xx}/E_x$ infolge der Spannung σ_{xx} und aus der Dehnung $\varepsilon''_{xx} = -v_y \sigma_{yy}/E_y$ infolge der

Spannung σ_{yy}. Wegen der vorausgesetzten Orthotropie sind die Größen E_x, E_y, v_x, v_y für die beiden Hauptrichtungen verschieden.

Der Zusammenhang zwischen der Schubspannung σ_{xy} und der Verformung ε_{xy} wird entsprechend der dritten Gleichung (3) angenommen, wobei G_0 einen dem Schubmodul G für einen isotropen Körper analogen Koeffizient bedeutet. Beim Übergang zum isotropen Körper werden $E_x = E_y = E$, $v_x = v_y = v$ und $G_0 = G$ in die Gln. (3) gesetzt, wobei E den Elastizitätsmodul, v die *Poissonsche Zahl* und G den Schubmodul für den isotropen Körper bedeuten.

Die Lösung der Gln. (3) bezüglich der Spannungen liefert

$$\sigma_{xx} = \frac{E_x}{1 - v_x v_y}\,(\varepsilon_{xx} + v_y \varepsilon_{yy});$$

$$\sigma_{yy} = \frac{E_y}{1 - v_x v_y}\,(\varepsilon_{yy} + v_x \varepsilon_{xx}); \qquad \sigma_{xy} = 2G_0 \varepsilon_{xy}. \tag{4}$$

Eine thermodynamische Betrachtung (die Bedingungen, die erfüllt werden müssen, wenn das Differential der freien Energie ein totales Differential sein soll) ergibt, daß $\partial \sigma_{xx}/\partial \varepsilon_{yy} = \partial \sigma_{yy}/\partial \varepsilon_{xx}$ ist. Hieraus folgt

$$v_y E_x = v_x E_y.$$

Der ebene Spannungszustand ist in einer orthotropen Platte durch vier Stoffkonstanten E_x, E_y, G_0 und v_x gekennzeichnet. Unter Berücksichtigung der Gl. (2) ergibt sich aus Gl. (4)

$$\sigma_{xx} = -\frac{E_x z}{1 - v_x v_y}\left(\frac{\partial^2 w}{\partial x^2} + v_y \frac{\partial^2 w}{\partial y^2}\right);$$

$$\sigma_{yy} = -\frac{E_y z}{1 - v_x v_y}\left(\frac{\partial^2 w}{\partial y^2} + v_x \frac{\partial^2 w}{\partial x^2}\right); \tag{5}$$

$$\sigma_{xy} = -2G_0 z\,\frac{\partial^2 w}{\partial x \partial y}.$$

Nun wird der Begriff der Biege- und der Torsionsmomente (Drillungsmomente) eingeführt, d.h. der Resultierenden von Spannungen in den Schnitten $x = $ konst und $y = $ konst. Es gilt

$$M_x = \int_{-h/2}^{h/2} \sigma_{xx} z\, dz = -N_x\left(\frac{\partial^2 w}{\partial x^2} + v_y \frac{\partial^2 w}{\partial y^2}\right);$$

$$M_y = \int_{-h/2}^{h/2} \sigma_{yy} z\, dz = -N_y\left(\frac{\partial^2 w}{\partial y^2} + v_x \frac{\partial^2 w}{\partial x^2}\right); \tag{6}$$

$$M_{xy} = \int_{-h/2}^{h/2} \sigma_{xy} z\, dz = -2C\,\frac{\partial^2 w}{\partial x \partial y}.$$

Hierbei bedeuten

$$N_x = \frac{E_x}{1 - v_x v_y}\,\frac{h^3}{12}; \qquad N_y = \frac{E_y}{1 - v_x v_y}\,\frac{h^3}{12}; \qquad C = G_0\,\frac{h^3}{12}$$

die Hauptkonstanten für eine orthotrope Platte; N_x, N_y werden als Biegesteifigkeiten und C als Torsionssteifigkeit bezeichnet.

Zunächst wird nun die Plattengleichung für das statische Problem hergeleitet, dann wird diese Gleichung durch Berücksichtigung der *d'Alembertschen Kräfte* auf das dynamische Problem erweitert.

Es wird ein Plattenelement mit der Basis $dx\,dy$ und der Höhe h betrachtet. An den Seitenflächen dieses Elementes greifen die Resultierenden der Schnittkräfte an: die Biege- und die Torsionsmomente, die Querkräfte und die Lasten. Diese Resultierenden sind in Abb. 9-17 gezeigt; getrennt die Momente M_x, M_y, M_{xy}, die Querkräfte Q_x, Q_y und die Belastung p. Die Momente und Querkräfte werden auf eine Längeneinheit, die Belastung p auf eine Flächeneinheit bezogen. Als positiv gelten die gezeigten Richtungen aller Kräfte.

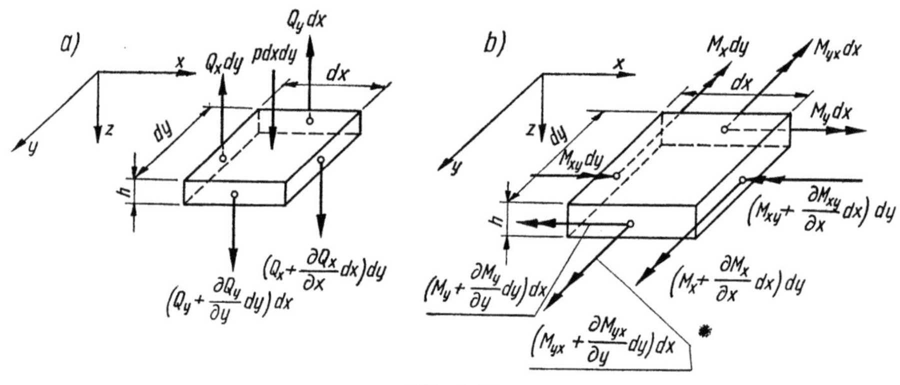

Abb. 9-17

Im Schnitt $x = $ konst greifen an der Seitenfläche $h\,dy$ an: das Biegemoment $M_x\,dy$, die Querkraft $Q_x\,dy$ und das Torsionsmoment $M_{xy}\,dy$. An der Seitenfläche $h\,dy$ wirken im Schnitt $x+dx$: das Moment $\left(M_x + \dfrac{\partial M_x}{\partial x}\,dx\right)\,dy$, die Querkraft $\left(Q_x + \dfrac{\partial Q_x}{\partial x}\,dx\right)\,dy$ und das Torsionsmoment $\left(M_{xy} + \dfrac{\partial M_{xy}}{\partial x}\,dx\right)\,dy$. Für den Schnitt $y = $ konst gilt dementsprechend $M_y\,dx$, $Q_y\,dx$, $M_{yx}\,dx$. Im Schnitt $y+dy$ wirken

$$\left(M_y + \frac{\partial M_y}{\partial y}\,dy\right)dx; \qquad \left(Q_y + \frac{\partial Q_y}{\partial y}\,dy\right)dx; \qquad \left(M_{yx} + \frac{\partial M_{yx}}{\partial y}\,dy\right)dx.$$

Außerdem wirkt die Belastung $p\,dx\,dy$ auf das Flächenelement der Plattenoberfläche $dx\,dy$ ein.

Die Projektion der Momentenvektoren auf eine zur y-Achse parallele Richtung liefert

$$\left(M_x + \frac{\partial M_x}{\partial x}\,dx\right)dy - M_x\,dy + \left(M_{yx} + \frac{\partial M_{yx}}{\partial y}\,dy\right)dx -$$

$$- M_{yx}\,dx - Q_x\,dx\,dy = 0.$$

Hieraus folgt

$$Q_x = \frac{\partial M_x}{\partial x} + \frac{\partial M_{yx}}{\partial y}. \tag{7}$$

Auf eine ähnliche Weise ergibt sich aus der Projektion auf die Richtung der x-Achse

$$Q_y = \frac{\partial M_y}{\partial y} + \frac{\partial M_{xy}}{\partial x}. \tag{8}$$

Die Gleichgewichtsbedingung für alle Kräfte, die in die Richtung der z-Achse wirken, liefert die Gleichung

$$\left(Q_x + \frac{\partial Q_x}{\partial x}\,dx\right)dy - Q_x dy + \left(Q_y + \frac{\partial Q_y}{\partial y}\,dy\right)dx - Q_y dx + p\,dx\,dy = 0.$$

Diese Gleichung verbindet die Belastung p mit Ableitungen der Querkräfte:

$$\frac{\partial Q_x}{\partial x} + \frac{\partial Q_y}{\partial y} = -p. \tag{9}$$

Werden Gln. (7) und (8) in Gl. (9) eingesetzt, so ergibt sich

$$\frac{\partial^2 M_x}{\partial x^2} + 2\,\frac{\partial^2 M_{xy}}{\partial x \partial y} + \frac{\partial^2 M_y}{\partial y^2} = -p. \tag{10}$$

Es ist zu bemerken, daß Gln. (7) bis (10) von den elastischen Eigenschaften des betrachteten Körpers unabhängig sind, sie gelten also für statische Probleme sowohl isotroper als auch anisotroper Platten.

In die Gln. (7) und (8) werden nun die Momentenwerte aus den Gln. (6) eingeführt und damit werden die folgenden Formeln für die Querkräfte in einer orthotropen Platte gewonnen:

$$\begin{aligned}
Q_x &= -N_x\,\frac{\partial^3 w}{\partial x^3} - (N_x \nu_y + 2C)\,\frac{\partial^3 w}{\partial x \partial y^2}, \\
Q_y &= -N_y\,\frac{\partial^3 w}{\partial y^3} - (N_y \nu_x + 2C)\,\frac{\partial^3 w}{\partial x^2 \partial y}.
\end{aligned} \tag{11}$$

Die Durchbiegung w stellt nun die einzige noch unbekannte Funktion in den Gleichungen der Momente und Querkräfte dar. Die Funktion w wird durch die Differentialgleichung der Biegefläche beschrieben. Diese Gleichung ergibt sich nach Einführung der Ausdrücke für die Momente in die Gleichgewichtsgleichung (10), und lautet

$$N_x\,\frac{\partial^4 w}{\partial x^4} + 2H\,\frac{\partial^4 w}{\partial x^2 \partial y^2} + N_y\,\frac{\partial^4 w}{\partial y^4} = p, \tag{12}$$

wobei

$$2H = N_x \nu_y + N_y \nu_x + 4C \text{ ist.}$$

Mit den Bezeichnungen $\varepsilon^4 = N_x/N_y$ und $\eta = H/\sqrt{N_x N_y}$ wird Gl. (12) umgeformt und lautet

$$\varepsilon^4\,\frac{\partial^4 w}{\partial x^4} + 2\eta\varepsilon^2\,\frac{\partial^4 w}{\partial x^2 \partial y^2} + \frac{\partial^4 w}{\partial y^4} = \frac{p}{N_y}. \tag{13}$$

Die Größe η ist von entscheidender Bedeutung für die Lösung der Differentialgleichung (13). Je nachdem, ob $\eta > 1$, $\eta = 1$ oder $\eta < 1$ ist, ergeben sich drei verschiedene Lösungen.

Gl. (13) wird in der Form

$$\left(\frac{\partial^2}{\partial y^2} + \lambda_x^2 \frac{\partial^2}{\partial x^2}\right)\left(\frac{\partial^2}{\partial y^2} + \lambda_y^2 \frac{\partial^2}{\partial x^2}\right) w = \frac{p}{N_y} \tag{14}$$

geschrieben. Diese Gleichung ist für

$$\lambda_x^2 + \lambda_y^2 = 2\eta\varepsilon^2; \qquad \lambda_x^2\lambda_y^2 = \varepsilon^4$$

mit Gl. (13) identisch. Die letzteren Beziehungen führen auf die Formeln

$$\lambda_x^{(1,2)} = \pm\,\varepsilon\sqrt{\eta + \sqrt{\eta^2 - 1}}; \qquad \lambda_y^{(1,2)} = \pm\sqrt{\eta - \sqrt{\eta^2 - 1}}$$

$$\text{für } \eta > 1;$$

$$\lambda_x^{(1,2)} = \pm\,\varepsilon\left[\sqrt{\frac{1+\eta}{2}} + i\sqrt{\frac{1-\eta}{2}}\right];$$

$$\lambda_y^{(1,2)} = \pm\,\varepsilon\left[\sqrt{\frac{1+\eta}{2}} - i\sqrt{\frac{1-\eta}{2}}\right],$$

$$\text{für } \eta < 1;$$

$$\lambda_x^{(1,2)} = \pm\,\varepsilon; \qquad \lambda_y^{(1,2)} = \pm\,\varepsilon; \qquad \text{für } \eta = 1.$$

Daraus folgt, daß drei verschiedene Lösungsarten der Gl. (14) auftreten können.

Der Fall $\eta = 0$ bezieht sich auf einen engmaschigen Rost, dessen Balken unterschiedliche Biegesteifigkeiten in den Richtungen der x- und der y-Achse aufweisen. Es wird eine gelenkige (nicht steife) Verbindung dieser Balken vorausgesetzt.

Nun wird auf die Plattengleichung (12) für das statische Problem zurückgegriffen. Durch Berücksichtigung der Trägheitskräfte läßt sich Gl. (10) auf das dynamische Problem übertragen. Es gilt hierbei

$$\frac{\partial^2 M_x}{\partial x^2} + 2\frac{\partial^2 M_{xy}}{\partial x \partial y} + \frac{\partial^2 M_y}{\partial y^2} + p - h\varrho\frac{\partial^2 w}{\partial t^2} = 0. \tag{15}$$

Einsetzen der Gln. (6) in Gl. (15) liefert diejenige Gleichung der Biegefläche einer orthotropen Platte, die für die erzwungene Schwingung gilt:

$$N_x \frac{\partial^4 w}{\partial x^4} + 2H\frac{\partial^4 w}{\partial x^2 \partial y^2} + N_y\frac{\partial^4 w}{\partial y^4} + h\varrho\frac{\partial^2 w}{\partial t^2} = p(x, y, t). \tag{16}$$

Diese Gleichung wird durch N_y dividiert und in einer der Gl. (13) ähnlichen Form geschrieben. Es gilt

$$\frac{\partial^4 w}{\partial y^4} + 2\eta\varepsilon^2\frac{\partial^4 w}{\partial x^2 \partial y^2} + \varepsilon^4\frac{\partial^4 w}{\partial x^4} + \mu\frac{\partial^2 w}{\partial t^2} = \frac{p}{N_y}; \qquad \mu = \frac{h\gamma}{gN_y} \tag{17}$$

oder

$$L(w) + \mu\frac{\partial^2 w}{\partial t^2} = \frac{p}{N_y}, \tag{18}$$

wobei

$$L(w) = \frac{\partial^4}{\partial y^4} + 2\eta\varepsilon^2\,\frac{\partial^4}{\partial x^2\partial y^2} + \varepsilon^4\,\frac{\partial^4}{\partial x^4}$$

bedeutet.

Für eine isotrope Platte ist $N_x = N_y = N$; $\varrho = 1$; $\varepsilon = 1$, und die Gleichung der Plattenschwingung lautet damit

$$\nabla^4 w + \mu\,\frac{\partial^2 w}{\partial t^2} = \frac{p}{N}\,. \tag{19}$$

Die Ähnlichkeit der Gln. (18) und (19) ist unmißverständlich. Man kann also zur Lösung der Gl. (18) die gleichen Verfahren anwenden, die zur Lösung der Gleichung für die erzwungene Schwingung einer isotropen Platte verwendet werden. Deshalb wird in den weiteren Betrachtungen auf jene Verfahren zurückgegriffen, die in den Abschnitten 9.6 bis 9.8 erläutert wurden.

Betrachtet werden zeitlich periodisch veränderliche Schwingungen

$$w(x, y, t) = W(x, y)e^{i\omega t}\,. \tag{20}$$

Wird der obige Ansatz in die homogene Gleichung (18) eingesetzt, so entsteht

$$L(W) - \lambda^4 W = 0 \quad \text{mit} \quad \lambda^4 = \frac{\omega^2}{c^2} \quad \text{und} \quad c^2 = \frac{N_y g}{h\gamma}\,. \tag{21}$$

Zunächst wird die Eigenfrequenz einer an allen Rändern frei drehbar gelagerten Rechteckplatte untersucht. Der Ansatz

$$W = A_{nm}\sin\alpha_n x\,\sin\beta_m y; \qquad \alpha_n = \frac{n\pi}{a}; \qquad \beta_m = \frac{m\pi}{b} \tag{22}$$

wird in Gl. (22) eingesetzt, woraus die Formel für die Frequenz ω_{mn} folgt:

$$\omega_{mn} = \frac{\pi^2}{b^2}\,\sqrt{\frac{N_y g}{h\gamma}}\,\sqrt{m^4 + 2\eta\varepsilon^2\left(\frac{nmb}{a}\right)^2 + \varepsilon^4\left(\frac{nb}{a}\right)^4}\,. \tag{23}$$

Die Grundfrequenz ergibt sich für $n = m = 1$.

Gl. (23) enthält auch den Fall der Isotropie; dann gilt $N_y = N$; $\eta = 1$; $\varepsilon = 1$.

Nun wird die Eigenschwingung einer Rechteckplatte betrachtet, die an den Rändern $x = 0$, $x = a$ frei drehbar und an den übrigen Rändern beliebig gelagert ist. Die Bedingungen für die ersten beiden Ränder werden mit dem Ansatz für die Biegefläche

$$W = A_n Y(y)\sin\alpha_n x; \qquad \alpha_n = \frac{n\pi}{a} \tag{24}$$

erfüllt. Einsetzen von Gl. (24) in Gl. (21) liefert

$$\frac{d^4 Y}{dy^4} - 2\eta\varepsilon^2\alpha_n^2\,\frac{d^2 Y}{dy^2} + (\varepsilon\alpha_n)^4 Y - \lambda^4 Y = 0\,. \tag{25}$$

Die Lösung der Gl. (21) stellt die Funktion

$$W = (A_{n1}\cosh\alpha_n k_1 y + A_{n2}\sinh\alpha_n k_1 y +$$
$$+ A_{n3}\cos\alpha_n k_2 y + A_{n4}\sin\alpha_n k_2 y)\sin\alpha_n x \tag{26}$$

dar, worin

$$k_{1,2} = \sqrt{\sqrt{\varepsilon^4(\eta^2 - 1) + \lambda^4/\alpha_n^4} \pm \eta\varepsilon^2}$$

ist.

Zur Erfüllung der Randbedingungen an den Geraden $y = 0$, $y = b$ stehen vier Integrationskonstanten $A_{n1}, \ldots, A_{n4}$ zur Verfügung. Die Berücksichtigung dieser Randbedingungen führt auf ein System von vier homogenen Gleichungen. Die gleich Null gesetzte Determinante dieses Systems ergibt eine transzendente Gleichung, aus der die aufeinanderfolgenden Frequenzen berechnet werden können. Jedem Wert $n = 1, 2, 3, \ldots$ entspricht eine unendliche Anzahl von Frequenzen $\omega_{1m}, \omega_{2m}, \ldots$. Aufgrund der Frequenz können die entsprechenden Schwingungsformen bestimmt werden.

Mit Hilfe der Randbedingungen, d.h. des Systemes von vier homogenen Gleichungen können die Konstanten A_{n4}, A_{n3}, A_{n2} durch die Konstante A_{n1} ausgedrückt werden. Gl. (26) ermöglicht also, die Schwingungsform W_{nm} zu bestimmen. Das geeignete Verfahren wurde im Abschnitt 9.6 erörtert.

Sind die Größen W_{nm} und ω_{nm} bekannt, so kann das Problem der erzwungenen Schwingung einer orthotropen Platte gelöst werden. Zunächst wird die Wirkung einer zeitlich harmonisch veränderlichen Last

$$p(x, y, t) = q(x, y)e^{i\omega t}. \tag{27}$$

betrachtet. Zu diesem Zweck ist Differentialgleichung (18) zu lösen, indem der Ausdruck (27) in diese Gleichung eingesetzt wird. Unter Berücksichtigung der Voraussetzung

$$w(x, y, t) = W(x, y)e^{i\omega t}$$

folgt aus Gl. (18)

$$L(W) - \lambda^4 W = \frac{q}{N_y} \quad \text{mit} \quad \lambda^4 = \frac{\omega^2}{c^2} \quad \text{und} \quad c^2 = \frac{N_y g}{h\gamma}. \tag{28}$$

Die Belastung q und die Durchbiegungsamplitude W werden nach den Eigenfunktionen entwickelt, welche der Gleichung

$$L(W_{nm}) - \lambda_{nm}^4 W_{nm} = 0; \qquad \lambda_{nm}^4 = \frac{\omega_{nm}^2}{c^2} \tag{29}$$

genügen. Es werden die Ansätze

$$q(x, y) = \sum_{n,m}^{\infty} q_{nm} W_{nm}(x, y); \qquad W(x, y) = \sum_{n,m}^{\infty} A_{nm} W_{nm}(x, y), \tag{30}$$

gewählt, wobei

$$q_{nm} = \int_0^a \int_0^b q(x, y) W_{nm}(x, y) dx\, dy;$$

$$A_{nm} = \int_0^a \int_0^b W(x, y) W_{nm}(x, y) dx\, dy \tag{31}$$

ist.

Hierbei wurde stillschweigend angenommen, daß die Eigenfunktionen der Schwingung orthogonal und normiert sind. Wird Gl. (28) mit W_{nm} multipliziert und über den Plattenbereich integriert, so ergibt sich

$$A_{nm}(\lambda_{nm}^4 - \lambda^4) = \frac{q_{nm}}{N_y}.$$

Gl. (30) liefert unter Berücksichtigung der Gl. (31) die endgültige Form der Lösung:

$$W(x, y) = \frac{c^2}{N_y} \sum_{n,m}^{\infty} \frac{W_{nm}(x, y) \int_0^a \int_0^b q(u, v) W_{nm}(u, v)\,du\,dv}{\omega_{nm}^2 \left(1 - \frac{\omega^2}{\omega_{nm}^2}\right)} \tag{32}$$

mit

$$\omega_{nm}^2 = \lambda_{nm}^4 c^2; \qquad \omega^2 = \lambda^4 c^2.$$

Für $\omega \to \omega_{nm}$ nimmt die Amplitude unbeschränkt zu, es handelt sich um Resonanz. Für $\omega \to 0$ liefert Gl. (32) die Lösung für das statische Problem. Gl. (32) ist in ihrem Aufbau der entsprechenden Gleichung für eine isotrope Platte ähnlich (vgl. Gl. (9) vom Abschnitt 9.6). Man darf aber nicht vergessen, daß sich die Eigenfrequenz ω_{nm} und die Schwingungsformen W_{nm} in Gl. (32) auf eine orthotrope Platte beziehen.

Für den Sonderfall einer an allen Rändern frei drehbar gelagerten Platte ist

$$W_{nm} = \frac{2}{\sqrt{ab}} \sin \alpha_n x \sin \beta_m y \quad \text{mit} \quad \alpha_n = \frac{n\pi}{a} \quad \text{und} \quad \beta_m = \frac{m\pi}{b}. \tag{33}$$

Die Frequenz ω_{nm} läßt sich aus der Gl. (23) berechnen. Für die Belastung $q = q_0 e^{i\omega t}$, wobei q_0 einen konstanten Wert hat, liefert Gl. (32)

$$w = \frac{16 c^2 q_0 e^{i\omega t}}{N_y ab} \sum_{n,m}^{\infty} \frac{\sin \alpha_n x \sin \beta_m y}{\alpha_n \beta_m \omega_{nm}^2 \left(1 - \frac{\omega^2}{\omega_{nm}^2}\right)}; \quad n, m = 1, 3, 5, \ldots \tag{34}$$

Es werden aperiodische Schwingungen einer orthotropen Rechteckplatte betrachtet. Hierzu ist die inhomogene Gl. (18) mit den Randbedingungen

$$w(x, y, 0) = f(x, y); \qquad \dot{w}(x, y, 0) = g(x, y) \tag{35}$$

zu lösen.

Es wird das im Abschnitt 9.8 erläuterte Verfahren verwendet: die *Laplace-Transformation* wird auf Gl. (18) angewendet und die Größen $\bar{q}, \bar{w}, f, g$ werden nach den Eigenfunktionen $W_{nm}(x, y)$ entwickelt, die der Gl. (29) genügen. Auf diese Weise wird ein Ausdruck für die Biegefläche gewonnen, der nach der inversen *Laplace-Transformation* lautet:

$$w = \frac{1}{h\varrho} \sum_{n,m}^{\infty} W_{nm}(x, y) \int_0^a \int_0^b W_{nm}(u, v)\,du\,dv \int_0^t q(u, v, \tau) \times$$

$$\times \frac{\sin \omega_{nm}(t - \tau)}{\omega_{nm}}\,d\tau + \sum_{n,m}^{\infty} W_{nm}(x, y) \int_0^a \int_0^b W_{nm}(u, v) \times$$

$$\times \left[f(u, v) \cos \omega_{nm} t + g(u, v) \frac{\sin \omega_{nm} t}{\omega_{nm}} \right] du\,dv. \tag{36}$$

Auch hier darf man nicht vergessen, daß sowohl die Eigenfunktionen $W_{nm}(x, y)$ als auch die Frequenz ω_{nm} sich auf eine orthotrope Platte beziehen.

Nun werden zwei einfache Beispiele erläutert. Im Punkt (ξ, η) wirke die momentane Einzelkraft

$$q(x, y, t) = P_0\delta(x-\xi)\,\delta(y-\eta)\,\delta(t).$$

Für $f = 0$, $g = 0$ liefert Gl. (36)

$$w = \frac{P_0}{h\varrho} \sum_{n,m}^{\infty} \frac{W_{nm}(x, y)W_{nm}(\xi, \eta)}{\omega_{nm}} \sin \omega_{nm}t. \tag{37}$$

Für eine frei gelagerte Platte ist W_{nm} nach Gl. (33) und die Frequenz ω_{nm} nach Gl. (23) zu wählen.

Es wird nun

$$q(x, y, t) = P_0\delta(x-\xi)\,\delta(y-\eta)\cos\omega t H(t) \tag{38}$$

vorausgesetzt, d.h. daß die Belastung sich mit der Zeit vom Augenblick $t = 0$ an nach der Funktion $\cos\omega t$ verändert. Gl. (36) ergibt

$$w = \frac{P_0}{h\varrho} \sum_{n,m}^{\infty} \frac{W_{nm}(x, y)W_{nm}(\xi, \eta)}{\omega_{nm}^2 - \omega^2} (\cos \omega t - \cos \omega_{nm}t). \tag{39}$$

Nimmt ω den Wert ω_{nm} an, so erhält das entsprechende Glied der Reihe die unbestimmte Form $\frac{0}{0}$. Wird diese Unbestimmtheit beseitigt, so ergibt sich das entsprechende Glied in der Form

$$w_{nm} = \frac{P_0}{h\varrho} W_{nm}(x, y) W_{nm}(\xi, \eta) \frac{t \sin \omega_{nm}t}{2\omega_{nm}}. \tag{40}$$

Die mit der obigen Formel beschriebene Schwingung nimmt mit der Zeit unbeschränkt zu.

Es sollen noch die Größen N_x, N_y, C, v_x, v_y für verschiedene orthotrope Bauteile angegeben werden. Die im weiteren angeführten Vorschläge wurden von M. T. Huber bearbeitet [55].

a) Ein ebener Balkenrost. Der Rost besteht aus Längsbalken mit der Biegesteifigkeit N_x' und der Torsionssteifigkeit C_x sowie aus Querbalken mit den entsprechenden Steifigkeiten N_y' und C_y. Mit b wird der Achsenabstand einzelner Längsbalken, mit c jener der Querbalken bezeichnet. Der Rost wird durch eine orthotrope Platte mit stetiger Anisotropie ersetzt. Die Stoffkonstanten für die orthotrope Ersatzplatte sind mit den Konstanten für den Rost durch die folgenden Zusammenhänge verbunden:

$$N_x = \frac{N_x'}{b}; \quad N_y = \frac{N_y'}{a}; \quad 2C = \frac{C_x}{b} + \frac{C_y}{a}; \quad v_x = v_y \approx 0.$$

Derartige Voraussetzungen beziehen sich auf den Fall, wenn die Balken untereinander vollkommen steif verbunden sind. Sind die Verbindungen in den Knoten nicht steif, wenn die Balken also nicht durchgehen, so wird $C = 0$ angenommen. Damit wird für $v_x = v_y = 0$ das mittlere Glied in Gl. (17) Null, da $\eta = 0$ ist.

Mithin ist die Gleichung

$$\frac{\partial^4 w}{\partial y^4} + \varepsilon^4 \frac{\partial^4 w}{\partial x^4} + \mu \frac{\partial^2 w}{\partial t^2} = \frac{p}{N_y}$$

zu untersuchen.

b) Ein rippenverstärktes Blech. In diesem Fall werden eine symmetrische Verteilung auf den beiden Blechseiten und ein konstanter Rippenabstand a_1 vorausgesetzt. Weiterhin wird

$$N_x = \frac{Eh^3}{12(1-v^2)} = H; \qquad N_y = \frac{Eh^3}{12(1-v^2)} + \frac{E'I}{a_1}$$

angenommen. Hierbei bedeuten E, v die Elastizitätskonstanten für das Blech, E' — den Elastizitätsmodul für die Rippen, I — das bezüglich der Mittelachse des Bleches berechnete Trägheitsmoment der Rippe.

c) Ein mit einem Rost aus Rippen verstärktes Blech. Die Längs- und die Querrippen liegen in untereinander gleichen Abständen. Die Trägheitsmomente der Längsrippen und der Querrippen werden mit I_1 bzw. I_2, die Rippenabstände mit b_1 und a_1, die Stoffkonstanten für das Blech mit E und v, der Elastizitätsmodul für die Rippen mit E' bezeichnet. Dann gilt

$$N_x = \frac{Eh^3}{12(1-v^2)} + \frac{E'I_1}{b_1}; \qquad N_y = \frac{Eh^3}{12(1-v^2)} + \frac{E'I_2}{a_1}; \qquad H = \frac{Eh^3}{12(1-v^2)}.$$

d) Eine Stahlbetonplatte. Mit E_b, v_b werden die Elastizitätskonstanten für Beton, mit E_s der Elastizitätsmodul für Bewehrungsstahl bezeichnet. Für eine in x- und y-Richtung kreuzweise bewehrte Platte soll

$$N_x = \frac{E_b}{1-v_b^2} [I_{bx} + (n-1) I_{sx}]; \qquad N_y = \frac{E_b}{1-v_b^2} [I_{by} + (n-1) I_{sy}].$$

$$H \approx \sqrt{N_x N_y}; \qquad n = E_s/E_b$$

angenommen werden. Hierbei bedeuten I_{bx} und I_{bs} die Trägheitsmomente für Beton und für Stahl, die bezüglich der Nullachse im Schnitt $x = \text{konst}$ berechnet sind. Die Größen I_{by} und I_{sy} beziehen sich auf den Schnitt $y = \text{konst}$. Die Plattengleichung lautet

$$\frac{\partial^4 w}{\partial y^4} + 2\varepsilon^2 \frac{\partial^4 w}{\partial x^2 \partial y^2} + \varepsilon^4 \frac{\partial^4 w}{\partial x^4} + \mu \frac{\partial^2 w}{\partial t^2} = \frac{p}{N_y} \qquad \text{mit} \qquad \varepsilon^4 = \frac{N_x}{N_y}.$$

e) Eine Stahlbetondecke. Es wird die in Abb. 9-18 dargestellte Decke betrachtet, die aus einer mit Rippen verstärkten Platte besteht. Die Abstände zwischen den einzelnen Rippen werden genügend klein im Vergleich zur Spannweite vorausgesetzt. Mit N_x^p wird die Biegesteifigkeit der Platte in Richtung der x-Achse bezeich-

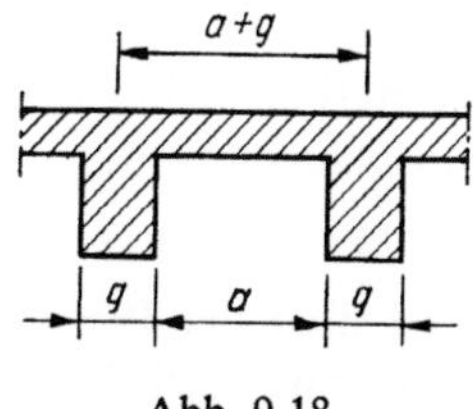

Abb. 9-18

net, N_x^B bedeutet die entsprechende Biegesteifigkeit einer Platte, die aus aneinander zusammengeschobenen Rippen hervorgegangen sein könnte. Weiterhin bedeutet N_x die Biegesteifigkeit der orthotropen Ersatzplatte. Es gilt

$$N_x = N_x^P \frac{a+g}{a + \dfrac{N_x^P}{N_x^B} g},$$

wobei a der Abstand zwischen den Balken und g die Balkendicke sind. Wird nun mit h_B die Balkenhöhe, mit h die Plattendicke bezeichnet, so gilt ungefähr $N_x^P/N_x^B = h^3/h_B^3$. Wird nun das zweite Glied im Nenner des Ausdruckes für N_x im Vergleich mit a vernachlässigt, so gilt

$$N_x \approx N_x^P \left(1 + \frac{g}{a}\right).$$

Die Biegesteifigkeit der Ersatzplatte in der y-Richtung ist

$$N_y \approx \frac{EI}{a+g},$$

wobei I das Trägheitsmoment eines T-Balkens mit der Flanschbreite $a+g$ bedeutet. Wird nun die Auswirkung der Verengung vernachlässigt, so gilt $H = 2C$, wobei

$$2C = 2C^P + \frac{C_b}{a+g}$$

ist und C^P die Torsionssteifigkeit der Platte ohne Rippen, C_b die Torsionssteifigkeit einer Rippe bedeuten.

Zum Schluß ist noch hinzuzufügen, daß die Theorie orthotroper Platten von M. T. HUBER die tatsächliche Biegefläche für diejenigen Platten gut beschreibt, die ein Modell für die bezüglich der Mittelfläche symmetrischen Konstruktionen und Bauteile darstellen, wie es auch bei den Punkten a, c und d ist.

Eine genauere Theorie orthotroper Platten wurde von A. PFLÜGER erarbeitet [114].

9.17. Plattenschwingung infolge eines Wärmestoßes

Wenn in der Platte ein instationäres Temperaturfeld auftritt, hängt die Verschiebung w sowohl von der Zeit als auch vom Ort ab. Dies ergibt sich aus den Gleichungen von DUHAMEL, worin der Spannungs- und der Verzerrungszustand mit dem Temperaturfeld verbunden sind (vgl. Gl. (4) vom Abschnitt 1.14).

Ändert sich das Temperaturfeld mit der Zeit nur langsam, so dürfen Trägheitsglieder in der Schwingungsgleichung der Platte vernachlässigt werden, wodurch das Problem als quasi-statisch betrachtet wird. Bei plötzlichen Temperaturänderungen (z. B. plötzliche Erwärmung oder Abkühlung) ist aber das Problem unbedingt als dynamisch anzusehen.

Für Platten mittlerer Dicke darf eine lineare Abhängigkeit der Temperatur von der Veränderlichen z vorausgesetzt werden. Mithin gilt

$$T(x, y, z, t) = T_0(x, y, t) + z\tau(x, y, t). \tag{1}$$

Das erste Glied $T_0(x, y, t)$ ist über der Plattendicke konstant und ruft keine Durchbiegung der Platte hervor. Kann die Platte sich in ihrer Ebene frei verbreiten und treten innerhalb der Platte keine Wärmequellen auf, wobei der Plattenbereich einfach zusammenhängend ist, so führt das Temperaturfeld $T_0(x, y, t)$ keine Spannungen herbei. Das zweite Glied von Gl. (1) beschreibt annähernd die Temperaturverteilung in einer Platte mittlerer Dicke. Je dünner die Platte ist, um so genauer ist diese Beschreibung.

In der Platte herrscht ein ebener Spannungszustand, und die Elastizitätsgleichungen lauten

$$\varepsilon_{xx} = \frac{1}{E}\left(\sigma_{xx} - \nu\sigma_{yy}\right) + \alpha_t T,$$

$$\varepsilon_{yy} = \frac{1}{E}\left(\sigma_{yy} - \nu\sigma_{xx}\right) + \alpha_t T, \tag{2}$$

$$\varepsilon_{xy} = \frac{1}{2G}\sigma_{xy},$$

wobei $T = z\tau$ ist, α_t bedeutet den linearen Wärmedehnungskoeffizient.

Die Gln. (2) liefern

$$\sigma_{xx} = \frac{E}{1 - \nu^2}\left[\varepsilon_{xx} + \nu\varepsilon_{yy} - (1 + \nu)\alpha_t T\right],$$

$$\sigma_{yy} = \frac{E}{1 - \nu^2}\left[\varepsilon_{yy} + \iota\varepsilon_{xx} - 1 + \nu)\alpha_t T\right], \tag{3}$$

$$\sigma_{xy} = 2G\varepsilon_{xy}$$

Unter Beachtung, daß für eine Platte die Beziehungen

$$\varepsilon_{xx} = -z\,\frac{\partial^2 w}{\partial x^2}; \qquad \varepsilon_{yy} = -z\,\frac{\partial^2 w}{\partial y^2}; \qquad \varepsilon_{xy} = -z\,\frac{\partial^2 w}{\partial x\,\partial y} \tag{4}$$

gelten (vgl. Gl. (3) Abschnitt 9.1), ergeben sich die folgenden Formeln für Biege- und Torsionsmomente:

$$M_x = \int_{-h/2}^{h/2} \sigma_{xx}z\,dz = -N\left[\frac{\partial^2 w}{\partial x^2} + \nu\,\frac{\partial^2 w}{\partial y^2} + (1 + \nu)\alpha_t\tau\right],$$

$$M_y = \int_{-h/2}^{h/2} \sigma_{yy}z\,dz = -N\left[\frac{\partial^2 w}{\partial y^2} + \nu\,\frac{\partial^2 w}{\partial x^2} + (1 + \nu)\alpha_t\tau\right], \tag{5}$$

$$M_{xy} = \int_{-h/2}^{h/2} \sigma_{xy}z\,dz = -N(1 - \nu)\,\frac{\partial^2 w}{\partial x\,\partial y}.$$

Zunächst wird die Plattengleichung für das statische Problem hergeleitet. Dafür wird das Gleichgewicht eines Plattenelementes (Abb. 9-19) mit der Basis $dxdy$ und der Höhe h betrachtet.

Am Schnitt x wirken auf die Seitenfläche des Elementes: das Biegemoment M_x, die Querkraft Q_x und das Torsionsmoment M_{xy}. Im Schnitt $x + dx$ greifen die folgenden Kräfte und Momente an: das Biegemoment $M_x + \dfrac{\partial M_x}{\partial x}\,dx$, die Querkraft $Q_x + \dfrac{\partial Q_x}{\partial x}\,dx$ und das Torsionsmoment $M_{xy} + \dfrac{\partial M_{xy}}{\partial x}\,dx$. Für den

Schnitt y gilt M_y, Q_y, M_{xy} und für den Schnitt $y+dy$ dementsprechend $M_y +$ $+ \frac{\partial M_y}{\partial y}\,dy$, $Q_y + \frac{\partial Q_y}{\partial y}\,dy$ und $M_{xy} + \frac{\partial M_{xy}}{\partial y}\,dy$. Außerdem wirkt die Last $p\,dxdy$ auf das Element der Plattenoberfläche $dxdy$ ein.

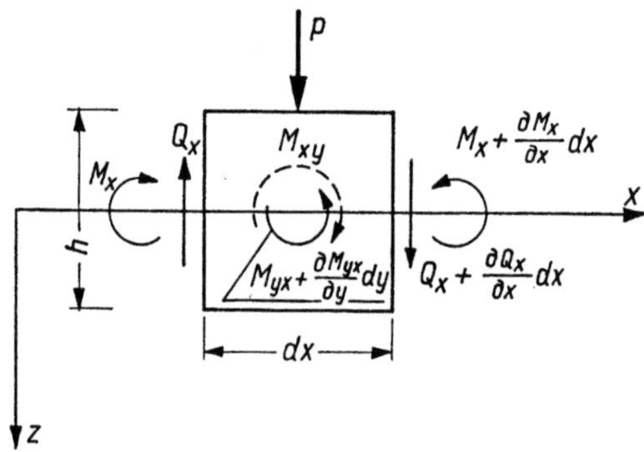

Abb. 9-19

Werden die Momentenvektoren auf die Richtung der y-Achse projiziert, so ergibt sich die Gleichgewichtsgleichung

$$\left(M_x + \frac{\partial M_x}{\partial x}\,dx\right)dy - M_x\,dy + \left(M_{xy} + \frac{\partial M_{xy}}{\partial y}\,dy\right)dx - M_{xy}\,dx -$$
$$- Q_x\,dy\,dx = 0. \tag{6}$$

Daraus folgt

$$Q_x = \frac{\partial M_x}{\partial x} + \frac{\partial M_{yx}}{\partial y}. \tag{7}$$

Analog ergibt die Projektion auf die Richtung der x-Achse

$$Q_y = \frac{\partial M_y}{\partial y} + \frac{\partial M_{xy}}{\partial x}. \tag{8}$$

Das Gleichgewicht aller Kräfte in Richtung der z-Achse liefert

$$\left(Q_x + \frac{\partial Q_x}{\partial x}\,dx\right)dy - Q_x\,dy + \left(Q_y + \frac{\partial Q_y}{\partial y}\,dy\right)dx - Q_y\,dx +$$
$$+ p\,dx\,dy = 0. \tag{9}$$

Hieraus folgt

$$p = \frac{\partial Q_x}{\partial x} + \frac{\partial Q_y}{\partial y} \tag{10}$$

und unter Berücksichtigung der Gln. (7) und (8)

$$\frac{\partial^2 M_x}{\partial x^2} + 2\frac{\partial^2 M_{xy}}{\partial x\,\partial y} + \frac{\partial^2 M_y}{\partial y^2} + p = 0. \tag{11}$$

Werden Gln. (5) in Gl. (11) eingesetzt, so ergibt sich

$$N\left(\frac{\partial^4 w}{\partial x^4} + 2\frac{\partial^4 w}{\partial x^2\,\partial y^2} + \frac{\partial^4 w}{\partial y^4}\right) + N(1+v)\,\alpha_t\,\nabla^2\tau = p. \tag{12}$$

Wenn die Schwingung der Platte durch eine Belastung und durch ein Temperaturfeld erregt wird, ist das Glied $\varrho h \ddot{w}$ der linken Seite der Gl. (12) hinzuzufügen. Mithin ist

$$N \nabla^4 w + N(1+v)\,\alpha_t \nabla^2 \tau + \varrho h \ddot{w} = p \tag{13}$$

die Differentialgleichung der erzwungenen Schwingung.

Für den Sonderfall $p = 0$, der im weiteren betrachtet wird, gilt die inhomogene Differentialgleichung

$$N\nabla^4 w + \varrho h \ddot{w} = -N(1+v)\,\alpha_t \nabla^2 \tau. \tag{14}$$

Diese Gleichung läßt sich in einer anderen Form

$$N\nabla^2\nabla^2 w + (1+v)\,\alpha_t\,N\nabla^2\tau + \varrho h\,\frac{\partial^2 w}{\partial t^2} = 0 \tag{15}$$

schreiben und ihre Lösung $w(x, y, t)$ kann aus zwei Summanden zusammengesetzt werden, von denen die erste die Gleichung

$$N\nabla^2\nabla^2 w_{st} + (1+v)\,\alpha_t\,N\nabla^2\tau = 0 \tag{16}$$

erfüllt und das quasi-statische Glied w_{st} darstellt. Der zweite Teil beschreibt das dynamische Glied der Lösung w_d und genügt der Gleichung

$$N\nabla^2\nabla^2 w_d + \varrho h\,\frac{\partial^2}{\partial t^2}\,(w_d + w_{st}) = 0. \tag{17}$$

Die letzte Gleichung kann als die Gleichung der erzwungenen Schwingung einer Platte angesehen werden, auf welche die Erregerlast $p(x, y, t) = -\varrho h \ddot{w}_{st}$ einwirkt. Unter der Voraussetzung, daß sowohl die Temperatur als auch die Durchbiegung lediglich von der Veränderlichen x abhängen, lauten Gln. (16) und (17)

$$N\,\frac{d^4 w_{st}}{dx^4} + (1+v)\,\alpha_t\,N\,\frac{d^2\tau}{dx^2} = 0 \tag{18}$$

und

$$N\,\frac{\partial^4 w_d}{\partial x^4} + \varrho h\,\frac{\partial^2}{\partial t^2}\,(w_d + w_{st}) = 0. \tag{19}$$

Für die Schwingung eines Stabes unter Temperatureinwirkung ergeben sich ähnliche Gleichungen wie die Gln. (18) und (19), wobei aber die Biegesteifigkeit des Stabes EI an Stelle von N die Größe ϱA und an Stelle von ϱh (A bedeutet die Querschnittsfläche des Stabes) einzuführen ist.

Nun wird ein Sonderproblem betrachtet: die Wirkung eines Wärmestoßes auf eine frei drehbar gelagerte Rechteckplatte [14]. Im Zeitpunkt $t = 0$ wird die Oberfläche der Platte plötzlich erwärmt, und zwar durch Erzeugung einer konstanten Wärmemenge q pro Zeit- und Flächeneinheit. Die Unterfläche der Platte ist vollkommen isoliert. Man begeht keinen größeren Fehler durch die Annahme, daß die Temperatur T lediglich von der Veränderlichen z und der Zeit t abhängt. Die Wärmeleitungsgleichung wird also in der Form

$$\varkappa\,\frac{\partial^2 T}{\partial z^2} = \frac{\partial T}{\partial t} \tag{20}$$

mit den Randbedingungen

$$\lambda \frac{\partial T}{\partial z} = q \ \text{für} \ z = h/2; \qquad \frac{\partial T}{\partial z} = 0 \ \text{für} \ z = -h/2;$$

$$T = 0 \quad \text{für} \quad t = 0 \tag{21}$$

angenommen. Die Lösung der Gl. (20) mit den Bedingungen (21) lautet [20]

$$T = \frac{qh}{t} \left[\frac{\beta t}{\pi^2} + \frac{3z^2 + 3hz - h^2/4}{6h^2} - \right.$$

$$\left. - \frac{2}{\pi^2} \sum_{n=1}^{\infty} \frac{(-1)^n}{n^2} e^{-n^2\beta t} \cos \frac{n\pi}{2} \left(\frac{2z}{h} + 1 \right) \right],$$

wobei

$$\beta = \frac{\varkappa \pi^2}{h^2} \ \text{ist.}$$

Die Funktion $\tau(x, y, t)$ wird aus der Formel

$$\tau(x, y, t) = \frac{12}{h^3} \int_{-h/2}^{h/2} z T(x, y, z, t) \, dz$$

berechnet. Mithin gilt

$$\tau(x, y, t) = \tau(t) = \frac{q}{2\lambda} \left(1 - \frac{96}{\pi^4} \sum_{n=1,3\ldots}^{\infty} \frac{e^{-n^2\beta t}}{n^4} \right).$$

Ist die Funktion τ bekannt, so kann die statische Durchbiegung w_{st} ermittelt werden. Das partikuläre Integral wird als die Lösung der Gleichung

$$\nabla^2 w_{st} + (1 + \nu)\alpha_t \tau = 0 \tag{22}$$

gesucht.

Für weitere Betrachtungen ist es günstig, die Funktion w_{st} als eine trigonometrische Doppelreihe zu schreiben:

$$w_{st}(x, y, t) = \sum_{n}^{\infty} \sum_{m}^{\infty} A_{mn} \sin \alpha_n x \sin \beta_m y; \qquad \alpha_n = \frac{n\pi}{a}; \quad \beta_m = \frac{m\pi}{b}. \tag{23}$$

Wird die Funktion τ ebenfalls als Doppelreihe

$$\tau(x, y, t) = \frac{16\tau(t)(1+\nu)\alpha_t}{ab} \sum_{n,m}^{\infty} \frac{\sin \alpha_n x \sin \beta_m y}{\alpha_n \beta_m} \qquad n, m = 1, 3, 5, \tag{24}$$

geschrieben, so liefert Gl. (22)

$$A_{nm} = \frac{16 \ (t)(1+\nu)\alpha_t}{ab \, \alpha_n \beta_m(\alpha_n^2 + \beta_m^2)} \qquad n, m = 1, 3, 5. \tag{25}$$

Hieraus folgt

$$w_{st}(x, y, t) = \frac{16\tau(t)(1+\nu)\alpha_t}{ab} \sum_{n=1,3\ldots}^{\infty} \sum_{m=1,3\ldots}^{\infty} \frac{\sin \alpha_n x \sin \beta_m y}{\alpha_n \beta_m(\alpha_n^2 + \beta_m^2)}. \tag{26}$$

Unter Beachtung von

$$\sum_{n=1,3\ldots}^{\infty} \frac{\sin\beta_m y}{\beta_m(\alpha_n^2 + \beta_m^2)} = \frac{b}{4\alpha_n^2}\left[1 - \frac{\cosh\alpha_n(y - b/2)}{\cosh\dfrac{\alpha_n b}{2}}\right]$$

kann die Durchbiegung w_{st} auch als eine einfache Reihe geschrieben werden [91]. Es gilt dann

$$w(x, y, t) = \frac{4(1+\nu)\tau\alpha_t}{a}\sum_{n=1,3\ldots}^{\infty} \frac{\sin\alpha_n x}{\alpha_n^3}\left[1 - \frac{\cosh\alpha_n(y - b/2)}{\cosh\dfrac{\alpha_n b}{2}}\right]. \tag{27}$$

Nun wird Gl. (19) mit den Randbedingungen

$$w_d = 0; \quad \nabla^2 w_d = 0 \quad \text{für} \quad x = 0, \quad a; \quad y = 0, b$$

gelöst. Zu diesem Zweck wird ein Ansatz in der Form einer trigonometrischen Doppelreihe gewählt:

$$w_d(x, y, t) = \sum_{n=1}^{\infty}\sum_{m=1}^{\infty} B_{nm}(t)\sin\alpha_n x \sin\beta_m x. \tag{28}$$

Mit diesem Ansatz liefert Gl. (19), wenn die Funktion w_{st} ebenfalls als eine trigonometrische Doppelreihe geschrieben wird, das Gleichungssystem

$$B_{nm}(\alpha_n^2 + \beta_m^2) + \frac{1}{c^2}\frac{d^2 B_{nm}}{dt^2} = -\frac{1}{c^2}\frac{16(1+\nu)\alpha_t}{ab\,\alpha_n\beta_m(\alpha_n^2 + \beta_m^2)}\frac{d^2\tau}{dt^2}$$

mit

$$n, m = 1, 3, 5\ldots, \infty \quad \text{und} \quad c^2 = \frac{N}{\varrho h}.$$

Mit den Bezeichnungen

$$c^2(\alpha_n^2 + \beta_m^2)^2 = \omega_{nm}^2; \quad k_{nm} = \frac{16(1+\nu)\alpha_t}{ab\,\alpha_n\beta_m(\alpha_n^2 + \beta_m^2)}$$

wird dieses Gleichungssystem auf die Form

$$\frac{d^2 B_{nm}}{dt^2} + \omega_{nm}^2 B_{nm} = -k_{nm}\frac{d^2\tau}{dt^2} \quad n, m = 1, 3, 5\ldots. \tag{29}$$

gebracht.

Auf Gl. (29) wird die *Laplace-Transformation* unter Voraussetzung von $w_d(x, y, 0) = 0$, $\left.\dfrac{\partial w_d}{\partial t}\right|_{t=0} = 0$ angewendet, was übrigens aus der Problemstellung folgt. Dann gilt

$$(p^2 + \omega_{nm}^2)\bar{B}_{nm} = -k_{nm}\left(p^2\bar{\tau} - p\tau(0) - \left.\frac{d\tau}{dt}\right|_{t=0}\right). \tag{30}$$

Es ist aber $\tau(0) = 0$ und

$$\left.\frac{d\tau}{dt}\right|_{t=0} = \frac{q}{2\lambda}\cdot\frac{96\beta}{\pi^4}\sum_{n=1,3\ldots}^{\infty}\frac{1}{n^2} = \frac{6q\beta}{\pi^2\lambda}.$$

24*

Die inverse *Laplace-Transformation* der Gl. (30) liefert

$$B_{nm}(t) = -k_{nm}\left(\tau(t) - \omega_{nm}\int_0^t \tau(t-t')\sin\omega_{nm}t'\,dt' - \frac{g}{\omega_{nm}}\sin\omega_{nm}t\right)$$

mit

$$g = \frac{6q\beta}{\pi^2\lambda}.$$

Wird diese Gleichung nach Einführung von $\tau(t)$ integriert, so ergibt sich endgültig

$$B_{nm}(t) = \frac{q}{2\lambda}\,k_{nm}\left[\frac{12\beta}{\pi^2\,\omega_{nm}}\sin\omega_{nm}t - \right.$$

$$\left. - \frac{96\beta^2}{\pi^4}\sum_{r=1,3\ldots}^{\infty}\frac{1}{r^2\beta^2+\omega_{nm}^2}\left[\cos\omega_{nm}t + \frac{\omega_{nm}}{\beta}\frac{1}{r^2}\sin\omega_{nm}t - e^{-r^2\beta t}\right]\right]. \quad (31)$$

Mit der Einführung von $B_{mn}(t)$ in Gl. (28) wird w_d gewonnen.

Die gesuchte Lösung stellt die Summe der Lösungen w_d und w_{st} dar. Die Ermittlung der Durchbiegungen mit Hilfe der eben gewonnenen Lösungen ist sehr schwierig, da diese Lösungen doppelte und dreifache trigonometrische Reihen enthalten.

BOLEY und BARBER [14] berechneten das Verhältnis der größten Durchbiegung w_{max} zur statischen Durchbiegung w_{st} in der Plattenmitte in Abhängigkeit vom Parameter $\zeta = \dfrac{h}{2b\sqrt{\varkappa/c}}$ mit $b > a$. Der Verlauf dieses Verhältnisses ist in Abb. 9-20 gezeigt.

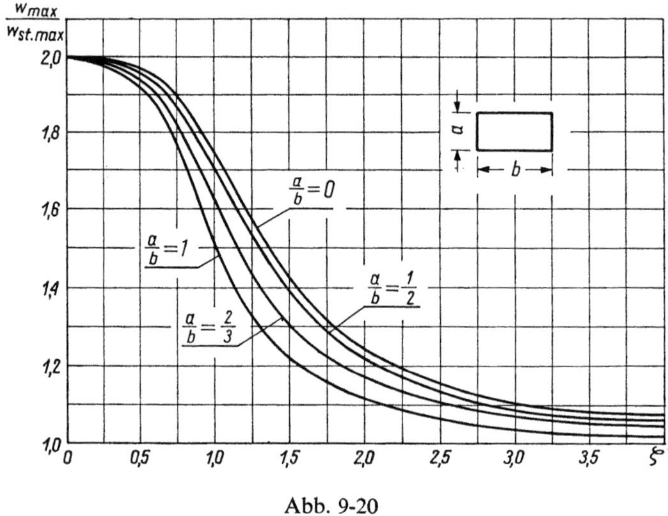

Abb. 9-20

Es ist ersichtlich, daß Trägheitsglieder mit der Abnahme der Plattendicke an Bedeutung gewinnen.

Das erläuterte Problem läßt sich ohne Schwierigkeiten auch auf andere Auflagerungsarten der Platte verallgemeinern.

Aufschlußreich ist das Problem einer Platte beliebiger Form mit eingespannten Rändern. Man kann beweisen, daß für ein zeit- aber nicht ortsabhängiges Temperaturfeld die quasi-statische Durchbiegung der Platte w_{st} an allen Stellen der Platte Null ist. Es tritt in der Platte ein nur von der Zeit abhängiger Spannungszustand auf. Gl. (19) besagt, daß die Platte für $w_{st} = 0$ lediglich frei schwingen kann. Diese Schwingung existiert aber nicht wegen der aus der Problemstellung folgenden Nullwerte der Randbedingungen. In einer am Rand eingespannten Platte führt also der Wärmestoß zu keiner Durchbiegung, lediglich zu Spannungen und Verzerrungen.

9.18. Schwingung einer viskoelastischen Platte

Die Schwingungsgleichung für eine aus viskoelastischem Material bestehende Platte wird unter Anwendung der Analogie der *Laplace-Transformation* der Gleichungen für einen vollkommen elastischen und für einen viskoelastischen Körper hergeleitet.

Die Differentialgleichung der Schwingung lautet für eine vollkommen elastische Platte

$$N \nabla^2 \nabla^2 w + \varrho\, h\ddot{w} = q(x, y, t)\,. \tag{1}$$

Die Biege- und die Torsionsmomente sind

$$M_x = -N\left(\frac{\partial^2 w}{\partial x^2} + v\,\frac{\partial^2 w}{\partial y^2}\right); \quad M_y = -N\left(\frac{\partial^2 w}{\partial y^2} + v\,\frac{\partial^2 w}{\partial x^2}\right),$$

$$M_{xy} = -N(1-v)\,\frac{\partial^2 w}{\partial x\, \partial y}\,. \tag{2}$$

Auf die Gln. (1) und (2) wird die *Laplace-Transformation* angewendet. Es entsteht

$$N \nabla^2 \nabla^2 \overline{w} + \varrho h[p^2\overline{w} - pw(x, y, 0) - \dot{w}(x, y, 0)] = \overline{q}(x, y, p)\,,$$

$$\overline{w}(x, y, p) = \int_0^\infty e^{-pt}\, w(x, y, t)\, dt\,; \quad \overline{q}(x, y, p) = \int_0^\infty e^{-pt}\, q(x, y, t)\, dt\,, \tag{3}$$

$$\overline{M}_x = -N\left(\frac{\partial^2 \overline{w}}{\partial x^2} + v\,\frac{\partial^2 \overline{w}}{\partial y^2}\right); \quad \overline{M}_y = -N\left(\frac{\partial^2 \overline{w}}{\partial y^2} + v\,\frac{\partial^2 \overline{w}}{\partial x^2}\right),$$

$$M_{xy} = -N(1-v)\,\frac{\partial^2 \overline{w}}{\partial x\, \partial y}\,, \tag{4}$$

wobei

$$N = \frac{Eh^3}{12(1-v^2)} = \frac{2G}{1-v}\,\frac{h^3}{12} \tag{5}$$

die Biegesteifigkeit ist.

Wie bekannt, gelten für einen vollkommen elastischen Körper die folgenden Zusammenhänge zwischen den *Konstanten von Lamé* λ, μ und den Elastizitätskonstanten E, G, v:

$$G = \mu; \quad v = \frac{\lambda}{2(\lambda+\mu)}; \quad E = \frac{\mu(3\lambda+2\mu)}{\lambda+\mu}.$$

Folglich gilt

$$\frac{2G}{1-v} = 4\mu \frac{\lambda+\mu}{\lambda+2\mu}. \tag{6}$$

Für einen viskoelastischen Körper werden

$$N(p) = 4\bar{\mu}(p) \frac{\bar{\lambda}(p)+\bar{\mu}(p)}{\bar{\lambda}(p)+2\bar{\mu}(p)} \frac{h^3}{12} \quad \text{und} \quad \imath(p) = \frac{\bar{\lambda}(p)}{2[\bar{\lambda}(p)+\bar{\mu}(p)]}$$

an Stelle von N und v eingesetzt.

Gelten die Gln. (30) vom Abschnitt 2.2. als Elastizitätsgleichungen für den viskoelastischen Körper, so ergibt sich

$$N(p) = \frac{h^3}{12} \frac{P_2(p)}{P_1(p)} \frac{2P_1(p)P_4(p)+P_2(p)P_3(p)}{P_1(p)P_4(p)+2P_2(p)P_3(p)},$$
$$v(p) = \frac{P_1(p)P_4(p)-P_2(p)P_3(p)}{2P_1(p)P_4(p)+P_2(p)P_3(p)}. \tag{7}$$

Gelten dagegen die Gln. (34') vom gleichen Abschnitt als die Elastizitätsgleichungen, so ist

$$N(p) = 4p\ddot{a}(p) \frac{\bar{b}(p)+\bar{a}(p)}{\bar{b}(p)+2a(p)} \frac{h^3}{12}; \quad v(p) = \frac{\bar{b}(p)}{2(\bar{b}(p)+\bar{a}(p))}. \tag{8}$$

Mithin lautet die transformierte Schwingungsgleichung der viskoelastischen Platte

$$N(p)\nabla^2\nabla^2\bar{w}+\varrho h[p^2\bar{w}-pw(x,y,0)-\dot{w}(x,y,0)] = \bar{q}(x,y,p), \tag{9}$$

wobei je nach dem vorgegebenen Modell des Körpers die Funktion $N(p)$ nach Gl. (7) oder nach Gl. (8) angenommen wird.

Mit Hilfe der Transformierten lassen sich die Biege- und die Torsionsmomente

$$\bar{M}_x(x,y,p) = -N(p)\left(\frac{\partial^2\bar{w}}{\partial x^2}+v(p)\frac{\partial^2 w}{\partial y^2}\right) \quad \text{usw.} \tag{10}$$

aufschreiben.

Der Übergang von Gl. (9) zur Differentialgleichung der Biegefläche $w(x,y,t)$ ist einfach. Für einen viskoelastischen Körper, für den die Gln. (30) vom Abschnitt 2.2 gelten, ergibt sich

$$\frac{h^3}{12} P_2(D)[2P_1(D)P_4(D)+P_2(D)P_3(D)]\nabla^2\nabla^2 w +$$

$$+ \varrho h P_1(D)[P_1(D)P_4(D)+2P_2(D)P_3(D)]\frac{\partial^2 w}{\partial t^2} =$$

$$= P_1(D)[P_1(D)P_4(D)+2P_2(D)P_3(D)]q(x,y,t). \tag{11}$$

Um nun Gl. (3) zu betrachten, wird sie in einer anderen Form

$$c^2(p)\nabla^2\nabla^2\bar{w}+(p^2\bar{w}-pf+g) = \bar{q}/\varrho h \quad \text{mit} \quad c^2(p) = \frac{N(p)}{\varrho h} \tag{12}$$

geschrieben. Die Randbedingungen lauten

$$w(x, y, 0) = f(x, y); \quad \dot{w}(x, y, 0) = g(x, y). \tag{13}$$

Gl. (12) kann genauso wie Gl. (3) im Abschnitt 9.8 gelöst werden. Der Unterschied liegt darin, daß die Funktion $c^2(p)$ an Stelle von der Konstante c^2 von Gl. (3) Abschnitt 9.8 auftritt. Die Lösung ist aber bis auf die inverse *Laplace-Transformation* identisch. Es ergibt sich

$$\bar{w}(x, y, p) = \frac{1}{\varrho h} \sum_{n,m}^{\infty} \frac{W_{nm}(x, y)}{\lambda_{nm}^4 c^2(p) + p^2} \int_0^a \int_0^b q(\xi, \eta, p) W_{nm}(\xi, \eta) \, d\xi \, d\eta +$$

$$+ \sum_{n,m}^{\infty} \frac{W_{nm}(x, y) p}{\lambda_{nm}^4 c^2(p) + p^2} \int_0^a \int_0^b f(\xi, \eta) W_{nm}(\xi, \eta) \, d\xi \, d\eta +$$

$$+ \sum_{n,m}^{\infty} \frac{W_{nm}(x, y)}{\lambda_{nm}^4 c^2(p) + p^2} \int_0^a \int_0^b g(\xi, \eta) W_{nm}(\xi, \eta) \, d\xi \, d\eta, \tag{14}$$

wobei $W_{nm}(x, y)$ Eigenfunktionen der Gleichung

$$\nabla^2 \nabla^2 W_{nm} - \lambda_{nm}^4 W_{nm} = 0 \quad \text{mit} \quad \lambda_{nm}^4 = \frac{\omega_{nm}^2}{c^2}; \quad c^2 = \frac{N}{\varrho h} \tag{15}$$

für eine Platte aus vollkommen elastischem Stoff sind. Selbstverständlich wird dabei vorausgesetzt, daß die Schwingungsformen W_{nm} die gleichen Randbedingungen wie für die viskoelastische Platte erfüllen sowie orthogonal und normiert sind.

Auf die Funktion $\bar{w}(x, y, p)$ wird die inverse *Laplace-Transformation* angewendet. Diese Aufgabe ist sehr kompliziert, da die Größe $c^2(p)$, eine Funktion des Parameters p, sehr verwickelt ist. Eine bedeutende Vereinfachung wird unter der Voraussetzung der Raumbeständigkeit (Inkompressibilität) des Baustoffes ($K \to \infty$, $\nu = 1/2$) erreicht. Dann ergibt sich die Gleichung

$$N(p) = \frac{h^3}{12} \frac{2P_2(p)}{P_1(p)}. \tag{16}$$

Für eine viskoelastische Platte, deren Stoff die Voraussetzungen für das Modell von Kelvin erfüllt, gilt

$$N(p) = \frac{4Gh^3}{12} (1 + t_* p) = N_0(1 + t_* p),$$

wobei N_0 die Biegesteifigkeit der vollkommen elastischen Platte für $\nu = 1/2$ bedeutet.

In diesem Fall ist

$$\lambda_{nm}^4 c^2(p) = \frac{\omega_{nm}^2}{c^2} c^2(p) = \omega_{nm}^2(1 + t_* p). \tag{17}$$

Die Frequenz ω_{nm} bezieht sich selbstverständlich auch auf die vollkommen elastische Platte für $\nu = 1/2$.

Wird Gl. (17) in Gl. (14) eingeführt und die inverse *Laplace-Transformation* angewendet, so entsteht

$$w(x, y, t) = \frac{1}{\varrho h} \sum_{n,m}^{\infty} \frac{W_{nm}(x, y)}{\omega_{nm} \sqrt{1 - \beta_{nm}^2}} \times \int_0^a \int_0^b W_{nm}(\xi, \eta)\, d\xi\, d\eta \times$$

$$\times \int_0^t e^{-\beta_{nm} \omega_{nm}(t-\tau)} q(\xi, \eta, \tau) \sin \omega_{nm}(t-\tau) \sqrt{1 - \beta_{nm}^2}\, d\tau +$$

$$+ \sum_{n,m}^{\infty} \frac{W_{nm}(x, y)}{\sqrt{1 - \beta_{nm}^2}} e^{-\beta_{nm} \omega_{nm} t} \sin \left(\omega_{nm} t \sqrt{1 - \beta_{nm}^2} + \varphi_{nm} \right) \times$$

$$\times \int_0^a \int_0^b f(\xi, \eta) W_{nm}(\xi, \eta)\, d\xi\, d\eta + \sum_{n,m}^{\infty} \frac{W_{nm}(x, y)}{\omega_{nm} \sqrt{1 - \beta_{nm}^2}} \times$$

$$\times e^{-\omega_{nm} \beta_{nm} t} \sin \left(\omega_{nm} t \sqrt{1 - \beta_{nm}^2} \right) \int_0^a \int_0^b g(\xi, \eta) W_{nm}(\xi, \eta)\, d\xi\, d\eta, \qquad (18)$$

worin

$$\beta_{nm} = \frac{\omega_{nm} t_*}{2}; \qquad \varphi_{nm} = \arctan \left(\frac{\sqrt{1 - \beta_{nm}^2}}{-\beta_{nm}} \right)$$

ist.

Aufgrund der gewonnenen Lösung können freie und erzwungene Schwingungen getrennt für verschiedene zeit- und ortsabhängige Lastarten untersucht werden.

Es werden noch stationäre erzwungene harmonische Schwingungen einer viskoelastischen Platte betrachtet. Unter Voraussetzung von $q(x, y, t) = Q(x, y)e^{i\omega t}$ wird die Biegefläche ebenfalls in der Form $w(x, y, t) = W(x, y)e^{i\omega t}$ geschrieben.

Die Gleichung für die erzwungene harmonische Schwingung lautet dann

$$N(i\omega) \nabla^2 \nabla^2 W - \omega^2 \varrho h W = Q(x, y) \qquad (19)$$

und soll wie die Gleichung der erzwungenen Schwingung einer Platte aus vollkommen elastischem Stoff

$$N \nabla^2 \nabla^2 W - \omega^2 \varrho h W = Q(x, y) \qquad (20)$$

entwickelt werden. Das in Abschnitt 9.7 erläuterte Verfahren ergibt

$$w(x, y, t) = \frac{e^{i\omega t}}{\varrho h} \sum_{n,m}^{\infty} \frac{W_{nm}(x, y) \int_0^a \int_0^b Q(\xi, \eta) W_{nm}(\xi, \eta)\, d\xi\, d\eta}{\omega_{nm}^2 \left(\dfrac{N(i\omega)}{N} - \dfrac{\omega^2}{\omega_{nn}^2} \right)}, \qquad (21)$$

wobei $W_{nm}(x, y)$ die Eigenschwingungsformen für die vollkommen elastische Platte sind, welche die Gl. (15) erfüllen.

Die Werte von $N(i\omega)$ aus den Gln. (7) oder (8) werden in Gl. (21) eingeführt. Dann wird entweder der Realteil, wenn $q(x, y, t) = Q(x, y)\cos\omega t$ ist, oder der Imaginärteil, wenn $q(x, y, t) = Q(x, y)\sin\omega t$ ist, betrachtet.

Die Ermittlung der Biegemomente ist sehr einfach. Sie werden nach den Formeln

$$M_x(x, y, t) = -e^{i\omega t} N(i\omega)\left[\frac{d^2 W}{dx^2} + \nu(i\omega)\,\frac{d^2 W}{dy^2}\right] \text{ usw.} \tag{22}$$

berechnet.

Wesentlich schwieriger ist die Ermittlung der Biegemomente für aperiodische Schwingung. In diesem Falle werden Gln. (10) verwendet, in die Werte $\bar{w}(x, y, p)$ von Gl. (14) eingesetzt werden. Dann wird das Ergebnis geordnet und die inverse *Laplace-Transformation* angewendet.

10. Querschwingung von Schalen

10.1. Grundgleichungen

Die Betrachtung wird auf doppelt gekrümmte flache Schalen beschränkt, wobei die Betrachtungsgrundlage die technische *Schalentheorie von Wlassow* [42, 111, 154, 155] bildet.

In Abb. 10-1a, b ist ein Element der Schale unter Einwirkung von Kräften gezeigt. Die Schalenpunkte werden auf ein System der orthogonalen krummlinigen *Laméschen Koordinaten* (α, β, γ) bezogen, wobei die α- und die β-Achse in der Schalenmittelfläche liegen und die γ-Richtung sich mit der Normale dieser Fläche deckt.

Im Schnitt $\alpha = $ konst wirken: die Längskraft T_1, die Schubkraft S_1, das Biegemoment M_1, das Torsionsmoment $M_{12} = H$ und die Querkraft Q_1. Auf die Seitenfläche $y = $ konst des Elementes wirken: die Längskraft T_2, die Schubkraft S_2, das Biegemoment M_2 das Torsionsmoment $M_{21} = H$ und die Querkraft Q_2. Die positiven Richtungen der Kräfte und Momente sind in Abb. 10-1a, b gezeigt. Die Komponenten der Verschiebung werden mit u, v, w bezeichnet. Ihre positiven Richtungen sind in Abb. 10-1c gezeigt.

Die Komponenten des Verzerrungszustandes ε_{11}, ε_{22}, ε_{12} sind mit den Komponenten der Verschiebung der Mittelfläche durch folgende Beziehungen verbunden:

$$\varepsilon_{11} = \frac{1}{A}\frac{\partial u}{\partial \alpha} + \frac{1}{AB}\frac{\partial A}{\partial \beta}v + k_1 w \,,$$

$$\varepsilon_{22} = \frac{1}{B}\frac{\partial v}{\partial \beta} + \frac{1}{AB}\frac{\partial B}{\partial \alpha}u + k_2 w \,, \tag{1}$$

$$\varepsilon_{12} = \frac{A}{B}\frac{\partial}{\partial \beta}\left(\frac{u}{A}\right) + \frac{B}{A}\frac{\partial}{\partial \alpha}\left(\frac{v}{B}\right).$$

Hierbei bedeuten:

$k_1 = 1/R_1$,　$k_2 = 1/R_2$ — die Krümmungen der Schalenmittelfläche längs der Koordinatenlinien α, β,

$A(\alpha, \beta)$,　$B(\alpha, \beta)$ — die Koeffizienten erster quadratischer Form der Schalenmittelfläche.

Die Schalenmittelfläche erfährt bei der Verzerrung auch die Krümmungsänderungen $\varkappa_1$, $\varkappa_2$ sowie die Drillung (Torsion), die mit der Größe $\varkappa_{12} = \tau$ gekennzeichnet ist. Die Verkrümmungen und die Drillung hängen von den Verschiebungskomponenten folgendermaßen ab:

$$\varkappa_1 = -\frac{1}{A}\frac{\partial}{\partial\alpha}\left(\frac{1}{A}\frac{\partial w}{\partial\alpha}\right) - \frac{1}{AB^2}\frac{\partial A}{\partial\beta}\frac{\partial w}{\partial\beta},$$

$$\varkappa_2 = -\frac{1}{B}\frac{\partial}{\partial\beta}\left(\frac{1}{B}\frac{\partial w}{\partial\beta}\right) - \frac{1}{A^2B}\frac{\partial B}{\partial\alpha}\frac{\partial w}{\partial\alpha}, \qquad (2)$$

$$\tau = -\frac{1}{AB}\left(\frac{\partial^2 w}{\partial\alpha\partial\beta} - \frac{1}{A}\frac{\partial A}{\partial\beta}\frac{\partial w}{\partial\alpha} - \frac{1}{B}\frac{\partial B}{\partial\alpha}\frac{\partial w}{\partial\beta}\right).$$

Hierbei wird der Einfluß der Verschiebungen u und v auf die Größen $\varkappa_1$, $\varkappa_2$, τ vernachlässigt.

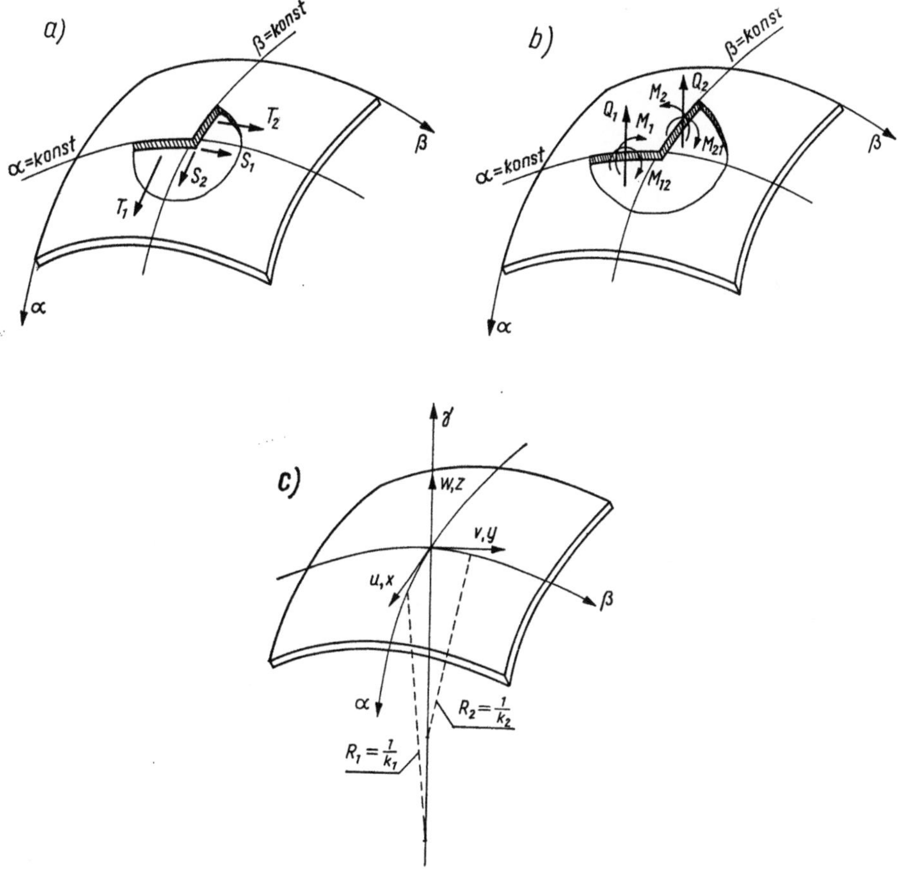

Abb. 10-1

Es werde vorausgesetzt, daß die Gleichung der Schalenmittelfläche in kartesischen Koordinaten $z = f(x, y)$ oder $F(x, y, z) = 0$ lautet.

Die Gleichung dieser Fläche kann auch in parametrischer Form als eine Funktion zweier voneinander unabhängigen Parameter α und β geschrieben werden:

$$x = x(\alpha, \beta); \quad y = y(\alpha, \beta); \quad z = z(\alpha, \beta). \qquad (3)$$

Das lineare Element ds der Schalenfläche kann in der Form

$$ds^2 = dx^2 + dy^2 + dz^2 = \left(\frac{\partial x}{\partial \alpha}\,d\alpha + \frac{\partial x}{\partial \beta}\,d\beta\right)^2 + \left(\frac{\partial y}{\partial \alpha}\,d\alpha + \frac{\partial y}{\partial \beta}\,d\beta\right)^2 +$$

$$+ \left(\frac{\partial z}{\partial \alpha}\,d\alpha + \frac{\partial z}{\partial \beta}\,d\beta\right)^2$$

oder

$$ds^2 = A^2(\alpha,\,\beta)\,d\alpha^2 + 2C(\alpha,\,\beta)\,d\alpha\,d\beta + B^2(\alpha,\,\beta)\,d\beta^2 \tag{4}$$

dargestellt werden, worin

$$A^2(\alpha,\,\beta) = \left(\frac{\partial x}{\partial \alpha}\right)^2 + \left(\frac{\partial y}{\partial \alpha}\right)^2 + \left(\frac{\partial z}{\partial \alpha}\right)^2,$$

$$C(\alpha,\,\beta) = \frac{\partial x}{\partial \alpha}\frac{\partial x}{\partial \beta} + \frac{\partial y}{\partial \alpha}\frac{\partial y}{\partial \beta} + \frac{\partial z}{\partial \alpha}\frac{\partial z}{\partial \beta}, \tag{5}$$

$$B^2(\alpha,\,\beta) = \left(\frac{\partial x}{\partial \beta}\right)^2 + \left(\frac{\partial y}{\partial \beta}\right)^2 + \left(\frac{\partial z}{\partial \beta}\right)^2$$

bedeutet.

Die notwendige und hinreichende Bedingung für die Orthogonalität der Koordinatenlinien α und β ist, daß die Größe $C(\alpha,\,\beta)$ verschwindet. Es gilt also

$$A(\alpha,\,\beta) = \sqrt{\left(\frac{\partial x}{\partial \alpha}\right)^2 + \left(\frac{\partial y}{\partial \alpha}\right)^2 + \left(\frac{\partial z}{\partial \alpha}\right)^2},$$

$$B(\alpha,\,\beta) = \sqrt{\left(\frac{\partial x}{\partial \beta}\right)^2 + \left(\frac{\partial y}{\partial \beta}\right)^2 + \left(\frac{\partial z}{\partial \beta}\right)^2}. \tag{6}$$

Die Bestimmung der Größen A und B ist für die parametrische Darstellung der Schalenfläche (vgl. Gl. (3)) einfach.

Für eine Zylinderfläche ist

$$x = R\sin\frac{\beta}{R}\,; \qquad y = R\cos\frac{\beta}{R}\,; \qquad z = \alpha$$

und aus den Gln. (6) folgt

$$A = B = 1.$$

Die Schnittkräfte und -momente sind mit den Verzerrungskomponenten durch folgende Beziehungen verbunden:

$$T_1 = D(\varepsilon_{11} + v\varepsilon_{22})\,; \qquad M_1 = -N(\varkappa_1 + v\varkappa_2),$$

$$T_2 = D(\varepsilon_{22} + v\varepsilon_{11})\,; \qquad M_2 = -N(\varkappa_2 + v\varkappa_1), \tag{7}$$

$$S = \frac{1}{2}D(1-v)\,\varepsilon_{12}\,; \qquad H = -N(1-v)\,\tau,$$

wobei

$$D = \frac{Eh}{1-v^2}\,; \qquad N = \frac{Eh^3}{12(1-v^2)}$$

und h die Schalendicke sind.

Der Zusammenhang der in Schnitten $\alpha = \text{konst}$, $\beta = \text{konst}$ wirkenden Schnittkräfte mit den Lasten ergibt sich aus dem Gleichgewicht eines Schalenelementes. Es gilt

$$\frac{\partial}{\partial \alpha}(BT_1) - T_2 \frac{\partial B}{\partial \alpha} + \frac{\partial}{\partial \beta}(AS) + S \frac{\partial A}{\partial \beta} + ABX = 0,$$

$$\frac{\partial}{\partial \beta}(AT_2) - T_1 \frac{\partial A}{\partial \beta} + \frac{\partial}{\partial \alpha}(BS) + S \frac{\partial B}{\partial \alpha} + BAY = 0,$$

$$-(k_1 T_1 + k_2 T_2) + \frac{1}{AB}\left[\frac{\partial}{\partial \alpha}(BQ_1) + \frac{\partial}{\partial \beta}(AQ_2)\right] + Z = 0, \tag{8}$$

$$\frac{\partial}{\partial \alpha}(BH) + H \frac{\partial B}{\partial \alpha} - \frac{\partial}{\partial \beta}(AM_2) + M_1 \frac{\partial A}{\partial \beta} - ABQ_2 = 0,$$

$$\frac{\partial}{\partial \beta}(AH) + H \frac{\partial A}{\partial \beta} - \frac{\partial}{\partial \alpha}(BM_1) + M_2 \frac{\partial B}{\partial \alpha} - BAQ_1 = 0,$$

wobei X, Y, Z die Komponenten der äußeren Lasten sind, die auf die Flächeneinheit der Schalenoberfläche einwirken.

Die beiden ersten Gleichgewichtsgleichungen werden identisch erfüllt (für $X = Y = 0$), wenn die Kräfte T_1, T_2, S mit Hilfe der Spannungsfunktion φ dargestellt werden. Es ist dann

$$T_1 = \frac{1}{B} \frac{\partial}{\partial \beta}\left(\frac{1}{B} \frac{\partial \varphi}{\partial \beta}\right) + \frac{1}{A^2 B} \frac{\partial B}{\partial \alpha} \frac{\partial \varphi}{\partial \alpha},$$

$$T_1 = \frac{1}{A} \frac{\partial}{\partial \alpha}\left(\frac{1}{A} \frac{\partial \varphi}{\partial \alpha}\right) + \frac{1}{AB^2} \frac{\partial A}{\partial \beta} \frac{\partial \varphi}{\partial \beta}, \tag{9}$$

$$S = -\frac{1}{AB}\left(\frac{\partial^2 \varphi}{\partial \alpha \partial \beta} - \frac{1}{B} \frac{\partial B}{\partial \alpha} \frac{\partial \varphi}{\partial \beta} - \frac{1}{A} \frac{\partial A}{\partial \beta} \frac{\partial \varphi}{\partial \alpha}\right).$$

Es ist zu bemerken, daß die rechten Seiten der Gln. (9) und der Gln. (2) identisch sind.

Die Verzerrungen ε_{11}, ε_{22}, ε_{12}, $\varkappa_1$, $\varkappa_2$, τ müßen die Verträglichkeitsgleichungen (Kompatibilitätsbedingungen) für die Schalenmittelfläche erfüllen. Diese Gleichungen lauten [42, 43]

$$\frac{\partial}{\partial \alpha}(B\varkappa_2) - \varkappa_1 \frac{\partial B}{\partial \alpha} - \frac{\partial}{\partial \beta}(A\tau) - \tau \frac{\partial A}{\partial \beta} = 0,$$

$$\frac{\partial}{\partial \beta}(A\varkappa_1) - \varkappa_2 \frac{\partial A}{\partial \beta} - \frac{\partial}{\partial \alpha}(B\tau) - \tau \frac{\partial B}{\partial \alpha} = 0,$$

$$\varkappa_1 k_1 + \varkappa_2 k_2 + \frac{1}{AB}\left\{\frac{\partial}{\partial \alpha} \frac{1}{A}\left[B \frac{\partial \varepsilon_{22}}{\partial \alpha} + \right.\right. \tag{10}$$

$$+ \frac{\partial B}{\partial \alpha}(\varepsilon_{22} - \varepsilon_{11}) - \frac{A}{2} \frac{\partial \varepsilon_{12}}{\partial \beta} - \frac{\partial A}{\partial \beta} \varepsilon_{12}\bigg] +$$

$$+ \frac{\partial}{\partial \beta} \frac{1}{B}\left[A \frac{\partial \varepsilon_{11}}{\partial \beta} + \frac{\partial A}{\partial \beta}(\varepsilon_{11} - \varepsilon_{22}) - \frac{B}{2} \frac{\partial \varepsilon_{12}}{\partial \alpha} - \frac{\partial B}{\partial \alpha} \varepsilon_{12}\bigg]\bigg\} = 0.$$

Die beiden letzten Gleichungen (8) werden in einer anderen Form geschrieben:

$$Q_1 = \frac{1}{1+\nu}\frac{\partial}{\partial\alpha}(M_1+M_2) + \frac{1}{1+\nu}\left\{\frac{\nu}{A}\frac{\partial M_1}{\partial\alpha} - \frac{1}{A}\frac{\partial M_2}{\partial\alpha} + \right.$$

$$\left. + \frac{1+\nu}{AB}\left[\frac{\partial B}{\partial\alpha}(M_1-M_2) + \frac{\partial}{\partial\beta}(AH) + \frac{\partial A}{\partial\beta}H\right]\right\},$$

$$Q_2 = \frac{1}{1+\nu}\frac{\partial}{\partial\beta}(M_1+M_2) + \frac{1}{1+\nu}\left\{\frac{\nu}{B}\frac{\partial M_2}{\partial\beta} - \frac{1}{B}\frac{\partial M_1}{\partial\beta} + \right.$$

$$\left. + \frac{1+\nu}{AB}\left[\frac{\partial A}{\partial\beta}(M_2-M_1) + \frac{\partial}{\partial\alpha}(BH) + \frac{\partial B}{\partial\alpha}H\right]\right\}. \tag{11}$$

Mit Hilfe der Gln. (7) werden die in den Gln. (11) auftretenden Biege- und Torsionsmomente als Funktionen der Verzerrungen dargestellt. Nach einfachen Umformungen entsteht

$$Q_1 = N\left\{\frac{1}{A}\frac{\partial}{\partial\alpha}(\varkappa_1+\varkappa_2) - \frac{1-\nu}{AB}\left[\frac{\partial}{\partial\alpha}(B\varkappa_2) - \right.\right.$$

$$\left.\left. - \frac{\partial B}{\partial\alpha}\varkappa_1 - \frac{\partial}{\partial\alpha}(A\tau) - \frac{\partial A}{\partial\beta}\tau\right]\right\},$$

$$Q_2 = N\left\{\frac{1}{B}\frac{\partial}{\partial\beta}(\varkappa_1+\varkappa_2) - \frac{1-\nu}{AB}\left[\frac{\partial}{\partial\beta}(A\varkappa_1) - \right.\right.$$

$$\left.\left. - \frac{\partial A}{\partial\beta}\varkappa_2 - \frac{\partial}{\partial\beta}(B\tau) - \frac{\partial B}{\partial\alpha}\tau\right]\right\}. \tag{12}$$

Die Ausdrücke in den eckigen Klammern sind Null, was mit Hilfe von Gln. (10 leicht nachgeprüft werden kann. Hieraus folgt

$$Q_1 = \frac{N}{A}\frac{\partial}{\partial\alpha}(\varkappa_1+\varkappa_2); \qquad Q_2 = \frac{N}{B}\frac{\partial}{\partial\beta}(\varkappa_1+\varkappa_2). \tag{13}$$

Die Gln. (2) liefern

$$\varkappa_1+\varkappa_2 = -\nabla^2 w,$$

wobei

$$\nabla^2 = \frac{1}{AB}\left[\frac{\partial}{\partial\alpha}\left(\frac{B}{A}\frac{\partial}{\partial\alpha}\right) + \frac{\partial}{\partial\beta}\left(\frac{A}{B}\frac{\partial}{\partial\beta}\right)\right] \tag{14}$$

der verallgemeinerte *Laplace-Operator* ist. Mithin gilt

$$Q_1 = -\frac{N}{A}\frac{\partial}{\partial\alpha}\nabla^2 w; \qquad Q_2 = -\frac{N}{B}\frac{\partial}{\partial\beta}\nabla^2 w. \tag{15}$$

Werden Q_1 und Q_2 in die dritte Gleichung (8) eingeführt, so ergibt sich

$$k_1 T_1 + k_2 T_2 + N\nabla^2\nabla^2 w - Z = 0. \tag{16}$$

Nun wird die letzte der Verträglichkeitsgleichungen (10) verwendet. Die darin auftretenden Größen $\varkappa_1$, $\varkappa_2$ werden mit Hilfe von Gln. (2) durch w und die Größen ε_{11}, ε_{22}, ε_{12} mit Hilfe von Gln. (7) durch T_1, T_2, S ausgedrückt. Weiterhin werden diese Größen aufgrund der Gln. (9) als Funktion der Funktion φ geschrieben.

Nach einfachen Umformungen ergibt sich die Gleichung

$$\nabla_k^2 w - \frac{1}{Eh}\nabla^2\nabla^2\varphi = 0,\qquad(17)$$

wobei

$$\nabla_k^2 = \frac{1}{AB}\left[\frac{\partial}{\partial\alpha}\left(\frac{B}{A}k_2\frac{\partial}{\partial\alpha}\right)+\frac{\partial}{\partial\beta}\left(\frac{A}{B}k_1\frac{\partial}{\partial\beta}\right)\right]\qquad(18)$$

ist.

Unter Berücksichtigung der Gln. (9) kann Gl. (16) in der Form

$$\nabla_k^2\varphi+N\nabla^2\nabla^2 w-Z = 0$$

geschrieben werden.

Die Funktionen φ und w werden als Lösungen des Gleichungssystems (17), (18) gewonnen. Mit Hilfe der Funktion φ können die Kräfte T_1, T_2, S aufgrund der Gln. (9) bestimmt werden; die Funktion w ermöglicht, die Größen $\varkappa_1$, $\varkappa_2$, τ aufgrund der Gln. (2) und weiterhin die Biege- und Torsionsmomente aufgrund der Gln. (7) und die Querkräfte mit Hilfe der Gln. (13) zu ermitteln.

Für den Sonderfall einer Platte, wenn $k_1 = k_2 = 0$, $\nabla_k^2\varphi = \nabla_k^2 w = 0$ ist, liefern Gln. (17) und (18) zwei nicht gekoppelte Gleichungen:

$$\begin{aligned}N\nabla^2\nabla^2 w-Z &= 0,\\ \nabla^2\nabla^2\varphi &= 0.\end{aligned}\qquad(19)$$

Die Funktion φ ist mit der *Airyschen Spannungsfunktion* identisch.

Die Gln. (17) und (18) stellen die Gleichungen der Schalenstatik dar. Für ein dynamisches Problem müssen noch die Trägheitskräfte

$$X = -\varrho h\ddot u;\qquad Y = -\varrho h\ddot v;\qquad Z = -\varrho h\ddot w\qquad(20)$$

hinzugefügt werden, worin ϱ die Dichte pro Flächeneinheit der Mittelfläche ist.

Da die Steifigkeit der Schale in Richtung der Mittelfläche unvergleichbar größer als jene in Richtung der Normale ist, darf

$$X = Y = 0;\qquad Z = -\varrho h\ddot w$$

für die freie Schwingung der Schale angenommen werden. Folglich lauten die Gln. (17) und (18)

$$\begin{aligned}\nabla_k^2 w - \frac{1}{Eh}\nabla^2\nabla^2\varphi &= 0,\\ \nabla_k^2\varphi + N\nabla^2\nabla^2 w+\varrho h\ddot w &= 0.\end{aligned}\qquad(21)$$

Für die durch eine zur Mittelfläche senkrechte Kraft erzwungene Schwingung wird die zweite der Gln. (21) mit dem Glied $Z(\alpha,\beta,t)$ erweitert. Dann gilt

$$\begin{aligned}\nabla_k^2 w - \frac{1}{Eh}\nabla^2\nabla^2\varphi &= 0,\\ \nabla_k^2\varphi + N\nabla^2\nabla^2 w+\varrho h\ddot w &= Z(\alpha,\beta,t).\end{aligned}\qquad(22)$$

Diese Gleichung der technischen *Schalentheorie von Wlassow* liefert für flache Schalen anwendbare Ergebnisse. Wird mit f die Pfeilhöhe einer doppelt gekrümmten Schale bezeichnet, die eine Rechteckfläche überdeckt, und bedeutet a die kleinere der Rechteckseiten, so dürfen die Gln. (22) für Schalen verwendet werden, bei denen das Verhältnis der Breite und Höhe unter $a/f = 5$ liegt.

10.2. Schwingung einer flachen Zylinderschale

In der Theorie der Zylinderschalen ist es günstig, dimensionslose Koordinaten (Abb. 10-2) zu verwenden. Es gilt

$$x = R\sin\beta; \quad y = R\cos\beta; \quad z = \alpha R, \tag{1}$$

wobei β ein dem Umfang proportionaler Winkel und z die zu den Mantellinien des Zylinders parallele Achse sind.

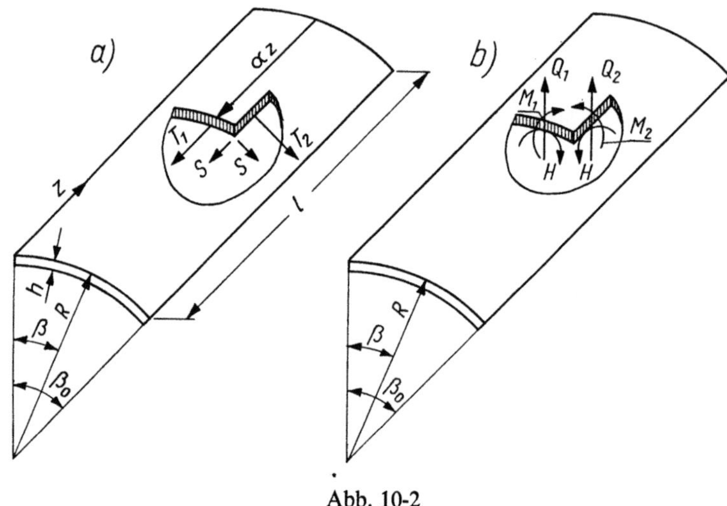

Abb. 10-2

Nach Gl. (6) vom vorigen Abschnitt ist $A = B = R$. Wird noch $k_1 = 0$, $k_2 = 1/R = $ konst beachtet, so ergeben sich die Gln. (21) vom vorigen Abschnitt in der Form

$$\frac{1}{Eh}\nabla^4\varphi - R\frac{\partial^2 w}{\partial\alpha^2} = 0,$$

$$R\frac{\partial^2\varphi}{\partial\alpha^2} + N\nabla^4 w + \varrho hR^4\ddot{w} = 0, \tag{2}$$

mit

$$\nabla^2 = \frac{\partial^2}{\partial\alpha^2} + \frac{\partial^2}{\partial\beta^2} \quad \text{und} \quad \nabla^4 = \nabla^2\nabla^2.$$

Es wird eine skalare Funktion $\Phi(\alpha, \beta, t)$ eingeführt, die mit den Funktionen φ und w durch die Gleichungen

$$w = \nabla^4\Phi \quad \text{und} \quad \varphi = REh\frac{\partial^2\Phi}{\partial\alpha^2} \tag{3}$$

verbunden ist.

Mit dem Ansatz (3) wird das Gleichungssystem (2) auf eine Gleichung

$$c^2\nabla^8\Phi + \frac{\partial^4\Phi}{\partial\alpha^4} + \frac{\varrho R^2}{E}\nabla^4\ddot{\Phi} = 0, \tag{4}$$

zurückgeführt, worin

$$c^2 = \frac{h^2}{12(1-\nu^2)R^2}$$

ist.

Es werden freie harmonische Schwingungen der Schale betrachtet. Unter Voraussetzung von

$$\Phi(\alpha, \beta, t) = F(\alpha, \beta)\,e^{i\omega t} \tag{5}$$

läßt sich Gl. (4) in der Form

$$c^2\nabla^8 F + \frac{\partial^4 F}{\partial \alpha^4} - \frac{\omega^2\varrho R^2}{E}\nabla^4 F = 0 \tag{6}$$

schreiben. Nun wird angenommen, daß die Schale an den Schnitten $\alpha = 0$ und $\alpha = l/R$ frei drehbar gelagert ist, wobei l die Schalenlänge bedeutet. In diesen Schnitten soll

$$T_1 = M_1 = w = v = 0$$

gelten. Diese Bedingungen werden mit dem Ansatz

$$F(\alpha, \beta) = \psi(\beta)\sin\alpha\lambda; \qquad \lambda = \frac{n\pi R}{l} \tag{7}$$

erfüllt. Werden die Gln. (7) in die Gl. (6) eingesetzt und wird die Bezeichnung $\eta^2 = \omega^2\varrho R^2/E$ eingeführt, so ergibt sich

$$\left[c^2\left(\frac{d^2}{d\beta^2} - \lambda^2\right)^4 + \lambda^4 - \eta^2\left(\frac{d^2}{d\beta^2} - \lambda^2\right)^2\right]\psi(\beta) = 0. \tag{8}$$

Die der obigen Gleichung zugeordnete charakteristische Gleichung lautet

$$c^2(k^2 - \lambda^2)^4 + \lambda^4 - \eta^2(k^2 - \lambda^2)^2 = 0.$$

Hieraus folgt

$$k_{1,2,\cdots,8} = \pm\sqrt{\pm\sqrt{\frac{\eta^2}{2c^2}\left[1 \pm \sqrt{1 - \frac{4c^2\lambda^4}{\eta^4}}\right]} + \lambda^2}.$$

Sind k_1, k_2, k_3, k_4 reelle und k_5, k_6, k_7, k_8 imaginäre Größen so gilt

$$\psi = C_1\sinh k_1\beta + C_3\sinh k_3\beta + C_5\sin k_5\beta + C_7\sin k_7\beta \tag{9}$$

für eine antisymmetrische Schwingungsform und

$$\psi = C_2\cosh k_2\beta + C_4\cosh k_4\beta + C_6\cos k_6\beta + C_8\cos k_8\beta \tag{10}$$

für eine symmetrische Form.

Unter Berücksichtigung von vier Randbedingungen am Rand $\beta = 0$ ergibt sich ein System von vier Gleichungen, dessen gleich Null gesetzte Determinante eine transzendente Gleichung liefert, aus der die aufeinanderfolgenden Werte der Frequenz ω_{nm} ermittelt werden können.

Die Berechnung ist hierbei sehr schwierig, so daß die Verwendung einer der Näherungsmethoden an Stelle der exakten Lösung vorteilhaft ist, z.B. die Verwendung des im Abschnitt 12.4 erörterten Verfahrens von GALERKIN.

Eine besonders einfache Lösung ergibt sich für eine am gesamten Rand frei drehbar gelagerte Zylinderschale. Hierbei sind die Randbedingungen

$$v = w = M_1 = T_1 = 0 \quad \text{für} \quad \alpha = 0; \quad \alpha = \frac{l}{R}$$

$$u = w = M_2 = T_2 = 0 \quad \text{für} \quad \beta = 0; \quad \beta = \beta_0 \tag{11}$$

zu erfüllen. Werden die Ansätze

$$\varphi = \sum_{n,m}^{\infty} A_{nm} \sin \lambda_n \alpha \sin \mu_m \beta \, e^{i\omega nm t},$$

$$w = \sum_{n,m}^{\infty} B_{nm} \sin \lambda_n \alpha \sin \mu_m \beta \, e^{i\omega nm t} \quad \text{mit} \quad \lambda_n = \frac{n\pi R}{l} \quad \text{und} \quad \mu_m = \frac{m\pi}{\beta_0} \tag{12}$$

in das Gleichungssystem (6) eingeführt, so ergibt sich die folgende Formel für die Eigenkreisfrequenz

$$\omega_{nm}^2 = \frac{1}{h\varrho R^2} \left[\frac{N}{R^2} (\lambda_n^2 + \mu_m^2)^2 + \frac{Eh\lambda_n^4}{(\lambda_n^2 + \mu_m^2)^2} \right]. \tag{13}$$

Es wird noch die harmonische erzwungene Schwingung einer Zylinderschale untersucht. Werden in die Gleichungen

$$\frac{1}{Eh} \nabla^4 \varphi - R \frac{\partial^2 w}{\partial \alpha^2} = 0,$$

$$R \frac{\partial^2 \varphi}{\partial \alpha^2} + N \nabla^4 w + ghR^4 \ddot{w} = p(\alpha, \beta, t) \tag{14}$$

die Reihen

$$\varphi = e^{i\omega t} \sum_{n,m}^{\infty} A_{nm} \sin \lambda_n \alpha \sin \mu_m \beta,$$

$$w = e^{i\omega t} \sum_{n,m}^{\infty} B_{nm} \sin \lambda_n \alpha \sin \mu_m \beta,$$

$$p(\alpha, \beta, t) = q(\alpha, \beta) e^{i\omega t} = e^{i\omega t} \sum_{n,m}^{\infty} q_{nm} \sin \lambda_n \alpha \sin \mu_m \beta$$

eingeführt, wobei

$$q_{nm} = \frac{4R}{\beta_0 l} \int_0^{\beta_0} \int_0^{l/R} q(\alpha, \beta) \sin \lambda_n \alpha \sin \mu_m \beta \, d\alpha \, d\beta$$

ist, so ergibt sich

$$A_{nm} = - \frac{B_{nm} EhR\lambda_n^2}{(\lambda_n^2 + \mu_m^2)^2},$$

$$\left[R^2 Eh \frac{\lambda_n^4}{(\lambda_n^2 + \mu_m^2)^2} + N(\lambda_n^2 + \mu_m^2)^2 - \varrho hR^4 \omega^2 \right] B_{nm} = R^4 q_{mn}. \tag{15}$$

Unter Beachtung von Gl. (13) kann die zweite der obigen Gleichungen in der Form

$$B_{nm}(\omega_{nm}^2 - \omega^2) \varrho h = q_{nm}$$

geschrieben werden. Mithin ist

$$w(\alpha, \beta, t) = \frac{e^{i\omega t}}{\varrho h} \sum_{n,m}^{\infty} \frac{q_{nm} \sin \lambda_n \alpha \sin \mu_m \beta}{\omega_{nm}^2 - \omega^2},$$

$$\varphi(\alpha, \beta, t) = -\frac{e^{i\omega t} ER}{\varrho} \sum_{n,m}^{\infty} \frac{q_{nm} \lambda_n^2 \sin \lambda_n \alpha \sin \mu_m \beta}{(\lambda_n^2 + \mu_m^2)^2 (\omega_{nm}^2 - \omega^2)}.$$

$$(16)$$

Für $q = $ konst im gesamten Bereich der Schale gilt

$$w = \frac{16\, e^{i\omega t} q}{\varrho h \pi^2} \sum_{n,m}^{\infty} \frac{\sin \lambda_n \alpha \sin \mu_m \beta}{mn(\omega_{nm}^2 - \omega^2)}; \quad n, m = 1, 3, 5, ..., \infty.\tag{17}$$

Wenn die Einzelkraft $P_0 e^{i\omega t}$ im Punkt (α_1, β_1) angreift, ist

$$w = \frac{4Pe^{i\omega t}}{\varrho h l R \beta_0} \sum_{n,m}^{\infty} \frac{\sin \lambda_n \alpha_1 \sin \lambda_n \alpha \sin \mu_m \beta_1 \sin \mu_m \beta}{\omega_{nm}^2 - \omega^2}.\tag{18}$$

Für $\omega \to \omega_{nm}$ tritt Resonanz auf.

Ähnlich wie bei der Betrachtung der Plattenschwingung kann die Untersuchung auf freie und erzwungene aperiodische Schwingungen erweitert werden.

10.3. Schwingung einer flachen Kugelschale [154]

Es wird das Gleichungssystem (22) vom Abschnitt 10.1 betrachtet. Unter Berücksichtigung, daß für eine Kugelschale $k_1 = k_2 = 1/R$ ist, gilt

$$\frac{1}{Eh} \nabla^4 \varphi - \frac{1}{R} \nabla^2 w = 0,$$

$$\frac{1}{R} \nabla^2 \varphi + N \nabla^4 w + \varrho h \ddot{w} = 0.$$

$$(1)$$

Nun wird die Funktion F eingeführt. Es ist

$$\varphi = \frac{1}{R} \nabla^2 F; \quad w = \frac{1}{Eh} \nabla^4 F.\tag{2}$$

Die erste der Gln. (1) wird identisch erfüllt, die andere führt auf die Gleichung

$$\frac{1}{R^2} \nabla^4 F + \frac{N}{Eh} \nabla^8 F + \frac{\varrho}{E} \nabla^4 \ddot{F} = 0.\tag{3}$$

Zur Beschreibung der Lage eines Punktes auf der Kugelfläche werden Polarkoordinaten η, β eingeführt. Gl. (3) lautet dann

$$\left(\frac{\partial^2}{\partial \eta^2} + \frac{1}{\eta} \frac{\partial}{\partial \eta} + \frac{\partial^2}{\eta^2 \partial \beta^2} \right)^2 \left[\frac{F}{R} + \frac{N}{Eh} \left(\frac{\partial^2}{\partial \eta^2} + \frac{1}{\eta} \frac{\partial}{\partial \eta} + \right.\right.$$

$$\left.\left. + \frac{\partial^2}{\eta^2 \partial \beta^2} \right)^2 F + \frac{\varrho}{E} \ddot{F} \right] = 0.\tag{4}$$

Für die harmonische Schwingung ist

$$F(\eta, \beta, t) = f(\eta) \sin n\beta\, e^{i\omega t}.$$

Durch Einsetzen dieser Funktion in die Gl. (4) ergibt sich

$$\left(\frac{d^2}{d\eta^2}+\frac{1}{\eta}\frac{d}{d\eta}-\frac{n^2}{\eta^2}\right)^2\left[\frac{N}{Eh}\left(\frac{d^2}{d\eta^2}+\frac{1}{\eta}\frac{d}{d\eta}-\frac{n^2}{\eta^2}\right)^2+\right.$$

$$\left.+\left(\frac{1}{R^2}-\frac{\omega^2\varrho}{E}\right)\right]f(\eta)=0\,. \tag{5}$$

Diese Gleichung zerfällt in zwei Gleichungen

$$\left(\frac{d^2}{d\eta^2}+\frac{1}{\eta}\frac{d}{d\eta}-\frac{n^2}{\eta^2}\right)^2 f(\eta)=0\,, \tag{6}$$

$$\left(\frac{d^2}{d\eta^2}+\frac{1}{\eta}\frac{d}{d\eta}-\frac{n^2}{\eta^2}\right)^2 f(\eta)-\varkappa^4 f(\eta)=0\,, \tag{7}$$

wobei

$$\varkappa^2=\sqrt{\left(\frac{\omega^2\varrho}{Eh}-\frac{1}{R^2}\right)\frac{Eh}{N}}$$

ist. Die Gl. (7) läßt sich durch das System von zwei Gleichungen

$$\frac{d^2f}{d\eta^2}+\frac{1}{\eta}\frac{df}{d\eta}-\left(\varkappa^2+\frac{n^2}{\eta^2}\right)f=0\,, \tag{8}$$

$$\frac{d^2f}{d\eta^2}+\frac{1}{\eta}\frac{df}{d\eta}+\left(\varkappa^2-\frac{n^2}{\eta^2}\right)f=0 \tag{9}$$

ersetzen.

Die Gl. (6) hat die Lösung

$$f_1=C_1\eta^n+C_2\eta^{-n}+C_3\eta^{n+2}+C_4\eta^{n-2}.$$

Die Gl. (8) hat die Lösung

$$f_2=C_5 J_n(i\varkappa\eta)+C_6 Y_n(i\varkappa\eta).$$

Die Gl. (9) hat die Lösung

$$f_3=C_7 J_n(\varkappa\eta)+C_8 Y_n(\varkappa\eta).$$

Die Summe dieser partikulären Lösungen stellt die allgemeine Lösung der Gl. (5) dar.

Für den Sonderfall einer vollen Kugelschale ist

$$C_2=C_4=C_6=C_8=0$$

anzunehmen, da die hinter diesen Koeffizienten stehenden Funktionen singulär sind. Mithin gilt für diesen Sonderfall

$$f=A\eta^n+B\eta^{n+2}+CJ_n(\varkappa\eta)+D'J_n(i\varkappa\eta)\,. \tag{10}$$

Unter Beachtung von

$$I_n(\varkappa\eta)=i^{-n}J_n(i\varkappa\eta)\,,$$

wobei $I(\varkappa\eta)$ die modifizierte *Besselsche Funktion* ist, gilt

$$f=A\eta^n+B\eta^{n+2}+CJ_n(\varkappa\eta)+DI_n(\varkappa\eta)\,;\quad F=f(\eta)\sin n\beta\,e^{i\omega t}. \tag{11}$$

Nun werden Schwingungen einer am Rand $\eta=r_0$ vollkommen eingespannten Kugelschale betrachtet. Die Randbedingungen lauten hierbei

$$u = 0; \quad v = 0; \quad w = 0; \quad \frac{\partial w}{\partial \eta} = 0 \quad \text{für} \quad \eta = r_0. \tag{12}$$

Wird u, v, w mit Hilfe der Funktion F in Polarkoordinaten aufgeschrieben, so erhalten diese Randbedingungen die Form

$$\frac{\partial}{\partial \eta} \nabla^2 F = 0; \quad \frac{\partial}{\partial \beta} \nabla^2 F = 0; \quad \nabla^4 F = 0; \quad \frac{\partial}{\partial \eta} \nabla^4 F = 0 \tag{13}$$

für $\eta = r_0$.

Die neuen Randbedingungen liefern

$$\begin{aligned}
CJ_n(\varkappa r_0) + DI_n(\varkappa r_0) &= 0, \\
CJ_{n-1}(\varkappa r_0) + DI_{n-1}(\varkappa r_0) &= 0.
\end{aligned} \tag{14}$$

Hierbei wurde die Beziehung

$$\nabla^4 f(\eta) = \varkappa^4 f(\eta)$$

verwendet, die sich unmittelbar aus der Gl. (7) ergibt.

Die gleich Null gesetzte Determinante des Systems (14) liefert die transzendente Gleichung

$$J_n(\varkappa r_0) I_{n-1}(\varkappa r_0) - J_{n-1}(\varkappa r_0) I_n(\varkappa r_0) = 0. \tag{15}$$

Der kleinste Wert von ω ergibt sich für $n = 0$:

$$\varkappa r_0 = 3{,}1961; \quad \omega_1^2 = \frac{E}{\varrho}\left[\frac{8{,}7\,h^2}{(1-v^2)r_0^4} + \frac{1}{R^2} \right].$$

10.4. Die Schale mit positiver Gaußscher Krümmung

Es wird eine doppelt gekrümmte Schale (Abb. 10-3) betrachtet, die eine Rechteckfläche mit den Seitenlängen a und b überdeckt. Es sei $5f < a$, wobei a die kleinere Seitenlänge, f die Pfeilhöhe bedeuten.

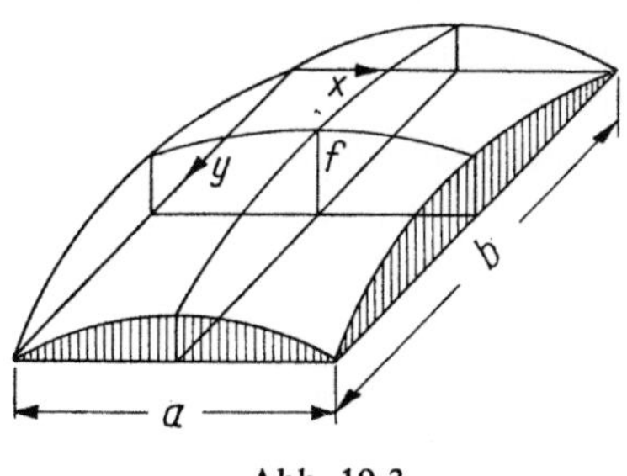

Abb. 10-3

Für den gesamten Bereich der Schale seien $k_1 = 1/R_1 =$ konst und $k_2 = 1/R_2 =$ konst; die beiden Krümmungen seien positiv. Es wird noch vorausgesetzt, daß die erste quadratische Form der Mittelfläche mit jener der Ebene identisch ist.

Folglich ist

$$ds^2 = dx^2 + dy^2$$

und weiterhin

$$\nabla^2 = \frac{\partial^2}{\partial x^2} + \frac{\partial^2}{\partial y^2}; \qquad \nabla_k^2 = k_2 \frac{\partial^2}{\partial x^2} + k_1 \frac{\partial^2}{\partial y^2}. \tag{1}$$

Gln. (22) vom Abschnitt 10.1 lauten

$$\frac{1}{Eh} \nabla^4 \varphi - \frac{1}{R_2} \frac{\partial^2 w}{\partial x^2} - \frac{1}{R_1} \frac{\partial^2 w}{\partial y^2} = 0,$$

$$\frac{1}{R_2} \frac{\partial^2 \varphi}{\partial x^2} + \frac{1}{R_1} \frac{\partial^2 \varphi}{\partial x^2} + N \nabla^4 w + \varrho h \ddot{w} = Z(x, y, t). \tag{2}$$

Nun werden freie Schwingungen einer am Rand frei drehbar gestützten doppelt gekrümmten Schale betrachtet. In die Gl. (2) werden $Z = 0$ und die Ansätze

$$\varphi = \sum_{n,m}^{\infty} A_{nm} \sin \lambda_n x \sin \mu_m y \, e^{i\omega_{nm} t},$$

$$w = \sum_{n,m}^{\infty} B_{nm} \sin \lambda_n x \sin \mu_m y \, e^{i\omega_{nm} t}, \tag{3}$$

$$\lambda_n = \frac{n\pi}{a}; \qquad \mu_m = \frac{m\pi}{b}$$

eingeführt. Daraus folgt ein System von zwei linearen Gleichungen mit den Unbekannten A_{nm}, B_{nm}.

Die gleich Null gesetzte Determinante dieses Systems liefert die Frequenz

$$\omega_{nm}^2 = \frac{1}{\varrho h} \left[N(\lambda_n^2 + \mu_m^2)^2 + \frac{Eh \left(\frac{1}{R_2} \lambda_n^2 + \frac{1}{R_1} \mu_m^2 \right)^2}{(\lambda_n^2 + \mu_m^2)^2} \right];$$

$$n, m = 1, 2, \ldots, \infty \cdot \tag{4}$$

Diese Gleichung ergibt für $R_1 = R_2$ die Frequenz ω_{nm} für eine über einer Rechteckfläche aufgespannte Kugelschale. Für $R_2 = R$, $R_1 = \infty$ ergibt sich ω_{nm} für eine Zylinderschale. Aus der Gl. (4) mit $n = m = 1$ folgt weiterhin die Grundfrequenz für eine Kugelschale.

Es werden noch erzwungene Schwingungen einer Schale betrachtet, die durch die Last $Z(x, y, t) = q(x, y)e^{i\omega t}$ erregt werden. Auf eine ähnliche Weise wie für eine Zylinderschale (vgl. Abschnitt 10-2) wird

$$w = \frac{e^{i\omega t}}{\varrho h} \sum_{n,m}^{\infty} \frac{q_{nm}}{\omega_{nm}^2 - \omega^2} \sin \lambda_n x \sin \mu_m y, \tag{5}$$

gewonnen, wobei

$$q_{nm} = \frac{4}{ab} \int_0^a \int_0^b q(x, y) \sin \lambda_n x \sin \mu_m \gamma \, dx \, dy \tag{6}$$

ist.

Für den Sonderfall $q = $ konst liefern die Gln. (5) und (6)

$$w(x, y, t) = \frac{16 \, q \, e^{i\omega t}}{\varrho h \pi^2} \sum_{n,m}^{\infty} \frac{\sin \lambda_n x \sin \mu_m y}{nm(\omega_{nm}^2 - \omega^2)} \, ; \quad n, m = 1, 3, 5, \dots, \infty \, .$$

Der für Probleme der Schalenschwingung interessierte Leser kann viel reichhaltigen Stoff in den Monographien [35, 42, 110, 144] und Arbeiten [43, 88, 93, 123] finden.

11. Fortpflanzung elastischer Wellen in einem unendlich ausgedehnten und einem endlichen Körper

11.1. Wellengleichungen

Es wird die Differentialgleichung für das Verschiebungsfeld der Elastodynamik

$$\mu \nabla^2 \boldsymbol{u} + (\lambda + \mu)\,\mathrm{grad}\,\mathrm{div}\,\boldsymbol{u} + X = \varrho \ddot{\boldsymbol{u}} \tag{1}$$

betrachtet und in den Koordinaten des kartesischen Koordinatensystems ange·
schrieben. Infolgedessen entsteht ein System von drei Gleichungen

$$\mu \nabla^2 u_1 + (\lambda + \mu)\,\frac{\partial e}{\partial x_1} + X_1 = \varrho \ddot{u}_1,$$

$$\mu \nabla^2 u_2 + (\lambda + \mu)\,\frac{\partial e}{\partial x_2} + X_2 = \varrho \ddot{u}_2, \tag{2}$$

$$\mu \nabla^2 u_3 + (\lambda + \mu)\,\frac{\partial e}{\partial x_3} + X_3 = \varrho \ddot{u}_3,$$

wobei

$$e = \frac{\partial u_1}{\partial x_1} + \frac{\partial u_2}{\partial x_2} + \frac{\partial u_3}{\partial x_3} \quad \text{die Dilatation und}$$

μ, λ die *Laméschen Elastizitätskonstanten* sind.

Mit $\mu = 0$ beschreiben die Gln. (2) die Wellenbewegung einer inkompressiblen Flüssigkeit. In der Seismologie [17] wird gewöhnlich für die Erdrinde $\mu = \lambda$ vorausgesetzt, was dem Wert $\nu = 1/4$ und $K = 5\,\mu/3$ entspricht. Hierbei bedeutet ν die reziproke *Poissonsche Zahl* (die Querdehnungszahl), $K = \lambda + \dfrac{2}{3}\,\mu$ ist der Kompressionsmodul.

Werden die Vektoren $\boldsymbol{u}$ und X in potentielle und solenoidale Teile nach dem Schema

$$\boldsymbol{u} = \mathrm{grad}\,\Phi + \mathrm{rot}\,\Psi; \quad \mathrm{div}\,\Psi = 0, \tag{3}$$

$$X = \varrho(\mathrm{grad}\,\vartheta + \mathrm{rot}\,\chi); \quad \mathrm{div}\,\chi = 0 \tag{4}$$

zerlegt, so ergibt sich Gl. (1) in der Form

$$\mathrm{grad}\,[(\lambda + 2\mu)\,\nabla^2 \Phi - \varrho \ddot{\Phi} + \varrho \vartheta] + \mathrm{rot}\,[\mu \nabla^2 \Psi - \varrho \ddot{\Psi} + \varrho \chi] = 0.$$

Diese Gleichung ist erfüllt, wenn die Funktionen Φ und Ψ, die als elastodynamische Potentiale bezeichnet werden, den folgenden Wellengleichungen genügen:

$$\square_1^2 \Phi + \frac{1}{c_1^2} \vartheta = 0 , \tag{5}$$

$$\square_2^2 \Psi + \frac{1}{c_2^2} \chi = 0 . \tag{6}$$

Hierbei sind die *d'Alembertschen Operatoren*

$$\square_1^2 = \nabla^2 - \frac{1}{c_1^2} \frac{\partial^2}{\partial t^2} , \qquad \square_2^2 = \nabla^2 - \frac{1}{c_2^2} \frac{\partial^2}{\partial t^2}$$

eingeführt worden, worin

$$\nabla^2 = \frac{\partial^2}{\partial x_1^2} + \frac{\partial^2}{\partial x_2^2} + \frac{\partial^2}{\partial x_3^2} ; \qquad c_1 = \left(\frac{\lambda + 2\mu}{\varrho} \right)^{1/2} ; \qquad c_2 = \left(\frac{\mu}{\varrho} \right)^{1/2}$$

ist.

Die skalare (5) bzw. vektorielle (6) Wellengleichung stellt den einfachsten Typ einer hyperbolischen Gleichung dar. Die Verschiebung u kann nach Gl. (3) als eine Summe zweier Verschiebungskomponenten

$$u = u' + u'' , \qquad u' = \operatorname{grad} \Phi ; \qquad u'' = \operatorname{rot} \Psi \tag{7}$$

geschrieben werden.

Es ist zu bemerken, daß $\operatorname{rot} u' = \operatorname{rot} \operatorname{grad} \Phi = 0$ und $\operatorname{div} u'' = \operatorname{div} \operatorname{rot} \Psi = 0$ sind. Die mit Hilfe der Funktion Φ ausgedrückte Verschiebung u' ruft kein Wirbelfeld hervor und verursacht lediglich eine Änderung der Dilatation wegen $e' = \operatorname{div} u' = \nabla^2 \Phi \neq 0$. Die Verschiebung u'' dagegen, die mit der Funktion Ψ verbunden ist, wirkt sich auf die Raumänderung wegen $\operatorname{div} u'' = 0$ nicht aus und ruft lediglich das Wirbelfeld $\Omega = \frac{1}{2} \operatorname{rot} u''$ hervor. Die letztere Beziehung kann auch in der Form

$$\Omega = \frac{1}{2} \operatorname{rot} \operatorname{rot} \Psi = - \frac{1}{2} \nabla^2 \Psi \neq 0$$

geschrieben werden.

Bei der Herleitung wurde die Beziehung

$$\operatorname{grad} \operatorname{div} \Psi = \operatorname{rot} \operatorname{rot} \Psi + \nabla^2 \Psi = 0$$

unter Berücksichtigung von $\operatorname{div} \Psi = 0$ (vgl. Gl. (3)) verwendet.

Die Wellengleichungen (5) und (6), die das Gleichungssystem (1) ersetzen, liefern eine Beschreibung der Wellenfortpflanzung in einem elastischen Medium. Die Größen c_1 und c_2 beschreiben die Fortpflanzungsgeschwindigkeit.

Die Größe c_1 stellt die Fortpflanzungsgeschwindigkeit für wirbelfreie Wellen dar, die eine Volumenänderung ohne Gestaltsänderung eines beliebigen elastischen Volumenelementes hervorrufen. Diese Größe tritt in der Gl. (5) für das potentielle Verschiebungsfeld auf.

Die Größe c_2 ist die Fortpflanzungsgeschwindigkeit für Wirbelwellen, bei denen die Volumenelemente nur eine Gestaltsänderung ohne gleichzeitige Volumenänderung erfahren.

Wird die Wellenfortpflanzung ausschließlich mit der Gl. (5) beschrieben, so handelt es sich um eine Dilatationswelle, eine wirbelfreie Welle also; wird die Bewegung dagegen nur mit der Gl. (6) beschrieben, so tritt im Körper ausschließlich die Wirbelwelle auf, die keine Volumenänderung hervorruft.

Eine Störung führt im Körper in der Regel gleichzeitig zu Wellen beider Arten. Diese Wellen trennen sich wegen verschiedener Fortpflanzungsgeschwindigkeiten (es ist $c_1 \neq c_2$) und pflanzen sich weiter voneinander unabhängig fort.

Ist die Lösung der Gln. (5) und (6) bekannt, so können aufgrund von Gln. (3) die Verschiebungskomponenten u_i (für $i = 1, 2, 3$) ermittelt werden. Die letzteren erlauben es, die Verzerrungskomponenten mit Hilfe der Formeln

$$\varepsilon_{ij} = \frac{1}{2}\left(\frac{\partial u_j}{\partial x_i} + \frac{\partial u_i}{\partial x_j}\right), \qquad i, j = 1, 2, 3$$

und die Spannungskomponenten mit Hilfe der Gleichungen

$$\sigma_{ij} = 2\mu\varepsilon_{ij} + \lambda\delta_{ij}\varepsilon_{kk}, \qquad i, j = 1, 2, 3$$

zu gewinnen.

Nun wird das zweidimensionale Problem betrachtet, bei dem die Spannungen, Verzerrungen und Verschiebungen nur von den Veränderlichen x_1, x_2, und t abhängen. Für den ebenen Verzerrungszustand ist $u_3 = 0$ und

$$\boldsymbol{u} \equiv (u_1, u_2, 0); \qquad \varepsilon_{\alpha\beta} = \frac{1}{2}\left(\frac{\partial u_\alpha}{\partial x_\beta} + \frac{\partial u_\beta}{\partial x_\alpha}\right),$$

$$\sigma_{\alpha\beta} = 2\mu\varepsilon_{\alpha\beta} + \lambda\delta_{\alpha\beta}e; \qquad e = \varepsilon_{11} + \varepsilon_{22}, \tag{8}$$

$$\sigma_{33} = \lambda e; \qquad \alpha = 1, 2.$$

Das System der Verschiebungsgleichungen besteht aus zwei Gleichungen

$$\mu\nabla_1^2 u_1 + (\lambda + \mu)\frac{\partial e}{\partial x_1} + X_1 = \varrho_1\ddot{u},$$

$$\mu\nabla_1^2 u_2 + (\lambda + \mu)\frac{\partial e}{\partial x_2} + X_2 = \varrho\ddot{u}_2; \qquad \nabla_1^2 = \frac{\partial^2}{\partial x_1^2} + \frac{\partial^2}{\partial x_2^2} \tag{9}$$

und kann mit Hilfe der skalaren Funktion Φ und der vektoriellen $\boldsymbol{\Psi} \equiv (0, 0, \Psi_3)$ entkoppelt werden. Wird Ψ_3 mit Ψ und χ_3 mit χ bezeichnet, so ergibt sich aus den Gln. (3) und (4)

$$u_1 = \frac{\partial \Phi}{\partial x_1} + \frac{\partial \Psi}{\partial x_2}; \qquad u_2 = \frac{\partial \Phi}{\partial x_2} - \frac{\partial \Psi}{\partial x_1};$$

$$X_1 = \varrho\left(\frac{\partial \vartheta}{\partial x_1} + \frac{\partial \chi}{\partial x_2}\right); \qquad X_2 = \varrho\left(\frac{\partial \vartheta}{\partial x_2} - \frac{\partial \chi}{\partial x_1}\right). \tag{10}$$

Durch Einsetzen dieser Gleichungen wird das Gleichungssystem (9) auf zwei Wellengleichungen

$$\left(\nabla_1^2 - \frac{1}{c_1^2}\frac{\partial^2}{\partial t^2}\right)\Phi + \frac{1}{c_1^2}\vartheta = 0; \tag{11}$$

$$\left(\nabla_1^2 - \frac{1}{c_2^2}\frac{\partial^2}{\partial t^2}\right)\Psi + \frac{1}{c_2^2}\chi = 0 \tag{12}$$

zurückgeführt.

In der Elastodynamik treten oftmals Aufgaben auf, bei denen das Verzerrungsfeld axialsymmetrisch ist. Die Verschiebungsgleichungen für diesen Fall sind im Abschnitt 1.7 angegeben. Der Verschiebungsvektor $\boldsymbol{u} \equiv (u_r, 0, u_z)$ ist in Zylinderkoordinaten r, φ, z vom Winkel φ unabhängig.

Die Verschiebungsgleichungen werden in einer neuen Form geschrieben:

$$\mu\left(\nabla_r^2 - \frac{1}{r^2}\right) u_r + (\lambda + \mu)\frac{\partial e}{\partial r} = \varrho \ddot{u}_r,$$

$$\mu\nabla_r^2 u_z + (\lambda + \mu)\frac{\partial e}{\partial z} = \varrho \ddot{u}_z, \tag{13}$$

wobei

$$e = \frac{1}{r}\frac{\partial}{\partial r}(ru_r) + \frac{\partial u_z}{\partial z}; \quad \nabla_r^2 = \frac{\partial^2}{\partial r^2} + \frac{1}{r}\frac{\partial}{\partial r} + \frac{\partial^2}{\partial z^2}$$

ist. In diese Gleichungen wird nun

$$u_r = \frac{\partial \Phi}{\partial r} - \frac{\partial \Psi}{\partial z}; \quad u_z = \frac{\partial \Phi}{\partial z} + \frac{1}{r}\frac{\partial(r\Psi)}{\partial r} \tag{14}$$

eingeführt, woraus das System von zwei Wellengleichungen folgt:

$$\nabla_r^2 \Phi - \frac{1}{c_1^2}\ddot{\Phi} = 0, \tag{15}$$

$$\nabla_r^2 \Psi - \frac{1}{r^2}\Psi - \frac{1}{c_2^2}\ddot{\Psi} = 0. \tag{16}$$

Bei der Herleitung wurde der Zusammenhang $\left(\nabla_r^2 - \dfrac{1}{r^2}\right)\dfrac{\partial \Phi}{\partial r} = \dfrac{\partial}{\partial r}\nabla_r^2 \Phi$ verwendet.

Gl. (16) kann auf eine ähnliche Form wie Gl. (15) gebracht werden. Dafür ist $\Psi = -\dfrac{\partial \psi}{\partial r}$ anzunehmen, wobei ψ ein neues elastodynamisches Potential bedeutet. Daraus folgt die Gleichung

$$\left(\nabla_r^2 - \frac{1}{c_2^2}\frac{\partial^2}{\partial t^2}\right)\psi = 0. \tag{17}$$

Weiterhin wird noch die Gleichung

$$(\lambda + 2\mu)\left(\frac{\partial^2}{\partial r^2} + \frac{2}{r}\frac{\partial}{\partial r} - \frac{2}{r^2}\right)u_r = \varrho \ddot{u}_r \tag{18}$$

betrachtet, welche eine ausschließlich vom Radius $r = (x_1^2 + x_2^2 + x_3^2)^{1/2}$ und von der Zeit t abhängige Kugelwelle beschreibt. Mit

$$u_r = \frac{\partial \Phi}{\partial r} \tag{19}$$

wird Gl. (18) auf die Wellengleichung

$$\left(\nabla^2 - \frac{1}{c_1^2}\frac{\partial^2}{\partial t^2}\right)\Phi(r, t) = 0 \tag{20}$$

zurückgeführt, worin

$$\nabla^2 = \frac{\partial^2}{\partial r^2} + \frac{2}{r}\frac{\partial}{\partial r}$$

ist.

Im Abschnitt 1.7 wurde die *Spannungsfunktion von M. Iacovache* hergeleitet. Wird der Verschiebungsvektor $\boldsymbol{u}$ durch die Spannungsfunktion folgendermaßen ausgedrückt:

$$\boldsymbol{u} = \frac{\lambda+2\mu}{\mu}\left(\Box_1^2\,\boldsymbol{\varphi} - \frac{\lambda+\mu}{\lambda+2\mu}\,\mathrm{grad\,div}\,\boldsymbol{\varphi}\right), \tag{21}$$

so kann das Gleichungssystem (1) auf eine vektorielle Doppelwellengleichung

$$(\lambda+2\mu)\Box_1^2\,\Box_2^2\,\boldsymbol{\varphi} + X = 0 \tag{22}$$

zurückgeführt werden.

Diese Gleichung ist zur Bestimmung der singulären Lösungen der Gl. (1) sehr geeignet; zur Bestimmung des Verschiebungsfeldes also, das im unendlichen elastischen Raum durch eine Einzelkraft herbeigeführt wird.

Es werden noch Beziehungen [141] zwischen den Potentialen Φ, Ψ und der Spannungsfunktion $\boldsymbol{\varphi}$ untersucht.

Die Massenkräfte werden gleich Null vorausgesetzt. Dann kann die Lösung der Gleichung

$$\Box_1^2\,\Box_2^2\,\boldsymbol{\varphi} = 0$$

mit Hilfe der Funktionen $\boldsymbol{\varphi}'$, $\boldsymbol{\varphi}''$ dargestellt werden. Es gilt

$$\Box_1^2\,\boldsymbol{\varphi}' = 0; \qquad \Box_2^2\,\boldsymbol{\varphi}'' = 0; \qquad \boldsymbol{\varphi} = \boldsymbol{\varphi}' + \boldsymbol{\varphi}''. \tag{23}$$

Wird $\boldsymbol{\varphi}' + \boldsymbol{\varphi}'' = \boldsymbol{\varphi}$ in die Gl. (21) eingesetzt und die Gln. (23) berücksichtigt, so entsteht

$$\boldsymbol{u} = \frac{2\mu+\lambda}{\mu}\,\Box_1^2\,\boldsymbol{\varphi}'' - \frac{\lambda+\mu}{\mu}\,\mathrm{grad\,div}\,(\boldsymbol{\varphi}' + \boldsymbol{\varphi}''). \tag{24}$$

Nun wird die Beziehung zwischen den Operatoren $\Box_1^2\boldsymbol{\varphi}$ und $\Box_2^2\boldsymbol{\varphi}$ verwendet. Es gilt

$$\Box_2^2\,\boldsymbol{\varphi} = \frac{\lambda+2\mu}{\mu}\,\Box_1^2\,\boldsymbol{\varphi} - \frac{\lambda+\mu}{\mu}\,\nabla^2\,\boldsymbol{\varphi}.$$

Hieraus folgt

$$\boldsymbol{u} = \frac{\lambda+\mu}{\mu}\,[\nabla^2\,\boldsymbol{\varphi}'' - \mathrm{grad\,div}\,(\boldsymbol{\varphi}' + \boldsymbol{\varphi}'')]$$

oder

$$\boldsymbol{u} = -\frac{\lambda+\mu}{\mu}\,(\mathrm{grad\,div}\,\boldsymbol{\varphi}' + \mathrm{rot\,rot}\,\boldsymbol{\varphi}''). \tag{25}$$

Hierbei wurde die Beziehung

$$\mathrm{grad\,div}\,\boldsymbol{\varphi}'' = \nabla^2\,\boldsymbol{\varphi}'' + \mathrm{rot\,rot}\,\boldsymbol{\varphi}''$$

verwendet.

Es werden nun neue Funktionen Φ, Ψ folgendermaßen definiert:

$$\Phi = -\frac{\lambda+\mu}{\mu}\,\operatorname{div}\boldsymbol{\varphi}', \qquad \Psi = -\frac{\lambda+\mu}{\mu}\,\operatorname{rot}\boldsymbol{\varphi}''. \tag{26}$$

Mit diesen Funktionen liefert Gl. (25)

$$\boldsymbol{u} = \operatorname{grad}\Phi + \operatorname{rot}\Psi. \tag{27}$$

Dieser Ausdruck ist mit der Gleichung von Lamé (3) identisch.

Es ist noch zu beweisen, daß die mit den Gln. (26) beschriebenen Funktionen Φ und Ψ die Wellengleichungen (5), (6) erfüllen. Unter Berücksichtigung von Gl. (23) kann das leicht gezeigt werden.

Für das zweidimensionale Problem, bei dem die Verschiebungen, Verzerrungen und Spannungen nur von den Veränderlichen x_1, x_2, t abhängen, werden die Verschiebungen mit Hilfe von zwei Funktionen φ_α; $\alpha = 1, 2$ ausgedrückt, wobei

$$u_\alpha = \frac{\lambda+2\mu}{\mu}\left(\square_1^2\,\delta_{\alpha\beta} - \frac{\lambda+\mu}{\lambda+2\mu}\,\frac{\partial}{\partial x_\alpha}\,\frac{\partial}{\partial x_\beta}\right)\varphi_\beta; \qquad \alpha, \beta = 1, 2 \tag{28}$$

ist.

Die Funktionen φ_α erfüllen die Doppelwellengleichung

$$(\lambda+2\mu)\,\square_1^2\,\square_2^2\,\varphi_\alpha + X_\alpha = 0; \qquad \alpha = 1, 2, \tag{29}$$

worin

$$\square_\alpha^2 = \nabla_1^2 - \frac{1}{c_\alpha^2}\,\frac{\partial^2}{\partial t^2}; \qquad \nabla_1^2 = \frac{\partial^2}{\partial x_1^2} + \frac{\partial^2}{\partial x_2^2}$$

ist.

Für das axialsymmetrische Problem werden Zylinderkoordinaten r, φ, z verwendet. Die Spannungsfunktion $\boldsymbol{\varphi}$ wird in der Form $\boldsymbol{\varphi} \equiv (0, 0, \varphi_3)$ geschrieben.

Wird Gl. (21) im Zylinderkoordinatensystem ausgeschrieben und werden $\varphi_r = \varphi_\varphi = 0$; $\varphi_z = \varphi$ angenommen, so ergibt sich

$$\begin{aligned}
u_r &= -\frac{\lambda+\mu}{\mu}\,\frac{\partial^2\varphi}{\partial r\,\partial z}, \\[2mm]
u_z &= \frac{\lambda+2\mu}{\mu}\left(\square_1^2\,\varphi - \frac{\lambda+\mu}{\lambda+2\mu}\,\frac{\partial^2\varphi}{\partial z^2}\right).
\end{aligned} \tag{30}$$

Hierbei hat die Funktion φ die Doppelwellengleichung

$$\square_1^2\,\square_2^2\,\varphi = 0$$

zu erfüllen, wobei

$$\square_\alpha^2 = \nabla^2 - \frac{1}{c_\alpha^2}\,\frac{\partial^2}{\partial t^2}; \qquad \alpha = 1, 2; \qquad \nabla^2 = \frac{\partial^2}{\partial r^2} + \frac{1}{r}\,\frac{\partial}{\partial r} + \frac{\partial^2}{\partial z^2}$$

ist.

Beim Übergang zum statischen Problem wird die Funktion φ die Spannungsfunktion von Love und erfüllt die biharmonische Gleichung.

11.2. Ebene monochromatische Wellen

Im vorigen Abschnitt wurde das System von Differentialgleichungen der Elastodynamik

$$\mu \nabla^2 u_j + (\lambda + \mu) e_{,j} - \varrho \ddot{u}_j = 0; \quad j = 1, 2, 3 \tag{1}$$

durch das System von vier Wellengleichungen

$$\Box_1^2 \Phi = 0; \quad \Box_2^2 \Psi = 0 \tag{2}$$

ersetzt. Diese Gleichungen sind vom gleichen Typ und unterscheiden sich voneinander lediglich durch verschiedene Konstanten. Die Diskussion darf also auf die erste dieser Gleichungen beschränkt werden.

Es wird der Sonderfall betrachtet, wenn die Funktion Φ nur von den Veränderlichen x_1 und t abhängt. Es gilt

$$\frac{\partial^2 \Phi}{\partial x_1^2} - \frac{1}{c^2} \frac{\partial^2 \Phi}{\partial t^2} = 0. \tag{3}$$

Eine derartige Gleichung wurde bei Betrachtung der Fortpflanzung von Longitudinal- und Transversalwellen in einer Saite und einem Stab untersucht.

Die Lösung von Gl. (3) stellt die Funktion

$$\Phi_1 = f_1(x_1 - ct) + f_2(x_1 + ct) \tag{4}$$

dar. Es wurde also die ebene Welle gewonnen, die dadurch gekennzeichnet ist, daß die Funktion Φ zum vorgegebenen Zeitpunkt t in jedem Punkt einer beliebigen zur x_1-Achse senkrechten Ebene den gleichen Wert aufweist.

Aus der Gl. (4) ist ersichtlich, daß es sich um zwei Wellen

$$\Phi_1 = f_1(x_1 - ct); \quad \Phi_2 = f_2(x_1 + ct)$$

handelt, von denen die erste sich in der Richtung der x_1-Achse, die andere in der Richtung der $-x_1$-Achse mit einer konstanten Phasengeschwindigkeit c ausbreitet.

Es wird nun eine zeitlich harmonisch veränderliche Störung untersucht. In diesem Fall sind die Funktionen Φ_1, Φ_2 ebenfalls harmonisch bezüglich t veränderlich. Es gilt

$$\Phi_{1,2} = A e^{\frac{2\pi i}{l}(x_1 \pm ct)}, \tag{5}$$

wobei die Größen A und l konstant sind und die Größe A die Amplitude bedeutet. Die Bedeutung der Größe l wird erklärt, indem der Zeitpunkt t festgelegt wird und die Werte Φ_1, Φ_2 für $x_1 = \xi_1$ und $\xi_1 + nl$ ermittelt werden, wobei n eine beliebige ganze Zahl ist. Mithin gilt

$$\Phi_{1,2}(\xi_1, t) = A \exp\left[\frac{2\pi i}{l}(\xi_1 \pm ct)\right]$$

$$\Phi_{1,2}(\xi_1 + nl, t) = A \exp\left[\frac{2\pi i}{l}(\xi_1 + nl \pm ct)\right]. \tag{6}$$

Wie ersichtlich ist

$$\Phi_{1,2}(\xi_1 + nl, t) = \Phi_{1,2}(\xi_1, t) e^{2\pi i n} = \Phi_{1,2}(\xi_1, t). \tag{7}$$

Die Phasen der in Abständen l, $2l$, ... liegenden Punkte unterscheiden sich voneinander um 2π, 4π, ... und sind gleichwertig. Die Funktionen $\Phi_{1,2}$ verändern sich lediglich auf den Abschnitten der Länge l, ihre Werte kehren in jedem nächsten Intervall $\langle l \rangle$ wieder. Die Größe l wird als Wellenlänge bezeichnet.

Andererseits muß die Bedingung der Periodizität

$$\Phi_{1,2}(x_1, t) = \Phi_{1,2}(x_1, t+T) \tag{8}$$

erfüllt werden, worin T die Periode der harmonischen Schwingung ist.

Unter Berücksichtigung der Gl. (5) ergibt sich

$$\Phi_{1,2}(x_1, t+T) = \Phi_{1,2}(x_1, t)\exp\left(\pm \frac{2\pi i}{l}\,cT\right). \tag{9}$$

Die Bedingung (8) ist für $T = l/c$ erfüllt. Mithin ist

$$\Phi_{1,2} = A\exp\left[2\pi i\left(\frac{x_1}{l} \pm \frac{t}{T}\right)\right]. \tag{10}$$

Die Gleichung $t/T = \pm x_1/l$ bestimmt die Punkte gleicher Phase und damit die dadurch definierte Wellenebene.

Eine ebene harmonische Welle (die auch als monochromatische Welle bezeichnet wird) bewege sich in Richtung der Normale zur Ebene

$$n_1 x_1 + n_2 x_2 + n_3 x_3 = p,$$

worin p die Entfernung der Ebene vom Koordinatenursprung, n_1, n_2, n_3 — die Richtungskosinus der Normale zu dieser Ebene bedeuten.

Die partikulären Integrale, welche die Gln. (2) erfüllen, sind:

$$\Phi = \Phi^0 \exp[ik(n_k x_k \pm ct)]; \qquad \Psi = \Psi^0 \exp[ik(n_k x_k \pm ct)]$$

$$\text{mit} \quad k = \frac{\omega}{c} = \frac{2\pi}{l}. \tag{11}$$

Wird Φ in die erste von Gln. (2) eingesetzt, so ergibt sich $c = c_1 = \left(\dfrac{\lambda+2\mu}{\varrho}\right)^{1/2}$.

Die mit dem Potential Φ verbundene Verschiebung u' ist

$$u' = \operatorname{grad}\Phi.$$

Mit der Funktion Φ von Gl. (11) liefert die obige Gleichung

$$u' = ik\Phi^0 n \exp[ik(n \cdot r \pm ct)]. \tag{12}$$

Daraus folgt, daß die Verschiebung u' zu der Normale n parallel ist, es handelt sich also um eine Längswelle (Longitudinalwelle).

Wird nun Ψ von Gl. (11) in die zweite der Wellengleichungen (2) eingesetzt, so ergibt sich $c = c_2 \left(\dfrac{\mu}{\varrho}\right)^{1/2}$. Wegen div $\Psi = 0$ ist

$$n \cdot \Psi^0 = 0. \tag{13}$$

Mit dem Potential Ψ ist die Verschiebung

$$u'' = \operatorname{rot}\Psi$$

verbunden. Wird darin die Funktion Ψ von Gl. (11) eingesetzt, so ergibt sich

$$u'' = ik\,n \times \Psi^0 \exp[ik(n \cdot r \pm ct)]. \tag{14}$$

Die Gl. (13) besagt, daß die Vektoren n und Ψ^0 aufeinander senkrecht stehen; aus der Gl. (14) folgt dagegen, daß der Vektor u'' auf der Ebene der Vektoren

n und $\boldsymbol{\Psi}^0$ senkrecht steht. Mithin liegen die Vektoren $\boldsymbol{\Psi}^0$ und $\boldsymbol{u}''$ in einer Ebene, die zu n senkrecht ist. Diese Lage ist in Abb. 11-1 gezeigt. Die Verschiebung $\boldsymbol{u}''$ stellt die Transversalwelle dar, die mit dem Potential $\boldsymbol{\Psi}$ verbunden ist.

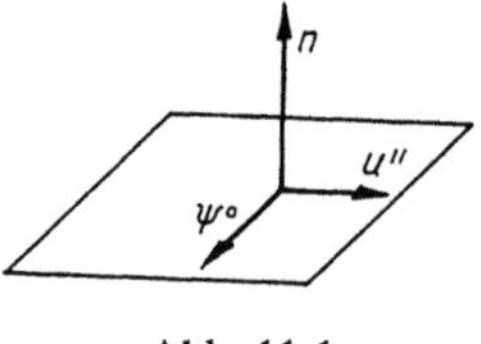

Abb. 11-1

Nun wird die Verschiebung u_j in einer zur Gl. (11) analogen Form

$$u_j = A_j \exp[ik(n_k x_k \pm ct)]; \quad j = 1, 2, 3 \tag{15}$$

geschrieben und in die Gl. (1) eingeführt. Daraus folgt ein System der linearen Gleichungen:

$$(\mu - \varrho c^2) A_j + (\lambda + \mu) n_j n_k A_k = 0; \quad j, k = 1, 2, 3. \tag{16}$$

Die gleich Null gesetzte Determinante dieses Systems liefert

$$(\lambda + 2\mu - \varrho c^2)(\mu - \varrho c^2)^2 = 0 \tag{17}$$

und weiterhin

$$c_1 = \left(\frac{\lambda + 2\mu}{\varrho}\right)^{1/2}; \quad c_2 = c_3 = \left(\frac{\mu}{\varrho}\right)^{1/2}.$$

Es ergibt sich die Frage, welchen Verschiebungen die einzelnen Geschwindigkeiten zugeordnet sind. Zur Erleichterung der Untersuchung dieser Zusammenhänge wird vorausgesetzt, daß die Normale der Wellenebene in Richtung der x_1-Achse zeigt, d.h. $n \equiv (1, 0, 0)$ ist. Unter dieser Voraussetzung liefert das Gleichungssystem (16) drei Gleichungen

$$A_1(\lambda + 2\mu - \varrho c^2) = 0; \quad A_2(\mu - \varrho c^2) = 0; \quad A_3(\mu - \varrho c^2) = 0,$$

aus denen folgt, daß die Geschwindigkeit c_1 der Verschiebung u_1 und die Geschwindigkeit c_2 den Verschiebungen u_2 und u_3 zugeordnet sind.

Die partikulären Integrale (15) werden in folgender Form geschrieben:

$$u_1 = A_1 \exp[ik(x_1 \pm c_1 t)],$$
$$u_2 = A_2 \exp[ik(x_1 \pm c_2 t)], \tag{18}$$
$$u_3 = A_3 \exp[ik(x_1 \pm c_2 t)].$$

Hierbei treten zwei Typen von ebenen Wellen auf; diejenigen, bei denen die Verschiebung zur x_1-Achse parallel ist und jene, für die die Verschiebung zu dieser Achse senkrecht ist. Im ersten Fall handelt es sich um eine Longitudinalwelle $u_1(x_1, t)$, im anderen um die Transversalwellen $u_2(x_1, t)$ und $u_3(x_1, t)$. Die Longitudinalwellen pflanzen sich mit der Geschwindigkeit c_1 fort, d.h. mit der Geschwindigkeit der Dilatationswellen. Die Transversalwellen pflanzen sich dagegen mit der Geschwindigkeit c_2 fort, die für Wirbelwellen ebenfalls gilt.

In der Seismologie werden üblicherweise die Longitudinalwellen mit P, die Transversalwellen mit SV und SH bezeichnet (in der vertikalen und horizontalen Ebene polarisierte Wirbelwellen).

11.3. Kugelwellen

Es wird nun eine Störungsform betrachtet, bei der die Verformung des Körpers lediglich vom Radius $r = (x_1^2 + x_2^2)^{1/2}$ abhängt. Das System der elastodynamischen Gleichungen beschränkt sich auf eine einzige Gleichung

$$(\lambda + 2\mu)\left(\frac{\partial^2}{\partial r^2} + \frac{2}{r}\frac{\partial}{\partial r} - \frac{2}{r^2}\right) u_r - \varrho \ddot{u}_r = 0. \tag{1}$$

Auch in diesem Fall ist es günstig, das Potential Φ einzuführen, das mit der Verschiebung u durch die Gleichung

$$u_r = \frac{\partial \Phi}{\partial r} \tag{2}$$

verbunden ist.

Die Funktion Φ hat die Wellengleichung

$$\left(\frac{\partial^2}{\partial r^2} + \frac{2}{r}\frac{\partial}{\partial r}\right)\Phi - \frac{1}{c_1^2}\ddot{\Phi} = 0 \tag{3}$$

zu erfüllen. Die Substitution

$$\Phi = \frac{\Gamma(r, t)}{r}$$

ergibt die Gleichung

$$\frac{\partial^2 \Gamma}{\partial r^2} - \frac{1}{c_1^2}\frac{\partial^2 \Gamma}{\partial t^2} = 0$$

mit der Lösung

$$\Gamma = f_1(r - c_1 t) + f_2(r + c_1 t).$$

Wird nun auf die Funktion Φ zurückgegriffen, so läßt sich die allgemeine Lösung der Wellengleichung (2) in der Form

$$\Phi = \frac{1}{r}\left[f_1(r - ct) + f_2(r + ct)\right]$$

finden. Es handelt sich hierbei um Kugelwellen. Die erstere dieser Wellen pflanzt sich in der Richtung des zunehmenden Radius, die andere in der entgegengesetzten Richtung fort. Die beiden Lösungen kommen für den Fall einer Hohlkugel vor, die am Rand belastet ist. Für einen Kugelhohlraum in einem elastischen, am Rand belasteten Medium kommt nur die Welle $\dfrac{1}{r} f_1(r - c_1 t)$ in Frage.

Es wird eine monochromatische Welle betrachtet. Die Lösung der Gleichung für zeitlich harmonisch veränderliche Störungen lautet

$$\Phi = e^{-i\omega t}\left(A\,\frac{e^{ikr}}{r} + B\,\frac{e^{-ikr}}{r}\right) \qquad k = \frac{\omega}{c_1}. \tag{4}$$

Für eine Hohlkugel werden die beiden partikulären Lösungen $\dfrac{e^{ikr}}{r}$ und $\dfrac{e^{-ikr}}{r}$ beibehalten. Für einen Hohlraum hat nur die Lösung $\dfrac{e^{ikr}}{r}$ einen Sinn, wie aufgrund der folgenden Betrachtungen bezüglich der Funktionen $\Phi_1 = \dfrac{e^{-i\omega t + ikr}}{r}$ und $\Phi_2 = \dfrac{e^{-i\omega t - ikr}}{r}$ ersichtlich ist.

Die Welle

$$\mathrm{Re}\left[\frac{e^{-i\omega t + ikr}}{r}\right] = \frac{1}{r}\cos\omega\left(t - \frac{r}{c_1}\right)$$

pflanzt sich von der Störung in Richtung wachsender Werte r mit der Geschwindigkeit c_1 fort. Die Welle

$$\mathrm{Re}\left[\frac{e^{-i\omega t - ikr}}{r}\right] = \frac{1}{r}\cos\omega\left(t + \frac{r}{c_1}\right)$$

läuft dagegen aus dem Unendlichen auf die Störung zu. Die Lösung $\dfrac{e^{-ikr}}{r}$ hat keinen physikalischen Sinn und soll vernachlässigt werden.

Für die Lösung $\dfrac{e^{ikr}}{r}$ wird der folgende Grenzausdruck geschrieben:

$$G = \lim_{r\to\infty} r\left[\frac{\partial}{\partial r}\left(\frac{e^{ikr}}{r}\right) - ik\left(\frac{e^{ikr}}{r}\right)\right]. \tag{5}$$

Nach der Differentiation und nach dem Grenzübergang ergibt sich

$$G = \lim_{r\to\infty}\frac{e^{ikr}}{r} = 0.$$

Der Grenzausdruck (5) kann in der Form

$$\frac{\partial}{\partial r}\left(\frac{e^{ikr}}{r}\right) - ik\left(\frac{e^{ikr}}{r}\right) = e^{ikr}\,O(r^{-2}) \tag{6}$$

geschrieben werden. Diese Formel liefert die Auskunft über das Verhalten des partikulären Integrals $\dfrac{e^{ikr}}{r}$ und seiner Ableitung in der Umgebung eines unendlich weit liegenden Punktes. Mit $O(r^{-2})$ wird derjenige Wert von y bezeichnet, für den das Verhältnis y/r^2 für $r \to \infty$ beschränkt bleibt.

Gl. (6) wird als Ausstrahlungsbedingung von A. SOMMERFELD [5, 132] bezeichnet.

In der Elastodynamik wird im allgemeinen diejenige Klasse der Lösungen von Gl. (3) betrachtet, für die die betreffenden Funktionen sich im Unendlichen ähnlich wie die Lösung $\dfrac{e^{ikr}}{r}$ verhalten.

Nun werden zwei Beispiele der Fortpflanzung elastischer Wellen in einem unendlichen Raum mit einem Hohlraum betrachtet. Die Wellen werden durch den am Rand $R = a$ angreifenden Druck $p(t) = p_0 e^{-i\omega t}$ hervorgerufen. Im Halbraum $R \geq a$ entstehen longitudinale Kugelwellen.

Die Lösung der Gl. (3) wird in Form einer auslaufenden Welle

$$\Phi(r, t) = \frac{A}{r}\exp\left[-i\omega\left(t - \frac{r}{c_1}\right)\right] \tag{7}$$

geschrieben, welche die Ausstrahlungsbedingung im Unendlichen für $r \to \infty$ erfüllt. Die Konstante A wird aus der Randbedingung

$$\sigma_{rr}(a, t) = -p_0\, e^{-i\omega t} \tag{8}$$

ermittelt. Da

$$\sigma_{rr} = 2\mu\,\frac{\partial u_r}{\partial r} + \lambda\left(\frac{\partial u_r}{\partial r} + \frac{2u_r}{r}\right) = 2\mu\,\frac{\partial^2 \Phi}{\partial r^2} + \frac{\lambda}{c_1^2}\,\ddot{\Phi}$$

ist, ist die Konstante A unter Berücksichtigung der Randbedingung (8)

$$A = \frac{p_0\,a^3 \exp(-ika)}{4\mu(1-ika)-(2\mu+\lambda)k^2a^2} \qquad k = \frac{\omega}{c_1}.$$

Damit ist die Funktion Φ bestimmt. Es gilt

$$\Phi(r, t) = \frac{1}{r}\,\mathrm{Re}\left[A\,e^{-i\omega\left(t-\frac{r}{c_1}\right)}\right].$$

Die Verschiebung u_r wird von Gl. (2) ermittelt.

Das eben erläuterte Problem ist fast elementar. Unvergleichbar schwieriger sieht das Problem aperiodischer Schwingungen aus. Es wird vorausgesetzt, daß die Randbedingung mit der Formel

$$\sigma_{rr}(a, t) = -q(t)\,H(t) \tag{9}$$

beschrieben ist. Dies bedeutet, daß im Zeitpunkt $t = 0$ die Belastung $q(t)$ angebracht wird, die sich dann mit der Zeit t verändert.

Die Lösung der Gl. (3) wird in der Form

$$\Phi = \frac{1}{r}\,f\left(t - \frac{r-a}{c_1}\right) \tag{10}$$

angesetzt, wobei die Funktion Φ für $t < 0$ verschwinden soll. Die in der Form

$$\left|2\mu\,\frac{\partial^2 \Phi}{\partial r^2} + \frac{\lambda}{c_1^2}\,\ddot{\Phi}\right|_{r=a} = -q(t)\,H(t) \tag{11}$$

dargestellte Randbedingung (9) liefert mit dem Ansatz (10) die folgende gewöhnliche Differentialgleichung für die Funktion $f(t)$:

$$\frac{d^2f}{dt^2} + \eta\,\frac{df}{dt} + k^2 f(t) = -\varkappa q(t)\,H(t), \tag{12}$$

wobei

$$\eta = \frac{4c_2^2}{c_1 a}; \qquad k^2 = \frac{4c_2^2}{a^2}; \qquad \varkappa = \frac{a}{\varrho}$$

ist.

Auf Gl. (12) wird die *Laplace-Transformation* angewendet. Es ergibt sich

$$(p^2 + \eta p + k^2)\,\bar{f}(p) = -\varkappa \bar{q}(p) \tag{13}$$

mit

$$\bar{f}(p) = \int\limits_0^\infty f(t)\,e^{-pt}\,dt.$$

Hierbei wurde vorausgesetzt, daß die Anfangsbedingungen für die Funktion $f(t)$ homogen sind. Für $\left(\dfrac{\eta}{2k}\right)^2 < 1$ lautet die Lösung der Gl. (13)

$$f(t) = -\frac{\varkappa}{\sqrt{k^2 - \eta^2/4}} \int_0^t q(\tau)\, e^{-\frac{\eta}{2}(t-\tau)} \sin\left[(t-\tau)\sqrt{k^2 - \eta^2/4}\right] d\tau. \qquad (14)$$

Für den Sonderfall der Belastung $q(t) = q_0 H(t)$ ist

$$\Phi(r, t) = -\frac{1}{r}\frac{\varkappa q_0}{\sqrt{k^2 - \eta^2/4}}\left\{\sqrt{k^2 - \eta^2/4}\, H\left(t - \frac{r-a}{c_1}\right) - \right.$$

$$-\, e^{-\frac{\eta}{2}\left(t - \frac{r-a}{c_1}\right)}\left[\frac{\eta}{2}\sin\left[\left(t - \frac{r-a}{c_1}\right)\sqrt{k^2 - \eta^2/4}\right] + \right.$$

$$\left.\left. +\, \sqrt{k^2 - \eta^2/4}\, \cos\left[\left(t - \frac{r-a}{c_1}\right)\sqrt{k^2 - \eta^2/4}\right]\right]\right\}. \qquad (15)$$

Für die Verschiebung u_r hat J. A. SHARPE [128] die folgende Näherungsformel angegeben:

$$u_r = \frac{a^2 q_0}{2\sqrt{2}\,\mu r}\exp\left[-\frac{\delta}{\sqrt{2}}\left(t - \frac{r-a}{c_1}\right)\right]\sin\delta\left(t - \frac{r-a}{c_1}\right)$$

$$\text{für} \quad t \geqslant \frac{r-a}{c_1}, \qquad\qquad\qquad\qquad\qquad\qquad\qquad\qquad (16)$$

$$u_r = 0 \quad \text{für} \quad t < \frac{r-a}{c_1}; \quad \delta = 2\frac{\sqrt{2c_1}}{3a}.$$

Die aperiodischen Probleme sind eingehend in der Arbeit von H. SELBERG [127] erörtert.

11.4. Zylinderwellen

Wenn das Verschiebungsfeld $\boldsymbol{u} \equiv (u_r, 0, 0)$ lediglich vom Radius $r = (x_1^2 + x_2^2)^{1/2}$ abhängt, beschränkt sich das System der Verschiebungsgleichungen (vgl. Gl. (13) vom Abschnitt 11.1) auf die einzige Gleichung

$$(\lambda + 2\mu)\left(\frac{\partial^2}{\partial r^2} + \frac{1}{r}\frac{\partial}{\partial r} - \frac{1}{r^2}\right)u_r - \varrho\ddot{u}_r = 0. \qquad (1)$$

Mit Einführung des Potentials Φ, das mit der Verschiebung u_r durch die Beziehung

$$u_r = \frac{\partial\Phi}{\partial r}$$

verbunden ist, ergibt sich die Wellengleichung

$$\frac{\partial^2\Phi}{\partial r^2} + \frac{1}{r}\frac{\partial\Phi}{\partial r} - \frac{1}{c_1^2}\frac{\partial^2\Phi}{\partial t^2} = 0. \qquad (2)$$

Zunächst wird eine monochromatische Welle unter der Voraussetzung

$$\Phi(r, t) = \Phi^*(r)\, e^{-i\omega t} \qquad (3)$$

betrachtet. Die Gleichung

$$\frac{\partial^2 \Phi^*}{\partial r^2} + \frac{1}{r} \frac{\partial^2 \Phi^*}{\partial r^2} + \frac{\omega^2}{c_1^2} \Phi^* = 0 \qquad (4)$$

hat die Lösung

$$\Phi^* = A H_0^{(1)}(kr) + B H_0^{(2)}(kr) \quad \text{mit} \quad k = \frac{\omega}{c}.$$

In dieser Lösung treten die *Funktionen von Hankel* der Ordnung Null der ersten und zweiten Art auf. Diese Funktionen können als lineare Kombinationen der *Funktionen von Bessel und Neumann* dargestellt werden: es gilt

$$H_0^{(1)}(kr) = J_0(kr) + i N_0(kr),$$
$$H_0^{(2)}(kr) = J_0(kr) - i N_0(kr),$$

wobei

$$J_0(x) = \sum_{s=0}^{\infty}{}' (-1)^s \frac{\left(\dfrac{x}{2}\right)^{2s}}{s!\,\Gamma(1+s)},$$

$$N_0(x) = \frac{2}{\pi} J_0(x) \ln \frac{x}{2} - \frac{2}{\pi} \sum_{s=0}^{\infty}{}' (-1)^s \frac{\left(\dfrac{x}{2}\right)^{2s} \Gamma'(1+s)}{(s!)^2 \Gamma(1+s)}$$

ist.

Für $x \to 0$ ergibt sich eine unbeschränkt wachsende Lösung, wobei die entsprechende Funktion wie $\log \dfrac{1}{r}$ zunimmt. Es wird das partikuläre Integral

$$\mathrm{Re}\,[e^{-i\omega t} H_0^{(1)}(kr)]$$

betrachtet. Mit wachsendem r gilt für große Argumente der Funktion $H_0^{(1)}(kr)$ die folgende asymptotische Formel

$$H_0^{(1)}(kr) \approx \sqrt{\frac{2}{\pi k r}}\, e^{i\left(kr - \frac{\pi}{4}\right)} [1 + O(r^{-1})].$$

Unter Berücksichtigung dieser Formel ergibt sich

$$\mathrm{Re}\,[e^{-i\omega t} H_0^{(1)}(kr)] \approx \sqrt{\frac{2}{\pi k r}}\, \cos \omega \left(t - \frac{r}{c_1} + \frac{\pi}{4}\right) [1 + O(r^{-1})]. \qquad (5)$$

Es handelt sich also um eine auslaufende Welle, die sich in Richtung wachsender r mit der Geschwindigkeit c_1 fortpflanzt. Es kann leicht gezeigt werden, daß die Welle

$$\mathrm{Re}\,[e^{-i\omega t} H_0^{(2)}(kr)]$$

eine einlaufende Welle darstellt, die vom Unendlichen auf die Störung zu wandert. Diese Welle hat für einen unendlichen elastischen Raum und für einen unendlichen Raum mit einem Hohlzylinder keinen physikalischen Sinn.

Es wird nun der folgende Grenzausdruck für das partikuläre Integral von Gl. (4), die Funktion $H_0^{(1)}(kr)$, untersucht:

$$\Gamma = \lim_{r\to\infty} \sqrt{r}\left[\frac{\partial}{\partial r}\left(H_0^{(1)}(kr)\right) - ikH_0^{(1)}(kr)\right] =$$

$$= \lim_{r\to\infty} \sqrt{r}\left[-kH_1^{(1)}(kr) - ikH_0^{(1)}(kr)\right] = 0. \tag{6}$$

Beim Grenzübergang wurde die asymptotische Formel

$$H_\nu^{(1)}(kr) \approx \sqrt{\frac{2}{\pi kr}}\, e^{i\left(kr - \frac{2\nu+1}{\pi}\right)}\left(1 + O(r^{-1})\right)$$

verwendet.

Der Grenzausdruck kann in der Form

$$\frac{\partial}{\partial r}\left(H_0^{(1)}(kr)\right) - ikH_0^{(1)}(kr) = e^{ikr}O(r^{-3/2}) \tag{7}$$

ausgeschrieben werden. Diese Formel stellt die Ausstrahlungsbedingung von A. SOMMERFELD [132] für die Grundlösung $H_0^{(1)}(kr)$ dar.

Nun wird ein einfaches Beispiel der Fortpflanzung der Zylinderwellen im unendlichen Raum mit einem zylindrischen Hohlraum betrachtet.

Am Rand des Halbraumes wirke der Druck $p_0 e^{-i\omega t}$ ein. Es ist also die Gl. (2) oder Gl. (4) mit der Randbedingung

$$\sigma_{rr}(a, t) = -p_0 e^{-i\omega t} \tag{8}$$

zu lösen. Die Lösung der Gl. (4) stellt die Funktion

$$\Phi(r, t) = A_0 H_0^{(1)}(kr)\, e^{-i\omega t}; \quad k = \frac{\omega}{c_1} \tag{9}$$

dar, welche die Ausstrahlungsbedingung von A. SOMMERFELD im Unendlichen erfüllt.

Unter Beachtung von

$$\sigma_{rr} = 2\mu\frac{\partial^2\Phi}{\partial r^2} + \frac{\lambda}{c_1^2}\ddot\Phi$$

liefert die Randbedingung (8)

$$A = -\frac{p_0}{2\mu\left[\dfrac{d^2}{dr^2}\left(H_0^{(1)}(kr)\right)\right]_{r=a} - \lambda k^2 H_0^{(1)}(ka)}.$$

Auf diese Weise wird die Funktion Φ bestimmt, mit deren Hilfe die Verschiebung u_r und die übrigen Spannungen ermittelt werden können:

$$u_r = \frac{\partial\Phi}{\partial r}; \quad \sigma_{\varphi\varphi} = \frac{2\mu}{r}\frac{\partial\Phi}{\partial r} + \frac{\lambda}{c_1^2}\ddot\Phi; \quad \sigma_{zz} = \lambda e = \lambda\nabla^2\Phi = \frac{\lambda}{c_1^2}\ddot\Phi. \tag{10}$$

Wesentlich schwieriger ist die Randaufgabe, in der die Belastung $p(t)$ eine aperiodische Funktion ist. Mit Hilfe der *Laplace-Transformation* kann eine Lösung in Form von *Laplace-Transformierten* ohne Mühe gewonnen werden. Zur Ermittlung der inversen Transformation muß man die Kontur-Integration durchführen.

Der Leser, der sich für dynamische aperiodische Probleme dieser Art interessiert, wird auf die Arbeiten von A. KROMM [77], H. SELBERG [127] und D. W. JORDEN [60] verwiesen.

11.5. Wirkung der Einzelkräfte im unendlichen Raum

Das Problem der Fortpflanzung elastischer Wellen, die durch die Wirkung zeitlich veränderlicher Einzelkräfte hervorgerufen werden, ist mit Hilfe verschiedener Methoden gelöst worden. Besonders interessant ist die direkte Methode von G. EASON, J. FULTON und I. N. SNEDDON [29], bei der eine vierfache *Fourier-Transformation* auf die Verschiebungsgleichungen angewendet wird.

Im weiteren wird ein anderes Verfahren gezeigt, bei dem die Verschiebungen mit Hilfe der *Spannungsfunktion von M. Iacovache* geschrieben werden:

$$\boldsymbol{u} = \frac{\lambda + 2\mu}{\mu}\left(\square_1^2 \boldsymbol{\varphi} - \frac{\lambda + \mu}{\lambda + 2\mu}\,\text{grad div}\,\boldsymbol{\varphi}\right) \tag{1}$$

und die inhomogene Doppelwellengleichung

$$(\lambda + 2\mu)\square_1^2\square_2^2\boldsymbol{\varphi} + X = 0 \tag{2}$$

verwendet wird.

Im Koordinatenursprung wirke vom Augenblick $t = 0$ an eine entsprechend der Funktion $f(t)$ zeitlich veränderliche Einheitseinzelkraft

$$X_1 = \delta(x_1)\,\delta(x_2)\,\delta(x_3)f(t); \quad X_2 = X_3 = 0. \tag{3}$$

Diese Kraft zeige in positive Richtung der Koordinatenachse. Die *Laplace-Transformation* der Gl. (1), (2) und (3) liefert [18]:

$$\bar{\boldsymbol{u}} = \frac{\lambda + 2\mu}{\mu}\left(\nabla^2 - \frac{p^2}{c_1^2}\right)\boldsymbol{\varphi} - \frac{\lambda + \mu}{\mu}\,\text{grad div}\,\overline{\boldsymbol{\varphi}} \tag{4}$$

$$(\lambda + 2\mu)\left(\nabla^2 - \frac{p^2}{c_1^2}\right)\left(\nabla^2 - \frac{p^2}{c_2^2}\right)\overline{\boldsymbol{\varphi}} + \bar{X} = 0, \tag{5}$$

$$\bar{X}_1 = \delta(x_1)\delta(x_2)\delta(x_3)\bar{f}(p); \quad \bar{X}_2 = \bar{X}_3 = 0. \tag{6}$$

Hierbei wurden homogene Anfangsbedingungen für die Funktion $\boldsymbol{\varphi}$ vorausgesetzt. Wegen $X_2 = X_3 = 0$ ergibt sich aus der Gl. (2) $\varphi_2 = \varphi_3 = 0$. Es verbleibt nur eine einzige Differentialgleichung

$$(\lambda + 2\mu)\left(\nabla^2 - \frac{p^2}{c_1^2}\right)\left(\nabla^2 - \frac{p^2}{c_2^2}\right)\overline{\varphi}_1 + \delta(x_1)\delta(x_2)\delta(x_3)\bar{f}(p) = 0. \tag{7}$$

Gl. (4) liefert

$$\bar{u}_1 = \frac{\lambda + 2\mu}{\mu}\left(\nabla^2 - \frac{p^2}{c_1^2}\right)\overline{\varphi}_1 - \frac{\lambda + \mu}{\mu}\frac{\partial^2\overline{\varphi}_1}{\partial x_1^2};$$

$$\bar{u}_2 = -\frac{\lambda + \mu}{\mu}\frac{\partial^2\overline{\varphi}_1}{\partial x_1\partial x_2}; \quad \bar{u}_3 = -\frac{\lambda + \mu}{\mu}\frac{\partial^2\overline{\varphi}_1}{\partial x_1\partial x_3}. \tag{8}$$

Auf Gl. (7) wird die dreifache *Fourier-Transformation* angewendet, die folgendermaßen definiert wird:

$$\tilde{\varphi}_1(\alpha_1,\alpha_2,\alpha_3,p) = \frac{1}{(2\pi)^{3/2}}\overline{\int\int\int_{-\infty}^{\infty}}\overline{\varphi}_1(x_1,x_2,x_3,p)\,e^{i\alpha_k x_k}\,dx_1\,dx_2\,dx_3,$$

$$\bar{\varphi}_1(x_1,x_2,x_3,p) = \frac{1}{(2\pi)^{3/2}} \int\!\!\!\int\!\!\!\int\limits_{-\infty}^{\infty} \tilde{\varphi}_1(\alpha_1,\alpha_2,\alpha_3,p)\, e^{-i\alpha_k x_k}\, d\alpha_1\, d\alpha_2\, d\alpha_3. \tag{9}$$

Wird Gl. (7) mit $e^{-i\alpha_k x_k}$ multipliziert und über den unendlichen Bereich integriert, so entsteht die algebraische Gleichung

$$(\lambda+2\mu)\left(\hat{\alpha}^2+\frac{p^2}{c_1^2}\right)\left(\hat{\alpha}^2+\frac{p^2}{c_2^2}\right)\tilde{\varphi}_1 + \frac{1}{(2\pi)^{3/2}}\bar{f}(p) = 0,$$
$$\hat{\alpha}^2 = \alpha_1^2+\alpha_2^2+\alpha_3^2.$$

Daraus folgt

$$\bar{\varphi}_1 = -\frac{\bar{f}(p)}{8\pi^3(\lambda+2\mu)} \int\!\!\!\int\!\!\!\int\limits_{-\infty}^{\infty} \frac{e^{-i\alpha_k x_k}}{\left(\hat{\alpha}^2+\dfrac{p^2}{c_1^2}\right)\left(\hat{\alpha}^2+\dfrac{p^2}{c_2^2}\right)}\, d\alpha_1\, d\alpha_2\, d\alpha_3$$

oder

$$\bar{\varphi}_1 = -\frac{\mu\bar{f}(p)}{8\pi^3\varrho(\lambda+\mu)p^2} \int\!\!\!\int\!\!\!\int\limits_{-\infty}^{\infty} \left(\frac{1}{\hat{\alpha}^2+\dfrac{p^2}{c_1^2}} - \frac{1}{\hat{\alpha}^2+\dfrac{p^2}{c_2^2}}\right) e^{-i\alpha_k x_k}\, d\alpha_1\, d\alpha_2\, d\alpha_3. \tag{10}$$

Dieses uneigentliche Integral läßt sich in einer geschlossenen Form schreiben, da

$$\int\!\!\!\int\!\!\!\int\limits_{-\infty}^{\infty} \frac{e^{-i\alpha_k x_k}\, d\alpha_1\, d\alpha_2\, d\alpha_3}{\hat{\alpha}^2+p^2/c_1^2} = \frac{2\pi^2}{R}\, e^{-\frac{Rp}{c_1}}, \tag{11}$$
$$R = (x_1^2+x_2^2+x_3^2)^{1/2}$$

ist. Folglich gilt

$$\bar{\varphi}_1 = -\frac{\mu\bar{f}(p)}{4\pi\varrho p^2(\lambda+\mu)}\left(\frac{e^{-\frac{Rp}{c_1}}-e^{-\frac{Rp}{c_2}}}{R}\right). \tag{12}$$

Einsetzen der Gl. (12) in die Gl. (8) ergibt

$$\bar{u}_1 = \frac{\bar{f}(p)}{4\pi\mu}\left[\frac{e^{-\frac{Rp}{c_2}}}{R} + \frac{c_2^2}{p^2}\frac{\partial^2}{\partial x_1^2}\left(\frac{e^{-\frac{Rp}{c_1}}-e^{-\frac{Rp}{c_2}}}{R}\right)\right];$$

$$\bar{u}_2 = \frac{\bar{f}(p)}{4\pi\varrho p^2}\frac{\partial^2}{\partial x_1\partial x_2}\left(\frac{e^{-\frac{Rp}{c_1}}-e^{-\frac{Rp}{c_2}}}{R}\right); \tag{13}$$

$$\bar{u}_3 = \frac{\bar{f}(p)}{4\pi\varrho p^2}\frac{\partial^2}{\partial x_1\,\partial x_3}\left(\frac{e^{-\frac{Rp}{c_1}}-e^{-\frac{Rp}{c_2}}}{R}\right).$$

Nun wird die inverse *Laplace-Transformation* angewendet. Es wird $f(t) = H(t)$ vorausgesetzt, womit die betrachtete einheitliche Einzelkraft sich nach der *Funktion von Heaviside* verändert. In der Gl. (13) gilt mithin $\bar{f}(p) = \dfrac{1}{p}$.

Wegen

$$\mathscr{L}^{-1}\left(\frac{e^{-\frac{Rp}{c_1}}}{p}\right) = H\left(t-\frac{R}{c_1}\right),$$

$$\mathscr{L}^{-1}\left(\frac{e^{-\frac{Rp}{c_1}}}{p^3}\right) = \gamma\left(t-\frac{R}{c_1}\right) = \begin{cases} 0 & \text{für} \quad t < \dfrac{R}{c_1}, \\[2ex] \dfrac{1}{2}\left(t-\dfrac{R}{c_1}\right)^2 & \text{für} \quad t > \dfrac{R}{c_2} \end{cases}$$

liefert die inverse *Laplace-Transformation* der Gln. (13)

$$u_1 = \frac{1}{4\pi\mu}\left\{\frac{1}{R}H\left(t-\frac{R}{c_2}\right)+c_2^2\frac{\partial^2}{\partial x_1^2}\left[R^{-1}\left(\gamma\left(t-\frac{R}{c_1}\right)-\gamma\left(t-\frac{R}{c_2}\right)\right)\right]\right\};$$

$$u_2 = \frac{1}{4\pi\varrho}\frac{\partial^2}{\partial x_1\,\partial x_2}\left[R^{-1}\left(\gamma\left(t-\frac{R}{c_1}\right)-\gamma\left(t-\frac{R}{c_2}\right)\right)\right]; \qquad (14)$$

$$u_3 = \frac{1}{4\pi\varrho}\frac{\partial^2}{\partial x_1\,\partial x_3}\left[R^{-1}\left(\gamma\left(t-\frac{R}{c_1}\right)-\gamma\left(t-\frac{R}{c_2}\right)\right)\right].$$

Aufgrund der gewonnenen Verschiebungen können die Spannungen mit Hilfe der Formel

$$\sigma_{ij} = 2\mu\,\varepsilon_{ij}+\lambda\,\varepsilon_{kk}\,\delta_{ij}$$

ermittelt werden, wobei

$$\varepsilon_{ij} = \frac{1}{2}\left(\frac{\partial u_i}{\partial x_j}+\frac{\partial u_j}{\partial x_i}\right); \quad i,j = 1,2,3$$

ist.

Es ist zu bemerken, daß die Verschiebungen (14) mit einer einzigen Formel geschrieben werden können:

$$u_j = U_j^{(1)} = \frac{1}{4\pi\mu}\left\{\frac{1}{R}H\left(t-\frac{R}{c_1}\right)\delta_{1j}+\right.$$

$$\left.+c_2^2\frac{\partial^2}{\partial x_j\,\partial x_1}\left[R^{-1}\left(\gamma\left(t-\frac{R}{c_1}\right)-\gamma\left(t-\frac{R}{c_2}\right)\right)\right]\right\}. \qquad (15)$$

$$j = 1,2,3$$

Greift im Koordinatenursprung eine Einzelkraft in Richtung der x_k-Achse an so lautet die entsprechende Formel

$$u_j = U_j^{(k)} = \frac{1}{4\pi\mu}\left\{\frac{1}{R}H\left(t - \frac{R}{c_1}\right)\delta_{kj} + \right.$$

$$\left. + c_2^2\frac{\partial^2}{\partial x_j\partial x_k}\left[R^{-1}\left(\gamma\left(t - \frac{R}{c_1}\right) - \gamma\left(t - \frac{R}{c_2}\right)\right)\right]\right\}. \tag{16}$$

Mit Hilfe dieser Formel können die neun Komponenten des Verschiebungstensors $U_j^{(k)}(x, t)$ gewonnen werden.

Es wird nun die Wirkung einer im Koordinatenursprung in Richtung der x_1-Achse angreifenden Einzelkraft betrachtet. Die Kraft sei mit der Zeit harmonisch veränderlich:

$$X_1 = \delta(x_1)\delta(x_2)\delta(x_3)\,e^{-i\omega t}; \qquad X_2 = X_3 = 0.$$

Werden die Amplituden der Spannungsfunktion und andere entsprechende Größen durch einen Stern ausgezeichnet, so lauten die Gl. (1)

$$u_1^* = \frac{\lambda+2\mu}{\mu}\left[\left(\nabla^2 + \frac{\omega^2}{c_1^2}\right)\varphi_1^* - \frac{\lambda+\mu}{\mu}\,\frac{\partial^2}{\partial x_1^2}\varphi_1^*\right];$$

$$u_2^* = -\frac{\lambda+\mu}{\mu}\,\frac{\partial^2\varphi_1^*}{\partial x_1\partial x_2}; \qquad u_3^* = -\frac{\lambda+\mu}{\mu}\,\frac{\partial^2\varphi_1^*}{\partial x_1\partial x_3}. \tag{17}$$

Mit der Bezeichnung $\boldsymbol{\varphi}^* \equiv (\varphi_1^*, 0, 0)$ hat Gl. (2) die Form

$$(\lambda+2\mu)\left(\nabla^2 + \frac{\omega^2}{c_1^2}\right)\left(\nabla^2 + \frac{\omega^2}{c_2^2}\right)\varphi_1^* + \delta(x_1)\delta(x_2)\delta(x_3) = 0. \tag{18}$$

Aufgrund eines Vergleiches von Gl. (18) mit Gl. (7) wird ersichtlich, daß die Lösung (11) verwendet werden darf. Mithin lautet die Formel für die Verschiebung u_j:

$$u_j = U_j^{(1)} = \frac{e^{-i\omega t}}{4\pi\mu}\left\{\frac{e^{ik_2R}}{R}\delta_{1j} - \frac{c_2^2}{\omega^2}\frac{\partial^2}{\partial x_1\partial x_j}\left(\frac{e^{ik_1R} - e^{ik_2R}}{R}\right)\right\}$$

$$\text{mit } k_\alpha = \frac{\omega}{c_\alpha},\, \alpha = 1,2. \tag{19}$$

Wirkt im Koordinatenursprung die Kraft

$$X_j = \delta(x_1)\delta(x_2)\delta(x_3)\,e^{-i\omega t}\delta_{jk}$$

in Richtung der x_k-Achse, so ist

$$u_j = U_j^{(k)} = \frac{e^{-i\omega t}}{4\pi\mu}\left\{\frac{e^{ik_2R}}{R}\delta_{jk} - \frac{c_2^2}{\omega^2}\frac{\partial^2}{\partial x_j\partial x_k}\left(\frac{e^{ik_1R} - e^{ik_2R}}{R}\right)\right\}. \tag{20}$$

Es ist noch das zweidimensionale Problem zu betrachten, bei dem die Kraft

$$X_j = \delta(x_1)\delta(x_2)\delta_{ij}f(t); \qquad j = 1, 2$$

wirkt, die längs der x_3-Achse gleichmäßig verteilt ist, so daß im unendlichen Raum der ebene Verzerrungszustand entsteht. Es ist die Gleichung

$$(\lambda+2\mu)\left(\nabla_1^2 - \frac{p^2}{c_1^2}\right)\left(\nabla_1^2 - \frac{p^2}{c_2^2}\right)\bar{\varphi}_1 + \delta(x_1)\delta(x_2)\bar{f}(p) = 0, \tag{21}$$

zu lösen, wobei

$$\nabla_1^2 = \frac{\partial^2}{\partial x_1^2} + \frac{\partial^2}{\partial x_2^2}$$

bedeutet.

Die *Laplace-Transformierten* der Verschiebungen werden aus den Formeln

$$\bar{u}_\alpha = \frac{\lambda+2\mu}{\mu}\left(\nabla_1^2 - \frac{p^2}{c_1^2}\right)\bar{\varphi}_1\delta_{1\alpha} - \frac{\lambda+\mu}{\mu}\frac{\partial^2\bar{\varphi}_1}{\partial x_1\partial x_\alpha}; \quad \alpha = 1,2 \tag{22}$$

ermittelt.

Auf Gl. (21) wird die doppelte *Fourier-Transformation* angewendet. Mithin gilt

$$\tilde{\varphi}_1(\alpha_1,\alpha_2,p) = \frac{1}{2\pi}\overline{\int\int_{-\infty}^{\infty}}\bar{\varphi}_1(x_1,x_2,p)\,e^{i\alpha_k x_k}\,dx_1\,dx_2;$$

$$\bar{\varphi}_1(x_1,x_2,p) = \frac{1}{2\pi}\overline{\int\int_{-\infty}^{\infty}}\tilde{\varphi}_1(\alpha_1,\alpha_2,p)\,e^{-i\alpha_k x_k}\,d\alpha_1\,d\alpha_2. \tag{23}$$

Die Lösung der Gl. (21) stellt die Funktion

$$\bar{\varphi}_1(x_1,x_2,p) =$$

$$= -\frac{\mu\bar{f}(p)}{4\pi^2\varrho(\lambda+\mu)p^2}\overline{\int\int_{-\infty}^{\infty}}\left(\frac{1}{\hat{\alpha}^2+p^2/c_1^2} - \frac{1}{\hat{\alpha}^2+p^2/c_2^2}\right)e^{-i\alpha_k x_k}\,d\alpha_1\,d\alpha_2; \tag{24}$$

mit

$$\hat{\alpha}^2 = \alpha_1^2 + \alpha_2^2$$

dar.

Dieses Integral läßt sich ebenfalls in einer geschlossenen Form schreiben:

$$\overline{\int\int_{-\infty}^{\infty}}\frac{e^{-i\alpha_k x_k}\,d\alpha_1\,d\alpha_2}{\hat{\alpha}^2+p^2/c_1^2} = 2\pi K_0\left(\frac{rp}{c_1}\right). \tag{25}$$

Hierbei bedeutet $K_0\left(\dfrac{rp}{c_1}\right)$ die *Besselsche Funktion* dritter Art und der nullten Ordnung.

Folglich ist

$$\bar{\varphi}_1(x_1,x_2,p) = -\frac{\mu\bar{f}(p)}{2\pi\varrho(\lambda+\mu)p^2}\left[K_0\left(\frac{rp}{c_1}\right) - K_0\left(\frac{rp}{c_2}\right)\right]. \tag{26}$$

Die Gl. (22) liefern

$$\bar{u}_\alpha = \bar{U}_\alpha^{(1)} = \frac{\bar{f}(p)}{2\pi\mu}\left\{K_0\left(\frac{rp}{c_2}\right)\delta_{1\alpha} + \frac{c_2^2\partial^2}{p^2\partial x_1\partial x_\alpha}\left[K_0\left(\frac{rp}{c_1}\right) - K_0\left(\frac{rp}{c_2}\right)\right]\right\}. \tag{27}$$

Es wird $f(t) = H(t)$ und damit $\bar{f}(p) = \dfrac{1}{p}$ vorausgesetzt. Unter Berücksichtigung von

$$\mathscr{L}^{-1}\left[\frac{K_0\left(\dfrac{rp}{c_2}\right)}{p}\right] = \varepsilon\left(\frac{r}{c_2},t\right) = \begin{cases} 0 & \text{für } 0 < t < r/c_2 \\ \text{area}\left(\cosh\dfrac{c_2}{r}\right) & \text{für } t > \dfrac{r}{c_2} \end{cases},$$

$$\mathscr{L}^{-1}\left[\frac{K_0\left(\dfrac{rp}{c_2}\right)}{p}\right] = \frac{1}{2}\int_0^t (t-\tau)^2\,\varphi\left(\tau,\frac{r}{c_2}\right)d\tau,$$

$$(28)$$

wobei

$$\varphi\left(t,\frac{r}{c_2}\right) = \begin{cases} 0 & \text{für } 0 < t < r/c_2 \\ \dfrac{1}{\sqrt{t^2 - \dfrac{r^2}{c_2^2}}} & \text{für } t > \dfrac{r}{c_2} \end{cases}$$

ist, lautet die Funktion u_α nach der inversen *Laplace-Transformation*

$$u_\alpha = U_\alpha^{(1)} = \frac{1}{2\pi\mu}\left[\varepsilon\left(\frac{r}{c_2},t\right) + c_2^2\frac{\partial^2}{\partial x_1\partial x_\alpha}\left\{\int_0^t \varphi\left(\frac{r}{c_1},\tau\right)(t-\tau)^2 d\tau - \right.\right.$$

$$\left.\left. - \int_0^t \varphi\left(\frac{r}{c_2},\tau\right)(t-\tau)^2 d\tau\right\}\right]; \quad \alpha = 1,2. \tag{29}$$

Bei bekannten Verschiebungen kann man die Verzerrungen und Spannungen mit Hilfe der Formeln

$$\varepsilon_{\alpha\beta} = \frac{1}{2}\left(\frac{\partial u_\alpha}{\partial x_\beta} + \frac{\partial u_\beta}{\partial x_\alpha}\right); \quad \alpha,\beta = 1,2; \quad \sigma_{11} = 2\mu\varepsilon_{11} + \lambda e;$$

$$\sigma_{22} = 2\mu\varepsilon_{22} + \lambda e; \quad \sigma_{33} = \lambda e; \quad \sigma_{12} = 2\mu\varepsilon_{12}; \quad e = \varepsilon_{11} + \varepsilon_{22} \tag{30}$$

ermitteln.

Es wird der Fall untersucht, wenn die zeitlich harmonisch veränderliche Kraft $X_1 = \delta(x_1)\delta(x_2)e^{-i\omega t}$ wirkt. Wird ähnlich wie beim dreidimensionalen Problem verfahren, so ergibt sich

$$u_\alpha = U_\alpha^{(1)} =$$

$$= \frac{e^{-i\omega t}}{2\pi\mu}\left\{K_0\left(\frac{ri\omega}{c_2}\right) - \frac{c_2^2}{\omega^2}\frac{\partial^2}{\partial x_1\partial x_\alpha}\left[K_0\left(\frac{ri\omega}{c_1}\right) - K_0\left(\frac{ri\omega}{c_2}\right)\right]\right\}. \tag{31}$$

Nun wird noch das eindimensionale Problem betrachtet. Hierbei braucht keine Spannungsfunktion eingeführt zu werden; es reicht aus, das partikuläre Integral der Verschiebungsgleichung

$$(\lambda + 2\mu)\frac{\partial^2 u_1}{\partial x_1^2} + X_1(x_1,t) = \varrho\ddot{u}_1 \tag{32}$$

zu bestimmen.

Wenn die Kräfte $X_1 = P_0\delta(x_1)\delta(t)$ angreifen, d.h. die Kräfte, die über die Ebene $x_1 = 0$ gleichmäßig verteilt sind und in Richtung der x_1-Achse wirken, gilt

$$u_1(x_1, t) = \frac{p_0}{2\varrho\, c_1}\, H\!\left(t - \frac{x_1}{c_1}\right). \tag{33}$$

11.6. Rayleighsche Oberflächenwellen

Die Störungsquellen auf der Oberfläche eines elastischen Halbraumes oder in deren Nähe erzeugen elastische Wellen, für welche die an dieser Oberfläche großen und mit der Tiefe schnell abnehmenden Amplituden kennzeichnend sind [121]. Derartige Wellen, als Oberflächenwellen bezeichnet, entstehen bei Erdbeben, Explosionen usw. und spielen eine wichtige Rolle in der seismologischen Forschung.

Es wird der elastische Halbraum $x_1 \geqq 0$ unter der Voraussetzung betrachtet, daß eine Oberflächenwelle sich in Richtung der x_1-Achse fortpflanzt. Zweidimensionale Wellen dieser Art können nur dann entstehen, wenn ihre Ursache (eine Störung) von der Veränderlichen x_3 nicht abhängt.

Es handelt sich hierbei um den ebenen Verzerrungszustand, da $u_3 = 0$ und $\varepsilon_{i3} = 0$ für $i = 1, 2, 3$ sind.

Werden in die Verschiebungsgleichungen

$$\mu\nabla_1^2 u_1 + (\lambda+\mu)\frac{\partial e}{\partial x_1} = \varrho\,\ddot{u}_1, \qquad \mu\nabla_1^2 u_2 + (\lambda+\mu)\frac{\partial e}{\partial x_2} = \varrho\,\ddot{u}_2,$$

$$e = \frac{\partial u_1}{\partial x_1} + \frac{\partial u_2}{\partial x_2}; \qquad \nabla_1^2 = \frac{\partial}{\partial x_1^2} + \frac{\partial}{\partial x_2^2} \tag{1}$$

die mit Hilfe der Potentiale Φ, Ψ ausgedrückten Verschiebungen

$$u_1 = \frac{\partial\Phi}{\partial x_1} + \frac{\partial\Psi}{\partial x_2}, \qquad u_2 = \frac{\partial\Phi}{\partial x_2} - \frac{\partial\Psi}{\partial x_1} \tag{2}$$

eingesetzt, so ergeben sich die Wellengleichungen

$$\Box_1^2\Phi = 0, \qquad \Box_2^2\Psi = 0, \tag{3}$$

wobei

$$\Box_\alpha^2 = \nabla_1^2 - \frac{1}{c_\alpha^2}\frac{\partial^2}{\partial t^2}; \qquad \alpha = 1, 2 \tag{}$$

ist.

Zur Lösung der Wellengleichungen werden die Ansätze

$$\Phi = \Phi^*(x_1)\, e^{-i(\omega t - kx_2)}; \qquad \Psi = \Psi^*(x_1)\, e^{-i(\omega t - kx_2)} \tag{4}$$

gemacht. Hierbei ist die Existenz einer monochromatischen Welle vorausgesetzt, die sich zur x_2-Achse parallel fortpflanzt. Die unbekannte Phasengeschwindigkeit dieser Welle ist $c = \omega/k$. Der Ansatz (4) wird in die Gln. (3) eingeführt und ergibt die gewöhnlichen Differentialgleichungen

$$\left(\frac{d^2}{dx_1^2} - \nu_1^2\right)\Phi^* = 0; \qquad \left(\frac{d^2}{dx_1^2} - \nu_2^2\right)\Psi^* = 0 \tag{5}$$

mit

$$v_\alpha = \left(k^2 - \frac{\omega^2}{c_\alpha^2}\right)^{1/2}, \qquad \alpha = 1, 2.$$

Von allgemeinen Lösungen der Gln. (5) werden nur diejenigen gewählt, die eine Abnahme der Amplitude mit der Tiefe beschreiben und die *Ausstrahlungsbedingung von Sommerfeld* erfüllen. Zur Verfügung stehen also die folgenden Lösungen:

$$\Phi^* = A\, e^{-v_1 x_1}; \qquad \Psi^* = B\, e^{-v_2 x_1} \tag{6}$$

mit

$$v_\alpha > 1. \qquad \alpha = 1, 2.$$

Die Bedingung, daß die Wellen mit der Tiefe verschwinden müssen, ergibt, daß die Größen v_α für $\alpha = 1, 2$ reell und positiv sein müssen.

Im unendlichen Raum pflanzen sich die Longitudinal- und Transversalwellen voneinander unabhängig mit wachsenden Phasengeschwindigkeiten fort. Im betrachteten Fall sind die Wellen beider Arten miteinander durch die Randbedingungen

$$\sigma_{11}(0, x_2, t) = 0; \qquad \sigma_{12}(0, x_2, t) = 0 \tag{7}$$

verbunden. Damit wird vorausgesetzt, daß der Rand belastungsfrei ist. Wegen

$$\sigma_{11} = 2\mu\,\varepsilon_{11} + \lambda\,\varepsilon_{kk}; \qquad \sigma_{12} = 2\mu\,\varepsilon_{12}; \qquad \varepsilon_{kk} = \frac{\partial u_1}{\partial x_1} + \frac{\partial u_2}{\partial x_2}$$

lassen sich die Randbedingungen, wenn die Verschiebungen und Verzerrungen mit Hilfe der Funktionen Φ und Ψ dargestellt werden, in der folgenden Form schreiben:

$$\left| 2\mu\,\frac{\partial^2\Phi}{\partial x_1^2} + \lambda\nabla_1^2\Phi + 2\mu\,\frac{\partial^2\Psi}{\partial x_1\,\partial x_2} \right|_{x_1=0} = 0,$$

$$\left| 2\,\frac{\partial^2\Phi}{\partial x_1\,\partial x_2} + \frac{\partial^2\Psi}{\partial x_2^2} - \frac{\partial^2\Psi}{\partial x_1^2} \right|_{x_1=0} = 0. \tag{8}$$

Unter Beachtung der Gln. (4) und (6) liefern die Gln. (8) ein System zweier homogener Gleichungen

$$[\lambda(v_1^2 - k^2) + 2\mu v_1^2]\,A - 2\mu\,ik\,v_2\,B = 0,$$

$$2\mu\,ik\,v_1\,A + \mu(k^2 + v_2^2)\,B = 0. \tag{9}$$

Die Kompatibilitätsbedingung für dieses System ergibt

$$[\lambda(v_1^2 - k^2) + 2\mu v_1^2](k^2 + v_2^2) - 4\mu v_1 v_2 k^2 = 0. \tag{10}$$

Mit den Bezeichnungen

$$\frac{c_1^2}{c_2^2} = \frac{\lambda + 2\mu}{\mu}, \qquad \frac{\lambda}{\mu} = \frac{c_1^2}{c_2^2} - 2, \qquad v_\alpha^2 = k^2 - \frac{\omega^2}{c_\alpha^2}, \qquad \alpha = 1, 2$$

lautet diese Gleichung

$$\left(2k^2 - \frac{\omega^2}{c_2^2}\right)^2 - 4v_1 v_2 k^2 = 0 \tag{11}$$

oder

$$\left(1 - \frac{\eta}{2}\right)^2 = (1 - \vartheta\eta)^{1/2}\,(1 - \eta)^{1/2}. \tag{12}$$

Hierbei wurden die Bezeichnungen $\vartheta = c_2^2/c_1^2 < 1$ und $\eta = c^2/c_2^2$ eingeführt. Gl. (12) kann auch in folgender Form geschrieben werden:

$$\eta[\eta^3 - 8\eta^2 + (24 - 16\vartheta)\eta - 16(1 - \vartheta)] = 0. \tag{13}$$

Die Wurzel $\eta_1 = 0$ entspricht nicht den Bedingungen der betrachteten Aufgabe. Es ist zu bemerken, daß die Größe ω in der Gl. (13) nicht vorkommt. Die Phasengeschwindigkeit der *Rayleighschen Wellen* $c = c_R$ ist also konstant und hängt von ω nicht ab. Damit unterliegt eine Oberflächenwelle keiner Dispersion.

Es wird der Fall $\lambda = \mu$ oder $\nu = \dfrac{1}{4}$ betrachtet. Dann ist $\vartheta = \dfrac{1}{3}$ und die Gl. (13) liefert neben dem Wert $\eta_1 = 0$ weitere reelle Wurzeln:

$$\eta_2 = 4, \quad \eta_3 = 2 + \frac{2}{\sqrt{3}}; \quad \eta_4 = 2 - \frac{2}{\sqrt{3}}.$$

Da die Größe ν_α mit ($\alpha = 1, 2$) reell und positiv sein muß, ist

$$\begin{aligned}
\nu_1^2 &= k^2 - \frac{\omega^2}{c_1^2} = k^2(1 - \vartheta\eta) > 0, \\
\nu_2^2 &= k^2 - \frac{\omega^2}{c_2^2} = k^2(1 - \eta) > 0.
\end{aligned} \tag{14}$$

Daraus folgt die Beziehung $\eta < 1 < 1/\vartheta$, die nur durch die Wurzel $\eta_4 = 2 - 2/\sqrt{3} = 0{,}8453$ erfüllt wird.

Die Phasengeschwindigkeit einer *Rayleighschen Welle* ist

$$c = c_R = c_2\sqrt{\eta_4} = 0{,}9184 c_2. \tag{15}$$

Diese Geschwindigkeit ist kleiner als die Phasengeschwindigkeit der Transversalwelle. Mit $\eta_4 = 0{,}8453$ und $\vartheta = 1/3$ liefert die Gl. (14)

$$\nu_1 = 0{,}8475k; \quad \nu_2 = 0{,}3993k.$$

Interessant ist das Abklingverhalten der Amplitude der Welle mit der Tiefe. Darüber entscheiden die Glieder $e^{-\nu_\alpha x_1}$ ($\alpha = 1, 2$), die in den Funktionen Φ und ψ, d.h. auch in den Verschiebungen u_1 und u_2 auftreten. Als Maß für das Abklingverhalten der Welle wird die Änderung der Amplitude um einen Faktor $1/e$ angenommen, wenn der Wert $x_1 = 1/\nu_1$ in $e^{-\nu_1 x_1}$ und der Wert $x_1 = 1/\nu_2$ in $e^{-\nu_2 x_1}$ eingesetzt werden. Daraus folgt

$$x_1 = \frac{1}{k\sqrt{1 - \vartheta\eta}} = \frac{l}{2\pi\sqrt{1 - \vartheta\eta}}$$

und

$$x_1 = \frac{1}{k\sqrt{1 - \eta}} = \frac{l}{2\pi\sqrt{1 - \eta}}. \tag{16}$$

Hierbei ist $l = 2\pi/k$ die Wellenlänge. Für $\eta_4 = 0{,}8453$, $\nu = 1/3$ ist

$$x_1 = \frac{l}{5{,}31} \quad \text{und} \quad x_1 = \frac{l}{2{,}48}.$$

Wie ersichtlich, ist x_1 ein Bruchteil der Wellenlänge. Die Oberflächenwelle pflanzt sich an der Oberfläche $x_1 = 0$ in der Richtung der x_2-Achse fort und klingt mit der Tiefe sehr rasch ab.

Nun werden die Verschiebungen untersucht. Unter Verwendung der Gln. (2) ergibt sich

$$u_1 = (-A\,\nu_1\,e^{-\nu_1 x_1} + B\,ik\,e^{-\nu_2 x_1})\,e^{i(kx_2 - \omega t)},$$
$$u_2 = (ik\,A\,e^{-\nu_1 x_1} + \nu_2\,B\,e^{-\nu_2 x_1})\,e^{i(kx_2 - \omega t)}. \tag{17}$$

Die Konstante A wird durch B mit Hilfe der zweiten Gleichung des Systems (9) ausgedrückt.

Die Realteile der rechten Seiten der Gln. (17) ergeben für $\nu = 1/3$ die folgenden Formeln für die Verschiebungen

$$u_1 = 0{,}8475\,C(e^{-\nu_1 x_1} - 1{,}7320\,e^{-\nu_2 x_1})\cos \omega\left(t - \frac{x_2}{c_R}\right),$$
$$u_2 = -C(e^{-\nu_1 x_1} - 0{,}5773\,e^{-\nu_2 x_1})\sin \omega\left(t - \frac{x_2}{c_R}\right). \tag{18}$$

Die Verschiebungen sind nur bis auf eine beliebige Konstante C bestimmt. Diese Sachlage folgt daraus, daß die Ursache der Oberflächenwellen (die Störungsquelle) in den Gln. (9) nicht enthalten ist. Diese Gleichungen können lediglich zur Ermittlung der Phasengeschwindigkeit c_R durch die Lösung eines Eigenwertproblems verwendet werden.

Für $x_1 = 0$ ist

$$u_1(0, x_2, t) = -0{,}62037\,C\cos \omega\left(t - \frac{x_2}{c_R}\right),$$
$$u_2(0, x_2, t) = -0{,}4227\,C\sin \omega\left(t - \frac{x_2}{c_R}\right). \tag{19}$$

Die Gln. (19) liefern ein Bild der Gestalt der Ebene $x_1 = 0$, die der Verformung unterliegt. Das Verhältnis der Amplituden der waagerechten und der lotrechten Verschiebung ist 0,681.

Es wird noch der Grenzfall eines unzusammendrückbaren Mediums betrachtet, für das $\nu = 1/2$ oder $c_1^2 = \infty$ anzunehmen ist.

Gl. (13) liefert mit $\vartheta = 0$

$$\eta(\eta^3 - 8\eta^2 + 24\eta - 16) = 0.$$

Die Wurzel $\eta_1 = 0$ genügt nicht den Voraussetzungen des Problems; die beiden nächsten Wurzeln der Gleichung sind imaginär und nur eine einzige Wurzel ist reell und kleiner als Eins (vgl. Ungleichung (14)). Folglich ergibt sich

$$c_R = 0{,}95554\,c_2.$$

Die Phasengeschwindigkeit ist etwa 5% kleiner als die Geschwindigkeit der Transversalwelle. Die Tiefe x_1, für die die Welle infolge der Auswirkung des Gliedes $e^{-\nu_\alpha x_1}$ um den Faktor $1/e$ abklingt, ist

$$x_1 = \frac{1}{\nu_1} = \frac{l}{2\pi}.$$

Es wurden also die Sonderfälle $\vartheta = 1/3$ und $\vartheta = 1/2$ untersucht. In Abb. 11-2 sind Diagramme für die Verhältnisse c_2/c_1, c_R/c_1 und c_R/c_2 in der Abhängigkeit von der Stoffkonstante ν gezeigt. Die Diagramme wurden von L. Knopoff [72] bearbeitet.

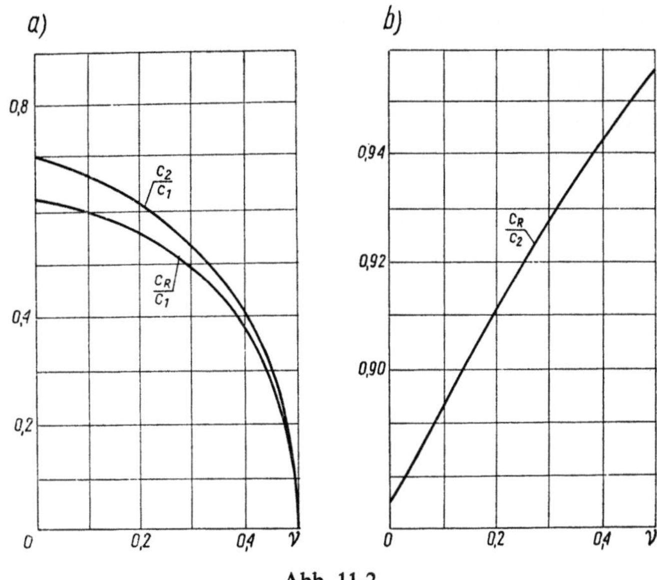

Abb. 11-2

Aus den obigen Betrachtungen ergibt sich, daß die *Rayleighschen Oberflächenwellen* mit der Tiefe sehr schnell abklingen; praktisch stellen sie die Wellen dar, die sich in einem zweidimensionalen Raum fortpflanzen. Sie weisen dabei sehr große Amplituden und eine sehr große Energie auf. Derartige Wellen verursachen Oberflächenerschütterungen und bilden die Hauptursache der Zerstörung von oberirdischen Bauten. Die Energie dieser Wellen ist größer als die Energie der Raumwellen (Transversal- und Longitudinalwellen), die aus demselben Störzentrum auslaufen.

Die *Rayleighschen Oberflächenwellen* spielen eine wichtige Rolle bei Beobachtung der Erdbebenwellen. An den Beobachtungspunkt gelangen ausgehend vom Störzentrum her zunächst die Longitudinalwellen, danach die Transversalwellen und erst dann die Oberflächenwellen. Die beiden ersteren pflanzen sich längs der Sehne, die letzteren längs des Bogens fort. Die Beobachtung der Oberflächenwellen stellt den wichtigsten Teil der Forschung von Erdbebenwellen dar. Diese Wellen sind ebenfalls in Ultraschall-Forschung von großer Bedeutung, z.B. bei einer Untersuchung der Oberflächenfehler der Werkstoffe.

Die Entdeckung der *Oberflächenwellen von Rayleigh*, zuerst auf einem theoretischen Weg und erst dann experimentell bestätigt, stellt ein schönes Beispiel der Wirksamkeit theoretischer Forschung dar.

11.7. Wellen von Love

Bei den *Oberflächenwellen von Rayleigh* bewegen sich die Stoffteilchen ausschließlich in der Fortpflanzungsebene der Welle. Dabei treten keine Transversalwellen auf, die zur Fortpflanzungsebene senkrecht wären. Beobachtung der Erdrinde zeigt aber, daß bei der Fortpflanzung einer Oberflächenwelle in gewissen Fällen in der $x_1 x_3$-Ebene Wellen der *SV*-Art vorkommen können, die mit der Verschiebung u_2 verbunden sind. A. E. Love [89] hat bewiesen, daß derartige Wellen in einem geschichteten Raum auftreten können.

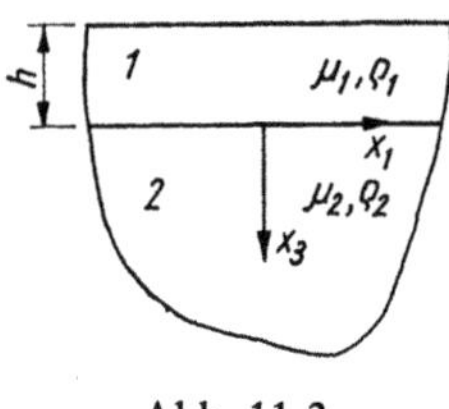

Abb. 11-3

Es wird also ein zweischichtiges elastisches Medium betrachtet, das in Abb. 11-3 schematisch dargestellt ist. Der Elastizitätsmodul und die Dichte mögen in der elastischen Schicht $-h \leq x_3 \leq 0$ und im Halbraum $x_3 \geq 0$ verschieden sein. Im auf diese Weise bestimmten Medium pflanze sich die elastische Welle

$$\boldsymbol{u} \equiv \big(0, G(x_3), 0\big)\, e^{ik(x_1 - ct)} \tag{1'}$$

in Richtung der x_1-Achse mit der Phasengeschwindigkeit c fort. Der Rand $x_3 = -h$ wird belastungsfrei vorausgesetzt.

Wegen

$$u_1 = 0; \quad u_2 = G(x_3)\, e^{ik(x_1 - ct)}; \quad u_3 = 0; \quad k = \omega/c \tag{1''}$$

ist die Dilatation $e = u_{k,k}$ Null und das System der Verschiebungsgleichungen kann auf die Wellengleichung

$$\mu \left(\frac{\partial^2}{\partial x_1^2} + \frac{\partial^2}{\partial x_3^2} \right) u_2 - \varrho \ddot{u}_2(x_1, x_3, t) = 0 \tag{2}$$

zurückgeführt werden.

Einführung der Gl. (1'') in die Gl. (2) ergibt die gewöhnlichen Differentialgleichungen

$$\left(\frac{d^2}{dx_3^2} + k^2 \beta_1^2 \right) G_1 = 0; \quad \beta_1^2 = \frac{c^2}{a_1^2} - 1; \quad -h \leqslant x_3 \leqslant 0, \tag{3}$$

$$\left(\frac{d^2}{dx_3^2} - k^2 \beta_2^2 \right) G_2 = 0; \quad \beta_2^2 = 1 - \frac{c^2}{a_2^2}; \quad x_3 \geqslant 0, \tag{4}$$

mit

$$a_1^2 = \frac{\mu_1}{\varrho_1}, \quad a_2^2 = \frac{\mu_2}{\varrho_2},$$

wobei a_1, a_2 die Fortpflanzungsgeschwindigkeiten in Medien *1* und *2* bedeuten. Die Lösung der Gln. (3) und (4) liefert

$$G_1 = A \sin k\beta_1 x_3 + B \cos k\beta_1 x_3; \qquad -h \leqslant x_3 \leqslant 0, \tag{5}$$

$$G_2 = C \exp(-k\beta_2 x_3), \qquad\qquad x_3 \geqslant 0. \tag{6}$$

Hierbei wurde die Erfüllung der Ausstrahlungsbedingungen im Unendlichen vorausgesetzt. Die Größe β_2 soll positiv sein, um das Abklingen der Welle im Innern des Halbraumes zu sichern. Wegen $\beta_2 > 0$ ist $a_2 > c$.

Die Integrationskonstanten A, B und C werden aufgrund der Randbedingungen an der Ebene $x_3 = -h$ und aus der Stetigkeitsbedingung für die Verschiebungen in der Ebene $x_3 = 0$ ermittelt.

Es ist zu bemerken, daß gemäß Gl. $(1'')$ die Verschiebung u_2 und die Spannungen σ_{23} und σ_{12} von Null verschieden sind. Die Lastenfreiheit am Rand $x = -h$ ergibt die Bedingung

$$\frac{dG_1}{dx_3}\bigg|_{x_3 = -h} = 0. \tag{7}$$

Die Stetigkeitsbedingung für die Verschiebungen u_2 und Spannungen σ_{23} an der Ebene $x_3 = 0$ liefert die Beziehungen

$$G_1(0) = G_2(0), \tag{8}$$

$$\frac{dG_1(0)}{dx_3} = \frac{dG_2(0)}{dx_3}. \tag{9}$$

Aus den Gln. (7) bis (9) folgt das Gleichungssystem

$$A \cos \beta_1 kh + B \sin k\beta_1 kh = 0,$$
$$B - C = 0, \tag{10}$$
$$\mu_1 \beta_1 A + \mu_2 \beta_2 C = 0.$$

Dieses System ist kompatibel, wenn die Säkulargleichung

$$\mu_2 \beta_2 = \mu_1 \beta_1 \tan \beta_1 h \tag{11}$$

erfüllt ist.

Die reelle Wurzel von Gl. (11) ergibt sich für $a_2 > a_1$. Daraus folgt, daß die *Wellen von Love* nur dann vorkommen können, wenn die obige Ungleichung gilt, d.h. wenn $\mu_2/\mu_1 > \varrho_2/\varrho_1$ ist.

Die aus Gl. (11) ermittelte Phasengeschwindigkeit c befriedigt die Ungleichung $a_2 > c > a_1$ und hängt von h sowie von $k = \omega/c$ ab. Da c von ω abhängt, handelt es sich um Wellen mit Dispersion.

Für die Verschiebung u_2 gilt

$$u_2(x_1, x_3, t) = D \cos[k\beta_1(x_3 + h)] e^{ik(x_1 - ct)}; \qquad -h \leqslant x_3 \leqslant 0, \tag{12}$$

$$u_2(x_1, x_3, t) = D \cos(\beta_1 kh) e^{-\beta_2 kx_3 - ik(x_1 - ct)}; \qquad x_3 \geqslant 0. \tag{13}$$

Hierbei bedeutet D eine willkürlich gewählte Konstante und c die reelle Wurzel von Gl. (11). Der größte Wert der Verschiebung u_2 ergibt sich für $x_3 = -h$. Für $x_3 \geqq 0$ nimmt diese Verschiebung exponentiell ab.

11.8. Wellenfortpflanzung in einer elastischen Schicht

Es wird eine elastische Schicht der Dicke $2h$, mit den spannungsfreien Ebenen $x_3 = \pm h$ betrachtet. In Richtung der x_1-Achse pflanzt sich eine Welle mit der

Geschwindigkeit c fort. Eine ebene Longitudinalwelle hätte sich in einem unendlichen Raum mit der Geschwindigkeit c_1, eine Transversalwelle mit der Geschwindigkeit c_2 fortgepflanzt.

Die Begrenzung des elastischen Raumes durch zwei Ebenen führt selbstverständlich zu Störungen, die sich sowohl auf die Fortpflanzungsgeschwindigkeit als auch auf den Spannungszustand auswirken.

Das beschriebene Problem wurde von RAYLEIGH [122] und LAMB [80] gelöst. Es wird mathematisch folgendermaßen formuliert. Gesucht werden Lösungen der Wellengleichungen

$$\nabla_1^2 \Phi - \frac{1}{c_1^2}\ddot{\Phi} = 0; \qquad \nabla_1^2 \Psi - \frac{1}{c_2^2}\ddot{\Psi} = 0,$$
$$\nabla_1^2 = \frac{\partial^2}{\partial x_1^2} + \frac{\partial^2}{\partial x_3^2}, \tag{1}$$

unter der Voraussetzung, daß

$$\Phi(x_1,x_3,t) = \Phi^*(x_1,x_3)e^{-i\omega t}; \qquad \Psi(x_1,x_3,t) = \Psi^*(x_1,x_3)e^{-i\omega t} \tag{2}$$

und die Randbedingungen

$$\sigma_{33} = 0; \qquad \sigma_{31} = 0 \quad \text{für} \quad x_3 = \pm h \tag{3}$$

gelten. Wegen der Gln. (2) lauten die Gln. (1)

$$\nabla_1^2 \Phi^* + k_1^2 \Phi^* = 0; \qquad \nabla_1^2 \Psi^* + k_2^2 \Psi^* = 0 \text{ mit } k_\beta^2 = \frac{\omega^2}{c_\beta^2}, \quad \beta = 1,2. \tag{4}$$

Diese Gleichungen werden mit den Ansätzen

$$\Phi^* = \hat{\Phi}(x_3)e^{i\alpha x_1}; \qquad \Psi^* = \hat{\Psi}(x_3)e^{i\alpha x_1} \tag{5}$$

gelöst.

Werden die Gln. (5) in die Gln. (4) eingesetzt, so ergeben sich zwei gewöhnliche Differentialgleichungen

$$\left[\frac{d^2}{dx_3^2} - (\alpha^2 - k_1^2)\right]\hat{\Phi} = 0; \qquad \left[\frac{d^2}{dx_3^2} - (\alpha^2 - k_2^2)\right]\hat{\Psi} = 0 \tag{6}$$

mit den Lösungen

$$\hat{\Phi} = A\sinh\nu_1 x_3 + B\cosh\nu_1 x_3;$$
$$\hat{\Psi} = C\sinh\nu_2 x_3 + D\cosh\nu_2 x_3 \tag{7}$$

mit

$$\nu_1 = \sqrt{\alpha^2 - k_1^2}; \qquad \nu_2 = \sqrt{\alpha^2 - k_2^2}.$$

Daraus folgt

$$\Phi(x_1,x_3,t) = (A\sinh\nu_1 x_3 + B\cosh\nu_1 x_3)e^{-i(\omega t - \alpha x_1)},$$
$$\Psi(x_1,x_3,t) = (C\sinh\nu_2 x_3 + D\cosh\nu_2 x_3)e^{-i(\omega t - \alpha x_1)}. \tag{8}$$

Es handelt sich also hierbei um eine monochromatische Welle, die sich in Richtung der x_1-Asche mit der Geschwindigkeit $c = \omega/\alpha$ fortpflanzt.

Die Verschiebungen u_1 und u_3 sind mit den Funktionen Φ und Ψ durch die Beziehungen

$$u_1 = \frac{\partial \Phi}{\partial x_1} - \frac{\partial \Psi}{\partial x_3}; \qquad u_3 = \frac{\partial \Phi}{\partial x_3} + \frac{\partial \Psi}{\partial x_1} \tag{9}$$

verbunden.

Für die Spannungen σ_{ij} gilt

$$\sigma_{11} = 2\mu \frac{\partial u_1}{\partial x_1} + \lambda e; \qquad \sigma_{33} = 2\mu \frac{\partial u_3}{\partial x_3} + \lambda e; \qquad \sigma_{13} = \mu \left(\frac{\partial u_1}{\partial x_3} + \frac{\partial u_3}{\partial x_1} \right) \tag{10}$$

oder

$$\sigma_{11} = 2\mu \left(\frac{\partial^2 \Phi}{\partial x_1^2} - \frac{\partial^2 \Psi}{\partial x_1 \partial x_3} \right) + \lambda \nabla_1^2 \Phi,$$

$$\sigma_{33} = 2\mu \left(\frac{\partial^2 \Phi}{\partial x_3^2} + \frac{\partial^2 \Psi}{\partial x_1 \partial x_3} \right) + \lambda \nabla_1^2 \Phi, \tag{11}$$

$$\sigma_{13} = \mu \left(2 \frac{\partial^2 \Phi}{\partial x_1 \partial x_3} - \frac{\partial^2 \Psi}{\partial x_3^2} + \frac{\partial^2 \Psi}{\partial x_1^2} \right).$$

Werden nun die Funktionen Φ und Ψ von Gln. (8) in die Randbedingungen eingeführt, so entsteht ein System von vier algebraischen Gleichungen, das vier unbekannte Konstanten A, B, C und D enthält. Die gleich Null gesetzte Determinante dieses Systems liefert die charakteristische Gleichung zur Bestimmung der Phasengeschwindigkeit c für festgelegte Werte von ω, μ, λ, ϱ. Diese Aufgabe kann wesentlich durch die Anwendung zweier Gruppen mit jeweils zwei Ansätzen vereinfacht werden. Diese Ansätze sind

$$\Phi_1 = B\, e^{-i(\omega t - \alpha x_1)} \cosh \nu_1 x_3,$$
$$\Psi_1 = C\, e^{-i(\omega t - \alpha x_1)} \sinh \nu_2 x_3 \tag{12'}$$

und

$$\Phi_2 = A\, e^{-i(\omega t - \alpha x_1)} \sinh \nu_1 x_3,$$
$$\Psi_2 = D\, e^{-i(\omega t - \alpha x_1)} \cosh \nu_2 x_3. \tag{12''}$$

Die Einführung der Gln. (12') in die Gln. (9) zeigt sofort, daß die Verschiebung u_1 symmetrisch und die Verschiebung u_3 antisymmetrisch bezüglich der $x_3 = 0$ Ebene sind, Die Spannungen σ_{11} und σ_{33} sind symmetrisch, die Spannung σ_{13} ist antisymmetrisch hinsichtlich dieser Ebene. Dank dieser Symmetriebedingungen reicht es vollkommen aus, die Randbedingungen lediglich für $x_3 = 0$ zu berücksichtigen.

Die in die Gln. (3) eingeführten Ansätze (12) ergeben unter Berücksichtigung der Gln. (11) ein System von zwei homogenen Gleichungen:

$$-(\varrho \omega^2 - 2\mu \alpha^2) B \cosh \nu_1 h - 2i\mu \alpha \nu_2 C \cosh \nu_2 h = 0,$$
$$-2i\alpha \nu_1 B \sinh \nu_1 h - (\nu_2^2 + \alpha^2) C \sinh \nu_2 h = 0. \tag{13}$$

Das System ist kompatibel, wenn seine Determinante Null ist. Aus den Kompatibilitätsbedingungen folgt also

$$\frac{\tanh(\nu_1 h)}{\tanh(\nu_2 h)} = \frac{(\nu_2^2 + \alpha^2)^2}{4\alpha^2 \nu_1 \nu_2}; \qquad c = \frac{\omega}{\alpha} \tag{14'}$$

oder

$$\frac{\tanh\left(\alpha h \sqrt{1-c^2/c_1^2}\right)}{\tanh\left(\alpha h \sqrt{1-c^2/c_2^2}\right)} = \frac{(2-c^2/c_2^2)^2}{4\sqrt{(1-c^2/c_1^2)(1-c^2/c_2^2)}}. \tag{14''}$$

Zunächst werden die Grenzfälle untersucht. Ist die Wellenlänge $l = 2\pi/\alpha$ sehr groß im Vergleich mit der Schichtdicke, so dürfen die Größen $v_1 h$, $v_2 h$, αh als klein angesehen werden. Werden nun die Funktionen tanh in der Gl. (14) durch ihre Argumente ersetzt, so entsteht

$$4\alpha^2 v_1^2 = (\alpha^2 + v_2^2)^2.$$

Hieraus folgt

$$c = 2\frac{c_2}{c_1}\sqrt{c_1^2 - c_2^2}. \tag{15}$$

Ist $\mu = \lambda$, d.h. $v = 1/4$, so gilt $c_1^2 = 3c_2^2$. Die Gl. (15) liefert

$$c = c_p = \frac{2\sqrt{2}}{3}c_1 = 2\sqrt{\frac{2}{3}}\,c_2. \tag{15'}$$

Für eine im Vergleich mit der Schichtdicke $2h$ sehr kleine Wellenlänge dürfen die Größen αh, $v_1 h$, $v_2 h$ als groß betrachtet werden. Damit wird das Verhältnis der Funktionen tanh in Gl. (14) gleich Eins. Dann gilt

$$\left(2-\frac{c^2}{c_2^2}\right)^2 = 4\sqrt{(1-c^2/c_1^2)(1-c^2/c_2^2)}. \tag{16}$$

Diese Beziehung kam schon im Abschnitt 11.6 vor (vgl. Gl. (12)). Sie stellt die Gleichung dar, aus der die Fortpflanzungsgeschwindigkeit für eine *Oberflächenwelle von Rayleigh* c ermittelt wird.

Bei einer konstanten kleinen Wellenlänge l und einem Zuwachs der Schichtdicke nimmt die gegenseitige Einwirkung der Randbedingungen an den Ebenen $x_3 = h$ und $x_3 = -h$ ab. Der Rand $x_3 = h$ darf als Rand eines elastischen Halbraumes betrachtet werden; die monochromatische Welle wird einer *Welle von Rayle gh* ähnlich.

Die Phasengeschwindigkeit wird für den allgemeinen Fall symmetrischer Schwingungen aufgrund der Gl. (14) ermittelt. Aus dieser Gleichung, in der der Parameter $\alpha = \omega/c$ auftritt, folgt, daß die Phasengeschwindigkeit c von der Frequenz ω abhängt. Das bedeutet Dispersion der Welle. Eine Diskussion der Grenzfälle ergibt, daß die Phasengeschwindigkeit für die erste Schwingungsform $M^{(1)}$ im Intervall $c_p \geqslant c \geqslant c_R$ liegt.

Es ist noch zu bemerken, daß wegen der periodischen Art der Funktion $(v_2 h)$, d.h. wegen $c > c_2$, eine unendliche Anzahl symmetrischer Schwingungsformen $M_1^{(1)}$, $M_1^{(2)}$, ... gewonnen wird.

Die allgemeine Diskussion der transzendenten Gleichung (14'') bei einer Änderung der Größen ϱ, μ, λ hat W. G. Gogoladse [41] durchgeführt.

In Abb. 11-4 ist die Phasengeschwindigkeit c und Gruppengeschwindigkeit $U = c + \alpha\dfrac{\partial c}{\partial \alpha}$ in Abhängigkeit vom Parameter αh für die erste und zweite symmetrische Schwingungsform und für $\lambda = \mu$ d.h. $v = 1/4$ dargestellt.

Aus den von J. Tolstoy and E. Usdin [146] durchgeführten Berechnungen folgt, daß die Phasengeschwindigkeit c für die erste symmetrische Schwingungsform $M_1^{(1)}$ monoton abnimmt: vom Wert $c = c_p = 2\sqrt{\dfrac{2}{3}}\,c_2$ für $\alpha h \to 0$ an bis auf den asymptotischen Wert $c = c_R = 0{,}9194 c_2$ für $\alpha h \to \infty$. Die Gruppengeschwindigkeit hat die gleichen Grenzwerte wie die Phasengeschwindigkeit für die Schwingungsform $M_1^{(1)}$.

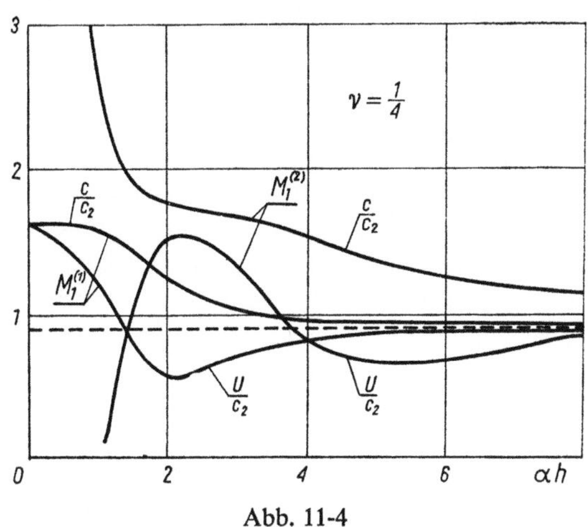

Abb. 11-4

In Abb. 11-4 ist, ebenfalls die Phasengeschwindigkeit c in Abhängigkeit von der Veränderlichen αh für die zweite Schwingungsform $M_1^{(2)}$ gezeigt. Es ist ersichtlich, daß die Phasengeschwindigkeit c für diese Schwingungsform unendlich groß für $\alpha h \to 0$ wird und gegen den Wert c_2 für $\alpha h \to \infty$ strebt. Die mit der gleichen Schwingungsform verbundene Gruppengeschwindigkeit U geht gegen Null für $\alpha h \to 0$ und gegen c_2 für $\alpha h \to \infty$.

Nun werden die mit Gln. (12'') beschriebenen Schwingungen betrachtet. Durch Einführung dieser Gleichungen in die Gln. (9) läßt sich erkennen, daß die Verschiebung u_1 antisymmetrisch und die Verschiebung u_3 symmetrisch bezüglich der Ebene $x_3 = 0$ sind. Die Gln. (11) besagen, daß die Spannungen σ_{11}, σ_{33} antisymmetrisch und die Spannung σ_{13} symmetrisch hinsichtlich dieser Ebene sind.

Die Randbedingungen (3) ergeben unter Beachtung der Gln. (12) ein System von zwei bezüglich A und B linearen Gleichungen. Die gleich Null gesetzte Determinante dieses Systems liefert die transzendente Gleichung

$$\frac{\tanh(\nu_1 h)}{\tanh(\nu_2 h)} = \frac{4\alpha^2 \nu_1 \nu_2}{(\nu_2^2 + \alpha^2)^2} \tag{17}$$

oder

$$\frac{\tanh\left(\alpha h \sqrt{1 - c^2/c_1^2}\right)}{\tanh\left(\alpha h \sqrt{1 - c^2/c_2^2}\right)} = \frac{4\sqrt{(1 - c^2/c_1^2)(1 - c^2/c_2^2)}}{(2 - c^2/c_2^2)^2}.$$

Ist die Wellenlänge im Vergleich mit der Schichtdicke $2h$ groß, so gilt $c < c_2 < c_1$. Werden nun die Funktionen tanh von Gl. (17) in Reihen entwickelt und durch die drei ersten Glieder der Entwicklung approximiert, so ergibt sich die einfache Beziehung

$$\frac{c^2}{c_2^2} = \frac{4}{3}\,(\alpha h)^2 \left(1 - \frac{c_2^2}{c_1^2}\right) \quad \text{mit} \quad c = \frac{\omega}{\alpha}. \tag{18}$$

Ist die Wellenlänge im Vergleich mit der Schichtdicke sehr klein, so wird Gl. (17) auf die Gl. (16) zurückgeführt und liefert die Fortpflanzungsgeschwindigkeit für die *Oberflächenwellen von Rayleigh.*

Die Gl. (18), die sich auf die erste antisymmetrische Schwingungsform $M_2^{(1)}$ bezieht, liefert die Phasengeschwindigkeit der Biegewellen c.

In Abb. 11-5 ist der Verlauf der Funktionen c/c_2 und U/c_2 für die erste und zweite antisymmetrische Schwingungsform bei $\nu = 1/4$ gezeigt. Aus diesen von J. Tolstoy und E. Usdin angefertigten Diagrammen kann abgelesen werden, daß die Phasengeschwindigkeit c für die erste antisymmetrische Schwingungsform $M_2^{(1)}$ mit einem Zuwachs des Parameters αh von Null (für $\alpha h = 0$) bis zum asymptotischen Wert c_R (für $\alpha h \to \infty$) monoton zunimmt. Die Grenzwerte für die Gruppengeschwindigkeit U sind jenen für die Phasengeschwindigkeit c gleich. Für $\alpha h \approx 3{,}6$ nimmt die Gruppengeschwindigkeit den maximalen Wert an, wobei $U_{max} \approx c_2$ ist.

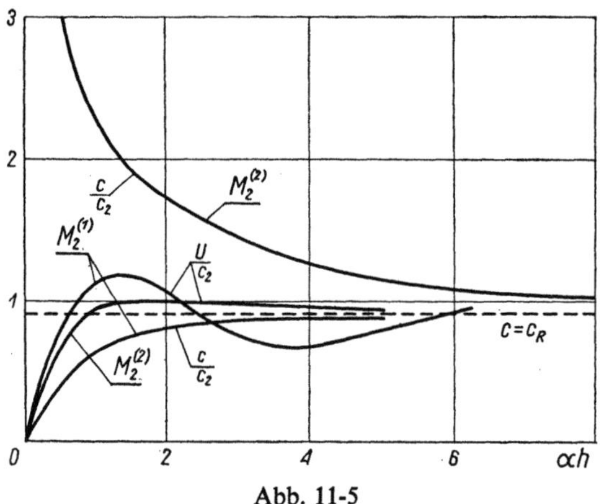

Abb. 11-5

Die zweite antisymmetrische Schwingungsform $M_2^{(2)}$ sowie die weiteren Formen $M_2^{(3)}$, $M_2^{(4)}$,... sind mit den Phasengeschwindigkeiten $c > c_2$ verbunden. Für $\alpha h \to 0$ wird die Phasengeschwindigkeit c unendlich, die Gruppengeschwindigkeit U geht gegen Null; für $\alpha h \to \infty$ streben die beiden Geschwindigkeiten gegen den Wert c_2.

11.9. Fortpflanzung der Longitudinalwellen in einem Zylinder

Es wird die Fortpflanzung der monochromatischen Wellen in einem unendlich langen Kreiszylinder betrachtet, dessen Mantel belastungsfrei ist.

Zuerst wird die Fortpflanzung einer Longitudinalwelle unter der Voraussetzung untersucht, daß die Verschiebungen Funktionen der Veränderlichen r und t sind. Zur Lösung werden hierbei die Wellenpotentiale Φ und Ψ verwendet. Die Wellengleichungen (vgl. Gln. (15) und (17) vom Abschnitt 11.1) lauten

$$\left(\nabla^2 - \frac{1}{c_1^2}\frac{\partial^2}{\partial t^2}\right)\Phi = 0; \qquad \left(\nabla^2 - \frac{1}{c_2^2}\frac{\partial^2}{\partial t^2}\right)\Psi = 0, \tag{1}$$

wobei

$$\nabla^2 = \frac{\partial^2}{\partial r^2} + \frac{1}{r}\frac{\partial}{\partial r} + \frac{\partial^2}{\partial z^2}$$

ist.

Die Komponenten des Verschiebungsvektors $\boldsymbol{u} \equiv (u_r, 0, u_z)$ sind mit den Potentialfunktionen Φ und Ψ durch die Beziehungen

$$u_r = \frac{\partial\Phi}{\partial r} + \frac{\partial^2\Psi}{\partial r\,\partial z},$$

$$u_z = \frac{\partial\Phi}{\partial z} - \frac{\partial^2\Psi}{\partial r^2} - \frac{1}{r}\frac{\partial\Psi}{\partial r} = \frac{\partial\Phi}{\partial z} + \frac{\partial^2\Psi}{\partial z^2} - \frac{1}{c_2^2}\frac{\partial^2\Psi}{\partial t^2} \tag{2}$$

verbunden. In den weiteren Betrachtungen werden noch die Formeln für die Spannungen

$$\sigma_{rr} = 2\mu\frac{\partial u_r}{\partial r} + \lambda\left(\frac{\partial u_r}{\partial r} + \frac{u_r}{r} + \frac{\partial u_z}{\partial z}\right),$$

$$\sigma_{rz} = \mu\left(\frac{\partial u_r}{\partial z} + \frac{\partial u_z}{\partial r}\right) \tag{3}$$

verwendet.

Diese Spannungen treten in den Randbedingungen für das betrachtete Problem auf. Am Mantel verschwinden die Spannungen σ_{rr} und σ_{rz}. Es gilt

$$\sigma_{rr}(a, z, t) = 0; \qquad \sigma_{rz}(a, z, t) = 0. \tag{4}$$

Die monochromatische Welle pflanzt sich längs der z-Achse mit einer — noch unbekannten — Phasengeschwindigkeit c fort. Zur Lösung der Gln. (1) werden die Ansätze

$$\Phi = AG(r)\,e^{ik(z-ct)}; \qquad \Psi = BF(r)\,e^{ik(z-ct)} \quad \text{mit} \quad k = \frac{\omega}{c} \tag{5}$$

gewählt. Mit ω wird die Frequenz bezeichnet. Zu erwähnen ist noch der Zusammenhang zwischen der Wellenlänge l und den Größen k und c:

$$l = \frac{2\pi}{k} = \frac{2\pi c}{\omega}.$$

Der Ansatz (5) führt die Wellengleichungen (1) auf gewöhnliche Differentialgleichungen

$$\frac{d^2G}{dr^2} + \frac{1}{r}\frac{\partial G}{\partial r} + \nu_1^2 G = 0; \qquad \frac{d^2F}{dr^2} + \frac{1}{r}\frac{\partial F}{\partial r} + \nu_2^2 F = 0, \tag{6}$$

zurück, wobei

$$v_1^2 = k_1^2 - k^2; \qquad v_2^2 = k_2^2 - k^2;$$

$$k_1 = \frac{\omega}{c_1}; \qquad k_2 = \frac{\omega}{c_2}$$

ist. Von den partikulären Lösungen (6) werden diejenigen gewählt, die keine Singularität für $r = 0$ aufweisen. Die Gln. (6) werden mit Hilfe der *Besselschen Funktionen* $J_0(v_\alpha r)$, $\alpha = 1, 2$ erfüllt. Die Lösungen der Wellengleichungen (1) lauten damit

$$\Phi = A J_0(v_1 r) e^{ik(z-ct)}; \qquad \Psi = B J_0(v_2 r) e^{ik(z-ct)}. \tag{7}$$

Die in die Gl. (2) eingesetzten Funktionen (7) liefern

$$\begin{aligned}
u_r &= [A J_0'(v_1 r) + B ik J_0'(v_2 r)] e^{ik(z-ct)}, \\
u_z &= [A ik J_0(v_1 r) + v_2^2 B J_0(v_2 r)] e^{ik(z-ct)},
\end{aligned} \tag{8}$$

worin

$$J_0'(v_\alpha r) = \frac{d}{dr} J_0(v_\alpha r)$$

ist.

Werden die Spannungen (3) mittels der Verschiebungen (8) ausgedrückt und werden die Randbedingungen (4) erfüllt, so ergibt sich ein System von zwei homogenen Gleichungen

$$\begin{aligned}
&A[2\mu J_0''(v_1 r) - \lambda k_1^2 J_0(v_1 r)]_{r=a} + 2\mu ik[J_0''(v_2 r)]_{r=a} = 0, \\
&2ik A[J_0'(v_1 r)]_{r=a} - B(2k^2 - k_2^2)[J_0'(v_2 r)]_{r=a} = 0.
\end{aligned} \tag{9}$$

Die gleich Null gesetzte Determinante dieses Systems liefert die charakteristische Gleichung, aus der die Phasengeschwindigkeit c für eine vorgegebene Frequenz ω ermittelt werden kann. Es gilt:

$$\begin{vmatrix} [2\mu J_0''(v_1 r) - \lambda k_1^2 J_0(v_1 r)]_{r=a} & 2\mu ik[J_0''(v_2 r)]_{r=a} \\ 2ik[J_0'(v_1 r)]_{r=a} & (k_2^2 - 2k^2)[J_0'(v_2 r)]_{r=a} \end{vmatrix} = 0. \tag{10}$$

Die gewonnene charakteristische Gleichung ist sehr verwickelt und kann kaum allgemein diskutiert werden. Man kann nur allgemein feststellen, daß eine Dispersion der Welle auftritt, weil die Phasengeschwindigkeit von der Frequenz ω abhängt.

Nun werden zwei Grenzfälle betrachtet. Ist der Zylinderradius klein im Vergleich mit der Wellenlänge $l = 2\pi/c$, so darf eine vereinfachte charakteristische Gleichung verwendet werden, indem die Funktion $J_0(v_\alpha r)$ in eine unendliche Reihe entwickelt wird, wobei lediglich die drei ersten Glieder der Reihe betrachtet werden. Es gilt also

$$J_0(v_\alpha r) = 1 - \frac{1}{4}(v_\alpha r)^2 + \frac{1}{64}(v_\alpha r)^4 + \dots. \tag{11}$$

Hieraus folgt

$$J_0'(v_\alpha a) \approx -\frac{1}{2} v_\alpha^2 a\left(1 - \frac{1}{8} v_\alpha^2 a^2\right); \qquad J_0''(v_\alpha a) \approx -\frac{1}{2} v_\alpha^2\left(1 - \frac{3}{8} v_\alpha^2 a^2\right);$$

$$J_0(v_\alpha r) \approx 1 - \frac{1}{4}(v_\alpha a)^2.$$

Unter Berücksichtigung dieser Ausdrücke ergibt Gl. (10) die folgende charakteristische Gleichung:

$$a v_2^2 \left\{ (k_2^2 - 2k^2) \left(1 - \frac{1}{8} v_2^2 a^2\right) \left[v_1^2 \left(1 - \frac{3}{8} v_1^2 a\right) + \frac{\lambda}{\mu} k_1^2 \left(1 - \frac{1}{4} v_1^2 a^2\right) \right] + \right.$$

$$\left. + 2k^2 v_1^2 \left(1 - \frac{3}{8} v_2^2 a^2\right) \left(1 - \frac{1}{8} v_1^2 a^2\right) \right\} = 0. \tag{12}$$

Werden nun die Glieder mit a^2 und den höheren Potenzen vernachlässigt und die Lösung $v_2 = 0$ (die auf die Formel $c = c_2$ führt) ausgeschlossen, so liefert Gl. (12) die folgende Gleichung

$$(k_2^2 - 2k^2) \left(v_1^2 + \frac{\lambda}{\mu} k_1^2\right) + 2k^2 v_1^2 = 0.$$

Nach einfachen Umformungen gilt

$$\frac{1}{k^2} = \frac{c^2}{\omega^2} = \frac{2\lambda k_1^2 + \mu k_2^2}{(\lambda + \mu) k_1^2 k_2^2},$$

und daraus

$$c^{(0)} \approx \sqrt{\frac{\mu(3\lambda + 2\mu)}{\varrho(\lambda + \mu)}} = \sqrt{\frac{E}{\varrho}}. \tag{13}$$

Die zweite Näherung, die aus der Gl. (12) von L. POCHHAMMER [116] gewonnen wurde, liefert die folgende Formel für die Phasengeschwindigkeit c:

$$c^{(1)} \approx \sqrt{\frac{E}{\varrho} \left(1 - \frac{1}{4} v^2 k^2 a^2\right)} \quad \text{mit} \quad v = \frac{\lambda}{2(\lambda + \mu)}. \tag{14}$$

Es ist ersichtlich, daß eine Dispersion der Welle auftritt, da $k = \omega/c$ ist. Diese Tatsache folgt aus der ersten Näherung nicht.

Ist die Wellenlänge im Vergleich mit dem Stabradius sehr klein, so geht Gl. (12), wie von D. BANCROFT [4] bewiesen wurde, in die charakteristische Gleichung für *Oberflächenwellen von Rayleigh* in einen elastischen Halbraum über.

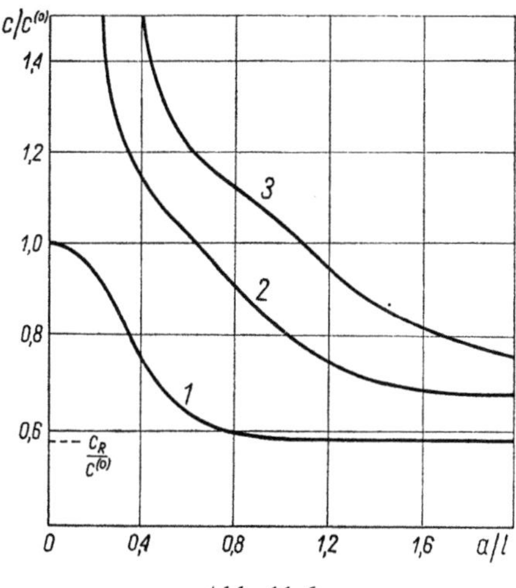

Abb. 11-6

Es ist ersichtlich, daß sich die Geschwindigkeit c je nach dem Verhältnis a/l in breiten Grenzen $c^{(0)} < c < c_R$ verändert, wobei c_R die Geschwindigkeit für *Oberflächenwellen von Rayleigh* bedeutet. Diese Feststellung bezieht sich selbstverständlich auf die kleinste Wurzel der transzendenten Gleichung (10). In Abb. 11-6 sind die Werte des Verhältnisses $c/c^{(0)}$ für die drei ersten Schwingungsformen in Abhängigkeit von a/l angegeben. Die von R. M. DAVIES [25, 26] angefertigten Kurven beziehen sich auf die Konstante $\nu = 0{,}29$. Ein dem beträchteten analoges Problem stellt die Fortpflanzung von Longitudinalwellen in einem unbegrenzten elastischen Körper um einen zylindrischen Hohlraum dar. Dieses Problem von großer praktischer Bedeutung wurde von M. A. BIOT [11] gelöst.

11.10. Torsions- und Biegewellen in einem unendlichen Zylinder

Es werden die Verschiebungsgleichungen in Zylinderkoordinaten r, φ, z betrachtet. Es gilt

$$\mu\left(\nabla^2 u_r - \frac{u_r}{r^2} - \frac{2}{r^2}\frac{\partial u_\varphi}{\partial\varphi}\right) + (\lambda+\mu)\frac{\partial e}{\partial r} - \varrho\ddot{u}_r = 0,$$

$$\mu\left(\nabla^2 u_\varphi - \frac{u_\varphi}{r^2} + \frac{2}{r^2}\frac{\partial u_r}{\partial\varphi}\right) + (\lambda+\mu)\frac{\partial e}{r\partial\varphi} - \varrho\ddot{u}_\varphi = 0, \tag{1}$$

$$\mu\nabla^2 u_z + (\lambda+\mu)\frac{\partial e}{\partial z} - \varrho\ddot{u}_z = 0,$$

wobei

$$e = \frac{1}{r}\frac{\partial}{\partial r}(ru_r) + \frac{1}{r}\frac{\partial u_\varphi}{\partial\varphi} + \frac{\partial u_z}{\partial z}; \quad \nabla^2 = \frac{\partial^2}{\partial r^2} + \frac{1}{r}\frac{\partial}{\partial r} + \frac{1}{r^2}\frac{\partial^2}{\partial\varphi^2} + \frac{\partial^2}{\partial z^2}$$

ist.

Die Spannungskomponenten sind

$$\sigma_{rr} = 2\mu\frac{\partial u_r}{\partial r} + \lambda e; \quad \sigma_{\varphi\varphi} = 2\mu\left(\frac{u_r}{r} + \frac{1}{r}\frac{\partial u_\varphi}{\partial\varphi}\right) + \lambda e;$$

$$\sigma_{zz} = 2\mu\frac{\partial u_z}{\partial z} + \lambda e; \quad \sigma_{r\varphi} = \mu\left(\frac{\partial u_\varphi}{\partial r} - \frac{u_\varphi}{r} + \frac{1}{r}\frac{\partial u_r}{\partial\varphi}\right); \tag{2}$$

$$\sigma_{rz} = \mu\left(\frac{\partial u_r}{\partial z} + \frac{\partial u_z}{\partial r}\right).$$

Betrachtet wird ein unendlich langer Zylinder, dessen Achse mit der z-Achse zusammenfällt. Im Zylinder pflanze sich eine monochromatische Welle in der Richtung der z-Achse fort. Der Zylindermantel wird frei von jeder Belastung vorausgesetzt, es gilt

$$\sigma_{rr}(a, \varphi, z, t) = 0; \quad \sigma_{rz}(a, \varphi, z, t) = 0; \quad \sigma_{r\varphi}(a, \varphi, z, t) = 0. \tag{3}$$

Es werden zwei besondere Wellenarten untersucht. Bei der ersteren wird

$$\boldsymbol{u} \equiv (0, u_\varphi, 0)$$

vorausgesetzt, wobei u_φ vom Winkel φ unabhängig sei. Vom Gleichungssystem (1) verbleibt nur die zweite Gleichung, die nach Vernachlässigung der Glieder mit den Ableitungen nach φ lautet:

$$\frac{\partial^2 u_\varphi}{\partial r^2} + \frac{1}{r}\frac{\partial u_\varphi}{\partial r} - \frac{u_\varphi}{r^2} + \frac{\partial^2 u_\varphi}{\partial z^2} - \frac{1}{c_2^2}\ddot{u}_\varphi = 0. \tag{4}$$

Für eine monochromatische Welle gilt

$$u_\varphi(r, z, t) = U_\varphi(r)e^{i(kz - \omega t)}; \quad k = \frac{\omega}{c} \tag{5}$$

und Gl. (4) vereinfacht sich auf eine gewöhnliche Differentialgleichung

$$\left[\frac{d^2}{dr^2} + \frac{1}{r}\frac{d}{dr} + \left(k_2^2 - k^2 - \frac{1}{r^2}\right)\right] U_\varphi(r) = 0; \quad k_2 = \frac{\omega}{c^2}. \tag{6}$$

Die Größe c bedeutet die Phasengeschwindigkeit der Welle, die sich in Richtung der z-Achse fortpflanzt.

Von der Lösung der Gl. (6) wird dasjenige partikuläre Integral gewählt, das keine Singularität für $r = 0$ aufweist, d.h. für $r = 0$ einen endlichen Wert der Verschiebung u_φ ergibt. Es ist

$$U_\varphi = A J_1(\beta r); \quad \text{mit} \quad \beta = (k_2^2 - k^2)^{1/2}. \tag{7}$$

Es ist zu bemerken, daß der Verschiebung $\boldsymbol{u} \equiv (0, u_\varphi, 0)$ nur die Spannung $\sigma_{r\varphi}$ zugeordnet ist. Von den Randbedingungen (3) verbleibt nur die dritte Bedingung $\sigma_{r\varphi}(a, \varphi, z, t) = 0$ zu erfüllen. Aus dieser Bedingung folgt die transzendente Gleichung

$$\left[\frac{d}{dr}\left(\frac{J_1(\beta r)}{r}\right)\right]_{r=a} = 0. \tag{8}$$

Mithin ist

$$\beta a J_0(\beta a) = 2J_1(\beta a). \tag{9}$$

Aus der obigen Gleichung lassen sich die aufeinanderfolgenden Wurzeln $\beta_a^{(1)}$, $\beta_a^{(2)}$, ... ermitteln, welche die Phasengeschwindigkeit der betrachteten Welle beschreiben. Sie werden mit Hilfe der Gleichung

$$\beta^2 = k_2^2 - k^2$$

gewonnen.

Für die Wellenlänge $l = 2\pi/k$ ist

$$c = c_2 \sqrt{1 + \frac{l^2\beta^2}{4\pi^2}}. \tag{10}$$

Die einzige Spannung, die sich längs der z-Achse fortpflanzt ist die Spannung $\sigma_{r\varphi}$. Es breitet sich also eine Torsionswelle mit der Phasengeschwindigkeit c aus. Die Spannung ist

$$\sigma_{r\varphi}(r, z, t) = \mu A r \frac{\partial}{\partial r}\left(\frac{J_1(\beta r)}{r}\right)e^{i(kz - \omega t)}. \tag{11}$$

Im Abschnitt 11.9 wurde die Wellenfortpflanzung in einem unendlichen Zylinder unter der Voraussetzung betrachtet, daß $\boldsymbol{u} \equiv (u_r, 0, u_z)$ ist, wobei die Vektorkomponenten als von der Veränderlichen φ unabhängig angenommen waren.

Nun wird eine Wellenart untersucht, bei der alle drei Komponenten des Vektors [4] von Null verschieden sind und sich nach einfachen goniometrischen Formeln bezüglich φ verändern:

$$u_r = U_r(r)\cos\varphi\, e^{i(kz-\omega t)},$$

$$u_\varphi = U_\varphi(r)\sin\varphi\, e^{i(kz-\omega t)}, \tag{12}$$

$$u_z = U_z(r)\cos\varphi\, e^{i(kz-\omega t)}.$$

Derartige Wellen werden als Biegewellen bezeichnet.

Die in die Gln. (1) eingeführten Beziehungen (12) liefern ein System von drei Differentialgleichungen, welche die Funktionen U_r, U_φ, U_z enthalten. Ohne die Einzelheiten der Ermittlung anzuführen, wird an dieser Stelle nur die endgültige Lösungsform angegeben:

$$U_r = A\beta_1 J_1'(\beta_1 r) + B J_1'(\beta_2 r) + C\frac{1}{r} J_1(\beta_2 r),$$

$$U_\varphi = -A\frac{1}{r} J_1(\beta_1 r) - \frac{Bk}{r} J_1(\beta_1 r) - C\beta_2 J_1'(\beta_2 r), \tag{13}$$

$$U_z = A\, ik J_1(\beta_1 r) - i\beta_2^2 B J_1(\beta_2 r)$$

mit

$$\beta_\alpha = \left(\frac{\omega^2}{c_\alpha^2} - k^2\right)^{1/2}; \quad \alpha = 1, 2; \quad J_1'(\beta_\alpha r) = \frac{dJ_1(\beta_\alpha r)}{dr}.$$

Die partikulären Integrale (13) sind so gewählt worden, daß sie keine Singularitäten an der Stabachse aufweisen.

Sind die Spannungen σ_{rr}, σ_{rz}, $\sigma_{r\varphi}$ auf dem Zylindermantel Null, so ergeben die Gln. (2) drei Gleichungen

$$\left| \beta^2 U_r' + (\beta^2 - 2)\left(\frac{U_r}{r} + \frac{U_\varphi}{r} + ik\, U_z\right)\right|_{r=a} = 0,$$

$$\left| U_\varphi' - \frac{1}{r}(U_r + U_\varphi)\right|_{r=a} = 0, \tag{14}$$

$$\left| ik\, U_r + U_z'\right|_{r=a} = 0; \quad \beta = c_1/c_2.$$

Werden nun die Funktionen (14) in die Gln. (13) eingesetzt und wird die Determinante des gewonnenen Systems gleich Null gesetzt, so ergibt sich die folgende transzendente Gleichung, die von D. BANCROFT angegeben wurde:

$$\begin{vmatrix} x-1 & 2x-1 & 2x-1 \\ \gamma(\beta_1 a)-2 & \gamma(\beta_2 a)-2 & -2[\gamma(\beta_2 a)-2]-k^2 a(2x-1) \\ \gamma(\beta_1 a)-1 & -(x-1)[\gamma(\beta_2 a)-2] & 1 \end{vmatrix} = 0 \tag{15}$$

mit

$$x = \frac{\omega^2 \varrho}{2k^2 \mu}; \quad \gamma(y) = \frac{y J_0(y)}{J_1(y)}.$$

Gl. (15) liefert die aufeinanderfolgenden Wurzeln k, aufgrund derer die Fortpflanzungsgeschwindigkeiten der Biegewelle $c = \omega/k$ ermittelt werden. In Abb. 11-7 ist der Verlauf des Verhältnisses c/c_0 (wobei $c_0 = \sqrt{E/\varrho}$ ist) in Abhängigkeit vom Verhältnis a/l (l ist die Wellenlänge) gezeigt. Für $a/l \to \infty$ strebt die Phasengeschwindigkeit c gegen der Phasengeschwindigkeit der *Oberflächenwelle von Rayleigh*.

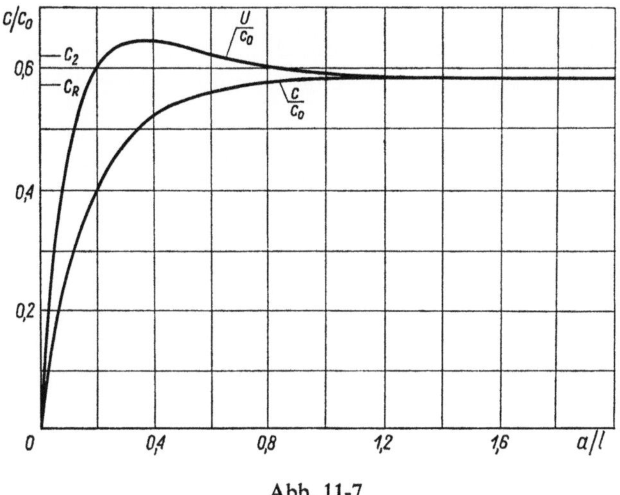

Abb. 11-7

In Abb. 11-7 ist ebenfalls der Verlauf von U/c_0 in Abhängigkeit vom Verhältnis a/l dargestellt, wobei U die Gruppengeschwindigkeit der Welle bedeutet.

Die in Abb. 11-7 gezeigten Kurven wurden von R. M. Davies [26] für $\nu = 0,29$ berechnet.

11.11. Das ebene Problem von Lamb

Betrachtet wird das folgende Problem des ebenen Verzerrungszustandes. In der Ebene $x_3 = 0$, die die Oberfläche des elastischen Halbraumes $x_3 \geq 0$ bildet, wirke die Belastung $P(x_1, t) = p(x_1)e^{i\omega t}$, die im Halbraum einen Spannungs- und Verzerrungszustand herbeiführt.

Zu lösen ist die Wellengleichung

$$\left(\frac{\partial^2}{\partial x_1^2} + \frac{\partial^2}{\partial x_3^2} - \frac{1}{c_1^2}\frac{\partial^2}{\partial t^2}\right)\Phi = 0; \qquad \left(\frac{\partial^2}{\partial x_1^2} + \frac{\partial^2}{\partial x_3^2} - \frac{1}{c_2^2}\frac{\partial^2}{\partial t^2}\right)\Psi = 0 \qquad (1)$$

mit den Randbedingungen

$$\sigma_{33}(x_1, 0, t) = -p(x_1)e^{i\omega t}; \qquad \sigma_{13}(x_1, 0, t) = 0. \qquad (2)$$

Es wurde hierbei vorausgesetzt, daß die Belastung $p(x_1)e^{i\omega t}$ an der Oberfläche des elastischen Halbraumes senkrecht in der positiven Richtung der x_3-Achse angreift. Die Potentiale Φ und Ψ sind mit den Verschiebungen und Spannungen folgendermaßen verbunden:

$$u_1 = \frac{\partial \Phi}{\partial x_1} - \frac{\partial \Psi}{\partial x_3}; \qquad u_3 = \frac{\partial \Phi}{\partial x_3} + \frac{\partial \Psi}{\partial x_1}; \qquad (3)$$

$$\sigma_{13} = \mu\left[2\,\frac{\partial^2 \Phi}{\partial x_1 \partial x_3} + \left(\frac{\partial^2}{\partial x_1^2} - \frac{\partial^2}{\partial x_3^2}\right)\Psi\right];$$

$$\sigma_{33} = 2\mu\left(\frac{\partial^2 \Phi}{\partial x_3^2} + \frac{\partial^2 \Psi}{\partial x_1 \partial x_3}\right) + \frac{\lambda}{c_1^2}\,\ddot{\Phi}. \tag{4}$$

Die Wellengleichungen lassen sich mit Hilfe der *Fourier-Integraltransformation* lösen. Es ist leicht zu prüfen, daß die Gln. (1) mit den folgenden Integralansätzen erfüllt werden:

$$\Phi = \frac{e^{i\omega t}}{\sqrt{2\pi}} \int\limits_{-\infty}^{\infty} A(\alpha)\,e^{-\nu_1 x_3} e^{-i\alpha x_1}\, d\alpha,\,. \tag{5}$$

$$\Psi = \frac{e^{i\omega t}}{\sqrt{2\pi}} \int\limits_{-\infty}^{\infty} B(\alpha)\,e^{-\nu_2 x_3} e^{-i\alpha x_1}\, d\alpha, \tag{6}$$

$$\nu_\beta = (\alpha^2 - k_\beta^2)^{1/2}; \quad \beta = 1, 2.$$

Die Verschiebungen (3) lauten mit den Ansätzen (5) und (6)

$$u_1 = \frac{e^{i\omega t}}{\sqrt{2\pi}} \int\limits_{-\infty}^{\infty} (-i\alpha A\, e^{-\nu_1 x_3} + \nu_2 B\, e^{-\nu_2 x_3})\,e^{-i\alpha x_1}\, d\alpha,$$

$$u_3 = -\frac{e^{i\omega t}}{\sqrt{2\pi}} \int\limits_{-\infty}^{\infty} (\nu_1 A\, e^{-\nu_1 x_3} + i\alpha B\, e^{-\nu_2 x_3})\,e^{-i\alpha x_1}\, d\alpha. \tag{7}$$

Werden die Ansätze (5) und (6) in die Gln. (4) eingesetzt und werden die Randbedingungen (2) verwendet, so ergibt sich ein System von zwei Gleichungen

$$2i\alpha\nu_1 A - (2\alpha^2 - k_2^2)B = 0, \quad (2\alpha^2 - k_2^2)A + 2i\alpha\nu_2 B = -\frac{\tilde{p}(\alpha)}{\mu}, \tag{8}$$

wobei

$$\tilde{p}(\alpha) = \frac{1}{\sqrt{2\pi}} \int\limits_{-\infty}^{\infty} p(x_1)\,e^{i\alpha x_1}\, dx_1$$

ist. Dieses Gleichungssystem liefert

$$A = -\frac{2\alpha^2 - k_2^2}{\mu N(\alpha)}\,\tilde{p}(\alpha); \quad B = -\frac{2i\alpha\nu_1\tilde{p}(\alpha)}{\mu N(\alpha)}, \tag{9}$$

mit

$$N(\alpha) = (2\alpha^2 - k_2^2)^2 - 4\alpha^2\nu_1\nu_2.$$

Werden die Werte (9) in die Gln. (7) eingeführt, so ergibt sich für $x_3 = 0$

$$u_1(x_1, 0, t) = \frac{e^{i\omega t}\, i}{\mu\sqrt{2\pi}} \int\limits_{-\infty}^{\infty} \frac{\alpha\tilde{p}(\alpha)}{N(\alpha)}\,(2\alpha^2 - k_2^2 - 2\nu_1\nu_2)\,e^{-i\alpha x_1}\, d\alpha,$$

$$u_3(x_1, 0, t) = -\frac{e^{i\omega t}\, k_2^2}{\mu\sqrt{2\pi}} \int\limits_{-\infty}^{\infty} \frac{\tilde{p}(\alpha)}{N(\alpha)}\,e^{-i\alpha x_1}\, d\alpha. \tag{10}$$

Im Sonderfall einer Einzelkraft d.h. für $p(x_1) = P_0 \,\delta(x_1)$ gilt

$$\tilde{p}(\alpha) = \frac{P_0}{\sqrt{2\pi}} \int_{-\infty}^{\infty} \delta(x_1)\, e^{i\alpha x_1}\, dx_1 = \frac{P_0}{\sqrt{2\pi}}.$$

Mithin ist

$$u_1(x_1,0,t) = \frac{i P_0\, e^{i\omega t}}{2\pi\mu} \int_{-\infty}^{\infty} (2\alpha^2 - k_2^2 - 2\nu_1\nu_2)\frac{\alpha}{N(\alpha)}\, e^{-i\alpha x_1}\, d\alpha,$$

$$u_3(x_1,0,t) = -\frac{P_0\, k_2^2\, e^{i\omega t}}{2\pi\mu} \int_{-\infty}^{\infty} \frac{\nu_1}{N(\alpha)}\, e^{-i\alpha x_1}\, d\alpha. \tag{11}$$

Die Lastfunktion wird in den symmetrischen Teil $p_s(x_1)$ und den antisymmetrischen Teil $p_a(x_1)$ hinsichtlich der Ebene $x_1 = 0$ aufgespaltet. Daraus folgt

$$\tilde{p}(\alpha) = \tilde{p}_s(\alpha) + i\tilde{p}_a(\alpha), \tag{12}$$

worin

$$\tilde{p}_s(\alpha) = \frac{1}{\sqrt{2\pi}} \int_{-\infty}^{\infty} p_s(x_1)\cos\alpha x_1\, dx_1,$$

$$\tilde{p}_a(\alpha) = \frac{1}{\sqrt{2\pi}} \int_{-\infty}^{\infty} p_a(x_1)\sin\alpha x_1\, dx_1$$

ist.

Wird Gl. (12) in die Gln. (10) eingesetzt und wird dabei berücksichtigt, daß die Amplituden der Verschiebungen und die Verschiebungen selbst reell sein müssen, so entstehen die folgenden Formeln:

— für eine symmetrische Belastung

$$u_1(x_1,0,t) =$$

$$= \mathrm{Re}\left\{ \frac{e^{i\omega t}}{\mu} \sqrt{\frac{2}{\pi}} \int_{0}^{\infty} \frac{(2\alpha^2 - k_2^2 - 2\nu_1\nu_2)}{N(\alpha)}\, \alpha\tilde{p}_s(\alpha)\sin\alpha x_1\, d\alpha \right\}$$

$$u_3(x_1,0,t) = -\mathrm{Re}\left\{ \frac{e^{i\omega t}}{\mu} \sqrt{\frac{2}{\pi}}\, k_2^2 \int_{0}^{\infty} \frac{\nu_1\tilde{p}_s(\alpha)}{N(\alpha)} \cos\alpha x_1\, d\alpha \right\}, \tag{13}$$

— für eine antisymmetrische Belastung

$$u_1(x_1,0,t) =$$

$$= -\mathrm{Re}\left\{ \frac{e^{i\omega t}}{\mu} \sqrt{\frac{2}{\pi}} \int_{0}^{\infty} \frac{(2\alpha^2 - k_2^2 - 2\nu_1\nu_2)}{N(\alpha)}\, \alpha\tilde{p}_a(\alpha)\cos\alpha x_1\, d\alpha \right\},$$

$$u_2(x_1,0,t) = -\mathrm{Re}\left\{ \frac{e^{i\omega t}}{\mu} \sqrt{\frac{2}{\pi}}\, k_2^2 \int_{0}^{\infty} \frac{\nu_1}{N(\alpha)}\, \tilde{p}_a(\alpha)\sin\alpha x_1\, d\alpha \right\}. \tag{14}$$

Auf eine ähnliche Weise kann diese Aufgabe für eine zur Ebene $x_3 = 0$ tangentiell in Richtung der x_1-Achse wirkende Belastung gelöst werden. In diesem Fall wird Gl. (1) mit den Randbedingungen

$$\sigma_{33}(x_1, 0, t) = 0; \qquad \sigma_{13}(x_1, 0, t) = -g(x_1) e^{i\omega t} \tag{15}$$

gelöst.

Hierbei wurde vorausgesetzt, daß die Belastung $g(x_1) e^{i\omega t}$ in der positiven Richtung der x_1-Achse wirkt. Mit den Ansätzen (5) und (6) liefern die Gln. (4) unter Berücksichtigung der Randbedingungen (15)

$$2i\alpha v_1 A - (2\alpha^2 - k_2^2) B = -\frac{\tilde{g}(\alpha)}{\mu}, \qquad (2\alpha^2 - k_2^2) A + 2i\alpha v_2 B = 0. \tag{16}$$

Nach Ermittlung der Größen A und B, der Funktionen des Parameters α, ergeben die Gln. (7) für $x_3 = 0$ die folgenden Verschiebungen in der Ebene, welche den elastischen Halbraum begrenzt:

$$u_1(x_1, 0, t) = -\frac{e^{i\omega t} k_2^2}{\mu \sqrt{2\pi}} \int_{-\infty}^{\infty} \frac{\tilde{g}(\alpha) v_2}{N(\alpha)} e^{-i\alpha x_1} d\alpha,$$

$$u_3(x_1, 0, t) = -\frac{e^{i\omega t} i}{\mu \sqrt{2\pi}} \int_{-\infty}^{\infty} \frac{\tilde{g}(\alpha)}{N(\alpha)} (2\alpha^2 - k_2^2 - 2v_1 v_2) \alpha\, e^{-i\alpha x_1} d\alpha. \tag{17}$$

In diesem Fall kann $g(x_1)$ ebenfalls in den bezüglich der Ebene $x_1 = 0$ symmetrischen und antisymmetrischen Teil aufgespalten werden. Die Verschiebungen können mit Hilfe der *Fourier-Integrale* bezüglich der Sinus- und Cosinusfunktionen beschrieben werden.

Ein paar Bemerkungen sind den Integralen (11) zu widmen. Die Berechnung dieser Integrale bringt bedeutende mathematische Schwierigkeiten mit sich; sie können nicht direkt berechnet werden. Hierzu hat man vielmehr die Veränderliche α durch die komplexe Veränderliche $\zeta = \alpha + i\tau$ zu substituieren und über eine Kurve in der ζ-Ebene zu integrieren [5]. Die in den Gln. (14) auftretenden uneigentlichen Integrale lauten dann

$$I_1 = \int \frac{\zeta(2\zeta^2 - k_2^2 - 2\sqrt{\zeta^2 - k_1^2}\,\sqrt{\zeta^2 - k_2^2}\,)}{(2\zeta^2 - k_2^2)^2 - 4\sqrt{\zeta^2 - k_1^2}\,\sqrt{\zeta^2 - k_2^2}} e^{-i\zeta x_1} d\zeta,$$

$$I_2 = \int \frac{k_2^2 \sqrt{\zeta^2 - k_1^2}\, e^{-i\zeta x_1} d\zeta}{(2\zeta^2 - k_2^2)^2 - 4\sqrt{\zeta^2 - k_1^2}\,\sqrt{\zeta^2 - k_2^2}}. \tag{18}$$

Es wird an dieser Stelle nicht in allen Einzelheiten auf diese komplizierte Integrationsmethode eingegangen, vielmehr wird nur das Endergebnis angeführt. Die interessierten Leser werden auf die Monographie von W. M. Ewing, W. S. Jardetzky und F. Press [32] verwiesen.

Die Integrale (11) können mit Hilfe der unendlichen Reihen

$$u_1(x_1, 0, t) = -\frac{P_0 H}{\mu} e^{i(\omega t - \varkappa x_1)} + \frac{iP_0}{2\pi\mu} [(k_1 x_1)^{-3/2} C\, e^{i(\omega t - k x_1)} +$$

$$+ (k_2 x_1)^{-3/2} D\, e^{i(\omega t - k_2 x_1)}] + \ldots$$

$$u_3(x_1, 0, t) = -\frac{iP_0 K}{\mu} e^{i(\omega t - \varkappa x_1)} - \frac{P_0}{2\pi\mu} [(k_1 x_1)^{-3/2} C_1 e^{i(\omega t - k x_1)} + \qquad (19)$$

$$+ (k_2 x_1)^{-3/2} D_1 e^{i(\omega t - k_2 x_1)}] + \dots$$

dargestellt werden. In den obigen Formeln gelten die Beziehungen:

$$H = -\frac{\varkappa(2\varkappa^2 - k_2^2) - 2\sqrt{\varkappa^2 - k_1^2}\sqrt{\varkappa^2 - k_2^2}}{N'(\varkappa)},$$

$$K = -\frac{k_2^2 \sqrt{\varkappa^2 - k_1^2}}{N'(\varkappa)}. \qquad (20)$$

Hierbei bedeuten $\varkappa$ die Wurzel der *Rayleighschen Gleichung* $N(\varkappa) = 0$ und $N'(\varkappa)$ die Ableitung der Funktion $N(\varkappa)$ bezüglich $\varkappa$. Weiterhin wurden die folgenden Konstanten eingeführt:

$$C = -2\sqrt{2\pi}\,\frac{k_1^3 k_2^2 (k_2^2 - k_1^2)^{1/2}}{(k_2^2 - 2k_1^2)^3}\, e^{-\frac{i\pi}{4}}$$

$$C_1 = -i\sqrt{2\pi}\,\frac{k_1^2 k_2^2}{(k_2^2 - 2k_1^2)^2}\, e^{-\frac{i\pi}{4}};$$

$$D = -2i\sqrt{2\pi}\left(1 - \frac{k_1^2}{k_2^2}\right)^{1/2} e^{-\frac{i\pi}{4}}; \qquad (21)$$

$$D_1 = -4i\sqrt{2\pi}\left(1 - \frac{k_1^2}{k_2^2}\right)^{1/2} e^{-\frac{i\pi}{4}}.$$

Das nächste Glied der Reihen (19) nimmt wie $(x_1)^{-5/2}$ ab. Die ersten Glieder dieser Reihen beschreiben die *Wellen von Rayleigh*, die sich von der Störungsquelle her mit der Phasengeschwindigkeit c_R und mit einer von x_1 unabhängigen Amplitude ausbreiten.

Das Verhältnis der lotrechten und waagerechten Komponente der Amplitude ist konstant und gleich K/H.

Die zweiten Glieder der Reihen (19) beschreiben die Longitudinalwellen, die sich mit der Phasengeschwindigkeit $c_1 = \omega/k_1$ fortpflanzen. Die dritten Glieder beschreiben die Transversalwellen, die sich von der Störungsquelle mit der Phasengeschwindigkeit $c_2 = \omega/k_2$ verbreitern. Die Amplituden dieser Schwingungen sind proportional zu $(k_1 x_1)^{-3/2}$ und $(k_2 x_1)^{-3/2}$. Hier ist zu bemerken, daß Zylinderwellen, die durch eine lineare Störungsquelle im unendlichen elastischen Raum erzeugt werden, die zu $x_1^{-1/2}$ proportionalen Amplituden aufweisen.

11.12. Das axialsymmetrische Problem von Lamb

Dieses Problem stellt eines der Grundprobleme der Elastodynamik dar. Es spielt hierbei die gleiche Rolle wie das *Problem von Boussinesq* in der Elastostatik.

In der den elastischen Halbraum begrenzenden Ebene $x_3 = 0$ wirke die lotrechte Last $P(r, t) = p(r)e^{i\omega t}$ in der Richtung der x_3-Achse.

Zur Ermittlung der Verschiebungen und Spannungen bei diesem axialsymmetrischen Fall werden die Potentiale $\Phi(r, z, t)$ und $\Psi(r, z, t)$ verwendet. Diese Potentiale haben die Wellengleichungen

$$\left(\nabla^2 - \frac{1}{c_1^2} \frac{\partial^2}{\partial t^2}\right)\Phi = 0; \qquad \left(\nabla^2 - \frac{1}{c_2^2}\right)\Psi = 0 \tag{1}$$

zu erfüllen, worin

$$\nabla^2 = \frac{\partial^2}{\partial r^2} + \frac{1}{r}\frac{\partial}{\partial r} + \frac{\partial^2}{\partial z^2}$$

bedeutet.

Für die Verschiebungen u_r, u_z und Spannungen σ_{zz}, σ_{zr} gelten die folgenden Formeln:

$$u_r = \frac{\partial \Phi}{\partial r} + \frac{\partial^2 \Psi}{\partial r \partial z}; \qquad u_z = \frac{\partial \Phi}{\partial z} + \frac{\partial^2 \Psi}{\partial z^2} - \frac{1}{c_2^2}\frac{\partial^2 \Psi}{\partial t^2}; \tag{2}$$

$$\sigma_{zz} = 2\mu\frac{\partial u_z}{\partial z} + \lambda\left(\frac{\partial u_r}{\partial r} + \frac{u_r}{r} + \frac{\partial u_z}{\partial z}\right); \qquad \sigma_{rz} = \mu\left(\frac{\partial u_r}{\partial z} + \frac{\partial u_z}{\partial r}\right). \tag{3}$$

Der Zusammenhang der Funktionen Φ und Ψ bilden die Randbedingungen für die betrachtete Aufgabe:

$$\sigma_{rr}(r, 0, t) = -p(r)e^{i\omega t}; \qquad \sigma_{rz}(r, 0, t) = 0. \tag{4}$$

Die Gln. (1) werden mit Hilfe der *Integraltransformation von Hankel* gelöst. Wie leicht ersichtlich, stellen die Funktionen

$$\Phi(r, z, t) = e^{i\omega t}\int\limits_0^\infty A\, e^{-\nu_1 z}\alpha J_0(\alpha r)\, d\alpha,$$

$$\Psi(r, z, t) = e^{i\omega t}\int\limits_0^\infty B\, e^{-\nu_2 z}\alpha J_0(\alpha r)\, d\alpha, \tag{5}$$

die Lösung dieser Gleichungen dar, wobei

$$\nu_\beta = \sqrt{\alpha^2 - k_\beta^2}; \qquad \beta = 1, 2$$

ist.

Mit diesem Ansatz liefern die Gln. (2)

$$u_r(r, z, t) = -e^{i\omega t}\int\limits_0^\infty [\alpha A\, e^{-\nu_1 z} - \nu_2\alpha B\, e^{-\nu_2 z}]\alpha J_1(\alpha r)\, d\alpha,$$

$$u_z(r, z, t) = e^{i\omega t}\int\limits_0^\infty [-\nu_1 A\, e^{-\nu_1 z} + \alpha^2 B\, e^{-\nu_2 z}]\alpha J_0(\alpha r)\, d\alpha. \tag{6}$$

Werden die Gln. (6) in die Gln. (3) eingesetzt und die Randbedingungen berücksichtigt, so ergibt sich das System von zwei Gleichungen

$$2\alpha\nu_1 A - \alpha(2\alpha^2 - k_2^2)B = 0,$$

$$\mu[(2\alpha^2 - k_2^2)A - 2\alpha^2\nu_2 B] = -\tilde{p}(\alpha), \tag{7}$$

worin

$$\tilde{p}(\alpha) = \int\limits_0^\infty p(r)\, r\, J_0(\alpha r)\, dr$$

bedeutet.

Aus diesem System werden die Konstanten A und B ermittelt und dann in die Gln. (6) eingesetzt. Für $z = 0$ ergeben sich die folgenden Verschiebungen

$$u_r(r, 0, t) = \frac{e^{i\omega t}}{\mu} \int\limits_0^\infty \frac{\tilde{p}(\alpha)}{N(\alpha)} (2\alpha^2 - k_2^2 - 2\nu_1 \nu_2)\, \alpha^2 J_1(\alpha r)\, d\alpha,$$

$$u_z(r, 0, t) = -\frac{e^{i\omega t}}{\mu} k_2^2 \int\limits_0^\infty \frac{\tilde{p}(\alpha)}{N(\alpha)}\, \nu_1\, \alpha\, J_0(\alpha r)\, d\alpha,$$

$$(8)$$

mit

$$N(\alpha) = (2\alpha^2 - k_2^2)^2 - 4\alpha^2 \nu_1 \nu_2.$$

Greife im Koordinatenursprung die Einzelkraft $p(r) = \dfrac{P_0\, \delta(r)}{2\pi r}$ an, so gilt

$$u_r(r, 0, t) = \frac{P_0\, e^{i\omega t}}{2\pi \mu} \int\limits_0^\infty \frac{2\alpha^2 - k_2^2 - 2\nu_1 \nu_2}{N(\alpha)}\, \alpha^2 J_1(\alpha r)\, d\alpha,$$

$$u_z(r, 0, t) = -\frac{P_0\, e^{i\omega t}}{2\pi \mu} k_2^2 \int\limits_0^\infty \frac{\alpha\, \nu_1\, J_0(\alpha r)}{N(\alpha)}\, d\alpha.$$

$$(9)$$

Die gewonnenen Formeln und die Formeln für die Spannungen (3) ermöglichen, das folgende für die Seismologie wichtige Problem zu lösen.

Im Punkt $(0, 0, h)$ des elastischen Halbraumes $z \geq 0$ wirke eine punktartige Störungsquelle, die zeitlich harmonisch veränderlich ist. Die Quelle führt zu Longitudinal- und Transversalwellen, wobei diese Wellen bezüglich der z-Achse axialsymmetrisch sind. Es wird noch vorausgesetzt, daß die Ebene $z = 0$ belastungsfrei ist.

Die Lösung des Problems wird aus zwei Teilen zusammengesetzt. Der erste Lösungsteil bezieht sich auf die Wirkung zweier Störungsquellen, die im unendlichen Raum bezüglich der Ebene $z = 0$ symmetrisch angeordnet sind.

Die Auswirkung dieser beiden Quellen wird durch die Potentiale $\Phi^{(1)} \neq 0$; $\Psi^{(1)} = 0$ gekennzeichnet; sie rufen nur Longitudinalwellen hervor. Es wird bewiesen, daß in der Ebene $z = 0$ Spannungen auftreten. Um diese Spannungen zu beseitigen, ist das *Problem von Lamb* zusätzlich zu lösen, da die Potentiale $\Phi^{(2)}$ und $\Psi^{(2)}$ gewonnen werden müssen. Die gesuchte Lösung des betrachteten Problems ergibt sich, wenn die beiden Potentialenteile zusammengesetzt werden: $\Phi = \Phi^{(1)} + \Phi^{(2)}$; $\Psi = \Psi^{(1)} + \Psi^{(2)}$.

Bevor aber die Funktion $\Phi^{(1)}$ gefunden wird, muß der Potential Φ^0 für eine Störungsquelle im Koordinatenursprung gewonnen werden. Diese Funktion ergibt sich als Lösung der Wellengleichung

$$\left(\nabla^2 - \frac{1}{c_1^2}\frac{\partial^2}{\partial t^2}\right)\Phi^0 = -\vartheta_0\frac{\delta(r)e^{i\omega t}}{2\pi r}. \tag{10}$$

Hierbei bedeutet ϑ_0 die Intensität der Störungsquelle. Die partikuläre Lösung der Gl. (10), welche die Ausstrahlungsbedingungen erfüllt, lautet

$$\Phi^0 = \frac{\vartheta_0\, e^{i\omega(t-R/c_1)}}{4\pi R} = \frac{e^{i\omega t}\vartheta_0}{4\pi}\int_0^\infty \frac{e^{-\nu_1 z}}{\nu_1}J_0(\alpha r)\alpha\, d\alpha, \quad z > 0 \tag{11}$$

mit

$$R = (r^2 + z^2)^{1/2}; \quad r = (x_1^2 + x_2^2)^{1/2}.$$

Die Addition der Auswirkungen von zwei im Punkt $(0, 0, +h)$ und $(0, 0, -h)$ angebrachten Störungsquellen liefert das Potential

$$\Phi^{(1)} = \frac{e^{i\omega t}\vartheta_0}{4\pi}\int_0^\infty \frac{\alpha J_0(\alpha r)}{\nu_1}[e^{-\nu_1(z-h)} + e^{-\nu_1(z+h)}]d\alpha. \tag{12}$$

Die Funktion $\Psi^{(1)}$ ist Null, da die Störung im unendlichen Raum die Longitudinalwellen hervorruft. Mit Hilfe der jetzt bekannten Funktion $\Phi^{(1)}$ werden die Verschiebungen $u_r^{(1)}$, $u_z^{(1)}$ ermittelt. Es gilt

$$u_r^{(1)} = \frac{\partial\Phi^{(1)}}{\partial r}, \quad u_z^{(1)} = \frac{\partial\Phi^{(1)}}{\partial z}.$$

Für die Ebene $z = 0$ ist

$$u_r^{(1)}(r, 0, t) = -\frac{e^{i\omega t}\vartheta_0}{2\tau}\int_0^\infty e^{-\nu_1 h}J_1(\alpha r)\frac{\alpha^2}{\nu_1}\, d\alpha; \quad u_z^{(1)}(r, 0, t) = 0. \tag{13}$$

Aufgrund von Gln. (3) werden die Spannungen berechnet, wenn die Funktion $\Phi^{(1)}$ an Stelle von Φ und $\Psi^{(1)} = 0$ an Stelle von Ψ eingesetzt werden. Dann entsteht

$$\sigma_{zz}^{(1)}(r, 0, t) = \frac{e^{i\omega t}\vartheta_0\mu}{2\pi}\int_0^\infty \frac{e^{-\nu_1 h}}{\nu_1}(2\alpha^2 - k_2^2)\alpha J_0(\alpha r)\, d\alpha; \tag{14}$$

$$\sigma_{rz}^{(1)}(r, 0, t) = 0.$$

Es ist ersichtlich, daß die Spannung $\sigma_{zz}^{(1)} \neq 0$ in der Ebene $z = 0$ ist und damit die Bedingung des belastungsfreien Randes nicht erfüllt wird.

Dem Spannungsfeld $\sigma_{ij}^{(1)}$ wird ein so gewähltes Spannungsfeld $\sigma_{ij}^{(2)}$ hinzugefügt, daß am Rand $z = 0$ die Bedingungen

$$\sigma_{rz}^{(2)} = 0; \quad \sigma_{zz}^{(1)} + \sigma_{zz}^{(2)} = 0 \tag{15}$$

befriedigt werden. Es ist also das *Problem von Lamb* (für das Verschiebungsfeld $\sigma_{ij}^{(2)}$) für den elastischen Halbraum zu lösen. Es kann leicht geprüft werden, daß die Bedingungen (15) den Zusammenhang

$$\tilde{p}(\alpha) = -\frac{\mu\vartheta_0}{2\pi}\frac{2\alpha^2 - k_2^2}{\nu_1}e^{-\nu_1 h} \tag{16}$$

liefern. Wird nun Gl. (16) in die Gln. (8) eingesetzt, so entsteht

$$u_r^{(2)}(r,0,t) = -\frac{e^{i\omega t}\vartheta_0}{2\pi}\int\limits_0^\infty \frac{(2\alpha^2-k_2^2)}{\nu_1 N(\alpha)}\times$$

$$\times(2\alpha^2-k_2^2-2\nu_1\nu_2)e^{-\nu_1 h}\alpha^2 J_1(\alpha r)\,d\alpha, \tag{17}$$

$$u_z^{(2)}(r,0,t) = \frac{e^{i\omega t}\vartheta_0}{2\pi}k_2^2\int\limits_0^\infty \frac{2\alpha^2-k_2^2}{N(\alpha)}e^{-\nu_1 h}\alpha J_0(\alpha r)\,d\alpha.$$

Die endgültigen Verschiebungen in der Ebene $z=0$ ergeben sich durch Zusammenlegen der Verschiebungen $u_r^{(1)}$ und $u_r^{(2)}$ sowie $u_z^{(1)}$ und $u_z^{(2)}$. Es gilt

$$u_r(r,0,t) = -\frac{e^{i\omega t}\vartheta_0}{\pi}\int\limits_0^\infty \frac{\nu_2 k_2^2\alpha^2}{N(\alpha)}e^{-\nu_1 h}J_1(\alpha r)\,d\alpha,$$

$$\tag{18}$$

$$u_z(r,0,t) = \frac{e^{i\omega t}\vartheta_0}{2\pi}\int\limits_0^\infty \frac{\alpha k_2^2(2\alpha^2-k_2^2)}{N(\alpha)}e^{-\nu_1 h}J_0(\alpha r)\,d\alpha.$$

Nun wird auf die Gln. (9) zurückgegriffen, welche das Verschiebungsfeld in der Ebene $z=0$ infolge einer im Koordinatenursprung in Richtung der z-Achse wirkenden Einzelkraft beschreiben. Die entsprechenden Integrale werden folgendermaßen ermittelt. Unter Verwendung von Zusammenhängen für die *Besselschen Funktionen*

$$J_0(\alpha r) = -\frac{i}{\pi}\int\limits_0^\infty (e^{i\alpha r\cosh u}-e^{-i\alpha r\cosh u})\,du,$$

$$\tag{19}$$

$$J_1(\alpha r) = -\frac{1}{\pi}\int\limits_0^\infty (e^{i\alpha r\cosh u}+e^{-i\alpha r\cosh u})\cosh u\,du$$

werden Gln. (9) in der Form

$$u_r(r,0,t) = -\frac{e^{i\omega t}P_0}{2\pi^2\mu}\int\limits_0^\infty \cosh u\,du \int\limits_{-\infty}^\infty \frac{\alpha^2(2\alpha^2-k_2^2-2\nu_1\nu_2)}{N(\alpha)}e^{-i\alpha r\cosh u}\,d\alpha,$$

$$\tag{20}$$

$$u_z(r,0,t) = -\frac{e^{i\omega t}P_0}{2\pi^2\mu}\int\limits_0^\infty du \int\limits_{-\infty}^\infty \frac{k_2^2\alpha\nu_1}{N(\alpha)}e^{-i\alpha r\cosh u}\,d\alpha$$

geschrieben.

Es ist leicht zu bemerken, daß die Integrale bezüglich α aus dem zweidimensionalen Problem gewonnen werden, wenn auf die Gln. (11) vom Abschnitt 11.11 die Operation $-\dfrac{1}{\pi}\dfrac{\partial}{\partial x_1}$ angewendet und $x_1 = r\cosh u$ substituiert wird. Hierbei können also die für das ebene *Problem von Lamb* auftretenden Integrale verwendet werden.

Für große Werte von $k_1 r$ und $k_2 r$ ergibt sich [32]

$$u_r(r, 0, t) = -\frac{i \varkappa P_0 H}{\mu} \left(\frac{1}{2\pi \varkappa r}\right)^{1/2} \exp\left[i\left(\omega t - \varkappa r - \frac{\pi}{2}\right)\right] +$$

$$+ \frac{M}{(k_1 r)^{3/2}} \int_0^\infty \frac{\exp[i(\omega t - k_1 r \cosh u)]}{(\cosh u)^{1/2}}\, du +$$

$$+ \frac{N}{(k_2 r)^{3/2}} \int_0^\infty \frac{\exp[i(\omega t - k_2 r \cosh u)]}{(\cosh u)^{1/2}}\, du + \ldots \tag{21}$$

$$u_z(r, 0, t) = \frac{\varkappa K P_0}{\mu} \left(\frac{1}{2\pi \varkappa r}\right)^{1/2} \exp\left[i\left(\omega t - \varkappa r - \frac{\pi}{4}\right)\right] +$$

$$+ \frac{M_1}{(k_1 r)^{3/2}} \int_0^\infty \frac{\exp[i(\omega t - k_1 r \cosh u)]}{(\cosh u)^{1/2}}\, du +$$

$$+ \frac{N_1}{(k_2 r)^{3/2}} \int_0^\infty \frac{\exp[i(\omega t - k_2 r \cosh u)]}{(\cosh u)^{1/2}}\, du + \ldots . \tag{22}$$

Die Größen H und K sind hierbei durch die Gln. (20) vom Abschnitt 11.11 gegeben. Die Größe $\varkappa$ ist die Wurzel der *Rayleighschen Gleichung* $N(\varkappa) = 0$. Die Größen M, N, M_1, N_1 können mit Hilfe der Größen C, D, C_1 und D_1 vom Abschnitt 11.11 ausgedrückt werden.

Das erste Glied der Reihen (21) und (22) beschreibt die *Oberflächenwelle von Rayleigh*, wobei das Verhältnis K/H wie für das ebene *Problem von Lamb* ist. Die Amplitude der Oberflächenwellen (die als Ringwellen auftreten) nimmt aber mit dem Radius wie $(kr)^{-1/2}$ ab.

Die zweiten Glieder dieser Reihen beschreiben die Longitudinalwellen mit den Amplituden, die nach

$$\frac{1}{(k_1 r)^{3/2}} \int_0^\infty \frac{\exp(-ik_1 r \cosh u)}{\pi (\cosh u)^n}\, du \tag{23}$$

abnehmen, wobei $n = 1/2$ für die Verschiebung $u_r(r, 0, t)$ und $n = 3/2$ für $u_z(r, 0, t)$ zu setzen sind. Die dritten Glieder beschreiben die Transversalwellen mit den Amplituden

$$\frac{1}{(k_2 r)^{3/2}} \int_0^\infty \frac{\exp[-ik_2 \cosh u]\, du}{\pi (\cosh u)^n}, \tag{24}$$

wobei auch hier $n = 1/2$ der Verschiebung $u_r(r, 0, t)$ und $n = 3/2$ der Verschiebung $u_z(r, 0, t)$ entsprechen. Für größere Abstände können die Integrale (24) und (23) durch zu $(k_1 r)^{-1/2}$ bzw. $(k_2 r)^{-1/2}$ proportionale Glieder so approximiert werden, daß die Amplituden der Longitudinal- und Transversalwellen wie $(k_1 r)^{-2}$ bzw. $(k_2 r)^{-2}$ abnehmen und die *Oberflächenwellen von Rayleigh* gewinnen die Hauptbedeutung.

Es ist zu bemerken, daß die Amplituden der durch eine punktartige Störungsquelle hervorgerufenen Longitudinalwellen wie r^{-1} abnehmen.

Ein wenig Aufmerksamkeit ist noch den *Oberflächenwellen von Rayleigh* zu widmen. Diese Wellen treten an dieser Stelle als Funktionen vom Radius r und der Tiefe z auf; sie werden nämlich durch die axialsymmetrischen Ursachen hervorgerufen.

Nun wird der Sonderfall betrachtet, in dem auf den Halbraum die Belastung $p(r)e^{i\omega t} = p_0 J_0(\alpha r)e^{i\omega t}$ wirkt. Die Randbedingungen (4) liefern das Gleichungssystem

$$2\alpha v_1 A - \alpha(2\alpha^2 - k_2^2)B = 0,$$
$$\mu[(2\alpha^2 - k_2^2)A - 2\alpha^2 v_2 B] = -p_0. \tag{25}$$

Die *Oberflächen von Rayleigh* entsprechen dem homogenen System (25). Die Koeffizienten können nur dann endliche Werte haben, wenn die Determinante dieses Systems Null ist, d.h. für

$$N(\alpha) = (2\alpha^2 - k_2^2)^2 - 4\alpha^2 v_1 v_2 = 0.$$

Für $\alpha = k = \omega/c$ darf

$$A = (2k^2 - k_2^2)C; \qquad B = 2\sqrt{k^2 - k_1^2}\, C \tag{26}$$

gesetzt werden, wobei C eine beliebige Konstante bedeutet. Für die Ebene $z = 0$ ergibt sich daraus die folgende Form der *Oberflächenwellen von Rayleigh*:

$$u_r(r, 0, t) = -Ck(2k^2 - k_2^2 - 2\sqrt{k^2 - k_1^2}\,\sqrt{k^2 - k_2^2})J_1(kr)e^{i\omega t},$$
$$u_z(r, 0, t) = Ck_2^2\sqrt{k^2 - k_1^2}\, J_0(kr)e^{i\omega t}. \tag{27}$$

11.13. Dynamische Probleme der Thermoelastizität

Jedes instationäre Temperaturfeld, ein Feld also, bei dem die Temperatur nicht nur vom Ort, sondern auch von der Zeit abhängt, verursacht dynamische Erscheinungen. Das folgt aus den Verschiebungsgleichungen, die für ein instationäres Temperaturfeld lauten (vgl. Abschnitt 1.12):

$$\mu\nabla^2 u_i + (\lambda + \mu)e_{,i} = \varrho\ddot{u}_i + \gamma\Theta_{,i}, \qquad i = 1, 2, 3. \tag{1}$$

Oftmals aber, wenn sich die Temperatur zeitlich nur sehr langsam ändert, darf die Beschleunigung in den Gl. (1) vernachlässigt werden. Dann handelt es sich um ein sog. quasistatisches Problem der Thermoelastizität. Entsteht dagegen das Temperaturfeld plötzlich (plötzliche Erhitzung oder Abkühlung des Körpers), so müssen die Trägheitsglieder in den Gl. (1) berücksichtigt werden; das Problem ist als dynamisch anzusehen [24, 112].

Das Gleichungssystem (1) läßt sich am günstigsten lösen, wenn das Potential der thermoelastischen Verschiebung Φ eingeführt wird, wobei die Verschiebungen u_i als Ableitungen dieses Potentials

$$u_i = \frac{\partial\Phi}{\partial x_i}, \qquad i = 1, 2, 3 \tag{2}$$

geschrieben werden. Einsetzen von Gl. (2) in Gl. (1) und Berücksichtigung von

$e = \nabla^2 \Phi$ liefert

$$(\lambda + 2\mu)\,\frac{\partial}{\partial x_i}\,\nabla^2 \Phi - \varrho\,\frac{\partial}{\partial x_i}\,\ddot{\Phi} = \gamma\,\frac{\partial \Theta}{\partial x_i}\,. \tag{3}$$

Integration bezüglich der x_i-Achse ergibt die Wellengleichung

$$\nabla^2 \Phi - \frac{1}{c_1^2}\,\ddot{\Phi} = m\Theta \quad \text{mit} \quad m = \frac{\gamma}{\lambda + 2\mu}\,. \tag{4}$$

Unter Beachtung, daß der Zusammenhang zwischen der Spannung und Verzerrung

$$\sigma_{ij} = 2\mu\varepsilon_{ij} + (\lambda\varepsilon_{kk} - \gamma\Theta)\,\delta_{ij} \tag{5}$$

lautet, wird sofort ersichtlich, daß unter Verwendung der Gln. (2) und (4)

$$\sigma_{ij} = 2\mu\left(\frac{\partial^2 \Phi}{\partial x_i \partial x_j} - \delta_{ij}\nabla^2\Phi\right) + \varrho\delta_{ij}\ddot{\Phi}, \quad i,j = 1,2,3 \tag{6}$$

gilt.

In Zylinderkoordinaten r, φ, z ist unter Voraussetzung der Unabhängigkeit der Funktion Φ von der Veränderlichen φ (axialsymmetrisches Problem)

$$\sigma_{rr} = 2\mu\left(\frac{\partial^2 \Phi}{\partial r^2} - \nabla^2\Phi\right) + \varrho\ddot{\Phi},$$

$$\sigma_{\varphi\varphi} = 2\mu\left(\frac{1}{r}\,\frac{\partial \Phi}{\partial r} - \nabla^2\Phi\right) + \varrho\ddot{\Phi},$$

$$\sigma_{zz} = 2\mu\left(\frac{\partial^2 \Phi}{\partial z^2} - \nabla^2\Phi\right) + \varrho\ddot{\Phi}, \tag{7}$$

$$\sigma_{rz} = 2\mu\,\frac{\partial^2 \Phi}{\partial r \partial z}\,,$$

wobei

$$\nabla^2 = \frac{\partial^2}{\partial r^2} + \frac{1}{r}\,\frac{\partial}{\partial r} + \frac{\partial^2}{\partial z^2}\,, \quad r = (x_1^2 + x_2^2)^{1/2}$$

ist.

Für Kugelkoordinaten r, φ, Θ gilt unter Voraussetzung der Symmetrie bezüglich des Koordinatenursprungs

$$\sigma_{rr} = -\frac{4\mu}{r}\,\frac{\partial \Phi}{\partial r} + \varrho\ddot{\Phi}, \quad \sigma_{\varphi\varphi} = \sigma_{\theta\theta} = 2\mu\left(\frac{1}{r}\,\frac{\partial \Phi}{\partial r} - \nabla^2\Phi\right) + \varrho\ddot{\Phi},$$

$$\nabla^2\Phi = \frac{\partial^2}{\partial r^2} + \frac{2}{r}\,\frac{\partial}{\partial r}\,; \quad r = (x_1^2 + x_2^2 + x_3^2)^{1/2}\,. \tag{8}$$

Die Funktion Φ ergibt sich lediglich als das partikuläre Integral von Gl. (1); die Gl. (4) liefert eine vollkommene Lösung nur für einen unendlichen Körper.

Für einen endlichen Körper kann die Funktion Φ höchstens einen Teil der Randbedingungen erfüllen. Aus diesem Grund ist den Lösungen

$$u_i' = \frac{\partial \Phi}{\partial x_i}\,; \quad i = 1,2,3 \tag{9}$$

des Gleichungssystems (1) die Lösung u_i'' der homogenen Gleichungen

$$\mu \nabla^2 u_i'' + (\lambda + \mu) e_{,i}'' = \varrho \ddot{u}_i'', \quad i = 1, 2, 3 \tag{10}$$

hinzuzufügen. Die letzteren sind so zu wählen, daß die Gesamtlösungen $u_i' + u_i''$ die vorgegebenen Randbedingungen erfüllen.

Im weiteren werden einige einfache dynamische Probleme betrachtet. Der an Problemen dieser Art interessierte Leser wird auf die Monographie von H. PARKUS [112] hingewiesen.

Im unendlichen Raum wirke eine momentane Wärmequelle [104]. Im Zeitpunkt $t = 0$ wird die Wärmemenge $W = c_\varepsilon Q \delta(t)$ plötzlich im Koordinatenursprung angebracht. Hierbei bedeutet c_ε die spezifische Wärme. Das durch die momentane Wärmequelle herbeigeführte Temperaturfeld ist [20]

$$\Theta = \frac{Q}{(4\pi \varkappa t)^{3/2}} \exp\left(-\frac{r^2}{4\varkappa t}\right) \quad \text{mit} \quad r = (x_1^2 + x_2^2 + x_3^2)^{1/2}. \tag{11}$$

Hierbei ist $\varkappa = k/c$ und k bedeutet die Wärmeleitzahl.

Die *Laplace-Transformation* der Gl. (11) liefert

$$\bar{\Theta} = \frac{Q}{4\pi \varkappa r} \exp\left(-r \sqrt{\frac{p}{\varkappa}}\right); \quad \bar{\Theta}(r, p) = \int_0^\infty e^{-pt} \Theta(r, t)\, dt. \tag{12}$$

Wird nun die *Laplace-Transformation* auch auf Gl. (4) angewendet und wird laut den Bedingungen der Aufgabe vorausgesetzt, daß der Körper für $t < 0$ spannungsfrei, d.h.

$$\Phi(r, 0) = 0; \quad \dot{\Phi}(r, 0) = 0 \tag{13}$$

ist, so ergibt sich die Gleichung

$$\left(\frac{d^2}{dr^2} + \frac{2}{r}\frac{d}{dr} - \frac{p^2}{c_1^2}\right)\bar{\Phi} = m\bar{\Theta}. \tag{14}$$

Die Lösung der Gl. (14) lautet

$$\Phi = -\frac{Qmc_1^2}{4\pi r(pc_1^2 - \varkappa p^2)}\left(e^{-\frac{rp}{c_1}} - e^{-r\sqrt{\frac{p}{\varkappa}}}\right). \tag{15}$$

Die inverse *Laplace-Transformation* ergibt

$$\Phi(r, t) = \frac{Qm}{4\pi r}\left\{(e^{\tau - \varrho} - 1)H(\tau - \varrho) - \left[U(\varrho, \tau) - \text{erfc}\left(\frac{\varrho}{2\sqrt{\tau}}\right)\right]\right\} \tag{16}$$

mit

$$U(\varrho, \tau) = \frac{e^\tau}{2}\left[e^\varrho \,\text{erfc}\left(\frac{\varrho}{2\sqrt{\tau}} + \sqrt{\tau}\right) + e^{-\varrho}\,\text{erfc}\left(\frac{\varrho}{2\sqrt{\tau}} - \sqrt{\tau}\right)\right],$$

$$\varrho = \frac{c_1}{\varkappa}r; \quad \tau = \frac{c_1^2 t}{\varkappa};$$

$$\text{erf}(u) = \frac{2}{\sqrt{\pi}}\int_0^u e^{-\zeta^2}\, d\zeta; \quad \text{erfc}(u) = 1 - \text{erf}(u)$$

$$
H(\tau - \varrho) = \begin{cases} 0 & \text{für } \tau \leqslant \varrho \quad t \leqslant \dfrac{r}{c_1} \\[2ex] 1 & \text{für } \tau > \varrho \quad t > \dfrac{r}{c_1}. \end{cases}
$$

Das erste Glied der Lösung (16) beschreibt die elastische Welle, das zweite entspricht der Diffusionswelle. Mit Hilfe der Funktion Φ können die Verschiebungen und Spannungen aus den Gln. (2) und (8) ermittelt werden. Eine Analyse dieser Funktionen ergibt, daß die Funktion Φ stetig ist, die Verschiebung $u_r = -\dfrac{\partial \Phi}{\partial r}$ hat dagegen für $t = r/c_1$ einen Sprung $-Qmc_1/4\pi\varkappa r$. Für $t = r/c_1$ treten in der Spannung σ_{rr} ein Sprung mit dem Wert $\dfrac{\mu Qmc_1^2}{\pi\varkappa^3} \dfrac{1-\varepsilon\varrho}{\varrho^2}$ und in der Spannung $\sigma_{\varphi\varphi}$ ein Sprung mit dem Wert $\dfrac{\mu Qmc_1^2}{2\pi\varkappa^3} \dfrac{1+(1-2\varepsilon)\varrho}{\varrho^2}$ auf. Die beiden Sprünge nehmen mit zunehmender Entfernung ϱ ab.

Es ist zu bemerken, daß für $t \gg r/c_1$ die beiden Spannungen gegen den für das quasistatische Problem gewonnenen Werten (aus den Gl. (1) unter Vernachlässigung der Trägheitsglieder) streben.

Für $t \gg r/c_1$ gilt

$$
\Phi \approx -\frac{Qm}{4\pi r} \operatorname{erfc}\left(\frac{r}{\sqrt{4\varkappa t}}\right). \tag{17}
$$

Für eine im Koordinatenursprung angebrachte und zeitlich harmonisch veränderliche Wärmequelle $Qe^{i\omega t}$ ergibt sich für die Temperatur Θ und für das Potential der Thermoelastischen Verschiebung

$$
\Phi = \frac{Qm\,e^{-i\omega t}}{4\pi\varkappa r(\sigma^2 - q)} \left(e^{r\sqrt{q}} - e^{-ri\sigma}\right), \tag{18}
$$

$$
\Theta = \frac{Q}{4\pi\varkappa r} e^{r\sqrt{q}-i\omega t}; \qquad q = \frac{i\omega}{\varkappa}; \qquad \sigma = \frac{\omega}{c_1}. \tag{19}
$$

Der Realteil des Potentials und der Temperatur liefert

$$
\Phi(r,t) = \frac{Qm}{4\pi\varkappa r(\sigma^4 + \eta^2)} \left\{ -\sigma^2 \cos\omega\left(t - \frac{r}{c_1}\right) - \eta \sin\omega\left(t - \frac{r}{c_1}\right) + \right.
$$
$$
\left. + e^{-r\sqrt{\eta/2}}\left[\sigma^2 \cos\left(\omega t - \sqrt{\eta/2}\right) + \eta \sin\left(\omega t - r\sqrt{\eta/2}\right)\right]\right\}; \tag{20}
$$

$$
\Theta(r,t) = \frac{Q}{4\pi\varkappa r} e^{-r\sqrt{\eta/2}} \cos\left(\omega t - r\sqrt{\eta/2}\right); \qquad \eta = \frac{\omega}{\varkappa}. \tag{21}
$$

Die Funktion Φ besteht aus einer elastischen Welle, die sich mit der Geschwindigkeit c_1 fortpflanzt, und aus einer Wärmewelle, die einer Dämpfung und Dispersion unterliegt.

Sehr lehrreich ist das nächste Beispiel für ein dynamisches Problem, das von W. N. Danilovskaja [24] angegeben wurde.

Im Augenblick $t = 0^+$ wird für alle späteren Zeiten die Ebene $x_1 = 0$, welche den elastischen Halbraum $x_1 > 0$ begrenzt, an ein Wärmebad der Temperatur

Θ_0 angeschlossen. Weiterhin wird vorausgesetzt, daß die Ebene belastungsfrei ist und daß homogene Anfangsbedingungen für die Temperatur und die Verschiebungen gelten. Das Temperaturfeld wird durch die Gleichung

$$\Theta(x_1, t) = \Theta_0 \operatorname{erfc}\left(\frac{x_1}{\sqrt{4\varkappa t}}\right), \tag{22}$$

beschrieben, worin

$$\operatorname{erfc}(u) = \frac{2}{\sqrt{\pi}} \int_u^\infty e^{-\zeta^2} d\zeta \tag{23}$$

bedeutet.

Es ist nun die Gleichung für das Potential

$$\frac{\partial^2 \Phi}{\partial x_1^2} - \frac{1}{c_1^2} \frac{\partial^2 \Phi}{\partial t^2} = m\Theta \tag{24}$$

mit der Randbedingung

$$\sigma_{11}(0, t) = \varrho|\ddot{\Phi}|_{x_1=0} = 0 \tag{25}$$

zu lösen. Mit Hilfe der Funktion Φ können dann die Spannungen aufgrund der Gln. (6) bestimmt werden. Es gilt

$$\sigma_{11} = \varrho\ddot{\Phi}; \quad \sigma_{22} = \sigma_{33} = -2\mu\Phi,_{11} + \varrho\ddot{\Phi} = -2\mu m\Theta + \frac{\lambda}{c_1^2}\ddot{\Phi}; \tag{26}$$

$$\sigma_{13} = \sigma_{23} = \sigma_{12} = 0.$$

Auf Gl. (24) und auf die Randbedingung (25) wird die *Laplace-Transformation* angewendet. Daraus folgt die Gleichung

$$\left(\frac{d^2}{dx_1^2} - \frac{p^2}{c_1^2}\right)\bar{\Phi} = m\bar{\Theta}, \tag{27}$$

die mit der Randbedingung $\bar{\sigma}_{11}(0, p) = \varrho p^2 \bar{\Phi} = 0$ gelöst werden soll.

Unter Beachtung von

$$\bar{\Theta} = \frac{\Theta_0}{p} \exp\left(-x_1 \sqrt{\frac{p}{\varkappa}}\right) \tag{28}$$

liefert die Lösung von Gl. (27) die folgende Beziehung

$$p^2\bar{\Phi} = \frac{m\Theta_0 c_1^2 \varkappa}{c_1^2 - \varkappa p}\left(e^{-x_1\sqrt{\frac{p}{\varkappa}}} - e^{-x_1\frac{p}{c_1}}\right). \tag{29}$$

Die inverse Transformation des Ausdruckes $\varrho p^2\bar{\Phi}$ liefert die Spannung

$$\sigma_{11}(x_1, t) = \varrho\ddot{\Phi} = -\Theta_0 \gamma[A(\zeta, t) - B(\zeta, t) H(\tau - \zeta)], \tag{30}$$

wobei

$$A(\zeta, \tau) = \frac{1}{2} e^\tau \left[e^\zeta \operatorname{erfc}\left(\frac{\zeta}{2\sqrt{\tau}} + \sqrt{\tau}\right) + e^{-\zeta} \operatorname{erfc} \times\right.$$

$$\left.\times\left(\frac{\zeta}{2\sqrt{\tau}} - \sqrt{\tau}\right)\right] + \frac{\zeta}{2\tau\sqrt{\pi\tau}} e^{-\frac{\zeta^2}{4\tau}},$$

$$B(\zeta, \tau) = \exp(\tau - \zeta),$$

$$\tau = \frac{c_1^2 t}{\varkappa}; \qquad \zeta = \frac{x_1 c_1}{\varkappa}$$

bedeutet.

Es ist zu bemerken, daß $\Phi = 0$; $\ddot{\Phi} = 0$ für die Ebene $x_1 = 0$ gilt. Hieraus folgt gemäß Gln. (26)

$$\sigma_{22}(0, t) = \sigma_{33}(0, t) = -2\mu\Theta_0 H(t). \tag{31}$$

In Abb. 11-8 ist der Verlauf der Funktion σ_{11}/K in Abhängigkeit von der Entfernung $\zeta = x_1 c_1/\varkappa$ dargestellt, wobei $K = \gamma\Theta_0$ ist. Die Diagramme sind aus der Arbeit von T. Mura [99] entnommen, der sie für die Werte $\tau = c_1^2 t/\varkappa = 1$ und $\tau = 100$ angefertigt hat.

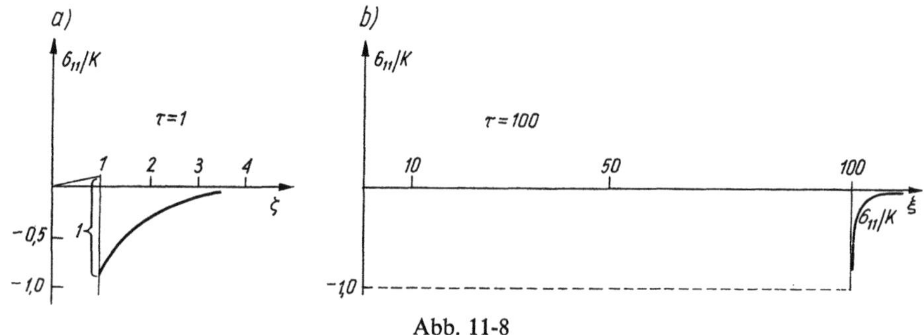

Abb. 11-8

Von Gl. (30), welche die Spannung σ_{11} beschreibt, kann abgelesen werden, daß der durch die Funktion $A(x_1, t)$ beschriebene Diffusionsteil sofort im gesamten elastischen Halbraum entsteht. Der andere Teil, der durch die Funktion $B(x_1, t)H(\tau - \zeta)$ beschrieben wird, stellt die elastische Welle dar, die sich mit der Geschwindigkeit c_1 fortpflanzt. Durch den Schnitt $x_1 =$ konst geht die Wellenfront im Augenblick $\tau = \zeta$ (d.h. $t = x_1/c_1$) hindurch. Die Spannung σ_{11} erfährt in diesem Augenblick eine Unstetigkeit, einen Sprung um den Wert K und einen Vorzeichenwechsel. Hinter der Wellenfront strebt diese Spannung mit der Zeit gegen den quasistatischen Wert.

Kompliziertere thermische Bedingungen für die Oberfläche $x_1 = 0$ wurden von E. Sternberg und J. G. Chakravorty [140] untersucht.

11.14. Wellenfortpflanzung in einem viskoelastischen Medium

Zunächst werden die Beziehungen und Gleichungen für einen viskoelastischen Körper zusammengestellt. Im Kapitel 2 wurden zwei Arten viskoelastischer Körper betrachtet. Bei der ersteren treten Differentialoperatoren bezüglich der Zeit

$$P_1(D)P_3(D)\sigma_{ij} = P_2(D)P_3(D)\varepsilon_{ij} +$$

$$+ \frac{1}{3}[P_1(D)P_4(D) - P_2(D)P_3(D)]e\,\delta_{ij}, \tag{1}$$

$$D = \frac{\partial}{\partial t}; \quad i,j = 1, 2, 3$$

auf, bei der anderen Art kommen die Integraloperatoren

$$\sigma_{ij} = 2 \int\limits_0^t a(t-\tau) \frac{\partial}{\partial \tau} \varepsilon_{ij} \, d\tau + \delta_{ij} \int\limits_0^t b(t-\tau) \frac{\partial e}{\partial \tau} \, d\tau; \quad i,j = 1, 2, 3 \qquad (2)$$

vor.

Nach der *Laplace-Transformation* wurden die beiden Gln. (1) und (2) als eine Formel (vgl. Gl. (29) Abschnitt 2.2)

$$\bar{\sigma}_{ij} = \bar{\lambda}(p) \bar{e} \, \delta_{ij} + 2\bar{\mu}(p) \bar{\varepsilon}_{ij}, \quad i,j = 1, 2, 3 \qquad (3)$$

geschrieben, wobei

$$\bar{\mu}(p) = \frac{P_2(p)}{2P_1(p)}, \quad \bar{\lambda}(p) = \frac{P_1(p) P_4(p) - P_2(p) P_3(p)}{3P_1(p) P_3(p)} \qquad (4)$$

oder

$$\bar{\lambda}(p) = p\bar{b}(p), \quad \bar{\mu}(p) = p\bar{a}(p) \qquad (5)$$

ist.

Die Verschiebungsgleichungen lauten nach der *Laplace-Transformation* (vgl. Gl. (5) Abschnitt 2.3)

$$\bar{\mu}(p) \nabla^2 \bar{u}_i + [\bar{\lambda}(p) + \bar{\mu}(p)] \frac{\partial \bar{e}}{\partial x_i} + \bar{X}_i = \varrho p^2 \bar{u}_i, \quad i = 1, 2, 3. \qquad (6)$$

Für einen vollkommen elastischen Körper gilt

$$\mu \nabla^2 \bar{u}_i + (\lambda + \mu) \frac{\partial \bar{e}}{\partial x_i} + \bar{X}_i = \varrho p^2 \bar{u}_i. \qquad (7)$$

Werden nun das Potential und die Vektorfunktion

$$\boldsymbol{u} = \operatorname{grad} \varphi + \operatorname{rot} \boldsymbol{\Psi} \qquad (8)$$

wie für ideal elastische Körper eingeführt, so ergeben die Gl. (6) die folgenden vier Gleichungssysteme

$$\nabla^2 \bar{\varphi} - p^2 \tau^2(p) \bar{\varphi} = 0, \qquad (9)$$

$$\nabla^2 \bar{\psi}_i - p^2 \sigma^2(p) \bar{\psi}_i = 0, \quad i = 1, 2, 3, \qquad (10)$$

wobei

$$\tau^2(p) = \frac{\varrho}{\bar{\lambda}(p) + 2\bar{\mu}(p)},$$

$$\sigma^2(p) = \frac{\varrho}{\bar{\mu}(p)}$$

ist.

Ähnlich wie für ideal elastische Körper wird hierbei bewiesen, daß die Gl. (9) sich auf eine Dilatationswelle und die Gl. (10) auf eine Torsionswelle beziehen. Es ist zu bemerken, daß die entsprechenden Wellengleichungen für einen vollkommen elastischen Körper nach der *Laplace-Transformation* lauten:

$$\nabla^2 \bar{\varphi} - \frac{p^2}{c_1^2} \bar{\varphi} = 0; \qquad \nabla^2 \bar{\psi}_i - \frac{p^2}{c_1^2} \bar{\psi}_i = 0 \tag{11}$$

mit

$$c_1^2 = \frac{\lambda + 2\mu}{\varrho}, \qquad c_2^2 = \frac{\mu}{\varrho}.$$

Ein Vergleich der Gln. (6) und (7) mit (9), (10) und (11) läßt erkennen, daß λ, μ für einen vollkommen elastischen Körper die von der Zeit unabhängigen *Elastizitätskonstanten von Lamé* sind, währenddessen die Größen $\bar{\lambda}(p)$, $\bar{\mu}(p)$ (die analog zu den *Laméschen Konstanten* eingeführt worden sind) Funktionen des Parameters p darstellen.

Aus diesem Grund dürfen für die Lösung der dynamischen Probleme für viskoelastische Körper alle Lösungen verwendet werden, die für vollkommen elastische Körper gewonnen worden sind. Man braucht lediglich die Größen λ, μ durch $\bar{\lambda}(p)$, $\bar{\mu}(p)$ zu ersetzen und die inverse *Laplace-Transformation* anzuwenden. Dieses Verfahren ist aber nur dann möglich, wenn die Rand- und Anfangsbedingungen für das elastische und das viskoelastische Problem identisch sind.

12. Näherungsverfahren in der Baudynamik

12.1. Schwingungen von Systemen mit endlich vielen Freiheitsgraden

Die exakte Lösung für ein Problem der Saiten-, Stab- oder Schalenschwingung kann oftmals nur mit großen mathematischen Schwierigkeiten gewonnen werden. In zahlreichen Fällen sind dazu aufwendige und komplizierte Berechnungen z. B. zur Bestimmung der Wurzeln transzendenter Gleichungen, der Schwingungsformen usw. notwendig. Wird darüber hinaus noch berücksichtigt, daß in der Ingenieurpraxis nicht selten Stäbe mit veränderlichem Querschnitt oder Platten veränderlicher Dicke vorkommen, für welche sich strenge Lösungen noch schwieriger gewinnen lassen, so werden die Bestrebungen zur Entwicklung von Näherungsverfahren verständlich.

Es gibt drei Wege, die zu diesem Ziel führen können.

Die erste Möglichkeit liegt in der Vereinfachung des Modells des elastischen Körpers, wobei das elastische Kontinuum durch ein elastisches System mit wenigen Freiheitsgraden ersetzt wird. Dann wird eine exakte Lösung für das so gewählte System gesucht [52, 54, 68].

Die zweite Möglichkeit besteht in Näherungslösungen der Differentialgleichungen eines Systems mit unendlich vielen Freiheitsgraden mit Hilfe eines numerischen Verfahrens wie es z.B. das Differenzenverfahren, Kollokation oder iterative Verfahren sind [64, 66].

Die dritte Möglichkeit stellen Variationsmethoden dar, bei denen die Minimaleigenschaften bestimmter elastischer Potentiale ausgenutzt werden [124, 118]. Im vorliegenden Abschnitt wird die erste der aufgezählten Möglichkeiten betrachtet. Dieses Näherungsverfahren wird am Beispiel der Stabquerschwingung erläutert, da dieser Fall den mechanischen Sinn des Verfahrens gut veranschaulicht.

Untersucht wird ein frei drehbar gelagerter Balken mit einem konstanten Querschnitt. Mit μ wird die Masse, mit $p(t)$ die Belastung pro Längeneinheit des Balkens bezeichnet.

Dieses System mit unendlich vielen Freiheitsgraden wird auf ein Ersatzsystem mit einem Freiheitsgrad zurückgeführt. Die gesamte Balkenmasse und die gesamte Last denke man sich in der Balkenmitte angebracht, wodurch die erste Näherung ($M = \mu l$, $P(t) = p(t)l$) entsteht (Abb. 12-1).

Nun wird die Bewegungsgleichung für das betrachtete System aufgestellt. Bei der Querschwingung wirkt der Balken mit der Gegenkraft R auf die Masse ein; diese Kraft ist bestrebt, das Gleichgewicht herzustellen. Die Gegenkraft R ist (unter der Voraussetzung kleiner Durchbiegungen und des *Hookeschen*

Elastizitätsgesetzes) der Durchbiegung $w(l/2, t)$ proportional. Es gilt

$$R(t) = -Cw\left(\frac{l}{2}, t\right).\tag{1}$$

Hierbei bedeutet C ein von den elastischen Balkeneigenschaften abhängiger Koeffizient, der als diejenige Kraft angesehen werden darf, die im Punkt $x = l/2$ angreift und eine Balkendurchbiegung hervorruft, die gleich Eins ist.

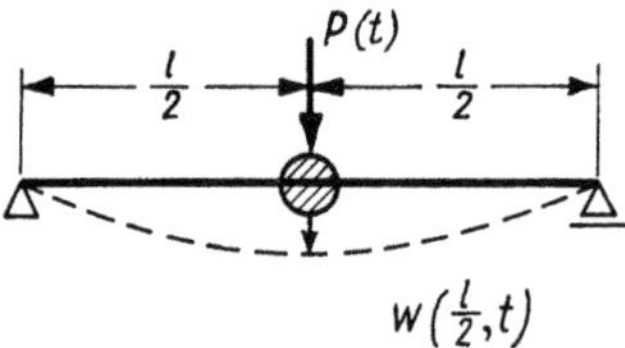

Abb. 12-1

Wird der Balken ausschließlich durch die Masse M belastet, so lautet die Bewegungsgleichung

$$-M\ddot{w}\left(\frac{l}{2}, t\right) + R = 0\tag{2}$$

oder

$$M\ddot{w}\left(\frac{l}{2}, t\right) + Cw\left(\frac{l}{2}, t\right) = 0.\tag{2'}$$

In den weiteren Betrachtungen wird $w(l/2, t)$ mit $w(t)$ bezeichnet. Wirkt in der Feldmitte die Erregerkraft $P(t)$, so lautet die Bewegungsgleichung

$$M\ddot{w} + Cw = P(t).\tag{3}$$

Gl. (2) hat die Lösung

$$w(t) = w(0)\cos\omega_1 t + \dot{w}(0)\frac{1}{\omega_1}\sin\omega_1 t +$$

$$+ \frac{1}{M\omega_1}\int_0^t P(\tau)\sin\omega_1(t-\tau)\,d\tau,\tag{4}$$

wobei

$$\omega_1 = \sqrt{\frac{C}{M}}$$

ist. Die Größen

$$w(0) = f; \quad \dot{w}(0) = g$$

dürfen als Anfangsbedingungen betrachtet werden. Ersichtlich ist hierbei die Analogie der Lösung (4) mit den Lösungen für die Querschwingung einer Saite, eines Balkens oder einer Platte.

Für $P(t) = 0$ handelt es sich um die freie Schwingung des Balkens; um eine harmonische Schwingung mit der Kreisfrequenz ω_1:

$$w(t) = f\cos\omega_1 t + g\frac{1}{\omega_1}\sin\omega_1 t.\tag{5}$$

Es wird vorausgesetzt, daß der Balken bis zum Zeitpunkt $t = 0$ durch die am Punkt $x = l/2$ angreifende statische Kraft P_0 belastet ist. Wird im Augenblick $t = 0$ der Balken plötzlich entlastet, so ergibt sich unter Berücksichtigung der Anfangsbedingungen

$$w(0) = f = \frac{P_0}{C}; \quad \dot{w}(0) = g = 0$$

die Durchbiegung in der Balkenmitte zu

$$w(t) = \frac{P_0}{C} \cos \omega_1 t. \tag{6}$$

Es ist zu bemerken, daß die plötzliche Entlastung keine größere Durchbiegung als jene für $t < 0$ herbeiführen kann. Gl. (6) besagt, daß die Durchbiegung harmonisch veränderlich ist. Tatsächlich gehen aber die Auslenkungen unter der Auswirkung der äußeren und inneren Dämpfung nach einer gewissen Zeit gegen Null.

Nun wird eine plötzliche Belastung des Balkens zum Zeitpunkt $t = 0$ mit der Kraft $P(t)$ betrachtet. Unter Voraussetzung, daß die Anfangsbedingungen gleich Null sind, liefert Gl. (4)

$$w(t) = \frac{1}{M\omega_1} \int\limits_0^t P(\tau) \sin \omega_1 (t - \tau) d\tau. \tag{7}$$

Für $P(t) = P_0 H(t)$ gilt

$$w(t) = \frac{P_0}{\omega_1^2 M} (1 - \cos \omega_1 t) = \frac{P_0}{C} (1 - \cos \omega_1 t). \tag{8}$$

Wie ersichtlich beträgt die größte Durchbiegung

$$w_{max}(t) = \frac{2P_0}{C} = 2w_{st}.$$

Bei einer plötzlichen Belastung ergibt sich eine um den Faktor zwei größere Durchbiegung als bei statischer Belastung mit derselben Kraft.

Für die plötzlich angebrachte Last $P(t) = P_0 \delta(t) = P_0 dH(t)/dt$ folgt aus Gl. (7)

$$w(t) = \frac{P_0}{M\omega_1} \sin \omega_1 t. \tag{9}$$

Wird am Querschnitt $x = l/2$ zum Zeitpunkt $t = 0$ die Kraft $P(t) = P_0 \cos \omega t$ angebracht, wobei ω die Kreisfrequenz der Erregerschwingung ist, so ergeben die Einführung der Kraft $P(t)$ in die Gl. (7) und die Integration

$$w(t) = \frac{P_0}{M(\omega_1^2 - \omega^2)} (\cos \omega t - \cos \omega_1 t). \tag{10}$$

Für $\omega \to \omega_1$ wird der obige Ausdruck unbestimmt. Mit Hilfe der *del'Hospitalschen Regel* ergibt sich

$$w(t) = \frac{P_0}{2C} \omega_1 t \sin \omega_1 t. \tag{11}$$

29*

Die Lösung (10) besteht aus zwei Gliedern, von denen das erste die Schwingungen mit der Frequenz ω der Erregerschwingung das zweite jene mit der Frequenz ω_1 der Eigenschwingung beschreibt.

Tatsächlich verschwindet das zweite Glied mit der Zeit infolge der Dämpfung. Es verbleibt das erste Glied, das unter der Voraussetzung von $P(t) = P_0 e^{i\omega t}$; $w(t) = w_0 e^{i\omega t}$ als partikuläres Integral von Gl. (2) gewonnen werden kann. Für $\omega \to \omega_1$ entsteht Resonanz. Gl. (11) besagt, daß dann die Durchbiegung mit der Zeit wächst und für das gesamte System beliebig groß werden kann. Wegen der angenommenen Voraussetzungen: einer linearen Beziehung zwischen der Spannung und der Verzerrung sowie einer kleinen Balkenverformung, muß die Anwendung der Gl. (11) auf den Intervall kleiner Werte von t beschränkt bleiben.

Es ist noch die Größe C zu bestimmen, welche in der Balkenmitte angebracht eine Durchbiegung hervorruft, die gleich Eins ist. Wie aus der Festigkeitslehre bekannt, gilt

$$w\left(\frac{l}{2}\right) = \frac{Cl^3}{48EI} = 1.$$

Hieraus folgt

$$C = \frac{48EI}{l^3},$$

wobei l die Balkenspannweite, EI die Biegesteifigkeit des Balkens ist.

Es ist nichts gegen eine Erweiterung der obigen Betrachtungen auf andere Systeme als auf Balken einzuwenden. Die erzwungene Längsschwingung eines Stabes mit der Masse μ und der axialen Belastung $p(t)$ pro Längeneinheit kann

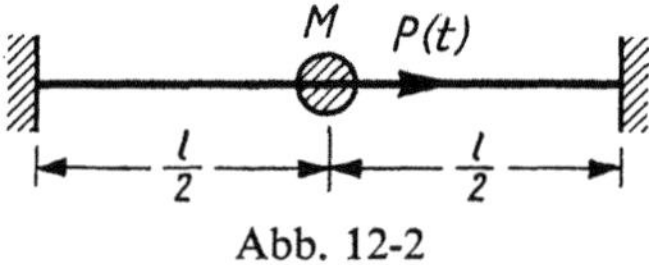

Abb. 12-2

durch ein System mit einem Freiheitsgrad ersetzt werden, das in Abb. 12-2 gezeigt ist. Die Gleichung für die Längsschwingung lautet

$$M\ddot{u}(t) + Cu(t) = P(t); \qquad u(t) = u\left(\frac{l}{2}, t\right), \tag{12}$$

wobei für einen beiderseitig eingespannten Stab

$$C = \frac{4EA}{l}$$

ist.

Für die Querschwingung einer Rechteckplatte mit der Masse μ unter der Belastung $p(t)$ pro Flächeneinheit der Mittelfläche ergibt sich, wenn die Masse und Last in der Plattenmitte konzentriert werden, die folgende Bewegungsgleichung:

$$M\ddot{w}\left(\frac{a}{2}, \frac{b}{2}, t\right) + Cw\left(\frac{a}{2}, \frac{b}{2}, t\right) = P(t). \tag{13}$$

Für eine an allen Rändern frei drehbar gelagerte Platte gilt

$$C = \frac{Nab}{4}\left[\sum_{n,m}^{\infty} \frac{1}{(\alpha_n^2+\beta_m^2)^2}\right]^{-1}; \quad n,m = 1,3,5,\ldots,\infty \tag{14}$$

mit

$$\alpha_n = \frac{n\pi}{a}; \quad \beta_m = \frac{m\pi}{b},$$

was mit Hilfe der Gl. (14) vom Abschnitt 9.4 leicht nachgeprüft werden kann.

Es wird nun auf die Querschwingung des in Abb. 12-1 dargestellten Systems zurückgegriffen, wobei die Auswirkung der äußeren Dämpfung berücksichtigt wird. Unter Voraussetzung, daß die Dämpfung zur Geschwindigkeit $\dot{w}(l/2,t)$ proportional ist, gilt

$$W = -\varkappa\dot{w}\left(\frac{l}{2},t\right). \tag{15}$$

Die Voraussetzung (15) entspricht gut dem Fall der Balkenschwingung in einem zähflüssigen Medium.

Die Bewegungsgleichung wird mit dem Glied (15) erweitert. Dann gilt

$$M\ddot{w}+\varkappa\dot{w}+Cw = P(t). \tag{16}$$

Die *Laplace-Transformation* dieser Gleichung ergibt

$$Mp^2\overline{w}+\varkappa p\overline{w}+C\overline{w} = \overline{P}(p)+M[pw(0)+\dot{w}(0)]+\varkappa w(0).$$

Daraus folgt

$$\overline{w} = \frac{\overline{P}(p)+M(pf+g)+\varkappa f}{Mp^2+\varkappa p+C},$$

$$\overline{w}(p) = \int_0^{\infty} e^{-pt}w(t)\,dt; \quad w(0) = f; \quad \dot{w}(0) = g.$$

Die inverse *Laplace-Transformation* liefert mit der Bezeichnung

$$\omega_1 = \sqrt{\frac{C}{M}-\frac{\varkappa^2}{4M^2}}$$

die Lösung von Gl. (16)

$$w(t) = e^{-\frac{\varkappa}{2M}t}\left\{f\left[\cos\omega_1 t+\frac{\varkappa}{2M\omega_1}\sin\omega_1 t\right]+\frac{g}{\omega_1}\sin\omega_1 t\right\}+$$
$$+\frac{1}{M\omega_1}\int_0^t P(\tau)e^{-\frac{\varkappa}{2M}(t-\tau)}\sin\omega_1(t-\tau)\,d\tau. \tag{17}$$

Kennzeichnend ist der Dämpfungsfaktor $e^{-\frac{\varkappa}{2M}t}$. Für einen Balken, der für $t < 0$ mit der Kraft P_0 belastet ist und im Augenblick $t = 0$ plötzlich entlastet wird, ergibt sich

$$w(t) = e^{-\frac{\varkappa}{2M}t}\frac{P_0}{C}\left(\cos\omega_1 t+\frac{\varkappa}{2M\omega_1}\sin\omega_1 t\right). \tag{18}$$

Wird der Balken plötzlich mit der Kraft P_0 belastet, so gilt unter der Voraussetzung von $f = g = 0$

$$w(t) = \frac{P_0}{M\omega_1} \int_0^t e^{-\frac{\varkappa}{2M}(t-\tau)} \sin \omega_1(t-\tau)\,d\tau. \tag{19}$$

Interessant ist der Fall stationärer Schwingungen. Wird $P(t) = P_0 e^{i\omega t}$ und $w(t) = w_0 e^{i\omega t}$ in die Gl. (17) eingesetzt, so entsteht

$$w(t) = \frac{P_0 e^{i\omega t}}{i\varkappa\omega + C - M\omega^2}. \tag{20}$$

Nun wird der Sonderfall $P(t) = P_0 \sin\omega t$ betrachtet. Der Imaginärteil des Ausdruckes (20) liefert

$$w(t) = P_0 \frac{(C - M\omega^2)\sin\omega t - \varkappa\omega\cos\omega t}{(C - M\omega^2)^2 + \varkappa^2\omega^2} \tag{20'}$$

oder

$$w(t) = P_0 \frac{\sin(\omega t - \psi)}{\sqrt{(C - M\omega^2)^2 + \varkappa^2\omega^2}}, \tag{20''}$$

wobei

$$\tan\psi = \frac{\varkappa\omega}{C - M\omega^2}$$

ist.

Der Winkel ψ bedeutet den Phasenunterschied. Dieser Unterschied ist für $\omega < \sqrt{C/M}$ kleiner, für $\omega > \sqrt{C/M}$ größer als $\pi/2$. Für $\omega \to \infty$ ist $\psi = \pi$. Die Größe

$$\omega_0 = \frac{P_0}{\sqrt{(C - M\omega^2)^2 + \varkappa^2\omega^2}} \tag{21}$$

bedeutet die Amplitude der gedämpften Schwingung.

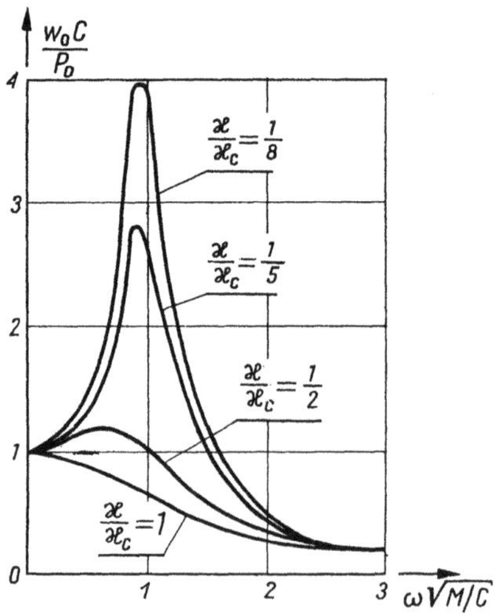

Abb. 12-3

In Abb. 12-3 ist der Verlauf des Verhältnisses $w_0 C/P_0$ in Abhängigkeit von $\omega\sqrt{M/C}$ für verschiedene Werte von $\varkappa/\varkappa_c$ gezeigt. Hierbei bedeutet $\varkappa_c = 2\sqrt{CM}$ die sog. kritische Dämpfung, d.h. derjenige Wert des Dämpfungsbeiwertes, der den Grenzfall zwischen der stationären und abklingenden Schwingung darstellt.

Es ist zu bemerken, daß sich der größte Wert der Amplitude w_0 für $\varkappa^2 < 2CM$ ergibt und

$$w_{0,max} = \frac{P_0}{C}\frac{2CM^2\varkappa}{\sqrt{\dfrac{4CM}{\varkappa^2}-1}}$$

beträgt.

Die Amplitude bleibt für jede Kreisfrequenz der Erregerschwingung endlich.

Die obigen Betrachtungen dürfen auf Systeme mit einigen Freiheitsgraden verallgemeinert werden. Das System mit einem Freiheitsgrad liefert eine zu grobe Näherung, wie sich beispielsweise aus der Ermittlung von ω_1 für einen beiderseitig frei drehbar gelagerten Balken zeigt. Für diesen Fall gilt

$$\omega_1 = \sqrt{\frac{C}{M}} = \sqrt{\frac{EI48}{l^3(\mu l)}} = \frac{6{,}928}{l^2}\sqrt{\frac{EI}{\mu}}.$$

Währenddessen liefert die exakte Lösung den Wert

$$\omega_1 = \frac{\pi^2}{l^2}\sqrt{\frac{EI}{\mu}}.$$

Zunächst wird ein auf zwei Auflagern aufgestützter Balken untersucht, der einen konstanten Querschnitt und die Masse μ hat und durch die Belastung $p(x,t)$ pro Längeneinheit beansprucht wird. Die Balkenmasse wird in einigen Punkten konzentriert, die Belastung $p(x,t)$ durch die Einzelkräfte $P_j(t)$ ersetzt. Wird die Masse in n Punkten konzentriert, so ist $M = \mu l/n$. Die Durchbiegung der aufeinanderfolgenden Punkte wird mit $w_j(t)$, $j = 1, 2, ..., n$ bezeichnet.

Die Bewegungsgleichungen lauten

$$M\ddot{w}_j(t) + R_j(t) = P_j(t); \quad j = 1, 2, ..., n, \tag{22}$$

wobei $R_j(t)$ die Gegenkräfte in den einzelnen Balkenpunkten $j = 1, 2, ..., n$ bedeuten. Diese Kräfte werden durch die Elastizität des Balkens herbeigeführt, die jeder Auslenkung der Einzelmassen aus der Gleichgewichtslage widerstrebt (Abb. 12-4).

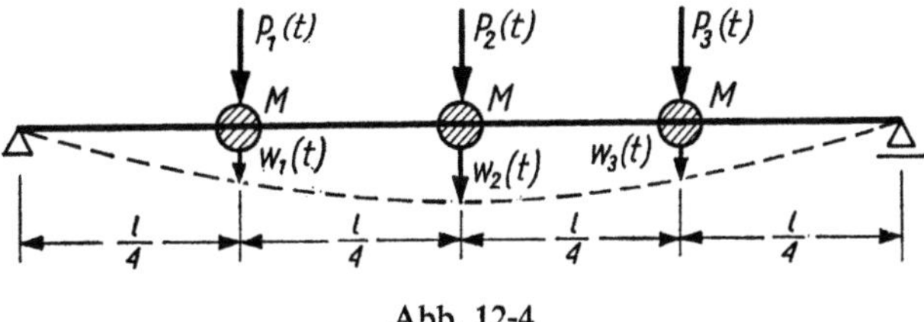

Abb. 12-4

Nun wird eine Hilfsaufgabe betrachtet, bei der ein System von n Kräften Q_j untersucht wird, die von der Zeit unabhängig sind und auf den Balken in den Punkten j einwirken. Weiterhin werden auch die durch diese Kräfte hervorgerufenen Durchbiegungen untersucht.

Wie aus der Statik bekannt, gilt für die Durchbiegung im Punkt j die folgende Formel

$$v_j = \sum_{k=1}^{n} Q_k \alpha_{jk}; \quad j = 1, 2, \ldots, n, \tag{23}$$

wobei α_{jk} die Durchbiegung am Punkt j des Balkens bedeutet, die durch die am Punkt k angebrachte Kraft $Q_k = 1$ herbeigeführt wird. Hierbei gilt selbstverständlich die Voraussetzung, daß alle übrigen Kräfte Q_j gleich Null sind. Die Größen α_{jk} stellen sog. Einflußgrößen für die Verschiebungen dar. In der Statik der Stabwerke wird mit Hilfe des Satzes der Gegenseitigkeit der Verschiebungen die Beziehung

$$\alpha_{jk} = \alpha_{kj}; \quad j, k = 1, 2, \ldots, n \tag{24}$$

bewiesen. Die Lösung des Gleichungssystems (23) bezüglich der Größe Q_j ergibt

$$Q_j = \sum_{k=1}^{n} v_j \beta_{jk}; \quad j = 1, 2, \ldots, n. \tag{25}$$

Es wird $v_k = 1$ und $v_1 = v_2 = \ldots = v_{k-1} = v_{k+1} = \ldots = v_n = 0$ angenommen. Die Größe β_{jk} kann damit als eine am Punkt j des Balkens angebrachte Kraft angesehen werden, die durch die Verschiebung $v_k = 1$ des Punktes k unter der Voraussetzung hervorgerufen wird, daß die Verschiebungen aller anderen Balkenpunkte (die Verschiebungen infolge v_k ausgenommen) gleich Null sind.

Die Größe β_{jk} stellt also die Auflagerkraft eines durchlaufenden Balkens mit den Auflagern $0, 1, \ldots, n+1$ dar; und zwar für das Auflager j infolge der Verschiebung $v_k = 1$ des Auflagers k (Abb. 12-5).

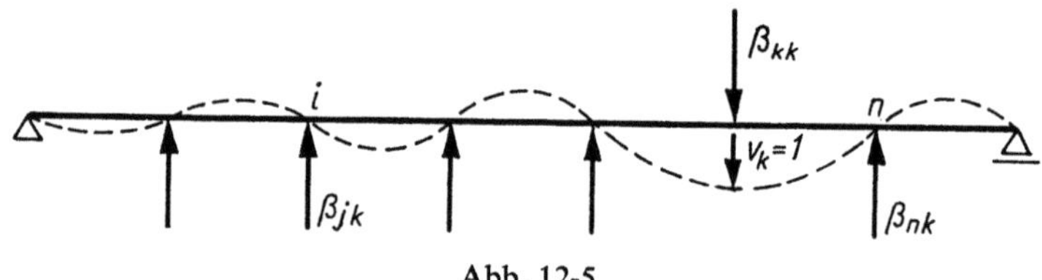

Abb. 12-5

Der Satz über die Gegenseitigkeit der Gegenkräfte liefert

$$\beta_{jk} = \beta_{kj}. \tag{26}$$

Die Größe Q_j von Gl. (25) stellt die Auflagerreaktion dar, die am Punkt j durch die Verschiebungen $v_1, v_2, \ldots, v_n$ der Auflager $1, 2, \ldots, n$ hervorgerufen wird.

Nun wird auf die Bewegungsgleichungen (22) zurückgegangen. Die Balkenschwingung führt zu den Verschiebungen $w_1(t), w_2(t), \ldots, w_n(t)$. Für die Gegenkraft $R_j(t)$ im Punkt j gilt nach Gl. (25)

$$R_j(t) = \sum_{k=1}^{n} w_k(t) \beta_{jk}; \quad j = 1, 2, \ldots, n. \tag{27}$$

Gl. (22) wird in der Form

$$M \ddot{w}_j(t) + \sum_{k=1}^{n} \beta_{jk} w_k(t) = P_j(t); \quad j = 1, 2, \ldots, n \tag{28}$$

geschrieben. Nun wird gefragt, für welche Frequenzen und Schwingungsformen der Balken bei $P_j = 0; j = 1, 2, ..., n$ frei periodisch schwingen kann. Einsetzen von $w_j(t) = W_j e^{i\omega t}$ in die Gl. (28) ergibt das Gleichungssystem

$$\sum_{k=1}^{n} \beta_{jk} W_k - M\omega^2 W_j = 0; \qquad j = 1, 2, ..., n. \tag{29}$$

Die gleich Null gesetzte Determinante dieses Systems liefert die Säkulargleichung

$$|\beta_{jk} - \delta_{jk}\omega^2 M| = 0. \tag{30}$$

Aus dieser Gleichung folgt eine algebraische Gleichung n-ten Grades bezüglich ω^2, aus der die aufeinanderfolgenden Werte $\omega_1, \omega_2, ..., \omega_n$ ermittelt werden können.

Man kann beweisen, daß Gl. (30) n verschiedene und reelle Wurzeln liefert.

Aus dem Gleichungssystem (29) werden die Größen $W_k^{(r)}$ ($k = 1, 2, ..., n$) nach Einführung der Wurzel ω_r ermittelt. Da das System (29) aus n Gleichungen besteht, können die Größen $W_k^{(r)}$ bis auf den konstanten Faktor $A^{(r)}$ bestimmt werden. Dieser Faktor wird so gewählt, daß

$$\sum_{k=1}^{n} [W_k^{(r)}]^2 = 1 \tag{31}$$

ist. Nun werden zwei Schwingungen betrachtet, von denen die erste der Frequenz ω_r, die andere der Frequenz ω_s entspricht. Sie erfüllen das Gleichungssystem

$$M\omega_r^2 W_j^{(r)} = \sum_{k=1}^{n} \beta_{jk} W_k^{(r)}, \tag{29'}$$

$$M\omega_s^2 W_j^{(s)} = \sum_{k=1}^{n} \beta_{jk} W_k^{(s)}. \tag{29''}$$

Die erste Gleichung wird mit $W_j^{(s)}$ multipliziert und bezüglich j von 1 bis n summiert, die andere mit $W_j^{(r)}$ multipliziert und ebenfalls bezüglich j summiert. Dann entsteht

$$M\omega_r^2 \sum_{j=1}^{n} W_j^{(r)} W_j^{(s)} = \sum_{j=1}^{n} \sum_{k=1}^{n} \beta_{jk} W_k^{(r)} W_j^{(s)}, \tag{32'}$$

$$M\omega_s^2 \sum_{j=1}^{n} W_j^{(r)} W_j^{(s)} = \sum_{j=1}^{n} \sum_{k=1}^{n} \beta_{jk} W_k^{(s)} W_j^{(r)}. \tag{32''}$$

Es ist zu bemerken, daß die einzelnen Summen der linken Seiten beider Gleichungen gleich sind, da

$$\sum_{j=1}^{n} \sum_{k=1}^{n} \beta_{jk} W_k^{(r)} W_j^{(s)} = \sum_{k=1}^{n} \sum_{j=1}^{n} \beta_{kj} W_j^{(s)} W_k^{(r)}; \qquad \beta_{jk} = \beta_{kj}$$

gilt. Die Summierungsfolge der rechten Seite von Gl. (32'') wurde hierbei vertauscht. Werden nun die Gln. (32') und (32'') voneinander subtrahiert, so ergibt sich

$$(\omega_r^2 - \omega_s^2) \sum_{j=1}^{n} W_j^{(s)} W_j^{(r)} = 0.$$

Wegen $\omega_s \neq \omega_r$ folgt daraus

$$\sum_{j=1}^{n} W_j^{(s)} W_j^{(r)} = 0; \quad r \neq s. \tag{33}$$

Gl. (33) stellt die Orthogonalitätsbedingung für die Eigenschwingungsformen dar.

Es wird nun zu den erzwungenen harmonischen Schwingungen übergegangen. Unter Voraussetzung von $P_j(t) = Q_j e^{i\omega t}$, $w_j(t) = W_j e^{i\omega t}$ wird das Gleichungssystem (28) in der Form

$$\sum_{k=1}^{n} \beta_{jk} W_k - \omega^2 M W_j = Q_j; \quad j = 1, 2, \ldots, n \tag{34}$$

geschrieben.

Die Entwicklung der Kräfte Q_j nach den Werten W_j liefert

$$Q_j = \sum_{k=1}^{n} a_k W_j^{(k)}; \quad j = 1, 2, \ldots, n, \tag{35}$$

wobei

$$a_k = \sum_{j=1}^{n} Q_j W_j^{(k)}; \quad k = 1, 2, \ldots, n \tag{36}$$

ist.

Die letzte Formel entsteht durch Multiplikation der Gl. (35) mit $W_j^{(r)}$ und Summierung bezüglich j von 1 bis n, wobei die Orthogonalitätsbedingung (33) und die Normierungsbedingung (35) verwendet werden. Ähnlich läßt sich W_j durch die Reihe

$$W_j = \sum_{k=1}^{n} b_n W_j^{(k)}; \quad j = 1, 2, \ldots, n, \tag{37}$$

ausdrücken, worin

$$b_k = \sum_{j=1}^{n} W_j W_j^{(k)}; \quad k = 1, 2, \ldots, n \tag{38}$$

bedeutet.

Werden nun die Gln. (35) und (37) in die Gl. (34) eingesetzt, so ergibt sich unter Verwendung von Gl. (29') und nach einfachen Umformungen (wie Vertauschen der Summierungsfolge und der Indizes)

$$M b_k (\omega_k^2 - \omega^2) = a_k.$$

Hieraus folgt

$$b_k = \frac{a_k}{M(\omega_k^2 - \omega^2)}. \tag{39}$$

Die erste Summe von Gl. (37) liefert

$$W_j = \sum_{k=1}^{n} \frac{W_j^{(k)} a_k}{M(\omega_k^2 - \omega^2)}.$$

Unter Beachtung von Gl. (36) und von $w_j(t) = W_j e^{i\omega t}$ ergibt sich endgültig

$$w_j(t) = \frac{e^{i\omega t}}{M} \sum_{k=1}^{n} \sum_{r=1}^{n} \frac{Q_r W_j^{(k)} W_r^{(k)}}{\omega_k^2 \left(1 - \dfrac{\omega^2}{\omega_k^2}\right)}, \quad j = 1, 2, \ldots, n. \tag{40}$$

Für $\omega \to \omega_k$ nehmen die Durchbiegungen unbegrenzt zu; es tritt Resonanz auf.
Nun werden freie und aperiodische Schwingungen betrachtet. Die *Laplace-Transformation* von Gl. (28) liefert

$$Mp^2 \overline{w}_j(p) + \sum_{k=1}^{n} \beta_{jk} \overline{w}_k(p) = \overline{P}_j(p) + M(f_j p + g_j); \quad j = 1, 2, \ldots, n. \tag{41}$$

$$w_j(0) = f_j; \quad \dot{w}_j(0) = g_j; \quad \overline{w}_j(p) = \int_0^{\infty} w_j(t) e^{-pt} dt. \tag{42}$$

Die Größen $\overline{w}_j, \overline{P}_j, \overline{f}_j, \overline{g}_j$ werden nach den Funktionen W_j entwickelt. Dann gilt

$$\overline{P}_j(p) = \sum_{k=1}^{n} a_k(p) W_j^{(k)}; \quad a_k(p) = \sum_{j=1}^{n} \overline{P}_j(p) W_j^{(k)},$$

$$\overline{w}_j(p) = \sum_{k=1}^{n} b_k(p) W_j^{(k)}; \quad b_k(p) = \sum_{j=1}^{n} \overline{w}_j(p) W_j^{(k)},$$

$$f_j = \sum_{k=1}^{n} A_k W_j^{(k)}; \quad A_k = \sum_{j=1}^{n} f_j W_j^{(k)}, \tag{43}$$

$$g_j = \sum_{k=1}^{n} B_k W_j^{(k)}; \quad B_k = \sum_{j=1}^{n} g_j W_j^{(k)}.$$

Einsetzen der Gln. (43) in die Gl. (41) ergibt unter Verwendung der Gl. (29')

$$b_k(p) M(\omega_k^2 + p^2) = a_k(p) + M(pA_k + B_k).$$

Daraus folgt

$$b_k(p) = \frac{a_k(p) + M(pA_k + B_k)}{M(p^2 + \omega_k^2)}. \tag{44}$$

Weiterhin gilt

$$\overline{w}_j(p) = \sum_{k=1}^{n} \frac{a_k(p) + M(pA_k + B_k)}{M(p^2 + \omega_k^2)} W_j^{(k)}$$

oder

$$\overline{w}_j(p) = \frac{1}{M} \sum_{k=1}^{n} \frac{W_j^{(k)}}{p^2 + \omega_k^2} \times$$

$$\times \left[\sum_{r=1}^{n} \overline{P}_r(p) W_r^{(k)} + M \left(\sum_{r=1}^{n} p f_r W_r^{(k)} + \sum_{r=1}^{n} g_r W_r^{(k)} \right) \right].$$

Die inverse *Laplace-Transformation* liefert endgültig

$$w_j(t) = \sum_{k=1}^{n} W_j^{(k)} \cos \omega_k t \sum_{r=1}^{n} f_r W_r^{(k)} + \sum_{k=1}^{n} W_j^{(k)} \frac{1}{\omega_k} \sin \omega_k t \times$$

$$\times \sum_{r=1}^{n} g_r W_r^{(k)} + \frac{1}{M} \sum_{k=1}^{n} W_j^{(k)} \sum_{r=1}^{n} W_r^{(k)} \int_0^t P_r(\tau) \frac{\sin \omega_k(t-\tau)}{\omega_k} d\tau;$$

$$j = 1, 2, \ldots, n. \tag{45}$$

Hierbei ist eine vollständige Analogie mit der Schwingung eines Stabes zu bemerken, der als elastisches Kontinuum betrachtet wird.

Für einen Stab mit unendlich vielen Freiheitsgraden treten sowohl Reihen als auch Integrale auf, die Schwingungsformen sind stetig und ihre Anzahl ist unendlich groß, was einer unendlichen Anzahl von Eigenschwingungskreisfrequenzen entspricht.

Im betrachteten Fall treten dagegen endliche Reihen auf, die Schwingungsform wird durch die Durchbiegungen in einzelnen Stabpunkten ausgedrückt, die Anzahl der Eigenschwingungsfrequenzen ist der Anzahl der Einzelmassen gleich.

Es sind noch einige Sonderfälle der Gl. (45) zu betrachten. Die Balkendurchbiegungen unter einer statischen Belastung seien $f_1, f_2, \ldots, f_n$ in den Punkten $1, 2, \ldots, n$. Wird zum Zeitpunkt $t = 0$ die Last plötzlich beseitigt, so schwingt der Balken frei und gilt

$$w_j(t) = \sum_{k=1}^{n} W_j^{(k)} \cos \omega_k t \sum_{k=1}^{n} f_r W_r^{(k)}.$$

Wird nun der Balken zum Zeitpunkt $t = 0$ mit den Kräften $P_j(t) = Q_j H(t)$; $j = 1, 2, \ldots, n$ belastet, so gilt

$$w_j(t) = \frac{1}{M} \sum_{k=1}^{n} W_j^{(k)} \frac{1 - \cos \omega_k t}{\omega_k^2} \sum_{r=1}^{n} Q_r W_r^{(k)}.$$

Besteht die Belastung aus einer einzigen Kraft im Punkt s, so ist

$$w_j(t) = \frac{Q_s}{M} \sum_{k=1}^{n} W_j^{(k)} W_s^{(k)} \frac{1 - \cos \omega_k t}{\omega_k^2}.$$

Für die momentane Kraft $P_s(t) = Q_s\delta(t)$ gilt

$$w_j(t) = \frac{Q_s}{M} \sum_{k=1}^{n} W_j^{(k)} W_s^{(k)} \frac{\sin \omega_k t}{\omega_k}; \quad j = 1, 2, ..., n.$$

Die gezeigten Lösungen dürfen auf Stäbe mit veränderlichen Querschnitten erweitert werden, auf den Fall also, wenn die Massen verschiedener Größen in verschiedenen Punkten konzentriert sind. Diese Lösungen dürfen ebenfalls auf noch kompliziertere Systeme, wie Platten und Schalen, verallgemeinert werden.

Es werden die Schwingungen der Balken aus einem viskoelastischen Stoff untersucht. Für ein System mit einem Freiheitsgrad (Abb. 12-1) ist die Bewegung des Systems aus elastischem Material durch Gl. (1) beschrieben. Wird auf diese Gleichung die *Laplace-Transformation* angewendet (unter der Voraussetzung, daß der Körper für $t = 0$ ruht), so ergibt sich

$$M\overline{w}p^2 + C\overline{w} = \overline{P}. \tag{46}$$

Die Anwendung der elastisch-viskoelastischen Analogie liefert für einen viskoelastischen Stab

$$M\overline{w}p^2 + \overline{C}\overline{w} = \overline{P}, \tag{47}$$

wobei $\overline{C}(p)$ eine Funktion des Parameters der *Laplace-Transformation* bedeutet. Die Lösung von Gl. (47) stellt die Funktion

$$w(t) = \frac{1}{M} \int_0^t P(\tau)G(t-\tau)\,d\tau, \tag{48}$$

dar, worin

$$G(t) = \mathscr{L}^{-1}\left[\frac{1}{p^2 + \dfrac{\overline{C}}{M}}\right]$$

ist. Wirkt auf den Stab die momentane Einzelkraft $P(t) = P_0\delta(t)$ ein, so gilt

$$w(t) = \frac{P_0}{M} \int_0^t \delta(\tau)G(t-\tau)\,d\tau = \frac{P_0}{M} G(t). \tag{49}$$

Für eine zeitlich harmonisch veränderliche Last $P(t) = Re(P^* e^{i\omega t})$ gilt

$$w^* = \frac{P^*}{M} \cdot \frac{1}{\dfrac{\overline{C}(i\omega)}{M} - \omega^2}, \tag{50}$$

wobei die Durchbiegung mit $w = Re(w^* e^{i\omega t})$ bezeichnet wird und der Parameter p wird im Ausdruck $\overline{C}(p)$ durch $i\omega$ ersetzt.

Es wird nun Gl. (48) für das *Modell von Kelvin* betrachtet. Für einen derartigen Körper ist

$$\overline{C}(p) = \frac{48EI}{l^3} \frac{\overline{E}(p)}{E} = C_0 \frac{\overline{E}(p)}{E}.$$

Für einen raumbeständigen (inkompressiblen) Körper $\left(\text{d.h. für } v = \dfrac{1}{2} = \bar{v}\right)$ gilt weiterhin $\bar{E}(p) = \dfrac{3}{2}\,\dfrac{P_2(p)}{P_1(p)}$. Da für den *Kelvinschen Körper* $P_1(p) = 1$, $P_2(p) = 2\mu(1+\text{t}^*p)$, $E = 2(1+v)\mu$, $t_* = \eta/\mu$ ist, gilt auch $\bar{C}(p) = C_0(1+t_* p)$. Daraus folgt

$$\bar{G}(p) = \frac{1}{p^2 + 2\alpha\beta p + \alpha^2}\,; \quad \text{mit} \quad \alpha = \sqrt{\frac{C_0}{M}}\,; \quad \beta = \frac{\alpha t_*}{2}.$$

Wird auf diesen Ausdruck die inverse *Laplace-Transformation* angewendet, so ergibt sich:

$$G(t) = \frac{1}{\alpha\sqrt{1-\beta^2}}\, e^{-\alpha\beta t}\sin\left(\alpha t\sqrt{1-\beta^2}\right) \quad \text{für} \quad \beta^2 < 1,$$

$$G(t) = \frac{1}{\alpha\sqrt{\beta^2-1}}\, e^{-\alpha\beta t}\sinh\left(\alpha t\sqrt{\beta^2-1}\right) \quad \text{für} \quad \beta^2 > 1,$$

$$G(t) = te^{-\alpha t} \quad \text{für} \quad \beta^2 = 1,$$

$$G(t) = \frac{1}{\alpha}\sin\alpha t \quad \text{für} \quad \beta^2 = 0.$$

Der letzte Fall bezieht sich auf die Schwingung eines elastischen Systems.

Mit Hilfe der Funktion $G(t)$ lassen sich diejenigen Schwingungen der Balkenmitte bestimmen, die durch eine beliebige Last $P(t)$ verursacht werden.

Für erzwungene stationäre Schwingungen ergibt sich aus Gl. (50) für den Körper nach dem *Modell von Kelvin*

$$w(t) = \text{Re}\left(w^* e^{i\omega t}\right) = \frac{P^*}{M}\,\frac{\sin(\omega t - \psi)}{\sqrt{(\alpha^2-\omega^2)^2 + 4\beta^2\omega^2}}\,;$$

$$\text{tg}\,\varphi = \frac{2\omega\beta}{\alpha^2-\omega^2}. \tag{51}$$

Nun werden Schwingungen eines viskoelastischen Balkens mit n Freiheitsgraden betrachtet (Abb. 12-4). Die Bewegungsgleichung für den gleichen Balken aus einem *Hookeschen Stoff* stellt die Gl. (28) dar. Die *Laplace-Transformation* dieser Gleichung ergibt

$$Mp^2\bar{w}_j + \sum_{k=1}^{m} \beta_{jk}\bar{w}_k = \bar{P}_j\,; \quad j = 1, 2, \ldots, n. \tag{52}$$

Ähnlich lautet die transformierte Bewegungsgleichung für einen Balken aus viskoelastischem Material

$$Mp^2\bar{w}_j + \sum_{k=1}^{m} \bar{\gamma}_{jk}\bar{w}_k = \bar{P}_j\,; \quad j = 1, 2, 3, \ldots, n. \tag{53}$$

Hierbei bedeutet $\gamma_{jk}(t)$ die Auflagerkraft eines durchlaufenden viskoelastischen Balkens (Abb. 12-5) am Auflager j, wobei diese Kraft durch die Verschiebung $v_k = 1$ des Auflagers k hervorgerufen wird. Ein elastischer und ein viskoelastischer Balken weisen die gleichen Biegelinien infolge der gleichen Verschiebung des Auflagers k auf.

Die Auflagerkräfte (Gegenkräfte) sind

$$\overline{R}(p) = \overline{F}(p)R^0; \quad \overline{F}(p) = \frac{\overline{E}(p)}{E}. \tag{54}$$

Hierbei bedeuten R^0 die Auflagerreaktion für den elastischen Balken, $R(t)$ die Reaktion für den viskoelastischen Balken. Daraus folgt, daß die Querkraft im elastischen Balken mit der Durchbiegung v folgendermaßen verbunden ist:

$$Q^0 = -EI\frac{d^3v}{dx^3}. \tag{55}$$

Währenddessen gilt für den viskoelastischen Balken die Beziehung

$$\overline{Q}(p) = -\overline{E}(p)I\frac{dv^3}{dx^3}. \tag{56}$$

Da die Durchbiegung am Auflager k in den beiden Fällen gleich $(\overline{v} = \overline{v}^0)$ sein muß, ergibt ein Vergleich von Gln. (55) und (56), daß $\overline{Q}(p) = \dfrac{\overline{E}(p)}{E}Q^0$ ist.

Die Auflagerkraft stellt aber den Unterschied der rechts und links vom Auflager auftretenden Querkräfte dar. Die obigen Beziehungen liefern damit

$$\overline{\gamma}_{jk} = \overline{F}(p)\beta_{jk}. \tag{57}$$

Gl. (53) kann nun unter Beachtung von Gl. (57) in der Form

$$Mp^2\overline{w}_j + \overline{F}(p)\sum_{k=1}^{m}\beta_{jk}\overline{w}_k = \overline{P}_j; \quad j = 1, 2, ..., n \tag{58}$$

geschrieben werden. Dieses Gleichungssystem wird durch Entwicklung der Funktionen $\overline{w}_j$ und $\overline{P}_j$ in endliche Reihen nach den Eigenfunktionen $W_j^{(k)}$ des elastischen Balkens (vgl. Gln. (43)) gelöst.

Einsetzen der Gln. (43) in die Gl. (58) ergibt

$$Mb_k(p)[p^2 + \omega_k^2\overline{F}(p)] = a_k(p). \tag{59}$$

Wird diese Gleichung nach b_k aufgelöst und wird

$$\overline{w}(p) = \sum_{k=1}^{n}b_k(p)W_j^{(k)}$$

verwendet, so ergibt sich

$$\overline{w}_j(p) = \frac{1}{M}\sum_{k=1}^{n}\frac{a_k(p)W_j^{(k)}}{p^2 + \omega_k^2\overline{F}(p)}. \tag{60}$$

Wird nun die Beziehung $a_k(p) = \sum_{j=1}^{n}\overline{P}_j(p)W_j^{(k)}$ beachtet, so entsteht die Gleichung

$$\overline{w}_j(p) = \frac{1}{M}\sum_{k=1}^{n}\sum_{r=1}^{n}\frac{\overline{P}_r(p)W_j^{(k)}W_r^{(k)}}{p^2 + \omega_k^2\overline{F}(p)}; \quad j = 1, 2, ..., n. \tag{61}$$

Auf diese Gleichung wird die inverse *Laplace-Transformation* angewendet. Dann gilt

$$w_j(t) = \frac{1}{M} \sum_{k=1}^{n} \sum_{r=1}^{n} W_j^{(k)} W_r^{(k)} \int_0^t P_r(\tau) G_k(t-\tau)\, d\tau \tag{62}$$

mit

$$G_k(t) = \mathscr{L}^{-1}\left(\frac{1}{p^2 + \omega_k^2 \overline{F}(p)}\right).$$

Für den Sonderfall einer zeitlich harmonisch veränderlichen Last, d.h. für $P_r(t) = Re(P_r^* e^{i\omega t})$ gilt

$$w_j(t) = \frac{1}{M} \operatorname{Re}\left[e^{i\omega t} \sum_{k=1}^{n} \sum_{r=1}^{n} \frac{W_j^{(k)} W_r^{(k)} P_r^*}{\omega_k^2 F^*(i\omega) - \omega^2}\right] \tag{63}$$

mit

$$F^*(i\omega) = \frac{\overline{E}(i\omega)}{E}.$$

Gl. (62) ist sehr allgemein und ermöglicht, die Verformung eines visko-elastischen Balkens für eine zeitlich beliebig veränderliche Belastung zu bestimmen.

In den obigen Betrachtungen stellten die Gln. (28) und (53) den Ausgangspunkt dar. Die homogenen Anfangsbedingungen für diese Gleichungen wurden stillschweigend angenommen. Man darf aber auch ohne weiteres gegebenenfalls inhomogene Anfangsbedingungen berücksichtigen.

12.2. Anwendung der Differenzenrechnung

Unter zahlreichen Methoden zur näherungsweisen Lösung von Schwingungsproblemen für Stäbe, Platten und Schalen zeichnet sich das Differenzenverfahren durch seine große Einfachheit und die Möglichkeit der Anpassung an verschiedene veränderliche Faktoren (wie Querschnittsänderungen, Änderung der Masse, der Belastung usw.) aus. Das Verfahren wurde von H. HENCKY bei Knick- und Verwindungsproblemen für Stäbe, von N. J. NIELSEN [100], W. WIERZBICKI [157] und H. MARCUS [90] bei Problemen der Plattenstatik erfolgreich verwendet.

Die Grundlage des Differenzenverfahrens liegt darin, daß die in den Differentialgleichungen auftretenden Ableitungen durch die Differenzenquotienten ersetzt werden, wodurch an Stelle von Differentialgleichungen Systeme linearer Gleichungen zu lösen sind.

Die Anwendung des Differenzenverfahrens wird im weiteren an Hand des Beispieles der Querschwingung eines Balkens erörtert. Zunächst wird ein Balken mit konstantem Querschnitt betrachtet, weil die exakten und angenäherten Ergebnisse für diesen Fall leicht vergleichbar sind, wodurch die Näherung abgeschätzt werden kann. Dann werden Balken mit einem beliebig veränderlichen Querschnitt untersucht.

Wird die Beziehung $w(x, t) = y(x)e^{i\omega t}$ in die Gleichung

$$EI \frac{\partial^4 w}{\partial x^4} + \mu \ddot{w} = 0; \qquad \mu = \varrho A \tag{1}$$

eingesetzt, so ergibt sich eine gewöhnliche Differentialgleichung:

$$\frac{d^4 y}{d\xi^4} - \alpha^2 y = 0 \quad \text{mit} \quad \alpha^2 = \frac{\mu l^4 \omega^2}{EI} \quad \text{und} \quad x = l\xi. \tag{2}$$

Der Balken wird in n äquidistante Abschnitte unterteilt. Dann gilt

$$l = n\Delta x; \quad \Delta x = l\Delta\xi; \quad \Delta\xi = \frac{1}{n}.$$

Weiterhin sollen die Ableitungen im Punkt k durch die Differenzenquotienten

$$\frac{d^2 y}{d\xi^2} \rightarrow \left.\frac{\Delta^2 y}{\Delta\xi^2}\right|_k = n^2 (y_{k-1} - 2y_k + y_{k+1}),$$

$$\frac{d^4 y}{d\xi^4} \rightarrow \left.\frac{\Delta^4 y}{\Delta\xi^4}\right|_k = n^4 (y_{k-2} - 4y_{k-1} + 6y_k - 4y_{k+1} + y_{k+2}) \tag{3}$$

ersetzt werden, die in Gl. (2) eingesetzt, für den Punkt k das folgende System algebraischer Gleichungen liefern:

$$y_{k-2} - 4y_{k-1} + y_k\left(6 - \frac{\alpha^2}{n^4}\right) - 4y_{k+1} + y_{k+2} = 0; \quad k = 1, 2, \ldots, n-1. \tag{4}$$

Diesem System sind noch die Randbedingungen hinzuzufügen.

Ist der Stab an den Enden frei gelagert, so lauten die Randbedingungen für Gl. (2)

$$y(0) = y(1) = 0; \quad \frac{d^2 y(0)}{d\xi^2} = \frac{d^2 y(1)}{d\xi^2} = 0. \tag{5}$$

In den Differenzengleichungen (4) entspricht der Punkt O dem linken und der Punkt n dem rechten Auflager. Mithin gilt

$$y_0 = 0; \quad y_n = 0; \quad y_{-1} = -y_1; \quad y_{n-1} = -y_{n+1}. \tag{6}$$

Hierbei wurde die erste Beziehung von Gln. (3) für die Punkte 0 und n verwendet.

Nun wird $n = 5$ vorausgesetzt und Gl. (4) wird für die Punkte $k = 1, 2, 3, 4$ nacheinander aufgestellt, wobei die Randbedingungen jeweils sinngemäß zu berücksichtigen sind. Mithin ist

$$\left(5 - \frac{\alpha^2}{n^4}\right) y_1 - 4y_2 + y_3 = 0,$$

$$-4y_1 + \left(6 - \frac{\alpha_2}{n^4}\right) y_2 - 4y_3 + y_4 = 0,$$

$$y_1 - 4y_2 + \left(6 - \frac{\alpha^2}{n^4}\right) y_3 - 4y_4 = 0,$$

$$y_2 - 4y_3 + \left(5 - \frac{\alpha^2}{n^4}\right) y_4 = 0. \tag{7}$$

Die gleich Null gesetzte Determinante des Systems (7) ergibt

$$D_1 D_2 = \begin{vmatrix} 5 - \beta^2 & -3 \\ -3 & 2 - \beta^2 \end{vmatrix} \cdot \begin{vmatrix} 5 - \beta^2 & -5 \\ -5 & 10 - \beta^2 \end{vmatrix} = 0; \qquad \beta^2 = \frac{\alpha^2}{n^4}. \tag{8}$$

Die Gleichung $D_1 = 0$ entspricht den symmetrischen Schwingungsformen $(y_1 = y_4; y_2 = y_3)$ und liefert die diesen Formen zugeordneten Wurzeln α_1, α_3. Die Gleichung $D_2 = 0$ entspricht den antisymmetrischen Schwingungsformen $(y_1 = -y_4, y_2 = -y_3)$ und liefert die Wurzeln α_2, α_4. Es wird berechnet:

$$\alpha_1^2 = (3{,}5 - \sqrt{11{,}25})n^4; \qquad \alpha_3^2 = (3{,}5 + \sqrt{11{,}25})n^4,$$

$$\alpha_2^2 = (7{,}5 - \sqrt{31{,}25})n^4; \qquad \alpha_4^2 = (7{,}5 + \sqrt{31{,}25})n^4.$$

Da $\alpha^2 = \mu l^4 \omega^2 / EIn^4$ ist, gilt für $n = 5$ die Gleichung $\omega = 25(\alpha/l^2)\sqrt{EI/\mu}$. Daraus folgt

$$\omega_1 = \frac{9{,}52}{l^2}\sqrt{\frac{EI}{\mu}}; \qquad \omega_2 = \frac{34{,}5}{l^2}\sqrt{\frac{EI}{\mu}},$$

$$\omega_3 = \frac{70{,}4}{l^2}\sqrt{\frac{EI}{\mu}}; \qquad \omega_4 = \frac{90{,}2}{l^2}\sqrt{\frac{EI}{\mu}}.$$

Werden diese Kreisfrequenzen mit denjenigen Frequenzen verglichen, die durch eine exakte Lösung $\left(\omega_r^0 = (r^2\pi^2/l^2)\sqrt{EI/\mu}\right)$ gewonnen werden und die

$$\omega_1^0 = \frac{\pi^2}{l^2}\sqrt{\frac{EI}{\mu}}; \qquad \omega_2^0 = \frac{4\pi^2}{l^2}\sqrt{\frac{EI}{\mu}},$$

$$\omega_3^0 = \frac{6\pi^2}{l^2}\sqrt{\frac{EI}{\mu}}; \qquad \omega_4^0 = \frac{8\pi^2}{l^2}\sqrt{\frac{EI}{\mu}}$$

sind, so ergibt sich, daß die beste Näherung für die Wurzel ω_1 und die schlechteste für ω_4 gefunden wurde.

Die Wurzeln $\omega_1, \ldots, \omega_4$ werden in die Gln. (7) eingesetzt. Einer Kreisfrequenz ω_k sind vier Werte der Durchbiegung zugeordnet:

$$y_1^{(k)}, y_2^{(k)}, y_3^{(k)}, y_4^{(k)}. \tag{9}$$

Die obigen Werte bestimmen die Schwingungsform für die vorgegebene Frequenz ω_k und werden aus den Gln. (7) ermittelt. Die Konstante wird so gewählt, daß

$$\sum_{i=1}^{4} (y_i^{(k)})^2 = 1 \tag{10}$$

ist. Auf diese Weise werden sog. normierte Schwingungsformen gewonnen.

Bei einer exakten Lösung treten unendlich viele Eigenschwingungsformen auf, die durch die Formel

$$y_k = \sqrt{\frac{2}{\pi}}\sin k\pi\xi; \qquad k = 1, 2, \ldots, \infty$$

beschrieben werden.

Das Gleichungssystem (4) mit den zugeordneten Randbedingungen kann in der Form

$$\sum_{k=1}^{n-1} \varkappa_{jk} y_k - \frac{\alpha^2}{n^4} y_j = 0; \qquad j = 1, 2, \ldots, n-1 \tag{11}$$

geschrieben werden. Die Größen $\varkappa_{jk}$ stellen die Glieder der Matrix $[\varkappa_{jk}]$ dar, die für die Randbedingungen (6) lautet:

$$[\varkappa_{jk}] = \begin{bmatrix} 5 & -4 & 1 & & & \\ -4 & 6 & -4 & 1 & & \\ \multicolumn{6}{c}{\dotfill} \\ & & 1 & -4 & 6 & -4 \\ & & & 1 & -4 & 5 \end{bmatrix}. \tag{12}$$

Das Gleichungssystem (11) hat eine mit dem System (29) vom vorigen Abschnitt analoge Form. Ähnlich wie im letztgenannten Fall kann hierbei die Orthogonalität der Eigenschwingungsformen bewiesen werden, d.h.

$$\sum_{j=1}^{n-1} y_j^{(s)} y_j^{(r)} = 0; \qquad s \neq r. \tag{13}$$

Es gilt also eine vollständige Analogie mit den im vorigen Abschnitt gewonnenen Ergebnissen, die sich auf erzwungene Schwingungen eines Balkens mit n Freiheitsgraden beziehen. Diese Analogie ist rein mathematisch; es handelt sich um analoge Gleichungssysteme, die mit Hilfe des gleichen Verfahrens gelöst werden. Die in beiden Lösungen auftretenden Größen $y_i^{(k)}$ und $W_i^{(k)}$ haben verschiedenen mechanischen Sinn.

Unter Verwendung der obigen Analogie können die Lösungen für harmonisch erzwungene Schwingungen in der Form

$$EI \frac{\partial^4 w}{\partial x^4} + \mu \ddot{w} = p(x, t); \qquad w(x, t) = y(x) e^{i\omega t};$$
$$p(x, t) = q(x) e^{i\omega t} \tag{14}$$

oder

$$\frac{d^4 y}{d\xi^4} - \alpha^2 y = \frac{l^4}{EI} q(\xi) \tag{14'}$$

geschrieben werden.

Gl. (14′) kann durch das Gleichungssystem

$$y_{k-2} - 4 y_{k-1} + y_k \left(6 - \frac{\alpha^2}{n^4} \right) - 4 y_{k+1} + y_{k+2} = \frac{l^4}{n^4} \frac{q_k}{EI}; \tag{15}$$
$$k = 1, 2, \ldots, n-1.$$

ersetzt werden, dessen Lösung mit den Randbedingungen (6) lautet

$$w_j(t) = y_j e^{i\omega t} = \frac{l^4 e^{i\omega t}}{n^4 EI} \sum_{k=1}^{n-1} \sum_{r=1}^{n-1} \frac{q_r y_j^{(k)} y_r^{(k)}}{\alpha_k^2 \left(1 - \dfrac{\alpha^2}{\alpha_k^2} \right)}; \tag{16}$$
$$j = 1, 2, \ldots, n-1.$$

Für die aperiodische erzwungene Schwingung ergibt sich

$$w_j(t) = \frac{l^4}{n^4 EI} \sum_{k=1}^{n-1} y_j^{(k)} \sum_{r=1}^{n-1} y_r^{(k)} \int_0^t \frac{p_r(\tau)}{\omega_k} \sin \omega_k (t - \tau) d\tau. \tag{17}$$

30*

Nun wird auf das System der homogenen Gleichungen (4) mit den Randbedingungen (6) zurückgegriffen. Die Gleichungen werden als Differenzengleichungen betrachtet [13]

Gl. (4) wird mit dem Ansatz

$$y_k = A \sin \beta k; \quad k = 1, 2, \ldots, n-1 \tag{18}$$

gelöst, wodurch die Randbedingungen für das linke Balkenende ($y_0 = 0$; $y_{-1} = -y_1$) erfüllt werden.

Die Bedingungen $y_n = 0$; $y_{n-1} = -y_{n+1}$ werden mit

$$\sin \beta n = 0; \quad \beta = \frac{\pi \nu}{n}; \quad \nu = 1, 2, \ldots, n$$

befriedigt. An dieser Stelle wird nur die Grundeigenkreisfrequenz bestimmt:

$$y_k = A \sin \frac{\pi k}{n}; \quad \nu = 1. \tag{19}$$

Gl. (19) wird in Gl. (4) eingesetzt. Daraus folgt

$$1 - \cos \frac{\pi}{n} = \frac{\alpha^2}{2n^4} \tag{20}$$

und weiterhin

$$\omega_1 = \frac{2n^2}{l^2} \sqrt{\frac{EI}{\mu}} \left(1 - \cos \frac{\pi}{n} \right). \tag{21}$$

Gl. (21) ergibt mit $n = 1, 2, \ldots, \infty$ die aufeinanderfolgenden Werte von $\omega_1^{(n)}$ für den Balken, der in zwei, drei, ... und unendlich viele gleiche Abschnitte aufgeteilt ist. Diese Werte sind in Tafel 12-1 zusammengestellt.

Tafel 12-1

n	2	3	4	5	6	7	8	∞
$\dfrac{\omega_1^{(n)} l^2}{\sqrt{EI/\mu}}$	8,0	9,0	9,36	9,549	9,648	9,707	9,773	π^2

Wie ersichtlich, nimmt die Genauigkeit der Lösung mit n zu. Ein Ergebnis mit der Genauigkeit von etwa 5% ergibt sich schon für eine Aufteilung des Balkens in vier Abschnitte.

Keine Schwierigkeiten entstehen, wenn Gl. (4) mit anderen als den bisher betrachteten Randbedingungen zu lösen ist. Für die vollkommene Einspannung der Balkenenden entsprechen der Gl. (2) die folgenden Randbedingungen:

$$y(0) = y(1) = 0; \quad \frac{dy(0)}{d\xi} = \frac{dy(1)}{d\xi} = 0. \tag{22}$$

Wegen

$$\frac{dy}{d\xi} \bigg|_k = \frac{\Delta y}{\Delta \xi} \bigg|_k = \frac{n}{2} (y_{k-1} - y_{k+1})$$

gelten in diesem Fall für Gl. (4) die folgenden Randbedingungen

$$y_0 = y_n = 0; \quad y_{-1} = y_1; \quad y_{n-1} = y_n. \tag{23}$$

Wird die Determinante des Gleichungssystems (4) gleich Null gesetzt, so ergibt sich unter Berücksichtigung der Randbedingungen (23) die Säkulargleichung des $(n-1)$ten Grades, aus der $n-1$ Wurzeln ω_k ermittelt werden. Jedem Wert von ω_k entspricht ein System der Größen $y_k^{(1)}$, $y_2^{(2)}$, ..., $y_k^{(n-1)}$, wobei die Schwingungsformen orthogonal sind.

Nun werden noch die harmonischen Eigenschwingungen einer Rechteckplatte untersucht. Die Gleichung für die Durchbiegungsamplitude

$$\nabla^2\nabla^2 W - \lambda^4 W = 0; \quad \lambda^4 = \frac{\varrho h \omega^2}{N} \tag{24}$$

wird durch die Differenzengleichung ersetzt, die sich aus Gl. (24) ergibt, wenn die Differenzenquotienten an Stelle der Ableitungen eingeführt werden. Dann gilt

$$\frac{\Delta_x^4 W}{\Delta x^4} + 2\frac{\Delta_{xy}^4 W}{\Delta x^2 \Delta y^2} + \frac{\Delta_y^4 W}{\Delta y^4} - \lambda^4 W = 0. \tag{25}$$

Die Platte wird in Rechteckflächen mit den Seiten x und y aufgeteilt, wobei $\Delta x \cdot n = a$; $\Delta y \cdot m = b$ ist.

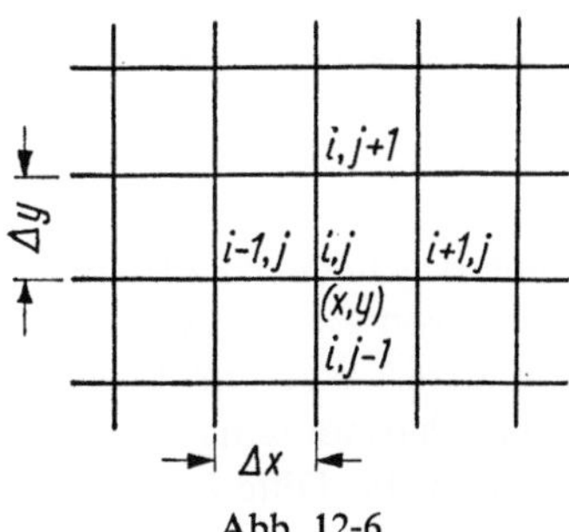

Abb. 12-6

In Abb. 12-6 ist die Lage des Punktes (x, y) und der benachbarten Stützstellen gezeigt. Mit den Bezeichnungen von dieser Abbildung ist

$$\begin{aligned}
\Delta_x^4 W &= W_{i-2,j} - 4W_{i-1,j} + 6W_{i,j} - 4W_{i+1,j} + W_{i+2,j}, \\
\Delta_y^4 W &= W_{i,j-2} - 4W_{i,j-1} + 6W_{i,j} - 4W_{i,j+1} + W_{i,j+2}, \\
\Delta_{xy}^4 W &= W_{i-1,j-1} + W_{i-1,j+1} + W_{i+1,j-1} + W_{i+1,j+1} - \\
&\quad - 2(W_{i,j-1} + W_{i,j+1} + W_{i-1,j} + W_{i+1,j}) + 4W_{i,j}.
\end{aligned} \tag{26}$$

Für den Sonderfall $\Delta x = \Delta y$ liefert die Überführung der Gln. (26) in Gl. (25)

$$\begin{aligned}
(20 - \lambda^4 \Delta x^4)W_{i,j} &- 8(W_{i+1,j} + W_{i-1,j} + W_{i,j+1} + W_{i,j-1}) + \\
&+ 2(W_{i+1,j+1} + W_{i+1,j-1} + W_{i-1,j+1} + W_{i-1,j-1}) + W_{i+2,j} + W_{i-2,j} + \\
&+ W_{i,j+2} + W_{i,j-2} = 0.
\end{aligned} \tag{27}$$

Es sind noch die Randbedingungen (Abb. 12-7) zu erläutern. Ist der Rand $x = 0$ frei drehbar gelagert, so gilt

$$W(0, y) = 0; \quad \frac{\partial^2 W(0, y)}{\partial x^2} = 0 \tag{28}$$

oder

$$W_{0,j} = 0; \quad W_{-1,j} = -W_{1,j}. \tag{28'}$$

Ist der Rand $x = 0$ vollkommen eingespannt, so gilt

$$W_{0,j} = 0; \quad W_{-1,j} = W_{1,j}. \tag{28''}$$

Gl. (27) wird für alle Stützstellen innerhalb der Platte aufgeschrieben. Unter Berücksichtigung der Randbedingungen ergeben sich $(n-1)(m-1)$ lineare homogene Gleichungen. Die gleich Null gesetzte Determinante dieses Systems führt zu einer algebraischen Gleichung $(n-1)(m-1)$ten Grades, mit deren Hilfe die aufeinanderfolgenden Wurzeln λ und damit die Werte der Frequenz ω ermittelt werden.

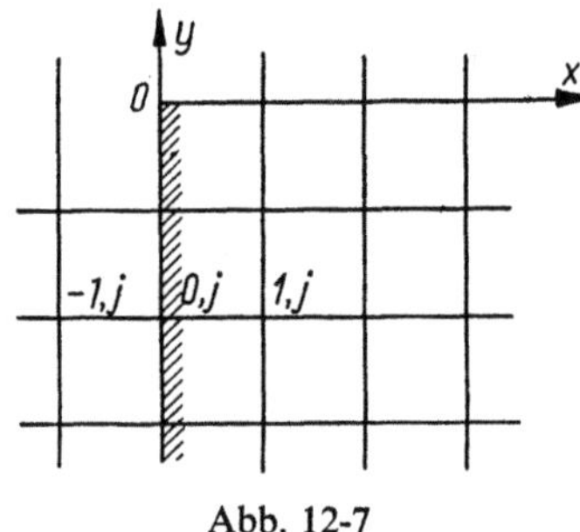

Abb. 12-7

Sind die beiden gegenüberliegenden Ränder der Platte frei drehbar gelagert, so vereinfacht sich die Lösung von Gl. (24) wesentlich.

Im weiteren wird ein anderer Weg zur Lösung des Problems der Plattenschwingung gezeigt. Es wird die harmonische erzwungene Schwingung betrachtet. Ersetzen der Ableitungen durch die Differenzenquotienten in der Gleichung

$$\nabla^4 W - \lambda^4 W = \frac{q}{N} \tag{29}$$

ergibt die Differenzengleichung

$$(L_{xy} - \tau^2) W_{xy} = \varkappa q_{xy} \tag{30}$$

mit

$$L_{xy} = \Delta_x^4 + 2\varepsilon^2 \Delta_x^2 \Delta_y^2 + \varepsilon^4 \Delta_y^4; \quad \tau^2 = \frac{\varrho h \omega^2 \Delta x^4}{N};$$

$$\varkappa = \frac{\Delta x^4}{N}; \quad \varepsilon = \frac{\Delta x}{\Delta y}.$$

Die Lösung von Gl. (30) kann in der Form einer endlichen Doppelreihe

$$W_{xy} = \sum_{\nu, \mu}^{n, m} A_{\nu\mu} \varphi_{xy}^{\nu\mu} \tag{31}$$

dargestellt werden. Hierbei bedeuten $A_{\nu\mu}$ unbekannte Koeffizienten und $\varphi_{xy}^{\nu\mu}$ die Eigenfunktionen der Gleichung

$$L_{xy}(\varphi_{xy}^{\gamma\mu}) = \sigma_{\nu\mu}\varphi_{xy}^{\nu\mu}. \tag{32}$$

Es wird vorausgesetzt, daß die Funktionen $\varphi_{xy}^{\nu\mu}$ und die Funktionen W_{xy} den gleichen Randbedingungen genügen.

Die Werte $\sigma_{\nu\mu}$ stellen die Eigenwerte ($\nu = 0, 1, \ldots, n$; $\mu = 0, 1, \ldots, m$) dar, die den Funktionen $\varphi_{xy}^{\nu\mu}$ zugeordnet sind. Die Eigenfunktionen sollen ein vollständiges Funktionensystem bilden und die Orthogonalitätsbedingung

$$\sum_{x,y}^{n,m} \varphi_{xy}^{\nu\mu}\varphi_{xy}^{ik} = \delta_{\nu i}\delta_{\mu k} \tag{33}$$

erfüllen, worin $\delta_{\nu i}$, $\delta_{\mu k}$ die *Symbole von Kronecker* bedeuten:

$$\delta_{\nu i} = \begin{cases} 1 & \text{für} & i = \nu \\ 0 & \text{für} & i \neq \nu \end{cases} \qquad \delta_{\mu k} = \begin{cases} 1 & \text{für} & \mu = k \\ 0 & \text{für} & \mu \neq k. \end{cases}$$

Soll die Reihe (31) die strenge Lösung von Gl. (29) darstellen, so müssen die Funktionen $(L_{xy} - \tau^2)W_{xy} - \varkappa q_{xy}$ orthogonal bezüglich aller Eigenfunktionen $\varphi_{xy}^{\nu\mu}$ sein. Daraus folgt

$$\sum_{x,y}^{n,m} \left[(L_{xy} - \tau^2) \sum_{\nu,\mu}^{n,m} A_{\nu\mu}\varphi_{xy}^{\nu\mu} - \varkappa q_{xy} \right] \varphi_{xy}^{ik} = 0. \tag{34}$$

Die Änderung der Summationsfolge der beiden Reihen und Berücksichtigung der Gl. (32) liefert die Gleichung

$$\sum_{\nu,\mu}^{n,m} A_{\nu\mu}(\sigma_{\nu\mu} - \tau^2) \sum_{x,y}^{n,m} \varphi_{xy}^{\nu\mu}\varphi_{xy}^{ik} = \varkappa q_{ik} \qquad \text{mit} \qquad q_{ik} = \sum_{x,y}^{n,m} q_{xy}\varphi_{xy}^{ik}. \tag{35}$$

Unter Verwendung der Orthogonalitätsbedingungen (33) ergibt sich endgültig

$$A_{ik}(\sigma_{ik} - \tau^2) = \varkappa q_{ik}; \qquad i = 1, 2, \ldots, m; \qquad k = 1, 2, \ldots, m. \tag{36}$$

Die Größen A_{ik} sollen noch in die Reihe (31) eingesetzt werden. Daraus folgt die Lösung für das betrachtete Problem:

$$W_{xy} = \varkappa \sum_{\nu,\mu}^{n,m} \frac{q_{\nu\mu}}{\sigma_{\nu\mu} - \tau^2} \varphi_{xy}^{\mu\nu}. \tag{37}$$

Es ist zu beachten, daß die Durchbiegung für $\tau^2 \to \sigma_{\mu\nu}$ gegen unendlich strebt; es ergibt sich Resonanz. Für $\tau \to 0$ ($\omega \to 0$) beschreibt die Reihe (37) die Biegefläche der statisch belasteten Platte.

Schwingt die Platte frei (d.h. ist $q_{xy} = 0$), so ergibt Gl. (36) die folgenden Werte für die Eigenschwingung:

$$\sigma_{ik} = \tau_{ik}^2; \qquad i = 0, 1, \ldots, n; \qquad k = 0, 1, \ldots, m. \tag{38}$$

Die Lösungen (37) für die erzwungenen und (38) für die freien Schwingungen vereinfachen sich wesentlich, wenn die Funktionen $\varphi_{xy}^{\nu\mu}$ sich als ein Produkt der Form $X_x^\nu Y_y^\mu$ oder $X_x^\nu Y_y^{\nu\mu}$ oder aber $X_x^{\nu\mu} Y_y^{\nu\mu}$ darstellen lassen.

Es ist zu bemerken, daß Funktionen der Art $\varphi_{xy}^{\nu\mu} = X_x^\nu Y_y^\mu$ für eine an allen Rändern frei drehbar gelagerte Platte auftreten, währenddessen die Funktionen der Art $\varphi_{xy}^{\nu\mu} = X_x^\nu X_y^{\nu\mu}$ für eine an den Rändern $x = 0$, $x = n$ frei drehbar und an den beiden übrigen Rändern beliebig (gegebenenfalls auch frei drehbar) gelagerte Platte vorkommen.

Im ersteren Fall erfüllen die Funktionen $\varphi_{xy}^{\nu\mu}$ am Rand $x = 0$, $x = n$ die folgenden Randbedingungen:

$$\varphi_{0,y}^{\nu\mu} = \varphi_{n,y}^{\nu\mu} = 0; \qquad \varphi_{-1,y}^{\nu\mu} + \varphi_{1,y}^{\nu\mu} = 0; \qquad \varphi_{n-1,y}^{\nu\mu} + \varphi_{n+1,y}^{\nu\mu} = 0. \tag{39}$$

Analoge Randbedingungen sollen an den Rändern $y = 0$, $y = m$ erfüllt werden.

Die Differenzengleichung (32) ist in diesem Fall durch den Ansatz

$$\varphi_{xy}^{\nu\mu} = X_x^\nu Y_y^\mu \tag{40}$$

erfüllt, worin

$$\begin{aligned}
&X_x^\nu = \sqrt{\frac{2}{n}} \sin\alpha_\nu x; \qquad \alpha_\nu = \frac{\nu\pi}{n}; \qquad \nu = 1, 2, ..., n-1; \\
&x = 1, 2, ..., n-1, \\
&Y_y^\mu = \sqrt{\frac{2}{m}} \sin\beta_\mu y; \qquad \beta_\mu = \frac{\mu\pi}{m}; \qquad \mu = 1, 2, ..., m-1; \\
&y = 1, 2, ..., m-1
\end{aligned} \tag{41}$$

ist. Die Funktionen X_x^ν und Y_y^μ sind orthonormal, d.h. es gilt

$$\sum_{x=1}^{n-1} X_x^\nu X_x^{\nu'} = \delta_{\nu\nu'}; \qquad \sum_{y=1}^{m-1} Y_y^\mu Y_y^{\mu'} = \delta_{\mu\mu'}.$$

Einsetzen der Gln. (41) in die Gl. (32) liefert

$$\sigma_{\nu\mu} = (\Theta_\nu + b_\mu\varepsilon^2)^2; \qquad \Theta_\nu = 2(\cos\alpha_\nu - 1); \qquad b_\mu = 2(\cos\beta_\mu - 1). \tag{42}$$

Nun wird vorausgesetzt, daß nur die Ränder $y = 0$, $y = m$ der betrachteten Rechteckplatte frei drehbar gelagert sind. Wird in die Gl. (32) der Ansatz

$$\varphi_{xy}^{\mu\nu} = X_x^{\nu\mu} Y_y^\mu \tag{43}$$

eingeführt, wobei die Funktionen Y_y^μ durch die Gl. (41) definiert sind, so ergibt sich die gewöhnliche Differenzengleichung

$$(\Delta_x^4 + 2\varepsilon^2 b_\mu \Delta_x^2 + \varepsilon^4 b_\mu^2) X_x^{\nu\mu} = \sigma_{\nu\mu} X_x^{\nu\mu}. \tag{44}$$

Diese Gleichung kann auch in der Form

$$X_{x-2}^{\nu\mu} - c_\mu X_{x-1}^{\nu\mu} + f_\mu X_x^{\nu\mu} - c_\mu X_{x+1}^{\nu\mu} + X_{x+2}^{\nu\mu} = \sigma_{\nu\mu} X_x^{\nu\mu}; \qquad x = 0, 1, ..., m, \tag{45}$$

geschrieben werden, wobei

$$c_\mu = 4 - 2\varepsilon^2 b_\mu; \qquad \text{und} \qquad f_\mu = b - 2\varepsilon^2 b_\mu + \varepsilon^4 b_\mu^2 - \sigma_{\nu\mu}$$

sind.

Wird nun die Determinante des Gleichungssystems (45) gleich Null gesetzt, und werden die Randbedingungen für $x = 0$, $x = n$ berücksichtigt, so ergibt sich für jeden Wert von μ ein System von $n+1$ Werten $\sigma_{\nu\mu}$. Für jeden Wert $\sigma_{\nu\mu}$ wird die Funktion $X_x^{\nu\mu}$ bestimmt.

Es ist leicht zu beweisen, daß diese Funktionen orthogonal sind. Sie sollen so normiert werden, daß

$$\sum_{x=0}^{n} X_x^{\nu\mu} X_x^{\nu\mu'} = \delta_{\nu\nu'}^{\mu\mu'} \tag{46}$$

gilt.

Gl. (45) darf ebenfalls als eine gewöhnliche Differenzengleichung angesehen werden, für die das Eigenwertproblem zu lösen ist. Ein derartiges Verfahren führt aber zu komplizierten transzendenten Gleichungen zur Bestimmung des Parameters $\sigma_{\nu\mu}$. Ist die Platte an zwei benachbarten Rändern vollkommen eingespannt, so können die Funktionen $\varphi_{xy}^{\nu\mu}$ nicht in der Form von Gl. (40) oder (44) ausgedrückt werden.

Nun werden einige Sonderfälle der Anwendung des soeben erläuterten Verfahrens endlicher Reihen untersucht.

Die Platte unterliege der Belastung q_{xy} und sei am Rand und zusätzlich im Punkt ξ, η aufgestützt. Die Durchbiegung der Platte besteht aus der Durchbiegung aus der Last q_{xy} und der Durchbiegung aus der Auflagerkraft (Reaktion) R im Punkt ξ, η, die so zu wählen ist, daß $W_{\xi\eta} = 0$ gilt.

Hieraus folgt

$$W_{xy} = \varkappa \sum_{\nu,\mu}^{m,m} \frac{\varphi_{xy}^{\nu\mu}}{\sigma_{\nu\mu} - \tau^2} [q_{\nu\mu} - q_{\nu\mu}^*], \tag{47}$$

wobei

$$q_{\nu\mu}^* = R \sum_{x,y}^{n,m} \delta_{x\zeta} \delta_{y\eta} \varphi_{xy}^{\nu\mu} = R\varphi_{\xi\eta}^{\nu\mu}$$

ist.

Wird $q_{\nu\mu}^*$ in die Gl. (47) eingesetzt und wird verlangt, daß $W_{\xi\eta} = 0$ ist, so entsteht

$$R \sum_{\nu,\mu}^{n,m} \frac{(\varphi_{\xi\eta}^{\nu\mu})^2}{\sigma_{\nu\mu} - \tau^2} + \sum_{\nu,\mu}^{n,m} \frac{q_{\nu\mu}}{\sigma_{\nu\mu} - \tau^2} = 0. \tag{48}$$

Aus dieser Gleichung kann die Auflagerkraft R ermittelt werden.

Für $q_{\nu\mu} = 0$ stellt die Gleichung

$$\sum_{\nu,\mu}^{n,m} \frac{(\varphi_{\xi\eta}^{\nu\mu})^2}{\sigma_{\nu\mu} - \tau^2} = 0 \tag{49}$$

die Bedingung für die freie Schwingung einer Rechteckplatte dar, die an den Rändern und zusätzlich im Punkt ξ, η aufgestützt ist.

Weiterhin wird vorausgesetzt, daß die Last aus der Belastung q_{xy} und der Kraft $R_y \delta_{x\xi}$ besteht, die längs der Gerade $x = \xi$ wirkt. Die Durchbiegungsamplitude wird aus der Gl. (47) mit dem Ansatz

$$q_{\nu\mu}^* = \sum_{x,y}^{n,m} R_y \delta_{x\xi} \varphi_{xy}^{\nu\mu} = \sum_{y}^{m} R_y \varphi_{\xi y}^{\nu\mu} \tag{50}$$

ermittelt.

Für eine am gesamten Rand frei drehbar gelagerte Platte ist

$$\varphi_{xy}^{\nu\mu} = X_x^\nu Y_y^\mu.$$ (51)

In diesem Fall gilt

$$q_{\nu\mu}^* = X_\xi^\nu \sum_y^m R_y Y_y^\mu = X_\xi^\mu b_\mu; \qquad b_\mu = \sum_y^m Y_y^\mu R_y.$$ (52)

Wird Gl. (52) in Gl. (47) eingesetzt und wird verlangt, daß die Durchbiegung der Platte längs der Gerade $x = \xi$ gleich Null ist, so ergibt sich die folgende Gleichung zur Ermittlung der Koeffizienten b_μ:

$$b_\mu \sum_\nu^n \frac{(X_\xi^\nu)^2}{\sigma_{\nu\mu} - \tau^2} + \sum_\nu^n \frac{q_{\nu\mu} X_\xi^\nu}{\sigma_{\nu\mu} - \tau^2} = 0.$$ (53)

Für bekannte b_μ wird die Auflagerkraft R_y mit Hilfe der Formel

$$R_y = \sum_\mu^m b_\mu Y_y^\mu$$ (54)

berechnet.

Für $q_{\nu\mu} = 0$ liefert Gl. (53)

$$\sum_\nu^m \frac{(X_\xi^\nu)^2}{\sigma_{\nu\mu} - \tau^2} = 0,$$ (55)

woraus die aufeinanderfolgenden Werte von $\omega_{\nu\mu}$ für die Eigenschwingung einer zweifeldrigen Platte ermittelt werden.

12.3. Iterative Verfahren

Es wird die gewöhnliche Differentialgleichung

$$L[w(x)] = \omega^2 w(x)$$ (1)

betrachtet, worin L einen linearen Differentialoperator bedeutet. Derartige Gleichungen kommen bei Untersuchung der Schwingung von Saiten und Stäben vor.

Für die Querschwingung eines Balkens gilt beispielsweise

$$\frac{EI}{\mu} \frac{d^4 w}{dx^4} = \omega^2 w; \qquad L = \frac{EI}{\mu} \frac{d^4}{dx^4}.$$ (2)

E. PICARD [115] hat die folgende Methode zur Lösung derartiger Gleichungen angegeben. Die Näherungslösung wird in der Form einer Potenzreihe

$$w_0(x) = a_0 + a_1 x + a_2 x^2 + a_3 x^3 + \dots$$ (3)

angesetzt, wobei die Koeffizienten a_i mit Hilfe der Randbedingungen für das betrachtete Problem zu ermitteln sind. Auf diese Weise wird die rechte Seite der Gl. (2) bekannt. Nun ist die inhomogene Gleichung

$$L[w_1(x)] = \omega^2 w_0(x)$$ (4)

zu lösen, wobei $w_1(x)$ als die nächste Näherung betrachtet wird. Diese Funktion kann als Ausgangspunkt für eine weitere Näherungslösung

$$L[w_2(x)] = \omega^2 w_1(x) \tag{5}$$

verwendet werden.

Wird es auf diese Weise weiter verfahren, so ergibt sich mit jedem Schritt eine genauere Lösung. Wenn mit $w_r(x)$ und $w_{r-1}(x)$ zwei aufeinanderfolgende Näherungen bezeichnet sind, so liefert die Gleichsetzung der größten Durchbiegungen im Punkt x_0

$$w_r(x_0) \approx w_{r-1}(x_0) \tag{6}$$

die Beziehung zur Ermittlung der Frequenz ω.

Das Verfahren wird nun an Hand von Gl. (2) erläutert, wobei ein an beiden Enden frei drehbar gelagerter Balken mit konstantem Querschnitt betrachtet wird. Es wird

$$w_0(x) = \frac{16f}{5l^4}(x^4 - 2lx^3 + l^3 x) \tag{7}$$

vorausgesetzt. Das entspricht einer Balkendurchbiegung infolge einer in der Mitte angreifenden Kraft, die so gewählt wird, daß $w_0(l/2) = f$ ist.

Gl. (7) wird in die rechte Seite der Gl. (2) eingesetzt. Wird nun Gl. (2)

$$\frac{EI}{\mu} \frac{d^4 w_1}{dx^4} = \omega^2 w_0, \tag{8}$$

unter Beachtung der Randbedingungen

$$w_1(0) = w_1''(0) = 0; \quad w_1'\left(\frac{l}{2}\right) = w_1'''\left(\frac{l}{2}\right) = 0 \tag{9}$$

integriert, so ergibt sich

$$w_1(x) = \frac{16}{150} \cdot \frac{f\omega^2}{l^4 c^2}\left(\frac{1}{56}x^8 - \frac{l}{14}x^7 + \frac{l^3}{4}x^5 - \frac{l^5}{2}x^3 + \frac{17}{56}l^7 x\right);$$
$$c^2 = \frac{EI}{\mu}. \tag{10}$$

Der Vergleich der Durchbiegung bei $x = l/2$

$$w_1\left(\frac{l}{2}\right) = w_0\left(\frac{l}{2}\right)$$

liefert

$$\omega^2 = 97{,}0397\,\frac{c^2}{l^4}; \quad \omega = \frac{9{,}85}{l}\sqrt{\frac{EI}{\mu}}.$$

Dieses Ergebnis unterscheidet sich von der strengen Lösung nur um 1,9%.

J. HADAMARD [50] hat ein anderes iteratives Verfahren angegeben. Für die erste Näherungslösung der Gl. (1) wird der Ansatz in Form der Potenzreihe

$$w_0 = \sum_{n=1}^{n} a_n \frac{x^n}{n!} \tag{11}$$

gewählt. Dieser Ansatz wird in die beiden Seiten der Gl. (1) eingeführt. Es gilt dann

$$L\left(\sum_{n=1}^{n} a_n \frac{x^n}{n!}\right) = \omega^2 \sum_{n=1}^{n} a_n \frac{x^n}{n!}. \tag{12}$$

Gl. (12) soll für beliebige Werte von x erfüllt werden. Der Vergleich der Koeffizienten ergibt n homogene Gleichungen mit n Koeffizienten a_i. Die gleich Null gesetzte Determinante dieses Systems liefert die Größe ω.

Für den Sonderfall Gl. (8) gilt

$$c^2 \sum_{n=1}^{n} a_n \frac{x^{n-4}}{(n-4)!} = \omega^2 \sum_{n=1}^{n} a_n \frac{x^n}{n!} \quad \text{mit} \quad c^2 = \frac{EI}{\mu}. \tag{13}$$

Die Berechnung kann wesentlich vereinfacht werden, wenn im Ansatz (11) die Randbedingungen berücksichtigt werden. Für einen frei gelagerten Balken gilt für den Querschnitt $x = 0$

$$w = 0; \quad \frac{d^2w}{dx^2} = 0.$$

Im Ansatz (11) sind mithin $a_0 = 0$ und $a_2 = 0$ zu setzen. Wegen der Antisymmetrie der Biegelinie bezüglich des Punktes $x = 0$ verschwinden auch die weiteren Koeffizienten mit geraden Indizes. Damit liefert Gl. (13)

$$c^2 a_5 = \omega^2 a_1; \quad c^2 a_7 = \omega^2 a_3; \quad c^2 a_9 = \omega^2 a_5 \text{ usw.}$$

Folglich ist

$$w_0(x) = a_1\left(x + \frac{\omega^2}{c^2}\frac{x^5}{5!} + \frac{\omega^4 x^9}{c^4 9!} + \dots\right) + a_3\left(\frac{x^3}{3!} + \frac{\omega^2}{c^2}\frac{x^7}{7!} + \dots\right).$$

Unter Berücksichtigung der Bedingungen für die freie Auflagerung bei $x = l$ gilt

$$w_0(l) = 0 = a_1\left(l + \frac{\omega^2}{c^2}\frac{l^5}{5!} + \frac{\omega^4}{c^4}\frac{l^9}{9!} + \dots\right) +$$

$$+ a_3\left(\frac{l^3}{3!} + \frac{\omega^2}{c^2}\frac{l^7}{7!} + \dots\right),$$

$$w_0''(l) = 0 = a_1\left(\frac{l^3}{3!}\frac{\omega^2}{c^2} + \frac{\omega^4}{c^4}\frac{l^7}{7!} + \dots\right) +$$

$$+ a_3\left(l + \frac{\omega^2}{c^2}\frac{l^5}{5!} + \dots\right). \tag{14}$$

Die gleich Null gesetzte Determinante des Systems (14) ergibt

$$\left(l + \frac{\omega^2 l^5}{c^2 5!}\right)^2 - \frac{\omega^2}{c^2}\left(\frac{l^3}{3!} + \frac{\omega^2}{c^2}\frac{l^7}{7!}\right)^2 + \dots = 0. \tag{15}$$

Werden nur die beiden ersten Glieder von Gl. (15) beachtet, so ist

$$\omega_1 = \frac{9{,}478}{l^2}\sqrt{\frac{EI}{\mu}}.$$

Das Ergebnis unterscheidet sich von der strengen Lösung nur um 3,95%.

W. Wierzbicki [156] hat das folgende Verfahren zur Ermittlung der Frequenz der Querschwingung eines Balkens angegeben. Zur Beschreibung der Biegelinie des Balkens infolge der Trägheitskräfte wird eine Kurve gewählt, welche die Randbedingungen erfüllt und die unbekannte größte Amplitude der Balkenauslenkung als Parameter enthält. Dann gilt

$$w_0(x) = \delta f(x); \qquad \varrho \omega^2 w_0(x) = q(x), \tag{16}$$

wobei die Funktion $f(x)$ die Randbedingungen für das betrachtete Problem erfüllt. Auf diese Weise kann Gl. (8) in der Form

$$EI \frac{d^4 w_1}{dx^4} = q(x) \tag{17}$$

geschrieben werden, worin $q(x)$ eine bekannte Funktion ist und die auf den Balken einwirkenden Trägheitskräfte bedeutet.

Gln. (16) kann entweder analytisch oder graphisch gelöst werden. Besonders einfach ist die Lösung der Gl. (17) für einen frei drehbar gelagerten Balken oder für einen Kragbalken. In diesen Fällen kann das Verfahren der Momentenflächenlasten angewendet und Gl. (17) durch das System von zwei einfacheren Gleichungen ersetzt werden:

$$\frac{d^2 M_1}{dx^2} = -q(x); \qquad -EI \frac{d^2 w_1}{dx^2} = M_1. \tag{18}$$

Nach Berechnung der Ordinaten der Kurve w_1 werden die größten Ordinaten dieser Kurve und der Kurve w_0 verglichen. Man kann auch die durch die beiden Kurven begrenzten Flächen vergleichen. Es gilt also

$$w_1 = w_0 \qquad \text{oder} \qquad \Omega_1 = \Omega_0. \tag{19}$$

Daraus ergibt sich die Frequenz ω. Um einen genaueren Wert von ω zu gewinnen, wird die Berechnung nach dem gleichen Schema wiederholt.

Das eben erläuterte Verfahren wurde von W. Wierzbicki auf Probleme der Längsschwingung von Stäben, der Schwingung von Rahmen und Fachwerken sowie auf harmonische Schwingungen von Platten erweitert.

Da eine analytische Lösung mit Hilfe des oben angeführten Verfahrens für kompliziertere Systeme sehr schwierig sein kann, darf hierzu das Differenzenverfahren angewendet werden.

Für den Sonderfall der Querschwingung eines Stabes wird folgendermaßen verfahren. In der Gl. (17) wird die Ableitung durch den Differenzenquotienten ersetzt. Dann gilt

$$EI[w_{k-2}^{(1)} - 4w_{k-1}^{(1)} + 6w_k^{(1)} - 4w_{k+1}^{(1)} + w_{k+2}^{(1)}] = q_k; \quad k = 1, 2, \ldots, n-1, \tag{20}$$

wobei

$$q_k = \mu \omega^2 \delta f_k = \mu \omega^2 w_k^{(0)}$$

ist.

Für die vorgegebene rechte Seite von Gl. (20) werden die Größen $w_i^{(1)}$ aufgrund dieses Gleichungssystems ermittelt; der Vergleich der durch die Vielecke $w_i^{(1)}$ und $w_i^{(0)}$ begrenzten Flächen

$$\Omega_0 = \Omega_1$$

liefert die Frequenz ω.

Das Verfahren von W. Wierzbicki ist durch seine Einfachheit und Effektivität der Lösungen gekennzeichnet [156, 157].

12.4. Ersatzbalkenverfahren [139]

In diesem Abschnitt wird ganz kurz das Verfahren dargelegt, das sich auf die gleichen Überlegungen wie die Berechnung der statischen Durchbiegung eines Balkens gründet. Das von P. Stein [139] ausführlich entwickelte Verfahren kann für statisch bestimmte und unbestimmte Systeme angewendet werden. An dieser Stelle werden lediglich diejenigen Balken betrachtet, welche die Quer- und Längsschwingungen ausführen und an beiden Enden aufgestützt sind.

Das Ersatzbalkenverfahren ist zur angenäherten Bestimmung der Eigenfrequenzen und der Amplituden erzwungener Schwingungen für Balken und Stäbe mit veränderlichen Querschnitten besonders gut geeignet.

Grundsätze des Verfahrens werden am Beispiel einer gewöhnlichen Differentialgleichung vierter Ordnung mit veränderlichen Koeffizienten erläutert. Die Gleichung sei

$$a_4(x)w^{IV}(x)+a_3(x)w'''(x)+a_2(x)w''(x)+a_1(x)w'(x)+$$
$$+a_0(x)w(x)+a_p(x) = 0. \tag{1}$$

Sie wird in einer anderen Form geschrieben:

$$[S(x)w''(x)]'' = A(x)w'''(x)+B(x)w''(x)+C(x)w'(x)+$$
$$+D(x)w(x)+F(x) \tag{2}$$

mit

$$S(x) = a_4(x), \quad A(x) = 2a_4'(x)-a_3(x),$$
$$B(x) = a_4''(x)-a_2(x), \quad C(x) = -a_1(x),$$
$$D(x) = -a_0(x), \quad F(x) = -a_p(x).$$

Die rechte Seite der Gl. (1) wird mit $p(x, w, w', w'', w''')$ bezeichnet und die Funktion $S(x)$ wird durch die Biegesteifigkeit des „Ersatzbalkens" $EI(x)$ ersetzt. Daraus folgt die Gleichung

$$[EI(x)w''(x)]'' = p(x, w, w', w'', w'''), \quad S(x) \equiv EI(x). \tag{3}$$

Gl. (3) darf als Biegegleichung für einen Balken mit der Steifigkeit $EI(x) = S(x)$ betrachtet werden, der durch die Kräfte $p(x, w, w', w'', w''')$ belastet ist, wobei die Belastung über den Balken gleichmäßig verteilt ist.

Im Ausdruck für p tritt die Durchbiegung w mit drei Ableitungen als unbekannte Funktion auf. Diese Funktion soll eben durch die weitere Berechnung bestimmt werden.

Wird Gl. (3) zweimal integriert, so entsteht

$$[EI(x)w''(x)]' = -Q(x, w, w', w'') \tag{4}$$

und

$$EI(x)w''(x) = -M(x, w, w'). \tag{5'}$$

Die rechte Seite der Gl. (4) kann als die Querkraft Q infolge der Belastung p betrachtet werden, die rechte Seite der Gl. (5') beschreibt das Biegemoment M für den Balken auf zwei Auflagern. Es ist zu bemerken, daß es sich um eine

Elementaraufgabe der Baustatik handelt: Bestimmung des Biegemomentes infolge der Belastung p. Die Gl. (3), d.h. die Gleichung

$$[EI(x)\,w''(x)]'' = -M'' = p \tag{6}$$

wird entweder graphisch, mit Hilfe des Seilpolygons, oder analytisch, durch die Integration der Gl. (6), gelöst.

Gl. (5) kann in der Form

$$w''(x) = -\frac{M(x, w, w')}{EI(x)} \tag{5''}$$

geschrieben werden. Gl. (5'') wird unter Anwendung der *Greenschen Funktion* $\overline{M}(x, \xi)$ integriert. Die Gleichung

$$\overline{M}''(x, \xi) = -\delta(x-\xi) \tag{7}$$

wird unter der Voraussetzung betrachtet, daß die Funktion $\overline{M}$ die gleichen Randbedingungen wie die Funktion M erfüllt. Die Funktion $\overline{M}$ kann als Biegemoment im Punkt x angesehen werden, das durch die im Querschnitt ξ angreifende Einzelkraft $\overline{P} = \overline{1}$ hervorgerufen wird.

Gl. (5'') wird mit $\overline{M}$ und Gl. (7) mit w multipliziert, dann werden die beiden Gleichungen voneinander subtrahiert, das Ergebnis wird von 0 bis l integriert. Mithin entsteht

$$\int_0^l (\overline{M}w'' - w\overline{M}'')\,dx = -\int_0^l \frac{M\overline{M}}{EI}\,dx + \int_0^l \delta(x-\xi)\,w(x)\,dx.$$

Wird das links stehende Integral partiell berechnet, so ergibt sich

$$w(\xi) = \int_0^l \frac{M\overline{M}}{EI}\,dx + \left|\overline{M}\frac{dw}{dx} - w\overline{Q}\right|_0^l, \quad \overline{Q} = \frac{d\overline{M}}{dx}. \tag{8}$$

Der Ausdruck zwischen Strichen ist wegen der angenommenen homogenen Randbedingungen gleich Null.

Endgültig ist

$$w(\xi) = \int_0^l \frac{M(x, w, w')}{EI(x)}\,\overline{M}(x, \xi)\,dx. \tag{9'}$$

Gl. (9') stellt eine Differential-Integralgleichung dar, die auch in der Baustatik vorkommt. Sie beschreibt die Durchbiegung im Punkt ξ, die durch Last $p(x)$ hervorgerufen wird. Im betrachteten Fall hängt die Belastung $p(x, w, w', w'', w''')$ von einer unbekannten Funktion der Durchbiegung und von ihrer Ableitung ab.

Die Berechnung des Integrals (9) ist wesentlich einfacher, wenn $S = EI = $ konst ist. Dann gilt

$$EIw(\xi) = \int_0^l M(x, w, w')\,\overline{M}(x, \xi)\,dx. \tag{9''}$$

Die Differential-Integralgleichung kann auf verschiedene Weisen gelöst werden. Ein Lösungsweg wird nun an Hand des einfachen Beispieles eines Balkens erörtert, der frei drehbar gelagert ist und harmonisch schwingt. Wenn in die Gleichung

$$\frac{\partial^2}{\partial x^2}\left(EI(x)\,\frac{\partial^2 w}{\partial x^2}\right) + \mu(x)\,\frac{\partial^2 w}{\partial t^2} = X(x, t) \tag{10}$$

der Ansatz

$$w(x, t) = W(x)e^{i\omega t}, \quad X(x, t) = F(x)e^{i\omega t}$$

eingeführt wird, ergibt sich eine gewöhnliche Differentialgleichung

$$[EI(x)\,W''(x)]'' = \omega^2\mu(x)\,W(x) + F(x). \tag{11}$$

Diese Gleichung wird in der Form

$$[EI(x)\,W''(x)]'' = p(x, W), \quad p(x, W) = \mu(x)\omega^2 W(x) + F(x) \tag{12}$$

geschrieben, die an die Gl. (3) erinnert. Nun wird das Biegemoment M im „Ersatzbalken" berechnet und die Biegelinie $w(\xi)$ aus Gl. (9′) bestimmt.

Bedeutende Vereinfachungen ergeben sich für einen konstanten Querschnitt, wenn $EI = $ konst und $\mu = $ konst ist.

Zunächst wird die exakte Lösung der Integralgleichung (9″) für einen an den beiden Enden frei drehbar gelagerten Balken angeführt. Die Funktionen $W(x)$ und $F(x)$ werden mit Hilfe der *Fourier-Reihen*

$$W(x) = \sum_{n=1}^{\infty} A_o \sin \alpha_n x, \quad F(x) = \sum_{n=1}^{\infty} B_n \sin \alpha_n x, \quad \alpha_n = \frac{n\pi}{l} \tag{13}$$

ausgedrückt. Da die Lösung der Gl. (7) die Funktion

$$\overline{M}(x, \xi) = \frac{2}{l} \sum_{n=1}^{\infty} \frac{1}{\alpha_n^2} \sin \alpha_n \xi \sin \alpha_n x \tag{14}$$

darstellt, wird $p(x, w)$ ebenfals in der Form einer *Fourier-Reihe* in der Form

$$p(x, w) = \sum_{n=1}^{\infty} (\mu\omega^2 A_n + B_n)\sin \alpha_n x$$

geschrieben. Daraus folgt die Lösung der Gl. (6)

$$M(x) = \sum_{n=1}^{\infty} \frac{1}{\alpha_n^2} (\mu\omega^2 A_n + B_n)\sin \alpha_n x. \tag{15}$$

Unter Berücksichtigung von

$$\int_0^l \sin \alpha_n x \sin \alpha_m \xi \, dx = \frac{1}{2}\delta_{nm}$$

liefern das Einsetzen der Gln. (14) und (15) in die Integralgleichung (9″) und die Integration den Zusammenhang

$$EIA_n = \frac{1}{\alpha_n^4} (\mu\omega^2 A_n + B_n). \tag{16}$$

Mithin ist

$$W(x) = \frac{1}{EI} \sum_{n=1}^{\infty} \frac{B_n \sin \alpha_n x}{\alpha_n^4 \left(1 - \dfrac{\omega^2}{\omega_n^2}\right)} \quad \text{mit} \quad \omega_n = \alpha_n^2 \sqrt{\frac{EI}{\mu}}. \tag{17}$$

Tritt keine Erregerkraft auf (d.h. sind $F = 0$ und $B_n = 0$), so ergibt sich

$$EI\alpha_n^4 = \mu\omega^2 \quad \text{mit} \quad \omega_n = \alpha_n^2 \sqrt{\frac{EI}{\mu}}, \quad n = 1, 2, \ldots. \tag{18}$$

Damit wurden die Werte für Eigenfrequenzen gewonnen.

Die Integralgleichung

$$W(\xi) = \int_0^l \frac{M(x, w)\overline{M}(x, \xi)}{EI(x)} \, dx \tag{19}$$

sei näherungsweise mit Hilfe der Methoden der Baustatik zu lösen. In Abb. 12-8a ist ein frei drehbar gelagerter Balken mit der Erregerlast $X(x, t) = F(x)e^{i\omega t}$ gezeigt. Abb. 12-8b zeigt die Biegelinie $W(x)$, wobei die stetige Kurve $W(x)$ durch das Durchbiegungspolygon mit Ordinaten $W_1, W_2, \ldots, W_r, \ldots, W_n$ und

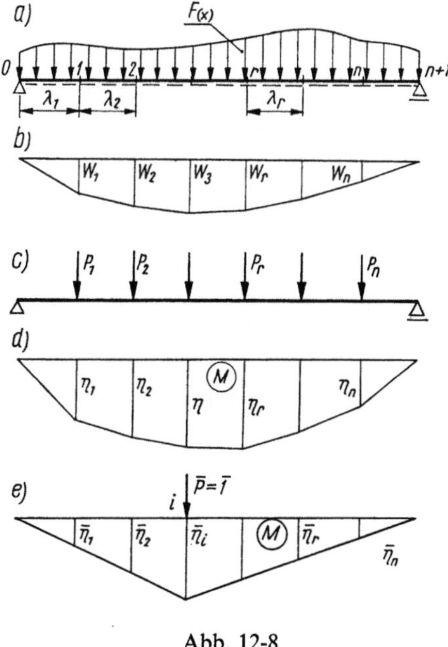

Abb. 12-8

die stetig verteilte Last $p(x, w)$ durch Einzelkräfte $P_1, P_2, \ldots, P_r, \ldots, P_n$ in Punkten $1, 2, \ldots, n$ ersetzt sind. Hierbei gilt

$$P_r = (\mu\omega^2 W_r + F_r), \quad r = 1, 2, \ldots, n. \tag{20}$$

Nun werden die Kräfte P_r als die Belastung des Balkens betrachtet und der Verlauf der Biegemomente M wird mit Hilfe bekannter Methoden der Baustatik bestimmt (Abb. 12-8d).

Die Ordinaten des M-Diagramms werden mit $\eta_1, \eta_2, \dots, \eta_r, \dots, \eta_n$ bezeichnet. Die Einzelkraft $\bar{P} = 1$ wird im Punkt i des Balkens (Abb. 12-8e) angenommen und die Momente $\bar{M}(x, \xi_i)$ werden bestimmt. Die Ordinaten des $\bar{M}$-Diagramms werden mit $\bar{\eta}_1^{(i)}, \bar{\eta}_2^{(i)}, \dots, \bar{\eta}_r^{(i)}, \dots, \bar{\eta}_n^{(i)}$ bezeichnet.

Untersucht wird das Intervall $r-(r+1)$, in dem die M- und $\bar{M}$-Diagramme linear verlaufen (Abb. 12-9). Das Integral

$$J = \int\limits_{x_r}^{x_{r+1}} \frac{M(x, w)\,\bar{M}(x, \xi_i)}{EI(x)}\, dx$$

lautet hierbei

$$J = \int\limits_0^{\lambda_r} \frac{1}{EI(s)} \left[\left(\eta_r \frac{\lambda-s}{\lambda} + \eta_{r+1}\frac{s}{\lambda}\right)\left(\bar{\eta}_r^{(i)}\frac{\lambda-s}{\lambda} + \bar{\eta}_{r+1}^{(i)}\frac{s}{\lambda}\right)\right] ds.$$

Daraus folgt für ein konstantes Trägheitsmoment

$$J = \frac{\lambda_r}{6EI}\left[\eta_r(2\bar{\eta}_r^{(i)} + \bar{\eta}_{r+1}^{(i)}) + \eta_{r+1}(2\bar{\eta}_{r+1}^{(i)} + \bar{\eta}_r^{(i)})\right].$$

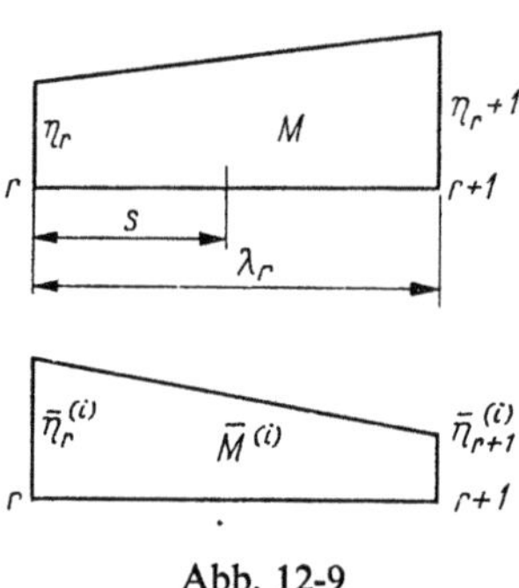

Abb. 12-9

Für $EI = $ konst wird die Integralgleichung (19) durch eine lineare Gleichung ersetzt, in der die Ordinaten W_r $(r = 1, 2, \dots, n)$ der Biegelinie $W(x)$ vorkommen. Die Gleichung

$$W_i = \frac{1}{6EI}\sum_{r=0}^{r=n}\left[\eta_r(2\bar{\eta}_r^{(i)} + \bar{\eta}_{r+1}^{(i)}) + \eta_{r+1}(2\bar{\eta}_{r+1}^{(i)} + \bar{\eta}_r^{(i)})\right]\lambda_r \tag{21}$$

wird für Punkte $i = 1, 2, \dots, n$ aufgestellt. Daraus folgt ein System von n inhomogenen linearen Gleichungen, das zur Bestimmung der Größen $W_1, W_2, \dots, W_n$ verwendet werden kann. Sind die Kräfte F_r $(r = 1, 2, \dots, n)$ gleich Null, so ergibt sich ein System von homogenen linearen Gleichungen, aus dem die Eigenfrequenzen $\omega_1, \omega_2, \dots, \omega_n$ berechnet werden.

Es ist zu bemerken, daß das beschriebene Verfahren für Balken mit veränderlichen Querschnitten erfolgreich angewendet werden kann, d.h. wenn $\mu = \mu(x)$ und $I = I(x)$ sind. Je mehr Balkenpunkte berücksichtigt werden, um so genauer wird die angenäherte Lösung.

Beispiel 12-1. Zunächst wird die Eigenschwingung eines Balkens auf zwei Auflagern berechnet (Abb. 12-10). Es gilt

$$(EIW'')'' = \mu\omega^2 W, \qquad p(x, W) = \mu\omega^2 W.$$

Die verteilte Last $p = \mu\omega^2 W(x)$ wird durch Einzelkräfte P_i ($i = 1, 2, 3$) ersetzt, die Balkenspannweite l wird in 4 gleiche Teile $\lambda = \dfrac{l}{4}$ aufgeteilt. Für die betrachtete symmetrische Schwingungsform ist

$$P_1 = P_3 = \mu\omega^2 W_1\lambda, \qquad P_2 = \mu\omega^2 W_2\lambda. \tag{a}$$

Das Biegemoment M wird mit Hilfe der Methoden der Baustatik ermittelt. Die Ordinaten des M-Diagramms ergeben sich zu

$$\eta_1 = (P_1+0{,}5P_2)\lambda, \qquad \eta_2 = (P_1+0{,}5P_2)2\lambda - P_1\lambda = (P_1+P_2)\lambda, \qquad \eta_1 = \eta_3. \tag{b}$$

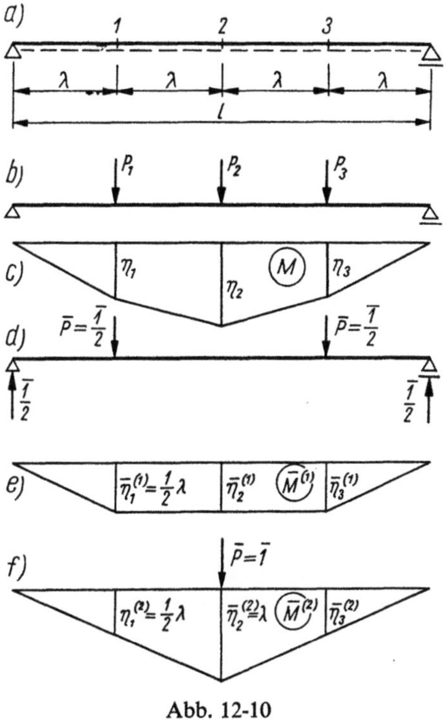

Abb. 12-10

Nun wird das Diagramm für $M^{(1)}$ bestimmt. Wegen der symmetrischen Schwingungsform wird die virtuelle Last $\bar{P} = \dfrac{1}{2}$ in Punkten 1 und 3 angenommen (Abb. 12.10d). Die Ordinaten des $\bar{M}^{(1)}$-Diagramms sind

$$\bar{\eta}_1^{(1)} = 0{,}5\lambda, \qquad \bar{\eta}_2^{(1)} = 0{,}5\lambda, \qquad \bar{\eta}_3^{(1)} = \bar{\eta}_1^{(1)}. \tag{c}$$

Die Durchbiegung im Punkt 1 folgt aus Gl. (9') zu

$$W_1 = \frac{1}{EI} \int_0^l M\bar{M}^{(1)}dx.$$

Wird Gl. (21) unter Berücksichtigung der Symmetrie von M und $\bar{M}$ angewendet, so ergibt sich für $EI = $ konst

$$\frac{6EIW_1}{\lambda} = 2[2\eta_1\bar{\eta}_1^{(1)}+\eta_1(2\bar{\eta}_1^{(1)}+\bar{\eta}_1^{(1)})+\eta_2(2\bar{\eta}_2^{(1)}+\bar{\eta}_1^{(1)})]. \tag{d}$$

Mit η_1, η_2 von Gln. (b) und P_1, P_2 von Gln. (a) folgt daraus die homogene Gleichung

$$(8-\varkappa)W_1 + 5,5W_2 = 0, \qquad \varkappa = \frac{6EI}{\mu\omega^2\lambda^4}. \tag{e}$$

Auf eine ähnliche Weise wird der Verlauf von $\overline{M}^{(2)}$ infolge der im Punkt *2* (Abb. 12-10f) einwirkenden Einzelkraft $\overline{P} = \overline{1}$. Die Ordinaten dieser Kurve sind

$$\overline{\eta}_1^{(2)} = 0,5\lambda, \qquad \overline{\eta}_2^{(2)} = 1\lambda, \qquad \overline{\eta}_3^{(2)} = 0,5\lambda = \overline{\eta}_1^{(2)}.$$

Die Durchbiegung im Punkt *2* ist

$$W_2 = \frac{1}{EI} \int\limits_0^l M\overline{M}^{(2)}dx.$$

Die Integration unter Berücksichtigung der Gl. (21) liefert

$$\frac{6EIW_2}{\lambda} = 2[2\eta_1\overline{\eta}_1^{(2)} + \eta_1(2\overline{\eta}_1^{(2)} + \overline{\eta}_2^{(2)}) + \eta_2(2\overline{\eta}_1^{(2)} + \overline{\eta}_1^{(2)})] \tag{f}$$

oder

$$(8-\varkappa)W_2 + 11W_1 = 0. \tag{g}$$

Das gewonnene Gleichungssystem ist kompatibel, wenn die Determinante des Systems (e), (g) verschwindet, d.h. wenn

$$(8-\varkappa)^2 - 60,5 = 0$$

ist. Daraus folgt $\varkappa_1 = 15,78$; $\varkappa_2 = 0,22$. Die Wurzel $\varkappa_1$ ergibt kleinere Eigenfrequenz:

$$\omega_1 = \frac{1}{\lambda^2}\sqrt{\frac{6EI}{\varkappa_1\mu}} = \frac{9,7}{l^2}\sqrt{\frac{EI}{\mu}}, \qquad \lambda = \frac{l}{4}. \tag{h}$$

Weiterhin wird erzwungene harmonische Balkenschwingung untersucht. Auf den Balken wirke Einzelkraft $P_0\sin\omega t$ (Abb. 12-11). Die daraus folgende Aufgabe stellt eine Erweiterung

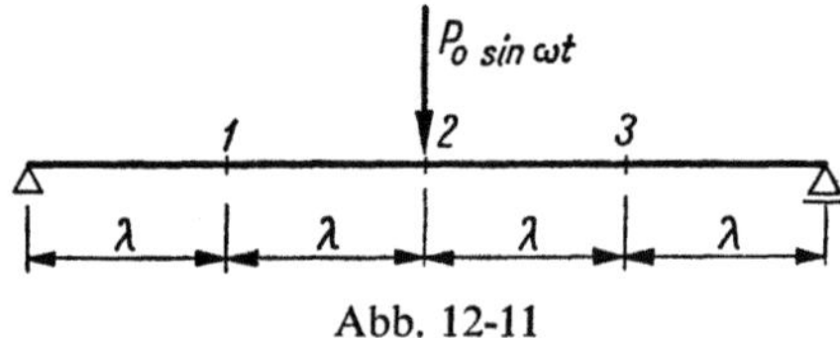

Abb. 12-11

der vorigen Aufgabe dar; den Einzellasten (a) werden noch weitere Kräfte hinzugefügt. Es gilt

$$P_1 = P_3 = \mu\omega^2 W_1, \qquad P_2 = \mu\omega^2 W_2 + P_0.$$

Die Funktion M wird wie vorher bestimmt. Die entsprechenden Ordinaten ergeben sich zu

$$\eta_1 = (P_1 + 0,5P_2 + 0,5P_0)\lambda = \eta_3, \qquad \eta_2 = (P_1 + P_2 + P_0)\lambda.$$

Daraus folgt unter Beachtung der Gln. (d) und (f) das folgende inhomogene Gleichungssystem:

$$(8-\varkappa)W_1 + 5,5W_2 + 5,5Q_0 = 0,$$

$$11W_1 + (8-\varkappa)W_2 + 8,0Q_0 = 0, \qquad Q_0 = \frac{P_0}{\mu\omega^2\lambda}.$$

Die Lösung dieses Systems liefert

$$W_1 = \frac{5,5\varkappa}{\Delta}Q_0, \qquad W_2 = \frac{8\varkappa - 3,5}{\Delta}, \qquad \Delta = (8-\varkappa)^2 - 60,5. \tag{i}$$

Für die Zahlenwerte $P_0 = 500$ kg, $l = 4,36$ m, $\omega = 125,6$ cm^{-1}, $\mu = q/g = 26,3/9,81 = 2,68$ kg sec^2/m^2, $E = 2,15\cdot10^{10}$ kg/m^2, $I = 2,14\cdot10^{-5}$ m^4 liefern die Formeln (i)

$$W_1 = 2,120\cdot10^{-3}\ \text{m}, \qquad W_2 = 2,802\cdot10^{-3}\ \text{m}.$$

Die exakten Werte sind $W_1 = 1,95\cdot10^{-3}$ m und $W_2 = 2,820\cdot10^{-3}$ m.

Die Betrachtung kann auf den Fall der Querschwingung eines auf zwei Auflagern frei drehbar gestützten Balkens und der Mitwirkung einer konstanten Axialkraft S erweitert werden. Die Biegelinie des Balkens wird durch die Differentialgleichung

$$EI\frac{\partial^4 w}{\partial x^4} - S\frac{\partial^2 w}{\partial x^2} + \frac{\partial^2 w}{\partial t^2} = X(x, t) \tag{22}$$

beschrieben. Hierbei wird S als Zugkraft angenommen.

Für harmonische Schwingung ohne Erregerkraft ($X = 0$) ergibt sich die gewöhnliche Differentialgleichung

$$EI\frac{d^4 W}{dx^4} = S\frac{d^2 W}{dx^2} + \mu\omega^2 W, \quad w(x, t) = W(x)e^{i\omega t}. \tag{23}$$

Die rechte Seite dieser Gleichung wird als statische Belastung des Balkens auf zwei Auflagern betrachtet. Es gilt

$$EI\frac{d^4 W}{dx^4} = p(W, W''), \quad p = SW'' + \mu\omega^2 W. \tag{24}$$

Gl. (24) läßt sich als ein System von zwei Gleichungen schreiben:

$$-EI\frac{d^2 W}{dx^2} = M, \quad \frac{d^2 M}{dx^2} = p(W, W''). \tag{25}$$

Die zweite dieser Gleichungen wird mit Hilfe der Methoden der Baustatik integriert. Die Durchbiegung $W(\xi_i)$ im Punkt i folgt aus Gl. (9′) zu

$$W(\xi_i) = \int_0^l \frac{M(x, W)\overline{M}(x, \xi_i)}{EI} dx \quad \text{oder} \quad W_i = \int_0^l \frac{M\overline{M}^{(i)}}{EI} dx. \tag{26}$$

Hierbei bedeutet $\overline{M}(x, \xi_i)$ die *Greensche Funktion*, d. h. das Moment $\overline{M}$ im Punkt x infolge des Angriffes der Einzelkraft im Punkt ξ_i.

Beispiel 12-2. Das vorliegende Beispiel stellt eine Erweiterung der früher betrachteten Aufgabe (vgl. Beispiel 1) dar. Es soll die erste Eigenfrequenz für den auf zwei Auflagern frei drehbar gelagerten Balken ermittelt werden, der zusätzlich mit der konstanten Zugkraft S belastet ist (Abb. 12-12).

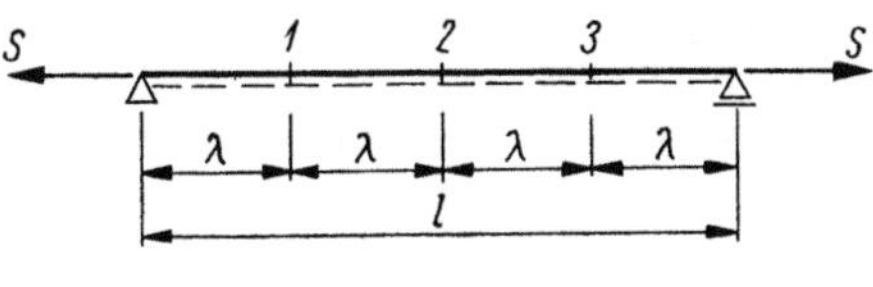

Abb. 12-12

Zunächst wird die Funktion M bestimmt, wobei das im Beispiel 1 erläuterte Verfahren angewendet wird. Für Einzelkräfte P_1, P_2, P_3 werden die Ordinaten des M-Diagramms ermittelt. Den mit Gl. (b) gegebenen Werten von η sind noch die Glieder von der Belastung SW'' hinzuzufügen. Wegen der Gl. (25) ist ersichtlich, daß das zusätzliche Glied $-SW$ beträgt. Die gesuchten Ordinaten sind mithin

$$\eta_1 = (P_1 + 0,5P_2)\lambda - SW_1 = \eta_3, \quad \eta_2 = (P_1 + P_2)\lambda - SW_2,$$
$$P_1 = P_3 = \mu\omega^2 W_1, \quad P_2 = \mu\omega^2 W_2. \tag{j}$$

Die $\overline{M}^{(1)}$- und $\overline{M}^{(2)}$- Diagramme vom Beispiel 1 gelten im betrachteten Fall unverändert. Es gilt

$$\overline{\eta}_1^{(1)} = \overline{\eta}_3^{(1)} = 0,5\lambda, \quad \overline{\eta}_2^{(1)} = 0,5\lambda, \quad \overline{\eta}_1^{(2)} = \overline{\eta}_3^{(2)} = 0,5\lambda, \quad \overline{\eta}_2^{(2)} = 1\cdot\lambda. \tag{k}$$

Werden Gln. (j) und (k) in die Gln. (e) und (f) eingeführt, so ergibt sich ein System von zwei homogenen Gleichungen:

$$\varkappa W_1 = 8W_1 + 5{,}5W_2 - \alpha\varkappa(5W_1 + 3W_2),$$

$$\varkappa W_2 = 11W_1 + 8W_2 - \alpha\varkappa(6W_1 + 5W_2), \qquad \alpha = \frac{S\lambda^2}{6EI}. \tag{l}$$

Ist die Determinante des Systems gleich Null, so gilt

$$[8 - \varkappa(5\alpha + 1)]^2 - (11 - 6\varkappa\alpha)(5{,}5 - 3\varkappa\alpha) = 0.$$

Betrachtet wird der Sonderfall $\alpha = \dfrac{1}{6}$, d.h. $S = \dfrac{16EI}{l^2}$. Die Wirkung dieser Zugkraft ruft die Herabsetzung der Frequenz hervor. Gl. (m) liefert $\varkappa_1 = 4{,}56$. Mithin ist

$$\omega_1 = \frac{18{,}45}{l^2}\sqrt{\frac{EI}{\mu}}.$$

Für den Fall, daß keine Zugkraft wirkt ($\alpha = 0$), wurde im Beispiel 1 $\omega_1 = \dfrac{9{,}7}{l^2}\sqrt{\dfrac{EI}{\mu}}$ gewonnen. Ist S eine Druckkraft, so wird $\varkappa$ aus der Gleichung

$$[8 - \varkappa(1 - 5\alpha)]^2 - (11 + 6\varkappa\alpha)(5{,}5 + 3\varkappa\alpha) = 0$$

ermittelt. Für $\alpha = 16$, d.h. für $S = \dfrac{6EI}{l^2}$ (für einen Wert also, der kleiner als die *Eulersche*

kritische Kraft $S_{kr} = \dfrac{EI\pi}{l^2}$ ist), ergibt sich $\varkappa_1 = 38{,}45$ und $\omega_1 = \dfrac{6{,}3}{l^2}\sqrt{\dfrac{EI}{\mu}}$. Die Frequenz liegt hierbei also unter derjenigen, die für $S = 0$ gewonnen wurde.

Es werden noch Eigenschwingungen und erzwungene Schwingungen einer Platte untersucht. Ist die Plattendicke konstant, so wird ihre Querschwingung durch die Differentialgleichung

$$N\nabla^4 w + \varrho h\,\frac{\partial w}{\partial t^2} = X(x, t) \tag{27}$$

beschrieben. Für harmonische Schwingung folgt aus Gl. (27)

$$N\nabla^4 W = \varrho h\omega^2 W + F, \qquad w = W(x, y)e^{i\omega t}, \qquad X = F(x, y)e^{i\omega t}. \tag{28}$$

Die rechte Seite dieser Gleichung kann als äußere Belastung angesehen werden. Dann gilt

$$N\nabla^4 W = p(x, y, w), \qquad p(x, y, w) = \varrho h\omega^2 W + F. \tag{29}$$

Ist der Plattenrand frei drehbar gelagert, so kann Gl. (29) auf zwei Gleichungen [144]

$$\nabla^2 M = -p, \qquad \nabla^2 W = -\frac{M}{N} \tag{30}$$

zurückgeführt werden, die nacheinander gelöst werden müssen. Zunächst wird also Gl. $(30)_1$ mit der Randbedingung $M = 0$ gelöst, dann wird Gl. $(30)_2$ mit der Bedingung $w = 0$ auf dem Plattenrand betrachtet. Die Funktion M darf als proportional zur Summe der Biegemomente

$$M = \frac{M_x + M_y}{1 + \nu} = -N\nabla^2 W \tag{31}$$

angenommen werden.

Betrachtet wird das Gleichungssystem

$$\nabla^2 W = -\frac{M}{N}, \qquad \nabla^2 \overline{M} = -\delta(x - \xi)\,\delta(y - \eta). \tag{32}$$

Die Funktion $\overline{M}$ beschreibt die Summe der Biegemomente, die durch eine einheitliche Einzelkraft in der Platte hervorgerufen werden. Gl. $(32)_2$ ist mit der Randbedingung $\overline{M} = 0$ zu lösen. $\overline{M}$ ist die *Greensche Funktion*

Gl. $(32)_1$ wird mit $\overline{M}$, Gl. $(32)_2$ mit W multipliziert, die beiden Gleichungen werden voneinander subtrahiert und das Ergebnis wird über den Bereich der Platte integriert. Daraus folgt

$$\iint\limits_A (\overline{M}\nabla^2 W - W\nabla^2\overline{M})\,dA = -\iint\limits_A \frac{M\overline{M}}{N}\,dA + \iint\limits_A W(x, y)\,\delta(x - \xi)\,\delta(y - \eta)\,dA.$$

Unter Anwendung des *Greenschen Satzes* entsteht

$$W(\xi, \eta) = \int\!\!\int\limits_{A} \frac{M\overline{M}}{N}\,dA + \int\limits_{s} \left(\overline{M}\,\frac{\partial W}{\partial n} - W\,\frac{\partial \overline{M}}{\partial n}\right)ds. \tag{33}$$

Das Kurvenintegral über den Plattenrand verschwindet, da am Rand $W = 0$ und $M = 0$ sind Endgültig gilt

$$W(\xi, \eta) = \frac{1}{N}\int\!\!\int\limits_{A} M(x, y, W)\,\overline{M}(x, y; \xi, \eta)\,dx\,dy. \tag{34}$$

Ersichtlich ist die Ähnlichkeit der Gln. (9″) und (34). Die Ermittlung des Verlaufes der Momente M und $\overline{M}$ ist für eine Platte nicht mehr einfach. Diese Größen können nicht mit Hilfe der Methoden der Baustatik berechnet werden.

Für andersartig (d.h. nicht frei drehbar am Rand) aufgestützte Platten kann Gl. (29) den Ausgangspunkt der Betrachtung darstellen. Betrachtet wird die Gleichung

$$N\nabla^4\overline{W} = \delta(x-\xi)\,\delta(y-\eta) \tag{35}$$

und damit die *Greensche Funktion* $\overline{W}$ für die Biegefläche der Platte.

Gl. $(29)_1$ wird mit $\overline{W}$, Gl. (35) mit W multipliziert. Aus den beiden Gleichungen folgt dann

$$N\int\!\!\int\limits_{A}(\overline{W}\nabla^4 W - W\nabla^4\overline{W})\,dA = \int\!\!\int\limits_{A} p\overline{W}\,dA - \int\!\!\int\limits_{A} W\delta(x-\xi)\,\delta(y-\eta)\,dA. \tag{36}$$

Die Umformung des Integrals von der linken Gleichungsseite liefert [137, 144]

$$W(\xi, \eta) = \int\!\!\int\limits_{A} p(x, y, W)\,\overline{W}(x, y; \xi, \eta)\,dA + \int\limits_{s}\left[M(\overline{W})\,\frac{\partial W}{\partial n} - \right.$$

$$\left. - M(W)\,\frac{\partial \overline{W}}{\partial n} + V(W)\,\overline{W} - V(\overline{W})\,W\right]ds.$$

Hierbei bedeutet $M = M_{nn}$ das Normalmoment, dessen Vektor parallel zum Plattenrand ist. Weiterhin sind: $V = Q_n + \dfrac{\partial M_{ns}}{\partial s}$ die Auflagerreaktion am Plattenrand, Q_n die Querkraft, M_{ns} das Torsionsmoment. Da am Plattenrand $M(W) = M(\overline{W}) = 0$, $W = \overline{W} = 0$ ist, verschwindet das Kurvenintegral über den Plattenrand. Es verbleibt

$$W(\xi, \eta) = \int\!\!\int\limits_{A} p(x, y, W)\,\overline{W}(x, y; \xi, \eta)\,dA. \tag{37}$$

Das sehr knapp erläuterte Ersatzbalkenverfahren wird für Probleme der Stabilität und der Schwingung von Balken und Rahmen sowie zur Lösung von simultanen Gleichungen angewendet. Das Verfahren ist für statisch und geometrisch unbestimmte Systeme geeignet [139].

Eine große praktische Bedeutung hat die Möglichkeit, Lösungen linearer Gleichungen ersten, zweiten, dritten und vierten Grades in die Untersuchung grundlegender Aufgaben der Baustatik einzubeziehen. Es handelt sich hierbei um Ermittlung der Belastungen, des Verlaufes der Querkräfte und Biegemomente usw. für Stäbe mit einem Konstanten und insbesondere mit einem veränderlichen Querschnitt.

12.5. Das Galerkinsche Verfahren

Es wird die Differentialgleichung der erzwungenen harmonischen Schwingungen in der Form

$$L[W(x, y)] = q(x, y) \tag{1}$$

betrachtet, worin L einen linearen Differentialoperator, q und $W(x, y)$ Funktionen von x, y bedeuten.

Für die stationäre Plattenschwingung gilt beispielsweise

$$L = N(\nabla^4 - \lambda^4); \qquad \lambda^4 = \omega^2 \varrho h / N,$$

da die Differentialgleichung für die Durchbiegungsamplitude der Platte

$$\nabla^4 W - \lambda^4 W = q/N$$

lautet.

Weiterhin werden homogene Randbedingungen der Gl. (1) hinzugefügt. Die Näherungslösung von Gl. (1) wird in der Form

$$W_0(x, y) = \sum_{j=1}^{m} \sum_{i=1}^{n} a_{ij} \varphi_{ij}(x, y) \tag{2}$$

gesucht. Hierbei bedeutet φ_{ij} ein System von Funktionen, welche die homogenen Randbedingungen (aber nicht unbedingt die Differentialgleichung) erfüllen. Die Konstanten a_{ij} stellen noch unbekannte Koeffizienten dar.

Es ist vorauszusetzen, daß die Funktionen $\varphi_{ij}(x, y)$ linear unabhängig sind und die ersten $n+m$ Funktionen

$$\varphi_{ij}(x, y)]; \quad i = 1, 2, ..., n; \quad j = 1, 2, ..., m$$

ein vollständiges Funktionensystem im betrachteten Bereich bilden.

Wäre $W_0(x, y)$ die exakte Lösung der Gleichung $L(w) = q$, so wäre $L(W_0) - q$ identisch gleich Null. Unter Berücksichtigung, daß $L(W_0)$ eine stetige Funktion ist, bedeutet diese Bedingung, daß die Funktionen $L(W_0) - q$ mit allen Funktionen $\varphi_{ij}(x, y)$ orthogonal sein müssen.

Da nur eine endliche Anzahl der Konstanten a_{ij} zur Verfügung steht, können nur $n+m$ Orthogonalitätsbedingungen erfüllt werden. Es ergibt sich die Gleichung

$$\iint\limits_{D} \{L[W_0(x, y)] - q(x, y)\} \varphi_{\nu\mu}(x, y)\, dx\, dy = 0; \tag{3}$$

$$\nu = 1, 2, ..., n; \quad \mu = 1, 2, ..., m$$

oder

$$\iint\limits_{D} \left\{ L\left[\sum_{i, j}^{n, m} a_{ij} \varphi_{ij} \right] - q \right\} \varphi_{\nu\mu}\, dx\, dy = 0.$$

Nach der Integration entsteht das System von inhomogenen algebraischen Gleichungen

$$\sum_{i, j}^{n, m} a_{ij} b_{ij\nu\mu} = q_{\nu\mu} \quad \text{mit} \quad \nu = 1, 2, ..., n; \quad \mu = 1, 2, ..., m,$$

$$b_{ij\nu\mu} = \iint\limits_{D} \varphi_{\nu\mu} L(\varphi_{ij})\, dx\, dy, \tag{4}$$

$$q_{\nu\mu} = \iint\limits_{D} q \varphi_{\nu\mu}\, dx\, dy.$$

Für die freie Schwingung (d.h. für $q = 0$) ergibt sich ein homogenes Gleichungssystem

$$\sum_{i,j}^{n,m} a_{ij} b_{ij\nu\mu} = 0.$$ (5)

Das System ist kompatibel, wenn seine Determinante Null ist. Die aufeinanderfolgenden Wurzeln der Säkulargleichung liefern die Frequenzen ω.

Für eindimensionale Probleme (die Schwingung einer Saite oder eines Stabes) wird der Ansatz

$$w_0 = \sum_{i=1}^{n} a_i \varphi_i(x)$$

gewählt. Das zu den Gl. (3) analoge System linearer Gleichungen lautet dann

$$\int_s \left\{ L\left[\sum_{i=1}^{n} a_i \varphi_i(x) \right] - q(x) \right\} \varphi_\nu(x)\, dx = 0$$

oder

$$\sum_{i=1}^{n} a_i b_{i\nu} = q_\nu \quad \text{mit} \quad \nu = 1, 2, \ldots, n,$$ (6)

$$b_{i\nu} = \int_s \varphi_\nu L(\varphi_i)\, dx, \qquad q_\nu = \int_s q\varphi_\nu\, dx.$$

Für den Sonderfall der Lösung

$$W_0(x,y) = \sum_{i=1}^{\infty} \sum_{j=1}^{\infty} a_{ij}\varphi_{ij}(x,y),$$

in der die Funktionen $\varphi_{ij}(x, y)$ orthonormale Eigenfunktionen für das betrachtete Problem darstellen, gilt die Beziehung

$$L[\varphi_{ij}(x, y)] = \sigma_{ij}\varphi_{ij}(x, y).$$ (7)

Hierbei wird selbstverständlich vorausgesetzt, daß die Funktionen $\varphi_{ij}(x, y)$ und $W(x, y)$ dieselben Randbedingungen erfüllen. Einsetzen von Gl. (7) in Gl. (4) liefert

$$b_{ij\nu\mu} = \sigma_{ij} \iint_D \varphi_{\nu\mu}\varphi_{ij}\, dx\, dy = \sigma_{ij}\delta_{i\nu}\delta_{j\mu}.$$

Daraus folgt

$$\sum_{i,j}^{\infty} a_{ij}\sigma_{ij}\delta_{i\nu}\delta_{j\mu} = q_{\nu\mu}$$

und weiterhin

$$a_{\nu\mu}\sigma_{\nu\mu} = q_{\nu\mu}.$$

Die Funktion

$$W_0(x,y) = \sum_{i,j}^{\infty} \frac{q_{ij}}{\sigma_{ij}} \varphi_{ij}(x,y)$$ (8)

stellt in diesem Fall die exakte Lösung der Gl. (1) dar.

Nun werden einige Sonderfälle betrachtet. Die Platte sei an allen Rändern vollkommen eingespannt. Vorausgesetzt wird

$$\varphi_{ij}(x, y) = \varphi_i(x)\psi_j(y), \tag{9}$$

wobei die Funktionen $\varphi_i(x)$ und $\psi_j(y)$ die Differentialgleichung für den an beiden Enden vollkommen eingespannten Balken

$$\frac{d^4\varphi_i}{dx^4} = \alpha_i^4\,\varphi_i; \qquad \frac{d^4\psi_j}{dx^4} = \beta_j^4\,\psi_j \tag{10}$$

erfüllen sollen.

Wie bekannt, sind diese Funktionen orthonormal und bilden ein vollständiges Funktionensystem. Wird der Ansatz (9) in den Ausdruck für $b_{ij\nu\mu}$ nach Gl. (4) eingesetzt sowie werden die Gl. (10) und die Orthogonalitätsbedingungen berücksichtigt, so ergibt sich das unendliche Gleichungssystem vom Abschnitt 9.14.

Ausführlicher wird das eindimensionale Problem betrachtet: die Ermittlung der Eigenschwingungen einer Saite der Länge l.

Nach Gl. (3) vom Abschnitt 3.4 ist

$$L(W) = \frac{d^2W}{dx^2} + m^2W; \qquad m^2 = \frac{\omega^2}{c^2} = \frac{\omega^2\varrho A}{S}.$$

Für die Funktion $W_0(x)$ wird der Ansatz

$$W_0(x) = a_1\left(1 - \frac{4x^2}{l^2}\right) + a_2\left(1 - \frac{4x^2}{l^2}\right)^2 = a_1\varphi_1(x) + a_2\varphi_2(x) \tag{11}$$

gewählt, wobei der Koordinatenursprung in der Saitenmitte vorausgesetzt wird. Gl. (3) lautet

$$a_1\int\limits_{-l/2}^{l/2} L(\varphi_1)\varphi_1\,dx + a_2\int\limits_{-l/2}^{l/2} L(\varphi_2)\varphi_1\,dx = 0,$$

$$a_1\int\limits_{-l/2}^{l/2} L(\varphi_1)\varphi_2\,dx + a_2\int\limits_{-l/2}^{l/2} L(\varphi_2)\varphi_2\,dx = 0. \tag{12}$$

Unter Beachtung von

$$L(\varphi_1) = \frac{d^2\varphi_1}{dx^2} + m^2\varphi_1 = -\frac{8}{l^2} + m^2\left(1 - \frac{4x^2}{l^2}\right),$$

$$L(\varphi_2) = \frac{d^2\varphi_2}{dx^2} + m^2\varphi_2 = -\frac{16}{l^2}\left(1 - \frac{12x^2}{l^2}\right) + m^2\left(1 - \frac{4x^2}{l^2}\right)^2$$

ergibt die Integration der Gl. (12) das System

$$\left(56lm^2 - \frac{560}{l}\right)a_1 + \left(48lm^2 - \frac{448}{l}\right)a_2 = 0,$$

$$\left(144lm^2 - \frac{1344}{l}\right)a_1 + \left(128lm^2 - \frac{1536}{l}\right)a_2 = 0.$$

Die gleich Null gesetzte Determinante dieses Systems liefert

$$256m^4 - 28672\,\frac{m^2}{l^2} + 250048\,\frac{1}{l^4} = 0.$$

Daraus folgt

$$m_1^2 = 9{,}86976 \frac{1}{l^2}; \qquad m_2^2 = 102{,}13024 \frac{1}{l^2}.$$

Wegen $m^2 = \omega^2/c^2$ gilt

$$\omega_1 = \frac{3{,}14168}{l} \sqrt{\frac{S}{\varrho A}}; \qquad \omega_2 = \frac{10{,}106}{l} \sqrt{\frac{S}{\varrho A}}.$$

Die exakte Lösung liefert dagegen

$$\omega_1^{(0)} = \frac{\pi}{l} \sqrt{\frac{S}{\varrho A}}; \qquad \omega_2^{(0)} = \frac{3\pi}{l} \sqrt{\frac{S}{\varrho A}}.$$

Die Größe ω_1 unterscheidet sich von $\omega_1^{(0)}$ um $0{,}0009\%$, die Größe ω_2 von $\omega_2^{(0)}$ um etwa 7%. Es ist hinzuzufügen, daß sich die Größen ω_1 und ω_2 auf die symmetrische Schwingungsform beziehen; die angenommene Biegelinie (11) ist symmetrisch.

Es wird noch die harmonische Querschwingung eines durch die Druckkraft S beanspruchten und an den Enden vollkommen eingespannten Stabes untersucht [118]. Die entsprechende Gleichung (vgl. Gl. (1) vom Abschnitt 8.3) lautet

$$L(W) = EI \frac{d^4 W}{dx^4} + S \frac{d^2 W}{dx^2} - \omega^2 \mu W = 0. \tag{13}$$

Es wird der Ansatz

$$W_0(x) = a_1 \left(1 - \cos \frac{2\pi x}{l}\right) = a_1 \varphi_1(x) \tag{14}$$

gewählt. Wie ersichtlich, werden damit die Randbedingungen für das betrachtete Problem

$$W_0(0) = W_0(l) = 0; \qquad \frac{dW_0(0)}{dx} = \frac{dW_0(l)}{dx} = 0$$

erfüllt. Gl. (3) ergibt

$$\int_0^l L(\varphi_1)\varphi_1 \, dx = 0$$

oder

$$\int_0^l \left(EI \frac{d^4 \varphi_1}{dx^4} + S \frac{d^2 \varphi_1}{dx^2} - \mu \omega^2 \varphi_1\right) \varphi_1 \, dx = 0. \tag{15}$$

Einsetzen von $\varphi_1(x)$ in Gl. (15) und die Integration liefern

$$\frac{16}{3}\pi^4 - \frac{4}{3}\pi^2 \lambda - \beta^4 = 0; \qquad \text{mit} \qquad \lambda = \frac{Sl^2}{EI}; \qquad \beta^4 = \frac{\mu \omega^2 l^4}{EI}.$$

Hieraus folgt die Grundeigenfrequenz des Stabes

$$\omega_1 = \frac{1}{l^2} \sqrt{\frac{EI}{\mu}} \sqrt{520 - 13{,}16\lambda}. \tag{16}$$

Für $\lambda = 0$ ergibt sich

$$\omega_1 = \frac{22{,}8}{l^2}\sqrt{\frac{EI}{\mu}},$$

an Stelle der exakten Lösung

$$\omega_1^{(0)} = \frac{22{,}36}{l^2}\sqrt{\frac{EI}{\mu}}$$

Für $\lambda = \pi^2$, d.h. $S = S_E/4$, wobei S_E die *kritische (Eulersche) Knickkraft* für den Stab bedeutet, ergibt sich

$$\omega_1 = \frac{19{,}75}{l^2}\sqrt{\frac{EI}{\mu}},$$

an Stelle der exakten Lösung

$$\omega_1^{(0)} = \frac{19{,}41}{l^2}\sqrt{\frac{EI}{\mu}}.$$

Das *Galerkinsche Verfahren* läßt sich erfolgreich zur Ermittlung der Eigenschwingungen für Balken, Stäbe und Platten mit veränderlichen Querschnitten anwenden.

Beispiel 12-3. Es wird die Eigenschwingung eines Kragbalkens (Abb. 12-8) untersucht, dessen Querschnitt und Trägheitsmoment sich entsprechend der Funktionen

$$A(x) = 2bh_0\frac{x}{l}, \qquad I(x) = \frac{b}{12}\left(\frac{h_0 x}{l}\right)^3$$

ändern.

In Abb. 12-8 ist der Balken und das angenommene Koordinatensystem gezeigt. Mit b wird die konstante Balkenbreite, mit h_0 die Balkenhöhe am Einspannungsquerschnitt $x = l$ bezeichnet.

Die Differentialgleichung der harmonischen Balkenschwingung lautet

$$L(W) = \frac{d^2}{dx^2}\left[EI(x)\,\frac{d^2 W(x)}{dx^2}\right] - \frac{\omega^2\gamma}{g}\,A(x)W(x) = 0. \tag{a}$$

Für die Biegelinie wird näherungsweise

$$W_0(x) = a_1\left(1-\frac{x}{l}\right)^2 + a_2\frac{x}{l}\left(1-\frac{x}{l}\right)^2 \tag{b}$$

vorausgesetzt. Diese Funktion erfüllt die Randbedingungen für die Einspannung bei $x = l$:

$$W_0(l) = 0; \qquad W_0'(l) = 0$$

und die Bedingungen am freien Ende des Balkens, d.h. bei $x = 0$:

$$|EIW_0''|_{x=0} = 0; \qquad |EIW_0|_{x=0} = 0,$$

da für diesen Querschnitt $I(0) = 0$; $I'(0) = 0$ ist.

Zur Ermittlung der Balkenschwingung steht das Gleichungssystem

$$a_1\int_0^l L(\varphi_1)\varphi_1\,dx + a_2\int_0^l L(\varphi_2)\varphi_1\,dx = 0,$$

$$a_1\int_0^l L(\varphi_1)\varphi_2\,dx + a_2\int_0^l L(\varphi_2)\varphi_2\,dx = 0, \tag{c}$$

zu Verfügung, worin

$$\varphi_1 = \left(1-\frac{x}{l}\right)^2; \qquad \varphi_2 = \frac{x}{l}\left(1-\frac{x}{l}\right)^2$$

ist.

Wird die Veränderliche $\xi = x/l$ substituiert, so lautet das Gleichungssystem (c)

$$a_1 \int_0^1 \mathscr{D}[\varphi_1(\xi)]\varphi_1(\xi)\,d\xi + a_2 \int_0^1 \mathscr{D}[\varphi_2(\xi)]\varphi_1(\xi)\,d\xi = 0,$$

$$a_1 \int_0^1 \mathscr{D}[\varphi_1(\xi)]\varphi_2(\xi)\,d\xi + a_2 \int_0^1 \mathscr{D}[\varphi_2(\xi)]\varphi_2(\xi)\,d\xi = 0,$$

(d)

wobei

$$\mathscr{D}[\varphi_1(\xi)] = 12\xi - \lambda^2\xi(1-\xi)^2,$$
$$\mathscr{D}[\varphi_2(\xi)] = 24(3\xi^2 - \xi) - \lambda\xi^2(1-\xi)^2,$$
$$\varphi_1 = (1-\xi)^2; \quad \varphi_2 = \xi(1-\xi)^2; \quad \lambda^2 = \frac{12\gamma\omega^2 l^4}{gh_0 E}$$

ist.

Zunächst wird die Gleichung

$$\int_0^l \mathscr{D}[\varphi_1(\xi)]\varphi_1(\xi)\,d\xi = 0$$

betrachtet, aus der der Näherungswert für ω gewonnen wird. Die Berechnung ergibt

$$1 - \frac{\lambda^2}{30} = 0.$$

Hieraus folgt

$$\omega_1 = \frac{1{,}58 h_0}{l^2}\sqrt{\frac{Eg}{\gamma}}.$$

Das Gleichungssystem (d) führt zu den zwei homogenen Gleichungen

$$a_1\left(1 - \frac{\lambda^2}{30}\right) + a_2\left(\frac{2}{5} - \frac{\lambda^2}{105}\right) = 0,$$

$$a_1\left(\frac{2}{5} - \frac{\lambda^2}{105}\right) + a_2\left(\frac{2}{5} - \frac{\lambda^2}{280}\right) = 0.$$

Die gleich Null gesetzte Determinante dieses Systems liefert zwei erste Eigenfrequenzen

$$\omega_1 = \frac{1{,}536 h_0}{l^2}\sqrt{\frac{Eg}{\gamma}}; \quad \omega_2 = \frac{4{,}9 h_0}{l^2}\sqrt{\frac{Eg}{\gamma}}.$$

Die Größe ω_1 wurde von A. DINNIK als Ergebnis der Lösung der *Differentialgleichung Besselscher Art* für die Biegelinie angegeben. Die Lösung des Eigenwertproblems für diese Gleichung liefert

$$\omega_1 = \frac{1{,}532 h_0}{l^2}\sqrt{\frac{Eg}{\gamma}}.$$

Dieser Wert unterscheidet sich wenig vom Wert, der mit Hilfe des *Galerkinschen Verfahrens* gewonnen wurde.

Es wird noch eine an allen Rändern vollkommen eingespannte Rechteckplatte untersucht. Der Ansatz

$$W_0(x,y) = \sum_{i,k}^{n,m} a_{ik}\left[1 - \cos\frac{(2i-1)2\pi x}{a}\right]\left[1 - \cos\frac{(2k-1)2\pi y}{b}\right] =$$

$$= \sum_{i,k}^{n,m} a_{ik}\varphi_i(x)\psi_k(y)$$

(17)

erfüllt die entsprechenden Randbedingungen. Die Grundeigenfrequenz wird unter der Voraussetzung ermittelt, daß das erste Glied der Reihe (17)

$$W_0(x,y) = a_{11}\left(1 - \cos\frac{2\pi x}{a}\right)\left(1 - \cos\frac{2\pi y}{b}\right) = a_{11}\varphi_{11}(x,y) \tag{18}$$

die erste Näherung darstellt.

Gl. (5) lautet dann

$$\int\limits_0^a \int\limits_0^b \left(\frac{\partial^4\varphi_{11}}{\partial x^4} + 2\frac{\partial^4\varphi_{11}}{\partial x^2\partial y^2} + \frac{\partial^4\varphi_{11}}{\partial y^4} - \lambda^4\varphi_{11}\right)\varphi_{11}\,dx\,dy = 0;$$

$$\text{mit} \quad \lambda^4 = \frac{\omega^2\varrho h}{N}. \tag{19}$$

Einsetzen von Gl. (18) in Gl. (19) und Integration ergeben

$$4\pi^2\left[\frac{1}{a^4} + \frac{1}{b^4} + \frac{2}{3a^2b^2}\right] = \frac{3}{4}\frac{\varrho\omega^2 h}{N}.$$

Daraus folgt

$$\omega_1 = 22{,}82\sqrt{\frac{N}{\varrho h}}\sqrt{\frac{1}{a^4} + \frac{1}{b^4} + \frac{2}{3a^2b^2}}\;.$$

Für eine quadratische Platte ($a = b$) ist

$$\omega_1 = \frac{37{,}28}{a^2}\sqrt{\frac{N}{\varrho h}}\;.$$

Das Ergebnis unterscheidet sich um 3,2% vom Ergebnis, das von S. IGUCHI [58] gewonnen wurde.

Das *Galerkinsche Verfahren* kann ebenfalls auf die partiellen Differenzengleichungen erweitert werden. Betrachtet wird die Differenzengleichung

$$H_{xy}(W_{xy}) = q_{xy}, \tag{20}$$

worin H_{xy} einen linearen Differenzenoperator bedeutet. Ein Beispiel für eine derartige Gleichung kommt im Abschnitt 12.2 (Gl. (29)) vor.

In diesem Fall ist

$$H_{xy} = \frac{1}{\varkappa}(L_{xy} - \tau^2).$$

Nun wird ein vollständiges System der orthonormalen Funktionen

$$[\varphi_{xy}^{\nu\mu}]; \quad \nu = 0, 1, \ldots, n; \quad \mu = 0, 1, \ldots, m$$

eingeführt, welche die Randbedingungen für das betrachtete Problem, aber nicht unbedingt die Differenzengleichung (20) erfüllen. Für die Näherungslösung von Gl. (20) wird der Ansatz in Form einer endlichen Reihe

$$\overline{W}_{xy} = \sum_{\nu,\mu}^{j,f} B_{\nu\mu}\varphi_{xy}^{\nu\mu}; \quad \nu = 0, 1, 2, \ldots, j; \quad \mu = 0, 1, 2, \ldots, f \tag{21}$$

$$\hspace{7cm} j < n; \hspace{3cm} f < m$$

gewählt, wobei $B_{\nu\mu}$ die Koeffizienten sind, die ermittelt werden sollen.

Die Bedingung, daß $\overline{W}_{xy}$ die Gl. (20) erfüllt, ist mit den Orthogonalitätsbedingungen der Funktion $H_{xy}(\overline{W}_{xy}) - q_{xy}$ mit jeder Funktion $\varphi_{xy}^{\nu\mu}$; $\nu = 0, 1, \ldots, n$; $\mu = 0, 1, \ldots, m$ gleichbedeutend.

Da $j+f$ Funktionen $\varphi_{xy}^{\nu\mu}$ zur Verfügung stehen, besteht die Lösung von Gl. (20) in der Erfüllung von $j+f$ Orthogonalitätsbedingungen

$$\sum_{x,y}^{n,m} \left[H_{xy}\left(\sum_{\nu,\mu}^{j,f} B_{\nu\mu} \varphi_{xy}^{\nu\mu}\right) - q_{xy}\right] \varphi_{xy}^{ik} = 0. \tag{22}$$

Diese Bedingungen führen zu $j+f$ inhomogenen Gleichungen

$$\sum_{\nu,\mu}^{j,f} B_{\nu\mu} b_{ik\nu\mu} = q_{ik}; \tag{23}$$

$$i = 0, 1, 2, \ldots, j; \quad k = 0, 1, 2, \ldots, f,$$

wobei

$$b_{ik\nu\mu} = \sum_{x,y}^{n,m} \varphi_{xy}^{ik} H_{xy}(\varphi_{xy}^{nm}); \quad q_{ik} = \sum_{x,y}^{n,m} q_{xy} \varphi_{xy}^{ik}$$

ist.

Die Lösung des Systems algebraischer Gleichungen liefert die Koeffizienten $B_{\nu\mu}$; mit Hilfe von Gl. (21) wird die angenäherte Gl. (20) gewonnen. In dem Sonderfall $q_{xy} = 0$ handelt es sich um die freie Schwingung.

Erfüllen die Funktionen $\varphi_{xy}^{\nu\mu}$ die Gleichung

$$H_{xy}(\varphi_{xy}^{\nu\mu}) = \sigma_{\nu\mu} \varphi_{xy}^{\nu\mu} \tag{24}$$

und dieselben Randbedingungen wie W_{xy}, so ist

$$b_{ik\nu\mu} = \sigma_{\nu\mu} \delta_{i\nu} \delta_{k\mu}.$$

Das Gleichungssystem (23) vereinfacht sich wesentlich. In der Form

$$B_{ik} \sigma_{ik} = q_{ik}; \quad i = 0, 1, \ldots, j; \quad k = 0, 1, \ldots, \tag{25}$$

ergibt sich die exakte Lösung des Problems. In diesem Fall stellt die Funktion

$$W_{xy} = \sum_{\nu,\mu}^{m,n} B_{\nu\mu} \varphi_{xy}^{\nu\mu} \tag{26}$$

die Lösung der Gl. (20) dar.

Nun wird ein einfaches Beispiel für Anwendung dieses Orthogonalisierungsverfahrens behandelt. Die Schwingung einer frei drehbar gelagerten Rechteckplatte sei durch die Last $q_{xy} e^{i\omega t}$ erzwungen, wobei $q_{xy} = q$ konst ist. Dann gilt gemäß Gl. (30) vom Abschnitt 12.2 die Beziehung $H_{xy} = \dfrac{1}{\varkappa}(L_{xy} - \tau^2)$. Die Funktionen $\varphi_{xy}^{\nu\mu}$ werden als Produkt $X_x^\nu Y_y^\mu$ angenommen. Es gilt

$$X_x^\nu = \sqrt{\frac{2}{n}} \sin \alpha_\nu x; \quad Y_y^\mu = \sqrt{\frac{2}{m}} \sin \beta_\mu y,$$

$$\alpha_\nu = \frac{\nu\pi}{n}; \quad \beta_\mu = \frac{\mu\pi}{m}. \tag{27}$$

Diese Funktionen sind orthogonal und erfüllen die Gleichung

$$L_{xy}(\varphi_{xy}^{\nu\mu}) = \sigma_{\nu\mu}\varphi_{xy}^{\nu\mu}. \tag{28}$$

Einsetzen der Gln. (27) in die Gl. (28) ergibt

$$\sigma_{\nu\mu} = (a_\nu + \varepsilon^2 b_\mu)^2; \quad a_\nu = 2(\cos\alpha_\nu - 1); \quad b_\mu = 2(\cos\beta_\mu - 1).$$

Mithin ist

$$q_{ik} = q \sum_{x=1,\,y=1}^{n-1,\,m-1} X_x^i Y_y^k = \frac{2q}{\sqrt{nm}} \cotan \frac{i\pi}{2n} \cotan \frac{k\pi}{2m}. \tag{29}$$

Es ist zu bemerken, daß die Gleichung

$$H_{xy}(\varphi_{xy}^{\nu\mu}) = \sigma_{\nu\mu}\varphi_{xy}^{\nu\mu}$$

zu der Beziehung

$$\tau_{\nu\mu} = \sigma_{\nu\mu} - \tau^2$$

führt.

Endgültig stellt die Näherungslösung die endliche Reihe

$$\overline{W}_{xy} = \frac{4q\varkappa}{mn} \sum_{\nu=1,\,\mu=1}^{j,\,f} \frac{\cotan \dfrac{\nu\pi}{2n} \cotan \dfrac{\mu\pi}{2m}}{(a_\nu + \varepsilon^2 b_\mu)^2} \sin\alpha_\nu x \sin\beta_\mu y \tag{30}$$

dar.

Es ist leicht ersichtlich, daß diese Lösung aus $j+f$ Gliedern der exakten Lösung besteht, in der über ν von 1 bis $n-1$ und über μ von 1 bis $m-1$ summiert wird.

13. Einführung in die Operatorenrechnung

13.1. Endliche Kosinus- und Sinustransformationen

Betrachtet sei die Funktion $f(x)$, die im Intervall $(0, a)$ die *Bedingungen von Dirichlet* erfüllt, die besagen, daß sie im betrachteten Intervall nur eine endliche Anzahl von:

a) Maximum- und Minimumpunkten;

b) Sprüngen aufweisen darf.

Unendliche Unstetigkeiten sind ausgeschlossen.

Aus der Theorie der *Fourier-Reihen* [135] ist bekannt, daß für eine derartige Funktion $f(x)$ die Reihe

$$f(x) = \frac{1}{a} a_0 + \frac{2}{a} \sum_{n=1,2,3}^{\infty} a_n \cos \frac{n\pi x}{a} \tag{1}$$

mit

$$a_n = \int_0^a f(x) \cos \frac{n\pi x}{a}\, dx \tag{2}$$

für alle x vom Intervall $(0, a)$ konvergiert, wobei ihre Summe der Funktion $f(x)$ in allen Punkten gleich ist, in denen die Funktion stetig ist. In jedem Punkt mit einer endlichen Unstetigkeit (einem Sprung) ist diese Summe gleich $\frac{1}{2}[f(x+0)+f(x-0)]$.

An Stelle vom Koeffizienten a_n wird die sog. endliche Kosinustransformation der Funktion $f(x)$ eingeführt. Diese Transformation wird mit $f_c^*(n)$ bezeichnet und durch die Gleichung

$$f_c^*(n) = \int_0^a f(x) \cos \frac{n\pi x}{a}\, dx \tag{3}$$

definiert.

Dann gilt für die Funktion $f(x)$ in denjenigen Punkten, in denen sie stetig ist, die folgende Beziehung

$$f(x) = \frac{f_c^*(0)}{a} + \frac{2}{a} \sum_{n=1}^{\infty} f_c^*(n) \cos \frac{n\pi x}{a}\, dx. \tag{4}$$

32 Baudynamik

Die endliche *Sinustransformation* wird mit

$$f_s^*(n) = \int_0^a f(x) \sin \frac{n\pi x}{a}\, dx \tag{5}$$

bezeichnet. Die Reihe

$$f(x) = \frac{2}{a} \sum_{n=1}^{\infty} f_s^*(n) \sin \frac{n\pi x}{a}. \tag{6}$$

beschreibt die Funktion $f(x)$ in allen Punkten des Intervalls $(0, a)$, in denen $f(x)$ stetig ist.

Bei Randwertproblemen für gewöhnliche Differentialgleichungen sind Integrale folgender Art

$$\int_0^a \frac{\partial^r f}{\partial x^r} \cos \alpha_n x\, dx; \qquad \int_0^a \frac{\partial^r f}{\partial x^r} \sin \alpha_n x\, dx;$$

$$\alpha_n = \frac{n\pi}{a}; \qquad r = 0, 1, 2, \dots \tag{7}$$

mit Hilfe endlicher Kosinus- und Sinustransformation auszudrücken.

Diese Integrale werden nun für $r = 1$ betrachtet. Nach partieller Integration gilt

$$\int_0^a \frac{\partial f}{\partial x} \cos \alpha_n x\, dx = \left| f(x) \cos \alpha_n x \right|_0^a + \alpha_n \int_0^a f(x) \sin \alpha_n x\, dx, \tag{8}$$

$$\int_0^a \frac{\partial f}{\partial x} \sin \alpha_n x\, dx = \left| f(x) \sin \alpha_n x \right|_0^a - \alpha_n \int_0^a f(x) \cos \alpha_n x\, dx. \tag{9}$$

Unter Beachtung von $\cos n\pi = (-1)^n$ und $\sin \alpha_n a = 0$ sowie von Gln. (3) und (5) ist

$$\int_0^a \frac{\partial f}{\partial x} \cos \alpha_n x\, dx = (-1)^n f(a) - f(0) + \alpha_n f_s^*(n), \tag{8'}$$

$$\int_0^a \frac{\partial f}{\partial x} \sin \alpha_n x\, dx = -\alpha_n f_c^*(n). \tag{9'}$$

Für $r = 2$ gilt nach zweifacher partieller Integration

$$\int_0^a \frac{\partial^2 f}{\partial x^2} \cos \alpha_n x\, dx = (-1)^n f'(a) - f'(0) - \alpha_n^2 f_c^*(n), \tag{10}$$

$$\int_0^a \frac{\partial^2 f}{\partial x^2} \sin \alpha_n x\, dx = \alpha_n [(-1)^{n+1} f(a) + f(0)] - \alpha_n^2 f_s^*(n). \tag{11}$$

Verschwindet $\dfrac{\partial f}{\partial x}$ in den Punkten $x = 0$ und $x = a$, so folgt aus der Gl. (10)

$$\int_0^a \frac{\partial^2 f}{\partial x^2} \cos \alpha_n x \, dx = - \alpha_n^2 f_c^*(n). \tag{10'}$$

Verschwindet die Funktion $f(x)$ in diesen Punkten, so ist

$$\int_0^a \frac{\partial^2 f}{\partial x^2} \sin \alpha_n x \, dx = - \alpha_n^2 f_s^*(n). \tag{11'}$$

Auf eine ähnliche Weise können für die Integrale (7) die weiteren Formeln für $r > 2$ gewonnen werden. So z.B. ergibt sich, wenn f und $\dfrac{\partial^2 f}{\partial^2 x}$ für $x = 0$ und $x = a$ Null sind:

$$\int_0^a \frac{\partial^4 f}{\partial x^4} \sin \alpha_n x \, dx = \alpha_n^4 f_s^*(n). \tag{12}$$

Sind $\dfrac{\partial f}{\partial x}$ und $\dfrac{\partial^3 f}{\partial x^3}$ für $x = 0$ und $x = a$ Null, so gilt

$$\int_0^a \frac{\partial^4 f}{\partial x^4} \cos \alpha_n x \, dx = \alpha_n^4 f_c^*(n). \tag{13}$$

Die Sinus- und Kosinustransformation ist zur Lösung von Differentialgleichungen mit Ableitungen gerader Ordnung geeignet. Untersucht wird die Differentialgleichung

$$\frac{d^4 f}{dx^4} - 2\beta^2 \frac{d^2 f}{dx^2} + \gamma^2 f = g(x); \quad (\beta, \gamma \text{ sind konstant}) \tag{14}$$

mit den Randbedingungen

$$f(0) = f(a) = 0; \quad \frac{d^2 f(0)}{dx^2} = \frac{d^2 f(a)}{dx^2} = 0. \tag{15}$$

Zur Lösung dieser Gleichung wird die endliche Sinustransformation verwendet. Die beiden Seiten der Gleichung werden mit $\sin \alpha_n x$ multipliziert und integriert. Daraus folgt

$$\int_0^a \left(\frac{d^4 f}{dx^4} - 2\beta^2 \frac{d^2 f}{dx^2} + \gamma^2 f \right) \sin \alpha_n x \, dx = \int_0^a g(x) \sin \alpha_n x \, dx;$$

$$\alpha_n = \frac{n\pi}{a}. \tag{14'}$$

Unter Beachtung der Gln. (11') und (13) ergibt sich

$$(\alpha_n^4 + 2\alpha_n^2 \beta^2 + \gamma^2) f_s^*(n) = g_s^*(n), \tag{16}$$

wobei

$$f_s^*(n) = \int_0^a f(x) \sin \alpha_n x \, dx; \quad g_s^*(n) = \int_0^a g(x) \sin \alpha_n x \, dx \tag{16'}$$

ist. Gl. (16') liefert

$$f_s^*(n) = \frac{g_s^*(n)}{\alpha_n^4 + 2\alpha_n^2\beta^2 + \gamma^2}.$$

Unter Berücksichtigung von Gl. (6) ist

$$f(x) = \frac{2}{a} \sum_{n=1}^{\infty} \frac{g_s^*(n)\sin\alpha_n x}{\alpha_n^4 + 2\alpha_n^2\beta^2 + \gamma^2}$$

oder unter Verwendung von Gl. (16)

$$f(x) = \frac{2}{a} \sum_{n=1}^{\infty} \frac{\sin\alpha_n x}{\alpha_n^4 + 2\alpha_n^2\beta^2 + \gamma^2} \int_0^a g(u)\sin\alpha_n u\,du. \tag{17}$$

Gl. (14) wird unter den Randbedingungen

$$f'(0) = f'(a) = f'''(0) = f'''(a) = 0 \tag{18}$$

gelöst. Wird sie mit $\cos\alpha_n x$ multipliziert und von 0 bis a integriert, so ergibt sich

$$f_c^*(n)[\alpha_n^4 + 2\alpha_n^2\beta^2 + \gamma^2] = g_c^*(n), \tag{19}$$

wobei

$$f_c^*(n) = \int_0^a f(x)\cos\alpha_n x\,dx; \qquad g_c^*(n) = \int_0^a g(x)\cos\alpha_n x\,dx \tag{20}$$

ist. Gl. (19) liefert

$$f_c^*(n) = \frac{g_c^*(n)}{\alpha_n^4 + 2\alpha_n^2\beta^2 + \gamma^2}. \tag{21}$$

Unter Berücksichtigung von Gl. (4) gilt

$$f(x) = \frac{f_c^*(0)}{a} + \frac{2}{a} \sum_{n=1}^{\infty} \frac{g_c^*(n)\cos\alpha_n x}{\alpha_n^4 + 2\alpha_n^2\beta^2 + \gamma^2} \tag{22}$$

oder

$$f(x) = \frac{\int_0^a g(u)\,du}{\gamma^2 a} + \frac{2}{a} \sum_{n=1}^{\infty} \frac{\cos\alpha_n x}{\alpha_n^4 + 2\alpha_n^2\beta^2 + \gamma^2} \int_0^a g(u)\cos\alpha_n u\,du. \tag{22'}$$

Die Transformierten $f_s^*(n)$ und $f_c^*(n)$ werden nun für die *Funktion von Dirac* ermittelt. Diese Funktion wird folgendermaßen definiert:

a) $\delta(x-\xi) = 0$ für $x < \xi$

b) $\delta(x-\xi) = \infty$ für $x = \xi$

c) $\delta(x-\xi) = 0$ für $x > \xi$

d) $\int_0^a \delta(x-\xi)dx = 1; \qquad \int_0^a \delta(x-\xi)dx = H(a-\xi) - H(-\xi),$ (23)

wenn $x = \xi$ im betrachteten Intervall $(0, a)$ liegt,

e) $\displaystyle\int_0^a g(x)\delta(x-\xi)dx = g(\xi);\qquad \int_0^a g(x)\delta(x-\xi)dx = g(\xi)\int_0^a \delta(x-\xi)dx,$

wenn $x = \xi$ im Intervall $(0, a)$ liegt und $g(x)$ eine in diesem Intervall stetige und ganze Funktion ist.

Aus obiger Definition folgt, daß die *Funktion von Dirac* auf der x-Achse Null ist, den Punkt $x = \xi$ ausgenommen, an welchem sie so unendlich wird, daß die Bedingung d) erfüllt ist. Die Bedingung e) folgt unmittelbar aus d).

Die Integration längs der x-Achse von $\xi-\varepsilon$ bis $\xi+\varepsilon$, wobei ε eine beliebig kleine positive Zahl bedeutet, liefert

$$\int_{\xi-\varepsilon}^{\xi+\varepsilon} g(x)\delta(x-\xi)dx = g(\xi)\int_{\xi-\varepsilon}^{\xi+\varepsilon}\delta(x-\xi)dx = g(\xi). \tag{24}$$

Die Beziehung e) ergibt unter der Voraussetzung $g(x) = \sin\alpha_n x$

$$f_s^*(n) = \int_0^a \delta(x-\xi)\sin\alpha_n x\,dx = \sin\alpha_n\xi, \quad \text{für}\quad 0 < \xi < a. \tag{25}$$

Damit folgt aus Gl. (6)

$$f(x) = \delta(x-\xi) = \frac{2}{a}\sideset{}{'}\sum_{n=1}^{\infty}\sin\alpha_n\xi\sin\alpha_n x. \tag{26}$$

Analog gilt

$$f_c^*(n) = \int_0^a \delta(x-\xi)\cos\alpha_n x\,dx = \cos\alpha_n\xi;\quad f_c^*(0) = 1. \tag{27}$$

Und folglich ist nach Gl. (4)

$$\delta(x-\xi) = \frac{f_c^*(0)}{a} + \frac{2}{a}\sideset{}{'}\sum_{n=1}^{\infty}f_c^*(n)\cos\alpha_n x =$$

$$= \frac{1}{a}\left(1+2\sideset{}{'}\sum_{n=1}^{\infty}\cos\alpha_n\xi\cos\alpha_n x\right). \tag{28}$$

Die Anwendung der *Funktion von Dirac* wird an Hand von zwei einfachen Beispielen erläutert.

a) Am Balken auf zwei Auflagern greift eine im Punkt $x = \xi$ angebrachte einzelne Einheitskraft an. Die Biegelinie wird mit Hilfe der Differentialgleichung

$$EI\frac{d^4w}{dx^4} = g(x)$$

ermittelt, wobei die Belastung die Einzelkraft darstellt, die durch die *Funktion von Dirac* beschrieben wird.

Mithin gilt

$$EI\frac{d^4w}{dx^4} = \delta(x-\xi). \tag{29}$$

Ist der Balken an seinen Enden frei drehbar gelagert, so kann die betrachtete Gleichung am einfachsten so gelöst werden, daß auf Gl. (29) die endliche Sinustransformation angewendet wird, da

$$w(0) = w''(0) = w(a) = w''(a) = 0$$

ist. Unter Verwendung der Gln. (12) und (25) gilt

$$EIw_s^*(n)\alpha_n^4 = \sin\alpha_n\xi. \tag{30}$$

Aus dieser Gleichung wird $w_s^*(n)$ ermittelt. Die inverse Sinustransformation ergibt

$$w_s^*(n) = \frac{\sin\alpha_n\xi}{EI\alpha_n^4}; \quad w(x) = \frac{2}{a}\sum_{n=1}^{\infty}\frac{\sin\alpha_n\xi\sin\alpha_n x}{EI\alpha_n^4}. \tag{31}$$

b) Auf einen unendlich langen Balken, der auf elastischer Unterlage ruht, wirkt ein System von Einheitseinzelkräften ein, die in den gleichen Abständen a (Abb. 13-1) angebracht sind. Die Differentialgleichung lautet

$$EI\frac{d^4w}{dx^4} + kw(x) = g(x), \tag{32}$$

wobei $g(x) = \delta(x-\xi)$, $\xi = \dfrac{a}{2}$,

$w(x)$ — die Durchbiegung des Balkens,
k — die Bettungsziffer ist.

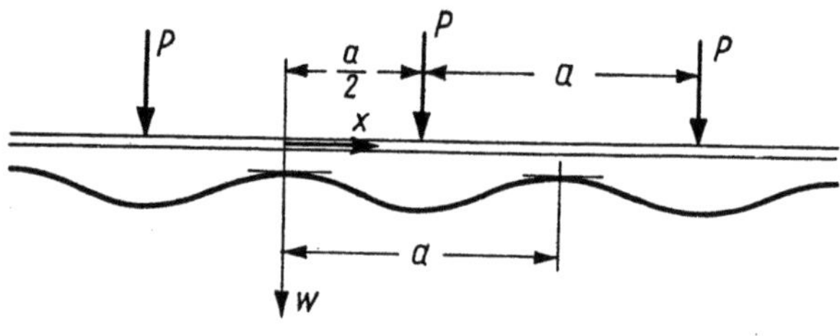

Abb. 13-1

Auf Gl. (32) wird die endliche Kosinustransformation unter Berücksichtigung, daß $w' = 0$ und $w''' = 0$ für $x = 0$ und $x = a$ ist, angewendet, da in diesen Querschnitten der Neigungswinkel der Tangente zur Biegelinie und die Querkraft gleich Null sind. Unter Beachtung der Gln. (13) und (27) gilt

$$(EI\alpha_n^4 + k)w_c^*(n) = \cos a_n\frac{a}{2}; \quad w_c^*(n) = \frac{\cos\dfrac{n\pi}{2}}{EI\alpha_n^4 + k}. \tag{33}$$

Die inverse Kosinustransformation liefert

$$w(x) = \frac{1}{a}\left[\frac{1}{k} + 2\sum_{n=1}^{\infty}\frac{\cos\dfrac{n\pi}{2}\cos\alpha_n x}{EI\alpha_n^4 + k}\right]. \tag{34}$$

Tafeln für die Kosinus- und Sinustransformation befinden sich am Ende des Buches.

Nun wird noch die endliche Sinustransformation für eine Funktion zweier Veränderlicher betrachtet. Die Funktion $f(x, y)$ möge im Bereich $0 \leq x \leq a$; $0 \leq y \leq b$ die *Bedingungen von Dirichlet* erfüllen. Es werden die Bezeichnungen

$$F(n, y) = \int\limits_0^a f(x, y) \sin \alpha_n x \, dx; \qquad \alpha_n = \frac{n\pi}{a}, \tag{35}$$

$$f_s^*(n, m) = \int\limits_0^a F(n, y) \sin \beta_m y \, dy; \qquad \beta_m = \frac{m\pi}{b} \tag{36}$$

eingeführt. Einsetzen der Gl. (35) in die Gl. (36) ergibt

$$f_s^*(n, m) = \int\limits_0^a \int\limits_0^b f(x, y) \sin \alpha_n x \sin \beta_m y \, dx \, dy, \tag{37}$$

wobei $f_s(n, m)$ die Sinustransformierte der Funktion $f(x, y)$ ist. Andererseits gilt

$$F(n, y) = \frac{2}{b} \sum_{m=1}^{\infty} f_s^*(n, m) \sin \beta_m y \tag{38}$$

und

$$f(x, y) = \frac{2}{a} \sum_{n=1}^{\infty} F(n, y) \sin \alpha_n x. \tag{39}$$

Einsetzen der Gl. (38) in die Gl. (39) liefert

$$f(x, y) = \frac{4}{ab} \sum_{n=1}^{\infty} \sum_{m=1}^{\infty} f_s^*(n, m) \sin \alpha_n x \sin \beta_m y. \tag{40}$$

Nun wird noch das Integral

$$\int\limits_0^a \frac{\partial^2 f}{\partial x^2} \sin \alpha_n x \, dx = -\alpha_n [f(x, y) \cos \alpha_n x]_0^a - \alpha_n^2 \int\limits_0^a f(x, y) \sin \alpha_n x \, dx =$$

$$= \alpha_n [f(0, y) + (-1)^{n+1} f(a, y)] - \alpha_n^2 \int\limits_0^a f(x, y) \sin \alpha_n x \, dx \tag{41}$$

untersucht.

Wird der Ausdruck (41) beiderseitig mit $\sin \beta_m y$ multipliziert und bezüglich y integriert, so ergibt sich

$$\int\limits_0^a \int\limits_0^b \frac{\partial^2 f}{\partial x^2} \sin \alpha_n x \sin \beta_m y \, dx \, dy = \alpha_n [g_s^*(m) +$$

$$+ (-1)^{n+1} h_s^*(m)] - \alpha_n^2 f_s^*(n, m), \tag{42}$$

wobei $g_s^*(m)$ und $h_s^*(m)$ die endlichen Sinustransformierten der Funktionen $f(0, y)$ und $f(a, y)$ bedeuten.

Für $f(0, y) = f(a, y) = 0$ gilt

$$\int_0^a \int_0^b \frac{\partial^2 f}{\partial x^2} \sin \alpha_n x \sin \beta_m y \, dx \, dy = -\alpha_n^2 f_s^*(n, m). \tag{43}$$

Analog ist

$$\int_0^a \int_0^b \frac{\partial^2 f}{\partial y^2} \sin \alpha_n x \sin \beta_m y \, dx \, dy = -\beta_m^2 f_s^*(n, m), \tag{44}$$

wenn die Funktion $f(x, y)$ an den Rändern $y = 0$ und $y = b$ gleich Null ist.

Die zweifache Sinustransformation wird auf das Problem der Durchbiegung einer frei drehbar gelagerten rechteckigen Membran angewendet, die durch die Last $p = $ konst auf der gesamten Oberfläche beansprucht ist. Die Differentialgleichung der Biegefläche der Membran

$$\frac{\partial^2 w}{\partial x^2} + \frac{\partial^2 w}{\partial y^2} = -\frac{p}{S} \tag{45}$$

wird mit $\sin \alpha_n x \sin \beta_m y$ multipliziert und über den rechteckigen Bereich der Membran integriert.

Da am Rand des Bereiches $w = 0$ ist, gelten die Gln. (43) und (44). Mithin ist

$$w_s^*(n, m)\,(\alpha_n^2 + \beta_m^2) = \frac{1}{S} p_s^*(n, m).$$

Hieraus folgt

$$w_s^*(n, m) = \frac{1}{S} \frac{p_s^*(n, m)}{\alpha_n^2 + \beta_m^2}. \tag{46}$$

Die inverse Sinustransformation liefert

$$w(x, y) = \frac{4}{abS} \sum_{n=1}^{\infty} \sum_{m=1}^{\infty} \frac{p_s^*(n, m)\sin \alpha_n x \sin \beta_m y}{\alpha_n^2 + \beta_m^2}, \tag{47}$$

wobei

$$p_s^*(n, m) = \int_0^a \int_0^b p(x, y)\sin \alpha_n x \sin \beta_m y \, dx \, dy$$

bedeutet. Unter Berücksichtigung von $p = $ konst ergibt sich

$$p_s^*(n, m) = \frac{4p}{\alpha_n \beta_m}; \quad n, m = 1, 3, 5. \tag{48}$$

Einsetzen der Gl. (48) in die Gl. (47) liefert die bekannte Lösung

$$w(x, y) = \frac{16p}{abS} \sum_{n=1}^{\infty} \sum_{m=1}^{\infty} \frac{\sin \alpha_n x \sin \beta_m y}{\alpha_n \beta_m (\alpha_n^2 + \beta_m^2)}; \tag{49}$$

$$n, m = 1, 3, \ldots, \infty.$$

13.2. Die endliche Hankel-Transformation [136]

In der Theorie der *Besselschen Funktionen* wird bewiesen, daß eine Funktion $f(x)$, die im Intervall $0 \leq x \leq a$ die *Bedingungen von Dirichlet* erfüllt, mit Hilfe der folgenden *Besselschen Reihe* dargestellt werden kann:

$$f(x) = \frac{2}{a^2} \sum_{n=1}^{\infty} a_n \frac{J_v(x\alpha_n)}{[J_v'(a\alpha_n)]^2}, \tag{1}$$

worin die Größen a_n durch das Integral

$$a_n = \int_0^a xf(x)J_v(x\alpha_n)\,dx \tag{2}$$

ausgedrückt werden und die Größen α_n die Wurzeln der transzendenten Gleichung

$$J(a\alpha_n) = 0 \tag{3}$$

sind.

Die Reihe (1) konvergiert für alle Werte x im Intervall $(0, a)$ und ihre Summe ist gleich der Funktion $f(x)$ in allen Punkten, in denen diese Funktion stetig ist. In den Punkten einer endlichen Unstetigkeit d.h. bei einem Sprung der Funktion $f(x)$ hat die Reihe (1) den Wert $\frac{1}{2}\,[f(x+0)+f(x-0)]$.

Die *Hankel-Transformierte* der Funktion $f(x)$ ist

$$\mathscr{H}[f(x)] = \int_0^a xf(x)J_v(x\alpha_n)\,dx = f_J^*(\alpha_n). \tag{4}$$

Gl. (1) kann in der Form

$$f(x) = \frac{2}{a^2} \sum_{n=1}^{\infty} f_J^*(\alpha_n) \frac{J_v(x\alpha_n)}{[J_v'(a\alpha_n)]^2} \tag{5}$$

geschrieben werden.

Die Funktion $J(x\alpha_n)$ genügt der Differentialgleichung

$$J_v''(x\alpha_n) + \frac{1}{x\alpha_n} J_v'(x\alpha_n) + \left(1 - \frac{v^2}{x^2\alpha_n^2}\right) J_v(x\alpha_n) = 0 \tag{6}$$

und die *Besselschen Funktionen* mit benachbarten Indizes sind durch die Beziehungen

$$\frac{2v}{x\alpha_n} J_v(x\alpha_n) = J_{v-1}(x\alpha_n) + J_{v+1}(x\alpha_n). \tag{7}$$

$$2J_v'(x\alpha_n) = J_{v-1}(x\alpha_n) - J_{v+1}(x\alpha_n), \tag{8}$$

$$\frac{d}{dx}[xJ_v(x\alpha_n)] = J_v(x\alpha_n) + x\alpha_n J_v'(x\alpha_n) \tag{9}$$

verbunden.

Nun wird das Integral

$$\mathscr{H}_v\left(\frac{d^2f}{dx^2} + \frac{1}{x}\frac{df}{dx}\right) = \int_0^a x\left[\frac{d^2f}{dx^2} + \frac{1}{x}\frac{df}{dx}\right]J_v(x\alpha_n)\,dx \tag{10}$$

untersucht. Die partielle Integration liefert

$$\mathscr{H}_v\left(\frac{d^2f}{dx^2} + \frac{1}{x}\frac{df}{dx}\right) =$$

$$= \left[x\frac{df}{dx}J_v(x\alpha_n)\right]_0^a - \int_0^a \frac{df}{dx}\left\{\frac{d}{dx}[xJ_v(x\alpha_n)] - J_v(x\alpha_n)\right\}dx. \tag{11}$$

Das erste Glied der rechten Seite verschwindet, da es sowohl für $x = 0$ als auch für $x = a$ Null ist, im letzteren Fall wegen Gl. (3).

Unter Berücksichtigung von Gl. (9) ergibt sich

$$\mathscr{H}_v\left(\frac{d^2f}{dx^2} + \frac{1}{x}\frac{df}{dx}\right) = -\alpha_n \int_0^a x\frac{df}{dx}J_v'(x\alpha_n)\,dx.$$

Nach einer weiteren partiellen Integration entsteht

$$\mathscr{H}_v\left(\frac{d^2f}{dx^2} + \frac{1}{x}\frac{df}{dx}\right) =$$

$$= -\alpha_n a f(a)J_v'(a\alpha_n) + \alpha_n \int_0^a f(x)[x\alpha_n J_v''(x\alpha_n) + J_v'(x\alpha_n)]\,dx. \tag{12}$$

Unter Verwendung von Gl. (6) ist endgültig

$$\mathscr{H}_v\left(\frac{d^2f}{dx^2} + \frac{1}{x}\frac{df}{dx} - \frac{v^2f}{x^2}\right) = -a\alpha_n f(a)J_v'(a\alpha_n) -$$

$$- \alpha_n^2 \int_0^a xf(x)J_v(x\alpha_n)\,dx = -a\alpha_n f(a)J_v'(a\alpha_n) - \alpha_n^2\mathscr{H}_v(f).$$

Ist $f(a) = 0$, so ergibt sich ein recht einfaches Ergebnis

$$\mathscr{H}_v\left(\frac{d^2f}{dx^2} + \frac{1}{x}\frac{df}{dx} - \frac{v^2f}{x^2}\right) = -\alpha_n^2\mathscr{H}_v(f); \quad v = 0, 1, 2, \ldots. \tag{13}$$

Diese Beziehung ist bei der Lösung zahlreicher Probleme der Statik und Dynamik von Kreismembranen und -platten sehr wichtig.

Es wird als Beispiel eine Kreismembran betrachtet, die auf elastischer Unterlage ruht und gleichmäßig belastet ist. Die Differentialgleichung der Biegefläche lautet

$$\frac{d^2w}{dr^2} + \frac{1}{r}\frac{dw}{dr} - kw = -\frac{p(r)}{S}. \tag{14}$$

Sie wird mit $rJ_0(r\alpha_n)$ multipliziert und bezüglich r von 0 bis a integriert. Am Membranenrand wird $w(a) = 0$ vorausgesetzt. Mithin gilt

$$\int\limits_0^a r\left(\frac{d^2w}{dr^2} + \frac{1}{r}\,\frac{dw}{dr} - kw\right) J_0(\alpha_n r)\,dr \; = \; -\frac{1}{S}\int\limits_0^a p(r)\,rJ_0(\alpha_n r)\,dr. \qquad (15)$$

Unter Berücksichtigung von Gln. (13) und (4) ergibt sich

$$-w_J^*(\alpha_n)\,[\alpha_n^2 + k] \; = \; -\frac{1}{S}\,p_J^*(\alpha_n).$$

Daraus folgt

$$w_J^*(\alpha_n) \; = \; \frac{1}{S}\,\frac{p_J^*(\alpha_n)}{\alpha_n^2 + k}. \qquad (16)$$

Unter Verwendung von Gl. (5) wird die inverse *Hankel-Transformation* angewendet. Folglich gilt

$$w(r) \; = \; \frac{2}{Sa^2}\sum_{n=1}^{\infty} \frac{p_J^*(\alpha_n)\,J_0(r\alpha_n)}{(\alpha_n^2 + k)\,[J_0'(a\alpha_n)]^2}. \qquad (17)$$

Die Beachtung von $J_0'(z) = -J_1(z)$ liefert für $p(r) = p_0 = $ konst

$$p_J^*(\alpha_n) \; = \; p_0\int\limits_0^a rJ_0(\alpha_n r)\,dr \; = \; p_0\,\frac{a}{\alpha_n}\,J_1(a\alpha_n). \qquad (18)$$

Endgültig ist

$$w(r) \; = \; \frac{2p_0}{Sa}\sum_{n=1}^{\infty} \frac{J_0(r\alpha_n)}{(\alpha_n^2 + k)\,J_1(a\alpha_n)}. \qquad (19)$$

Wird die Last am Rand eines konzentrischen Kreises mit dem Radius ϱ angebracht, d.h. ist $p(r) = \delta(r-\varrho)$, so gilt

$$p_J^*(\alpha_n) \; = \; \int\limits_0^a \delta(r-\varrho)\,rJ_0(\alpha_n r)\,dr \; = \; \varrho J_0(\alpha_n\varrho). \qquad (20)$$

Die Biegefläche der Membran wird dann durch die Formel

$$w(r) \; = \; \frac{2}{Sa^2}\sum_{n=1}^{\infty} \frac{\varrho J_0(\alpha_n\varrho)\,J_0(\alpha_n r)}{(\alpha_n^2 + k)\,[J_1(\alpha_n a)]^2} \qquad (21)$$

beschrieben. In Tafel III sind die Transformierten f_J^* für einige Funktionen $f(x)$ zusammengestellt.

13.3. Das Fouriersche Integral. Die Sinus-, Kosinus- und Exponentialtransformation

Die Funktion $f(x)$ mit der Periode $2\pi a$ erfülle die *Bedingungen von Dirichlet* im Intervall $-\pi a < x < \pi a$ und lasse sich mit Hilfe der Reihe

$$f(x) \; = \; \frac{1}{2}\,a_0 + \sum_{n=1}^{\infty}\left(a_n\cos\frac{nx}{a} + b_n\sin\frac{nx}{a}\right) \qquad (1)$$

schreiben, wobei

$$a_n = \frac{1}{\pi a} \int\limits_{-\pi a}^{\pi a} f(u) \cos \frac{nu}{a}\, du,$$

$$b_n = \frac{1}{\pi a} \int\limits_{-\pi a}^{\pi a} f(u) \sin \frac{nu}{a}\, du \tag{2}$$

bedeutet.

Einsetzen von Gln. (2) in Gl. (1) ergibt

$$f(x) = \frac{1}{2\pi a} \int\limits_{-\pi a}^{\pi a} f(u)\, du + \frac{1}{\pi a} \sum_{n=1}^{\infty} \int\limits_{-\pi a}^{\pi a} f(u) \cos \frac{n(u-x)}{a}\, du. \tag{3}$$

Mit α wird das Verhältnis n/a bezeichnet. Strebt a gegen Unendlich $\Big($wobei $\frac{1}{a} = d\alpha$ ist$\Big)$, so ergibt sich an Stelle der Summe (1) das *Fouriersche Integral*

$$f(x) = \frac{1}{\pi} \int\limits_{0}^{\infty} d\alpha \int\limits_{-\infty}^{\infty} f(u) \cos \alpha (u-x)\, du. \tag{4}$$

Dieses Integral stellt die Funktion $f(x)$ im unendlichen Intervall $-\infty < x < +\infty$ unter der Voraussetzung dar, daß diese Funktion in diesem Intervall die *Bedingung von Dirichlet* erfüllt und das Integral $\int\limits_{-\infty}^{+\infty} |f(x)|\, dx$ absolut konvergiert.

Gl. (4) kann in der Form

$$\pi f(x) = \int\limits_{0}^{\infty} \cos \alpha x\, d\alpha \int\limits_{-\infty}^{\infty} f(u) \cos \alpha u\, du +$$

$$+ \int\limits_{0}^{\infty} \sin \alpha x\, dx \int\limits_{-\infty}^{\infty} f(u) \sin \alpha u\, du \tag{5}$$

geschrieben werden.

Ist $f(x)$ eine ungerade Funktion von x, so gilt

$$\int\limits_{-\infty}^{\infty} f(u) \cos \alpha u\, du = 0,$$

$$\int\limits_{-\infty}^{\infty} f(u) \sin \alpha u\, du = 2 \int\limits_{0}^{\infty} f(u) \sin \alpha u\, du.$$

Gl. (5) liefert

$$f(x) = \frac{2}{\pi} \int\limits_{0}^{\infty} \sin \alpha x\, d\alpha \int\limits_{0}^{\infty} f(u) \sin \alpha u\, du. \tag{6}$$

Das obige Integral läßt sich mit Hilfe des Gleichungssystems

$$f(x) = \sqrt{\frac{2}{\pi}} \int\limits_0^\infty f_s^*(\alpha) \sin \alpha x \, d\alpha,$$

$$f_s^*(\alpha) = \sqrt{\frac{2}{\pi}} \int\limits_0^\infty f(u) \sin \alpha u \, du \tag{7}$$

ausdrücken.

Die Größe $f_s^*(\alpha)$, eine Funktion des Parameters α, wird als Sinustransformierte der Funktion $f(x)$ bezeichnet.

Ist $f(x)$ eine gerade Funktion von x, so gilt

$$\int\limits_{-\infty}^\infty f(u) \sin \alpha u \, du = 0.$$

Gl. (5) lautet dann

$$f(x) = \frac{2}{\pi} \int\limits_0^\infty \cos \alpha x \, dx \int\limits_0^\infty f(u) \cos \alpha u \, du. \tag{8}$$

Diese Gleichung kann durch das Gleichungssystem

$$f(x) = \sqrt{\frac{2}{\pi}} \int\limits_0^\infty f_c^*(\alpha) \cos \alpha x \, d\alpha,$$

$$f_c^*(\alpha) = \sqrt{\frac{2}{\pi}} \int\limits_0^\infty f(u) \cos \alpha u \, du \tag{8'}$$

ersetzt werden. Hierbei bedeutet $f_c^*(\alpha)$ die Kosinustransformierte der Funktion $f(x)$. Das Integral (4) kann in der Form

$$\pi f(x) = \int\limits_{-\infty}^\infty f(u) \, du \int\limits_0^\infty \cos \alpha (u - x) \, d\alpha \tag{9}$$

geschrieben werden. Die Funktion $\cos \alpha \eta$ ist gerade, die Funktion $\sin \alpha \eta$ ungerade. Daraus folgt

$$\int\limits_{-m}^m \cos \alpha (u - x) \, d\alpha = 2 \int\limits_0^m \cos \alpha (u - x) \, d\alpha; \qquad \int\limits_{-m}^m \sin \alpha (u - x) \, d\alpha = 0.$$

Unter Berücksichtigung dieser Beziehung liefert Gl. (9)

$$\int\limits_0^m \cos \alpha (u - x) \, d\alpha = \frac{1}{2} \int\limits_{-m}^m e^{i\alpha(u-x)} \, d\alpha, \tag{10}$$

da $e^{iz} = \cos z + i \sin z$ ist.

Einsetzen von Gl. (10) in Gl. (9) ergibt

$$\pi f(x) = \lim_{m \to \infty} \int\limits_{-\infty}^\infty f(u) \, du \int\limits_0^m \cos \alpha (u - x) \, d\alpha.$$

Daraus folgt

$$f(x) = \frac{1}{2\pi} \int\limits_{-\infty}^{\infty} e^{-i\alpha x} d\alpha \int\limits_{-\infty}^{\infty} f(u) e^{i\alpha u} du. \tag{11}$$

Dieses Integral kann durch ein System von zwei Integralen ersetzt werden:

$$f(x) = \frac{1}{\sqrt{2\pi}} \int\limits_{-\infty}^{\infty} f_w^*(\alpha) e^{-i\alpha x} d\alpha,$$

$$f_w^*(\alpha) = \frac{1}{\sqrt{2\pi}} \int\limits_{-\infty}^{\infty} f(u) e^{i\alpha u} du. \tag{12}$$

Die Größe $f_w^*(\alpha)$, eine Funktion des Parameters α, wird als die *Fourier-Transformierte* der Funktion $f(x)$ bezeichnet.

Es sei nun das Integral $\int\limits_{-\infty}^{+\infty} \frac{df(u)}{du} e^{i\alpha x} du$ betrachtet. Die partielle Integration liefert

$$\frac{1}{\sqrt{2\pi}} \int\limits_{-\infty}^{\infty} \frac{df(u)}{du} e^{i\alpha u} du = \frac{1}{\sqrt{2\pi}} \left\{ \left| f(u) e^{i\alpha u} \right|_{-\infty}^{\infty} - i\alpha \int\limits_{-\infty}^{\infty} f(u) e^{i\alpha u} du \right\}.$$

Unter der Voraussetzung, daß $f(x)$ gegen Null konvergiert, wenn x gegen Unendlich strebt, gilt

$$\frac{1}{\sqrt{2\pi}} \int\limits_{-\infty}^{\infty} \frac{df(u)}{du} e^{i\alpha u} du = -i\alpha f_w^*(\alpha).$$

Allgemein ist

$$\frac{1}{\sqrt{2\pi}} \int\limits_{-\infty}^{\infty} \frac{d^r f(x)}{dx^r} e^{i\alpha x} dx = (-i\alpha)^r f_w^*(\alpha) \tag{13}$$

unter der Voraussetzung, daß $\lim\limits_{|x| \to \infty} \left(\frac{d^s f}{dx^s} \right) = 0$ für $s = 1, 2, \ldots, r-1$ ist.

Durch partielle Integration kann ebenfalls leicht gezeigt werden, daß die folgenden Beziehungen gelten:

$$\sqrt{\frac{2}{\pi}} \int\limits_{0}^{\infty} \frac{d^2 f}{dx^2} \cos\alpha x \, d\alpha = -\alpha^2 f_c^*(\alpha) \qquad \text{für } f'(0) = 0,$$

$$\sqrt{\frac{2}{\pi}} \int\limits_{0}^{\infty} \frac{d^4 f}{dx^4} \cos\alpha x \, dx = \alpha^4 f_c^*(\alpha) \qquad \text{für } f'(0) = f'''(0) = 0, \tag{14}$$

$$\sqrt{\frac{2}{\pi}} \int\limits_{0}^{\infty} \frac{d^2 f}{dx^2} \sin\alpha x \, d\alpha = -\alpha^2 f_s^*(\alpha) \qquad \text{für } f(0) = 0,$$

$$\sqrt{\frac{2}{\pi}} \int\limits_{0}^{\infty} \frac{d^4 f}{dx^4} \sin\alpha x \, d\alpha = \alpha^4 f_s^*(\alpha) \qquad \text{für } f(0) = f''(0) = 0. \tag{15}$$

Die Sinus- und Kosinusintegraltransformation können erfolgreich zur Lösung von Differentialgleichungen mit Ableitungen gerader Ordnungen angewendet werden.

Als ein Beispiel sei eine gespannte unendlich lange Saite betrachtet, die auf elastischer Unterlage ruht und der Belastung $q = \text{konst}$ im Abschnitt $(-a, +a)$ unterliegt. Die Gleichung der Biegelinie der Saite lautet dann

$$S \frac{d^2w}{dx^2} - kw + q(x) = 0. \tag{16}$$

Die Durchbiegung der Saite verschwindet für $|x| \to \infty$. Weiterhin ist die Biegelinie bezüglich $x = 0$ symmetrisch und damit ist $w'(0) = 0$. Daraus folgt, daß auf die Gl. (16) die Kosinustransformation anzuwenden ist. Hierzu werden die folgenden Bezeichnungen eingeführt:

$$w_c^*(\alpha) = \sqrt{\frac{2}{\pi}} \int_0^\infty w(x) \cos \alpha x \, dx$$

$$q_c^*(\alpha) = \sqrt{\frac{2}{\pi}} \int_0^\infty q(x) \cos \alpha x \, dx = \sqrt{\frac{2}{\pi}} \, q \int_0^a \cos \alpha x \, dx =$$

$$= q \sqrt{\frac{2}{\pi}} \frac{\sin \alpha a}{\alpha}. \tag{17}$$

Gemäß den Gln. (14) gilt für $w'(0) = 0$

$$\sqrt{\frac{2}{\pi}} \int_0^\infty \frac{d^2w}{dx^2} \cos \alpha x \, dx = -\alpha^2 \alpha_c^*(w). \tag{18}$$

Wird Gl. (16) mit $\sqrt{\frac{2}{\pi}} \cos \alpha x$ multipliziert und bezüglich x von $-\infty$ bis $+\infty$ integriert, so ergibt sich unter Berücksichtigung von Gln. (17) und (18)

$$- (S\alpha^2 + k) w_c^*(\alpha) + q_c^*(\alpha) = 0,$$

oder

$$w_c^*(\alpha) = \sqrt{\frac{2}{\pi}} \frac{q \sin \alpha a}{\alpha (S\alpha^2 + k)}.$$

Unter Beachtung von

$$w(x) = \sqrt{\frac{2}{\pi}} \int_0^\infty w_c^*(\alpha) \cos \alpha x \, d\alpha$$

ergibt sich das *Fouriersche Integral* als die Lösung von Gl. (16):

$$w(x) = \frac{2q}{\pi} \int_0^\infty \frac{\sin \alpha a \cos \alpha x \, d\alpha}{\alpha (S\alpha^2 + k)}. \tag{19}$$

Für den Sonderfall einer im Koordinatenursprung angebrachten Einzelkraft ist $P = \lim_{a \to 0} qa$. Damit gilt

$$w(x) = \frac{2P}{\pi} \int_0^\infty \lim_{a \to 0} \frac{\sin \alpha a}{\alpha a} \frac{\cos \alpha x \, d\alpha}{S\alpha^2 + k} = \frac{2P}{S\pi} \int_0^\infty \frac{\cos \alpha x \, d\alpha}{\alpha^2 + k/S}. \tag{20}$$

Wegen

$$\int_0^\infty \frac{\cos \alpha x \, dx}{\alpha^2 + \beta^2} = \frac{\pi}{2} \frac{e^{-\beta |x|}}{\beta}$$

stellt

$$w(x) = \frac{P}{\sqrt{kS}} \exp\left(-|x|\sqrt{\frac{k}{S}}\right) \tag{21}$$

die Gleichung der Biegelinie der gespannten Saite dar.

Nun wird eine gespannte halbunendliche Saite auf elastischer Unterlage betrachtet. Im Abschnitt (a_1, a_2) der Saite greife die Last $q = $ konst an.

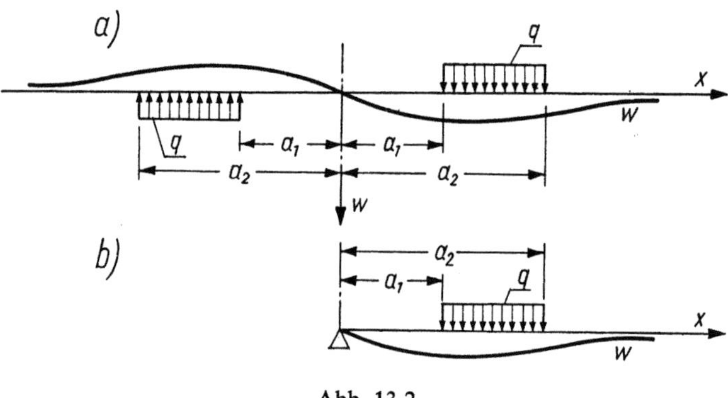

Abb. 13-2

In diesem Fall ist $w(0) = 0$ und $w(\infty) = 0$. In Abb. 13-2b ist die Biegelinie der halbunendlichen Saite, in Abb. 13-2a die antisymmetrische Verlängerung der Biegelinie für die negativen Werte von x dargestellt. Wie daraus ersichtlich ist, kann die Aufgabe im Intervall $(-\infty, \infty)$ mit Hilfe der Sinustransformation gelöst werden.

Gl. (16) wird mit $\sqrt{\dfrac{2}{\pi}} \sin \alpha x$ multipliziert und von 0 bis ∞ integriert. Mithin ist

$$\sqrt{\frac{2}{\pi}} \int_0^\infty \left(S \frac{d^2 w}{dx^2} - kw + q\right) \sin \alpha x \, dx = 0. \tag{22}$$

Mit den Bezeichnungen

$$w_s^*(\alpha) = \sqrt{\frac{2}{\pi}} \int_0^\infty w(x) \sin x\alpha \, dx,$$

$$q_s^*(\alpha) = \sqrt{\frac{2}{\pi}} \int_0^\infty q(x) \sin \alpha x \, dx = \sqrt{\frac{2}{\pi}} \, q \int_{a_1}^{a_2} \sin \alpha x \, dx = \tag{23}$$

$$= \frac{q}{\alpha} \sqrt{\frac{2}{\pi}} \, (\cos \alpha a_1 - \cos \alpha a_2),$$

und unter Verwendung der Gln. (15) ergibt sich

$$- w_s^*(\alpha) \, (\alpha^2 S + k) + \frac{q}{\alpha} \sqrt{\frac{2}{\pi}} \, (\cos \alpha a_1 - \cos \alpha a_2) = 0$$

oder

$$w_s^*(\alpha) = \sqrt{\frac{2}{\pi}} \, \frac{q}{\alpha S} \, \frac{\cos \alpha a_1 - \cos \alpha a_2}{\alpha^2 + k/S}. \tag{24}$$

Wegen

$$w(x) = \sqrt{\frac{2}{\pi}} \int_0^\infty w_s^*(\alpha) \sin \alpha x \, d\alpha,$$

stellt

$$w(x) = \frac{2q}{\pi S} \int_0^\infty \frac{\cos \alpha a_1 - \cos \alpha a_2}{\alpha(\alpha^2 + k/S)} \sin \alpha x \, d\alpha \tag{25}$$

die Lösung der betrachteten Gleichung dar.

Im Punkt $x = a_1$ greife eine Einzelkraft an. Unter Voraussetzung von

$$P = \lim_{\Delta a \to 0} q \Delta a; \qquad \Delta a = a_2 - a_1$$

ergibt sich aus Gl. (25)

$$w(x) = \frac{2q}{\pi S} \int_0^\infty \frac{\cos \alpha a_1 - \cos \alpha a_1 \cos \alpha \Delta a + \sin \alpha a_1 \sin \alpha \Delta a}{\alpha(\alpha^2 + k/S)} \sin \alpha x \, d\alpha.$$

Da $\cos \Delta a = 1$, $\sin \alpha \Delta a \approx \alpha \Delta a$ für kleine Werte von Δa ist, gilt

$$w(x) = \frac{2q \Delta a}{\pi S} \int_0^\infty \frac{\sin \alpha a_1 \sin \alpha x \, d\alpha}{(\alpha^2 + k/S)}.$$

Für die Einzelkraft P ergibt sich

$$w(x) = \frac{2P}{\pi S} \int_0^\infty \frac{\sin \alpha a_1 \sin \alpha x \, d\alpha}{\alpha^2 + k/S} =$$

$$= \frac{P}{\pi S} \int_0^\infty \frac{\cos \alpha(x - a_1) - \cos \alpha(x + a_1)}{\alpha^2 + k/S} \, dx.$$

Endgültig ist

$$w(x) = \frac{P}{\pi \sqrt{Sk}} \left\{ \exp\left[-(x - a_1) \sqrt{\frac{k}{S}} \right] - \exp\left[-(x + a_1) \sqrt{\frac{k}{S}} \right] \right\},$$

$$\text{für } x > a_1,$$

$$w(x) = -\frac{P}{\pi\sqrt{Sk}}\left\{\exp\left[+(x-a_1)\sqrt{\frac{k}{S}}\right] - \exp\left[-(x+a_1)\sqrt{\frac{k}{S}}\right]\right\},$$

$$\text{für } x < a_1.$$

In den Tafeln V, VI, VII im letzten Buchteil sind die Transformierten $f_s^*(\alpha)$, $f_c^*(\alpha)$, $f_w^*(\alpha)$ für einige einfache Funktionen $f(x)$ angegeben.

Nun wird auf die Exponentialtransformation zurückgegangen, die durch die Gln. (12) beschrieben ist. Es werden neue Bezeichnungen für die Transformierten und Umkehrtransformierten eingeführt:

$$\mathcal{T}[f(x)] = f_w^*(\alpha); \quad \mathcal{T}^{-1}[f_w^*(\alpha)] = f(x). \tag{26}$$

Mit Hilfe dieser Bezeichnungen kann die Formel (13) für die Differentialoperation in einer neuen Form geschrieben werden:

$$\mathcal{T}\left[\frac{d^r f(x)}{dx^r}\right] = (-i\alpha)^r f_w^*(\alpha). \tag{27}$$

Es ist leicht zu zeigen, daß die folgenden Beziehungen gelten:

$$\mathcal{T}[f(x-\xi)] = e^{i\alpha\xi} f_w^*(\alpha), \tag{28}$$

$$\mathcal{T}[e^{ix\eta} f(x)] = f_w^*(\alpha+\eta), \tag{29}$$

$$\mathcal{T}\left[\int_{-\infty}^{x} f(z)\,dz\right] = -\frac{1}{i\alpha} f_w^*(\alpha). \tag{30}$$

Sehr wichtig ist das Faltungstheorem, das an dieser Stelle ohne Beweis angegeben wird. Es gilt

$$\mathcal{T}^{-1}[f_w^*(\alpha) g_w^*(\alpha)] = \frac{1}{\sqrt{2\pi}} \int_{-\infty}^{\infty} f(u) g(\alpha-u)\,du. \tag{31}$$

Die neuen Bezeichnungen werden auch für die Sinustransformation

$$\mathcal{T}_s[f(x)] = f_s^*(\alpha); \quad \mathcal{T}_s^{-1}[f_s^*(\alpha)] = f(x) \tag{32}$$

und Kosinustransformation

$$\mathcal{T}_c[f(x)] = f_c^*(\alpha); \quad \mathcal{T}_c^{-1}[f_c^*(\alpha)] = f(x) \tag{33}$$

der Funktion $f(x)$ eingeführt. Dann lautet der Faltungssatz für diese Transformationen:

$$\mathcal{T}_c^{-1}[f_c^*(\alpha) g_c^*(\alpha)] = \frac{1}{\sqrt{2\pi}} \int_0^{\infty} g(u)[f|x-u| + f(x+u)]\,du,$$

$$\mathcal{T}_s^{-1}[f_c^*(\alpha) g_s^*(\alpha)] = \frac{1}{\sqrt{2\pi}} \int_0^{\infty} g(u)[f|x-u| - f(x+u)]\,du, \tag{34}$$

$$\mathcal{T}_s^{-1}[f_s^*(\alpha) g_c^*(\alpha)] = \frac{1}{\sqrt{2\pi}} \int_0^{\infty} f(u)[g|x-u| - g(x+u)]\,du.$$

13.4. Die Integraltransformation von Hankel

Gl. (12) des vorigen Abschnittes kann auf die Funktionen zweier Veränderlichen $f(x, y)$ verallgemeinert werden. Dann gilt

$$f(x, y) = \frac{1}{2\pi} \int\limits_{-\infty}^{\infty} \int\limits_{-\infty}^{\infty} f^*(\alpha, \beta) e^{-i(\alpha x + \beta y)} \, d\alpha \, d\beta,$$

$$f^*(\alpha, \beta) = \frac{1}{2\pi} \int\limits_{-\infty}^{\infty} \int\limits_{-\infty}^{\infty} f(x, y) e^{i(\alpha x + \beta y)} \, dx \, dy. \tag{1}$$

In den Gln. (1) wird

$$x = r\cos\Theta; \quad y = r\sin\Theta; \quad \alpha = \eta\cos s; \quad \beta = \eta\sin s$$

gesetzt. Dann entsteht

$$f(r, \Theta) = \frac{1}{2\pi} \int\limits_{0}^{\infty} \eta \, d\eta \int\limits_{0}^{2\pi} f^*(\eta, s) e^{-ir\eta\cos(\Theta - s)} \, ds,$$

$$f^*(\eta, s) = \frac{1}{2\pi} \int\limits_{0}^{\infty} r \, dr \int\limits_{0}^{2\pi} f(r, \Theta) e^{ir\eta\cos(\Theta - s)} \, d\Theta. \tag{2}$$

Unter Voraussetzung von $f(r, \Theta) = f(r) e^{in\Theta}$ ergibt die zweite von Gln. (2)

$$f^*(\eta, s) = \frac{1}{2\pi} \int\limits_{0}^{\infty} f(r) r \, dr \int\limits_{0}^{2\pi} e^{i[-n\Theta + \eta r \cos(\Theta - s)]} \, d\Theta. \tag{3}$$

Mit der Bezeichnung $\varphi = s - \Theta - \pi/2$ lautet das Integral bezüglich Θ von Gl. (3) folgendermaßen [152]

$$e^{in\left(\frac{\pi}{2} - s\right)} \int\limits_{0}^{2\pi} e^{[i(n\varphi - \eta r \sin\varphi)]} \, d\varphi = 2\pi \exp\left[in\left(\frac{\pi}{2} - s\right)\right] J_n(\eta r). \tag{4}$$

Wird die Bezeichnung

$$f_n^*(\eta) = \int\limits_{0}^{\infty} r J_n(\eta r) f(r) \, dr \tag{5}$$

als eine Definition der *Hankel-Transformation* der Funktion $f(r)$ eingeführt, so kann Gl. (3) in der Form

$$f_n^*(\eta, s) = e^{\left[in\left(\frac{\pi}{2} - s\right)\right]} f_n^*(\eta) \tag{6}$$

geschrieben werden.

Gl. (6) wird in die erste von den beiden Gln. (2) eingesetzt. In die linke Seite dieser Gleichung wird $f(r) e^{-in\Theta}$ an Stelle von $f(r, \Theta)$ eingesetzt. Dann gilt

$$f(r) e^{-in\Theta} =$$

$$= \frac{1}{2\pi} \int\limits_{0}^{\infty} \eta f_n^*(\eta) \, d\eta \int\limits_{0}^{2\pi} \exp\left\{i\left[n\left(\frac{\pi}{2} - s\right) - \eta r \cos(\Theta - s)\right]\right\} ds. \tag{7}$$

33*

Nach Einführung der Bezeichnung $\psi = \Theta - s + \pi/2$ lautet das Integral bezüglich s

$$e^{-in\Theta} \int_0^{2\pi} e^{[i(n\psi - \eta r \sin\psi)]}\,d\psi = 2\pi e^{-in\Theta} J_n(r\eta).$$

Gl. (7) liefert

$$f(r) = \int_0^\infty \eta J_n(r\eta) f_n^*(\eta)\,d\eta. \tag{8}$$

Gl. (5) ermöglicht, die *Hankel-Transformierte* $f_n^*(\eta)$ der Funktion $f(r)$ zu ermitteln, Gl. (8) bestimmt die inverse *Hankel-Transformation*.

In Tafel VIII sind die Transformierten $f_n(\eta)$ für einige Funktionen $f(r)$ angegeben.

Es wird die Funktion $f(r) = 1/r$ betrachtet. Gl. (5) liefert

$$f_n^*(\eta) = \int_0^\infty J_n(\eta r)\,dr = \frac{1}{\eta}.$$

Ist $f(r) = \delta(r - \varrho)$, so gilt

$$f_n^*(\eta) = \int_0^\infty r J_n(\eta r)\delta(r - \varrho)\,dr = \varrho J_n(\varrho\eta).$$

Ist

$$f(r) = \begin{Bmatrix} 1 & \text{für} & 0 < r < \varrho \\ 0 & \text{für} & r > \varrho \end{Bmatrix} = H(\varrho - r),$$

so gilt

$$f_n^*(\eta) = \int_0^\varrho r J_0(\eta r)\,dr = \frac{\varrho}{\eta} J_1(\varrho\eta).$$

Zur Lösung der Differentialgleichungen werden oftmals die folgenden Beziehungen verwendet:

$$\int_0^\infty r\left(\frac{d^2 f}{dr^2} + \frac{1}{r}\frac{df}{dr} - \frac{n^2}{r^2}f\right) J_n(\eta r)\,dr = -\eta^2 f_n^*(\eta). \tag{9}$$

Gl. (9) ergibt sich aus Gl. (13) vom Abschnitt 13.2, wenn $a = \infty$ ist. Für den Sonderfall $n = 0$ ist

$$\int_0^\infty r\left(\frac{d^2 f}{dr^2} + \frac{1}{r}\frac{df}{dr}\right) J_0(\eta r)\,dr = -\eta^2 f_0^*(\eta). \tag{10}$$

Nun wird eine unendliche Membran auf elastischer Unterlage betrachtet, auf die die Belastung q innerhalb des Kreises mit dem Radius ϱ wirkt.

Die Differentialgleichung lautet für dieses axialsymmetrische Problem

$$S\left(\frac{d^2 w}{dr^2} + \frac{1}{r}\frac{dw}{dr}\right) - kw + q = 0. \tag{11}$$

Gl. (11) wird mit $r J_0(\eta r)$ multipliziert und von Null bis Unendlich integriert

Mithin ist

$$\int_0^\infty r\left[S\left(\frac{d^2w}{dr^2}+\frac{1}{r}\,\frac{dw}{dr}\right)-kw+q\right]J_0(\eta r)\,dr = 0. \tag{12}$$

Wegen

$$w^*(\eta) = \int_0^\infty rw(r)J_0(\eta r)\,dr,$$

$$q_0^*(\eta) = \int_0^\infty rp(r)J_0(\eta r)\,dr = q\int_0^\varrho rJ_0(\eta r)\,dr = \frac{q\varrho}{\eta}J_1(\varrho\eta) \tag{13}$$

gilt unter Berücksichtigung von Gl. (10)

$$-S\left(\eta^2+\frac{k}{S}\right)w^*(\eta)+\frac{q\varrho}{\eta}J_1(\varrho\eta) = 0.$$

Daraus folgt

$$w^*(\eta) = \frac{q\varrho}{\eta S}\,\frac{J_1(\varrho\eta)}{\eta^2+k/S}. \tag{14}$$

Unter Beachtung der ersten Gleichung der Beziehungen (13) ist endgültig

$$w(r) = \frac{q\varrho}{S}\int_0^\infty \frac{\eta J_1(\varrho\eta)J_0(\eta r)}{\eta(\eta^2+k/S)}\,d\eta = \frac{q\varrho}{S}\int_0^\infty \frac{J_1(\varrho\eta)J_0(r\eta)}{\eta^2+k/S}\,d\eta. \tag{15}$$

Diese Formel kann das Ergebnis für den Fall liefern, daß die Einzelkraft am Koordinatenursprung angreift.

Da $P = \lim\limits_{\varrho\to0} q\varrho^2\pi$ und $\lim\limits_{\varrho\to0}\dfrac{J_1(\varrho\eta)}{\varrho\eta} = \dfrac{1}{2}$ sind, gilt für die Biegefläche der Membran

$$w(r) = \frac{P}{2\pi S}\int_0^\infty \frac{\eta J_0(\eta r)\,d\eta}{\eta^2+k/S} = \frac{P}{2\pi S}\,K_0\left(r\sqrt{\frac{k}{S}}\right), \tag{16}$$

wobei $K_0(z)$ die modifizierte *Besselsche Funktion dritter Art* ist.

13.5. Die Laplace-Transformation [28]

Die Funktion $f(t)$ sei im Intervall $(0, \infty)$ so bestimmt, daß das Integral

$$\mathscr{L}[f(t)] = \bar f(p) = \int_0^\infty f(t)e^{-pt}\,dt \tag{1}$$

existiert.

Gl. (1) wird als *Laplace-Transformation* der Funktion $f(t)$ bezeichnet. Der Parameter p ist eine Zahl, deren Realteil positiv ist und so gewählt wird, daß das Integral (1) konvergiert.

Die ausreichenden Bedingungen dafür, daß die Funktion $f(t)$ eine Transformierte hat, sind, daß das Integral

$$\int_0^T |f(t)|\,dt,$$

existiert, wobei T beschränkt ist, und daß es einen reellen und beschränkten Wert s_0 für $t \to \infty$ gibt, für den

$$|f(t)| \leqq A e^{s_0 t}$$

ist, wobei A eine beliebige Konstante bedeutet. Stets wird angenommen, daß $f(t) \equiv 0$ für $t < 0$ ist.

Aus der Gl. (1) werden die *Laplace-Transformierten* für einige Funktionen ermittelt:

$$\text{Für } f(t) = \sin\omega t \quad \text{gilt } \bar{f}(p) = \int_0^\infty e^{-pt} \sin \omega t\,dt = \frac{\omega}{p^2 + \omega^2}.$$

$$\text{Für } f(t) = \cos\omega t \quad \text{gilt } \bar{f}(p) = \int_0^\infty e^{-pt} \cos\omega t\,dt = \frac{\omega}{p^2 + \omega^2}.$$

Für $f(t) = H(t)$, wobei $H(t)$ die durch die Formel

$$H(t) = \begin{cases} 1 & \text{für} \quad t > 0 \\ 0 & \text{für} \quad t < 0 \end{cases}$$

bestimmte *Funktion von Heaviside* ist, gilt

$$\bar{f}(p) = \mathscr{L}[H(t)] = \int_0^\infty e^{-pt}\,dt = \frac{1}{p}.$$

Zwischen der Funktion $H(t)$ und der *Funktion von Dirac* $\delta(t)$ gilt die Beziehung [136]

$$\frac{dH(t)}{dt} = \delta(t).$$

Hieraus folgt

$$\mathscr{L}[\delta(t)] = 1.$$

Eine kleine Zusammenstellung der *Laplace-Transformationen* ist in Tafel IX im Endteil dieses Buches angeführt. Bei der Anwendung von *Laplace-Transformationen* werden einige Regeln der im weiteren besprochenen Rechenmethode verwendet.

a) Die Additionsregel

$$\mathscr{L}(f_1 + f_2) = \mathscr{L}(f_1) + \mathscr{L}(f_2) = \bar{f}_1 + \bar{f}_2. \tag{2}$$

b) Die Ähnlichkeitsregel

$$\mathscr{L}[f(ta)] = \frac{1}{a}\bar{f}\left(\frac{p}{a}\right); \quad a > 0. \tag{3}$$

Hierbei ist

$$\mathscr{L}[f(ta)] = \int_0^\infty f(ta)e^{-pt}\,dt = \frac{1}{a}\int_0^\infty f(\eta)e^{-\frac{p}{a}\eta}\,d\eta = \frac{1}{a}\bar{f}\left(\frac{p}{a}\right); \qquad \eta = at$$

und analog

$$\mathscr{L}\left[f\left(\frac{t}{a}\right)\right] = a\bar{f}(pa); \qquad a > 0. \tag{4}$$

c) Die Verschiebungsregel

$$\mathscr{L}[f(t-a)] = e^{-ap}\bar{f}(p) \qquad a > 0. \tag{5}$$

Wegen

$$\mathscr{L}[f(t-a)] = \int_0^\infty f(t-a)e^{-pt}\,dt = e^{-pa}\int_0^\infty f(\eta)e^{-p\eta}\,d\eta = e^{-pa}\bar{f}(p);$$

$$\eta = t - a$$

gilt auch Gl. (5).

Die Funktion $f(t)$ ist nur für $t > 0$ bestimmt. Für $t < 0$ wird $f(t) \equiv 0$ angenommen. Für $t < 0$ ist auch $t-a$ negativ, damit ist $f(t-a) = 0$. Das Bild der Funktion $f(t-a)$ ergibt sich, wenn $f(t)$ nach rechts um den Wert a verschoben wird. In Abb. 13-3a, b sind die Funktionen $f(t)$ und $f(t-a)$ dargestellt, in Abb. 13-3c ist die Funktion $f(t+a)$ gezeigt.

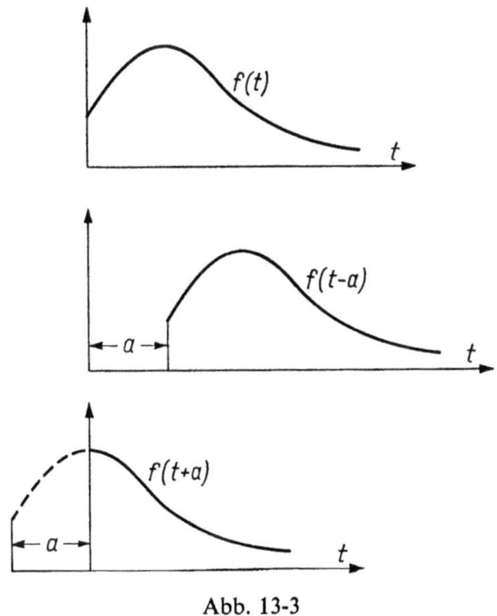

Abb. 13-3

Es kann leicht bewiesen werden, daß

$$\mathscr{L}[f(t+a)] = e^{ap}\left[\bar{f}(p) - \int_0^a e^{-pt}f(t)\,dt\right]; \qquad a > 0 \tag{6}$$

ist.

d) Die Dämpfungsregel

$$\mathscr{L}[f(t)e^{-at}] = \bar{f}(p+a), \tag{7}$$

wobei a eine beliebige komplexe Zahl ist.

Die reelle Dämpfung kommt vor, wenn a reell und positiv ist:

$$\mathscr{L}[f(t)e^{-at}] = \int_0^\infty f(t)e^{-(p+a)t}\,dt = \bar{f}(p+a).$$

e) Die Transformationen der Ableitungen von $f(t)$

$$\mathscr{L}[f^{(n)}(t)] = p^n\bar{f}(p) - p^{n-1}f(+0) - p^{n-2}f'(+0) + \ldots - f^{(n-1)}(+0). \tag{8}$$

Das Integral

$$\mathscr{L}[f'(t)] = \int_0^\infty f'(t)e^{-pt}\,dt = \left|f(t)e^{-pt}\right|_0^\infty + p\int_0^\infty f(t)e^{-pt}\,dt$$

wird partiell berechnet.

Der Ausdruck zwischen den Strichen in der rechten Gleichungsseite ist für die obere Grenze Null, für die untere dagegen $f(+0)$. Mithin ist

$$\mathscr{L}[f'(t)] = p\bar{f}(p) - f(+0).$$

Die partielle Integration des Ausdruckes

$$\mathscr{L}[f''(t)] = \int_0^\infty f''(t)e^{-pt}\,dt = \left|f'(t)e^{-pt}\right|_0^\infty + n\left\{\left|f(t)e^{-pt}\right|_0^\infty + \right.$$

$$\left. + p\int_0^\infty f(t)e^{-pt}\,dt\right\}$$

liefert

$$\mathscr{L}[f''(t)] = p^2\bar{f}(p) - pf(+0) - f'(+0).$$

Durch die Induktion wird die Regel (8) gewonnen.

f) Die Differentiation der Funktion $\bar{f}(p)$ bezüglich des Parameters p

$$\bar{f}^{(n)}(p) = \frac{d^n\bar{f}}{dp^n} = (-1)^n\,\mathscr{L}[t^nf(t)]. \tag{9}$$

Wegen

$$\bar{f}(p) = \int_0^\infty e^{-pt}f(t)\,dt,$$

gilt

$$\bar{f}^{(n)}(p) = (-1)^n\int_0^\infty e^{-pt}t^nf(t)\,dt = (-1)^n\,\mathscr{L}[t^nf(t)].$$

g) Die Integrationsregel:

$$\mathscr{L}\left[\int_0^t f(\tau)\,d\tau\right] = \frac{1}{p}\bar{f}(p). \tag{10}$$

Die partielle Integration liefert

$$\mathscr{L}\left[\int_0^t f(\tau)\,d\tau\right] = \int_0^\infty e^{-pt}\left[\int_0^t f(\tau)\,d\tau\right]dt =$$

$$= -\left|\frac{1}{p}\,e^{-pt}\int_0^t f(\tau)\,d\tau\right|_0^\infty + \frac{1}{p}\int_0^\infty e^{-pt}f(t)\,dt.$$

Der Ausdruck zwischen den Strichen ist Null sowohl für den oberen als auch für den unteren Grenzwert, wenn das Integral $\int_0^\infty f(\tau)\,d\tau$ beschränkt ist. Das letzte Integral der linken Seite der obigen Gleichung ist gleich $\bar{f}(p)$.

h) Der Faltungssatz.

Es seien zwei Funktionen $f_1(t)$ und $f_2(t)$ vorgegeben; es mögen weiterhin ihre Transformierten $\mathscr{L}[f_1(t)] = \bar{f}_1(p)$ und $\mathscr{L}[f_2(t)] = \bar{f}_2(p)$ existieren, wobei mindestens eine der beiden absolut konvergieren soll.

Dann ist

$$\mathscr{L}\left[\int_0^t f_1(\tau)f_2(t-\tau)\,d\tau\right] = \mathscr{L}[f_1(t)]\cdot\mathscr{L}[f_2(t)] = \bar{f}_1(p)\cdot\bar{f}_2(p) \tag{11}$$

die Transformation der Faltung der Funktionen $f_1(t)$ und $f_2(t)$.

Die Faltung ist kommutativ, da

$$\int_0^t f_1(\tau)f_2(t-\tau)\,d\tau = \int_0^t f_1(t-\tau)f_2(\tau)\,d\tau \tag{12}$$

ist.

Die Gln. (8) und (11) werden bei der Lösung von Differentialgleichungen am meisten angewendet.

Das Verfahren zur Lösung der gewöhnlichen Differentialgleichungen wird nun an Hand eines einfachen Beispiels, einer Differentialgleichung zweiter Ordnung, erläutert. Die Gleichung lautet

$$\frac{d^2w}{dt^2} + a^2w = c\,e^{-bt}; \quad b > 0 \tag{13}$$

mit den Randbedingungen $w(0) = \dfrac{dw(0)}{dt} = 0$. Auf Gl. (13) wird die *Laplace-Transformation* angewendet. Dann ergibt sich

$$\int_0^\infty e^{-pt}\left(\frac{d^2w}{dt^2} + a^2w - c\,e^{-bt}\right)dt = 0. \tag{14}$$

Nun wird das Integral

$$\int_0^\infty e^{-bt}e^{-pt}\,dt = \mathscr{L}[e^{-bt}] = \frac{1}{p+b}$$

berechnet und die Regel (8) für $n = 2$ angewendet. Mithin ist

$$p^2\overline{w}(p) - pw(+0) - w'(+0) + a^2\overline{w}(p) - \frac{c}{p+b} = 0. \tag{15}$$

Aus dieser Gleichung wird $\overline{w}(p)$ ermittelt. Es gilt

$$\overline{w}(p) = \frac{w'(0) + pw(0)}{p^2 + a^2} + \frac{c}{(p+b)(p^2+a^2)}. \tag{16}$$

Unter Berücksichtigung der Randbedingungen gilt

$$\overline{w}(p) = c\,\frac{1}{(p+b)(p^2+a^2)}. \tag{17}$$

Auf Gl. (17) ist nun die inverse *Laplace-Transformation* anzuwenden, wobei man von der Funktion $\overline{w}(p)$ des Parameters p zur Funktion $w(t)$ übergeht. Diese Funktion wird auf eine allgemeine Weise durch die komplexe inverse Transformation gewonnen:

$$w(t) = \lim_{\gamma \to \infty} \frac{1}{2\pi i} \int_{a-i\gamma}^{a+i\gamma} e^{pt}\overline{f}(p)\,dp,$$

wobei α reell ist.

In den meisten Fällen kann die Integration nach Gl. (18) vermieden werden, indem zahlreiche umfassende Sammlungen der inversen *Laplace-Transformationen* zu Hilfe genommen werden. Eine gekürzte Sammlung dieser Art, die aber zur Lösung der in diesem Buch betrachteten Aufgaben ausreichend ist, befindet sich in Tafel IX am Ende des Buches.

Gl. (17) wird in der Form

$$\overline{w}(p) = cf_1(p)f_2(p)$$

geschrieben, wobei

$$\overline{f}_1(p) = \frac{1}{p+b}; \quad \overline{f}_2(p) = \frac{1}{p^2+a^2}$$

ist.

Tafel IX liefert

$$f_1(t) = e^{-bt}; \quad f_2(t) = \frac{1}{a}\sin at.$$

Da

$$\mathscr{L}[w(t)] = \overline{w}(p) = cf_1(p)f_2(p)$$

ist, ergibt der Faltungssatz (11)

$$w(t) = c\int_0^t f_1(\tau)f_2(t-\tau)\,d\tau,$$

oder

$$w(t) = \frac{c}{a}\int_0^t e^{-b\tau}\sin a(t-\tau)\,d\tau = \frac{c}{a}\int_0^t e^{-b(t-\tau)}\sin a\tau\,d\tau =$$

$$= \frac{c}{a^2 + b^2} \left[e^{-bt} - \cos at + \frac{b}{a} \sin at \right].$$

Ausführlicher werden die *Laplace-Transformation* sowie die *Hankel-Transformation*, die Sinus-, Kosinus- und Exponential-Transformationen (*Fourier-Transformation*) in diesen Problemen gewidmeten Monographien erörtert, worin auch umfassende Tafeln dieser Transformationen enthalten sind [19, 27, 28, 136, 138].

14. Tafeln der Integraltransformationen

14.1. Tafeln endlicher *Kosinus-* und *Sinustransformationen von Fourier* und der endlichen *Transformation von Hankel*

Tafel I

Die endliche Kosinustransformation

$$f(x) = \frac{1}{a} f_c^*(0) + \frac{2}{a} \sum_{n=1}^{\infty} f_c^*(n) \cos \frac{n\pi x}{a}; \qquad 0 < x < a$$

$$f_c^*(n) = \int_0^a f(x) \cos \frac{n\pi x}{a}\, dx; \qquad n = 0, 1, 2, \ldots, \infty$$

$f(x)$	$f_c^*(n)$	
1	$a,$	für $n = 0$
	$0,$	für $n = 1, 2, 3, \ldots$
1 für $0 < x < \dfrac{a}{2}$	$0,$	für $n = 0$
-1 für $\dfrac{a}{2} < x < a$	$\dfrac{2a}{\pi n} \sin \dfrac{n\pi}{2},$	für $n = 1, 2, \ldots$
x	$\dfrac{a^2}{2},$	für $n = 0$
	$\left(\dfrac{a}{\pi n}\right)^2 [(-1)^n - 1],$	für $n = 1, 2, \ldots$
x^2	$\dfrac{a^3}{3},$	für $n = 0$
	$\dfrac{2a^3}{\pi^2 n^2} (-1)^n,$	für $n = 1, 2, \ldots$
$\left(1 - \dfrac{x}{a}\right)^2$	$\dfrac{a}{3},$	für $n = 0$
	$\dfrac{2a}{\pi^2 n^2},$	für $n = 1, 2, \ldots$

Tafel I (Fortsetzung)

$f(x)$	$f_c^*(n)$	
x^3	$\dfrac{a^4}{4},$	für $n = 0$
	$\dfrac{3a^4(-1)^n}{\pi^2 n^2} + \dfrac{6a^4}{\pi^4 n^4}[(-1)^n - 1],$	für $n = 1, 2, \ldots$
$\dfrac{\cosh[c(a-x)]}{\sinh ca}$	$\dfrac{c}{c^2 + \dfrac{n^2\pi^2}{a^2}}$	
$\sin kx$	$\dfrac{k}{\dfrac{n^2\pi^2}{a^2} - k^2}[(-1)^n \cos ka - 1],$	für $n \neq \dfrac{ka}{\pi}$
$\sin\dfrac{m\pi x}{a},$ für ganze m	$0,$	für $n = m$
	$\dfrac{ma}{\pi(n^2 - m^2)}[(-1)^{n+m} - 1],$	für $n \neq m$
e^{kx}	$\dfrac{k}{k^2 + \dfrac{n^2\pi^2}{a^2}}[(-1)^n e^{ka} - 1]$	

Tafel II

Die endliche Sinustransformation

$$f(x) = \frac{2}{a} \sum_{n=1}^{\infty} f_s^*(n) \sin\frac{n\pi x}{a},$$

$$f_s^*(n) = \int_0^a f(x) \sin\frac{n\pi x}{a}\, dx.$$

$f(x)$	$f_s^*(n)$
1	$\dfrac{a}{n\pi}[1 + (-1)^{n+1}]$
x	$(-1)^{n+1}\dfrac{a^2}{\pi n}$
$1 - \dfrac{x}{a}$	$\dfrac{a}{\pi n}$
x für $0 \leqslant x \leqslant \dfrac{a}{2}$ $a - x$ für $\dfrac{a}{2} \leqslant x \leqslant a$	$\dfrac{2a^2}{n^2\pi^2}\sin\dfrac{n\pi}{2}$

Tafel II (Fortsetzung)

$f(x)$	$f_s^*(n)$	
x^2	$\dfrac{a^3(-1)^{n-1}}{\pi n} - \dfrac{2a^3[1-(-1)^n]}{\pi^3 n^3}$	
x^3	$(-1)^n \dfrac{a^4}{\pi^5}\left(\dfrac{6}{n^3} - \dfrac{\pi^2}{n}\right)$	
$x(a^2-x^2)$	$(-1)^{n+1}\dfrac{6a^4}{\pi^3 n^3}$	
$x(a-x)$	$\dfrac{2a^3}{\pi^3 n^3}[1-(-1)^n]$	
e^{kx}	$\dfrac{n\pi a}{\pi^2 n^2 + k^2 a^2}[1-(-1)^n e^{ka}]$	
$\cos kx$	$\dfrac{n\pi a}{n^2\pi^2 - k^2 a^2}[1-(-1)^n\cos ka],$	für $n \neq \dfrac{ka}{\pi}$
$\cos\dfrac{m\pi x}{a}$	$\dfrac{na}{\pi(n^2-m^2)}[1-(-1)^{n+m}],$	für $n \neq m$
ganze m	$0,$	für $n = m$
$\sin\dfrac{m\pi x}{a}$	$0,$	für $n \neq m$
ganze m	$\dfrac{a}{2},$	für $n = m$

Tafel III

Die endliche *Hankel-Transformation*

$$\mathscr{H}[f(x)] = f_J^*(\alpha_n) = \int\limits_0^a x f(x) J_\nu(x\alpha_n)\,dx$$

$$f(x) = \frac{2}{a^2} \sum_{n=1}^{\infty} f_J^*(\alpha_n)\frac{J_\nu(x\alpha_n)}{[J_\nu'(a\alpha_n)]^2}$$

α_n — die Wurzeln der transzendenten Gleichung $J_\nu(\alpha_n a) = 0$

$f(x)$	ν	$f_J^*(\alpha_n)$
x^ν	> -1	$\dfrac{a^{\nu+1}}{\alpha_n}J_{\nu+1}(a\alpha_n)$
c	0	$\dfrac{ac}{\alpha_n}J_1(a\alpha_n)$

Tafel III (Fortsetzung)

$f(x)$	v	$f_J^*(\alpha_n)$
$a^2 - x^2$	0	$\dfrac{4a}{\alpha_n^3} J_1(a\alpha_n)$
$\dfrac{J_v(kx)}{J_v(ka)}$	> -1	$\dfrac{\alpha_n a}{k^2 - \alpha_n^2} J_v'(\alpha_n a)$
$\dfrac{J_0(kx)}{J_0(ka)}$	0	$-\dfrac{\alpha_n a}{k^2 - \alpha_n^2} J_1(\alpha_n a)$
$\dfrac{I_0(kx)}{I_0(ka)}$	0	$\dfrac{a\alpha_n}{k^2 + \alpha_n^2} J_1(\alpha_n a)$
$\dfrac{aI_0(kx)I_1(ka) - xI_1(kx)I_0(ka)}{I_0^2(ka)}$	0	$\dfrac{2a\alpha_n k}{(\alpha_n^2 + k^2)^2} J_1(\alpha_n a)$

Tafel IV

Die Wurzeln der Gleichung $J_0(\alpha_n a) = 0$ und Werte von $J_1(\alpha_n a)$

n	$\alpha_n a$	$J_1(\alpha_n a)$	n	$\alpha_n a$	$J_1(\alpha_n a)$
1	2,4048	$+0,5191$	13	40,0584	$+0,1261$
2	5,5201	$-0,3403$	14	43,1998	$-0,1214$
3	8,6537	$+0,2715$	15	46,3412	$+0,1172$
4	11,7915	$-0,2325$	16	49,4826	$-0,1134$
5	14,9309	$+0,2065$	17	52,6241	$+0,1010$
6	18,0711	$-0,1877$	18	55,7655	$-0,1068$
7	21,2116	$+0,1733$	19	58,9070	$+0,1040$
8	24,3525	$-0,1617$	20	62,0485	$-0,1013$
9	27,4935	$+0,1522$	21	65,1900	$+0,09882$
10	30,6346	$-0,1442$	22	68,3315	$-0,09652$
11	33,7758	$+0,1373$	23	71,4730	$+0,09438$
12	36,9171	$-0,1313$	24	74,6145	$-0,09237$

14.2. Tafeln der *Integraltransformationen von Fourier*

Tafel V

Die Sinustransformation

$$f_s^*(\alpha) = \sqrt{\frac{2}{\pi}} \int\limits_0^\infty f(x)\sin\alpha x\,dx,$$

$$f(x) = \sqrt{\frac{2}{\pi}} \int\limits_0^\infty f_s^*(\alpha)\sin\alpha x\,d\alpha.$$

$f_s^*(\alpha)$	$f(x) = \sqrt{\dfrac{2}{\pi}} \int\limits_0^\infty f_s^*(\alpha)\sin\alpha x\,d\alpha$
$\begin{cases} 1, & 0 < \alpha < a \\ 0, & a < \alpha \end{cases}$	$\sqrt{\dfrac{2}{\pi}}\,\dfrac{1}{x}(1-\cos\alpha x)$
$\dfrac{1}{\alpha}$	$\sqrt{\dfrac{\pi}{2}}$
$\dfrac{\alpha}{\alpha^2+\beta^2}, \quad \mathrm{Re}\,\beta > 0$	$\sqrt{\dfrac{\pi}{2}}\,e^{-\beta x}$
$\dfrac{\beta}{\beta^2+(\eta-\alpha)^2} - \dfrac{\beta}{\beta^2+(\eta+\alpha)^2},$ $\mathrm{Im}(\eta+i\beta) \neq 0, \quad \mathrm{Re}\,\beta > 0$	$\sqrt{2\pi}\,e^{-\beta x}\sin\eta x$
$\dfrac{\eta+\alpha}{\beta^2+(\eta+\alpha)^2} - \dfrac{\eta-\alpha}{\beta^2+(\eta-\alpha)^2},$ $\mathrm{Im}(\eta+i\beta) \neq 0, \quad \mathrm{Re}\,\beta > 0$	$\sqrt{2\pi}\,e^{-\beta x}\cos\eta x$
$\dfrac{\alpha}{\eta^2-\alpha^2}, \quad \eta > 0$	$-\sqrt{\dfrac{\pi}{2}}\,\cos\eta x$
$\dfrac{1}{\alpha(a^2+\eta^2)}, \quad \mathrm{Re}\,\eta > 0$	$\sqrt{\dfrac{\pi}{2}}\,\dfrac{1}{\eta^2}(1-e^{-\eta x})$
$\dfrac{\alpha}{(\alpha^2+\eta^2)^{3/2}}, \quad \mathrm{Re}\,\eta > 0$	$\sqrt{\dfrac{2}{\pi}}\,xK_0(\eta x)$
$\dfrac{\alpha}{(\beta^2+\alpha^2)(\eta^2+\alpha^2)},$ $\mathrm{Re}\,\eta > 0, \quad \mathrm{Re}\,\beta > 0$	$\sqrt{\dfrac{\pi}{2}}\,(e^{-\beta x}-e^{-\eta x})\,\dfrac{1}{\eta^2-\beta^2}$
$\alpha^{-\nu}, \quad 0 < \mathrm{Re}\,\nu < 2$	$\sqrt{\dfrac{2}{\pi}}\,x^{\nu-1}\cos\left(\dfrac{\pi}{2}\nu\right)\Gamma(1-\nu)$
$e^{-\alpha\eta}, \quad \mathrm{Re}\,\eta > 0$	$\sqrt{\dfrac{2}{\pi}}\,x(\eta^2+x^2)^{-1}$
$\alpha^{-3/2}e^{-\frac{\eta}{\alpha}}, \quad |\arg\eta| < \dfrac{\pi}{2}$	$\sqrt{\dfrac{2}{\eta}}\,e^{-\sqrt{2\eta x}}\,\sin\sqrt{2\eta x}$
$\dfrac{\ln\alpha}{\alpha}$	$-\sqrt{\dfrac{\pi}{2}}\,(C+\ln x), \quad C = 0{,}577215\ldots$
$\ln\left|\dfrac{\alpha+\eta}{\alpha-\eta}\right|, \quad \eta > 0$	$\sqrt{2\pi}\,\dfrac{\sin\eta x}{x}$

Tafel V (Fortsetzung)

$f_s^*(\alpha)$	$f(x) = \sqrt{\dfrac{2}{\pi}} \displaystyle\int_0^\infty f_s^*(\alpha)\sin\alpha x\,dx\alpha$
$\dfrac{\sin a\alpha}{\alpha^2}, \quad a > 0$	$\sqrt{\dfrac{\pi}{2}}\,x, \quad 0 < x < a$ $\sqrt{\dfrac{\pi}{2}}\,a, \quad a < x$
$\sin\dfrac{a^2}{\alpha}, \quad \mathrm{Im}\,a = 0$	$\sqrt{\dfrac{\pi}{2}}\,\dfrac{a}{\sqrt{x}}\,J_1(2a\sqrt{x})$
$\dfrac{1}{\alpha^2}\sin\dfrac{a^2}{\alpha}, \quad \mathrm{Im}\,a = 0$	$\sqrt{\dfrac{\pi}{2}}\,\dfrac{\sqrt{x}}{a}\,J_1(2a\sqrt{x})$
$\dfrac{\cos a\sqrt{\alpha}}{\sqrt{\alpha}}, \quad \mathrm{Im}\,a = 0$	$\sqrt{\dfrac{2}{x}}\,\cos\left(\dfrac{a^2}{4}x + \dfrac{\pi}{4}\right)$
$\dfrac{\cos a\sqrt{\alpha} + \sin a\sqrt{\alpha}}{\sqrt{\alpha}}, \quad a > 0$	$\dfrac{e^{\frac{a^2}{2\sqrt{x}}}}{\sqrt{x}}$
$\alpha(b^2+\alpha^2)^{-2}\sin a\sqrt{\alpha^2+b^2}$ $a > 0, \quad b > 0$	$\sqrt{\dfrac{\pi}{2}}\,ae^{-bx}, \quad a < x$
$J_0(a\alpha), \quad a > 0$	$0, \qquad 0 < x < a$ $\sqrt{\dfrac{2}{\pi}}\,(x^2-a^2)^{-1/2}, \quad a < x$
$\dfrac{J_0(a\alpha)}{\alpha}, \quad a > 0$	$\sqrt{\dfrac{2}{\pi}}\,\arcsin\left(\dfrac{x}{a}\right), \quad 0 < x < a$ $\sqrt{\dfrac{\pi}{2}}, \quad a < x$
$\alpha e^{-\beta(\alpha^2+a^2)^{1/2}},$ $\mathrm{Re}\,\beta > 0, \qquad \mathrm{Re}\,a > 0$	$\beta^2 a^2 x(x^2+\beta^2)^{-1}K_2[a(x^2+\beta^2)^{1/2}\sqrt{\dfrac{2}{\pi}}$
$\alpha(a^2+\alpha^2)^{-1/2}e^{-\beta(a^2+\alpha^2)^{1/2}}$	$\sqrt{\dfrac{2}{\pi}}\,ax(x^2+\beta^2)^{-1/2}K_1[a(x^2+\beta^2)^{1/2}]$
$Y_1(\alpha a), \qquad \alpha > 0$	$0, \qquad 0 < x < \alpha$ $-\dfrac{x}{a}\sqrt{\dfrac{2}{\pi}}\,(x^2-a^2)^{-1/2}, \quad a < x < \infty$
$\alpha^{-1}Y_0(\alpha a), \qquad a > 0$	$0, \qquad 0 < x < a$ $\sqrt{\dfrac{2}{\pi}}\,\log\left[\dfrac{x}{a} - \left(\dfrac{x^2}{a^2}-1\right)^{1/2}\right], \quad a < x < \infty$
$\alpha K_0(\alpha a), \qquad \mathrm{Re}\,a > 0$	$\sqrt{\dfrac{\pi}{2}}\,x(a^2+x^2)^{-3/2}$
$K_0(\alpha a), \qquad \mathrm{Re}\,a > 0$	$\sqrt{\dfrac{2}{\pi}}\,(x^2+a^2)^{-1/2}\log\left[\dfrac{x}{a} + (1+x^2/a^2)^{1/2}\right]$

Die Kosinustransformation

$$f_c^*(\alpha) = \sqrt{\frac{2}{\pi}} \int_0^\infty f(x)\cos\alpha x\, dx$$

$$f(x) = \sqrt{\frac{2}{\pi}} \int_0^\infty f_c^*(\alpha)\cos\alpha x\, d\alpha$$

$f_c^*(\alpha)$	$f(x) = \sqrt{\dfrac{2}{\pi}} \int_0^\infty f_c^*(\alpha)\cos\alpha x\, d\alpha$
$\begin{aligned}1,&\quad 0<a<a\\ 0,&\qquad a<\alpha\end{aligned}$	$\sqrt{\dfrac{2}{\pi}}\,\dfrac{\sin ax}{x}$
$\alpha^{-1/2}$	$x^{-1/2}$
$(\alpha^2+a^2)^{-1},\quad \operatorname{Re}a>0$	$\sqrt{\dfrac{\pi}{2}}\,\dfrac{1}{a}\,e^{-ax}$
$\dfrac{\beta}{\beta^2+(\eta-\alpha)^2}+\dfrac{\beta}{\beta^2+(\alpha+\eta)^2},$ $\lvert\operatorname{Im}\eta\rvert<\operatorname{Re}\beta$	$\sqrt{2\pi}\cos\eta x\,e^{-\beta x}$
$\dfrac{\eta+\alpha}{\beta^2+(\eta+\alpha)^2}+\dfrac{\eta-\alpha}{\beta^2+(\eta-\alpha)^2}$ $\lvert\operatorname{Im}\eta\rvert<\operatorname{Re}\beta$	$\sqrt{2\pi}\sin\eta x\,e^{-\beta x}$
$(\alpha^2+\eta^2)^{-1/2},\quad \operatorname{Re}\eta>0$	$\sqrt{\dfrac{2}{\pi}}\,K_0(\eta x)$
$\left[\dfrac{(\eta^2+\alpha^2)^{1/2}+\eta}{\eta^2+a^2}\right]^{1/2},\quad \operatorname{Re}\eta>0$	$x^{-1/2}e^{-\eta x}$
$\alpha^{-\nu},\qquad 0<\operatorname{Re}\nu<1$	$\sqrt{\dfrac{\pi}{2}}\,\dfrac{x^{\nu-1}}{\sin\left(\dfrac{\pi\nu}{2}\right)\Gamma(\nu)}$
$e^{-a\alpha},\qquad \operatorname{Re}a>0$	$\sqrt{\dfrac{2}{\pi}}\,\dfrac{a}{a^2+x^2}$
$\alpha^{-1}(e^{-\beta\alpha}-e^{-\eta\alpha}),$ $\operatorname{Re}\eta>0,\qquad \operatorname{Re}\beta>0$	$\dfrac{1}{\sqrt{2\pi}}\ln\left(\dfrac{\eta^2+x^2}{\beta^2+x^2}\right)$
$e^{-\alpha^2\eta},\qquad \operatorname{Re}\eta>0$	$\dfrac{1}{\sqrt{2\eta}}\exp\left(-\dfrac{x^2}{4\eta}\right)$
$\begin{aligned}\ln\alpha,&\qquad 0<\alpha<1\\ 0,&\qquad 1<\alpha\end{aligned}$	$-\sqrt{\dfrac{2}{\pi}}\,\dfrac{1}{x}\int_0^x\dfrac{\sin u}{u}\,du$
$\alpha^{-1/2}\ln\alpha$	$-x^{-1/2}\left(\ln 4x+C+\dfrac{\pi}{2}\right),$ $C=0{,}577215,\dots$
$\ln\left(\dfrac{\eta^2+\alpha^2}{\beta^2+\alpha^2}\right),$ $\operatorname{Re}\eta>0\qquad \operatorname{Re}\beta>0$	$\sqrt{2\pi}\,x^{-1}(e^{-\beta x}-e^{-\eta x}).$

Tafel VI (Fortsetzung)

$f_c^*(\alpha)$	$f(\alpha) = \sqrt{\dfrac{2}{\pi}} \displaystyle\int_0^\infty f_c^*(\alpha)\cos\alpha x\, d\alpha$
$\left(\dfrac{\sin\eta\alpha}{\eta}\right)^2, \qquad \eta>0$	$\sqrt{\dfrac{\pi}{2}}\left(a-\dfrac{x}{2}\right), \quad x<2a$ $0, \qquad\qquad 2a<x$
$e^{-\beta\alpha^2}\cos\eta\alpha, \quad \operatorname{Re}\beta>0$	$\dfrac{1}{\sqrt{2\beta}}\exp\left(-\dfrac{\eta^2+x^2}{4\beta}\right)\cosh\left(\dfrac{\eta x}{2\beta}\right)$
$\alpha^{-2}\ln(\cos^2\eta\alpha)$	$\sqrt{2\pi}\,(x\ln 2-\eta)$
$\sin\eta a^2, \qquad \eta>0$	$\dfrac{1}{2\sqrt{\eta}}\left(\cos\dfrac{x^2}{4\eta}-\sin\dfrac{x^2}{4\eta}\right)$
$\cos\eta a^2, \qquad \eta>0$	$\dfrac{1}{2\sqrt{\eta}}\left(\cos\dfrac{x^2}{4\eta}+\sin\dfrac{x^2}{4\eta}\right)$
$\dfrac{\cos b\sqrt{\eta^2-\alpha^2}}{\sqrt{\eta^2-\alpha^2}}, \quad 0<\alpha<\eta$ $0, \qquad\qquad \eta<a$	$\sqrt{\dfrac{\pi}{2}}\,J_0(\eta\sqrt{b^2+x^2})$
$e^{-\beta x}\cos(\eta x),$ $\operatorname{Re}\beta>|\operatorname{Im}\eta|$	$\sqrt{\dfrac{2}{\pi}}\dfrac{\beta}{2}\{[\beta^2+(\eta-x)^2]^{-1}+[\beta^2+(\eta+x)^2]^{-1}\}$
$\exp[-\beta(a^2+\eta^2)^{1/2}],$ $\operatorname{Re}\eta>0, \qquad \operatorname{Re}\beta>0$	$\sqrt{\dfrac{2}{\pi}}\,\eta\beta(x^2+\beta^2)^{-1/2}K_1[\eta(x^2+\beta^2)^{1/2}]$
$\dfrac{\exp[-\beta(a^2+\eta^2)^{1/2}]}{\sqrt{a^2+\eta^2}}$ $\operatorname{Re}\beta>0, \qquad \operatorname{Re}\eta>0$	$\sqrt{\dfrac{2}{\pi}}\,K_0[\eta(\beta^2+x^2)^{1/2}]$
$(\alpha^2+\beta^2)^{-1}J_0(\eta\alpha),$ $\eta>0, \qquad \operatorname{Re}\beta>0$	$\sqrt{\dfrac{\pi}{2}}\dfrac{1}{\beta}e^{-\beta x}I_0(\eta\beta), \qquad \eta<x<\infty$
$\alpha(\alpha^2+\beta^2)^{-1}J_0(\eta\alpha), \quad \operatorname{Re}\beta>0$	$\sqrt{\dfrac{2}{\pi}}\cosh(\beta x)K_0(\eta\beta), \qquad 0<x<\eta$
$\alpha^{-\nu}(\alpha^2+\beta^2)^{-1}J_\nu(\eta\alpha),$ $\operatorname{Re}\nu>-5/2,$ $\operatorname{Re}\beta>0, \qquad \eta>0$	$\sqrt{\dfrac{2}{\pi}}\,\beta^{-\nu-1}e^{-\beta x}I_\nu(\eta\beta), \quad \eta<x<\infty$
$\alpha^{\nu+1}(\alpha^2+\beta^2)^{-1}J_\nu(\alpha\eta),$ $-1<\operatorname{Re}\nu<3/2$ für $0<x<1,$ $\eta>0, \qquad \operatorname{Re}\beta>0$	$\sqrt{\dfrac{\pi}{2}}\,\beta^\nu\cosh(\beta x)K_\nu(\eta\beta), \quad 0<x<1$
$Y_0(\alpha\eta), \qquad \eta>0$	$0, \qquad\qquad 0<x<\eta$ $-\sqrt{\dfrac{2}{\pi}}\,(x^2-\eta^2)^{-1/2}, \qquad \eta<x<\infty$

Die *Exponentialtransformation von Fourier*

$$f^*(\alpha) = \frac{1}{\sqrt{2\pi}} \int_{-\infty}^{\infty} f(x)\, e^{i\alpha x}\, dx,$$

$$f(x) = \frac{1}{\sqrt{2\pi}} \int_{-\infty}^{\infty} f^*(\alpha)\, e^{-i\alpha x}\, d\alpha.$$

$f^*(\alpha)$	$f(x) = \dfrac{1}{\sqrt{2\pi}} \displaystyle\int_{-\infty}^{\infty} f^*(\alpha)\, e^{-i\alpha x}\, d\alpha$
$(1+\alpha^2)^{-1}$	$\sqrt{\dfrac{\pi}{2}}\, e^{-|x|}$
$(\eta - i\alpha)^{-\nu}$, $\quad$ $\operatorname{Re}\nu > 0$, $\operatorname{Re}\eta > 0$.	$\sqrt{2\pi}\, x^{\nu-1}\dfrac{e^{-\eta x}}{\Gamma(\nu)}, \qquad x > 0$ $0, \qquad x < 0$
$(\alpha^2+\eta^2)^{-1}(\beta+i\alpha)^{-\nu}$, $\operatorname{Re}\eta > 0, \quad \operatorname{Re}\beta > 0, \quad \operatorname{Re}\nu > -1$	$\sqrt{\dfrac{\pi}{2}}\,\dfrac{1}{\eta}\,(\eta+\beta)^{-\nu}\,e^{-\eta x}, \qquad x > 0$
$(\alpha^2+\eta^2)^{-1}(\beta-i\alpha)^{-\nu}$, $\operatorname{Re}\eta > 0,\ \operatorname{Re}\beta > 0,\ \operatorname{Re}\nu > -1,\ \alpha \neq \beta$	$\sqrt{\dfrac{\pi}{2}}\,\dfrac{1}{\eta}\,(\beta-\eta)^{\nu}\,e^{\eta x}, \qquad x > 0$
$e^{-\lambda\alpha}\ln|1-e^{-\alpha}|$, $-1 < \operatorname{Re}\lambda < 0$	$\sqrt{\dfrac{\pi}{2}}\,(\lambda+ix)^{-1}\cotan(\pi\lambda + i\pi x)$
$e^{-\lambda\alpha}\ln\left\|\dfrac{1+e^{\alpha}}{1-e^{-\alpha}}\right\|$, $\quad |\operatorname{Re}\lambda| < 1$	$\sqrt{\dfrac{\pi}{2}}\,\dfrac{1}{\lambda+ix}\,\tan\left(\dfrac{\pi\lambda}{2} + \dfrac{i\pi x}{2}\right)$
$(\eta + i\alpha)^{-\nu}$, $\operatorname{Re}\nu > 0, \qquad \operatorname{Re}\eta > 0$	$0, \qquad x > 0$ $\sqrt{2\pi}\,(-x)^{\nu-1}\dfrac{e^{x\eta}}{\Gamma(\nu)}, \qquad x < 0$
$(\alpha^2+\eta^2)^{-1}(i\alpha)^{-\nu}$, $|\nu| < 1, \qquad \operatorname{Re}a > 0$, $\arg(i\alpha) = \pi/2, \qquad \alpha > 0$ $\arg(i\alpha) = -\dfrac{\pi}{2}, \qquad \alpha < 0$	$\sqrt{\dfrac{\pi}{2}}\,\pi\eta^{-\nu-1}\exp(-|x|\,\eta)$
$J_0(\eta a)$	$\sqrt{\dfrac{2}{\pi}}\,(\eta^2 - x^2)^{-1/2}, \qquad |x| < c$ $0, \qquad |x| > c$
$0, \qquad |\alpha| > \beta$ $J_0(\gamma\sqrt{\beta^2 - \alpha^2}), \qquad |\alpha| < \beta$	$\sqrt{\dfrac{2}{\pi}}\,\dfrac{\sin[\beta\sqrt{\gamma^2 + x^2}]}{\sqrt{\gamma^2 + x^2}}$
$J_0(\gamma\sqrt{\beta^2 + \alpha^2})$	$\sqrt{\dfrac{2}{\pi}}\,\dfrac{\cos[\beta\sqrt{\gamma^2 - x^2}]}{\sqrt{\gamma^2 - x^2}}, \qquad |x| < \gamma$ $0, \qquad |x| > \gamma$
$J_0(\gamma\sqrt{\alpha^2 - \beta^2})$	$\dfrac{\cosh[\beta\sqrt{\gamma^2 - x^2}]}{\sqrt{\gamma^2 - x^2}}, \qquad |x| < \gamma$ $0, \qquad |x| > \gamma.$

14.3. Tafeln der *Hankel-* und *Laplace-Integraltransformationen*

Tafel VIII

Die *Hankel-Transformation*

$$f^*(y) = \int\limits_0^\infty xf(x)J_v(xy)\,dx$$

$$f(x) = \int\limits_0^\infty yf^*(y)J_v(xy)\,dy$$

$f^*(y)$	v	$f(x) = \int\limits_0^\infty yf^*(y)J_v(xy)\,dy$
$\dfrac{a^{v+1}}{y}J_{v+1}(ay)$	> -1	$x^v,\quad 0 < x < a$ $0 \qquad x > a$
$\dfrac{a}{y}J_1(ay)$	0	$1,\quad 0 < x < a$ $0 \qquad x > a$
$\dfrac{4a}{y^3}J_1(ay) - \dfrac{2a^2}{y^2}J_0(ay)$	0	$(a^2-x^2),\quad 0 < x < a$ $0 \qquad x > a$
$\dfrac{y}{(2p)^{v+1}}\exp\left(-\dfrac{y^2}{4p}\right)$	> -1	$x^v e^{-px^2}$
$I_{v/2}\left(\dfrac{ay}{2}\right)K_{v/2}\left(\dfrac{ay}{2}\right)$	> -1	$\dfrac{1}{x\,\sqrt{x^2+a^2}},\quad \operatorname{Re}a > 0$
$a^v K_v(ay)$	> -1 $< 3/2$	$\dfrac{x^v}{x^2-a^2}$
$\sqrt{\dfrac{2}{\pi}}\,\dfrac{a^{v+1/2}}{\sqrt{y}}\,K_{v+1/2}(ay)$	> -1 $< 1/2$	$\dfrac{x^v}{\sqrt{x^2+a^2}},\quad \operatorname{Re}a > 0$
$\dfrac{[\sqrt{a^2+y^2}-a]^v}{y^v\sqrt{a^2+y^2}}$	> -1	$x^{-1}e^{-ax},\quad \operatorname{Re}a > 0$
$\dfrac{[\sqrt{a^2+y^2}-a]^v}{vy^v}$	> 0	$x^{-2}e^{-ax},\quad \operatorname{Re}a > 0$
$a(y^2+a^2)^{-3/2}$	0	$e^{-ax},\quad \operatorname{Re}a > 0$
$(a^2+y^2)^{-1/2}$	0	$x^{-1}e^{-ax},\quad \operatorname{Re}a > 0$
$\dfrac{\sqrt{a^2+y^2}-a}{y}$	1	$x^{-2}e^{-ax},\quad \operatorname{Re}a > 0$
$\dfrac{1}{y} - \dfrac{y}{y\sqrt{a^2+y^2}}$	1	$x^{-1}e^{-ax},\quad \operatorname{Re}a > 0$
e^{-ay}	0	$\dfrac{a}{(a^2+x^2)^{3/2}}$

Tafel VIII (Fortsetzung)

$f^*(y)$	ν	$f(x) = \int\limits_0^\infty yf^*(y)I_\nu(xy)\,dy$
$y^{-1}\sin(ay)$	0	$(a^2-x^2)^{-1/2}, \quad 0 < x < a$ $\qquad 0 \qquad, \quad a < x < \infty$
$y^{-2}\sin(ay)$	0	$\dfrac{\pi}{2} \qquad, \quad 0 < x < a$ $\arcsin\left(\dfrac{a}{x}\right), \quad a < x < \infty$
$y^{-1}I_{\nu-1}(ay), \qquad a>0$	>-1	$0 \quad, \quad 0 < x < a$ $\dfrac{a^{\nu-1}}{x^\nu}, \quad a < x < \infty$
$y^{-2}I_\nu(ay), \qquad a>0$	>0	$\dfrac{x^\nu}{2\nu a^\nu}, \quad 0 < x \leqslant a$ $\dfrac{a^\nu}{2\nu x^\nu}, \quad a \leqslant x < \infty$
$\dfrac{I_\nu(ay)}{y^2+\beta^2}, \qquad \begin{array}{l} a>0 \\ \operatorname{Re}\beta>0 \end{array}$	>-1	$I_\nu(x\beta)K_\nu(a\beta), \quad 0 < x < a$ $I_\nu(a\beta)K_\nu(x\beta), \quad a < x < \infty$
$y^{-1}\cos(ay), \qquad a>0$	0	$0, \quad 0 < x < a$ $(x^2-a^2)^{-1/2} \quad a < x < \infty$

Tafel IX

Die *Laplace-Transformation*

$$\bar{f}(p) = \int\limits_0^\infty f(t)e^{-pt}\,dt$$

$$f(t) = \frac{1}{2\pi i}\int\limits_{c-i\infty}^{c+i\infty} \bar{f}(p)e^{pt}\,dp$$

$\bar{f}(p)$	$f(t)$
$\dfrac{1}{p}$	1
$\dfrac{1}{p+a}$	e^{-at}
$\dfrac{1}{p^n}$	$\dfrac{t^{n-1}}{(n-1)!}$

Tafel IX (Fortsetzung)

$\bar{f}(p)$	$f(t)$
$\dfrac{(p-1)^n}{p^{n+1}}$	$L_n(t)$ — *Laguerresches Polynom*
$\dfrac{1}{p(p+a)^n}$	$\dfrac{1}{a^n}\left[1-\left(1+\dfrac{at}{1!}+\dfrac{(at)^2}{2!}+\dots+\dfrac{(at)^{n-1}}{(n-1)!}\right)e^{-at}\right]$
$\dfrac{a}{p^2+a^2}$	$\sin at$
$\dfrac{a}{p^2-a^2}$	$\sinh at$
$\dfrac{1}{(p-a)(p-b)}$	$\dfrac{e^{at}-e^{bt}}{a-b}$
$\dfrac{1}{p^2+2D\omega p+\omega^2}$	$\dfrac{1}{\omega}\sin\omega t,\qquad\qquad D=0$ $\dfrac{1}{\omega\sqrt{1-D^2}}\,e^{-D\omega t}\sin\left(\omega t\sqrt{1-D^2}\right),\qquad D^2<1$ $\dfrac{1}{\omega\sqrt{D^2-1}}\,e^{-D\omega t}\sinh\left(\omega t\sqrt{D^2-1}\right),\qquad D^2>1$ $te^{-\omega t},\qquad\qquad D=1$
$\dfrac{p}{p^2-a^2}$	$\cosh at$
$\dfrac{p}{p^2+a^2}$	$\cos at$
$\dfrac{p}{p^2+2D\omega p+\omega^2}$	$\cos\omega t,\qquad\qquad D=0$ $\dfrac{1}{\sqrt{1-D^2}}\,e^{-D\omega t}\sin\left(\omega t\sqrt{1-D^2}+\tau_1\right),\qquad D^2<1$ $(1-\omega t)e^{-\omega t},\qquad\qquad D^2=1$ $\dfrac{1}{\sqrt{D^2-1}}\,e^{-D\omega t}\sinh\left(\omega t\sqrt{D^2-1}+\tau_2\right),\qquad D^2>1$ $\tau_1=\arctan\dfrac{\omega\sqrt{1-D^2}}{-D\omega},\ \ \tau_2=\arctan\dfrac{\omega\sqrt{D^2-1}}{-D\omega}$
$\dfrac{p}{(p-a)(p-b)(p-c)}$	$\dfrac{a(b-c)e^{at}+b(c-a)e^{bt}+c(a-b)e^{ct}}{(a-b)(b-c)(a-c)}$

$\bar{f}(p)$	$f(t)$
$\dfrac{1}{(p-a)(p-b)(p-c)}$	$\dfrac{(b-c)e^{at}+(c-a)e^{bt}+(a-b)e^{ct}}{(a-b)(b-c)(a-c)}$
$\dfrac{1}{p^4+a^4}$	$\dfrac{1}{a^3\sqrt{2}}\left(\cosh\dfrac{at}{\sqrt{2}}\sin\dfrac{at}{\sqrt{2}}-\sinh\dfrac{at}{\sqrt{2}}\cos\dfrac{at}{\sqrt{2}}\right)$
$\dfrac{p}{p^4+a^4}$	$\dfrac{1}{a^2}\sin\dfrac{at}{\sqrt{2}}\sinh\dfrac{at}{\sqrt{2}}$
$\dfrac{p^2}{p^4+a^4}$	$\dfrac{1}{a\sqrt{2}}\left(\cos\dfrac{at}{\sqrt{2}}\sinh\dfrac{at}{\sqrt{2}}+\sin\dfrac{at}{\sqrt{2}}\cosh\dfrac{at}{\sqrt{2}}\right)$
$\dfrac{p^3}{p^4+a^4}$	$\cos\dfrac{at}{\sqrt{2}}\cosh\dfrac{at}{\sqrt{2}}$
$\dfrac{1}{p^4-a^4}$	$\dfrac{1}{2a^3}(\sinh at-\sin at)$
$\dfrac{p}{p^4-a^4}$	$\dfrac{1}{2a^2}(\cosh at-\cos at)$
$\dfrac{p^2}{p^4-a^4}$	$\dfrac{1}{2a}(\sinh at+\sin at)$
$\dfrac{p^3}{p^4-a^4}$	$\dfrac{1}{2}(\cosh at+\cos at)$
$\dfrac{1}{p(ap+1)\dots(ap+n)}$	$\dfrac{1}{n!}(1-e^{-t/a})^n$
$\dfrac{\lg p}{p}$	$-\lg\gamma t,\quad \gamma=e^C,\quad C=0{,}577\dots$ (die *Konstante von Euler*)
$\dfrac{\lg p}{p^{n+1}}$	$\dfrac{t^n}{n!}\left[1+\dfrac{1}{2}+\dfrac{1}{3}+\dots+\dfrac{1}{n}-\lg\gamma t\right]$
$\lg\dfrac{p+a}{p-a}$	$\dfrac{2}{t}\sinh at$
$\dfrac{1}{\sqrt{p}}$	$\dfrac{1}{\sqrt{\pi t}}$
$\dfrac{1}{p\sqrt{p}}$	$2\sqrt{\dfrac{t}{n}}$

Tafel IX (Fortsetzung)

$\bar{f}(p)$	$f(t)$
$\dfrac{1}{\sqrt{p+a}}$	$\dfrac{e^{-at}}{\sqrt{\pi t}}$
$\sqrt{p-a}-\sqrt{p-b}$	$\dfrac{1}{2t\sqrt{\pi t}}(e^{bt}-e^{at})$
$\sqrt{\sqrt{p^2+a^2}-p}$	$\dfrac{\sin at}{t\sqrt{2\pi t}}$
$\sqrt{\dfrac{\sqrt{p^2+a^2}-p}{p^2+a^2}}$	$\sqrt{\dfrac{2}{\pi t}}\sin at$
$\sqrt{\dfrac{p-\sqrt{p^2-a^2}}{p^2+a^2}}$	$\sqrt{\dfrac{2}{\pi t}}\cos at$
$\sqrt{\dfrac{\sqrt{p^2-a^2}-p}{p^2-a^2}}$	$\sqrt{\dfrac{2}{\pi t}}\sinh at$
$\sqrt{\dfrac{\sqrt{p^2-a^2}+p}{p^2-a^2}}$	$\sqrt{\dfrac{2}{\pi t}}\cosh at$
$\dfrac{1}{\sqrt{p}}\sin\dfrac{a}{p}$	$\dfrac{\sinh\sqrt{2at}\,\sin\sqrt{2at}}{\sqrt{\pi t}}$
$\dfrac{1}{\sqrt{p}}\cos\dfrac{a}{p}$	$\dfrac{\cosh\sqrt{2at}\,\cos\sqrt{2at}}{\sqrt{\pi t}}$
$\dfrac{1}{p^n\sqrt{p}}$	$\dfrac{t^n}{\dfrac{1}{2}\cdot\dfrac{3}{2}\cdot\ldots\cdot\left(n-\dfrac{1}{2}\right)\sqrt{\pi t}}$
$\dfrac{e^{1/p}}{\sqrt{p}}$	$\dfrac{\cosh 2\sqrt{t}}{\sqrt{\pi t}}$
$\dfrac{e^{1/p}}{p\sqrt{p}}$	$\dfrac{\sinh 2\sqrt{t}}{\sqrt{\pi}}$
$\arctan\dfrac{a}{p}$	$\dfrac{\sin at}{t}$

$\bar{f}(p)$	$f(t)$
$e^{-\sqrt{ap}}$	$\dfrac{1}{2}\sqrt{\dfrac{a}{\pi}}\,t^{-3/2}\exp\left(-\dfrac{a}{4t}\right)$
$p^{-1}e^{-\sqrt{ap}}$	$\operatorname{erfc}\left(\dfrac{1}{2}\sqrt{\dfrac{a}{t}}\right),\qquad \operatorname{erfc}(z)=\dfrac{2}{\sqrt{\pi}}\displaystyle\int_{z}^{\infty}e^{-\eta^2}\,d\eta$
$\dfrac{1}{\sqrt{a^2+p^2}}\left(\dfrac{a}{p+\sqrt{a^2+p^2}}\right)^{\nu}$	$J_{\nu}(at),\qquad\qquad \operatorname{Re}\nu>-1$
$\dfrac{1}{\sqrt{\pi}}\Gamma\left(\nu+\dfrac{1}{2}\right)(2a)^{\nu}(p^2+a^2)^{-\nu-1/2}$	$t^{\nu}J_{\nu}(at),\qquad\qquad \operatorname{Re}\nu>-1/2$
$\dfrac{\exp\left[-\tau\sqrt{p(p+a)}\right]}{\sqrt{p(p+a)}}$	$\begin{aligned}&0 && 0<t<\tau\\[4pt]&e^{-at/2}I_0\left[\dfrac{1}{2}a\sqrt{t^2-\tau^2}\right], && t>\tau,\quad a\neq 0\end{aligned}$
$\dfrac{\exp\left[-\tau\sqrt{p(p+a)}\right]}{p}$	$\begin{aligned}&0, && t<\tau\\[4pt]&e^{-\varrho\tau}+\sigma\tau\displaystyle\int_{\tau}^{t}e^{-\varrho\delta}\dfrac{I_1\left(\sigma\sqrt{\delta^2-\tau^2}\right)}{\sqrt{\delta^2-\tau^2}}\,d\delta, && t>\tau\\[6pt]&\varrho=\dfrac{a}{2},\qquad \sigma=\dfrac{a}{2}\end{aligned}$
$e^{-\beta p}-e^{-\beta\sqrt{p^2+\alpha^2}}$	$\begin{aligned}&0, && t<\beta\\[4pt]&\dfrac{\beta\alpha}{\sqrt{t^2-\beta^2}}J_1\left(a\sqrt{t^2-\beta^2}\right), && t>\beta\end{aligned}$
$\dfrac{1}{p}\left(e^{-\beta\sqrt{p^2-\alpha^2}}-e^{-\beta p}\right)$	$\begin{aligned}&0, && t<\beta\\[4pt]&\alpha\beta\displaystyle\int_{\beta}^{t}\dfrac{I_1\left(\alpha\sqrt{t^2-\beta^2}\right)dt}{\sqrt{t^2-\beta^2}}, && t>\beta\end{aligned}$
$\dfrac{1}{p}\left(e^{-\beta p}-e^{-\beta\sqrt{p^2+a^2}}\right)$	$\begin{aligned}&0, && t<\beta\\[4pt]&\alpha\beta\displaystyle\int_{\beta}^{t}\dfrac{J_1\left(\alpha\sqrt{t^2-\beta^2}\right)dt}{\sqrt{t^2-\beta^2}}, && t>\beta\end{aligned}$
$e^{-\beta\sqrt{p^2+a^2}}-e^{-\beta p}$	$\begin{aligned}&0, && t<\beta\\[4pt]&-\alpha\beta\dfrac{I_1\left(\alpha\sqrt{t^2-\beta^2}\right)}{\sqrt{t^2-\beta^2}}, && t>\beta\end{aligned}$

Literaturverzeichnis

1. ALFREY, T.: Non-homogeneous stresses in visco-elastic media. Quart. Appl. Mech. **2**, 1944, S. 183.
2. ALFREY, T.: Mechanical behaviour of high polymers. Interscience, New York 1948.
3. AYRE, R. und JACOBSON, L.: Natural frequences of continuous beam of uniform span length. J. Appl. Mech. **17**, 4, 1950.
4. BANCROFT, D.: The velocity of longitudinal waves in cylindrical bars. Phys. Rev. **59**, 1941.
5. BATH, M.: Mathematical aspects of seismology. Elsevier Publ. Comp., Amsterdam, London, New York 1968.
6. BELTRAMI, E.: Rend. Acc. Linc. 1892.
7. BESUCHOW, N. I. und LUSCHIN, K. I.: Zur Berechnung dünnwandiger Stäbe auf erzwungene Schwingungen (in Russ.). Issl. po tjeorii soor. **7**, 1957, S. 7.
8. BIELOUS, A. A.: Freie und erzwungene Schwingungen der Rahmenwerke (in Ukr.). Kijev 1939.
9. BIEZENO, C. B. und GRAMMEL, R.: Technische Dynamik. Bände 1, 2. Springer-Verlag, Berlin, Göttingen, Heidelberg 1953.
10. BIOT, M. A.: Thermoelasticity and irreversible thermodynamics. J. Appl. Phys. **27**, 1956.
11. BIOT, M. A.: Propagation of elastic waves in a cylindrical bar containing a fluid. J. Appl. Phys. **23**, 1952, S. 997.
12. BLAND, D. R.: The theory of linear viscoelasticity. Pergamon Press, Oxford 1960.
13. BLEICH, F. und MELAN, E.: Die gewöhnlichen und partiellen Differenzengleichungen der Baustatik. Springer-Verlag, Wien 1927.
14. BOLEY, B. A. und BARBER, A. D.: Dynamic response of beams and plates to rapid heating. J. Appl. Mech. **24**, 1957.
15. BOLOTIN, W. W.: Dynamische Stabilität elastischer Systeme (in Russ.). Moskwa 1949.
16. BOUSSINESQ, J.: Application des potentiels. Paris 1885. S. 470.
17. BULLEN, K. E.: An introduction to the theory of seismology. Univ. Press, Cambridge 1947.
18. CAGNIARD, L.: Reflexion et refraction des ondes seismiques progressives. Paris 1935.
19. CARLSLAW, H. S. und JAEGER, J. C.: Operational methods in applied mathematics. University Press, Oxford 1948.
20. CARLSLAW, H. S. und JAEGER, J. C.: Conduction of heat in solids. University Press, Oxford 1959.
21. CESARO, E.: Sulle formole del Volterra, fondamentali nella teoria delle distorzioni elastiche. Rendiconto dell'Accademia della Scienze Fisiche e Matematiche (Societá Reale di Napoli). 1906. S. 311.
22. CHWALLA, K.: Über die gekoppelten Biegungs- und Torsionsschwingungen belasteter Stäbe mit offenem einfachsymmetrischem Querschnitt. Öst. Bauzt. 4 und 5, 1950, S. 60, 79.
23. CRANCH, E. T. und ADLER, A. A.: Bending vibrations of variable section beams. J. Appl. Mech. **23**, 1, S. 103.
24. DANILOVSKAJA, W. I.: Wärmespannungen in einem elastischen Halbraum infolge plötzlicher Erwärmung des Halbraumrandes (in Russ.). Prikl. Mat. Mech. **9**, 1950.
25. DAVIES, R. M.: Stress waves in solids. In: Survey in Mechanics. Betchelor, Davies Hrsg., Univ. Press, Cambridge 1956.
26. DAVIES, R. M.: A critical study of the Hopkins pressure bar. Phil. Trans. Roy. Soc. **240**, London 1948.
27. DOETSCH, G.: Handbuch der Laplace-Transformation. Bände 1—3. Birkhäuser Verlag, Basel 1950—1956.

28. DOETSCH, G.: Anleitung zum praktischen Gebrauch der Laplace-Transformation und der Z-Transformation. R. Oldenbourg, München, Wien 1967.

29. EASON, G., FULTON, J. und SNEDDON, I. N.: The generation of waves in an infinite elastic solid by variable body forces. Phil. Trans. Roy. Soc. of London, Serie A, No 958, 1950, S. 248, 575.

30. EIRICH, E. R.: Rheology, Vol. 1. Academic Press, New York 1956.

31. ERDÉLYI, A., MAGNUS, W., OBERHETTINGER, F., TRICOMI, F. G.: Tables of integral transforms. Bände 1—2. McGraw-Hill, New York, Toronto, London 1954.

32. EWING, W. M., JARDETZKY, W. S., PRESS, F.: Elastic waves in layered media. McGraw-Hill, New York 1957.

33. FEDERHOFER, K.: Berechnung der niedrigen Eigenschwingungszahl des radial belasteten Kreisbogens. Ing. Archiv 4, 3, 1933, S. 276.

34. FEDERHOFER, K.: Dynamik des Bogenträgers und Kreisringes. Springer-Verlag, Wien 1950.

35. FLÜGGE, W.: Statik und Dynamik der Schalen. Springer-Verlag, Berlin 1934.

36. FÖPPL, A.: Vorlesungen über technische Mechanik. Band 4, Leipzig 1914.

37. FREUDENTHAL, A. M., GEIRINGER, H.: The mathematical theories of inelastic structures. Encyclop. of Physics. Vol. VI, Springer-Verlag, Berlin, Göttingen, Heidelberg 1958.

38. FREUDENTHAL, A. M.: Inelastic behaviour of engineering materials and structures. New York 1950.

39. FUNG, Y. C.: Foundation of solid mechanics. Prentice-Hall, Englewood Cliffs, New Jersey 1965.

40. GALERKIN, B.: Contribution à la solution générale du problème de la théorie de l'élasticité dans le cas de trois dimensions. C. R. Acad. Sci. Paris 190, 1930, S. 1047.

41. GOGOLADSE, W. G.: Dispersion der Rayleighschen Wellen in einer Schicht (in Russ.). Publ. Sejsm. Inst. AN. SSSR, 119, 1947, S. 27—38.

42. GOLDENWEJSER, A. L.: Theorie elastischer dünner Schalen (in Russ.). Moskwa 1953.

43. GOLDENWEJSER, A. L.: Über Gleichungen der Schalentheorie (in Russ.). Prikl. Mat. Mech., 1940.

44. GRAFFI, D.: Sui teoremi di reciprocita nei fenomeni non stazionari. Atti. Accad. Sci. Bologna, No 11, 10, 1963, S. 2.

45. GRAMMEL, R.: Ein neues Verfahren zur Berechnung der Drehschwingungen von Kurbelwellen. Ing. Archiv 1931.

46. GRAMMEL, R.: Die erzwungenen Drehschwingungen von Kurbelwellen. Ing. Archiv 1932.

47. GRAMMEL, R.: Ein neues Verfahren zur Lösung technischer Eigenwertprobleme. Ing. Archiv Nr. 10, 1939.

48. GREEN, A. E. und ZERNA, W.: Theoretical theory of elasticity. University Press, Oxford 1954.

49. GROSS, B.: Mathematical structures of the theories of viscoelasticity, Paris 1953.

50. HADAMARD, J.: Le problème de Cauchy et les équations aux derivées partielles hyperboliques. Herman, Paris 1932.

51. DEN HARTOG, J. P.: The lowest natural frequency of circular arcs. Phil. Mag. 5, 1928, S. 400.

52. DEN HARTOG, J. P.: Mechanical vibrations. New York 1934. (Deutsche Übersetzung: Mechanische Schwingungen. Springer-Verlag, Berlin, Göttingen, Heidelberg 1952.)

53. HENCKY, H.: Über die angenäherte Lösung von Stabilitätsproblemen in Rahmen. Der Eisenbau, 1920.

54. HOHENEMSER, K. und PRAGER, W.: Dynamik der Stabwerke. Springer-Verlag, Berlin 1933.

55. HUBER, M. T.: Probleme der Statik technisch wichtiger orthotroper Platten. Akademia Nauk Technicznych, Warszawa 1929.

56. HUBER, M. T.: Theorie orthotroper Platten samt technischen Anwendungen für Betonplatten, Balkenfachwerke usw. (in Poln.). Wissen. Gesell. Lwów 1921.

57. IACOVACHE, M.: O extindere a metodei lui Galerkin pentru sistemul ecuaţiilor elasticităţii (in Rum.). Bul. ştiint. Acad. Rep. Pop. Romăne. Ser. A. 1, 1949, S. 593.

58. IGUCHI, S.: Die Biegungsschwingungen der vierseitig eingespannten rechteckigen Platte. Ing. Archiv 1937.

59. IGUCHI, S.: Die Eigenschwingungen und Klangfiguren der vierseitig freien rechteckigen Platte. Ing. Archiv 21, 1953.

60. JORDEN, D. W.: The stress wave from cylindrical explosive source. J. Math. Mech. 1962.
61. KĄCZKOWSKI, Z.: Vibration of beam under a moving load. Proc. Vibr. Probl. **4**, 4, 1963, S. 357.
62. KĄCZKOWSKI, Z.: Instationäre Schwingungen eines Brückenbalkens unter der Wirkung der verschieblichen Belastungen. Wiss. Zeitschrift d. Hochschule f. Architektur und Bauwesen **12**, 5/6, Weimar 1965.
63. KĄCZKOWSKI, Z.: Orthotropic rectangular plates with arbitrary boundary conditions. Arch. Mech. Stos. VII, 1956.
64. KALISKI, S. (Hrsg.): Schwingungen und Wellen (in Poln.). PWN, Warszawa 1966.
65. KALISKI, S.: Schwingungen der im Feld aufgestützten Platten mit unstetigen Randbedingungen (in Poln.). Biul. WAT, 2A, 1954.
66. KANTOROWITSCH, J. W. und KRILOW, W. I.: Näherungsmethoden der höheren Analysis (in Russ.). Fismatgis, Moskwa 1962.
67. KAPPUS, R.: Zur Elastizitätstheorie endlicher Verschiebungen. ZAMM 1939, Band 19, Nr. 5.
68. KÁRMÁN, T. und BIOT, M. A.: Mathematical methods in engineering. McGraw-Hill, New York 1940.
69. KAUDERER, H.: Nichtlineare Mechanik, Springer-Verlag, Berlin, Göttingen, Heidelberg 1958.
70. KIRCHHOFF, G.: Vorlesungen über mathematische Physik. Bd. I. Mechanik, 1876.
71. KLOTTER, G.: Technische Schwingungslehre. Springer-Verlag, Berlin, Göttingen, Heidelberg 1951.
72. KNOPOFF, L.: On Rayleigh wave velocities. Bull. Seism. Soc. Amer. **42**, 1952.
73. KOLOUŠEK, V.: Dynamik der Baukonstruktionen (in Tschech.). Praha, 1956. (Deutsche Übersetzung: VEB Verl. Bauwesen, Berlin 1952.)
74. KOLOUŠEK, V.: Dynamisch belastete Baukonstruktionen (in Slowak.). Slov. Wyd. Techn. Lit., Bratislava 1967.
75. KOLSKY, H.: Stress waves in solids. University Press, Oxford 1953.
76. KOŽÉŠNIK, H.: Maschinendynamik (in Tschech.). Praha, 1958. (Deutsche Übersetzung: VEB Fachbuchverlag, Leipzig 1960).
77. KROMM, A.: Zur Ausbreitung von Stoßwellen in Kreislochscheiben. ZAMM 4, 28, 1948.
78. KURATA, M.: On vibrations of continuous rectangular plates. Proc. 1st Jap. Nat. Congr. Appl. Mech. 1951.
79. KRZYŻAŃSKI, M.: Partial differential equations of second order. Vol. 1, 2, PWN, Warszawa, 1971.
80. LAMB, H.: On waves in an elastic plate. Proc. Roy. Soc. **93**, 1910.
81. LARDY, P.: Sur une méthode nouvelle de résolution du problème des dalles rectangulaires encastrées. Memoires AIPCH, **13**, Zürich 1953.
82. LECHNITZKI, S. G.: Anisotrope Platten (in Russ.). GISTTL, Moskwa 1957.
83. LEE, E. H. und KANTER, L.: Wave propagation in finite rods of viscoelastic material. J. Appl. Phys. **24**, 9, 1953.
84. LEE, E. H.: Stress analysis in visco-elastic bodies. Quart. Appl. Mech. **8**, 2, 1955, S. 183.
85. LEIPHOLZ, H.: Einführung in die Elastizitätstheorie. Wissenschaft Technik. Verlag G. Braun, Karlsruhe 1968.
86. LOVAN, A. N.: On wave motion infinite domains. Phil. Mag. **26**, 1938.
87. LOVE, A. E.: A treatise of the mathematical theory of elasticity, University Press, Oxford 1944.
88. LOVE, A. E. H.: On the small vibrations and deformations of thin elastic shell. Phil. Trans. Roy. Soc. **179/A**, 1888.
89. LOVE, A. E. H.: Some problems in geodynamics. Cambridge 1911.
90. MARCUS, H.: Die Theorie elastischer Gewebe. Springer-Verlag, Berlin 1924.
91. MAULBETSCH, J. L.: Thermal stresses in plates. J. Appl. Mech. **2A**, 141, 1935.
92. MAZUR, P. und DE GROOT, S. R.: Non-equilibrium thermodynamics. North-Holland Publ. Comp., Amsterdam 1962.
93. MEISSNER, E.: Über Elastizität und Festigkeit dünner Schalen. Vierteljahresschr. d. natur. Ges. Bd. 60, Zürich 1915.
94. MEIXNER, J. und SCHÄFKE. F. W.: Mathieusche Funktionen und Sphäroidfunktionen. Berlin 1954.

95. MELAN, E. und PARKUS, H.: Wärmespannungen infolge stationäre Temperaturfelder. Springer-Verlag, Wien 1953.

96. MILES, J.: Vibrations of beams on many supports. Proc. Amer. S. C. E. EMC. Nr. 863, 1956.

97. MORSE, P. M.: Vibration and sound. McGraw-Hill, New York, Toronto, London 1948, S. 155.

98. MORSE, P. M. und FESBACH, H.: Methods of theoretical physics. Vol. I/II. McGraw-Hill, New York, Toronto, London 1953.

99. MURA, T.: Dynamical thermal stresses due to thermal shocks. Res. Rep. Fac. of Engin. Meji Univ. 10, 1957.

100. NIELSEN, N. J.: Bestemmelse af Spoendinger in Plader ved Anvendelse af Differenslingninger. København 1920.

101. NOWACKI, W.: Thermoelasticity. Pergamon Press, Oxford 1962.

102. NOWACKI, W.: Dynamische Probleme der Thermoelastizität (in Poln.). Warszawa, PWN, 1966.

103. NOWACKI, W.: Theorie des Kriechens (in Poln.). Arkady, Warszawa, 1963. (Deutsche Übersetzung: F. Deuticke, Wien 1965.)

104. NOWACKI, W.: A dynamical problem of thermoelasticity. Arch. Mech. Stos. 9, 1957, S. 325.

105. NOWACKI, W.: Eigenschwingung und Ausbeulung der an den frei drehbar gelagerten und innerhalb der Platte punktweise aufgestützten Rechteckplatten (in Poln.). Arch. Mech. Stos. 5, 1953, S. 437.

106. NOWACKI, W.: Eigenschwingung und Ausbeulen einer an allen Rändern vollkommen eingespannten Rechteckplatte (in Poln.). Arch. Mech. Stos. 6, 1954, S. 657.

107. NOWACKI, W.: Das Problem der Dynamik und Stabilität einer Rechteckplatte mit unstetigen Randbedingungen (in Poln.). Arch. Mech. Stos. 7, 1955, S. 266.

108. NOWACKI, W.: Eigenschwingung und erzwungene Schwingungen einer kontinuierlichen Platte (in Poln.). PZITB — Congres, Gdańsk 1949.

109. NOWACKI, W.: Vibrations transversales et flambage des systèmes en portique traités comme problème commun de stabilité. Mem. Assoc. Int. des Ponts et Charp. Zürich 1949.

110. NOVOZHILOV, V. V.: The theory of thin shells. P. Noordhoff, Groningen 1959.

111. ONIASCHWILI, O. D.: Einige dynamische Probleme der Schalentheorie (in Russ.). Isd AN. SSSR, Moskwa 1957.

112. PARKUS, H.: Instationäre Wärmespannungen. Springer-Verlag, Wien 1959.

113. PERSOZ, B.: Introduction à l'étude de la rhéologie. Dunod, Paris 1960.

114. PFLÜGER, A.: Stabilitätsprobleme der Elastostatik. Springer-Verlag, Berlin, Göttingen, Heidelberg, New York 1964.

115. PICARD, E.: Traité d'analyse. Paris 1905. B. 2, S. 340, B. 3, S. 88.

116. POCHHAMMER, L.: Über die Fortpflanzungsgeschwindigkeit kleiner Schwingungen in einen unbegrenzten isotropen Kreiszylinder. J. reine ang. Math. 81, 1876, S. 324.

117. POISSON, M.: Mémoire sur l'équilibre et le mouvement des corps élastiques. — Mém. de l'Acad. Roy. d. Sciences Vol. VIII, 1829.

118. PRATUSEWITSCH, J. A.: Variationalmethoden in der Baumechanik (in Russ.). Moskwa 1948.

119. PUWEIN, M.: Schwingungen hoher Schornsteine. Beton u. Eisen, 1940.

120. RAYLEIGH, LORD: The theory of sound. Dover Public., New York 1945.

121. RAYLEIGH, LORD: On waves propagated along the plane surface on an elastic solid. Proc. Lond. Mat. Soc. 17, 4, 1885.

122. RAYLEIGH, LORD: On the free vibrations of an infinite plate of homogeneous isotropic elastic matter. Proc. Math. Soc. 20, 1889, S. 225.

123. REISSNER, E.: On vibrations of shallow spherical shells. J. Applied Physics 17, Nr. 12, 1946.

124. RITZ, W.: Über eine neue Methode zur Lösung gewisser Variationsprobleme der mathematischen Physik. J. reine und ang. Math. 85, 1910.

125. ROTHE, R. und SCHNEIDER, W.: Höhere Mathematik, Teil VII. B. G. Teubner Verlagsgesellschaft, Stuttgart 1956.

126. SAUER, R. und SZABO, I.: Mathematische Hilfsmittel des Ingenieurs. Teil I bis IV. Springer-Verlag, Berlin, Heidelberg, New York 1967.

127. SELBERG, H.: Transient compression waves from spherical and cylindrical cavities. Arkiv Fysik. **5**, 1952, S. 97.

128. SHARPE, J. A.: The propagation of elastic waves by explosive pressures. Geophysics **7**, 1942, S. 311.

129. SOKOLNIKOFF, I. S.: Mathematical theory of elasticity. McGraw-Hill, New York, Toronto, London 1951.

130. SOLECKI, R.: Eigenschwingungen der Stäbe mit einem veränderlichen Querschnitt.-Vergleichskriterium. Bud. Inż. **17**, 6, 1960, S. 222.

131. SOMMERFELD, A.: Eine einfache Vorrichtung zur Veranschaulichung des Knickvorganges. Z. V. D. I. 1905, S. 1320.

132. SOMMERFELD, A.: Partial differential equations in physics. Acad. Press, New York 1950. (Deutsche Ausgabe: Partielle Differentialgleichungen der Physik. Akad. Verlagsges. Geest & Portig, Leipzig 1962.)

133. SÖCHTING, F.: Berechnung mechanischer Schwingungen. Springer-Verlag, Wien 1951.

134. SNEDDON, I. N. und BERRY, D.: The classical theory of elasticity. Encyclop. of Physics, Vol. VI. Springer-Verlag, Berlin, Göttingen, Heidelberg 1958.

135. SNEDDON, I. N.: Fourier series. Routledge-Kegan, London 1960.

136. SNEDDON, I. N.: Fourier transforms. McGraw-Hill, New York, Toronto, London 1951.

137. SNEDDON, I. N.: Elements of partial differential equations. McGraw-Hill, New York, Toronto, London 1959.

138. SNEDDON, I. N.: The use of integral transforms. MacGraw-Hill, New York, Toronto, London 1972.

139. STEIN, P.: Die Lösung der linearen gewöhnlichen Differentialgleichungen und simultaner Systeme mit Hilfe der Stabstatik. Das Ersatzbalkenverfahren. Springer-Verlag, Wien, New York 1969.

140. STERNBERG, E. und CHAKRAVORTY, J. G.: On inertia effects in a transient thermo-elastic problem. J. Appl. Mech. **24**, 4, 1959.

141. STERNBERG, E. und EUBANKS, R. A.: On stress functions for elastokinetics and the integration of the repeated wave equation. Quart. Appl. Math. **15**, 1957, S. 149.

142. SUPPIGER, E. W. und TALEB, N. J.: Free lateral vibration of beams of variable cross section. ZAMP **7**, 1956, S. 501.

143. SWJEREW, I. N.: Fortpflanzung einer Erregung in einem viscoelastischen und viscoplastischen Stab (in Russ.). Prikl. Mat. Mech. **14**, 1950.

144. TIMOSHENKO, S. und WOINOWSKY-KRIEGER, S.: Theory of plates and shells. McGraw-Hill, New York, Toronto, London 1959.

145. TIMOSHENKO, S.: Vibrations Problems in Engineering. McGraw-Hill, New York, Toronto, London 1955.

146. TOLSTOY, J. und USDIN, E.: Dispersive properties of stratified elastic and liquid media. Bull. Seism. Soc. Amer. **44**, 1954, S. 493.

147. TREFFTZ, E.: Mathematische Elastizitätstheorie. Handbuch der Physik, Bd. VI. Springer-Verlag, Berlin 1936.

148. TROST, H.: Spannungs-Dehnungs-Gesetz eines viskoelastischen Festkörpers wie Beton und Folgerungen für Stabtragwerke aus Stahlbeton und Spannbeton. Beton 16. Jg., 1966, Heft 6.

149. TROST, H.: Auswirkungen des Superpositionsprinzips auf Kriech- und Relaxationsprobleme bei Beton- und Spannbeton. Beton- und Stahlbetonbau 62. Jg., 1967, Heft 10 und 11.

150. TROST, H.: Zur Berechnung von Stahlverbundträgern im Gebrauchszustand auf Grund innerer Erkenntnisse des viskoelastischen Verhaltens des Betons. Der Stahlbau 37. Jg., 1968, Heft 11.

151. TSCHUDNOWSKIJ, W. G.: Methoden zur Berechnung von Schwingungen und Stabilität der Stabwerke (in Russ.). Kijew 1952.

152. WATSON, G. N.: Bessel Functions. University Press, Cambridge 1948.

153. WILDE, P.: The general solution for a rectangular orthotropic plate expressed by the double trigonometric series. Arch. Mech. Stos. **10**, 1958, S. 747.

154. WLASOW, W. S.: Allgemeine Schalentheorie und ihre technische Anwendung (in Russ.). Gosstrojisdat, Moskwa-Leningrad 1949. (Deutsche Übersetzung: VEB Verlag für Bauwesen, Berlin 1958.)
155. WLASOW, W. S: Einige neue Aufgaben der Baumechanik der Schalen und dünnwandigen Konstruktionen (in Russ.). Isd. AN SSSR, Otdjel. Techn. Nauk, 1, 1947.
156. WIERZBICKI, W.: Die Berechnung der Eigenschwingung von Balken mit Hilfe der Momentenflächelasten (in Poln.). Inżynieria i Budownictwo, 1948.
157. WIERZBICKI, W.: Aufgaben aus der Theorie der Spannungen, der Stabilität und der Schwingungen (in Poln.). PWN, Warszawa 1953.
158. WALTKING, F. W.: Schwingungszahlen und Schwingungsformen von Kreisbogenträgern Ing. Arch. 5, 6, 1934, S. 429.